BUILDINGS **& POWER** *Freedom & Control in the Origin of Modern Building Types*

권력과 **건축공간**

근대사회 성립 과정에
나타난 건축의 자유와 통제

『권력과 건축공간』은 예술과 기술로 바라보았던 지금까지의 건축을 사회적 관계를 통하여 나타나는 의미로 바라보고자 시도한 것이다. 건물은 기본적으로 사회적 산물이다. 즉 건물의 형태는 권력 · 질서 · 계층 · 기능에 관하여 끊임없이 제기되고 있는 질문들에 대한 해답의 실마리를 제공한다. 형태 · 기능 · 공간구조와 같은 건물에 관한 여러 요소들은 각각의 사회적인 의미를 함축하고 있으며 이를 분석함으로써 그 의미를 명확히 파악할 수 있다. 이 책은 서구 근대화의 중요한 시점이었던 계몽주의 · 프랑스 대혁명 · 산업혁명 시대에 새로이 등장한 건물유형들에 초점을 맞추었다.

이 건물유형들은 크게 세 가지 유형으로 구분된다. 첫 번째 유형은 사람과 사람사이의 관계를 직접적으로 통제하는 건물들이다. 여기에는 학교, 강제노역소 · 병원 · 감옥과 같은 기관, 청결 및 위생을 위한 건물, 클럽, 집회장, 호텔 등이 속한다. 두 번째 유형은 지식의 재생산과 관련되는 건물들로서, 박물관, 미술관, 도서관, 박람회장, 파노라마와 디오라마, 식자층의 학술단체, 그리고 노동자 계층의 기계공 학교 등이 포함된다. 마지막으로 물건의 생산 및 교환과 관련된 건물들로서 공장, 생산공동체, 시장, 상점, 거래소 등이다. 이러한 건물유형들은 이 책 전체에 걸쳐 풍부한 사진, 그림, 지도, 도면으로 표현되어 있다.

이 책의 목적은 이러한 건물들의 역사를 활용하여 근대 사회에서 건축이 차지하는 위치와 그 의미를 파악하기 위함이다. 이런 탐구는 우리의 환경을 상상하고 디자인하고 건설하는 방법들 그리고 건축이 우리의 생활을 자유롭게 하거나 구속하는 방식들에 관한 질문들을 끊임없이 던진다. 이 책은 건조환경의 창조와 관련된 모든 사람들, 즉 건축가, 계획가, 지리학자, 예술과 사회역사 그리고 사회과학 및 물질문화 분야의 연구에 종사하는 전문가들에게 유용하다고 생각되며, 무엇보다도 건축 또는 건축에 관한 텍스트에 관심이 있는 이들에게 유용할 것이다.

토머스 마커스 Thomas Marcus 영국 스코틀랜드에 있는 스트라스클라이드 대학교 건축과학대학의 명예교수로 재직하고 있으며, 건축가로서 뿐만 아니라 디자이너 · 교육자 · 컨설턴트로서 유럽, 미국, 아시아에서 활동하고 있다.

권력과
건축공간

근대사회 성립 과정에
나타난 건축의 자유와 통제

토머스 마커스

유우상 총정리 · 7장 · 종결
김정규 3장
문정민 6 · 11장
신태양 10장
심재춘 5장
오세규 2 · 3장
윤대한 4장
이화숙 10장
이효원 8 · 9장
장동국 1장

Spacetime

마녀들과 개들을 밤으로부터 쫓아버린 S와
반짝이는 반딧불이와 별들로 밤을 가득 채운 B를 위하여

CONTENTS

차 례

1부 기본적인 몇 가지 생각들

2부 건물과 사람

3부 건물과 지식

4부 건물과 물건

5부 종결

감사의 글

Acknowledgements

이 책을 쓰게 된 직접적인 동기는 오래 전 맨체스터 대학교에 재직하였으며 지금은 작고한 코딩글리 교수로부터 시작되었다. 그로부터 받은 영감은 영원히 나의 마음 한구석에 남아있다. 이 책에 인용된 많은 책들의 저자들에게 심심한 사의를 표하며 각기 인용된 부분에서 이들에 관해 언급하였다. 내가 맨체스터 대학에 재직하였던 것은 아주 오래 전이었기에 나의 작업에 도움을 주었거나 영향을 미쳤으며, 때론 격려해 주었던 모든 이들에게 일일이 감사를 드릴 수는 없게 되었지만 그들 중 몇 분에게 특별히 감사의 말을 전하고 싶다.

최근 몇 년 동안 피터 리드는 끊임없는 지적 동반자가 되어 주었는바, 내가 제기하는 많은 주제들에 대해 비평을 아끼지 않았을 뿐만 아니라, 의제를 설정함에 있어서도 사려 깊은 논필로서도 아낌없이 많은 지적을 해 주었다. 그로부터 받았던 제언들을 그가 원하였던 만큼 소화해낼 수 없었던 점에 대해 송구할 뿐이다. 넥 티머와의 심도 깊은 토의 또한 값진 경험이었다. 합리적 주장, 직감 그리고 예술적 감성을 하나로 묶는 에리 펠드의 탁월한 능력은 하나의 모델이 되었다. 스트라스클라이드 대학에서 '공간질서와 사회질서' 라는 본인의 강좌를 수강하였던 학생들은 학자들의 정중한 비평을 뛰어넘는 재기 넘친 토론으로 그들이 깨달았던 것 이상으로 나에게 실로 많은 도움을 주었다. 원고집필의 마지막 단계에서 뉴욕 버펄로 대학의 린다 쉬니클로스와 뉴저지 공과대학의 카렌 프랭크는 다시 한번 기능과 언어 그리고 건물유형들에 대해 생각해 볼 수 있는 기회를 제공해 주었다. 소피 포간, 빌 힐리어와 그의 동료들, 앨런 립맨, 미셸 페롯은 모두 오랜 기간 동안 많은 영감을 불어 넣어준 장본인들이다.

초안에 대한 크리스 스몰과 토니 킹의 예리하고 유익한 비평에 대해 심사숙고하려고 노력하였지만, 부족한 점이 발견된다면 이것은 전적으로 본인의 잘못임을 상기시키고자 한다.

스웨덴 고테보르그에 위치한 샤머스 공과대학의 조언 사치와 그의 동료들은 집필의 마지막 순간까지 더 많이 생각하고 수정할 수 있는 값진 기회를 만들어 주었다.

이 책에 수록된 많은 실례들을 찾는데 도움을 준 수많은 도서관의 사서들, 문헌사가들, 학자들 그리고 건축가들에 대한 감사는 문헌이 인용된 곳에서 적절히 표현되도록 최선을 다하였다.

어너 뮬홀랜드는 편집에 열과 성의를 다해 주었으며, 카렌 영은 그래픽을, 그리고 알란 크럼리쉬와 닐 멕레란은 사진 작업에 최선을 다해 주었다.

트리스탄 팔머는 처음부터 본서 출판에 확신을 갖고 일해 주었으며, 러트리지 출판사에 근무하는 그의 동료들인 릭키 리버 · 사라 로이드 · 엘리슨 월터스 · 살리 클로즈와 같은 이들이 없었다면 본서는 빛을 볼 수 없었을 것이다. 그리고 레버흄 재단의 이메리투스 장학지원이 없었다면 원고를 끝낼 수 없었을 것이다.

마지막으로 나의 가족들은 오랜 기간의 지리한 집필과정을 나와 함께 해 주었으며, 특히 아들 길버트와 나눈 많은 대화는 커다란 도움이 되었다. 아내 베릴의 역할은 그 이상이었으며 혼신을 다하여 오자투성이의 글을 완벽한 문장으로 바꾸어 주었다. 그러나 때로 발견될 수 있을지도 모를 실수는 그의 것이 아닌 나의 것으로 여겨주길 바란다.

서문

Introduction

이 책은 건물의 의미를 탐구한다. 이 책은 건물을 디자인하거나 공부하는 사람들, 그리고 건물과 이에 관한 글을 대할 때 종종 당혹해 하는 사람들을 위해 쓰였다. 건물이 어떻게 보이는지, 지붕이 새는지, 건축비용은 얼마인지 하는 것들이 커다란 관심사임에는 틀림없다. 그러나 우리 모두가 건축물에 관해 갖는 첫 번째 질문은 아마도 '그 건물이 사용하기에 좋은가?' 일 것이다. 이에 관한 대답은 건물의 소유주 · 설계자 · 온갖 종류의 기관들 그리고 사용자들과 밀접하게 관련되어 있기 때문에, 이 질문은 사회의 성격과 연관되어 있음이 분명하다. 건물의 외형적인 모습 · 건설 · 비용 등에 관한 사항들이 미치는 영향은 개인의 영역을 넘어서는 문제인 것이다.

이 책의 제목은 이러한 사회적 과정에서 권력관계가 그 중심에 있음을 암시하고 있다. 나는 건축이 기본적으로 예술이나 기술 또는 투자의 대상으로서가 아닌 사회적 관계의 대상이라고 주장한다. 나는 건물과 이에 관한 글들에 내재된 의미들을 살펴볼 수 있는 여러 방법들과 다양한 증거들을 보여줌으로써 이런 주장을 뒷받침할 것이다. 이러한 분석과정에는 사물을 분리하고, 탐구하고, 제안하고, 실험함으로써 해답을 찾게 되는 과정들이 포함된다.

이 책은 역사책은 아니지만, 분석에 필요한 도구들은 근대의 결정적인 시기, 즉 계몽주의 와 제1차 산업혁명 시대의 건축적 문맥 속에서 개발되었다. 만약 이러한 일련의 분석도구들이 이 책에서 시도코자 하는 시험분석 과정을 성공적으로 거친다면, 이 도구들은 오늘날 우리가 건물을 디자인하고, 건설하고, 사용하며, 건물에 대해 글을 쓰고 그 글을 읽는데 많은 도움을 줄 것이다.

이 책에서는 앞뒤로 약간의 시차는 있지만 혁명의 시대(미국 혁명 · 프랑스 혁명 · 산업혁명)였던 1750년부터 1850년까지의 한 세기 동안 세워진 건물을 다룬다. 이 기간 동안 유럽과 미국의 겉으로 드러나는 외부세계의 모습은 크게 변모되었다. 그사이 계몽주의적인 사고가 과학 · 종교 · 예술 · 철학 속에 흡수되었지만, 내부의 사상적인 세계는 다윈 · 프로이드 · 마르크스에 의해서 비로소 변하기 시작하였다. 이때에 이르러 도시와 건물은 그 변혁을 완성하게 된다.

혁명의 진원지는, 위도(아마도 경도가 되어야 할지도 모르겠다!) 상으로 서쪽으로는 대서양 너머까지, 동쪽으로는 러시아에 이르기까지 수천 마일에 걸쳐 영토를 갖고 있었던 영국이다. 산업혁명은 이 책에서 다루고자 하는 이야기와 매우 밀접하므로, 이 책에 언급된 사례들의 대부분은 필연적으로 산업혁명이 태동되었던 곳에서 발견된다.

생산에 기반을 둔 대도시production metropolis는 1850년경에 이르러 완성되었으며 기능에 의해 서로 다른 양상을 보여주었고 계급에 따라 계층화되었다. 증기력과 기차가 발명됨으로써 공장부지는 더 이상 시골의 물레바퀴 근처에 한정될 필요가 없게 되었다. 산업혁명 초기에는 건물의 종류가 몇 가지 되지 않았다. 가장 오래된 건물유형building type인 종교시설들과 주택들은 궁전에서 시골 오두막집에 이르기까지, 신성한 권력과 세속적인 권력의 높낮이를 보여주었다. 이러한 권력의 표현양식은 점차 공공건물들, 즉 극장 · 음악실 · 수도원 · 대학 · 학교 · 도서관 · 빈민구호소 · 고급하숙집에까지 확산되었다. 이 시기에 여가생활과 여행을 위한 건물로는 사교클럽과 여관이 있었다. 물건의 생산을 위한 건물로 농장 · 공장 · 창고가 있었고, 상품의 교환을 위한 건물로는 시장 · 상점가 · 상점이 있었는데, 이런 건물들은 규모도 그리 크지 않았고 그 수도 많지 않았다. 중세 길드홀을 중심으로 이루어진 증권거래나 외환거래는 시청의 기원이 되었다. 교황청병원 · 교회병원 · 공공병원 · 군대병원들 · 교도소 · 페스트 환자를 위한 격리수용소 및 병원이 있었는데, 어떤 것은 제법 규모가 컸다.

1850년에 이르러 건물유형이 폭발적으로 증가되었다. 이때 등장한 건물유형으로는 새로 생겨난 각종 산업용 건물 · 철도 역사 · 시청 · 목욕탕과 세탁장 · 고도로 전문화된 도시의 시장, 도서관 · 미술관 · 박물관, 일반인을 위한 대학과 학교, 크게 팽창된 교도소와 병원 · 이들로부터 파생한 보호수용소 · 강제노역소 · 호텔 · 사무실 등이 있다.

이러한 건물들은 새로운 기술의 발달을 보여주었을 뿐만 아니라 건물 자체가 새로운 기술의 산물이었으며, 단순히 사용하는 데만 그친 것이 아니라 상품으로서의 가치를 지니게 되었다. 이처럼 건물들은, 기술과 투자의 수단들이 급격히 변화됨에 따라, 결국엔 새로운 사회적인 목적을 달성하기 위해 활용되었다.

이 시기에 권력의 불균형이 전적으로 증기력과 같은 물질적인 것에 기인한다기보다는 정보를 처리하는 시스템에 기인한다는 점에서 현재 우리가 겪고 있는 상황과 일맥상통하는 면이 있다. 오늘날 하드웨어와 소프트웨어를 디자인하는 사람들은 과거에 기업가와 엔지니어가 차지하던 위치에 서있다. 식민지 시대가 정착되어 감에 따라, 오늘날 다국적 자본에 의해 만들어지는 서비스나 미디어의 소비에 버금가는 상품의 소비가 야기되었을 뿐만 아니라 현재와 비슷한 정치적 동요 또한 발생되었다. 이러한 모든 것들은, 과거나 지금이나 그들 관계의 양상을 변화시켰으며, 이런 관계들이 건물 안에서, 그리고 건물을 통해서 형성되는 방식들에 대한 연구가 이 책의 주된 관심사이다.

건물의 의미를 탐구하는 작업에는 수많은 관점과 사고들이 스며들어 있으며, 이에 따라 이론적 입장이 결정된다. 이 책에서는 이러한 이론적 입장을 불쑥 내어 보이기보다는, 먼저 1부에서 건물과 건물을 다룬 텍스트들, 그리고 주체들(건물을 경험하거나 사용하는 사람들 또는 건물에 관한 텍스트를 읽는 사람들)을 사회구조 내에 적절히 배치시키는 명확한 분석의 틀을 정립하고자 한다. 또한 언어의 역할, 특히 분류방식과 그 역할에 대해 면밀히 검토하고, 몇 가지 분석방법을 제안코자 한다.

이러한 분석을 통해 두 종류의 관계를 명확히 파악할 수 있다. 첫째는 권력관계relationship of power로서, 제한된 자원의 분배와 밀접한 관계를 갖고 있다. 둘째는 유대관계relationship of bond이다. 이것은 모든 사회적 관계 속에 스며들어 그 관계들을 변화시킨다.

1부의 2장에서는 기능과 형태에 관한 개념을 다루었으며, 이어서 다음과 같은 커다란 세 가지 주제로 연결된다.

첫 번째 주제는 사람간의 관계이다. 2부에서 건물에서 이런 관계가 형성되는 방식에 대해 살펴본다. 이 주제는 권력을 갖지 못한 사람들의 성격형성 또는 교정을 위해 이들을 여러 계층으로 분류하고 엄격히 통제하는 장소에 대한 분석으로부터 시작된다. 일요학교와 근로학교, 도시의 초등학교가 본격적으로 설립되었다. 한편 교도소 · 병원 · 광인수용소와 같은 시설들도 대규모로 진행되었다. 강압적인 노동을 부과하던 기관들은 '1834년의 신구빈법' 제정 이후 등장하는 대규모 강제노역소 설립에 모형이 되었다. 그러나 인간관계와 성격형성은 권력이 없는 하층계급에만 국한되지 않았다. 사회의 엘리트 계층 또한 자신들을 위한 커피하우스 · 클럽 · 집회장 · 호텔과 같은 장소를 고안해 내었으며, 이런 곳에서 그들만의 인간관계와 성격형성이 이루어졌다.

도시의 불결한 환경과 콜레라의 발생으로 인해 위생시설과 오폐수시설이 사회계층의 구별 없이 요구되었다. 목욕탕 · 세탁장과 같은 몸과 옷을 청결하게 하기 위한 장소들은 여가활동을 겸한 수영장 등으로 발전되었다.

두 번째 주제는 지식의 생산이다. 3부는 여기에 초점을 맞추었다. 지식이 어떻게 도서관의 분류시스템을 통해 저장되고 접근될 수 있는지, 그리고 박물관과 미술관이 어떻게 자연과 산업 그리고 예술에 관한 이론들을 공간 속에 표현하는지에 관한 것이다. 이런 공간 안에서 전문가들은 보이지 않지만, 그들이 이루어낸 작업의 결과는 명확하게 볼 수 있다. 하지만 강의극장과 같은 유형은 정반대라고 할 수 있다. 전문가는 눈에 보이며 그들이 말하는 것을 들을 수 있지만, 이론을 구성하는 원칙들은 보이지 않는다. 박람회 · 디오라마 · 파노라마와 같은 것들은 대중적인 오락을 통해 지식을 전파하고 산업을 찬미하였다.

세 번째 주제는 물건에 관한 것으로, 4부에서는 생산되고 교환되는 대상으로서의 물건에 대해 다룬다. 가내공방과 방직공장들은 종합적인 생산공간인 '산업 유토피아' 에서도 살아남았다. 상점이나 상점가, 특히 시장과 같은 상품교환을 위한 장소들에서 오늘날의 대형시장이나 쇼핑센터의 기원을 볼 수 있다.

마지막으로 5부에서는 위에서 논의한 주제들을 현재 거론되고 있는 문제와 관련하여 다루고자 한다. 특히 지난 백 년 동안의 중요했던 시간을 통해서 오늘날 진행되고 있는 건축담론이 어떻게 형성되어 왔는가에 대해 질문한다. 이에 대한 답은 우리로 하여금 현재 우리가 사용하고 있는 건물들과 우리가 읽고 있는 건축에 관한 글들을 이해하는데 도움을 줄 것이며, 나아가 좀더 나은 건물을 디자인하고, 건축에 관한 좀더 나은 글을 쓰는데 도움을 줄 것이다.

1부 기본적인 몇 가지 생각들

PART I

SOME UNDERLYING IDEAS

주제에 대한 접근

사물과 언어

호주 아보리지널 원주민의 신화에 의하면, 세계는 '꿈의 시대[1]'에 인간과 동물 그리고 식물과 같은 자연의 정령精靈을 창조했다고 한다. 아보리지널 원주민 사회에서 사람과 자연은 노래 · 시 · 전설 · 그림으로 친밀하게 연결되어 유지되며, 신화의 장소는 상징적인 의미로 채워진다. 신화는 이러한 종교적 의식에 의해 생명력을 얻게 되고 따라서 상징적인 장소에는 보이지 않는 정신적 구조가 자리 잡게 된다. 신화의 장소에 의미를 부여하는 것은 물리적인 형태가 아니라 드러나지 않는 상징적 의미들인 것이다. 그러나 다른 문화권에서는 건물과 거주지로 이루어지는 공간 형성 과정에서 상징적 의미는 쉽게 간과되고 있다. 건물과 거주지는 물질 문화 가운데 가장 중요하고 꼭 필요한 산물이고, 매우 구체적이고 다양한 형태를 띠기 때문에, 호주의 원시림에서든 또는 유럽의 도시에서든 건물의 사용과 형태에 의미를 부여하는 보이지 않는 구조들을 가려버린다.

뜻 없이 내뱉는 허튼 말이 아닌 한, 언어는 무엇인가를 의미한다. 그러나 건물이 무언가를 의미한다는 것은 익숙한 개념이 아니다. 물론 건물에 대해 많은 것들이 명확하다. 누군가가 건물의 사용자를 결정한다. 우리는 건물을 다른 사람들과 공유하며, 어떤 건물이 궁전이나 교회 또는 전자제품 공장으로 사용된다는 것을 의심하지 않는다. 건물의 형태는, 그리스 신전 양식의 포티코[2] · 고딕식 대첨탑 · 스테인리스 스틸 튜브, 또는 제국주의 시대의 독수리상 · 기독교의 십자가 · IBM사의 로고와 같이 뚜렷한 상징물에서 연상되는 함축적 의미와 더불어, 어떤 느낌을 불러일으킨다. 이 모든 것은 건물이 갖는 서사敍事, narrative의 일부이다. 그러나 여전히 건물이 무언가를 의미한다거나 건물에 보이지 않는 구조가 내재해 있다고 말하는 것이 쉽지는 않다.

언어에 대해서도 이러한 보이지 않는 관계를 찾는 것이 어렵겠지만 건물의 경우는 훨씬 더 어려운 듯이 보인다. 건물이 갖는 의미를 탐구하는 과정에는 몇 가지 질문이 대두된다. 건물은 어떤 것들을 의미하는가? 그 의미 작용은 어떻게 이루어지는가? 모든 사람에게 똑같은 의미를 갖는가? 의미는 시간이 지남에 따라 변하는가? 심지어 한 사람에게도 시간에 따라 의미가 변하는가?

언어를 통해 내면세계와 외부세계가 만난다. 이 두 세계는 건물 안에서도 교차한다. 언어는 위에서 말한 의문들을 이해하는데 매우 필요한 도구이기 때문에, 지금까지의 건물과 언어의 관계를 이해하는데 여러 가지 미흡한 부분이 있음에도 불구하고, 우리가 알고자 하는 것들을 언어 자체에 관심을 갖고 있는 학자들의 연구와 비교해 보는 것은 가치 있는 일이다.

시인 · 철학자 · 언어학자 · 언어기호학자 · 심리분석가 · 문학비평가 그리고 인공지능 개발자들은 모두 일반 상식적인 것의 내면에 담긴 의미들을 탐구한다. 그러나 엘리엇Eliot[3]이 '항상 악화되는 조잡한 도구로 무장한 채 / 분명하게 드러나지

1. 호주 원주민의 신화에서 인류의 조상이 창조한 가장 복된 시대
2. 건물의 출입구. 대개 기둥과 박공양식의 지붕으로 구성된다.
3. Eliot, Thomas Stearns(1888-1965). 영국의 비평가 겸 극작가.

않는 상대에 대한 공격' (Eliot 1944:21)이라고 표현했듯이, 가장 치열한 논쟁을 벌일 때에도, 연구자들과 시인들은 결국 우리가 일상적으로 사용하는 언어에 의지한다. 비트겐쉬타인Wittgenstein[4]은 언어는 사용자가 언어를 통해 의미하는 것을 의미한다고 하였다. 따라서 예술가들과 지식인들은 서로 언어를 통해 일상적인 의미를 공유하며 우리들과도 이를 공유하는 것이다. 이것이 문제의 핵심이며 그들의 작업이 쓸모 있다는 것을 말해주는 것이다. 따로 홀로 떨어진 개인적인 언어란 있을 수 없다.

일상 세계가 모호하고 혼란스러울 때일 수록 그 내부를 파헤치는 것은 그만큼 더 힘들다. 약 200년 전 근대사회에 들어서면서 도시와 건물에 이런 현상이 나타난 것처럼 보인다. 그런데 그 시기는 역설적이게도 혼돈의 세계를 이성으로 질서 있게 변화시키려고 시도한 때였다. 오늘날 건축가 · 학자 · 비평가 · 건물의 사용자들은 더 이상 같은 세계에 살고 있는 것 같지 않다. 많은 장소들이 더 이상 공적인 장소와 개인적인 곳으로 명확히 구분되지 않는다. 쇼핑몰은 시민 모두가 접근할 수 있으므로 '공적' 인 공간이지만, 어떤 강력한 무언가를 통해서 마치 누군가가 그 장소와 우리를 통제하는 듯한 느낌을 받는다. 형태의 모호함 · 기능의 혼란 또는 미로같은 공간은 도시와 건물의 명확성을 떨어뜨린다. 형태에 대한 해석은 더욱 어렵게 되었다. 고전주의 건물들은, 공화주의 또는 인본주의와 관련된 만큼이나, 1930년대 유럽의 파시즘과도 밀접하게 연관되어 있다. 반면에 근대운동은 교조적인 관료주의만큼이나 민주적 자유주의와 관련되어 있다. 제임슨Jameson(1990)이 주장하는 바에 의하면, 포스트모더니즘은 풍자 · 단절 · 역사적 야만주의 · 포토리얼리즘[5]을 통해 '의미' 의 개념 자체에 정면으로 도전하였으며, 포스트모더니즘의 근원은 다국적 자본이 중심이 되는 자유무역 시장에 있다고 한다.

4. Wittgenstein, Ludwig(1889-1951). 오스트리아 태생의 영국 철학가로서 언어와 의미에 관한 분석에 뛰어난 업적을 남겼다.
5. 사진처럼 사실적인 회화기법

지금까지 도시와 건물을 주제로 하여 쓰인 많은 글들 또한 이처럼 모호하고 난해하며 대중에게서 유리되어 보인다. 이런 글을 쓰는 작가들도 일상생활에서 우리와 함께 건물을 사용하고 있음에도 불구하고, 그들이 건물에 대해 반응하는 방식은 우리와 크게 다른 것 같으며, 그들의 영역으로 다가가는 것조차 쉽지 않다. 건물의 모호함과 그것을 묘사하는 언어의 모호함은 동전의 양면과도 같이 앞뒤를 가리기 쉽지 않다.

세네트Sennett(1971)의 연구에 기초해 보면, 이 모든 것들은 때때로 모순된 현상에 대한 성숙한 관용으로, 또한 의미의 중첩으로 받아들여지고 있다. 그는 창조적 무질서에 대해 옹호하였는데, 이는 에릭슨Erikson의 사춘기에 대한 정신분석학적 이론이 바탕을 두는 것처럼, 역사의 대부분의 기간 동안 의미가 명료했던 이 세계 내에 때때로 존재하는 모호함과 모순에 대한 관용에 근거하는 것이다. 창조적 무질서는 감추어진 모순 · 예기치 못한 충돌 · 초현실주의자의 풍자를 통해 성숙된다. 핵심 요지는 세상의 혼돈 그 자체를 변호하는 것이 아니라 창조적 무질서, 다시 말해 세상을 반영하는 의미의 편차를 수용하는 것이다.

물론 대중매체를 통한 텍스트는 좀 더 접근하기 쉽다. 대중매체들은 가시적이며 중요한 문제들을 짚어준다. 그 가운데 어떤 것은 실패에 주목한다. 부실한 공사와 조잡한 마감 · 높은 에너지 소모 · 환경파괴와 같은 기술적인 실패를 언급하거나, 비인간적인 스케일 · 차가움 · 심지어 '질병' (영국의 찰스 황태자에 의해 '눈에 거슬리는 건물' 을 일컫는 대명사처럼 되어버렸다)과 같은 시각적인 실패에 대해 언급한다. 주거를 예로 든다면 반달리즘 · 범죄 · 이웃 간의 유대감 결여 등을 거론할 수 있다. 반면에 어떤 대중매체들은 성공적인 측면에 관심을 보인다. 주요 미술관과 박물관을 추켜세우거나 성당의 신성함 · 교외 대저택의 웅장함 · 대장원에서 볼 수 있는 자연의 순수함과 같은 역사적 유산과 기업가의 창의성에 대해 경의를 표한다. 이러한 실패와 성공의 사례들은 대중매체에 의해 일반인들에게 생생하게 소개되어 시중의 논쟁거리가 된다. 그러나 대중매체가 눈에 덜 띄는 실패나 성공의 사례들에 침묵하며 눈길을 주지 않을 경우, 진정한 의미를 찾고자 하는 시도에 오히려 방해가 된다. 한편, 대중매체가 좋은 현대 디자인을 옹호하고 별 볼일 없는 과거 양식의 모방작품을 거부함으로써, '새로운 것에 대한 충격' 과 의미의 상실 사이에서 일어나게 되는 구별은 사라진다. 대중매체의 이런 역할이 긍정적이든 혹은 부정적이든지 간에, 형태에 관한 문제 이외의 다른 시시콜콜한 문제들이 거론됨으로써, 논쟁은 더욱 사소해지고 진부해질 것이다. 따라서 언어를 면밀히 살펴보는 것이 보다 합당할 것이다. 그 이유는 언어가 문제의 표면 아래에서, 그리고 침묵의 뒤편에서 무엇이 진행되고 있는가를 파악할 수 있는 모델의 역할을 하기 때문이다.

언어는 건물을 만들고 사용하며 이해하는데 중심적인 요소이다. 한 공동체는 언어를 사용하여, 건물에 대한 느낌과 생각을 명확하게 표현하고 건물의 의미에 관한 공동체의 경험을 함께 나눈다. 오늘날 우리는 기술적인 텍스트descriptive texts, 즉 학술적인 연구결과 · 교육자료 · 대중매체에 의해 만들어진 자료 · 여행에 관한 글 · 전시회 카탈로그 등에서 얻은 정보를 통해 많은 것을 생각하고 느낀다. 한편, 공개경쟁을 위한 기준 · 지침서 · 법률 · 건축법규 · 타당성 조사보고서 · 디자인가이드와 같은 규범적인 텍스트prescriptive texts[6]도 있다. 규범적인 텍스트는 건물을 디자인하기 이전에 미리 만들어둔 것들로서 건물 '디자인' 에 영향을 미친다. 다른 모든 언어와 마찬가지로, 여기서 언급되는 언어 또한 순수하다고 만은 할 수 없다. 저자들이 추구하는 가치와 의도는 글의 길이 · 분할 · 어조 · 부분들에 투여된 노력의 정도, 그리고 말해지지 않는 침묵의 담론을 통해 표현된다. 그리고 무엇보다도, 모든 글은 일상적으로 사용되는 어휘들로 표현된다. 물건 · 사람 · 공간 · 과정에 대한 명칭들은 분류를 통해 질서정연하게 구분된다. 건물이 무엇인가를 분류하는 도구로 간주될 수 있음을 명확히 보여주는 실례로 도서관을 들 수 있다. 도서관은 분류체계가 아주 명확하여, 도서관 내에서 책의 위치를 규정할 뿐만 아니라 공간의 구조 자체를 규정한다. 모든 건물들은, 건물의 종류를 불문하고 무엇인가를 분류하는 속성을 갖고 있다.

물질세계와 우리의 내면세계가 언어를 통해 관계되는 방식은 매우 복잡하여 언어학 또는 철학분야의 논문들만이 그 해결의 실마리를 풀어낼 수 있을 것이다. 나는 언어학자도 아니고 철학자도 아니기 때문에 이러한 시도를 할 생각은 없다. 그러나 그 핵심은 아주 단순하며, 이 관계를 설명해 나감에 있어 물질문화에 관한 선구적인 학자중의 한 명인 쿠벤호벤Kouwenhoven(1982: 79 - 92)으로부터 많은 도움을 받았다.[원주1]

모든 건물은 구체적인 실체로서 경험된다. 은행 방문의 경우를 예로 들어보자. 고전주의 양식의 은행 입구 뒤로는 유리문이 있고, 창구가 있는 홀은 돔 천장으로 되어 있으며, 바닥은 정교한 모자이크로 장식되어 있다. 창구의 마호가니 카운터를 사이에 두고 익히 알고 있는 은행원을 마주한다. 카운터 뒤로는 다른 방으로 통하는 문과 다른 직원들을 볼 수 있지만, 나는 문 뒤의 공간들과 그 안에 있는 사람들을 알지 못한다. 은행은 그 나름의 독특한 냄새와 소리가 있다. 이 모든 경험은 유일무이한 것이다. 이 건물을 그냥 '은행' 이라고 부름으로써 나는 쿠벤호벤이 말한 '내재적으로 "결함이 있는" 어떤 것, 즉 각각의 특수성들이 셀 수 없이 무한히 많이 모여 이루어진 복잡한 실체를 일반화하고 평균화한 것' (Kouwenhoven 1982: 83)을 지칭하게 된다. 만약 내가 홍콩 상하이 은행 본사 건물만을 알고 있는 누군가에게 방금 내가 경험한 은행에 대해 이야기한다면 우리는 서로를 잘못 이해하게 될 여지가 많다. 반대로 만약 듣는 사람이 말하는 사람의 경험을 공유한다면 매우 한정된 어휘를 사용해서 수많은 경험들에 관한 의사

6. descriptive는 이미 있는 것을 기록한다는 의미이며, prescriptive는 아직 없는 것을 미리 기록한다는 의미를 갖고 있다.

원주1. 내가 소쉬르, 바르트르, 레비 스트로스, 에코, 그리고 구조주의와 기호학의 이론과 작업 그리고 그들의 사상에 (특히 내가 사회적 관계들의 의미를 분석함에 있어서, 그리고 내가 '의미' 를 '기의' 와 거의 동등한 것으로 해석한 점에서) 얼마나 많이 영향을 받아왔는지를 고려한다면, 내가 언어에 관한 논의를 물질문화 분야의 이론으로부터 시작해야만 한 것은 다소 의외일 것이다. 그 이유는 이 분야의 쿠벤호벤과 다른 연구자들이 물질적인 사물에 대한 연구에서 의미와 의사소통의 개념들을 부분적으로나마 건물에 적용하여 왔기 때문이다.

소통이 가능하게 되며, 이것이야말로 말이 갖는 가치인 것이다. 그러나 '말 자체는 의미를 갖지 않으며 의미를 전달할 뿐이다. 말이 의미를 전달하려면 듣는 이의 의식이 상대방의 경험과 비교될 수 있는 특별한 경험을 기초로, 그 의미의 흐름을 완전하게 파악해야만 가능한 것이다' (1982: 84). 그렇지 않다면 아무리 우리가 이해하고 있다고 생각하는 말들을 교환해도 그 의미의 흐름은 밤에 항해하는 배처럼 서로 빗나가게 될 것이다. 물론 비교가능성comparability이라는 개념은 매우 거리감 있게 느껴지거나 또는 단지 은유적일 수도 있다. 그러나 소설가나 시인의 자질이 있다면, 공유할 수 있는 몇 조각의 경험만으로도 충분하다.

쿠벤호벤은 기술적인 텍스트에 과도하게 의존하는 고루한 학문경향과 통속적인 전시방법에 대한 해결책의 일환으로서 인공물artefacts의 전시를 정당화하였다. 그는 관람객들이 경험을 공유할 수 있도록 전시된 인공물들을 사용하고 만져볼 수 있어야 한다고 주장하였다. 건물의 경우에는 우리가 매일 경험하기 때문에 이런 전시방법이 불필요하다고 생각될 수도 있다. 그러나 건물에 관해 쓰인 많은 글들은 쓰는 쪽이나 읽는 쪽 가운데 어느 한 쪽 또는 양쪽 모두 경험하지 못한 건물을 다루고 있다. 그리고 도면 · 사진 · 모형 · 컴퓨터 시뮬레이션과 같은 '텍스트들' 은 건물의 풍부한 실체, 특히 무엇보다도 공간 안에 다른 사람과 함께 있을 때 느낄 수 있는 독특한 경험을 재현해 내지 못한다. 쿠벤호벤의 인공물의 경우처럼 특정한 경험을 공유하지 못할 때는 말하는 것이 들리지 않게 된다. 쿠벤호벤의 정의에 따르면, 작가가 글을 쓸 때 추상적인 생각을 경험에 기초하여 구성하려는 노력이 없을 때, 그 작품은 누구에게도 설득력을 갖지 못한다.

그러나 그는 언어의 가치를 평가절하하려고 한 것은 아니다. 단지 언어가 갖는 추상성이 언어의 약점임을 지적한 것이다. 만일 말을 하지 않는다면, 언어가 할 수 있는 것은 아무것도 없다. 그러나 언어가 갖는 이러한 취약성을 인지함으로써 경험을 강조하는 강한 동기를 얻게 된다. 그리고 분석 단계에서는 이러한 언어의 부족한 면이 오히려 강한 힘이 된다. 간단히 말해, 우리는 보이지 않는 마음속의 구조를 다룰 수 있는 그 어떤 다른 방법도 갖고 있지 못하다는 것이다.

그렇다면 이제 우리는 어느 방향으로 나가야 할까? 우리는 건물, 그 중에서도 텍스트로 다루어진 건물들에 관심을 갖게 될 것이다. 결국 우리는 사물[건물]과 말[텍스트]에 주목할 것이다(이 순간에도 나는 더 많은 말들을 덧붙이고 있다). 글의 의미가 글을 쓰는 작가에 의해 만들어지는 것인지 아니면 독자의 마음속에서 형성되는 것인지에 관해서 첨예한 논쟁이 일고 있다. 아울러 작가와 독자가 어느 정도까지 사회적인 관계를 형성할 수 있는가에 대해서도 마찬가지의 논쟁이 있다. 이러한 논의 가운데 일부는 매우 심도 깊지만, 대부분은 쇼트Short(1991: 224)의 표현대로, '충분히 익힌 수이트 푸딩[7]처럼 소화되기 쉬우면서 명확하게 이해될 수 있는 것에 대한 구조주의자들의 번거로운 횡설수설' 로 보인다. 나의 관점은 모호하지 않다. 언어가 의미를 갖기 위해서는 말하는 사람과 듣는 사람이 같은 언어를 사용하는 사회의 구성원이어야 하듯이 다음에 언급될 두 세계가 교차될 때 즉, 건물과 이에 관한 텍스트 또한 주체들(관찰자 · 사용자 · 독자)이 이를 경험할 때에만 그 본래의 의미가 드러난다는 것이다. 주체와 객체(건물이나 텍스트)는 그들이 속한 역사적인 사회 – 이것으로부터 자유롭지도 않고 이것에 의해 완전히 결정되지도 않는 – 에 포함되어 있다. 첫 번째 세계는 보이는 외부 세계(물론 이것은 작가의 내부세계에서 표출되는 결과이다)이며, 두 번째는 보이지 않는 내부 세계이다. 이들의 교차점에서 객체와 주체 사이의 데카르트식 경계가 없어진다. 따라서 의미에 관한 우리의 연구는 건물, 텍스트, 그리고 이를 경험하는 주체의 세 영역을 포함해야 할 것이다. 또한 이들은 모두 언어를 사용하는 사회에 있어야 한다. 현실적으로 세 영역 모두를 동일한 깊이로 다룰 수는 없지만, 본격적인 분석에 앞서 과업의 밑그림을 통해서, 내 논의의 중심주제인 권력이 이 책의 구석구석에 파고들어 있음을 독자들에게 알리고자 한다.

7. 잘게 여민 소의 콩팥이나 간 부위를 주재료로 건포도, 갖은 향료를 밀가루와 함께 배합하여 삶거나 쪄낸 푸딩

한 가지 사례

만약 의미가 경험에서 유래하는 것이라면 건물과 텍스트 그리고 이를 사용하고 읽는 주체에게 문제가 되는 것은 무엇인가? 이 질문에 대한 해답은 건물은 연이어 펼쳐지는 사건의 연속이라는 생각, 즉 하나의 서사라는 관점으로 되돌아간다. 건물 신축에 관한 논의가 진행되는 순간에서부터 설계과정을 거쳐 건축되고 사용되며, 이후 용도가 바뀜에 따라 재건축되고, 마지막으로 철거되기까지 건물은 연속적인 이야기를 보여주고, 그 흔적들은 언제나 상존한다.

뒤에서 다시 살펴볼, 독창적이지만 다소 난해한 책에서 프랑클Frankl(1914)은 이러한 건물 이야기의 일부분을 재판소로 용도가 바뀐 중세의 수도원을 예로 들어 설명하고 있다. 이 사례는 그를 곤경에 빠뜨렸는데, 그의 이해를 가로막은 장애물은 이 사례가 역사의 필연적인 사건이라기보다는 하나의 운이 나쁜 사건이었다는 점일 것이다. 프랑클은 만약 건물에 관한 어떤 지식이 빠져있다면 건물은 본래의 것보다 그만큼 의미가 감소된다고 주장한다.

> 만약 우리가 오래된 건물을 연구하는 도중, 예를 들어 한때 수도원이었으나 지금은 재판소가 된 건물과 같이 원래 있었던 시설 가운데 무엇인가가 부족한 건물을 발견하게 된다면, 그 부족한 것이 무엇인가를 아는 것이 매우 필요하다. 사전지식이 없는 관찰자가 이미 본래의 목적이 아닌 다른 용도로 사용되는 건물과 마주하였을 때, 그 건물의 본래적인 성질을 재구성하기 위해서는 제대로 된 참고자료가 더 절실히 요구된다.
>
> (Frankl 1914: 158)

프랑클은 이것을 당대의 경험과 대비하면서 다음과 같이 주장한다. 즉 '우리는 일반적인 목적을 위해 만들어진 공간들은 설명이 없어도 이해할' 수 있지만, 반면에 '아마도 특별한 지침이 필요한' 새로운 기능에 대처하기 위한 공간에 대해서는 경험이 부족할 때 문제가 생긴다(Frankl 1914: 158). 수도원이 재판소로 바뀐 사례는, 용도가 변경된 건물들 — 파리 국립문서보관소에는 이렇게 실행되지 못한 사례들이 충분히 보관되어 있다. 특히 1790년대 이후 프랑스 혁명정부에 의해 계획된 프로젝트들이 대표적이다[원주2] — 중에서도 매우 극적인 변화를 보여주지만, 그것이 일반적인 경우는 아니다. 왜냐하면 변화는 대체적으로 그렇게 갑작스러운 것이 아니기 때문이다.

두 번째 사례인 공장에 대한 프랑클의 해석은 옳지 않은데, 왜냐하면 그가 공장에서 어떠한 변화도 상정하지 않았기 때문이다. 비록 변화를 인지할 수 있는 지 그렇지 않은 지는 우리가 적용하는 시간의 길이에 달려있지만 정체란 없다. 역사는 아무리 짧은 시간 동안에도 정지하지 않고 계속된다. 우리가 만지고 있는 천은 그것이 최초로 만들어졌던 순간으로부터 항상 변화하고 있다. 사물을 사용하는 방식 또한 매일 조금씩 바뀌어나가, 수세기 후에는 놀라우리만큼 변화된다. 이러한 변화는 건물의 사용자와 관찰자들이 겪는 경험의 경우에도 해당되며, 따라서 건물에 관한 논의나 글 또한 마찬가지의 변화를 거쳐 왔다. 건물의 변형은 부분적으로는 건물의 속성과 건물의 사용자에 의해 이루어지기도 하고, 부분적으로는 외부적인 사건들에 의해 이루어지기도 한다. 수도원이 재판소로 용도가 바뀐 것은 급격한 정치적 변동이 가장 주된 요인이었다. 그러나 이러한 용도변경이 가능했던 이유는 물리적인 요소들(공간 · 내력구조의 성능 · 도시 내의 위치)이 변화에 적합했을 뿐만 아니라 예배를 위한 공간과 재판을 위한 공간 사이에 일종의 유사성이 있었기 때문이었다. 이 모든 것들은 건물 자체에 내재된 속성이다.

수도원들은 변화에 대응하기 위해 점진적으로 개조되었는데, 이 변화에는 예배 · 종교규약 · 수도사의 수 · 확장되어 가는 활동들 또는 구조적으로 약한 요소(예를 들어 첨탑 지지대와 같은)를 강화시킬 필요성과 같은 것들이 여기에 포함된다. 이러한 모든 변화의 원인들은 건물 또는 그 사용자로부터 비롯된다. 물

원주2. 전형적인 사례는 듀네스 까르멜리트Deux-Nethes Carmelite 교회를 법원으로 개조한 것이다. 여기서 재판관의 좌석은 후진에 배치되었다. (프랑스 국립문서보관소, 시리즈 N.III no.4839).

론 변화란 그 모든 것이 전적으로 내부에서만 야기될 수는 없다. 만약 그렇다면 '무인도의 역사' 처럼 고립된 역사가 될 것이다.

이처럼 끊임없이 변화하는 내부 및 외부 요인들의 상호작용이야말로 건축 역사학자들이 풀어야 할 주요과제가 되었어야 했다. 그러나 전통적으로 도면이나 사진 그리고 건물에 관계된 텍스트들은 시간의 차원이 빠진 채 시간이 멈춘 순간으로만 다루어져 왔다. 이것은 관념론을 지향했던 결과이다. 예를 들어, 프랑클은 그가 의지했던 관념론에 기초하여 건물의 '본질essence' 에 대해서 언급하였던 것이다.

어떤 건물에 담긴 서사를 현재시점에서 설명하기 위해, 재판소로 용도가 바뀐 수도원에 대해 다음과 같은 가정을 더해 보자. 먼저 그 건물이 비올레 르 뒤크Viollet le Duc8에 의해 재건될 때인 19세기까지 재판소로 사용되었다고 가정해 보자. 또한 그 건물은 최근에 실내음악 콘서트홀로 다시 개조될 때까지 오랫동안 사용되지 않았다고 가정하자. 아울러 이에 관한 많은 사료들이 있다고 하자. 그 사료들에는 초대 수도원장과 그가 속한 종교 공동체 · 토지소유 · 후원자들 그리고 정치적 커넥션에 관한 정보들, 새로운 재판장의 배치에 관한 도면뿐만 아니라 최초로 개조될 때의 건물에 관한 도면들, 교회자산의 할당과 활용에 관한 1790년대 두 의회에서의 정치적 토론

그림 1.1 프랑스 대혁명 기간 동안 제안된 법정의 표준 배치(연대미상)
출처: 목록 AE:II 3076, 프랑스 국립 문헌보관소, 파리

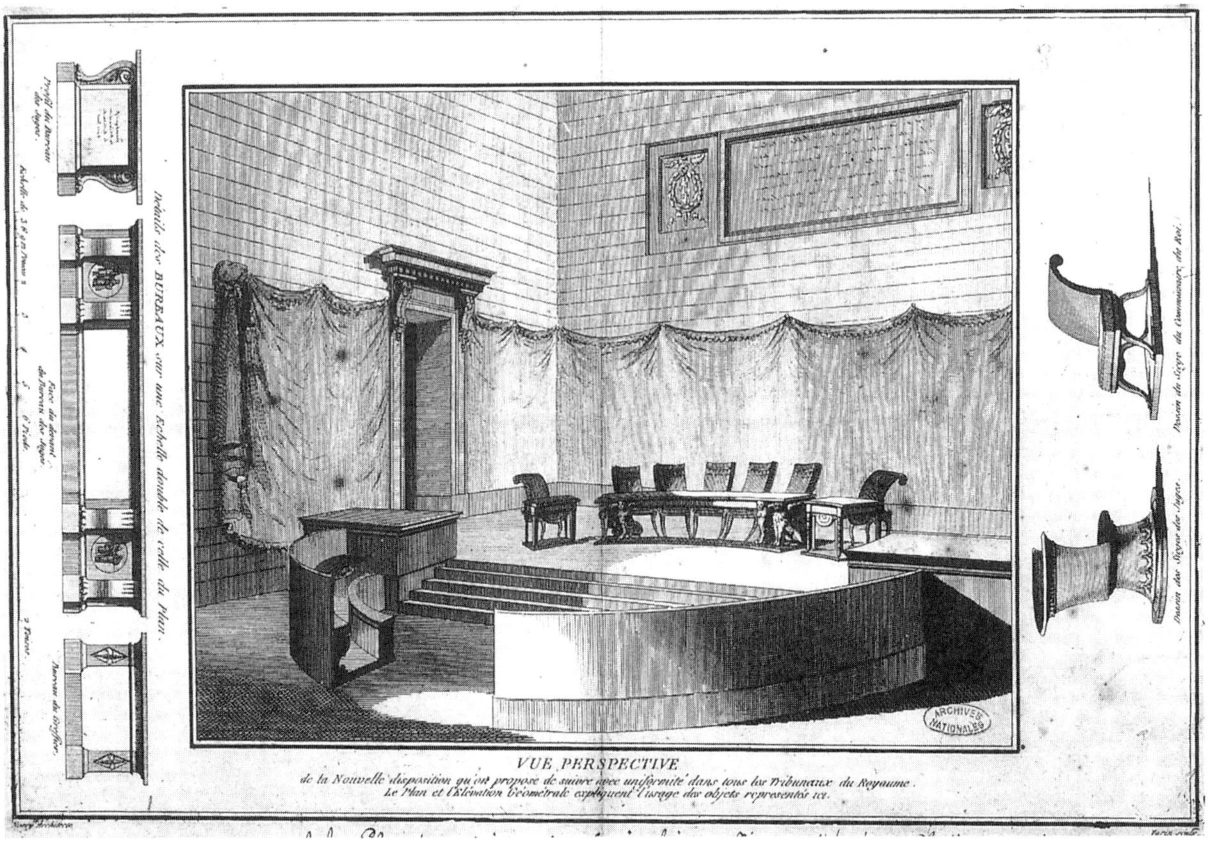

에 관한 기록들, 프랑스 대혁명 시대의 새로운 시범 법정을 보여주는 그림(그림 1.1), 법정의 사용에 관한 재판관들의 기술記述, 몇 편의 학술적인 논문들과 관광객의 여행기들, 그리고 콘서트홀에 대한 건축 프로그램 등이 있다고 하자. 이와 유사한 많은 정보들을 다른 수많은 건물에서도 찾아볼 수 있으며 따라서 이 가정은 그리 허황된 것이 아니다.

필자 자신이 갖는 고유 경험을 토대로 다음과 같은, 조금은 가상적인 형태의 자전적 글로 건물의 경험에 대해 이야기해 보고자 한다.

나는 직업상으로 건축가이고 이론가이며 때에 따라 관광객 또는 방문객이 된다. 나의 개인적인 인생사와 성격, 교육과 직업에 관한 배경과 사회적 위치 등은 항상 나를 따라 다닌다. 나는 가족 · 친구 · 교육계의 동료 · 전문가 집단으로 구성된 나를 둘러싼 환경 속에서 음악 · 건축 · 사람들 그리고 관련단체들과 교류하는 법을 배워왔다. 나는 오늘 저녁 음악회에 참석하기로 결정하고 이 기회를 그 건물의 의미를 탐사해 보는 시간으로 활용한다. 나는 있는 그대로의 건물 이야기를 원하며, 그것은 수도원에 속한 성당이었던 시절로부터 오늘 저녁 음악회에 이르는 건물[9]의 온 생애가 담겨있는 서사를 의미한다.

어둠이 내리기 전 그 장소 한 켠에 위치한 성당의 전체모습과 세부장식들을 바라본다. 성당 주위를 걷는 동안 세 개의 포르탈[10] 출입구와 팀파눔[11]으로 이루어진 성당입구 부분이 밖에서 어떻게 보이는지, 그리고 외부공간과 어떻게 연결되는지 점차 깨달아간다. 성당의 내부에는 이제 불이 켜지고 어두운 성당내부는 환하게 빛을 받는 기둥과 극적인 대조를 이룬다. 음악회가 시작되기 전 나는 성당내부의 여러 곳, 즉 성당입구의 넓은 홀에서부터 본당회중석이 있는 신랑 · 부속 예배실 · 신랑과 직교하는 수랑 · 성소 뒷부분의 반원형 후진 그리고 성당을 처음으로 세운 수도원장이 묻혀있는 지하 무덤까지를 살펴본다. 이곳 지하와 상층부의 바닥과 벽 여기저기 그리고 기둥사이의 닫집들 아래에는 다른 무덤들이 있다.

내가 경험할 수 있는 것은 건물의 위치와 전체적인 형태 · 건물표면의 상세한 부분 · 색상 · 건물표면에 조각된 문양이 들려주는 이야기 그리고 기하학적인 장식들이다. 어떤 형태들은 어둠 속에 있기 때문에 단지 추측할 수밖에 없다. 나는 건물의 현재 목적, 즉 잠시 후 내가 다른 청중들과 연주자들과 함께 즐기게 될 음악 공연을 경험할 것이다. 이와 함께 성당 안의 공간들이 어떻게 구성되어 있는가를 몸으로 느끼며, 또한 들어갈 수 없었던 성소와 지하무덤 그리고 방금 방문했던 성당외부의 공간구성에 대해서도 감지한다. 나는 성당입구 근처에는 무엇이 있는지, 성당내부 깊숙이 무엇이 놓여있는지, 어떤 것 옆에는 어떤 것이 있는지 그리고 이러한 모든 공간들이 어떻게 연결되어 있는지를 인지한다. 이 모든 것이 나에게 강한 인상을 준다.

심지어 음악회가 시작되기도 전에 어둠과 빛 · 큰 덩어리와 상세부 · 채워진 곳과 비워진 곳의 대조로 형성된 질서정연한 공간과 몸으로 교감하고 있음을 느낀다. 그 느낌은 연주가 벌어지는 무대를 향하여 나아감과 동시에 희미하게 인지되고 있는 천장으로 상승하는 움직임을 갖는다. 이러한 움직임들은 여러 기억과 영상을 떠올리게 한다. 나는 이 건물이 갖는 이러한 대조적인 특징들이 내 인생에서 경험하는 모순과 유사하다고 느낀다. 즉 건물내부의 어두움은 외부세계와 그 속에 자리하고 있는 내 자신에 대한 불명료한 이해와 상응하고, 건물의 역동적인 움직임은 젊은 날의 성장을 상징하는 은유이며, 건물 내의 리듬과 질서는 활기 넘치면서도 익숙한 인생의 안정감과 상응하는 것이다. 이것들은 필연적으로 어린 시절의 경험에서 비롯되며, 상실 · 확신 · 고독 · 소망 · 성 · 이별 · 격정 · 치유 그리고 사랑으로 이루어진 일련의 사

8. 프랑스의 건축가(1814-1879). 중세건축의 수리 및 복원과 관련하여 많은 활동을 하였으며, 그의 중세건축에 관한 이론은 근대 건축가들에게 많은 영향을 끼쳤다.
9. 저자가 앞에서 가정했던 수도원에서 재판소로 또한 콘서트홀로 용도가 바뀌어 온 건물을 의미한다.
10. 중세 교회에서 아치가 연속적으로 후퇴되면서 만들어지는 거대한 출입구
11. 아치와 아치형 출입구의 상인방으로 둘러싸인 부분. 중세 시대에는 종종 성자의 모습이 조각되었다.

건들인 것이다. 나의 인생경험에서 나타나는 이러한 이미지들은 수도사 · 재판관 · 변호사 · 증인 · 음악가 · 청중들과 같은 지금까지 이 건물을 사용했거나 또는 지금 이곳에 있는 사람들을 보면서 추측할 수 있는 이 건물의 다양한 쓰임새로부터 떠오르는 영상들과 함께 뒤섞인다. 초대 수도원장이 잠들어 있는 곳 바로 위에서 들려오는 세속적인 음악을 들으면서, 이런 음악이 갖는 관습적인 의미 이외에 또 다른 신비스런 느낌을 받는다. 어쩌면 이것이 이런 세속적인 음악을 과거의 성스런 교회에서 연주하도록 결정한 의도인지도 모른다. 이 건물 곳곳에 위치하고 있는 성당건립 초기의 주민과 후원자들의 무덤은 지금 연주되는 음악보다 더 오래된 이야기를 들려준다. 나는 음악 · 밝게 조명을 받는 무대 · 지휘자의 위치를 내 경험 속의 예배의식과 연결한다. 건물을 떠나면서 나는 관광객을 위한 사진이 곁들어진 얇은 안내책자를 구입한다. 건물의 직접적인 경험은 여기서 종결된다.

이후 몇 주에 걸쳐, 출판되거나 그림으로 그려진 이 건물의 기록들을 찾아본다. 그리고 건물의 디자인을 당시의 정치적 맥락 속에서 같은 양식에 속하는 다른 건물의 디자인과 연결짓는다. 이런 작업을 통해 당대의 규범(프랑스 혁명지도부의 칙령)에 의한 표현의 제약을 살펴볼 수 있다. 또한 그 건물 뒤에 존재하는 부富의 사회적 속성을 이해한다. 이런 재력이야말로 이 건물에 묻힌 귀족 후원자들이 갖고 있던 동기였으며, 왜 특별히 이 건물의 건축가(건물에 조각된 초상으로 알아 볼 수 있다)가 다른 곳에도 초빙되었는가를 설명해 준다. 나는 성당이 재판소로 바뀌게 된 사실과 정의에 대한 공화주의자들의 인식 그리고 공간배치의 의미와 당시의 변호사들이 사용하였던 집기들이 암시하는 의미를 깨닫는다. 또한 십자가상 앞의 수도원장 자리와 프랑스 삼색기 앞의 재판관 의자 사이에서, 그리고 한쪽의 수도사들과 사무보조원들, 다른 쪽의 변호사들과 정부관리들 사이에서, 또한 회중석의 일반 신도들과 법정의 공중회랑에 있는 방문객들 사이에서 유사성을 발견한다. 이런 유사성은 예배에 참석한 신도들과 재판과정에 있는 사람들간의 관계를 암시한다. 예배는 성스러운 신이 함께 함으로써, 재판은 정의로운 정부에 의해 정당화된다. 나는 이들 두 위계적인 집단 — 그들의 권위는 그 정점에 있는 보이지 않는 실체로부터 유래한다 — 이 어떤 측면에서 같으며, 어떤 측면에서 서로 다른지에 대해 질문한다. 한쪽은 유대감의 공유를 통한 공동체 창출에, 다른 쪽은 권력의 집행과정을 표현하는 데에 목적을 두고 있다. 그렇다면 어떻게 똑같은 공간이 서로 다른 의미들을 전달할 수 있는가? 나는 공간과 공간의 의미 사이에 있는 밀접한 관계가 궁금해지기 시작한다.

나는 역사적 진실이라는 명분으로 크나큰 왜곡을 불러 일으켰던 19세기 중반의 보수주의자들이 가졌던 신념의 일부를 배운다. 콘서트홀에 대한 프로그램을 살펴봄으로써, 문화에 대한 오늘날의 개념의 일부를 알게 되며, 특히 여기서 문화와 역사 그리고 성스러움과의 연관성을 명확하게 바라 볼 수 있다. 이를 통해 나는 오늘날 성스러운 장소로서의 문화적 건물들 — 박물관과 미술관을 포함하여 — 이 갖는 역할을 이해한다. 이러한 모든 '발견들' 은 그 감격적인 밤에 겪었던 경험들과 융합되며, 그 날의 기억은 내가 겪었던 경험을 분석하여 글로 표현하는 동안에 생생하게 되살아난다.

이러한 상상에 의한 자전적인 '사례' 는 살이 없는 뼈대만을 보여줄 뿐이다. 그러나 실제로 수많은 역사들과 의미의 중첩들 그리고 관계들과 구조들이 있을 때, 어떻게 이들을 하나도 빠뜨리지 않고 완전하게 서술할 수 있겠는가? 건물 자체 그리고 건물에 관한 글과 건물에 관한 경험은 마치 이음새 없는 천과 같다. 이처럼 어떤 사례이든지 그것을 설명하는 자료는 무궁무진하므로, 어떤 사례라 해도 모든 자료를 완벽하게 소화해서 설명할 수는 없다. 앞으로 언급될 사례들은 대부분 내가 경험해 보지 못한 것이다. 비록 내가 경험했더라도 건물 하나를 끝까지 좇아간다면 그 자체로 한 권의 책이 될 것이다. 그러나 위에서 예로 든 '가상의 사례' 를 통해, 하나의 건물에 담긴 서사를 완벽하게 구성하지 못한다할지라도 중요한 사건들을 추적하는 것만으로도 건물의 의미를 파악하는 데 큰 도움이 될 수 있음을 충분히 알 수 있다.

사회적 행위로서의 건물과 텍스트

이제까지 '가상의 사례' 를 통해, 건물과 그에 관한 텍스트 그리고 나의 경험이 어렵지 않게 실제 역사 속의 사회와 연결되어 있는 것을 살펴보았다. 이러한 관계를 파악하기 위해 역사 속의 사회를 사회적 행위social practice, 사회적 관계social relation, 그리고 주체subject의 세 개의 영역으로 구분하여 살펴보자. 건물을 짓고 그에 관한 글을 쓰는 것은 두 개의 특별한 사회적 행위이다. 모든 사회적 행위 중에서 가장 중요한 언어의 사용 또한 그러하다. 사회적 행위와 관계를 실제로 만들어 내는 것은 주체이다. 그들은 사회를 이루는 요소이면서 사회에 의해 구성되는 요소이기도 하다. 그리고 주체들은 사회적 관계 안에서 그들이 보여주는 행위의 의미를 발견하게 된다.

건물 '가상의 사례' 에서 우리가 경험한 건물에는 크기와 형태를 갖는 공간들, 그리고 재현적이고 추상적인 문양으로 안과 밖이 장식된 천과 같이 눈으로 볼 수 있는 시각적인 요소들이 있었다. 건물의 표면은 리듬을 갖고 반복되는 개구부와 벽기둥, 리브[12]들로 세분되어졌다. 어떤 부분에는 카펫 · 벽걸이 장식 · 그림과 같은 장식물이 덧붙여졌다. 아울러 상징물 · 문장紋章 · 조각된 글들을 볼 수 있었다. 기둥과 몰딩[13]은 위계에 따라 질서정연하게 배치되어 있었는데, 파노프스키Panofsky(1957)는 이런 질서 있는 배치방식을 스콜라 철학의 논리적 구조와 연관시켰다. 이와 함께 고딕식 창의 장식 격자 · 조각으로 꽉차있는 출입구 상부의 팀파눔 · 기둥의 주두 그리고 무덤의 장식조각들을 볼 수 있었다.

이러한 형태요소들은 하나의 '양식style' 에서 일관성 있게 배치된다. 예를 들어 고전주의 양식은 마지막 세부에 이르기까지 15세기 이후 건축교본의 핵심이 되어온 규범적인 규칙들 — 언어와 그림으로 설명되었다 — 이 지배하였다. 이런 양식화된 규범들은 유럽 제국들에서 식민지로 넓게 퍼졌다. 예를 들면, 로마제국으로부터 북 아프리카로, 혹은 팔라디오 양식이 풍미되던 영국으로부터 미국의 사우스캐롤라이나까지 널리 퍼졌다.

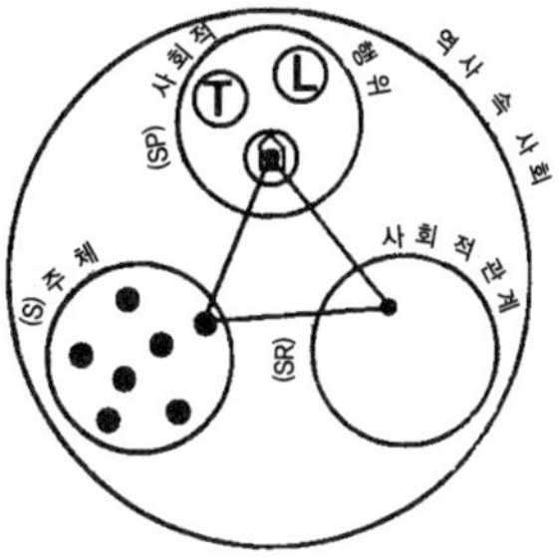

T = 건물에 관한 텍스트
L = 언어
⌂ = 건물을 디자인하고, 건설하기

위에서 살펴 본 '가상의 사례' 에서처럼, 원래의 건물에 다른 양식이 중첩되거나, 일부는 다른 양식으로 대치되기도 하였다. 그 결과, 일련의 중세시대 형태들뿐만 아니라 신고전주의 법원의 잔재, 그리고 근대적인 판유리 · 가구 · 조명을 동시에 볼 수 있다. 이러한 형태들은 유익하면서도 감동적인, 믿을 수 없을 만큼 풍부한 이야기를 들려준다. 얼마나 유익하며 감동적인지는, 어떤 지적인 장치 그리고 감성적인 장치들이 함께 하는지에 달려있다.

다른 한편으로 그 건물에서 우리는 사람들과 관련된 요소들도 발견하였다. 가장 대표적으로 음악을 연주하거나 듣는 사람 그리고 프로그램을 판매하는 사람들을 보았다. 우리는 또한 건물의 초기 사용자들에 대한 단서를 찾아내었다. 그리고 성가대석에 있던 수도사들 · 성소 제단의 사제들(이 제단은 현존하고 있다) · 본당 회중석의 신도들 · 지금은 음악가들이 자리하고 있는 공간에 있던 판사와 변호사와 증인들 그리고 현재의 객석에 앉아있던 법정 방청객들의 모습을 상상할 수 있었다.

12. 조적식 건물에서 볼트천장을 구성하는 가느다란 선형 구조체로, 천장부터 시작하여 기둥을 따라 바닥에까지 이어진다.
13. 건축용어로 '쇠시리' 라고도 하며, 실내 건축면을 장식하는 부재로 많이 쓰인다. 빛에 의한 음영의 강조로서 단순한 벽면을 수평 또는 수직적으로 구분하는 역할을 한다.

예배와 수도원의 규범 또는 재판 진행과정의 목적과 구성 원칙 등을 재발견하는데 한계는 없으며, 심지어 특정 성찬식의 진행이나 특정 재판의 진행절차에 관한 상세한 내용들도 알아낼 수 있다.

쿠벤호벤이 끌어낸 논리에 따르면, 만약 경험을 공유하지 못할 경우, 텍스트에서 찾아낸 어떤 기능에 관한 표현은 그것이 아무리 상세하여도 결국 언저리에서만 맴돌게 된다. 이것은 우리가 반복해서 사용하는 친밀한 장소들, 다시 말해 학자 · 관광객 · 비평가들의 그 어떤 통찰력으로도 완전히 파악될 수 없는 우리의 추억어린 장소들을 떠올리면 명확해진다. 이방인은 우리의 집과 거리 · 오래된 학교 · 우리가 결혼한 교회 · 우리가 일하는 사무실 또는 어린 시절 놀러가서 머물렀던 바닷가 호텔들을 어떻게 보고 느끼는가? 이방인이 우리의 느낌을 재구성하는 것은 분명 어려운 일일 것이다. 최선의 경우 그럴듯한 모방일 것이고, 최악의 경우 우스꽝스럽고 과장된 묘사에 그칠 것이다. 여기서 말하고자 하는 바는 건물 사용에 관한 풍부한 서사는, 그것이 관찰된 것이든, 기억에 의한 것이든, 자료에 근거해 재구성된 것이든 간에, 건물이 보여주는 다양한 형태만큼이나 매우 감동적이며 시적이라는 것이다. '기능' 이라는 단어가 갖는 무미건조한 어감에도 불구하고 말이다.

'가상의 사례' 를 통해 우리는 공간적 관계를 주목하게 되었다. 교회본당 앞의 전실을 지나감에 따라 일련의 공간들이 다가서고, 각각의 공간은 그 앞의 공간에서 눈에 들어온다. 어떤 때는 길이 단 하나이기 때문에 되돌아오기 위해서는 앞에서 지나온 길을 다시 돌아가야만 하지만, 어떤 때는 또 다른 대체적인 통로가 있을 수도 있다. 어떤 공간들은 입구로부터 가깝기 때문에 공간의 깊이가 얕은 반면, 다른 공간들은 깊은 곳에 있어서 사이에 끼어있는 여러 공간들을 거쳐야만 목적한 곳에 도달할 수 있는 경우도 있다. 어떤 공간들은 잠긴 문이나 기호로 표시된 규칙에 의해 접근이 제한된다. 각각의 공간은 특정한 목적과 특정한 사람을 위한 것이다. 우리가 지금까지 묘사해 온 공간관계는 기하학적이기보다는 위상학적인 측면에서 설명될 수 있는, 모든 것이 서술된 기능에 꼭 들어맞는 일종의 '인접성nextness' 에 관한 것이다. 여기서 인접성이란 누가 무엇을 언제 누구와 어떤 형태의 공간에서 하였는가 뿐만 아니라, 어디서 그리고 누구 옆에서 하였는가의 문제도 포함한 개념이다.

이처럼 관찰 · 경험 · 텍스트 · 도면들은 형태 · 기능 · 공간에 관한 지식을 생산하였다. 일상생활에서는 이러한 것들이 한 덩어리로 연결되어 있지만, 의미를 해석하기 위해서는 그것들을 별개의 것으로 다루는 것이 바람직하다. 앞서 언급한 세 가지 요소(형태 · 기능 · 공간) 중 형태와 공간은 물질적인 변화가 일어나지 않는 한 영구적이다. 그러나 기능은 그렇지 않다. 기능은 건물에 '새겨진' 용도로서, 사회적 행위인 것이다.

어떤 수도원 공동체들은 바로크식 건물을 갖고 있었다. 법정들은 다양한 양식으로 지어져 왔다. 그리고 수도원과 법정 모두 다양한 공간구조로 운영될 수 있으며, 각각의 공간구조는 서로 다른 사회적 관계를 의미한다. 달리 말해 '형태는 기능을 따른다' 라는 설리번Sullivan의 명구에도 불구하고, 형태 · 기능 · 공간 사이에 불변의 관계란 없다는 것이다. 그것들은 서로 독립적이다. 그리고 만약 전체 건물이 어떤 의미를 내포하는지에 대한 앞서의 질문을 돌이켜 볼 때 아마도 그 질문의 해답은 그 건물의 모든 특징에 대해 이야기해 줄 수 있는 공통의 장場에서 찾아야 할 것이다. 이런 가정은 '건축' 에서 일반적으로 받아들여지고 있는 생각, 즉 담론이란 일관성 있고 자기 충족적인 관계들로 이루어진다는 생각을 실질적으로 무너뜨리는 것이다. 이 점에 관해서는 나중에 이야기될 것이다. 그렇다면 어디부터 살펴보아야 할까?

건물은 건물의 소유자 · 투자자 · 설계자 · 시공자 · 기술자 · 교회와 정부의 수장들 그리고 입법자들의 행위에 의해 지어진다. 그러나 건물을 계속 유지하기 위해서는 청소부와 같은 사람들 또한 필요하다. 모든 사용자들과 마찬가지로 그들도 자신이 속한 역사적인 사회라는 커다란 천의 일부인 것이다. 따라서 나에게는 이 모든 사람들의 사회적인 관계를 그러한 공통의 장으로서 생각하는 것이 자연스러워 보인다.

이러한 생각을 전개시키기에 앞서, 먼저 다른 사회적 행위 — 텍스트를 쓰는 것 — 와 주체에 대해 언급할 필요가 있다.

텍스트 | 앞의 '가상의 사례' 예를 볼 때, 규범적인 텍스트들은 수도원 시기에는 매우 드물었으나 17세기 이후 빈번히 나타났다. 구체적으로 말해, 간단한 편지로 시작해서 정교하게 작성된 국가의 법률 · 시위원회 의사록 · 건축공모전의 지침서 · 건축법규 · 디자인가이드 등이 나타났고, 최종적으로 오늘날의 두꺼운 설계지침서에 이르렀다.

이러한 텍스트들은 그 자체의 역사를 갖고 있다. 이것은 특정한 시간과 장소에서 특정한 형태로 나타나며, 수도원의 도서관 · 출판사 · 인쇄소 · 미술관 · 대학 또는 신문사와 같은 기관들에 의해 만들어지고 축적되며 배포된다. 텍스트에는 숫자 · 표 · 그림 · 사진 · 컴퓨터 시뮬레이션 · 사운드트랙 등이 포함된다. 또한 텍스트는 글쓰기 · 시각적 표현 · 구성 · 복제의 관행적 방식, 즉 양식style을 채용한다.

주체

우리는 주체성subjectivity에 대해 안으로부터 알고 있다. 이것은 양파껍처럼 여러 겹의 의미들의 층으로 이루어진 친숙한 영역이다. 주체성이라는 것은 건물 또는 텍스트보다는 덜 구체적인 실체라는 것도 우리는 알고 있다. 여기서 비록 주체 분석을 위한 도구를 제시하지는 않겠지만, 주체에 대해 언급하지 않을 수는 없다.

지루할 수도 있겠으나, 주체들 또한 역사 속의 사회에 속한다는 사실을 반복해서 말해둘 필요가 있다. 비평가나 학자 또는 분석가들도 그들이 저술하는 두꺼운 책의 무게나 논문의 학술적 깊이에 관계없이 단지 또 다른 주체에 불과할 뿐이다. 그들 또한 개인적인 역사의 산물이며, 자신들의 안경을 통해 그 증거들을 바라본다. '가상의 사례' 가 주체들이 건물의 서사 밖에 존재하는 것이 불가능하다는 것을 보여 주었다면, 충분히 제 몫을 한 것이다. 나는 해설자로서 내가 해설하고 있는 건물 이야기의 내부에 있다. 이러한 관계는 중요하지 않은 것처럼 보이지만 이에 관해 명확히 해두는 것이 좋겠다.

그런데 만일 주체성의 의미가 역사 속의 사회에 있다면, 지금까지 매우 심도 있게 논의되어온 두 종류의 모순에 직면하게 된다. 그중 하나는 개인과 사회 간의 모순이다. 개인은 유전적 · 환경적 · 경제적 요인에 의해 생겨나는 사회적 산물일 뿐인가? 아니면 인간이기에 갖게 되는 '본질적인' 어떤 특성, 즉 사회화되기 이전 혹은 사회화의 범위를 넘어서는 인간의 '본성' 이라고 말할 수 있는 어떤 것이 있는가?

또다른 모순은 건물과 텍스트, 특히 예술작품과 같은 인공물들과 사회 간의 모순이다. 인공물은 작가의 개인적인 삶의 역사를 통해 사회적으로 형성되는 것인가? 아니면 '아하!' 라는 공감을 이끌어낼 수 있는 '본질적' 이며 보편적인 무엇인가가 있는 것인가?

이에 대한 믿을만하고 유용한 해답을 찾기 위해, 인간관계를 두 종류로 구분해 보자. 하나는 역할 · 구조 · 자원의 통제에 기초하는 인간관계이다. 이것은 권력관계를 통해 나타나는 사회적인 요인으로서 개인에게 지대한 영향을 끼친다. 또 하나는 부분적으로 현상학과 후설Husserl[14]이 제시한 '생활세계lifeworld' (Husserl 1970) — 그 세계는 나의 몸을 통해 나 자신을 경험하고 내가 속하게 되는 세계이다 — 에 근거하는 인간관계이다. 나는 사회적으로 형성된 관계를 넘어서, 어떤 면에서는 그것과 정반대의 관계들 — 고르츠Gorz(1989)가 '유대' 라고 부르는 — 을 형성한다. 같은 사회 속에서 발전되어 왔어도, 유대감을 통한 다른 사람들과의 애착은 사회적인 요인으로만 결정되지는 않는다. 고르츠는 그 유대감의 관계를 잘 보여주는 예로서 모성애를 꼽고 있는데, 그것은 '본질상 다른 사회 질서에 대한 위협' (Gorz 1989: 175)이라는 것이다. 모성애는 역할 · 계약 · 정의 등에 전혀 종속되지 않는 무조건적인

14. Husserl, Edmund(1859-1938). 독일의 철학자로서 심리주의를 비판하고 현상학을 발전시켰다.

것이며 '사회화가 가능한' 것이 아니다. 그러나 유대감은 사회적으로 형성되지 않을지라도, 현실적으로는 그것을 변화시키는 사회적인 환경에서만 성장하며 경험할 수 있다. 고르츠는 그가 예로 든 모성애적 유대를 일반적인 사랑이나 우정 혹은 연대감으로 확대시킬 수도 있었을 것이다.

이러한 내부세계의 실체는 밖에서 안으로는 접근할 수 없다. '내부성을 외부화하거나 주관적인 것을 객관화하는 것은 불가능하다' (Gorz 1989: 176). 그러나 내부세계는 역사에서 벗어나있는 선험적인 '본성' 을 믿어야 한다고 요구하지는 않는다. 여기서 중요한 것은 바로 이러한 역사 속에서, 그리고 반드시 역사 속에서만 자연적인 요소들을 통해 — 예를 들어, 계절, 날씨, 동식물, 음식, 가공되지 않은 물질 혹은 기술문화에 의해 고도로 처리된 다른 물질들과의 접촉을 통해서 — 그리고 다른 사람들과의 신체적 접촉을 통해 각 개인의 내부 세계가 형성되는 것이다. 이것은 인간이란 어떤 존재인가? 라는 질문과 밀접하게 연관된 것으로서, 내부세계의 실체를 인간의 '본성' 이라고 말해도 별 무리는 없는 듯이 보인다. 진화와 유전적 유산 · 어린 시절의 환경 · 특별한 지방의 문화와 같은 것들은, 언어습득 능력에 영향을 미치는 것만큼이나 개인의 내부세계를 형성하는데 중요한 영향을 끼친다. 그러나 심지어 진화의 기원까지 거슬러 올라가는 역사는, 모두에게 공통적임에도 불구하고, 특별한 방식으로 나를 만든다. 나는 다른 사람과 마찬가지로 몸을 갖고 있다. 그러나 몸을 통해 내가 느끼는 방식, 예를 들어 춤추고 성관계를 할 때 몸을 사용하는 방식은 나만의 독특한 것이다. 다시 한번 강조하지만, 모든 인간들과 마찬가지로 나는 언어를 말할 수 있는 능력을 갖고 있다. 그러나 나는 내가 속한 사회의 언어를 사용하여 나 혼자만이 생각하고 느낄 수 있는 것들을 말한다. 그 누구도 이와 똑같은 것들을 지금 또는 미래에 정확하게 다시 말할 수는 없는 것이다.

15. 르네상스 건축의 초기 거장인 브루넬레스키가 설계(1442~52)한 성당 참사회 집회소. 플로렌스 프란시스칸 교회에 붙어있다. 그는 건축의 각 구성요소가 그 자체와 상호관련성에 있어서 완벽한 비례와 조화를 이루는 건축형태를 추구하였다.

역사의 어느 순간에, 함께 살아온 사람들 사이에서 오랜 기간 동안 공유해온 공통된 인식이 방해받을 때, 모든 이들의 '생활세계' 에 내재된 고유한 측면이 더욱 쉽게 파악된다. 일반적으로 치유의 기호로 여겨지고 있던 어떤 단어나 냄새 또는 형태가 파괴의 의미를 전달할 수도 있다. 건축의 경우, 고전주의 질서가 2,000년을 이어져왔지만, 무솔리니가 과거의 의미와는 전혀 달리 자신의 의도대로 사용한 고전주의는 파찌 예배당Pazzi Chapel[15]에서 볼 수 있는 조화를 한 세대 전체 구성원들로부터 완전히 지워 버리는 결과를 야기하였던 것이다. 이러한 급작스러운 혼란은 사회적으로 형성된 권력관계와 내부의 '생활세계' 에서 나타나는 유대감을 모두 바꾸어 놓는다.

그리고 개인이 단순히 사회적으로 형성되는 피조물 이상인 것과 마찬가지로 사회 또한 개개의 구성원들이 모인 단순한 집합체 이상의 의미를 갖는다.

이 점이 두 번째 질문에 대답할 수 있는 계기가 된다. 만약 사람의 손으로 만든 사물에 '본질essence' 이 있다면, 그것은 사회에 의해, 사회 안에서 형성된 창조자의 '본성nature' 에서 비롯된다. 사회적인 분석은 그 사물의 본질을 설명할 수 있지만 본성을 설명해 주지는 못한다. 여기에 역사의 두 가지 측면이 담겨있다. 사물이 인간의 '본성' 에서 나오는 의미를 담고 있는 한, 그리고 무솔리니와 같은 돌출적인 사건으로 인해 그 가능성이 완전히 제거되지 않는 한, 그 사물은 다른 사람들로부터 공감을 불러일으킬 것이다.

이러한 두 종류의 관계는 집단 · 작업장 · 마을과 같은 실제적이고 구체적인 공간적 환경에서 발견된다. 건물들은 이러한 관계를 담는 수동적인 그릇 이상의 의미를 지닌다. 건물은 그 안에서 일어나는 것을 통제하는 기능적인 프로그램만큼이나 공간적인 관계와 형태에 의해 결정된다. 여기서 나의 관점을 말한다면, 나는 물질적인 것의 역사와 그것에 의해 만들어지는 사회적인 관계들을 가장 중요하게 생각한다. 특히 건물이라는 공간 안에 있는 사람들에 주목한다. 이러한 물질적인 것의 역사가 없다면 그 어떤 것도 의미가 없다. 그러나 그런 역사가 있다고 해도, 밖으로부터 안으로 향하는 분석으로는 다루기 어려운 의미가 여전히 남아있다. 여기서 나는 내 자신의 경험에 의존할 수밖에 없으나 이런 경험은 말로서 의사소통이 가능하므로, 나는 내 경험을 다른 사람들과 충분히 공유하고 싶다.

물질적인 그릇인 건물과 그 안의 공간에서 삶을 영위하는 사람들에게 마음 · 의식 · 언어의 역할이란 도대체 무엇인가? 이 질문은 철학자들이 해결하도록 남겨두자.

분석도구들

분석적 접근 방식의 대부분은 대체적으로 잘 알려져 있고 그리 복잡하지 않다. 그러나 일부 어떤 것들은 낯설고 복잡하므로 설명이 필요하다.

건물—형태 수도원 – 재판소 – 콘서트홀로 사용된 건물에서 형태가 강렬한 경험을 만들어 낸다는 것은 말할 필요조차 없어 보인다. 그 이유는 형태가 갖는 강렬한 힘뿐만 아니라, 형태만을 건축의 질로 규정짓는 학풍 · 비평 · 교육과 대중매체들이 보여주는 관습 때문이다. 대부분의 분석적 방법은 예술과 관련된 학문에 그 기원을 두고 있다. 이 방법들은 양식적인 발전 · 분절방식 · 도상학 · 인식 등을 조사한다. 이러한 전통은 르네상스 시대에 비트루비우스Vitruvius[16]의 문헌이 발견된 이후에 나온 논문들에서 기원하여, 17세기와 18세기 프랑스에서 발전되었으며, 19세기 독일 관념론과 고고학의 영향으로 변화를 겪은 후, 20세기 전반기에 만개하였다. 이중에서도 특히 고전주의 기둥양식인 오더Order에 대한 분석이 크게 발전되었다. 서머슨Summerson[17](1980)은 어휘와 문법이 갖는 언어적인 은유법을 사용하여 고전주의 양식의 기둥 부재들이 어떻게 함께 짜맞추어져 있으며, 기둥 시스템이 어떻게 건물평면과 입면구성 등에 광범위하게 적용되었는지를 보여주었다. 조니스Tzonis와 르페브르Lefaivre(1986)는 이보다 더 분석적인 접근 방식을 채용하였다.

형태분석에 사용할 수 있는 자료, 즉 드로잉 · 텍스트 · 고고학 또는 건축분야의 현장조사 기록 · 사진 · 모형 등은 매우 풍부하다. 그러나 대부분의 자료들은 사회적 분석을 위해서는 사용되지 않았다. 심지어 건축을 독립된 예술형태로 받아들인 역사학자들 조차 건축의 의미를 사회 안에서 찾을 수 있다는 것을 최근에야 인식하게 되었다. 서머슨(1980: 114)은 고전주의 건축언어는 '사회적 의미를 전달하기 위한 도구로서의 건축'과 관련이 있다고 결론 내린다. 건축사 연구방법에 대해 왓킨Watkin(1980: 183)은 다음과 같은 점을 지적하고 있다. 건축사 연구에서 가장 '혁신적인 최근의 특성들' 중 하나는, 비록 그 자신은 이러한 시도에 대해 비관적임에도 불구하고, '건물을 그것이 만들어지는 사회와 연관시키려고 하는 확고한 시도가 증대되고 있다'는 점이다.

프랑클(1914)은 형태에 세 가지 요소가 있다고 말한다. 첫 번째는 공간구성으로, 공간의 기하학이라 할 수 있다. 그 매체는 평면이며, 그의 평면분석은 카우프만Kaufmann[18](1955)의 18세기 말의 '혁신적인' 건축가들에 관한 저술과 기디온Giedion[19](1944)의 바로크 시대 건축에 대한 저술에 지대한 영

16. Marcus Vitruvius Pollio(46-30 BC.). 로마의 건축가 · 공학자 · 건축이론가로서 서구 고전주의 건축문화의 근간이 된 '건축 십서'를 저술하였다. 비트루비우스의 저술을 재발견한 르네상스 이후 건축이론은 획기적인 전기를 맞게 된다.

17. Summerson, John Newenham(1904-1902). 영국의 건축사가로서 영국의 건축가 존 내쉬에 관한 전기를 저술함으로서 명성을 얻기 시작하였다. 근대주의 건축에서 고전주의 양식의 중요성을 강조하였으며, 18-19세기 영국 조지안 양식을 열렬히 옹호하였다.

18. Kaufmann, Emil(1891-1953). 빈 출신의 미국 건축사가로서 프랑스의 신고전주의 양식에 관한 전공자이다. 그는 처음으로 건축에서 사회역사적인 의미에 대한 해석을 시도하였다.

19. Giedion, Sigfried(1888-1968). 스위스의 미술사가로서 근대주의 운동의 핵심적인 옹호자였다. 르 꼬르뷔지에르와 함께 CIAM 결성에 중요한 역할을 하였고, 건축사상 분야에도 지대한 영향을 끼쳤다. 특히 그의 주요저서인 'Space, Time, and Architecture'는 1940년대 이후 건축학교에서 널리 읽히고 있다.

향을 끼쳤다. 두 번째로 뵐플린Wölfflin[20]이 르네상스와 바로크 건물에 사용했던 분석기법들을 사용하여, 입체적 형태와 입면을 분석하였다. 그는 구체적인 물질이 공간을 형성하는 방식에 대해 '인상학physiognomy' 이라는 단어 대신 '육체성corporealty' 이라는 단어를 더 선호하였다. 세 번째로 그는 시시각각 변화하는 이미지들이 마음속에서 하나의 느낌으로 통합되도록 하는 것은 빛과 색채 그리고 다른 시각현상들의 영향이라고 생각하였다. 이러한 접근은 당시에는 새로운 분야였던 게슈탈트 심리학[21]에 기초한 것이었다.

이러한 세 가지 요소에 덧붙여 기능을 함께 살펴봄으로써 우리가 살고 있는 세계의 의미에 관해 좀더 깊이 파악할 수 있게 된다. 예를 들어 프랑클(1914)은 르네상스와 바로크 시대를 '유한성' 과 '영속성', '소우주의 세계' 와 '대우주의 세계', '완전하고 닫혀있으며 스스로 충분한 단위' 와 '불완전하기 때문에 우주로 열린 파편' 으로 대비하여 묘사하고 있다. 이러한 의미들은 디자이너들에 의해 의도적으로 사용되었으며, 그 건물을 경험하는 모든 사람들에게 전달되었다. 그는 디자이너들이 전달하려는 내용이 두 가지 면에서 보편적이라고 여겼다. 하나는 그것이 우주에 관한 것이며, 다른 하나는 그 의미가 언제나 누구에게나 보편적으로 지속된다는 것이다.

형태를 의미전달의 수단(은유)으로 보는 견해에 대한 가장 강력한 도전은 소쉬르Saussure[22]로부터 비롯되었다. 형태(기표signifier)와 의미자체(기의signified)의 작위적인 결합으로 정의되는 기호sign의 개념 — 이는 정해진 코드code를 통해 발신자(말하기)와 수신자(듣기/읽기) 사이에서 창조되는 결합이다 — 이 건축에 적용되었다. 에코Eco[23](1986:55 - 86)는 형태요소들을 기호체계의 부분으로 다루고 있는데 이런 형태요소들은 기호체계 내에서 코드가 된다. 기호의 특성 중 하나는 사물들의 쓰임새를 의미하는 것이기 때문에 다음 절에서 기능에 관한 에코의 생각을 살펴볼 것이다. 그러나 여기서 우리가 얻은 중요한 소득은 형태와 말이 연관되어 있다는 사실이다.

에코(1986)는 건설 또는 용도를 표시하는 다양한 기호들을 구분하였다. 각각의 기호에는 '돔' 또는 '계단' 과 같은 말이 붙여진다. 광의로 해석하여, 만약 건설할 필요성, 즉 쓰임새가 없는 건축적인 형태가 존재한다면 그 형태를 명확하게 표시하는 말을 찾는 것이 사실상 불가능하다. 그리고 어떤 형태에 이름을 붙일 수 없다면, 그 형태를 이해하는 것은 불가능해 진다. 심지어 그런 형태는 눈에 들어오지도 않을 것이다. 고전주의 건축을 구성하는 부재들에 대한 이름은, 그 형태가 설사 원시시대부터 형성되어 온 것이라 하더라도, 고전주의 양식의 건축규범들을 글로 표현하기 위해서 뿐만 아니라 그것들을 눈으로 구별해내기 위해서도 필요하다. 현대건축에서 가장 혼란스런 점 중의 하나는, 현대에 고안된 건축 공간과 형태 가운데 어떤 것에는 이름을 붙일 수 없다는 것이다.

형태에 관한 이러한 기호학적인 접근방식은 형태와 기능 간의 연결에 관한 새로운 증거들을 보여준다. 그리고 이런 접근법들은 이 책의 후반부에서, 학교건축에 있어 고전주의 양식으로부터 튜더풍으로의 전환에 대해, 로버트 아담Robert Adam이 설계한 에든버러 감옥에 있어 스코틀랜드 귀족의 역할에 대해, 그리고 수정궁Crystal Palace에 사용된 '하이테크' 형태의

20. Wöflin, Heinrich(1864-1945). 스위스의 예술사가. 형태주의 방법론의 주창자였으며 당대 최고의 예술사가로 평가받았다. 미술심리분야에서 출발한 그의 사상은 심리 · 실제현상 · 시각적 요소들의 상호작용을 일체화하여 미술품이 갖는 의미를 해석코자 하였다. 그의 가장 특징적인 분석 방법론은 이미지를 나란히 비교하는 테크닉을 꼽을 수 있으며, 수많은 저술을 통해 예술의 다양성을 주장하였다.

21. 게슈탈트란 원래 형形 · 형태形態를 뜻하는 독일어이며 형태심리학이라고도 한다.

22. Saussure, Ferdinand de(1857-1913). 스위스 제네바 출신의 언어학자로서 언어 구조에 관한 그의 개념은 20세기 언어학의 진보와 언어학에 대한 접근 방식의 토대가 되었다. 그는 언어를 사회 현상으로 생각해야 하며 언어는 어떤 특정한 시대에 존재하기 때문에 공시적으로, 또는 세월이 흐름에 따라 변화하기 때문에 통시적으로 생각할 수도 있는 구조적인 체계라고 주장하였다.

23. Eco, Umberto(1932-). 이탈리아의 문학비평가 · 소설가 · 기호학자(기호와 상징을 연구하는 학자). 그의 대표적인 소설로서 '장미의 이름Il nome della rosa' (1981)이 있다. 14세기 이탈리아 수도원을 배경으로 했지만 본질적으로는 신학적 · 철학적 · 학술적 · 역사적 시각에서 '진실' 을 탐구하고 있다.

의미에 관하여 면밀히 살펴볼 때 중요한 역할을 할 것이다. 그러나 기호학은 통찰력을 제공할 수는 있으나 어떤 방식으로 선택이 이루어지는가에 대해서는 설명하지 못한다. 시민·군인·교회 성직자 또는 프리메이슨[24]과 같은 영향력 있는 단체들은 어떤 영향을 끼쳤는가? 어느 단체의 형태 코드들이 대두될 것인가? 검열에 의해 제외된 형태들은 무엇으로 설명할 것인가? 그리고 형태가 기술technology에 의해 결정될 때, 이와 같은 기술적인 '검열'을 무엇으로 설명할 것인가? 결국 우리는 왜 심지어 기호학조차 형태주의적인 관례에서 벗어나지 못하는지에 대해 설명해야만 할 것이다.

건물—기능 | 수도원에서 거행되는 예배, 혁명정부가 주장하는 정의 그리고 현대의 음악연주회가 갖는 기능들은 사회를 반영한다. 추상적이며 사회적인 의미를 담고 있는 한 쌍의 단어들, 가령 '신성한 — 세속적인', '합법적인 — 범죄의', '전문적인 — 평범한'과 같은 말들은 공간 안에서 구체적으로 실현된다. 그리고 종종 같은 명칭label이 공간과 용도 모두에 사용된다. 예를 들어 '성가대(석)choir'와 '법원lawcourt'이란 단어는 장소를 의미하는 동시에 단체 또는 기관을 뜻한다.

이처럼 공간에 대한 이름에 용도·관찰·텍스트로부터 얻어지는 증거들이 모두 함축되어 있다고 해도, 프랑클(1914)은 기능에 관한 서사를 재구성하는 것이 어렵다는 것을 알고 있었다. 지침서들(만약 이와 같은 것이 있었다면)은 종종 흔적도 없이 사라지기 일쑤였으며 구두지시에 대한 기록은 전혀 남아있지 않다. 기능을 규정하는 지침들은 계속해서 다시 쓰여지고 있으며, 살아남는 것들도 회계장부 또는 회의록과 같은 보잘것없는 자료들이 대부분이다.

일단 새로운 기능에 이름을 붙이면 기능의 모호함은 사라지게 된다. 기능에 대한 이름은 건축가를 선택하고, 건축비 조달방법, 대지 위치, 참고할 선례 등에 영향을 끼친다. 18세기 후반까지 '학교'는 그 기능이 확고히 정해져 모호함이 없었다. 그러나 일요학교Sunday school가 나타났을 때, 그것은 훈육·노동·예배로 구성된 처음 보는 혼합형태였기 때문에 어느 누구도 그것을 어디에 두어야할지 또는 어떻게 설계해야 할지 알지 못하였다. 일요학교는 건물유형으로 본다면, 학교·공장·교회·예배당·회의장으로 이루어진 이상한 것이었고, 이런 건물유형으로는 단지 20년 동안만 존속하였다. 그러나 일요학교는 하나의 기관institution으로서 더욱 오래 지속되었으며, 한 세기가 넘는 기간 동안 모든 종류의 건물을 활용하며 존속되었다. 장소와 행위, 즉 건물유형과 기능간의 정체성은 선명한 명칭에 의해 확보된다. 일요학교는 이러한 정체성을 갖지 못했다. 실례로 오늘날의 '슈퍼마켓'은 이 정체성을 확보하였으나 '헬스클럽'은 아직까지 그렇지 못하다.

프랑스 제1제정[25] 시대의 대규모 공공건물 계획 — 티소Teyssot(1977: 56 - 65)는 이것을 계량화하였다 — 은 부분적으로는 건물의 개조를 통해 이뤄졌다. 그 사례로 교회를 교도소로, 병영막사로, 재판소로 용도를 변경한 경우를 찾아볼 수 있다. 이미 확립되어 있는 의미를 지우기 위해서 어느 정도나 획기적으로 명칭을 변경해야 하는가에 대해서는 뒤에서 다룰 것이다. 산업혁명은 '방적공장'·'철도역'·'박람회장'·'세탁장'과 같은 새로운 건물명칭을 만들어 내었다. 명칭을 변경하거나 이름을 새로 짓는 것보다는 좀더 약한 의미의 변경은 건물의 명칭을 다시 정의하는 것이다. 예를 들어 '병원'·'교도소'·'예배당' 등은 그 기능과 관계가 새롭게 규정되었다.

일단 논의될 자료를 모으면 몇 가지 질문을 던짐으로서 분석을 시작한다. 재판소로 개조된 수도원의 경우 누가 그 첫 번째 기능을 규정하였는가? 누가, 그리고 어떤 권위에 의해 그 기능이 바뀌었는가? 어떠한 물리적인 변화가 필요하였는가? 누가 그 기능들에 이름을 붙였는가? 그리고 만약 첫 번째 기능을 위해 설계된 건물이 두 번째 기능을 위해 사용될 수

24. 프리메이슨Freemason은 Free and Accepted Mason의 약어로 회원 상호간의 부조와 우애를 목적으로 삼은 비밀 결사 단체의 회원을 말한다.

25. 나폴레옹 보나파르트 치하의 1804~1814년 기간

있었다면 이는 무엇을 의미하는가? 이 마지막 질문은 제2장에서 다루어질 '유형type' 의 개념과 연관된다.

건물—공간 | 르페브르(1974)는 공간을 사회적 산물로 바라보는 탁월한 분석을 통해, 추상적이고 과학적이며 사회적인 공간을 구체적이고 물질적인 공간과 연계시켰다. 하지만 그는 이를 구체적인 경험을 분석하는 작업에까지 진전시키지 않았다. 그러나 여기서는 힐리어와 한슨Hillier and Hanson(1984)의 공간구문론Space Syntax을 부분적으로 사용하여, 현실적이며 구체적으로 공간을 분석할 것이다. 공간구문론은 공간구조를 표준화된 그래프로 표현한다. 이 방법을 사용하면 다양한 종류의 측정값을 얻을 수 있으나 여기서는 가장 기본적인 값만을 사용할 것이다. 이러한 모든 측정값들은 계량화될 수 있을 뿐만 아니라 공간들 간의 관계와 그 속성을 나타낼 수 있기 때문에, 건물내부 그리고 건물주위의 모든 공간구성에 대한 분석이 가능하다.

이러한 방법들을 사용하기 위해서는 몇 가지의 기본적인 가정이 요구된다. 첫째, 건물내부와 건물주변의 공간은 연속적으로 상호 연결되어 있으며 실제로 구축된 실체이어야 한다. 또한 건물의 주변은 낯선 사람들도 자유롭게 돌아다닐 수 있도록 허용되어야 하지만, 건물내부로는 두 부류의 사람들, 즉 '거주자' 와 '방문자' 만이 들어올 수 있어야한다. 거주자는 권력을 갖고 건물과 그 공간을 통제하는 자이며, 방문자는 건물을 이용하기 위해 건물에 들어오거나 머무는 사람으로, 통제받는 자이다. 쇼핑객 · 식당 이용객 · 박물관 관람객 · 병원 환자 · 교도소 수감자(이러한 곳에서 '방문' 은 몇 년간의 체류를 의미한다) · 극장 관객 · 교회 신도들은 모두 방문자들이다. 여기서 건물의 존재이유는 이 두 그룹의 사람들이 교류하도록 하는 것이며, 한편으로는 낯선 사람들을 배제시키는 것이다. 둘째, 사회와 공간을 동시에 설명해 주는 사회적 관계들도 실제로 구축되어 있어야 한다. 사회조직 자체는 추상적으로 기술할 수 있지만, 실제세계에서는 구체적인 공간들의 조직으로 현실화된다. 따라서 공간 없는 사회도 있을 수 없으며 동시에 사회 없는 공간도 존재하지 못한다. 셋째, (이 세 번째 가정의 경우, 힐리어와 그의 동료들은 뒤르켕Durkheim[26]의 이론을 따른다) 사회조직은 두 종류의 연대, 즉 유기적 연대organic solidarity와 기계적 연대mechanical solidarity로 구분된다. 유기적 연대는 모든 사람이 자신의 역할을 갖는 상호종속적인 관계로 구성된다. 이러한 연대는 대개 긴밀하게 구성되며 위계적이며, 일반적으로 공간 내에서 밀접하게 연결될 필요가 있다. 회사와 병원이 전형적인 예이다. 반면에 기계적 연대는 동질의 믿음을 공유하는 동등한 사람들의 관계이다. 학자들이 모인 학계, 교회 또는 정치정당의 구성원들은 기계적 연대로 구성된다. 이 관계에서는 공간에 대한 정해진 요구사항이 없다. 공간과 관계가 없다는 것이 아니라 초공간적trans - spatial이라는 뜻이다. 사람들은 이 두 가지 종류의 관계를 동시에 갖는다. 즉 간호사는 병원 이외에 교회에 속하기도 하며, 공장 노동자는 노동조합에 가입할 수 있다.

힐리어와 한슨(1984)의 문헌에서 차용한 그림 1.2는 형태적으로는 동일하며 단지 입구의 개수와 공간의 상호연결만이 다른 네 개의 평면을 보여주고 있다. 각 공간은 하나의 원으로 표시되고(건물외부는 원 안의 십자가로 표시되었다) 각 공간이 연결되는 동선은 선으로 표시되었다. 이렇게 해서 만들어진 그래프를 공간구조도spatial map라고 하고, 공간은 선 0에서 시작하여(이 예에서는 건물의 외부공간), 일련의 선으로 연결되어 각 단계별로 위치됨으로써, '정렬된' 모습을 보여준다. 외부공간에서 한 단계 떨어져 있는 공간들은 모두 선 1에 놓이고, 두 단계 떨어진 공간들은 선 2에 놓이도록 정렬된다. 이 공간구조도는 한 출발점에서 다른 모든 공간까지의 깊이를 한눈에 보여주며, 나뭇가지가 뻗은 형태 혹은 순환하는 고리ring의 형태를 띤다. 나뭇가지 모양의 수형樹形구조에 있는 공간들은 단 하나의 연결만을 갖지만, 고리형 구조에 있는 공간들은 적어도 두 방향으로 연결되어 있다.

26. Durkheim, Emile(1858-1917). 프랑스의 사회학자로서 개개인의 행위를 초개인적인 사회적 현실의 근거에서 규명하려고 하였다.

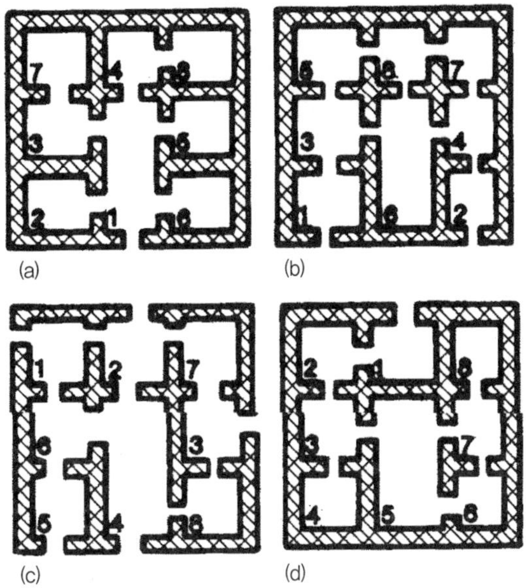

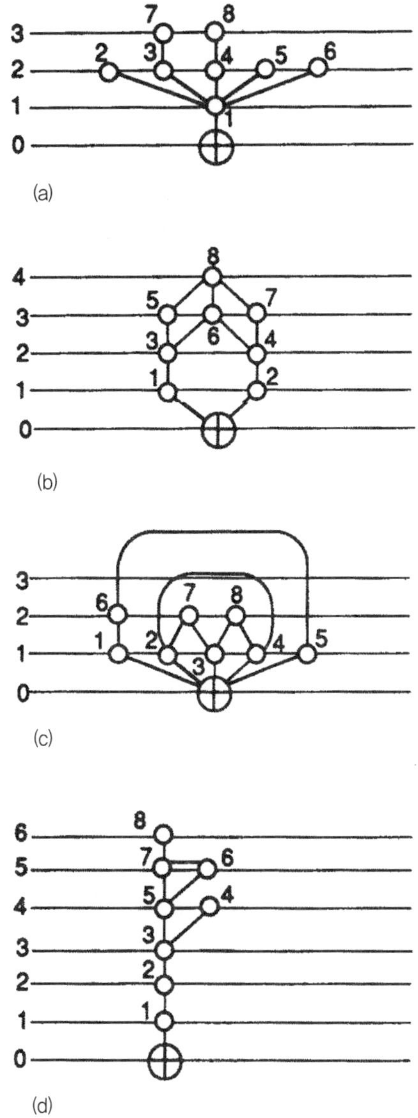

(a)	공간깊이	RA	(b)	공간깊이	RA
⊕	0	0.321	⊕	0	0.392
1	1	0.071	1	1	0.357
2	2	0.321	2	1	0.357
3	2	0.250	3	2	0.250
4	2	0.250	4	2	0.250
5	2	0.321	5	3	0.392
6	2	0.321	6	3	0.214
7	3	0.500	7	3	0.392
8	3	0.500	8	4	0.321
평균	2.125	0.317	평균	2.375	0.365

(c)	공간깊이	RA	(d)	공간깊이	RA
⊕	0	0.107	⊕	0	0.786
1	1	0.214	1	1	0.536
2	1	0.111	2	2	0.357
3	1	0.214	3	3	0.250
4	1	0.143	4	4	0.500
5	1	0.286	5	4	0.286
6	2	0.250	6	5	0.464
7	2	0.285	7	5	0.429
8	2	0.285	8	6	0.571
평균	1.375	0.202	평균	3.750	0.464

그림 1.2 네 개의 평면과 각각의 공간구조도, 상대적 비대칭값(RA)
출처: 힐리어와 한슨(1984)에서 다시 그림

이렇게 만들어지는 공간구조도들은 서로 매우 다른 형태를 보여준다. 어떤 것은 공간의 깊이가 얕은 반면, 어떤 것은 깊고, 어떤 것은 고리 형태인 반면, 어떤 것은 나뭇가지 형태이다. A와 B 두 공간이 C 공간과 모두 같은 관계에 있을 경우, 두 공간은 C에 대해 '대칭적' 관계에 있다고 정의된다. 만약 C와 관련해서 두 공간이 서로 다른 연결관계에 있다면, 두 공간은 '비대칭적' 관계에 있다고 정의된다. 평면상의 어떤 공간으로부터 다른 모든 공간들과의 비대칭적인 관계를 모두 합하면 해당공간으로부터의 평균깊이가 되며, 이것을 '상대적 비대칭성relative asymmetry(RA)' 이라고 하고, 그것은 0(상대적 비대칭성이 낮다)에서 1(상대적 비대칭성이 높다) 사이의 값을 갖는다. 각 공간은 모든 다른 공간으로부터 떨어진 단계(공간깊이)를 나타내는 값을 가지게 되며, 공간적으로 모든 공간들로부터 가장 가까운 위치에 있는(RA값이 낮은) 공간은 통합도가 가장 높다고 한다. 이러한 공간의 특징은 왕래하는 통행량이 매우 많다는 것이다. 반면에 다른 모든 공간들로부터 가장 멀리 떨어져있는(RA값이 높은) 공간들은 통합도가 가장 낮다고 하며, 고립된 성격을 보여주며 종종 프라이버시 때문에 격리되거나 또는 특정 행사의 용도로 예비된 공간들이다. 각 평면의 상대적 비대칭의 평균값뿐만 아니라 각 공간으로부터 측정된 상대적 비대칭의 값들을 그림 1.2에서 볼 수 있다. 공간위상이 높거나 낮은 것은 공간구성의 전체적인 특성을 나타내는 것으로서 하나의 공간이 모든 다른 공간들과 맺게 되는 관계를 의미한다. 공간구성의 전체적인 특성 대신에 그 일부만 고려하여 국부적인 특성을 나타내는 인자들 또한 연구·발표되었다.

대부분의 건물들은 각 공간이 벽으로 둘러싸인 위의 사례보다는 복잡하게 구성되어 있다. 그림 1.3은 진료소 평면으로 4장에서 다시 논의될 것이다. 먼저 전체 평면을 가장 적은 수의 공간으로, 그리고 가장 큰[27] 공간으로 재구성함으로써(이때 가장 적은 수의 공간으로 나누는 것이 가장 큰 공간으로 나누는 것보다 항상 우선한다), '볼록' 공간[28]들로 이루어진 평면을 구성할 수 있다. 이러한 볼록공간 평면은 지금까지와 마찬가지 방식으로 분석된다(그림 1.3 a). 다른 요소들 또한 의도하는 바에 따라 정해진 규칙 내에서 공간분할을 위해 적용될 수 있다. 예를 들어 구조 기둥·층 레벨·천장고의 변화 그리고 가구 또는 설비나 기계들에 의해 공간을 분할할 수 있다. 하나의 공간으로부터 인접한 다른 공간들을 볼 수 있는 능력은 가시 축visual axis으로 측정된다. '축선axiality' 은, 가장 적은 수의 직선으로 또한 가장 긴 직선을 사용하여 전체 볼록공간 평면을 덮도록 작성함으로써 분석된다(그림 1.3 b). 만약 각각의 직선(축)을 원으로 표현하고 이들의 연결을 선으로 표시한다면 축선 그래프axial graph가 만들어지며, 앞에서의 예와 같이 공간구성의 특성들을 표현하기 위해 '정렬' 될 수 있다. 축성은 공간의 전체적인 이해, 특히 도시문맥에서의 공간특성과 밀접한 연관을 갖는다. 볼록공간들 사이의 연결은 앞서의 예에서와 같이 도식화된다(그림 1.3 c).

공공건물의 경우, 일반적으로 방문자를 위한 구역은 공간깊이가 얕다. 방문자들은 보다 깊은 공간으로의 진입을 가로막는 공간적 제어장치 부근에서 거주자들과 교류하게 된다. 예를 들어 상점과 은행의 카운터·선술집pub의 바·극장의 프로세니움[29]·박물관의 전시실 등이 대표적이다. 거주자들은 이러한 제어장치들을 넘어서는, 따라서 방문자들에게는 깊게 느껴지는 일반적으로 별도의 접근로가 있는 구역을 점유한다. 공간의 깊이는 권력을 의미한다. 은행의 관리자는 일반 행원들에 비해 공간적으로 깊은 곳에 자리하고 있으며 의사는 간호사보다 깊은 곳에 자리 잡고 있다. 가장 큰 권력을 가진 자는 나뭇가지 모양의 공간구조에서 가장 마지막에 위치하기 때문에 복도, 계단, 바깥쪽과 안쪽 사무실, 그리고 대기실을 거쳐야만 다다를 수 있다.

그림 1.4는 그림 1.3의 진료소와 동일한 진료소이다. 만약 후면의 직원 출입구(14)를 사용하지 않는다면, 접수공간(4)은 두 개의 원형 고리 위에 그리고 모든 공간으로 향하는 길목에 위치한다. 직원실과 휴게실(23과 24)은 형태상으로는 일반인을 위한 출입구 옆에 자리하고 있는 것처럼 보이지만 실제로는 가장 깊은 공간들로서 공간구조도에서 나뭇가지

27. 여기서의 가장 큰 공간이란 벽으로 둘러싸인 주어진 하나의 공간을 볼록한 형태로 만들 수 있는 가장 큰 규모의 공간을 말한다.
28. 볼록공간이란 공간 내의 어느 한 점에서도 전체공간을 볼 수 있는 공간을 말한다.
29. 그리스어의 '무대 앞에' 뜻으로 무대에 설치된 막과 오케스트라석 사이의 부분을 뜻한다.

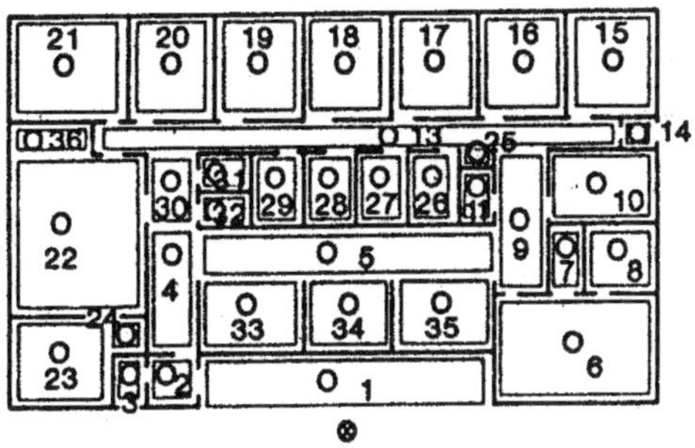

그림 1.3a 진료소의 볼록공간 평면
출처: 그림1.3c에 기초하여 저자 작성

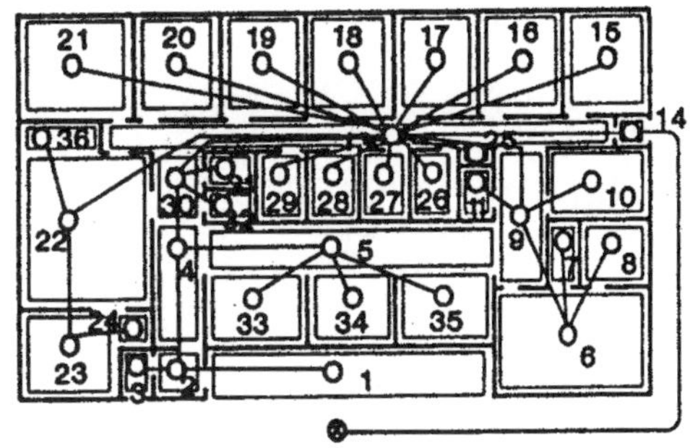

그림 1.3c 진료소의 볼록공간 연결
출처: 빌 힐리어가 제공한 원본에 기초하여 저자가 작성했으며 *Environment and Planning B: Planning and Design*에 최초로 사용됨

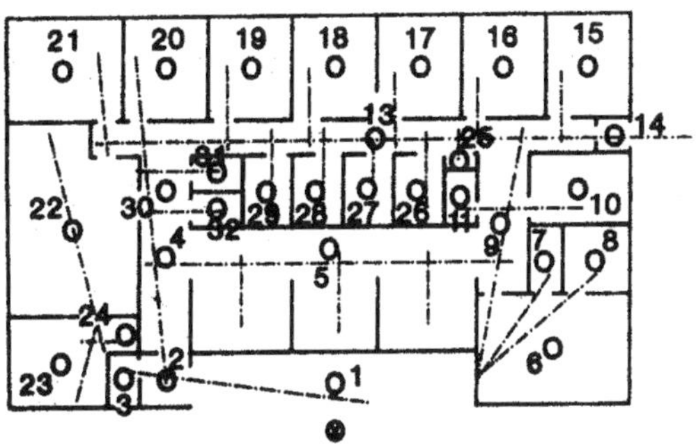

그림 1.3b 진료소의 축선 평면
출처: 그림1.3c에 기초하여 저자 작성

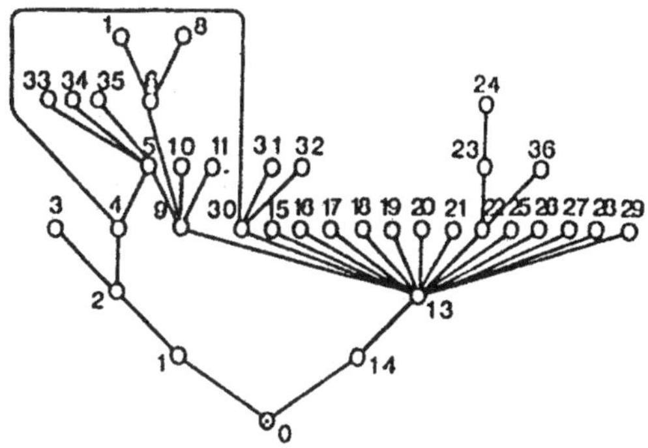

그림 1.4 진료소의 공간구조도
출처: 빌 힐리어가 제공한 원본에 기초하여 저자가 작성했으며 *Environment and Planning B: Planning and Design*에 최초로 사용됨

끝에 위치한다. 휴식에 필요한 프라이버시는 이러한 실들을 다른 실들로부터 격리시킴으로써 얻어진다. 진찰실들은 직원 출입구(14)로부터는 가까운(공간깊이가 얕은) 곳에 있지만, 환자들은 1, 2, 4, 5, 9, 13의 공간들을 거쳐야만 그곳에 도달할 수 있으므로, 환자들로부터는 먼(공간깊이가 깊은) 곳에 있다.

공간구조와 기능의 관계는 고정된 것이 아니다. 예를 들어 어떤 병원은 나뭇가지 형태의 깊은 공간구조를 갖는다. 이런 병원에서 환자들이 의사를 만날 수 있는 곳은 진찰실뿐이다. 그 너머의 다른 곳은 환자들에게 보이지 않는 공간적으로 깊은 곳으로서 별도의 출입구와 동선을 갖으며, 마술과도 같은 의술의 경외감을 유지하기 위해서 뿐만 아니라 의료진의 전문성이 강화되도록 계획된다. 또 다른 병원은 공용의 출입구와 순환동선을 갖고 공간의 깊이가 얕은 고리형 구조를 보여준다. 이런 병원은 접수공간들에 의한 통제가 강하지 않으며, 의사와 환자 사이의 간격을 줄이는 일종의 연대를 보인다.

힐리어와 한슨(1984)에 의하면, 어떤 종류의 공공건물들에서는 정상적인 관계가 거꾸로 되어 있다. 이런 경우에는 방문자들이 깊은 공간에 위치하며 — 공간이 깊어진다는 것은 권력이 줄어든다는 것을 의미한다 — 거주자들은 건물 바깥쪽의 얕은 공간 — 종종 고리형 구조를 이룬다 — 에 위치하여 깊은 공간으로 향하는 접근을 통제한다. 이러한 건물들은 교도소·병원·보호수용소·강제노역소 등과 같은 기관들이다.

그림 1.5 에든버러 감옥을 위한 로버트 아담의 네 번째 디자인 (1791): (a)1층 평면, (b)지하층 평면, (c)개념 평면, (d)공간구조도

출처: 소언 컬렉션 32 (33), 17(33). RCAHMS와 존 소언 경 박물관 재단 협조

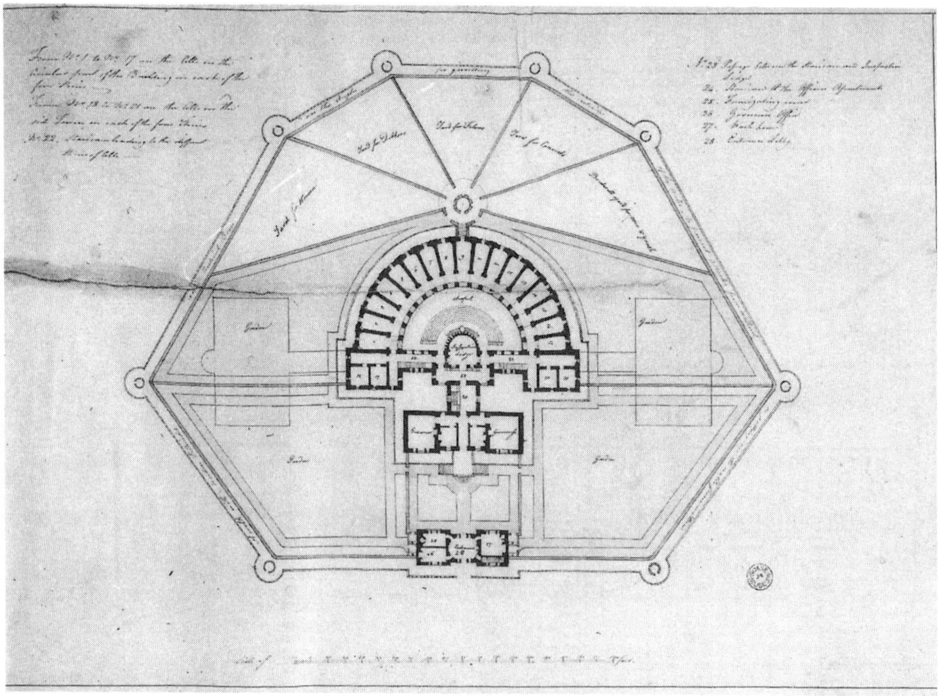

(a)

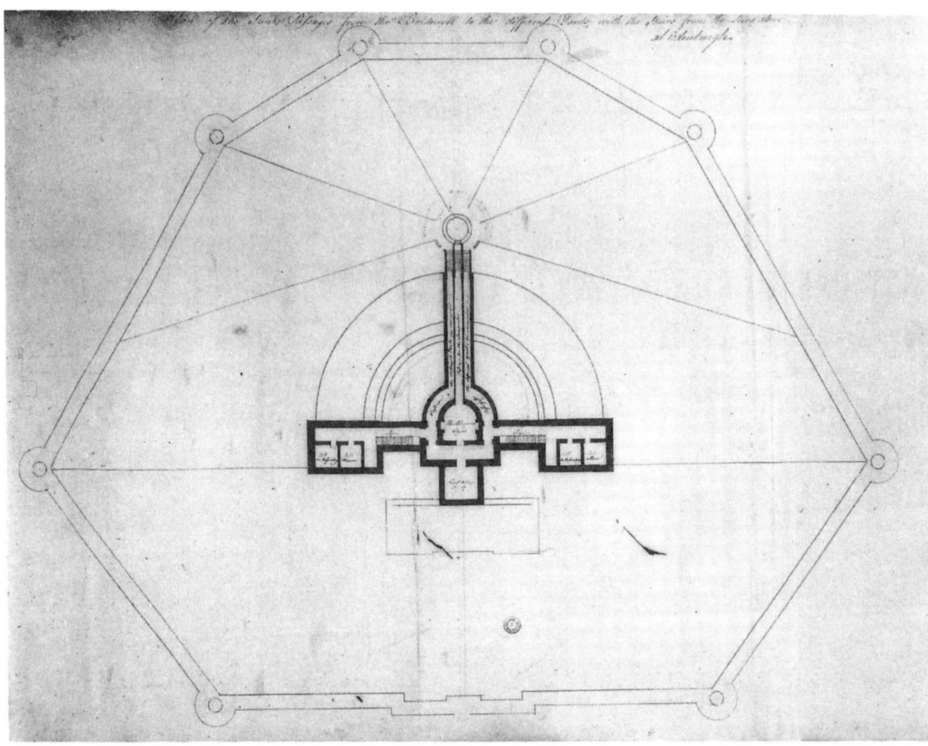

(b)

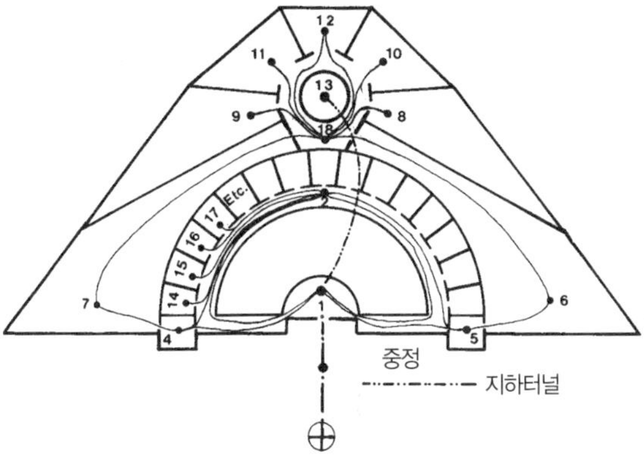

(c)

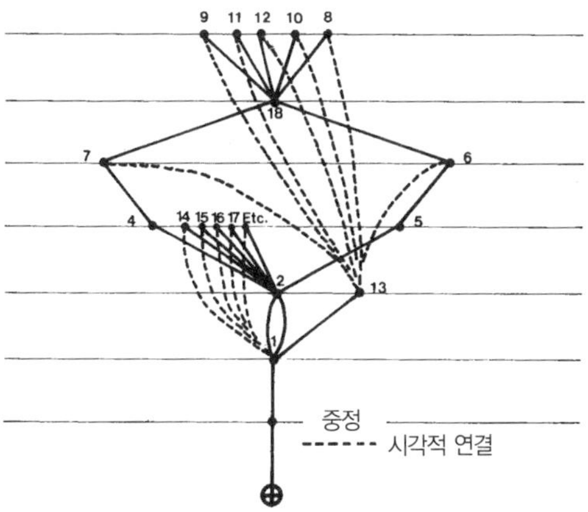

(d)

그림 1.6 파리 샤를 드골 공항내의 투명한 튜브형 통로
출처: 저자 촬영

두 가지 사례를 이용하여 이러한 관계를 살펴보자. 첫째로 벤담Bentham[30]의 파놉티콘Panopticon을 기본으로 하여 로버트 아담이 설계한 에든버러 감옥의 네 번째 디자인(1791)을 꼽을 수 있다. 그림 1.5는 반원을 따라 배치되어 있는 감방에 수용된 수감자들이 외부 운동장들로 접근할 수 있는 것을 보여준다. 감방들과 운동장들은 두 개의 독립된 감시탑으로부터 감시받고 있다. 첫 번째 감시탑(1번 공간)은 정문 · 입구로비 · 교도소장의 정원 · 사무실들과 집으로 구성되는 얕은 영역의 가장 끝에 위치하고 있다. 그러나 두 번째 감시탑(13번 공간)은 거주자가 있을 것 같지 않은, 전체 평면에서 깊은 곳에 위치하고 있다. 그러나 두 감시탑은 지하층에서 터널로 연결된다. 이 연결에 의해 13번 공간은 1번 공간으로부터 단지 한 단계만 더 깊게 됨으로써, 공간깊이가 얕은 바깥영역에 속하게 된다. 그림 1.5를 통해 이런 공간관계를 확인할 수 있다. 그림에서 점선으로 표시된 것은 시각적 연결을 뜻한다. 접근성과 가시성이 중첩됨으로써 감시가 이루어지는 것이다.

에든버러 감옥의 터널과 마찬가지로, 다리와 회랑은 하나의 평면 위에서는 불가능한 위상학적인 인접성을 얻게 해 준

30. Bentham, Jeremy(1748~1832). 영국의 철학자. '최대 다수의 최대 행복'에 기초한 공리주의를 주장하였다. 쾌락과 부는 양에 비례하지 않으며, 부에 의해 만들어지는 행복은 부의 양이 증가할수록 줄어든다고 보았다. 경제적으로는 자유방임과 분배의 평등을 중시하였다.

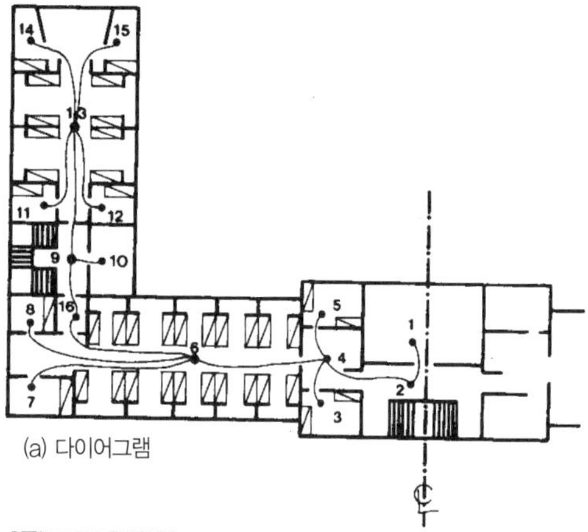

(a) 다이어그램

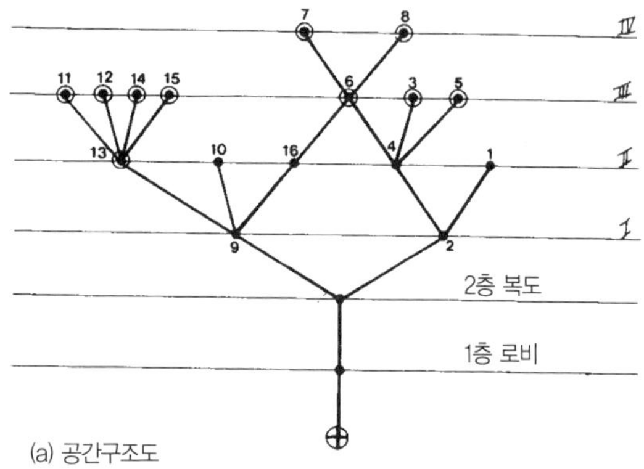

(a) 공간구조도

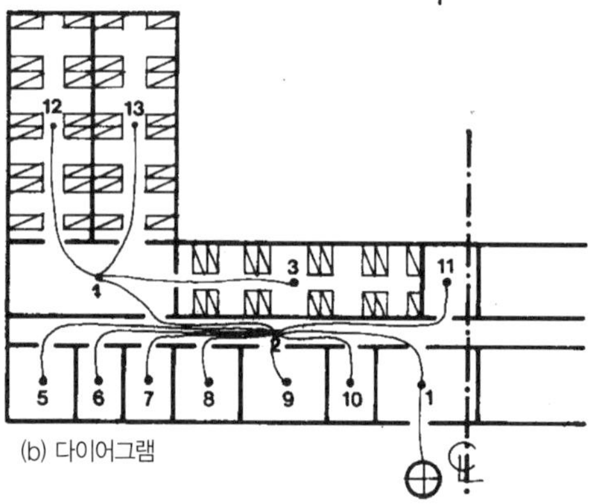

(b) 다이어그램

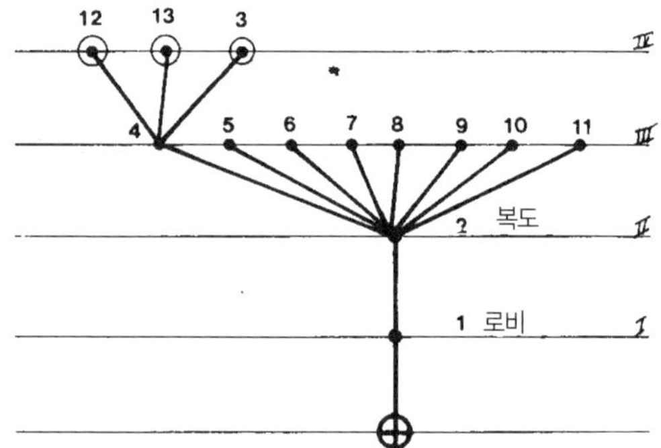

(b) 공간구조도

그림 1.7 다음 쪽으로 연결됨

다. 에든버러 감옥의 경우에서처럼 통제를 강화하는 것 이외에도, 다리와 회랑은 형태적으로는 자유로워 보이는(실제로는 그렇지 않지만) 방문자 공간에 엄격한 제한을 둘 수 있다. 교도소에서 감방 앞에 배치된 복도들을 개방된 홀로 연결시키는 튜브처럼 생긴 철창이 바로 이러한 장치로서, 이것은 마치 파리의 샤를 드골 공항에서 승객들이 개방된 중앙홀을 가로질러 특정한 입구와 출구 사이를 왕래하는 원통형의 튜브(그림 1.6)와 같은 역할을 한다. 이 중앙홀은 평면상으로는 매우 자유로운 공간처럼 보이지만 투명한 재료로 된 구속복[튜브]에 의해 공간 속의 이동이 제한됨으로 평면의 자유로움은 부정된다. 형태에 의해 유발되는 기대감과 실제의 공간적인 상황 간에 모순이 발생하는 것이다.

두 번째 사례는 세 개의 18세기 병원들로서(그림 1.7) 모두 'U자' 형 평면이다. 환자의 병상이 있는 공간을 원으로 표시한 공간구조도를 통해 반세기 동안 얼마나 빨리 환자에 대한 통제가 강화되었는지를 살펴볼 수가 있다. 그림 1.7의 (a)는 전체적으로 공간깊이가 비교적 깊으며 환자병실들은 몇 개의 공간깊이 단계에 위치한다. 그 중의 일부(13과 6)는 다른 병실들로 가는 길목에 있으며 한 병실(6)은 의료진과 공유하는 고리 위에 위치한다. 그림(b)에서 병실들은 모두 공간적으로 깊은 영역에 자리 잡고 있지만 이곳에는 세 개의 공동병실이 있기 때문에 환자들은 여전히 부분적인 연대를 맺을 수 있다. 그러나 그림(c)에서는 이러한 병실 간의 상호관계가 완전히 배제된 것을 볼 수 있다. 환자들은 수형 구조의 제일 끝에 위치한 개

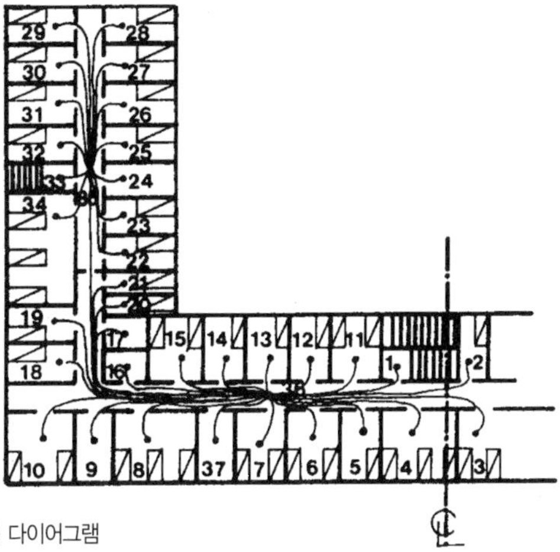

그림 1.7 18세기에 설립된 3개 병원의 부분개념도면 및 공간구조도 : (a)에든버러 진료소(1738), (b)런던 병원(1752), (c)증축부분이 포함된 맨체스터 병원(1797)

출처: 원본으로부터 저자 그림

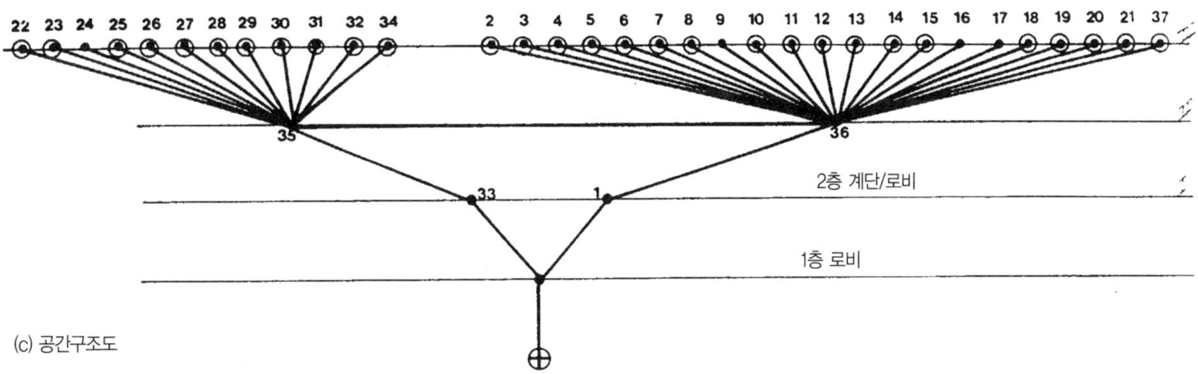

(c) 공간구조도

별적인 공간에 자리 잡고 있으며 이러한 공간들은 고리형 구조를 이루고 있는 의료진 공간에 속한 복도와 연결되어 있다.

텍스트 지금까지 기능의 분류와 유형학에 있어서 언어의 역할에 대해 논의해 왔으며, 이에 대해 앞으로도 좀더 살펴볼 것이다. 그러나 텍스트에 관해 언급하고 넘어가야 할 좀더 기본적인 사항들이 있다.

비록 규범적인 텍스트들은 18세기까지 매우 간략한 형태를 띠었으나, 공간에 관한 언어는 매우 풍부하게 사용되어 규범적 텍스트의 빈약함을 상쇄하고도 남음이 있었다. 공간은 사회적 관계를 상징하는 은유가 되었다. 벤더Bender(1987)는 디포Defoe[31]가 묘사한 런던, 특히 대역병에 걸린 사람들의 집을 폐쇄하고 그들을 특별히 마련된 전염병 치료를 위한 시설로 격리시킨 것을, 질서정연한 격리 · 감시 · 통제로 향하는 전반적인 움직임의 일부로 바라보았다. 이런 움직임은 대규모 감금시설을 예고하는 것이었다. 필딩Fielding[32]의 소설 『조나단 와일드Jonathan Wild[33]』는 문자화된 기록의 힘을 보여준다. 소설의 주인공인 와일드는 자선사업가로 행세하면서 도

31. Defoe, Daniel(1659~1731). 영국의 소설가로서 『로빈슨 크루소』가 대표적이다.
32. Fielding, Henry(1707~1754). 영국의 소설가 겸 극작가. 1730년부터 20여 편에 달하는 희극을 쓰고 극단에서 기반을 굳혔으나, 정치를 풍자하는 내용이 당시의 월폴 내각을 자극시켜 '검열령' 이 제정되고 많은 극장이 폐쇄되자, 그는 극작을 그만두고 법률공부를 시작하여 1748년 이후 런던에서 판사로 활약하였다. 대표적인 소설로는 1749년의 『톰 존스』가 있다.
33. 실재인물을 모델로 한 소설『대도 조나단 와일드전』(1743)을 의미함.

난당한 물건을 처분하는 장물아비로서, 자신이 만든 정교한 목록을 이용하여 성공적으로 범죄자들을 인도하고 현상금을 받음으로써 큰 부를 축적하게 된다.

치안판서로 재직하던 시절, 필딩은 범죄유형별로 분류하여 수감하는 거대한 교도소를 질서정연하게 정리된 모델도시(이곳에서는 신체적인 교화가 정신적인 교화와 함께 진행되도록 계획되었다)와 결합하고자 제안했는데, 이것은 과거 범죄에 대한 정밀한 기록을 활용하였기에 가능한 것이다. 배리Varey(1990)의 연구에 따르면, 디포 · 필딩 · 리처드슨의 소설에서 공간은, 로빈슨 크루소가 머물게 된 무인도이든 또는 클라리사[34]의 방이든지 간에, 변화하는 소유권의 관계, 프라이버시의 해체를 통한 지배(클라리사는 끝내 겁탈 당하게 된다), 그리고 사회적 통제를 은유적으로 나타낸다.

하지만 텍스트에서 공간을 사회적 관계의 은유적 표현으로 사용하는 언어의 전통은 사라졌으며, 이러한 상실은 두 방향으로 대칭적으로 일어났다. 즉 사회에 관한 글에서는 공간이 사라졌으며, 건물에 관한 글에서는 사회가 빠져버렸던 것이다. 1779년에 제정된 감옥법The Penitentiary Act은, 건물 프로그램이 좁은 범위의 건물에 관한 기술적인 지침서로 축소되어 가는 도정에서, 늦게까지 사회에 대한 관심을 보인 건축 텍스트였다.

교도소 건축에 매우 중대한 영향을 끼친 이 법이 가장 우선시 한 것은 교도소가 독방감금 · 노동 · 종교훈화를 통해 어떻게 유형의 대안이 되어야 하는가하는 점이었다. 교도소 이외의 다른 처벌 방식들은 포기되어야 했으며, 범법자들은 '교정되어야' 했고 '근로습관을 갖도록 단련되어졌다.' 다음으로, 이 법은 보건 · 물의 공급 · 고밀도 도시지역으로부터의 거리 등을 고려하여 위치를 선정하도록 규정하였으며, 이어서 수감자들을 위한 숙소 · 운동장 · 작업장 · 감시를 위한 요구사항을 기술하였다. 이러한 모든 사항들은 재정, 직원과 공식 방문자들의 채용과 임명 그리고 노동 · 예배 · 운동에 관한 일일계획과 완벽하게 조화되어 있었다. 건물에 관한 규정과 도덕적인 의도는 거의 같은 것이었다. 이러한 논리전개는, 형태와 공간은 관계를 형성하는 유기적인 요소라는 경험에서 비롯되었다. 그러나 기술적이거나 미적인 문제들이 사회적인 논점으로부터 분리되어 감에 따라, 건물이 갖고 있었던 사회적 의미는 더욱 희미해 졌다.

건축에 관한 지침들이 반드시 문자로 된 텍스트일 필요는 없다. 건축드로잉 기법에 관한 사비냐Savignat(1980)의 연구를 통해서, 건물을 언어(빠롤parole)로 표현하는 것과 그림으로 표현하는 것은 두 가지 다른 전통과 연결되어 있음을 알 수 있다. 전자는 추상적인 개념을 사용하는 지식인과 과학자의 전통이며, 후자는 실제 재료를 다루는 장인과 기술자의 전통이다. 건축도면이 정교한 예술작품으로 발전함에 따라 건축가들은 건물의 기능적인 프로그램에 대한 통제권을 상실하였으며, 대신 과학자나 정치가 그리고 지식인들이 이를 떠맡게 되었다. 건축가의 역할은 다른 분야의 사람들이 요구하는 합리적이고 기능적인 지침에 맞추어 단지 형태를 꾸미는 것으로 축소되었다. 도면은 텍스트와 마찬가지로 실생활로부터 멀어지게 되었다.

그러나 규범적인 드로잉[도면]은 말로 명백히 드러내기 어려운 부분에 은밀하게 숨겨진 상징적인 표현들을 사용함으로써, 앞서 말한 예술작품화된 도면과는 정반대로 작용한다. 『노동자 계층을 위한 주거』(1918) 라는 보고서에는 전후의 주택부족 문제를 해결하기 위한 다양한 종류의 주택평면들이 풍부하게 수록되어 있다. 이 가운데 어떤 도면들에서는 부엌(글로 표현된 보고서의 어디에도 나타나지 않는 단어이다)과 식기보관실이 목욕탕, 취사 또는 세탁용 보일러 실 그리고 세탁실 등과 인접해 있는 것을 볼 수 있다. 글로는 분명하게 표현하지 않았지만, 이런 평면을 통해 소위 '가사 노동장소' 라는 주택 내에서 여성의 역할이 육체노동자인 점을 명확하게 드러낸다. 좀 더 최근의 스코틀랜드 보건소 디자인가이드(1973)에는 사회복지자들의 사무실 겸 면담실을 포함하여 환자들이 직원들과 접

34. 영국의 소설가인 사뮤엘 리차드슨(1689~1761)이 1747~48년간 발표한 편지형식의 소설 『클라리사 할로』의 여주인공 이름. 중산계급의 여성으로 부친의 반대로 뜻을 이루지 못하게 되자 집을 나갔으나 탕아를 만나 불행한 죽음을 당한다.

축하는 모든 실들에 세면대가 표시되어 있다. 이것은 환자와 직원간의 접촉이 일어나는 모든 곳에서 발생할 수 있는 오염을 정화하는 의식을 상징하는 것으로 해석할 수 있다.

디자인가이드는 건물을 규정하기보다는 건물의 유형을 규정한다. 이런 디자인가이드는 알베르티Alberti와 르네상스 시대의 작가들에 의해 묘사되었으며, 블롱델Blondel의 『건축강좌Cours d' architecture』(1771 - 7)와 듀랑Durand[35]의 『건축강의개론Précis des leçons d' architecture』(1802 - 9)과 같은 문헌들에 묘사된 유형별 평면에서 유래된 것이다. 듀랑의 『건축물총람Recueil et paralléle des Édifices de tout genre』(1801)은 도해식 지침에 사용되는 또 다른 전통 — 기존건물을 모범으로 사용한다 — 에 중요한 기여를 하였다. 위의 두 가지 전통은 과데Guadet[36]의 기념비적인 작업의 여러 가지 판본에서처럼 종종 하나로 합쳐졌다. 이러한 도식적인 표현들을 해석하기 위해서는 투사법(투시도를 포함한 90도 직각의 정투사 또는 삼차원 방식의), 선의 굵기와 농암, 상세부분을 강조하거나 때론 감추기 위한 그림자의 사용, 재료의 표현(예를 들어 석재의 접합부), 그리고 축척 · 그리드 · 치수의 사용 등을 분석하기 위한 기법들이 요구된다. 이것들은 아직 분석되지 않았으며, 여기서 시도할 생각도 없다.

그림으로 된 '텍스트들' 도, 문자로 된 텍스트 · 시방서 · 컴퓨터 프로그램 · 견적서 등과 마찬가지로 사물을 분류하는 특성을 갖는다. 분류의 원칙들은 유사성과 비유사성을 결정짓는데 사용되는 규칙들이다.

이렇게 언어에 의한 분류는 권력구조 · 사상 · 행동 · 믿음을 요약하여 함축하고 있기 때문에, 사회과학 및 자연과학, 언어학, 그리고 사상사에 있어 중요한 문제이다. 같은 맥락에서, 언어를 건물을 분류하는 장치로 간주하는 것은 타당할 것이다. 왜냐하면 건물은 사람과 사물 그리고 생각을 공간 안에 조직함으로써 개념적인 체계를 눈에 보이는 구체적인 것으로 만들기 때문이다. 그리고 분류체계는 텍스트를 통해서 확고한 지위를 얻는다.

대부분의 건축 프로젝트에서, 신뢰할만한 분류법은 필수적이다. 왜냐하면 많은 수의 사람 또는 사물을 이론에 기초하여 사회적 관행과 일치되도록 분류하고 공간에 배치해야 하기 때문이다. 아이들의 나이 · 성별 · 학습수준 또는 과목의 주제에 따라서 학급을 분류하고, 교육학적 법칙에 따라 '교실' 내에서 아이들의 위치를 구분하는 것은, 교육철학을 명확하게 표현하는 것이다. 또한 환자를 분류하고 환자 공간과 병원 의료진 공간간의 관계를 설정하는 것은 의학이론을 실행에 옮기는 것이며, 예술작품이나 박물관의 전시물을 그룹으로 분류하는 것은 예술론 또는 과학이론을 공간적으로 나타내는 것이다.

이러한 이론들은 건물 프로그램에 암묵적으로 표현되어 있다. 1970년에 진행된 글래스고의 버렐 갤러리Burrell Gallery 현상설계 지침서에는 242개 출품작 모두가 만족시켜야 하는 주요사항들에 관한 지침이 실려 있다. 그림 1.8은 이 지침서를 나타낸 것으로서 각 장과 절은 제목 · 부제 · 문단의 위계에 따라 서로 다른 단계로 표현되어 있다. 각 단계마다 글의 양은 네모상자의 크기로 표현된다. 언뜻 보기에도, 일부 장들은 다른 장들 보다 하위단계까지 깊이 파고들어 있을 뿐만 아니라 크기 또한 크다는 사실을 명확하게 볼 수 있다. 글의 길이와 깊이는 세심한 노력의 흔적이며 강조되어 있음을 보여준다. 이 지침서에서는 세 부분이 가장 깊은 단계까지 이어져 있다.

A.8은 만약 출품작이 지침서의 요구사항들을 충족시키지 못할 경우 어떤 절차를 통해서 탈락되는가를 설명하고 있다. 이것은 사후지침서의 역할을 하는 '출구' 인 셈이다.

B.3는 버렐 재단과 다른 그룹들의 권리를 설명하고 있다. 수집가로서 버렐의 권력은 공식적인 형태로 보장되고 있다. 반드시 이행되어야 할 다른 요구사항은 버워셔 지방의 허튼성Hutton Castle에 위치한 버렐의 저택에 있는 중요한 방들을 복원하는 것이었다. 저택의 중심부에 위치한 이 세 개의 방은

35. Durand, Jean Nicolas Louis(1760~1834). 프랑스의 건축가 · 교육자. 건축아카데미에서 르 루와이로부터 수학하고 블레 밑에서 일하기도 하였다. 급진적인 합리주의적 접근을 통해 기능과 경제성을 중시하는 이론과 건축방법론을 개발하였다.

36. Guadet, Julein(1834~1908). 프랑스 건축가. 1864년 로마대상(그랑프리)을 수상하였으며 에콜데보자르의 교수를 지냈다. 1901년 『건축의 요소와 이론Eléments et théorie de l°Øarchitecture』를 발간하였다.

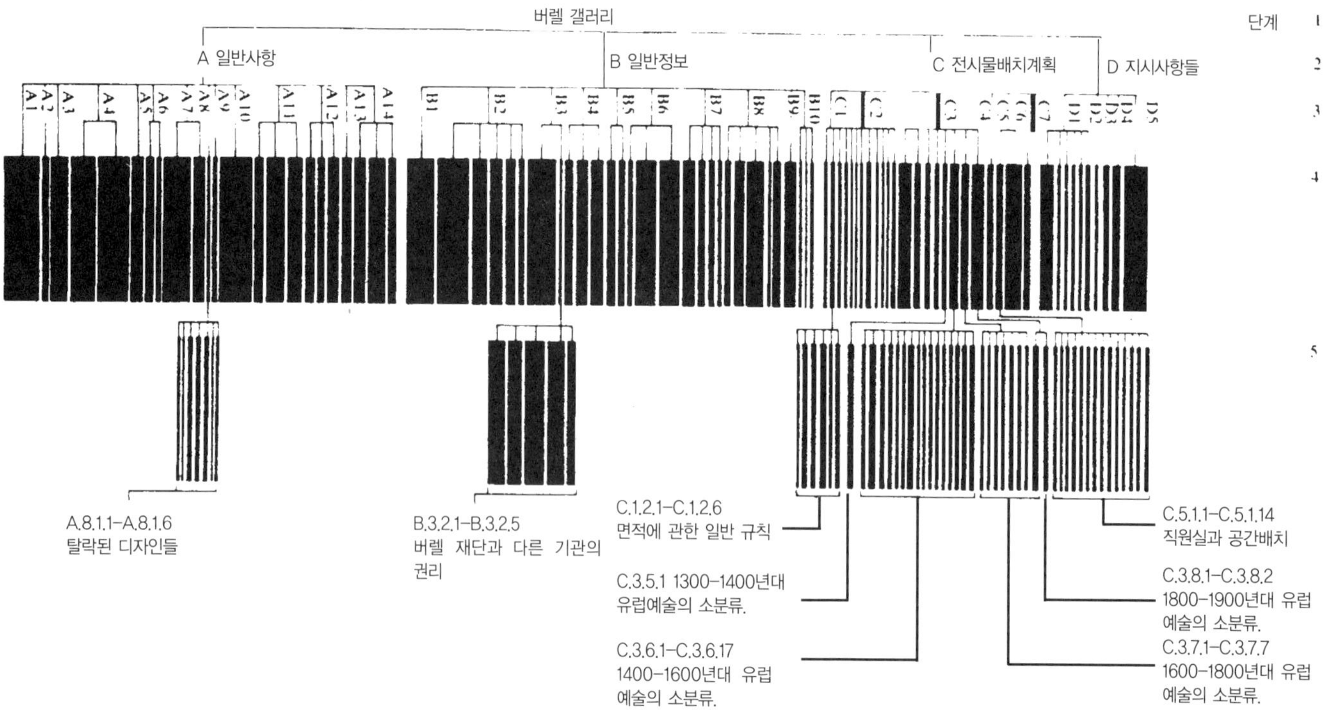

그림 1.8 버렐 갤러리(1970)를 위한 지침서의 구조

출처: 살만 오스만의 원본을 기초로 하여 Environment and Planning B: Planning and Design (1987) 14:474를 위해 다시 작성된 것으로 Environment and Planning B: Planning and Design 과 살만 오스만의 허락을 받음

설립자 저택의 정수를 보여주며 성에 있을 때와 똑같은 가구와 장식으로 꾸며져야 했다. 이 방들은 매우 인상적으로 인간 버렐과 그의 예술에 대한 생각 그리고 그의 부에 대해 말해준다. 무엇보다도 이 방들은 그가 극동 · 근동 · 유럽으로부터 수집한 소장품들이 대표하는 선사시대로부터 20세기에 이르는 역사보다도 버렐과 그의 컬렉션 그리고 저택의 역사를 한층 가치 있는 것으로 보이게 한다. 여기 수집되어 있는 소장품들을 선택한 것은 작위적이었으며 기회적이었다. 어떠한 장소 또는 시간도 필연적인 것은 아니다. 수집가 자신의 역사를 제외하고, 역사는 기분전환 거리가 되었다.

위의 두 가지 이외에, 지침서의 가장 깊은 단계까지 내려가는 세 번째 부분은 C – 전시물배치계획 부분에 속하는 유럽 예술에 관한 일부 절들이다. 풍부하고 화려한 중국 도자기와 동방의 카펫 컬렉션이 있음에도 불구하고, 단지 자국의 예술품만이 이와 같은 추가적인 설명의 단계가 필요할 만큼 차별적인 대우를 받고 있다.

글과 다이어그램은 상호 결합하여 매우 효율적으로 지침을 전달할 수 있다. 윌리엄 스타크William Stark(1807)가 디자인한 글래스고 광인수용소는 환자들을 성별(남자와 여자), 부유함의 정도('상위' 집단과 '하위' 집단 – 즉 지불능력이 있는 자와 극빈자를 말한다), 질병상태('광란적' · '치료불가능' · '회복기' · '정상적 상태')에 따라 분류한 지침서에 기초하고 있다. 이 16개의 계층은 다이어그램의 왼쪽에 표현되어 있다. 이와 대칭적으로 오른쪽 절반은 계층별로 중앙으로부터의 거

그림 1.9 글래스고 광인수용소(1807)를 위한 환자분류과 공간배치
출처: Stark(1907). 글래스고 지역위원회의 허락을 받음. 미셸 도서관 소장

리와 건물의 층수가 표기되어 있다(그림 1.9). 분류된 각각의 환자계층은 공간과 형태에 직접적으로 표현되었다.

런던의 자연사박물관에 있는 두 개의 전시장을 대상으로 실시된 페포니스Peponis와 헤딘Hedin의 연구(1982)는 공간을 동물 종에 관한 이론의 변화와 연관시키고 있다. 수년 전 이 박물관에서는 진화의 계통발생학적인 이론을 옹호하는 그룹과 전통적인 이론을 고수하는 그룹 간에 격렬한 논쟁이 벌어졌다. 핵심 표본들의 정확한 위치가 매우 중요하게 생각되었기 때문에 학예사 몇 명이 자신들이 해고될 위험성을 무릎쓰고 공식적인 이론적 입장을 뒤집기 위하여 한밤중에 그 표본들의 위치를 무단으로 바꾸었던 것이다.

의미로 본 사회적 관계

지금까지 건물과 건물에 대한 텍스트가 주체(건물의 사용자)에게 주는 의미를 찾기 위해 몇 자지 방법이 제안되었다. 만약 이러한 방법을 사용한다면 주체들의 사회적 관계에서 어떠한 종류의 의미들을 찾을 수 있을까?

건물은 공간 안에 사람을 수용하며, 사람들은 그 안에서 목적 있는 행동을 한다. 이런 일들은 물질적인 과정material processes과 연관되어 있다. 우리는 건물을 볼 수 있고 만질 수 있으며, 무엇보다도 그 안에 있을 수 있다. 예배, 재판 또는 음악공연에 참여한다는 것은 이러한 물질적인 과정에 참여한다는 것을 의미한다. '예배' · '재판' · '공연' 등의 단어는 의미로 가득 찬 사건들을 한 마디로 축약해 놓은 것이다. 만약 이 단어들이 없다면, 실제로 어떤 일이 일어나고 있는지를 파악하는 것은 매우 어려울 것이다. 이렇게 말들은 참여자, 의무사항 그리고 권력구조에 관한 많은 것들을 우리에게 말해준다. 이런 단어들은 또한 종교적 신념과 행위, 정의의 추상적인 개념들, 그리고 음악을 듣는 경험뿐만 아니라 만드는 기술을 지시한다. 이것은 두 종류의 관계(권력관계와 유대관계)로 이미 서술되어졌던 사회적 관계를 표현하는 것이다. 그리고 이 두 가지 관계 모두 다음과 같이 세 단계에 걸쳐 나타난다.

첫 단계는 자신을 돌아보는 개인의 사회적 관계이다. 이것을 '사회'의 영역으로 포함하는 것이 이상할 수도 있다. 그러나 이것은 '나는 누구인가?, 나는 어디로 가고 있는가?, 나는 어느 곳으로부터 왔는가?'와 같은 고갱[37]의 오래된 의문들 너머에 자리 잡고 있는 자신 대 자신의 관계이다.

두 번째 단계는 자신과 타인 또는 타인과 타인과의 관계로, 우리가 흔히 '사회적'이라고 말하는 바로 그 의미에 해당된다. 이러한 사회적 범주 내에서 서로 공유하는 목적들이 성취되며, 여기서 자원과 권력의 다툼이 일어나고 제도와 기관들이 만들어진다. 그러나 이것은 또한 첫 번째 관계와 밀접하게 연계되어 있는데, 왜냐하면 다른 사람들' 가운데 있는 내 자신을 발견하기 때문이다. 다른 사람들과 말하고 들음으로써 자신과의 내적인 대화를 배울 수 있다.

세 번째 단계는 자신과 자연, 또는 타인들과 타자의 관계이다. 이 관계는 『버드나무 사이로 부는 바람』(Grahame 1950)이라는 소설에서 친구인 두더지 모울과 함께 강변을 따라 놓여 있는 파이프를 따라가는 쥐 랫트가 경험하는 것과 같은 신비로운 경험일 필요는 없다. 강변의 아름다움이 랫트의 가슴속에 '노래와 같은 꿈, 나에게 음악을 들려주는 곳', 경외스러운 장소로 향하는 '고통만이 남는 열망'을 자극하는 것이다. 이러한 꿈과 같은 영상이 지나간 후 모울은 '풀밭에 깊게 패인 말굽자국들을 오랫동안 의심스럽게' 쳐다본다. 이 경우 타자는 모든 훌륭한 동화뿐만 아니라 인간의 모든 역사 속에서 찾아볼 수 있는 자연의 힘과 초자연적인 존재들로 이루어진 우주적인 세계이다. 타자와의 관계는 어떤 때에는 쥐 랫트에게 일어난 신비스러운 경험일 수도 있으며, 다른 때에는 국가·이성·자연·과학·예술 또는 언어와 연관되어 나타날 수도 있다. 마르크스는 착취적인 생산방식들이 세 가지 단계 — 자신으로부터, 타인들로부터 그리고 자연으로부터('타자'는 물질적으로 존재하며 따라서 유물론자의 시각에서 용납될 수 있다) — 에서 소외를 가져왔다고 보았다. 그리고 우리는 건물 안에서 신의 질서와 인간적인 질서·정의·순결, 다산·죽음 등과 연관되는 타자의 참조물들을 끊임없이 만나게 된다.

앞에서 본 '가상의 사례'에서 우리는 이러한 세 가지 단계에서 나타나는 사회적 관계를 언뜻 보았다.

권력은 궁극적으로 자원과 연관될 수밖에 없다. 자원은 한정된 것이기 때문에 주어진 유일한 자유는 이것을 서로 다른 분량으로 나누는 것이다. 이것은 마치 케이크를 나누는 것과 같아서, 하나가 커지면 다른 것은 작게 되는 제로섬[38] 게임과 유사하다. 그 결과는 위계적인 구조·통제·감시·의사결정 과정·차별적인 소비로 나타난다. 건물을 디자인하고 사용함에 있어서, 권력은 고루 분배될 수도 있으나 한 곳에 집중되어 커다란 차이를 만들어 낼 수도 있다.

수도원 공동체는 자체의 형식적인 구조를 갖고 있다. 수도원 내에서 각 구성원들의 역할은 공간의 위치와 할당된 공간의 크기에 의해서, 가구의 정교함 차이에 의해서, 자신에게 주어진 위치에서 볼 수 있는 정도와 타인들에 의해 보이는 정도에 의해서, 그리고 입구와 동선의 차이에 의해서 표현된다. 이러한 피라미드의 정점에는 수도원장이 있다. 수도원장은 교회와 국가의 외부적인 관계로부터 그리고 궁극적으로는 도상학적인 기호로 표현되는 보이지 않는 존재로부터 그의 권위를 부여받는다. 이러한 관계는 무덤의 위치와 디자인을 통해 죽음을 넘어서까지 지속된다. 만물의 중심인 제단과의 인접성은 산 자나 죽은 자 모두에게 하나의 중요한 기호이다.

수도원 공동체에서 가장 통제받는 사람들은 병자와 어린이들이다. 9세기에 설립된 산 갈St Gall 수도원의 평면도(그림 1.10)는 이들의 낮은 위치를 보여준다. 병원과 학교는 전체공간구조에서 가장 깊은 부분에 위치하고 있으며 성당의 중심축 양옆에 대칭적으로 연이어 배치되어 있다. 이 두 개의 작은 회랑들에는 서로 같은 축 위에 각각의 중심 제단이 갖추어져 있다.

37. Gauguin, Paul(1848~1903). 프랑스 후기 인상파 화가

38. 득실의 합계가 항시 제로가 되는 게임으로서 경제용어로 쓰일 경우 저성장 경제하의 동일 시장 규모 내에서 벌어지는 시장 점유 쟁탈 경쟁의 의미를 갖는다.

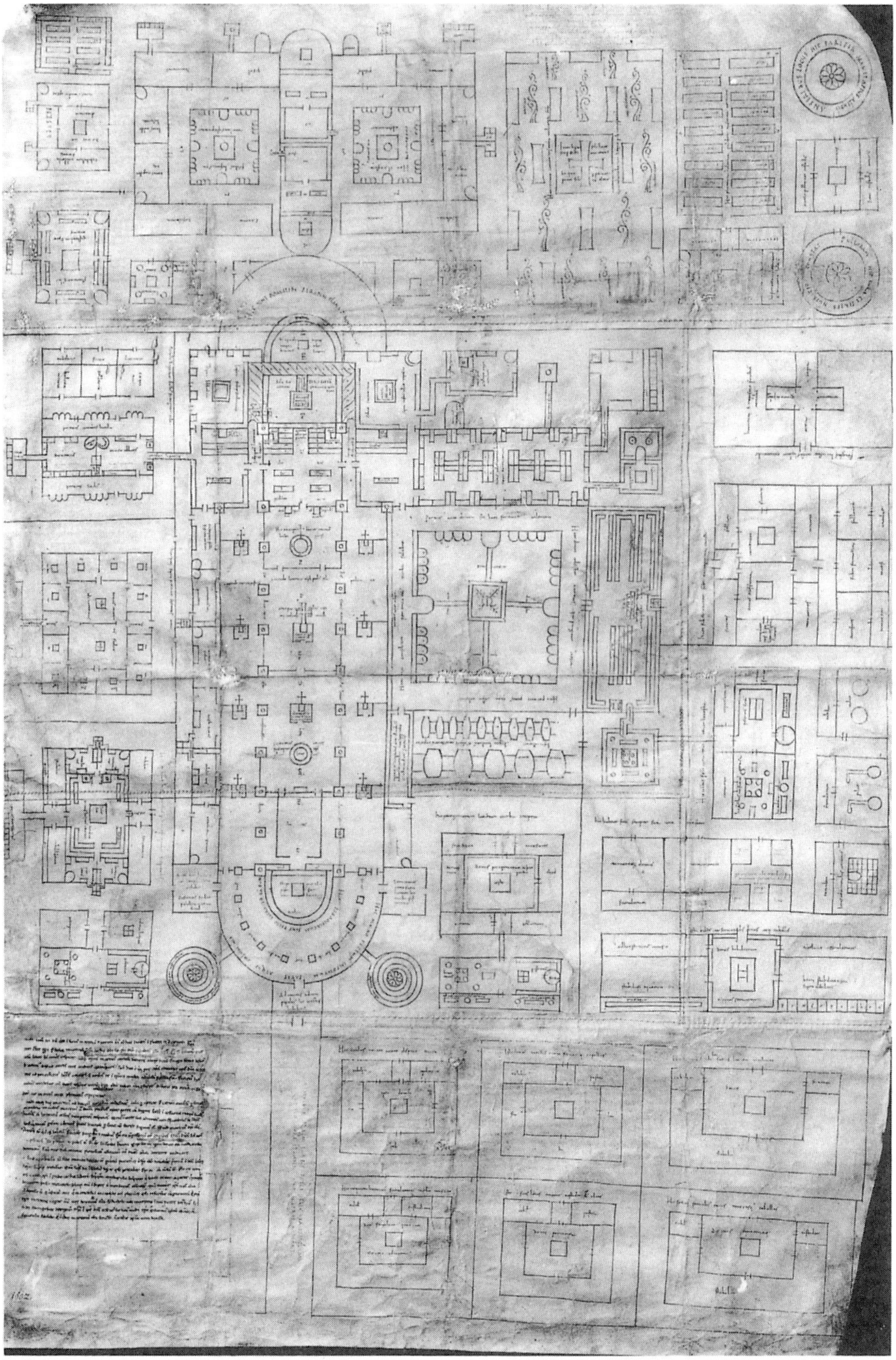

그림 1.10 산 갈 수도원의 9세기 배치평면도

출처: 산 갈 문헌보관소

재판소의 경우에도 이와 유사한 모습들이 전체적인 법의 집행과정을 규정한다. 즉 제일 높은 위치에는 재판관이 자리하고 있으며, 국가는 형태 · 기능 · 공간적인 특징들로 표현되는 보이지 않는 정의의 이름으로 재판관에게 권위를 부여한다.

콘서트홀의 경우 지휘자 · 연주자 · 기획자 그리고 관객들의 역할에 의심할 바는 아무것도 없다. 그들 역할의 차이는 지정된 공간과 자리배치 · 조각 · 조명 · 가구를 통해 초보자라도 명확히 파악할 수 있는 것이다. 그러나 이러한 문화적 산물의 가치를 확인하고 공급하는 것을 건물에서 파악하는 것은 그리 쉽지 않다. 이러한 궁극적인 권력의 원천은 인쇄물(공연프로그램 · 티켓 · 포스터)에 의해서 그리고 연주자들과 관객에 의해 공유되는 문화에 관한 일반적인 지식에 의해 드러난다. 교회와 법정의 권력이 그러하듯 여기서의 권력 또한 외부에서 비롯된다. 즉 공간을 초월한 것이다.

이러한 권력의 원천이 콘서트홀이나 다른 건물이 어떻게 실재하게 되는가를 결정짓는다. 누군가가 건물이 지어지기 위해 필요한 자원들(부지 · 원자재 · 생산품 · 공구 · 기계와 인력 또는 이들을 구입하기 위한 재력)을 통제한다. 이것은 그 주체가 누구이든지 간에 그가 집행하는 가장 큰 투자인 경우가 많다.

이러한 자원을 소유하는 것이 권력이며 이는 또한 건축가를 지명할 수 있는 자유, 그들의 고용조건을 정하거나 설계지침서를 작성하는 자유 그리고 심사위원을 선정하는 자유를 구매한다. 같은 집단이 건물을 운영하는 규칙을 만든다. 그들은 또한 건축법규를 만들고 전문가를 교육시키며 그 교육기관을 관리하고 감독한다. 지침서는 이들의 입맛에 맞는 언어로 표현되고 학자나 비평가 또는 출판업자들에게 받아들여지게 된다. 글쓰기와 건물 모두 이러한 집단을 대변하는 양식을 채용한다.

끊을 수 없는 자원과 권력 사이의 연결 그리고 매우 불평등한 자원의 배분 때문에, 건물을 짓는다는 것은 불평등을 조장하는 것을 의미한다. 사회와 그 사회에 속한 건물을 도덕적인 잣대로 비평하기 위해서는 자원과 권력의 분배에 있어서 공정성의 정도를 측정할 수 있는 어떤 것, 즉 정의를 다루어야 한다.

그러나 건물을 비평하는 것은 말처럼 간단하지만은 않다. 집단들은 권력을 놓고 경쟁한다. 분배과정에서 반대세력과 하위문화들 간에 반목과 계략이 동원된다. 전문가들과 학자들의 활동에는 '기존 질서를 전복시키는' 요소들이 존재할 것이다. 건물과 건물에 관한 텍스트에는 이러한 복합성이 자리잡고 있다. 권력에 관한 비평은 이런 복합성을 다루는 분석에 근거해야 한다. 어떤 경우, 의미는 아주 명확하지만, 다른 경우에는 앞서 언급한 '가상의 사례' 에서와 같이 숨겨진 의미를 찾아내야만 한다.

형태는 스스로 생겨나는 것이 아니다. 후원자와 교육 그리고 출판된 텍스트에 담겨있는 형태의 근원을 찾는 노력을 통해서, 형태의 의미를 섣불리 단정짓거나 형태가 주는 감동을 감소시키지 않으면서, 경험을 풍부하게 만드는 많은 요소들을 발견할 수 있다.

수도원 · 재판소 · 콘서트홀에 관해 지금까지 언급한 것에 덧붙여, 권력이 기능을 통해 눈에 보이게 되는 순간에 대해 더 이상 상세히 말할 필요는 없다.

공간에서 권력관계는 항상 존재한다. 공간의 깊이, 비대칭성 그리고 수형樹形 또는 고리형 공간구조에 의해 사람과 사람간의 교류, 그리고 박물관의 전시물과 같은 사물과 사람간의 교류가 통제된다. 오스만Haussman[39]의 파리시 개조는 기본적으로 도시의 전통적인 공간을 변형시키는 것이었다. 힐리어와 한슨(1984: 155 - 63)은 과거 빅토리아 양식의 노동자 계층 주택에 거주하고 있는 현재의 중산층이 예상과는 달리 눈에 보이는 주택의 형태를 거의 바꾸지 않았음을 알려준다. 부동산 중개업자의 홍보책자에는 이중창과 중앙난방이 홍보되어 있으나, 주택의 문을 새로이 내거나 막음으로써 새로운 통로를 확보하거나 예전의 통로들을 없애는 것과 같은 공간의 변

39. Haussmann, Georges Eugene(1809~91). 프랑스의 행정가. 나폴레옹 3세 시절 파리시의 건물과 도로패턴, 도시경관 및 도시하부시설 등을 대대적으로 개편 · 정리하여 현재의 파리시 모습을 건설하였다.

화에 대한 내용은 찾아볼 수 없다. 만약 홍보책자가 공간에 대해 말한다면, 그것은 기술적 발전이나 거주자의 신분 또는 편의성의 관점일 것이다. 그러나 주택을 파는 사람이나 사는 사람 모두 본능적으로 어떻게 공간이 거주인과 방문객 사이에 새로운 교류를 만들어 내는지 그리고 자녀양육이나 집안일의 관점에서 어떻게 새로운 가족관계가 만들어지는지를 알고 있다.

비록 권력이 이러한 형태적 · 기능적 · 공간적인 전략을 통해 매우 명확히 표현되지만, 다른 종류의 관계인 유대관계가 항상 권력의 관계와 동반한다. 고르츠(1989)가 언급한 바와 같이 이 둘은 서로 완전히 상반되는 관계로서, 유대관계는 케이크 자르기처럼 한정된 자원을 분배한다기 보다는 자신의 정체성이 강할수록 또는 두 사람 사이나 집단 내에서의 관계가 강하면 강할수록 공유할 수 있는 것이 더 많아지는 특성을 갖고 있다. 개인적인 관계에서 이것은 사랑 또는 우정이라 일컬어지며 시인이나 신학자들이 이에 관해 말하곤 한다. 정치에서 이것은 연대라고 불린다. 그러나 이 역시 다른 측면에서는 역설적이다. 왜냐하면 유대 관계는 서로간의 관심을 하나로 집중하여 사람들을 결속시키는 반면 때로는 사람들을 자유롭게 만들기 때문이다. 이러한 관계는 가장 억압적인 상태에서도 살아남으며 심지어 번창한다. 정의를 향한 투쟁은 이러한 유대를 만들어낸다.

이와 같은 생각은 결코 추상적인 것이 아니며 건물 디자인에 있어 매우 중요한 것이다. 육체적인 삶을 통해 건물의 물질적인 모습을 만들어내는 것 이외에, 권력과 유대관계를 구체화하는 중요한 방법 가운데 하나는 공간(건물과 도시의 공간) 내에 있는 우리의 몸을 통하는 것이다.

우리는 지금까지 권력을 구체화하는 건물과 관련된 것들을 살펴보았다. 유대관계를 표현하고, 여지를 남기고, 유지하고, 부정하거나 만들어내는 것 또한 이와 동일한 것들이며 그 외 다른 것은 없다. 이러한 관계들은 이미지를 통해 상징되기도 한다. 기능들은 개방적이고 재규정하기 쉬운 지침서나 규칙들에 기초하고 있으며, 이러한 지침서나 규칙들은, 정신이 조직이나 물질적인 장애물로부터 방해받지 않은 채 자유롭게 건물 사용자들을 감화시킴에 따라, 변화하는 사용자들의 역할과 활동을 수용해야만 한다. 공간들은 의사소통이 자유롭고 빈번하게 일어나도록 연결될 수 있다. 이런 공간구조에서는 계층들, 집단들 그리고 개인들 사이의 빈번한 만남이 가능해 지며, 이런 만남이 공동체의 결속과 구성원간의 친밀함과 연대의 기초가 된다. 반면에 이와 대조적인 공간구조에서는 사용자의 움직임이 감시되고 통제된다. 이런 공간은 좁은 의미로서의 생산목적 또는 먹고 배설하거나 화재로부터 피난하는 것과 같은 기본적인 생물학적 요구만을 만족시키도록 디자인된 것이다. 또한 어떤 장소는 자신과 타인 모두를 발견할 수 있도록 디자인될 수 있다.

따라서 권력과 유대, 두 가지 모두를 구체적으로 실현시킨다는 점에 있어서 실재하는 건물들은 항상 이중의 의미를 내포한다. 정의와 유대의 창출 모두를 가장 심도 깊게 충족시키는 건물은 아마도 '천상의 저택' 일 것이다. 이 저택은 서양 전통의 중심적인 비전으로 마르크스 주의자들과 그리스도교 교인들에 의해 상상되어진 구조가 없고 권력이 없는 사회를 담고 있다. 이곳은 국가 · 계급 · 결혼 · 교회 그리고 인간이 만든 모든 기관들이 사라져 버린 사랑이 충만한 공동체로서, 완전히 정의로우며 소외 없는 관계가 실현된다. 이러한 상상은 유토피아적인 작가들과 디자이너들에게 영감을 불러 일으켰다. 공정한 사회와 사랑의 공동체라는 두 흐름이 그들의 작품 속에 나타나 있다. 토머스 모어Thomas More[40]는 공정한 사회의 모형을 제시하였으며 윌리엄 모리스[41](1891)의 『미지의 장소로부터의 소식News from Nowhere』은 사랑의 공동체라는 흐름을 가장 생생하게 표현하고 있다.

40. 영국의 정치가 · 인문주의자(1477~1535). 대표작으로 이상적 국가상을 그린『유토피아』(1516)가 있다.
41. Morris, William(1834~96). 영국의 미술가 · 시인 · 공예가로서 건축을 포함한 예술과 공예의 접목에 지대한 영향을 미쳤다. 예술과 공예운동 Arts and Crafts movement을 주장하였다.

(a)

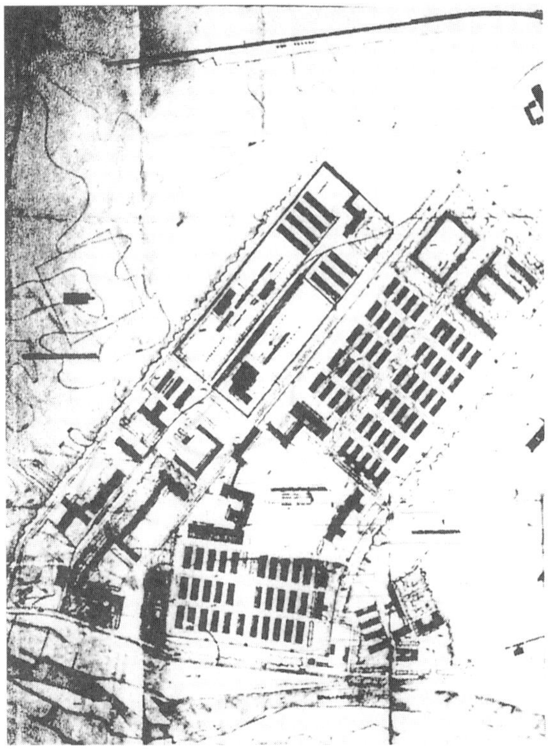

(b)

그림 1.11 아우슈비츠 수용소 정문과 배치도

프리모 레비Primo Levi(1962)는 아우슈비츠의 디스토피아Dystopia에서의 삶에 대해 심오하게 관찰하였다. 이를 통해 인간이 어떻게 가장 압제적인 기관과 건물들을 유대관계를 통해서 전복시킬 수 있는지를 보여주었다. 그렇다면 어떤 사람은 의미를 탐구하는 이러한 프로젝트는, 수많은 실제적이고 이론적인 어려움들만 야기하며 아무런 의미도 없다고 말하고 싶은 충동을 느낄지도 모른다.

이러한 유혹에 앞서 실제 건물을 좀더 자세하게 살펴볼 필요가 있다. 아우슈비츠 수용소 정문(그림 1.11)에 쓰여 있는 '노동을 통한 자유' 라는 글귀는 놀랍게도 산업혁명의 이념을 재천명하고 있다. 그러나 실제로 이 곳에서의 생산은 질병과 기형 그리고 조기 사망과 연관되어 있었을 뿐만 아니라 죽음 그 자체가 목적이었다. 전 세계인들에게 아우슈비츠 수용소는 분관형의 병원건물 같이 보였다. 한편으로는 정문의 글귀가 말하는 수사학과 병원과 같은 평면, 그리고 다른 한편으로 그 안에서 실제로 일어난 결과 사이의 모순 속에는 또 다른 건축적인 유사함이 내포되어 있다. 우리는 앞서 샤를 드골 공항의 개방된 공간으로 뻗어가는 터널들에서 자유와 구속 사이의 모순을 살펴보았다. 뒤에서 우리는 수감자들에게 궁전 같은 착각을 일으키는 장 즈네Jean Genet가 묘사한 교도소를 보게 될 것이다. 가장 가슴 아픈 경험은 너무도 아름다운 도시나 건물의 형태와 그 기능 사이에 모순이 있을 때이다.

우리는 프리모 레비의 관찰로부터, 유대가 억압적인 권력 구조에서 독립되어 있다고 이해할 수 있다. 그러나 이것은 심각한 실수일지도 모른다. 왜냐하면 그가 묘사하고 있는 것은 건물이 핵심적인 도구로 사용되는 시스템 내에서 유대를 만들기 위해 지불해야 했던 엄청난 대가이기 때문이다. 이보다는 그 정도가 다소 낮지만 가장 운이 좋은 몇 명을 제외하고는 누구나 그들이 일상적으로 생활하는 건축환경에 어느 정도의 대가를 지불하고 있다. 이것이 건물과 여러 관계들의 상호의존 정도를 실질적으로 나타내는 참다운 척도이며, 건물의 의미를 탐구하는 진정한 뜻이라고 하겠다.

담론의 유형

건물이 명백히 사회적인 역할을 갖고 있음에도 불구하고, 건축에 관한 담론은 이것이 배제된 채 생산되고 있다. 건물은 예술로서 그리고 기술적이거나 투자의 대상으로 취급되고 있으나 사회적인 것으로 다루어지는 경우는 찾아보기 어렵다. 그 이유는 무엇인가?

먼저 희망적인 징후들이 보이는가? 프램프톤Frampton, 비들러Vidler, 지로우드, 포티에르Fortier는 모두 건축학 분야에서 새로운 지평을 열었으며, 르페브르, 킹King, 힐리어와 한슨, 에코는 건축학 이외의 분야로부터 시작하여 새로운 장을 개척하였다. 그러나 건물에 관한 사회적인 이론들이 일반적으로 받아들여지기까지는 아직 먼 길을 가야한다. 일부 건축가들은, 이견이 분분한 프로젝트에 대해 이론적인 방향을 제시하고자 할 때, 그 연구들을 자신의 작업에 적용해 왔다. 그렇지 않았다면 위의 연구들은 건축가들이 사고하고 말하고 디자인하거나 또는 일반적인 대중을 바라보는 건축가들의 인식에 거의 영향을 미치지 못했을 것이다.

사회적인 역사와 더욱 긴밀하게 연관된 것은 '건물유형building type' 이라는 이름으로 진행되고 있는 작업이다. 페브스너(1979), 로즈너Rosenau(1970), 씨본Seaborne(1971), 톰슨과 골딘Thompson and Goldin(1975), 에번스Evans(1982), 제터Jetter(1966 - 72)는 병원 · 시장 · 교도소 · 학교 · 공공건물 · 공장 등을 기술적 · 법적 · 정치적인 관점에서 매우 자세하게 다루어 왔다. 그러나 이들의 작업은 대부분 서술적인 단계에 머물렀으며, 건물유형들은 사회변화의 추동력이라기보다는 기술적 · 법적 · 정치적인 권력의 결과물로 받아들여졌다. 킹(1980)은 논문모음집에 붙인 서문에서 두 방향으로 명제를 제안하고 있다. 즉 건물에 대한 탐구는 사회를 이해하는 한 가지 방법이며, 마찬가지로 사회에 대한 탐구는 건물을 이해하는 한 가지 방법이라는 것이다. 물리적으로 실존하는 구조체로서의 건물은 관련자들이 모든 사회적인 요인을 고려하여 머리 속으로 상상하는 모델을 근거로 하여 번안된 것이다. 킹의 글은 난해하지 않게 명확하게 쓰여 졌고 종종 도전적인 경향을 취하고는 있으나, 항상 깊은 통찰력을 담고 있다. 그러나 왜 그의 작업은 더 큰 변화를 초래하지 못했는가?

그 대답은 건물을 사회적 맥락에서 바라보고자 하는 전통이 있는 건물유형, 즉 주거건축에서 힌트를 얻을 수 있다. 주택을 촌락의 패턴 안에서 고찰하는 것은 인류학 · 고고학 · 사회학 분야의 중심적인 주제이다. 그러나 어떻게 베르베르족의 주거를 다룬 보듀Bourdieu(1971)의 인류학적인 연구, 무테시우스Muthesius(1982)의 테라스하우스, 벤트만Bentmann과 뮬러Muller(1975)의 베니스식 전원주택의 독점적인 패턴, 그리고 볼Ball(1983)의 경제적인 요인 및 주거정책에 관한 연구들을 서로 관련지을 수 있을 것인가? 이러한 서로 다른 분야의 연구들을 함께 묶을 수 있는 방법론은 존재하지 않는다. 이러한 방법론의 부재로 인해 사회가 주거의 생산자일 뿐만 아니라 그 결과물이라는 개념은 초보적인 상태로 남아 있는 것이다.

이 모든 것은 우리가 두 종류의 상호 연관된 물건, 즉 예술작품과 실용 제품을 어떻게 다루고 있는가를 고려해 볼 때, 매우 어색해 보인다.

예술작품의 경우, 특히 문학 · 영화 · 미술의 경우에는 이미 확고한 위치를 차지하고 있으며 계속 성장하고 있는 연구집단이 작품생산이나 관람자, 독자형성 과정에서 사회의 역할을 검토해 오고 있다. 울프Wolff(1981)는 웨버Weber · 뒤르켕 · 윌리엄스Williams · 골드만Goldmann · 이글턴Eagleton · 베르거Berger 등이 기여한 바를 재조명하고 있다. 비록 몇몇 관념론자들은 이들의 연구를 쓰러질 수밖에 없는 짚으로 엮어진 허수아비로 풍자하였으나, 이들에게는 사회형성에 있어 한 방향으로 작용하는 힘을 중시하는 결정론자들의 견해를 지지하는 기초(생산수단들) 및 상부구조(이데올로기 · 종교 · 법률 · 교육 · 의식) 이론에 도전할만한 충분한 근거가 있었다. 결정론자들의 주장에 따르면, 예술작품뿐만 아니라 이를 감상하는 사람들 또한 단지 무력하고 수동적인, 사회화 과정의 최종 결과물이다. 이글턴(1976)은 이를 '저속한 마르크스주의' 라고 불렀다. 하지만 예술가와 감상자 어느 쪽에도 '생활세계' 의 의미를 찾는 권리가 주어지지 않았으며, 그들에게 능동적으로 사회를 형성할 수 있는 역할을 허락한다면 물질 및 역사적 실체의 영향이 훼손될 것이라고 간주되었다.

그러나 현대 문화유물론cultural materialism은 예술가들과 그들의 작품 그리고 관객들이 어떻게 사회를 형성하였으며 또한 어떻게 사회에 의해 형성되어 왔는가를 탐구하는데 있어 큰 성과를 얻었다. 현재 생산되고 있는 것, 시장에서 살아남은 것(미술관 · 도서관 · 출판사 · 텔레비전 스튜디오) · 유행하는 스타일 · 선택된 기술들 · 교육의 영향 · 필요자원의 가용여부 · 대중매체의 역할과 같은 것들은 모두 사회적 영향력의 결과물이다. 그러나 이 이론은 또한 예술가와 관객은 사회에 대응하여 행동하며, 확립되지 않은 내적 실체를 공유하고 있다는 점을 인정하고 있다.

이러한 종류의 이론은 건축에 거의 영향을 미치지 않았다. 창조적인 예술을 다루는 역사가들과 예술평론가들은 건축을 배제하여 왔다. 예를 들어 홉스바움Hobsbawm(1971)은 사회적인 역사social history를 사회의 역사history of society('이것은 지금도 형성되고 있는 중이다')[42]로 전환하는 방법에 대해 기술하면서 인류학 · 사회학 · 정치과학 · 종교와 함께 문학 또한 이러한 변환을 돕는 분야로 포함시켰으나 건축은 배제되었다. 이러한 상황은 이후에도 변하지 않았다. 팀스Timms와 콜리어Collier(1988)는 '예술이라는 매체를 통해 근본적인 사회변화를 야기할 수 있는 급진적인 예술 창작가로서 뿐만 아니라 문화적 "전위예술가"' 로서 '시인 · 화가 · 이론가 · 극작가 · 영화감독' 을 거론하였으나 건축가는 제외하였다(데 스틸de Stijl[43]에 관한 논문 한편에서만 건축이 언급되었다). 어떤 연유로 역사가들과 예술 및 사회 비평가들 모두 건물이 사회를 변화시킬 수 있는 힘이 있다는 것을 부인하는가?

42. 사회적인 역사는 역사가 갖는 사회성에 주된 관심을 두고 있으며, 사회의 역사는 사회의 형성과 변화에 관한 역사를 의미한다.

43. 20세기 초 네덜란드에서 활발했던 추상미술운동.

건축분야에서 가장 잘 확립된 학문의 전통은 건축을 예술로 바라보는 이들에 의해 형성되어 왔다. 이런 전통은 부르크하르트Burckhardt, 뵐플린Wölfflin44, 곰브리치Grombrich, 비트카우어Wittkower로부터 서머슨, 리커트Rykwert, 페브스너로 이어진다. 이런 연구전통이 학술적이고 창의적인 면에 치중되면서 사회적인 요인은 그들의 분석작업에 별로 중요하지 않았다. 스크러튼Scruton(1979)과 왓킨Watkin(1980)은 심지어 건축을 사회적 맥락에서 분석하려는 시도를 공격하기도 하였다.

그 결과 놀랄만한 상황이 벌어졌다. 예술과 사회의 밀접한 연관을 인정하는 사회역사학자들과 비평가들은 – 자신들의 분야에서는 급진적 입장을 취함에도 불구하고 – 건축을 무시하고 냉대해왔다. 그리고 건물을 예술작품으로 바라보는 건축역사가들과 비평가들은 사회에 관심을 보이지 않았다. 사회에 대한 이러한 침묵의 원인은 무엇인가? 만약 이러한 학문들이 건축과 사회의 연관성을 설명하지 못한다면 무엇이 그것을 설명할 수 있을 것인가?

제1차 산업혁명시대의 각종 기계·농기구·무기·컴퓨터·자동차·가정용 기구와 같은 실용적인 제품들은 사회 시스템의 일부분으로서 폭넓게 연구되어 왔다. 이런 맥락에 속하는 몇 안 되는 건축분야의 연구는 늘상 토속적인 주거에 관한 것이었다. 건물을 단지 실용적인 것으로만 바라보는 시각은 건물을 예술로만 취급하는 것만큼이나 좁은 견해이다. 그러나 그럼에도 불구하고 물질문화와 인류학에 대한 연구들이 주거를 제외한 다른 건물들을 사회 시스템의 일부로서 거의 다루고 있지 않다는 것은 놀랄만한 일이다.

만에 하나 건물이 예술과 실용적인 두 가지 성격의 사물이 단지 함께 모여 있는 혼합체라 할지라도, 건물을 연구하는 이들은 왜 주변 학문에는 뚜렷이 존재하는 사회와의 연관성에 대해 분석하려고 하지 않는가? 그러나 건물은 단순한 혼합물이 아니다. 건물은 고유한 범주를 형성한다. 물질적인 형태를 생산함으로써 의도적으로 공간을 조직하고, 그 공간 속에 인간을 담는 것 가운데 건축 이외에 따로 분류되고 있는 사물은 없다.

이러한 의문에 대한 해답의 실마리는 뜻밖에도 20세기 초 독일 관념론에서 잉태된 통찰력으로부터 나타나기 시작하였다. 독일 관념론의 건축역사가들은 건물에 잠재된 진실은 형태 속에 있으며, 관찰자가 건물에서 직접 그 의미를 경험하든 그렇지 않든 간에 이러한 진실은 존재한다고 생각하였다. 또한 그 형태들이 어떤 특정한 역사의 순간에 만들어졌다고 해도 그 의미는 언제나 보편적이며, 따라서 지적이고 감수성이 높은 사람들은 시대에 관계없이 그 의미를 이해한다는 것이다. 이러한 영원히 내재된 '보편적 의미'야말로 형태가 갖는 모든 내용인 것이다. 이러한 견해를 표명하였던 곳은 독일로서 특히 뵐플린을 거론할 수 있다. 비록 뵐플린에 앞서 젬퍼Semper45(1860 - 63)가 이미 건축을 생성하는 원천으로 물질적인 기술·기능적인 요구·사회적인 요인을 예견하였으나, 전통적인 생각을 급진적으로 바꾼 것은 뵐플린의 수제자 중 한 명인 프랑클이었다.

프랑클(1914)은 젬퍼의 이론을 더욱 확대하여 '기능적인 프로그램functional program' (독일어 bauprogramme의 미국식 번역, 영국식 번역은 brief)에 표현되어 있는 '목적을 갖는 의도purposive intention' 까지 포함하였다. '건물 프로그램의 역사는 문화사의 한 부분' 이며 이러한 '프로그램은 . . . 예술과 생활을 이어주는 다리이다' (Frankl 1914:160). 건물의 의미는 '목적' 에서 파생되는 '프로그램' 을 분석하지 않고는 밝혀질 수는 없다. '목적이 건축의 본질인 이상, 건축은 이러한 목적의 표현이다'. '건물의 역사에 대한 지식 없이' (기능적으로) 쓸모없는 건물을 마주하게 되는 사람은 '그 뛰어난 예술적 형태

44. Wolfflin, Heinrich(1864~1945). 스위스의 예술사학자. '예술사적인 예술개념' 이라는 저서를 통해 예술의 형식 및 형식의 독자적인 발전의 이해를 추구하였다.

45. Semper, Gottfried(1803~1879). 독일의 건축가. 신고전주의의 대가인 쉰켈에게 사사하였고 르네상스 양식을 기저로 한 절충주의로서 드레스덴 가극장 등을 설계하였다. 과거의 기둥양식과 장식 등을 모두 건축 구조와 기술의 상징물로 간주한 점에서 당시의 미술사 연구에 큰 영향을 끼쳤다.

속에서 . . . 단지 장식만을' 보게 된다(1914:158). 프랑클은 건물을 '인간행위가 일어나는 극장'으로 규정하고 극장이 비었을 때는 '미라'가 된다고 하였는데, 그 이유는 '사람이 건축의 일부이기 때문이다'(1914:159:나의 강조).

프랑클이 던지는 메시지는, 건물의 기능과 함께 공간구성 · 매스와 표면의 처리 · 빛과 색채 그리고 시각적 효과의 사용을 의미분석의 중심적인 요소로 간주하였다는 점에서 획기적이다. 마지막 세 가지 요소에 대한 고려가 그를 기존의 사고로부터 앞서게 하는 점이다. 그러나 프랑클은 결국 그가 보여주었던 통찰력의 결과들을 충분히 추적하는 데는 실패하였다. 그럼에도 불구하고 그는 건축지침서가 규정하는, 그리고 바로 그 '프로그램'의 역사적인 분석을 통해 밝혀진 건물에서 일어나는 사람의 행위는, 건물이 위치한 장소나 시간에 대해서 특별한 어떤 것, 즉 건물의 역사라는 점을 간파하였다. 이 때문에 '사회적 표현의 변화'에 대한 연구가 필요하게 되었다(1914:160). 그러나 적어도 세속적인 일반 건물들에 있어서 '개별적인 목적들은 일상생활의 요구로부터 만들어지기 때문에, 그 목적들이 다른 프로그램들에 방해받지 않는 연속성을 갖는 것은 자명한 사실이다'(1914:191). 이러한 사실은 다음의 두 가지 방식 중 하나로 이해될 수 있다.

먼저 일상생활에서 요구되는 기능들은 우발적인 사건들을 제외하고는 역사의 흐름 속에서 변함없이 지속되는 '연속성'을 갖는다는 관점이다. 이런 관점에서 관념론적인 논의가 형태로부터 기능으로 이동되었다. 기능은 영원하고 변경될 수 없는 보편적이며 비역사적인 현상이 되었다. 우리가 일상생활에서 기능에 대해 알고 있듯이, 기능은 어떠한 순수한 원형 archetype의 그림자로서 건물 안에 한번 자리 잡으면 영원히 변함없이 머물게 된다. 또한 적절한 증거가 주어진다면 모든 관찰자들은 항상 그 기능을 인지하고 그에 대응하게 될 것이다.

두 번째는, 다른 함축적인 의미를 고려할 경우, 이러한 기능들 또는 '목적들'은 반드시 의도(프랑클이 부르크하르트와 뵐플린에게서 비롯되었다고 인정한 핵심개념)가 있어야만 건축화된다는 관점이다. '건물의 프로그램을 결정하고 나아가 공간의 형태를 결정하는 것은, 건물이 갖는 목적의 현실적이고 물질적인 확실성이다. 그러나 단지 의도만이 건물의 목적에 예술적인 성격을 부여한다'(Frankl 1914:161). 의도가 없다면 예술적 형태도 있을 수 없으며 예술적 형태가 없다면 건축도 존재하지 않는다. 그리고 예술적인 형태는 이미 관념론자들에 의해 규정되었다. 따라서 기능과 형태 사이의 연결은 건축작품에서 내적인 것이며 또한 불변의 것이다. 이런 기능과 형태간의 연계는 건물 창조자(또는 생산자)의 의도에 달려있다. 그러나 이 관련성을 밝혀낼 수 없었기 때문에 프랑클은 고민 끝에 그의 통찰을 기능의 형태생성적인 역할에 국한시키게 되었다. 그럼에도 불구하고 그의 관점은 매우 중요한 의미를 갖고 있으며 또 다른 분석을 위한 길을 예비하였다.

만약 프랑클이 형태와 기능이 갖는 의미의 원천을 역사 너머의 '바깥 저쪽'에서 찾는다면, 그는 양자간의 관계 또한 '바깥 저쪽'에 있다는 결과를 얻게 될 것이다. 그리고 역사는 불변의 진실들이 물질화되는 피할 수 없는 과정으로 전락하게 된다. 그러나 만약 우리가 역사에 형태생성적인 역할을 부여한다면, 우리는 '안쪽 여기에서' 형태와 기능간의 관계에 대한 원천을 발견하게 될 것이다. 이 경우 주어진 형태는 어떠한 기능도 수용할 수 있으며, 이와 마찬가지로 주어진 기능은 어떠한 형태도 될 수 있다. 그 관계는 우발적이거나 변하지 않는 것이 아니라, 우리 시대에는 우리도 한 자리를 차지하고 있는 특정한 역사적인 서사로부터 나온 결과물이다. 엄격한 분석 없이도 몇 세대에 걸쳐 이런 관계를 발견해 왔으며 직관적으로 프랑클의 이론에 대한 루이스 설리번의 해석에 대해 반대하여 왔다. 놀라운 사실은 다른 면에서는 매우 창의적이고 대담하였던 프랑클이 그러한 분석을 끝까지 제안하지 않았다는 것이다. 내 임무는 그가 멈추어버린 곳에서 이러한 분석을 다시 계속하여 시도하는 것이다.

꿈의 장소와 현실의 장소

좋은 먹거리에 관한 최근의 신문기사(Flynn 1989:22)에서 식도락 기사를 담당하는 취재원은 새롭게 개장한 에든버러의 한 식당을 묘사하였다. 그 식당은, '마이애미의 아르데코 지역에 있는 본래의 정박장을 놓치고 엉뚱한 항구로 들어온 화려한 여객선처럼 네온불빛으로 반짝거리며. . . 교외의 2호 연립주택들과 자동차들이 빽빽이 들어선 로터리 곁에 어울리지 않게 앉아 있는' 새롭게 단장한 흰색의 커다란 가로변 건물 안에 자리 잡고 있다. 그 건물의 내부장식은 '놀랄 만큼 광란스러웠던 1930년대 미국식 인테리어, 즉 크롬도금한 가구 · 불쑥 튀어나온 작은 조각상 · 스쿠프 조명 · 강렬한 햇살을 주제로 한 풍부한 문양을 유감없이 보여 준다'. 이 기사는 세 가지 면에서 눈길을 끈다.

첫째, 전체기사에서 건물에 관한 내용이 음식에 앞서 다루어졌다. 둘째, 건물에 관한 내용에서 부적절한 입지선정에 관한 지적과는 별개로, 그 건물의 아르데코Art Déco 스타일에 관해 언급하고 있다. 셋째, 기사는 그 건물이 식당이나 술집 이외에도 사교댄스장 · 극장 · 소규모 교회가 부조화스럽게 뒤섞여 있다는 사실을 간과하고 있다. 이러한 건물을 과연 무엇이라고 불러야 할까? 그곳에 도착했을 때 무엇을 해야 할지 어떻게 알 수 있을까? (1930대의 본래건물을 설계한 건축가들은 부동산개발에 참여하기 위해 그들이 속한 전문가 집단으로부터 떨어져 나왔음이 분명하다〔Architects 'Journal 1989:6〕. 단지 이런 이해하기 어려운 건물이 이 건물 하나만 세워졌더라면 좋았겠지만.)

앞서 다루었던 원래 수도원의 일부였던 교회가 재판소로 바뀐 '가상의 사례' 처럼, 르네상스의 도시 대저택들은 — 프랑클은 피렌체의 팔라쪼 메디치Palazzo Medici를 예로 들었다 — '개인 거실 · 주인의 집무실 · 접견실 · 가사실 · 마구간 · 창고 · 하인들 처소 · 개인 예배실' (Frankl 1914;165)이 기능적으로 통합되어 있었다. 이 저택은 다양한 용도로 사용되었지만,

> 어떤 용도 하나만이 주된 것은 아니었다. 각각의 조그마한 목적들 모두가 주된 목적과 같은 정도의 의미를 갖고 있는 듯이 보인다. 이 저택은. . . 그 다양한 목적을 잘 조정하고 배분함으로써 주인의 복잡한 일상생활을 고르게 소화시켜 주도록 계획되어있다. . . 각 방의 목적은 거주자의 실제적인 활동, 즉 삶의 현실과 부합되어야 한다.
>
> (Frankl 1914)

프랑클이 말하는 삶의 현실이란 르네상스 시대 피렌체의 사회적 현실을 말한다. 각각의 공간들 간의 관계가 의미를 띄었기 때문에 각 공간의 기능 또한 이해될 수 있었다. 여기서 우리는 20세기에 지어진 식당 · 바 · 무도장 · 영화관 그리고 교회로 이루어진 복합건물이, 앞서 언급한 수도원이나 대저택과는 다르게, 왜 각 공간의 의미나 그들 간의 관계가 이해되지 않는지, 그 이유를 묻고자 한다.

호주 원주민의 꿈의 장소Dreaming place에서는 마음속에 있는 정신적인 세계와 물질적인 현실이 일치하였다. 수도원이나 피렌체의 대저택에서(에든버러의 도로변 식당은 제외하고) 보이지 않는 구조는 보이는 것에 의미를 부여하였다. 예를 들어 먹는다는 행위의 기본적인 물질적 과정은 한눈으로도 쉽게 파악할 수 있다. 그러나 음식섭취라는 생물학적 요구는 가

정의 식당 · 대학기숙사 · 역 구내 스넥바 · 선술집 · 간이식당 · 레스토랑 · 나이트클럽 또는 해변가 소풍을 통해서도 만족될 수 있다. 이런 다양한 공간에서는 먹는 사람들 사이뿐 아니라 음식을 제공하고 소비하는 사람들 사이에 서로 다른 관계가 존재한다. 이 관계들 간의 차이점은 결코 사소하지 않다. 이러한 상이한 관계를 통해서 그곳에서 누가 식사를 하는지, 누구와 하는지, 소비하는 사람과 공급하는 사람간의 계약상의 특징은 무엇인지, 음식은 어떻게 얻어지고, 저장되고, 요리되고, 제공되는지, 그리고 나눠진 음식은 일종의 기호sign로써 어떻게 가족이나 학과, 군대, 여흥 혹은 여행과 같은 더 넓은 관계를 형성하는데 일부를 담당하는지가 설명된다. 이처럼 음식이 기호로 작용하는 경우는 생물학적 목적이 결여된 식사에서 더욱 분명하게 드러난다. 이러한 식사가 존재하는 이유는 특히 종교적인 의식에서 상징으로 기능할 때 더욱 두드러진다.

우리는 식사공간에 적절한 명칭label을 사용하여 각각의 먹는 장소 뒤에 숨어있는 사회적 실체를 구별한다. 이런 명칭은 더 세밀하게 부여될 수 있다. 예를 들면 '간이식당'을 '군대식당' 또는 '학생식당'으로 더 세밀하게 나눌 수 있다. 이런 단어들은 행위를 사회적 맥락 안에서 설명하며 일반적인 기능어function language를 형성한다. 그리고 그것들은 장소나 용도의 종류를 나타낸다. 그 결과 같은 단어가 '제도'와 '시설물'을 동시에 가리킨다. 예를 들면 '성가대(석)'와 '법원'(앞에서 이미 언급한 바 있다) 또는 '교회'와 '학교'와 같은 단어들이다.

실제적인 활동과 공간을 콘텍스트context로부터 분리할 수는 있다. 그러나 단어는 그렇게 할 수 없다. 단어는 결국 콘텍스트에 근거할 수밖에 없다는 말이다. 콘 — 텍스트con-text라는 말은, 언어를 사용하는 공동체가 만들어낸 텍스트text 안에 존재하는 단어라는 뜻을 명확하게 묘사하는 것이다. 학교 교실에서 무슨 일이 일어나는지 상상해보는 것은 그리 어렵지 않다. 그러나 동일한 공간이 철도역이나 미술관 안에 있다면, 그 공간 혹은 전체 건물이 무엇을 위한 것인지 알아낸다는 것은 간단한 일이 아니다. 만일 그 공간을 표현하는 어떤 명칭이 붙어 있지 않다면, 다시 말해서 기능어로 설명하지 못한다면, 우리는 편안함을 느끼지 못할 것이다.

'물질적 과정material process'이란 단지 어떤 물질이 변하는 것만을 말하는 것이 아니다. 교회에서 예배를 보거나 법원에서 드라마틱한 재판이 진행되는 것 또한 음식을 요리하고 식탁을 차리고 먹는 것만큼이나 '물질적'인 것이다. 왜냐하면 이런 행위들은 물질적 대상, 무엇보다도 인간을 담고 있는 물질적 경계로 한정된 공간에서 발생하기 때문이다. 식사 장소도 교회나 법원과 같이 그것이 표상하는 관계를 통해서만 의미를 가질 수 있는 것이다. 물론 물리적 과정의 일정한 실제적 요구조건은 충족되어야 한다. 그렇지 않으면 건물은 하나의 조각 작품으로 인정받을 수는 있겠지만, 결코 우리의 연구대상이 될 수는 없다.

이러한 경험은 어떠한 소용이 있을까? 가장 직접적인 경우는 우리 스스로가 참여하는 경우이다. 덜 직접적으로는 우리가 다른 사람들의 행동을 관찰하여 숨어있는 의도를 읽어야 할 경우이다. 의도란 겉으로 드러나지 않으므로, 의도를 이해하기 위해서는 분명하게 눈에 보이는 것을 넘어서 그 사물에 관한 지식이 필요하다. 우리는 종종 낯선 문화나 새로운 상황에서 무엇이 진행되는지 그 의미를 아는데 실수를 범하기 쉽다.

만일 관찰하는 것마저도 불가능하다면 우리는 의미를 물질적 증거로부터 추론할 수밖에 없다. 물질적 증거란 가구나 장비 그리고 책 · 기계 · 컴퓨터와 같은 물건들과 방에 붙은 명칭들을 말한다. 고고학에서는 도구 · 벽난로 · 진흙서판과 같이, 그 자체로 기능의 증거가 되는 인공물들이 용도의 사회적 관계를 해석하는데 사용된다. 그러나 고고학적 재구성을 위해서는 다른 두 가지 정보, 즉 건물의 형태와 공간의 조직에 관한 정보가 필수적이다. 방의 형태와 크기, 이들을 연결하기 위해 축이 사용된 방법, 사용된 재료, 벽이나 바닥 그리고 조각이나 그림과 같은 장식의 처리(도상학적 프로그램) 등은 모두 강한 형태적 단서들이다. 그리고 건물에 들어가는 방법, 한 공간에서 다른 공간으로 연결되는 방식, 내외부 공간이 연결되는 방식은 모두 공간적 단서들이다. 형태와 인공물과 공간에 대한 증거가 충분히 주어진다면, 전체 건물과 모든 개별공간의 의미를 알아낼 수 있다.

1장에서는 형태·기능·공간을 분석의 기초자료로 채택하였다. 이는 고고학자들도 사용하는 방식이다. 우리는 이에 덧붙여, 텍스트·도면·사진과 같은 고고학자들이 갖지 못하는 다른 자료도 이용할 수 있다. 하지만 이런 방법론은 건물을 해석하는 것이 무의식적 고고학이라는 것을 암시한다.

용도와 그것을 서술하는 기능어에 관한 논의를 이제 1장에서 개괄한 이론적 틀에 맞춰보도록 하자. 역사 속의 사회는 세 가지 영역으로 구성되어 있음이 밝혀졌다. 사회적 행위, 사회적 관계 그리고 주체가 그것이다. 나는 사람들('주체')이 사회적 관계 안에서 의미를 발견하고 창조한다고 암시하였다. 그리고 의미는 다시 사회적 행위를 형성하고 동시에 사회적 행위에 의해 형성된다. 사회적 행위란 사람들이 함께 하는 무언가를 말한다. 건물을 디자인하고 만들어내는 것은 사회적 행위이다. 건물에 관한 텍스트를 쓰는 것 또한 사회적 행위이다. 인간의 특징이기도 하며 가장 보편적인 사회적 행위는 언어를 만들고 사용하는 것이다. 언어는 다른 모든 사회적 행위에 관련되며 그러므로 모든 관계맺기에 관여한다. 언어는 의미의 중심에 자리하며, 따라서 언어는 건물이 무엇을 의미하는지에 관한 질문에 있어 핵심적인 요소이다.

건물의 형태·기능·공간은 각각 사회적 관계의 영역 안에서 의미를 갖는다. 각 사회적 관계는 사회 안에서, 그리고 우주적 체계 안에서 우리가 누구인지를 우리자신에게 알려준다. 또한 권력과 유대관계를 말해주기도 한다. 의미는 기능과 공간을 통해서는 즉각적으로 전달되지만, 형태를 통해서는 그렇게 즉각적이지 못하다. 형태의 의미는 두 가지 방식으로 전달된다. 첫째는 제국주의 시대의 독수리상이나 기독교의 십자가 또는 IBM사의 로고와 같이 뚜렷한 상징물의 경우는 물론이고, 우리는 오랜 경험의 결과로서 특정한 건축적 형태를 일정한 기능과 연관시킨다. 그러한 연관성이 어떻게 작동되는지는 앞으로 논의할 것이다. 그러나 두 번째로, 형태는

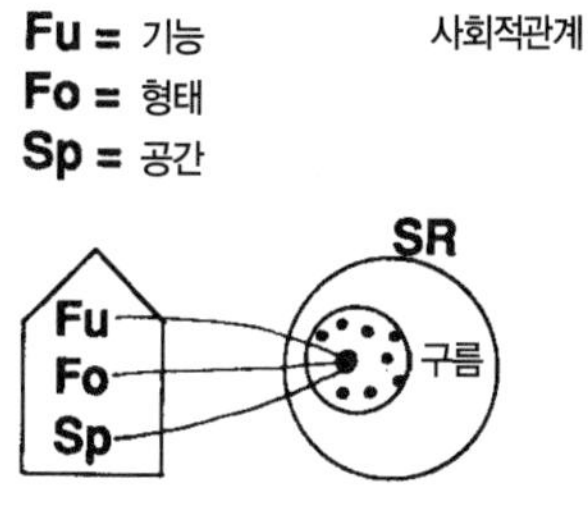

직접적으로 의미를 전달하며, 관계에 대한 은유로서 작용을 한다. 이는 엘리엇의 표현을 빌면, '모호함에 대한 습격'을 감행하여, 언어의 일상적인 표현의 범위를 뛰어넘어 사물을 말하도록 만드는 것을 말한다.[1]

한 건물이 총체적으로 의미를 전달하는 것은 그 건물의 부분적이며 개별적 담론들이 갖는 각각의 의미가 사회적 관계의 영역에서 한 점으로 수렴되기 때문인 것이다. 이 지점은 일상적 용도에 의해, 또한 같은 건물을 사용하며 같은 언어를 쓰는 공동체 안에서 창조되고 공유되는 일상적 기능어에 의해 위치가 결정된다. 그러한 '지점'이 개인마다 조금씩 다른 것은 각 개인의 '생활세계'가 서로 다르기 때문이다. 그러나 그 지점이 다른 사람들과 공통 구역 — 우리는 이 영역 안에서 인접한 지점들로 이루어지는 구역을 '구름'이라고 부른다 — 을 공유한다는 것은 같은 공동체에 소속되어 있음을 의미한다.

18세기 중엽까지 형태·기능·공간의 의미는 모호함 없이 규칙적으로 그리고 예측가능한 방식으로 한 점에 집중되었다. 프랑클이 묘사한 도시의 대저택·교회·시장은 각각의 용도에 적절하다고 받아들여지고 이해되는 형태와 공간구조를 갖고 있었다. 그러나 계몽주의적 이성, 미국과 프랑스 혁명이 불러온 정치적 격변 그리고 산업혁명은 이러한 안정된 세계를 깨뜨려버렸다. 건축주들은 더 이상 동일한 계층에 속하지 않았다. 건축가들은 각기 다른 사회적 배경으로부터

1. 이는 언어로 표현하기 힘든 것을 은유법과 같은 방식을 통해서 좀더 구체적으로 의미를 전달함을 의미한다.

배출되었고 건축주들과 언어와 계층을 공유하지 않을 수도 있었다. 그 결과, 모든 양식에 걸쳐 매우 다양한 형태적 해결이 가능하게 되었다. 그러한 해결방법은 고전주의, 고딕 혹은 모든 종류의 원천으로부터 추출된 다양한 절충적 양식과 심지어 유리와 철과 같은 최첨단 공업기술로 이루어진 '비양식non-style' 적 건물에 이른다. 전통적인 공간구조를 더 이상 당연한 것으로 여기지 않았다. 무엇보다, 새로운 사회적 관계는 온갖 종류의 새로운 형태를 요구하였다. 과거의 것들을 집합하거나 혹은 그것들을 분해하고 전문화함으로써 새로운 형태를 창조하였다.

집합을 통한 창조의 범주에 속하는 몇몇 건물들은 당시에는 낯설게 보였을 것이다. 이는 마치 에든버러의 도로변 건물이 오늘날 그렇게 느껴지는 것과 같다. 플리머스에 있는 왕립극장은 호텔 · 무도회장 · 클럽 · 집회장을 포함하는 복합건물의 일부이다. 부속된 애시니움Athenaeum 안에는 도서관과 문예철학협회가 있다. 그 건물을 사용하는 엘리트 계층은 그 건물을 무슨 용도로 만들었을까? 그리고 그들은 그 건물을 무엇이라고 불렀을까?

다음으로 두번째 범주는 분해와 전문화의 과정을 통한 창조이다. 이범주에 속하는 새러운 유형들, 예를 들어 1834년 이전의 구빈원을 모체로 하여 갈라져 나온 감옥이나 병원 · 학교 · 광인수용소 · 강제노역소 등도 혼란스럽기는 마찬가지이다. 혼란스럽든 그렇지 않든 간에 기능을 집단화하거나 혹은 분리하는 것은 건축역사의 중심에 자리 잡고 있다. 그리고 기능을 표현하는 단어는 항상 새로운 기능을 기술하기 위해 진화한다. 이런 단어의 진화를 연구하는 것은 생물학에 있어 다윈의 분류학만큼이나 건물의 의미를 연구하는데 있어 적절할 것이다.

앞서 말한 전통 사회의 파괴로 인해 가능해진 새로운 자유는 몇 가지 방식으로 건물의 의미전달에 변화를 가져왔다. 앞으로, 여섯 개의 역사적 사례를 통해 의미가 어떻게 변화되는가, 다시 말해 의미가 사회적 관계라는 영역 안에서 움직여 다니는 방식에 대해 효과적으로 고찰해 보겠다.

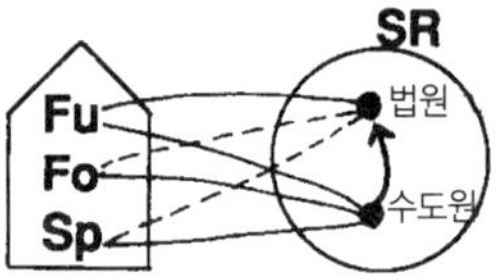

첫 번째 사례는 바로 교회 - 법원 - 콘서트홀로 용도가 바뀌어 온 건물의 극적인 이야기다. 이 건물의 형태와 공간적 · 물리적 특성은 거의 변하지 않았다. 새로운 용도로 기능이 변화함에 따라 형태와 공간은 새로이 수렴된 지점으로 '움직여' 갔다. 이런 기능의 변화는 새로운 의미를 가진 새로운 사회적 관계를 나타낸다. 하지만 기능이 바뀌었어도 과거 교회에서 행해지던 경배와 예배의 엄숙함과 경건함이 여전히 남아 있으며, 이런 분위기는 새로운 국가의 이념적 목적을 전파하려는 건물의 새로운 기능이 수행되는데 도움이 될지도 모른다. 그러나 그 건물은 이제 새로운 장소로 받아들여진다. 건물의 형태와 공간이 주는 의미는 변화하였고 이제 '법원' 이라는 단어가 그 건물을 적절히 정의한다.

18세기 이전에 고전주의 형태는 오랜 전통을 통하여 다양한 장소와 용도에 적응해 왔다. 곧이어 다른 형태언어들도 이러한 자유를 갖게 되었다. 현존하는 중세 건물은 새로운 용도로 다양하게 사용되었을 뿐 아니라 적응성이 높은 새로운 버전(고딕부흥Gothic Revival)을 탄생시켰다. 그리고 20세기 모더니즘에 이르기까지 새로운 형태언어들이 발전되었으며, 이런 형태들은 어떤 기능에라도 보편적으로 사용가능한 것으로 받아들여졌다.

다양한 형태언어로 주어진 용도를 계획할 수 있는 자유는 의미의 영역에 있어서 또 다른 '구름' 을 만들어낸다. 공동체의 구성원들이 '구름' 안에서 의미를 공유하는 것처럼, 한 개인은 서로 매우 상이한 형태의 건물들에 동일한 의미를 부여한다. 예를 들면 우리는 도서관 기능을 갖는 다양한 형태의 건물들을 모두 도서관이라고 알아챌 수 있는 것이다.

두 번째 사례는 근대시대에 일어난 용도의 또 다른 변화에 관한 이야기이다. 이번에는 물질적 변화도 수반한다. 퐁테브로Fontevraud의 고대 수도원이 감옥으로 개조된 것을 예로 들 수

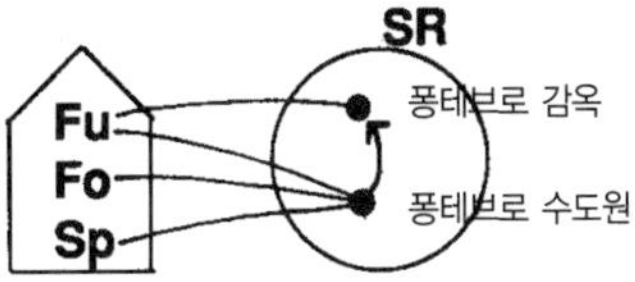

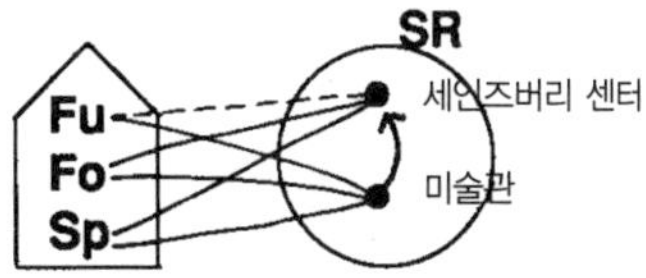

있다. 그처럼 화려한 건물이 지저분하고 억압적 목적으로 쓰일 때, 기능상의 의미가 형태와 공간의 의미와 수렴되지 않을 수도 있다. 다시 말해, 그 건물을 감옥이라고 받아들이는 것이 어렵거나 불가능하다. 이런 관계에서는 모순이 발생하는데, 그 모순의 상대적 크기는 사회적 관계의 영역에서 두 지점간의 거리에 의해 측정될 수 있다. 사물이란 우리가 보고 느끼는 것 이상이다. 극단적인 사례, 즉 두 지점간의 거리가 매우 멀리 떨어져 있는 경우, 그러한 간극은 괴상하고 무의미한 것으로 판단된다. 좀 덜 극단적인 경우에는 혼란스럽게 느껴지거나 편안한 감정을 해치게 된다.

어떤 사람의 말이나 얼굴표정, 몸짓이 서로 모순될 경우 우리는 대개 같은 방법으로 반응을 한다. 근대 연극은 무대에서 그러한 모순을 활용하였는데 이는 무대 밖에서 취해야 할 관계로서가 아니라 일상의 관계를 탐사하는 하나의 방식으로써 활용된 것이다. 건축에 있어서도 그러한 창조적인 실험을 할 필요가 있다. 그러나 일단 그러한 실험이 거리로 이전된다면 — 무대와 거리의 구별이 불가능해질 경우 — 일상의 도시 경험은 소외되고 괴상해진다. 그리고 실험은 그 어떤 의미도 갖지 못하게 된다.

세 번째 사례는 형태와 공간의 권력을 통해 전통적인 기능이 갖고 있었던 의미를 완전히 새롭게 정의하는 것이다. 이스트앵글리아 대학교의 세인즈버리 시각예술센터는 산업용 건물과 기계의 하이테크 이미지에서 추출한 형태를 사용하고 슈퍼마켓에서 유래하는 공간구조를 채용함으로써 예술작품을 산업 · 시장경제에서 상품으로 재정의하였다. 또 다른 사례로, 대학의 학자들을 감시 · 통제 · 소통의 부재와 같은 특성을 갖는 나뭇가지 모양의 깊은 위계적인 공간구조를 갖는 시설 안에 배치하는 것은, 창조적 지적 자유라는 수사에도 불구하고, 학자 공동체의 전통적 기능을 훼손시키게 된다.

앞서 말한 새로운 '자유'의 위험성을 이 세 번째 경위[기능이 전혀 달라져 버린 경위]에서 볼 수 있다. 그러한 혁신적이고 종종 재기가 넘치는 디자인이 모순되지 않는 것처럼 보이는 것은 사실이다. 형태 사용의 자유를 기초로 디자인된 이런 건물들은, 사회적 관계를 고려한 분석을 하지 않고서는 거부하기 어려운 새로운 (겉으로 보기에 일관성 있는) 의미를 사회적 행위에 부여함으로써 사회적 행위를 재정의한다. 따라서 이런 건물의 후원자들이 사회적 분석을 가로막기 위해 노력하는 것은 놀라운 일이 아니다. 새로운 시도에 수반되어 형태와 기능 간에 발생하는 모순들은 물론 의도된 것이다. 하지만 이런 모순이 차밀하게 계산된 것은 아니다. 그리고 분석을 가로막는 세 가지 전략들 또한 계산되지 않으나, 세 전략은 각각 다른 방식으로 형태적 담론에 초점을 맞춘다.

분석을 가로막는 첫 번째 전략은 형태적 담론의 독립성을 강조하는 동시에 자율성에 대해서도 강조한다. 벤츄리(1966)의 '복합성과 대립성complexities and contradictions'과 데리다와 츄미의 '해체주의Deconstruction'는 이런 전략을 이론적으로 충실하게 만들기 위한 최근의 두 가지 시도이다. 불안 · 모순 · 위치해체dislocation와 비전통적인 역사의 해석은 결점으로 보이기보다는 후기 산업사회에 대한 진솔한 경험으로 비춰진다. 형태는 기능적 함의에서 자유로우며 자율적이다. 기능은 기술적 · 실용주의적 정의로 축소된다. 이런 기능의 기술적 · 실용주의적 정의는 자기를 스스로 드러내 보이므로, '건축'의 테두리 안에 담겨질 수 있다. 기술적 정의와 실용주의적 정의는 지나치게 단순화되고 축소된 기능 자체만을 의미하기 때문에 두 가지 모두 사회적 관계에 대한 분석을 요구하지 않는다. 그러나 기능에 대한 명칭은 여전히 사용된다.

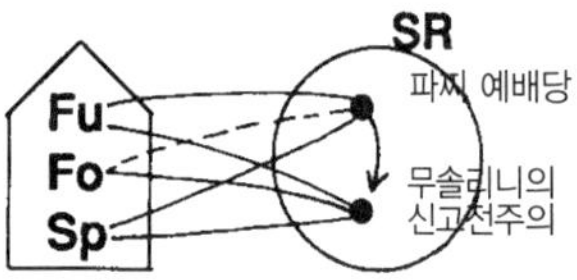

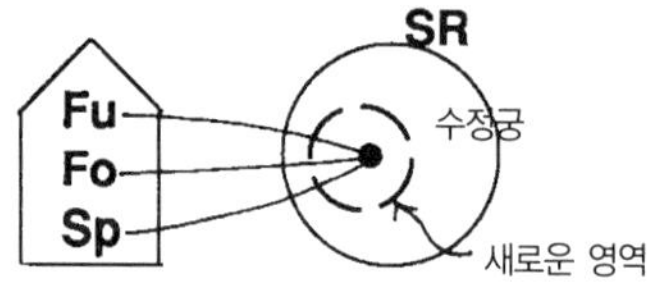

두 번째 전략은 오래된 전통에서 그러했던 것처럼, 형태와 기능간의 연결이 건축에 여전히 내재되어 있으며 과거와 동일한 힘을 가지고 있다고 주장한다. 기능은 첫 번째 전략과 같은 방식으로 다뤄진다. 그리고 이 경우 기능에 대한 어떤 깊이 있는 비평도 가능하지 않으므로 모든 비평적 에너지는 기능과 짝을 이뤄 나타나는 형태로 흡수되어 버린다.

마지막 전략은 형태에 관한 담론만으로 건축을 정의하는 것이다. 유일하고 지배적이며 자율적인 형태의 담론은 건축을 예술로 정의한다. 예술로서의 건축에서 기능은 효과적으로 소멸된다.

이들 전략 중 어느 곳에서도 공간은 (공간구조적 측면으로는) 나타나지 않는다.

이 위기를 구하는 것은 언어이다. 언어는 위의 세 가지 전략이 성공하는 것을 막는다. 처음 두 전략의 경우, 여전히 두 전략이 사용하는 기능의 명칭이 일상적인 대화에 기초를 두며 일상 언어의 일부분이기 때문에, 명칭은 반드시 우리의 사회적 관계와 '생활세계' 안의 관계에 대한 주의를 환기시킨다. 이런 언어학적 접근은 기능을 기술적 · 실용주의적 도구로 폄하시키려는 시도를 막아낼 뿐 아니라 기능의 자율성만 강조하는 것에 대해서도 회의를 갖게 만든다. 그러나 세 가지 전략간의 관계는 너무도 제멋대로인 것처럼 보여서, 우리는 노력을 포기하고 다중적이고 심지어 모순적인 의미들과 함께 살아가는 법을 배우게 될지도 모른다. 아니면 지속적인 실망에도 불구하고 형태와 기능의 안정적인 연결 관계가 여전히 제자리에 있다고 주장하는 두 번째 전략의 약속에 매달릴지도 모른다. 그리고 건물은 단순히 예술이라는 세 번째 전략은 찰스 황태자와 전문가들의 많은 노력에도 불구하고 아직 건재한 것 같다. 만일 사람들에게 어디에 있었느냐고 묻는다면, '소용돌이치는 듯한 바로크 공간에' 혹은 '하이테크의 빨간 정육면체(라빌레트 공원[2]을 연상시킨다) 안에 있었다' 고 말할 사람은 거의 없을 것이다.

이제 다시 건축의 의미 변화를 보여주는 '사례' 로 돌아오자. 네 번째 사례는 의미가 어떻게 의도하지 않고도 모순되게 되는지를 보여준다. 앞에서 언급한, 파찌 예배당의 조화가 파괴된 사건은 무솔리니의 통치와 무솔리니식 고전주의 사용을 경험한 사람들에게는 쉽게 지울 수 없는 모순을 만들어냈다. 그 세대에게 있어서 고전주의 형태는 학교나 극장과 같은 문명화된 용도의 의미로는 결코 수렴되지 않을 의미를 수반한다.[3]

다섯 번째의 사례에서 새로운 기능은 기능만큼이나 새로운 형태언어와 공간구조를 급진적으로 생성해낸다. 그 의미는 놀랍게도 사회적 관계의 영역에서 새로운 장소로 수렴한다. 무언가 전혀 새로운 것이 언급되는 것이다. 우리는 앞으로 수정궁Crystal Palace이 어떻게 기계 · 자연 · 예술 그리고 노동관계에 있어서 이런 일을 했는지 보게 될 것이다.

마지막 여섯 번째 사례는 이미 존재하고 있는 서로 명확하게 구별되는 두 가지 유형을 병치한 것이다. 예를 들어 고전주의 혹은 고딕 양식의 파사드facade[4]로 그 뒤에 위치한 실용적

2. 베르나르드 츄미Bernard Tschumi가 설계한 파리에 있는 공원(1986). 해체주의를 대표하는 건축물로, 폴리folly라고 불리는 빨간색의 육면체 구조물들이 격자 구조틀 안에 흩어져 있다. 폴리는 특정한 기능을 위한 형태가 아니라 시간의 흐름 속에서 프로그램들이 우연히 결합되어 발생하는 상황에 대처하기 위한 것이다. 이러한 폴리는 역사와 관습에 얽매여 있는 고정적인 사고에서 벗어나 새로운 문화적 이미지를 얻게 하는 환경장치로 이해된다.
3. 무솔리니는 자신의 억압적 통치를 정당화하기 위해서 고전주의 형태의 건축을 선호하였다. 따라서 무솔리니 통치를 경험한 세대는 고전주의 형태에서 조화를 떠올리기보다는 압제와 권위, 파괴를 연상시킨다는 의미.
4. 건물의 외부입면. 건축적으로 가장 공들인 그 거물의 주입면 또는 정면을 의미한다.

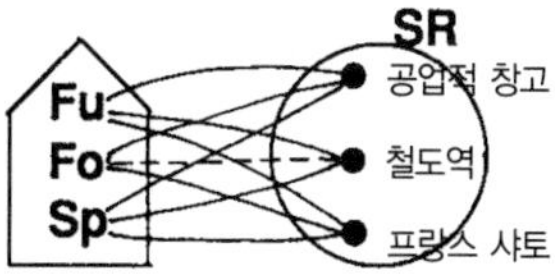

이고 공학적인 창고를 감추고 있는 경우이다. 이런 건물들 가운데 가장 대표적인 예로는 세인트 팬크라스St. Pancras 역을 들 수 있는데, 스콧Scott의 프랑스 샤토풍 호텔과 역무실 건물(1871)이 뒤에 위치한 발로우Barlow가 설계한 거대한 창고식 정류장(1865)을 감추고 있다. 처음엔 그 결합이 모순된 것이었으며 모순으로 보였으나(한 점으로 수렴되지 않았으나), 점차 '철도역' 유형의 정수로 받아들여지게 되었다. 따라서 수정궁이 건설된 바로 그 해(1851년)에 창고식 정류장이 정면에 노출된 드문 사례 — 큐빗Cubitt이 설계한 킹스 크로스King's Cross 역 — 가 발생하자, 이것이 비전형적atypical인 것으로 받아들여졌다. 이미 철도역 유형의 일부로 받아들여진 위안을 주는 정면의 차폐막이 제거되었기 때문이다. 여기서 모순은 어느 하나와 부재하는 것, 즉 비어있는 것과의 사이에서 발생했던 것이다. 두 개의 담론, 즉 두 개의 다른 유형 사이에서 발생한 것이 아니었다.

하지만 일관된 건물의 의미가 언제나 축복할 만한 결과를 보장해 주지는 않는다. 물론 우리는 건물이 정의로운 절차가 존중되는 고귀한 장소를 제공하고, 건물에서 '생활세계'를 확장하거나 유대관계가 형성되도록 도와주는 관계들을 발견한다. 그러나 그만큼이나 건물에서 억압적이며 비대칭적 관계들도 만나게 된다. 우리가 피하고자 했던 것은 '의미 없는 말'이다. 구어에서 그렇듯이 진리가 반드시 입맛에 맞아야하는 어떤 이유도 없는 것이다.

비록 건물이 분명한 의미를 가지고 있더라도, 우리는 개별적인 독특한 경험을 어떤 틀, 다시 말해 좀더 일반적인 수준에서 의미가 통하는 구조 안에 위치시킬 필요가 있다. 이것이 바로 '유형'이 하는 일이다. 이 장 말미의 유형에 관한 논의에서 18세기 중반에 그 연결이 깨어지기 전에 존재했던 형태와 기능간의 강한 연결에 대해 면밀히 살펴볼 것이다.

형태와 기능

르네상스 시대에 형태와 기능의 관계는 당연한 것으로 받아들였다. 기능의 유형은 몇 가지 되지 않았으며 건축주들의 후원도 안정적이었다. 목적은, 분명하고 기초적이며 불변하는 용어로 정의되었다. 법원 · 극장 · 시장에서 일어나는 일들은 역사를 떠나서 '주어진 것', 즉 고대에 형성된 정의 · 연극 · 교환이었다. 여기서 '유형'은 '기원', 즉 원형archetype을 의미한다.

유형에 관한 이론적 연구는 단순히 기능의 언어적 측면에서만 확장되었다. 알베르티Alberti(1485, 1980)에게 있어서, 사회는 계층화되고 분류되어 있었다. 각 계급의 사람들에게는 '다른 건물유형이 지정되어야 하였다'. 어떤 유형은 '사회 전체적으로' 적합하고, 다른 유형은 '최고위층 시민들'에게만 적합하며, 또 다른 것은 '평민들'에게 적합하다는 식이다. 각 계층을 위한 건물들에는 이름이 지어졌다. 알베르티는 계층을 셋으로 분류하였는데, 이는 공교롭게도 르 코르뷔지에Le Corbusier의 삼백만 명을 위한 도시의 구획과 닮았다. 그의 첫번째 계층은 '사교계의 거물들 · 공업과 경제의 수장들 · 정치 지도자들 · 위대한 과학자들'과 같은 사람들로, 중심부를 차지할 '권좌에 앉아있는' 사람들이다. 둘째는 데이비드 흄David Hume[5]이 말하는 것처럼 '중간 계층'으로서 중간지대를 차지할 사람[6]들이다. '이들의 생활은 도시 중앙부와 (주변부의) 전원도시에 걸쳐있다'. 셋째는 '전 생애를 교외의 공장과 전

5. 스코틀랜드 출신의 철학자(1711~1776). 이성보다는 감성에 기초를 둔 도덕론을 도입하였다. 하지만 도덕성은 개인의 감정이나 개인의 차원을 넘어 사회적인 인정을 받아야 하며, '공감'을 통해 이기심을 억제할 수 있다고 보았다. 이처럼 개인보다는 사회적 이익을 강조함으로써 공리주의적 방향을 제시하였다.

6. 흄은 『도덕 · 정치철학Essays Moral and Political』(1741~1742) 가운데 네 번째 에세이에서 다음과 같이 주장하였다. "삶에 있어 가장 좋은 위치는 중간 계층이다. 왜냐하면 부자들은 향락에 너무 빠져들며, 빈자들은 생필품을 얻기에 급급한 삶을 살기 때문이다. 중간 위치야말로 미덕과 지혜와 행복을 얻기에 최상의 기회를 제공한다."

원도시에서 보내는 거대한 숫자의 노동자들' 이다(Le Corbusier 1925:100). 그러나 알베르티와는 다르게 르 꼬르뷔지에는 이런 계급들을 위해 새로운 도시형태를 고안해야 했다.

알베르티(1980)는 이러한 원칙을 세부적인 계획으로 발전시키면서, 그의 두 번째 계급을 위한 시골과 도시의 대저택에 대해서 면밀히 검토하였고 제1계급을 위한 몇 가지 공공건물에 대해서 논의하였다. 그 중 하나는 다양한 형태를 갖는 바질리카basilica였다. 그것의 본래 역할은 '군주들이 판결을 내리던 지붕이 덮인 집회장' 으로, 건물이 '더욱 권위 있게 보이도록' '집정관석' 인 후진apse과 포티코가 부가되었다. 그러므로 고대의 용도, 언어적 명칭 그리고 공간의 분절은 원형이 되는 건물 안에서 연결되어 있는 것이다. 다른 공공건물로 극장theatre을 논의했다. 알베르티는 극장을 오락용, 예술용, 스포츠용으로 기능을 구별하였다. 각기 다른 기능을 수행하는 극장에는 각기 '다른 건물이 요구되며, '극장theatre' · '원형곡마장circus[7]' · ' 원형경기장amphitheatre' 과 같은 다른 이름이 붙어야 한다' . 각 건물은 특징적인 평면형태와 적합한 오더Order[8]를 갖는다.

18세기 중반에 평면은 아직 주된 관심사가 아니었다. 디드로Diderot[9]는 자신의 『백과전서L' Encyclopédie』에 실린 '건축'에 관한 기사에 교회가 딸린 대수도원 하나, 도시 대저택 몇 채, 그리고 몇 개의 싸롱과 그 계단의 세부계획에 대한 평면을 수록하였다. '공공건물' 에 대한 설명에서 그는 시청, 거래소, 도서관, 시장 그리고 병원에 대한 적절한 예가 없음을 한탄한다. 현존하는 것들은 다른 목적을 위해 계획된 건물이거나 혹은 너무 오래된 것이어서 '본보기 혹은 전거典據로 기능할 수 없다' . 오직 몇몇 분수대와 개선문만이 그의 기대를 충족할 뿐이다. 그는 루앙Rouen 시청을 위한 카르팡티레Carpentirer의 디자인을 그 한 예로 꼽았지만, 오직 입면만을 수록하였다. 1776~7년 사이에 첨가된 24개의 도판 중에서 세 개가 쇼케 드 랭디Choquet de Lindu 감독 하에 건설된 도형장bagne(4장에서 논의될 것이다)을 위한 것이다. 이는 병기창과 통합된 육상에 있는 거대한 감옥인데 주요 항구(이 경우는 브레스Brest항)에 정박 중이던 프랑스의 전통적 갤리선 혹은 감옥선으로부터 유래한 것이다. 디드로가 비종교적 공공계획의 유일한 사례로 이 건물을 포함시킨 이유는 아마도 그 규모와 신기함 때문이었을 것이다.

블롱델Blondel은 가장 늦게까지(1771~7) 기능과 형태를 고정된 관계로 묶어두려고 시도한 사람이었다. 그는 생물학적 유추를 통하여, 건물의 장르에 대해서 말하였다. 각 장르는 그 형태에서, '남성적' · '천박한' · '소박한' · '가벼운' · '순진한' · '끔찍한' · '불확실한' · '모호한' · '힘 있는' · '차가운' 과 같은 적절한 성격character을 표현한다. 이러한 장르에는 공장 · 대학 · 군사용 건물 · 병원 · 조폐국 · 유원지[10] · 분수대 등이 포함된다. 각 건물은 하나의 장르와 하나의 성격이 짝을 이룸으로써 '자신에만 어울리거나' 혹은 같은 종류에 속하는 건물들에 어울리는 고유한 존재방식' 을 갖는다. 몇 백 단어로 이루어진 각 장르에 대한 설명은 중요한 공간과 형태의 주요 특징들을 묘사한다. 그러나 여섯 권이나 되는 도판 중에 평면은 오직 도시와 시골의 대저택 · 교회 · 정원에 관한 것뿐이었다. 대조적으로 각 장르에 어울리는 오더는 장황하게 논의되었고 지나치게 많은 도판이 할애되었다.

7. 원래 고대 로마의 원형경기장인 키르쿠스 막시무스Circus Maximus에서 유래된 용어로, 근대의 서커스는 곡마를 중심으로 공연과 쇼형식을 곁들여 오락용 흥행으로 발전되었다.
8. 고대 그리스에서 발전한 오더는 기둥과 처마 부위의 부재간의 비례와 형태적 형식을 규정한 것이다. 그리스에서는 도리아 · 이오니아 · 코린티아 오더가 개발되었는데, 각각 상징성을 지니고 있었다. 예를 들어 도리아 오더는 남성적이고 군사적인 시설에, 이오니아 오더는 여성적이고 문화적인 시설에 사용되었던 것이다. 이런 오더의 형식과 상징성은 서양 건축에서 계속 살아남아 18세기 중반까지 그 형태와 기능간의 관계가 유지되었다.
9. Diderot, Denis(1713~1784). 프랑스의 계몽주의 사상가. 영국 백과사전의 번역을 의뢰받자 아예 새로운 『백과전서』를 만들기로 작정하고, 볼테르 · 몽테스키외 · 루소 등 당시의 계몽사상가를 총동원하여 1751년에 제1권을, 1772년에 전서를 완성하였다.
10. 도시 내의 공원으로 시민의 휴식과 오락 기능을 담당하였다. 이국적인 식물과 조경, 파빌리온 등의 시설이 있고 음악연주 등이 열렸다.

신고전주의 건축가들은 이러한 개념을 '말하는 건축architecture parlante'으로 확장시켰다. 이는 우화적이고 은유적인 형태를 통하여 이야기하는 건축이라는 뜻이다. 잘 알려진 예로 감옥 위에 놓여있는 블레Boullée[11]의 정의의 궁전Palace of Justice을 들 수 있다.

> 범죄의 그늘진 소굴 위에 우뚝 솟은 위엄 있는 궁전을 소개할 때마다, 나는 죄와 심판을 대조함으로써 강조되는 이 건물의 고결함이 갖는 미덕을 드러내야 한다. 뿐만 아니라 악은 정의의 무게에 압도당한다는 인상적이고도 은유적인 이미지를 떠올리지 않을 수 없다.
>
> (Rosenau 1976:98~9)

르두는 이것을 반복해서 말한다. '정의의 빛으로 인도되는 사원은 어두운 죄악의 온상에 대한 대척점을 형성한다(1804:3).

카트르메르 드 켕씨Quatremère de Quincy[12](1832)는 평면의 형태 · 장식 · 건물의 입체적 형태 · 건설을 포괄하는 건축의 성격에 관한 이론을 개발하였다. 유형은 실용성과 기술이 결합됨으로써 자연스럽게 용도와 연관되며, 이런 관련성은 가구나 옷이 사람의 몸('자연의 필요')에 꼭 맞는 것만큼이나 긴밀하다는 것이다. 여기에는 여전히 기능(또는 프로그램)과 형태는 연결되어 있다. 기능은 직접적으로 형태와 연결되거나 아니면 적절한 기술로 얻어지는 형태적 결과를 통해 연결된다.

캬트르메르는 두 가지 흐름을 한데 엮었다. 두 흐름 중 하나는 블롱델과 그의 신고전주의를 학습한 블레와 같은 이들의 방식이고, 또 하나는 오더로부터 모든 은유적 의미를 제거해버린 에콜 폴리테크닉École Polytechnique(공학학교)을 대표하는 듀랑Durand[13]의 방식을 말하는 것이다. 듀랑에게 있어서 오더는, 위계적 체계를 통해서 아케이드와 열주랑 그리고 벽을 구성하는, 단지 표준화된 요소들의 집합에 불과하였다. 듀랑은 단순한 사다리꼴 모양의 주두를 제안하였는데, 이것은 오더와는 무관했으므로 논란을 불러일으켰다. 지붕이나 볼트천장이 건축요소로 첨가됨으로써, 그가 학생들에게 제공한 모눈종이 위에서, 표준화된 건축요소들이 방으로 만들어지고 궁극적으로 완전한 건물이 되었다.

듀랑은 『건축물총람』(1801)에서 표준화된 테크닉을 사용하여 평면과 입면을 작성함으로써 모든 시대와 장소에서 나타나는 기능적 유형의 사례들을 동일한 축척으로 표현하였다. 하지만 도면제작법의 엄밀함에도 불구하고, 책의 구성은 '유형'에 대한 혼동과 깊은 염려를 보여준다. 그는 아래의 가능성들을 각각 별도의 도판을 통해 시도했으나, 일관된 해결책에 도달하지 못하고 논리나 직관 중 어느 것도 만족시키지 못하였다.

1. 시대와 무관한 기능 : 막사, 병기창 및 감옥, 개선문과 관문
2. 장소와 연관된 기능 : 페르시아, 중국, 터키 그리고 무어인의 주택, 이탈리아 주택 및 정원
3. 특정 시대와 느슨하게 관련된 기능 : 고대 극장, 근대 극장, 고딕 주택
4. 여러 시대에 걸쳐있는 기능 : 고딕 교회와 근대 교회
5. 장소와 유명 건축가 모두에 관련된 기능 : 스카모치가 설계한 이탈리아 주택
6. 예술가의 그림에 등장하는 일반적인 유형 : 피라네시에 의해 그려진 샹드마르 광장에 보이는 다양한 공공건물들
7. 기능과 관계있는 형태 : 돔 형태의 교회

11. Boullée Etienne Louis(1728~1799). 프랑스 건축가. 기하학적인 단순한 조형을 추구한 신고전주의의 대표자. 1762년부터 건축아카데미의 회원으로 있었고, 살그랑, 듀랑 등 우수한 건축가를 양성하였다.
12. 프랑스의 예술 · 건축평론가(1755~1849). 모든 나라에서 일정한 건축술은 어떤 방식으로든 기존의 근거에 바탕을 두고 있으므로 원초적이고 본질적인 원인으로 돌아가야 하며 이것이 건축에서는 유형이라고 주장하였다. 또한 관습적인 건축규범에 내재되어 있는 원리, 모방 · 발명 · 이성 · 적절성간의 관계, 기원 · 유형 · 성격 · 양식간의 강한 연관성을 강조하였다.
13. 듀랑은 공리주의적이고 경제적인 가치에 주목하였다. 『건축강의개론Précis des leçons d' architecture』(1802~9)에서 고전 건축의 미 · 비례 · 상징성 등 형이상학적 가치를 공격하고 평면 · 입면 · 단면에 형태적 체계성을 적용하여 모듈 체계를 개발하고 이를 유형화하였다.

듀랑은 그의 학생들이, 혁신적인 사회적 요구에 대응하는 어떤 프로그램이라도 『건축물총람』에 수록된 선례들과 짝을 이룬『건축강의개론』에 소개된 형태학적 시스템을 이용하여 해결할 수 있을 것이라고 믿었다.

성격은 형태에 내재하며 그 형태는 그에 어울리는 특정한 기능에 꼭 들어맞는다고 주장하는 이론에서, 건물은 역사 밖에 존재하는 것으로 인식된다. 사람이나 사물에 상관없이 모든 것은 의미를 가지고 있다고 생각되기 때문이다. 그러나 사회학의 출현을 목격한 합리주의 시대에서는 기능을 배제할 수 없었다. 따라서 기능은 관념화되었다. 기능적 용도에 어떠한 변화가 있더라도, 성격과 유형에 대한 논의는 이루어지지 않았다.

이러한 이론이 19세기의 고딕 체계로 전이되는 것은 큰 어려움이 없었다. 퓨진(1843:9)은 이교도적(예를 들어 고전주의적) 형태에 대해서, '일관적이지 않으며. . . 어떠한 경우에 있어서도 건물의 목적이 건물구성의 기초를 형성한 적이 없었다' 는 이유로 경멸하였다. 만일 건물의 목적에 따라 건물을 구성했더라면, 반드시 '첨두식pointed[14]' (예를 들어 고딕적인) 해결책에 도달했을 것이다. 형태와 기능간의 결속은 문제가 없다. 오직 그 결속을 해석하는데 있어서 사람들의 취향이 퇴보할 뿐이다.

르페브르가 지적했듯이 건축에서 기호학적 개념이 오래 전부터 알려져 왔음에도 불구하고, 기호학에 있어서 형태와 기능간의 연결은 현대의 이론에까지 생존해왔다. 비트루비우스Vitruvius는 건축요소들의 완전한 어휘목록, 이들의 조합을 위한 통사론, 그리고 오더에 기초를 둔 양식안내서를 개발하여 이미 기호학적인 형태와 기능간의 연결에 도달하였던 것이다.

14. 여기서 첨두식이란 첨두아치pointed arch, 즉 고전건축에 사용되는 반원형 아치와 구별되는 정상부가 뾰족한 아치와 볼트천장으로 이루어지는 체계를 의미한다. 퓨진을 비롯한 고딕부흥론자들에게 첨두아치는 건물의 구조에 있어 진일보한 형태로 받아들여졌다.

15. 프랑스의 주교(1081~1151). 생드니 성당 재건을 총감독하면서 고딕양식 발전에 공헌하였다.

> 모든 문제에 있어서 특히 건축에 있어서 다음의 두 가지 측면이 존재한다. 하나는 의미를 얻게 되는 것이고 다른 하나는 의미를 주는 것이다. 의미를 얻게 되는 것은 우리가 말하고 있는 것의 주제이다. 그리고 의미를 주는 것은 과학적 원칙에 관한 논증이다.
>
> (Lefebvre 1974:270에 의해 인용됨)

기호학이란 분명하고 사소한 상징물, 예를 들면 합스부르크 제국의 독수리 상과 같은 것에 관한 것이 아니다. 기호학은 모든 건물에 있으며 어디에나 존재하는 건축적 요소들에 관한 것이다. 에코(1969, 1986 재출간)는 먼저 1차적 건축적 기호architectural sign에 대해서 말한다. 이 기호들의 형태는 실용적 기능을 나타낸다. 이런 1차적 기호로 그는 (채광과 환기를 위한) 창문과 (오르기 위한) 계단 또는 경사로를 언급한다. 이어서 그가 '사회적 유용성' 이라 부르는 2차적 기호에 대해 설명한다. 왕좌란 단지 앉는 자리만을 말하는 것은 아니다. 그것은 또한 '제왕다움' 을 나타낸다. 이는 '실제적인 사회적 유용성의' 상징적 기능인 것이다. 2차적 기호는 함의에 의해서 작용하며, 1차적인 기능, 즉 실용적 기능을 전제로 한다는 의미에서만 2차적이다. 그는 1차적 기능(이 경우는 시공과 채광)과 2차적 기능(상징성) 사이의 관계를 전개시키기 위해 거대한 창문이 뚫려있는 고딕식 첨두아치를 예로 든다. 쉬제 주교Abbot Suger[15]와 에코의 신플라톤주의적 관점에 따르면, 이런 거대한 고딕식 창의 2차적 기능은 '신의 창조적 에너지의 분출' 과 '신의 본성에의 참여' 에 대한 상징이다.

에코는 기호에 의미를 부여하는 세 가지의 코드code를 지적한다. 하나는 기술적 코드로서 공학기술에 기초를 두고 있다. 두 번째는 통사적 코드로 원圓이나 그리스 십자가 혹은 고층건물과 같은 입체적 형태에 기초를 둔 것이다. 세 번째는 의미론적 코드인데 이는 그가 이미 만들어낸 1차적/2차적 기호 체계를 포함하는 것이다. 그는 여기에 두 가지 범주를 더한다. 그 첫 번째는 '거주의 이데올로기' , 다시 말해 일상적인 방・식당・응접실과 같은 명칭으로 규정되는 기능들로 이루어진다. 두 번째는 더 규모가 큰 '사회학적' 유형학으로서 병원・빌라・학교・대저택・철도역사 등으로 이루어진다. 이 두 가지 범주는 단지 단일 공간과 공간 복합체를 구분하는 것처럼 보인다. 왜 전자가 '사회학적' 이 아닌가에 대한 이유는 분명치 않다.

에코는, 구어口語는 화자에게 '새로운 메시지를 즉석에서 만들어내는' 자유를 허용하면서 어떤 이념적 내용이라도 전달할 수 있는 반면에(비록 '구어가 음절로 만들어지는 바로 그 방식이 화자로 하여금 세상을 어떤 특정한 방식으로 바라보도록 강제하고' 따라서 언어에 '이념적 함의' 를 부여할지라도), 세 가지의 건축적 코드는 이러한 자유로운 방식으로 사용될 수 없다고 주장한다. 건축적 코드는 무엇이든지 관습과 선례에 엄격히 제한되기 때문이다. 건축이 근거하고 있는 실제적 잠재성의 코드는 건축의 외부에 있는 것이다. 그리고 에코는 그것을 '인류학적' 이라고 칭하며 이는 '사회적 긴급상황' 을 의미한다. 바로 그곳에서 진정한 혁신이 발생한다. 그곳은 '(건축가가) 어떠한 힘도 가지고 있지 않은 체계 — 비록 건축가가 '시적인 기능' 을 갖을 수는 있겠지만 — 의 내부' 를 말하는 것이다.

세 가지 코드가 모두 건축 분야의 외부에서 비롯한 의미를 지칭하기 때문에 자율적 형태의 가능성은 없다. 자율적 형태란 시 · 그림 · 음악에 존재한다고 이야기되는 '순수한 "배열체계"' 이다. 하지만 여기에는 주장만 있을 뿐, 설명은 없다. 자율성을 가진 것으로 간주되는 시 · 그림 · 음악과는 다르게, 건축형태는 왜 반응을 도출하거나 의미를 전달할 수 없다는 것인가? 에코에 의하면, 건축은 형태가 사회적 기호로 작용할 때 발생하는 변형이기 때문에 건축과 예술이 구별된다는 것이다.

그의 분석은 오직 좁은 범위의 건물특성만을 인정할 뿐이다. 그가 관심을 갖는 것은 모두 건물의 물질적 요소이다. 첫 번째, 건물의 구조나 기본적인 환경 통제와 관련된 기술적 형태, 즉 지붕 · 문 · 계단과 같은 구체적이고 좁은 의미의 실용주의적인 형태들(듀랑의 영향인 듯하다)과 두 번째, 첨두식 볼트나 신고딕풍 아치와 같은 양식적 형태이다. 의미는 건축적 담론 안에서는 찾아질 수 없고 모든 형태는 외부적 담론('인류학')을 참조해야 한다는 그의 주장에 비추어 볼 때, 놀라울 만큼 수많은 건물의 특성들이 배제되어야 한다. 평면의 조직, 기능이 말이나 텍스트로 기술되거나 규정되는 방식 혹은 도면과 건물에 기능의 명칭이 붙여지는 방식, 관찰되거나 추론될 수 있는 실제 행동양식, 그리고 공간의 형태론이 모두 배제된다.

따라서 에코의 접근법이 예술사의 연구방법론을 떠나 형태에 대한 설명을 전개시키고자 할 때, 두 가지 결점이 남는다. 첫째는 그가 분석대상으로 삼는 것들의 종류는 매우 제한되어 있다는 것이다. 두 번째로는 건축형태와 시 · 음악 · 그림의 형태를 구분 짓는 그의 논지 — 그는 건축에 대해서는 자율성을 거부하는 반면, 시 · 음악 · 그림에는 자율성을 당연한 것으로 인정한다 — 를 뒷받침하는 어떠한 논의도 없다는 것이다. 이러한 두 가지 결점으로부터 중요한 실용적이며 이론적인 오류가 발생된다. 첫 번째 결점은 제기될 질문을 제한하며 따라서 분석을 위해 모아질 증거 또한 제한된다. 그 결과, 건물은 형태적 담론이라는 생각을 유지하도록 하여 가장 의미심장한 자료들을 배제하도록 만든다.

두 번째 결점은 건축형태와 다른 예술의 형태 사이에 간극을 만들어낸다. 그는 건축의 비자율성을 오직 건축이 외부로부터 안으로 향하는 사회적 구성물이라는 관점에서 해석한다. 내부에서 외부로 향하는 '생활세계' 를 통한[16] 건축형태의 의미에 대한 논의는 빠져있는 것이다. 이는 비자율성을 절대적인 것으로 만들어버린다. 거꾸로 그것은 다른 예술 형태에 절대적인 자율성을 부여하게 되며, 예술 형태 또한 에코가 '순수한 "배열"' 이라 생각한 '생활세계' 의 의미 외에도, 사회적 관계 속의 의미를 통해 분석되어야 한다는 것을 부정한다. 건축형태가 예술형태와 동등하게 취급받을 수 있는 포괄적이고 균형 잡힌 이론을 위한 기회가 상실되어 온 것이다.

16. '생활세계' 를 추상화 과정이 이루어지기 전의 일상적이고 구체적인 삶의 세계로 이해한다면, 이는 우리가 일상적으로 생활을 영위해 가는 세계로서 우리 경험의 기초를 이룬다. 이 기초에 의거하여 모든 이론작업과 타당성이 검증되어야 한다. 이 영호 편, 『후설』, 사상신서, 1990. 참조

기호학의 이러한 태도는 애석한 일이지만, 그럼에도 불구하고 아래에 기술될 작은 사례들은 기호론적 분석이 형태 - 기능의 관계를 예증할 수 있다는 것을 보여준다.

11장에서 도시의 행정용 건물은 그 기원이 도심에 위치하고 있던 시장에 있음을 논의한다. 시장은 거래로 이어질 수 있는 우연한 만남의 가능성을 극대화하기 위하여 주변의 도시공간으로부터 접근이 가장 용이한 곳에 위치하였으며, 상인들이 거래하는 모습이 매우 쉽게 보이도록 구성되었다. 그 결과, 볼트 또는 목조로 된 지붕이 있으며 외부로 개방된 아케이드나 열주랑[17]이 시장의 전형적인 요소로 도입되었다. 곧이어 시장(예를 들면 직물시장이나 낙농품시장)을 통제하던 생산자와 상인들은 개방된 시장 건물 위에 그들만의 방을 만들었다. 그런 방들은, 티틀러Tittler(1991)가 보여주었듯이, 점차 법인기능 · 재판 기능 · 조합 기능을 획득하였는데 이는 결국 시민정부로 발전하였다. 19세기에 이르면 지방정부의 모든 관료적 활동을 수용하기 위해 완전히 성장한 근대적인 시청이 등장하였다. 이런 시청 건물에는 때때로 1층 입면에 로지아[18]의 모습이 표현되곤 하였다. 이런 사례로는 비숍 오클랜드Bishop Auckland[19]에 있는 존스Johns의 고딕식 시청과 헤어Hare가 디자인한 타운톤Taunton[20]의 르네상스식 시청이 있다. 아케이드나 열주랑은 점점 추상화되어, 고드윈Godwin의 노스햄튼Northampton 시청(그림 2.1)에서처럼, 표면에 얕게 돋을새김된 부조의 형태가 되었다. 3차원적인 개방된 거래공간에서 이루어지던 초기의 상업기능은 여기서 압축된 패턴에 의해 시청 건물유형의 기원에 대한 기호로서 기념되고 있는 것이다. 그러므로 이런 패턴을 단지 저층부를 분절하거나 리듬을 만들어내는 방식으로서 간주하는 것은 — 에코는 그렇지 않겠지만 — 그 가치를 평가절하는 것이다.

그림 2.1 노스햄튼 시청(1861)
출처 : *Buildings News*(1861) VII, 8 November, opp. p.892

형태가 강한 이데올로기적 기호로 작동하기 때문에 때론 후원자들이 특정한 유형을 지정하기도 한다. 1835년 영국 국회의사당 현상설계경기는 고딕 양식이나 엘리자베스 양식을 요구하였다. 러스킨Ruskin[21]의 중재(여기서 그는 '성공의 여신' 에게 헌사된 신전[22]에 대해 이야기하였다)는 1864년 모슨Mawson과 록우드Lockwood가 디자인한 고딕식 브래드포드 모직

17. 열주랑과 아케이드 모두 벽이 없는 복도 형식의 회랑을 의미하나, 열주랑colonnade은 기둥과 엔타블러처로 구성된 것을, 아케이드arcade는 기중과 그 위의 아치로 구성된 것을 말한다.
18. 1면이나 3면이 개방된 아케이드 또는 긴 회랑.
19. 잉글랜드 북동부에 위치한 도시.
20. 미국 메사추세츠 주에 위치한 도시.
21. Ruskin, John(1819~1900). 영국의 비평가 · 사회사상가. 예술비평가로 고딕양식의 부흥을 주장하였으며, 1860년 이후에는 경제와 사회문제로 관심을 돌려 인도주의적 경제학을 주장하였다. 『근내화가론』(1843~1860), 『건축의 7등』(1849), 『베니스의 돌』(1851~1853) 등의 대표작이 있다.

거래소Bradford Wool Exchange 건물의 양식과 정치학에 대한 열띤 논쟁에 초점을 맞추었다(Hardman 1986과 Webb 1976). 앞으로 3장에서 우리는, 1843년 스코틀랜드 교회 분열에 이어 '사범학교Normal Seminary' 라는 새로운 교원양성기관이 1845년 글래스고에 세워졌을 때, 수년 전에 그 학교의 전신을 위한 데이비드 해밀턴의 간소화된 고전주의 양식이 그랬던 만큼이나 튜더 양식은 의심할 바 없는 것으로 받아들여졌음을 보게 될 것이다.

19세기에 들어와서도 형태 - 기능의 연결 관계는 건축적 수사학을 통해 간헐적으로 재확인되었으나, 현실에서는 그 연결이 새롭게 정의되는 빈도만큼이나 형태 - 기능의 단절이 분명하게 드러났다. 도릭 오더의 유스톤Euston[23] 역으로부터 프랑스식 고딕 양식인 세인트 팬크라스 역으로의 변화는 단순한 취향의 변화를 뛰어 넘는 것이다. 이런 변화는 종착역에 국한되지 않고 시골의 작은 간이역에서도 똑같이 발생하였다. 그 근저에는 우리가 인지할 정도로 분명한 감성의 전이가 있었다. 처음에는 전지구적 여행에 대한 이상화와 이에 대한 열정이 나타났다. 이러한 전지구적 여행은 오래된 학습양식과 정적인 '문화' 와 관계가 있었고, 그런 정적인 문화에는 거대한 도릭 양식의 정문이 적합했던 것이다. 곧 그러한 감성은 강한 민족국가적인 함의, 혹은 최소한 북유럽식의 함의를 갖는 역동적이고 낭만적인 양식(고딕부흥)으로 바뀌었다. 세부계획에 있어서도 이런 변화하는 관계는 임의적이지 않고 일관성이 있었다. 예를 들면 주철을 구조부재로 사용하는 혁명적인 기술은 먼저 고전주의 형태로 도입되었다가 고딕 형태에 적용되었던 것이다.

유형이란 무엇인가?

형태 - 기능간의 연결은 유형을 정의하는 하나의 방법이었다. 기능을 표현하는 명칭은 예측가능한 결과를 수반하기 때문에 만족할 만한 것이었다. 머리 속에 담고 있는 경험을 소통하기 위해 사용되는 방법과 교육용 텍스트 그리고 분류체계는 모두 이러한 명칭을 사용하였는데, 이는 명칭이 풍부한 서술성을 갖는 사회적 기술記述에 대한 속기速記이기 때문이었다. 또한 명칭은 긴 세월에 걸쳐 관습적인 공간구조를 정의해 왔다. 이러한 명칭은 형태(혹은 공간)에 관심을 두지 않는 더 좁고 더 실용적인 목적에 여전히 유용하다. 쉬닉로스Schneekloth와 브루스Bruce(연도불명)는 도시의 지구지정urban zoning, 방화 혹은 단열에 관한 건축법규, 건축교육 및 몇몇 연구, 그리고 기관들에 있어서 명칭의 용도에 대해 기술하였다. 그러나 내가 앞에서 논의했던 이유로, 명칭은 우리의 머리 속에 있는 안정된 구조 안에 경험을 조직하는 방식으로서 더 이상 적합하지 않다. 명칭은 우리가 세상을 해석하는데 도움이 되며 의미를 쉽게 발견하기 위한 방편인 분류체계의 요소를 제공하지 않기 때문이다.

만일 우리가 수많은 유형학 — 각각의 유형학은 하나의 담론에 적용될 수 있다 — 의 혼란을 거부한다면, 에코가 '사회적 긴급상황' 이라고 부르는 외부적 장과 내가 사회적 관계라고 부르는 것에 부합하는 것은 무엇인가? 분명히 그 영역은 다차원적이다. 이는 수많은 특질의 독특한 결합을 드러내는 지점이며 동시에 우리가 인식할 수 있고 연상할 수 있는 전형적인 접점을 나타낼 것이다.

건물에 있어서 그 영역에 속하는 차원들은 무엇일까? '박물관' 또는 '사무실' 이라는 명칭으로 기술된 경험의 근저에서 우리는 진정으로 무엇을 느끼는가? 왜 협동 작업장은 그 안의 기계와 작업과정이 지역방속국보다는 '공장' 과 훨씬 더 닮았음에도 불구하고, 공장보다는 지역

22. 성공의 여신Goddess of Getting-on에 바쳐진 신전, 즉 상업건물을 의미한다. 이 경우는 브래드포드 거래소를 말하는 듯하다. 러스킨은 1864년 브래드포드에 건설될 예정인 거래소의 건축양식에 대해 조언해달라는 요청을 받고 행한 연설에서, 모든 건축은 국가적인 삶과 국가의 성격을 표현하는 것이라고 정의하고 그리스 양식, 중세(고딕) 양식, 르네상스 양식의 세 가지 양식이 있다고 하였다. 그는 당시의 영국의 상업문화, 특히 빈부격차를 비판하고, 한 가족이 성공getting-on의 여신을 섬긴다면 천 가족은 빈곤not getting-on의 여신을 섬긴다고 하였다.
23. 런던에 위치한 철도역 가운데 하나로 1836년에 개관하였다. 도릭 오더로 육중하게 건설된 역의 정문이 유명했으나 1962년에 철거되었다.

방송국처럼 느껴지는가? 군대의 막사와 숙박시설의 설비는 매우 유사함에도 불구하고, 왜 '공장' 은 호스텔보다는 막사처럼 느껴지는가?

우리가 다루는 몇몇 차원은 다음과 같다. 권력 - 유대, 폐쇄적 - 개방적, 속박된 - 자유로운, 위계적인 파라미드 - 비위계적인 그물망, 구심적 - 원심적, 협조적 - 경쟁적, 순응적 - 파괴적, 전통적 - 혁신적, 강하게 규정된 - 느슨하게 분절된, 생산적 - 존재적, 지역적(공간적) - 세계적(초공간적), 제도적 - 협상적 등이다. 그러나 이러한 차원들을 포착하는 건물용도에 관한 일상적 언어는 없다.

사람들의 관계뿐만 아니라 사람과 지식, 사람과 사물의 관계에 기초를 둔 유형학은 아직 우리의 인식 범위 안에 있지 않다. 일상 언어와 일상의 경험은 아직도 유형학의 범위 안으로 들어오지 않았다. 이에 대한 많은 연구가 요구되며, 이 책은 그러한 작업의 이정표로서 유용할 것이다. 언어는, 안전하고 오래된 체계 안에 있었을 때만큼이나, 또한 새로운 유형학이 만들어질 때까지 어떻게든 제 몫을 해야 할 부분적이고 파편화된 유형학에서 필요한 것만큼이나, 미래에도 중요한 역할을 할 것이다. 이는 분명 우리가 참된 디자인 혁신에 만족스럽게 대응하기 위한 토대가 될 것이다. 동시에 자아와 사회를 위협하는 분열로부터 우리를 보호할 것이다.

2부 건물과 사람

PART II

BUILDINGS AND PEOPLE

서론

건물에 있어 의미가 관계에서 비롯되는 것이라면, 우리는 세 가지 종류의 관계, 즉 사람과 사람, 사람과 지식, 그리고 사람과 사물 사이의 관계로부터 건물의 의미를 발견할 것이다. 세 가지 모두 사람과 관련된 것이므로 궁극적으로 사회적이다. 그러나 그 초점은 이동한다. 어떤 건물유형들은 직접적으로 사람들에게 작용한다. 이런 건물에서는 사람들을 조직하고, 분류하고, 통제한다. 물론 지식과 사물(예를 들면 학교에서의 교과과정 또는 공장에서 만들어지는 생산품들)도 관련된다. 반면에, 지식이나 사물을 통해 간접적으로 작용하는 건물유형(예를 들면 박물관 또는 시장)에서는 학예사와 관람자 또는 상인과 고객과 같은 배우들이 등장하여 사람들 사이의 직접적인 관계를 만들어낸다.

2부는 사람과 사람 사이의 관계를 다룬다. 2부에서 다루어지는 것은 개인의 사회적 성격social character이 형성되는 장소이다. 여기에는 두 가지 방식이 있다. 그 한 가지는 권력을 가진 자들이 권력을 갖지 못한 자들의 사회적 성격을 형성하기 위한 통제장치를 부과하는 것이다. 다른 한 가지는 엘리트 집단이 자신들의 사회적 성격을 스스로 형성하는 방식으로 그들은 그 과정을 자유롭게 선택한다. 첫 번째 방식을 성격형성formation과 교정reformation으로, 그리고 두 번째 방식을 창조creation와 재창조recreation라고 부르도록 하자.

타율적으로 성격을 형성하는 시설은 아이들을 위한 것이다. 이런 시설들은 3장에서 다루게 될 도시의 유아학교 · 초등학교 · 일요학교 · 근로학교 · 농업학교 · 교사양성대학 등이 있다. 이런 시설에서 근대적 성격형성 방법이 고안되었다.

한편 육체적 혹은 정신적 질병, 그리고 범죄나 비생산적인 습관 등과 같은 도덕적 질병으로 인해 왜곡된 성격은 전혀 새로운 시설에서 교정될 수 있었다. 빈민 · 노인 · 고아를 돌보는 것은 전통적으로 종교단체의 자선사업으로 이루어져 왔으나, 새롭게 법에 기초한 강제적 차원을 띠게 되었다. 병원 · 광인수용소 · 교도소 · 강제노역소 그리고 다양한 종류의 빈민구호소와 같은 건물 프로그램은 4장의 주제이다.

한편 이 모든 것을 지속적으로 통제해온 사람들은 비강제적이고 자발적인 과정을 통해서 끊임없이 그들의 사회적 성격을 재정의하고 자신들이 속한 특권계층의 권력을 재확인하였다. 그들은 이 과정을 자유롭게 선택할 수 있었으므로 이런 과정을 성격의 재창조 — 이것은 6장의 제목이다 — 라 부르는 것은 적절할 것이다. 커피하우스 · 클럽 · 집회장 · 호텔은 여가생활과 품위 있는 행사 그리고 물질과 시간의 과시적 소비를 위한 장소였다.

혹자는 생리적 요구 혹은 콜레라와 도시의 불결함을 통해 노출된 위험은 계급의 경계를 넘어서는 것으로 생각할 수 있다. 그러나 5장에서 다루어지는 몸과 옷을 청결히 하는 공간과 신체단련을 위한 공간인 목욕탕 · 세탁장 · 수영장 역시 동일한 차원, 즉 성격교정(권력이 없는 자)-재창조(권력자)의 관계를 갖는다.

'비견할 수 없는 기계, 즉 거대한 도덕적 증기기관'

이성의 시대에서 예측 가능한 질서는, 기계화가 주도권을 얻기 전에도 매우 중요한 사회유지 수단이었다. 하지만 일단 기계화가 이루어지자, 기계의 상징성은 과학과 철학 분야를 넘어서 우리 사회 곳곳에 더 깊이 파고들었다. 기계는 계급 · 유아기 · 가족 · 성별 · 자연 · 위생 · 규율 · 종교를 다시 정의하는 데 관여했으며, 따라서 사람이 중심이 되는 건물유형들, 무엇보다도 이런 모든 것들이 작용하고 있는 학교에 영향을 미쳤다. 따라서 학교에 대해 살펴봄으로써 논의를 시작해 보자.

이때 등장한 학교는 기존에 있던 대규모 군사학교와 엘리트를 위한 대학 그리고 빈자를 위한 기부학교와는 매우 다른 혁신적인 유형이었다. 이러한 새로운 학교는 도시 프롤레타리아의 성장에 대한 대응이었으므로 영국에서 최초로 발생하였다.[1] 그러나 그런 학교의 지적 · 정치적 뿌리는 프랑스의 백과사전학파 · 루소Rousseau · 유럽대륙 계몽군주의 개혁정신 그리고 미국과 프랑스 혁명의 이념에 있다. 따라서 새로 등장한 소규모 학교들은 19세기 초반 가장 극렬한 이념적 전쟁터 중의 하나가 되었다. 여기에는 모든 정치적 · 종교적 입장이 관련되었다. 의회는 능동적으로 자신의 역할을 수행하였다. 잉글랜드의 준식민지였던 아일랜드와 스코틀랜드는 새로운 학교의 시험장이 되었다.[2] 새로운 교육방법은 영국에서 유럽으로, 그리고 영국의 식민지들과 미국으로 수출되었다. 이런 곳에서는 서로 완전히 다른 정치적 배경에도 불구하고 학교 건물들이 놀랄 만큼 유사한 모습을 띠었다. 이런 현상은 유사한 관계의 모델에 기초를 둔 깊은 이념적 단일성을 암시한다.

그 모델의 핵심은 질서 · 조화 · 미덕이었다. 하지만 이는 전혀 새로운 것이 아니다. 이상사회를 꿈꾸어온 오랜 전통은 이와 동일한 목표를 갖고 있었다. 데이비스Davids(1981)는 이런 전통을 두 가지 형태로 구별한다. 하나는 전체주의적 방식이었다. 그러나 인간의 본성을 파악함에 있어서는 현실적인 방식을 취하였다. 인간의 본성이 아니라 사회를 이상화하려고 하였던 것이다. 이 방식이 목표한 것은 개인의 행복이라기보다는 사회의 질서였다. 다른 하나는 완벽한 도덕적 공동체가 목표로, 아르카디아[3]의 자연을 이상화한 목가적인 「코케인의 땅Land of Cockaygne[4]」을 추구하였다. 이런 형태는 개인의 도덕적 인격도야를 중요하게 여겼고, 천년 후에 도래하는 천국을 기대한다. 기계의 도입은 두 가지 방식 모두에 새로운 방향을 제시하였다. 우리는 앞으로 10장에서 유토피아적인

1. 영국에서 공립학교는 자본가들이 예비노동자들을 실노동력으로 이용하기 위한 재교육의 필요에 의해서 출발되었다. 영국의 초등교육은 종교단체나 사회단체 또는 개인에 의한 사학에 의존하였고 정부는 관여하지 않았다. 영국의 대표적인 초등교육기관으로는 자선학교와 일요학교가 있고, 다수의 학생을 효율적으로 지도하기 위한 조교제 학교가 등장하였다. 김경희, 서양교육사, 집문당, 2002 참고.
2. 당시의 아일랜드와 스코틀랜드는 잉글랜드의 준식민지적인 위치에 있었다. 잉글랜드의 영국 국교회를 중심으로 하는 보수적 지배계급은 노동계급의 교육에 대하여 소극적이었으며, 아일랜드와 스코틀랜드에서 노동계급을 위한 새로운 교수법과 학교제도가 먼저 시범적으로 실시되었다.
3. 그리스 남부 펠로폰네소스반도 중앙에 위치한 지역으로 고전기와 헬레니즘시대에는 여러 신의 숭배지, 또한 목가적 이상향으로 유명하였다.
4. 13세기 영국의 시로 청빈한 수도승들의 삶을 묘사하였다. 코케인은 중세기에 음식과 음료가 넘쳐나는 이상향으로 묘사된 전설적인 지역.

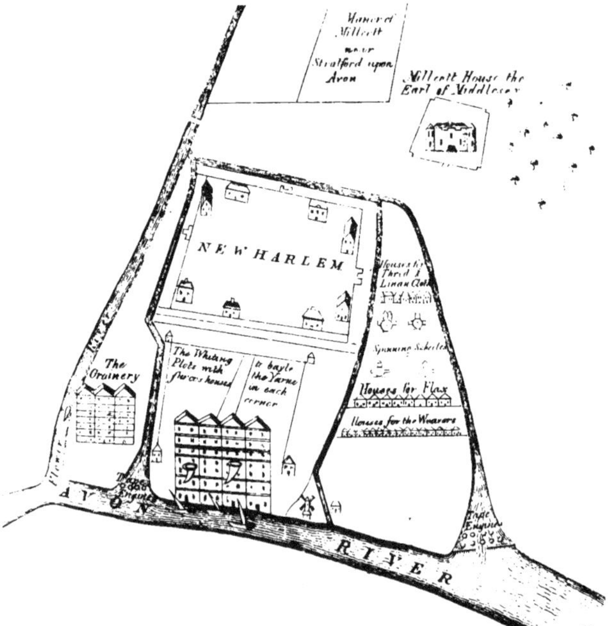

그림 3.1 야런턴의 뉴하렘(1677)
출처 : Yarranton(1677), West(1830)가 재출간함.

생산공동체production Utopias를 통해 이것을 보게 될 것이다. 이런 생산시설과 학교의 공통점은 두 시설 모두에서 교육이 중심적인 역할을 한다는 점이다.

초기개혁가들의 비전에서 생산과 교육은 연결되어 있었다. 야런턴Yarranton(1677)의 빈민을 위한 시골정착지(그림 3.1)인 뉴브런즈윅New Brunswick과 뉴할렘New Harlem의 시범계획에는 큰 작업실에서 실시되는 방적학교spinning school가 포함되어 있었다. 그리고 그 작업실 중앙에는 '설교단처럼 생긴 작은 상자'가 있고 그 주변에는 긴 의자들이, 마치 '들어가 노는 장난감집 안에 있는 것처럼' 놓여 있다. 이런 긴 의자들은 몇 개의 단으로 이루어져 있고, 200명 정도의 아이들이 그 위에 앉아 실을 잣고 있다. 상자 위에는 감독여교사가 흰색의 긴 지휘봉을 손에 쥐고 앉아 있다. 감독여교사는 태만한 아이들을 아무 말 없이 살짝 건드린다. 이것으로 부족하면 상자에 설치된 벨을 울리며, 그러면 한 여인이 나와서 아이를 혼내주기 위해서 '다른 방'으로 데리고 간다. 방적학교 옆에는 세 개의 다른 학교가 있었다. 첫 번째 학교에서는 여자아이들이 레이스를 만들었으며 두 번째 건물에서는 남자아이들이 아담 스미스를 따르는 사람이라면 누구나가 소망하는 분업 방식을 통해 장난감을 만들었다. 몇몇은 머리를, 몇몇은 몸통과 다리를, 세 번째 아이들은 장난감을 색칠하여 '그림 맞추기'를 완성해낸다.

야런턴의 계획은 산업혁명기 학교의 중요한 요소를 미리 보여준다.

1. 전도된 극장 – 감시를 위한 완벽한 시야. 이제 무대는 관찰자의 영역이 되고, 객석은 피관찰자의 영역이 된다.
2. 규율과 훈육 – 그 원천과 실행되는 장소는 감추어진다.
3. 침묵
4. 생산적인 작업
5. 위계질서 – 감독여교사 · 벌주는 여자 · 아이들
6. 종교적 상징주의 – 설교단처럼 생긴 상자

코울리지Coleridge(1817)가 기계를 은유하여 만들어 낸 이 절의 제목('도덕적 증기기관')은 가장 혁신적인 새로운 교육형태인 조교제 학교monitorial school[5]에 대한 최상의 찬사였다.

이런 학교들은 국가의 지원 없이 오직 학부모의 미미한 기부금으로 운영할 수밖에 없었기 때문에 자선단체의 기부금에 의지해야 하였다. 따라서 효율성이 매우 중요하였다. 교사들은 제대로 훈련받지 못했으므로 양질의 교육은 교사들의 개인적인 헌신에 의존할 수밖에 없었다. 아이들은 머지않아 수력이나 증기로 작동되는 공장에서 일을 해야 했으므로, 엄격

5. 다수의 학생을 동시에 지도해야 하는 상황에서 발생하는 지도 기술상의 문제를 해결하기 위하여 고안된 방법으로, 능력이 우수하고 나이가 든 학생을 조교monitor로 활용하여 다른 학생을 지도하도록 하는 방법. 소수의 교사가 다수의 학생을 지도할 수 있다는 점에서 그 효율성과 실용성이 높게 평가되었다.

한 시간준수 · 규율 · 유순한 행동을 익혀야 하였다. 아이들의 몸은 시계처럼 규칙적인 노동에 익숙하였고, 아이들의 마음은, 로크Locke의 말을 빌면, '빈 캐비닛과 같이 모든 성품으로부터 자유로운 백지와 같으며, 어떠한 고정관념도 갖고 있지 않았다.' 인간은 기계와 같은 통제력을 가진 시스템에 의해 변화될 수 있었다.

의심할 바 없이 이런 교육기관은 새로운 유형이었으나, 그 의미는 오늘날까지 충분히 분석되지 않았다. 이런 상황은 1항에서 보았던 두 방향의 대칭적인 침묵으로 설명될 수 있을 것이다. 먼저 교육사 연구는 여러 분야에서 탁월한 성과를 거두었으나, 학교 건물에 대해서는 크게 주목하지 않았다. 스피털필즈Spitalfields 지역의 학교(McCann 1977)와 케닝턴Kennington 지역의 학교(Silver and Silver 1974)를 다룬 연구들이 이런 예로 볼 수 있다. 다른 한편으로, 건축학자들 또한 학교 건물을 무시해 왔다. 페브스너Pevsner(1979)는 건물유형을 포괄적으로 정리하면서 학교를 완전히 배제하였다. 로즈너Rosenau(1970)가 좀더 전통적인 교육기관들과 함께 간단하게나마 조교제 학교를 언급한 것은 평가할 만하다. 씨본Seaborne(1971)은 얼마간의 지면을 학교에 할당하였다. 그리고 나는 스코틀랜드 학교건축의 역사에 대해서 살펴보았다(Markus 1982:201~61). 그럼에도 불구하고 아직까지 학교건물에 관한 연구는 초보적인 단계에 머물러 있다.

만약 질서와 노동의 관계가 새로운 학교유형에 있어 중심적인 관심사였다면, 질서정연한 작업장이라는 관점으로부터 이런 학교들의 선구적인 사례들을 살펴볼 필요가 있다. 비록 교육과 빈민구제 혹은 감금이 유기적으로 연결되어 있었지만, 여기서는 교육 공간을 따로 떼어내어 살펴보기로 하자. 빈민구제 및 감금과 관련된 시설들은 4장에서 검토될 것이다. 우리는 또한 아이들을 대상으로 하는 성격교정 시설과 근로학교 및 농업학교 그리고 1834년 신구빈법[6]에 의해 만들어진 시범 강제노역소 학교workhouse school와 같은 징벌위주의 시설에 대해서도 살펴볼 것이다.

선구적 시설들

이름뿐인 학교 비록 18세기 강제노역소에서 많은 교육적 실천의 씨앗이 태동되었다 할지라도, 그보다 한 세기 전에 이미 급진적인 교육 이념들이 있었다. 1676년 토머스 퍼민Thomas Firmin이 리틀브리튼Little Britain에 설립한 거대한 퀘이커 교도의 시설에서 아이들은 읽기와 실뽑기를 배웠는데, 시드니 웹과 비트리스 웹the Webbs[7]은 그것을 하나의 '학교 · 공장 · 도매창고 및 소매상점'의 집합체라고 불렀다. 퀘이커 교도들은 또한 벨러스Bellers의 '근로학교College of Industry'(1696)를 후원하였다. 10장에서는 로버트 오웬Robert Owen이 자신의 교육시설을 계획할 때 이 학교를 모델로 하였음을 볼 수 있을 것이다. 가난한 아이들은 읽기 · 쓰기 · 셈하기 · 수공 기술을 처벌 없이 배울 수 있었고, 도서관 · 약초원 · '약을 준비하는 실험실' 등과 같은 혁신적인 시설들이 있었다. 1696년 존 캐리John Carey는 후에 근로학교의 모델로 명성을 얻은 브리스톨 근로학교Bristol House of Industry를 설립하였으며, 같은 시기에 지방의 한 퀘이커 교도 집단은 공장 · 고아원 · 빈민구호소 · 학교를 가진 강제노역소를 건설하였다. 1688년에는 '유아학교College of Infants' 혹은 '종합육아원General Nursery' 등으로 불렸던 '보육학교Infantory'가 폐기된 클러켄웰Clerkenwell 강제노역소에 세워졌는데, 웹 남매는 이 학교를 독창적인 실험이라고 평가하였다. 이 시설은 1702년 벨러스의 근로학교(1696)를 모델로 하여 퀘이커 교도들에 의해서 학교, 빈민구호소, 고아원으로 재사용됐다. 또 다른 퀘이커 학교인 애크워스Ackworth 학교가 런던 기아양육원London Foundling Hospital의 북부지부가 있었던 요크셔Yorkshire 주의 폰트프랙Pontefract에 세워졌다.

6. 1601년 엘리자베스 구빈법 이래 변화된 빈민구제의 요구에 맞추어 1834년 영국에서 제정한 법률, 수정구빈법이라고도 한다.
7. 영국 빅토리아 여왕 시대의 사회개혁가 남매인 Sidney Webb(1859-1947)과 Beatrice Webb(1858-1943)을 말함.

강제노역소에서 아이들은 기본적인 읽기와 쓰기, 드물게 종교 교육과 수공 훈련 등과 함께 셈하기를 배웠다. 1786년에 작성된 강제노역소에 대한 보고서는 강제노역소를 '종교 · 미덕 · 근면의 요람' 이라고 규정하였다. 모든 강제노역소에서 수용자들 가운데 아이들은 특별한 처우를 받았는데, 대개 아이들만의 작업장이 따로 마련되어 있었다. 비숍스게이트 스트리트Bishopsgate Street에 있는 강제노역소에는 두 개의 150피트(45미터) 길이의 작업장에 129명의 아이들이 있었다(이 숫자는 19세기 초까지 400여명으로 증가하였다)(Wilkinson 1819). 남자아이들의 숙소는 작업실 위에 위치하였다. 여자아이들의 방은 강제노역소와 교도소를 분리하는 예배당 위에 있었다. 남자아이들은 읽기와 쓰기 수업을 받았고, 여자아이들은 쓰기 대신 바느질과 뜨개질을 배웠다. 아이들은 80대의 방적기를 돌렸다. 다른 건물에서는 어른들과 함께 실밥 뽑기 · 천짜기 · 신발제조에 참가하기도 하였다. 세인트 메릴본St. Marylebone 강제노역소에서는 전직 학교교장이 초대 소장으로 임명되었다. 신구빈법에 의하여 새로운 형식의 강제노역소로 전환될 즈음, 1774년에 제정된 수권법에 의해서 강제노역소는 가난한 자들(건강하든, 병들었든, 허약하든 간에), 교화되어야 할 방탕한 자들, 게으른 자들 그리고 '근면하고 종교적이며 정직한 습관' 을 갖도록 교육받아야 할 빈민 유아들을 수용해야 한다고 명시되었다. 그리고 수용자들의 노동에 의한 수입은 그들을 부양하는 데 뿐만 아니라 교구를 위해 사용할 수 있게 되었다.

8. 영국의 젠틀맨 계층의 총칭. 넓게는 귀족도 포함한 뜻으로 사용되었지만 일반적으로 귀족과 요먼(독립자영농민) 중간에 위치하는 신분집단을 가리킨다.
9. 영국 국교파 교회와 비국교파 교회가 각각 신앙에 필요한 교리문답과 기도문 읽기와 쓰기를 가르치기 위하여 설립한 학교. 1680년 비국교파 교회가 처음 자선학교를 열었으나 1698년부터 국교파 교회가 「기독교지식증진협회」를 결성하여 본격적으로 자선학교를 보급하면서 비국교파 학교를 압도하기 시작하였다.
10. 저자는 수업이 진행되는 장소인 교실을 schoolroom과 classroom으로 구분하여 사용하고 있는데, 혼동을 피하기 위하여 여기서는 각각 '스쿨룸' 과 '학급교실' 로 번역한다.

아이들을 위한 시설은 점차 교육을 위한 학교로, 혹은 일을 병행하는 근로학교로 분리되어 갔다. 이런 근로학교는 상무부 장관을 지낸 로크가 이미 1697년에 자신의 교구에 제안했던 '노동학교working school' 와 유사하다.

소형화된 공장

교육과 노동은 로마에 있는 산미켈레San Michele 교도소(4장)와 같은 형벌시설에 통합되어 있었다. 영국에서 근로학교는 감옥이나 구빈법으로 탄생된 시설에서 시작되었다고 볼 수 있으나, 오래된 교육기관에서도 그 기원을 찾을 수 있다.

길드의 도제공들에게 읽기와 쓰기를 가르치기 위해 15세기에 설립된 학교들은, 교구학교와 독립된 재단의 문법학교grammar school — 문법과 노래 부르기를 대학예비생과 교회 · 전문직 종사자들에게 가르쳤다 — 가 속한 교육시스템에 덧붙여진 시설이었다. 종교개혁기 동안에 어떤 학교들은 사라지고 어떤 학교들은 독립되었다. 젠트리 계급[8]은 빈민들을 위해서 새로운 문법학교와 하급 학교를 지원하는 재단을 설립하는 데 심혈을 기울였다.

17세기 후반까지 자선학교charity school[9]는 문법학교 보다 더 많은 자선기금을 흡수하였다. 그 학교들은 웨스트민스터Westminster를 원형으로 설립되었다. 핵심과목인 종교 · 읽기 · 쓰기 · 셈하기 외에 때때로 항해법과 같은 과목이 추가되었다. 1699년에 설립된 「기독교지식증진협회Society for the Propagation of Christian Knowledge」(SPCK)는 이런 자선학교들을 자신들이 설립하였다고 주장하였다. 그러나 최근의 연구(Simon 1988:113~29)는 이에 대해 의문을 제기한다. 또한 SPCK는 초기에는 교육과 노동의 균형을 강조하였으나 점차 노동으로 기울어지게 되었다. 그 결과 1720년경에는 강압과 혹독한 규율로 운영되는 강제노역소와 근로학교들을 후원하게 되었다.

씨본(1971)에 따르면, 자선학교에는 남자아이들의 스쿨룸schoolroom[10]과 여자아이들의 스쿨룸, 남자교사의 기숙사와 여자교사의 기숙사가 있었으며, 큰 도시에 있는 자선학교에는 기도와 성경읽기를 위한 큰 홀과 예배당이 있었다. 남자아이들과 여자아이들은 평면상에서 양쪽으로 구분되거나, 혹은 토머스 보들러Thomas Bowdler의 쉬루스버리Shrewsbruy 자선학교에서처럼 층으로 구별되었다.

스코틀랜드에서 1560년에 발간된 『훈육서Book of Discipline』라는 책에는 교구학교의 전국적인 연결망이 구상되어 있었다. 하지만 학교재원을 확보하는 데 지속적인 어려움이 있었으므로, 이같은 국가적인 체계를 현실화하기 위해서 17세기에 일련의 법령들이 마련되었다. 그 마지막 법령(1696)은 모든 시골 교구의 교사들에게 최소한의 봉급과 주택을 제공하기 위한 것이었다. 비록 재정적인 압박과 허술한 조직체계에도 불구하고 스코틀랜드는 당시 유럽의 어디에서도 찾아볼 수 없는, 교구학교 · 시립 문법학교 및 고등학교 · 단과대학 · 종합대학으로 이루어진 전국적이고 단계적인 학교체계를 갖추게 되었다.

「스코틀랜드 기독교지식증진협회」(SSPCK)는 잉글랜드의 자선학교를 모델로 설립된 스코틀랜드의 자선학교들을 후원하기 위해 영국 국교회를 대신한 장로회의 지원으로 1709년에 설립되었으며, 1745년 이후 몰수한 부동산에 대한 사업이 진행되면서 발생한 강한 추진력을 바탕으로 방적학교와 근로학교 프로그램을 개발하게 된다. 1758년까지 167개의 근로학교에서 소년들에게는 제철 · 신발제조 · 농업 기술을, 소녀들에게는 실잣기 · 뜨개질 · 바느질을 가르쳤다.

어떤 근로학교는 대단히 큰 규모였다. 예를 들어, 바스Bath에 있던 근로학교는 아이들이 180명에 이르렀다(Crutwell 1789:25). 여기서 '학급class'의 개념이 발전되었다. 런던의 골든 스퀘어Golden Square 근로학교의 규칙(Spark 1792)은 남자교사는 '읽을 수 있는 남자아이들을 분류해야classify 하며, 여자교사는 여자아이들을 발전정도에 따라 아홉 명씩을 한 학급class으로 나누어야 한다(나의 강조)' 고 요구하였다.

이런 근로학교들은 복음주의자들에게는 호감이 가는 계획이었다. 올드 브렌트포드Old Brentford의 사라 트리머Sarah Trimmer[11]는 근로학교를 활성화시키는데 인생의 말년과 재산을 투자하였다. 그녀는 교구자선학교 · 일요학교 · 근로학교를 연결시켰으며 심지어 원형 방적기(12명의 소녀들이 담당한다)를 수입하기도 하였다.

토머스 버나드Thomas Bernard(1809)는 「빈민생활개선협회Society of Bettering the Condition of the Poor」에 의해 후원받는 몇몇 근로학교를 기술하였다. 1799년 켄덜Kendal에 설립된 근로학교는 112명의 학생들은 보유하였는데 새로운 조교제 교수법을 사용하였으며, 남자아이들의 신발제작 기술에 대해 자부심을 갖고 있었다. 학교의 비용내역은 이 학교의 수익성을 보여준다. '. . . 이는 아이들의 생산력이 어린 나이부터 유용하게 활용될 수 있다는 증거이다' (『근로학교의 실상State of the Schools of Industry』 1801).

밤버Bamburgh의 여학교(Bernard 1809:193~4)에는 폭 20피트(6미터), 길이 40피트(12미터)인 작업실이 있었다. 그곳은 저지[12] 방적기가 방을 차지하고 있었고, '여교사가 전체를 한눈에 둘러보기 위하여 바닥이 들어 올려져있었던' 측면회랑에 수동 아마포 방적기가 놓여 있었다. 그리고 인접한 작은 방에서는 10명의 여학생들로 이루어진 '학급들' 이 하루에 한 시간씩 종교 · 찬송가 · 읽기 · 쓰기 · 셈하기를 배웠다. 위쪽의 더 작은 방은 소녀들이 뜨개질과 바느질을 익히는 곳이었다. 이러한 엄격한 훈육에 의해 이루어지는 생산방식은 야런턴이 빈민을 위한 시범계획(1677)에서 구상했던, 조용히 처벌하는 감독여교사를 떠올리게 한다.

하지만 역설적이게도, 산업화가 진전되어 갈수록 근로학교는 점차 사라졌다. 여태껏 한번도 가능성이 있어 보이지 않았던 것이 이제는 분명히 불가능한 것으로 판명되었다. 달리 말하면 학교가 이윤을 창출하는 것은 고사하고, 자립할 만한 최소한의 수입도 올릴 수 없게 된 것이다. 1834년의 새로운 구빈법에 따라, 중앙정부에서 파견한 위원들이 근로학교를

11. 영국의 복음전도사 겸 저술가(1741~1810). 12명의 자녀를 교육함에 있어 앤드류 벨의 상호교수법을 받아들였으며, 수많은 교육관련 서적과 아동 서적을 출판하였다.
12. 세 번수 모사毛絲로 짠 두툼한 메리야스천

거대한 강제노역소 학교로 대체하였다. 그리고 1857년과 1866년에 제정된 법률에 따라, 어린 범법자들을 대상으로 하는 갱생근로학교reformatory industrial school로 교체되었다. 1865년에 이르면 이전의 오래된 형식의 학교는 오직 30개만이 잉글랜드에 남게 되었으며 스코틀랜드에서는 19개만이 남았다(Watson 1869). 이런 학교는 유럽대륙에서도 새로운 모습으로 변화되어 프랑스 메트레이Mettray에 있는 어린 범법자들을 위한 시설과 같은 대규모 계획으로 탄생하였다.

순진함과 타락

1742년 토머스 코람Thomas Coram이 설립한 런던의 기아양육원Foundling Hospital은 고아들을 위한 훌륭한 시설이었다(McClure 1981). 이 시설은 디오도어 제이콥슨Theodore Jacobson의 설계에 따라 1745년에 완공되었다. 유럽에 있던 고아시설의 선례를 조사하면서 제이콥슨은 파리의 버려진 유아를 위한 병원Hôpital des Enfants Trouvés(오피탈 제네랄[13]의 부속시설)을 포함하였다. 이 시설은 1670년에 공식적으로 설립됐으며 곧 다른 지방 시설들의 모델이 되었다. 예를 들어, 이런 시설 가운데 하나는 리스본에 있던 회전바퀴 고아원House of Wheels이었는데 프랑스의 투르tours와 비슷한 기구로부터 그 이름이 유래되었다. 이 기구는 회전하는 원통의 한 쪽 절반에 아이를 남겨 둘 수 있도록 고안된 것으로 아이를 놓고 가는 사람은 사람들 눈에 안 띄게 아이를 두고 갈 수 있었다. 다른 예로는 암스테르담에 있었던 구휼원 부설 고아원Almoners' Orphanage이 있다.

런던 기아양육원의 평면은 우리가 익히 보아온 U자 형태였다. 4각형의 예배당이 가운데 위치하며 양옆에 각각 3층으로 된 남자아이들과 여자아이들을 위한 날개가 뻗어 나와 현관 쪽의 잔디밭을 감싸고 있었다. 1층에는 식당 · 부엌 · 사무실 · 법정이 있었다. 자녀를 맡기고자 원하는 어머니들은 면접을 받기 위해서 측면현관을 이용하여 1층에 있는 법정으로 출입하였다. 따라서 위층에 위치한 깊은 거주공간과 비교해서 이 공간은 얕은 위치에 있다. 남자아이들과 여자아이들은 예배당 양쪽 끝에서 따로따로 위층의 회랑으로 입장하였다. 반면에 일반시민들은 1층을 이용하였다.

초기 감독관이었으며 나중에 재무장관이 된 조너스 한웨이Jonas Hanway는 1783년에 가난한 남자 아이들을 위한 해군학교를 제안하였다. 하지만 황무지에 건설될 예정이었던 이 학교는 건설되지 못했으며 세상에 잘 알려지지도 않았다(그림 3.2). 이 시설은 자격을 갖춘 수병을 해군에 원활히 공급하기 위한 것이었다. 그는 이미 1756년 같은 목적을 위해 「해양협회Marine Society」를 창설했으며, 뱃사람을 길러내는 것과 더불어서 농경과 제조기술을 무상으로 교육하는 군립 학교county school의 설립을 제안한 바 있었다. 해군학교의 2층에는 스쿨룸과 작업갑판(이는 작업실의 해군식 이름이라 할 수 있다)이 결합된 큰 방이 있었다. 그곳에서는 선박조종술과 더불어 방적 · 방직 · 편물 기술이 교육되었다. 건물의 양 끝단은 선장 · 갑판장 · 주계 사관[14] · '생도'(해군에서는 의전관 또는 조교를 의미한다)와 같은 장교들에게 할당되었다.

제이콥슨이 방문했던 시설 외에도 대규모 고아시설들이 있었다. 프로이센[15]의 선거후 프레데릭 3세Frederick III는 1690년대에 이미 조직된 빈민구제체계를 가지고 있었다. 그 가운데 하나는 베를린에 있었던 거대한 프레데릭 병원Frederick Hospital인데 그곳에는 고아들이 노인, 병자, 미친 사람들과 함께 수용되었다. 그는 또한 작센 지방에서의 사업도 후원하였는데, 이 지역은 경건주의자들이 큰 영향력을 행사하고 있었다. 경건주의자들[16]의 지도자였던 프랑크Franck는 코메니우스[17]와 모라비아교의 전통에 큰 영향을 받아 라틴

13. 다목적 종합병원으로 빈민구호시설을 겸하였다. 4장을 참고.
14. 식당을 관리하는 하급사관
15. 독일 북부의 주, 옛 왕국(1701~1918). 독일의 역사적 지역 명칭. 라틴어명 삭소니아Saxonia, 영어명 색서니Saxony. 그 범위는 시대에 따라 변천하였는데, 1180년 이전 독일 북부의 라인강과 엘베강 사이 작센족의 거주지역을 말한다.
16. 17세기말 독일의 루터파에서 일어난 종파로, 신앙의 내면화와 경건화를 주장함.
17. 코멘스키Jan Amos Komensky(1592~1670). 체코의 교육사상가 · 종교지도자. 라틴명은 J. A. 코메니우스.

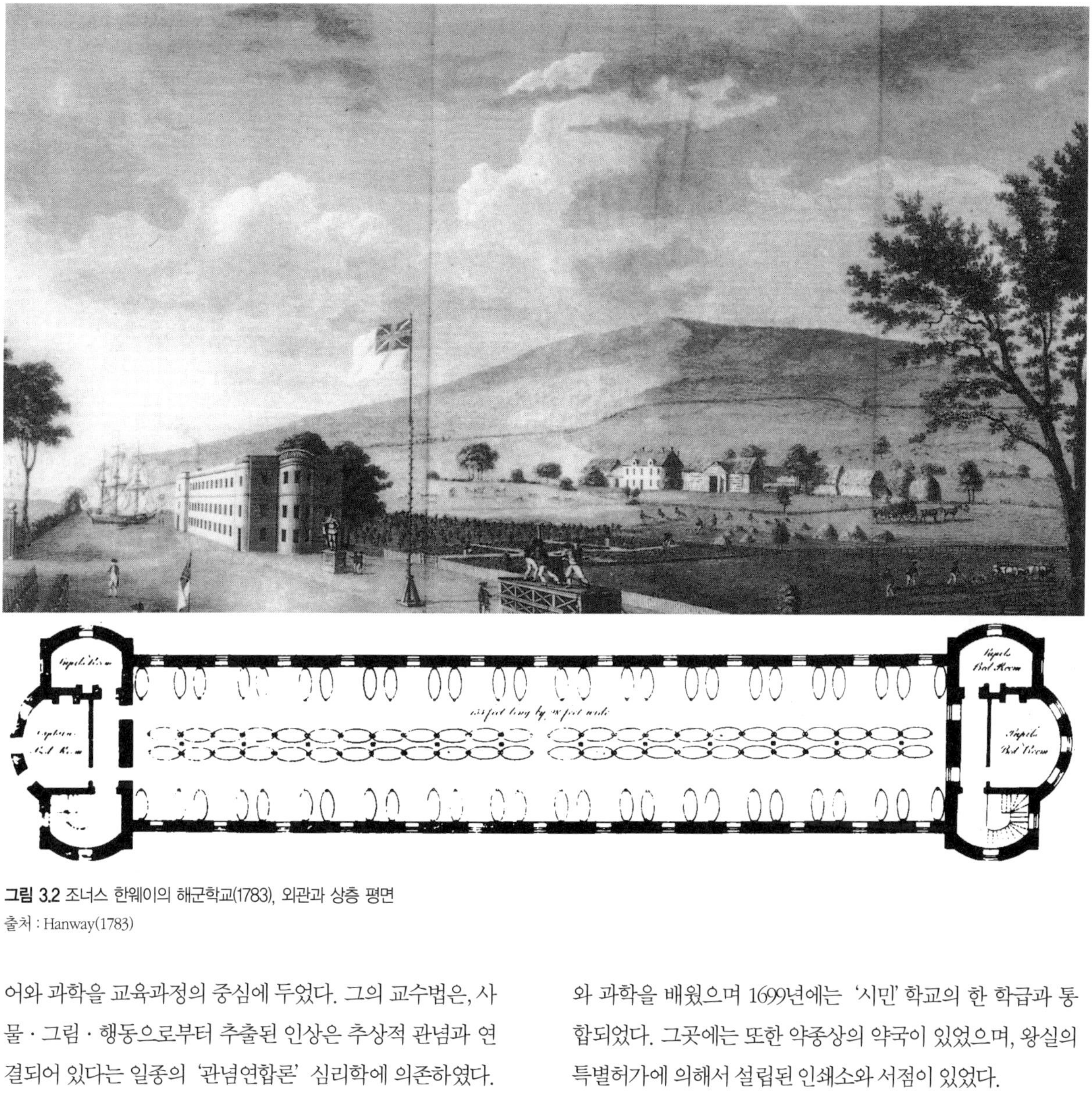

그림 3.2 조너스 한웨이의 해군학교(1783), 외관과 상층 평면
출처 : Hanway(1783)

어와 과학을 교육과정의 중심에 두었다. 그의 교수법은, 사물 · 그림 · 행동으로부터 추출된 인상은 추상적 관념과 연결되어 있다는 일종의 '관념연합론' 심리학에 의존하였다. 그곳에는 '시민' 학교와 '빈민' 학교가 있었다. 전자는 소년들을 전문직이나 교회에 입문시키기 위한 준비과정이었으며, 후자는 남녀모두를 대상으로 하였다. 각각의 학교에는 남자교사가 있었으며, 학생들은 나이별, 또한 기숙하는 학생과 가족과 함께 생활하는 학생들로 나누어졌다. 그리고 후자는 성별로 구분되었다. '빈민' 학교의 한 학급은 언어와 과학을 배웠으며 1699년에는 '시민' 학교의 한 학급과 통합되었다. 그곳에는 또한 약종상의 약국이 있었으며, 왕실의 특별허가에 의해서 설립된 인쇄소와 서점이 있었다.

프랑크는 할레Halle 근처의 글로차Glaucha에 고아원(1698~1701)을 설립하였는데, 존 웨슬리John Wesley의 1738년의 기록에 의하면(Curnock 1909:II 17), 뒤쪽을 향하는 두 개의 돌출부가 있는 U자형 평면이었다. 정면도(그림 3.3)는 평면도가 없는 상황에서, 웨슬리와 프랑크의 설명(Franck 1705)과 더불어 공간조직을 추측할 수 있는 단서가 된다.

그림 3.3 글로차의 고아원(1698–1701)
출처 : Franck(1705)

2층에 위치한 중앙 출입구는 '시민' 계급의 아이들, 직원들 그리고 일반인들 – 이들은 통제자들이거나 아니면 그들과 동등한 사회적 지위에 있는 방문객들이다 – 이 이용했을 것이다. 1층에는 세 개의 출입구가 있었다. 하나는 중앙에 위치했는데 아마도 뒤뜰로 연결되었을 것이다. 두 개의 측면 출입구는 각각 '빈민' 학교의 남녀 아이들을 위한 출입구였다. 소년소녀가 함께 사용하는 언어와 과학 교실은 두 개의 깊은 나뭇가지 모양의 공간 구조를 가로질러 양쪽 날개의 상층부에 위치한 소년과 소녀를 위한 숙소가 시작되는 곳에서 고리형 순환동선을 만들었다.

두 층씩 세 부분으로 분절된 입면구성으로부터, 아래의 1, 2층은 교육 · 식사 · 작업공간이, 중간의 3층과 4층은 직원 숙소와 사무실이, 그리고 맨 위의 지붕 아래에는 하인과 집사의 공간이 있었음을 추측할 수 있다.

1704년에 이르면 교사들을 양성하기 위한 '사범' 학교가 글로차에 설립되었다. 프랑크의 제자인 헤커Hecker는 계속해서 포메라니아Pomerania[18](1735)와 베를린(1742)에 사범학교를 설립했으며, 그곳에서 황제령에 의해 교사들이 배출되었다.

독일 전역에 걸쳐서 다른 대규모 해결책들이 시도되었다. 영국출신인 럼퍼드 백작Count Rumford[19]이 바바리아 지방에서 행한 실험, 특히 뮌헨에 있는 그의 군수품 강제노역소Military workhouse가 대표적인 사업이었다. 이는 군수품 생산을 위해서 군대가 효과적으로 관리한 매뉴팩처공장manufactory[20]이었다. 여기서 빈민들은 옷감 만드는 일을 했다. 그들은 면 · 울 · 아마 · 삼에서 실을 뽑고, 천을 짜며, 완성품을 만들어 내었다. 그 공장에는 아이들만이 일하는 특별한 작업실이 있었다. 일을 하기에 너무 어린 아이들은 가장자리에 앉아서 나이든 아이들이 일하는 것을 지켜보기만 하여도 돈을 받았다. 럼퍼드에 따르면, 이 아이들은 조만간 큰 아이들과 같이 일하게 해달라고 조르게 된다는 것이다. 아이들은 또한 매일 운영되는 수업에 참여하였다. 럼퍼드는 군대와의 커넥션을 적극적으로 활용하여 아이들이 쓰기 수업에서 사용한 종이가 나중에 탄약통으로 만들어질 수 있도록 하였다. 그러나 이 공장에서 진정으로 독창적인 것은 사회적 집단화social grouping이었다.

전체 강제노역소은, '수직적' 생산조직과는 매우 다른 체계, 즉 기술 정도에 따라 럼퍼드가 '학급' 이라고 부르는 집단으로 나누어져서 공간적으로 구분되었다. 아이들은 오래지 않아 아이들만의 특별 작업실을 떠나 가족들이 일하는 일반 작업장에서 함께 일하게 되었다. 그 결과, '방적실은 재미있고 근면하고 부지런하고 명랑한 가족들로 채워졌다' (Rumford 1797:89). 이런 작업장은 뮌헨 빈민가족의 가내생산 방식을 이상적인 조건에서 재창조한 것이었다. 이 과정에서 정반대의 일도 일어났다. 아이들만 자리를 옮긴 것이 아니라 어른들도 아이들의 수업에 합류하도록 설득되었기 때문이다.

18. 발트해에 면한 옛 독일 동북부의 주.
19. 미국에서 태어난 영국 과학자 · 자선사업가 · 행정가 · 군인(1753-1814). 본명은 Benjamin Thompson. 미국 독립전쟁 당시 영국 편에서 참전하여 1782년 작위를 받았다. 독일 바바리아 정부에 참여하여 빈민구제 · 계몽 · 조리 · 농업 분야에서 여러가지 개혁사업을 수행했고, 이곳에서 럼퍼드 백작 작위를 얻었다. 과학자로서는 열의 성질에 대한 연구가 유명하고 연기가 적게 나는 벽난로, 부엌 스토브, 압력조리기구 등을 발명했다.
20. 기계적 제조공장이 등장하기 직전에 존재했던 수공업적 제조공장. 10장을 참고하라.

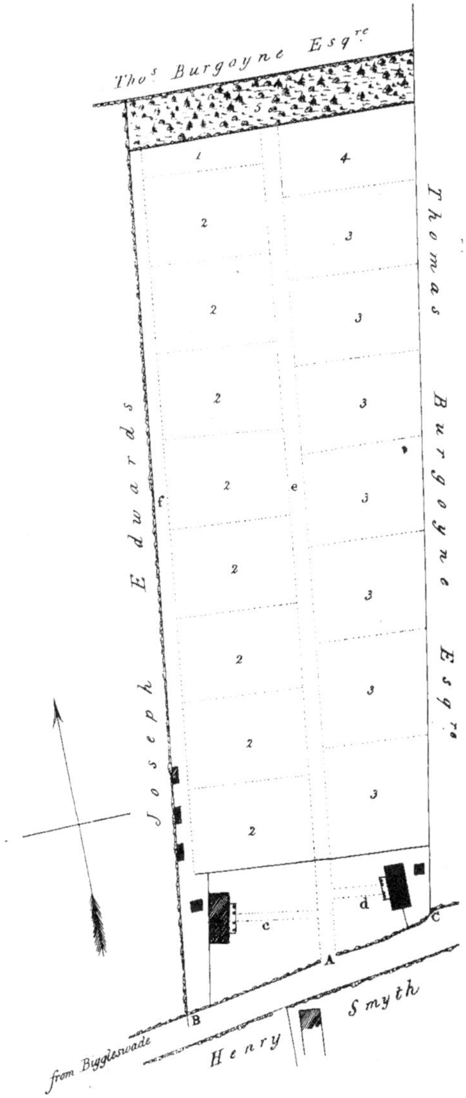

그림 3.4 몬터규 버고인의 시골 정착지(1829)

출처 : Burgoyne(1829), 글래스고 대학도서관의 사서의 허락 하에 복사함

전원의 식민지

산업화 이전에, 노동과 교육을 연계시키려는 노력이 반드시 공장에서만 이루어졌던 것은 아니었다. 산업혁명 이전에 가장 분명한 생산활동이었던 농업 또한 교육과 연계되어 있었고, 산업혁명 이후에도 상당기간동안 이런 연결은 이어졌다. 농업과 교육의 연결은 도덕적으로 방탕한 도시 아이들을 순수한 전원적인 환경에서 '건장한 농부'로 변화시키기 위해 계획된 시설들에서 이루어졌다. 아이들이 집에서 살았고 그들의 집과 생산공간은 넓게 흩어져 있었기 때문에, 이런 시스템에서는 보여줄 만한 큰 건물이 거의 없었다. 이는 구빈법의 운영과 자선활동을 다룬 문헌에서 더욱 분명히 드러난다.

한웨이는 아이들을 시골에서 교육시킬 것을 주장하였다. 그는 아이들이 '맑은 공기와 좋은 환경 속에서, 신선한 우유와 빵을 먹을 수 있는 시골마을'에서 기아 보육원의 감독 하에 자라기를 바랐다(Taylor 1979:309). 좀더 큰 학생들은 시골의 낙농업자들에게 도제교육을 받아야했다. 왜냐면 낙농업자들이 기계공이나 제조업자 심지어 일반 농부들보다 '도덕에 대해서 더 훌륭한 감각과 강한 의지'를 갖고 있었기 때문이다. 이처럼 읍내나 도시의 노동과 부에 대한 깊은 회의감으로부터 전원생활을 향한 실질적인 추진력이 성장하였다.

가난한 사람들이 시골 황무지에 정착한다는 것은 매우 매력적인 생각이었다. 이제 정원 · 농경 · 자연을 주제로 하는 수사학이 계몽문학의 주를 이루게 되었다. 전원의 순수함은 도시의 타락과 대조되었다. 군사적으로 정복되고 경작지로 개간되기를 기다리고 있는 멀리 동떨어진 황무지는 마치 식민지처럼 보인다. 추후에 이 모든 것들은 10장에서 다루게 될 대규모 공상적인 프로젝트visionary project로 통합된다.

몬터규 버고인Montagu Burgoyne(1829)은 8세에서 14세까지의 남녀아이 각각 40명을 베드포드셔Bedfordshire의 폰턴Potton에 정착시킬 것을 제안하였다. 남녀아이들은 각각 신발제작 · 옷수선 · 바느질 · 경작을 배울 수 있는 근로학교에 배치되었다. 방문객을 위한 중앙의 출입구 좌우에는 소년학교와 소녀학교 건물이 마주 보고 배치되었다(그림3.4). 소년들에게는 거름 · 파종 · 신품종 그리고 접붙이기를 실험하기 위한 작은 땅이 주어졌다. 이 땅에서 소년들은 땅을 파고 쟁기질하고 울타리를 치고 도랑을 내어야 하였다. 반면에 소녀들은 낙농 · 세탁 · 다림질 · 옷수선 그리고 '시중을 드는' 가사일을 배웠다. 버고인은 브라이튼Brighton에 있는 새로운 유아학교infant school에 크게 관심을 갖고 있었고 볼드윈스 가든Baldwin' s Garden

에 있는 시범학교[21]에 대해서도 알고 있었다. 따라서 그가 이곳에 조교제 유아학교를 포함시킨 것은 너무나 자연스런 일이었다. 그는 이것을 '국내의 식민지colony at home' 라고 보았다. 이곳은 보쉬 대령Colonel Bosch의 드렌트Drenthe 정착지(Koolsterhuis 1981)와 윌리엄 알렌William Allan이 1825년에 브라이튼Brighton 근처의 린드필드Lindfield에 설립한 시설을 모델로 하여 황무지를 개간하고 가난과 교육문제를 다루고자 시도한 것이었다. 알렌은 스쿨룸, 도서관 겸 독서실 그리고 작업장을 제공하였는데 작업장에서 아이들은 신발제작 · 직물짜기 · 인쇄 그리고 농장일을 배우기에 앞서서 밀짚을 엮었다. 이 일은 작업이 단순하고 원재료값이 저렴하면서 시골의 순수함을 간직하였으므로 개혁가들과 이상주의자들에 의해서 널리 추천되었다.

'시골의 식민지' 들은 빈민과 범죄자들을 외딴곳에 격리시키는데 목적을 두었다. 따라서 멀면 멀수록 좋았다. 코람Coram은 직접 미국 조지아의 사바나 강가에 있는, 채무자와 빈민을 위한 식민지 계획에 관여하였다.

처음에는 시골정착지 계획이 아이들의 도덕적이고 육체적인 복지가 목적이었다. 그러나 오히려 도시의 부패로부터 격리된 것은 바로 교사들이라 할 수 있다. 1819년에 사범학교를 위해 제정된 프로이센의 법안은 '교사 지망생들' 을 '그들의 미래 근무 조건과는 어울리지 않는 방탕, 유혹 그리고 나쁜 습관들' (대도시에 존재하는 마약과 담배와 같은)로부터 보호하기 위하여 사범학교들을 적절한 크기의 마을에 위치시키도록 요구하였다(Cousin 1833).

종교집단은 장소를 선택함에 있어서 특히 자연주의ideology of nature에 영향을 받았다. 1748년에 브리스톨Bristol 근처에 세워진 킹우드 학교Kingwood School에서 존 웨슬리는 부모들이 방문하기 쉬운 도시에 가까운 곳, 그러나 '너무 가깝지 않고 도시의 악이 물들 수 없는 곳' (Ives 1970:8)을 원하였다. 시골에 자리잡음으로써 장작을 패거나 땅을 파는 것과 같은 '레크리에이션' 을 위한 공간을 얻을 수 있었다. 그들은 모든 놀이를 비기독교적이라고 여겼다. 톰슨Thompson(1968:416)은 여기에서 '비정한 노동의 이데올로기' 를 보았다. 비록 그것이 다른 종교 공동체에서는 다소 유연해질지라도 여전히 레키Lecky의 '종교적 테러리즘' 을 '도덕적 구제' 라는 이름으로 정당화하였다. 아이브스Ives는 웨슬리가 코메니우스와 모라비아교도들(웨슬리는 모라비아교의 성지가 있는 헤른후트Herrnhut도 방문했었다)에게서 받은 영향을 설명하였다. 헤른후트의 모라비아교 모원母院은 요크셔에 있는 풀넥Fulneck의 공동체와 같은 모라비아교 공동체들뿐만 아니라 데이비드 데일David Dale이 에어셔Ayrshire 주에 세운 카트린Catrine과 같은 공장촌의 배치를 결정하는 데 모델이 되었다.

도시의 조교제 학교와는 상관없이, 랭커스터Lancaster는 메이든 브래들리Maiden Bradly에 있는 서머셋Somerset 공작 소유의 토지에서 '주택과 학교 그리고 정원' 을 가진 농촌형 조교제 학교를 실험하였다. 이는 그의 기계론적 사고와 종교적 유토피아주의를 혼합한 것이었다(Dickson 1989:66). '나는 거기에서 모라비아교의 공동체에서 발견되는 것과 유사한 검약성을 추구할 것이나 좀더 많은 경쟁을 개입시킬 것이다.' 그의 시스템은 린드필드와 유사한 '근로 정착지colony of industry' 로 계획되었다. 랭커스터에 따르면, 원예술은 젊은이들에게 정원일과 노동을 가르칠 뿐만 아니라 '젊은 남녀들이 마음속으로 시골생활과 가정생활을 사랑할 수 있도록 준비해 준다. 그리고 빈둥거리며 시간을 허비하는 농부들에게 수익을 올릴 수 있는 적당한 일거리를 제공한다' (1805:121).

미덕을 지키는 안식일의 요새

완전히 새로운 움직임이 나타났는데, 바로 일요학교Sunday school[22]가 등장한 것이다. 일요학교의 영향은 매우 컸다. 1781년 글로스터Gloucester에서 로버트 레이크스Robert Raikes가 일요학

21. 그림 3.13 참조
22. 공장의 소년 노동자들이 선량한 생활을 하도록 일요일에만 열려서 기초적인 종교교육과 읽기 · 쓰기 · 셈하기 등을 가르쳤다. 산업혁명 이후 귀족과 사회개혁론자들의 호응을 얻어 전 영국에 빠른 속도로 확산되었다.

교를 고안해냈다는 주장에 대해서는 논란이 있을 수가 있으나, 그가 1780년대 일요학교 운동의 주요한 선동가로서 초기의 경이적인 성장에 크게 공헌한 것은 틀림없다.

톰슨(1968)은 일요학교의 종교적 이념이 노동계급과 중간계급 사이의 갈등을 일으키는 핵심 요인이라고 보았다. 일요학교의 가르침은 질서와 훈육의 미덕을 주입시키는 것이었으며, 장차 도래할 행복을 지적함으로써 현재 사회의 온갖 악행에 대한 비판을 비껴가려는 것이었다. 그것은 피교육자의 내부로부터 거역할 수 없는 강력한 도덕적 힘을 만들어 결국 기존 질서에 복종하도록 하기 위한 것이었다. 비록 몇몇 감리교도들이 급진적 노동계급의 지도자가 되었지만, 톰슨은 주인과 노동자들 모두에게 유익한 과정을 보여주기 위하여 감리교의 교리를 선택하였다. 이는 감리교 교리가 '이용하는 자와 이용당하는 자의 종교로서 이중적인 역할'을 갖고 있었기 때문이다(Thompson 1968:412). 공동체 의식을 함양시키는 교리의 주입과 '개종' 또는 여타 종교적 현상들을 통해 표출되는 '반개혁에 수반되는 심리적 결과' 사이에 균형이 이루어졌다. 그는 편협하고 완고하며 도덕적으로 문제가 있는 일요학교의 본성을 판단함에 있어서 비타협적이고 단호하였다.

반면에 라쿠어Laqueur는 톰슨에 반대되는, 설득력 있는 논리를 제안하였다. 그도 처음에는 톰슨의 논지를 정당화하기 위해 출발하였다. 하지만 계급에 관한 정확한 정의를 내리기가 어려움에도 불구하도(톰슨 본인도 인정하였다), 라쿠어는 일요학교의 관리자 · 교사 · 아이들은 노동계급이었으며 그 학교체계는 그들의 복음주의적 · 교육적 목적을 수행하는 데 기여하였다는 결론에 도달했던 것이다. 일요학교에서의 구분은 계급 간의 구분이라기보다는 일을 하는 사람과 일을 하지 않는 사람과의 구별이었다. 일요학교는 노동과 훈육의 가치를 '외형적으로 드러나는 사회적 · 정치적 가치에 반대되는 것'으로 전파시켰다(Laqueur 1979:239).

클리프Cliff(1986)는, 일요학교가 아니라 종교에 대한 증거를 만들어낸 것에 대해서, 특히 감리교 교리에 지나치게 큰 비중을 둔 것에 대해서 톰슨을 비난하였다. 그는 '가문이 좋은' 교사의 도래를 주목하며, 그와 더불어서 중간계급의 운영방법과 박애적이고 보수적이며 복음적인 사라 트리머와 같은 저자들에 의해 만들어진 교육교재에 대해서도 주목한다. 터너Turner(1988)는 일요학교 운동이 '보이지 않는 종교', 즉 공장주가 아닌 '노동귀족'에 의해 주도되는 노동계급의 자기 계발을 위한 수단을 제공하였다고 주장하며, 그 운동은 때때로 일어나는 '급진주의와 신앙부흥주의의 열풍'에 쉽게 영향을 받았다고 논술한다.

스코틀랜드와 아일랜드는 비록 사회종교적 환경이 서로 크게 달랐지만, 일요학교는 두 지역 모두에서 복음주의적 사업으로 선호되었다. 1793년까지 글래스고에는 11개의 일요학교가 생겨났으며, SSPCK가 관여하던 다른 도시와 시골지역에도 일요학교가 세워졌다. 토머스 차머스Thomas Chalmers[23]가 몇 개의 일요학교를 세웠다. 그리고 차머스의 제자인 데이비드 스토우David Stow가 1816년에 바로 이들 안식일학교에서 교육사업을 시작하였는데 이로부터 유명한 유아 및 초등 주간학교Infant and Junior day school가 발전되었다. 스토우의 유아학교에 대해서는 앞으로 살펴보게 될 것이다.

아일랜드에서 일요학교는 산업화 이전의 도시 빈민과 심각한 종교분열에 모두 대처해야 하였다. 다음 10년 간 잉글랜드에서 잠깐 동안 번창했던 종파를 초월한 일요학교를 위하여 특별한 건물유형이 태동된 곳이 바로 더블린이라는 사실은 주목할 만하다.

1786년까지 더블린에서 세워진 세 개의 일요학교 중 하나인 세인트 캐더린 교구의 일요학교는 매우 빨리 성장하여, 1798년에 스쿨 스트리트School street에 더블린 무료(주말)학교Dublin Free (Weekly) School를 위해 커다란 3층 건물을 건축했는데[원주1], 카톨릭 교회와 아일랜드교회 그리고 퀘이커교도가

23. 스코틀랜드의 목사 · 교육자 · 사회개혁가(1780~1847).

원주1. Helen Clayton(연대미상)은 간략한 역사를 제공하였다. 1798년 2월9일의 의사록 사본이 더블린에 위치한 Church of Ireland College에 소장되어 있다. Susan Parkes(1984:21)는 주간학교가 더 이른 시기에 개교했을 가능성을 제기한다.

그림 3.5 스쿨 스트리트 학교, 더블린(1798), 외관
출처 : *Irish Times*, Dublin, Irish Times사의 허락을 받음

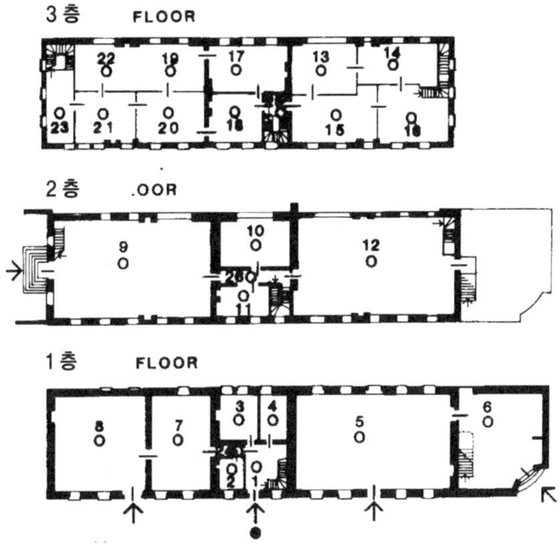

1 출입홀
2-4 사무실
5 무료 식당
6 출입 마당
7-8 창고, 석탄저장소, 기타
9 소녀들의 스쿨룸
10-11 교사실 혹은 학급교실
12 소년들의 스쿨룸
13-16 소년들의 학급교실
17-18 교사실
19-23 소녀들의 학급교실
24-26 로비

그림 3.6 스쿨 스트리트 학교, 더블린(1798), 평면
출처 : 더블린시 교육과의 도면을 기초로 저자 작성

모두 후원하였다. 이 건물은 처음부터 일요학교로 건립된 최초의 예인 것 같다. 이 학교와 건물은 아일랜드 교육에서 중요한 역할을 담당하였다.

이 학교의 후원자는「빈민자녀교육위원회」였다. 곧 그 학교는 평일에도 학생들에게 문호를 개방하였으며, 1808년에 교명을 더블린 주말 및 매일학교Dublin Weekly and Daily School로 바꾸었다. 1811년 아일랜드에「빈민교육진흥협회the Society for Promoting the Education of the Poor」가 창립되어 1814년 킬데어 플레이스Kildare Place로 이전하기까지 더블린 주말 및 매일학교가 아일랜드의 조교제 교육시스템의 본부 역할을 수행하였다. 이전한 후에는「킬데어 플레이스 협회」로 알려지게 되었다. 이 협회에 대해서는 다음에 다시 이야기할 것이다.

건축 당시의 문헌은 남아있으나, 가장 오래된 도면과 사진은 1920년대에서 1960년대 사이에 제작된 것이다.[원주2] 그림 3.5는 철거직전의 모습을 보여준다. 그림 3.6의 평면들은 재구성된 것이다. 각각 소년, 소녀를 위한 두 개의 스쿨룸은 2층에 위치해 있었는데, 계단을 통해서(부지가 경사져 있으므로 계단의 길이가 같지 않다) 외부로부터 직접 출입할 수 있었다. 각 스쿨룸은 정면쪽 벽에 벽난로가 설치되어 있었으며 중앙 계단실 홀을 통해서도 들어갈 수 있었다. 최상층인 3층에 있는 공간들도 중앙 계단실 홀로부터 출입하였다. 1층에는 길거리에서 바로 들어올 수 있는 문이 적어도 두 개 내지 세 개가 있었다. 중앙 출입문은 계단실 홀과 교사와 방문객을 위한 사무실로 통했으며 한 개 또는 두 개의 작은 문은 창고와 빈민을 위한 무료 급식소로 연결되었다. 각 스쿨룸에 벽난로가 하나뿐인 것으로 보아 이 방들이 하나의 공간으로 사용되었음을 알 수 있다. 2층과 3층의 중앙부분은 작은 공간들로 세분되었는데, 아마도 교사실과 학급교실인 것 같다.

본래의 교육체계에 대해서는 알려지지 않고 있다. 한 익명의 저자(아일랜드 사범대학 교회Church of Ireland Training College, 연도미상:15)는 심지어 1811년 이전에 조교제 교수법과 학급교실 수업이 둘 다 사용되었다고 말한다. 그전에 임시 무료급식소로 사용되었던 1층은 럼퍼드의 노력으로 1799년 시범적인 영구 공공식당(빈민들에게 무료로 음식을 제공하는 곳)이 되었으며, 추후에 빵을 구울 수 있는 시설이 추가되었다.

그림 3.7은 재구성된 평면을 기초로 추정한 공간구조이다. 두 개의 스쿨룸은 아이들이 거리에서 바로 출입할 수 있는 정원을 통해 직접 들어올 수 있으므로 공간깊이가 얕다. 또한 교사들이 중앙 홀로부터 출입했으므로 두 개의 스쿨룸은 고리형 순환동선 상에 위치한다. 이런 평면계획을 통해서 아이

원주 2. 몇몇 도면과 사진 자료가 더블린의 교육과 중요건물분과의 자료 보존실에 남아있다.

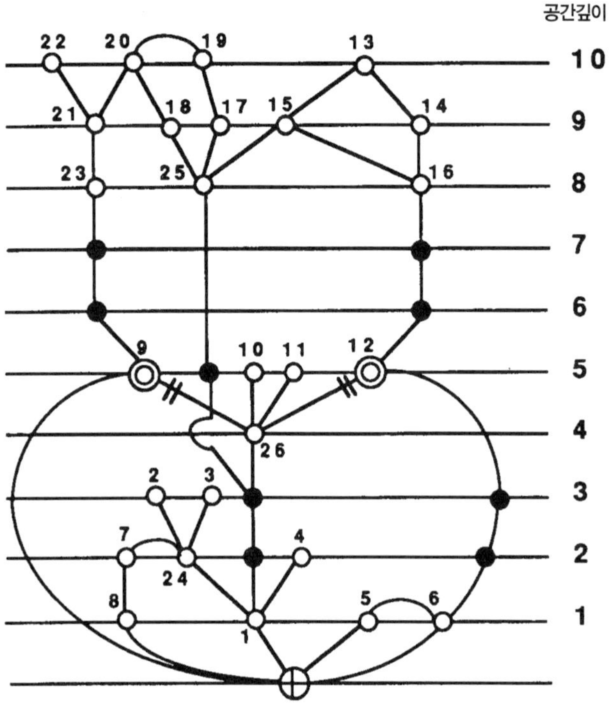

계단실

주 스쿨룸

한 방향으로만 사용되도록 통제되는 문

그림 3.7 스쿨 스트리트 학교, 더블린(1798), 공간구조도
출처 : 저자 작성

원주3. 『일요학교의 형성과 설립을 위한 계획A Plan for the Formation and Establishment of Sunday Schools』(1806)에서 프라이어스 마운트 학교를 모델로 인용한다.(계획안의 설계자는 알려지지 않고 있으나 이 책의 저자는 아마도 하트웰 홈Hartwell Horne일 가능성이 높다. 왜냐하면 대영도서관 소장본에 그가 손으로 쓴 제목이 남아 있기 때문이다.)

원주4. 이 학교는 호우드Horwood가 1819년에 1마일을 26인치로 축소한 축척(약 2400:1)으로 작성한 지도에 외곽선으로 표시되어 있다. 이 외곽선의 치수는 위의 원주3에서 언급한 1806년의 평면과 일치한다.

24. 여기서 '큰 방'은 초기 학교의 '스쿨룸schoolroom'을 의미한다. 스쿨룸이란 모든 학생들이 하나의 방에서 여러 가지 활동을 하는 공간이다. 대개 성별에 따라 스쿨룸이 구분되었다. 후에 학생들을 나이, 성별, 능력 등에 따라 소단위, 즉' 학급class'으로 분류하여 격리된 작은 방에서 교육하는 방식이 나타났는데 이런 공간을 '학급교실classroom'이라고 하였다.

들과 교사의 자유로운 교류는 통제되었고 아이들은 교사들을 스쿨룸에서만 만날 수 있었다.

당시까지 잉글랜드에 있던 수백 개의 일요학교는 헛간, 개조된 집, 공장, 예배당에서 운영되었다. 처음부터 일요학교로 건축된 것은 1802년 런던의 프라이어스 마운트Friars Mount에 건립된 베스널 그린Bethnal Green 일요학교[원주3]로 1798년 설립된 혹스턴Hoxton 감리교 일요학교의 새로운 시설로 사용하기 위한 것이었다. 이 학교는 골든 레인Golden Lane에 있던 일요학교에 이어 두 번째로 런던에 설립된 감리교 일요학교였다. 이 학교의 평면은 남아있지 않으나, 1808년에 제작된 지도[원주4]를 통해 건물의 규모를 알 수 있는데, 그 길이는 66피트(19.8미터), 폭은 37피트(11미터)였다. 2층으로 된 건물은 1,000여명의 아이들을 수용하였다. 전체공간은 노래와 기도를 위한 '하나의 큰 방'으로 사용될 수 있었다. 그리고 이 방은 다시 이동 가능한 세 쪽짜리 목재 칸막이벽에 의해 '구별된 수업공간'으로 나눠졌다. 이러한 공간이 2층에 여덟 개가 있었고, 1층에 일곱 개가 있었는데 마지막 여덟 번째 공간은 계단이 차지하고 있었다. 이러한 공간 배열은 소란을 방지하고 질서를 얻는 데 이바지하며 '아이들이 자신들의 자리를 잡는 데' 있어서 시간을 아낄 수 있다고 이야기된다. 달리 말하면 큰 방에서 아이들의 자리는 작은 공간으로 나뉘어 질 때 아이들이 속하는 수업공간에 위치하도록 미리 배열되었던 것이다.

장차 초기 학교건물의 두드러진 특징으로 자리매김되는 '큰 방[24]'은 더 오랜 역사를 가진다. 골든 레인에 있던 첫 번째 감리교 일요학교에는 처음부터 2층을 '집회장assembly room처럼' 사용하기 위하여 이동식 칸막이벽이 설치되었다(Grosvenor 1856:38). 1801년의 의사록은 아이들 200명이 공부할 수 있는 공간을 '큰 방'이라고 불렀다. 이 용어의 사용은, 각 종파의 성직자들에게 경쟁심을 자극할 수 있으므로, 각 종파의 예배공간을 의미하며 관습적으로 사용되어 온 용어들, 즉 '예배당', '교회' 혹은 '회합실'과의 혼동을 피하기 위한 언어적 전략이다.

소년소녀들은 층으로 분리되었다. 왜냐하면 그들은 '반드시 구별되어야만 하고 가능하다면 분리된 방에 수용되어야'

했기 때문이다. 만일 스쿨룸이 하나뿐이어서 독립된 방으로 분리가 불가능할 경우에는 '스쿨룸의 양쪽 끝에 배치함으로써 격리되었다.' 학급에 대한 언급과 6학급 체계에 대한 기술을 반복해서 확인할 수 있다. 6학급 체계는 알파벳에서 시작하여 점점 늘어나는 음절수를 가진 단어의 철자법과 읽기 그리고 성경읽기와 철자법으로 끝난다. 여기에 '자리차지하기' 방법이 활용된다. 이는 갓 태동한 조교제 교수법으로부터 채택된 것이다. 철자법 수업을 위해 아이들은 일렬로 늘어선다. 아이들은 질문 하나마다 답변을 하며 그 결과에 따라 일어서고 앉아 가며 서로의 자리를 차지한다. 이는 '아이들의 주의를 집중시키고 적당량의 경쟁심을 유발하기 위한' 방법이었다. 만일 학생이 높은 단계로 올라가기 원하면, 자신이 속한 학급의 교사와 상급단계의 교사를 모두 만족시켜야 하였다. 교실 내에서의 공간적인 위치와 전체 건물에서의 공간적인 위치는 지속적인 경쟁의 수단과 표시가 되었다.

교사가 부족할 때는 '학생자신들' 이 교사로 이용되었다. 역시 조교제 교수법의 영향을 받은 결과인데, 이 시스템은 딜레마에도 불구하고 곧 일요학교에 적용되었다. 진정한 의미의 조교제 교수법에서는 경제적인 측면과 교육적인 측면을 고려하여 하나의 개방된 스쿨룸으로 귀결된다. 이 스쿨룸에서는 남자교사와 여자교사의 지속적인 감독 하에 조교(학생)가 소규모 집단('분단')에게 읽기 · 쓰기 · 셈하기를 교육한다. 분단들은 벽을 향하여 반원으로 서있거나 쓰기 수업을 하기 위해 등받이 없는 나무의자에 앉아 있었다. 하지만 일요학교는 처음부터 이러한 배치에 반대되는 정책을 채택하였다.

우선 일요학교들은 '교사' 와 청년과 성인 평신도들에게 전념하여, 각 그룹에게 개별 교실을 제공하였다. 다음으로, 성경은 가장 기본적인 텍스트였고 성경읽기는 아이들에게 읽기를 가르치는 유일한 수단이었다. 다른 과목, 특히 쓰기(조교제 교수법에서는 필수적인 과목이었다)를 가르치는 것은 금지되었다. 쓰기는 자칫 아이들을 교육의 수동적인 수용자가 아니라 능동적이고 창조적인 주체로 만들 수가 있었기 때문이다. 노동계급을 지나치게 교육시키는 것에 대해서 걱정하는 것과는 별개로 세속적인 평일교육을 진심으로 지지하는 사람들마저도 안식일에 대한 율법을 근거로 이런 교육이 일요학교까지 퍼지는 것을 반대하였다. 그러나 이러한 금지는 서서히 골든 레인 일요학교에서 쓰기를 가르쳤던 감리교도들에 의해서 사라졌다. 그들은 처음에는 평일 저녁에 쓰기를 가르쳤고 곧이어 일요일 이른 아침에도 쓰기를 교육하였다.

랭커스터는 이러한 한계를 인정하고 거기에 적응하였다. 일요학교 감독관들에게 행한 연설(1809b)에서, 랭커스터는 반원으로 앉아 철자와 읽기를 동시에 배우는 방식이 성공하기 위해서는 아이들을 몇 개의 집단으로 나누어 등받이가 없는 긴 의자에 앉히고 석판에 쓰기를 시켜야 한다고 주장한다. 하지만 아이들을 '한 지붕 아래 각각 다른 방에' 모으는 것은 반대한다. 그가 주장한 것은 '아무리 숫자가 많을 지라도 적절한 시설을 갖춘 하나의 방에' 아이들을 모아야 한다는 것이다. 그러나 일요학교 관리자들에게 이것이 받아들이기 어렵다는 것을 알고 있기 때문에 그는 '완전히 새로운' 타협안을 제안한다. 그 계획은 여섯 명 내지 여덟 명의 아이들이 하나의 '수업lesson' 을 볼 수 있도록 좌석을 정렬하는 것이다. 여기서 수업이란 커다란 글자나 단어 혹은 문장이 인쇄된 카드를 말한다. 쓰기 수업이 없었으므로 아이들은 한 자리에 계속 앉아서 조교로부터 이런 카드를 가지고 배워야 하였다. 랭커스터는 받침대에 수북이 쌓인 카드로 인하여 효율적인 감시가 이루어지기 어렵다는 점을 인정하였다. 게다가 책과 카드제작에 따르는 경제적 손실도 있었다. 그러나 그는 여전히 이러한 방식을, 예를 들어, 400명의 아이들과 70명의 교사들을 격리된 여러 공간에 수용하는 것보다 선호하였다. 그는 또한 스톡포트Stockport 일요학교를 칭찬한다.

프라이어스 마운트 일요학교의 관리자들은 랭커스터의 이런 주장을 진지하게 받아들였다. 1813년에 이르면(Wentworth 1813), 프라이어스 마운트 일요학교는 조교들을 위계적인 두 그룹으로 나누었다. 총감독 조교의 관리 아래 조교들은 '집회실(스쿨룸)' 과 '학급교실' 사이에서 아이들과 동행하였으며 칸막이벽을 제거하는 것을 감독하였다. 이러한

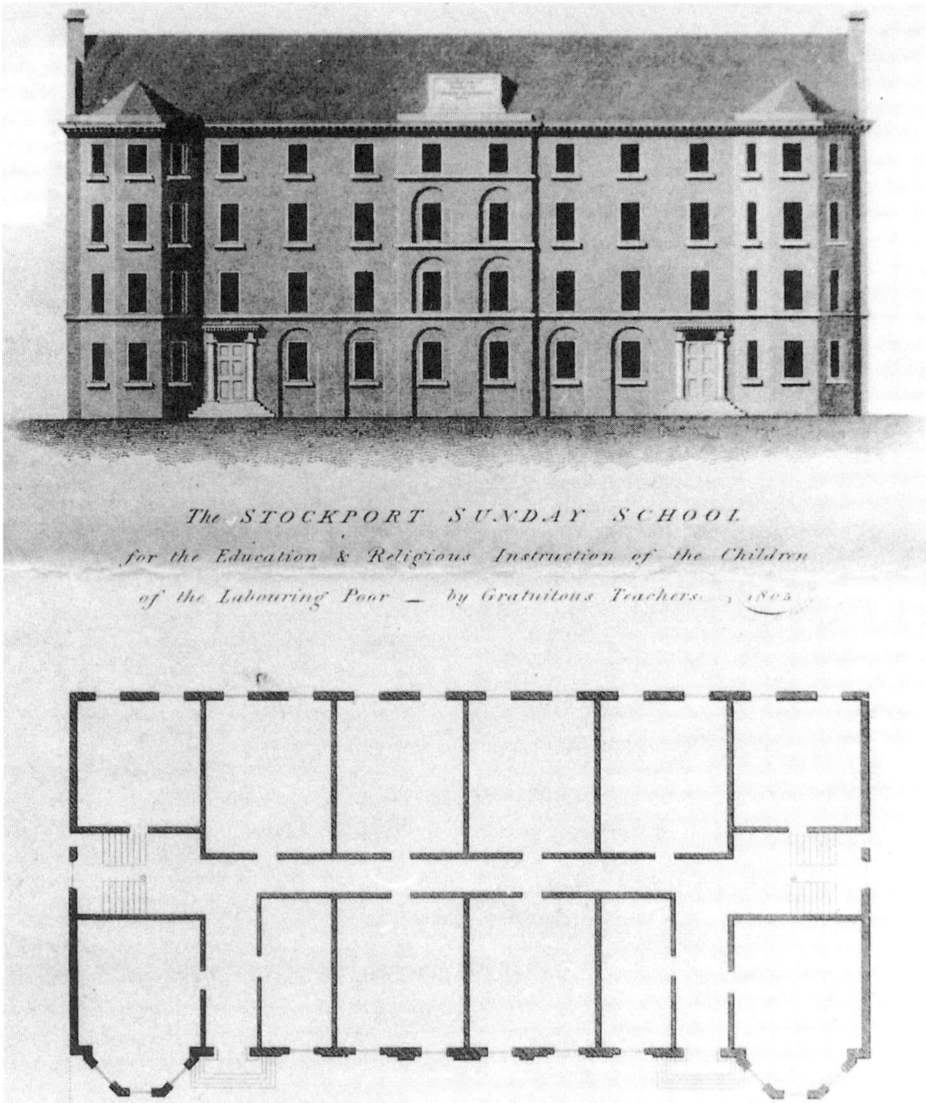

그림 3.8 스톡포트 일요학교 (1805), 외관(지붕층의 천창은 아직 나타나지 않았다)과 평면
출처 : 스톡포드 공공도서관

칸막이벽이 사라진 공간에 덧붙여 교실이 추가되었는지는 확실치 않다.

오래지 않아 일요학교 연합은 랭커스터의 규칙을 완전히 받아들였으며 프라이어스 마운트로부터 영향을 받아 다섯 단계로 된 위계적인 조교체계를 추천하였다. 가장 아래 단계의 조교들은 분리된 공간에서 교사와 함께 작업하였다(1816). 여기서 조교들은 '각자 자기가 속한 학급에 자리를 잡도록' 명령을 받았는데, 조교들의 자리는 교사들의 반대쪽 끝이었다(Lancaster 1809b). 그리고 랭커스터는 개인별로 책을 사용하는 것을 받아들인다.

이러한 유형으로 잉글랜드에 두 번째로 세워진 일요학교는 1784년에 스톡포트에 세워졌는데, 그곳에는 이미 여섯 개의 학교가 있었고, 그 중 하나는 처음부터 학교로 설계되어 건

그림 3.9 스톡포트 일요학교(1805), '큰 방' 실내전경
출처 : Wild(1891)

립된 것이었다. 이 학교들은 영국국교와 유니테리언교[25]로부터 보조를 받았으나 학교설립 초기부터 감리교도들이 선도적인 역할을 담당하였다. 1794년에 이 학교들은 주요 지원 교단이 감리교인 점을 반영하여 '감리교 일요학교' 가 되었다. 그럼에도 종파적 편견은 보이지 않았다. 1797년까지 교회당 · 일요학교 · 목사관 그리고 다섯 개의 '큰 학교' 를 7천 파운드의 비용으로 건설하기 위한 여러 계획들이 제안되었다(Stockport 1797). 1796년 위원회 의사록에는 세상 사람들의 반대에도 불구하고 '큰 방' 에서 쓰기가 교육되었다고 최초로 언급되어 있다(Stockport 1796:7).

햇필드Hadfield와 고슬링Gosling(1984)은 1802년도 의사록을 인용하여 조세프 메이어Joseph Mayer라는 새로 임명된 장학관이 '놀라우리만큼 큰 학교' 를 요구하였다고 기록한다. 그 학교는 열정적인 기부운동이 벌어진 후인 1805년에 시작되었다. 학생수 3,000여명(1835년의 확장 후에는 5,000명)으로 이 학교는 세계에서 가장 큰 일요학교가 되었다. 소년과 소녀들은 건물 양쪽 끝에 분리된 출입구와 계단을 이용하였다(그림 3.8). 이 건물은 외관상으로는 4층으로 보인다. 1층과 2층은 실제로 교실과 사무실로 되어 있었고, 남녀가 각각 한 층을 사용하였다. 그러나 위쪽 두 개 층은 한 층으로 된 '큰 방' 으로 통합되어서 모든 교사와 아이들을 수용할 수 있었다(그림 3.9). 한쪽 끝에는 테이블과 강단 그리고 오르간이 있었다. 중앙과 측면회랑 아래쪽에는 수평좌석이, 그리고 반대쪽 끝과 2층의 회랑에는 경사진 좌석이 배치되어 있었다. 이 방은 예배당의 모습이 강하게 느껴진다. 그러나 그 규모와 마감에 들인 공은 그 어떤 비국교도들이 보았던 것보다 웅장하고 정교하였다. 비록 동시대의 출판물[원주5]에서 쓰기 수업이 '큰 방' 에서 행해질 것이라고 예상하였을 지라도, 감리교도인 시장과 영국 국교회와의 논쟁은 1815년에 가서야 해결되었다. 그때 24개의 쓰기 교실이 지붕 밑의 빈 공간에 만들어졌는데 지붕면을 따라 설치된 작은 천창으로 채광되었다.

간소화된 두 개의 고전적인 출입구를 가진 단순한 벽돌외관은 당대의 사람들에게 공공기관과 공장의 이미지를 갖게 해 주었을 것이다. 당시에 감리교 예배당과 다른 종파의 예배당들은 종종 2층 건물로 보이게 하는 입면을 가지고 있었다(Dolbey 1964). 일반 창문 높이의 두 배가 되는 키 큰 창문을 배치하지 않고 창문을 아래위 2열로 나누어 배열한 것은 측면의 경사진 회랑을 수용하기 위한 것이었다. 그럼에도 불구하고 여기에는 기능적인 필요 이외에 무언가가 더 관련되어 있다. 다시 말해, 이렇게 2열로 배치된 창문에 의해서 '큰 방' 은 아래쪽 2개 층의 입면과 구별되지 않게 되었던 것이다. 이는 언어적 위장에 건축적 위장을 더한 것이라고 할 수 있다.

그 위원회는 1832년 격동의 시기에 평안과 강건함을 나타낼 상징물을 만들어내고자 하였다. '... 정치적 격동기에 ... 마을로 들어오기 위해서는 반드시 ... 한 두 개의 이러한 조용한 '요새' 를 거쳐야만 하였다. 이곳은 악행과 무지가 퍼지는 것을 막기 위해 세워진 현명한 선행인 것이다' (Thompson 1968:397).

25. 삼위일체 교리를 인정하지 않고 일신론을 신봉하는 개신교 종파
원주5. 스콕포트 공공도서관에 소장된 연대미상의 소책자에 따르면, 쓰기 학급이 '4층' 에 '꼭 들어맞는 하나의 개방된 방' 에 있었다고 한다. 이 기록으로 보아 다락방에 쓰기 교실이 건설되기 이전에는 '큰 방' 을 사용하려고 구상했던 것 같다. 이 소책자는 아마도 1804년에서 1805년 사이에 출간된 듯하다.

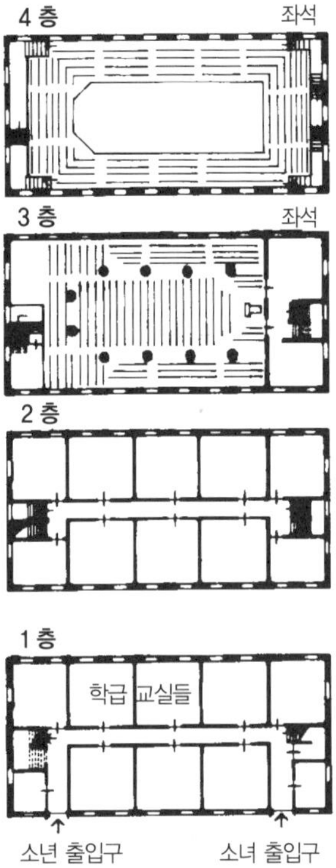

그림 3.10 매클스필드 일요학교(1813), 평면, 외관, '큰 방' 실내전경(건립당시의 모형)

출처 : 매클스필드 박물관 트러스트(외관 및 큰 방); 저자 작성(평면)

그림 3.11 베넷 스트리트 일요학교, 맨채스터(1818)
출처 : 맨체스터 도서관 및 극장과:지역연구분과

매클스필드Macclesfield의 일요학교는 원래 1796년에 설립되었는데, 1813년에 새 건물을 신축하면서 스톡포트 일요학교의 모델을 따랐다. 이 건물은 현재까지 보존되어서 오늘날에는 전통 전수관으로 사용되고 있으며(그림 3.10), 당시에 제작된 모형이 아직 남아 있다. 이 건물은 스톡포트의 것과 너무도 닮아서 설계자가 같은 사람이거나 아니면 스톡포트 학교를 표절한 것 같다. 두 개의 출입구가 있으며 이 문을 통해 아이들이 건물 밖으로 줄지어 걸어 나오는 모습을 묘사하고 있는 당시의 그림을 통해 스톡포트 학교와 동일한 방식으로 성별에 따른 구분이 이루어졌음을 알 수 있다. 1층과 2층 가운데 한 층은 소년, 다른 한 층은 소녀들을 위한 공간으로 사용되었는데 각층은 학급과 교사 그리고 감독자들을 위한 10개의 방을 가지고 있었다. 반면에 상부의 2개 층은 회랑을 가진 '큰 방' 으로 통합되었다. 스톡포트 일요학교처럼 외관상으로는 2,000명의 학생과 200명의 교사를 수용할 수 있는 거대한 공간이 3층에 있다는 것을 전혀 눈치 챌 수 없다.

쓰기는 초기부터 '큰 방' 에서 가르쳐졌다. 첫해의 회계장부에는 잉크와 깃털펜에 대한 항목이 보이며, 잉크병을 꽂기 위한 책상구멍과 깃털펜을 놓는 홈이 여전히 당시의 책상 위에 선명하게 남아있다. 국교회파와 반국교회 교단들과 더불어 프리메이슨[26] 또한 주요한 부분을 차지하였기 때문에 스톡포트 일요학교보다 비종파주의가 더욱 두드러졌다. 게다가 불필요한 경쟁에 대한 걱정도 없었던 것 같다. 왜냐하면 '큰 방' 은 '일반인의 예배. . . 설교와 강연' 을 위해 사용되었기 때문이다.

26. 세계 최대 국제적 우애비밀결사.

이러한 장르의 마지막 건물은 아마도 맨체스터의 베넷 스트리트Bennett Street에 있는 일요학교(1818)일 것이다. 이는 본래 세인트 클레멘트성당 교구에 속했으나 1824년에 세인트 폴성당 교구로 바뀌었다. 이 학교 또한 건물 양쪽 끝에 계단을 가지고 있는 4층짜리 건물이었다(그림 3.11). '큰 방'이 있었는지에 대해서는 알려져 있지 않으나 1918년 백주년 기념행사 프로그램에는 '강연' 실에 대해 언급되어 있다. 쓰기 학교가 세워진 것은 꽤 늦은 시기인 1860년이었다(Milner 1880:xx).

교육과정이 빈약했음에도 일요학교는 수 천 명의 학생들이 교육을 받을 수 있는 유일한 기관이었다. 심지어 1820년대와 30년대 조교제 주간학교가 뿌리를 내린 뒤에도 상황은 비슷하였다. 그리고 웨즈워스Wadsworth(1951:119)의 지적에 따르면, '위로부터 시작된 치안활동의 한 형태였던 일요학교는 보통사람들의 노력으로 인해 마침내 민주사회의 매우 중요한 부분으로 변모하였다'. 그 변화는 다음 세대의 건물에서 뚜렷하게 나타난다. 작은 교실은 사라졌고, 공장의 이미지는 고딕적이거나 고전주의적인 교회의 이미지로 교체되었다. 평면은 개방된 홀 혹은 교회당의 '회중석' 형태를 취하게 되었으며, 교회의 주간학교가 종종 유아들을 대상으로 그 공간을 이용하기 시작하면서 교습용 계단식 좌석teaching gallery이 나타났다.[원주6]

기계를 작동시키다

이제 코울리지의 '거대한 도덕적 증기기관'을 움직이기 위한 모든 준비가 끝났다. 이를 위해 몇 가지 정치적인 활동이 필요하였다. 노동과 교육은 1802년에 필Peel이 발제한 견습공의 건강 및 도덕법Health and Morals of Apprentices Act(실제적으로 공장과 관련된 첫 번째 법안이었다)에서 합법적으로 연계되었다. 이 법은 강제노역소에서 공장으로 임금을 받고 임대해 준 아이들의 노동시간이 12시간을 넘지 않도록 규정하였다. 그리고 3R 교육[27]은 작업이 있는 날 실시하고 종교 교육은 일요일에 실시하는 것을 의무화하였다. 그러나 부모들과 고용자와 강제노역소 감독들이 모두 반대함으로써 이는 무효화되었다. 휘그당파인 휘트브레드Whitbread와 브로엄Brougham, 급진파인 밀Mill, 플레이스Place, 벤담Bentham 등의 노력은 1816년「대도시 하층계급의 교육을 위한 특별위원회」의 설립으로 결실을 맺었다. 이 위원회는 아일랜드의 교육에 관한 조사로 활동을 시작하였다. 그러나 잉글랜드 정부는 1833년이 되어서야 비로소 첫 번째 조치를 취하였다. 그보다 훨씬 전에 새로운 도시학교체계를 만들기 위하여 두 개의 힘이 응집되었다. 하나는 빈민아동들이 처한 절망적인 곤궁을 연민하는 자비였으며, 다른 하나는 재산을 빼앗길지 모른다는 두려움과 대중의 무질서에 대한 두려움이었다. 이에 덧붙여 공장은 훈련된 노동력을 요구하였다. 이시기에 앤드류 벨Andrew Bell과 조셉 랭커스터가 경쟁적으로 조교제(혹은 '상호교육 시스템')를 개발하였다.

만일 계몽사상이 강하게 뿌리를 내렸다면 벨과 랭커스터는 보다 쉽게 일을 해낼 수 있었을 것이다. 아담 스미스는 분업이 진전될수록 노동자는 '바보스럽고 무지해진다'고 경고한다. 그리고 '한 인간이 분업체계에서 담당하는 특정일에 대한 숙련도는 그의 지적 · 사회적 미덕과 용맹한 장점들을 희생함으로 인해 얻어지는 것'이라고 말한다. 인간은 국가의 이익이 무엇인지 이해하고 필요할 때 그것을 방어하기 위해서, 그리고 '무지한 국가들에서 때때로 끔찍한 무질서를 야기하는 광신이나 미신에 덜 현혹되기 위해서' 교육을 받아야 하였다(Smith 1776).

그러나 노동자들에 대한 교육은 40여 년이 지난 후에도 영국 토리당에게 별 흥미를 주지 못하였다. 『대도시 치안행정론A Treatise on the Police of the Metropolis』의 저자이며 치안판사(행정장관)였던 패트릭 콜쿤Patrick Colquhoun은 조교제 교수법, 심지어 그중 가장 보수적이었던 벨의 방식도 싫어하였다. 아담 스미스의 세례를 받은 노동자들은 통제를 벗어날 수 있었던 것이

원주6. 맨체스터에 있는 두 개의 예는 리버풀 로드의 세인트 매튜스 일요학교(1827)와 가트사이드 스트리트의 세인트 존스 일요학교(1827)이다. 두 학교의 평면은 1850년 지적도에 나타나 있다.

27. reading · writing · arithmetic, 즉 읽기 · 셈하기 · 쓰기를 말함.

다. 자유방임적 경제 해법minimalist economic solution은 산업발전을 도모하면서도 산업화 이전의 사회적 관계를 그대로 유지하려 하였다. 오직 그런 방식을 통해서

> 자신들이 운명적으로 속해야할 계급을 뛰어 넘어서려는 의지를 꺾을 수 있으며, 또한 여태껏 교육에 지불한 최저비용을 넘어서는 지출도 막을 수 있다. 지식을 광범위하게 전파하려는 유토피아주의자들의 계획은 위험천만하고 터무니없는 것이다. 자신들의 생각에 대한 적절한 선입견 그리고 그들이 받은 종교와 도덕 교육을 적절하게 평가하고 마음속에 간직하기에 충분할 만큼의 교육이 필요한 계획의 전부이며 그래야만 한다. 이 선을 넘어서는 것은 서열이 낮은 사람들의 행복을 결정하는 사회계급에 혼란을 줄 것이다. 물론 더 높은 계급에 속한 사람들의 행복도 사회계급에 의해 좌우된다. 왜냐하면 차별 없는 교육을 받음으로 인해 육체적 노동에 종사할 운명을 가진 사람들은 자신들의 열등한 삶에 만족하지 못하고 불행하게 느끼기 때문이다. 그러나 그들의 삶이 도덕으로 공고해지고 근면을 통해 고취된다면 더 높은 지위로 이동한 사람들이 겪는 경험에 비해 덜 행복하다고 생각하지는 않을 것이다. 하층민들은 더 높은 지위로 이동한 사람들이 갖고 있는 고민과 걱정거리에 대해 전혀 관심을 두지 않아도 되며 괴로워하지 않아도 된다.
>
> (Colquhoun 1806:12–13)

교육은 위험하지만 필요악이라는 견해에서부터 급격한 사회 변화를 위한 도구라는 생각에 이르기까지 다양한 견해가 유럽 전역에 걸쳐 나타났다. 이러한 다양한 견해의 스펙트럼을 따라, 단순히 수사학뿐만 아니라 모든 물질적인 세부사항 — 작게는 교실가구의 디자인에 이르는 — 을 결정하는 종교적, 정치적 그리고 철학적으로 다양한 입장이 존재하였다.

교사를 채용함에 있어서도 비용에 대한 경제성이 중요하였다. 그리고 이 시시에 기계보다 더 경제적인 것이 무엇이 있었을까? 코울리지의 기계를 빗댄 은유는 단순한 시적인 수사 이상이었다. 이는 질서와 훈육의 실제적인 원칙이었고 시간과 공간 그리고 교수재료teaching material를 최대한으로 사용하기 위한 원칙이었다. 랭커스터는 학생조교들을 이용하여 한 명의 교사가 1,000명의 아이들을 가르칠 수 있다고 주장하였다(1805:23). 그는 곧 벨(1808a)이 그랬던 것처럼 그의 주장을 1만명(1806)으로 올렸다. 한 명의 교장은

> 그가 능력 있고 근면하다면 어려움 없이 1,000명의 학생으로 구성된 학교 10개를 지도할 수 있을 것이다. . . 마치 증기기관이나 방적기와 같이 이런 시스템은 노동을 줄이고 작업량을 극대화시킨다. 그러나 그 정도에 있어서는 기계와 동일한 한계가 적용되지 않는다. 왜냐하면 기계적 힘과는 다르게 위와 같은 지적이고 도덕적인 증기기관은 더 많은 일을 수행할수록 작업의 완성도는 더 커지기 때문이다.
>
> (Bell 1808a)

버나드Bernard는 그런 주장을 더욱 강조하였다.

> 최초로 분업을 실제적으로 사용한 사람은 육체적 근력을 이용하는 것에 새로운 권력을 주었고, 노동을 가장 지루하고 인내심을 요하는 작업으로 단순화시키고 조장하였다. 우리는 아담 스미스 덕분에 "노동생산력의 급격한 향상과 함께 분업이 적용되는 어느 곳에서도 기술과 숙련도 그리고 판단에 있어서 많은 향상을 가져올 수 있었다" (아담 스미스로부터 인용). . . 그러나 아담 스미스가 아무리 많은 장점을 가지고 있다고 하더라도 그가 기계적 작업에 기여한 바는 벨 박사가 지적 작업에 기여한 것보다 클 수는 없었다. 벨의 학교에서 교장이 비효율적으로 어느 한 부분에서 고생하기보다는 전체 기계의 움직임을 감독하는 보다 용이한 일을 담당하도록 만든 것은 바로 분업화였던 것이다. 공장에서나 학교에서나 원리는 동일하다.
>
> (Bernard 1809:35–6)

비록 벨과 랭커스터는 처음부터 서로의 교수방식에 대해 알고 있었지만, 서로를 표절하였다고 비난하면서 조교제 교수법의 고안자로 인정받기 위해 경쟁하였다. 그것이 여의치 않자 그들은 상대방의 방식은 과거의 제도를 모방한 것이라고 주장하였다[원주7]. 사실 그들의 초창기 교수법은 기껏해

원주7 랭커스터(1809a)는 1777년에 파리에 설립된 슈발리에 폴레Chevalier Paulet 학교에서 '상호' 교수법을 사용하였다고 주장하면서, 벨이 이 방식의 창안자라는 주장을 반박하였다. 1787년 12월 27일자, 1788년 1월 5일자, 1월 12일자 즈네브신문Journal de Genève에서 픽테 드 로쉬몽Pictet de Rochemont은 폴레Paulet 학교에 대해서 상세하게 설명하고 있다. 이 학교는 군대식 위계질서로 조직되었으며 전쟁고아들에게 지리 · 역사 · 문학 · 수학 · 예술 및 디자인 · 음악 · 무용 · 군사기술 등을 교육하였다. '사관'과 '부사관'이라 불리는 학생들이 동료 학생들을 지도하였다. 재봉 · 밧줄꼬기 · 가구제조 · 조각 등과 같은 실용적인 기술도 가르쳤다. 라몽 드 라 사그라Ramon de la Sagra는

야 엘리자베스 시대의 문법학교에도 있었던 안내자 또는 소년 보조원과 같은 오래된 시스템 — 커티스Curtis(1967:96)는 이것을 '일종의 조교제' 라고 불렀다 — 과 크게 다르지 않았다. 1805년 이후에 사라 트리머가 랭커스터를 공격한 것[28]을 시작으로 서로에 대한 비난과 이에 대한 맞비난이 난무하였다. 오늘날까지 이 논쟁의 확실한 결론은 없다.[29]

벨은 마드라스Madras[30]에 있는 포트 세인트 조지Fort St George에서의 경험을 기술한 1797년의 기록으로 출판물에 있어서 우선권을 선점하였다. 이는 '마드라스 시스템' 이라고 명명되었다. 그는 200명으로 이루어진 학교를 9명에서 34명의 소년으로 구성된 '학급들' 로 나누고, 11살에서 14살까지의 소년들을 '교사' 로, 7살에서 11살까지의 소년들을 '보조교사' 로 활용하여 이 학급들을 가르쳤다. 일반 학생들은 두 명씩 짝을 이루어 한 명은 선생 역할을 다른 한 명은 학생 역할을 하면서 수업을 받았는데 이들을 보조교사들이 감독하였다. 보조교사들은 교사가, 그리고 교사들은 진짜 선생님들이 감독하였다. '이러한 방법에 따라 학교는 스스로를 가르쳤다' (Bell 1797). 이 모든 지도 체계는 궁극적으로 총감독의 통제 아래 있었다. '총감독의 빈틈없는 눈은 전체 시스템을 놓치지 않고 관찰하여야 하고, 능동적인 정신은 학교에 활기를 공급해야 하며, 편견 없는 판단은 전체적으로 질서와 조화를 유지해야 하였다' . 비록 조교라는 명칭은 사용되지 않았지만 여기에서 원형적인 텍스트를 찾을 수 있다. 이 시스템의 기저에 깔린 흐름은 바로 기계적인 효율성 · 경제성 · 군대식의 질서 그리고 모든 것을 관찰하고 모든 것을 알고 있는 통제자인 것이다.

1797년에 벨은 데이비드 데일David Dale에게 뉴라나크New Lanark에 자신의 방식을 채택해 달라고 설득하였다. 곧 그는 알드게이트Aldgate의 세이트 보톨프스St Botolph's와 스와너지Swanage에서 실험을 하게 되었으며, 이미 보았듯이 1799년에는 켄달Kendal 근로학교에서 그의 방식을 채택하였다.

한편 랭커스터는 런던 사우스와크Southwark에 있는 부친의 주택에서 자신의 교수방식을 처음으로 실험하였다. 1798년 신년초에 부친의 주택에 방 하나를 빌어 일요학교를 시작했던 것이다. 얼마 지나지 않아 그는 자신의 학교를 역시 부친 소유의 작업실로 옮겼다. 곧이어 그는 버로우 로드Borough road에 두 개의 작업실을 임대하였다. 그 해 가을에 이 학교는 평일학교가 되었으며, 이듬해인 1799년에는 조교를 활용하여 130명의 학생들에게 하루 6시간에서 8시간 수업을 실시하였다. 1801년 그의 첫 번째 스쿨룸이 건립됐는데, 원래 35×33피트(10.5x9.9미터)였던 스쿨룸을 1803년 700명의 학생을 수용하기 위하여 길이를 75피트(22.5미터)로 확장시켰다. 같은 해 랭커스터는 완전히 발전된 조교제 교수법에 관한 최초의 설명서를 출간했는데 벨의 것보다 훨씬 자세한 것이었다. 이듬해 그는 버로우 로드에 있는 벨베디어 플레이스Belvedere Place에 1,000명의 소년들을 수용하기 위한 새로운 스쿨룸을 지었다. 이 스쿨룸은 1811년에 1,200명을 수용할 수 있도록 확장되었고 1817년까지 그의 시범학교로 운영되었다. 그곳에서는 소녀들을 위한 교사도 훈련되었다. 그림 3.12에서 좀더 나이든 학생들이 석판에 글을 쓰는 것을 볼 수 있다(경우에 따라서 종이와 깃털펜을 사용하기도 하였다). 반면에 가장 나이 어린 아이들은 벨의 방법에 따라서 모래쟁반에 글을 썼다. 철자카드는 의자 사이에 있는 기둥에 걸려있었다. 조교 한 명이 글자나 숫자가 적힌 카드뭉치를 들고 있는데 이 카드들은 스쿨룸 가장자리에 있는 못에 걸리게 된다. 여기에서 12명에서 20명의 학생들이 반원형으로 '분단' 을 이루어 담당 조교와 함께

Voyage en Hollande et en Belgique etc.(1839:58)에서 이런 교수법의 시작을 미국으로 추정했다. 그는 이 교수법이 1788년에 대서양을 건너 독일로 전해졌으며, 1792년에 네덜란드로 전해져서 Schimmelpennink에 의해서 완성되었다고 주장했다. *L' Enseignement Mutuel etc.*(1818:11)에서 Hamel은 M. Herbault의 '상호' 학교가 1747년 파리의 빈민자를 위한 병원Hospice de la Pitié에 설립되었다고 기술한다.

28. 복음전도사 겸 저술가였던 트리머는 앤드류 벨의 교수법과 영국 국교회의 정신을 전파하는데 주력하였다.
29. 따라서 많은 교육학 교과서에는 조교제 교수법을 '벨-랭커스터 조교제' 로 표현한다.
30. 인도 동남부에 위치한 도시. 앤드류 벨이 이곳의 고아원 학교에서 조교제 교수법을 개발하여 실험하였다.

그림 3.12 랭커스터의 1811년 스쿨룸, 버로우 로드
출처 : 런던공사 : 런던광역시 기록보관소(지도 및 프린트)(No.4673)

서서 수업을 진행하게 된다. 천장에는 연 · 후프 · 라켓들이 걸려있었다. 이것들은 소년들이 충분한 상품티켓을 모으게 되면 랭커스터가 수여하던 상품들이었다. 다른 상품으로는 메달이나 돈 · 책 · 그림이 있었다.

학문적으로 우수한 성과를 올린 것에 대해서는 보상이 있는 반면에 성적이 나쁘다고 처벌을 하지는 않았다. 단, 잡담 · 방탕한 행동 · 욕 · 불복종 · 지저분한 차림으로 학교에 등교하는 것에 대해서는 처벌이 가해졌다. 처벌의 종류에는 경고 명찰을 착용하거나 목에 통나무를 걸치는 것에서부터 두 다리를 묶거나 나무로 된 수갑으로 두 팔을 등 뒤로 묶는 것까지 있었다. 심한 위반자들은 자루나 바구니에 들어가 끈으로 천장에 매달리거나 나무로 된 멍에로 여러 명이 함께 목 주위가 결박되어 뒤로 걸어야만 하였다. 관습적인 체벌은 사용되지 않았다. 이런 처벌들과 더 야만스런 형태의 처벌들은 1820년대에 이르러 사실상 사라졌다.

'상호' 교수mutual teaching의 핵심은 조교가 각각의 아이들을 개별적으로 또한 지속적으로 가르치는 것으로, 조교와 아이들은 독립된 교육쌍island pairs of pedagogy을 이루게 된다. 이는 고대의 스승 – 제자 관계를 모방한 것이다. 벨과 랭커스터 두 사람 모두 수석조교가 교사의 감독 아래에서 전반적인 책임을 지도록 하였다. 벨의 시범학교에서는 소년들을 세 구획으로 나누었다. 각 구획에는 한 명의 조교가 배치되었고, 최대 36명까지의 학생들이 동등한 학력을 지닌 '학급'으로 나뉘어졌으며 조교와 보조조교가 이들을 교육하였다. 때로는 더 세분화되기도 하였다. 랭커스터의 방식에서는 비록 '학급'이 동등한 학력을 지닌 학생 전체를 의미하였으나, 실제로는 12명에서 20명으로 이루어진 '분단'으로 나뉘어 수업을 받았다. 각 분단은 한 명의 조교가 감독하였다. 다른 조교들은 석판 · 학생들의 복장 · 학교 전체의 기록부 등을 관리하였다.

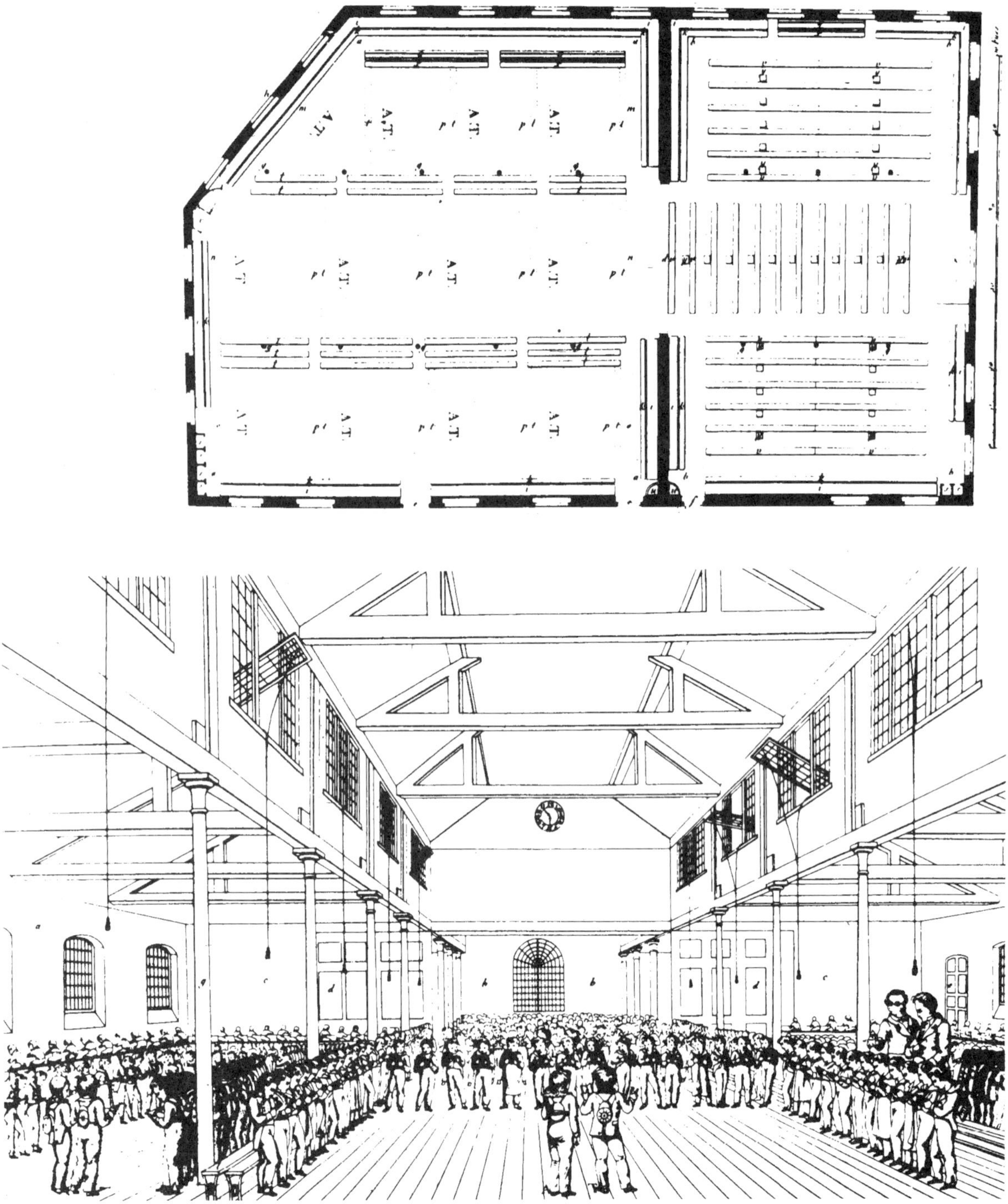

그림 3.13 볼드윈즈 가든에 위치한 벨의 '전국협회' 학교(1811–13), 평면과 스쿨룸 내부 모습
출처 : Hamel(1818), British and Foreign School Society Archives

이때까지 이미 두 가지 원칙이 발전되었다. '경합'과 '자리차지하기'가 그것이다. 경합이란 학생들을 두 명씩 짝을 지어 겨루게 하는 것이고, 자리차지하기란 경합으로 만들어지는 공간적인 결과(자리)를 말한다. 한 아이가 자신보다 높은 자리에 있는 학생보다 더 잘할 때 그들은 자리를 바꾼다. 이런 식으로 전체 학급이 자리를 잡는다. 이는 일요학교에서 우리가 보았던 것처럼 자리를 이용해 공간적으로 서열을 매기는 방법이다.

비록 랭커스터가 처음부터 정부관료 · 자선가 · 국회의원 그리고 심지어 왕족에게까지 지지를 받았음에도 불구하고, 영국국교회의 주류파와 복음주의자들은 국교반대자들에 의해 운영되는 제도가 성공하는 것을 우려하여 벨을 지지하였다. 이로 인해 1811년에 「영국국교회의 원리를 따르는 전국빈민교육증진협회National Society for Promoting the Education of the Poor in the Principle of Established Church」(이하 '전국협회'라 칭함)가 만들어졌다. 결성된 지 채 일년도 되기 전에 전국협회는 코커렐S. P. Cockerell이라는 건축가를 고용해 홀본Holborn에 있는 볼드윈즈 가든Baldwin's Gardens에 시범학교를 건립하기 시작하였다(그림 3.13). 그곳에는 소년들을 위한 한 변이 60피트(18미터)인 사각형 스쿨룸과 소녀들을 위한 60×40피트(18x12미터) 크기의 스쿨룸이 있었다. 전자는 고정된 긴 의자와 책상이 외벽을 따라서 설치되어 있었고 쓰기를 위한 일련의 모래쟁반과 긴 의자도 있었다. 또한 고정되지 않은 의자가 있었는데, 읽기와 산수 수업시에 36명으로 된 한 학급이 이 의자들을 이동하여 속이 빈 사각형의 세 변을 U자 형태로 만들었다. 조교들은 네 번째 (개방된) 변의 가운데에 위치하였다. 때에 따라 아이들은 사각형의 세 변을 만드는 대신에 반원으로 서기도 하였다. 소녀들의 스쿨룸에도 처음에는 고정되지 않은 긴 의자가 있었다. 그리고 바느질을 위한 두 개의 커다란 작업 테이블도 있었다(National Society 1814:194). 평면도에서 벽에 면한 고정된 쓰기용 긴 의자와 바느질 수업을 위한 촘촘하게 평행으로 배열된 이동식 긴 의자들을 볼 수 있다. 각 학급에는 조교를 위한 걸상이 놓여 있다.

랭커스터와 마찬가지로 벨 역시 수행능력으로 아이들의 순위를 정하였다. 예를 들면 U자 형태의 교습에서 우수한 아이들과 뒤쳐진 아이들은 짝으로 서로 마주 보는 자리에 위치하였다. 이러한 짝짓기는 중간정도의 실력을 가진 아이들에게까지 적용되었다. '1등과 꼴등 학생은 반드시 서로 마주봐야 했고, 나머지는 같은 간격으로 맞은편에, 그리고 교사는 전체학생들을 볼 수 있고 통제할 수 있는 곳에 서있어야 한다'(Bell 1827:20).

1804년 이후로 여러 개의 전국협회 학교National school[31]가 영국내외에 설립됐다. 맨체스터에는 1809년 1,000명의 학생을 위한 전국협회 학교가 설립됐으며, 이 학교의 체계는 영국과 러시아 군대 막사에도 적용되었다. 1814년에는 웨스트민스터에 있던 원래의 애비 오차드 스트리트Abbey Orchard Street 학교가 윌리엄 인우드William Inwood가 설계한 1,000명의 아이들을 위한 전국협회 학교로 대체되었고, 1817년에 전국협회는 국왕의 특허장을 받았다.

1806년의 첫 번째 아일랜드 여행을 포함하여, 랭커스터는 전국 각지를 돌아다니면서 홍보를 하는데 많은 시간을 보냈으므로, 재정적인 어려움을 겪고 있었다. 이런 랭커스터를 돕기 위해 1808년에 일단의 친구들이 이사회를 조직하였다. 그 목적은 빚을 갚고 경영을 개선하기 위함이었다. 역시 퀘이커 교도인 윌리엄 알렌William Allan이 이들을 이끌었다. 그는 윌버포스Wilberforce[32], 제임스 밀James Mill 그리고 두 명의 왕족출신 공작들과 친분을 가지고 있었고 뉴라나크에서 로버트 오웬과 함께 일한 적도 있었다.

1810년에 「전종파의 빈민교육을 위한 왕립 랭커스터 학교 위원회」가 조직되었다. 랭커스터는 지속적으로 재정 문제와 조직상의 문제를 발생시켰다. 1813년 정식 헌장이 채택됨에 따라 1814년 협회의 명칭으로 「영국 및 외국학교 진흥협회 Society of British and Foreign School」를 채택하였다. 계속된 구설수와 비난, 그리고 증가된 부채로 인하여 랭커스터는 그 해 버로우

31. 벨을 후원했던 「전국빈민교육증진협회」에 의해 설립된 학교
32. Wilberforce, William(1759-1833). 영국의 자선사업가 겸 노예해방론자

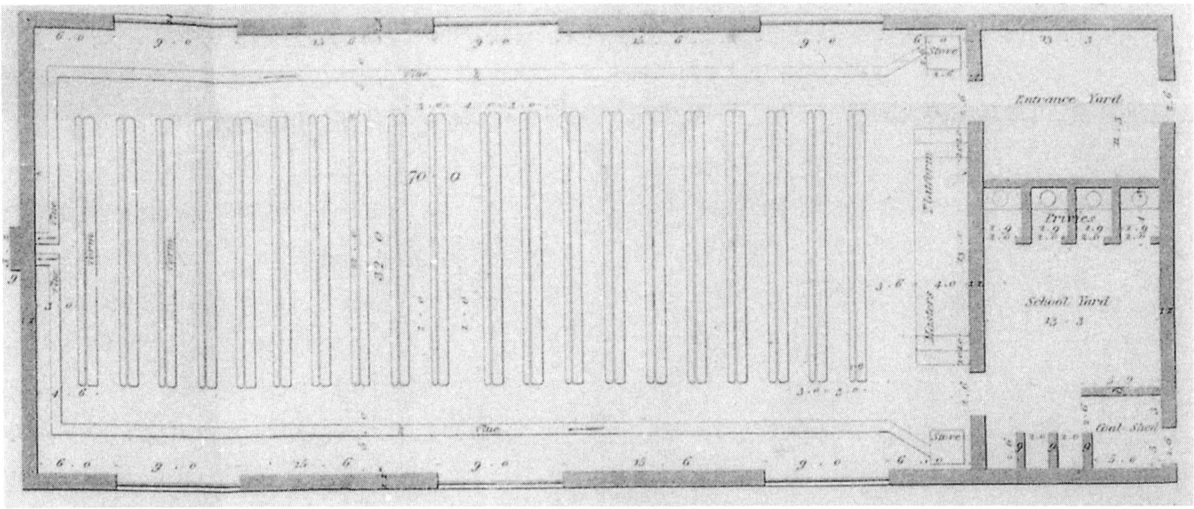

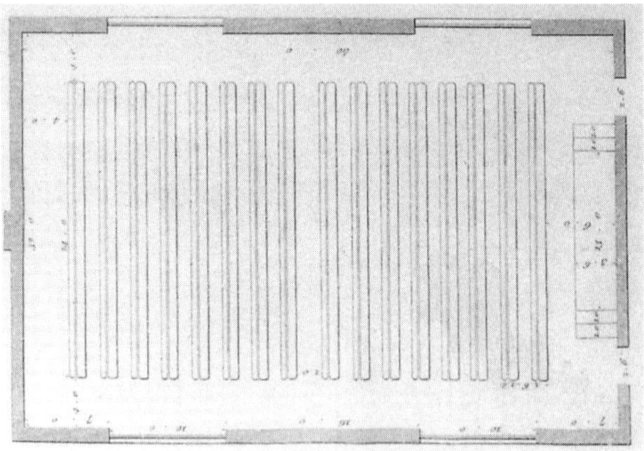

그림 3.14 320명, 280명의 소년들을 위한 랭커스터의 스쿨룸(1809)
출처 : Lancaster(1809), 헐 대학교 브린모어 존스 도서관에 소장 중인 1811년판의 도판

로드 학교의 총감독관직을 사임하였다. 그러나 그는 여행과 출판, 그리고 종종 실패로 끝나버린 실험을 계속했으며, 꾸준히 국내외에 학교를 설립하였다. 1838년 미국에서 죽을 때까지 랭커스터는 자신의 교수법에 대한 확신에 찬 주장을 지속적으로 펼쳤다.

1809년에서 1820년대까지 발간된 여러 가지 교육용 안내서들은 더 발전된 교수방법을 설명하고 있고, 스쿨룸 · 가구 · 시설 등에 대한 세부적인 내용들이 그림으로 기록되어 있다. 1817년에 버로우 로드에 개교한 새로운 시범('사범')학교에 대해 살펴보기 전에 이런 안내서들의 내용을 살펴보도록 하자.

두 개의 도판(Lancaster 1809c)은 '축약된 평면에' 320명과 280명의 소년들을 위한 스쿨룸을 보여준다. 16명 내지 18명이 앉도록 계획된 책상들은 모두 교사를 향해 배열되어 있다(그림 3.14). 서로 등을 맞댄 책상이나 벽을 향하는 책상들은 '심각한 불편을 초래하고, 무질서를 초래하는 것으로 비난받았다. 교사의 감시 아래 있음을 의식하는 것이야말로 학교에서 흔히 발생하는 위반사항을 절반은 방지하는 경향이 있기 때문이다' . 부축벽[33]이나 돌출된 벽난로, 혹은 기타 돌출물들은 학생들이 '교사의 시야로부터 벗어날 수 있는' 기회를 준다.

바닥은 교사의 책상 앞에서 15피트(4.5미터)까지는 평평하다. 그리고 나서 감시하기에 편리하도록 1:15의 경사도로 서서히 올라간다. 단면도들은 난로 · 온풍 덕트가 설치된 바닥과 높은 창문을 보여준다. 현관, 마당과 옥외화장실의 세부계획도 볼 수 있다. 옥외화장실은 나뭇가지형(수형) 공간구조의 가장 깊숙한 부분에 자리잡고 있다.

33. 내력벽에서 횡방향 추력에 저항하기 위하여 벽에서 돌출되어 있는 기둥.

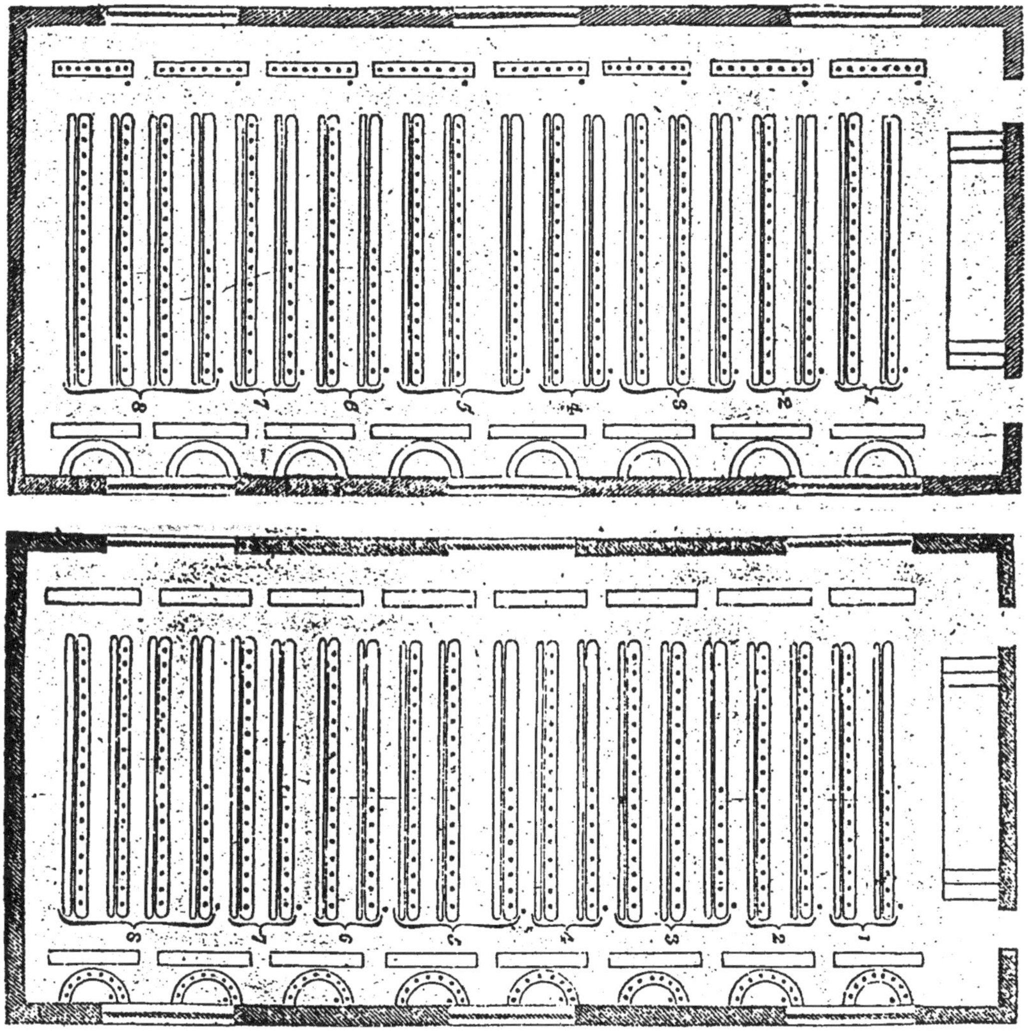

그림 3.15 두 개의 랭커스터 스쿨룸 평면에 묘사된 소년들의 이동(1810)

출 처 : Lancaster(1810) 도판 1과 2, 펜실베니아 스와스모어 대학의 프렌즈 역사도서관 제공

1810년에 발간된 랭커스터의 안내서에는 처음으로 소년들의 동작이 묘사되어 있다. 소년들은 점으로 표시된다. 몇 명은 의자에 앉아서 쓰고 있으며 다른 아이들은 한쪽에 조교와 함께 여덟 명씩 일렬로 늘어서 있는 것을 볼 수 있다. 그들은 읽기 장소로 이동할 준비를 하고 있는 것이다. 아래쪽 그림에서는 종소리에 따라 교실 반대편에 있는 반원형 읽기 장소로 점들이 이동한 모습이 보인다(그림 3.15). 책표지 그림에는 의자에 앉아 있는 소년들이 조교의 '석판 들어!' 라는 구령에 따라 자신들의 글쓰기 석판을 들고 있는 모습이 보인다. 석판에 쓰여진 문장은, 랭커스터에 따르면, '모든 영국인들은 당신이 우리의 기억 속에 또한 자라나는 세대의 가슴속에 깊이 새겨지길 원합니다. 왕이시여 만수무강하소서!' 라는 글이다. 이러한 이미지들과 왕족과 귀족들에 대한 끝없는 헌신은 자신을 과시하기 위하여 유명인의 이름을 거론하고 아부하기로 소문난 랭커스터의 변치 않는 특징을 보여준다. 1812년에 출간된 미국판에는 한 가지 변경이 가해진다. 책표지 그

림의 쓰기용 석판에는 D자(민주주의democracy를 의미하는 것일까?)가 적혀 있다!

1816년에는 이전의 자료들이 대부분 다시 나타나지만, 시범 평면은 당시에 건설 중이었던 버로우 로드 학교의 남학생 스쿨룸의 설계를 그 전형으로 삼았다. 그 특징은 학교에 들어오는 방문자들이 학생 전체를 한눈에 볼 수 있도록 도로로부터의 출입구를 교사용 교단에 인접하여 두 개 설치한 점이다(그림 3.16). 반대편에는 운동장과 옥외화장실로 통하는 문이 설치된다. 19줄의 평행한 책상이 배치되며, 한 줄에는 16명의 학생들

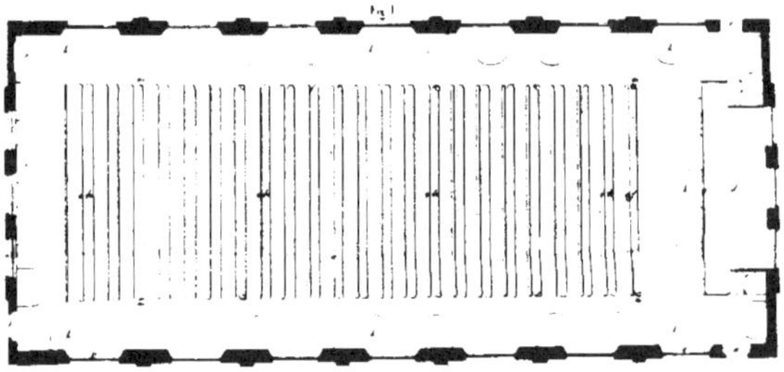

그림 3.16 랭커스터의 버로우 로드 스쿨룸의 평면(1816-17)
출처 : Hamel(1818), 영국 및 외국 학교 진흥협회 자료보관실

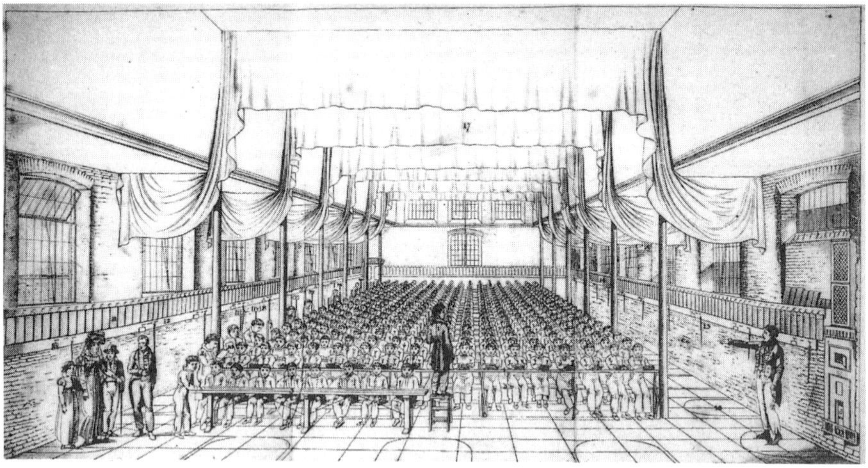

그림 3.17 버로우 로드 학교의 실내전경
출처 : Hamel(1818), 영국 및 외국 학교 진흥협회 자료보관실

그림 3.18 버로우 로드 학교, 정면도(1817)
출처 : 길드홀 도서관

그림 3.19 랭커스터 학교의 학생들의 자세와 그루핑 (1818)

출처 : Hamel(1818), 영국 및 외국 학교 진흥협회 자료보관실

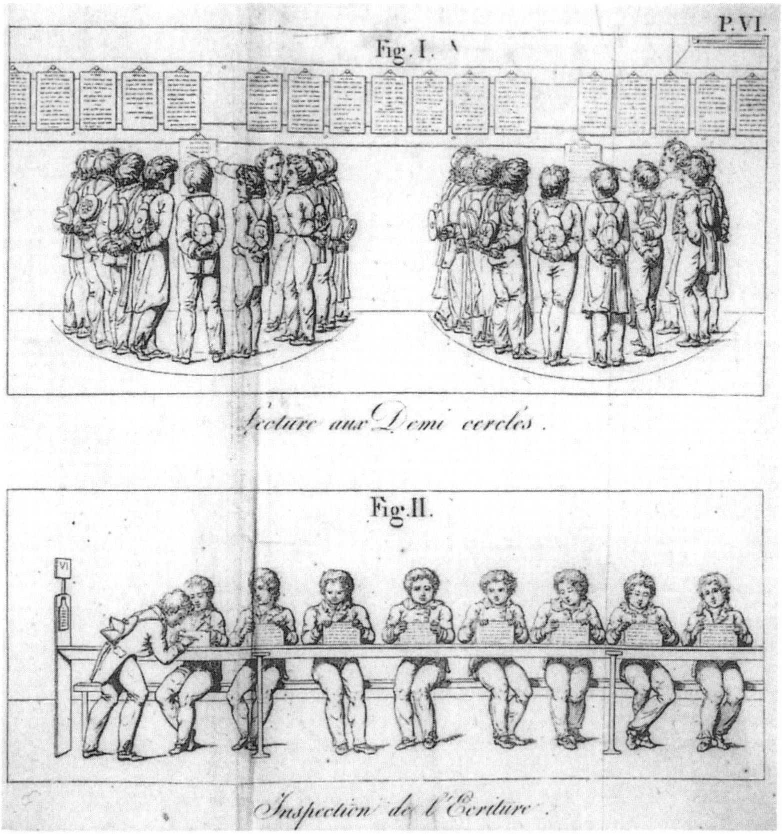

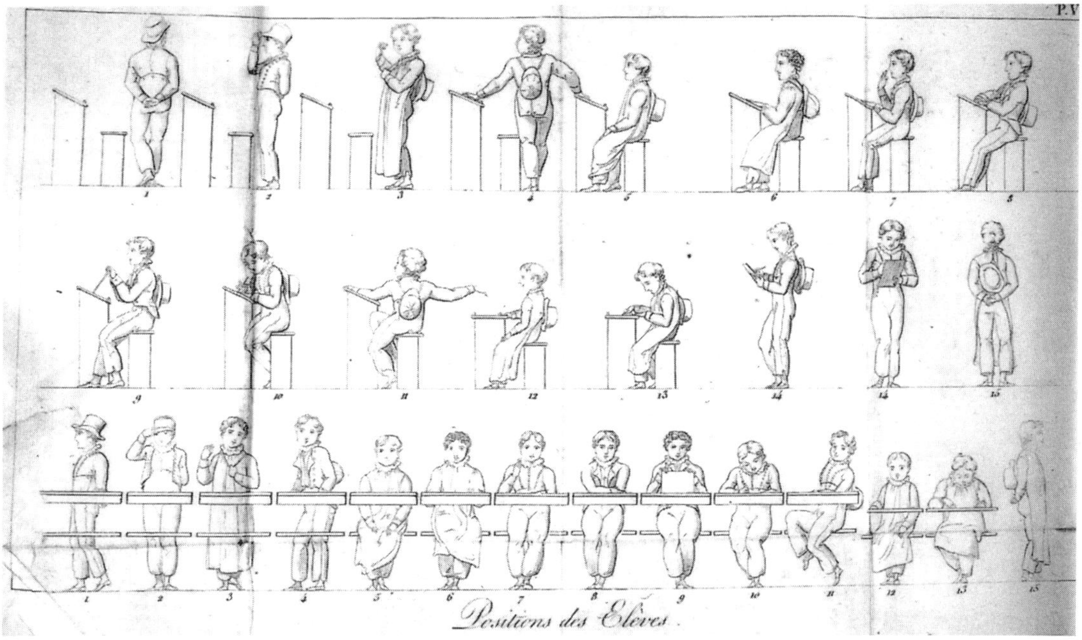

Monitor's Seat and Desk.

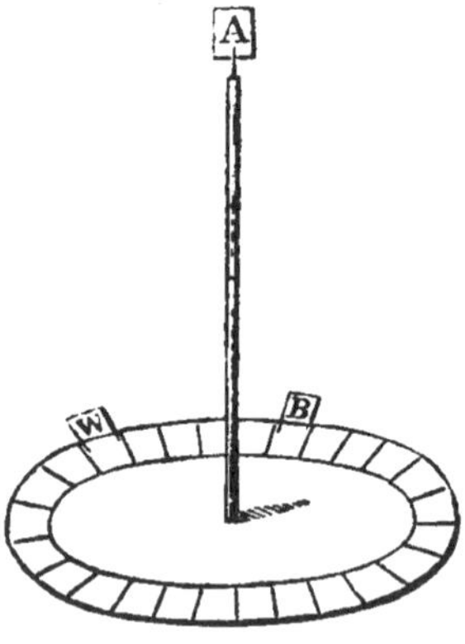

Moveable Stand.

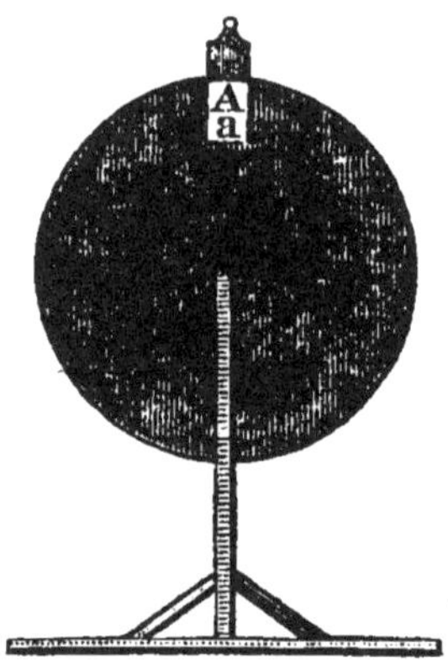

Alphabet-Wheel.

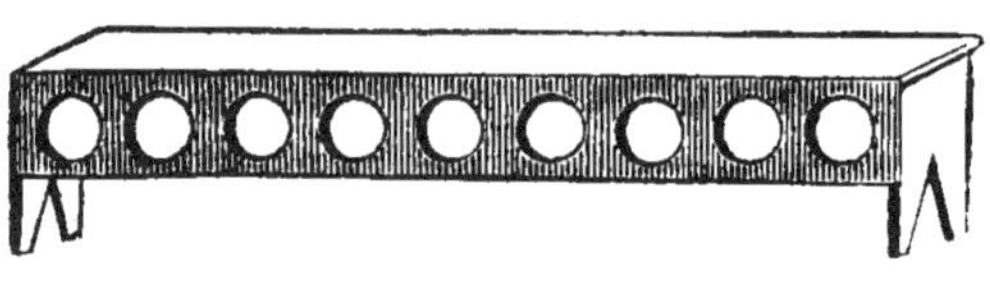

그림 3.20 미국의 랭커스터 학교에서 사용된 조교 의자, 이동식 교수용 스탠드, 알파벳 회전판, 모자를 넣는 구멍이 있는 의자(1820)

출처 : 1820 N.Y. Manual, 펜실베니아 스와스모어 대학 프렌즈 역사 도서관 제공

그림 3.21 프랑스의 조교제 학교, 파리 포르마옹 거리(1818)
출처: 파리 국립교육박물관

이 앉아 있다. 교단 앞쪽과 나머지 3면에는 31개의 반원형 수업공간이 배치된다. 내부전경(그림 3.17)에는 교사 · 걸상 위에 서 있는 총감독조교 · 자기 분단의 학생들이 앉아 있는 책상 끝에 서 있는 조교들 그리고 방문객들이 표현되어 있다.

1817년에 버로우 로드 학교는 사무엘 로빈슨Samuel Robinson이 설계한 화려한 건물을 개관하였다(그림 3.18). 이 건물은 이후 25년 이상 세계적인 본보기로서의 역할을 하였다. 중앙부분은 「영국 및 외국학교 진흥협회」의 사무실 · 남녀 수습교사 양성소 · 책 보관소 · 수습교사들의 숙소로 사용되며, 두 개의 대칭적인 날개부분은 남녀학생들의 시범 스쿨룸으로 사용된다.

설명용 그림들에는 스쿨룸과 내부 비품뿐만 아니라 학생들의 자세와 동작, 쓰기용 석판과 모자 등 여러 가지 물건들의 위치 또한 상세하게 표현되어 있다(그림 3.19).

「미국무상학교협회American Free-School Society」[34]는 1820년도 편람을 발간하였다. 1806년에 학교 하나가 설립되었으며, 1818년에 이루어진 랭커스터의 두 번째 방문에 즈음하여 뉴욕 시범학교가 창설되었다. 이 학교의 설계는 표준적이지만, 가구는 한층 더 정교해졌다. 그림 3.20은 이동 가능한 교습용 스탠드 · 알파벳 회전판 · 모자를 넣는 구멍이 있는 의자 등을 보여준다. 이제 조교들도 의자와 경사진 책상을 가지게

34. 랭커스터 방식의 학교를 전파하기 위해 미국에 구성된 협회.

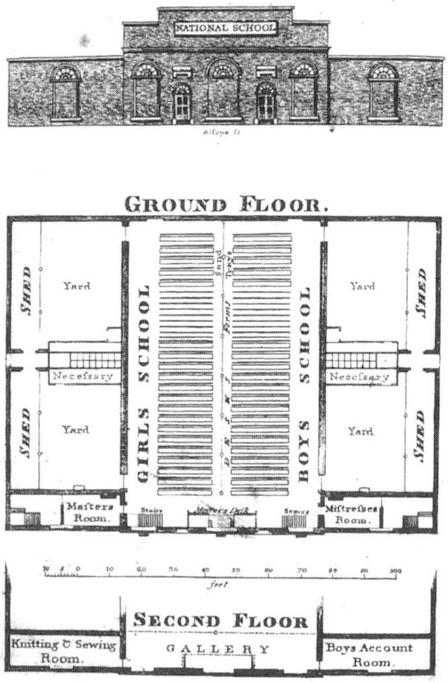

되었다. 특히 여학생 스쿨룸에서 조교들이 바느질과 뜨개질을 지도할 수 있는 방안에 대한 상세한 보완이 이루어졌다. 우드Wood(1839)는 1838년 이 학교들을 방문하여 남학생과 여학생 스쿨룸이 아래층과 위층에 위치하고 있으며, 많은 경우에 '유아' 스쿨룸이 지하층에 위치하고 있음을 확인하였다. 그는 많은 학교들이 교회의 지하층에서 운영되고 있다고 보고하였다.

1821년에 랭커스터는 볼티모어에 정착하게 되며, 새로운 편람에서는 그가 어떻게 목사가 되기 위한 공부를 포기하고, 그 스스로가 '자기 마음의 감시자'라고 표현했던 양심에 따

그림 3.22 맨체스터 및 샐포드 전국협회 학교(평면도, 1812), 매클스필드의 듀크 스트리트 전국협회 학교(1813)
출처: 맨체스터 참고 도서관 및 매클스필드 박물관 트러스트

라「우애협회Society of Friends」[34]에 끌리게 되었는지를 기술하고 있다. 따라서 이제 그의 교수법은 외부적인 질서뿐만 아니라 은밀한 내면적인 태도에도 책임을 지게 되었다.

1831년부터 미국무상교육협회는 종합적인 편람(British and Foreign Schools Society 1831)을 출판하게 되며, 여기에는 당시에 이미 유럽 전역에 전파된 다양한 크기의 학교들에 대한 평면도들이 수록되었다. 스웨덴과 러시아는 1810년 이래 이 교수법을 채택하였으며(Ohlander 1923), 프랑스에서도 수도인 파리지역과 지방을 불문하고 주요한 교수법으로 채택되었다(Tronchet 1972?, Ponteil 1966). 작도법을 교육하는 파리의 한 특수학교에서도 1820년대에 랭커스터의 교수법을 사용하였다(Francoeur 1824 ; 1827). 프랑스의 1819년『교육편람Guide de l' enseignement』(1819)에는 도시와 농촌 학교를 위한 평면의 원형이 수록되어 있었다. 제1제정기[35]에 기존의 건물들은 '상호교육[36]' 학교들로 개조되었다. 금도금한 시계와 황제의 조각상이 내려다보고 있는 고전적인 건물 안에 있던 포르마옹 거리rue de Port-Mahon 학교에서 쓰기 수업이 진행되었다. 스쿨룸은 방문객들로 가득 차 있고, 삽화 아래 부분의 설명문은 학생들이 모래 위에 글쓰기 연습을 하다가 차츰 쓰기용 석판 그리고 마침내 종이를 이용하게 되었다고 쓰여 있다(그림 3.21).

이 교수법은 심지어 미국 인디언들을 교육시키는 데까지 이용되었는데, 랭커스터는 1818년의 방문기간에 이 계획을 적극적으로 지지하였다(Rayman 1981: 395-409).

같은 시기에 볼드윈즈 가든 학교에 적용된 이론은 양성된 교사들과 시범 계획안들을 통하여 널리 보급되어진다. 남학생들과 여학생들은 1812년의 맨체스터와 샐포드 전국협회 학교처럼 중앙의 통로에 의하여 분리되거나, 규모가 더 큰 1813년의 매클스필드 학교처럼 층으로 분리되었다(그림 3.22). 그 이전에는 가장자리를 빙 둘러 한 줄의 쓰기용 책상들이 배치되었던 것과는 달리, 이 학교들에서는 열 다섯 줄의 책상들이 교사를 마주보고 배치되었으며, 그 뒤편에는 (쓰기용 석판을 이용하기 위한) 아홉 줄의 등받이 없는 나무의자들과 (모래 위에 글 쓰는 연습을 하는 학생들을 위한) 다섯 줄의 모래쟁반이 배치되었다.

1832년에 임대기간이 만료됨에 따라, 볼드윈스 가든 학교는 웨스트민스터 무상학교Westminster Free School로 이전해야만 하였다.

한편 벨의 교수법을 따르는 전국협회 학교도, 랭커스터의 학교들과 마찬가지로 세계 각 지역으로 전파되었다. 캐나다의 노바스코샤, 남아프리카의 케이프타운, 러시아 그리고 서인도제도의 바베이도스 등으로 퍼져 나갔다. 그러나 랭커스터와 달리 벨은 사라 트리머 학교와 자선학교 및 근로학교의 수작업 전통을 유지하였다. '가난한 사람들을 훈련시키기 위한 기관들이 산업을 포함하고 있지 않다면 완전한 것이라 할 수 없다. 산업활동은 가난한 사람들이 나름대로 가지고 있는 미덕이며, 여기에 훈련되고 익숙해지는 것은 빠르면 빠를수록 좋다' (Bell 1808b). 초기의 보고서들에는 제화 · 방적 · 편물 · 농업과 원예 · 밀짚제작 등에 관한 언급이 자주 나타난다(랭커스터의 경우에도 밀짚모자를 제작하는 농촌 학교를 계획한 적이 있었다).

조교들은 학생들을 지속적으로 감독해야 했으며, 스스로는 교사들의 통제 하에 있어야 하였다. 1848년에 전국협회는 스쿨룸과 '학급' 배치에 대해 상세한 가이드라인을 설정하였다(Harris and Tearle 1848). '학교라는 기계의 모든 부분들은 적절하게 조정되어야 하고, 각각의 수레바퀴는 지정된 임무를 수행해야만 한다 . . . 스쿨룸이라는 기계 전체가 작동되어야' (1848: 57) 그 결과물인 '완벽한 규율' 을 통해 교회와 같은 분위기가 형성될 것이다(1848: 67). 보다 나은 시각적 통제를 위해 U자 형태가 개발된다. 조교들은 교사들에 의해 관찰될 수 있으면서 자신의 학급과 인접 학급 학생들의 얼굴을 볼 수

34. 퀘이커 교도의 공식명칭.
35. 나폴레옹 1세 치하의 1804년에서 1814년까지의 기간.
36. 랭커스터나 벨의 학교를 흔히 조교제monitorial 혹은 상호교육mutual 이라는 형용사를 붙여 지칭하였다.

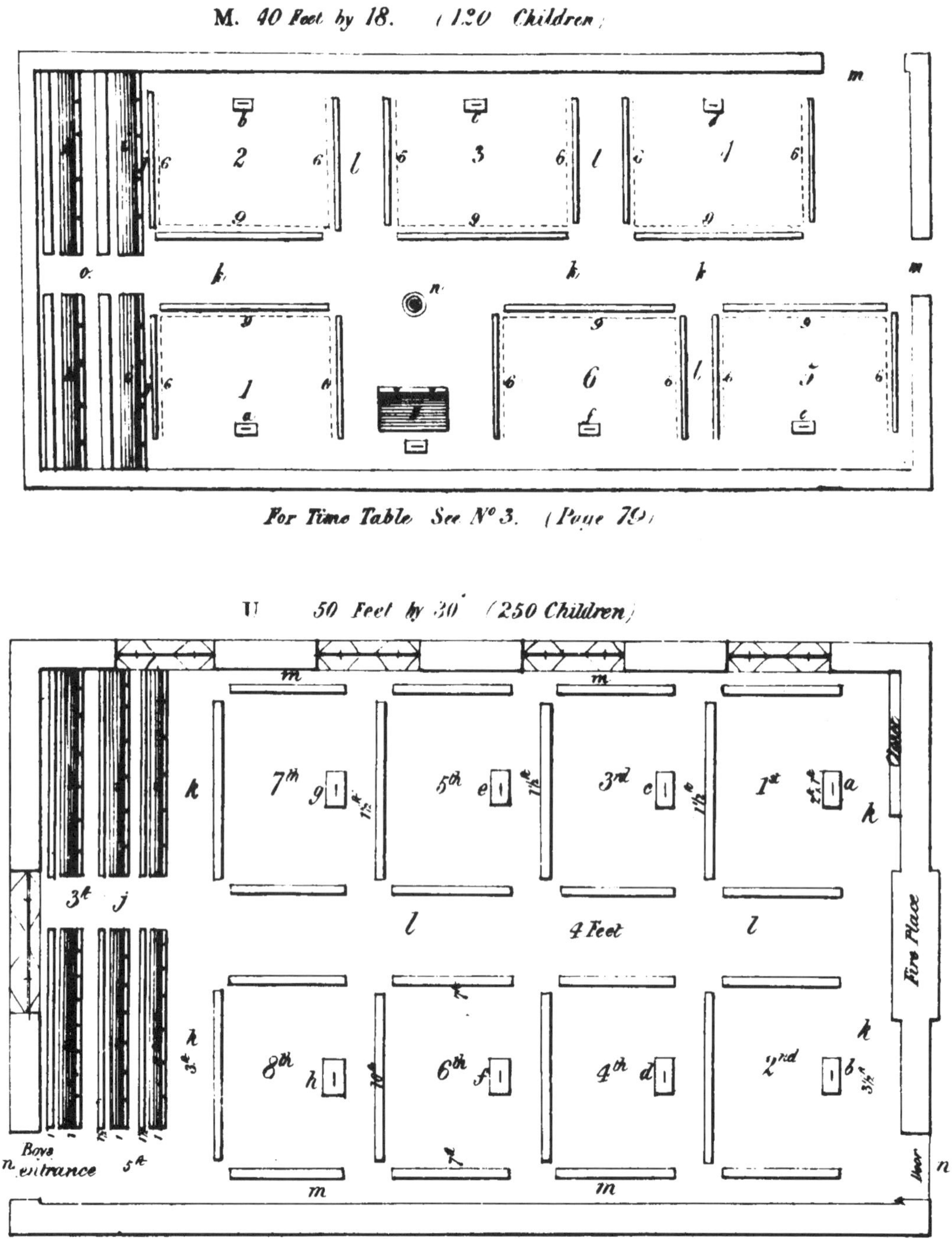

그림 3.23 '전국협회' 학교(벨 방식의 학교)에서 권장된 스쿨룸 배열, 다른 '학급'의 학생들을 볼 수 없도록 계획된 'U'자 배열과 두 줄 또는 세 줄로 배열된 쓰기용 책상들(1848)

출처: Harris(1848), 전국협회

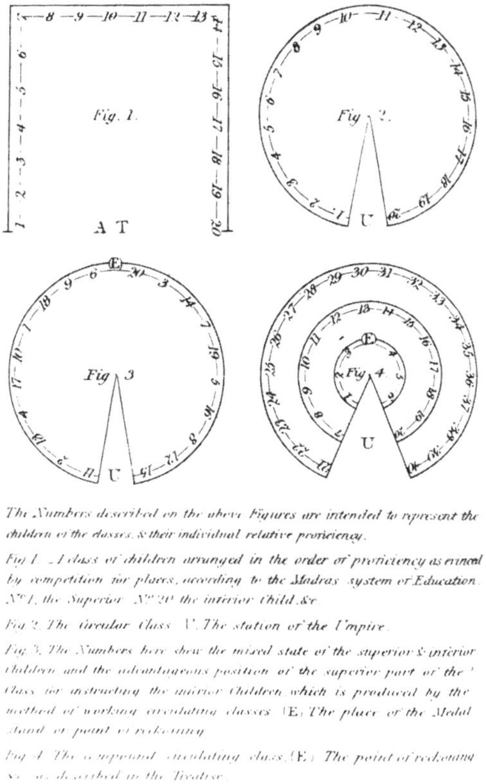

있어야 하며, 또한 좋지 않은 상황이 발생했을 때에 말로 알리려다 학생들을 혼란스럽게 하는 것을 피하기 위하여 '표정이나 동작으로 알릴 수 있도록' (1848: 15) 조교 상호 간에도 관찰할 수 있어야 한다. 이에 반해 학생들은 다른 학급의 학생들을 볼 수 없어야 한다. 맨체스터와 샐포드 전국협회 학교에서 이미 실행되었던 변화는 쓰기용 책상들이 벽을 따라 설치되는 대신에 두 줄 또는 세 줄을 이루며 한 곳에 설치되었다는 점이다(그림 3.23). 정부는 개입초기부터 이러한 배치를 권장했으며 1844년에는 구식 쓰기용 책상 교체비용의 삼분의 이(2/3)를 보조하겠다고 제안하였다(교육협의회 의사록 1845: 113).

'마드라스' 교수법을 통해서 경쟁을 매개로 한 새로운 수업방식이 개발되었다. 아이슬링톤Islington 교구학교의 교사인 존 스토우트John Stoat(1826)는 자리차지하기 대신에 학생들을 성취도에 따라 하나의 원 안에서 '끊임없이' 시계 방향 또는

그림 3.24 스토우트의 '순환하는' 학급(1826)

출처: Stoat(1826), 글라스고우 대학 도서관의 허가를 얻음

반시계 방향으로 움직이게 하였다(그림 3.24). 학생들은 심판 – 그의 임무는 단순히 이동을 기록하는 것이다 – 을 지날 때마다 도는 방향에 따라 메달을 얻기도 하고 잃기도 하였다. 하지만 학생들은 성취도에 따라 재배치되지 않았으며, 두 사람이 짝을 이루어 잘하는 학생이 못하는 학생을 지도하였다.

제레미 벤담Jeremy Bentham은 나름대로의 필요에 의해 조교법의 발전내용을 받아들였다. 그는 브로엄Brougham · 플레이스Place · 밀Mill · 앨런Allan 등이 만든 모임에 참여하였으며, 오웬의 뉴라나크 공동체에 대해 알게 되었다. 1815년에 플레이스가 자신의 아홉 자녀들이 다닐 학교를 발견하지 못하자, 벤담은 제임스 비번스James Bevans(그가 설계한 감옥과 수용소를 다음에 살펴보게 될 것이다)의 도움을 받아 (자신의 정원에) 학교를 계획하는 작업에 착수하게 된다. 그 학교의 교육체계는 중간이나 상류 계급이 사용하기 위한 '명문선집Chrestomathic' 의 형식으로, 지식의 '백과사전식 도표' 에 따라 교육되는 과목의 순서가 결정되었다. 교과목들은 실용적이고 지적이어야 했으며 과학과 역사 그리고 지리학에 중점이 두어졌다. 고전은 전문 직업의 교육상 필요한 경우를 제외하고는 회피되었다. 체계 · 논리 · 그림의 사용 · 모형 · 실험 · 기계류 그리고 연속평가법[38] 등이 강조되었다.

벤담은 1794년에 원형으로 된 파놉티콘Panopticon[39]식 보육시설을 제안하였다. 이 시설은 파놉티콘 감옥에 인접하여, 반원형으로 배치된 매춘부 숙소들의 중앙에 위치하였다. 아마도 '은밀한 사랑 때문에 생긴 죄 없는 자녀' 를 위한 '북극성Northotropium' 이었을 것이다(Evans 1971: 34). 그의 12각형 명문선집 학교(그림 3.25)에는 900명의 남학생용 좌석들이 배치되어 있으며, 중앙에 이들을 가르치는 한 명의 교사가 위치하였고 여섯 명의 조교들이 교사를 고리형태로 둘러싸고 있었다. 비록 벨의 좀더 기계적인 방법을 이용하기는 했지만, 전반적으로 그는 외벽을 따라서

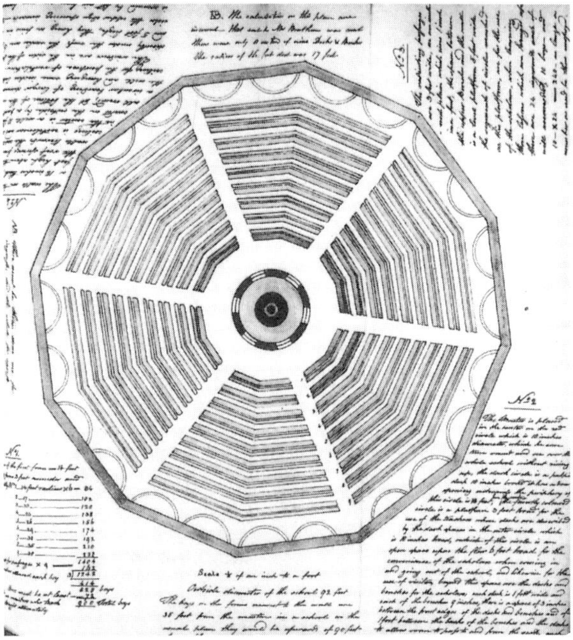

그림 3.25 제레미 벤담의 12각형 '명문선집' 조교제 학교(1815)
출처: 대영도서관, 'Place Papers' 60

교습용 반원들이 설치되는 랭커스터 쪽에 호의적이었다. 바닥은 이 교습용 반원들 방향으로 경사져 올라간다. 1791년의 파놉티콘 계획의 의도는 아래의 글에 잘 나타나 있다.

> 눈에 보이지 않는 전지전능함에 대한 느낌 . . . 완벽한 중앙집중적 감시라는 원칙은, 간단한 건축적 장치에 의해 가능해질 수 있으며, 지휘감독의 권능을 증대시켜서, 학교에서 교사의 영향력을 증대시키게 된다.
>
> (Bentham 1816)

벤담의 관심이 교육체계의 전체 범위, 즉 중산층에서 서민들까지, 보육원에서 유아학교 · 초등학교 · 중등학교를 거쳐 대학교까지, 그리고 학교 건물에서 교육과정에까지 걸쳐 있었던 반면에, 실제적으로 교육사업을 담당했던 사람들은 그처럼 호사스럽게 여유를 부릴 여력이 없었다. 그들 중 일부가 유아교육의 창시자들이었다.

38. 학생들의 공부를 과정의 단계마다 평가하는 방법
39. 한 곳에서 구조물 전체를 볼 수 있게 만들어진 원형 구조물. 주로 감옥 · 병원 · 도서관 등에 적용되었다. 4장을 참고하라.

유아의 성격형성

로버트 오웬Robert Owen[40]은 질서정연한 산업공동체에 대한 비전을 갖고 있었고 이를 실행하기 위해 노력하였다. 이에 대한 전체적인 내용은 10장에서 기술할 것이고, 여기서는 유아교육에 관한 부분만 조명하도록 하자. 1799년에 그는 뉴라나크에 하루 종일 근무하는 전일제 교사에 의해 교육되는 6세 미만의 아이들을 위한 데일 학교Dale's school 를 설립하였다. 공장에서 일을 했던 6세 이상의 아이들은 저녁에 교육을 받았다. 오웬은 노동을 시작하는 최소 연령을 10세로 높이고, '새로운 성격형성학원 New Institution for the Formation of Character' 을 설립하여 유아교육의 변화를 추진하였다. 2세에서 10세(때로는 12세)까지의 아이들은 '스스로 보다 완벽한 상태로 나아갈 수 있도록 육체적으로 그리고 정신적으로 모든 습관들을 형성시켜야만 한다. . . 그래야만 이런 사람들에게 성능이 우수한 고가의 기계들을 유지하고 사용하도록 위임할 수 있다' (Owen 1812: 20). 궁극적으로, 노동자 계급은 '진정한 이익과 눈앞의 이익을 구별할 수 있을 정도로 잘 교육받게 될 것이다' (1812: 21). '어린이는, 현재 상태에서 예측한다면, 교육받지 못하고 훈련받지 못한 부모들의 잘못된 대우로부터 벗어나게 될 것이다' (1813: 135). 이런 생각들은 물론 인간의 심성은 본래 선하다는 로크의 믿음과, 하틀리Hartley의 조합주의 이론 그리고 루소의 자연상태의 자유에 대한 주장 등에서 영향을 받은 것이다. 그러나 오웬은 그의 이론이 모든 계급에 적용된다고 주장하였다. '아이들은 예외 없이 수동적이며 뛰어나게 고안된 화합물이다. . . 집단적인 교육을 통해 어떠한 성격으로도 변화시킬 수 있다.' (1813: 110) 이렇게 된다면, 개인들을 변화시킬 뿐만 아니라 사회구조를 바꿀 수도 있다. 적절한 교육을 받는다면, '어떤 계급의 유아들도 다른 계급의 성인들로 쉽게 육성될 수 있다' (1813: 174).

그의 아들인 로버트 데일 오웬Robert Dale Owen(1874: 101)에 의하면, 1809년에 시작된 성격형성학원의 건축에 소요되는 지출로 말미암아 오웬과 그의 동료들 사이에 유토피아적 사회주의를 실현하는데 마찰이 야기되었다고 한다. 건물은 1813년에 완성되었지만, 1816년에 가서야 비로소 내부 시설들을 갖출 수 있었다. 우선 그는 '성격형성 과정에서 무규율 · 비이성 ·

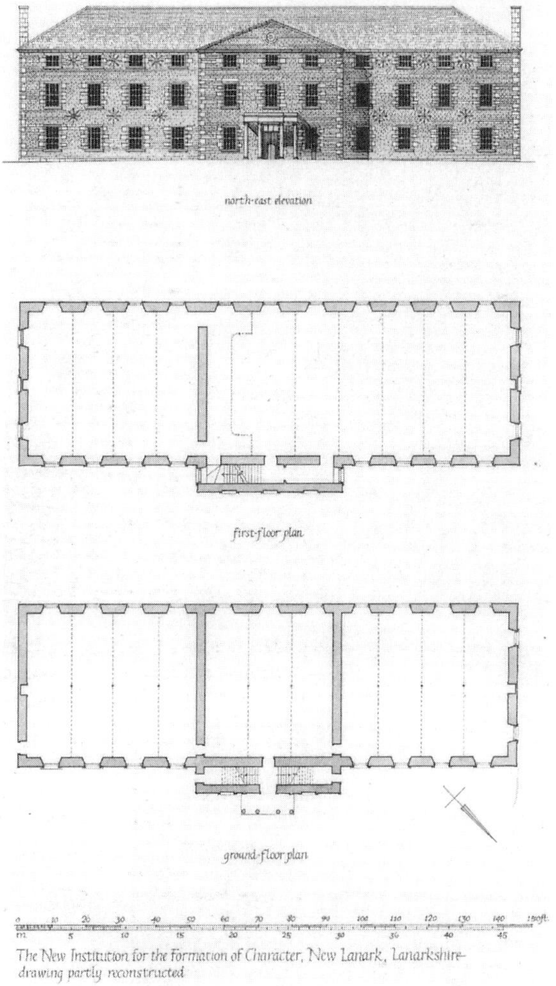

그림 3.26 새로운 성격형성학원, 뉴라나크(1809–13), 입면도 및 평면도

출처: RCAHMS Edinburgh(LAD/22/28), ©Royal Commission on the Ancient and Historical Monuments of Scotland

40. 영국의 공상적 사회주의자(1771~1858). 노스웨일스 뉴타운 출생. 산업혁명과 자본주의가 발전함에 따라 그는 노동자의 노동조건이 만족하지 못하면 노동자의 도덕적 퇴폐를 야기하게 되고 또한 생산력을 저하시킨다는 사실에 착안하여, 노동자의 처우개선을 위하여 여러 가지 실험과 노력을 시도하였다.

그림 3.27 새로운 성격형성학원, 뉴라나크(1809–13), 실내 전경
출처: 뉴라나크 보존 트러스트

도덕적 혼란 등의 기본적인 해악에 의해 초래되는 손상' 으로부터 유아들을 구해내려 하였다. 이를 위해 그가 취한 방법은 단순히 교사의 감독 하에 있는 운동장을 제공하는 것이었다.

> 모든 아이에게 운동장으로 들어가는 입구에서 아이들이 이해할 수 있는 말로 다음과 같은 이야기를 들려주어야 한다. '다른 어린이를 괴롭혀서는 안 되며, 오히려 남들을 즐겁게 만드는 데 자기의 힘을 사용해야 한다.'
>
> (Owen 1813: 134)

아이들은 1층에서 기본적인 교육을 받았다. 5세 이상의 아이들은 한 단계 위인 완전한 유아교육 체계로 조직된 스쿨룸들로 올라갔다.

성격형성학원의 건물(그림 3.26)은 지하층에는 창고가 있고, 1층에는 유아 학급교실 하나와(로버트 데일은 학급교실이 두 개 있었다고 주장함) 식당 그리고 부엌 등 세 개의 방이 있었으며, 2층에는 상급생들의 스쿨룸 · 강연장 · 예배당 등의 용도로 계획된 140×40피트(42×12미터)의 개방된 공간이 있었다. 얼마 지나지 않아서 이 개방된 공간은 두 개로 나뉘어져, 큰 부분은 원래의 용도로 사용되고 작은 부분은 춤과 노래를 가르치는 무도실로 이용되거나 경우에 따라서는 읽기 교실로 이용되었다. 삽화(그림 3.27)에는 가느다란 철제 기둥으로 지지되는 방문객들을 위한 회랑이 한쪽 끝에 보인다. 로버트 데일에 따르면, 랭커스터 방식으로 배치되었던 큰 방에는 세 벽면을 따라서 '회랑' 이 설치되어 있었는데, 그 형태는 계단형이거나 혹은 한 단으로 된 연단 형태였다(1824).

이 건물에는 온풍 수직 덕트 역할을 하는 속이 빈 주철제 구조기둥과 같은 최신의 난방장치가 사용되었으며, 이런 난방방식의 기원을 거슬러 오르면 10장에서 기술될 주철로 골격이 이루어진 스트럿Strutt이 설계한 더비 방직공장에 이르게 된다.

오웬의 두 번째 학교는 1817년에 건설되었다.

오웬은 조교법에 대해서 양면적인 태도를 취하였다. 글래스고에서 개최된 랭커스터를 위한 만찬회에서 오웬은 랭커스터를 강력하게 지지하였으며, 랭커스터와 벨 두 사람 모두 '최고로 중요한 인류의 은인'으로 영원히 기억될 것으로 평가하였다(1813: 105). 그러나 오래지 않아 이들 교수법의 '기본 방향'은 계속 지지했으나 그 '구체적 방법론'은 단순히 기계적이고 내용이 없다고 평가절하하였다. 왜냐하면 '벨과 랭커스터 두 사람 중 어느 쪽의 교수법을 이용하더라도, 아이들은 읽기·쓰기·셈하기·바느질 등을 배울 수 있다. 하지만 이처럼 우스운 학습을 통해서 아이들은 매우 나쁜 버릇들을 갖게 되고 평생 동안 비합리적인 정신상태에 빠지게 된다.'(178-9) 오웬은 벨의 방식 중 일부가 세부적인 면에서 '채용할 만하다'고 생각했지만, 실의 배치에 있어서는 랭커스터를 참조하였다. 그는 유아담당 남교사 한 명과 여교사 한 명 그리고 아마도 10대였을 10여명의 보조원을 조교로 고용하였다.

이때 오웬이 고용한 남교사는 제임스 뷰캐넌James Buchanan이었다. 그는 유아들에게 헌신적이었고 숙달된 전문가였지만, 1818년 오웬을 떠나 웨스트민스터의 브루어스 그린Brewer's Green에 영국 최초의 유아학교를 설립하였다. 오웬은 뷰캐넌이 브로엄의 요청에 따라 떠났다고 말했는데, 뷰캐넌이 오웬과 말다툼을 벌인 후 본인의 의사에 따라 떠났다고 보는 것이 좀 더 그럴 듯하다. 이후 뷰캐넌에 대한 오웬의 경멸적인 언급들은 아마도 유아교육을 발명한 공이 뷰캐넌에 돌려지는데 대한 실망에서 비롯되었을 것이다. 여러 증거들을 기준으로 판단해보면, 유아교육체제의 시작은 뷰캐넌이 지닌 타고난 독창적인 재능과 상냥함 덕분이었으며, 오웬은 여기에 단순히 빈 교실과 운동장 그리고 별로 교육학적 내용 없는 추상적인 아이디어를 제공했을 뿐이었다.

이 학교에서는 실제 물건과 그림을 사용하여 교육하는 것이 권장되었으며, 걷기·춤·노래·운율에 맞춘 암송이 강조되었다. 알파벳과 숫자들은 놀이를 통하여 소개되었다. 토우가[41]와 비슷한 옷이 학교 교복으로 채택되었고, 정숙·질서·규율이 교육의 근간을 이루었다. 5세 이상의 남자아이들은 운동장에서 군대식 훈련을 받았는데, 여기에는 총기 – 원래는 목재 총이었으나 후에 진짜 총을 다루게 한다는 의도 하에 – 를 사용하는 법도 포함되었다. 이 훈련을 통해 지역의 군사력을 양성함으로써 군대를 대신해서 '향토를 가장 효율적으로 방위할 수 있도록' 하기 위해서였다. 물론 이 구절이 씌어진 때는 나폴레옹 전쟁 말기로 당시에 오웬은 위험한 이성주의자·신성 불가지론자·국제주의자 등으로 인식되어 좋지 않은 평판을 얻고 있던 시기였다.

맥캔McCann과 영Young(1982)은 뷰캐넌의 역할을 가장 잘 설명해 준다. 1819년 브루어스 그린 학교가 설립된 일년 후에, 뷰캐넌은 스베덴보리Swedenborg[42] 수도회에 가입하였다. 이 수도회에는 1816년 일요학교와 1821년 평일학교에 관여했던 사무엘 윌더스핀Samuel Wilderspin이 있었다. 윌더스핀은 1819년에 스피털필즈Spitalfields로 옮겼으며, 웨스트민스터에 있던 뷰캐넌에게 1820년까지 계속 지도를 받았다. 비슷한 시기에 스피털필즈의 비단상인이며 뷰캐넌 학교의 복음참사회 회원인 조셉 윌슨Joseph Wilson이 새로운 학교를 그의 고향에 신설하고자 하였다. 매우 가난했던 그 교구에는 이미 두 개의 벨 계열의 학교와 두 개의 랭커스터 계열의 학교가 있었다. 뷰캐넌은 윌더스핀을 추천하였으며 1820년에 퀘이커 스트리트에, 1819년에 세워진 전국협회 학교를 마주보고, 유아학교가 설립되었다. 윌더스핀은 남교사로 그의 부인은 여교사로 학교관사에서 생활하였다.

윌더스핀은 교수법에 있어서는 뷰캐넌에 많이 의존하면서도, 뷰캐넌보다는 그에게 더 친밀감을 표시하는 오웬과 밀접한 접촉을 유지하였다. 이 학교의 이데올로기적 기초는 비독단적인 종교(스베덴보르그주의를 기초로 윌더스핀이 발전시켰다)·오웬의 합리주의·계몽주의 이상·복음주의적 박

41. 고대 로마 시민이 입은 겉옷. 라틴어의 테고tego(덮는다는 뜻)가 어원이며 고대 로마의 전성시대를 통해 귀족과 자유시민의 영광의 상징이었고, 로마제국의 권위와 국력을 상징한 것이기도 하다.
42. 스웨덴의 종교적 신비철학자 (1688년-1772년)

애 그리고 생산에 초점이 맞춰진 훈육 등이 혼합된 것이었다. 1825년 이후에는 이베르동Yverdon에서 발전된 페스탈로치Pestalozzi[43]의 이론도 추가되었다.

퀘이커 스트리트 학교의 건물에 대해서는 알려진 것은 많지 않지만, 윌더스핀이 처음으로 고안한 몇 가지 특징들은 알려져 있다. 이후에 나타나는 유아학교들의 기본적인 특징이 된 그의 발명품으로는 포도덩굴 · 나무들 · 화단 등으로 둘러싸이고 중간에는 화분들이 놓인 벽돌로 포장된 운동장 등이 있다. 유아 교육에 관한 윌더스핀의 독창적인 저서(1823)는 1850년대까지 여러 가지 다른 서명으로 영국 및 외국에서 일곱 번이나 개정판이 발간되면서 지대한 영향을 미치게 된다. 이 책을 통해 퀘이커 스트리트 유아학교의 교육과정에 대해서는 알 수 있으나, 건물에 대해서는 그가 제안한 규범적인 학교 모델로부터 상상할 수밖에 없다.

43. Pestalozzi, Johann Heinrich(1746~1827). 스위스의 교육자. 1798년 슈탄스에 고아원을 설립한 이후 이베르동 등에 학교를 세워 독자적인 교육방법을 실천하였다. 그의 교육사상은 다음과 같이 요약된다. ①삼육론:지 · 덕 · 체의 조화로운 발전, ②가정교육론:부모와 자식 간의 사랑과 믿음이 인격형성의 근본, ③자율성의 원리:내면적인 자아의 발전과 자율적인 자기형성, ④직관론:구체적 사물을 접하고 실제 일을 통한 교육, ⑤단계론:교육은 단계를 거쳐 이루어져야 하며 기초요소에서 종합 · 발전됨. 이런 교육사상으로부터 개인적인 암송학습보다는 집단학습을 강조하고 그림그리기 · 글쓰기 · 체육 · 노래하기 · 모형만들기 · 현장학습 등의 참여활동에 교육과정의 초점을 두었다. 그는 또한 엄격하고 야만적인 훈육에 반대하여 인자하고 애정 있는 훈육으로 교수방법을 바꾸려고 하였다. 그의 평등사상과 실천위주의 인격적인 교수법은 당시와 이후의 초등교육에 큰 영향을 미쳤다. 〈장찬익 · 노진호, 교육의 역사와 철학의 이해, 백산출판사, 1999와 http:www.sungshin.ac.kr/~b9902657/pestalozzi.htm 참조〉

44. 보드리야르의 용어로 모사물, 모사환경을 뜻한다. 여기서는 운동장이 '옥외의 교실', 즉 사회의 실제 생활이 벌어지는 작은 세계를 의미한다.

원주8 『유아교육Infant Education』의 세 번째 판(1825)은 전 세계적으로 널리 알려지게 된다. 이는 이 세 번째 판이 대단히 상세했기 때문이며 시범 평면까지 수록되어 있었다. Wortheimer는 이 책을 독일어로 번역하여 빈에서 1826년에 출판하였다. Terez Brunszvik가 1828년에 부다페스트에 중부유럽 최초의 유아학교를 신설하면서 모형으로 삼았던 서적이 바로 이 번역서이다. 이에 대한 상세한 기록은 Ottó Vág(1980)에 있다.

그는 300명의 유아를 위한 스쿨룸으로 50피트(15미터) 크기의 정사각형을 추천하고, 알파벳 카드를 매달 수 있는 장대들과 한 변이 15피트(4.5미터)인 정사각형 '학급교실classroom'(그의 두 번째 고안품)을 갖추도록 하였다. 학급교실에서 교사는 나이가 같거나 혹은 비슷한 능력을 갖고 있는 아이들로 구성된 '학급' 을 대상으로 읽기나 셈하기를 교육하였다. 학급의 아이들은 원이나 사각형 대형을 이루었는데 때로는 나무로 만들어진 교습용 블록 등과 같은 보조기구가 놓여 있는 책상을 둘러싸기도 하였다. 이 학급교실은 아이들의 개별적인 평가와 조교들의 훈련에도 사용되었다.

스쿨룸 벽을 따라 배치된 의자들에는 175명이 앉을 수 있었으며, 나머지 125명은 한 쪽 끝에 있는 네 개의 등받이 없는 나무걸상에 앉았는데, 이 걸상들은 도르래를 이용하여 천장까지 끌어올릴 수 있었다(무용을 하기 위하여 급식 탁자를 들어올릴 목적으로 오웬이 뉴라나크 학교에서 도르래를 사용했던 것을 상기시킨다). 방 한가운데는 난로가 있었고, 다른 한 쪽에는, 아이들 모두가 교사를 볼 수 있으며 따라서 '손짓으로도 모두를 통제할 수 있도록' 교사의 책상이 배치되어 있었다. 등받이 없는 나무걸상들은 윌더스핀의 세 번째 고안품인 교습용 '계단식 좌석' 의 모태가 되었다. 후일 그의 설명에 따르면, 교습용 계단식 좌석의 개발은 모든 학생들을 마치 학급교실 내에 있는 것과 동일한 조건에서 함께 교육하려는 의도 때문이었으며, 이는 곧 '동시교수법simultaneous method' 이라는 이름으로 알려졌다. '나는 좌석배치를 가지고 여러 가지 실험을 해보았으나 성공하지 못하다가, 드디어 연령에 따라 아래 줄에서 위 줄로 자리를 차지하게 되는 계단형 좌석 구조를 개발하여 의도했던 바를 이루었다' (Wilderspin 1832: 5-6). 이 발전된 형태는 1825년에 출판된 개정판에서 비로소 채택되었다.

1824년(171)에 시뮬라크럼[44]과 실험실로서 운동장이 개발되었다. '운동장은 외부 세상과도 비유될 수 있으며, 어린 아이들만이 있는 상태에서 교육의 효과들을 관찰할 수 있었다'.

1825년[원주8]에 윌더스핀 유아학교의 구체적인 평면과 단면이 처음으로 등장하였다(그림 3.28). 교습용 계단식 좌석은 완

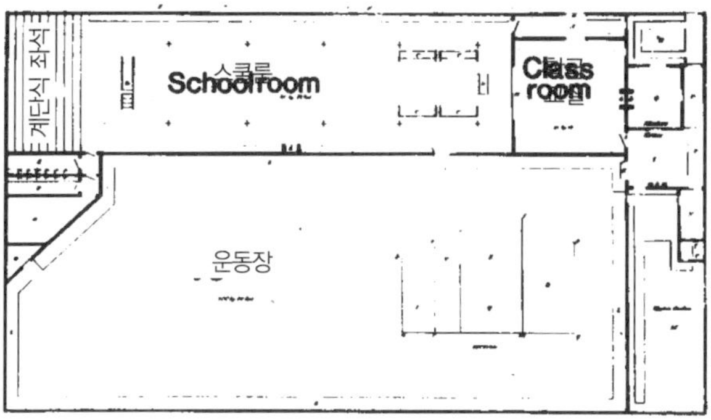

그림 3.28 최초로 간행된 윌더스핀의 유아학교 평면도(1825)
출처: Wilderspin(1825)

전히 발전된 형태이다. 학급교실은 80×20피트(24×6미터) 크기인데, 교사용 책상 앞쪽으로 방문객들을 위한 네 개의 좌석이 있으며, 조교가 계단식 좌석에서 교육할 때 사용하는 강단 하나와 몇 개의 교습용 장대들이 있다. 운동장은 화단으로 둘러싸여 있으며, 교사용 사택의 부엌은 운동장 쪽으로 돌출되어 있는데 교사가 식사를 하면서 아이들을 관찰할 수 있도록 배려한 것이다. 스쿨룸 가장자리의 좌석들은 수직 칸막이에 의해 15피트(4.5미터) 간격으로 나뉘어져 학급으로 분리되어 있으며, 각 공간에는 학생들과 두 명의 조교들의 이름이 부착되어 있다.

1824년에 오래 지속되지 못한 「유아학교협회Infant School Society」가 설립되었다. 이 협회는 '진보적'이며 '과학적'인 경향에 대한 영국 국교회의 점증하는 비난 때문에 1828년에 결국 폐쇄되었으며, 그 이후에도 윌더스핀은 독립적인 상태에서 계속

그림 3.29 런던시 유아학교, 비숍스게이트(1828)
출처: Corporation of London: Greater London Record Office, 런던시 유아학교 협회 제3차 보고서(1828)

활동하였다. 이때부터 윌더스핀은 오웬과 뷰캐넌으로부터 일정한 거리를 두기 시작했으며, 그들의 학교가 해악으로부터 아이들을 지키는 '보호시설' 일뿐 '도덕적이며 지적인 계발' 의 장소는 아니라고 주장하였다. 그는 후자를 '독창적이고 그전에는 시도되지 않았던' 자신의 작업이라고 주장했고, 스스로를 유아교육의 창안자로 내세우는 그의 주장은 점점 더 과도해져 갔다.

교육학적인 면에서, 그리고 설비의 측면에서도, 윌더스핀의 제안들은 좀 더 상세해졌다. 아이들은 '능력' 과 연령에 의하여 '분류' 되었으며, 학급들이 동질성을 유지할 수 있도록 능력에 있어서 변화가 감지되면 다른 학급으로 이동시켰다. 스쿨룸의 폭은 22피트(6.6미터)에서 30피트(9미터)로 넓어졌으며 교사의 책상은 강단 위에 설치되었다.

윌더스핀을 비판했던 사람들은 대항하는 단체로서 1825년에 「런던시 유아학교 위원회Committee of the City of London Infant Schools」를 설립하였으며, 1828년에 이르러서는 리버풀의 비숍스게이트Bishopsgate에 자체의 시범학교를 갖게 되었다. 이 학교는 아이들이 세 개의 동심형 반원에 앉게 되고 교습용 장대들이 없어진 점에서 윌더스핀의 학교와는 구별되었다(그림 3.29).

이 시기에 이르러 새로운 사람들이 유아교육 분야를 이끌게 되었는데 그들 중 한 사람이, 뷰캐넌이나 윌더스핀처럼 스베덴보리 수도회 소속이었던, 데이비드 고이더David Goyder였다. 그는 1821년에 자신의 학교를 브리스톨에 세웠으며, 이 학교에는 이미 확립된 원칙들이 적용되었다. 화초와 나무들이 있는 운동장, 하나의 학급교실, 교습용 원이 갖추어진 스쿨룸, 몇 단계로 구분된 조교들, 그림과 보조도구의 사용 등이 그것이다. 바닥에는 운율에 맞춰 대형을 이뤄 행진할 수 있도록 표시가 되어 있었으며, 그의 설명용 삽화들은 아이들이 기하학적으로 그룹화되어있음을 보여준다.

> 교수법의 기계적인 분야, 특히 행진은, 수업을 참관하는 모든 방문객들을 즐겁게 해주는 것으로, 아직은 채택되지 않았지만, 아이들의 복종을 유도하기에 효과적인 수단으로 판명날 것이다 . . . 진실로 자애로운 로버트 오웬적인 원칙들과 부합되면서.
>
> (Goyder 1825: 5–6)

'질서는 천국의 첫 번째 법칙' (1824: 18)이며, 질서를 위반한 아이들에 대한 처벌은 윌더스핀 학교보다 가혹하였다. 싸우는 아이들에게는 나무수갑을 채웠고, 도망치는 아이들에겐 나무굴레를 채우기도 하였다.

윌더스핀의 또 다른 제자인 윌리엄 윌슨William Wilson은, 조셉 윌슨의 형제이며 월섬스토Walthamstow의 목사로서, 1824년 자신의 교구에 학교를 설립하였다. 그는 몇 번의 개정판이 나온 1825년 편람의 저자였다. 당연히 그는 유아학교를 교구 시설의 하나로서 취급하였으며, 이 시설의 목적 중의 하나는 '해로운 싹들을 제거하는' , 즉 문제유아들을 전국협회 학교에 가기 전에 제거하는 것이었다. 아이들의 주의력은 '가능한 한 가장 작은 동작' 에도 반응할 수 있도록 집중되어야만 했으며, 모든 아이들에게 교사는 동일한 거리에 있는 것처럼 보여야만 하였다. 윌슨은 아이들의 장래에 필요한 규율을 갖추기 위해서 형성시켜야 할 능력에 관하여 상술하였다. 거기에는 기억력과 판단력, 양심과 감성을 갖춘 정신, 그리고 건강하고 청결한 육체 등이 포함되었다. '아침 몸씻기' 는 합창곡풍의 씻기 노래와 함께 진행되었다. 좀더 나이가 든 아이들은 읽기 · 셈하기 · 종교교육 이외에 쓰기(남자아이)와 바느질(여자아이)을 배웠다. 아이들은 몇 개의 학급으로 구분되었으며, 조교들이 활용되었다(하지만 여자아이들은 조교로서 적합하지 않았다). 남자아이들과 여자아이들은 아침 조회가 끝나면 즉시 교실의 반대편으로 분리되었다. 이것은 '섬세한 마음과 예의바른 태도를 고무시킬 것' 이었다.

윌슨은 두 가지 배치 형태를 제시하였다(그림 3.30). 첫 번째 배치에서 계단식 좌석(C)은 좌우에서 두 개의 날개처럼 뻗어 나와 원형을 이루며 서있는 교습용 장대(E)들을 감싼다. 이 교습용 장대들 양쪽에는 두 명의 조교(A)가 서 있거나 걸상에 앉아 있다. 정면에는 교사의 앞쪽에 서있는 조교(B)를 위한 이중의 강단이 있다. 상급의 아이들(아마도 조교들)을 위한 두 줄의 좌석(D)이 강단 뒤에 추가되어 있는데, 그들은 교사의 지속적인 감시가 필요하지 않기 때문이다. 운동장으로 나가는 통로는 두 학급교실(F) 사이에 있다. 학급교실에서는 상급

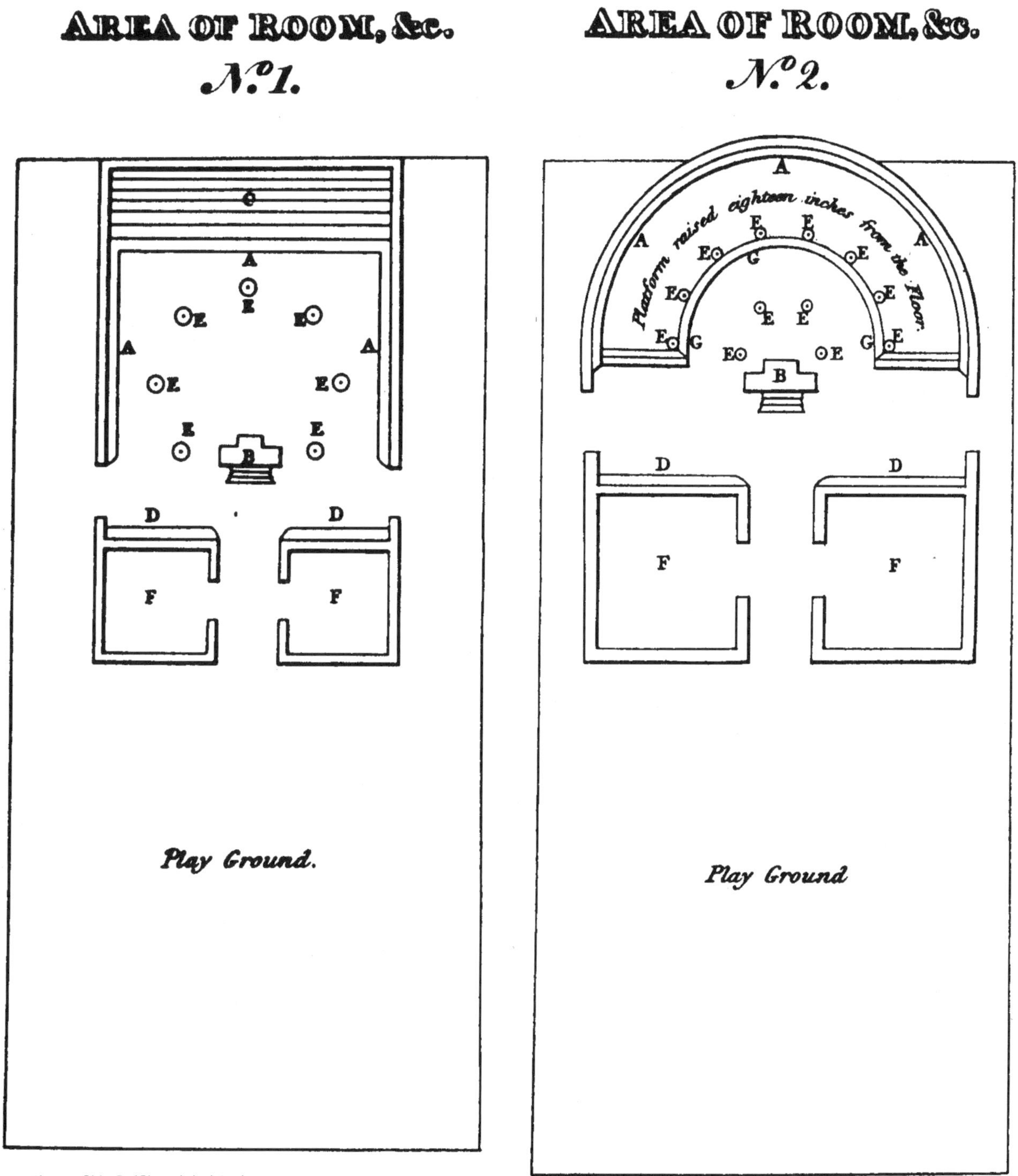

그림 3.30 윌슨 유아학교 평면도(1825)
출처: Wilson(1825), 대영도서관

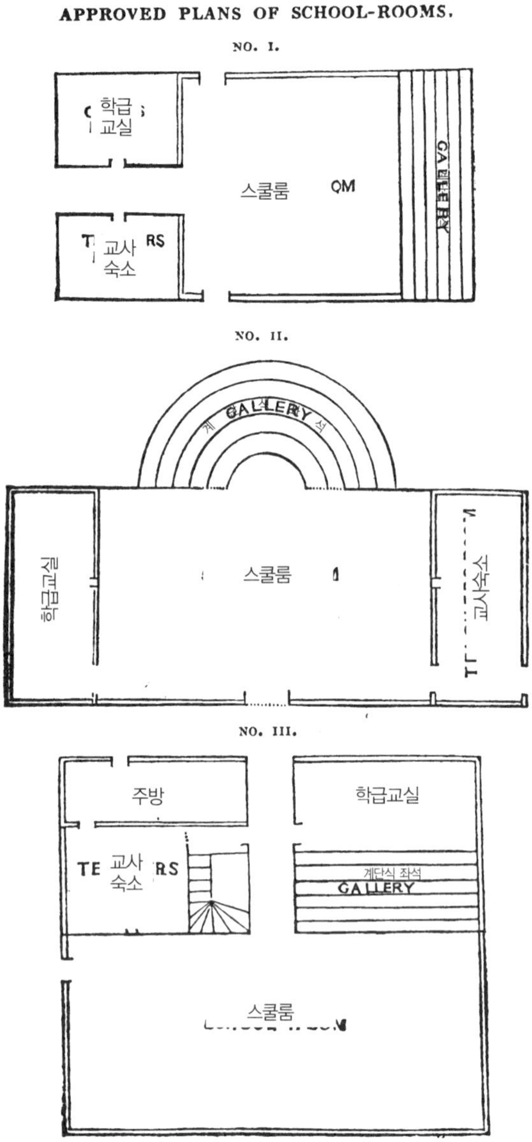

그림 3.31 빌비와 리지웨이의 유아학교를 위한 제안, 세 종류 평면들과 지각과정에 관한 다이어그램

출처: Bilby and Ridgeway(1834), 글래스고 대학 도서관의 허가를 얻음

반의 아이들에게 개인적인 교육과 개별적인 시험이 진행된다. 두 번째 배치에서 계단식 좌석은 두 줄의 말굽 모양으로 배치된 좌석들로 대치되며, 이 좌석들 앞에는 넓은 연단이 있고 연단 끝에 교습용 장대들이 있다. 수업시간표는 세 가지 범주, 즉 학습공간, 교육의 내용 그리고 가르치는 사람의 조합으로 구성된다. 시간표에서는 네 가지 유형의 교수방식이 정의된다. 즉, '교단 · 계단식 좌석 · 학급 · 학급교실' 등이다. 첫 번째 방식(교단)은 계단식 좌석에서 조교의 지도에 의하여 진행된다. 두 번째(계단식 좌석) 또한 계단식 좌석에서 진행되지만, 교사의 지도에 의하여, 종교(찬송가 부르기와 '도덕수업')와 조교들이 담당하기에는 너무 어려운 산수주제 등에 국한되어 진행된다. '학급' 교수는 조교에 의하여 스쿨룸에서 진행되는 반면에 '학급교실' 교수는 교사에 의해 진행된다.

1829년에는 가만히 있지 못하는 아주 어린 아이들을 위하여 타원형의 '폴드fold(우리)'가 '큰 방'에 설치되었다. 남녀가 구분된 옥외화장실 두 개는 운동장에서 출입하도록 설치되었다. 여자아이들은 동성인 여자아이들의 조교와 폴드의 감독자가 될 수 있는데 반하여, 남자 조교들은 '학교전체의 조교' 역할까지 수행했으며 교단에서도 가르쳤다. 학급교실에도 원시적인 계단식 좌석, 즉 두개의 단 위에 설치된 두 줄의 좌석과 수업내용이 걸려 있는 '말 없는 선생님'(교습용 장대)이 있었다. 수업시간표에는 다섯 번째 방식이 포함되어 있었는데, 이는 '원형학급'으로 아주 어린 아이들이 기본적인 종교 · 도덕 · 박물학 · 철자법 · 암산 등을 배우는 것이었다. 남자아이들을 대상으로 하는 '학급' 교수는 쓰기교육도 포함하였다. 여기서 강력한 새로운 은유가 등장하게 된다. 즉, 남편과 부인은 '가족'과 '형제'를 이끌며, 아이들은 '부모의 위치에서 그들을 가르치는 교습자들에게 복종하고 순종'해야 한다(Wilson 1829: 25).

윌더스핀을 비판했던 사람들 중 하나로, 엄격한 복음주의자였던 토머스 빌비Thomas Bilby는 「런던협회London Society」가 지원

그림 3.32 윌더스핀이 예시한 계단식 좌석의 두 가지 사용법(1840)
출처: Wilderspin(1840), 대영도서관

하는 첼시Chelsea 유아학교의 교사였다. 그가 리지웨이Ridgeway와 함께 1834년에 출판한 세 가지 시범적인 평면들(그림 3.31) 중의 하나에는 윌슨의 제안에서 나타났던 말발굽 형태의 계단식 좌석이 보인다. 옥외화장실은 스쿨룸에서 분리되어지고, 남교사와 여교사의 숙소는 스쿨룸 · 운동장 · 옥외화장실 등을 직접 관찰할 수 있도록 배치되었다. 빌비는 다이어그램을 통해서 어떻게 감각이 공간과 시간의 경험을 결합시키는지를 설명한다. 그러므로 학교의 공간적인 특성은 과거 · 현재 · 미래를 분별하는 능력을 깨우쳐 줌에 있어 매우 중요하다.

1840년의 개정판에서 윌더스핀은 유아시설과 분리된, 두 개의 층이 하나로 결합되어 있는 초등학교를 새롭게 제안한다. 그는 계단식 좌석의 두 가지 사용법을 보여 준다. 첫 번째 방법은 교사가 조교의 도움을 받아 가르치는 것이며, 두 번째에서는 모든 아이들이 교실의 양쪽 벽(남자아이들이 한 쪽에, 여자아이들은 반대쪽에)과 계단식 좌석의 가장 끝 열에 배치되어 있어서, 조교들이 학급교수(학급단위의 교습)를 위해서 아이들에게 접근할 수 있다(그림 3.32).

1836년에 「본국 및 식민지 유아학교협회Home and Colonial Infant School Society」는 빌비와 리지웨이의 복음주의를 중심으로 학교들을 조직하기 시작하였다. 한편 윌더스핀은 자신의 작업을 계속하였으며 이는 차츰 유럽대륙에서 채택되어졌다. 코친Cochin(1845)은 1828년에 파리에서 처음으로 남자아이 스쿨룸과 여자아이 스쿨룸을 랭커스터 방식으로 조합한 유아학교가 세워졌음을 기록하고 있다. 여자아이 스쿨룸을 구분하는 장막은 여교사 교단의 축선 상에 위치한 성소와 제단을 보여주기 위하여 일요일마다 개방되었다. 유아교실에는 계단식 좌석과 세로방향으로 배치된 몇 열의 좌석들이 교습용 장대들과 교습용 반원들의 맞은편에 설치되었다.

이탈리아 최초의 유아학교는 1829년에 크레모나Cremona에 설립되었다(Catarsi and Genovesi 1985).

형태적인 측면에서 말하자면, 유아학교는 양식과 규모에 있어서 카톨릭적 특징을 갖는다. 더블린의 경우는 매우 고전적이고, 첼튼험Cheltenham의 경우에는 고딕적이며, 리버풀에 있는 두 개의 같은 모양의 시립 학교들은 '자치도시적인 검소한' 터스칸 양식이었다. 런던의 사우스와크Southwark에 있는 켄트 로드 웨슬리언Kent Road Wesleyan 일요학교는 1826년에 유아학교가 되었는데, 이 학교는 규모가 작은 단층 건물로 리버풀 학교들의 축소판이라 할 수 있다.

유아학교는 과학적인 이성주의 · 비국교파 · 복음주의파 · 국교파 · 급진적 철학 등이 뒤섞인 일종의 혼성물로 볼 수 있다. 윌더스핀의 교육학 체계에는 공개적이지만 그렇게 많이 알려지지는 않은 스베덴보르그주의에 더하여 골상학에 대한 은밀한 집착이 있다. 그는 골상학에서 육체와 두뇌, 지성과 감성을 이어주는 연결점들을 찾아내어 이를 전체적인 교육학 체계로 투사했던 것이다. 이런 체계에서는 공간이 중요한 역할을 수행하게 된다.

스코틀랜드와 아일랜드에서의 실험들

스코틀랜드와 아일랜드는 반식민지적인 상태였기 때문에 과감한 혁신이 쉽게 시도될 수 있었다. 랭커스터는 1806년에 아일랜드를 처음 방문했을 때, 영국정부가 교육에 대한 국가의 개입을 실험해 보는 장소로 아일랜드를 이용하려 한다는 사실과 이것이 그가 공식적인 후원을 받을 수 있는 길이라는 점을 아마도 감지했을 것이다. 아일랜드에는 고유의 자선학교들Charity schools이나 개신교 헌장학교들Protestant Charter schools이 있었다. 그러나 거의 대부분의 학교들은 어떠한 지원도 받지 못하고 있었다. 1787년에 토머스 오드Thomas Orde는 처음으로 포괄적인 초등교육 계획안을 아일랜드 의회에 제출하였다. 비록 부결되었지만 이 계획안은 사람들의 관심을 불러 일으켰고, 1791년에는 의회 조사위원회가 구성되었다. 오드의 놀라운 제안들 중 하나는 700개의 새로운 소규모 학교 건물을 건설하자는 것이었다. 1799년에 차기 의회 심의를 준비하고 있던 에지워스Edgeworth 또한 학교 건물들을 건설하자고 제안하였다. 이 제안 역시 입법화되지 못하고 실패하였지만 전국교육위원회가 1806년에 설립되어 1812년까지 14개의 보고서를 간행하였다. 마지막 보고서는 신설 학교에 대한 지원, 교과서 내용의 통제, 교사양성기관의 설립 등을 관장할 중앙교육위원회를 설치할 것을 권고하였다. 이는 영국 본토보다 20년이나 앞선 일이었다. 이 보고서 덕분에 아일랜드 정부는 1815년부터 「킬데어 플레이스 협회」를 지원할 수 있었다.

1811년에 스쿨 스트리트School Street에 세워진 이 협회에 대해서는 앞에서 거론한 바 있다. 설립 초기부터 협회는 무종파주의를 견지하였으며 랭커스터가 첫 모임에 초청되었다. 2년 후에 그는 '시범적으로' 교사양성을 시작하기 위하여 그의 문하생인 존 비버스John Veevers를 보냈다. 1814년에 협회는 킬데어 플레이스로 이사했고 다음해에 그 이름으로 보조금을 받게 되면서 협회는「킬데어 플레이스 협회」라는 새로운 명칭을 채택하였다.

1813년에 「아일랜드빈민교육진흥협회Society for Promoting the Education of the Poor of Ireland」는 『스쿨룸의 건설 · 가구비치 · 배열에 대한 지도와 조언』(1813)이란 서적을 출판하였는데, 그 내용의 대부분은 같은 제목으로 랭커스터가 1811년에 출판한 책에서 발췌한 것이었다. 시범 평면도를 살펴보면 교습용 반원은 없어졌으며, 한편에는 수업에 사용되는 5피트(1.5미터) 크기의 아일aisle[45]이, 그 반대편에는 통로로 사용되는 3피트(0.9미터) 크기의 아일이 계획되었다. 시골 학교에는 운동장이 추천되었으며, 여자아이들의 스쿨룸에는 바느질 작업을 위한 빈 공간이 권장되었다.

킬데어 플레이스 4번지는 윌리엄 패럴William Farrell에 의하여 사무실로 바뀌었으며, 인접한 직사각형 부지에 두 개의 새로운 시범 스쿨룸이 2층 규모의 건물 안에 들어섰다.

1825년에 「킬데어 플레이스 협회」가 빈민들에 대한 교육의 필요성을 다시 거론하면서 통상적인 교육비용 대 범죄에 따르는 비용에 대한 계산을 포함시키자, 분명한 반응이 나타났다. 그 목표는 '단정함과 청결함' 뿐만 아니라 공간과 시간을 정돈하는 것이었다. '많은 것들이 시간의 규칙적인 흐름에 의존하는 곳에서는' 눈에 잘 보이는 시계가 있어야 했으며 '모든 것들을 위한 장소를 갖출 것이며, 모든 것들을 자신의 자리에 있게 하라' 고 쓰여 있는 커다란 안내문이 걸려 있어야 했다. 1831년에 '전국협회' 학교들이 창설된 이후에는 이런 '정돈에 대한 2대 규칙' 은 '모든 것을 위한 시간 그리고 자신의 자리에 있는 모든 것' 이라고 변화되어 표현되었다(Hyland and Milne 1987: 117).

협회의 무종파주의는 카톨릭의 공격을 받았으며, 1825년에 설립된 아일랜드 교육조사위원회는 2년 후에 강력한 비난을 담은 아홉 개의 보고서를 간행하였다. 1831년에 전국교육위원회 산하의 전국적인 조직을 위한 법률이 통과되었다. 협회에 대한 정부의 지원은 중지되었지만 영국국교회 학교들에서 협회의 역할은 계속되었다. 1839년에 「교회교육협회Church Education Society」가 설립되어 결국에는 킬데어 플레이스의 임대권을 승계하였다. 하지만 협회가 정식으로 폐지된 것은 1878년이다.

킬데어 플레이스 협회 소속 학교들 중 일부는 전국교육위원회 소속으로 이전되었다. 동시에 교육위원회는, 작은 규모의 시골학교들을 제외하면 여러 형태의 조교법을 유지하면서, 다양한 크기와 유형과 양식으로 새로운 학교들을 건설하였다. 옥외화장실이 있는 마당과 출입구와 스쿨룸은 각각 소년과 소녀용으로 분리되었다. 1830년대 후반에 이르러서는 교습용 계단식 좌석이 나타났다. 이 계단식 좌석을 이용한 교수법은 오랫동안 유지되었다. 교육위원회의 1858년 120명의 학생들을 위한 시범계획(설계안 No.4)과 1863년 100명의 학생들을 위한 시범계획(설계안 No.3)의 경우, 교사 한 명이 지도하는 두 개의 스쿨룸 체제를 유지하고 있었다. 심지어 19세기말의 계획(설계안 No.1 · 3 · 5A · 10B, 1890) 에서도 교습용 반원은 유지되었다.

아일랜드교육조사위원회 위원들의 두 번째 보고서(1835)는 각 군마다 한 개씩, 모두 32개의 시범학교를 세울 것을 제안하였다. 1844년까지 건설된 유일한 학교는 더블린의 말보로 스트리트Marlborough Street 중앙시범학교였다. 제이콥 오웬Jacob

45. 통로 또는 복도를 의미하나 여기서는 폭이 좁고 긴 구역을 의미한다.

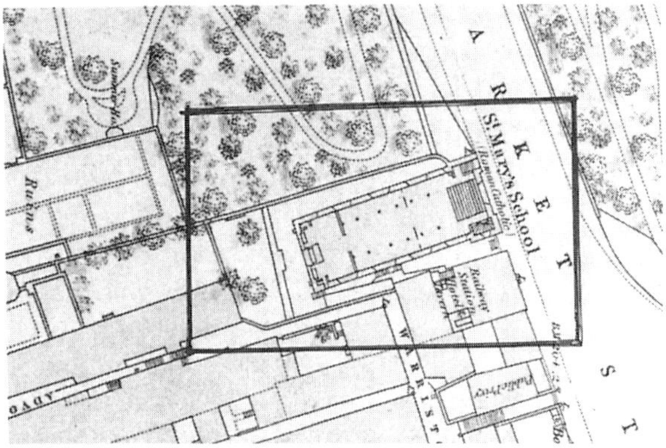

그림 3.33 에든버러의 학기제 학교(1814), 마켓 스트리트, 평면도
출처: 에든버러 지적도 1852-4, 에든버러 시립도서관의 양해를 얻음

Owen이 1837년에 설계하고 1838년에 개교한 중앙시범학교의 유아 스쿨룸은 윌더스핀의 상세한 계획에 따라 지어졌으며 그가 주관하였다(McCann and Young 1982: 237-53). 이 학교에는 64×31피트(19.2×9.3미터) 크기의 스쿨룸이 있었고, 스쿨룸으로 열려있는 세 개의 학급교실과 운동장이 있었다. 이보다 훨씬 전인 1826년에 히긴스Higgins(1826)는 더블린에 페스탈로치와 벨의 방식을 절충한 유아학교를 세울 것을 주장한 바 있었다.

1846년에 조사위원회 위원들은 시범학교들을 위한 설계규칙을 작성하였으며, 시범학교들 가운데 일곱 개는 1848년에 개교하였고, 그중 일부는 건설부의 건축가인 제이콥 오웬에 의하여 설계되었다. 시범학교들은 학생 정원이 100명이었고 유아학교 스쿨룸 · 소년초등학교 스쿨룸 · 소녀초등학교 스쿨룸으로 구성되었다. 중앙에 유아 스쿨룸이 그리고 양측면의 날개에 소년 스쿨룸과 소녀 스쿨룸이 위치하였다. 소규모 도시에서는 유아학교가 농업시범학교로 대치되기도 하였다(British Parliamentary Papers 1870). 교수방법은 랭커스터 방식이었으며, 예술과 기초과학을 가르치기 위한 학급교실을 포함한 일부 학급교실들이 추가되었다. 1848년에 기존의 스쿨 스트리트 학교는 서부 더블린 시범학교가 되었다.

가장 규모가 컸던 시범학교는 1857년 벨파스트Belfast에 개교한 프레데릭 다알리Frederick Darley의 2층 건물이다. 남자예비학교 스쿨룸과 성인 스쿨룸의 중앙통로에도 랭커스터의 교습용 반원들이 설치되었다. 유아 스쿨룸에는 등받이 없는 나무 걸상과 반원뿐만 아니라 계단식 좌석도 있었다. 반면에 소년 소녀 학교에서 계단식 좌석은 '동시' 수업을 위한 학급교실에만 한정적으로 사용되었다. 그러나 심지어 여기에도 교습용 반원들이 좁은 공간 안에 설치되어 있었다. 소녀학교의 스쿨룸에는 긴 의자 대신에 2인용 작업대가 설치되었다.

공리주의 · 이성주의 · 과학적 실험 · 복음주의 · 골상학 등이 결합된 교육이 스코틀랜드에서 융성한 것은 놀라운 사실은 아니다. 나는 다른 연구(Markus 1982: 201-61)에서 이미 스코틀랜드 교육사를 탐구한 바 있으며, 그 내용 중 일부는 여기에서도 유효하다.

벨은 스코틀랜드인이었지만, 정작 스코틀랜드에서는 랭커스터의 영향이 더욱 컸다. 이는 랭커스터가 융통성 있는 종교관으로 인하여 오웬과 좋은 관계를 유지했기 때문이다. 1810년까지 글래스고에는 세 개의 랭커스터 계열의 학교들이 설립되었다. 1815년에는 에든버러에 협회가 설립되었으며, 칼튼 힐Calton Hill과 다른 도시들에 학교가 세워졌다. 『에든버러 리뷰The Edinburgh Review』(1808: 61-73)라는 잡지는 스코틀랜드가 랭커스터의 권고에 특별한 관심을 기울여야 한다는 입장을 견지했는데, 특히 돈이 많이 들지 않는다는 점과 '빈민들을 보다 다루기 쉽고 덜 포악하게 만드는' 군대식 훈육을 강조하였다.

1812년 정초에 에든버러에서 일어난 격렬한 폭동이 끝난 후, 안식일 학교들을 전 도시에 세운다는 결정이 내려졌다. 그러나 성경공부는 아이들이 글을 읽지 못했기 때문에 어려움이 많았으며, 그 결과 스코틀랜드장로교회 학기제 학교Kirk Sessional school가, 주州장관인 존 우드John Wood의 책임 하에, 1813년에 레이트 윈드Leith Wynd에, 1년 후에는 마켓 스트리트Market Street에 설립되었다. 각 교구에서는 몇 명의 아이들을 이 학교에 보낼 수 있었다. 조교를 이용한 교수법은 90×30피트(27×9미터) 크기의 스쿨룸에서 이루어졌다. 1852-4년 시기의 지적도(그림 3.33)에 따르면, 마켓 스트리트 학교는 세인트 마리아

그림 3.34 스토우의 첫 번째 시범유아학교, 드라이게이트, 글래스고(1828)
출처: Stow(1860), 조든힐Jordanhill 교육대학, 글래스고

학교가 되어있다. 또한 교습용 계단식 좌석과 운동장이 나타나는데, 이것은 윌더스핀의 영향이 직접적으로 또는 글래스고의 데이비드 스토우를 통하여 간접적으로 전해진 것으로 볼 수 있다. 만약 후자의 경우라면 스토우가 계단식 좌석과 운동장이 없다고 아쉬워했던 1836년 이후에 지어졌을 것이다(1836: 7). 좌석배치는 벨 양식을 따른 것으로, 쓰기용 책상은 벽을 향하고 있었고, 텅 빈 중앙의 공간에서는 각각 30명의 아이들로 구성된 학급들이 조교와 보조조교를 중심으로 교습용 원들을 형성하고 있었다. 고딕 바로니얼Gothic Baronial 양식[46]의 외관으로 계단식 좌석 위로 커다란 창이 있었다. 지하에는 '상자 학급교실'이 있었는데, 이곳에서는 아주 어린 아이들이 겉에 씌어진 글자에 따라 '상자'를 배열하며 배웠다(Town Council of Dundee 1827). 1850년에 스코틀랜드에는 104개의

46. 중세 스코틀랜드와 잉글랜드 접경 지역에서 발전한 성채로부터 유래하여 19세기에 스코틀랜드 지역에서 유행한 건축양식으로 망루, 톱니 모양의 벽 상부, 외벽 상부에 돌출된 원형의 작은 탑, 육중한 석재의 사용 등이 특징이다.

학기제 학교들이 있었으며 마켓 스트리트 학교는 1826년까지 교사를 양성하는 데 이용되었다.

그러나 진정한 의미의 혁신은 유아학교에서 이루어졌다. 글래스고의 사업가인 데이비드 스토우는 1816년에 안식일 학교Sabbath school를 설립하였다. 그러나 '안식일을 제외한 나머지 날들의 해로운 영향에 대한 해독제로서 일주일에 단 하루만의 교육'은 충분하지 못하기 때문에, 그는 '좀더 효율적인 도덕적 증기기관'을 널리 찾아보기를 제안하였다(1836: 57). 스토우의 이런 노력은 성경의 원칙에 의하여 운영되는 유아학교로 귀결되었다. 「글래스고 유아학교협회」가 1827년에 창설되었으며 1828년에는 '유아교육과 사범학교 학생들의 실습을 위한' 최초의 학교가 드라이게이트Drygate에 설립되었다. '사범normal' 이란 단어는 그 학교의 교사양성기능을 의미했는데, 그 기간은 처음에는 한 달에서 곧 여섯 달 또는 그 이상으로 늘어났다.

단층주택을 개조한 스토우의 첫 번째 유아학교(그림 3.34)에서 스토우 식의 주요한 특징 모두를 볼 수 있다. 윌더스핀은 1820년에 그를 방문했던 스토우에게 강한 영향을 미쳤으며, 최초의 남교사와 여교사가 된 코기Coughy 부부에게 개방된 스쿨룸에서 아이들을 교육시키고 운동장을 이용하도록 가르쳤다. 운동장은 '옥외의 교실 . . . 실제 생활이 벌어지는 작은 세계'로서 정신적이고 도덕적인 그리고 육체적인 성격이 가장 잘 개발되는 장소이며, '결과적으로 도덕적인 습관들이 가장 잘 형성되는 장소'였다(Stow 1836: 135). 운동장은 일종의 에덴동산이다. 아이들은 과일나무들을 존중하며 이런 탐나는 물건들을 만지지 않는다는 사실을 통하여 '학교에서의 도덕교육이 가장 저렴한 경찰이 될 수 있음'을 보여준다. 아이들은 회전그네에서 놀면서 '도덕심을 고취하는 노래를 부르거나 발랄한 가락에 맞춰' 그네가 도는 회수를 셌다(1836: 136). 교사는 학급교실에서 식사를 하면서 운동장의 아이들을 감독했고, 이것은 아이들에게 '신이시여, 나를 굽어 살피소서'라는 구절을 상기시켰다. 삽화에는 교회당이 강조되어 있는데 이것은 아마도 스코틀랜드 교회에 대한 스토우의 충성의 표시였을 것이다. 한편 인접한 공동묘지의 도리아식 기둥 위에 세워진 존 녹스John Knox[47]의 동상이 지붕 너머로 보인다.

스토우는 프로이센과 프랑스에서의 실험들, 그리고 이베르동에서 페스탈로치가 행한 실험들[48]을 알고 있었다. 머지않아 그의 '교수법'은 형식을 갖추어 정의되었는데 이는 오웬·우드·윌더스핀의 영향을 받은 것이었다. '조교법, 즉 조교에 의한 상호교육은 . . . 학생과 교사 모두에게 유용하며 . . . 유아학교의 대단히 중요한 특색을 이룬다'(Stow 1836 : 2). 후에 스토우는 조교법을 그의 초등학교에 도입하였다. 그러나 1839년에 이르러서 그는, 그 이전의 다른 사람들이 그랬던 것처럼, 이 제도를 부정하였다. '조교는 불필요하다. 조교는 단순히 사실들만을 가르칠 뿐이다. 그들은 인격을 계발시키거나 훈육시키지 못한다'(1839: 22).

스토우는 오웬에 대해서도 공개적으로 비판하였다. 오웬의 교수법은

> 주로 체조와 신체적인 운동이며, 그림을 이용한 약간의 지적인 교육이 동반된다 . . . 이 교수법으로 도덕적 본성의 가장 중요한 부분, 즉 종교적인 감성과 습관을 배양하는 것은 거의 불가능하다.
>
> (Stow 1836: 6)

그의 윌더스핀에 대한 평가는 보다 절제되어 있다. 신체적인 훈련은 '완벽'하며, 지적인 방법은 좀더 발전시켜야 할 여지가 많지만, '시작단계에서 그가 싸워야 했던 낡은 방법에 비하면 엄청난 개선이 있었다'. 그러나 '종교적인 분야에 있어서 제공되는 교육은 . . . 성서 역사에 대한 강조와 비독단적인 기독교를 가르치려는 시도 때문에 대단히 불완전하다'(1836 : 5).

신체적·지적·도덕적 교육은 균형을 이루어야 하였다. 스토우가 그의 안식일학교를 시작하였을 때 글래스고의 세인트 존스 교구의 목사였으며, 복음주의파의 지도자였고, 1843

47. 스코틀랜드의 종교개혁자 겸 정치가(1510?~1572)
48. 스위스 서부의 도시인 이베르동에 있는 13세기 고성에서 페스탈로치가 1805년에서 1825년 사이에 실천한 새로운 초등교육을 의미한다.

년의 자유교회 분열[49]의 주역이었던 토머스 차머스Thomas Chalmers가 스토우의 조언자였기 때문에, 복음주의적 종교관은 그에게 지성과 도덕성의 기초였던 것이다.

질서와 규율 그리고 습관형성이 중요하였으므로 '훈련'이 강조되었다. 이 '훈련'에 대한 강조는 로크의 타뷸라 라사tabula rasa[50]와 구약성서의 '아이가 가야만 하는 방향으로 이끌어라. 그러면 나이가 들어도 그로부터 벗어나려 하지 않을 것이다' 라는 생각이 합쳐진 것이었으며, 글래스고에 가득한 것으로 그가 느꼈던 '사악한 사례들의 오염된 영향'에 대항하는 성채로서 스토우의 활동 프로그램이 되었다(1834: 35).

스토우는 '교육 대 범죄의 비용' 이라는 계산법을 사용하였다. '도덕적으로 최하위 계급, 즉 세 번째 계급의 유아들이 . . . 유해한 환경에 노출되면, 다가올 미래에는 유치장과 교도소를 증설해야만 할 것이다' (1834년: 35). 스토우는 무의식중에 오웬의 생각에 동조하고 있다. 오웬은 1821년 라나크 주를 위한 계획에서, 범죄자들을 인정해야 한다는 생각을 부정하고, '노동자 계급' 뿐만 아니라 '중산층과 상류층' 까지도 그의 유토피아적인 시설에 수용함으로써 감옥의 증설요구를 제거할 수 있다고 주장했었다. 분명히 표현되지는 않았지만 스토우는 사회를 세 계급으로 구분하였던 것이다.

그가 이룬 두 개의 교육학적인 발명은 '다수에 대한 공감sympathy'[51]과 '묘사하기picturing-out' 이다. 전자는 다수의 사람들을 함께 있게 하여 얻게 되는 상호간에 유익한 효과이다. '사회적 공감은 도덕적 개선을 위한 수단으로 입증' 될 수 있으며, '부도덕의 온상이 되는 . . . 대규모 도시와 공장에 밀집되어 있는 인간집단' 의 역전된 상이 될 수 있다. 도시와 공장에서는 부도덕과 혼란과 폭력이 난무하지만, '다수에 대한 공감' 을 통하여 도시와 공장은 '도덕적으로 따라서 당연히 정치적으로 위대한 국가적 축복' 으로 변화될 수 있다(Stow 1836: 61, 나의 강조).

도시에 대한 부정적인 감정은 그 반대급부로 전원을 이상화시킨다. 스코틀랜드의 교구부속학교들은 '농민들을 단숨에 지적이고 도덕적으로 만들었다' (Stow 1839: 61). 수도원처럼 화단과 관목들에 둘러싸인 운동장은 부도덕의 바다에 둘러싸인 순수의 섬을 은유한다.

'묘사하기' 는 유추 · 생략 · 질의응답 · 그림에 의한 설명 등의 사용을 포함한다. 실제 교육현장에서 스토우의 교수법은 사용 가능했던 모든 수단들을 자유롭게 도입하였다. 예를 들어 조교 · 계단식 좌석 · 감시가 가능한 운동장 · 학급교실(경우에 따라서는 작은 계단식 좌석이 내부에 설치될 수도 있었다) · 그네 · 교습용 장대 · 카드로 제시된 '수업내용' · 벽을 향한 쓰기용 책상 등이 이용되었다.

모든 것이 감독을 전제로 하여 계획되었다. 스쿨룸과 학급교실 그리고 운동장은 서로 연결되어 있어서, 학생들은 스쿨룸(조교의 감독)에서 학급교실(교사의 감독)로 다시 운동장(교사의 원거리 감독)으로 진행하며 마침내 스쿨룸으로 되돌아오게 된다. '이 순환이동은 각 단계에 할당된 지정된 시간이 끝날 때까지 계속된다' (Stow 1836: 122). 벨의 학교에서와 마찬가지로, 쓰기를 배우는 아이들은 벽에 면한 외주부의 책상에 앉게 된다. 계단식 좌석은 전체 학생들을 충분히 수용할 만큼 커야했는데, 이는

> 아이들이 좀더 쉽게 그들의 시선을 교사에게 집중할 수 있도록 하며, 또한 교사가 아이들의 모든 움직임을 좀더 완벽하게 관찰하고 지도할 수 있도록 하기 위해서다. 사회적 원칙은 계단식 좌석에 집중되어 있으며, 이 원칙은 아이들이 스쿨룸 가장자리에 놓인 책상이나 혹은 흩어져 있는 등받이 없는 걸상에 앉게 되는 경우보다 훨씬 더 영향력이 크다. 전체 아이들의 주의집중이 보장되며, 모두가 같은 수업을 듣고, 모두가 배운다.
>
> (Stow 1836)

교사는 청각적으로도 통제해야 하였다. '교사와 학생들의

49. 스코틀랜드 교회 분열, 영국 국교에서 독립하여 자유교회를 조직함.
50. 글자가 씌어 있지 않은 서판書板, 백지, 순진무구한 상태.
51. 타인의 사고나 감정을 자기의 내부로 옮겨 넣어, 타인의 체험과 동질의 심리적 과정을 만드는 일. 일체화나 동일화와는 다르며, 주위 사람들이나 현상, 즉 공감대상과 자기(공감자) 사이에 차별이 존재하는 것을 인식하면서도 대상과 자기의 심리적인 동일성을 경험하는 것이다.

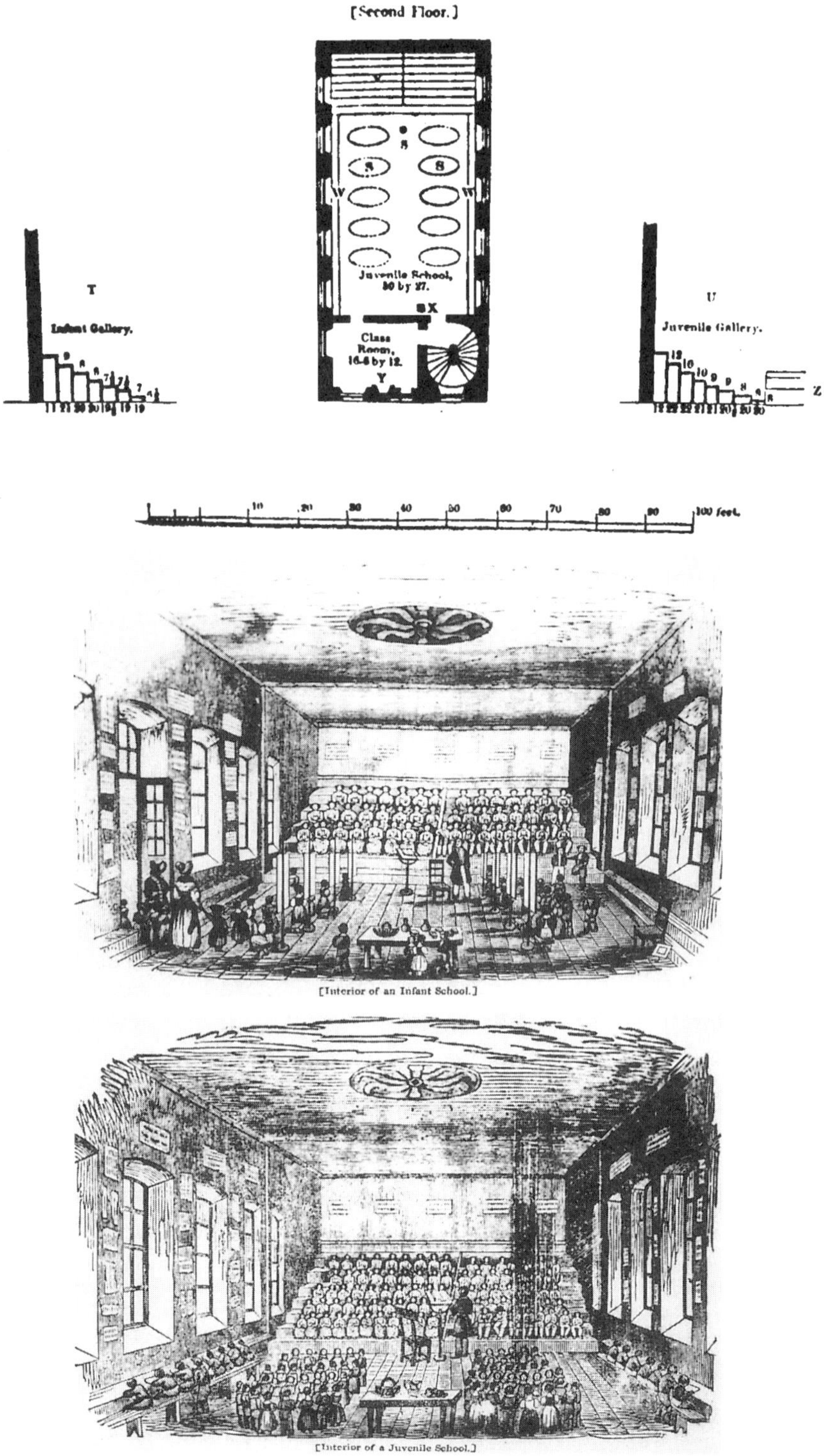

그림 3.35 스토우가 작성한 유아학교 및 초등학교의 계단식 좌석에 대한 이상적 평면과 내부전경(1836)

출처: Stow(1836), 글래스고 자치구 의회 도서관, 미첼 도서관

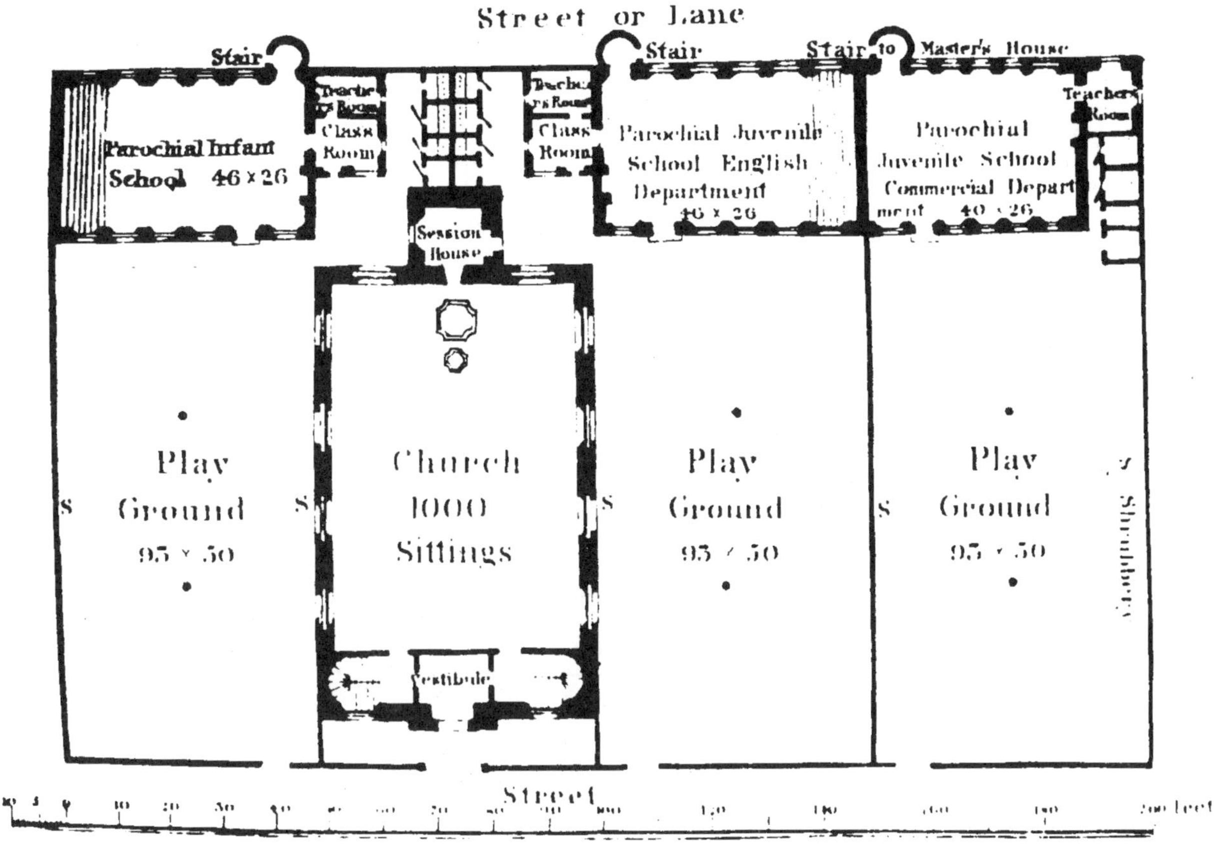

그림 3.36 스토우의 교구통합학교(1834)

출처: Stow(1834), 글래스고 자치구 의회 도서관, 미첼 도서관

목소리는 이런 좌석배치에서 좀더 쉽게 들을 수 있다' (Stow 1836 : 69). 이것이 바로 한 세기가 넘도록 주된 교수법으로서의 역할을 하게 될 '동시교수법' 이다. 여기에서도 조교법에 대한 간접적인 비난을 느낄 수 있다.

스토우의 계획은 학교의 건설과 책의 집필 양면에서 곧 실행에 옮겨졌다. 1829년에 두 개의 학교가 세인트 존스 교구의 말보로 스트리트와 차머스 스트리트에 건설되고 있었다(영국국교회 유아학교와 여자재봉학교). 그의 첫 번째 주요 저서(1834년)에는 첫 번째 학교에 대한 자세한 서술과 두 번째 학교에 대한 삽화가 수록되어 있다. 두 학교 모두 46×26피트(13.8×7.8미터) 크기의 스쿨룸, 학급교실들, 계단식 좌석들 그리고 꽃담장과 그네와 옥외화장실이 있는 두 개의 운동장을 갖고 있었다. 두 번째 학교는 위층에 6세에서 12세 혹은 14세까지의 아이들을 위한 초등학교가 있는 2층 구조였다.

1832년에 세인트 데이비드 교구 유아학교가 존 스트리트에서 문을 열었다. 이 해에 스틸 스트리트 학교 역시 솔트마켓Saltmarket에 세워져서 시범학교가 되었고, 코기 부부가 남교사와 여교사로 임명되어 드라이게이트 학교에서 옮겨왔다. 1834년에 또 하나의 학교가 카우캐든스 바로니Cowcaddens Barony 교구에서 개교하였다. 1833년까지 차머스 스트리트에서는 정책적으로 아이들에게까지 교육을 확대시키려 했으며, 최초의 독립된 소년소녀 초등학교가 세인트 존스 교구의 앤필드Annfield 스트리트에 건설되었다. '영어' 계열과 '상업' 계열, 즉 학문적인 계열과 실용적인 계열이 분리되었으며,

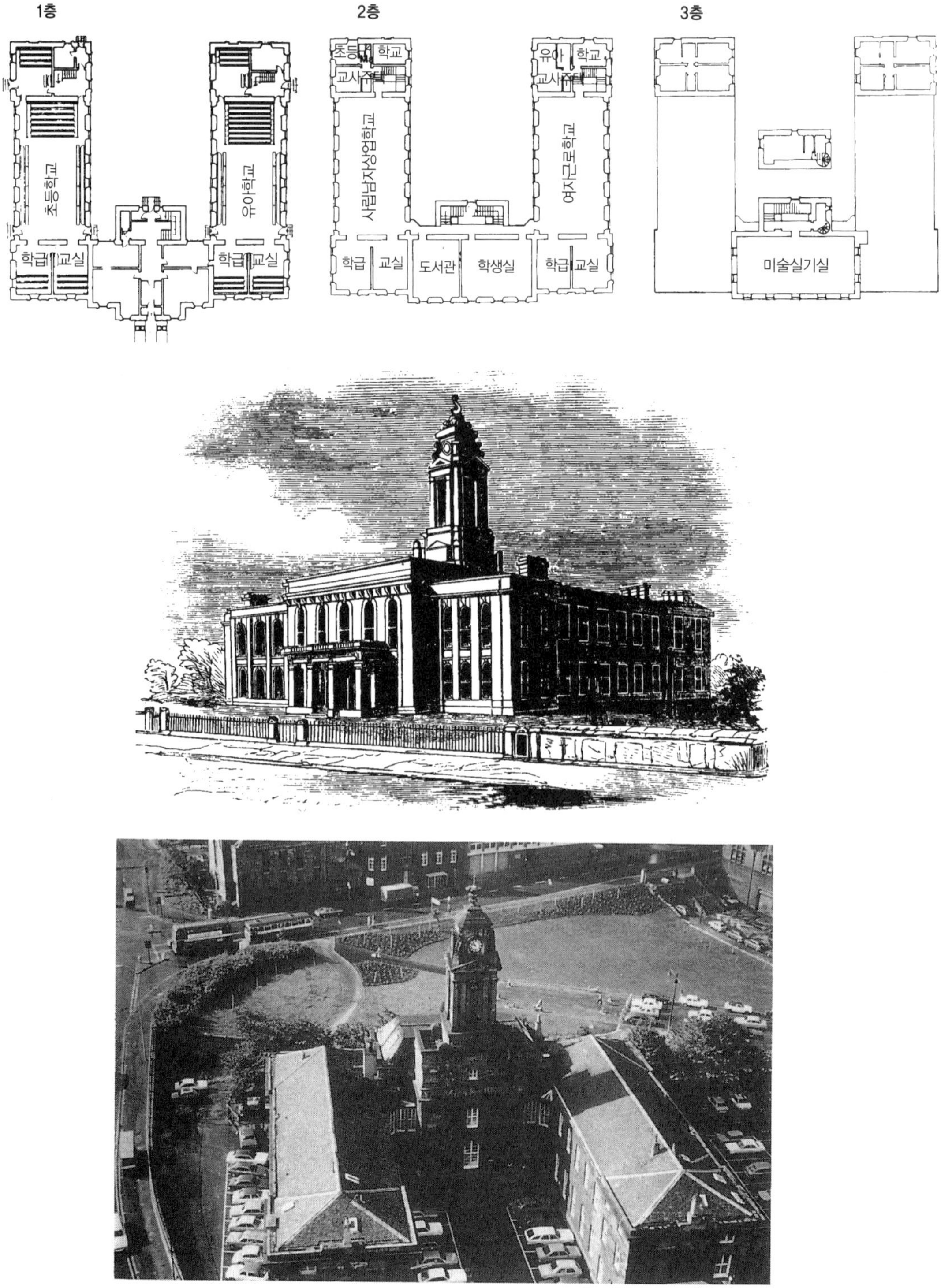

그림 3.37 글래스고 사범학교(1836–7), 3개 층의 평면도, 당시의 전경과 현재의 모습

출처: 저자와 로버트 크레이그 작성(평면도); Granny and Leezy(1860), 조든힐 대학 도서관 소장(투시도); 저자 사진

이 분리는 영국의 교육계에서 20세기에 이르기까지 지속되었다. 스토우는 완전하게 발전된 이상적인 계획을 1834년에는 글로, 1836년에는 그림으로 설명하였다(그림 3.35). 이 도면은 곧 건설될 예정이었던 사범학교Normal Seminary의 한쪽 날개 모습으로, 최초로 유아학교와 초등학교의 교습용 계단식 좌석들을 보여주는 실내 전경이 소개되었다.

1834년의 저작에는 독특한 '교구통합학교Parochial Institution'의 도면(그림 3.36)이 수록되었는데, 'T' 자의 수평선 쪽에 세 개의 스쿨룸이 있고 수직선 쪽에 교회가 있는 배치형태로서, 스토우가 종교와 교육의 통합에 대한 구체적인 표현을 한 유일한 예이다.

1834년에 「글래스고 교육협회」(창립 첫 해에는 교육연합으로 불림)는 원래의 「유아학교협회」와 병행하여 선전활동을 강화하였다. 교육협회는 좀더 대규모로 교사를 양성하기 위하여 직접 운영하는 사범학교의 설립을 목표로 삼았다. 이 사범학교에서 이후의 모든 영국의 교사양성 담론에서 거론되는 또 다른 특징이 등장하였다. 그것은 사범학교가 '교수이론'을 가르치면서 동시에 이를 '실습'하는 훈련을 제공해야 한다는 것이다(Stow 1836: 61). 당시에 이미 교사양성을 위한 학교들은 영국의 월더스핀의 학교와 우드의 학교, 아일랜드의 킬데어 플레이스, 프로이센 등에서 운영되고 있었지만, 사범학교 영역 안에서의 이론과 실천을 통합시킨 것은 독창적이었다. 이를 근거로 스토우는 스스로가 근대적인 사범대학을 창안해냈다고 주장하였다.

당시에 스코틀랜드에서 고전주의 건축가로 유명했던 데이비드 해밀턴David Hamilton은 1836년에 간소화된 고전주의 양식의 사범학교를 설계하였다. 공사는 그 해에 착수되었으며 1837년에 부분 준공되었다. 이 건물의 건축 프로그램이나 도면은 전해지지 않는다. 하지만 건물이 남아있으므로 내부시설의 재시공이 이루어진 후의 실측도면을 재구성할 수 있었다. 그림 3.37이 그것이다. 이곳에는 네 개의 시범학교들이 중앙의 마당을 중심으로 2층으로 된 날개 건물에 각각 두 개의 학교가 대칭적으로 배치되어 있었다. 네 개의 시범학교들은

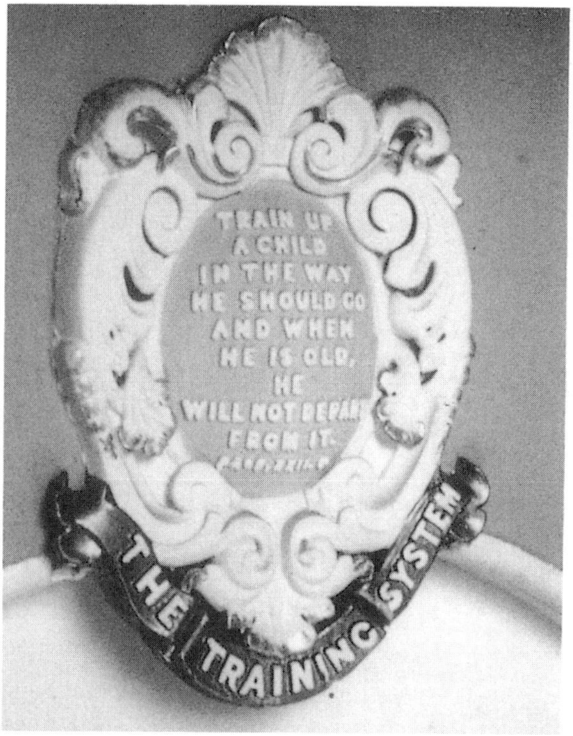

그림 3.38 글래스고 사범학교 현관홀에 전시된 방패형 문장에 새겨진 '도덕적 양성기관'을 설립하는 데 기초가 된 잠언의 한 구절 (마땅히 가야 할 길에 따라 아이를 훈육하라. 그리하면 늙어도 그것을 떠나지 아니할 것이다. 잠언 22장 6절)
출처: 저자의 사진

유아학교 · 초등학교 · ('사립', 즉 수업료를 내는) 남자상업학교 · 여자근로학교이다. 코기 부부가 유아학교를, 스틸 스트리트 학교에서 옮겨 온 올드Auld 부부가 초등학교를 담당하였으며, 한 명의 학장이 전체를 관장하였다. 그 해에 스토우의 『교사양성제도Training System』의 초판이 발간되었으며 1854년까지 열 번에 걸쳐 개정판이 발간된다.

중앙 타워에는 1층에 관리인의 숙소와 교사의 사무실이, 2층에 도서관과 학생들의 방이, 그리고 최상층에 미술 실기실이 자리하고 있었다. 어디엔가 '자연물과 인공물, 수공품과 교역품, 그리고 기계모형 몇 개'로 이루어진 전시실도 있었다. 2층에는 독창적인 캔틸레버 구조의 나무로 제작된 '우회로' 복도가 있었다. 이로 인해서 위층의 두 스쿨룸들은, 복도

그림 3.39 글래스고 사범학교의 두 번째 건물(1845)
출처: Stow(1845), 저자 소장

가 없는 시절에 방에서 방으로 출입하던 것에 비하여, 공간적인 깊이가 좀더 얕아졌다. 현관홀에 전시된 방패형 문장(그림 3.38)에는 스토우가 교사양성기관을 설립하는 데 기준이 된 구약성서의 한 구절이 새겨져 있다.

1843년의 스코틀랜드 교회분열(자유교회의 설립)로 인하여 스토우와 그의 스탭들은 스코틀랜드교회 소속의 재산이 된 학교에서 쫓겨났으며, 새로운 무상사범학교New Free Seminary가 약간 떨어진 곳에 토머스 번즈Thomas Burns의 설계로 건설되어 1845년에 개교하였다(그림 3.39). 고전주의 양식에서 바로니얼 튜더Baronial-Tudor 양식으로의 변화는 복음주의 의식의 전환을 반영한다. 이제 교육과 학습은 멀리 떨어진 고전적 문화보다는 근대적이고 대중적이며 국가적인 모형을 채택하게 된 것이다.

스토우는 이후 20여 년 동안 고전주의 양식과 고딕 양식, 전원과 도시에 걸쳐서 수많은 설계들을 진행시켰다. 대지의 제약 때문에 지상에 운동장을 설치할 수 없을 때는 옥상에 설치하기도 하였다. 계속된 개정판에서 계단식 좌석과 가구의 설계에 대한 상세계획은 한층 더 정교해졌으며 모든 좌석들과 옷걸이들이 고려되었다(그림 3.40).

산업도시에 대한 모순적인 인식은 여전히 유지되었다. 산업도시는 한편으로는 악 · 무질서 · 도덕적 타락 등의 무대이면서, 다른 한편으로는 조기 교육을 통한 잠재적인 창조적 · 도덕적 · 생산적인 힘이기도 하였다. 산업도시는 전원의 순결함에 대한 꿈을 공유할 뿐만 아니라 극복해야만 하였다. '농업종사자들이 도덕적 척도에서 아무리 높게 평가되어도, 대도시 거주자들은 더더욱 높게 평가될 수 있다' (Stow 1834: 286). 왜냐하면 도덕적 증기기관은 성격을 교정할 수 있는 힘이 있기 때문이다. 교육이란 하나의 제조과정이며, 아이들은 그 안에 투입된다. 그것은 '교사들의 적절한 역할분담과 학생들의 연령에 따른 적절한 분류가 이루어질 때 더욱 효율적일 수 있다'. 올바른 교육과정은 :

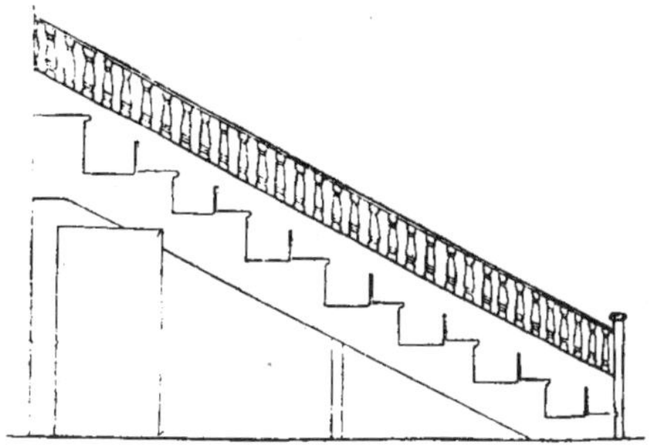

INITIATORY OR INFANT GALLERY.				JUVENILE GALLERY.			
Height of Seats.		Breadth of Seats.	Breadth of Footboard.	Height of Seats.		Breadth of Seats.	Breadth of Footboard.
Bottom.	7 in.	9 in.	feet on floor.	Bottom.	9 in.	10 in.	feet on floor.
2	7½	9	15 in.	2	9½	11	16 in.
3	8	9	15	3	10	11	16
4	8½	9¼	15	4	11	11	16
5	9	9½	15	5	11	11	16
6	9	10	15	6	12	11	16
7	9½	10	15	7	14	11	Backs of chil-
8	10	10½	15	dren supported by the wall boarded 2 feet 3			
	11½	11	Backs against	or 2 feet 6 inches high above seat.			
wall, boarded 2 feet high above seat.							

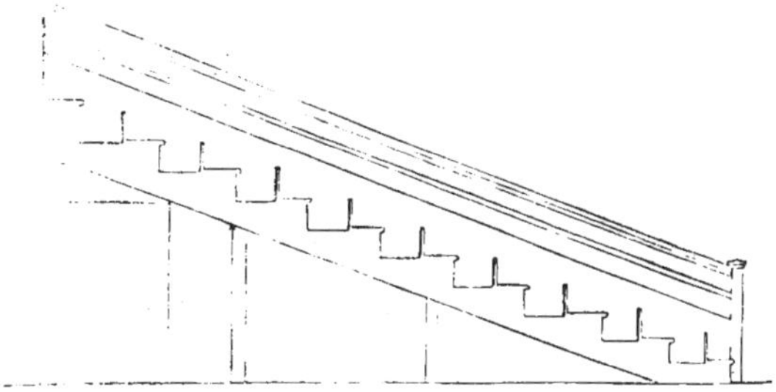

GALLERY.—JUVENILE DEPARTMENT.

그림 3.40 스토우의 학교들을 구성하는 유아학교와 초등학교 그리고 여자근로학교를 위한 계단식 좌석 상세도

출처: Stow(1850), 저자 소장

> 유익하고 충실한 의도를 지니고 있어야 하며, 그 결과로 아이들을 훌륭한 그리스도의 종, 즉 훌륭한 숙련공, 훌륭한 아버지, 훌륭한 어머니로, 그리고 존경 받을만한 시민으로 만들어야 한다. 지적으로 교양을 갖춘 기독교도 기계공은 우리나라를 지켜줄 최고의 경호원이며, 그의 도덕적 가치는 시민사회의 소금이요 효소이다.
>
> (Stow 1834)

반면에 그의 여성 짝은 '알뜰한 주부 · 사려 깊은 누이 · 연로한 부모를 돌보는 존재' 로 역할하도록 준비된다(1836: 173-6). 스코틀랜드(사실은 글래스고)에 한정되었던 이러한 경험으로부터 후에 널리 전파될 교육적 실천에 관한 이데올로기가 탄생하였다.

법률에 의한 빈민과 어린이 교육

이 이야기의 시작부터 빈곤 · 노동 · 교육은 서로 얽혀 있었으며, 끝부분에서는 국가의 개입에 의하여 그 정도가 더욱 심해지게 된다.

국가의 재정지원에 관한 아일랜드에서의 실험에 근거하여, 영국의회는 1833년 2만 파운드에 달하는 연간 보조금을 편성함으로써 마침내 국내 상황에 대처하기 시작하였다. 이 돈은 학교 건물 비용의 절반을 충당하기 위한 것이었으며, 「영국협회」[52]와 「전국협회」를 통해 지출되었다. 국교도와 비국교도, 신자와 불가지론자 사이의 종교적 논쟁으로 상황은 암울하였다. 1839년 정부의 개입은 더욱 분명해져서, 추밀원 교육위원회가 구성되었고 보조금은 3만 파운드가 되었다. 이제 전국협회 산하의 학교들에 대한 감사권을 둘러싸고 맹렬한 논쟁이 벌어졌다. 영국교회의 문제제기는 1840년의 정교협정에 의하여 해소되었다. 새 위원회는 의사인 제임스 케

52. 「영국 및 외국학교증진협회」를 의미하며 랭커스터의 교수법을 수용하였고 비국교도가 후원하였다. 벨의 교수체계와 국교회의 지원을 받던 「전국협회」와 대립하였다.

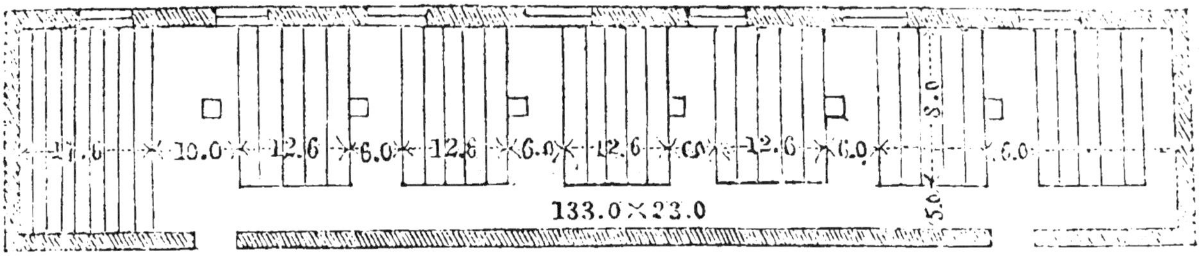

그림 3.41 제임스 케이의 강제노역소 시범학교, 노우드(1838)
출처: 추밀원 의사록(1839-40)

이James Kay(뒷날의 케이 셔틀워스Kay-Shuttleworth)를 위원장으로 지명하였다. 맨체스터의 노동계급의 상태에 관한 그의 저서는 콜레라가 최초로 그 도시에 퍼졌을 때 출판되었으며, 후에 엥겔스Engels가 자신의 논지를 펴는 데 확신을 주었다. 그러나 엥겔스는 노동조합의 세력을 약화시키는 수단으로 노동자 교육의 정당성을 강조하는 케이를 지지할 수는 없었을 것이다. 케이에 따르면 노동조합의 구성원들은 '최소한의 지식과 미덕' 을 갖추었지만, 노동자 교육은

> 노동계급 가운데 좀더 지적이고 대접받을만한 부류에게 영향을 미친다 . . . 노동자들을 단순히 공장의 기계적인 생산과정에 필요한 동력으로 취급하는 것에 대한 혁신적인 해결책은 . . . 사람들에게 무엇이 그들의 진정한 행복을 구성하는지, 어떻게 그들의 이익이 최고로 증진되는지를 가르치는 그런 교육이다.
>
> (Kay 1832: 111)

53. 1834년 영국에서 제정한 법률, 수정구빈법이라고도 한다. 1601년 이래의 구빈법이 교구를 단위로 하고 지방행정을 지주로 하고 있는 데 반하여, 국가통제로 빈민처우의 전국적 통일화와 구빈행정의 중앙집권화를 위하여 3명의 정부파견 위원 밑에 각 지방의 선거에 의한 구빈위원회를 설치하였다. 모든 원외구제를 중지하고, 잉글랜드와 웨일즈에 15,000개의 Poor Law Union을 설치하여 각 Union마다 새로운 강제노역소를 건설하도록 하였다.
54. Fellenberg, Philipp Emanuel von(1771~1844). 스위스의 교육자 겸 농업가. 1799년 베른 근교에 농업과 교육을 가르치는 시설을 설립하였으며 고아원과 직업학교 등을 세웠다. 교육에 있어 농업과 수공예 등 육체적 체험을 강조한 점에서 페스탈로치와 유사하였으나 사회계급을 유지하려한 점에서 서로 달랐다.

1834년에 신구빈법New Poor Law[53]이 제정된지 1년 후에, 케이는 정부의 파견위원이 되었고, 최초로 보직을 맡았던 이스트 앵글리아East Anglia에서 교사가 병으로 자리를 비운 동안 강제노역소 학교를 떠맡고 있는 13세의 남자아이를 발견하였다. 케이는 이때 교생pupil-teacher의 필요성을 확신하게 되었다. 이 젊은 교생들은 단순히 조교들을 대신하는 존재가 아니라, 경력이 많은 남녀교사의 도제로서 수련을 받은 후 교육대학training college에서 일정기간의 공식적인 준비과정을 거친 젊은 교사들을 의미하였다. 그는 펠렌베르크Fellenberg[54]와 페스탈로치로부터 대륙의 사상을 받아들였으며 스코틀랜드의 우드와 스토우로부터 계단식 좌석과 동시교육에 대한 신념을 받아들였다. 1838년에 런던으로 자리를 옮긴 후, 그는 이런 사상과 신념들을 1,100명의 아이들을 수용하는 노우드Norwood 강제노역소 시범학교에서 우드가 양성한 교원을 채용하여 시험해 보았다. 이 학교에서 얻은 명성으로 케이는 자연스럽게 새로운 교육위원회의 위원장이 되었으며, 그 결과 정부가 교육과 빈민구제에 개입하게 된 시초부터 이들 양자는 서로 얽히게 되었다. 그리고 씨본Seaborne과 다른 이들이 찾고자 하였으나 실패했던, 케이의 수많은 혁신적인 설계들의 출발점이 바로 이곳이었던 것이다.

관료주의적인 불평등에 대항하여, 케이는 노우드 학교에서 예배당의 기능도 겸하고 있었던 긴 직사각형의 방 하나를 한쪽 끝에 계단식 좌석이 있고 여섯 개 학급의 동시수업이 가능한 스쿨룸으로 개조하였다(그림 3.41). 그의 노력의 결과로 몇 개의 교육대학이 대부분 영국 국교회의 후원으로 설립되

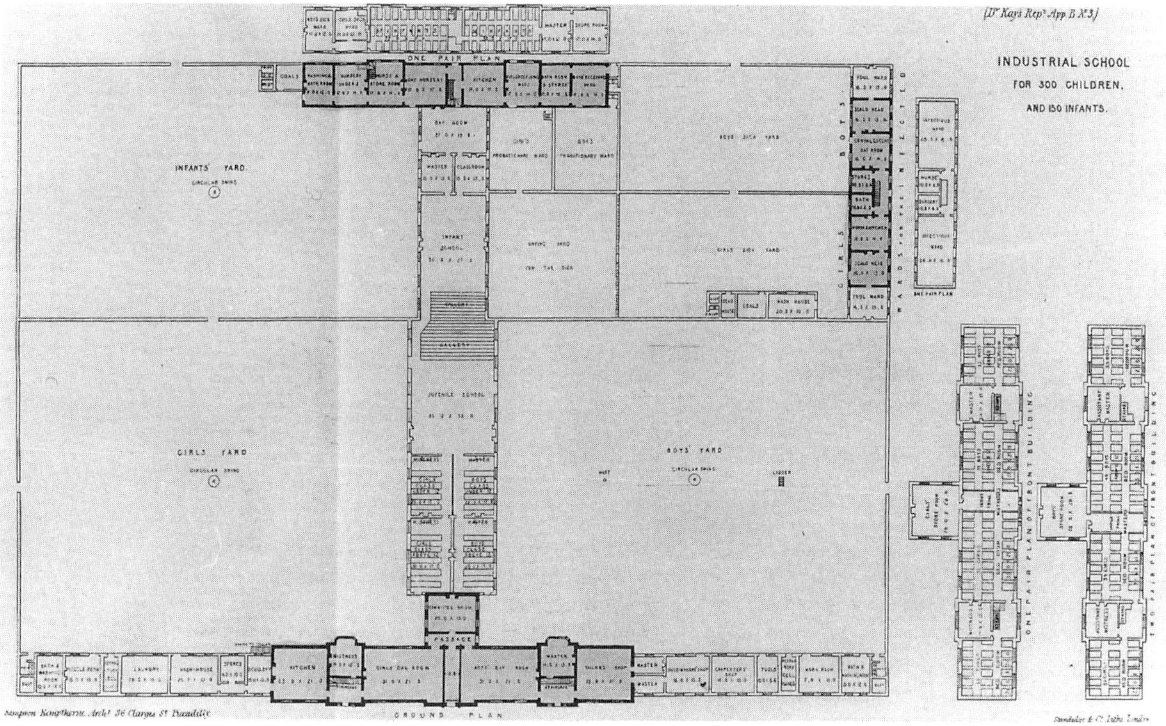

그림 3.42 켐프손이 구빈법 파견위원들을 위해 작성한 450인 수용의 근로학교 설계(1838)

출처: 구빈법 파견위원들의 4년차 보고서, 조든힐 대학 도서관, 글래스고

었다. 1845년까지 영국 국교회의 후원을 받는 교육대학들은 22개에 이르렀다. 이들 대학들은 계단식 좌석이 있는 스쿨룸 · U자 형태 · 학급교실들을 갖추고 있었다.

1834년 이후 근로학교들은 강제노역소 프로그램에 따라 건설되었다. 케이는 파견위원들의 보고서와 위원회 의사록을 통하여 그의 설계를 전파시켰다. 네 번째 보고서(1838년)에는 파견위원 위촉 건축가인 켐프손Kempthorne의 계획안(그림 3.42)을 수록하였다. 이 계획안은 450명의 아이들을 수용하기 위한 것으로, 네 개의 학급교실 그리고 두 방향으로(한쪽은 유아들 쪽으로, 반대쪽은 어린이들 쪽으로) 경사진 계단식 좌석을 갖추고 있었다. 다섯 번째 보고서(1839년)에도 유사한 프로젝트가 실렸지만, 케이는 어린이용 계단식 좌석을 유아로부터 분리시킬 것을 제안하였다. 또 근대적인 교사양성제도를 염두에 두면서, 기계와 기타 모형들을 위한 전시실을 설치할 것도 제안하였다. 켐프손은 1840년 규모가 훨씬 커진 프로젝트를 제안하였다(그림 3.43). 이 학교는 450명의 고아들의 교육, 교사양성 그리고 시범학교로서의 역할을 동시에 고려한 것으로서, 모두 스토우가 글래스고에서 했던 시도에서 영감을 얻은 것이었다. 중앙의 계단식 좌석이 딸린 유아 스쿨룸 주위로 계단식 바닥을 갖는 일곱 개의 학급교실 · 기숙사 · 말발굽 형태로 된 중앙의 극장 · 예배당 · 독신자와 기혼자 교생들을 위한 대규모 숙소 · 수공예 작업실 등이 계획되었다. 이런 복합유형은 위원회의 초대 검열관인 세이모어 트리먼히어Seymour Tremenheere가 네 번째(1842-3년) 의사록에서 열렬히 환영하였던, 리버풀과 맨체스터의 대규모 학교들에서 그 정점에 이르렀다.

보통의 일반적인 학교들을 위한 재정지원은 훨씬 열악하였다. 그럼에도 불구하고 위원회는 시범계획안을 실현하기 위한 혁신적인 프로그램에 즉시 착수하였다. 케이를 통하여

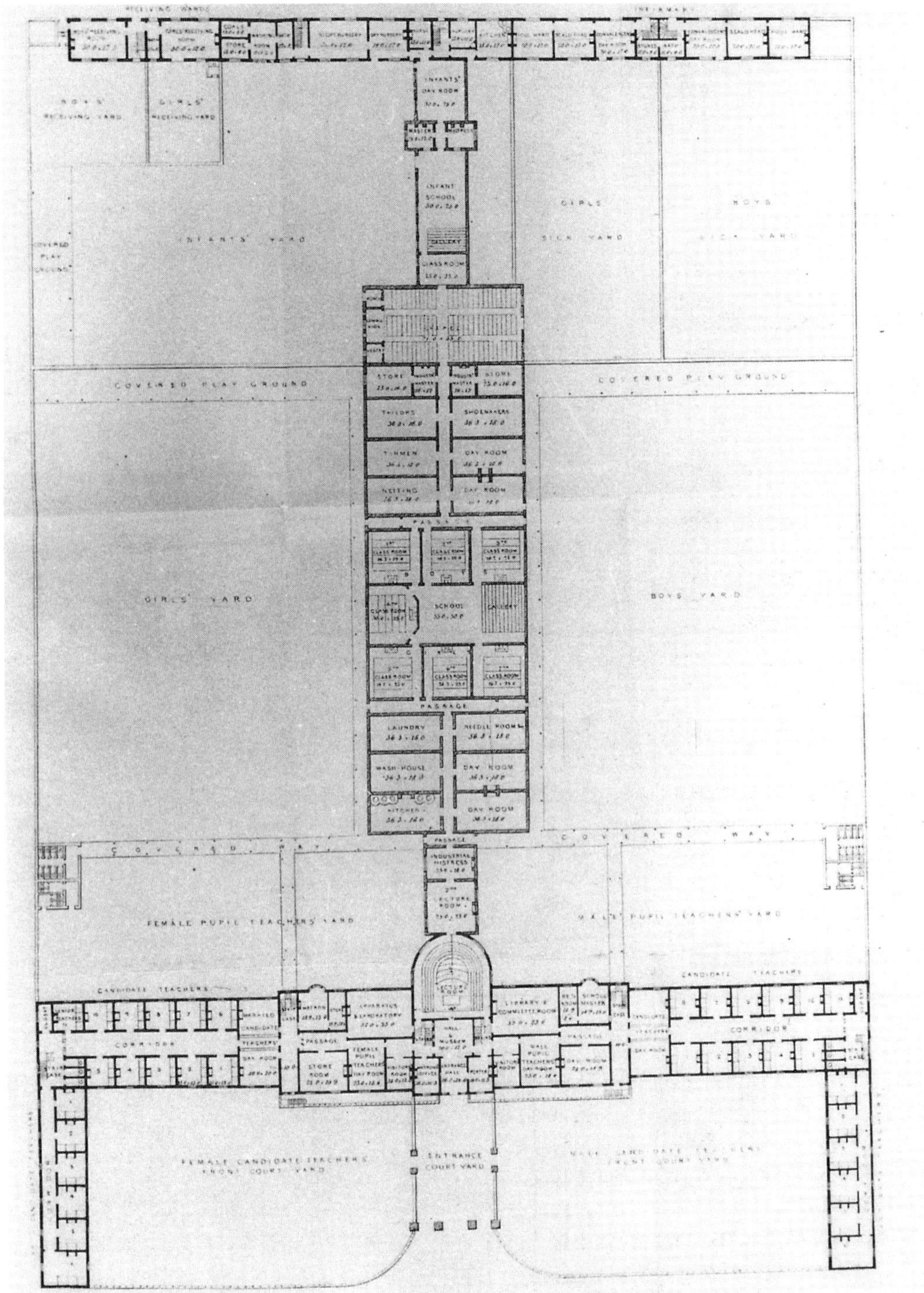

그림 3.43 켐프손이 작성한 450인 수용의 고아원과 사범학교 설계(1840)

출처: 추밀원 의사록(1839-40)

위원회의 생각은 정부파견위원들의 생각과 유사해졌다. 그러나 실제로 학교를 설립하기 위해서는 이데올로기적이며 정치적인 충돌로 발생되는 미묘한 차이점들이 모두 고려되어야만 하였다. 케이는 교생들의 보조를 받는 남녀교사가 운영하고, 자격을 인정받은 보조교사 한 사람이 동시교수법에 의해 한 학급씩을 가르치는 체제를 전적으로 지지하였다. 하지만 시범계획안들은 보조금을 분배하는 역할을 담당한 협회들이 조교제도를 확고하게 지지한다는 점을 반영해야만 하였다. 물론 조교들의 역할은 기계적인 임무와 아주 나이 어린 아이들에 대한 교육 등에 제한적으로 적용되기는 했지만 말이다.

따라서 역시 켐프손이 설계한 첫 번째 시범계획안에서, 위원회는 '동시교육'의 이상을 '상호교육'과 희석시킨, 그래서 '혼합교육' 방식으로 불리게 된 것을 제시할 수밖에 없었다. 계획안들을 이해하기 위해서는 이 용어들이 먼저 분석되어야 한다.

상호교수법 또는 조교교수법은 앞에서 기술되었다. 아이들은 작은 그룹단위로 벨의 U자 형 또는 랭커스터의 반원형으로 배치된 책상들에 자리 잡으며, 아이들 중에서 선발된 조교들은 동료 학생들을 한 명씩 연속해서 가르쳤다. 스쿨룸에는 가장자리에 고정된 쓰기용 책상들과 완만한 경사를 이루는 중앙부에 열을 맞춰 고정된 책상들이 있었다.

위원회는 스토우가 유아학교와 초등학교에서 사용했던 동시교수법을 참조하였다. 교사는 계단식 좌석에서 전체 학생들을 가르쳤고, 나이와 성적에 따라 구분된 보다 작은 학급들은 학급교실에서 교육했는데, 학급교실에서는 학생들을 개인적으로 평가하였다. 또한 학급들은 계단식 좌석에서도 **시간적으로**(순서에 따라 돌아가면서) 혹은 **공간적으로**(앞과 뒤로, 줄 단위로 혹은 커튼 등으로 나누어진 구획별로) 분리되어 동시에 교육받았다.

학급들을 하나로 편성하거나 또는 교대로 가르친다 할지라도, 교사가 직접 가르칠 수 있는 학급 수는 한정되어 있었다. 따라서 학교가 커짐에 따라 학급 수는 교사의 능력범위를 넘어서게 되었으며, 위원회는 교사의 통제 아래 교생이나 보조교사를 이용할 것을 제안하였다. 재원이 부족할 경우 어린 아이들을 조교로 활용하는 것이 용납되었지만, 이 경우에도 상호교육의 경우에만 국한되었다. 이 '혼합' 교수법은 동시교수법과 상호교수법이 조합된 것이었으며, 학교는 몇 부분으로 나뉘어져서 그 각각의 부분들에 대한 직접적인 감독은 교사에게서 하급자, 즉 교생이나 조교에게로 위임되었다.

제시된 시범안들은 성취도에 따라서, 때로는 성별에 따라, 학급 단위로 구성된 아이들을 공간적으로 분리한다는 전제를 가지고 있었다. 아이들은 높지는 않지만 공간을 많이 차지하는 계단식 좌석에 고정되어 있는 책상들에 앉게 된다. 시범안에는 그런 책상들을 갖춘 두 개 혹은 그 이상의 스쿨룸들이 있으며, 이들은 보통은 낮은 칸막이로 분리된다. 성별 구분과 학급별 구분은 줄별로, 또는 블록별로, 때로는 커튼이나 이동식 칸막이에 의하여 이루어진다. 작은 학교에서는 교사책상 하나에서 두 개의 스쿨룸을 통제한다. 규모가 큰 학교에서는 스쿨룸별로 교사책상이 하나씩 있으며, 이 자리에는 교사와 교생, 보조교사가 교대로 앉게 된다. 가장 규모가 큰 시범안에서는 각기 독립된 **학급교실**들이 있다.

유아들은, 그들만을 위한 교사와 여교사가 있으며, 모든 유아들을 수용할 수 있는 계단식 좌석을 갖춘 큰 규모의 스쿨홀school hall을 갖게 된다. 때로는 윌더스핀 - 스토우 모델에서처럼 작은 학급교실들이 있는 경우도 있다. 유아들이 밖에서 놀 때에는 초등학교 학생 전체가 계단식 좌석에서 음악이나 종교교육을 받을 수 있다. 홀과 계단식 좌석은 학교의 아침저녁 종교모임에도 사용된다.

교육협회들(영국협회와 전국협회)의 완고한 태도로 인하여, 위원회는 모든 시범계획안에 벨과 랭커스터의 '상호식' 대안을 수록할 수밖에 없었다. 이 대안들은 작은 크기로 희미하게 인쇄되었다. 그 결과 구빈법이 적용되는 가장 형편이 나빴던 아이들이 가장 발전된 교육과 훈련 방법의 혜택을 최초로 받게 되는 역설적인 상황이 발생하였다.

첫 번째 의사록(1838/40)에는 네 그룹의 설계안들이 있었는데, 첫 번째 그룹은 소규모 학교를 위한 것으로, 몇 개의 설계안에는 유아학교가 포함되어 있었다. 두 번째 그룹은 중규

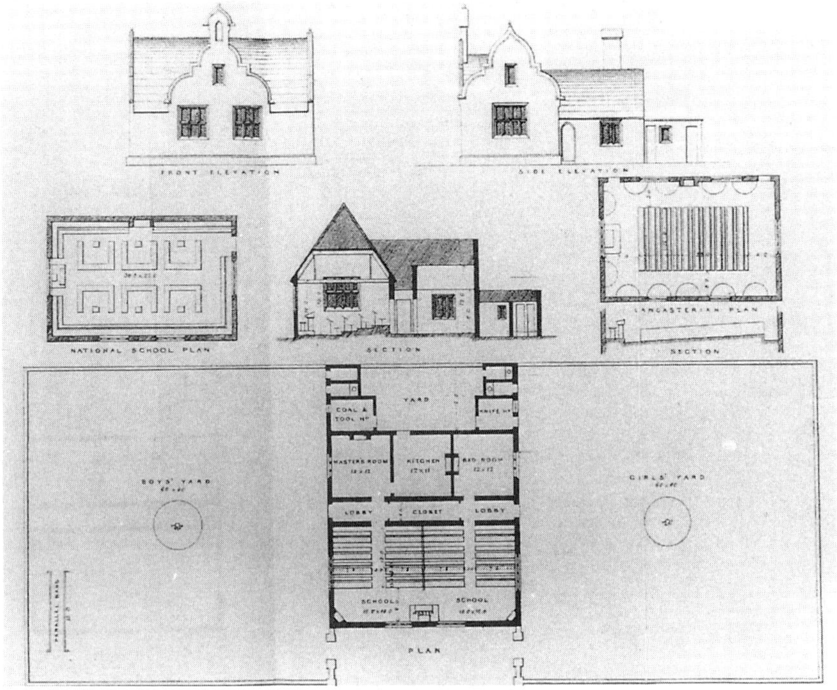

그림 3.44 추밀원 교육위원회 시범계획안, 80인 수용규모(1839–40)

출처: 추밀원 의사록(1839-40)

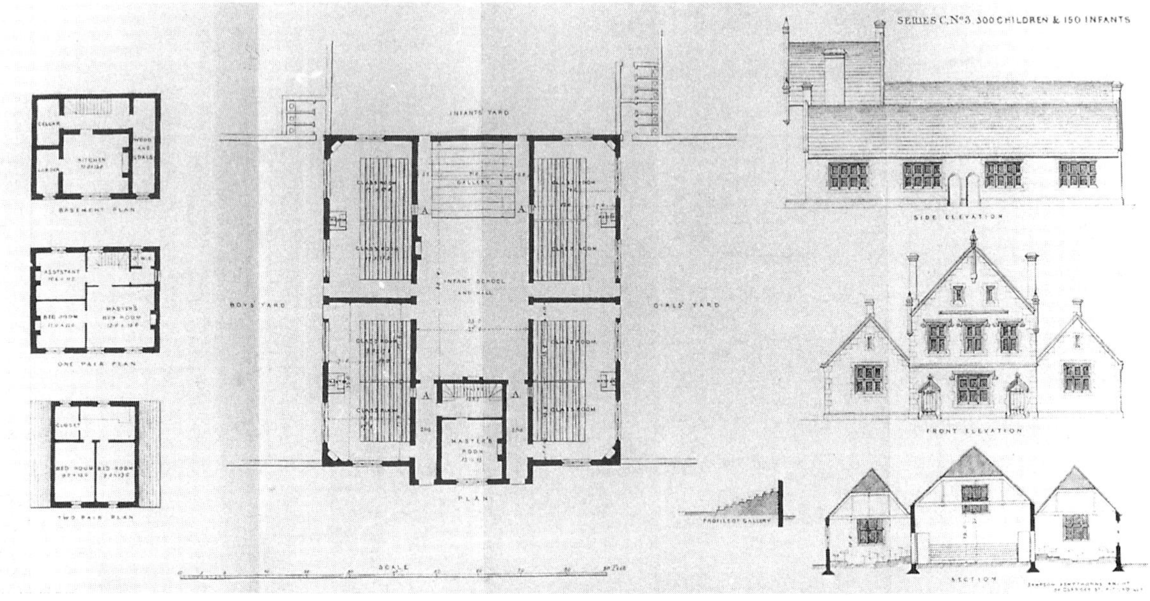

그림 3.45 추밀원 교육위원회 시범계획안, 450인 수용규모(1839–40)

출처: 추밀원 의사록(1839-40)

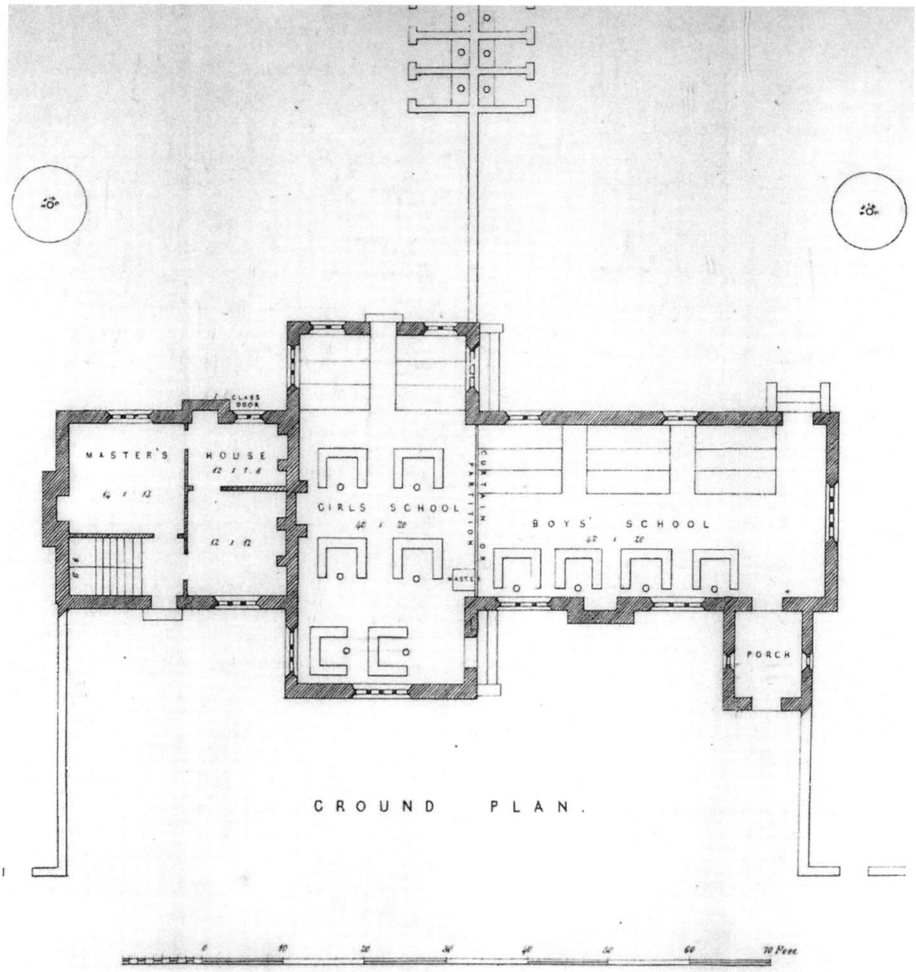

그림 3.46 추밀원 교육위원회 시범계획안, 273인 수용규모(1844-5)
출처: 추밀원 의사록(1844-5), 대영도서관

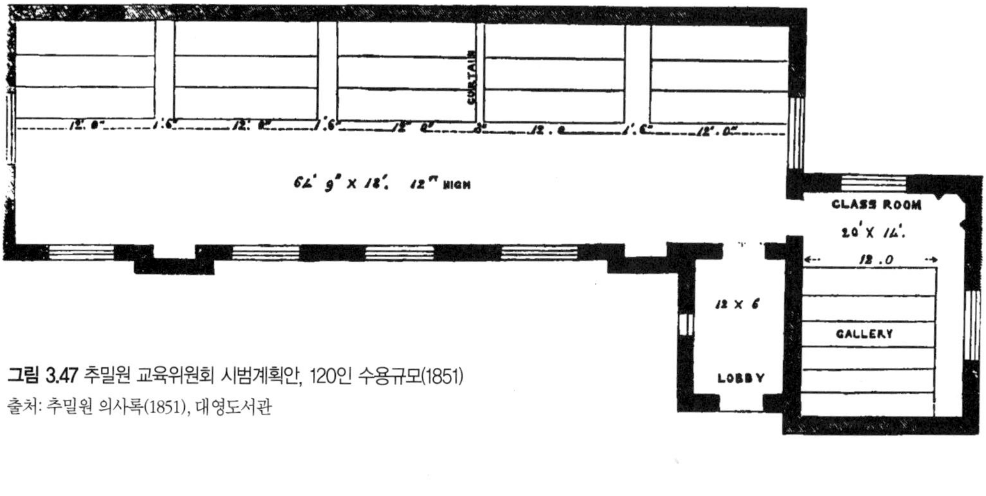

그림 3.47 추밀원 교육위원회 시범계획안, 120인 수용규모(1851)
출처: 추밀원 의사록(1851), 대영도서관

모 학교를 위한 것으로 벨과 랭커스터의 대안들도 함께 표시되어 있었다(그림 3.44). 세 번째 그룹에서는 중요한 변화가 이루어졌다. 유아학교는 한쪽 벽에 꽉 차는 계단식 좌석이 설치된 커다란 중앙 '홀'을 사용하였고, 초등학교는 중앙 홀 양쪽에 위치한 학급교실들을 스쿨룸 대신 사용하였다. 그림 3.45는 300명의 어린이들과 150명의 유아들을 위한 모델이었다. 네 번째 그룹은 비좁은 도시 내 부지를 위한 3층으로 된 모델로, 교사의 책상 앞에는 단 하나만의 교습용 반원이 있었다.

숙련된 교원의 수가 매우 부족했으므로 위원회는 부분적인 상호교수법으로 복귀하게 되었고, 보조금의 4/5가 전국협회의 학교들에 사용되었기 때문에 두 협회 모두를 만족시키려는 시도는 포기되었다. 위원회가 새로 고용한 건축가인 웨스트맥코트Westmacott에 의해 설계되어 1844년 의사록에 수록된 계획안들에는, 블록화된 고정좌석들과 결합된 상태로, 마드라스의 교습용 U형태를 갖춘 스쿨룸들이 있었다(그림 3.46).

1851년에는 흔들리던 시범계획안들이 마침내 안정을 찾게 되었다. 홀에는 U형이나 반원은 사라지고 커튼으로 구획될 수 있는 책상들이 계단 모양으로 블록화되어 배치되었으며, 유아학교는 전체가 계단식 좌석으로 이루어졌다(그림 3.47). 이런 유형의 평면구성은 1870년의 교육법 이후까지도 존속되었다. 이 해에 런던학교이사회 소속 건축가인 롭슨Robson은 쇼어디치Shoreditch의 뉴 노스 스트리트 학교를 혼성 형식으로 창안하였다. 이 학교에는 한 개의 중앙홀, 대부분의 학급들이 세 개의 그룹으로 나뉘어져 수용되는 넓은 스쿨룸들, 나머지 학급들을 위한 독립된 학급교실 등으로 구성되었다(그림 3.48). 남자아이들과 여자아이들의 출입구는 서로 멀리 떨어져 있으며, 아이들은 운동장에서 각기 크고 작은 계단식 좌석과 좌석들을 갖춘 유아 학교로 진입한다. 그리고 계단을 통해 다음 층의 초등학교 학급교실들에 이르게 된다.

공간구조도(그림 3.49)는 반세기 동안에 성취된 깊이와 분절을 보여주고 있다. 전체는 수형樹形구조를 이룬다. 학교 앞 도로에서 이루어지는 첫 번째 가지분화는 성별의 분리이다. 분화된 각 가지에서 계단은 다음의 작은 가지들(유아학교와

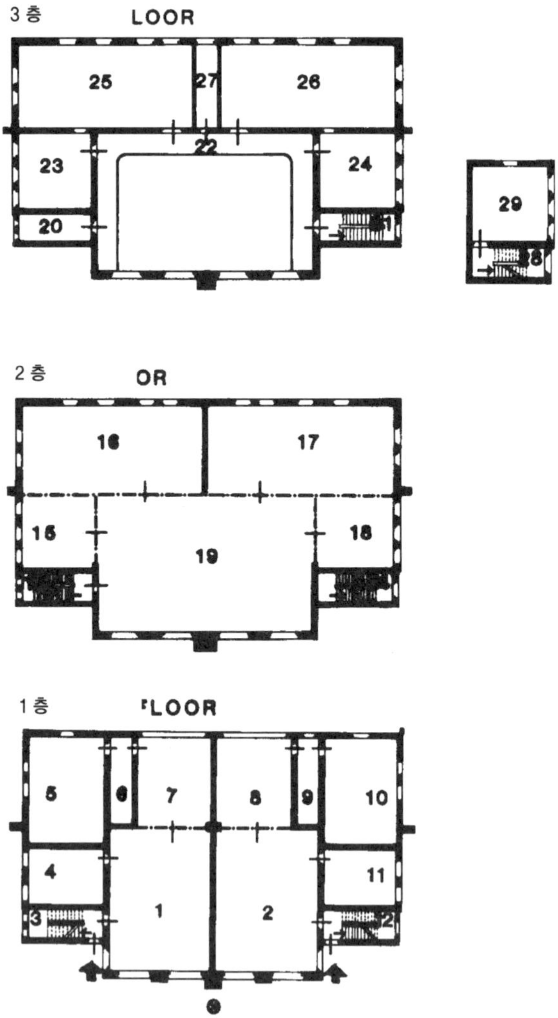

범례

1 남아용 스쿨룸	11 여아용 학급교실	21 계단
2 여아용 스쿨룸	12 계단	22 복도/발코니
3 계단	13 계단	23 학급교실
4 남아용 학급교실	14 계단	24 학급교실
5 아기방	15 학급교실	25 여아용 스쿨룸
6 화장실	16 남아용 스쿨룸	26 여아용 스쿨룸
7 남아용 계단식 좌석	17 남아용 스쿨룸	27 화장실
8 아기방	18 학급교실	28 계단
9 화장실	19 홀	29 여아용 학급교실(4층)
10 아기방	20 계단	

그림 3.48 롭슨이 설계한 뉴 노스 스트리트 학교의 평면도(1874)

출처: Robson(1874), 저자 재작성

초등학교)의 뿌리가 된다. 유아학교에서 가장 깊은 공간은 '아기방'이며(5 · 10) 초등학교에서는 여자아이들의 교실들이다(23 · 25 · 26 · 24 · 29). 끝부분에 아기들과 여자아이들이 위치한 것은 이들이 가장 약한 집단으로 정의되었음을 의미한다. 실제로 남자아이들 쪽의 계단은 3층까지 올라가지 않고 2층에서 멈추게 되지만, 만약 2층을 넘어 계속 이어졌더라면 점선으로 연결된 고리를 통하여 남녀로 구분된 두 개의 수형구조를 서로 연결시켰을 것이다. 3층 복도(22)가 갖는 통합의 역할 또한 명확하다.

비록 롭슨(1874년)이 짧은 복도, 즉 회랑식 복도를 갖는 설계안들을 출판하여 방과 방을 통하지 않고도 다른 공간으로 이동할 수 있는 학교를 제안하였지만, 복도를 통해 모든 방이 연결되는 초등학교가 실제로 나타난 시기는 20세기에 접어든 뒤였다. 하지만 2차 세계대전 이후에 복도가 학교평면에서 다시 사라졌다.

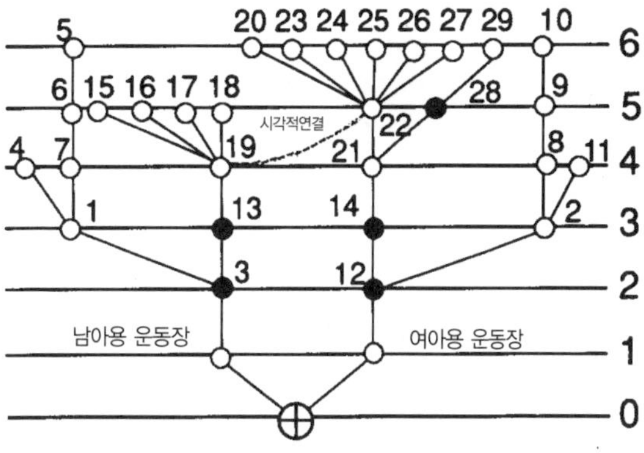

그림 3.49 뉴 노스 스트리트 학교의 공간구조도
출처: 저자 작성

공화국의 미덕

미국에서는 개인과 소집단에 훨씬 많은 배려가 주어졌다. 이미 1831년 올커트Alcott(1832)의 평면계획에도 동시교수를 위한 개인별 책상이 나타난다(그림 3.50). 또 다른 평면에는 조교제에서 사용되는 반원들이 나타나는데, 교사용 책상 하나와 조교용 책상 하나가 교단 위에 놓여 있고, 남자아이들과 여자아이들의 출입구는 분리되어 있으며 다섯줄로 된 책상들은 블록을 이루며 구분되어 있다. 1848년의 버나드Barnard의 평면들은 2인용 학생책상을 보여주며 동시교수법의 또 다른 변형을 보여준다. 랭커스터 경향의 평면이 보이기는 하지만, '순수하게 랭커스터 교수법으로 운영되는 학교는 요즈음에는 거의 없다' (1848: 201).

버나드의 1850년 개정판은 랭커스터 방식의 뉴욕판 변형을 보여준다. 유아학교에는 200명을 수용할 수 있는 계단식 좌석이 있는데, 중앙을 향해 줄지어 놓인 책상들은 네 개의 블

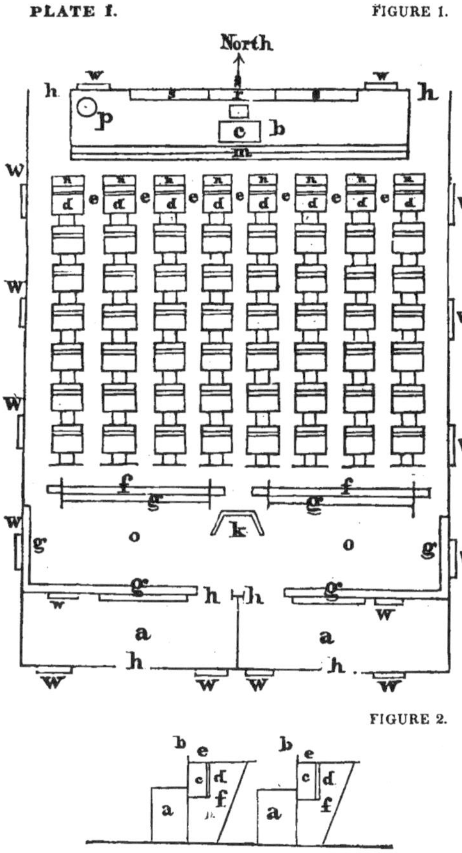

그림 3.50 올커트가 설계한 스쿨룸, 개인별 책상이 배치됨(1832)
출처: Alcott(1832), 대영도서관

그림 3.51 모트가 특허권을 지닌 주철제 회전의자(1850)
출처: Bernard(1850), 대영도서관

록을 이루고 있으며 교습용 반원들은 없다. 상부 두 개 층에는 남자아이용과 여자아이용 스쿨룸들과 학급교실('암송' 실)이 있는데, 스쿨룸들에는 전면을 향하는 책상들이 한 줄에 여덟 개씩 놓여있고 각 줄의 끝에는 조교들의 자리가 있다. 다른 평면에서는 18개의 아이들 책상이 안쪽을 향하도록 배열되어 교실 중앙의 교습용 포스트를 에워싼 타원형을 형성하고 있다. 뉴욕판 변형은 또한 새롭고 인간공학적으로 설계된 주철제 회전의자를 장려하였는데, 그 의자는 모트Mott가 특허권을 갖고 있었으며 척추의 휘어짐과 어깨의 처짐을 방지하는 형태였다(그림 3.51). 여자들의 자세에만 관심을 가졌던 이 의학 보고서의 성적인 편견은 뒤에 나오는 타자수의 사무용 의자에 대한 이야기와 맥락을 같이 한다.

순수한 자연과 훈육된 육체들

자세란 성 · 위생 · 육체 등의 주제를 둘러싼 일련의 사고방식들 중의 일부에 불과하다. 우리는 단순하고 순수하며 고결하고 창조적인 자연이 도시의 혼돈 · 더러움 · 비도덕성 · 퇴폐 등의 반대 개념으로 인식되었음을 앞에서 살펴보았다. 씻기에 대한 세밀한 규칙이 있으며, 손이나 얼굴, 옷이 더러운 상태로 학교에 등교하는 것에 대한 처벌이 있다. 남자와 여자는 현관 · 운동장 · 옥외화장실 · 교육공간 등에서 분리된다. 스쿨룸의 통풍이나 난방 또는 신선한 공기의 공급은, 부분적으로는 아이 한 명 당 공간의 최소크기를 계산하여 신중하게 조절된다. 건강은 교육과 마찬가지로 유익한 투자이다.

> 시간이 돈인 것처럼 건강도 돈이다. 그리고 아이를 그런 나쁜 설비와 그런 더러운 공기에 둘러싸인 채 있게 하는 것은 대단히 잘못된 경제이다. 이런 환경에서 아이는 육체적인 활동에 부적합하게 되며, 천천히 하지만 틀림없이 허약한 체질로 바뀌게 된다.
>
> (Alcott 1832: 7)

독일에서는 이와 같은 환경에 대한 관심이 공기의 조절로부터 빛의 조절로 바뀌어 진다.

그러나 청결보다 더한 것이 있다. 정신과 성격이 유순해지기 위해서는 신체 그 자체의 훈육이 요구된다. 맥킨토시McIntosh(1957)와 스미스Smith(1974)는 '체육' 이라 불리는 신체의 통제에 대한 유럽대륙, 특히 독일의 선례들과 영국의 퍼블릭스쿨[55]의 영향에 관하여 탐구한 바 있었다. 체육은 군국주의와 밀접하게 연결되어 있다. 조교제 학교에서는 집단뿐만 아니라 학생 개개인의 자세와 동작, 시선의 접촉에 대한 규정들은 매우 상세하여, 바닥에 그려진 선이나 황동 줄눈 그리고 조교의 동작에 따라 통제되었다. 얼굴, 특히 눈은 학생의 성격과 배우고자 하는 자세를 의미하였다. 경사진 바닥 · 높게 자리잡은 교사의 교단 · 계단식 좌석 · 단을 이룬 책상들은 시각적인 감독을 위한 직접적인 도구들이었다. 골상학자들에 있어서는 두개골의 형상마저도 교수법과 밀접한 관련이 있었다.

55. 영국의 기숙사제 사립 초중등학교. 가정에서 개인교사에게 교육받는 것Private에 비하여 대중을 위한 교육기관이라는 의미로 public이란 용어가 붙었다.

오웬이나 윌더스핀 그리고 다른 사람들이 아이들로 하여금 음악에 맞추어 춤추고 행진하고 율동하게 했던 방식은, 정적인 신체의 훈육을 시간적 측면으로 확장시킨 것이었다. 여기에 교육과 노동의 놀라운 유사성이 존재한다. 공장노동자들의 거주지는 기계와 공장에 근접해 있어야 하였다. 그러나 근무교대제 · 종소리 · 시계 등은 이 관계를 공간에서 시간으로 확장시켰던 것이다.

도덕성의 계산

어디에서건 건물과 대지 · 교사들과 교사의 양성 · 책 · 공책 · 펜 · 놀이기구 등에 소요되는 재원이 중요한 문제였다. 팰리스터Pallister(1973: 147-58)는 19세기 중반의 학교에 대한 자본투자 규모를 조사하였다. 씨본(1971: 140-2)은 전국협회 학교들의 경우, 대략 한 좌석 당 2파운드였던 최초의 평균비용이 1820년대와 1830년대에는 20퍼센트가 감소하였음을 보여주었다.

대지와 건물 비용을 줄이는 하나의 방법으로 다른 건물의 기초나 벽 또는 지붕을 사용하는 방법이 있었다. 1838년 북맨체스터의 리브시Livesey 스트리트의 카톨릭 교구에 지어진 학교가 이런 방식을 사용했는데, 이 소년학교는 연립 테라스하우스 위에 자리 잡았으며 아이들은 한쪽 끝에 있는 계단을 통하여 스쿨룸에 들어갔다.[원주9] 이런 공간구조는 10장에서 논의되는 노동자의 테라스하우스 위에 지어진 내부가 개방된 직조장loomshop의 공간구조와 같다.

최초의 헛간 같은 학교 건물들은 거의 장식이 없었으며 마감에 최소의 비용만 사용되었다. 일단 학교들이 건물 자체의 질을 고려하여 지어지기 시작하자 비용이 급등하였다. 학교설계에 있어서 표준적인 초기 작품의 설계자인 켄덜Kendall의 1847년 설계를 예로 들면 그 비용은 50% 증가되었다. 5년 후에 클라크는 비용을 40년 전과 비교해서 3배나 증가시켰는데, 인플레이션의 영향은 미약하였다.[원주10] 이런 비용 증가는, 사실 1851년 위원회 의사록에서 공간의 확대가 거론되기는 했지만, 공간의 표준적인 크기가 증가했기 때문이거나 혹은 마감의 질이 향상된 것 때문은 아니었다. 그것보다는 학교건물이 단순히 기능을 수용하는 구조물에서 '건축'의 차원으로 발전하였기 때문이었다. 이제 학교는 형태적으로도 공을 들여야 하는 건물이 된 것이다.

학교건물에서 최초의 조악한 실용주의적인 헛간에 뒤이어 간소화된 고전주의가 나타났다. 1830년대에는 튜더 양식[56]이 선호되었는데, 그 이유는 고전주의가 갖고 있는 이국적인 느낌이나 혹은 스머크Smirke의 대영박물관British Museum과 같은 거대한 기념비적인 고전주의 건물에 비해 좀더 영국적이었기 때문이었다. 학교들이 건축가들의 작품집에 등장하게 되면서, 고딕 양식이 튜더 양식을 대체하게 된 것은 퓨진의 고딕 복고풍이 유행한 때문이며 또한 이데올로기 때문이기도 하였다. 고딕 양식은 경제성과 함께 그것이 갖는 이교도적인 고전주의에 대조되는 기독교적 함의 때문에 의도적으로 선택되었다. 예를 들어 켄덜은 학교 건물은 절반은 종교적이고 또 절반은 교회적인 성격을 띠어야 한다고 주장하였다(Seaborne 1971: 212). 그는 또한 교육이 확대되는 것을 '민족건축[57]을 전시하기 위한 숭고한 기회'로 인식하였다. 고딕

원주9. The Rev. H. Yarnitzky(ed.) St Patrick's, Manchester: Centenary Souvenir, 1832-1932(1932: 17)은 '주택 상부에 위치한 학교'에 관하여 언급하고 있다. Adshead의 맨체스터 지도(1850)에는 테라스의 절반이 '학교'로 표현되어 있는데, 같은 시기의 지적도에서 전체 블록이 연립 테라스주택들로 표현되어 있음을 고려하면, 아마도 이것은 상부층을 표현하는 도해기법인 것 같다.

원주10. 씨본(1971)은 켄덜이 설계한 7개의 학교와 클라크가 설계한 11개의 학교를 대상으로 학교 당 건설비용을 제시하였는데, H. E. Kendall의 *Designs for schools and school houses etc.*(1847) 및 J. Clarke의 *Schools and school houses etc.*(1852)에서 산출한 결과이다.

56. 헨리 7세에서 엘리자베스 1세에 이르는 튜더왕가시대(1485-1603)에 성행한 건축과 그 장식 양식. 15세기 말부터 거의 1세기간 계속되었다. 영국 수직적 고딕 양식으로부터 변형된 양식으로 특징으로는 사각형 멀리온 창 · 장식적인 굴뚝 · 돌출된 베이 윈도우 · 목재나 다른 색상의 벽돌로 대각선 문양을 넣은 벽돌쌓기 등이다.

57. 영국인들은 자신들이 고딕 양식을 창안하였다고 믿었으며, 따라서 고딕 양식은 자신들의 민족 양식이라고 생각하였다.

양식은 전원적이며 소도시적인 성격을 갖고 있었고 이런 특성은 도시에 대한 교육개혁가들의 불신과도 잘 어울렸다. 합리주의자나 비국교도 후원자들도 이처럼 영국 국교와 밀접하게 관련된 것들을 느리지만 천천히 받아들이게 되었으며, 웨슬리 교인들조차도 서서히 고전주의를 포기하였다(Jobson 1850). 하지만 스코틀랜드에서는 고딕 양식의 영향력이 미약하였다. 스토우는 기존의 양식에서 벗어나거나 애매한 고전주의 형태로 학교들을 설계하였으며 1850년에 이르기까지 단 하나의 고딕 양식의 학교를 설계했을 뿐이었다. 공화국인 미국에서는 고전주의적인 전통이 좀더 견고하였다. 버나드의 표준설계도집 1848년판에 수록된 학교들은 모두 고전주의 양식이었으나, 뉴욕시 무상학교New York City Free Academy만은 고딕 양식이었다. 이 학교의 설계자인 제임스 렌위크James Renwick는 그 건물의 웅장한 홀은 고딕이 아닌 '그 어떤 다른 양식' 이 될 수는 없으며 따라서 외부형태 역시 이에 따라야 한다고 주장하였다. 게다가 고딕 양식은 '그리스, 로마 혹은 근대 이탈리아 양식' 보다 훨씬 더 경제적이었다(Barnard 1848: 183-4).

학교에 투자되는 자본과 운영비용이 방정식의 좌변을 이루었다면, 재산손실을 감소시키고 경찰과 교도소의 비용을 줄이는 범죄의 방지효과가 우변에 있었다. 이런 계산법은 종교적인 지향이나 정치적인 성향에 관계없이 선구적인 교육자들 사이에서 보편적으로 받아들여졌다. 레이키Laike · 오웬 · 벨 · 랭커스터 · 윌더스핀 · 스토우 등이 이 논리를 이용하였다. 만약 강제노역소 아이들의 십분의 일(1/10)이 적절치 못한 교육 때문에 중죄인이나 극빈자가 되어 공공의 부담이 될 경우에, 그들과 그 가족들의 반년동안의 생계비만으로도 제대로 개발된 교육체제의 운영비용을 훨씬 초과할 것이라고 케이는 판단하였다(Kay 1839: 12).

58. 영국 시인 알렉산더 포프(1688~1744)는 자연세계의 모든 생명체는 가장 하등의 것으로부터 가장 고등인 인간에 이르기까지 완전히 연속적인 하나의 사슬을 이루고 있다고 주장했다. 7장을 참고하라.

보이지 않는 증기기관

산업혁명기의 학교는 일반적으로 사회를 형성하기 위한 사회적 실험실이자 도구로서 이해된다. 하지만 학교와 사회의 관계가 어떻게 물질적으로 실현되었는가에 대한 증거를 찾지 못한다면, 이런 생각은 설득력이 없다. 그리고 그 증거는 학교 건물에 대한 유형학적인 설명에 반드시 필요한 것이다.

관계의 변화의 한가운데에 종種, class으로 대변되는 정교한 분류법의 등장이 있다. 계몽주의는 '분류' 에 대해 지대한 관심과 노력을 기울였으며, 그 결과 포프Pope가 주장한 '생명의 사슬Great Chain of Being[58]' 이라는 연속적인 질서를 무너뜨리고, 식물에 관한 것이거나 사회에 관한 것이거나 간에, 정교한 분류법으로 그것을 대치하였다.

해밀턴(1980)은 아담 스미스가 학급class의 개념을 사용하기는 했지만 그 용어를 사용한 것은 아니었으며 이후의 저자들이 이 용어를 교육에서 차용한 것 같다고 기술한다. 파리대학교의 연구를 참조하면 학급의 개념은 1517년에 벌써 등장한다. '공감sympathy' — 보편적으로 공유하는 이해관계 혹은 도덕적 평등 — 과 '경합emulation' 에 대한 스미스의 개념은 특별히 중요하며, 그것에 의하여 자기개선을 통해 차별화가 이루어진다. 앞에서 보았듯이 두 용어 모두 교육분야에서 사용되었다. 스미스에 있어서 그 둘은 통합되었으나, 교육 분야에서 '경합' (경쟁)은 '공감' (공유와 협동)과 반대되는 용어였다.

조교제 이전의 학교에서 교사와 학생은 직접적으로 접촉하였다. 학생들은 응집력 있는 집단도 아니었으며 또한 경쟁관계도 아니었다. 조교법은 우수학생과 열등학생으로 이루어진 짝 사이의 상호작용을 유지하면서도 경쟁을 도입함으로써 관계를 변화시켰다. 그 경쟁은 처음에는 학급 내에서 연속적인 서열의 변경을 통한 개인간의 경쟁이었고 나중에는 여러 음절로 된 단어를 읽는 능력에 의해 나누어진 학급의 구분을 넘기 위한 경쟁이었다. 공동 교육이 없었기 때문에 학급 또는 '분단' 내부의 연대도 없었다. 사회에서처럼 학급의 경계는 상대적으로 고정적인 상태였지만, 학급 내부의 개인은 경쟁에 의해 유동적이었다. 학급의 경계는 넘을 수도 있었지만 많은 노력이 필요했으며, 나이에 근거한 경계를 넘는 것은 불가능하였다.

공간은 두 종류의 구조를 나타내는 기호가 되었다. 그 첫 번째는 경쟁적인competitive 구조로, 이 구조는 학급이나 분단 내부에서 더 나은 자리를 차지하는 것으로부터 또는 학습성과에 따라 줄 · 블록 · 교실 등으로 학급들을 분리시키는 것으로부터 생겨났다. 다른 하나는 조직적인organisational 구조로, 벨의 '아일' · 랭커스터의 반원형으로 배열된 분단들과 그 양 끝에 조교의 자리가 있는 열 지어 배열된 책상들에서 볼 수 있다. 두 경우 모두 권력은 깊은 수형구조의 위계질서를 따라서 흐른다. 즉 교사 · 수석조교 · 조교 · 조교보조 · 그리고 아이들 순으로 권력의 크기가 줄어든다.

윌더스핀에 의해 학교 구성원들의 관계에 있어서 최초의 중대한 전환이 발생하였다. 집단(학급과 분단)들은 이제 함께 교육받았다. 집단의 구성원들은 교사와 상호작용을 공유하게 되며 이러한 경험은 연대를 형성하는 기본이 되었다. 이것은 학생 전체가 계단식 좌석에 수용되는 경우에 더욱 그러했으며, 이처럼 학급의 구분이 없는 상태에서의 연대는 스미스의 '공감'을 완벽하게 표현하는 것이었다. 학급교실에서 동시교육을 받는 학급들 역시 연대를 발전시키지만, 학급의 구분이 성적에 의해 이루어지기 때문에 학급간의 경쟁도 유발되었다. 또한 평가가 여전히 개별적으로 이루어졌으므로 동시교육에 있어서 연대는 언제나 개인간의 경쟁에 의하여 약화되었다.

윌더스핀의 운동장은 협동과 공동놀이를 통하여 성격과 도덕적 행동을 발전시키기 위해 계획되었다. 스쿨룸과 학급교실에서는 중앙의 통제 하에 결속과 경쟁이 촉진되는 반면에, 운동장은 제한 없는 경쟁이 가능한 자유시장과 유사한 곳으로, 생존하기 위한 전략으로 협동이 필요하다는 도덕적 수사에 의해서만 제한 받는다. 이것은 사회적 충돌을 발생시키는 인간본성을 극복하기 위한 현실적인 시도였다. 하지만 제한 없는 시장과는 달리, 운동장은 인간본성의 어두운 측면에서 기인하는 파괴의 가능성을 확인시켜 주었다. 평화의 진정한 담보물은 신중한 감독이었으며, 이것은 정의의 보증인으로서 국가의 역할과 유사하였다.

학생 전체가 학급으로 나뉘고 동시교육을 받는 것이 마지막 단계이었다. 개방된 스쿨룸이나 홀 혹은 개별적인 학급교실 중 어디에 있거나 간에, 분리된 좌석블록은 개인의 독자성과 학급의 연대 그리고 학급간의 경쟁이 합쳐진 새로운 사회에 대한 마지막 공간적인 확증이었다.

해밀턴(1983)은 학급 시스템의 또 다른 근원을 제시한다. 좀더 나이든 아이들을 '40명에서 50명 정도의 학급'으로 구성한 뒤 '일반적인 강의'에 의해 교육시켰던 로버트 오웬의 방법과 더불어 오늘날과 거의 비슷한 글래스고 대학의 학급 단위의 수업이 그것이었다.

독립된 학급교실은 처음 도입될 때부터 교사의 지위와 관련이 있었다. 독립된 학급교실은 상급자의 감독으로부터 독립과 자유를 제공하는 것으로 서서히 자격을 갖춘 교사들의 목표가 되었다. 반면 복도에서 아이들, 교사들 그리고 관계자들 사이의 만남은 우연적인 것이었으며 따라서 이곳에서 규율을 강제하기는 더 힘든 일이었다. 그 결과 교사들은 학급교실에서 자유를 획득하였으며, 아이들은 복도에서 자유를 얻었다.

학급의 출현은 명칭에 있어서도 명확해진다. 스토우는 '영어학교' · '상업학교' · '근로학교'의 차이를 구분하였으며, 이들은 각각 자본가 계급 · 기능공 계급 · 비숙련 계급과 연관되었다. 이런 구분은 그의 시범사범학교들에서 구체화되었다. 여기에서 지금은 종합중등학교로 통합된 실업중등학교 · 기술중등학교 · 인문중등학교 등으로 분화되는 것은 그리 큰 변화가 아니었다. 초기 학교들에 대한 분석은, 시장의 상황에 따라 새롭게 분류된 오늘날의 학교 체제가 등장하는 것을 설명하는 데 도움을 준다.

대부분의 혁신가들이 그들의 이론과 실천을 설명하고 보급시키기 위하여 수많은 노력을 투자하였다. 편람들과 안내서들은 널리 보급되었다. 비록 처음에는 교육과정과 시범수업, 그리고 교수법에 초점이 맞춰졌지만, 언제나 건축적인 해결방안이 곧 뒤따랐다. 그리고 그런 최초의 건축적 해결책은 교육자들에 의해 제공되었다. 그 첫 번째 이유는, 초기단계의 방직공장이 건축가에 의해 설계되지 않았던 것처럼, 아직은 건축가들이 학교 건물유형의 건물들을 자신들의 작품집에 수록하지 않았기 때문이었다. 두 번째 이유는 교육혁신가들에게 있어서 건물은, 옷걸이와 같은 사소한 것까지도, 시범수업이나 시간표 그리고 보상 및 처벌에 관한 체계만큼이나 중요한 것이었고, 따라서 그것을 다른 사람에게 전적으로 맡길 수 없었기 때문이었다. 추밀원 교육위원회는 그 전통을 단순히 유지한 것이었고 교육학과 건물설계는 결코 분리되지 않았다. 양자의 결합은 1870년의 법령과 1906년의 법규에도 존속되었으며, 새로운 교육방법을 위한 새로운 공간패턴을 설정한 2차 세계대전 이후의 교육부 건물공고령에서 더욱 강화되어 나타났다.

이때 등장한 새로운 공간패턴들 중 하나가 '오픈 플랜open plan', 즉 개방형 평면이었다. 이 평면은 수업 · 교실내 활동 · 시간표 작성에 융통성을 주기 위해, 분절되어 있지만 서로 분리되어 있지 않은, 느슨하게 구획된 학급과 활동공간을 제시하였다. 공간의 경계가 뚜렷하지 않았기 때문에, 교사들에 대한 선임교사의 감독과 아이들에 대한 교사들의 감독이 훨씬 쉬워졌다. 실제로 가장 자유스럽고 가장 비계획적인 공간이었던 복도는 낭비로 간주되어 사라졌고, 공간구성은 시선을 차단시키지 않으면서 가구와 바닥의 표시에 의하여 공간을 구획하였던 조교제 학교로 되돌아갔다.

일요학교 · 유아학교 · 조교제 학교 등이 공장의 위계적인 생산 관계에 대한 모델이었다면, 오픈 플랜 학교는 전자화된 사무실의 모델이다. 전자화된 사무실에서 권력의 물질적인 분절은 더욱 미묘해졌으며, 융통성에 대한 평등주의자들의 수사에도 불구하고, 프라이버시와 자율적인 공간은 사라져 버렸다. 동시에 학교와 사무실 모두에서 감시는 증가되고 보이지 않는 통제도 확대된다. 예를 들면, 학교에는 아이에 대한 서면기록 · 보고 · 평가절차 등과 교사에 대한 업무평가가 있으며, 사무실에는 정보네트워크의 일부를 구성하는 레코딩과 모니터링이 있다. 계획과 예측은 과거에서 현재, 미래에 이르기까지 통제를 확대시킨다. 공간과 그 하드웨어인 건물은 '도덕적 증기기관(학교)'에서는 보이는 권력을 행사하기 위한 도구였지만, 이제는 보이지 않는 통제를 위한 무대장치가 되었다.

대감금

1656년의 칙령에 따라 그 시대의 이정표가 된 오피탈 제네랄Hôpital Général[빈민구호병원]이 파리에 설립되면서 '전 유럽에 걸쳐 나타난 현상'[1]을, 푸코Foucault(1977)는 대감금the great confinement이라고 불렀다. 이 시기에 사회 질서를 흩트릴 수 있는 사람들을 집단적으로 감금할 수 있는 시스템이 고안되었다. 그러한 사람들을 감금시킨 뒤, 그들을 치료하고 교화하고 처벌하기 위하여, 그리고 노동시키기 위하여 다양한 조치들이 만들어졌다. 감금 대상자들은 여러 범주로 나누어졌는데, 이런 범주에는 육체적으로 또는 정신적으로 병든 자 · 범죄라는 도덕적 질병으로부터 고통 받는 자 · 노령이나 허약함으로 인해 노동할 수 없는 자 · 가난한 자 · 육체적으로 정신적으로 장애가 있는 자 · 노숙자와 부랑자 · 고아 그리고 온갖 종류의 사회적 이탈자들 등이 있었다. 그 후 2세기동안 이 대감금 프로그램은 구빈원poorhouse[2] · 강제노역소workhouse[3] · 고아원orphanage · 빈민구호소almshouse[4], 감옥prison · 병원hospital · 광인수용소asylum[5] 등의 시설물을 건설하는 데에 공공건물 자원의 대부분을 소비하였다. 이러한 시설물들에 대한 역사연구가 학교에 대한 연구보다 더 많다. 본 장의 목적은 감금을 목적으로 한 건축물이 어떻게 건축되었으며 어떻게 사회적 역할을 수행해 왔는지를 설명하고 그 주요 특징들을 찾아내는 것이다.

앞 장에서 순결과 건강을 각인시킴으로써 아이들 성격을 형성하기 위해 만들어진 시설들을 살펴보았다. 그러나 그것이 실패하였을 경우, 다양한 병리에 의해 일그러진 사람들을 위한 교정 프로그램이 필요하였다. 이것 역시 권력의 행사였다. 푸코가 논의의 출발점으로 잡은 그 시기에 교정 프로그램은 외면적으로 행사되는, 타자에 대한 권력이었다. 그러나 이성에 대한 계몽주의의 신념은 그것과는 반대되는 것, 즉 내면적이며 자아에 대한 이성적 권력을 부가하였다.

1. 1656년 4월 27일 프랑스 국왕은 칙령을 통해 무질서의 근원이 되는 걸식과 나태함을 막기 위해 기존의 수용소 시설(주로 중세에 만연했던 나환자를 수용하기 위해 건립한 많은 수용소들이 나환자의 수가 급감하면서 방치되고 있었다)을 개조하여 빈민구호병원을 설치하도록 명령한다. 파리에 최초로 빈민구제원이 설치되어 광범위한 수용자들을 수용하였다. 1676년의 칙령을 통해 프랑스 내 모든 도시에 빈민구호병원을 설치하기 시작하여 대혁명 직전까지 32개 지방 도시에 이와 같은 시설이 설치되었고, 규모도 크게 확장되어 17세기 말에는 파리시민의 1% 정도가 감금될 정도였다. 이러한 현상은 프랑스에만 국한되지 않고 전 유럽에 걸쳐 일어났다.
2. 공립 빈민구호소. 가난한 사람에게 일시적 혹은 영구적으로 거주할 장소를 제공하여 돌봐주는 원내구호의 한 형태로 정부기관 또는 민간 자선단체가 재정을 지원한다.
3. 17세기 이후 설립된 영국의 빈민수용시설. 봉건제도에서 자본주의로 옮겨가는 과정에서 농토를 떠나는 인구가 증가하였고, 빈곤자와 부랑자가 많이 생겼다. 1601년 엘리자베스 구빈법에 따라서 근로가 가능한 빈궁자의 부조 외에 빈민 · 부랑자 및 자녀에게 기술교육을 실시할 목적으로, 강제노역소가 전국에 설치되었다. 그러나 노역소 내의 규칙이 징벌위주였고, 퇴폐적이고 난맥적인 것도 있어서 불평이 많았다. 산업 혁명기에 피부조被扶助인구가 급증하자, 1834년 신구빈법을 제정하였다. 강제노역소를 개선하여 노역소 외에서의 구제활동을 폐지한다는 원칙을 세워, 노역소 외에서 임금과 구빈수당을 받는 길을 봉쇄하였으나, 현실적이지 못했기 때문에 점차 완화되었다. 노역소는 갖가지 비판에도 불구하고 존속하다가, 제2차 세계대전 뒤 사회보장제도의 발달로 소멸하였다.
4. 사설 빈민구호소. 20세기 이전에 널리 유행한 원내구호 형태의 빈민을 위한 시설. 박애주의자들이 기금을 모아 건설한 이 보호소는 빈곤가족이나 개인에게 피난처를 제공하였다.
5. 광인 · 장님 · 고아 등을 수용하고 치료하던 시설

그렇지만 하나의 역설이 존재하였다. 즉 감금을 실행한 정권 주체들의 권력이 타인에 대한 강압적인 권력과 더불어 그들 자신의 교정을 위한 동인動因으로 바뀌어 버렸기 때문에, 내면적 권력은 외면적 권력과 동일한 사회구조에 종속되었다. 그리고 이러한 이중적 결과를 성취하기 위하여 사회제도화된 시설들이 계획되었다.

동시에 엘리트 집단들은, 개인으로서 뿐만 아니라 자기 계급의 구성원으로서 지위를 확고히 하기 위해 자신들의 성격을 재창조re-creation하는 곳에 여분의 에너지를 확실하게 투자하였다. 이를 위해 그들은 자신들의 거주지가 지닌 도상적 · 형태적 의장들을 채용한 시설들을 만들어 내었다(6장의 주제). 따라서 그 같은 시설들에는 궁전 · 샤토[6] · 컨트리 하우스[7] · 도시 대저택 · 성 · 군사 요새 등을 암시하는 요소들이 풍부하게 사용되었다.

이러한 점을 고려한다면 이런 시설의 고안자들이나 근대 저술가들이 그러한 시설들에서 궁전을 떠올린 것은 그리 놀라운 일이 아니다. 1834년에 덤프리스Dumfries에 있는 크라이튼 왕립광인수용소Crichton Royal Asylum의 첫 감독관으로 임명된 브라운W.A.F. Browne은 이 수용소를, 수용인들 스스로가 자신들을 교화하는 미치광이들의 궁전으로 보았다. 수용인들은 지주이자 노동자였다.

> 바람이 잘 통하면서 높이 솟아있는, 그리고 우아하고 광대하면서 향기로운 대지와 정원으로 둘러싸인 피르Peere 궁전과 닮은 널찍한 건물을 생각해 보라. 내부에는 갤러리, 작업실, 음악실 등이 있다. 관목이 울창한 숲과 대지를 바라볼 수 있는 창문들을 통하여 햇빛과 공기가 들어오고 있고, 노동자들은 덧문이나 빗장의 방해를 받지 않는다. 모든 것이 깨끗하고 매력적이다. . . 수용자들은 모두 즐거움이라는 공동의 추진력으로 행동하는 것처럼 보이며, 모든 사람들이 바쁜 시간을 보내고 있고 그렇게 됨으로써 아주 기뻐한다. 건물과 그 주변은 산업의 중심지처럼 보인다. 모든 사람들은, 불쾌한 생각과 질병의 고통으로부터 벗어나는 것 이외의 어떠한 보상도 바라지 않으며, 고용되길 갈망하고 끊임없이 힘써 일하려 한다. 그들은 글자그대로 스스로 만족하기 위해 일한다. 이러한 공동체에는 강제도 없고, 속박도 없고, 채찍질도 없으며, 체벌도 없다. 왜냐하면 이것들이 설득, 경쟁, 만족에 대한 열망 등과 비교하여 목적을 관철하는데 있어 효과가 떨어지는 방법들인 것으로 밝혀졌기 때문이다.
>
> (Brown 1837:229–30)

'도덕적인' 통제체제는 (비록 물리적 힘을 사용하지 않더라도) 외적 통제를 내적 교정과 연결시켰으며, 둘 모두를 강요하였다.

『도둑일기The Thief's Journal』에서 장 즈네Jean Genet[8](1967)는 감옥이라는 전체주의적 시설의 통제 시스템을 궁전에서의 법도와 같은 것으로 여겼으며, 더 나아가 죄수들(방문자)을 궁전의 손님에 빗대었다.

> 감옥은 수감자들에게 왕궁이 왕의 손님들에게 제공하는 것과 동일한 안전감을 제공한다. 이 두 시설은 원래의 건립의도가 확실하며 현재도 그 의도대로 사용되고 있다. 석공술 · 재료 · 비례 등과 같은 건축술은 도덕적 통일성과 조화를 이루면서, 이러한 주거시설들이 상징하는 사회형태가 그대로 유지되는 한, 이 건물들에 영원한 생명을 부여한다. 감옥은 완벽한 안전을 보장하면서 나를 둘러싸고 있다. 법정 · 법정의 별관 · 법정의 기념비적 현관과 함께, 감옥이 나를 위해 건설된 것으로 확신한다. 그 안의 모든 것들이 나를 위해 매우 진지하게 계획되었다. 엄격한 규율과 그 정밀함은 본질적으로 왕실의 법도와 같다. 마치 왕실을 방문한 손님들을 대하는 세련되면서도 전제적인 공손함과 동일한 것이다. 감옥과 마찬가지로 궁전의 토대도 좋은 질의 석재 · 대리석 계단 · 순금 · 조각품 · 통치 지역으로부터 가져온 진귀한 물건 · 궁전 주인의 절대 권력 등에 내재되어 있다. 그러나 두 시설은, 삶의 방식에서 하나는 밑바닥이고 다른 하나는 반대의 정점에 있다. 절대적인 힘이 사람을 울타리 안에 가두어 억압하는 두 가지 극단적인 경우라는 점에서, 이 두 가지 삶의 방식은 서로 동일하다.
>
> (Genet 1967:71–2)

여기서 '절대적인 힘'은 거주자들이 가진 '권력'이다. 즉, 감옥에서는 시설 관리자의 권력이고 궁전에서는 왕족의 권력이다. 궁전에 초대받은 손님이나 감옥의 수감자와 같은 방문자들은 동일하게 무력하다.

6. chateaux, 프랑스의 성, 프랑스 귀족이나 대지주의 큰 저택.
7. 영국 시골의 귀족이나 대지주의 저택.
8. 프랑스의 소설가 · 극작가 · 시인.

브라운과 즈네가 암시하는 바와 같이, 궁전이 수용소나 감옥과 매우 유사하여 형태로 서로를 구별하기 곤란하다면, 기능 · 공간구조 · 일상생활을 지배하는 규율에 대한 정보가 더 필요하다. 이 모든 것은 다양한 관계자들의 권력 분배를 나타낸다. 전체주의적 성격의 기관을 고프만Goffman(1970)은 사회학적 수준에서 분석하였고, 푸코는 사상사에서 한 장을 차지하는 권력 체계로 분석하였다. 그러나 그러한 시설을 수용하는 건물들은 아직까지 충분하게 분석되지 못하였다.

1장에서 이미 나는 어떤 건물들에 대해 '(공간구조가) 역전된 유형'이라고 주장한 힐리어와 한슨(1984: 183 et seq.)의 논의를 언급하였다. 그들은 이런 건물들을 공공기관이라고 불렀다. 이런 기관의 기능은, 매일 당연한 것으로 받아들여지는 반복되는 사회적 관계들을 구체화하는 것이 아니라, '복원과 정화'였다. 이는 앞서 내가 서술한 성격형성과 교정의 과정인 것이다.

만약 학교에서 교정하고자 하는 표적이 잠재적인 병리라면, 병원과 감옥에서의 표적은 실재하는 병리이다. 힐리어와 한슨은 후자에서 '개인적 병리'와 '사회적 병리'라는 두 가지 하부 유형을 찾아내었다. 개인적 병리는 효과적인 치료를 위해서, 전문지식을 가진 의사나 간호사와 같은 전문인들과 각 개인들 사이의 직접적인 상호교류를 필요로 한다. 공간이나 규율에 의한 통제는 이러한 교류를 보호하기 위한 수단이 된다. 사회적 병리는 그러한 통제로부터 나타난다. 그것은 피수용자들을 범주에 따라 분리하고, 감독체계 아래 두며, 다시 사회로 환원시킨다. 이 경우 방문자(피수용자)와 전문가인 거주자(통제자) 사이에서 일어나는 직접적인 상호교류는 이차적인 것이다. 힐리어와 한슨은 이 두 번째 하부 유형의 사례로 빈Vienna에 있는 18세기의 유명한 정신병자 보호수용소를 예시하였지만, 이보다 더 좋은 예가 감옥이다. 힐리어와 한슨은 두 가지 하부 유형들에 중요한 공간적 차이가 있다고 주장한다.

그런 사회적 병리 가운데 하나인 유랑流浪은 그 자체가 공간과 밀접히 관련되어 있었다. 유랑은 산업화 이전의 경제가 국가로부터 교구에 이르는 모든 단계에 존재하던 공간적 경계들을 파괴하였다. 유랑자들을 '원소속지'로 되돌려 보내는 것은 중세 후반기부터 법적으로 강제되었으며, 되돌려 보낼 수 없는 사람들을 위하여 전문화되고 제도화된 공간이 만들어졌다.

이런 장소에서는 사람 · 사물 · 활동이 명확한 기준에 따라 분류된 범주에 고정되어 있음으로써 질서가 유지된다. 또한 이런 장소에서는 다른 시설물들과 비교하여 훨씬 강하고 보다 명확하며 사람들의 상호작용을 지배하는 일련의 규칙들이 존재한다. 규칙을 통해 일일 · 주간 · 계절별 시간표와 교대표가 작성되며, 행사의 지속 시간과 반복 횟수가 상세히 규정된다. 규율은 또한 공간과 공간의 관리에도 깊이 관여되어 있다. 규율은 사람과 사물의 위치를 결정하고, 이동 경로와 경로 선택의 정도 그리고 시각적 경로를 통제하고, 계획된 만남을 규정하고, 우연한 만남을 제한한다. 시간과 공간은 특정 공간의 개방 시간을 통제하는 규율 안에서 결합된다. 간단히 말하면, 건물과 건물의 관리규율은 누가 언제 어디서 무엇을 누구와 함께 하는가와 누구에 의해 관찰되는가를 결정짓는다.

발전은 비전문화되고 혼합된 것으로부터 전문화되고 세분화된 유형들로 진행한다. 그러나 다목적인 오피탈 제네랄(빈민구호병원)과 같이 초기의 비전문화된 시설의 좋은 사례들이 있었지만, 그보다 이른 시기에도 페스트 환자를 치료하기 위한 격리병원이나 고아원과 같은 소수의 전문화된 기관들이 있었다. 또한 반대의 경우로, 옛 구빈법Old Poor Law[9]에 의해 설립된 강제노역소와 같은 다목적이며 전문화되지 않은 몇몇 기관들

9. 기존에 있던 빈민관련 법률을 종합하여 1601년에 제정된 엘리자베스 구빈법을 의미한다. 이 법의 주요 내용으로는 빈민구제의 재원을 조세에 의존한 것과 거지, 부랑자로서 신체적 이상이 없는 노동이 가능한 자를 통제하고 병자, 집 없는 자, 극빈자에 대해서는 국가가 책임을 진다는 점이다. 또한 빈민을 크게 세 집단으로 분류하여 차별적 취급을 함으로써 정교한 빈민구제 혹은 통제를 가능케 하였다. 즉 ①근로능력이 있는 건장한 빈민, ②근로능력이 없는 무능력한 빈민, ③빈민아동으로 구분하여 ③에 대해서는 도제수습의 기회를 제공하거나 고아원에 수용보호하고, ②처럼 구제할 가치가 있는 빈민은 빈민구호소almshouse에 수용하여 보호하고, ①처럼 구제할 가치가 없는 빈민은 강제노역소workhouse에서 일을 하는 조건으로 최소한의 구호를 제공하도록 하였다.(김성태 · 성경륜, 복지국가론, 나남출판, 1995 참고)

이 늦게까지 남아 있었다. 이 두 가지 흐름은 신구빈법으로 설립된 새로운 시설에서 마침내 하나로 합쳐진다. 즉 새로운 강제노역소는 오피탈 제네랄에서처럼 광범위한 사람들을 수용하였지만, 시설의 각 부분들은 병원 · 감옥 · 보호시설 · 학교 · 공장에서 발전된 매우 전문화된 특성들을 재생산하였다. 이와 같은 새로운 형태의 강제노역소는 이 장 후반부에서 다시 자세히 논의될 것이다. 이제 가장 오래된 유형들 가운데 하나인 노인과 병약자를 위한 빈민구호소로부터 이야기를 시작하기로 하자.

병리의 시대

히스Heath(1910)는 빈민구호소와 중세시대의 소위 '병원' 에 대한 중요한 차이점을 이야기하였는데, 둘 다 비슷한 사람들을 수용하였지만 서로 다른 종류의 시설이라는 것이다. 이런 구별은 공간이 조직되는 방식으로부터 발생한다. 병원에는 공동 출입문과 한 개 또는 그 이상의 공용 공간이 있었던 반면에, 빈민구호소의 숙소는 도로로부터 직접 연결되거나 혹은 공용 중정으로부터 출입이 가능한 별도의 출입구를 갖는 독립된 주호 형태를 한 '테너먼트tenement[10]' 의 형태였다는 것이다. 두 시설 모두 예배당을 갖추고 있었지만 예배당과 숙소에 대한 관계는 달랐다. '병원' 에서 예배당은 긴 병실 홀의 한 끝에 병실 축에 맞추어 중앙에 배치되어 있다. 이 같은 사례의 하나로 15세기 후반의 스탬포드Stamford 시의 브라운Browne 병원(그림 4.1)을 들 수 있는데, 개방된 중앙 홀 양 측면에 칸막이로 구획된 병실들이 있고 홀의 한쪽 끝에 높이가 두 배인 예배당이 있다. 브라운 병원은 중세 병원의 특징들을 잘 보여준다. 이 특징들과 성소shrine의 형태적 기원들은 아래에 논의되어 있다. 외부로부터 병

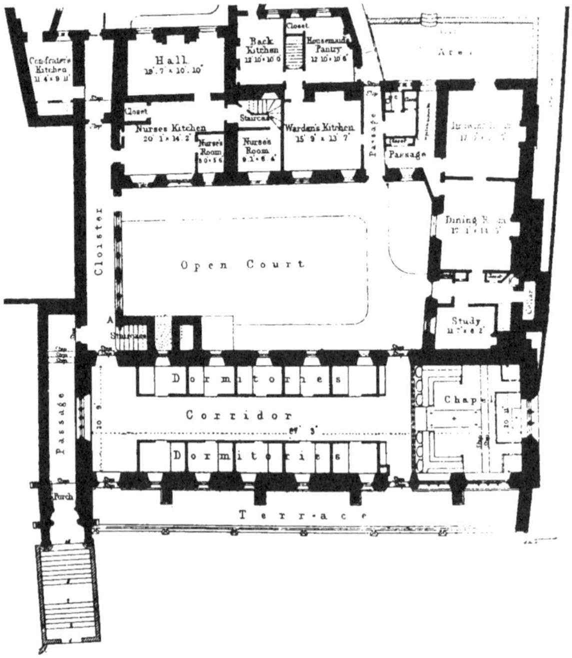

그림 4.1 브라운 병원, 스탬포드(1493), 1층 평면
출처 : Godfrey(1955), Faber & Faber

실 앞의 홀로 접근하기 위해서는 포치와 긴 복도를 지나야 한다. 건물 중앙에 위치한 개방된 중정에서 병실 홀로 갈 때에도 같은 공간을 거쳐야 한다. 위층에는 '감사' 실(회의실)이 아래층의 홀 바로 위에 위치하고 예배당은 그 끝에 위치한다. 다른 말로 표현하면, 공간 안쪽 깊숙이 자리 잡은 예배당은 신성한 권력과 세속적 권력을 통합하는 상징적 공간인 것이다.

히스가 이야기한 '테너먼트형' 형태로 잘 알려진 한가지 사례는 렌Wren이 1685년에 설계한 블랙히스Blackheath에 있는 모던 칼리지Morden College이다(그림 4.2). 그 건물에서 입구는 예배당과 같은 축 위에 배치되어 있고, 목사와 회계담당관은 건물의 주정면 상에서 돌출한 양쪽 날개 부분에 거주하고 있다. 렌이 디자인한 또 다른 사례인 윌트셔Wiltshire 주의 팔리Farley에 있는 보호시설에서, 수용자 숙소들은 중앙에 위치한 감독관 숙소의 양쪽에 대칭적으로 배치되어 있고, 감독관과 수용인 두 집단의 출입구들은 가로로부터 직접 연결되어 있다.(아마도 그들은 '외부수용인outmates' 이라 불려야 할 것이다.[11])

10. 저급의 저층 아파트
11. 거주가 수용시설 내부에 한정되는 일반적인 '수용인inmates' 과 비교하여, 이런 시설의 수용인들은 별도의 출입구를 갖고 외부의 출입이 비교적 자유로웠음을 강조한 표현이다.

이 두 가지를 절묘하게 혼합한 것은 1593년 13명의 여성을 위해 요크셔Yorkshire 주 빔즐리Beamsley에 설립된 자그마한 빈민구호소이다. 여섯 명은 작고 2층으로 된 평범한 사각형 블록에 거주하였고 일곱 명은 원형으로 된 구조물에 거주하였다. 원형 구조물에서 방들은 중앙 예배당을 에워싸면서 이를 중심으로 방사형으로 배치되었다. 다섯 개의 방 출입구는 예배당으로 연결되고 나머지 두 개 방의 출입구는 입구 복도로 연결된다(그림 4.3). 출입구 복도에 면한 두 개의 실은 가장 얕은 공간깊이를 갖고 있으며, 예배당은 중간의 공간깊이를, 그리고 나머지 다섯 개의 방들은 가장 깊은 공간깊이를 갖고 있다.

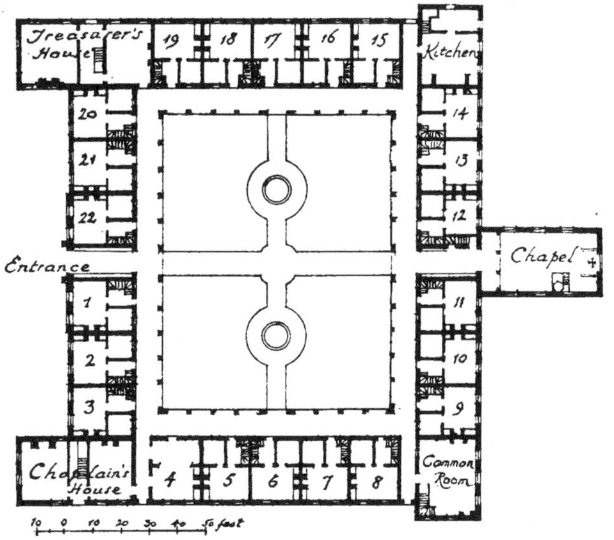

그림 4.2 모던 칼리지, 블랙히스(1685), 1층 평면
출처 : Godfrey(1955), Faber & Faber

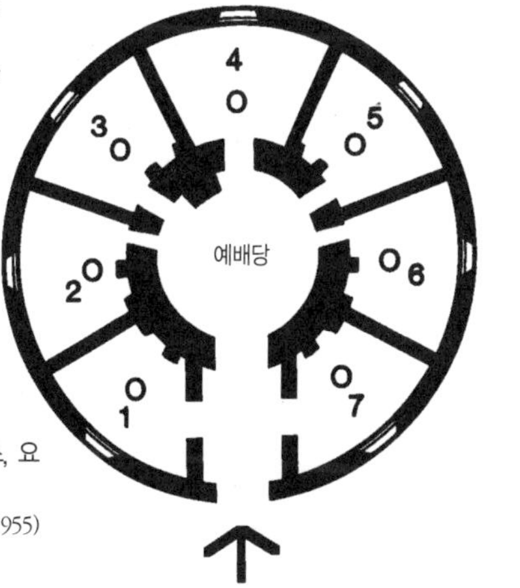

그림 4.3 빔즐리 빈민구호소, 요크셔(1593), 평면
출처 : Clapham and Godfry(1955)를 참고로 다시 그림

일하지 않는 빈민

빈민구호소와 '병원'을 위해 기증된 신탁증서를 보면 이런 시설의 수용자들이 좋은 가문 출신이었다는 사실을 알 수 있다. 그들이 궁핍한 환경에 처해있었는지는 모르지만(예를 들어 성직자의 미망인) 16세기 후반 법제화를 통해 설립된 여러 구호시설에 수용되었던 실직자들이나 유랑생활을 하던 극빈자들처럼 강제 노동에 동원되지는 않았다.

가난한 자 · 허약한 자 · 미망인 · 고아 등과 같은 전통적인 빈곤 계층에, 인구 증가 · 농촌 목장의 변화 등으로 야기된 농촌 실업과 무역 침체가 계속되면서 도시 빈민들이 새로 추가되었다. 프랑스에서는 앙샹 레짐ancien régime[12] 때 설립된 시설들이 이러한 문제를 프랑스 대혁명 때까지 처리하였다(Williams 1979 and Forrest 1981). 영국에서의 첫 변화는 1539년에 있었다. 그 때 종교개혁 이전의 수도원 · 장원 시설 · 종교 시설 · 왕립 시설 등이 일련의 실험적인 시도들로 대체되었으며, 그 같은 시도들은 결국 1597년과 1601년의 엘리자베스 법령이 되었다. 옛 구빈법은 수입이 없는 가난한 사람들, 즉 사유지와 안정적인 사회질서를 위협하여 교구에 과도한 부담이 되는 사람들을 처리하기 위해 만들어졌다. 후기 봉건주의적 길드 중심의 중상주의 사회 기간 동안, 빈민들은 두 가지 방식으로 사회질서를 혼란에 빠뜨렸다. 첫 번째로 그들은 공간적으로 뿌리가 되는 근거지를 갖지 못했기 때문에 유랑생활을 하는 경향이 있었다. 따라서 걸인들이 제한된 구역 내에서만 구걸할 수 있도록 한 헨리 8세의 법령[13]같이 이동을 제한하려는 시도가 있었다. 그와 같은 입법화는 정주에 대한 권력

12. 1789년 프랑스 혁명 이전의 구체제
13. 1531년 법령을 통해 걸인의 허가제가 도입되었다.

을 통하여 부랑자들을 그들의 '원소속' 교구로 이동시키려는 17세기의 법령들[14]에 이르러 최고점에 이르렀다. 두 번째로 빈민들은 특정한 고용주에게 속하지 않았고 따라서 일을 하지 않았다. 과거에 빈민들은 가내 생산에 종사하였지만, 이제 그들에게 기관화된 고용주를 부여하고 그에 따라 빈민들이 하나의 시설에서 거주와 생산활동을 동시에 할 수 있는 시설들이 고안되었다.

이런 기관의 초기 사례로 1610년의 롤란드 본Rowland Vaughan의 수용소(Kirkman Gray 1905: 55-8)가 있는데, 이곳은 모두 2,000명을 수용하면서 모직과 비단을 짤 수 있는 베틀을 갖춘 공장을 갖고 있었다. 그 모델은 칼리지 조직[15]의 성격을 갖고 있었다. 즉 거대한 규모의 극빈자용 식당에 '나이트작knight[16]과 젠틀맨gentleman[17]'을 위한 내빈용 식탁이 있어야 하였다.

1630년경에 이르러 많은 교구들이 강제노역소를 설립하였다(Oxley 1974: 80). 인구통계학적 변화 및 고용에 대한 변화로 인하여 빈민 인구에게 일자리를 마련해야하는 문제가 감소되었기 때문에(Kirkman Gray 1905: 80), 청교도 정부[18] 아래에서 빈민들을 위한 규정은 실질적으로 발전하지 못했을 수도 있다. 의회는 1647년에 런던 빈민공사London Corporation of the Poor를 만들었으며, 그 단체는 강제노역소와 교정원house of correction[19]을 설립할 수 있었다. 그에 따라 두 개의 시설물이 세워졌는데, 하나는 비숍스게이트Bishopsgate 스트리트에 있는 런던 강제노역소였고 다른 하나는 마이노리즈Minories[20]에 세워졌다(Kirkman Gray 1905: 73). 전자는 처음부터 두 개의 영역, 즉 아이들을 위한 영역과 경범죄자들을 위한 영역이 분리되어 있지만 함께 사용하는 예배당에서 연결되는 구조였다. 나중에 감옥은 쓸모없게 되어버려 철거되었다. 형벌적인 사역(교도소와 교정원에서 이루어지는)과 생산을 목적으로 하는 고용적인 노역에 대한 이론적인 구별은 주의 깊게 지속적으로 이루어졌으나, 단 두 개뿐인 런던 빈민공사가 설립한 강제노역소에서 이 두 가지는 구분 없이 행해졌다. 유럽 전역에서와 마찬가지로, 여기서 그 둘은 실제적으로는 합쳐지기 시작하였던 것이다. 그러나 법규는 계속해서 '노동력이 없는 빈민'과 '게으르고 억세고 무질서한 걸인들'을 분리하였다(8 and 9 William III. c 30). 이런 법적인 구별의 배후에는, 옛 구빈법으로부터 근대 사회보장 법률에 이르기까지, 뿌리 깊은 도덕적 요청이 있었다. 그럼에도 불구하고 수용소 운영체제만큼이나 수용소 건물에 있어서도 모호성이 항상 존재하였다. 17세기 말에 이르러 강제노역소는 형벌 시설이 되었다.[21]

1696년의 브리스톨 빈민공사Bristol Corporation of the Poor는 그 뒤 많은 도시 자치체들의 선구적 사례가 되었다(Webb and Webb 1963: 101-48). 브리스톨에 있던 강제노역소는 19세기까지 잘 유지되었던 시스템의 선구자적 사례로 간주된다. 앤 딕비Anne Digby는 노폭Norfolk 주의 구빈법에 대해 자세히 연구하였는데, 그녀의 연구는 실제로 옛 구빈법과 신구빈법이 흔히 생각하는 것보다도 더 연속적임을 보여주고 있다. 이러한 연속성은 법률 내용만큼이나 강제노역소 디자인에도 적용되었다. 그녀는 노퍽 주 안에서만 12개의 노역소house of industry 목록을 만들었는데, 그 가운데 기원이 18세기까지 올라가는 것이 있었다. 그 일부는 1834년 신구빈법이 발효된 이후 수용자 분류

14. 이 중 대표적인 것이 1622년의 정주법Law of Settlement이다. 이 법에 따라, 1년에 10파운드 미만의 임금을 받기로 하고 교구에 전입하는 사람은 원래의 거주지로 되돌려 보냈다. 전남진, 사회정책학강론, 서울대학교출판부, 1995 참고
15. 동료가 평등하게 권한을 가지는 조직.
16. 근세 영국의 나이트작, 훈작사. Sir 칭호가 허용되며 준남작baronet의 아래에 자리하는 당대에 한한 작위.
17. 귀족과 요먼(중간농민)의 중간 계층.
18. 영국에서 1640~60년 청교도를 중심으로 최초의 시민혁명이 발생하여 영국은 일시적으로 군주정치가 무너지고 공화정이 되었다.
19. 근로능력이 있는 빈민이 강제노역소에서 일하기를 거부하면 좀더 징벌의 성격이 강한 교정원 또는 감옥에 수용하였다.
20. 런던 시내 런던탑 부근의 길 이름
21. 원래 강제노역소는 실업상태인 빈민들에게 일할 기회를 제공하고 빈민아동에게 기술교육을 시킬 목적과 구제를 동시에 충족하고자 설립되었으나, 빈민구제라는 명목으로 가능한 한 많은 돈을 벌어들이려 하였고 교구는 최소한의 돈을 투자하려고 하였으므로, 강제노역소들은 불결한 환경과 가혹한 처우로 악명이 높아졌다. 따라서 수용자들을 보호하기 보다는 노동과 처벌에 의한 착취가 행해졌다.(권오구, 사회복지발달사, 홍익제, 1997 참고)

및 격리를 위해 단순히 새로운 법령의 요구 조건에만 맞추어 개조되었다. 1850년대에 이르기까지 몇몇 구빈구救貧區 연합Parish Union[22]에서는 이렇게 개조된 건물들이 여전히 사용되었다.

다른 시들도 곧 브리스톨의 뒤를 뒤따랐고, 1722년의 법령[23]을 통하여 오랫동안 관례처럼 이루어지던 것이 합법화되었다. 단일교구 또는 구빈구 연합이 시행하는 강제노역소 프로젝트들에 확고한 토대를 제공한 1782년의 소위 길버트 법령Gilbert' s Act[24]을 제외하면, 1834년까지 의미 있는 법제화는 없었다. 그 때까지 법인단체나 길버트 조합Gilbert Unions이 운영하는 수많은 노역소들이 세워졌다. 서폭Suffolk 주에서 성장하였고 이스트 앵글리아East Anglia 지방에서 이러한 것들을 경험했을 크레이브Crabbe에게 그런 시설들은 '빈민을 위한 궁전' 이었다.

> 저 거대한 건물, 저 높이 솟은 벽,
> 저 닳고 닳은 보도, 저 높은 공간의 천둥처럼 울리는 홀!
> 저 크고 우렁찬 시계는 두려움의 매 시간을 울린다.
> 저 문들과 자물쇠들과 권력의 모든 상징들이여
> 그것은 온유한 이름으로 포장한 감옥
> 두려움도 부끄러움도 없이 그 곳에서 살 수 있는 자는 거의 없다네.
> (Crabbe 1810:287)

사실, 구법보다 신구빈법에 의한 강제노역소에서 보다 완전한 감시가 이루어졌다는 증거를 찾을 수 있다. 옛 구빈법에 의한 강제노역소에는 어느 정도의 편안함 · 관대한 규칙 · 문명화된 작업 조건 등이 제공되었다. 바로 이러한 옛 강제노역소에서 발생된 막대한 공공부담때문에, 1832년의 감독관들에게는 신법에 의한 노역소가 훨씬 바람직스러운 시설이었다. 새 구빈법의 주요 목적은 노역소에서의 생활이 매우 불편하여 아무도 들어오지 않으려 하고 현재 수용되어 있더라도 최후의 수단이 아니면 벗어나고 싶도록 노역소 생활을 만드는 것이었다. 새 보조감독관은 이것을 기존시설을 '도덕적으로 건전하며 수용자들을 내쫓을 수 있도록' 만드는 것으로 규정하였다. 그는 3대째 한 강제노역소에서 계속해서 살고 있는 수용자와 휴일에 외출해 있는 동안 빈 방을 판자로 막아놓거나 자물쇠로 채워 놓는 수용자들을 보았다고 주장하였다. 또한 그는 그 시대의 표준을 기준으로 본다면, 육류 · 생선 · 신선한 야채로 이루어진 훌륭한 식사와 좋은 난방시설 그리고 적절한 의료 서비스가 제공된다고 적고 있다 (Longmate 1974: 82-3).

강제노역소들은 규모와 유형에서 다양하였지만, 실제 남아 있는 도면이 부족하기 때문에 그에 대한 분석은 어렵다. 포터리스Potteries 지역[25]에 대한 베이커Baker의 연구(연대미상)는 자그마한 가내 노역소와 스토크온트렌트Stoke-on-Trent[26]에 있는 거대한 복합시설 모두를 다루고 있다. 그 복합시설의 첫 번째 건물은 1832년에 설립되었지만 그 대부분은 1834년의 신구빈법 이후에 건립되었다. 빈민구호소에 적용되었던 가로로부터 개별 주호로 바로 들어갈 수 있는 출입구가 있는 '테너먼트' 형 숙소를 갖는 강제노역소들이 있었으며, 그와

22. 1834년의 신구빈법을 시행하기 위한 여러 교구의 연합체. 잉글랜드와 웨일즈에 약 15,000개가 있었다. 각 연합은 중앙의 구빈위원회의 통제에 따라 강제노역소를 운영하였다.
23. 교회위원과 민생위원들에게 강제노역소를 운영하는 새로운 권리, 즉 빈민을 고용하여 노동에 대한 사적인 약정을 체결할 수 있도록 하고 노역소에 들어오지 않는 빈민들에게는 국가의 부조를 주지 않도록 하였다. 이 제도의 도입으로 강제노역소를 통한 이윤추구가 가능하게 되어 그 수가 급격히 증가하였다.(권오구, 사회복지발달사, 홍익제, 1997 참고)
24. 영국 리치필드의 하원의원 길버트Thomas Gilbert가 제안하여 제정된 법으로 그의 이름을 따서 길버트 법령이라고 한다. 이것은 작업장에서의 빈민들의 비참한 생활과 착취를 개선할 것을 목적으로 한 법이었다. 노동력이 있는 빈민을 작업장에 보내는 대신 자기 가정이나 또는 인근의 적당한 직장에서 취업하도록 알선해 주는 원외구제를 인정하는 내용이었다.
25. 역주. 영국 중부의 도자기 산지
26. 트렌트강에 면한 도자기 공업의 중심지로 포터리스 지역에 위치한다. 1910년 핸리 · 버슬럼 · 턴스탈 · 펜턴 · 롱턴 등 다섯 개 도시가 병합하여 만들어졌다.

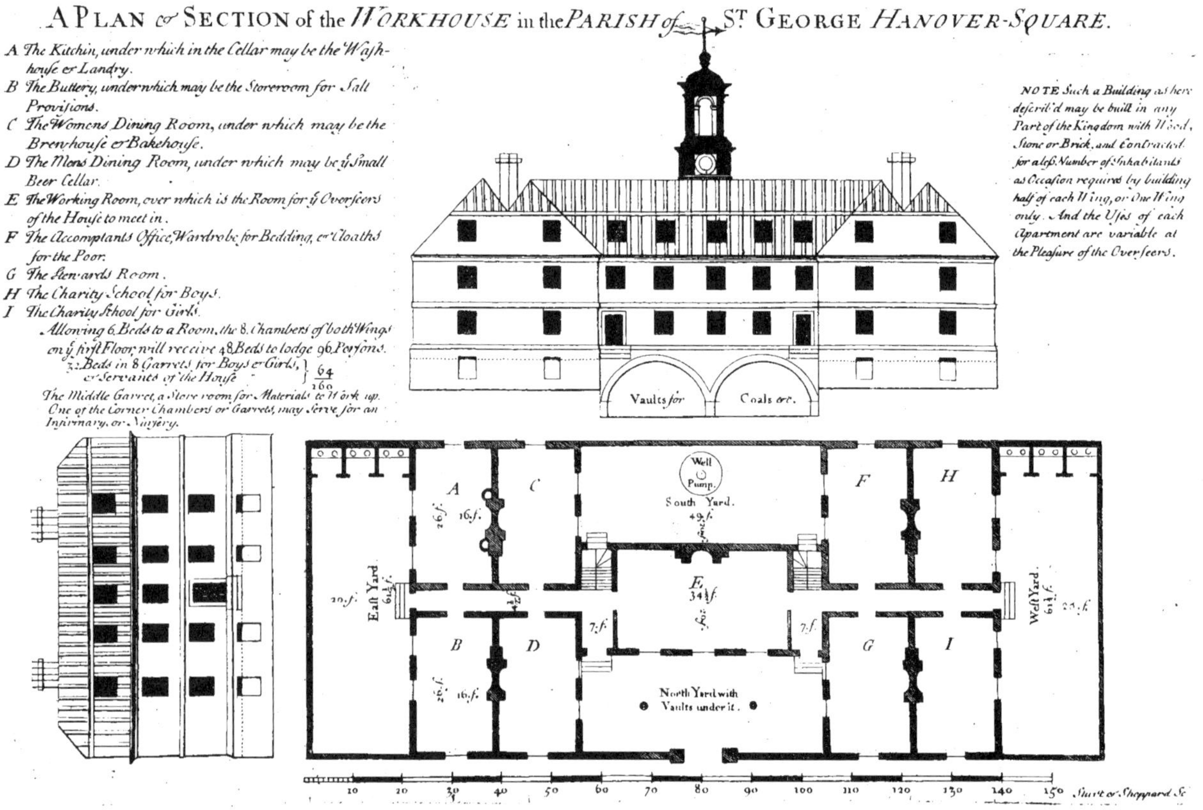

그림 4.4 교구 강제노역소, 런던 세인트 조지 교구의 하노버 광장(1725)
출처 : 대영미술관, 출판물 및 도면국

는 대조적으로 전적으로 기관화되고 통제되는 것들도 있었다. 그러한 다양성은 작은 지방 도시인 더비Derby에서 잘 볼 수 있다. 1791년에 더비에는 다섯 개의 교구가 있었고, 그 중 네 곳에 강제노역소가 있었다. 이 강제노역소들은 '공장'을 갖추고 있어야 했지만 그렇지 못했기 때문에 당대의 참관자에게서 나태와 부패의 장소로 비난받았다(Hutton 1791: 60-3).

시설물이 가졌던 엄격한 규율과 수감자 범주는 종종 건축 프로그램에 근접한 문헌들에서 명확하게 찾아볼 수 있다. 1771년의 법령에 따라 파크허스트 포레스트Parkhurst Forest에 세워진 새로운 교정원은 다음과 같은 것들을 갖추도록 의도되었다.

> . . . 노인 · 병자 · 허약자 · 아이들과 같이 일할 수 없는 사람들을 수용하고 병원 기능을 담당하기에 편리한 건물 또는 건물의 일부분; 일할 수 있는 빈민들을 수용하고 보호하고 고용할 수 있는 다른 건물 또는 건물의 일부분; 일 할 수 있으나 일하기를 거부하거나 자해하는 나태하고 불복종적인 사람들을 처벌하고 중노동을 부여하기 위한 교정원으로써 기능하는 다른 독립된 건물 또는 건물의 일부분.
>
> (Geo III, XI c43: 6-7)

그와 같은 범주들은 나이 · 허약함의 정도 · 성별(비록 너무 명확해서 언급되지 않았음에도 불구하고) 등에 따른 것일 뿐만 아니라 작업의 성격을 고려한 실내 배치에 따른 것이다.

1722년의 법령이 공포되고 3년이 지난 후, 런던의 마운트 스트리트Mount Street에 세인트 조지St George 교구에 속한 강제노역소가 시작되었다. 그것을 디자인한 벤자민 트림브럴Benjamin

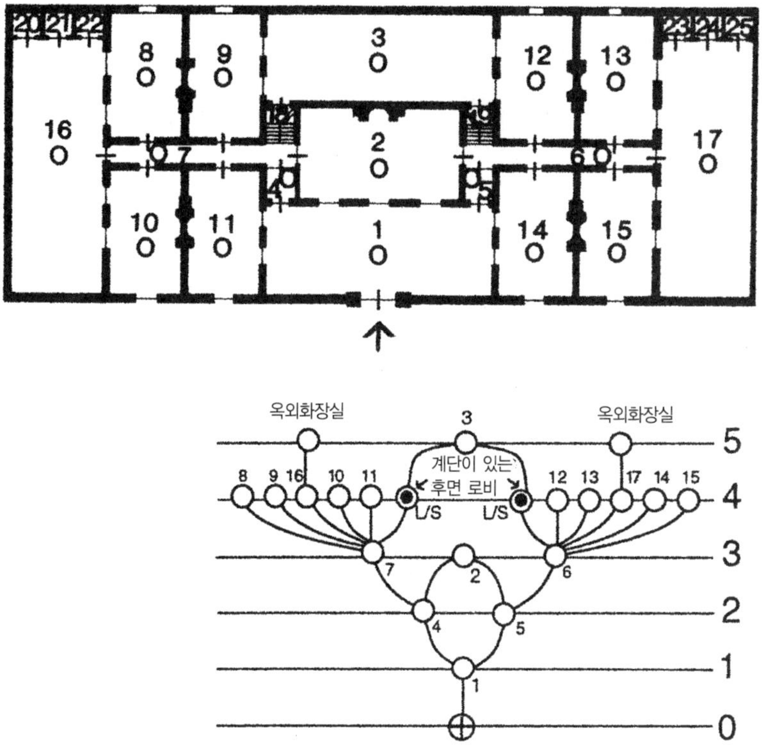

범례

1 입구홀
2 작업실
3 세정마당
4 로비
5 로비
6 복도
7 복도
8 주방
9 여자 식당
10 식료품 저장실
11 남자 식당
12 사무실 겸 창고
13 소년 자선학교
14 집사실
15 소녀 자선학교
16 남자 작업마당
17 여자 작업마당

그림 4.5 교구 강제노역소, 개략적인 평면과 공간구조도
출처 : 저자 작성

Trimbrell과 토머스 필립스Thomas Phillips는 '우드스톤 또는 벽돌' 로 지을 수 있을 뿐만 아니라 거의 무한한 가변성이 있으며 '왕국의 어떤 지역' 에도 적합한, 하나의 모델을 상정하였다. 만약 필요하다면 시설물의 한 쪽 날개부분이나 한 개 층이 사용될 수 있었고, '각 건물구획은 감독관 임의대로 사용할 수 있을 만큼 융통성이 있다'! 이러한 인식은 여러 가지 색다른 명칭이 사용되었음에도 불구하고, 트림브럴과 필립스는 강제노역소 디자인을 하나의 안정된 '유형' 으로 보았다는 것을 시사한다.

지하저장고 · 식량저장소 · 양조장 · 제빵실 위에 위치한 1층은(그림 4.4) 가운데 남녀 공용작업실이 있고, 한 쪽에 남자 및 여자 식당이 있으며, 그 반대편에 소년 및 소녀 자선학교가 있다. 이 공간을 넘어서면 대칭적으로 양 측면에 남자 작업마당 및 여자 작업마당이 있다. 그리고 중앙 정면 출입구에 앞마당이, 중앙 후면에 몸을 씻기 위한 세정마당이 있다. 모든 시설은 높은 벽으로 둘러싸여 있다. 2층에는 1층 작업실 위에 감독관의 방이 있으며, 그 좌우에 남자 기숙사와 여자 기숙사가 위치한다. 다락방 층에는 하인실과, 중앙 자재창고에 의해 분리된 소년 및 소녀를 위한 숙소가 있다.

그림 4.5의 공간구조도를 보면 작업실과 전면 및 후면 마당이 배치된 중앙 부분만 고리형 순환동선 상에 놓여 있는데, 2층의 감독관실과 최상층의 창고도 같은 공간구조를 갖고 있음은 의심의 여지가 없다. 이 방들은 모두 남녀 구분이 없는 공간들이다. 각자 야외화장실이 있는 남녀로 구분된 독립된 작업마당들과 비교하면, 순환고리 상에 있는 남녀 공동작업실은 자연스레 감시하는 기능을 수행한다. 한편 1층에서 가장 깊은 곳에 후면의 세정마당이 위치한다. 위생과 작업이 가장 통제받는 행위라면 관리는 가장 통제하는 행위이다. 2층과 최상층에 위치한 침실은 공간적으로 보다 더 깊은 곳이며, 이 시설에서 가

1794 1831

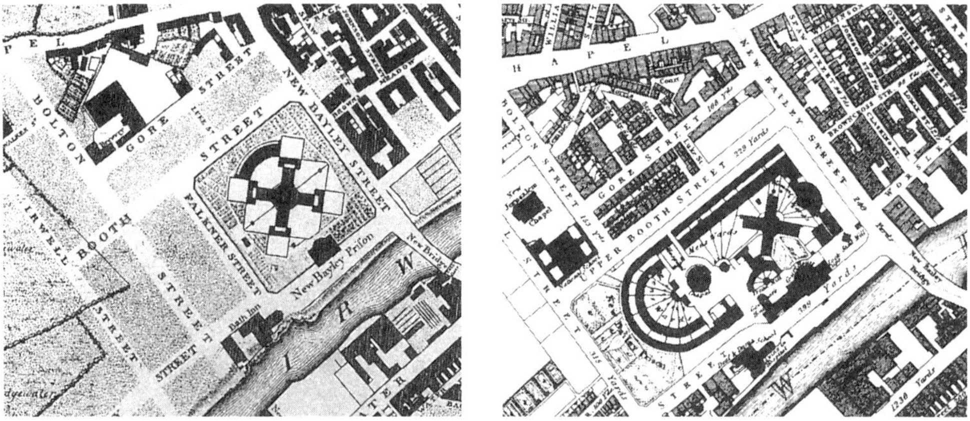

(a) 감옥

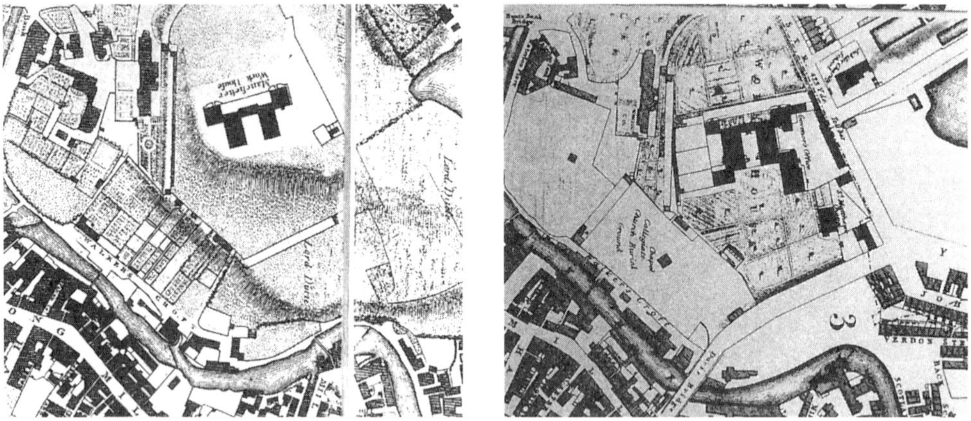

(b) 강제노역소

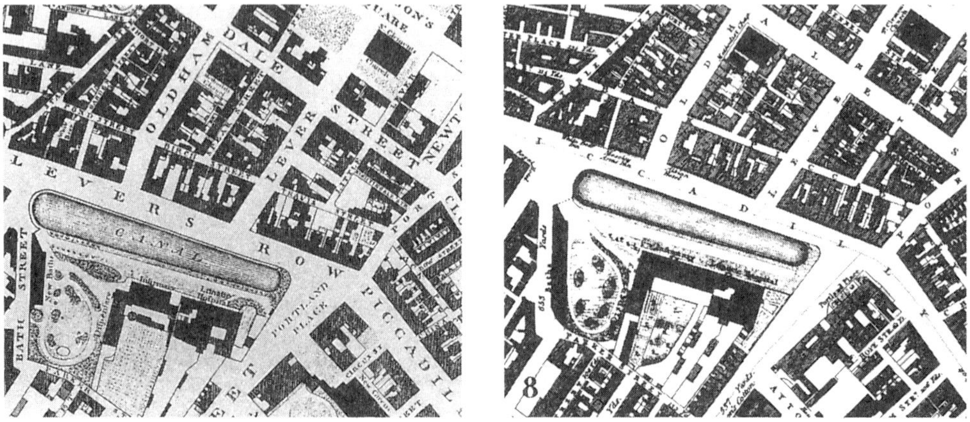

(c) 보건소

그림 4.6 도시 공공시설 주위의 완충 공간, 1704년 및 1831년의 맨체스터 감옥(a), 강제노역소(b), 보건소(c)

출처 : Green의 1794년도 지도 및 Thornton의 1831년도 지도

장 약자인 어린이와 하인의 공간들이 가장 깊은 곳에 위치하고 있다. 출입은 하나의 문을 이용하도록 되어 있으며 집사는 창문을 통해 출입을 감시한다. 이런 공간구성은 공간구조가 완전히 역전된 바깥쪽 거주자 공간으로 한 발 더 다가선 것이다.

시설 규모가 커짐에 따라 강제노역소들은 측면에 별관을 증축함으로써 U자 형태로 성장하였다. 하지만 작업과 수면 공간은 여전히 공간깊이가 깊은 곳에 위치하였다. 노역소의 기능이 감금 쪽으로 기울어지면서 더 엄격한 통제를 요구하였으므로, 개방된 안마당을 벽으로 둘러싸고 여러 개의 출입구를 없애 단일 출입구로 만들었다.

산업 도시들은 특별히 규율이 엄격하고 가혹한 강제노역소들을 양산하였다. 그에 대한 예들로 버밍엄Birmingham(1770년대)과 맨체스터Manchester의 신 강제노역소(1791-2), 그리고 리버풀Liverpool의 교정원 겸 구빈원(1770-1) 등이 있다. 이 가운데 리버풀의 강제노역소는 2층에 500명이 앉을 수 있는 규모의 거대한 식당을 두고 그 위로 방적실 및 다른 작업실들이 있었다. 두 개의 독립된 주거 블록에 42개의 주택과 126개의 구형 '셋방apartments'이 있었다. 그러나 리즈Leeds의 강제노역소(1726-1800)에서 모직 및 아마섬유 방적업으로 수익을 올리거나 적어도 자체적인 운영자금을 마련하고자 한 시도들은 성공하지 못하였다(Anderson 1980: 75-113). 진정한 새로운 산업시대 한 가운데에서 강제노역소들은 '공장'으로서는 분명한 실패작이었다.

1776년 아이들을 에든버러Edinburgh 자선 강제노역소로부터 외딴 지역으로 이동시킨 일은 단순한 확장이 아니었다. 과거로부터 내려온 도덕적 요청은 여전히 가난한 사람들 가운데 죄 없는 자와 죄 있는 자들을 분리시킬 것을 요구하였다. 나중에 한 관찰자는 재소자의 노동으로 경비를 충당할 수 있는 '건장한 걸인 · 부랑자 · 좀도둑' 등을 위한 감화원Bridewell[27]의 가능성을 보고서 기뻐하였다. 이 시설물로 인해 구빈원에는 '성실하지만 궁핍한 자들'만이 남게 됨으로써 '구빈원을 보다 나은 규율과 복종 하에 둘 수 있었다'(Tod 1783: 35-6). 또한 동일한 도덕적 요청은 재소자간의 도덕적 차별성을 다른 물리적 형태, 특히 의복을 통해 표시할 것을 요구하였다. 벨파스트Belfast의 자선협회 구빈원(1771)은 어린이 · 여러 부류의 병자 · 정신병자 · 창녀와 함께 '건장한 걸인들'도 수용하였다. 그들은 '교구에서 이방인들의 체류기간을 통제하는 관리'에 의해 부랑자로 체포되어 검정 짐수레에 태워져 구빈원의 블랙 홀Black Hole[28] 수감소로 이송된 수용자들이었다. 그 가운데에서 성실한 자로 판명된 걸인들은 명찰로 표시되었다.

U · E · H자 형태들은 18세기 영국 공공시설물의 대표적인 평면 형태가 되었다. 이런 평면 형태들은 우연히 생겨난 것이 아니다. 플레밍Fleming(1962: 62)은 그 형태의 기원을 군수품 부서의 막사에서 찾았지만, 분명한 선례는 프랑수아 망사르Francois Mansard[29]가 설계한 샤토 드 메종Chateau de Maisons(1642-50)이나 보다 아담한 아스톤 홀Aston Hall(1618-35)과 같은 컨트리 하우스 · 성 · 샤토 등에서 찾을 수 있다. 그 건물들은 출입구 축을 중심으로 한 대칭적 형태 · 중앙 블록 · 측면에 돌출한 날개 부분 · 그 날개 부분에 의해 둘러싸인 앞뜰 등과 같은 특징들을 공유한다. 아마도 군막사가 그와 같은 특징들이 최초로 적용된 곳이었을 것이다.

공공시설은 신선한 공기와 물의 위생문제 등과 같은 이유 때문에, 그리고 병원은 전염과 감염을 막기 위한 목적 때문에, 공공시설과 병원의 위치를 가격이 저렴하면서 개방된 도시 외곽으로 결정한 것은 자연스러운 선택이었다. 그림 4.6에서 보듯이 1794년과 1831년의 맨체스터 지역의 공공시설들의 평면을 비교해 보면, 성장하고 있는 도시로 둘러싸인 후에도 뉴베일리New Bailey 감옥 · 강제노역소 · 보건소 등의 시설들 주위에 큰 완충 공간들이 잔존해 있는 것을 볼 수 있다. 그 같은 대지에는 폭이 좁은 도시형 평면이나 전면에 마당이 있으며 건

27. 원래 런던의 감화원이 St. Bride' s Well 근처에 있었던 데서 유래.
28. 더럽고 비좁은 곳, 가두는 곳, 인도 캘커타의 Fort William에 있는 작은 감옥. 1756년 6월 인도 캘커타의 토굴에 갇힌 영국 병사 146명 중 123명이 하룻밤에 죽음 사건에서 유래.
29. 프랑스 건축가(1598~1666). 루이 14세 시절에 베르사유 궁전의 예배당 등을 설계한 줄 오도앙 망사르(Jules Hardouin Mansart, 1646~1708)와 구별하라.

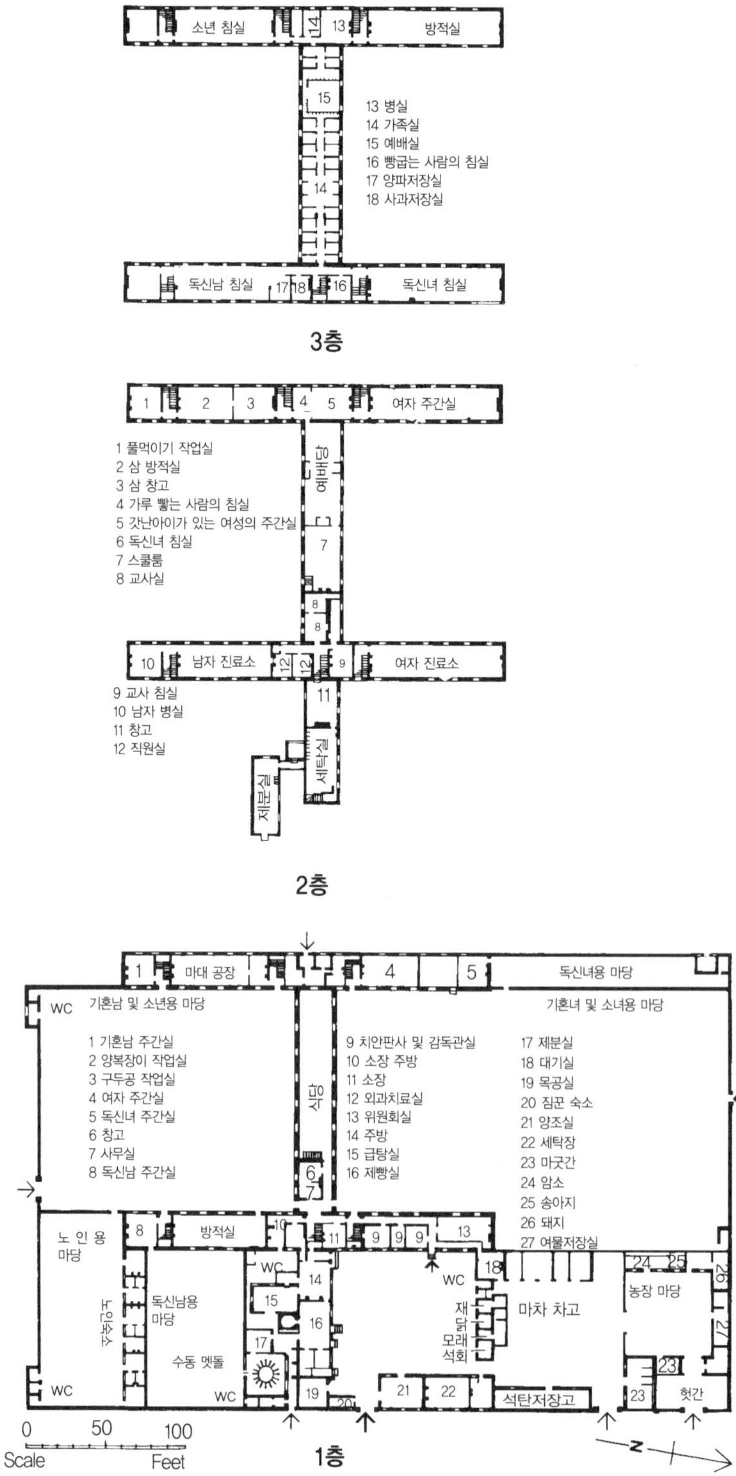

그림 4.7 스몰버그 노역소, 노폭(1785), 평면

출처 : Norfolk County Archives WD117과 Digby(1978)를 참고로 저자 작성

물은 뒤로 물러 배치되는 프랑스식 '오텔hôtel[30]' 평면은 맞지 않는다. U자 형태나 그 변형 형태는 실용적이었으며 적절한 정도로 경제적이었다. 이런 평면은 또한 교외의 대저택에서 찾아 볼 수 있는 친숙한 권력의 재생산이었다.

전체적인 건물의 형태는 오랫동안 그대로 유지되었지만, 건물 외피 안의 공간은 운영체제와 법제의 변화, 즉 권력관계의 변화에 반응하였다. 이런 역학관계는 세 개의 18세기 U자형 병원 공간을 분석한 1장에서 이미 살펴보았다. 강제노역소에서도 동일한 현상을 찾을 수 있다. 심지어 신구빈법 이전의 옛 형태들은 신구빈법이 제정된 1834년 이후의 강제노역소에서보다 더 복잡하게 성장하였다. 18세기 노폭 지역의 강제노역소를 조사한 앤 딕비의 연구(1978)에 스몰버그 노역소Smallburgh House of Industry에 관한 내용이 있다. 그 시설은 크게 늘어난 수감자들을 수용하기 위하여 복잡한 대규모 조직이 도입된 가장 진보한 과도기적 유형이었다. 이 시설은 1834년 이후 일어날 변화에 대한 토대가 충분히 마련되어 있었으므로, 공간에 새로운 명칭을 붙이는 간단한 작업만으로 쉽게 새로운 요구에 적응할 수 있었다.

우리가 구할 수 있는 평면(그림 4.7)은 1834년에 제작된 것이지만, 그 평면들로부터 초기의 명확한 모습, 즉 3층 규모 건물의 H자 형태를 찾을 수 있다. 1층에서 앞으로 돌출한 건물들과 외곽 벽들이 여섯 개의 운동 및 서비스 마당을 만들고 있다. 이들 공간 가운데 한 곳을 통과하는 출입구는 치안판사 및 감독관실과 회의실 사이에 있다. 척추 같은 중앙 건물에 큰 식당 홀이 있다. 노인들의 거처는 한 줄로 배열되어 있고 전용 마당을 통하여 출입할 수 있다. 2층에는 진료소 · 주간용 공간 · 작업실 등이 있다. 그리고 중앙 건물에는 예배당이 있고 바로 옆에는 스쿨룸이 1층 식당 위에 배치되어 있다. 중앙 건물의 최상층에는 작은 칸막이 방들이 두 줄로 배치된 가족실이 있으며, 중세시대의 진료소 홀과 비슷한 전용 예배실이 머리 부분에 있다. 운동시간에는 결혼한 부부도 성별에 따라 분리된 마당에서 운동을 하였다. 또한 최상층에는 소년 · 소녀 · 독신 남자를 위한 침실들과 작업공간이 있다.

작업 체제는 자급자족되고 더 나아가 이윤이 나도록 계획되었다. 실제 이루어진 작업들로는 모毛 및 삼 방적업이 있었고, 건물과 통합된 소규모 농장에서 경작하는 농업이 포함되어 있었다. 그 곳에서 사람의 힘으로 구동되는 맷돌을 이용한 곡식 빻기는 형벌 과정이 아니라 생산 과정이었다. 맥주와 빵이 시설 내에서 생산되었다. 시간이 지나 이윤은 고사하고 자급자족도 이룰 수 없음이 명백해지자, 마대나 그물 생산을 통하여 근면한 습관을 습득하기 위한 방향으로 작업의 목적이 수정되었다.

스몰버그 노역소는 다양한 목적에 따라 통합되고, 분류되고, 또한 분리되었으며, 그 공간구조는 19세기 시설들의 전조가 되었다. 즉 값비싼 상품 및 생산품과 소장 · 치안판사 · 감독관 등을 위한 공간들은 바깥쪽의 깊이가 얕은 곳에 위치했으며, 주거와 생산 시설은 공간깊이가 깊은 곳을 차지하였다.

개방된 병실로부터 중앙의 제단을 볼 수 있는 십자가형 · 사각형 · 방사형의 평면들이 중세 이후 유럽 대륙에서 널리 퍼졌다. 그러나 그 공간조직은 스몰버그 노역소보다 원시적이었다. 1740년 비톤Vittone이 디자인한 카잘레 몬페라토Casale Monferrato에 있는 강제노역소를 살펴보면(그림 4.8), 예배당은 남성용과 여성용 예배공간 그리고 일반인용 예배공간으로 분리되어 있고 전체 배치 형태에서 척추를 형성하고 있는 중앙 건물은 남성용 및 여성용 마당을 대칭적으로 구분하고 있다. 출입구과 두 개의 식당이 공유하고 있는 부엌은 동일한 축 상에 놓여 있다. 두 개의 커다란 작업실과 두 개의 웅장한 계단실을 따라 접근할 수 있는 위층의 공동 침실은 공간깊이가 가장 깊다. 예배당은 중간 단계에 위치하고, 사무실은 측면 입구에서 볼 때 얕은 위치이지만 주출입구로부터는 깊은 곳에 자리 잡고 있다. 그러나 그 반대의 경우는 아직 완성되지 않았다. 왜냐하면 수감자들은 가장 얕은 단계의 공간을 명확하게 점유하지 못하고 있을 뿐만 아니라, 수감자 영역을 통해서만 방문자들에게 접근할 수 있는 것도 아니기 때문이다.

30. (프랑스의) 대규모 개인저택, 공직자의 관저 또는 호화스러운 고급 숙박시설

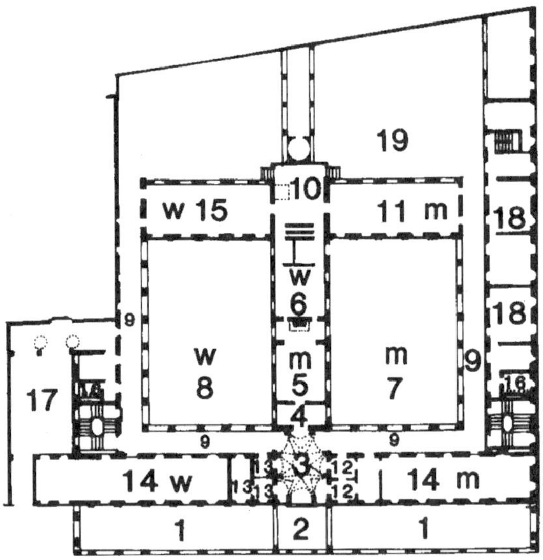

범례

1	포치	10	주방
2	주출입구	11	남자 식당
3	홀	12	개실
4	일반인 예배실	13	응접실 및 개실
5	남자 예배실	14	남자 및 여자 작업장
6	여자 예배실	15	여자 식당
7	남자 중정	16	변소
8	여자 중정	17	세면장
9	회랑	18	사무실
		19	서비스 마당

그림 4.8 비톤이 설계한 카잘레 몬페라토의 강제노역소(1740년대)

출처 : '*Un Edificio di Publica Utilita ect.*', Edizioni dell' Orso, Piacenza, 1982를 기초로 저자 작성

비록 영국에서 보편적인 것은 아니었지만, 미들섹스Middlesex에 있는 필딩Fielding의 웅장하고 인상적인 '카운티 하우스County House'는 처벌 · 빈약한 구제 · 교육 등을 통합한 시설이었는데, 1753년 이를 디자인한 토머스 깁슨Thomas Gibson은 이와 같은 종류의 강력한 배치 방식을 사용하였다(그림 4.9). 그 디자인을 살펴보면 출입구는 중앙의 감독관 사택과 '재판소'를 우회하는 두 개의 문을 통하도록 되어 있다. 남성 공간인 첫 번째 중정에 면해서 1층에는 작업실들이 있으며, 그 위로는 숙소가, 양 끝단에는 커다란 앱스[31] 모양의 야외화장실들이 열 지어 있다. 예배당으로 가는 행렬용 통로는 중앙에 있으며, 두 개의 중정은 보초가 있는 문들로 연결되어 있다. 교정원이 공간적으로 보다 깊은 곳에 위치하고 있지만, 수감자들은 예배당이라고 하는 안전한 공간으로 들어갈 수 있는 자신들만의 출입구를 갖고 있다. 카운티 하우스 내 '강제노역소'에는 5,000명의 남녀가, 교정원에는 600명의 남자가 수용될 수 있었다.

필딩은 '대도시에서 하나의 관리방식으로 통합된 남성 조직체에 대한 구상'을 갖고 있었다. 에번스Evans(1982)는 카운티 하우스의 기관화된 구조와 전문화된 건축을 강조하면서, 그것을 옛 교정원과 곧 다가올 교도소 사이의 가교로 보았다. 우리는 벤더Bender가 그것을 필딩의 소설과 어떻게 관련시키고 있는지를 살펴본 적이 있다.[32]

3장에서 우리는 럼퍼드Rumford가 운영했던 거대한 바이에른Bavarian[33]의 '군수품 강제노역소'에서 일에 내몰리는 어린이들을 보았다. 걸인들은 헌병에 의해 체포되어 군을 위한 대규모 섬유 산업에서, 회피에 대한 가혹한 처벌이 주는 고통을 견디며, 강제적으로 일해야만 하였다. 4층 높이의 노역소 건물은 개조된 방직공장이었다. 한 개의 출입구가 안뜰과 연결되어 있고, 안뜰로부터 '큰 홀들' 안에 있는 작업장 · 천을 펴기 위한 텐터[34]를 갖춘 기다란 건조실 · 축융[35] 공장 · 세탁소와 야외화장실 등으로 들어갈 수 있었다. 그는 건물의 '우아함'을 강조하였으며, 중심 사상은 '질서와 평화 그리고 건강'이었다.

럼퍼드는 그 곳의 음식조달 업무를 통하여 자신이 일생동안 집착했던 식량 경제 · 건강에 좋은 식단 · 연료의 효율성 · 빈자를 위한 급식체계 · 주방 디자인 등의 문제를 자유롭게 다룰 수 있었다. 또한 그는 런던의 기아병원, 베로나Verona[36]의 자애병원 · 더블린Dublin 노역소 · 더블린 린넨공장의 시범 주방에서, 그리고 1801년 런던에 있는 신 왕립연구소Royal

31. 교회 평면에서 주입구 맞은편에 위치한 반원형으로 돌출한 공간
32. 1장을 참고하라.
33. 역주. Bavaria = Bayern. 독일 남부의 주.
34. 직물의 폭을 조정하며 건조시키는 장치
35. 비누 용액과 알칼리 용액을 섞은 것에 서로 겹쳐진 양모를 적셔 열이나 압력을 가하고 마찰한 뒤에, 털을 서로 엉키게 하여 조직을 조밀하게 만드는 모직물 가공의 한 공정.
36. 역주. 이탈리아 북부도시.

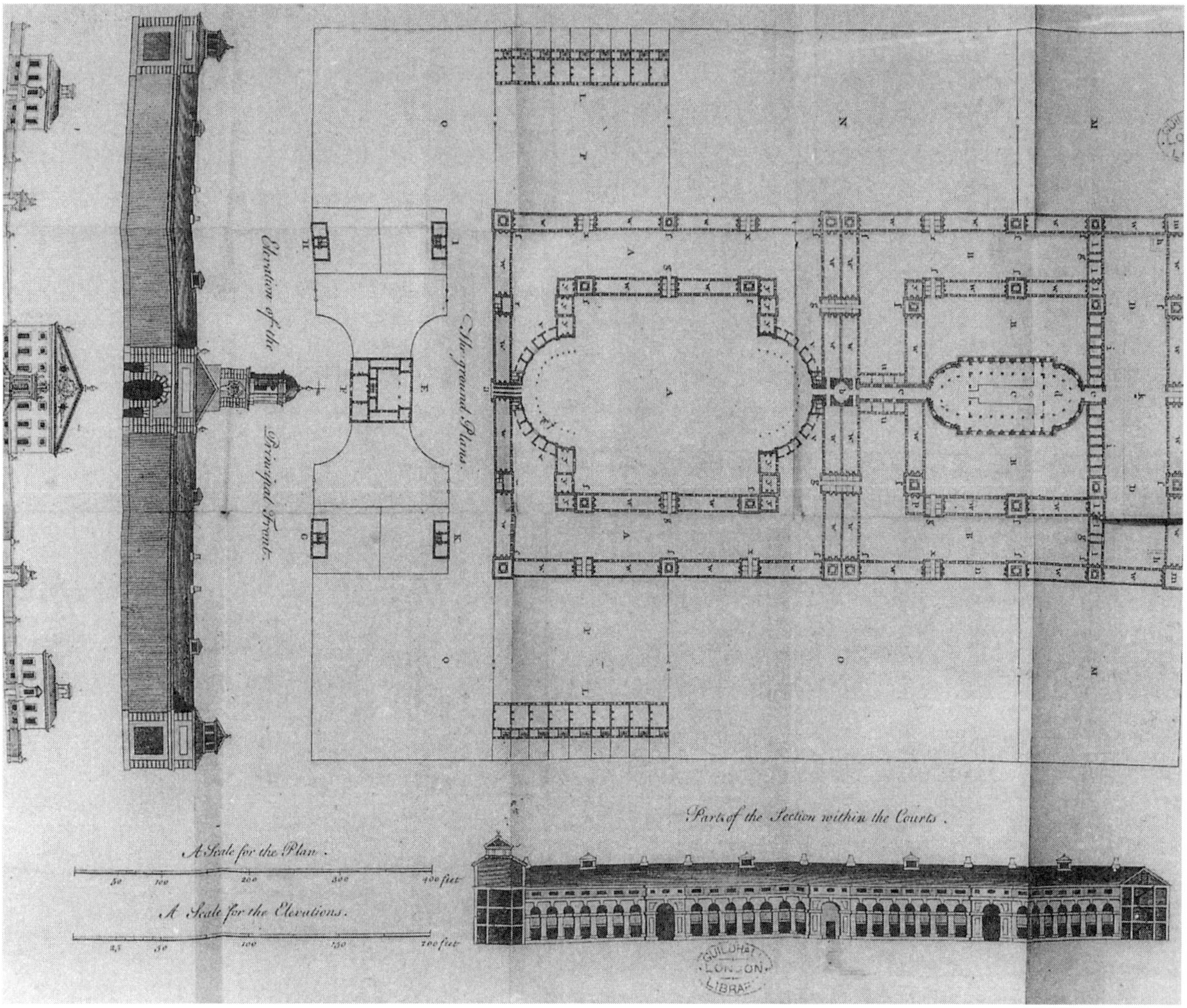

범례

A 남자 중정, 3,000명 수용
B 여자 중정, 2,000명 수용
C 예배당
D 법정 중정, 1,000명 수용
E 재판소
F 감독관 사택
G 부감독관 사택
H 예배당 목사 사택
I 경리관 사택
K 수익 관리인 사택
L sutleries
M 종군매점
N 여자 산책장
O 남자 산책장
P 종군매점 앞 공터
Q 전정
R 감독관 사택의 입면
S 부감독관 사택의 정면
T 예배당 목사 사택의 정면
a 주출입구
b 첨탑 자리
c 예배당으로 향하는 남자 통로
d 죄수용 예배당
e 예배당으로 향하는 죄수 통로
g 정문
h 감옥, 또는 금식실
i 감방
k 채찍질 기둥
l 관리인 사택
m 조수 숙소
n 여자 진료소
p 여사감 사택
r 장교 사택
s 계단
t 남자 진료소
u, v 화장실
w 작업실, 상부는 숙소, 160개
x 보초 및 조수 숙소
y 창고

그림 4.9 필딩의 미들섹스 카운티 하우스(1753)

출처 : 길드홀 도서관

Institution의 실험적인 주방에서 주방 디자인을 연마하였다. 럼퍼드가 더블린에 있는 스토브Stove 천건조장을 디자인한 것은 아마도 그가 아일랜드와 맺은 인연 때문인 것 같다. 그 공장은 야외에서 천을 말리기가 불가능한 겨울철에 일자리에서 쫓겨난 모직물 직공들에게 일거리를 제공하였다. 그 건물의 기둥은 주철로 되어 있었고, '근면한 자들에게 영원한 여름을' 이라고 철판에 적힌 표어처럼 온기를 만들어내는 난로가 있고 바닥은 화재에 견딜 수 있는 재질로 된 3층 규모의 내화성 건물이었다.(Gentleman' s Magazine 1818: 113-16)

나는 뒤에 원형의 '감시용 건물' 인 제레미 벤담Jeremy Bentham의 파놉티콘Panopticon[37]에 대해 이야기할 것이다. 1795년부터 벤담은 럼퍼드와 가까운 사이였고, 뮌헨시를 위한 경제적이고 합리적인 식품 공급계획은 벤담에게 깊은 감명을 주었다. 아마도 실업에 대처하기 위한 럼퍼드의 엄중한 조치들도 벤담에게 큰 영향을 주었을 것이다. 극빈자를 위한 구빈원은 출발에서부터 감옥 · 학교 · 병원 등과 함께 파놉티콘이 적용될 수 있는 가장 유망한 시설이었다. 10년이 넘도록 파놉티콘 형식의 구빈시설을 전파하는데 실패하던 벤담은 마침내 아서 영Arthur Young[38]을 설득시켜, 전체 골조가 주철로 설계된 다각형 형태의 파놉티콘을 영의 1797년 저서인 『농학연보Annals of Agriculture』에서 크게 다루도록 하였다. 그리고 전국자선조합National Charity Company에 의해 이런 시설이 전국적으로 만들어질 예정이었다. 이 시설은 극빈자뿐만 아니라 파놉티콘 형식의 교정시설에서 출소한 죄수들을 수용하기 위한 것이었다. 감옥 계약자에게 이익이 되는 교도작업[39]을 끝마친 뒤 나온 죄수들은 실직상태에 놓이게 될 것이고 구빈세에 의존하게 될 운명이었다. 그러나 그들은 이제 중앙감시 시스템이 있는 '보조금으로 운영되는' 시설에 집단적으로 재수용 및 재고용될 수 있었다. 실제 이들의 급료가 실제 시세보다 낮았기 때문에 고용자에게 상당한 이익을 줄 수 있었다. 바뮐러Bahmueller(1981)가 언급했듯이, 그들(출옥한 죄수들)은 '감옥과 강제노역소의 차이를 발견할 수 없었을 것이다.' 거의 똑같은 건물들에서는 더욱더 그러했을 것이다.

나는 앞으로 신구빈법에 의한 새로운 강제노역소를 언급함으로써 이 장을 끝맺을 것이다. 그것은 대감금 시설의 마지막 '정점' 으로, 지금까지 우리가 살펴 본 덜 형식화되고 집합적이면서 통제가 느슨한 강제노역소와는 뚜렷하게 대비되는 시설이었다. 그러나 그런 시설에서 볼 수 있는 강력한 규칙들을 다른 곳에서도 찾을 수 있다.

병자

이런 엄격한 규칙을 발견할 수 있는 장소 가운데 하나는 병원이다. 병원은 의도적으로 질서를 만들고자 하였으며, 이런 질서는 다양한 방식으로 구체화된다. 그런 방식들 가운데 가장 강력한 방법은 다양한 패턴에 의해 축과 시선을 한 곳으로 모으는 방법이다. 왜냐하면 이 방법은 인간의 가장 직접적인 감각 경험인 우리의 시각을 활용하기 때문이다. 그러나 실제적으로 축들을 경험할 수 없는 평면상에서 그 같은 축들이 왜 사용되었는지는 출발점에서부터 매우 의아스럽다. 산 갈St Gall수도원[40] 에서 찾아볼 수 있는 전형적인 수도원 평면은 후방에 위치한 병자들과 초년 수도사들 · 그들을 위한 클로이스터 · 제단 등을 중심 바질리카 축에 일치시켜 배치시키고 있다. 그렇지만 이와 같은 전체적인 일직선 배열을 실제로

37. 공리주의 철학자 벤담은, 간수는 높은 탑에서 죄수를 감시할 수 있지만 죄수는 간수의 감시를 알 수 없는 특수한 원형 감옥을 설계해 이를 '파놉티콘' 이라 명명했고, 이런 구조의 건축이 감옥뿐만 아니라 교회, 학교 등에도 바람직할 것이라고 주장하였다. 프랑스 철학자 미셸 푸코는 이 파놉티콘의 원리가 오늘날 '감시' 와 '통제' 의 기본이 되었다고 지적하였다.
38. 런던출생의 영국 농학자. 18세기 말 농업혁명기에 영국, 프랑스 각지에 농업 사정을 시찰하고 여행기 등의 저서를 출판하여 명성을 얻은 자로. 농업기술의 개선과 새로운 경영방법의 보급에 힘썼다.
39. 수형자에게 부과하는 일정한 노역으로서의 작업.
40. 스위스 북동부의 장크트갈렌에 있는 수도원으로, 현재는 가톨릭 성당이 되어 있다. 6세기 말부터 7세기 초까지 아일랜드의 수도사 갈Gall이 은거하던 연고지에 세운 것으로, 베네딕투스회 수도원에 속하였다.

지각할 수 있는 방법은 없다. 그것은 단지 설계자가 종이(또는 양피지) 위에 그려놓은 의도에 불과한 것이었다.

기다란 홀 형태인 중세의 진료소는 예배당 쪽으로 개방되어 있으면서 예배당과 일직선상에 놓여있다. 그러한 방식은 유럽의 병원 · 구빈원 · 고아원 · 나환자 수용소 등과 같은 시설에서 쉽게 찾아볼 수 있는 모델이었으며, 뒤에 보다 복잡한 형태인 L자 · 십자가 · 방사형 수레바퀴 형태 등으로 발전하였다. 힐리어와 한슨(1984)은 그 같은 현상을 성소shrine의 진화로 보았다. 그들이 제시한 예가 13세기 후반 토네르Tonnerre에 세워진 병원이다(그림 4.10). 비올레 르 뒤크Viollet le Duc에 따르면, 그 병원에는 중앙 홀 양 측면에 일렬로 정렬된 환자용 병실 위로 간호사들이 다닐 수 있는 중층 형태의 회랑이 있었다. 한 쪽 단부에 있는 중앙제단은 병원을 세운 창립자이며 부르고뉴Burgundy[41]의 여왕인 마거리트 Marguerite의 무덤에 의해 홀과 분리되어 있다. 그녀는 생전에 자신이 기거하던 궁전으로부터 나 있는 다리를 통해 그 회랑으로 바로 접근할 수 있었다.. 또한 궁전 옆에 있는 수도원 건물로부터 들어갈 수 있는 지상 레벨에서의 접근로가 있었으며, 제단 반대편에 있는 포치를 통해 거리로부터 중앙 홀로 바로 들어갈 수 있었다.

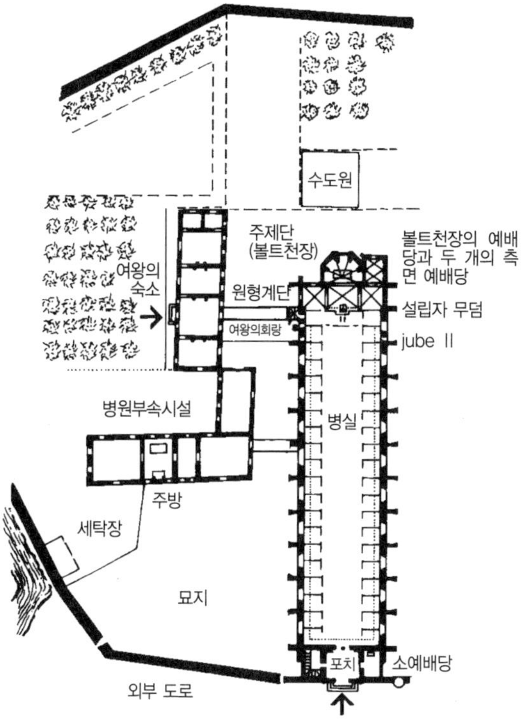

그림 4.10 토네르 병원(1293)
출처 : Viollet le Duc에 기초하여 저자 작성

힐리어와 한슨(1984)은 이 병원을 자신들의 첫 번째 하부 유형, 즉 개인적 병리를 치료하기 위해 디자인된 유형으로 해석한다. 의료진은 중앙 홀 가운데로 자유롭게 다닐 수 있으며, 그 공간은 의료진들이 여러 환자들과 접촉할 수 있는 '분배' 공간(이것은 공간구조도에서 고리형 순환동선 상에 위치하여 하나 이상의 다른 공간들과 연결되는 공간을 의미한다)인 것이다. 또한 그 홀의 공간깊이는, 외부 가로로부터 바로 진입하는 경우에는 외부공간에 대해서 얕고, 반대로 궁전이나 수도원 공간을 통하여 접근할 경우에는 깊다. 전자의 경우는 비기관적인non-institutional 공간구조로, 방문자들은 자신들만의 출입구를 갖고 있으면서 공간구조상 깊은 공간으로부터 나오는 거주자들과 공간 깊이가 얕고 분배되는 공간에서 조우한다. 이처럼 외부에서 진료홀로 바로 들어가는 것은 마치 공공건물에 들어가는 것과 같다. 이것은 의학 역사에서 특정한 단계, 즉 친지나 친구들(문자 그대로 '방문자'의 또 다른 범주)이 환자에게 바로 접근하는 것이 여전히 실무적인 치료의 중요한 부분으로 간주되고 있던 시기의 결과이다. 병자들, 그 중에서도 죽음의 문턱에 이른 많은 환자들은 확실히 천국으로 향한 길에서 고통 받고 있는 순교자와 같은 정도로 중요하게 간주되었다. 제단을 볼 수 있는 곳에서 환자들로 하여금 자신의 마지막 여정에 참가토록 하는 것은, 가치 있는 연민의 행위일 뿐만 아니라 가치 있는 교회의 예배의식이기도 하였다. 의료체계가 변화함에 따라, 여전히 환자들이 의료진과 직접적으로 만날 수는 있지만, 병원에서의 '병실'(감옥에서 감

41. 프랑스의 동남부 지방으로 본래는 왕국.

방과 같은)은 앞서 언급했던 공간깊이가 얕은 분배공간에 위치하는 것이 아니라, 수형(나뭇가지) 공간 구조에서 나뭇가지 끝에 해당하는 깊은 곳에 위치하는 두 번째 하부 유형을 닮기 시작하였다. 이 유형은 토네르에서 궁전이나 수도원을 통해 환자에게 접근할 경우 발생하는 것으로, 직접 환자에게 접근하는 공간구조와 대조된다.

동시대에 독일 뤼벡Lübeck에 있던 성령병원의 진료홀은 현관과 마주보고 있는 세 개의 제단과 공공예배당 사이에 있는 두 개의 문을 통과하여 밖에서 들어갈 수 있도록 되어 있다. 그 예배당은 토네르 병원의 예배당과는 반대 역할을 갖고 있다. 즉 성소로서가 아니라 문턱의 역할인 것이다. 진료홀은 중앙제단과 같은 축 상에 배열되어 있지만 환자들의 시선으로부터 완전히 차단되어 있다. 산갈 수도원에서와 같이 그 축은 실제적으로 경험할 수 없는 축이다. 심지어 제단이 있던 홀에서도, 홀의 길이가 매우 길고 침대나 커튼과 같은 중간 차폐물들이 있었기 때문에 제단과 아주 가깝게 있는 환자들을 제외한 다른 환자들은 제단에서 진행되고 있는 것을 보거나 듣는 것이 불가능하였다.

톰슨Thompson과 골딘Goldin(1975)은 세로방향으로 긴 홀과 그 단부에 위치한 제단의 기원을 추적하여 5세기까지 거슬러 올라간다. 중세시대로부터 19세기에 이르기까지 이런 오래된 긴 홀과 중앙제단과의 관계는 십자가 또는 방사형 형태로 변형되어 성황을 이루었다. 하워드Howard[42](1791: 58)는 이 같은 지속적이고 강건한 형태를 '로마 카톨릭적' 이라고 기술하고 있다. 이런 유형으로 가장 잘 알려진 르네상스 시기의 변형은 15세기에 필라레테Filarete[43]가 자신의 이상 도시인 스포르친다Sforzinda[44]를 위해 설계한 이중 십자가 형태의 병원이다(그림 4.11).

잉글랜드에서 찾을 수 있는 이런 유형의 유일한 사례인 사보아 병원Savoy Hospital은 헨리Henry 7세(1508-19)에 의해 라틴 십자가 형태로 런던에 세워졌는데, 피렌체의 산타 마리아 누오바 교회Florentine Santa Maria Nuova로부터 직접적인 영감을 얻었다. 그러나 교차부에 제단이 있었는지는 확실치 않다(Colvin et al. 1975: 196-206).

이런 형태가 로마 카톨릭적이라고 한 하워드의 견해와는 다르게, 계몽시대의 스코틀랜드 장로교에서조차 같은 형태를 찾아볼 수 있다. 위대한 '개발자' 존 싱클레어John Sinclair 경이 서소Thurso[45] 신도시에 세운 병원(1801)은 네 개의 방사형 팔을 가진 형태의 건물이었다.

그 병원은 건물 수가 증가하였기 때문에 형태상으로 십자가 형태에서 방사형 수레바퀴 형태 모양으로 변형되었고, 계몽시대 임상의학이론이 요구하였던 질병의 분류체계를 건축적으로 구체화한 것이었다. 건축가들은 도시계획에 가까운 큰 스케일로 반응하였다. 로지에Laugier와 마찬가지로 1779년에 데스고데Desgodets는 여덟 개의 팔을 지닌 건축 형태를 시도하였다(Rosenau 1970: 61). 슈투름Sturm이 1720년에 설계한 720 병상 규모의 병원은 1772년에 화재로 파괴된 파리의 오텔 디유hôtel Dieu[46]를 대신하기 위해 이루어졌던 1770년대 및 1780년대의 대규모 실험들을 예시하고 있다. 4층 규모의 여섯 개의 방사형 팔로 이루어진 프티Petit의 계획에는 중앙제단 위에 육중한 원추형 환기탑이 놓여 있었다(Petit 1774). 신고전주의에 대한 카우프만Kaufmann의 중요한 저서(1955: Plate 143)에서 84개의 병상으로 이루어진 16개의 병동에 총 5,200개의 병상을 수용하기 위한 푸와이에Poyet의 거대한 병원계획이 단지 입면도만으로 설명되고 있는 것은 건축 역사에 관하

42. Howard, John(1726~1790). 영국의 교도소 개량운동가. 1755년 지신이 직접 프랑스 포로로 잡혀 감옥에 투옥당한 경험이 있으며, 1775년부터 2년간 유럽 각국의 교도소를 시찰하고 돌아와 『교도소의 상태The State of the Prisons』(1777)를 출간하고 교도소 개량운동에 앞장섰다.

43. 이탈리아의 건축가 겸 조각가(1400-1469). 피렌체 태생으로 1430년대 로마로 가서 고대 로마건축을 연구하였다. 고대건축의 원리를 정리한 『건축론Trattato di architectura』를 저술하였다.

44. 필라레떼가 스포르짜 군주의 요청에 의하여 '군주를 위한 이상적인 도시' 를 구상하여 설계한 것으로 르네상스 최초의 이상도시로 거론된다.

45. 역주. 영국 스코틀랜드 하일랜드주. 11세기 초부터 13세기 중엽까지 노르웨이령에 속하였고, 중세에는 스코틀랜드와 스칸디나비아 지방을 연결하는 항로의 중계점이었다.

46. 중세 프랑스에서는 주요 도시바다 교회 참사회가 운영하는 큰 종합병원이 적어도 하나씩 있었는데, 이를 오텔 디유라 불렀다. 이는 오늘날 시립병원 역할을 한 것으로 생각된다.

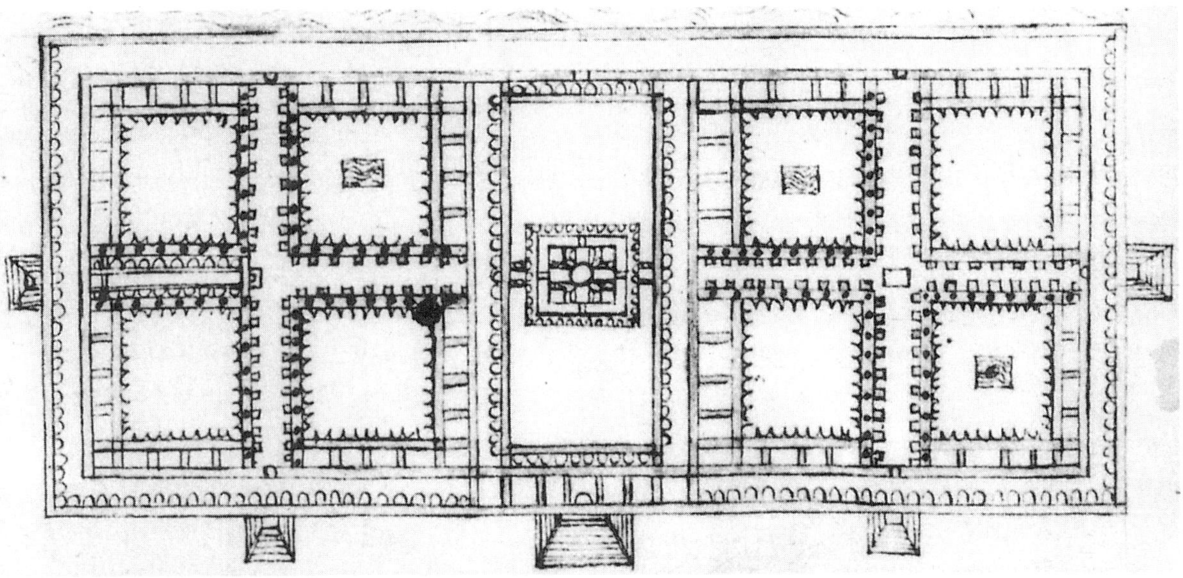

그림 4.11 필라레테의 이상적인 병원(c. 1465)
출처 : *Filarete's 'Treatice on Architecture'*, Yale University Press, 저자 소장

여 무언가를 말하고 있다.[47]

방사형 형태의 병원에서 환자들이 전체 건물의 중심공간을 볼 수 있다는 사실은 그들에게 신의 존재를 확신시켜 주었다. 또한 환자들은 직접 볼 수 없는 다른 병실에 있는 환자들도 동일한 장소를 응시하고 있다는 사실을 인식할 수 있었다. 그러나 성스럽고 깊은 공간에 위치한 성소로서의 기능이 점차 사라지면서, 중앙제단은 시간이 지날수록 보다 더 쉽게 접근할 수 있게 되었다. 마침내 중앙 공간은 감시의 장소로 완전히 대체되었고, 다양한 방법들을 사용하여 공간 깊이가 얕은 곳에 위치한 통제자들의 공간 가운데 한 부분이 되었다. 결국 시설물 내에서 공간의 응시 방향이 역전된 것이다. 그에 따라 이전에 시설 내 모든 사람들이 동일한 공간을 바라볼 수 있었던 공간구조로부터, 모든 사람들이 오히려 그 공간으로부터 감시당하게 되는 공간구조로 되었다. 따라서 중앙공간은 전체시설을 하나로 통합하고 초자연적 존재의 정당성을 제공하고 공유된 존재를 확인시키는 역할을 상실하게 되었고, 이제 그 공간은 격리되고 분할되었으며 엄청난 권력을 갖게 되었다.

그러한 공간 구조의 전환은 합리적인 과학의 결과였다. 중정 주위에 독립적인 병동들을 세우거나, 하나 또는 두 개의 중앙 건물(전체시설의 척추를 이루는)의 양측면에 평행하게 병동들을 배치하는 방식과 같은 새로운 형태가 생겨났다. 이런 배치방식 역시 대규모로 구성될 수 있었다. 그러나 새로운 배치방식과 더불어, 강제노역소에 적용되었던 궁전의 전통적인 배치방식, 즉 건물로 둘러싸인 중정 · U자형 · H자형 · E자형 배치는 여전히 살아남아 있었다. 방사형 또는 독립병동 배치가 사실상 고정되어 변형이 불가능한 것과는 대조적으로, 궁전식 전통은(특히 오래된 건물들을 개조할 때) 필요한 부분을 첨가하는 방식을 통하여 보다 쉽게 성장할 수 있으며 어떠한 크기나 모양의 대지에도 적응할 수 있었다.

47. 저자는 여기서 두 가지 사실을 말하고자 한 것 같다. 먼저, 계몽주의 시대의 질병 분류체계를 건축적으로 구체화한 사례로서 여덟 개의 팔이 있는 푸와이에의 병원을 제시하고 있다. 둘째로 이 사례를 다루면서 공간구조를 알 수 있는 평면을 누락하고 단지 입면도만이 제시된 카우프만의 서술 방법을 지적함으로써 건축을 예술로만 간주하고 건축의 사회적 의미(공간구조는 이런 의미를 파악할 수 있는 한 가지 방법이다)를 무시해온 건축사 기술방식을 비판하고 있다.

이러한 전통의 한 변형이 '대도시metropolitan' 모델로 불릴 수 있는 초대규모 계획들에 사용되었다. 각 사례들은 수도원의 자선사업 · 계몽시대의 박애와 과학 · 절대론자의 질서 만들기 또는 역병 통제 등과 같은 고유한 역사의 흔적을 담고 있다. 주기적인 파괴와 첨가와 개조의 결과로 여러 개의 중정과 날개동, 아케이드와 박차모양의 돌출부들이 덧붙여짐으로써, 이런 계획들에 적용되었던 성별 · 경제적 지위 · 질병의 범주 등에 따른 분류체계를 이해하는 것이 어려워졌다. 교회 · 이사회 회의실 · 회계사무실들은 돔으로 된 높은 천장과 중심축상의 위치 등과 같은 형태적인 수단을 통하여 전체시설에서 두드러져 보이게 되었다. 시간이 지남에 따라 초기 역병치료소의 특징이었던 일반인들과의 접촉에 대한 강력한 통제는 보다 일반화되었다. 동시에 18세기 후반에 이르러 공간적 '역전'이 완성되었다.

오텔 디유의 전염병 전초기지였던 생 루이 병원the Hôpital St Louis(1607-12)은 고심하여 만들어 낸 격리 정책들에 기초하고 있었다. 이 병원의 정면에서는 교회와 주방만이, 전염병 병동들에 의해 둘러싸인 거대한 중정을 외부 세계와 분리하고 있는 벽을 관통하고 있다. 후면에는 성직자와 간호사 수녀들의 숙소가 위치하고 있으며, 그것은 병동 안뜰과 후면에 접한 가로에 개방되어 있다. 성직자와 수녀의 공간은 환자와 교회에 나온 일반인들에게는 깊은 곳에 있지만 가로로부터는 얕은 곳이다.

런던에 있는 12세기의 세인트 토머스St Thomas 병원은 1553년에 에드워드Edward 6세의 왕립병원들 가운데 하나가 되었다. 이 병원은 1693년에서 1709년에 걸쳐 재건축되었고 최종적으로 세 개의 중정을 갖게 되었다. 그 중에서 가장 외곽에 있는 것이 여성의 공간이고, 중간에 위치한 것이 관리와 예배당을 위한 공간이며, 가장 내부에 위치한 것이 남성의 공간이었다. 성에 따른 공간들이 외부 세계와 교회에 대한 관계에 따라 대칭적으로 배치되었던 필라레테의 평면과는 달리, 이곳에서 남녀의 공간은 비대칭적이었다. 이런 배치에는 몇 가지 모호함이 있다. 직원들이 중간 깊이를 차지함으로써 환자들은 가장 깊은 곳과 가장 얕은 곳에 모두 놓이게 되었을 뿐 아니라, 일반 공공기관에서, 여성 환자가 점유한 가장 얕은 공간은, 남성이 위치해 있는 가장 깊은 공간보다 더 큰 권력을 나타낼 수도 있었다. 한편, 비기관화된 건물에서는 그와 반대되는 관계가 일어날 수 있었다. 직원들의 공간 위치가 명확하지 않은 것 외에도, 이와 같은 있음직하지 않은 공간구조는 위의 두 개의 모델(기관화된 공공시설과 비기관화된 건물)이 한 시설물에 집약되어 있음을 시사한다.

길 건너편에 있던 가이Guy 병원은 세인트 토머스 병원이 감당할 수 없었던 불치병자들과 정신병자들을 위해 계획되었다. 이 병원의 초기 평면에는 아케이드가 딸린 중정이 두 개 있었고, 두 중정 사이에는 주출입구 축을 가로질러 병동 건물이 자리 잡고 있었다. 1780년에 이르면 앞쪽으로 튀어나온 두 개의 측면 날개동이, 담장이 둘러쳐지고 문이 나있는 바깥 중정을 에워싸면서, 병원의 최종 형태를 부여하였다. 예배당은 새로 만들어진 날개동의 중심부에 위치하였고, 다른 날개동에서 예배당을 바라보는 동일한 축 상에 회계원의 주택과 감독관의 법정이 있었다. 수평축 상에 있는 이 세 개의 공간들은 통제력을 행사한 권력, 즉 종교 · 자원 · 법을 의미한다. 이 병원은 마침내 공간구조가 역전된 유형의 특징을 획득하게 되었다. 다시 말해, 공간 깊이가 얕은 거주자 영역과 깊은 방문자 영역으로 이루어진 것이다.

요셉Joseph 2세[48]는 빈 전역에 퍼져있던 빈민구호소 · 고아원 · 공립병원 · 군 병원 · 산과병원 · 성병치료소 · 무역협회 병원 · 정신병원 등을 하나의 거대한 복합체인 알게마이네스 크랑켄하우스Allgemeines Krankenhaus[49]로 모았다. 이와 같은 거대한 의료시설을 관리할 수 있는 규모의 부분으로 나누는 유일한 방안은 의료비 지불능력과 성별과 건강상태에 따라 환자들을 구분하는 것이었으며, 이런 분류에 의해 건물의 형태가 결정되었다.

공간구조가 역전된 시설에서 권력은 공간깊이가 증가함에 따라 감소한다. 토네르 병원과 생 루이 병원에서와 같이 양방향에서 수용자 공간으로 들어갈 수 있는 경우는 공간구조와 권력 간의 관계가 모호할 수도 있다. 그러나 반드시 그런 것은 아니다. 단층의 병동들이 폐쇄된 사각형 중정을 둘러싸고 있

48. 신성로마제국의 황제, 재위기간 1765-1790. 계몽주의 전제군주.
49. 영어의 general hospital, 즉 종합병원을 의미함.

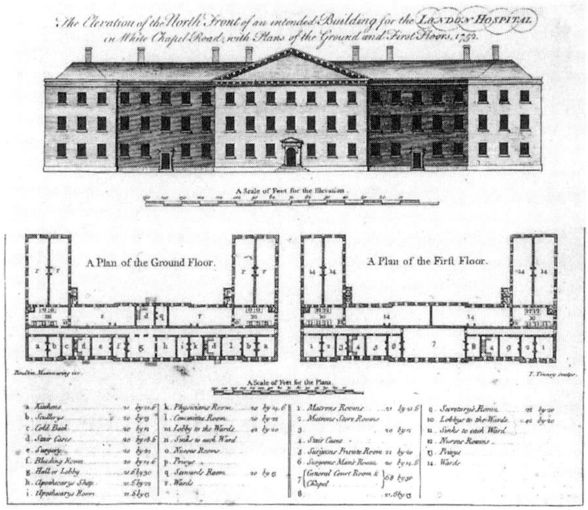

그림 4.12 메인웨어링의 런던 병원(1752)
출처 : 왕립런던병원

는 코펜하겐의 프레데릭스 병원Frederiks Hospital(1752-57)에서 남성과 여성의 공간은 좌우로 구분되지 않고, 중정을 쭉 가로질러 전체 평면을 둘로 나누는 벽에 의해 앞뒤로 구분되어 있다. 병원으로의 출입은 양쪽 반대 끝 지점에서 가능하다. 한 곳은 얕은 공간에 있는 직원 및 주방으로 통하는 출입구이고, 다른 곳은 귀족(자금을 지원하는) 및 그들의 하인들의 공간을 통하는 출입구이다. 각 출입구(양 끝단)로부터 깊이 들어갈수록 권력은 감소한다. 귀족의 공간은 동시에 환자와 통제자인 그들의 묘한 이중적 역할을 동시에 나타낸다.

지방 병원들은 좀더 간결한 '실용적인 궁전' 형태를 갖고 있지만, 이것 역시 대도시로부터 유래한 것이다. 대도시에서는 대개 커다란 저택을 개조하여 병원으로 사용하기 때문에 대도시의 병원들은 필연적으로 궁전 형태를 띠고 있었다. 세인트 조지St George 병원은 웨스트민스터로부터 독립한 후, 1719년에 건립된 런던의 한 대저택 하이드파크[50] 근처에 있는 레인즈버러 하우스Lanesborough House를 병원으로 개조(1733-39)한 것이다. 최종적으로 두 개의 날개동이 부가됨으로써 팔라디오 양식의 H자 평면이 되었다. 처음에는 수수한 대저택이었던 것이 궁전에 적합한 요소들이 부가됨으로써 공공시설로 바뀌었던 것이다. 이처럼 대저택을 개조한 병원들이 궁전 형태를 띠는 것은 자연스러운 것이었다. 그러나 이런 궁전 형태가 이후에 처음부터 병원으로 디자인된 한 세대의 병원들을 위한 모델이 되었다는 사실은 의외가 아닐 수 없다. 런던에서 찾아 볼 수 있는 이 같은 병원의 사례로는, 볼턴 메인웨어링Boulton Mainwaring에 의해 디자인된 새로운 런던 병원London Hospital(1751-2)(그림 4.12)과 제임스 페인James Paine의 미들섹스 병원Middlesex Hospital(1755)을 들 수 있다. 이 병원들에 적용된 모델은 대서양을 건너 전파되었다. 스코틀랜드 출신의 건축가인 로버트 스미스Robert Smith가 디자인한 거대한 펜실베이니아 병원(1770년대)은 전형적인 H자 형태였다. 그러나 동일한 형태로 건설된 뉴욕 병원(1773-75)은 확장된 맨체스터 진료소를 예견하고 있으며, 이 책의 1장에서 그 진료소의 병실 사이에 있는 중앙 복도에 관하여 논의한 바 있다.

유럽과 미국의 수많은 작은 도시 병원들은 이 같은 거대한 병원을 모델로 삼았고 이런 병원계획들의 주요 특징들을 지속적으로 재생산해 내었다. 그와 같은 주요 특징들로는 '대도시' 사례와 관련하여 이미 서술한 것 외에도, 동선으로도 사용되는 개방된 병실・병동의 끝부분이나 옥외 마당에 집중적으로 배치된 옥외화장실・목욕탕・기타 위생공간・최상층의 중앙수술실 그리고 정교한 환기장치 등이다.

영국에서 보다 작은 새로운 도시 진료소들 가운데, 아마도 첫 번째 것은 세인트 조지 병원의 개조가 이미 진행 중인 가운데 1736년에 세워진 윈체스터Winchester 진료소일 것이다. 18세기가 끝나갈 무렵에는 적어도 20개 병원이 건립되었다.[원주1]

50. 런던의 대표적인 공원. 찰스 1세 때 왕실공원을 런던 시민용으로 공개하였다. 그 뒤 공화국 시대에 몰수 매각되었다가 왕정복고와 함께 다시 시민공원으로 복귀되었다.

원주 1. 이러한 것들의 사례로는 에든버러(1738), 요크(1740), 브리스톨(1742), 엑스터(1744), 리버풀(1749), 쉬루스버리(1740년대), 뉴캐슬(1751), 글로스터(1775), 맨체스터(1769), 덤프리스(1778), 헐(1782), 노스햄턴(1793), 던디(1794) 등이 있다.

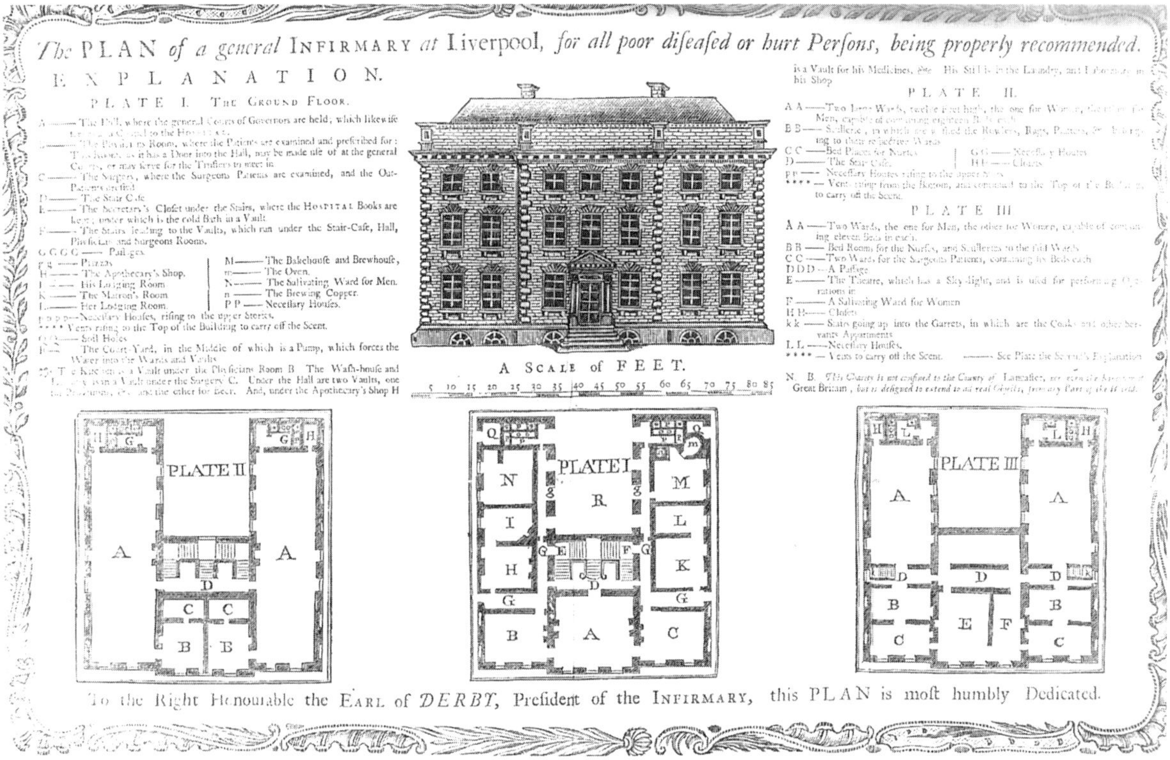

그림 4.13 리버풀 진료소(1749)

출처 : Rules and Order of the Public Infirmary at Liverpool, Liverpool 1749, 리버풀 기록보관소

그 가운데 두 개의 사례를 살펴보자. 리버풀 진료소(1749)는 중심축 위에 있는 출입구홀과 예배당 그리고 감독관 법정(A)이 공간 깊이가 가장 얕은 곳에 위치해 있다(그림 4.13). 내과의사와 외과의사의 방(B와 C)은 공간깊이가 얕은 고리형 순환동선 상에 위치하고 있으면서 홀 및 내부 복도(G)와 연결되어 있다. 그리고 남은 1층 공간은 간호사와 약제사의 공간으로 채워져 있다. 2층의 양 날개동에는 각각 18개의 병상이 있으며 동별로 남성용과 여성용으로 구분되어 있다. 11개 병상이 있는 병실 두 개와, 천장에서 자연 채광이 가능한 중앙수술실이 그 위에 있다. 3층 규모의 이 시설에서 각 층별 끝부분에 소규모 위생공간이 있고, 지하에는 주방이 있다.

글로스터Gloucester 진료소(c. 1760)는 좀더 정교하다(그림 4.14). 1층 가운데 중앙 예배당(H/19)이 있고, 동일한 위치의 2층에는 위원회실(34)이, 3층에는 수술실(44)이 있다. 양 측면에 위치하고 있는 각각 18개의 병상을 수용할 수 있는 병실들(K/1 · D/17 · 30 · 39)에서 공간깊이가 가장 깊은 곳에 화장실(E)이 있다. 계단실이 있는 중앙 복도는 공간구조도 상에서 유일한 고리를 구성한다. 이 의사소통 통로는 전체공간을 통제하고 통합하고 있으며, 당연히 거주자 영역에 속한다.

제임스 깁스James Gibbs의 세인트 바솔로뮤St Bartholomew 진료소(1729)에서는 커다란 중정이 분리된 병동 사이에 억지로 끼워져 있다. 그러한 중정식 배치는 감염과 전염의 확산을 막기 위해 깨끗한 공기를 이용하려는 의도로 도입되었다. 18세기가 끝날 무렵에는 대기 위생은 하나의 강박관념이 되었다. 톰슨과 골딘(1975)은 1719년 마르세유에서 창궐한 역병으로부터 깁스가 영향을 받았을 것으로 생각하였다.

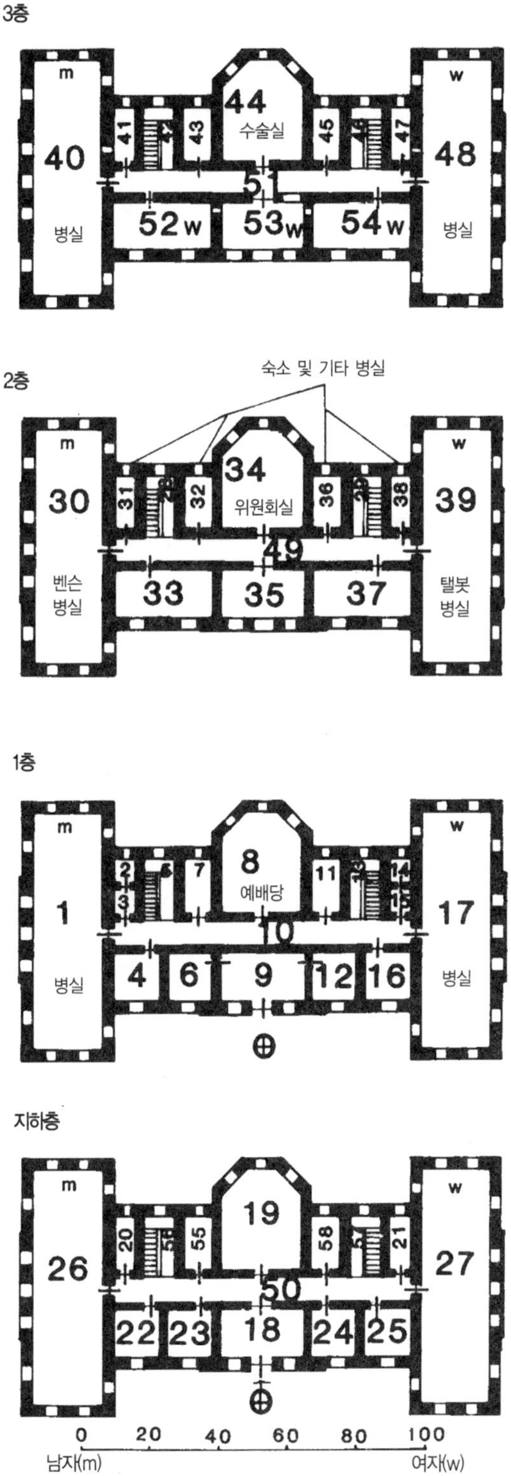

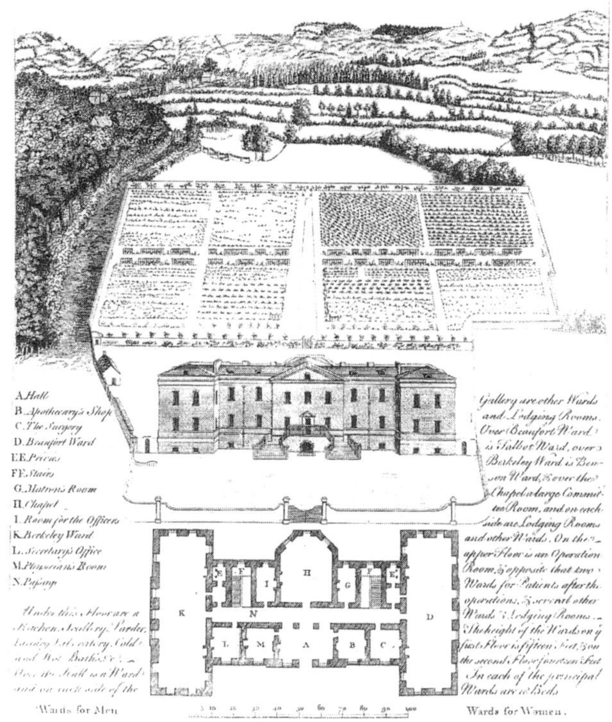

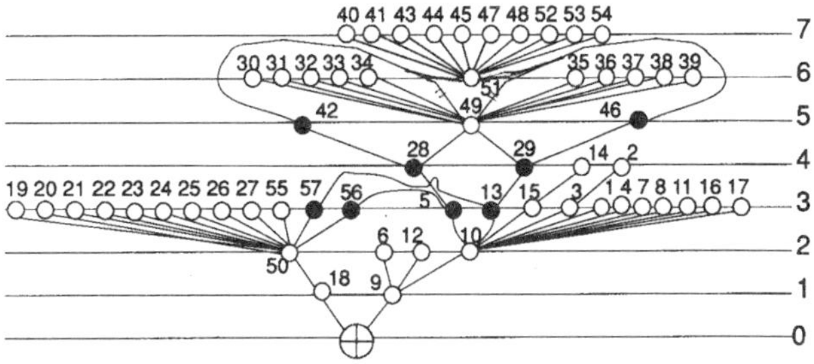

그림 4.14 글로스터 진료소(c. 1760), 평면도 및 입면도, 개략적인 평면과 공간구조도

출처 : The State of the Gloucester infirmary for the year 1764, 글로스터셔 주립도서관(평면도 및 입면도); 저자 작성(개략적인 평면과 공간구조도)

깨끗하든지 혹은 불결하든지 간에 공기가 지닌 신비스러운 역할은 주요 과학자 · 해군 의사 · 발명가들을 사로잡았다. 선박 · 광산 · 감옥 · 병원 · 강제노역소 등에서 사용할 수 있도록 풍차를 이용한 환기장치를 고안해 낸 스티븐 헤일스Stephen Hales(1743)가 대표적인 인물일 것이다. 그가 만들어 낸 장치는 뉴게이트Newgate[51] 감옥에 시도되어 어느 정도의 성공을 거두었다. 그러나 괴혈병이 주요 문제를 일으켰던 선박에서는, 그가 만든 장치뿐만 아니라 스웨덴의 군시설 계획가였던 트리발트Triewald의 발명품도 별로 효과적이지 못한 것으로 판명되었다. 평범한 시민이었던 서튼Sutton은 다른 방법을 고안하였는데, 그는 자신의 발명품을 특히 병원선 · 감옥선 · 노예선에 추천하였다.[원주 2] 프랑스 해군은 환기실험에서 큰 발전을 이루었다.[원주 3]

감염 경로에 대해 잘 이해하지 못하는 한, 그에 대한 자연스런 대응 방법은 단지 거리를 두는 것이었다. 개별 건물 차원에서 병동 사이에 공간을 두는 것은, 도시 성벽 근처나 성벽 바깥으로 독립된 물 공급처를 두고 전염병 환자나 페스트 환자 수용소를 두었던 고대 도시계획과 일맥상통하는 것이었다. 전염병이 창궐하면 위병들이 도시 관문에 방역선을 만들고, 감염자들은 도시 성벽 내부 또는 가능하다면 성벽 바깥에 있는 병원에 집중적으로 격리수용되었다. 이런 전통적인 방법의 대안으로 1665년에 런던에서 사용되었던 방법은 병에 감염된 사실이 확인된 가족이 있는 모든 집들을 봉쇄하는 것이었다. 이 방법은 혼합정책, 즉 비격리 정책으로 후에 필딩이 매우 혹독하게 공격하였다(Bender 1987).

푸코(1982:195-228)는 격리 · 분리 · 분류 · 지속적인 감독 · 기록 · 모든 세세한 사항에 대한 통제(예를 들어 의복 소각 · 우편물에 대한 정밀한 검사와 소독) 등과 같은 여러 가지 역병 퇴치 수단들로 형성된 규율을 형사제도에서 행사된 권력의 모델로 본다. 베네치아시는 4반세기 동안 창궐한 전염병에 대처하기 위해 커다란 섬과 같았던 전염병 격리병원인 라자레토lazaretto를 건설하였다. 하워드(1789)는 이 시설의 운영에서 '우선적으로 고려한 것'은 안전과 검역 그리고 의사의 도움을 받는 의료적 문제들을 잘 관리하는 것이 절대적인 것이었다고 기술하였다. 17세기의 라자레토 디자인에는 모든 방향으로 개방된 중앙 예배당과 개방된 중정을 둘러싸고 있는 개인용 수용실들이 있었고, 그 시설의 외곽에는 해자가 설치되었고 다리로 연결되었다. 제터Jetter(1966)는 1628년의 푸르텐바흐Furttenbach의 시설과 1634년에 가이거Geiger에 의해 세워진 두 가지 시설을 설명하고 있다. 하워드는 마르세유 병원을 동경하였으며, 그로부터 영감을 얻어 1789년에 하워드 자신의 이상계획(그림 4.15)을 출판하였다.

전염의 위험성은 배로 수송되는 승객 · 화물 · 천 등으로부터 급작스럽게 전염될 가능성이 있는 노출된 항구 도시가 가장 컸다. 따라서 분리 · 격리 · 거리두기 등과 같은 고심 끝에 나온 제도들이 실행되었다(Bergdoll 1987, Hildesheimer 1981). 이러한 상황에 놓여 있던 항구들은 주로 무역 중심지이거나 해군 주둔지였고, 선박 · 병영 · 병원 · 감옥선 · 갤리선[52] · 병기고 등에서 일어날 수 있는 빠른 전염의 잠재성은 매우 컸다. 권력을 갖지 않은 개인의 신체가 연구의 이상적인 주제가 된 이후, 군사적이든 혹은 질병에 관한 것이든 해군 기지들은 자연스럽게 공중 보건과 위생을 위한 실험 모델이 되었다. 그 전통은 웨이크필드Wakefield에 있는 웨스트요크셔West Yorkshire 광인수용소에서 발생한 콜레라 확산에 관한 연구 결과(Wright 1850)가 출판된 1850년까지 지속되었다. 그

51. 런던의 서문에 1902년까지 있었던 교도소.

원주 2. 아놀드 저크만Arnold Zuckermann(1976-7: 222-34)은 트리발트Triewald의 연구와 서튼Sutton의 연구를 설명하였지만, 1749년에 출판된 서튼의 『공기정화방법의 역사An historical account of a new method for extraction foul air etc』의 두 번째 판에 관해서는 언급하지 않았다.

원주 3. 육군 · 해군 · 형사 기관들에서 환기와 위생학에 대한 포괄적인 요약이 1982년 9월 프랑스 퐁테브르로Fontevraud에서 개최된 형법 역사(18세기와 19세기)에 관한 국제 세미나에서 발표된 두 개의 미출판 논문에서 찾을 수 있다. 투르Tours 대학의 알리앙 코르뱅Alain Corbin이 쓴 'Purifier l' air des Prisons' 와 Rennes II 대학의 Jacques Lêonard가 쓴 'Les Mêdecins des prisons en France au XIX siècle' 이 그것들이다.

52. 노예나 죄수들에게 젓게 한 2단으로 노가 달리 돛배.

그림 4.15 하워드의 이상적인 라자레토(1789)
출처 : Harward(1789), 영국건축도서관

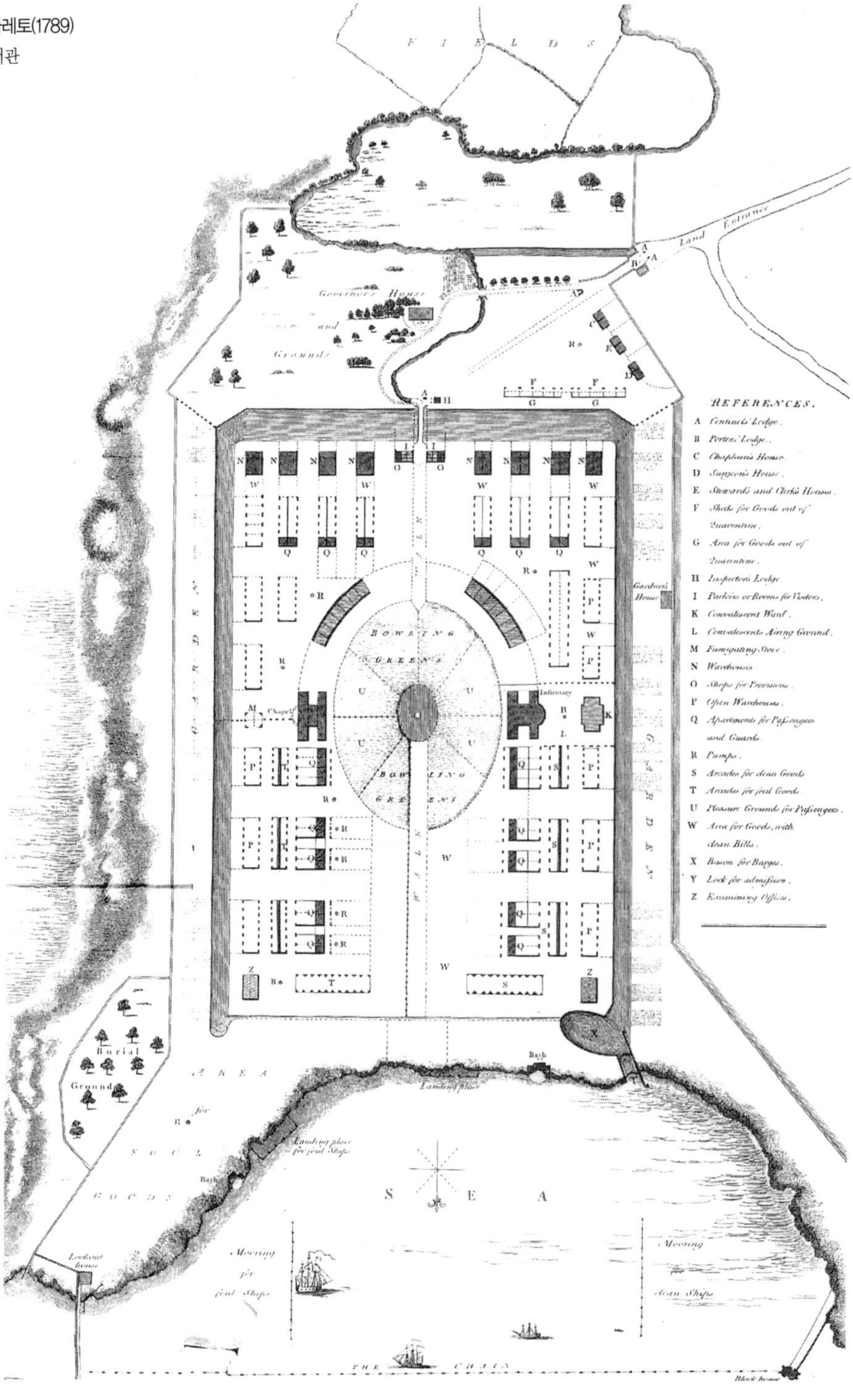

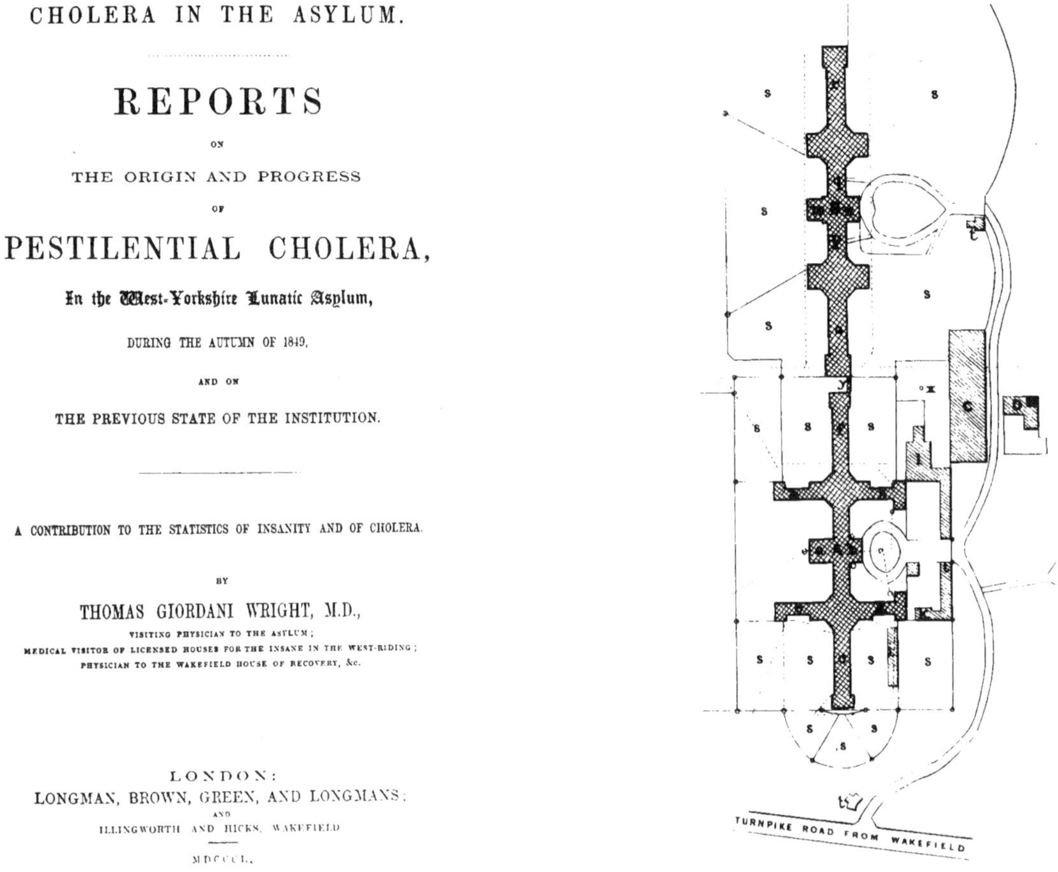
CHOLERA IN THE ASYLUM.

REPORTS
ON
THE ORIGIN AND PROGRESS
OF
PESTILENTIAL CHOLERA,
In the West-Yorkshire Lunatic Asylum,
DURING THE AUTUMN OF 1849,
AND ON
THE PREVIOUS STATE OF THE INSTITUTION.

A CONTRIBUTION TO THE STATISTICS OF INSANITY AND OF CHOLERA.

BY
THOMAS GIORDANI WRIGHT, M.D.,
VISITING PHYSICIAN TO THE ASYLUM;
MEDICAL VISITOR OF LICENSED HOUSES FOR THE INSANE IN THE WEST-RIDING;
PHYSICIAN TO THE WAKEFIELD HOUSE OF RECOVERY, &c.

LONDON:
LONGMAN, BROWN, GREEN, AND LONGMANS;
AND
ILLINGWORTH AND HICKS, WAKEFIELD.
MDCCCL.

그림 4.16 웨스트요크셔 광인수용소의 콜레라에 대한 연구의 표지와 광인수용소의 평면(1850)
출처 : Wright(1850), 대영도서관

책은 재화 및 사람의 이동과 여러 장소에서 발생한 질병의 첫 징후 등을 꼼꼼하게 기록하고 있으며, 하수구와 배수구에 대한 조사 내용도 수록하고 있다(그림 4.16). 하지만 '환자의 배설물로부터 나오는 악취'가 질병을 확산시킨다고 추론하고 있었지만, 콜레라의 주요 원인인 감염된 물에 대해서는 전혀 언급이 없었다.

아마도 일반 사람들은 병원이 위생시설의 개척자일 것으로 생각하기 쉬울 것이다. 그러나 실제로 위생시설에 대한 혁신이 처음으로 시도된 곳은 질병에 따른 결과가 재정적 피폐를 가져온 방직공장이었다. 이 책 10장에서 스트럿Strutt의 면직공장에서부터 더비Derby 진료소에 이르기까지 난방과 환기를 결합시킨 기술의 변천과정을 살펴볼 것이다. 스트럿 밑에서 일했던 실베스터Sylvester(1819)는 그에 대한 자세한 내용뿐만 아니라 독창적인 수세식 화장실(그림 4.17)과 증기를 이용한 주방설비 및 세탁실 등을 발표하였다. 지하층에 설치된 1마력짜리 증기기관이 물을 지붕의 물탱크로 끌어 올렸고 수평구동축을 이용해 세탁기를 작동시켰다. 소득증대를 위한 수단으로 지하 목욕탕은 대중들에게 개방되었다. 실베스터의 계획들은 설비 도면을 갖춘 최초의 계획들이었음에 틀림없다. 실제로 그는 '셋방의 난방과 환기를 위한, 린넨의 세탁 및 건조를 위한, 그리고 조리

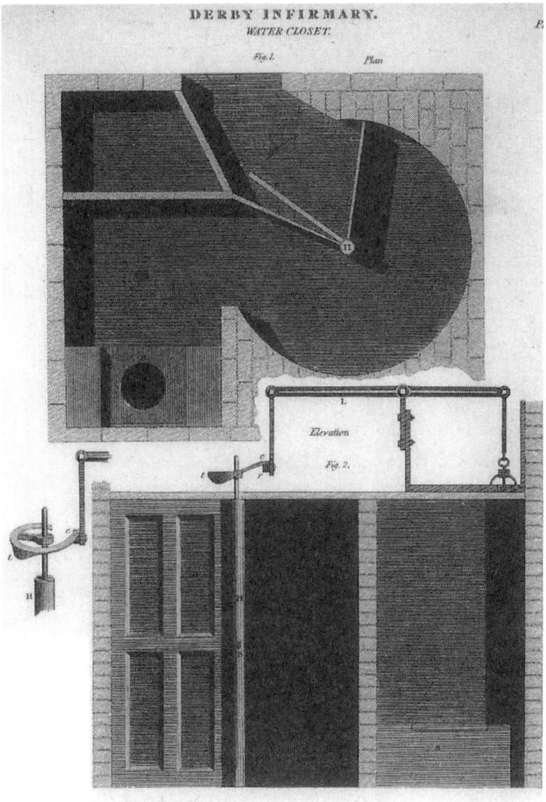

그림 4.17 실베스터의 수세식 화장실(1819)
출처 : Sylvester(1819), 대영도서관

에 필요한 모든 기구 및 기계류가 건물의 원 도면에 표현되어 있어야 한다' 고 주장하였다. 그는 웨이크필드 및 노팅엄Nottingham에 있는 광인수용소 · 메이드스톤Maidstone에 있는 새로운 교도소 · 노스 스태퍼드셔North Staffordshire의 진료소 등에 계속해서 이런 시스템들을 설치하였다.

해군 병원 및 육군 병원에서는 엄격한 위생법이 공간으로 쉽게 적용되었다. 군대 병영과 전장에서 오랫동안 적용시켜 온 공간적인 규율로부터 동일한 건물이 반복적으로 배열되는 공간구조로 발전하는 것은 그리 어려운 일이 아니었다. 사무엘 와이엇Samuel Wyatt은 1780년대에 미리 제작된prefabricated 병동건물을 이용하여 '이동가능한 병원' 을 설계했는데 (Robinson 1979: 36-9), 이는 미리 제작된 시범 병동들을 일렬로 배치한 것이었다. 프랑스 대혁명 기간을 포함하여 그 이전에, 프랑스 육군 및 해군 병원이 가졌던 환기에 대한 매우 큰 관심은 분관식 배치법을 만들어 내었다. 로쉬포르Rochefort 해군 병원(1782)은 중앙 블록으로 연결된 여덟 개의 병동들로 이루어졌는데 병동들 주위를 개방되고 식재된 거대한 공간이 둘러싸고 있었다. 세르부즈Cherbourge 병원(1787)은 로슈포르 보다는 작은 규모였는데, U자 형태로 배치된 세 개의 큰 병동들이 개방된 아케이드에 의해 연결되어 있었고, U자형의 기단부에는 중정을 향한 중앙 예배당이 있었다.(Voldman 1981: 25-33) 시범 육군 병원(Lecointe 1790)에는 네 개의 독립된 건물이 평행으로 배치되어, 각각 질병이 있는 환자 병동 · 부상당한 환자 병동 · 회복기 환자 병동 · 관리 서비스동으로 구분되어 사용되었다. 각 병동 끝에는 풀무를 이용한 환기장치를 설치한 것을 알 수 있다(그림 4.18). 파리의 구 오텔 디유의 한 의사는 트럼펫 모양을 한 '환기장치' 를 추천하였는데, 낭시Nancy에 있던 육군 병원에서도 같은 장치가 사용되었다(Gastellier 1791: 8 and figure opposite 33). 보건위원회인 콩세이 드 상테Conseil de Santé(Audin-Rouvière 1793:20)를 위한 국민의회National Assembly[53]의 법령에 따라, 민간 병원들은 군에서 확립된 기본 방침들에 근거하여 의무적으로 환기시설을 설치하도록 되었다.

군사적 전통은 오래 지속되었다. 브루넬Brunel은 1855년 크림반도에 있는 렌키오이Renkioi에 세워진 자신의 조립식 군병원에 이런 전통을 사용하였다[원주 4]. 플로렌스 나이

53. 1789년 프랑스 대혁명 초기에 성립한 근대적 의회
원주 4. 전체 평면은 오쉬너Ochsner와 슈투름Sturm의 저서 『병원조직 · 건설 · 운영The Organization, Construction and Management of Hospitals』(1907: 467)에서 찾을 수 있다. 병동들에 대한 세부사항들은 브루넬Isambard Brunel의 『토목공학자 아이섬버드 킹덤 브루넬의 생애The Life of Isambard Kingdom Brunel: Civil Engineer』(1879: 470)에 나와 있다. 둘 다 톰슨Thompson과 골딘Goldin(1975: 그림 157과 158)의 저서에서 다시 언급된다.

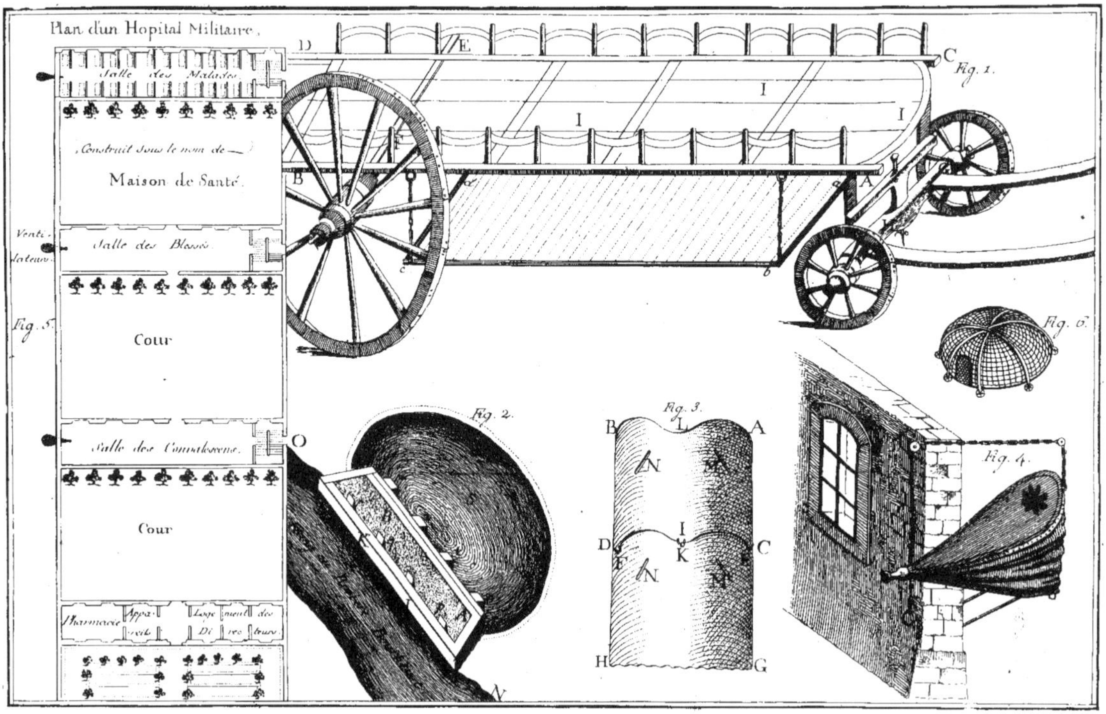

그림 4.18 르쿠엥트(1793)의 육군 병원('Fig.5')과 풀무로 작동되는 환기시스템('Fig.4')

출처 : Lecointe(1793), 파리국립도서관, item Tc34,3A

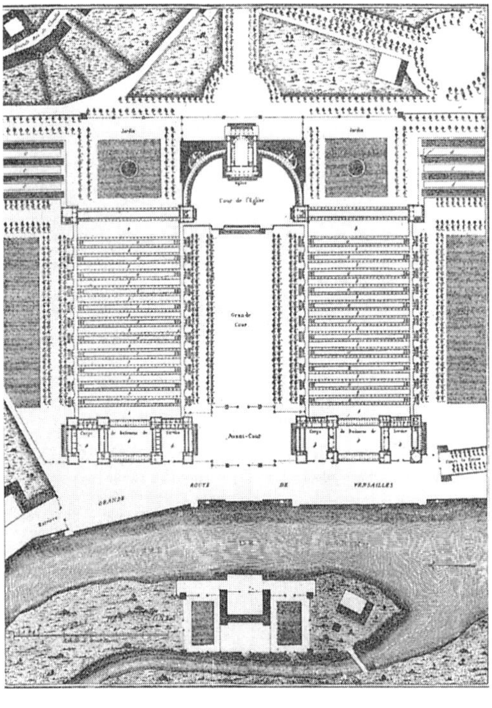

그림 4.19 르 루와이의 오텔 디유(1773–89), 평면과 병동부분 상세

출처 : C. Tollet(1892) *Les Edifices Hospitaliers depuis leur Origine jusqu' à nos Jours*, Paris, 파리국립도서관, 분류번호 Tc34, 3A

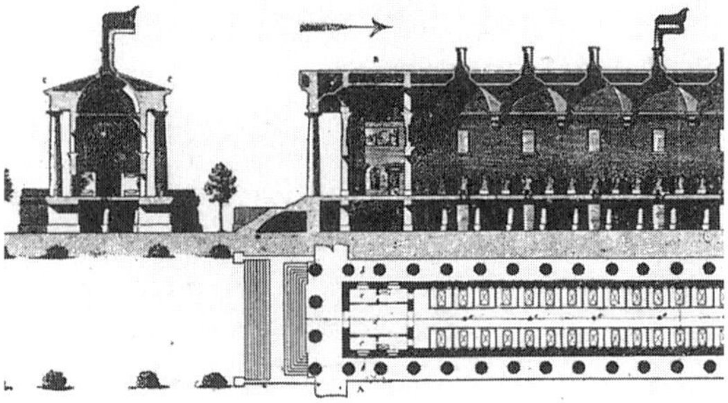

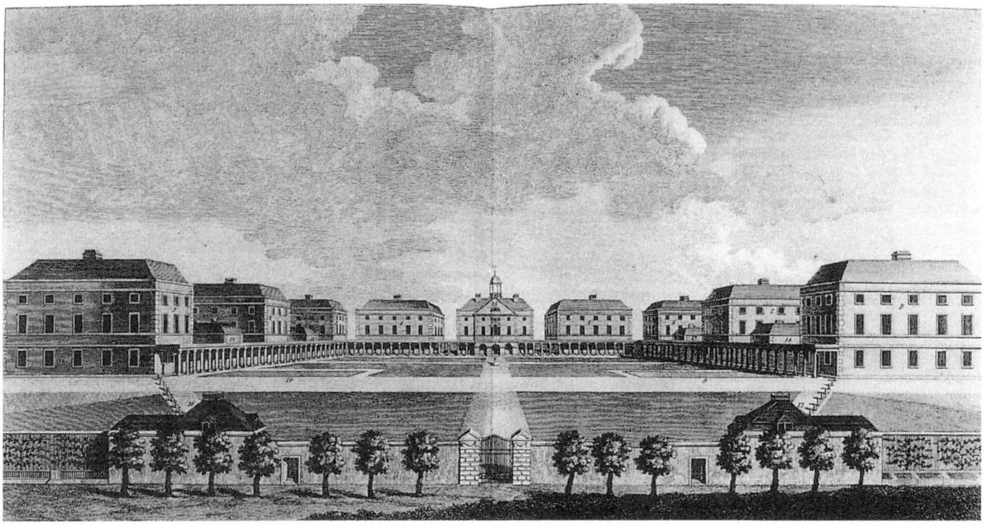

그림 4.20 스톤하우스 해군 병원(1756-64)

출처 : Howard(1784), 저자 소장

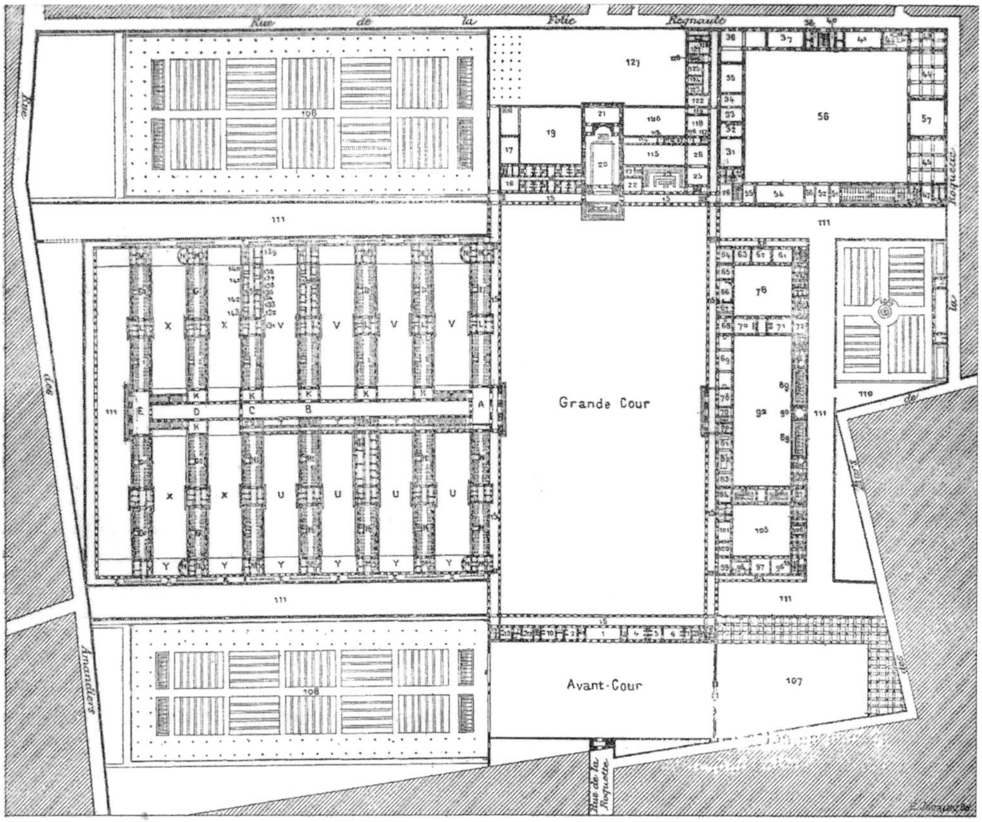

그림 4.21 트농과 푸와이에의 1787년 병원

출처 : C. Tollet(1892) *Les Edifices Hospitaliers depuis leur Origine jusqu'à nos Jours, Paris*, 파리국립도서관

팅게일Florence Nightingale[54](1859)은 브루넬의 병원을 이상에 가까운 해결책으로 생각하였다. 그러나 그녀는 네틀리Netley에 희망없는 구식 병원이 세워지는 것을 막지는 못하였다. 대영제국이 하나의 주통로로 이루어진 제대로 된 분관식 군병원 갖게 된 것은 울리치Woolwich에 허버트 병원Herbert Hospital(1858-64)이 세워지고서부터이다. 프랑스는 군사용 및 민간용 병원 프로젝트 두 부분 모두에서 영국보다 반세기를 앞섰다.

평판이 좋지 않던 파리의 오텔 디유가 1772년의 화재로 파괴된 뒤 프랑스 과학학술원의 구성원인 과학자 및 의사들이 오텔 디유의 재건에 본격적으로 착수했을 때, 그들은 라자레토를 참고하였다. 많은 아이디어들이 쏟아져 나오기 시작하였다. 첫 번째 아이디어는 물리학자 회원인 르 루와이le Roy의 1773년 디자인이었다. 그것은 4년이 지나서야 건축가 비엘Viel에 의해 학술원에 알려졌다. 학술원 사람들은 1786년에 이르러 그의 아이디어를 추천하였고, 출판은 1789년에 이루어졌다(Greenbaum 1974: 122-40). 르 루와이는 가늘고 긴 병동 11개를 가지런히 배열하였다. 각 병동에는 열주랑이 있었고, 병동 단부에 있는 현관은 도리아식 기둥을 이용한 주랑과 박공지붕이 있어 신전 형식과 같았으며, 중앙의 큰 중정을 중심으로 좌우 측면으로 각각 11개씩의 병동이 배치되어 남성과 여성의 공간을 분리하고 있다(그림 4.19). 그리고 각 병동들은 회랑에 의해 연결되어 있었다. 서비스를 위한 건물들이 한쪽 끝에 위치하고, 그 맞은 편 끝 부분에 중앙 예배당이 배치되었다. 병동들은 환기를 위해 지면으로부터 들어 올려졌으며 바닥과 상부의 돔 천장에 나 있는 구멍을 이용하여 환기되었다.

르 루와이는 비군사적 선례들도 참조했을까? 실현되지 않았으며 잘 알려지지도 않은 렌Wren의 그리니치Greenwich 병원 디자인(1696-1702)을 살펴보면, 열주랑으로 둘러싸인 안뜰 양쪽에 여섯 개의 병동이 배치되어 있었고 정상 부분에는 이니고 존스Inigo Jones가 설계한 퀸스하우스Queen's House가 있었다. 프랑스 과학학술원 회원이었던 트농Tenon과 쿨롱Coulomb이 1787년 영국의 병원들을 방문했을 때, 그들에게 좋은 인상을 남긴 것은 로우헤드Rowehead가 설계한 플리머스Plymouth에 있는 그리 크지 않은 스톤하우스Stonehouse 해군병원(1756-64)이었다(그림 4.20). 그 병원은 10개의 3층 높이의 병동들과 그 사이에 위치한 작은 서비스 건물들이 하나의 열주랑에 의해 연결되어 있다. 열주랑은 하나의 순환고리를 형성하면서 공간깊이가 가장 깊은 곳에서 축에 맞추어 배치된 예배당과 연결된다. 이 병원은 하워드의 책(1789)과 듀랑의 저서 『건축물총람』(1801)에 도판과 그림으로 설명되어 있다.

트농과 푸와이에는 두 번째 보고서(1787)에서 분관식 병동 평면을 제안하였다(그림 4.21). 마침내 프랑스 학술원의 1788년 비망록에서 위원회는 자체 안을 만들어 내었는데, 그것은 트농의 디자인에 근거를 두고 푸와이에에 의해 제작되었다.[원주 5] 그 이후 반세기 동안에 다른 안들이 많이 나왔지만, 파리시는 1846년에 이르러서야 이런 원칙들을 기초로 한 병원인 라리부아지에르Lariboisière 병원을 갖게 되었다.

분관식 배치법은 군대의 형벌시설에 대한 하나의 모델로 남아 있었다. 이런 방식의 형벌시설로는 프랑스 포로를 수용하기 위한 헌팅던셔Huntingdonshire 주의 노먼 크로스Norman Cross에 있던 포로수용소(1786-1816)나 젊은 수감자들을 대상으로 군이 통치한 범죄자 '식민지' 등이다. 이런 시설 중 유명한 것은 1839년에 아벨 블루에Abel Blouet에 의해 디자인되었고 설

54. 영국의 간호사이자 병원 및 의료제도 개혁자(1820~1910). 1854년 크림전쟁동안 34명의 간호사와 함께 이스탄불의 위스퀴다르로 가서 야전병원장으로 활약하였다. 간호사 직제 확립, 의료보급의 집중관리, 오수처리 등으로 의료효율을 일신하여 '광명의 천사'로 불렸다. 귀국 후 1856년에는 빅토리아 여왕에게 직접 병원개혁안을 건의한 바 있고, 1860년에는 나이팅게일 간호사양성소Nightingale Home를 창설하였고, 의료구호제도에 관해 영국 육군을 비롯하여 국내의 각 조직 및 외국 정부로부터의 자문에 응하였다. 저서로 『병원에 관한 노트』, 『간호노트』가 있으며, 간호법이나 간호사 양성의 기초가 되고 있다.

원주 5. 그린바움Louis S. Greenbaum(1975: 43-56)에 자세한 내용이 수록되어 있다.

그림 4.22 밤베르크 마녀관(1627)
출처 : 밤베르크시 기록보관소

립자들 중 한 사람인 토크빌Tocqueville에 의해 큰 영향을 받은 프랑스 메트레이Mettray에 있던 유명한 농업 식민지이다. 분관식 배치법이 보다 다양한 종류의 형벌시설에 적용되기 시작한 것은 19세기 말에 이르러서이다. 그러나 감금을 위해 그것이 어떻게 사용되었는지를 분석하는 것은 나의 영역을 벗어나는 부분이다.

치료 장소와 고문 및 처형 장소 사이에서 찾아볼 수 있는 기괴한 유사성을 만드는 것은 무엇인가? 이 질문은 가설적인 것이 아니다. 보수적으로 추정하더라도, 30년 전쟁55동안 자행된 강력한 박해의 일환으로 1623년과 1633년 사이 약 600여명의 남자 및 여자 '마녀들'56이 밤베르크Bamberg57에서 죽임을 당하였다(Russell 1980, Lincoln 1896, Zink 1982). 비록 마녀사냥이 유럽 전 지역에서 일어났지만, 내가 알고 있는 범위에서 밤베르크는 마녀 용의자들을 구류하고 조사하고 — 일반적으로 고문이 뒤따랐다 — 그리고 최종적으로 그들을 화형에 처할 수 있는 특수한 시설을 갖고 있었다는 점에서 특이한 사례이다. 이 시설물은 주교 요한 게오르크 2세Johann Georg II에 의해 1627년에 세워지고 1655년에 철거된 '말레시츠하우스Malesitzhaus' 또는 '드루덴하우스Drudenhaus' 로 불렸던 마녀관이었다(그림 4.22). 두 개 층에 걸쳐 개방된 중앙 공간의 양 측면에 독방과 조사실이, 그리고 두 개 층 모두 그 끝부분에는 반원 모양으로 돌출한 예배당이 있다. 고문실은 인접한 건물에 있었으며 예배당의 한 측면에 있는 문으로 연결되어 있었다. 그 시설물의 형태와 공간구조는 토네르 병원과 중세 후기에 매우 많았던 빈민구호소 및 진료소의 구조와 기본적으로 같았다. 그 시설의 외관은 동시대의 아우크스부르크Augsburg 성령 병원과 비교하면 거의 구분할 수 없을 정도로 비슷하다.

우리는 마녀재판에 대한 당시의 사법적 절차들을 주의 깊게 살펴볼 필요가 있다. 마녀 용의자는 체포되자마자 바로 격리되었고, 격리된 건물에서 공간깊이가 가장 깊은 곳에 위치한 독방에서 조사를 받았고 아주 엄밀하게 관찰되었다. 그와는 대조적으로 감시자 · 취조자 · 고문기술자들은 공간깊이가 얕은 중앙 공간에 위치하였다. 교회가 그와 관련된 절차들을 통제하였고 종교적 이데올로기가 그 같은 행위에 타당성을 부여하였다. 시설물의 머리 부분에 예배당을 배치하고 이 축에 따라 공간을 대칭적으로 구성한 것은 우리가 병원에서 발견한 것과 동일한 권력의 분포를 나타낸다. 고문을 당한 희생자들은 개인적 병리로 고통 받았으며 병원에서의 환자와 동일한 직접적인 간호를 필요로 하였다. 그러나 마녀관은 하나의 역설을 만들어 내었다. 즉, 개방된 병실을 격리된 독방들로 대체함으로써, 수감자들의 프라이버시를 확보해 줌과 동시에 그들 사이에서 일어날 수 있는 연대의식을 제거하였다. 수감자들이 서로 바라볼 수 있는 공간구조에서는 수감자들 사이에 연대의식이 강화될 수 있지만, 이 시설에서는 이와 같은 공간이 제거되었기 때문에, 수감자들은 모든 권력을 잃게 되었고, 마침내 하나의 집단(악령에 사로잡힌 이단자들)으로 구분되었다. 폐쇄된 감방이 이런 역할을 훌륭하게 수행해내었다. 격리된 수감자는 이제 동일한 병적인 집단의 구성원일 뿐이다.

악인

감옥과 관련된 문헌들은 매우 풍부하고 병원관련 문헌보다도 더 많이 남아 있다.[원주 6] 친숙한 이들 자료 가운데 비

55. 1618~1648년 독일을 무대로 개신교와 카톨릭교 간에 벌어진 종교전쟁.
56. 마녀는 대개 여성이었으나 남성인 경우도 있었다.
57. 독일 바이에른주 레그니츠강 연안에 있는 도시. 선사시대부터 사람이 거주하였지만, 1007년 하인리히 2세에 의해 주교의 소재지가 되고부터 발전하였다. 가톨릭 중심지로 종교 · 문화유산이 잘 보존되어 있어 유네스코에 의해 세계문화유적으로 지정되었다.
원주 6. 나는 일찍이 아키텍쳐럴 리뷰Architectural Review에 발표한 '법의 패턴Pattern of the Law' 라는 글에서 그런 자료들을 검토하였다(Architectural Review, 1954, vol.116, no.694, pp.251-6). 사례들과 문헌에 대한 유용한 조사들로는 페브스너Pevsner(1979: 159-68) · 로즈너Rosenau(1970: 77-96) · 톰린슨Tomlinson(1980:94-119) 등이 있으며, 가장 완성도가 높은 최근의 저술로 에번스Evans(1982)가 있다. 물론 가장 설명적인 그러나 동시에 논쟁의 여지가 있는 해석들 가운데 하나는 – 부분적으로 다소 비역사적 근거 때문에 – 푸코Foucault(1977)이다. 푸코의 접근에 대한 보다 더 광범위한 설명은 'L' oel de pouvoir' 이라는 제목 아래에서 이루어진 '제레미 벤담:파놉티콘Jeremy Bentham: le panoptiqeu' 토론에서 보고되고 있다. 프랑스어판은 1971년 프랑스 하원을 위해 인쇄되었고, 미쉘 페로Michelle Perrot가 후기를 쓴 영국어판과 더불어, 1977년에 재출판되었다. 멜로씨Melossi와 파바리니Pavarini(1981)는 감옥은 근대 공장의 생산관계들에 대한 특정 해석을 구체화한다고 주장하고 이탈리아와 미국의 사례를 자신들의 주요 증거로 사용하고 있다. 산업혁명이 발전하기 이전 기간에 관하여 바이써Weisser(1982)는 일관된 설명을 하고 있다. 가장 통찰력이 풍부한 설명 가운데 하나는 이그나티프Ignatieff(1978)에서 찾을 수 있다.

록 작은 부분만을 살펴보더라도 그 속에서 충분한 의미를 찾을 수 있다.

우리는 18세기 중반기까지의 감금과 관련된 시설들을 구분하는 것이 얼마나 어려운 일인지를 살펴보았다. 심지어 다른 시설과 구별이 가능한 감금시설도, 극소수의 예외를 제외하고는, 채무자 · 중죄인(재판과 처형을 기다리는) · 경범죄자 등과 같은 여러 부류의 피수용자들이 섞여 있었다. 많은 범죄자들은 개조된 주택이나 창고에 수용되거나, 도시의 관문에 감금되었다. 뉴게이트는 감옥 기능을 수행한 세 개의 런던 관문들 중 하나였다. 서로 다른 부류의 죄인들이 각 계단실 주위에 수직적으로 분류되어 수감되었다. 외관상 구별되지는 않지만, 도시 성벽에 위치하고 있다는 사실로 이 시설이 감옥이라는 것을 인지할 수 있다. 체포된 이방인들은 도시의 경계지역에 수감되었고, 그 곳에서는 이방인들이 도시의 군중들 사이로 흩어져 사라져버리는 위험성이 줄어들었다. 이와 같이 위치가 갖는 은유의 힘은 이미 이야기한 바 있다. 도시의 '몸통' 에 있는 틈, 즉 출입구는 정화용 필터를 필요로 하였다.

벤더(1987)는 당시의 그 같은 도시 감옥들이 '경계적 liminal[58]' 성격을 갖고 있다고 이야기한다. 즉 신참들은 '계급적 차별이 없는 자유' 가 있는 영역의 문턱을 넘어가는 통과의례에 의해 무질서 · 역설 · 불결함 · 질병의 사회로 들어가는 것이 허락되었다. 게이Gay는 『거지들의 오페라The Beggar's Opera』에서 이러한 모순들을 그 중심 주제로 삼고 있다. 수용시설에서 수감자들의 편의는 지불할 수 있는 비용에 달려있었고 그렇지 못한 수감자들은 강제로 입회금을 강탈당하였다. 더군다나 수용시설의 통제는 매우 느슨하였다. 자신의 이익에 관심이 많은 간수들이 수용시설의 통제업무를 담당하고 있었고, 간수들의 이익추구는 거의 통제되지 못하였다. 그러한 상황이었으므로 상품 · 사람 · 정보 등이 자유롭게 들어가고 나올 수 있었다. 감옥에는 술집 · 노점 · 가게 · 이발소 등이 있었고, 간수는 여성 구역을 매춘 장소로 운영하기도 하였다. 교통량이 많은 정문으로부터 떨어진 곳에 쇠창살이 설치되어 있는 구걸 창문이 있었으며, 그 곳을 통하여 수감자들과 일반 대중들이 자유롭게 대화할 수 있었다.

베카리아Beccaria[59](1764)는 이러한 무질서에 계몽사상을 도입하였다. 범죄와 그 처벌 사이의 계약상의 균형에 있어 가장 중요한 요소는 훈육과 노동이었으며, 이 경우 노동은 처벌의 성격을 가졌다. 베카리아의 같은 책 세 번째 판(1765)의 권두 그림에서 정의Justice는 여신 미네르바[60]의 이중적 몸짓으로 표현되어 있다. 한편으로는 처형된 범죄자의 머리를 선물하는 사형집행자에게는 공포의 몸짓을, 다른 한편으로 괭이 · 망치 · 톱 등의 노동 도구들에 대한 승인의 몸짓을 보여주고 있다.

게으른 무질서와 과도한 처벌을 끝내고자 한 베카리아의 목표는, 다음의 두 가지 절박한 문제가 발생하지 않았다면, 현실화되지 못하였을 것이다.

그 첫 번째 문제는 티푸스가 가져온 재앙으로, 재소자들과 그들과 접촉한 사람들이 큰 희생을 치렀다. 티푸스는 또한 선박 · 병원 · 군막사 등으로 넓게 퍼졌다. 프링글Pringle[61]은 1750년에 하나의 병폐(부패과정)가 티푸스를 전염시킨다고 밝혔다. 그 세기의 나머지 시간동안, 프링글이 지적한 부패와 관련되어 더러움 · 과밀 · 적절하지 못한 환기 등이 실제 발진 티푸스를 옮기는 해충인 이에 대해 관심을 두기보다는 '악취가 나거나' 오염된 공기 쪽으로 그 원인을 찾도록 이끌었다. 따라서 엄청난 노력이 환기문제로 집중되었으며, 그에 따라 기계장치를 사용하는 것뿐만 아니라 환기를 위해 건물을 지면에서 띄우고 환기장치를 건물에 억지로 설치하

58. 통상의 일상적인 문화와 사회의 상태와, 어떤 상태를 구성하고 시간을 경과시키고 법과 질서를 유지하고 구조적인 지위를 정해가는 과정 사이의 '중간적인 상태' 를 의미한다.

59. 이탈리아의 계몽사상가로 근대 형법학의 선구자. 사회계약에 포함되지 않은 형벌은 부당한 것이며, 형벌은 마땅히 입법자에 의하여 법률로 엄밀히 규정되어야 한다고 역설하면서, 종교로부터 법을 해방시켜야 한다고 주장함.

60. 로마 신화에 나오는 여신이며. 주피터의 딸로, 지혜 · 전쟁 · 학예의 여신.

61. Pringle, Sir John(1707-1782) 스코틀랜드 출신의 영국 내과의사. 질병 발생의 원인을 부패에 있다고 주장하고 환기의 중요성을 강조하였다.

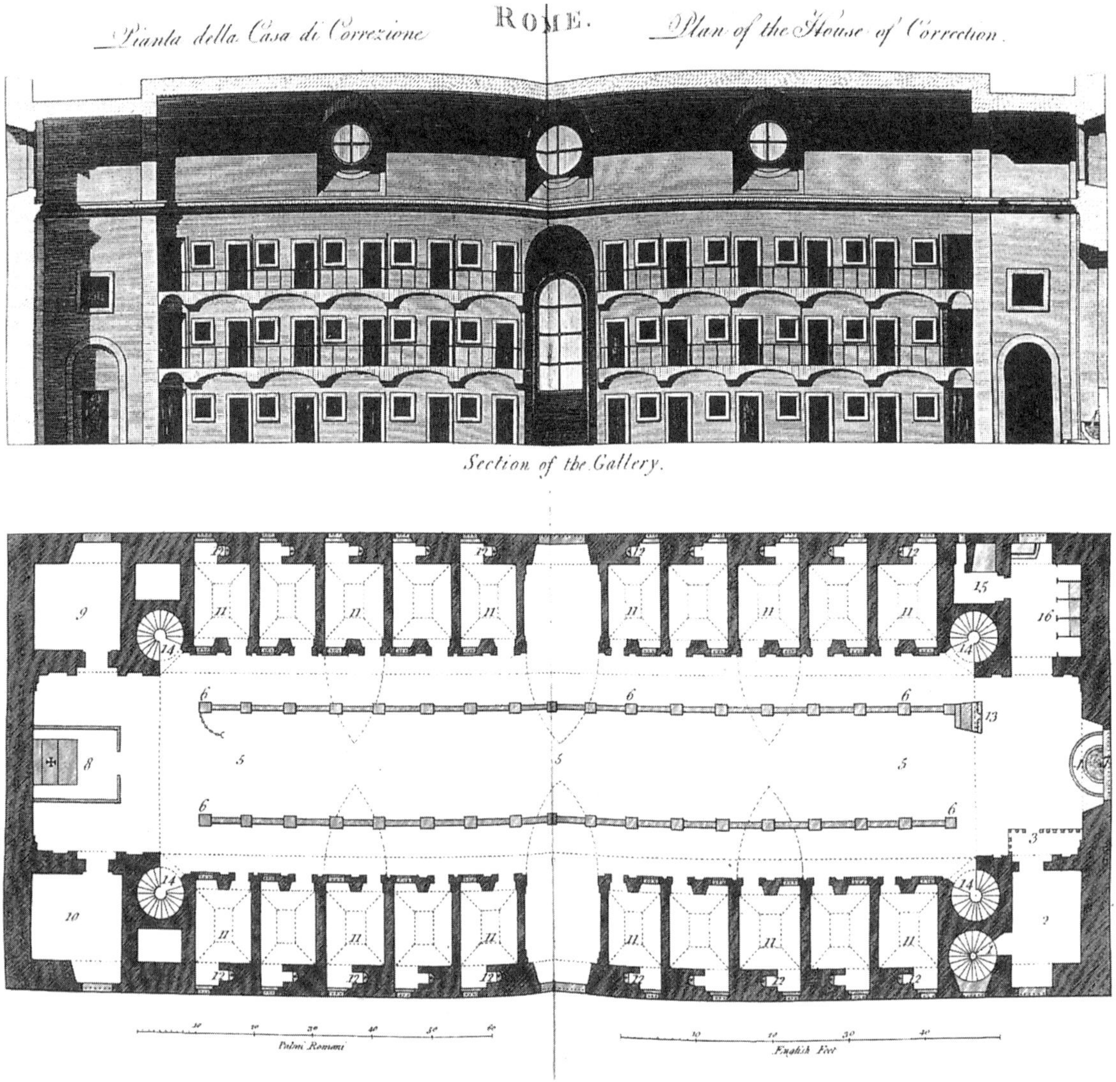

그림 4.23 젊은 남성을 위한 감옥, 산 미켈레, 로마(1701–4)
출처 : Howard(1784)

는 등의 노력들이 행하여졌다. 다른 방안으로는 대지를 '공기가 잘 통하는' 높은 지역으로 선택하는 것, 몸을 씻는 장소와 변소latrines[62] 및 세탁장 수를 늘리고 그 시설들을 외진 곳에 있는 위생구역으로 집중시키는 것, 그리고 수돗물을 제공하는 것 등이 있었다.

두 번째 문제는 첫 번째 문제인 전염과 관련이 있다. 즉 도덕적인 측면에서의 나쁜 전염인 것이다. 만약 악한 행위가 질병처럼 전염되어 퍼진다면, 위생 예방책은 그것을 막기 위해 수감자들을 분류하고 격리하는 일까지 확대될 수 있었다. 하

62. 땅을 파고 만든 것으로 수도가 없는 변소(특히 군막사, 병원, 공장 등의 변소)

워드는 일련의 비평에서 이것을 주요 주제로 삼았다. 그는 가장 기초적인 것으로 남성과 여성을 격리시킬 것을 주장하였는데, 당시의 통념과는 매우 거리가 있는 주장이었다. 나이 어린 수감자들이 나이 든 단골 수감자들에 의해 타락되지 않도록 격리되어야 하였다. 또한 부랑자 · 좀도둑 · 창녀 · 중범죄인 · 채무자 등과 같은 범법자의 유형에 따라 격리되어야 하였다. 시장은 이미 경제적 계층에 의해 분리되어 있었다. 이 같은 시장논리가 수용소에도 적용되어, 지불능력이 있는 사람은 보다 나은 수용시설과 하인을 위한 공간, 보다 나은 음식과 음료수 그리고 보다 많은 친척 접견의 자유를 샀다.

비록 1460년대의 필라레테의 논문에서 위생 및 격리 지역에 관한 내용을 찾아 볼 수는 있지만, 그러한 시스템의 효과를 보여준 가장 영향력 있는 감옥은 로마에 있는 산 미켈레San Michele 감옥이었다. 그러나 이 감옥은 앞에서 언급한 것보다 더 많은 부분에서 혁신적이었다.

교황 이노센트Innocent 11세가 1686년에 로마의 모든 빈민들을 모으고 이를 가시적으로 보여주기 위하여, 파리의 오피탈 제네랄을 연상시키고 알게마이네스 크랑켄하우스를 예감케 하는 오스피지오 제네랄레Ospizio Generale63를 설립하였다.[원주 7] 그의 후계자인 이노센트 12세는 그 시설을 계속 확장하여, 그 곳에는 고아원 · 여성보호소 · 빈민구호소 · 강제노역소 · 작업장 · 훈련소 등이 설치되었다. 클레멘트Clement 11세가 다른 부류의 수감자들(이들 초기 수감자들도 서로 격리되어 있었다)로부터 엄격하게 분리시킨 젊은 남성을 위한 산 미켈레 감옥(1701-4)을 추가한 곳도 바로 이곳이었다. 그리고 클레멘트 12세는 여성용 감옥(1734-5)을 부가함으로써 그 프로젝트를 완성하였다.

산 미켈레 감옥에서 3개 층에 배치된 독방들은 연속된 회랑을 통하여 출입하도록 되어 있고, 개방된 홀이 중앙에 위치하고 있다(그림 4.23). 각 방에는 수도가 없는 개인 변소가 갖추어져 있었다. 1층 홀에서는 모방적毛紡績 작업이 완벽한 침묵 속에서 수행되었고, 이를 뒷받침하듯 큰 글씨로 침묵이란 단어가 새겨져 있는 간판이 걸려 있었다. 지하에는 직조 공장들이 있었다. 그리고 중심축 상의 끝 부분에 제단이 있었다. 초기 디자인에서 폰타나Fontana는 제단을 가운데에 배치시켰는데, 그의 초기 도면에는 각 방들에서 중앙의 제단을 볼 수 있었음을 증명하는 방사상의 선들이 보인다. 맞은편 끝단 부분에는 큰 분수가 있었다. 클레멘트 11세는 폐쇄되고 감시받는 공간에서 훈육용 노동을 제안했던 첫 번째 교황은 아니었다. 로마의 사회구조와 물리적 시설물을 재정비하기 위해 교황 식투스Sixtus 5세가 가졌던 웅장한 계획들 가운데 일부는 일자리 없는 빈민들을 모아, 그들을 콜로세움 위층에 건설된 주거지역에 거주시키고, 그 건물의 1층을 거대한 모방적 공장으로 개조시키는 것이었다(Giedion 1952: 226).

씰렌티움Silentium64은 앞으로 다가올 훈육 · 격리 · 감시 · 신선한 공기와 위생에 대한 주의 · 정숙 · 작업 · 참회 등의 전조가 되었다. 3개 층에 걸쳐 회랑이 있던 홀은 하나의 전형이 되어 19세기 후반까지 살아남았다.

씰렌티움의 근대성은 1750년대에 뉴게이트 감옥을 재건하고자 아이디어를 구했던 시기의 영국 기성 지배체계에는 효과가 없었다. 최종적으로 채택된 건축가 조지 댄스George Dance the Younger65의 1768년 디자인은 공동 '감방'으로 둘러싸인 격리된 뜰로 구성되어 있었다. 관리자동이 중심축 상에 배치되어 있었고, 그 뒤로 볼트 구조의 예배당이 세워졌다. 한 쌍의 간수 수위실은 미로 같은 통로를 통해 중정과 감방 그리고 술집으로 연결되어 있었다. 비록 각 병동에는 윌리엄 존스William Jones의 초기 디자인에 기초한 반원형으로 된 변소 탑이 있었지만,

63. 영어로 general hostel, 즉 종합수용소 또는 보호소를 의미한다.

원주 7. 이 복합시설과 카를로 폰타나Carlo Fontana의 개입에 관한 가장 잘 된 설명은 브라함Braham과 헤이거Hager(1977: 137-50과 그림 332-72)이다. 그 감옥은 부분적으로는 하워드Howard의 설명과 그림을 통하여 1770년 이후 유명하게 되었다.

64. '침묵'에 해당하는 라틴어

65. 1741~1825. 대大 조지 댄스George Dance the Elder: 1695~1768의 세째 아들(막내)로 태어나 아버지 사무실에서 정식훈련을 받았고 아버지 뒤를 이어 런던시 측량기사가 되었으며 1768년에 왕립미술원의 창립회원에 선출되었다.

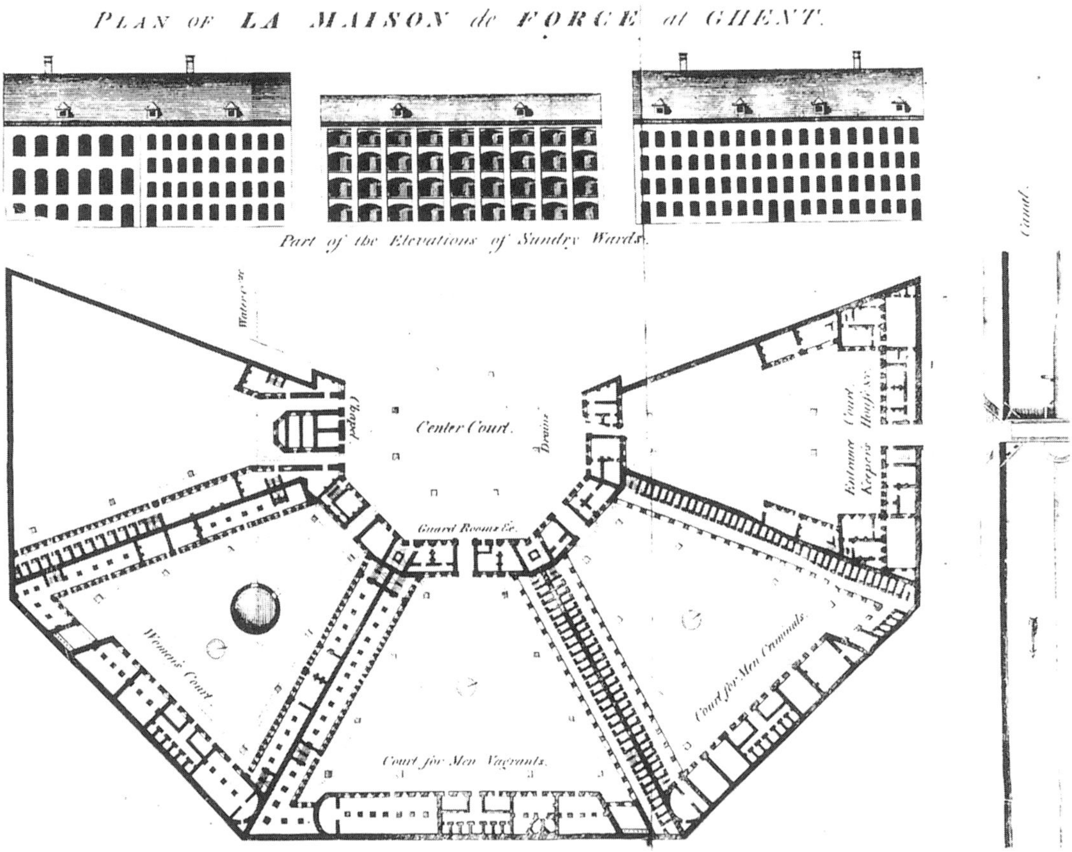

(a)

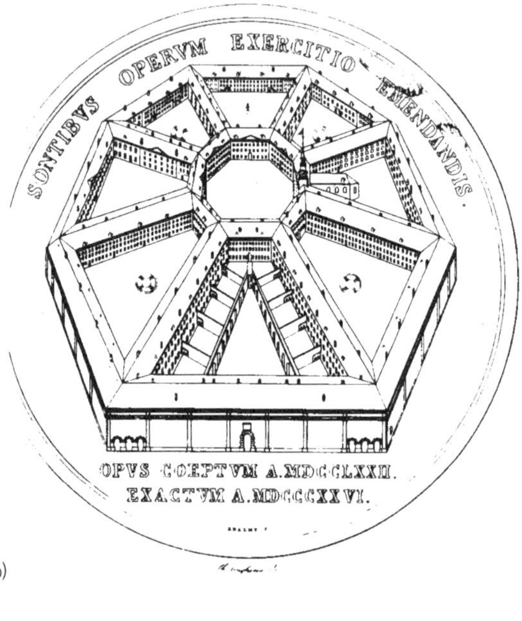

(b)

그림4.24 강제수용소, 겐트(1772), 평면, 단면, 입면의 일부(a)와 조감도(b)
출처: Howard(1784), 저자 소장(a), Vilain XIII(Jean Jaques Philippe), *Procédé d'un Premier Memoire etc.*, Ghent, 대영도서관(b)

뉴게이트 감옥은 하워드 및 개혁가들로 하여금 감옥 디자인이 근본적으로 재고되어야 할 필요성이 있음을 확신시켜 주었다.

하워드를 비롯한 영국의 감옥 개혁가들은 이미 하워드의 책을 통해서 널리 알려진 하나의 모델을 갖고 있었다. 그것은 몽프종Montfeson이 1772년에 빌랭 14세 백작Count Vilain XIIII을 위해 디자인한 겐트Ghent에 있는 강제수용소Maison de Force로 전체적으로 8각형 형태이며 각 건물동이 분리되어 있었다(그림 4.24). 계획된 여덟 개의 안뜰 가운데 다섯 개와 그 안뜰을 에워싸고 있는 4층 규모의 감방 건물들이 완성되었고, 그 중심축 상에 출입구와 예배당이 배치되었다. 내부 중앙에 있는 8각형 형태의 외부공간은 관리자 영역에 의해 둘러싸인 작업 공간이었다. 각각의 관리자 공간은 한 개의 안뜰만을 감시할 수 있으나, 가운데에 있는 작업공간은 모든 관리자 공간에서 감시할 수 있었다.

하워드(1777)는 자신이 이상적인 것으로 생각한 주州교도소를 만들었을 때, 중앙감시를 도입하였으나 그가 '카톨릭적' 또는 '전제주의적' 인 것으로 간주한 방사형 모델을 엄격하게 적용시키지는 않았다. 각 수감자들은 독방에 수용되어야 하였다. 독방은 '수감자들이 반성하는데 있어 고독과 침묵을 제공하는 적합한 공간이었고 그에 따라 수감자들이 회개에 이르도록 할 수도 있는' 공간이었다(1777: 22). 범주별로 구별된 수감자 집단들이 사용하는 각각의 건물에는 아케이드가 있었고, 또한 운동할 수 있는 마당이 있었다. 예배당과 교도관동은 중심부에 배치되어 있었다. 교도관동은 하나밖에 없는 출입구를 바라볼 수 있었으며, 그 건물 각 면에 설치된 십자형 회전식 문을 통하여 감옥으로 들어가는 출입을 통제하였다.

미국독립전쟁 동안 범죄자에 대한 유형流刑[66]이 불가능해지자 위기가 촉발되었다. 유형을 대신하여 감옥선이 이용되었다. 하워드는 감옥선을 강하게 비난하였다. 감옥선이 몇 가지 점에서 개선되었음에도 불구하고 하워드는 범죄자들을 격리시키지 않았다는 이유로 감옥선을 '도덕의 완전한 파괴' 로 간주하였다(Howard 1784: 466). 1787년에 이르러서야 첫 죄수들이 호주의 보타니Botany 만에 수송되었다. 그러는 동안 감옥은 장기간의 감금과 노동을 위해 건설되어야 한다는 사실이 분명해졌다. 우리는 이러한 것을 성취하기 위하여 고안된 1779년의 감옥법Penitentiary Act[67]에 대해 이미 살펴보았다. 남성 및 여성용 감옥에 대한 건축공모전에는 63개 작품이 출품되었으며, 그 가운데는 소언Soane[68]이 설계한 두 개의 기념비적인 계획안도 있었다. 하지만 남성용 감옥은 윌리엄 블랙번William Blackburn의 디자인이, 여성용 감옥은 토머스 하드위크Thomas Hardwick의 안이 당선(1782)되었다.

비록 블랙번의 디자인이 사라져 없어져버리고 국립 형무소들이 세워지지 않았지만, 그는 자신의 짧은 생의 마지막 기간 동안 대영제국의 선도적인 감옥 건축가로서 그리고 하워드의 가장 충실한 해석가로서 인정받게 되었다. 1876년 여러 가지 방법으로 감시가 가능한 평면에 대한 다양한 실험을 한 후, 그는 입스위치Ipswich에 날개동들이 중심공간과 연결된 자신의 첫 번째 방사형 계획안을 만들어 내었다. 이로써 중심공간으로부터 감시가 가능한 감옥의 시대가 도래하였고, 이런 방사형 모델은 한 세기 이상 지속되었다. 그는 리버풀(1795)에 있는 감옥을 포함하여 다른 프로젝트들에서 그와 같은 평면형식을 추구하였다. 리버풀 감옥은 교도관동의 한 지점으로부터 여섯 개의 독립건물들이 방사상으로 배치되어 있어 중앙의 교도관동에서 운동 마당과 건물의 외벽을 감시할 수 있었다. 하지만 건물 내부에 2열로 배치되어 있는 감방들은 감시할 수 없었다(나는 다른 연구(Markus 1982: 66-9)에서 워드롭Wardrop이 1791년에 설계한 이와 유사한 평면을 갖는 에든버러 감옥Edinburg Bridewell을 자세하게 설명한 바 있다).

그러나 이런 감시 원리를 블랙번이 창안하였다는 일반적인 주장에 대해 누구나 동의하는 것은 아니다(Evans 1982: 211). 1782년에 에든버러 시장 데이비드 스튜어트David Steuart와 주州장관 대리인인 아치볼드 콕번Archibald Cockburn은 에든버러 감옥 디자인에 관하여 출판하였으며, 나는 이에 관한 역사를 다른 곳에서 자세히 언급하였다(Markus 1982: 65-8). 그 감옥은 3층 높이로 그 평면형식은 세 개의 건물이 세 방향으로 펼쳐진 방사형이었다. 각 건물들은 분리되어 있었지만 중앙에 관리자동이 배치되어 있었기 때문에 세 개의 감방 건물들을 동시에 감시할 수 있는 공간구조를 갖고 있었다. 세 개의 감방 건물 가운데 두 개는 편복도형 구조로 되어있는 반면에, 나머지 한 동

66. 범죄인을 지방, 특히 변경 또는 섬에 보내어 정주시키는 형.
67. 1779년 제정된 감옥법은 최고 2년 동안 수용되어 중노동을 실시하는 시설의 설립, 운영을 위한 법률로서 안전하고 위생적인 구조, 체계적인 검사, 수수료 폐지, 개혁적인 제도 등을 기본원리로 하고 있다. 1장을 참고하라.
68. Sir. John Soane(1753~1837). 영국의 신고전주의 건축을 대표하는 건축가의 한 사람. 잉글랜드 은행, 덜위치 미술관, 소언 미술관 등을 설계하였고 1831년 나이트 작위를 받았다.

은 감방들이 등과 등을 맞대어 붙어있고 양쪽에 두 개의 편복도가 있는 구조였다(그림 4.25). 재소자들은 중범죄인 · 채무자 · 나이 어린 범죄자 · 부랑자 등과 같은 계층과 성별로 완전히 구분되어 있었다. 그리고 매주 일요일 설교하는 목사와 외과의사가 제공되었다. 관리자들은 야외운동이 가능한 격리된 안마당 · 건설 · 배수 · 환기 · 경비에 관하여 독창적인 생각을 갖고 있었다. 중앙 관리동 외곽에 있는 작은 부속탑 위에 설치한 선회포는 폭동이 일어났을 때 시설물 내외부로 사격이 가능하였다. 그들은 이 시설이 있었더라면 2년 전에 발생한 고든 폭동Gordon Riot[69]기간 동안 뉴게이트 감옥의 화재를 막을 수 있었을 것이라고 생각하였다(Steuart and Cockburn 1782).

이 시설에서 콕번과 스튜어트가 보여준 가장 뛰어난 통찰력은 중앙감시에서 찾을 수 있다. '감독관 숙소를 중앙에 위치시킨 것과 앞서 서술한 경비체계는 만약 그와 같은 체계를 도입하지 않았을 경우에 필요한 하급관리 및 고용인보다 훨씬 더 적은 인원으로 시설관리를 가능케 할 것이다' (Steuart and Cockburn 1782: 12). 이것은 블랙번보다 앞설 뿐만 아니라, 신기하게도 9년 뒤의 중앙감시 및 참모의 효율적인 활용에 대한 벤담의 아이디어를 예기하고 있다.

건물과 안뜰을 십자가형으로 구성하는 옛 전통은 아직 잔존하고 있었고, 심지어 하워드의 이상적인 교도소(1789)에서도 그 양식이 다시 적용되었다. 감시라는 새로운 용도로 축을 사용하였지만, 전통적이고 상징적인 기호로써 축의 사용도 계속되었다. 글래스고 교도소를 위한 로버트 리드Robert Reid의 두 번째 프로젝트(1807)에서, 중심축 위에 다음과 같은 요소들이 차

(a)

(b)

(c)

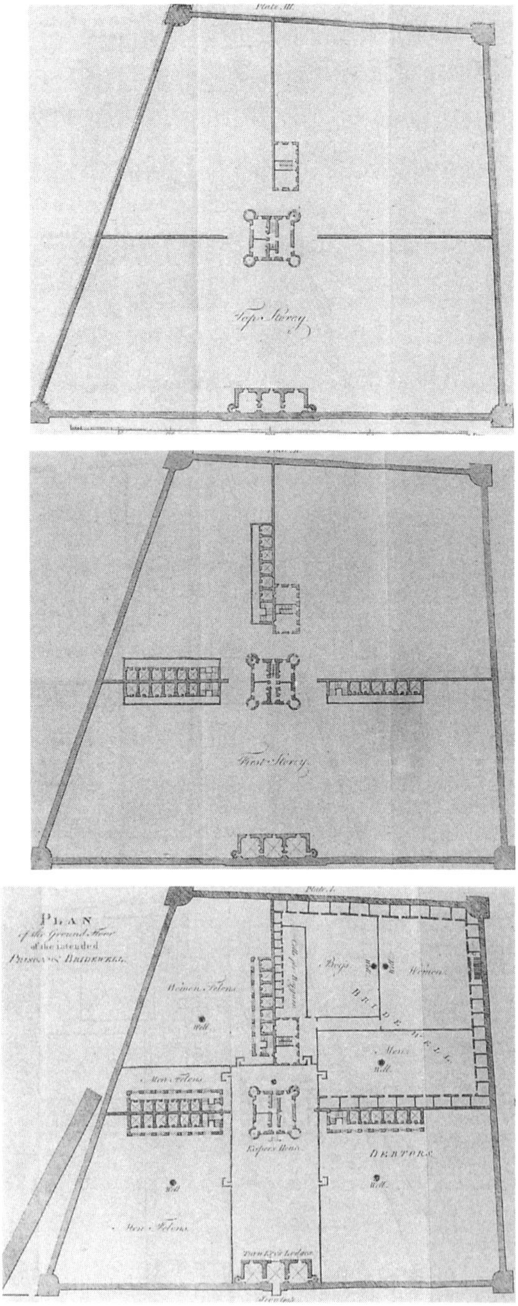

그림 4.25 콕번과 스튜어트가 1782년에 제안한 에든버러 감옥 평면, 3층 평면(a), 2층 평면(b), 1층 평면(c)

출처 : Cockburn and Steuart(1782), 에든버러 공공도서관

69. 1778년 영국의회에서 카톨릭 해방법이 통과되자 영국 국교도인 조지 고든이 이끄는 프로테스탄트협회는 이 법이 기존 교회에 대한 위협이 된다고 생각하고 반대운동을 벌였는데, 여기에 카톨릭 해방법에 반대하는 사람 외에 다른 불만을 가진 많은 사람들이 합류하였다. 1780년 6월 2일 프로테스탄트협회의 주장에 호응하여 모여든 사람들이 청원행진을 시작하였고, 그 중 일부가 폭도화하여 대규모의 폭동사건을 일으켰다. 이 폭동은 일주일 만에 진압되었으나 수백명이 죽거나 다쳤다. 하지만 고든은 폭동에 대한 책임은 없다고 인정되어 무죄석방되었다.

례대로 배치되었다. 주출입구 · 두 개 층에 걸친 주 법정 · 중심축에 의해 양분되고 중범죄자와 채무자들이 사용하는 안뜰 · 네 개의 안뜰을 바라볼 수 있는 관리자 숙소 · 그 위에 위치한 예배당 · 마지막으로 그 후면에 있는 사형집행대 등의 요소들이 중심축에 일직선으로 배치되었다. 그 축은 필연적인 연대기와 우주론을 통합한 하나의 지도를 창조하였던 것이다.

따라서 18세기 말에는 다음의 세 가지 유형들이 공존하고 있었다. 첫 번째 유형은 기능이 전환되거나 건물이 덧붙여 이루어지면서 우연하게 계획된 작은 규모의 감옥들이다. 때때로 이것은 다른 시설과 결합되기도 하였다. 두 번째 유형은 과거 형식, 즉 축을 이용한 형태위주의 감옥으로, 개혁적인 내용들이 거의 반영되지 않았고 따라서 수감자들은 분류되지 않은 채 수감되었고 예방적인 위생 수단이 거의 갖추어지지 않았다. 세 번째 유형은 하워드와 블랙번이 주장하고 스코틀랜드에서 이루어진 혁신적인 형태의 감옥으로, 독방감금 및 침묵을 통한 도덕적 효과를 노렸으며 조직적인 노동, 그리고 중앙감시가 시도되었다. 이처럼 여러 유형들이 공존하고 있던 감옥 디자인에 새로운 모델이 등장하였다. 1779년의 감옥법으로부터 나온 제안에 대한 응답으로써, 제레미 벤담이 1786년 러시아에서 해군 엔지니어로 일하고 있던 동생 사무엘 벤담 Samuel Bentham[70]을 방문하였을 때 얻은 아이디어를 발전시켜 파놉티콘이라는 '감시시설'을 발표했던 것이다. 그의 아이디어는 1791년에 두 개의 버전으로 출판되었다(1791a · 1791b).

내가 처음 벤담의 파놉티콘에 관한 글을 출판했을 때 주목한 것은, 이미 병원과 관련하여 서술하였던 시선의 전도, 즉 각 병실에서 제단이 배치된 중심 **쪽을** 바라보는 시선으로부터 중심**으로부터** 감시받게 되는 시선으로 방향이 전도된 점이었다(Markus 1954). 비록 파놉티콘이 제안된 이후 이에 대한 여러 해석들(예를 들어 Evans 1982 · Foucault 1977 · Himmelfarb 1968)을 통해 많은 새로운 통찰력들이 제공되었지만, 나는 중앙감시가 파놉티콘이 가진 실질적인 권력이었다는 견해를 고수해 왔다.

사무엘 벤담은 자신의 공장을 관리 감독할 수 있는 숙련된 노동자를 찾는데 어려움을 겪고 있었다. 이에 제레미 벤담은

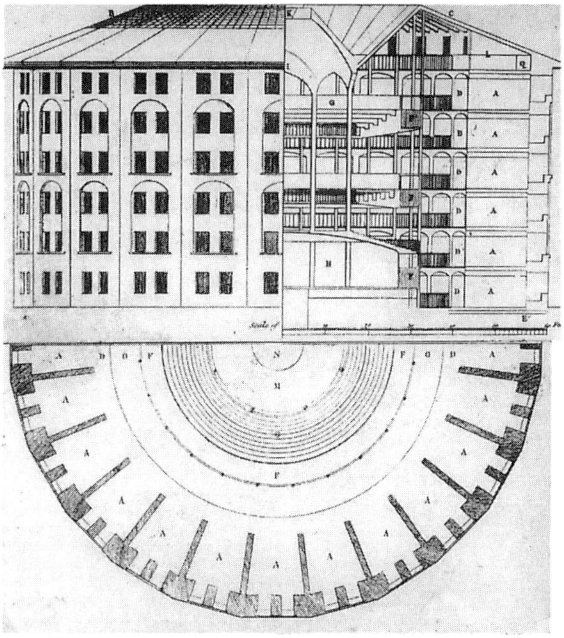

그림 4.26 제레미 벤담의 두 번째 파놉티콘(1791)
출처 : Bentham(1791)

숙련되지 못한 노동자들을 지켜볼 수 있도록 원형 형태의 '감시소' 중앙에 감독관을 배치시킬 것을 제안하였고, 그는 일생동안 이 단순한 생각에 집착하였다. 그는 그것이 지닌 157가지의 장점을 표로 요약하여 자신의 저서 서두에 실었다. 건축에 대한 그의 믿음은 절대적이었다. '도덕심이 개선되고, 건강이 유지되며, 근면성이 고취되고, 지시사항이 잘 전달되며, 공공 부담이 경감되고, 경제는 반석 위에 있듯이 견고해지며, 고르디우스의 매듭[71]과 같은 구빈법은 잘려지지 않고 풀린다. 이 모든 것은 단순한 건축적 아이디어 하나로 해결된다' 고 그는 믿었다. 이제 이러한 신념에 찬 행동은 강제노역소 ·

70. 러시아에서 포템킨 왕자를 도와 해군의 조선 작업장을 관장하였음.
71. 복잡하게 얽힌 문제를 의미한다. 알렉산더 대왕이 칼로 끊어서 해결함으로써 대제국을 이루었다고 하는 전설이 있으나, 후세의 말에 의하면 알렉산더가 제대로 매듭을 풀지 않고 칼로 절단했기 때문에 알렉산더 사후 그의 제국이 분열되었다는 얘기도 있다. 벤담은 이를 의식하여 완벽하게 해결한다는 의미로 자르지 않고 풀었다고 기술한 듯하다.

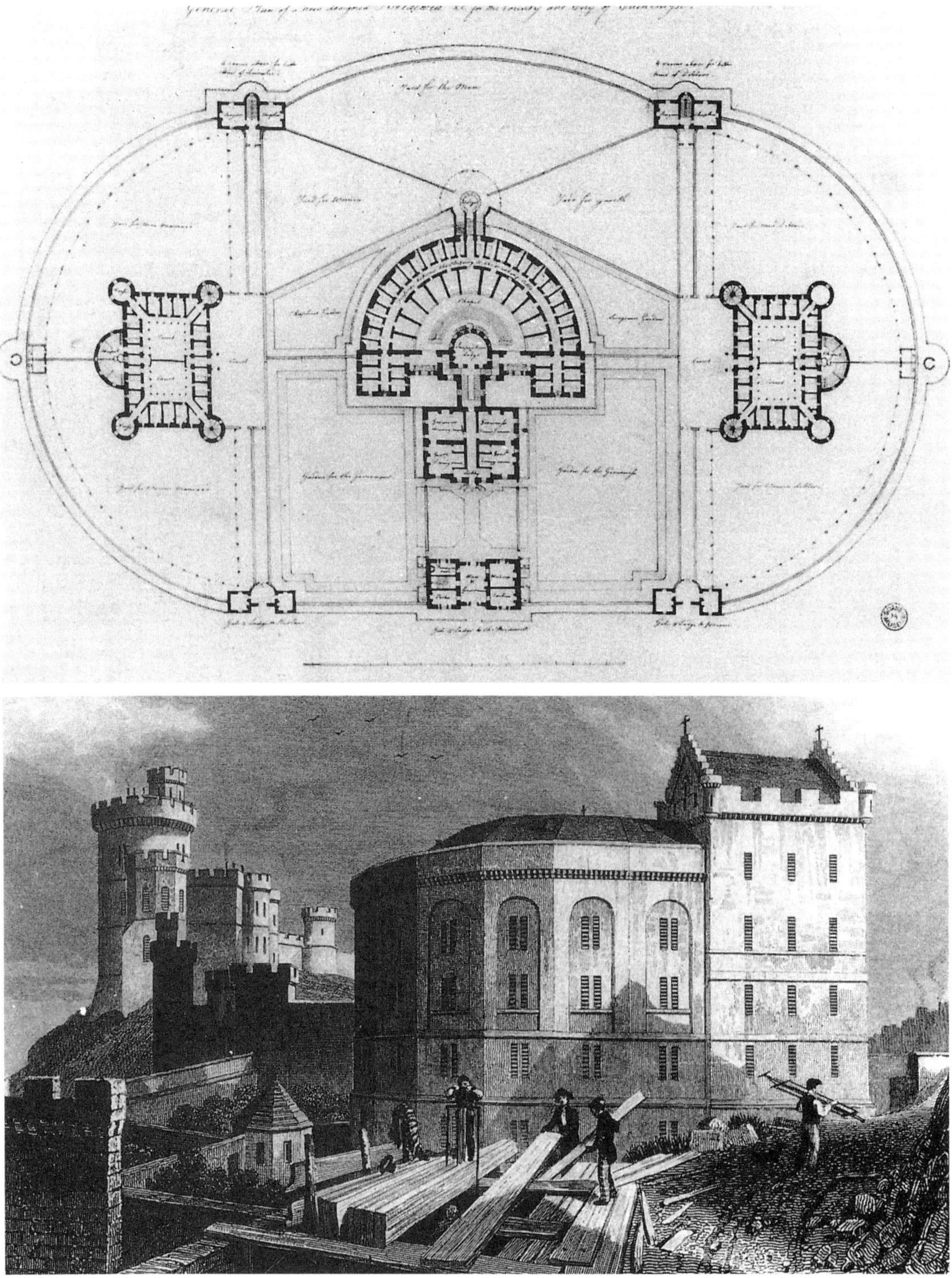

그림 4.27 에든버러 감옥을 위한 로버트 아담의 다섯 번째이자 마지막 디자인, 평면(중앙부만이 건설되었다)과 외관

출처 : RCAHMS - Soane Collection 33(34), RCAHMS와 존 손 박물관 제공(평면); Thomas H. Shepherd(1831) *Modern Athens ect.*, London

학교 · 감옥 · 병원 · 광인수용소 · 공장을 포함하는 기능적인 프로그램으로 펼쳐졌다. 건축가인 윌리엄 레블리William Reveley는 그것을 건축적 형태로 해석해 내었다(그림 4.26).

교도소장은 감방이 있는 원통형 건물(출판된 그해에 4층에서 6층으로 수정되었다)의 중심에 위치한 탑에 자리하였다. 후면으로부터 빛을 받고 있는 수감자들은 지속적으로 중앙으로부터 잘 보이도록 되어 있는 반면에, 수감자들과 중간 영역인 환상형 통로를 순찰하는 간수들은 교도소장 구역을 볼 수 없었다. 이 시설에서 철재를 사용한 건설 · 한 방향으로만 가시권을 확보하기 위한 통제된 조명(처음에는 이와 더불어 도청을 위한 청음관이 제안되었다) · 개인 감방의 위생설비 · 덕트를 통한 냉온기 공급 · 환상형 천창 위로 있는 원격조정이 가능한 차양 · 소화 시스템과 방화층 설치 등 모든 사항들이 상세한 부분에까지 철저하게 계획되었다. 이러한 혁신적인 고안들 가운데 일부는 사무엘의 아이디어와 공장 디자인으로부터 나온 것이며, 그 나머지들은 제레미 벤담이 직접 창안한 것이었다.

공리주의 철학이 구현되기 위한 장소로서 파놉티콘보다 더 적절한 곳은 없었을 것이다. 중앙감시는 전체적이면서 지속적인 통제를 만들어내었다. 생산성 있는 노동의 이익은 감옥 운영을 맡은 간수에게로 돌아갔다. 수감자 분류는 범죄유형보다는 생산능력에 의해 이루어졌다. 건물 · 건물 관리자 · 수감자들은 시계처럼 규칙적으로 짜여 진 공간과 시간의 틀 속에서 함께 작동하였다.

이 같은 생각은 영향력이 매우 커서 중심을 가진 감옥들이 많이 세워졌고, 그 가운데 상당수는 파놉티콘이라고 주장하였다. 그러나 단 하나의 예외를 제외하곤, 모두 파놉티콘이 아니었다. 그런 감옥들은 파놉티콘의 본질적 특성인 권력의 절대적인 비대칭이 결여되어 있었다. 다시 말해, 수감자들은 서로 보거나 말을 걸 수 있었고, 간수들을 볼 수 있었으며, 감시를 피할 수 있는 시간도 있었던 것이다.

그 단 하나의 예외가 에든버러 감옥(1791)이다. 나는 다른 곳에서(Markus 1982) 로버트 아담Robert Adam[72]이 다른 건축가들과 경합하면서 제안한 세 개의 전통적인 감옥 설계안에 대하여, 벤담이 두 번째 책인『파놉티콘, 그 후기』를 출판한 지 몇 주 뒤에 아담이 벤담을 만난 것에 대하여, 그리고 그 뒤 아담이 만들어낸 일련의 파놉티콘 형식의 설계안들에 대하여 서술한 바 있다. 그 설계안들은 형태가 반원통형이라는 점에서만 벤담의 파놉티콘과 달랐다. 그러나 실제로 건축된 마지막 디자인(그림 4.27)에는 벤담에게 큰 실망을 안겨 준, 한 가지 중대한 결함이 있었다. 즉 주간에 사용되는 작업실들이 감방 맞은편에 배치되어 있었는데, 이러한 배치는 야간 감시를 불가능하게 만들었다. 벤담의 시각에서 보면 이것은 프로젝트 전체를 훼손하는 것이었다. 그렇지만 20년에 걸쳐 전 세계로 퍼진 선전과 대규모 정치적 선동에도 불구하고, 파놉티콘이 단지 스코틀랜드의 수도인 에든버러('감찰' 원칙이 고안되었진 장소로 생각되는 곳)에서만 기민하고 열정적으로 수용되어 건설되었다는 사실은 시사하는 바가 크다. 그 씨앗이 떨어진 기름진 토양은 반동적이고 반급진적인 정치적 정서를 동반하는 후기 계몽운동의 공리주의적 창안물이 지닌 기묘한 이원성을 드러내었다.

1장에서 파놉티콘의 공간구조를 분석하기 위하여, 나는 에든버러 감옥을 위한 아담의 네 번째 디자인(그의 두 번째 파놉티콘)을 선택한 바 있다. 그 분석을 통해 다음과 같은 두 가지 근본적인 특성을 알 수 있었다. 첫째, 내부의 통제탑에서 각 감방으로 향하는 시각적 감시선과 외부 감시탑에서 운동 마당을 향한 감시선에 의해 실제 동선으로 만들어지는 공간구조와 비교하여 전체 공간구조의 깊이가 얕아졌다. 둘째, 외형상 공간깊이가 깊은 곳인 외부 감시탑은 지하 터널로 연결되어 있어 공간깊이가 얕은 표면 공간이 됨으로써, 전형적인 '(공간구조상의) 역전'을 만들어내었다. 벤담은 공간과 형태 사이, 다시 말해 실질적인 통제와 외견상 자유 사이에 있는 모순을 활용했던 것이다.

파놉티콘이라는 명칭이 붙을 수 있는 건물이 하나 더 있다. 실제로 그것은 사무엘 벤담이 가졌던 근원적인 문제에 대한 하나의 해결책이었다. 더비셔Derbyshire주 벨퍼Belper에 있는

72. 스코틀랜드 출신의 영국 건축가(1728~1792). 영국의 고전부흥운동을 이끌었다.

그림 4.28 소위 '원형건물'로 불리는 공장, 벨퍼(1803–13)
출처 : Mrs E. Robson, Belper

스트럿의 공장복합체(10장에서 논의함)에는 소위 '원형건물'(1803-16)이라 불리는 건물이 있었다. 그 건물은 3층 규모로 원기둥 형태였으며, 방화벽에 의해 여덟 개의 조각으로 분리되었고, 각 부분들은 밀폐될 수 있었다(그림 4.28). 특히 이 건물에서는 화재위험이 높은 솜을 타는 작업이 이루어졌으므로 감시가 두 배로 요구되었다. 중앙의 나선형 계단실에는 분리된 각 공간들을 감시할 수 있는 세로로 긴 감시용 구멍이 있었다. 감시용 창이 설치된 최상층에 위치한 원통형 방은 천천히 회전할 수 있었는데, 바람이 충분할 때에는 지붕에 설치한 바람개비의 힘으로 회전시킬 수 있었지만 그렇지 못할 경우 손으로 작동시켰다.[원주 8] 스트럿의 파트너인 아크라이트Arkwright73가 회원으로 있었던 루너 협회Lunar Society74의 전파

원주 8. 롭슨 부인Mrs M. E. Robson에 의해 제공된 필사 및 타이프로 친 Belper(1983)는 회전하는 방의 작동을 설명한다. 피턴Fitton과 웨즈워스Wadsworth(1958: 219-21)는 원형 제분소를 서술하고 있고, 또한 그 건물을 설명한 사이먼 굿리치Simon Goodrich의 일기(1804년 8월)를 언급하고 있다.

73. 영국 방적기계 발명자(1732~1792).

74. 제임스 와트James Watt, 매튜 볼튼Matthew Boulton, 조세프 프리슬리Joseph Priestley 등과 같은 버밍엄 과학자들로 구성된 모임으로 18세기에 철학적 및 과학적 탐구를 위한 중요한 포럼이 되었다. 루너협회란 이름은 저녁 달빛을 따라 모일 수 있게 매달 보름달이 뜨는 날 저녁에 모임을 가진데서 유래한다.

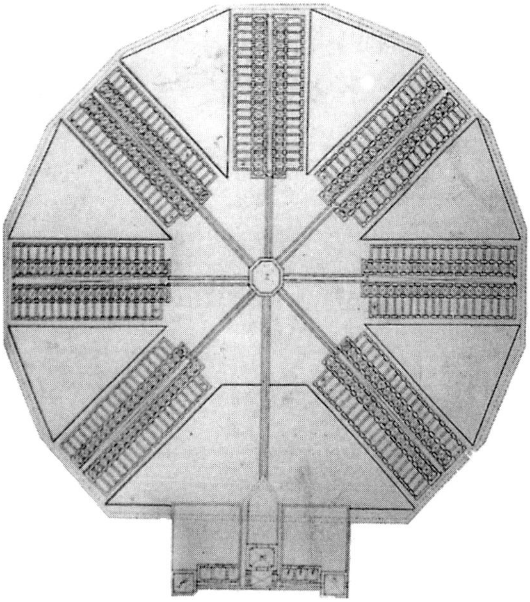

그림 4.29 필라델피아 동부교도소(1821–9), 평면과 조감도
출처 : M. Demetz and G.A. Blouet(1837) *Rapports etc. surles Pénitenciers des Etats Unis*, Paris(평면); BAL, RIBA Drawings Collection W /14/7(조감도)

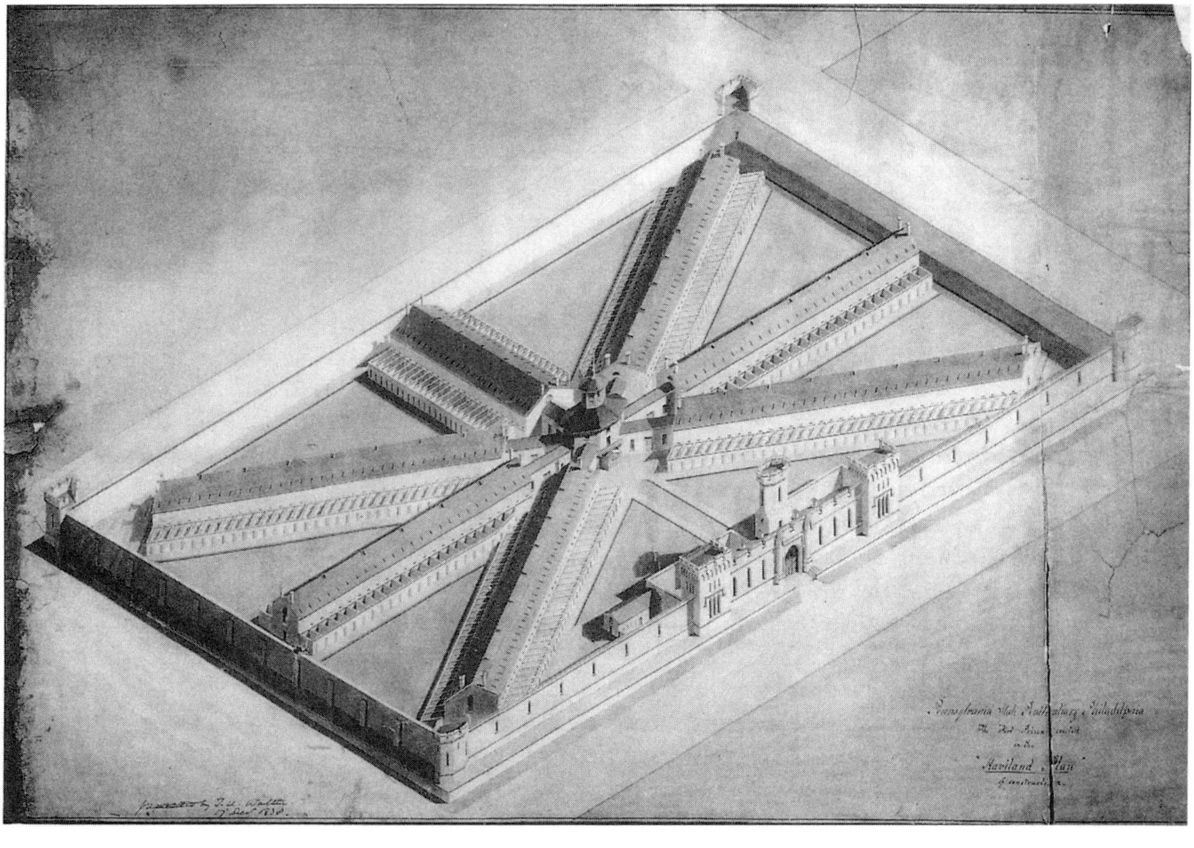

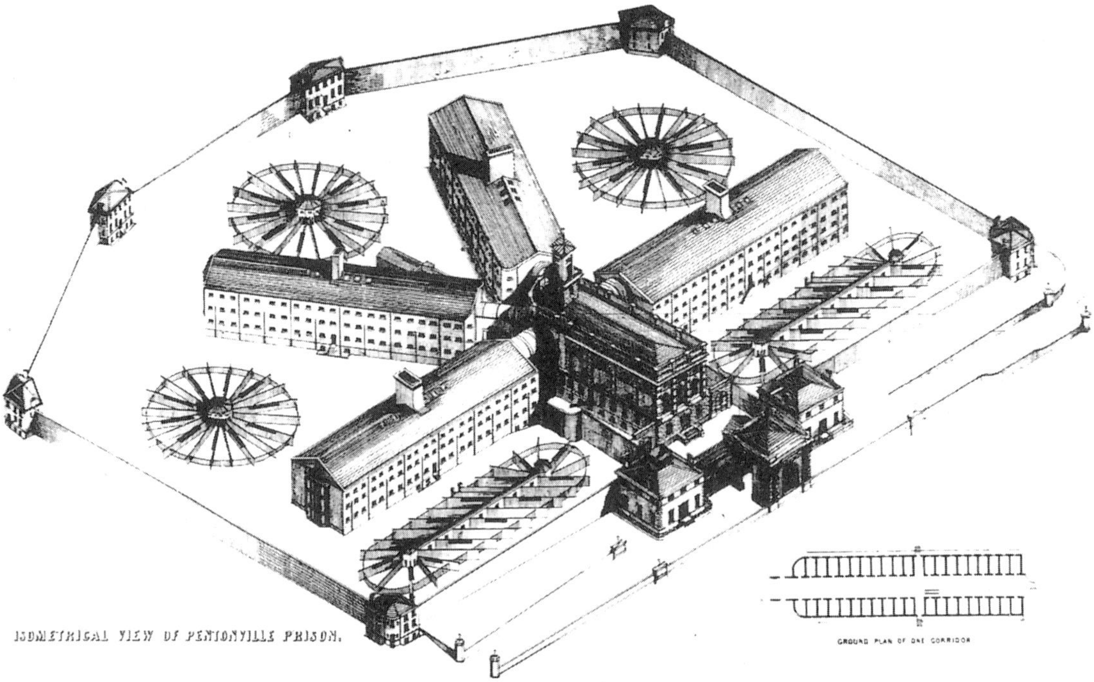

그림 4.30 펜톤빌 교도소(1840–2), 조감도
출처 : Joshua Jebb(1844) *Report on the Construction, Ventilation and Details of Pentonville Prison*, London

경로를 따라서, 아니면 1793년 또는 1794년까지 거슬러 올라가는 직접적인 접촉을 통하여, 벤담의 아이디어가 이 같은 시골의 섬유산업 지역에까지 도달한 듯하다(Fitton and Wadsworth 1958: 181-2 및 Schofield 1963: 349-51).

국립 파놉티콘 감옥을 실현하기 위한 벤담의 노력은 모두 실패하였다. 결국 정부는 벤담에게 보상해 주었고, 선택된 대지 가운데 하나인 밀뱅크Millbank에 밀뱅크 교도소를 건설하였다. 이 교도소는 여섯 개의 오각형 형태의 건물들이 중앙 예배당이 있는 육각형의 중심부 공간을 둘러싸고 있는 거대한 건물복합체였다. 비록 각각의 오각형 건물 내에서는 중앙감시가 가능한 공간구조이지만, 전혀 파놉티콘답지 않은 시설이었다. 그러나 이 교도소는 건설비용이 많이 들었고, 직원 수와 관리의 측면에서 비효율적이었으며, 비생산적이었다. 결국 밀뱅크 교도소는 국가적으로 물의를 일으킨 하나의 스캔들이 되고 말았다.

그 뒤 거트루드 힘멜파브Gertrude Himmelfarb는 밀뱅크 교도소에 대해 '귀신들린 집'이란 적절한 이름을 붙였지만(1968), 그 교도소는 다음과 같은 지속적인 세 개의 유산, 즉 중앙감시 · 개인별 격리에 대한 강조 · 감금을 통한 노동으로부터 얻는 이익에 대한 꿈을 남겼다.

벤담은 독방 수감이 수감자들 사이의 연대의식을 방지하는데 결정적인 역할을 하리라고 예견하였다. 또한 중앙감시가 성공하기 위해서는 간수들도 스스로를 감시 하에 둘 수 있는 구조가 요구되었다. 이런 내부감시는 위계적인 체계를 따라 최종적으로 교도소장은 위원회 · 감찰원 · 감독관 · 교구민생위원 등의 감시를 받아야하였다.

이 아이디어들은 체리힐Cherry Hill에 건설중이던 필라델피아 동부교도소(1821-9)에서 방사형 감옥배치로 구체화되었는데, 1820년대에 발표된 「교도소규율 개선을 위한 협회」의 시범 평면에 크게 자극받았음에 틀림없다. 그것을 디자인 한 사람은 제임스 하비랜드James Haviland이었다. 그는 잉글랜드 출신으로 1817년 대규모 감옥들을 계획했던 엘름즈Elmes[75]의 제자였다(Markus 1954). 하비랜드의 디자인에는 일곱 개의 긴 건물들이 중앙감시소로부터 방사형으로 뻗어 있었다(그림 4.29). 각각의 건물에 수감된 250명의 수감자들은 감방 근처에 작은 정원을 갖고 있었다. 그러나 수감원 규모를 400명으로 확대하기 위해 정원이 없는 한 층을 그 위에 증축하면서 초기에 가졌던 의도의 순수성은 희석되고 말았다. 독방에 속박된 영속적인 외로움은 놀랍게도 그 시설물을 카르투지오 수도회의 수도원과 유사하게 만들었다. 몇몇 사람들은 이러한 '격리' 시스템이 인간적이며 도덕적으로 효험이 있는 질서라고 생각하였지만, 다른 사람들은 수감자들을 미치광이나 치료하기 불가능한 좀비[76]와 같은 상태로 이끄는 병리적 질서라고 생각하였다.

한편 '침묵' 제도[77] 일명 '오번Auburn' 제도[78]라고 알려진 시스템을 적용한 감옥에서, 격리된 감방들은 함께 작업하는 주간 작업실 옆에 배치되었고, 작업실에서 수감자들은 여러 규정과 간수들에 의해 완벽한 침묵을 강요받았다. 그러나 이 두 가지 제도를 지지하던 사람들 사이에서 뜨거운 논쟁이 일어났다. 영국을 비롯한 유럽 대륙에서는 '명상적인' 자기 교정에 대한 강한 믿음을 바탕으로 '격리' 제도를 선호하였지만, 교정 이데올로기보다는 형벌 이데올로기를 갖고 있던 미국에서는 '침묵' 제도를 추구하였다. 19세기 후반에 이르러 격리 제도에 대한 전반적인 혐오가 그 제도 자체를 불신하게 되었으나, 그 이전까지는 로마의 씰렌티움과 같이 여러 개의 날개동을 가진 크고 여러 층으로 구성된 방사형 형태의 '격리형' 감옥들이 유럽의 규범이 되었다. 건축가 조수아 젭Joshua Jebb에 의해 디자인된 런던의 펜톤빌Pentonville 교도소(1840-2)가 그 모델이었다(그림 4.30). 4층 높이의 감방 건물들이 예배당의 축 상에 있는 한 점으로부터 방사형으로 뻗어 있다. 수감자들이 운동할 수 있는 원형의 마당은 좁은 쐐기모양으로 구분되어 수감자들을 엄격하게 격리시켰다. 각 감방은 작업·위생·난방·환기 등을 독립적으로 해결하였다. 독방감금, 즉 침묵을 강요하는 감금은 수감자들을 유형에 처하기 전 18개월 동안 수감하기 위한 것으로 의도되었다. 1847년경 영국에서만 51개의 교도소가 펜톤빌 교도소를 모델로 하여 건설되었거나 건설 중에 있었다.

벤담의 세 번째 유산은 생산적인 노동이었다. 간수와 수감자 간의 계약은 공공연히 이루어지고 있었고 벤담은 이를 재산을 모으는 한 방법으로 보았다. 이런 계약은 암시적으로 이루어졌지만 규율 잡힌 제도와 건물 안에서는 드러나 보였다. 물론 초기의 교정원과 감옥들은 처벌용 노동(대개 방직업)의 전통을 갖고 있었다. 그러나 주로 밀가루를 제조하는 대규모 생산은 1819년에 밟아 돌리는 바퀴를 개량한 큐빗Cubitt의 발명품이 나오면서 가능하게 되었다. 멜로씨Melossi와 파바리니Pavarini(1981)는 당시의 제분소에서 찾아볼 수 있는 것과 동일한 노동관계를 교도소에서 보았다. 그러나 생산이 점차 이차적인 것이 되고 결국 사라져 버림에 따라, 교도소 내의 노동은 점차 상상력을 동원하여 교묘하게 부과되었다. 바퀴를 밟아 돌리게 하는 형벌에서 그 가혹함의 정도는, 기계의 수직구동축 위에 있는 저항의 강약을 변화시킬 수 있는 날개의 각도를 조절함으로써 조정될 수 있었다(그림 4.31). '격리' 시스템이 적용된 감방에는 도리아식 기둥 위에 계수기에 부착된 손으로 회전시키는 크랭크[79]가 설치되었는데, 이것은 완전히 비생산적인 장치였다(그림 4.32).

75. Elmes, James(1782-1862). 영국의 건축가 겸 작가. 1817년 『감옥개선론Hints for the Improvement of Prisons』을 출판하였다.
76. 죽지는 않았지만, 그렇다고 살아 있다고 할 수 없는, 삶과 죽음의 중간에 놓여 있는 상태.
77. 교도소에서 죄수에게 침묵을 과하는 방식.
78. 기존의 교정시설이 과밀수용으로 문제가 되어 뉴욕주에서는 오번에 새로운 주립교도소를 신설하고, 독거제의 성공에 대한 효과성 검증을 위해 여덟 명의 재소자를 대상으로 실험 실시하였다. 노동이나 적절한 운동을 허용치 않은 채 자신의 방에서 독거수용함으로써 자살, 정신이상, 질병 등을 일으켜 실패로 끝났다. 새로운 혼거제를 시행하여, 재소자들이 밤에는 각자 상호 격리된 채 자신의 방에서 독거하며 낮에는 침묵 하에 동료재소자와 함께 일을 하는 제도이다.
79. 왕복 운동을 회전 운동으로 바꾸거나 그 반대의 일을 하는 기계 장치.

그림 4.31 발로 밟아 돌리는 바퀴 위에 설치된 조절용 날개

출처 : H. Mayhew and J. Binny(1862) *Criminal Prisons of London*

그림 4.32 '격리' 감방에 설치된 손으로 돌리는 크랭크

출처 : H. Mayhew and J. Binny(1862) Criminal Prisons of London, 저자가 소장 중인 재판본

그림 4.33 두건을 착용한 남녀 수감자
출처 : H. Mayhew and J. Binny(1862) *Criminal Prisons of London*

그림 4.34 펜톤빌 교도소 예배당의 내부 모습
출처 : H. Mayhew and J. Binny(1862) *Criminal Prisons of London*

말이나 표정, 몸짓을 사용하는 의사소통은 '침묵' 시스템에서 금지되었다. '격리' 시스템에서는 운동이나 예배 참석과 같은 집단행동이 아주 드물게 이루어졌는데, 수감자들 사이의 익명성이 유지될 수 있는 조치들이 반드시 취해졌다(그림 4.33). 심지어 예배를 볼 때에도, 두건을 착용한 채 미로 같은 통로를 지나 예배당에 들어갔으며 그 안에서도 개인용 칸막이로 수감자들을 차폐시켜 수감자들은 설교자만 바라볼 수 있었다(그림 4.34). 여기에서 토네르 병원에서 이어진 전통과의 마지막 절교를 찾을 수 있다. 즉 접촉 · 합창 · 행진 등과 같은 것을 통하여 하나의 공동체로 통합되는 수용자들의 단체예배는, 침묵하며 부동자세를 취하고 격리되어 있는 일단의 수감자들로 대체되었다. 수감자들이 다시 사회로 돌아가기 위해서는 수감자 간의 모든 사회적 유대관계가 파괴되어야만 하였다.

성스러운 회개와 목회활동의 효과를 신봉하는 이데올로기는 오늘날의 교정시설에도 여전히 살아있다. 영국 내무성 디자인가이드(1989, 1991)에 제안된 새로운 감옥들은, 상습범과 다른 수감자들을 공간적으로 격리시키기 위해서 여러 채로 분리되어 있는 2층 규모의 건물들이 하나의 '마을'을 이루는 '수도원'에 비유되었다(Building Design 1989: 60). 하지만 역설적이게도, 중심에 위치하고 있는 것은 교회가 아니라 '재창조recreation[80]의 공간'이다.

텍스트에서, 형태에서, 그리고 공간에서 중심에 놓이는 것은 그것들이 의미하고자 하는 것에 대한 신뢰할 수 있는 단서이다. 만약 우리들이, 병원이나 감옥과는 그 태생이 다른 시설, 즉 계몽주의와 산업혁명이 만들어 낸 시설인 광인수용소로 관심을 돌린다면, 이 같은 사실은 분명해진다.

광인

오랫동안 광기insanity를 다루어온 역사는 의학적 진보와 사회적 진보라는 긍정적이고 선의의 경향으로 기술되어 왔다. 하지만 지난 20년 간 광기에 대해 새로운 기술태도가 나타났다. 로드먼Rothman(1971), 푸코(1967), 차스Szasz(1971), 스컬Scull(1982) 그리고 도널리Donnelly(1983)는 광기에 대한 새로운 분석을 제시하였다. 이들의 연구는 계몽적 성격을 띠고 있었지만 동시에 서로간에 모순적 성향을 보이기도 하였다. 로드먼은 미국에서 광인수용소의 증가를 빈자와 탈선자에 대한 격리 정책과 사회적 통제 그리고 경제력의 행사와 관련성이 있다고 분석하였다. 그러나 스컬은 로드먼의 이런 견해에 대하여, 보호시설에 있어 앞선 유럽의 전통과 경험을 무시하고 미국에서 광인수용소가 탄생하였다고 주장함으로써 '문화적 쇼비니즘'에 도취되어 있다는 점(Scull 1981: 144)과 '공격적인 논쟁'을 개시한 점 그리고 부정적이고 비역사적이며 악의적이고 억압적인 세력을 형성할 수 있는 '문화적 관념론'에 빠져 있다는 점에 대해 강하게 비난하였다(Scull 1982: 256). 18세기의 '대감금'을 '거대한 도덕적 구속'이라고 해석하는 푸코의 이론에 따르면, 감옥 및 병원과 더불어 광인수용소는, 고전주의 시대[81]를 실현하기 위한 노력이었다. 즉 17세기에 이르러 '국가의 법률과 양심의 규범이 비로소 하나로 합쳐지면서 부르주아적 양심이 꿈꾸었던 도덕적으로 위대한 도시'의 실현이었다(1967: 60-1). 차스는 '광기의 제조'를 전문가들에게 권력을 위임하고 빈곤한 자와 탈선한 자를 통제하기 위한 사회적·의학적·법적 음모로 분석하였다. 스컬은 이러한 이론들이 기여한 영향력에 대해 인정하면서도 동시에 면밀한 역사적 분석의 필요성에 대해서 강조하였다. 오로지 이런 면밀한 역사적 분석을 통해서만 편협한 낙관론과 환원주의를 피할 수 있으며, 반제도적·반전문적 운동에 호소함으로써 힘을 얻었던(아마도 지금도 그러한) 포괄적 개념의 수사학적 역사에서 벗어날 수 있다. 스컬의 이러한 분석은 물질적 실체에 근거를 두고 있다는 점에서 보다 설득력이 있다. 한 비평가에 의하면(Just 1983 : 21) 도널리는, 스컬과 마찬가지로, '인간은 끊임없이 진보한다는 신념에 기초한 휘그당적 사회주의'를 단념하고, '마르크스주의와 수정사회주의의 포화를 통과하여 자유주의와 유물론적 태도' 사이의 어느 중간 쯤 되는 입장을 견지하였다. 스컬과 도널리를 두드러지게 하는 요인은 그들이 상세한 경험적 데이터에 각별한 주의를 기울였다는 점이다. 그 결과 수용소 건물들의 특징이 더욱 명확하게 드러나게 되었다. 그러나 스컬과 도널리 조차 건물이 사회변화를 이끌어 낼 수 있다는 점을 인식하지 못하였다. 따라서 그들에게 건물은 단지 결과물로서 나타나는 것에 불과하였다.

뒤죽박죽 임기응변식으로 설립된 수용시설들 중에서 정신이상자들을 감금하기 위한 특화된 장소들만 따로 떼어낸다 하더라도 이 시설들의 성격은 여전히 모호하며 몇 가지 흐름이 뒤섞여 있다. 그 가운데 하나의 흐름은 형벌 모델로서, 이것은 광인들에게 책임을 전가하였고 범죄 동기마저도 그

80. 저자가 개인의 사회적 성격형성 방식을 두 가지로 구분한 것을 상기하라. 권력이 없는 자는 성격형성과 교정으로, 권력을 가진 자는 창조와 재창조의 과정을 거친다고 밝히고 있다. 하지만 이 경우에는 교도소의 수감자(권력이 없는 자)를 대상으로 교정 공간 대신에 재창조 공간을 제공하고 있으므로 역설적이라고 표현한 것이다. 이러 재창조 공간은 여가활동을 위한 레크리에이션 공간일 가능성이 크다. 이에 대한 자세한 논의는 6장을 참고하라.

81. 17세기 전반에서 18세기 말까지 즉 프랑스 혁명에 이르는 시기를 의미함.

들의 엉뚱하고 파괴적이고 제멋대로인 행동 탓으로 돌려졌다. 따라서 형벌 모델을 추구하는 광인수용시설의 건물과 관리체제는 교도소와 유사하였다. 또 하나의 흐름은 질병 모델로, 광인은 도덕적으로 결백하다는 이념에 기초하고 있었다. 즉, 광기는 진단이 가능한 진정한 질병으로 임상실험의 대상이며 병원과 같은 시설에서 치료가 가능하다고 생각되었다. 형벌 모델은 계급을 바탕으로 하는 집단 병리학에 근거하였고, 질병 모델은 각 개인을 기준으로 하는 개인 병리학에 기초를 두었다. 이러한 두 모델 모두, 비록 그 기원은 고대에까지 이어지지만, 계몽시대에 부각된 제 3의 모델로부터 발전되었다. 계몽시대에 광인들은 인간이라고 할 수 없었다. 그들은 이성을 잃은 상태였기 때문에 이성적인 대화가 불가능하였다. 바로 이 점이 이성의 시대가 인간성을 정의하는 특징이었고 광인들은 이런 특징을 잃었으므로, 그 결과 그들은 매우 당연히 동물로 다루어졌다. 이런 취급태도에는 처벌도 치료도 아닌 모호함만이 있었다. 쇠사슬 · 수갑 · 개집이나 동물우리 같은 수용소 · 불결한 짚으로 된 침대 그리고 신체적 억압까지 거리낌 없이 수용되었지만 이것을 잔인함으로 인식하지 않았고 단지 흥밋거리로 광인들을 공개하기 위한 하나의 작은 시도로 생각하였다.

광인에 대한 제도화된 치료는 고대와 중세 유럽으로 거슬러 올라간다. 이런 치료의 본질은 위에서 언급한 모델 중 어떤 것을 선택하느냐에 따라 결정되었다. 정신이상자에 대한 감금은 중세시대 뤼벡Lübeck에서처럼 독방 · 성벽 · 문루와 같은 곳에서 이루어졌다. 푸코는 나렌쉬프Narrenschiff(바보들의 선박)에 미치광이들을 모아 감금시키고 먼 나라로 떠나보낸 사례를 상기시켰다. 15세기 말까지 정신이상은 죽음에 버금가는 정도로 우주질서의 근원적 공포의 대상이 되었다. 정신이상자는 '이미 거기에 있는deja-la' 죽음을 드러내 보였으므로[82] '살아있는 사람으로서 죽음에 대한 현존 자체'인 나환자를 대신할 정도였다(Foucault 1967: 16&291). 그러나 그 후 100년 동안에 다른 모델, 즉 정신이상자용 독실을 갖추고 있는 병원이나 새로운 특수치료기관이 등장하였다.

이런 광인수용소의 건물에 대한 자료는 감옥이나 병원에 관한 자료에 비해 양적으로 많지 않다. 1780년부터 1840년까지의 프랑스와 독일의 보호시설에 관한 제터Jetter(1971)의 연구는 20년이 지난 후에도 여전히 가장 완벽한 연구 중의 하나이다. 또한 영국의 광인수용소를 연구한 포사이스Forsyth(1969)의 미발표 논문은 제터의 연구만큼이나 훌륭한 자료이다. 나는 스코틀랜드의 사례에 대해서 연구한 바 있다(Markus 1982).

광인수용소는 감옥으로부터는 독방시스템을 채택하고, 병원으로부터는 '회랑gallery'과 같이 공간적으로 자유로우나 안전을 위해서는 구속력을 가지는 독특한 공간적 성격의 병동시스템을 수용함으로써 감옥과 병원의 중간쯤 되는 불안정한 성격을 가진다.

이러한 이중성 때문에 '중심' 공간은 제단이나 교회 — 혹은 적어도 신성한 공간을 상기시키는 돔 천장을 갖는다 — 가 되기도 하고 감시용 공간이 되기도 한다. 대부분의 광인수용소에서 거주자 공간의 공간깊이는 얕고 방문자 공간의 공간깊이가 깊어 일반적인 공공기관의 공간구조가 '역전' 되어 있다. 그러나 '도덕적인' 치료법이 고안된 이후 회랑 공간은 환자들과 직원들이 공유하는 사회적 공간으로 바뀌어 공간구조상 건물의 표면에 가깝게 위치하게된다. 이에 따라 전체적으로 공간 구조는 더욱 얕게 된다.

광인수용소는 통로 · 터널 · 독립된 계단과 감시굴(비밀과 안전을 겸비한 장소) · 담장으로 둘러쳐진 정원과 안마당 · 수감자에 따른 공간 분류 · 미로와 같은 평면을 일관성 있게 사용함으로써 하나의 유형으로 인식되게 되었다. 수감자들은 외부와 차단되었고 성별 · 행동증상 · 경제적 계급에 따라 분리되었다. 그리고 시장논리를 적용하여 빈민이나 부르주아 할 것 없이 모든 환자에게 요금을 지불하게 함으로써, 마침내 이윤을 창출하는 사설 '광인보호소madhouses'를 만들어내기에 이르렀다(Parry-Jones 1972).

82. 광인은 인간의 근본조건인 이성(계몽주의 이래로 인간성의 가장 소중한 특질로 간주되어 왔다)을 잃었으므로 살아있으면서도 죽은 것과 같은 모습이라는 뜻.

경제적 계급은 또한 병인론[83]과 관계가 있다. 한 학파는 부자들이 평균보다 높은 비율의 광기를 보이는 원인을 지나치게 정제된 '문명' 으로부터 오는 쇠약함으로 돌렸다. 그러나 정신질환의 일부 형태들, 특히 '도덕적인 정신이상(오늘날의 정신병질psychopathy[84])' 은 점차적으로 가난한 자들의 방탕한 생활양식과 연관되어 있다고 간주되었다. 이런 생각은 오랜 역사를 갖고 있으며, 파리의 '오피탈 제네랄' 에서 광인들의 치료를 감옥 모델방식으로 하였던 것은 예로부터 내려온 이러한 연관성에 그 근거를 두고 있었다. 13세기에 설립된 재단으로 1377년에 이르러 광인을 위한 시설을 갖추게 된 런던의 베들레헴Bethlehem 병원(베들렘Bedlam 병원[85]) 역시 이러한 연유로 1557년 범죄자들을 위한 감화소와 결합하게 되었고, 17세기에는 광인을 위한 독방이 등장한다. 이처럼 거대한 병동의 양 측면에 길게 줄지어져 배치되어 있는 독방들은 로버트 후크Robert Hooke가 1676년에 호화롭게 개축한 베들렘 병원에도 여전히 잔존하였다.

이러한 독방들은 주간에 사용되는 넓은 '회랑' 쪽으로 개방되어 있었다. '회랑' 은 성별에 따른 분리와 안전에 대한 통제가 가능하였고 동시에 환자들이 서로 어울릴 수 있었으므로 사회적 공간의 성격을 지니게 되었다. 이러한 회랑공간은 광인보호시설의 독특한 특징이 되어 조지 댄스의 세인트 루크St Luke 병원(1751) 디자인에 등장하였고, 제임스 루이스James Lewis(1811)의 세 번째 베들렘 병원 디자인에서도 찾아볼 수 있다.

이런 회랑은 대체로 영어권 국가에서만 나타난 특징이었다. 제터(1971)의 연구에 등장한 독일의 광인수용소들에서는 긴 복도[86]를 따라 배치된 여러 형태의 독방들이 보인다. 첼레Celle에 있는 감옥(1710)에 광인수용소가 추가되었다. 두 시설 모두 날개로 구성된 좌우대칭형의 건물이며, 남녀의 영역은 좌우로 분리되어 있고 각각 폐쇄적인 안마당을 가지고 있었다. 죄수들의 독방의 경우에는 밖을 볼 수 있도록 창문이 외부세계에 면하여 있었고 통제가 가능한 복도가 안쪽에 위치하고 있었다. 반면에 광인들의 독방의 경우에는 창문이 안마당이 있는 내부 쪽으로 면하여 있었고, 복도는 바깥쪽에 위치하고 있었다. 이러한 차이는 죄수와 광인을 교정함에 있어 서로 상이한 이론이 적용되었다는 것을 구체적으로 표현하는 것이다. 범죄자들은 그들의 양심을 교화해주는 순수한 자연을 마주보고 있어야 하고, 광인들은 서로를 관찰하면서 정화되고 정돈된 사교를 통해 치료가 가능하다는 것이다.

심지어 18세기 후반의 가장 진보된 체제인 빈의 알게마이네스 크랑켄하우스에 있는 요셉 2세Joseph II의 나렌투름Narrenturm[87]에서도 광인들은 5층짜리 탑 형태의 원형 건물에 수용되었다. 이 건물의 바깥쪽으로 볼트 천장이 있는 독방들이 배치되었고 그 안쪽에 복도가 위치하며 내부를 횡단하는 건물에 교도관들이 배치되어 있었다.

비세트르Bicêtre 정신병원과 파리의 살페트리에Salpetrière[88] 종합병원은 초기부터 정신이상자들을 위한 시설이 갖추어져 있었는데 그 곳의 상황은 아주 끔찍하였다. 수용자들은 축축하고 비좁고 갑갑하며 비위생적인 독방 안에 쇠고랑이 채워진 채 감금되어 있었다. 건축가 비엘Viel은 살페트리에(1786-9) 계획에서 수용자들의 격리방식과 주변공간의 안전한 개방에 대한 개념을 재해석하였다. 그의 계획에는 등을 맞대고 있는 독방Hoge[89]들로 구성된 작은 독립건물들이 철창살 너머로 정원 · 가로수가 있는 대로 · 안마당과 마주하고 있다. 이러한 개개의 작은 독립건물들을 통하여 '노인 · 치료가 가능하여 관심이 필요한 자들 · 치료 불가능한 자들 · 백치들 · 도망자들 · 불화를 선동하는 자들 · 우울한 자들' 과 같은 분류가 자연스럽게 이루어졌다. 거기에는 신선한 공기를 공급하는 시스템과 200명의 간질환자들과 150명의 불구자들을 위한 설비

83. 병의 원인을 연구하는 기초의학
84. 비정상적인 성격으로 말미암아 건전한 사회적응에 곤란을 일으키는 성격. 성격이상 · 정신병적 성격 · 인격장애라고도 한다.
85. 영국 런던 남동부에 있는 St. Mary Bethlehem 병원의 속칭
86. 복도는 통행이 주목적으로, 통행과 동시에 수감자간의 교류를 주목적으로 하는 회랑과 구별된다.
87. 정신이상자들의 탑이라는 뜻
88. (옛날 파리의)부녀자 감화원; (현재 파리의) 종합병원
89. (옛날 광인 · 죄인을 수용하는)독방

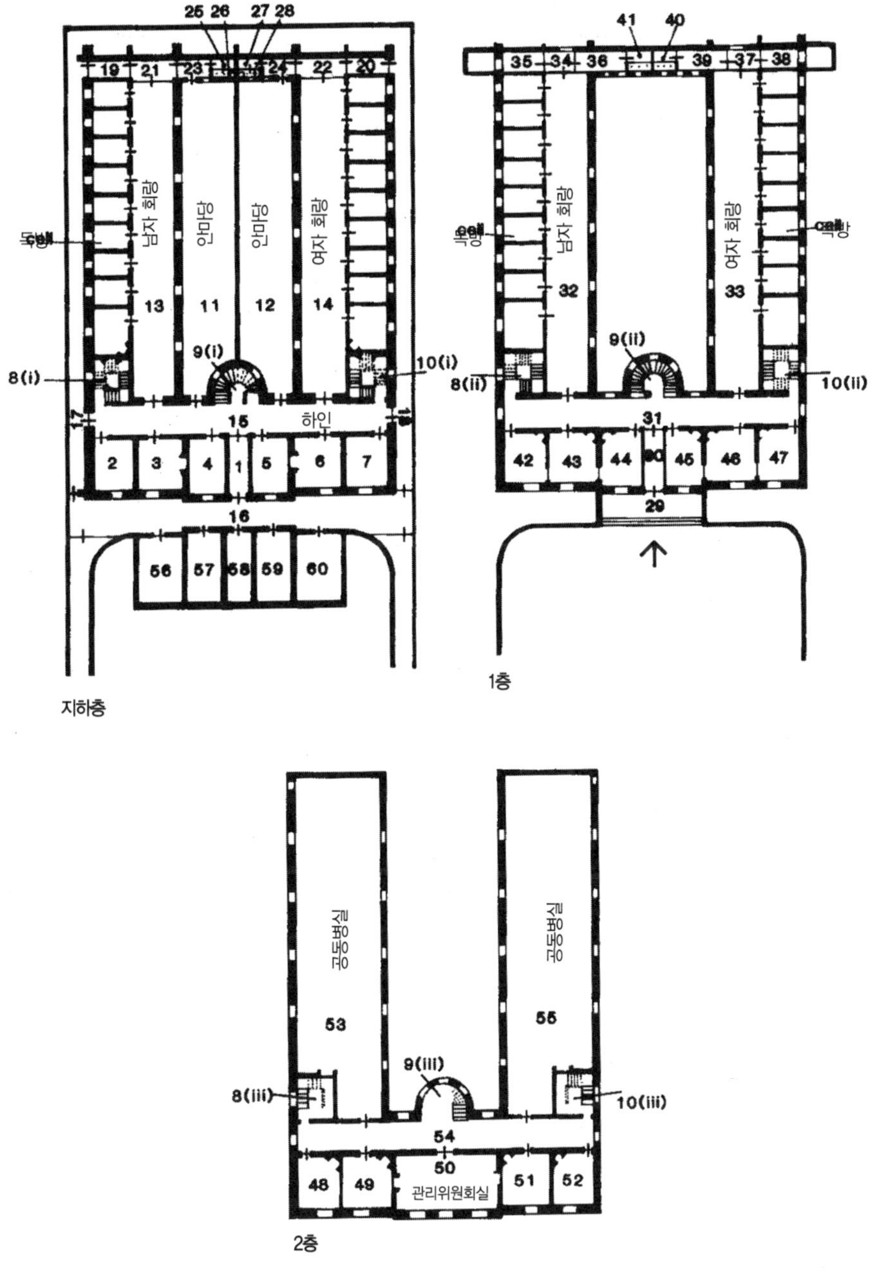

그림 4.35 세인트 패트릭스 병원을 위한 셈플의 평면, 더블린(1749)
출처 : 병원 자료보관실에 소장 중인 셈플의 원 도면을 기초로 저자 작성

가 갖추어진 600개의 독방이 추가되기로 계획되어 있었으나 프랑스 혁명이 발발함으로써 무산되었다. 그 후 비세트르에서는 1822년에 독방에 관한 보다 발전된 원리가 적용되었다. 독방들은 이제 한 줄로 배열(편복도식)되었으며 1층에서는 아케이드와 안마당 쪽으로, 2층 이상에서는 폭이 넓은 복도 쪽으로 개방되어 있었다. 그리고 독방에 에스퀴롤Esquirol의 '독립된 사각형 방'의 모듈이 적용되어 무한히 증가할 수 있었다. 이런 평면구성은 16개의 단위공간이 좌우대칭으로 중앙의 교회와 행정동 주위에 배치되어 있는 그 유명한 샤랑통Charenton의 광인수용소(1838)에서 분명히 확인할 수 있다.

이러한 독방은 일찍이 영국에서도 비슷한 사례가 있었다. 조나단 스위프트Jonathan Swift는 더블린에 정신병 환자를 위한 보호시설을 짓기 위해 그의 부동산 대부분을 남겨두었다. 그는 1722년경부터 런던 베들레헴 정신병원의 원장으로 재직한 바 있어 이 분야의 문외한은 아니었다. 또한 윌리엄 파운스William Fownes라는 동료 병원장이 자매기관으로서 광인수용소를 제안한 인근에 있던 닥터 스티븐스Dr. Steevens 병원의 원장을 역임하기도 하였다. 스위프트는 시장과 시 행정기관에 토지구획의 허가를 요청하였고 마침내 세인트 패트릭St. Patrick 병원을 세울 수 있는 설립인가를 1746년에 획득하였다. 그리고 1749년에는 조지 셈플George Semple이 설계한 디자인이 채택되었는데 이 디자인은 두 명의 수탁자들이 그린 스케치를 기본으로 하고 있다. 이 스케치는 1733년에 파운스가 스위프트에게 보낸 편지의 '독방'과 '회랑'에 대한 묘사에서 강한 영향을 받았다고 한다. 셈플은 이 스케치를 바탕으로 양쪽에 남녀 날개동을 가진 3층 규모의 U자 형태의 건물을 계획하였다(그림 4.35). 지하층과 1층 모두 넓은 회랑이 있으며, 그 회랑을 따라 독방들이 배열되어 있다. 그리고 2층(최상층)에는 병원장들의 재량권으로 저능아들이나 회복기의 환자들 또는 그나마 '조용한' 광인들이 사용할 수 있는 커다란 공동병실이 있다.

지하층에 위치한 주방과 직원사무실의 입구는 주출입구 계단 하부에 위치하고 진입은 지면 아래로 경사진 두 개의 곡선 마차로에 의해 이루어지므로 정면의 모습은 마치 2층 건물처럼 보인다. 배면에 위치한 옥외마당은 한 층 높이의 벽에 의해 둘로 분리되어 있다. 건물 중앙에는 의전용으로 이용되는 반원형의 계단이 있고, 양 측면에는 로비로 연결되는 직원용 계단이 있는데, 이를 통해 세 개 층에 걸쳐 있는 환자구역으로 접근할 수 있으며, 계단의 출입구는 직원들에 의해 통제되고 있다. 공간구조도(그림 4.36)는 이러한 스플리트 레벨split-level[90]의 입구로 인한 결과를 잘 보여준다. 즉, 모든 독방들은 같은 레벨에 있는 것처럼 보이게 하는 반면에 마지막 층의 내부구획이 없는 병동을 더 깊은 곳으로 만든다. 이 공간구조도상에는 수많은 순환동선들이 있지만, 환자들에게 도달할 수 있는 모든 길들은 잠겨진 출입구와 문들을 통해 오직 한 방향으로만 접근이 가능하다(그림에서 이 길은 겹세로줄로 표시되어있다). 이 출입구와 문들은 직원들만 사용할 수 있으며 공간구조도에서 나뭇가지의 가장 끝에 환자들의 독방과 공동병실이 위치한다. 또한 다수의 직원사무실들은 1층 홀을 통해 접근할 수 있어 공간구조도에서는 얕은 위치를 점하고 있는 반면에 관리위원회실과 다른 행정 사무실들은 2층에 위치하고 있어 공간구조도에서 가장 깊은 곳에 있다. 이러한 관리공간의 배치는 여전히 공간구조의 역전이 불완전함을 의미하고 있는 것이다.

스위프트의 계몽된 견해와 더불어 세인트 루크 병원에 부임한 최초의 내과의사였던 베티Battie의 『광기에 대한 논문Treatise of Madness(1758)』 — 방혈법防血法 · 구토제 · 발포제發疱劑 · 배변촉진제를 사용하지 말도록 권고하였다 — 과 같은 연구를 통해서 광인수용소 세계에서 막 불기 시작한 변화의 바람을 감지할 수 있다. 마침내 '도덕적 치료moral treatment'가 시작된 것이다. 그것은 육체의 속박이나 격리 대신에 직원과 환자 또는 환자들끼리의 상호작용으로부터, 그리고 자부심 · 기분을 전환시키는 오락 · 질서 있는 노동 · 건전한 식사 · 절제된 자유 · 두려움에 대한 긍정적 생각 · 점잖은 설득 · 다양한

90. 1층과 2층 사이에 인접하는 중간 2층이 있음

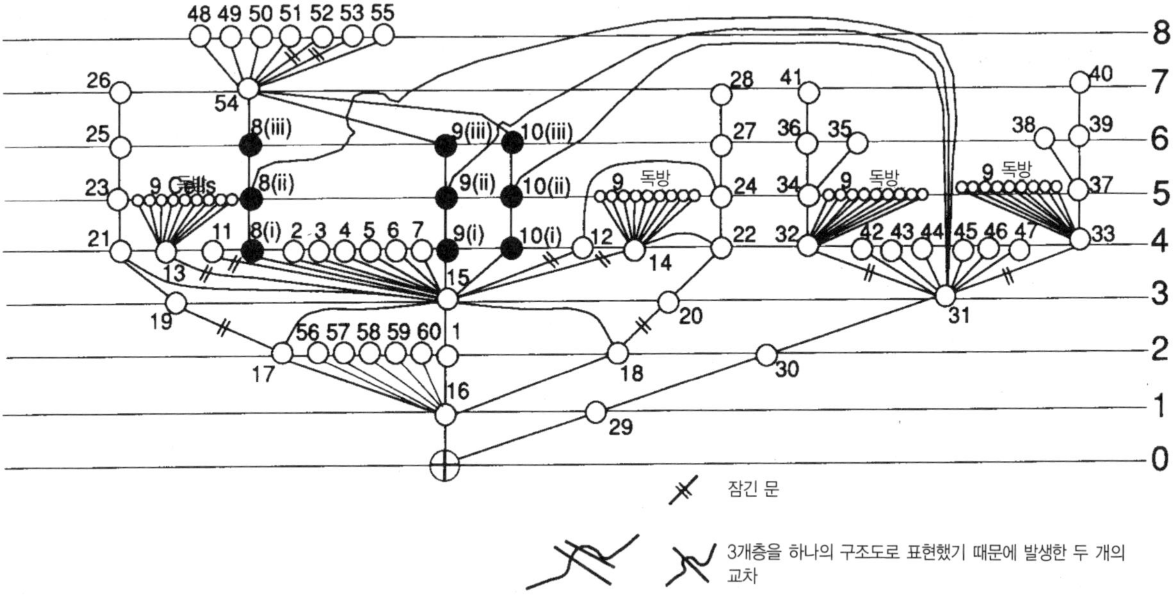

그림 4.36 세인트 패트릭스 병원의 공간구조도
출처 : 저자 작성

종교적 감정 등 환자와의 상호작용으로부터 생겨나는 사회 압력에 의해 이루어졌다. 가족의 은유는 도덕적 치료의 사회적 조직화를 위한 길잡이로서의 그 이미지가 굳혀졌다. 어둡고 춥고 축축하면서 과밀한 비위생적인 독방들은 완전히 제거되었고, 건물들은 운영체제와 밀접히 연결된 요소로 간주되었다. 예를 들면 피넬[Pinel][91](1800:179)은 각 부류의 환자들이 각각 격리되어야 하고, 감시 · 감독 하에 있어야 할 뿐 아니라 특히 각 환자 부류의 성향에 꼭 맞는 환경을 조성해야하므로 건축가들과 의사들이 서로 협의할 것을 권고하였다. 이를테면, 가능한 한 주변상황을 고려하여 우울증 환자들에게는 식물 등을 재배할 수 있는 정원을 이용할 수 있도록 한다거나, 광인에게는 조용하고 그늘진 장소들을 제공해줄 필요가 있다는 것이다. 그리고 우울증환자와 광인 둘 모두에게는 백치 같은 행위나 노망에 의해 그들의 자존심이 상하게 될 수 있는 구경거리로부터 보호받아야 할 필요가 있다는 것이다. 또한 피넬은 의사들이 환자들의 증상을 '관찰하고 기술할' 수 있도록 청원경찰에 의한 지속적인 감시를 권고하였다(1800:177).

전원적인 환경과 품위 있는 건물들은 부유한 환자들에게 그들의 시골 대장원과 같은 이미지를 느끼게 하였고, 학교의 경우에서와 마찬가지로, 도시의 무질서에 대한 해독제가 되었다. 이러한 환경은 정신이상의 심리학적 관점을 받아들인 의사들에게 하나의 치료방식으로 자리잡았고, 육체이론에 따라 시술되던 거친 물리적 치료법을 대체하였다. 새로운 치료법에서 입주의사[92]들은 보조적인 역할로 받아들여졌지만 집행관으로서의 의사는 더 이상 필요치 않았다. 의사들의 전통적인 진료체제가 명백하게 실패했음이 확실해진 이후 의사들은 오랜 투쟁을 통해서 다시 승리자의 모습으로 되돌아 올 수 있었으나, 단지 근본적인 변화라는 커다란 비용을 지불하고 얻은 결과였다.

91. Pinel, Philippe(1745~1826). 프랑스의 정신과 의사. 1792년 파리 근교의 비세트르 정신병원의 의사가 되어 실증적 의학관과 가독교적 박애관에 입각하여 그 때까지 죄수처럼 다루었던 정신질환자들을 쇠사슬로부터 해방시키고 의학적 치료에 따르는 길을 마련하여 현대 정신병 치료법을 확립하는데 큰 역할을 수행하였다.
92. 병원 · 가정 등에서 숙식하는 의사

정신이상자 치료법은 심리적인 모델과 육체적인 모델을 결합하는 근본적인 변화를 겪었다. 이런 치료법의 변화를 통해서 미치광이를 다루는 의사mad-doctor로부터 알리에니스트alienist[93]로 그리고 궁극적으로는 정신병 의사psychiatrist로 발전되어 왔다.[94] 19세기 초 수십 년 간 정신의학 분야와 활발한 연계성을 가진 것은 골상학[95]이었다(Cooter 1984). 슈푸르츠하임Spurzheim[96]의 해부학 덕택으로 뇌의 특정 영역, 즉 마음의 자리가 어떤 정서적 그리고 행동적 장애들과 관련이 있는지를 파악하게 되었으며, 뇌 속의 병든 조직들도 다른 신체기관들처럼 진찰할 수 있고 다룰 수 있게 되었다. 기형의 근본적인 원인을 파악하기 위해 두개골을 연구하는 크레이니오스코피cranioscopy는 강하게 뿌리 내렸으며 저명한 외과 의사들과 알리에니스트들은 사후死後 부검을 통해 뇌의 기능장애를 발견할 수 있게 되었다. 골상학은 한웰Hanwell 광인수용소의 존 코널리John Connolly같은 주요 인사들에게 깊은 영향을 미쳤다. 골상학은 소멸되었으나 정신의학 분야에 지워지지 않는 영향을 남겼다. 환자와의 정서적 교감은 강조되지 않았고(단지 새로운 빈민 보호수용소의 규모가 너무 컸기 때문에 정서적 교감을 실행하기 어려웠던 것만은 아니었다), 뇌의 기능을 뇌의 구조와 연관시키려는 시도는 임상 연구의 방향을 바꾸어 놓았다. 골상학자들은 교육과 감금 그리고 생산노동에 관한 연구에 치중하였다. 이 책의 후반부에서 우리는 뇌구조와 어울리는 건물 형태를 만들고자 하는 푸리에주의자[97]들의 신념에 대해 다루게 될 것이다. 장래에 물질문명으로서의 골상학에 관한 연구가 진행된다면, 골상학이 병원 · 광인수용소 · 감옥 · 학교종 장저공장 디자인에 끼친 영향의 정도를 밝혀낼지도 모른다.

'도덕적 치료' 는 광인들이 비록 손상은 입었지만 이성과 의식을 가지고 있다는 믿음에 기초를 두고있다. 여기에서 이성과 의식은 광인들 자신의 치료에 책임을 지는 내면에 존재하는 원천적 요소이다. 자유경쟁시장 아래에서 경제적 상황들이 바뀌었으므로, 선택에 있어서 광인들의 책임이 강조되었다(Scull 1981). 정신이상자들 · 죄수들 · 어린 학생들이나 노동자들에게서도 소비자들만큼이나 내면의 자기 수양self-discipline을 기대하였던 것이다.

일반적으로 '도덕적 치료' 를 독자적으로 고안한 사람으로 뉴욕의 윌리엄 튜크William Tuke와 파리의 필립 피넬Philippe Pinel, 두 사람을 지목한다. 하지만 이들의 방법은 이미 널리 퍼져 있었다. 맨체스터의 존 페리어John Ferriar와 브리스톨 근처 브리슬링턴 하우스Brislington House(1804-6)의 에드워드 폭스Edward Fox가 유사한 방법을 적용하고 있었으며, 피렌체의 빈센초 치아루지Vincenzo Chiarugi[98]와 샴버리Chambery의 조셉 다킨Joseph Daquin[99]은 1790년대 초기에 해설서를 출판하기도 하였다. 피넬의 『정신이상의학개론Traite Medico-Philosophique sur l' Alienation Mentale ou la Manie』이 1800년도에 출간된 것에 반해서, 튜크의 손자인 사무엘Samuel튜크는 1813년이 되어서야 조부의 감독 아래 요크 보호소York Retreat에 관한 첫 보고서를 출판하였다.

피넬이 1793년에 비세트르 정신병원의 책임자로 있었을 때 광인들의 족쇄를 없앴던 일은 정신의학의 역사에 있어서 극적인 사건으로 각인되었다. 2년 후에 그는 살페트리에 종합병원의 책임자를 맡기도 하였다. 의사로서 그의 존재가 원인이 되었든 혹은 결과가 되었든 프랑스식 모델은 과학적 실험

93. 정신과 의사를 부르던 옛말. 정신이상자를 다루는 의사라는 프랑스어 aliéniste로부터 유래하였다.
94. 정신이상자를 다루던 치료방법이 과거의 육체적 치료법으로부터 점차 현대적인 정신과 치료법으로 발전함에 따라 의사들의 위상과 그 명칭도 개선되어 왔음을 의미한다.
95. 두개골의 모양을 보고 그 사람의 성격이나 운명을 판단하는 학문.
96. Spurzheim, Johann(1776~1832). 오스트리아의 의사. 프란츠 갈Franz Gall이 토대를 만든 두개골에 대한 연구를 골상학이라는 개념으로 정리하였다.
97. 프랑스의 공상적 사회주의자인 푸리에Franois Marie Charles Fourier(1772~1837)의 이론을 실현하려는 사람들을 일컬음. 푸리에는 자본주의적 상업이 사회악의 근원이라고 생각하여, 상업이 없는 생산자의 공동체를 실현할 것을 제안하였다. 10장을 참고하라.
98. 이탈리아의 정신병 의사(1749~1820).
99. 이탈리아 출신의 프랑스 정신과 의사(1732~1815). 튜린 대학교에서 의사교육을 받은 뒤 샴버리에 정착하여 정신병원에서 근무하였다. 도덕적 치료의 선구자로 알려져 있으며, 『광기의 철학The Philosophy of the Madness』(1801)을 저술하였다.

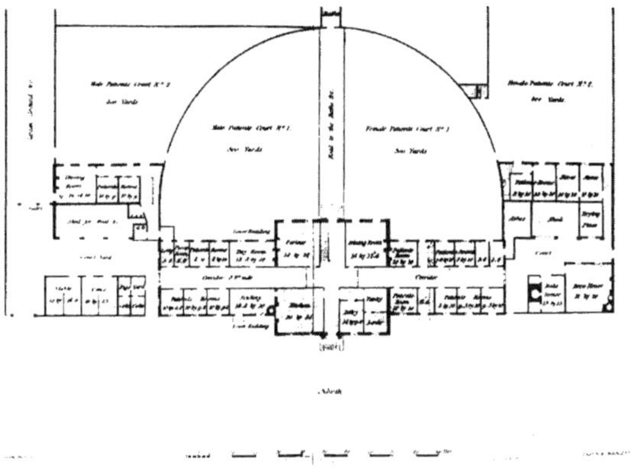

그림 4.37 요크 보호소(1794-6), 1층 평면과 외관
출처 : Tuke(1813)

과 관찰에 의해 이루어지는 의학적 모델이 되었다. 반면에 튜크는 인도적이고 종교적인 동기를 가진 실용적인 퀘이커교도 기업가였다. 이러한 두 사람의 차이점에도 불구하고 그들의 치료방식은 유사하였다. 하지만 도입 초기부터 잠재적으로 존재하던 '도덕적 치료'에 대한 의학적 입장과 비의료인의 입장과의 간극은 결국 공공연한 갈등을 불러 일으켰다.

튜크는 1792년에 요크 보호소를 설립하였다. 이 보호소의 건물들은 또 다른 퀘이커교도인 존 비번스John Bevans(벤담의 명문선집 학교Chrestomathic School와 관계 되어서 이미 언급한 인물이다)에 의해 디자인되었다(1794-6). 도덕 규율 · 검소함 · 단정함 · 가정적 편안함 · 자연과 공동체 모델로서의 가정을 강조하는 퀘이커교 정신과 조화된 이 건물은(그림 4.37) (정작 사무엘은 제네바의 의사인 델라리브Delarive의 '전원적 농가'라는 묘사를 부인하지만) 전원적 가정생활을 목표로 하였다. 환자들은 성별과 정신장애의 정도에 따라 분류되었다. 앤 딕비(1985)는 지불능력에 따른 약간의 차별대우를 지적하였으나 (또한 퀘이커교도로부터 후원을 받는 환자들은 돈을 적게 내었다) 전체적으로 진료는 공평하게 이루어졌다. 예를 들어, '행동과 이성적 교류가 양호한' 환자들에게 주간 휴게실 하나가 제공되었다. 그러나 사회 계급에 따른 분류가 존재했었다는 암시가 있다. 중앙 건물에 있는 큰 방들은 '모든 계층에 속한 사람들'에게도 사용할 수 있다고 설명되고 있으나, '어법과 증세가 양호한' 환자들이라는 표현이 사용되었고, 그런 환자들이 데리고 온 '눈에 띄는 수행원'에 의해 이러한 주장이 솔직하지 않다는 것이 드러난다.

요크 보호소에서 정원과 농경지는 치료용 수단으로 이용되었고, 벽으로 둘러싸인 운동장에 토끼 · 갈매기 · 수리 · 가금류 등을 두는 것은 환자들에게 '사회적이고 자비로운 감정'을 일깨우기 위한 의도였다. 세인트 루크 병원의 전통에 따라 모든 방과 주간 휴게실은 넓은 회랑 쪽으로 개방되어 있고, 신선한 공기가 공급되었으며 난방 시스템이 갖추어져 있었다. 전체시설은 형벌을 받는다는 인상을 주지 않도록 세심하게 고려되었다. 창문에는 창살이 없었으며, 쇠로 된 창틀은 모두 나무로 덮여 있었다. 중앙감시도 존재하지 않았고 심지어 위원회와 위원회실 조차 없었다. 감독관의 식당과 응접실은 때에 따라 정숙한 환자들도 사용하였다. 모든 곳에 '가족적인 분위기'가 강조된 것이다(Tuke 1813:103).

요크 보호소는 영국을 비롯한 유럽 전 지역에 크게 영향을 끼쳤지만, 미국에서 가장 충실하게 재현되었다. 스코틀랜드에서는 처음부터 광인수용소로 설립된 보호시설이 첫 번째로 몬트로즈Montrose(1781)에, 두 번째로 애버딘Aberdeen(1800)에 개소된 이후, 광인수용소 건립운동은 파리[피넬]와 요크[튜크]의 영향을 받으면서 빠르게 진행되었다. 이것은 놀라운 일이 아니다. 왜냐하면 스코틀랜드는 후기 계몽운동의 합리성을 계승하여 의학교육에 있어 유럽을 선도하였기 때문이다. 조지 콤George Combe100은 에든버러 지역을 골상학의 중심지로 만들었고, 파리에서 피넬과 그의 제자 에스퀴롤이 정신의학에 있어 최초의 체계적인 임상 강의과정을 만들었을 때, 다수의 스코틀랜드인들이 참석하였다. 그들은 조지 콤의 동생으로 의사였던 앤드류 콤Andrew Combe과 1818년 처음으로 파리를 방문하고 그 후 정신 질환에 있어 매우 영향력 있는 작가 겸 교사가 된 알렉산더 모리슨Alexander Morison, 그리고 에든버러 대학교의 법의학 교수가 된 로버트 크리스티슨Robert Christison 등이다.

피넬의 수제자 가운데 한 명인 앤드류 던컨Andrew Duncan도 스코틀랜드 출신이었다. 그는 1792년부터 에든버러에 보호시설을 짓자고 제안해 왔는데, 1807년이 되어서야 비로소 모닝사이드Morningside 보호소가 로버트 리드Robert Reid에 의해 설계되기 시작하였다. 내가 다른 연구(Markus 1982)에서 설명한 적이 있는 이 건물은 각 측면 중앙에 관리자 숙소가 있는 사각형 건물이었다. 요크 보호소의 경우와 마찬가지로 '가정집'의 구성 원칙에 입각하여 건물정면의 관리자용 식당은 환자들과 공유되었으며 환자들의 주간 휴게실 바로 옆에 위치하였다. 모퉁이에 있는 건물들과 정면에 있는 네 개의 독립병동에는 돈을 내는 부유한 환자들이 사용하는 커다란 방이 있었다. 빈민들은 복도 양쪽에 배열된 작은 방들을 사용하였다. 의해 각각의 관리자 숙소는 네 개의 반지하 통로에 중앙 안뜰에 있는 중앙 감시실과 연결된다. 이 통로들은 위상기하학에 기반을 둔 장치로, 로버트 아담이 설계한 인근의 에든버러 감옥에 있는 지하터널을 상기시킨다.

1807년에 윌리엄 스타크는 글래스고를 위해 아주 새롭고 놀라운 디자인을 발표하였다(기본계획은 1806년에 완료되었으며, 아마도 1804년에는 이미 조형적인 구상단계에 있었을 것이다.) 잉글랜드 및 에든버러에서의 부적절한 수감자 분류와 감시방법에 대해 비판적이었던 스타크는 이러한 결함들을 극복하는 것을 목표로 삼았다. 나는 그림 1.9에서 간략한 도식으로 16개 그룹으로 분류된 환자들이 어떻게 공간에 자리 잡고 있는지를 이미 설명한 바 있다. 문제는 환자들이 '어떠한 간섭이나 통제가 없는' 상태에서 이리저리 움직일 수 있는 자유를 주는 것과 동시에 '환자들을 등급에 의해 분류하는 것', 이 두 가지를 적절히 조화시키는 것이었다. '환자들을 더 세밀하게 분류하면 할수록, 지긋지긋하고 유해한 감금으로부터 각 개인을 보호하기란 더욱 더 어려워질 것이다' (Stark 1807:16).

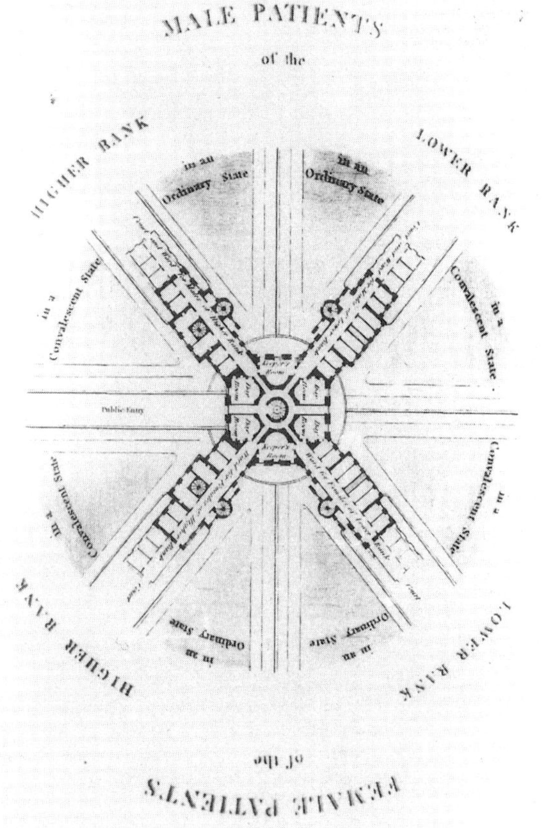

그림 4.38 글래스고 광인수용소(1807), 평면
출처 : Stark(1807), 미첼도서관, 글래스고 지방의회의 허락을 받음

100. 스코틀랜드의 대표적인 골상학자(1788~1858). 1816년 에든버러를 방문한 골상학의 창시자 슈푸르츠하임의 영향으로 여러 편의 골상학 서적을 저술하고 골상학을 전파하는데 힘썼다.

그림 4.39 글래스고 광인수용소(1807), 외관 전경
출처 : Joseph Swan(1812) Selected Views of Glasgow and Environs, Glasgow

이와 같은 스타크의 프로그램(그림 1.9)을 만족하는 유일한 결과는 모든 팔의 길이가 같은 그리스 십자가형 평면이었다(그림 4.38). 중앙에 있는 직원용 계단은 관리자용 주간실과 환자용 주간 휴게실로 둘러싸여 있었고, 높은 담으로 분리된 여덟 개의 운동장은 관리자실에서 모두 내다보였다. 각 환자 그룹마다 각각 그들만의 운동장과 직접 연결이 되도록 계단과 통로가 디자인되었다.

> 담으로 둘러 처진 마당은. . . 신선한 공기로 기분을 전환하기 위한 곳이다. . . 하지만 환자들은 자신들의 마당 경계를 넘어서는 것도, 다른 등급에 속하는 개인을 만나거나 보는 것도 완전하게 차단당해야 할 것이다. 이러한 방식으로 등급간에 상호 접근이 불가능하여 각 등급마다 폐쇄된 사회가 형성되고, 한편으로는 주간실과 회랑 그리고 마당을 특별하게 배치하여 환자들은 하루 온종일 끊임없이 관리자와 감독관의 시선에서 벗어나지 못하며, 감독관의 경우에는 환자들과 관리자 모두를 감시할 수 있을 것이다.
>
> (Stark 1807)

질서를 지키는 입원 환자들은 관리자들을 덜 의식하게 될 것이지만 '무질서한 경향이 있는 환자들은 보이지 않는 눈이 끊임없이 그들의 행동을 관찰하면서 따라다닐 것이라고 의식하게 될 것이다' (18).

예배당은 없었다. 따라서 '보잘 것 없고 천박한 외관을 피하기 위해' 사용된, 전통적으로 신성한 형태인 중앙의 돔은 단지 건축적인 '장식품' 으로만 정당화될 수 있었다. 게다가

> 이러한 종류의 돔은 오랫동안 지속될 아주 거대하고 특이한 건물의 서로 다른 여러 부분들을 통합시킬 수 있는 것으로 여겨진다. 또한 즐거움과 실용성의 결합을 통해 건전한 도덕적 효과가 대중의 마음속에 창출되어질 것이다. 마지막으로 이 공공시설의 운영비용이 대부분 부유한 환자들로 구성된 이사회에서 충당되므로, 외관은 이런 범주의 사람들의 시선을 끌어야 할 것이며 그들의 기분과 취미에 부응해야 할 것이다.
>
> (Glasgow 1814:6–7)

존 파울스턴John Foulston은 이와 유사한 생각을 자신의 1818년 콘월Cornwall 광인수용소와 연관하여 표현하였다. 콘월 광인수용소의 주출입구는 '개인 소유의 정원 입구처럼 디자인되었다. 왜냐하면 광인들도 때로는 사리를 분별하는 총기를 보이기 때문이다.' 이럴 경우 환자들은 '높은 신분의 사람'을 방문하러 가는 것이라고 설득되었다(1838:67).

스타크의 건물은 산업혁명의 사회적 계층화를 그대로 반영하고 있으며, 동시에 이런 계층화를 위장하고 한편으로는 선전하기 위해 관습적인 형태들을 사용하고 있다. 이러한 예술적 관습을 사용하여 스완Swan은 그의 판화에서 건물 내부에 존재하는 계급이 전원적인 외부세계에서도 똑같이 존재한다는 메시지를 전달하고 있다. 즉, 높은 모자를 쓰고 긴 코트를 입은 신사와 그의 팔짱을 끼고 양산을 쓴 여자 그리고 두 마리 젖소로 향하는 하녀와 아이는 사회적 계급을 표상하고 있는 것이다(그림 4.39).

글래스고에서 '도덕적 치료'는 피상적인 수사학에 그쳤다. 전능한 중앙통제와 위계적으로 구성된 감시시스템은 벤담의 생각이었다. 이런 특질을 당시의 비평가들도 놓치지 않았다. 특히 사무엘 튜크는 1813년에는 건물디자인, 특히 수감실의 편복도식 디자인에 대해 칭찬하였음에도 불구하고 1819년에 이르러서는 좀더 비판적이 되었다. 글래스고 광인수용소는 '입스위치Ipswich에 있는 훌륭한 감옥의 복사판이다... 내가 보기에는 윌리엄 스타크가 이 두 시설의 목적이 다르다는 것을 충분히 고려하지 않은 것 같다'(1819:16)고 비판하였다. 튜크는 그 이유로 감옥에서는 재소자들이 영구히 지내지만, 광인수용소는 그렇지 않다는 것이다. 그는 특히 중앙감시에 대해 비난하였다.

> 하지만 환자들을 감시함에 있어 관리자들에게 편안한 환경을 제공하는 것은 고려할 만한 가치가 있다. 실제로, 만약 주요 관리자들에게 편안한 근무환경이 제공되지 않는다면, 근무태도가 좋은 사람들은 그곳의 업무를 맡으려 하지 않을 것이고, 어쩔 수 없이 업무를 맡은 사람들은 그들의 직무에 불만이 있어 종종 자리를 비울 것이라는 것을 자연스레 예기할 수 있다. 그렇지만 환자들을 감시함에 있어 수월해야 한다는 견해가 지나치게 확산될 수도 있다. 예를 들어 파놉티콘 평면에서 볼 수 있는, 위로부터 조명을 받으며 사방이 환자들의 방으로 둘러싸여있는 중앙의 감시용 방이 가족들을 수월하게 감시하도록 한 가정의 주인이나 안주인에게까지 제공되는 것을 상상해 보라.
>
> (Tuke 1819:18)

이와 같이 스타크를 신랄하게 비평하였음에도 불구하고, 튜크는 H자 평면, 아니면 이중 십자가형 평면을 채택할 것을 권하였는데 각 평면의 절반은 글래스고 광인수용소의 평면과 아주 유사하였다.

헤리퍼드Hereford와 엑스터Exeter 그리고 글로스터 광인수용소를 설계하고 있던 존 내쉬John Nash[101]는 1807년 의회 질의에서 '감시를 위한 홀'이 필요하다고 증언하였다. 1808년에는 광인수용소와 관련된 법령이 만들어졌는데 빈민·정신병자·범죄자들이 일괄적으로 다루어졌다. 이 법령은 광인수용소를 건설하기 위한 지방세의 인상을 허용하였고, 치료가능한 자와 치료 불가능한 자간의 초보적인 분리를 명시하였다.

1811년에 스타크는 존 내쉬에 의해 시작되었다가 잠시 중단되었던 글로스터 광인수용소 건립에 참여하였다(스타크가 죽은 후에는 휠러Wheeler에 의해 계속 수행되다가 콜링우드Collingwood가 1823년에 완성하였다). 환자들은 경제적 지위에 따라 건물의 세 구역으로 나뉘어 졌다. 1급 환자들은 건물 정면 우아한 초승달 모양의 광장에 면한 중복도 형식의 독방을 사용하였고, 2급 환자들은 건물 뒤편 커다란 두 개의 광장에 면한 독방을 사용하였다. 3급인 극빈자들은 건물 중앙의 중심 벽을 등지고 있는 독방을 사용하였는데, 비좁고 통풍도 잘 되지 않았다.

스타크가 1813년 급작스럽게 죽었을 때, 그는 던디Dundee 광인수용소 작업을 막 시작할 무렵이었다. 그는 이 시설에 H자 평면과 편복도 형식의 독방을 적용하였는데, 단층이며 계층에 따라 분류된 독방들로 구성된 건물의 날개부분은 조경이 된 정원에 면하고 있었다. 그 당시 비평가들은 이 시설

101. 영국 조지안 시대의 건축가(1752~1835). 고딕·르네상스·팔라디오·그리스·픽처레스크 등 여러 양식을 두루 사용했으며 대표작으로는 리전트 테라스·버킹엄 궁·로얄 파빌리온 등이 있다.

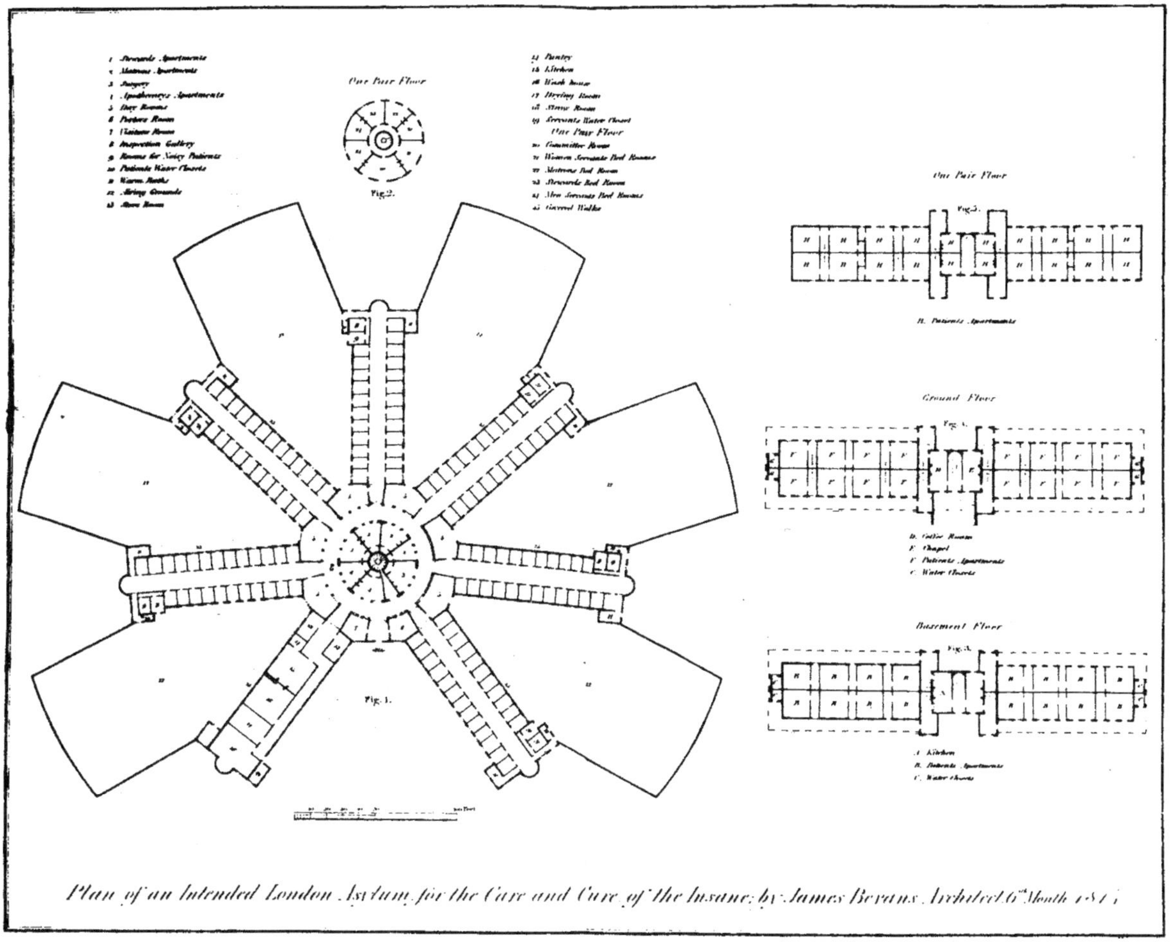

그림 4.40 비번스가 설계한 일곱 개의 건물로 구성된 방사형 광인수용소(1814)
출처 : 광인수용소 조사위원회(1819), 영국건축도서관

이 전원의 농가 이미지를 전달하려 하였다고 주장하였다. 스타크는 글래스고 광인수용소의 엄격한 중앙집중식 평면으로부터 상당히 변화된 평면을 구성하였는데, 아마도 튜크의 경고를 염두에 둔 듯하며, 몬트로즈와 요크 그리고 브리스톨의 광인수용소들을 방문하였던 것 같다. 그러나 그는 기존시설에 비해 좀더 자유로운 평면을 구성하였으며 조경을 보다 적극적으로 사용하였다. 이는 그의 에든버러 뉴타운Edinburgh New Town[102](Reed 1982:115-53)에 관한 조경보고서와 더불어 보다 포괄적인 내적 혁명의 하나의 신호였다.

1815년에 구성된 의회위원회는 1819년 퇴행적인 사고가 어떻게 생겨났는지를 보여주는 네 개의 보고서를 발표하였다. 비번스Bevans는 환상형 '감시용 복도'에 의해 완벽한 중앙감시를 할 수 있는 일곱 개의 건물로 구성된 방사형 광인수용소(그림4.40)를 1814년에 제안하였다. 하지만 그

102. 과밀화된 에든버러 구시가지의 북쪽에 조성된 신도시. 1752년 도시계획이 수립되고 1766년 제임스 크레이그James Craig가 건축설계를 담당하였다. 신도시 동서측에 조경이 된 커다란 광장이 조성되었다.

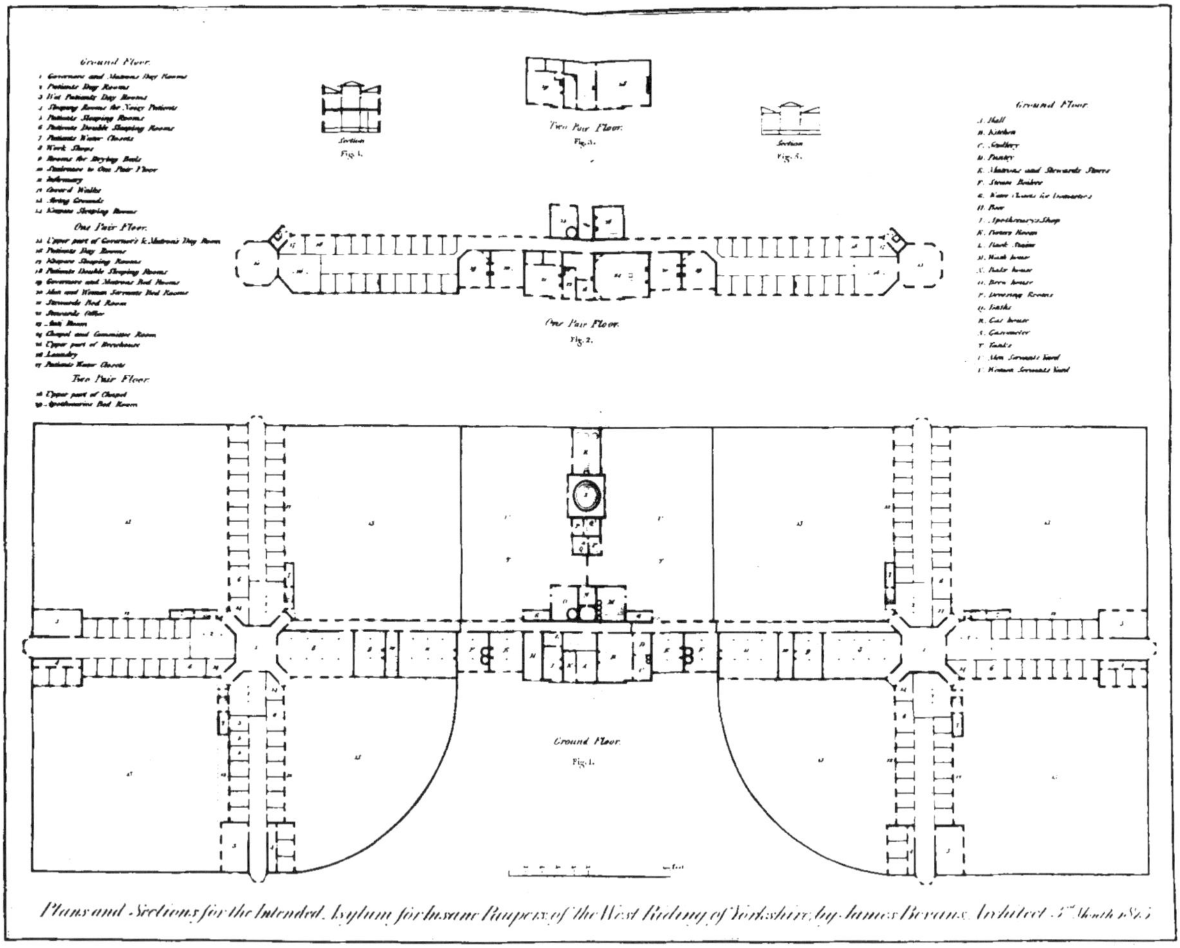

그림 4.41 웨이크필드 광인수용소 설계공모전에 출품한 비번스의 안(1815)
출처 : 광인수용소 조사위원회(1819), 영국건축도서관

는 1815년 웨이크필드Wakefield 광인수용소 설계공모전(그림 4.41)에서 중앙서비스실 및 행정실에 의해 연결되는 두 개의 거대한 그리스 십자가 형태의 환자용 건물들과 완전하게 남녀출입구가 분리된 별동의 예배당을 제안했는데, 이는 파놉티콘 시스템을 반대하는 튜크의 조언을 바탕으로 작성된 '세부설계지침서' 를 수용한 결과였다. 비번스는 튜크의 견해를 수용하도록 강요한 조건에 대해 '내가 생각할 수 있는 그 어떤 것보다 비싼 대가를 치른 타협이다' 라고 불만을 토로하였다. 70명의 극빈자 광인들을 위한 좀더 단순한 시설에 관한 것도 출판되었다. 하지만 비번스가 선호하였던 디자인은 방사형 평면으로, 1819년 감옥특별위원회에 제시한 시범 교도소 평면과 크게 다르지 않았다(그림4.42). 퀘이커교도 출신임에도 불구하고, 비번스는 벤담의 가장 순순한 틀 속에서 포괄적이고도 웅장한 스케일의 프로젝트를 꿈꾸었던 유토피아적 공리주의자였다.

사무엘 튜크가 설계지침서를 작성한 웨이크필드 광인수용소 설계공모전에 모두 40개의 설계안이 출품되었으며, 윌리엄 왓슨William Watson과 제임스 프리체트James Pritchett의 설계

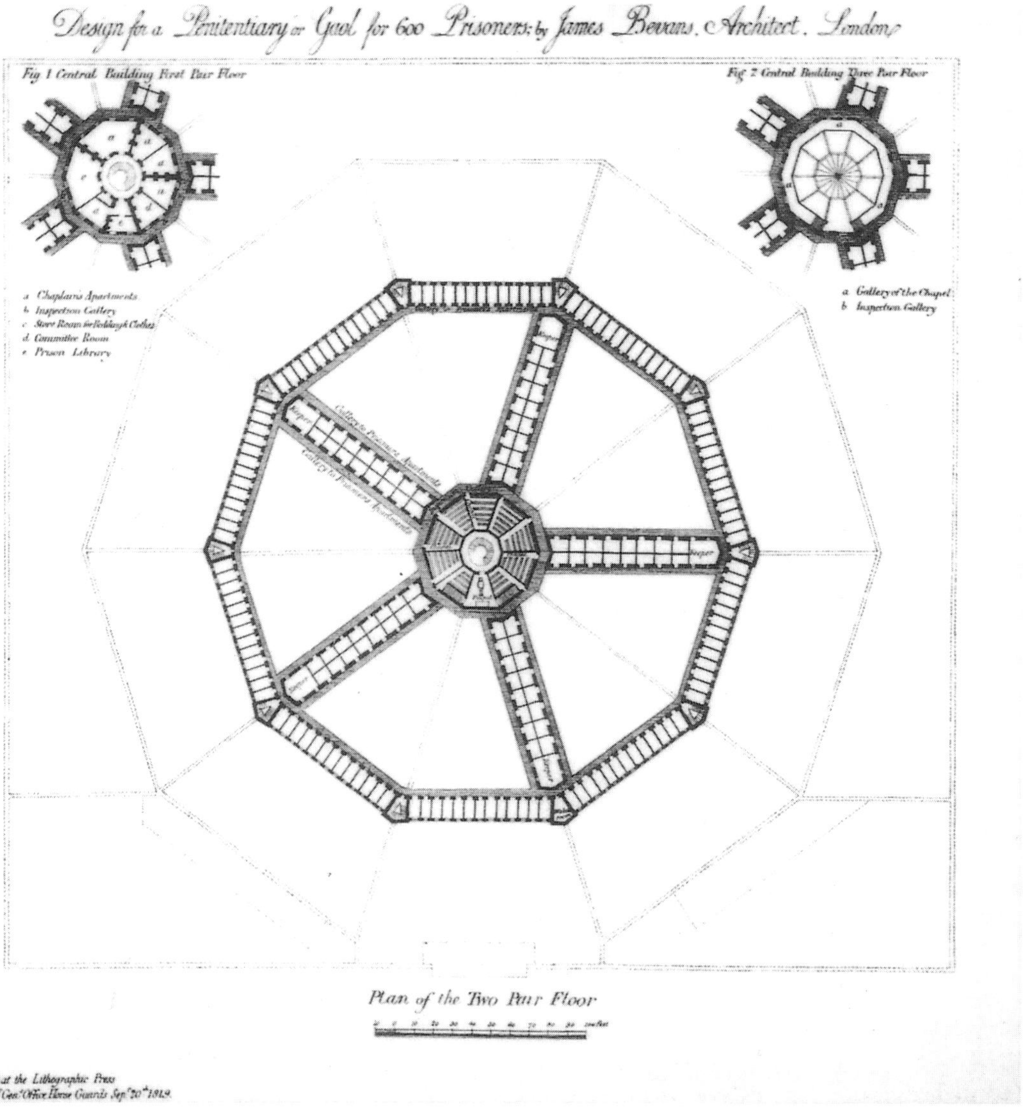

그림 4.42 비번스의 방사형 시범 교도소(1819)
출처 : 감옥 특별위원회(1819), 대영도서관

안이 채택되었다. 설계공모전은 150명의 극빈자를 수용할 수 있는 시설을 요구하였지만, 실제로 제안된 것은 그 요구 조건에 상당히 미달된 것으로 나타났다. 채택된 안은 비번스가 제안한 계획안처럼 두 개의 십자가형 건물로(남녀 각 한 블록씩) 구성되어 있다. 각 건물은 중앙의료 · 관리 · 행정공간에 의해 연결되어 있으며, 남성을 담당하는 '감독관'과 여성을 담당하는 '간호부장'이 사용하는 2층짜리 메조네트식(중2층식) 공간은 두개의 십자가형 건물의 중앙에 위치하고 있다. 출입문에 잠금장치가 되어있는 쐐기 모양의 이 공간은 지상레벨에서부터 시작하는 중앙계단에 의해 공

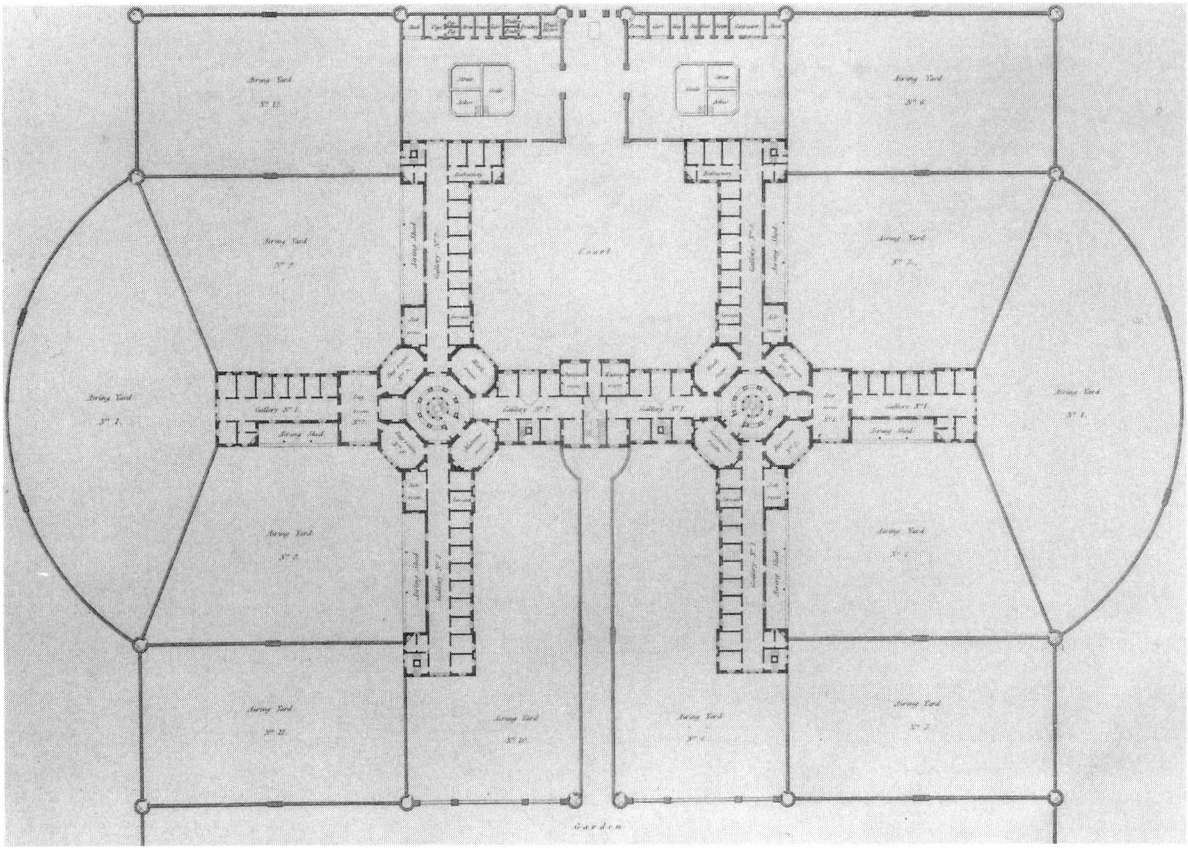

그림 4.43 왓슨과 프리체트의 웨이크필드 광인수용소(1815)
출처 : Watson and Pritchett(1815), 영국건축도서관

간적 연속성을 가지며 동시에 아래층과 위층 간에 사적인 커뮤니케이션이 가능하다. 한 방향으로만 통행이 가능한 이 관리자 공간을 통해서 '거주자' 공간은 건물의 바깥쪽 고리형 순환동선 상에 위치하게 된다. 마찬가지로 연결건물의 공간구성에 의해 2층의 위원회실이 바깥쪽에 위치하게 된다(그림 4.43). 웨이크필드 광인수용소 당선안은 광인수용소의 원형原型으로서 영향력을 갖게 되어 이 안을 추종하는 유사한 설계안들이 1800년대 중엽까지 이어졌다. 이들 중에서 가장 우수한 것은 윌리엄 번William Burn이 설계한 덤프리스Dumfries에 있는 크라이튼 왕립광인수용소Crichton Royal Asylum인데, 이를 설계한 번은 스타크가 시작한 던디Dundee 수용소를 마무리하면서 자신의 솜씨를 이미 보여준 적이 있었다.

비록 그 후에 1827년 의회심의는 미들섹스 지방의 광인수용소에만 특히 초점을 맞추었지만, 결과적으로 1828년 법령은 국가적인 차원의 조항들을 도입하게 되었다. 이 법령에 의해 한웰 광인수용소(1831년에 완공되고 1838년에 확장되었다)가 건립되었다. 이 시설은 튜크의 영향을 받은 또 다른 퀘이커교도인 윌리엄 앨더슨William Alderson에 의해 설계되었다. 330명의 환자들은 편복도와 중복도 형식의 독방으로 구성된 날개동에 남녀로 구분되어 대칭적으로 수용되었고, 감독자와 그 외 직원들의 숙소는 중앙에 위치하며 입구에서 곧바로 접근할 수 있었다. 초대 감독관과 간호부장은 닥터 엘리스Dr Ellis와 그의 부인으로 웨이크필드 광인수용소를 담당한 이들이었다. 닥터 엘리스와 부인이 한웰 광인수용소를 떠난 이후 의학업무와

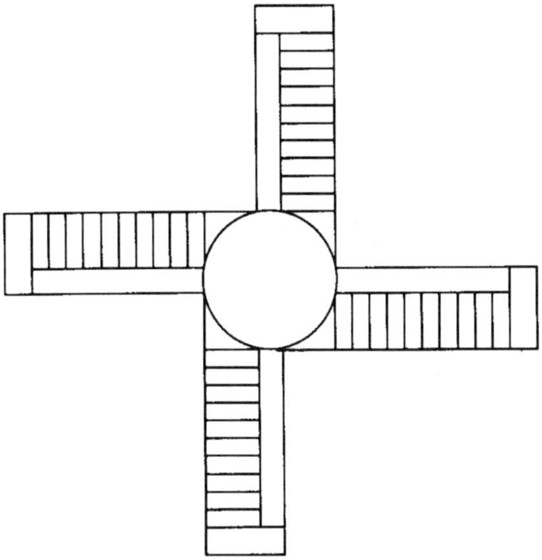

그림 4.44 요셉 프랑크가 제안한 광인수용소 평면(1818)
출처 : Jetter(1971)를 참조로 저자 작성(1971)

일반 업무의 구별이 구체화되었다. 존 코널리John Connolly의 체제 아래에서 1839년 행정 업무로부터 임상적 책임이 분리되었던 것이다. 코널리의 '비구속non-restraint' 체제('도덕적 치료'의 발전한 모습)는 정신의학 역사에 있어서 획기적인 사건이었고, 동시에 보수적 의사들과 영국 국교회로부터 상당한 저항을 불러 일으켰다(Connolly 1847).

1812년과 1844년 사이에 14개의 대규모 군립 광인수용소들이 잉글랜드에 설립되었다. 어떤 건물들은 콘월(1820)이나 체스터Chester(1829)처럼 방사형이었고, 그 외의 것들은 거대한 U자나 H자를 기초로 한 선형이었다. 기본적으로 독방은 넓은 회랑에 면하여 있었고 휴게실은 등급에 따라 분류되어 있었다. 몇몇 수용소에는 작업공간이 형식적으로 제공되기도 하였다. 환자의 증가·재원 부족·의학 전문가들에 의한 통제의 강화는 의미심장한 변화들을 가져왔다. 한웰에서는 환자의 수가 매년 18%씩 증가하여 300명에서 1,000명으로 되었다. 시골의 작은 보호시설마저도 수용인원이 두 배 또는 세 배로 증가하였다. 여러 가지 상황변화에 따른 압력으로 초기에 기대하였던 치료 위주의, 그리고 가정적 분위기의 '가족' 규모 시설들은 사라졌다. 직원 대 환자의 비율은 감소하였고, 점차적으로 의사들이 책임자로 인식되어 갔음에도 불구하고 체제는 더욱 관리위주로 되었다. 그리고 건물은 감시위주로 되었고, 더 커지고 붐비게 되었으며 스파르타식으로 변하였다. 사실상 감시가 최우선인 감옥형식으로 변한 것이다.

1842년의 광인수용소법Lunatic Asylum Act에 의해 런던정신병원 검사위원들은 잉글랜드의 모든 광인보호시설을 탐방할 수 있었다. 1844년에 검사위원들이 제출한 보고서는 직접적으로 1845년의 광인법Lunacy Act과 광인수용소 및 빈민광인보호법Lunatic Asylums and Pauper Lunatics Act에 영향을 미쳤다. 1808년 법령 아래에서 묵인되어져 왔던 것은 이제 강제적인 것으로 바뀌었으며 모든 지역에서 준수되어야만 하였다. 이로써 환자들로 초만원인 대규모 광인수용소들이 급속하게 증가하였다. 한웰에 단연 규모가 가장 큰 수용소를 운용하고 있던 미들섹스 지역에서도 1851년에는 콜니 해치Colney Hatch에 두 번째 수용소를 만들기로 결정하였다.

이러한 감시위주로 된 감옥형 광인수용소는 전 세계적으로 퍼져나갔다. 미국에서는 컬럼비아Columbia에 사우스캐롤라이나South Carolina 광인수용소(1822)가 이러한 추세에 따라 변이 아홉 개인 반半다각형 평면으로 계획되었다(완성되지는 않았다). 또한 빈 종합병원의 병원장 아들인 의사 요셉 프랑크Joseph Frank는 1818년 편복도로 구성된 네 개의 병동들이 한 지점에서 만나는 풍차형 평면을 제안하기도 하였다(그림 4.44). 이 계획은 실제적으로 1843-46년에 에를랑겐Erlangen 광인수용소에 적용되었다(Jetter 1966).

새로운 강제노역소

비록 빈민층 광인들이 광인수용소의 주요 대상이었지만, 광인들은 여전히 강제노역소에서도 찾아 볼 수 있었다. 1832년에 설립된 왕립구빈법위원회는 에드윈 채드윅Edwin

Chadwick을 서기로 두었다. 그는 제레미 벤담Jeremy Bentham이 사망한 1833년까지 벤담의 개인 비서로 있었다. 따라서 그가 위원회 업무에 명확하고 공리주의적 논리를 적용한 것은 너무나 당연하였다. 1834년의 보고서에서는 구빈법에 대하여 전면적인 변화가 언급되어졌고, 같은 해에 법령이 통과되었다.[103] 채드윅은 세 명의 위원장 중 한 명으로 임명되기를 기대하였지만, 결국 서기로 남게 되었다. 건축은 '원내indoor' (예를 들어 강제노역소 안) 구제[104]라는 목표를 성취할 수 있는 수단으로서 최고 우선순위에 위치하였다. 4년 후 교육심의위원회가 그들의 첫 보고서를 통해 학교 건물에 관한 세부지침을 제시하였듯이, 새로 임명된 세 명의 위원장들은 세 가지 유형의 평면을 삽입한 첫 연간 보고서(의회 회기 기록 1835)를 발행하였고, 두 번째 연간 보고서에서는 하나의 유형을 더 넣어 출판하였다. 젊은 건축가 샘슨 켐프손Sampson Kempthorne은 두 위원회에 모두 관여하고 있었으며 그가 뉴질랜드로 이주하지만 않았더라면(이주 후에 곧 사망하였다), 그의 작업은 영국전역에 지대한 영향을 미쳤을 것이다. 우리는 이미 케이- 셔틀워스Kay-Shuttleworth의 연결고리 역할을 살펴보았다. 영국의 공공기관을 개혁하는 데 새로운 정책을 만들고 이행하는 것을 불과 소수의 사람들이 책임졌다는 사실은 놀랍다. 그 소수의 사람들 가운데 존 스튜어트 밀John Stuart Mill과 그의 아들 제임스 · 벤담 · 채드윅 · 케이-

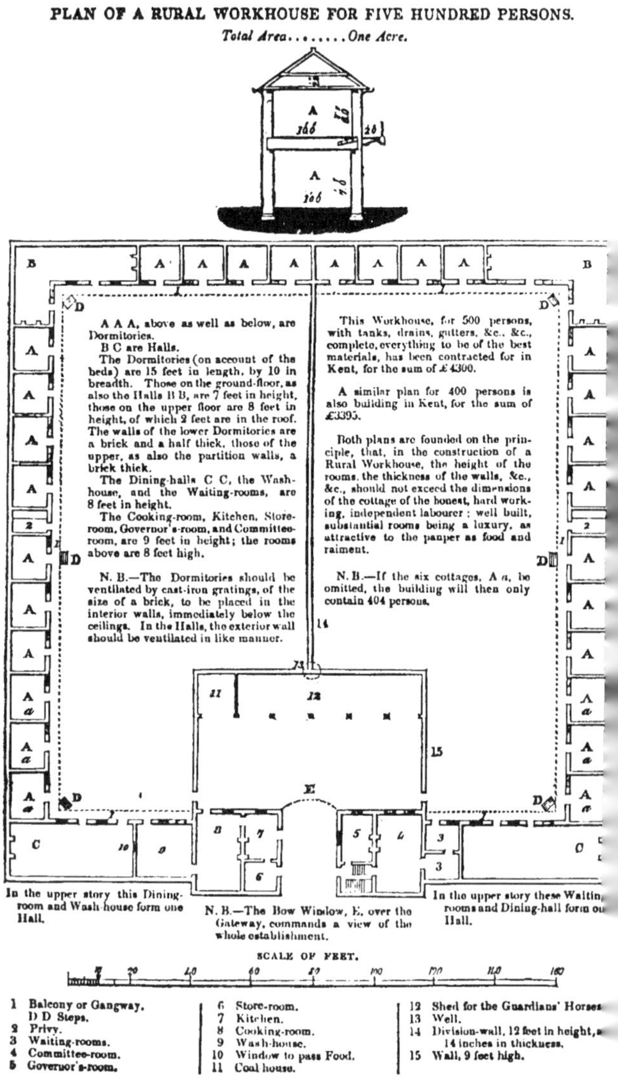

그림 4.45 헤드의 500인 수용을 위한 시범 강제노역소 평면도(1835)
출처 : 영국의회문서(1835)

셔틀워스 · 켐프손 · 오웬과 같은 사람들이 있다.

신구빈법이 처음부터 하나의 지붕 아래 종합적이고 다목적인 강제노역소를 의도한 것은 결코 아니었다. 구빈법위원회는 보고서를 통하여 노인용 · 아이용 · 건강한 남자용 · 여자용으로 분리된 네 개의 건물을 제안하였다. 하지만 위원장들은 기존 노역소를 하나의 기능을 위해 사용하고, 새로운 노역소를

103. 1601년의 엘리자베스 구빈법 이후 여러 차례 구빈관련 법령의 개정이 있었다. 특히 1782년 길버트법과 1795년 스핀함랜드법의 실시로 원외 구제가 확산되고 최저생계비 보조로 인해 구빈에 따른 조세가 증가하는 문제가 발생되었다. 이를 해결하고자 왕립구빈법위원회가 조직되어 2년간에 걸친 조사 끝에 1834년에 발행한 보고서를 근간으로 같은 해에 구빈법이 전면 개정되었는데, 이를 신구빈법이라고 부른다. 이 신구빈법의 핵심 내용으로는 ①가족수당을 폐지하고 원외 구제를 최소화하고, ②모든 빈민구제는 '열등 처우'의 원칙을 적용하였으며, ③빈민구제 업무의 관리를 중앙위원회로 통일시켰다는 점이다. 권오구, 사회복지발달사, 홍익제, 1997 참고

104. 원내 구제란 국가나 사설기관이 수용시설을 짓고 그 안에 빈민들을 수용하여 구제하는 것이고, 그 반대 것으로 빈곤자들이 자기 집에서 국가의 부조를 받는 것이다.

WORKHOUSE FOR 300 PAUPERS,—GROUND PLAN, No. 1. (E.)

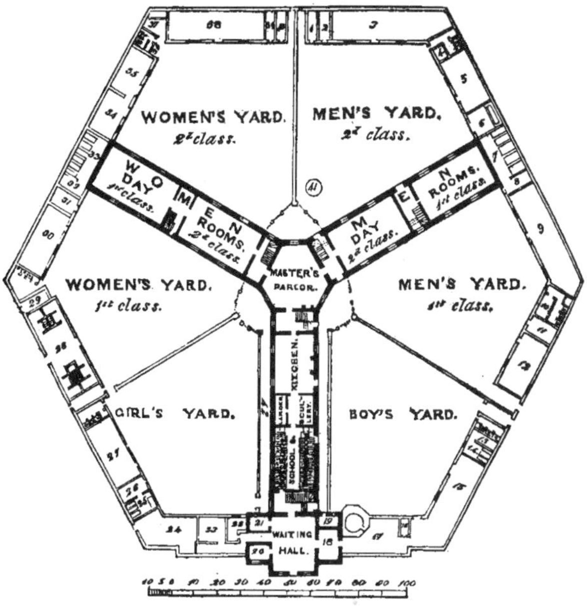

SCALE OF FEET.

1 Dead House.
2 Refractory Ward.
3 Work Room.
4 Dust.
5 Work Room.
6 Washing Room.
7 Receiving Ward, 6 beds.
8 Bath.
9 Work Room.
10 Dust.
11 Washing Room.
12 Flour and Mill Room.
13 Washing Room.
14 Receiving Ward, 3 beds.
15 Work Room.
16 Coals.
17 Bakehouse.
18 Bread Room.
19 Delivery Room.
20 Porter's Room.
21 Searching Room.
22 Store.
23 Potatoes.
24 Coals.
25 Receiving Ward, 4 beds.
26 Washing Room.
27 Work Room.
28 Piggery.
29 Slaughter House.
30 Work Room.
31 Washing Room.
32 Bath.
33 Receiving Ward, 6 beds.
34 Wash-house.
35 Laundry.
36 Dust.
37 Washing Room.
38 Work Room.
39 Refractory Ward.
40 Dead House.
41 Well.
42 Passage.

WORKHOUSE FOR 300 PAUPERS,—ONE PAIR PLAN, No. 2. (E.)

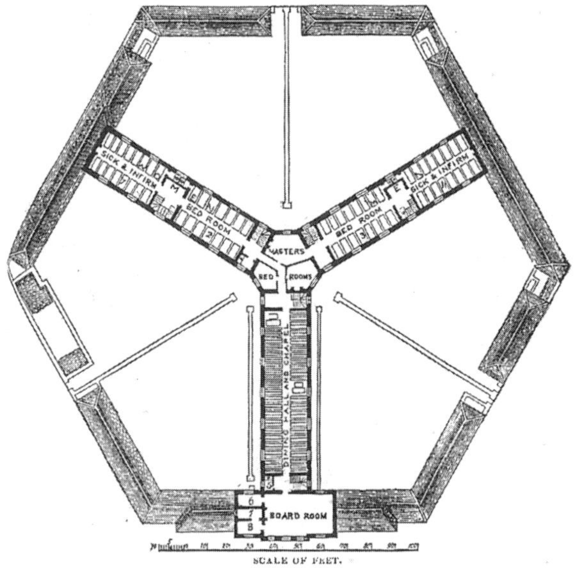

SCALE OF FEET.

1 Sixteen in single beds.
2 Twenty-seven in double beds.
3 Thirty-two in single beds in two tiers.
4 Sixteen in single beds.
5 Water Closet.
6 Clerk.
7 Strong Room.
8 Ante-Room.

PERSPECTIVE VIEW OF A WORKHOUSE FOR 300 PAUPERS. (E.)

SAMPSON KEMPTHORNE, Architect,
CARLTON CHAMBERS, 12, REGENT STREET

그림 4.46 켐프손의 300인용 시범 강제노역소 디자인(1835), 1층 평면도, 2층 평면도, 조감도

출처 : 영국의회문서(1835)

WORKHOUSE FOR 300 PAUPERS,—GROUND PLAN, No. 1. (F.)

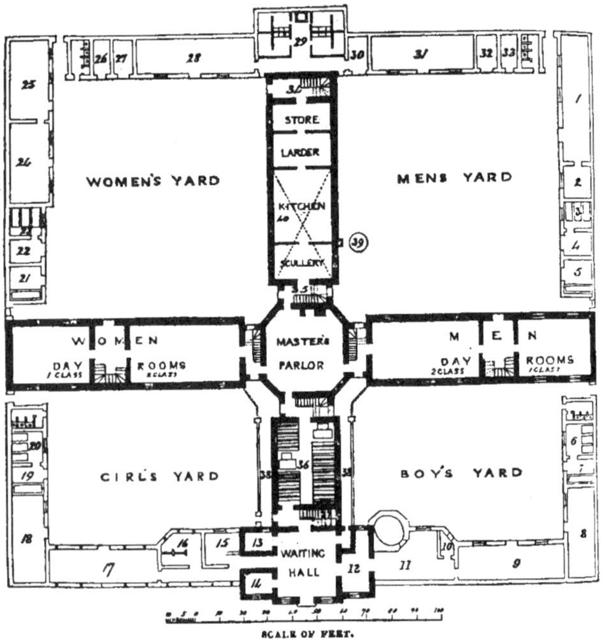

1 Work Room.
2 Store.
3 Receiving Wards, 3 beds.
4 Bath.
5 Washing Room.
6 Receiving Ward, 3 beds.
7 Washing Room.
8 Work Room.
9 Flour and Mill Room.
10 Coals.
11 Bakehouse.
12 Bread Room.
13 Searching Room.
14 Porter's Room.
15 Store.
16 Potatoes.
17 Coals.
18 Work Room
19 Washing Room.
20 Receiving Ward, 3 beds.
21 Washing Room.
22 Bath.
23 Receiving Ward, 3 beds.
24 Laundry.
25 Wash-house.
26 Dead House.
27 Refractory Ward.
28 Work Room.
29 Piggery.
30 Slaughter House.
31 Work Room.
32 Refractory Ward.
33 Dead House.
34 Women's Stairs to Dining Hall.
35 Men's Stairs to ditto.
36 Boys' and Girls' School and Dining Room.
37 Delivery.
38 Passage.
39 Well.
40 Cellar under ground.

WORKHOUSE FOR 300 PAUPERS, ONE PAIR PLAN, No 2. (F.)

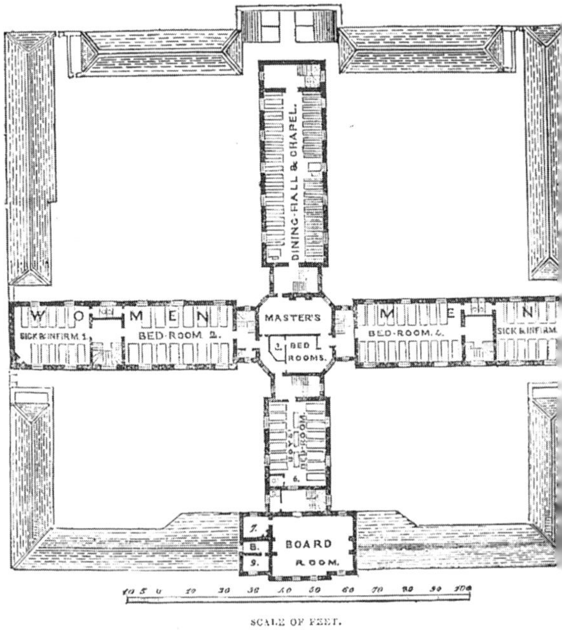

1 Twelve single Beds.
2 First class, 30 in double Beds.
3 Closet.
4 First class, 38 in single Beds, in two tiers.
5 Twelve single Beds.
6 Thirty-six in single Beds, in two tiers.
7 Clerk.
8 Strong Room.
9 Anti-Room.

그림 4.47 켐프슨의 300인용 시범 강제노역소 디자인(1835), 1층 평면도, 2층 평면도, 조감도
출처 : 영국의회문서(1835)

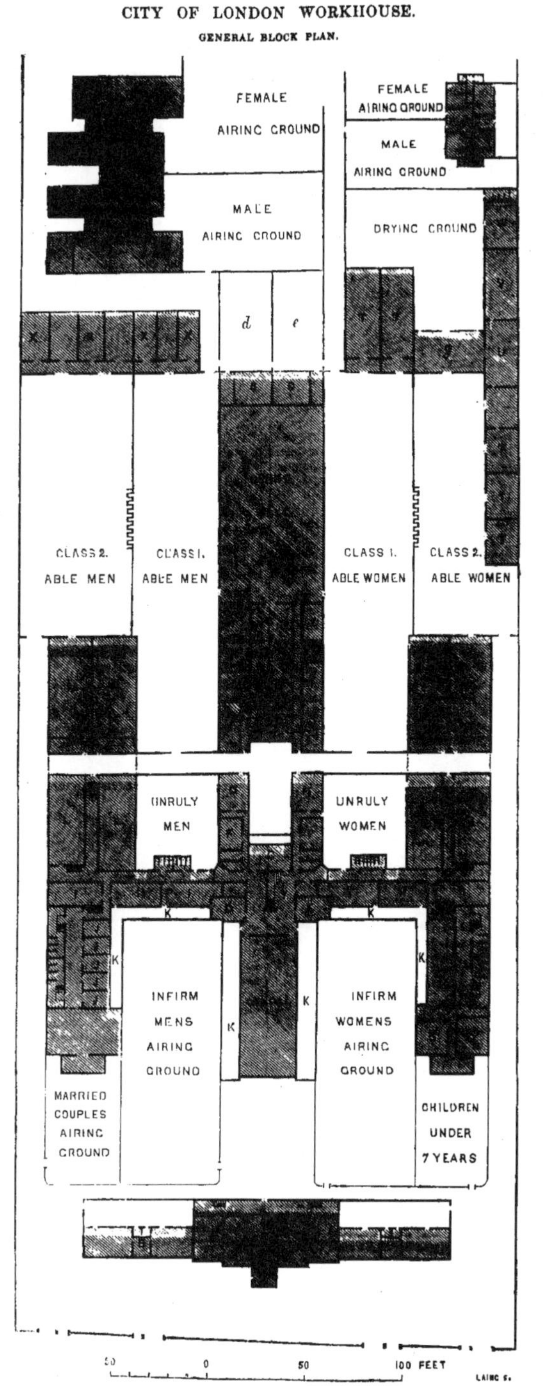

그림 4.48 런던 시립 강제노역소(1849)
출처 : The Builder(1849) VII(342):400, 25 August

나머지 세 개의 기능을 위해서 사용하라고 제안하는 등 일관성이 없었다. 돈의 지출과 직원고용에 대한 엄격한 제약 속에서 새로운 강제노역소들은 오래지 않아 하나의 거대한 건물로 운영하는 것을 선호하기 시작했으며, 이는 위원 보좌관들 중의 한 명인 프랜시스 헤드 경Sir Francis Head에 의해 강력히 주장되었다. 위원회의 첫 번째 보고서에 나오는 유형들 중 하나는 모든 것을 망라하는 목가적인 건물로서 '높이가 낮고, 싸고, 소박한 건물'을 기본으로 하는데 이는 헤드 경의 비전이 담긴 것이다. '시골집cottage'이라 불린 50개가 넘는 원룸형식의 공동침실들은 500명을 수용할 수 있으며, 직사각형 중정을 따라 두 개 층에 걸쳐 배열되어있다(그림 4.45). 헤드 경은 '방의 높이 · 벽의 두께 · 기타 모든 건축치수들은 정직하고 근면하며 남에게 의존하지 않는 노동자들의 시골집 치수들을 넘지 않아야 한다'고 주장하였다. 이것은 위원장들이 주장한 '열등 처우less eligibility[105]'에 대한 해석이었다. 위원회실과 회의실 그리고 관리인 숙소는 입구에 밀집되어 위치하고 있다. 2층 관리인 숙소에 위치한 베이 윈도우bay window는 '시설 전체를 내려다 볼 수 있는 전망을 가진다.'

그러나 그 또한 다른 이들이 과거에 그러했고 그 이후에도 그러했던 것처럼 강제노역소의 원칙을 잘못 이해하고 있었다. 그 원칙이란 강제노역소가 바깥세계의 최하 수준보다 낮은 음식이나 위생 혹은 건물수준들을 제공해야 한다는 의미는 아니었다. 하지만 결과적으로 고된 작업 규율 · 엄격한 시간표 · 성별에 따른 분리(노인들을 제외한 기혼자들도 포함) · 간혹 심지어 엄마들과 어린 아이들의 분리 그리고 흡연과 음주의 절제, 이 모든 것들이 수용자들에게 매우 달갑지 않아, 최악의 상황을 제외하고 외부세계의 어떠한 생활일 지라도 그것이 도리어 더 선호되었던 것이다(강제노역소 안의 '열등 처우' 보다 나았던 것이다).

105. 1834년에 제출된 구빈법위원회 보고서를 기초로 제정된 신구빈법의 중심원칙 가운데 하나로 가장 저임금을 받는 노동자의 상태보다 덜 바람직한 상태로 구제를 해주어야 한다는 것이다.

서기였던 채드윅이 위원장들과 점점 더 의견을 달리하였기에 그가 종합적이고 다목적인 강제노역소를 반대하는 것으로 종종 간주되었다. 그러나 이에 대한 증거는 명확하지 않다. 왜냐하면 채드윅이 다목적 강제노역소를 비판한 것은 30년 후였으며, 그의 강력한 지지자인 두 명의 위원 보좌관들(터프넬Tufnell과 케이- 셔틀워스)이 종합적이고 다목적인 강제노역소의 옹호자였기 때문이다 (비록 케이- 셔틀워스가 노역소에서 학교를 분리하기를 원했음에도 불구하고).

켐프손은 첫 보고서에서 300명의 극빈자를 위한 두 가지 유형을 제시하였다. 하나는 작업장들과 서비스 건물들로 이루어진 육각형 경계 안에 Y자형 건물이 배치된 것이고(그림 4.46), 다른 하나는 사각형 경계 안에 십자가형 건물이 배치된 형태이다(그림 4.47). 비록 법령에는 일곱 계층으로 구분되어 명기되어 있지만, 그의 도면에는 단지 성별과 어른 · 아이별로 구분되어 있으며 부가적으로 '1급' 과 '2급' 의 구분이 있다. 중앙에 위치한 관리자 숙소들은 휴게실 및 병실로 통하게 되어 있었으며 안마당들을 조망할 수 있는 창문들이 있었다. 스쿨룸을 아이들 식당에 끼워 넣고, 어른용 커다란 식당에 예배당을 끼워 넣어 비용을 절감하기 위해 애쓴 모습이 역력하게 나타나 있다.

두 번째 보고서에서 켐프손은 200명을 위한 좀더 작은 강제노역소를 제시하였다.

강제노역소의 건립 속도는 매우 빨랐다. 1835-6년에는 127개의 강제노역소가 위원장들에 의해 인가되었다. 그 중 제일 큰 건물은 침상이 500개 가까이나 되었으며, 또한 기존에 있던 78개의 길버트 조합 건물들이 개조와 확장을 통해 강제노역소가 되었다. 1839년까지는 약 350개 정도의 건물이 지어졌다. 많은 건축가들이 켐프손의 십자가 유형을 선호하였다. 켐프손 자신도 뉴질랜드로 이주하기 전까지 직접 몇몇 노역소를 디자인하기도 하였는데 그 중 어빙던Abingdon 노역소(1836)가 최초의 작품이었다. 처음에 그의 디자인들은, 런던의 아키텍처럴 매거진Architectural Magazine(1835)에서 '평면 형태에 관계없이 관리자의 숙소가 중앙에 있는 파놉티콘의 원리(511-12)' 와 비교되었지만, 전문잡지에서는 '공간분리와 계층분류가 훌륭하게 잘 정리되었다' 는 식의 호평을 받았다. 그러나 얼마 지나지 않아 코벳Cobbett은 그의 디자인을 바스티유 감옥이라고 비난하였다.

이 노역소는 벽 · 칸막이 · 쇠창살 · 문을 이용하여 건물과 안마당을 잘게 분할하였는데, 이는 수용자를 일곱 개 범주로 정밀하게 구분하였기 때문이다. 이들 일곱 개 범주는 노인이나 허약한 남자들 · 13세 이상의 건강한 청년들(1842년에는 15세로 높아졌다) · 7세와 13세 사이의 사내아이들 · 늙은 여자나 허약한 여자들 · 13세 이상의 건강한 여자들(1842년에는 16세로 바뀐다) · 7세에서 13세 사이의 여자아이들 · 7세 이하의 모든 어린이들이다. 또한 그 시설에는 '통제하기 어려운 사람' 과 광인들의 독방을 별도로 가지고 있었다.

이런 디자인들은 건립비용이 비쌀 뿐만 아니라 — 비용은 1840년과 1858년 사이에는 한 곳 당 20파운드에서 40파운드 정도였다(영국 의회 기록 1857~8:379) — 각 계층에게 주간공간과 야간공간 그리고 야외공간을 제공해야 하기 때문에 수많은 계획상의 문제점들을 야기하였다. 오래지않아 조금 더 용이한 계획들이 나왔다. 이 계획들은 훨씬 커진 중앙건물과 보다 더 작은 다수의 건물들을 가지고 있었는데 간혹 건물들이 독립되어 떨어져 있는 경우도 있었다. 1849년에 이미 런던 시립 강제노역소는 분산된 모델을 채택하였다(그림 4.48). 또한 '건강한' 남자들과 여자들을 1급과 2급으로 나누고, 새로이 '다루기 어려운 사람' 범주를 창안함으로써 훨씬 세분화된 분류 방법을 도입하였다. 더 후대에 설립된 1864년의 웨스트 런던West London 강제노역소에서는 '다루기 어려운 사람' 범주는 '구제할 수 없는 사람' 으로 바뀌었다. 1868년에 위원장들은 하나의 대지에 여러 건물들을 분리하여 배치하는 것을 권고하는 비망록을 재가함으로써 이러한 추세를 수용하였다. 1800년대 말에 이르러 30년 가량 전성기가 지속된 위대한 '극빈자 궁전' 의 마지막 자취가 사라졌다. 이제 위원장들은 대지를 분리할 것을 권고하였다.[106]

106. 기능별로 별도의 독립된 시설을 설립하라는 뜻. 즉, 한 지붕 아래 종합적이고 다목적인 극빈자 수용시설이 해체된 것을 의미한다.

신구빈법에 의해 탄생된 종합적인 강제노역소, 즉 학교·고아원·교도소·감옥·병원·양로원·광인수용소·공장들이 한 지붕 아래 모두 모여 있는 강제노역소는, 여러 다른 기능들이 분리되지 않은 채 뒤섞여 있던 18세기의 강제노역소와는 그 성격이 완전히 달랐다. 각각의 요소들은 그들만의 명확한 역사를 가지고 있었고, 분명하게 인지될 수 있었으며, 기술 발전은 단연 돋보였다. 이처럼 당시의 사회적 역량이 총집중된 공공기관들은 디킨스로부터 퓨진에 이르기까지 가장 창의적인 예술가들의 소재가 되었다. 그리고 공공기관의 거대한 규모는 주위풍경을 압도하였다.

헤드 경에 있어서 공공기관의 압도적인 외관은 권력의 확고한 상징이었고, 기관의 직원과 관리인들에게는 용기를 주었으며, 빈민들에게는 경외심을 불러일으켰다. 빈민들은 자칫 한 걸음만 잘못 가면, 궁핍의 경계를 넘어 빈민구호 대상자로 전락하여 수용시설에 감금될 수 있었다.

> 효율적으로 잘 지어진 시설물의 훌륭한 광경은 이사회에 자신감을 주었다. 그러한 풍경과 매주 전 조합원들의 모임을 통해 그들은 자신들의 직무에 자부심을 느끼곤 하였다. . . 한편 극빈자들은 그것에 대해 투쟁하는 것은 아주 불가능한 것이라고 느꼈을 것이다.
>
> (Longmate 1974: 87에 의해 인용됨)

감옥이나 광인수용소와 마찬가지로 강제노역소에서도 훈육과 규율이 강조되었다. 훈육과 규율은 외적으로는 몸에 대한 통제를 통해서, 그리고 내적으로는 강요된 양심에 의한 도덕성의 개혁을 통해 이루어졌다. 강제노역소에서 하나의 훈육 수단이었던 청결은 육체적인 측면뿐만 아니라 정신적인 측면도 대상으로 했으며, 정교한 상하수도 및 오물처리 시스템, 신선한 공기의 공급에 대한 집착, 자연을 이용한 치료요법, 특히 목욕과 의복의 세탁을 통해 그 목표를 이루려 하였다. 이처럼 청결과 도덕성은 밀접하게 연관되어 있었으므로 계몽적인 정부에서 위생은 매우 중요한 문제로 부각되었다. 위생은 공공기관이 운영하는 시설 안에서는 강제적으로 실행될 수 있었지만 공공 시설 밖에서는 단지 설득에 의존하는 수밖에 없었다. 따라서 수용소 밖에서 생활하는 가난한 사람들이 몸과 옷가지들을 씻을 수 있는 공공시설은 중요한 프로젝트로 부상하였다.

인간의 육체와 나무 · 풀 · 꽃 · 물 · 하늘과 같은 자연의 구성요소들은 사회적 계급과는 무관하게 보편적으로 '주어진 것' 이기에 그것들이 사회적 계급을 뛰어 넘는 방편으로 활용되기를 기대할 수 있다. 그리고 아주 드물게 부정적인 상황이지만 이와 같은 일이 발생하는데, 예를 들면 1830년 콜레라의 창궐은 비록 계급에 따라 피해정도가 다르긴 했어도, 사회적 계급의 경계를 쉽게 넘을 수 있었다. 하지만 일반적으로는 다른 곳에서와 마찬가지로 건물에서도 동일한 계급구분의 법칙들이 적용되었다. 그렇기 때문에 물의 사용을 위해 제공되는 건물유형에 있어서도 신체와 자연은 이중의 의미, 즉 교정reformation이라는 차원과 재창조/레크리에이션recreation이라는 차원을 갖는 것은 당연하다. 일리치Illich(1986)는 우리가 물을 이용하는 목적을 꼼꼼하게 살펴보았다. 마시는 것, 몸과 옷가지를 씻는 것, 싹을 틔우는 것, 그리고 물을 이용한 스포츠와 건강시설 등은 분명히 모든 계급을 아우르는 것이다. 하지만 이런 물의 보편적 이미지들은 이번 장의 주제인 가난한 사람들을 위한 목욕탕이나 세탁장에 있어서는 통제를 위한 수단이 되었고, 스파spa[1]나 엘리트 계층을 위한 최고급 목욕탕에서는 광천수를 마시고 광천수로 목욕하는 상류 계급의 재충전과 눈에 보이는 과시를 은유하기도 하였다.

고대 유럽이나 북부 아프리카 지방에서 행해졌던 열탕 목욕은 고급스러운 시설을 건설하는데 돈이 많이 들고, 온천이 없을 경우에 물을 데우는데 필요한 연료 또한 고가였으므로 부유층들의 독점적 영역이었다. 로마의 전통한증욕은 근동지방과 러시아 그리고 핀란드 등지에서 존속해오다 16세기에 유럽으로 돌아왔다. 터키목욕탕Turkish bath의 후계자로 18세기에 유럽에 나타난 난로 목욕탕stove bath 혹은 터키탕bagnio[2]은 신부르주아 계급과 빈민들이 자발적으로 목욕탕에 오도록 하기 위해서 먼저 방탕한 행위가 이루어지고 배타적이라는 평판을 극복해야만 하였다.

또한 광천수도 유럽에 도입되어 치료를 목적으로 한 스파 개념을 더욱 명확히 하면서 차별화되는 엘리트 전통을 발전시켰다(비록 고대 로마 욕장 자리에 설립한 중세의 일부 목욕

1. 광천수가 나오는 휴양지 또는 휴양시설
2. 고대 이탈리아나 터키에 있던 공중목욕탕을 의미하며, 매춘부들이 상주하기도 하였다.

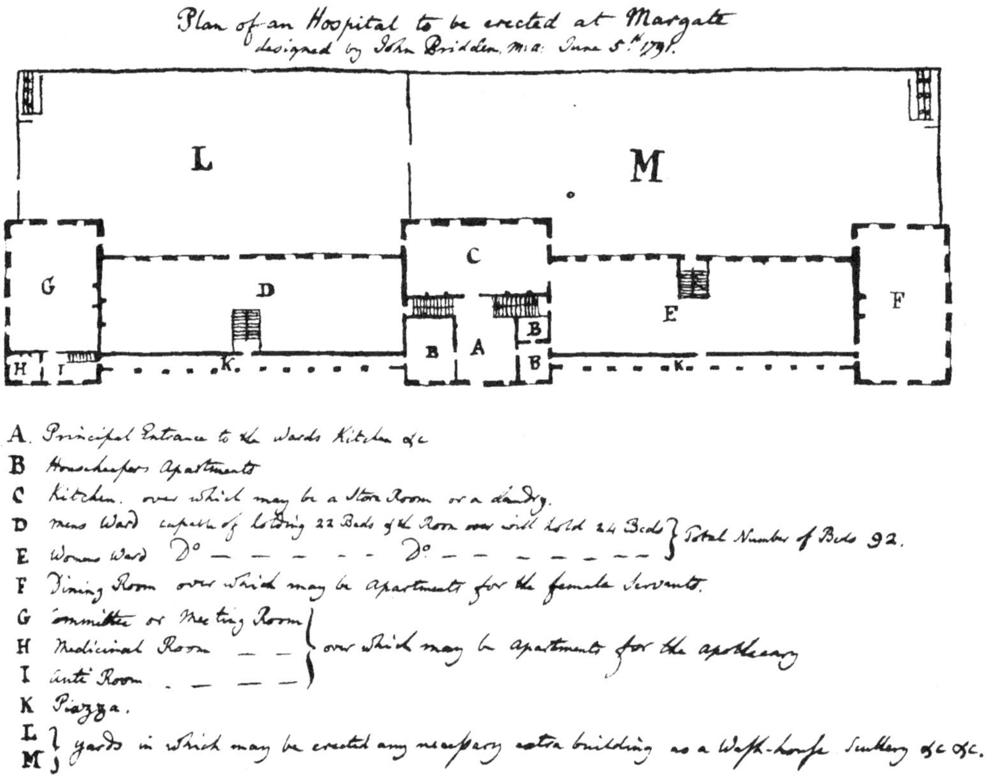

범례
A 입구
B 관리인
C 주방
D 남자 병동
E 여자 병동
F 식당
G 위원회실
H 의료실
I 대기실
K 피아짜
L 남자 마당
M 여자 마당

(a)

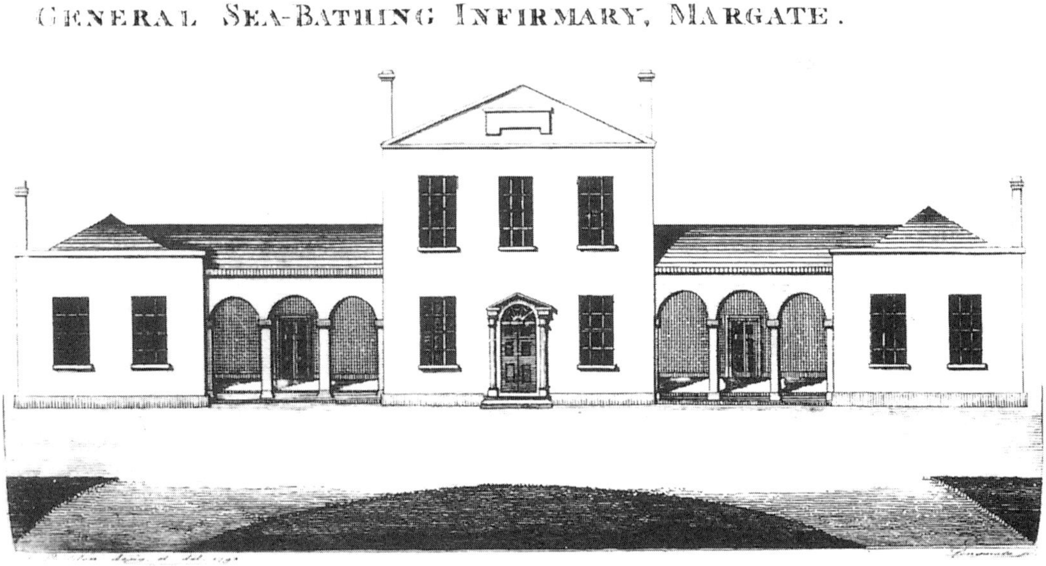

(b)

그림 5.1 마르게이트 해수욕 진료소(1791), 존 프리든의 평면 스케치와 입면도

출처 : 켄트 주위원회, 마르게이트 도서관(평면); *Gentleman's Magazine* (1791) LXVII:Plate oposite p.841, October, 대영도서관(입면도)

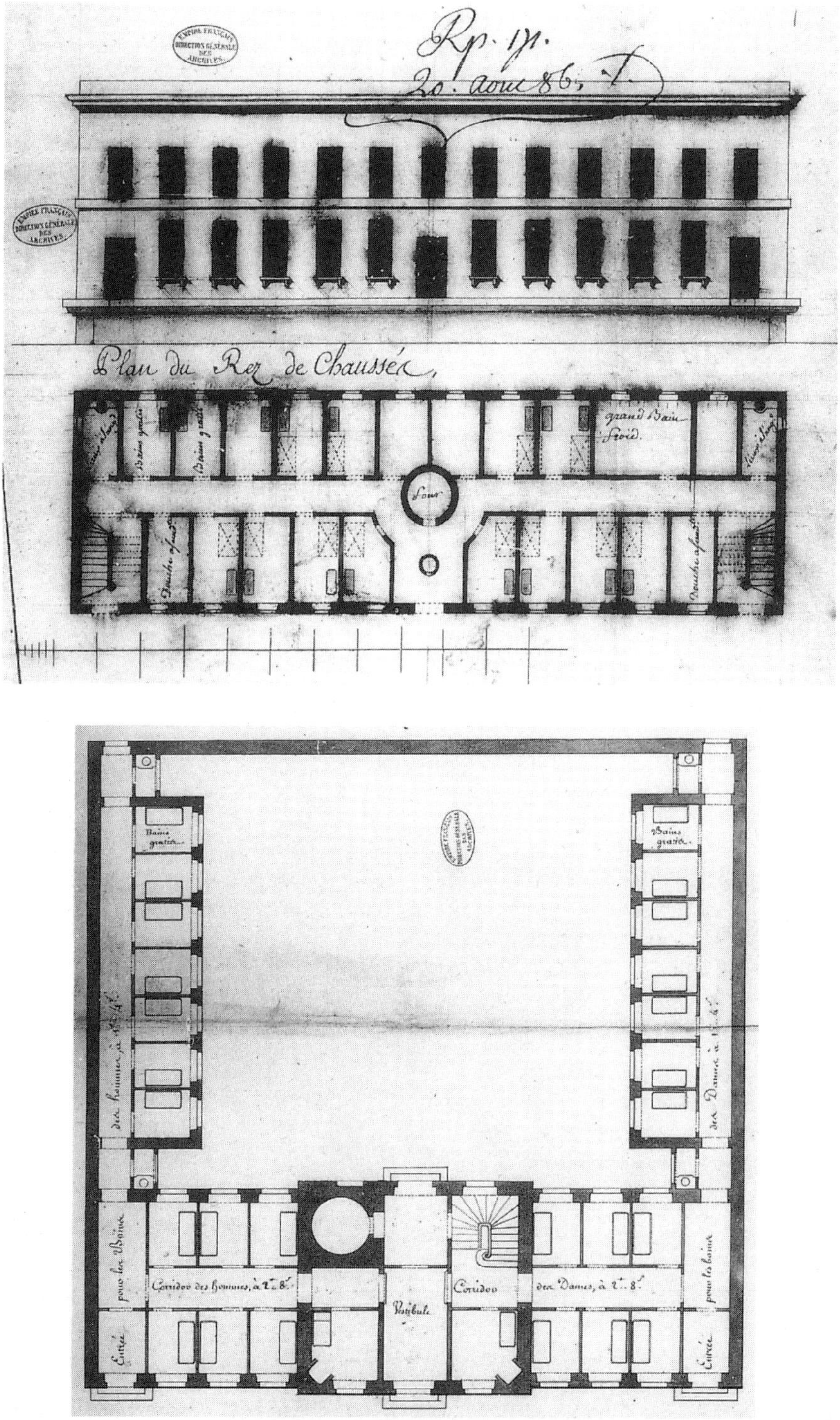

그림 5.2 알베르가 디자인한 베르사유 목욕탕(1789)

출처 : 프랑스 국립 문서보관소, O1 1863과 O1 1838

탕 특히 바스Bath[3]에 있는 목욕탕은 빈민에게 제공되기도 하였지만). 해로게이트Harrogate, 벅스턴Buxton, 스카보로Scarborough와 턴브릿지 웰스Tunbridge Wells, 바스 그리고 유럽 대륙 중앙에 있는 울름Ulm이나 바덴Baden과 같은 지역에서는 17세기까지 이러한 전통이 잘 확립되었다. 일찍이 1562년부터 광천수의 효능에 관한 내용은 수많은 논문들과 소책자의 주제가 되어왔으며(Turner 1562), 이러한 스파 주변에서는 가장무도회 · 무도회 · 경주 · 음주가무 · 도박 등이 주기적으로 행해졌다. 그리고 이러한 행사를 위해 목욕탕 · 호텔 · 집회장 · 펌프실[4] · 전문상점 · 도박실을 비롯한 다양한 클럽 · 음악연주실 · 유개有蓋아케이드와 열주랑과 같은 특별한 건물들이 건설되었다.

광천수 스파는 바닷물과 신선한 냉수에 의해 도전 받았다. 존 플로여 경Sir John Floyer의 『영국에서의 열탕 · 냉탕 · 온탕의 올바른 사용과 남용에 관한 조사An Enquiry into the Right Use and Abuse of the Hot, Cold and Temperate Bath in England』(1697)는 근거가 부족한 엉터리 논문과 종종 비교되었으며 진지한 의학논문의 유형을 정립하게 되었다. 이 논문이 발표된 후 의사들은 환자들이 특별히 건설된 냉탕에서 치료를 받도록 하기 시작하였다. 에든버러에 있는 외과의사와 이발사 양성대학에서는 1697년에 목욕탕을 지었고, 뒤이어 1712년에는 내과의사 양성대학에서도 목욕탕을 건설하였다(Boog Waston, 1979). 의학적 효력이 확실하든 그렇지 않든 간에, 사설 목욕탕들은 이러한 의학적 홍보로부터 득을 보았다. 1722년에 플로여는 베이너드Baynard와 함께 냉수욕이 이미 확고히 자리 잡았음을 보여주고 바닷물이 건강에 좋다는 주장에 의학적 신용을 부여하는 저서를 출간했는데, 이 책은 여러 번 재출간되었을 정도로 큰 영향을 미쳤다. 간혹 일부 해수욕은 기존 온천욕과 접목되기도 하였다. 1720년경 스카보로Scarborough[5]에서는 남녀 모두 치료요법으로 해수욕을 하였다. 남자들은 배를 타고 노를 저어 바다로 나가 알몸으로 목욕을 하였고, 여자들은 해안가 근처에서 천을 걸치고 목욕을 즐겼다. 얼마 지나지 않아 이동 탈의차가 등장하여 이런 남녀의 목욕 방식을 대체하였다.

초기의 몇몇 공공목욕시설들은 위생수단으로 간주되어 병원의 연장기관으로 설치되기도 하였다. 하지만 환자들에게는 사용되지 않았고 외부인들로부터 입장수입을 벌어들이는 수단이 되었다. 1738년에 에든버러 진료소는 공공목욕시설들과 통합되었으며, 맨체스터 진료소는 1779년에 목욕시설과 통합되었다. 그 후 얼마 지나지 않아 빈민들이 이 시설들을 사용하는 것이 허용되었다.

내륙의 스파들이 브라이튼Brighton[6]으로 옮겨가기 시작한 것은 1730년경이며, 이는 귀족계급의 후원으로 이루어졌다. 언제든지 목욕을 할 수 있도록 세 개의 목욕탕은 만조 때 해수를 저장해 두었으며, 목욕탕을 원하는 깊이로 조정하기 위해 높이를 조절할 수 있는 인공 바닥이 설치되었다. 또한 여기에는 '관찰실'이 있어 관람객들이 목욕하는 사람들을 구경할 수도 있었다. 1783년 영국 황태자가 병을 치유하기 위해 이곳에서 해수욕을 시작하면서, 브라이튼의 특권적인 지위는 확고해졌다. 브라이튼은 수도 런던에 버금가는 호화로운 '재창조용(레크리에이션용)recreative' 건축들을 재생산하기 시작하였다. 그랜빌Granville은 만약 바다에 눈길을 주지 않고 바다의 속삭임에 귀 기울이지 않는다면, '당신은 대도시의 번화가 중 한 곳을 걷고 있다는 느낌을 받을 것이며, 브라이튼은 런던 "웨스트엔드west end"[7]의 일부가 바닷가로 옮겨온 것이다' 라고 하였다.(1841:565)

해수욕은 또한 자선사업가들을 자극하기도 하였다. 런던의 내과의사인 존 렛섬John Lettsom이 창안한 마르게이트 해수욕

3. 영국 잉글랜드 서머셋 주의 온천 휴양도시. 1세기부터 로마인들이 온천욕을 즐겼고, 중세기의 색슨인과 노르만 왕조에서도 치료를 위해서 빈민과 나환자들이 바스를 찾았다. 17세기에 왕족들이 온천을 즐긴 후 휴양도시로 알려졌으며, 18세기 초 앤 여왕이 체류한 이후 휴양객이 몰리면서 18세기 중엽에 급속하게 확장되었다.
4. 광천수를 마시는 방
5. 영국 잉글랜드 노스요크셔 주에 있는 도시. 북해 연안에 위치하며, 17세기에 스파가 발견되어 휴양지로 발전하였다.
6. 영국 잉글랜드 이스트서섹스 주의 도시. 영국 해협 연안의 영구 굴지의 해양 휴양도시. 원래는 작은 어촌이었으나 19세기 초 국왕이 별궁인 로얄 파빌리온을 지은 후부터 휴양지로 발전하였다. 런던에 버금가는 화려한 거리와 공원, 박물관 등 각종 시설이 잘 갖추어져 있다.
7. 영국 런던시내의 서쪽, 하이드 파크까지의 고급주택 및 상업지구

진료소The General Margate Sea Bathing Infirmary(현재는 '왕립' 이라는 접두어가 붙는다)는 신선한 공기와 햇빛 그리고 해수 치료법을 대도시 빈민들에게 제공하기 위해 구상되어진 것이었다. 이 계획안의 최종 디자인(Colvin 1954:475-6)은 사실상 매튜스Mathews라는 캔터베리Canterbury의 측량기사에 의해 이루어진 것인데, 1791년 그 지역의 후원자인 존 프리든John Pridden 신부의 스케치(그림5.1)에서 영향을 받았다(Royal Sea Bathing Infirmary 1791-3). 매튜스는 프리든 신부가 제시한 스케치에 따라 중앙에 2층으로 된 입구 건물을 배치하고, 좌우에 피아자(아케이드)가 있는 남녀 병동을 두었으며, 위원회실 · 식당 · 사무실들이 건물의 양 측면 모서리에 직각방향으로 위치하도록 설계하였다.

의료기관의 관리 하에 돈을 내고 입장하는 센강의 목욕시설들 — 일부는 무료로 입장할 수 있었다 — 은 점진적으로 물 위에 지어 진 고전주의 건물들 안에 설립되었다. 이중에서 가장 유명한 곳은 프와트뱅Poitevin(1762)으로, 칸막이를 중심으로 양쪽에 각각 똑같은 목욕통이 있었다.[원주1] 칸막이로 구획된 방과 쌍둥이 목욕통은 알베르M. Albers라는 사람의 요청에 의해 베르사유 궁전(1787)의 왕족들이 사용하는 목욕시설에도 적용되었다. 프와트뱅에는 샤워시설(사선 · 수직 · 수평방향으로 설치되어 있다)과 열탕 · 증기탕 · 공동냉탕 · 중앙 난로 등의 시설이 갖추어져 있었고, 건물 양쪽 끝에 남녀 목욕객의 입구가, 중앙에는 직원들의 입구가 있었다(그림 5.2).

중산층을 위한 유료 목욕시설은 유럽전역에 빠른 속도로 전파되기 시작하였다. 센강에는 목욕과 수영을 같이 할 수 있는 수상 목욕시설이 생겨났고(Deux Siècles. . .Paris, 1984), 1800년 글래스고에는 남자 · 여자 · 소년 · 소녀를 위한 별도의 담수 수영장과 '스트레칭' 목욕 시설들[8]이 건립되었다(Cleland 1816:405-6). 1804년에 빈에는 디아나Diana라는 실외목욕탕이 건립되었고 때때로 목욕시설에 신문을 읽는 방이나 도서관이 포함되기도 하였다. 18세기 후반 글래스고 지역의 대표적인 건축가인 데이비드 해밀턴David Hamilton의 스케치북에는 두 가지 계획이 있었는데, 하나는 다과실과 담화실 그리고 익사당할 뻔한 사람들(추측컨대 욕탕으로부터 끄집어낸 사람들은 아닐 것이다)을 수용하는 방으로 구성된 것이고, 다른 하나는 냉탕과 온탕이 있고, 중앙에 돔 형태로 된 음악실 겸 담화실로 구성된 것이다. 이러한 계획들과 함께 첨부된 로마 욕장 스케치를 통해서, 우리의 마음속에는 정화 · 사회교류 · 예술 · 여가활동 등이 하나의 고전적인 전원풍경과 결합되는 순수한 이상향에 대한 향수가 잠재되어 있음을 알 수 있다. 하지만 이러한 순수한 희망은 도시의 불결한 현실에 의해 곧 산산이 부서져 버렸다.

극빈자들이 목욕시설을 사용하기 직전, 짧은 기간동안 장인들을 위한 욕탕들이 중산층 목욕시설에 추가되었다. 이들 장인용 욕탕들은 요금에 따라 두 계급 혹은 세 계급으로 신중하게 공간구획이 이루어져 있었다. 19세기 첫 10년 간 온탕 · 냉탕 · 증기탕 · 개인 샤워실에 더해서 개인 탈의실이나 공용 탈의실로 둘러싸인 '대욕탕Plunge bath' 이 등장하였다. 이것은 물 속으로 연결되는 계단이 있는 일종의 커다란 풀이었는데 종종 로마식 열주랑이 욕탕 주위에 둘러져 있었다. '물에 풍덩 몸을 담그는 것plunging' 은 '물속에서 몸을 쭉 뻗는 것stretching' 보다 한 단계 앞선 것이었고 '수영swimming' 으로 한 단계 전진한 것을 의미하였다. 따라서 이 대욕탕은 애매모호한 성격을 내포하고 있었다. 즉, 이 욕탕의 본래 용도는 몸을 깨끗이 하는 것인데, 사람들은 비록 욕탕의 크기와 깊이가 수영을 하기에 충분하지는 않았지만 거기에서 수영을 하곤 하였던 것이다.

원주1. 이 시설은 파리에 위치한 카르나발레 박물관Musee Carnavalet에 보관되어 있는 '1761년 센강변에 정착한 가발제조업자, 욕객, 욕탕주인 그리고 프와트뱅의 욕탕' (item Topo. 9c)이라는 판화에 표현되어 있다. 센강변 및 그 외의 파리에 위치한 목욕탕에 관한 역사는 1984년 파리 시청예술활동위원회와 청년스포츠 국이 주최한 '파리 스포츠건축 200년 : 수영장, 체육관. . .' 전시카탈로그에 기록되어 있다.

8. 스트레칭stretching, 즉 몸을 쭉 펼 수 있을 만큼 욕탕의 규모가 커진 목욕시설을 의미한다. 최초의 목욕시설은 몸을 웅크리고 들어가야 할 만큼 비좁았으나 스트레칭 욕탕을 거쳐, 여러 명이 동시에 탕 속에 들어갈 수 있을 만큼 더 커진 대욕탕plunge bath으로 발전하고 궁극적으로 수영장으로 발전한다.

성별에 따라 이용자들을 구분하기 위한 실용적인 격리 대책으로써 입구를 분리하는 것을 포함하여 다양한 방안들이 고안되었다. 대욕탕은 주로 남성을 위한 것이었으며 간혹 남성과 여성을 위한 대욕탕을 각각 설치할 경우에는 의도적으로 남성용 대욕탕을 더 크게 만들었다. 단순하고 고전주의적 입면으로 설계된 런던의 한 터키탕은 중앙에 남성을 위한 입구를 두었으며, 측면에 작은 입구와 경사진 입구를 두었는데 하나는 여성을 위한 것이었고 다른 하나는 말을 위한 것이었다(Goodman 1982:12-14).

장인들이 목욕시설들을 이용하기 시작하자 하인들을 데리고 있지 않는 그들은 옷을 욕탕에서 세탁하는 일이 증가하였다. 이로 인해 세탁실 · 물통 · 다림질방이 등장하기 시작하였다. 영국 최초로 두 계층을 위한 목욕시설과 전문화된 세탁시설들이 등장한 곳은 리버풀이었다. 리버풀의 조지 부두George's Dock에 있는 피어헤드 목욕탕Pier Head Baths(1826-9)은 매우 새로운 프로젝트이었다(그림5.3). 이 계획은 런던시의 측량기사였던 존 포스터John Foster 2세에 의해 디자인되었는데, 평면에 있어 상당히 애매모호한 점들이 있었다. 건물의 뒤쪽인 강 쪽으로는 깊이가 얕은 포치[9]가 형성되어 있었고 건조실로 접근이 가능한 입구가 중앙에 위치하고 있었다. 강 반대쪽에는 엔진실과 직원전용 출입구가 있었는데 여기서도 건조실로 접근할 수 있었다. 1856년에 포치는 위원회실로, 건조실은 세탁실로 바뀌었는데 아마 원래 의도가 그러했던 것 같다. 서비스용 출입구와 일반인용 출입구는 앞쪽에(육지 쪽) 위치하였는데 담장으로 둘러싸인 안마당과 연결되어 있었다. 그리고 이 안마당에는 타고남은 재들을 회수하거나 연료를 나르기 위한 말이나 마차들이 드나들 수 있도록 충분히 큰 입구가 마련되어 있었다. 측면의 남녀 출입구를 통해 온탕을 갖춘 스위트룸들로 접근이 가능하였고, 탈의실 · 개인 냉탕 · 대기실을 갖춘 대욕탕으로도 접근할 수 있었다. 남성용 대욕탕은 여성용보다 컸으며, 원래 두 곳 모두 천장이 없는 옥외시설이었다. 남성용 대욕탕에는 커다란 '젠틀맨 계급용' 탈의실이 있었는데 여기에는 벽난로가 있어 아홉 개의 작은 일반 '탈의실'과 구별되었다. 여성용 대욕탕은 벽난로가 설치되어 있는 세 개의 대형 탈의실과 두 개의 개인 냉탕으로 구성되어 있었다.

다른 도시들도 보조를 맞춰갔다. 1830년 버밍엄에 남녀 모두 이용가능하고 '물에 몸을 담그고 즐길' 수 있는 10개의 욕탕을 갖춘 복합시설이 레이디웰Lady-Well에 있었다.[원주2] 이곳에는 열탕 · 냉탕 · 한증탕뿐만 아니라 정원에는 의료용 수영장이 아닌 매우 이른 시기의 오락용 실외 수영장이 이미 있었다.

리버풀의 목욕탕들은 콜레라가 창궐하기 3년 전에 완성되었다. 1831년에 콜레라가 선더랜드Sunderland에서 발생한 후 수개월만인 1832년에는 리버풀과 대부분의 랭커셔와 요크셔 지방에 콜레라가 번졌다. 23만의 인구가 있던 리버풀에서는 5,000명이 전염되었고, 항구를 떠나 선상에 있던 사람들을 제외하고 1,500명이 사망하였다. 콜레라만큼이나 광폭하고 치명적인 발진티푸스('열병')는 그 이전에 이미 발생하였었고 결핵과 함께 당시에 가장 오랫동안 지속된 질병이었다. 이러한 연유로 이 질병들은 너무나 '정상적인 것'으로 간주되어 정부는 특별한 대책을 마련하지 않고 있었다. 그러던 중 새로운 질병인 콜레라가 갑자기 출현한 것이엇다. 이에 따라 정부는 1839년 그 당시 「구빈법위원회」서기였던 채드윅[10]으로 하여금 위생조사를 착수하게 하게 하였고 그의 모범적인 보고서(1842)는 엄청난 파장을 가져왔다. 주택 · 공공보건 · 질

9. 기둥으로 받쳐진 지붕이 있는 현관

원주2. 17열의 탈의실을 갖춘 1770년대에 세워진 수영장은 비클리Bickley의 1780년 지도에 이미 나타난다.(버밍엄 공공도서관, 기록보관소, item 383069) 셰리프Sherriff의 1808년 지도에는 '오락 욕탕pleasure bath'이 표시되어 있다(item MS919). 18세기말에 간행되고 7개의 욕탕이 묘사된 윌리엄 허튼William Hutton의 『버밍햄의 역사An History of Birmingham』는 다양한 작가들에 의해 인용된다. 윌리엄 웨스트William West의 『워위크셔의 역사, 지형학 그리고 인명록The history, topography and directory of Warwickshire etc』이란 출판물 속에는 10개의 목욕탕이 기술되어 있다.

10. 1832년부터 구빈법위원회의 서기로 활동하여 1834년 신구빈법(1834)의 기초가 된 보고서를 작성하는데 큰 역할을 담당하였다. 4장을 참고하라.

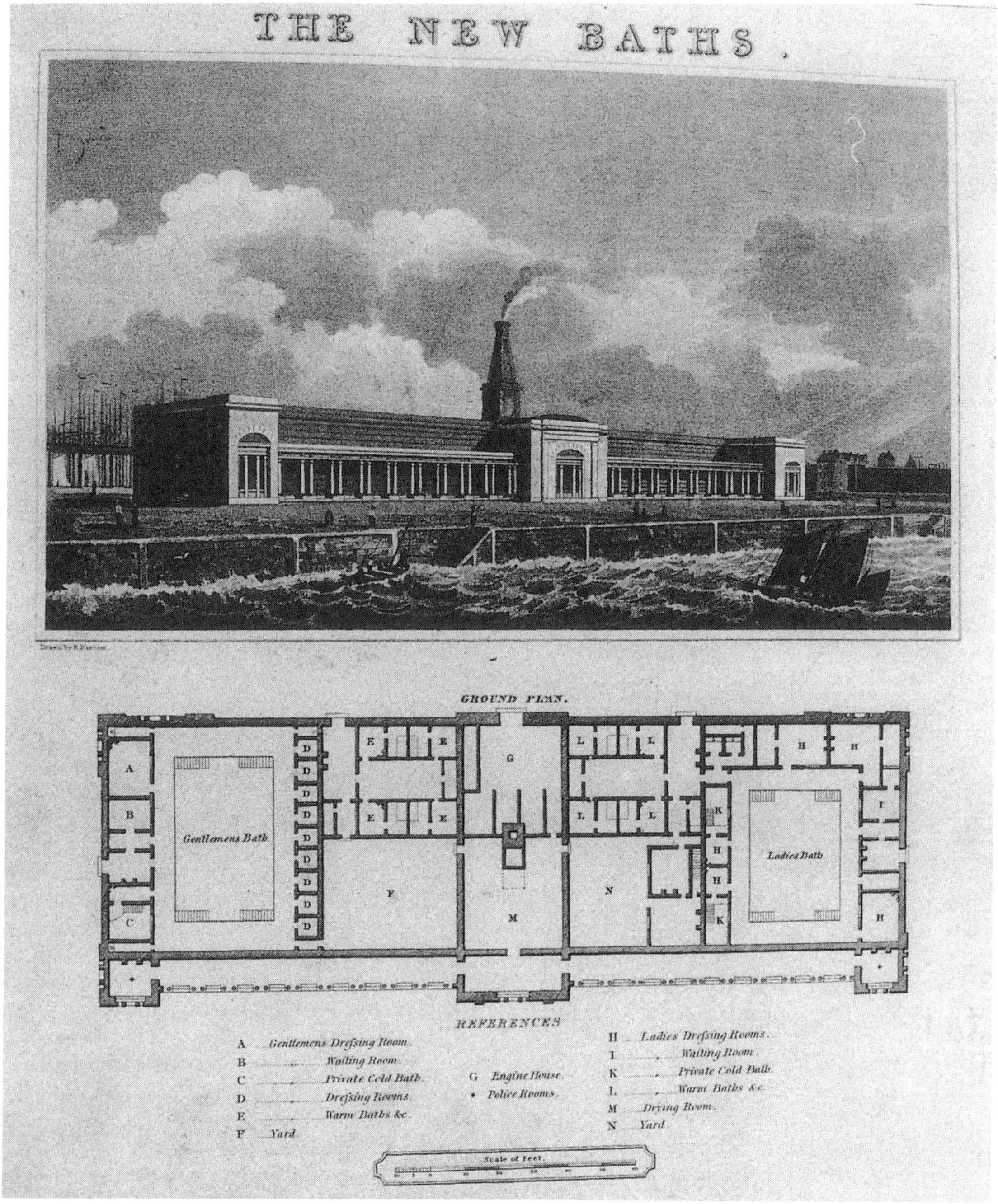

그림 5.3 피어헤드 목욕탕, 조지 부두, 리버풀(1826–9)

출처 : Gore and Son, Castle Street, Liverpool(연대미상)에서 발간한 도판, 아마도 *Gore's General Advertiser*인 듯함, Brown, Picton and Hornby Library, Liverpool Record Office, Liverpool Libraries and Arts

병 · 빈곤 · 도시위생에 관한 통계학적 조사는 철두철미하고 강력하게 이루어졌고 이는 1848년의 공중보건법Public Health Act과 그 이후의 각종 법률제정과 조사로 이어졌다. 물론 그 이전에도 법률을 제정하려는 시도는 있었다. 예를 들면 18세기 후반부터 지역보건위원회들은 맨체스터에서 1795-6년에 발생한 유행성 발진티푸스나 1831-2년에 최초로 발생한 콜레라와 같이 치명적인 질병들이 발생한 기간동안 본격적으로 입법활동을 벌였고, 채드윅 이전의 법률제정은 지역경찰조례와 도로포장조례 또는 조명조례에 의해 이루어졌다. 또한 주택이나 공중위생을 규제하기 위하여 건축조례가 제정되었다. 런던시의 1774년 조례는 다른 많은 법률에 영향을 미쳤다. 예를 들면, 1825년, 1839년, 1842년, 마지막으로 1846년의 조례를 통하여 리버풀 시는 영국 최초의 공중보건 공무원을 임용하였다.

콜레라가 발생하면서 목욕탕과 세탁장은 공중위생의 쟁점이 되었다. 가난한 사람들을 위한 목욕탕과 세탁장을 설립하려는 실크Silk의 1835년 법안은 중도에 단념되었지만, 이러한 움직임은 「노동계급을 위한 목욕탕 및 세탁장 설립위원회」(1844)에 의해 소생되었고 이는 1845년 이스트 스미스필드East Smithfield[11]의 글래스하우스Glasshouse 스트리트에 실험적인 목욕탕 및 세탁장을 짓게 되는 계기가 되었다. 첫 해에는 이 시설을 35,000명이 목욕을 위해 사용하였으며 49,000명이 세탁과 다림질을 위해 사용하였다. 1846년의 공중목욕탕과 세탁장에 관한 조례는 이 위원회가 발기한 것이다. 이 조례가 규정되기 이전에 위원회는 이미 두 번째 실험적인 시설물을 런던의 유스톤Euston 광장에 건설하였다. 이 시설과 글래스하우스 스트리트의 실험적인 목욕탕 및 세탁장은 둘 다 칸막이로 구획된 욕실들을 구비하였고 옷의 세탁과 건조를 위한 공간과 장비들이 갖추어진 화려하지도 크지도 않은 소박한 시설이었다.

| 11. 런던의 지명

그러나 리버풀에서는 런던에서 이러한 위원회가 활동을 시작하기 전에 이미 목욕탕과 세탁장이 지어지고 있었다. 가난한 사람들을 위해 프레데릭Frederick 스트리트에 지어진 공중목욕탕 및 세탁장(1842)은 리버풀에 지어진 최초의 것이었을 뿐 아니라 영국에서도 처음이었다(Report. . .Wash-house 1925). 그 평면(그림 5.4)은 완벽하지는 않지만 새로운 유형이었다. 주출입구를 통해 계단 · 대기실 · 응접실 · 두 개의 개인욕실(상류층용)로 접근이 가능하고, 현존하는 2층 도면이 없어 정확하지는 않지만 아마도 관리인의 아파트로도 접근할 수 있었던 것으로 추측된다. 응접실은 내부 복도로 접근이 가능한 두 개의 문과 안마당과 연결되는 하나의 문 그리고 외부로 향한 두 개의 창문으로 구성되어 있으며, 경리실로도 겸용이 가능하다. 대기실은 안마당 쪽으로 개방되어 있고 또한 두 개의 개인욕실 방향으로 통해 있다. 주출입구보다 조금 더 간결하고 안마당에 위치한 부출입구를 통해 여덟 개의 칸막이 욕실(하류층용)로 접근이 가능하고 계단을 통해 2층의 목욕탕 — 동일한 크기의 여덟 개 칸막이 욕실이나 개인욕실로 구성됨 — 과 도서관으로 접근할 수 있다. 안마당에는 옥외화장실 · 보일러실 · 재 떨어지는 구덩이와 석탄실 그리고 목욕탕 아래에 있는 지하 세탁실과 건조실(뜨거운 공기 흡입관이 있는)로 연결되는 계단이 있으며 '병균으로 오염된 옷들을 위한' 세탁실이 있다. 2층의 시설들이 서로 어떻게 연결되어 있는지는 어림짐작으로 추측할 수밖에 없지만, 아마도 도서관은 양쪽 계단을 통해 접근이 가능하였을 것이다.

이 시설이 문을 연 지 불과 다섯 달 만에 시 보건위원회 소속 분과위원회는 이 건물의 결점들을 찾아내었다(Report. . .Wash-house 1925: 4). 건물의 규모가 너무 작고, 욕실은 일조와 통풍을 위해 양쪽에 창문이 있어야 했고, 세탁실은 지하에 있으면 안 되고 옷을 건조하기 위해 일조와 통풍이 가능한 탁 트인 안마당 쪽으로 개방되어야 하였다는 것이다. 그 가운데 가장 중요한 점은 미래에는 목욕실이 지상층에 있어야 하고 '남녀 모두 하루 중 아무 때나 목욕할 수 있도록 공간이 중앙을 중심으로 둘로' 나뉘어야 한다는 의견이다. 다시 말하면, 이 최초

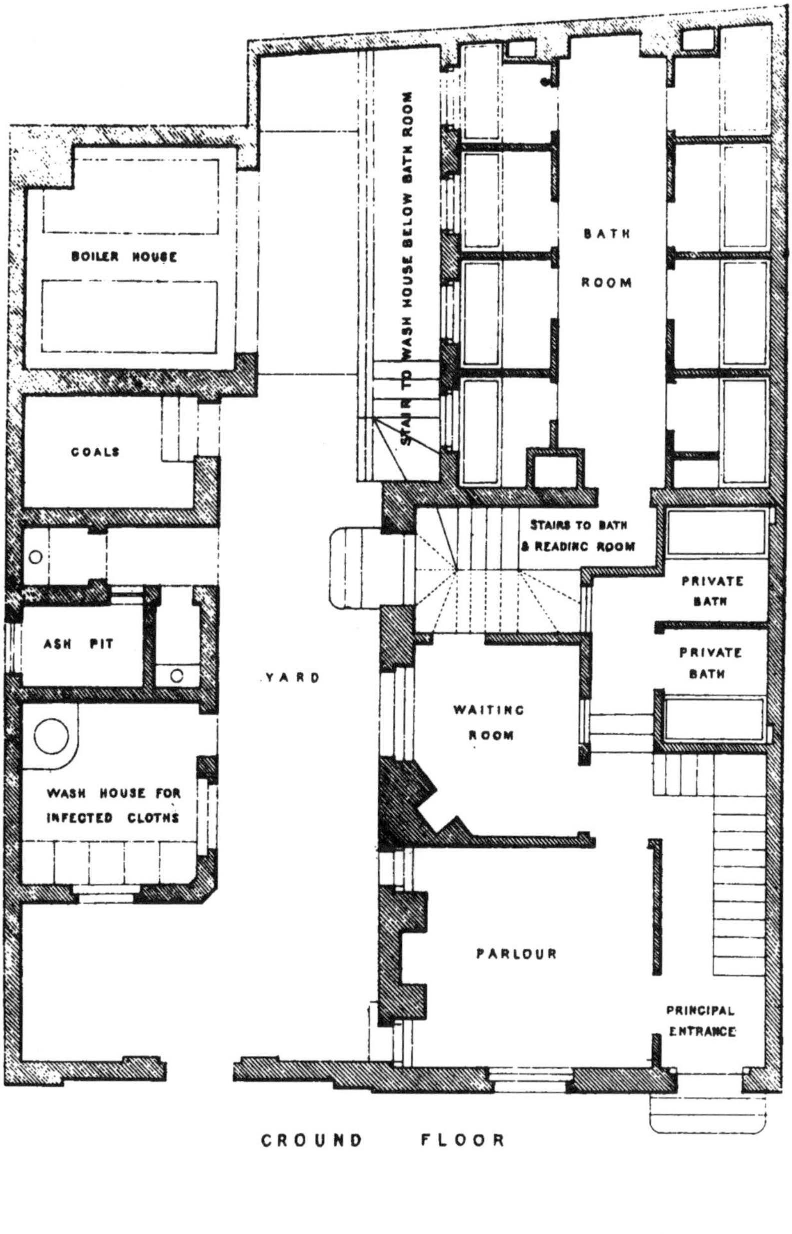

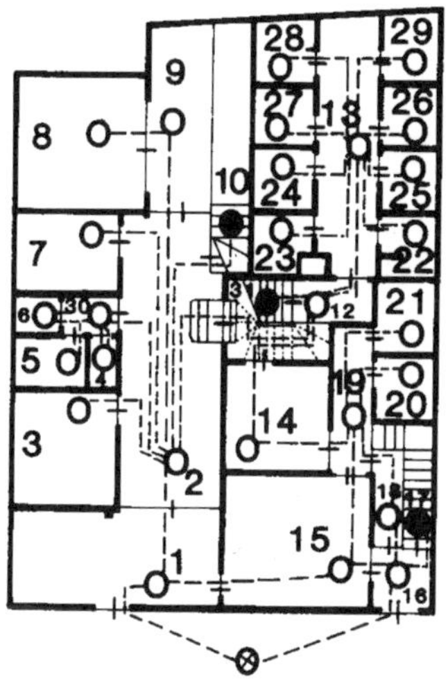

범례
1 마당
2 마당
3 세탁장
4 옥외화장실
5 재 구덩이
6 옥외화장실
7 석탄저장고
8 보일러실
9 마당
10 지하 세탁장으로 향하는 계단
12 상부의 욕실과 독서실로 향하는 계단
13 욕실
14 대기실
15 응접실
16 주출입구
17 2층으로 올라가는 계단
18 통로
19 통로
20 개인욕실
21 개인욕실
22 칸막이 욕실
23 칸막이 욕실
24 칸막이 욕실
25 칸막이 욕실
26 칸막이 욕실
27 칸막이 욕실
28 칸막이 욕실
29 칸막이 욕실
30 로비
31 상부의 욕실과 독서실로 향하는 계단

그림 5.4 프레데릭 스트리트 목욕탕 및 세탁장, 리버풀(1842), 1층 평면도와 공간연결도
출처 : *Report. . . Wash-house*(1925)와 저자 작성

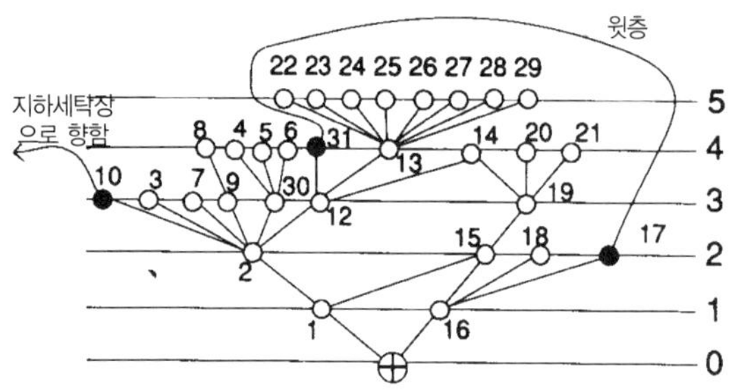

그림 5.5 프레데릭 스트리트 목욕탕 및 세탁장, 리버풀(1842), 공간구조도
출처 : 저자 작성

의 목욕탕은 상류층 개인욕실이나 하류층 욕실이 모두 남녀공동으로 사용되었고, 공간의 분할을 통한 남녀분리가 아닌 시간의 분배를 통한 남녀분리였다는 것을 알 수 있다.

공간구조(그림 5.5)는 처음부터 두 갈래로 나뉜다. 한 쪽은 관리인 숙소와 개인욕실(상류층용)로 구성되어 있고, 다른 쪽은 하류층용 욕실 · 서비스실 · 세탁과 건조 공간 · 옥외화장실로 구성되어 있다. 그리고 아마도 양쪽 모두 독서실을 포함하고 있는 것으로 추측되고, 옥외화장실은 두 계층 사람들이 함께 공유하며 모두 접근이 가능하다. 이와 같이 두 갈래로 분리된 공간구성체계는 불결한 것으로 인식되는 것 — 더럽혀진 옷 · 병균으로 오염된 옷 · 화장실과 더러운 신체(하류층용 목욕탕) — 과 청결한 것으로 인식되는 것 — 관리자와 깨끗한 신체(상류층용 목욕탕) 그리고 아마도 독서 — 으로 나뉘어 진 것이다. 이 두 갈래는 관리자 영역과 방문자 영역의 한 부분씩을 형성하는 공간 14(대기실)와 공간 15(응접실)에서 서로 연결된다. 공간구조도 상에서 깊은 곳에 위치한 공간들은 신체와 옷을 깨끗이 해주는 기계장치들이 있는 곳, 즉 목욕탕 · 화장실 · 오염된 옷을 위한 세탁장 등이다.

남성/여성, 상류계급/하류계급 그리고 청결/불결과 같은 양극성은 1846년 조례 이후 영속하는 주요 특징들이 되었다. 이 조례 하에 1847년에는 최초의 교구敎區 목욕탕들이 세인트 마틴인더필즈St-Martin-in-the-Fields의 오렌지Orange 스트리트에 지어졌다. 5년 이내에 런던에는 일곱 개의 목욕시설이 지어졌는데 이것들은 소멸되었거나 아니면 대대적으로 재건축되었다. 바인렙Weinreb과 히버트Hibbert(1983: 624-5)는 잔존하는 목욕시설의 목록을 작성하였다. 1851년까지 약 25개 도시에 최소 한 개 또는 그 이상의 목욕시설이 생겼다(Builder 1851: 834). 「노동계급을 위한 목욕탕 및 세탁장 설립위원회」는 1847년 화이트채플Whitechapel의 고울스턴 광장Goulston square에 위원회가 운영하는 대규모 시범 목욕탕(그림 5.6)을 개관하였다. 베일리P.P Baly가 설계한 이 시설은 1846년 조례로 지어진 첫 번째 목욕시설이었다. 네 개의 출입구를 설치하여 성별과 계층에 따른 구별을 실현하였다. 중앙에 위치한 한 쌍의 입구는 남성을 위한 것이며 각각 1급 남성과 2급 남성이 사용한다. 남자들은 이 한 쌍의 중앙입구를 통해 우선 공동 로비로 진입한 후 분리되어 있는 각 계급의 해당 영역으로 들어간다. 측면의 입구는 여성용인데 왼쪽 입구는 2급 여성이, 오른쪽은 1급 여성이 사용한다. 대욕탕은 남성만을 위한 것으로 정면에 따로 독립된 입구가 있으며, 세탁장의 입구는 건물 뒤편에 위치하고 있다.

입구 위치에 대한 의미는 위치적 '우월성'(정면/측면/후면, 중앙/가장자리)에 따라 그림 5.8과 같이 분석되어 진다. 등급별 분류는 성별(남성/여성), 경제적 계급(1급/2급), 그리고 기능별(목욕/운동과 여가활동/옷 세탁)로 구분된다. 1급과 2급의 남자들이 목욕하는 행위가 동일계급의 여자들이 목욕하는 행위보다 우위를 차지한 것은 분명하다. 왜냐하면 특정한 계급에 속하지 않은 남자들이 사용하는 대욕탕의 위치가 1급과 2급 여자들의 욕탕의 위치와 동등하고, 더군다나 여자들의 영역인 옷 세탁을 하는 곳은 가장 좋지 않은 위치를 차지하기 때문이다.

1846년 조례에서는 옥외 목욕시설을 비롯한 모든 종류의 목욕시설과 세탁시설에 대하여 최대한으로 강한 규정을 적용하였지만, 이상하게도 대욕탕은 제외되어 있었다. 이 조례는 노동계급을 위한 목욕시설로 '상류계층' 목욕시설의 2배수를 두도록 규정하였으며, 1847년의 수정 조례는 세탁시설들에도 같은 비율을 적용하였다.

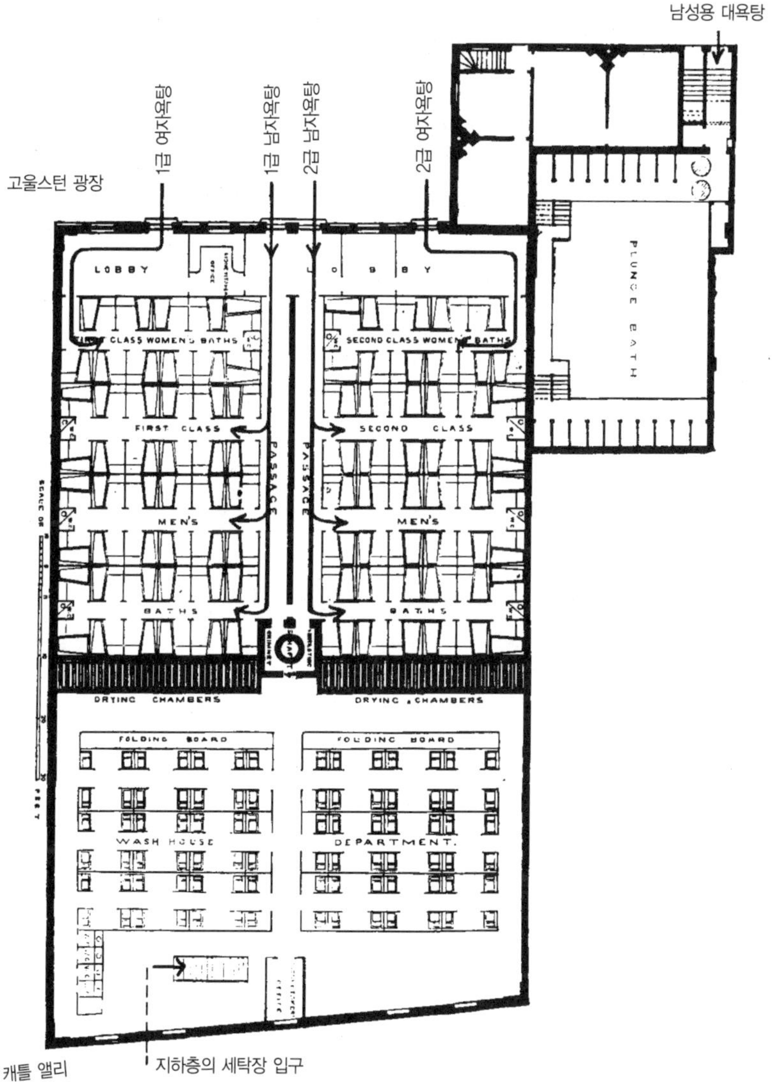

그림 5.6 베일리의 시범 목욕탕, 고울스턴 광장, 하이트채플(1847), 평면
출처 : Baly(1852), 영국건축도서관

모든 큰 도시에서처럼 리버풀에서도 목욕시설에 비해 이용자가 훨씬 많아 1851년에 콘월리스Cornwallis 스트리트에 두 번째 목욕탕이 문을 열었다. 1854년에는 프레더릭 스트리트의 시설이 재건축되었는데 이제 오로지 세탁장으로만 이용되었다.

법률이 제정되면, 바로 이어서 소수의 건축가들이 프로젝트를 독점적으로 수주하고, 표준설계교본을 만들어내는 경향이 나타났다. 이러한 것은 지금까지 우리가 다른 건물 유형에서도 여러 번 보아 온 아주 익숙한 패턴이다. 목욕시설에 있어서는 애쉬피텔Ashpitel과 휘치코드Whichcord(1851)가

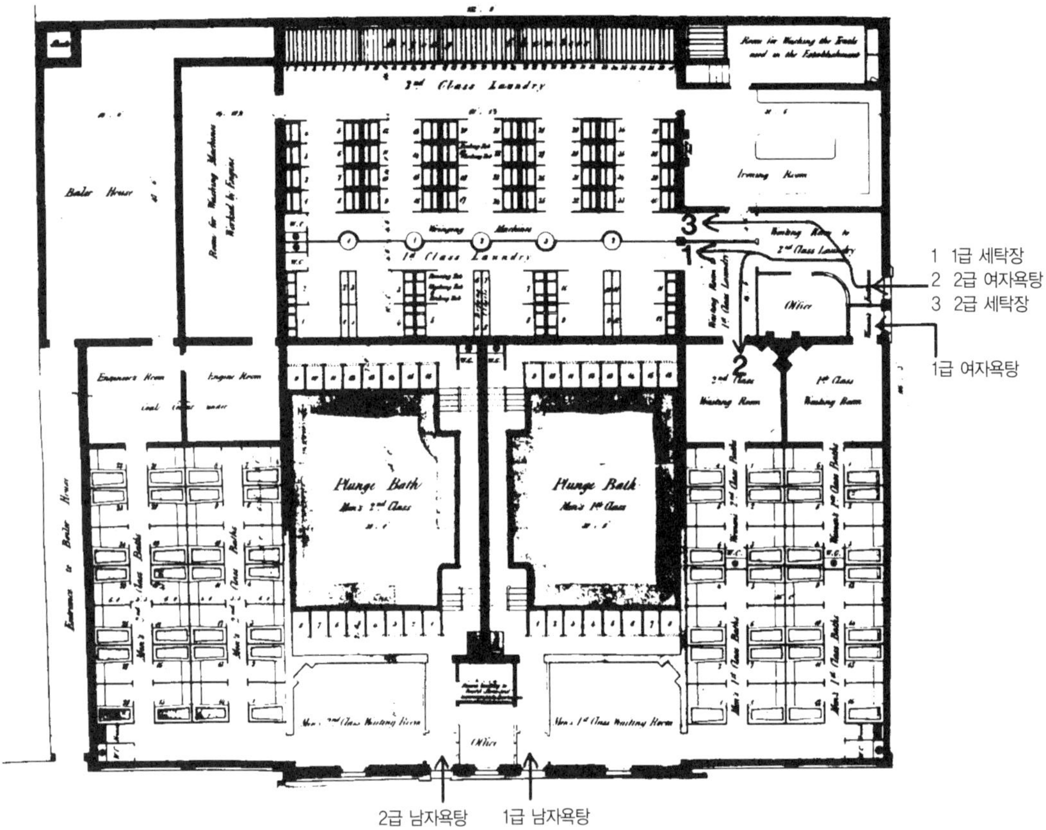

그림 5.7 베일리의 대도시를 위한 시범 목욕탕 및 세탁장(1852)
출처 : Baly(1852), 영국건축도서관

가장 먼저 이런 패턴을 따랐고, 이들의 뒤를 이어 베일리(1852)도 신속하게 시범 평면을 만들어 내었다. 베일리의 대도시를 위한 시범 목욕탕 및 세탁장 계획은 모든 기능 — 남자욕탕 · 여자욕탕 · 남성용 대욕탕 · 세탁장 — 에 1급과 2급의 구분이 존재하였다(그림 5.7). 예를 들어 2급 세탁장에만 건조용 선반들과 다림질방을 갖추고 있었다. 훨씬 호화스러운 1급 세탁장은 가정에 충분한 건조 시설과 다림질 시설이 구비되어 있었던 여성들이나 그들의 하인들을 위한 시설이었다. 남자는 정면 출입구를 이용하였으며 여자는 측면 입구를 사용하였는데, 이는 앞에서 여러번 보아 온 방식으로, 성별이 경제적 계급보다 우위를 차지한다는 계급형태학의 원리에 따른 것이다.

애쉬피텔과 휘치코드가 설계한 빌스턴Bilston 목욕탕 및 세탁장(Builder 1852: 597)에는 '수영용' 욕탕이 있는데, 이는 전형적인 남성용 대욕탕보다 훨씬 크다. 이러한 의미심장한 명칭의 변화는 애쉬피텔과 휘치코드의 교본(1853)에도 계속 나타난다. 교본에 수록된 한 계획안에서는 1급과 2급의 남자만을 위한 커다란 수영장이 있고, 여자들을 위한 수영장은 없었다. 그러나 남녀 모두 별도의 조그마한 대욕탕이 있다. 다른 계획안에서는 남자들이 세 등급(젠틀맨 계급 · 1급 · 2급)으로 나뉘어 지지만, 로마 공화정 정신에 부응하여 수영용 욕탕은 공유한다. 반면에 여자들은 계급의 세분화도 없을 뿐더러 여자들을 위한 수영용 욕탕도 존재하지 않는다. 단지 여자들이 사용하는 세탁장 출입구가 측면에 있을 뿐이다.

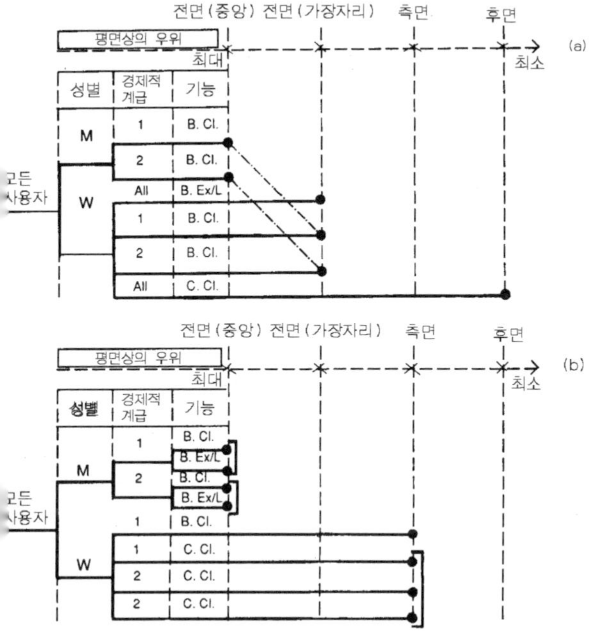

범례
M = 남자
W = 여자
1 = 1급
2 = 2급
B. Cl = 목욕
B. Ex/L = 운동/여가활동
C.Cl = 의복 세정(세탁 · 건조 · 다림질)
— · — · 공간적 인접성

그림 5.8 고울스턴 광장의 목욕탕 및 세탁소의 우월성 체계도(a), 베일리의 '대도시'를 위한 시범 목욕탕 및 세탁소의 우월성 체계도(b)
출처 : 저자작성

해밀턴의 스케치북들을 연상시키는 하나의 도판에는 두 개의 시범목욕탕이 디오클레티안Diocletian 욕장과 폼페이Pompeii 욕장과 함께 표현되어 있다. 두 시범목욕탕 계획 중 큰 시설은 두 개의 커다란 남성용 수영용 욕탕과 1급 여자를 위한 작은 대욕탕으로 구성되어 있다.

공간구조나 출입구의 위치(그림 5.8) 그리고 외형적 이미지는 많은 의미를 담고 있다. 첫째, 성은 경제적 계급과 기능보다 우위를 차지한다. 둘째, 입욕의 양태는 위생만을 위한 목욕으로부터 스트레칭하거나 물에 몸을 완전히 담그는 행위를 거쳐 마침내 자유롭게 수영할 수 있는 형태로 확대되었고, 이런 행위를 위한 시설을 공급함에 있어, 우선순위에 있어서나 규모에 있어서 언제나 우선권은 남자에게 주어진다. 셋째, 여자들을 경제적 계급이나 기능에 따라 분류하는 것은 남자들을 분류하는 것보다 덜 분명하다. 이것은 여자들이 내부의 차별성이 떨어지는 일반적인 범주에 속한다는 것을 의미한다.

베일리의 '작업 중인 여자들'이란 그림(그림 5.9)에는 고도로 기계화된 세탁실과 건조실에서 일하고 있는 둥근 어깨선과 거의 꼽추에 가까운 외모를 가진 네 명의 여자를 볼 수 있는데, 이는 그의 우화적인 표지그림(그림 5.10)에 나오는 분수 주위에서 불쌍한 남자에게 물을 먹이며, 항아리에 물을 채우고 아이들을 씻기는 젊은 여인들의 모습과는 현저하게 대비된다. 여기에는 이 그림이 나타내고자 한 청결성을 오염시키는 한 점의 세탁물이나 한 명의 씻지 않은 지저분한 성인 — 목욕탕이나 세탁실의 주요 대상 — 도 표현되지 않았는데, 이는 노동에 종사하는 여자들이 고립되고 억압되어 있다는 점은 우화적으로 나타낸 것이다. 물의 요정은 자유로운 사회집단에나 존재하는 것이다.

건축물은 그 자체가 바로 은유이다. 불결함이 범죄와 동일시되었기에 몸과 옷을 씻는 장소는 도덕적이고 품위가 있는 예절바른 장소를 의미한다. 공간이나 입구의 분리는 규칙이 존재함을 암시한다. 출입구들은 계급과 성에 따라 분리되며 각각 격리된 욕실들과 칸막이로 구획된 세탁실들로 연결된다. 의회는 세탁장이 다음과 같이 되는 것을 우려하였다.

> 세탁장은 여자들을 집으로부터 벗어나게 하여 아이들 돌보는 일과 가사일에 게을러지도록 하며, 또한 좋은 사람과 나쁜 사람 할 것 없이 다수의 여자들이 모이게 되면 최악의 경우가 아니더라도 수다와 잡담으로 이어지게 될 것이다.
>
> (Goodman 1982에 의해 인용됨)

따라서 가정집의 세탁실은 좋은 본보기가 되었다. 공동세탁장에서 칸막이로 구획된 세탁실에서는 '모든 여자들이 완

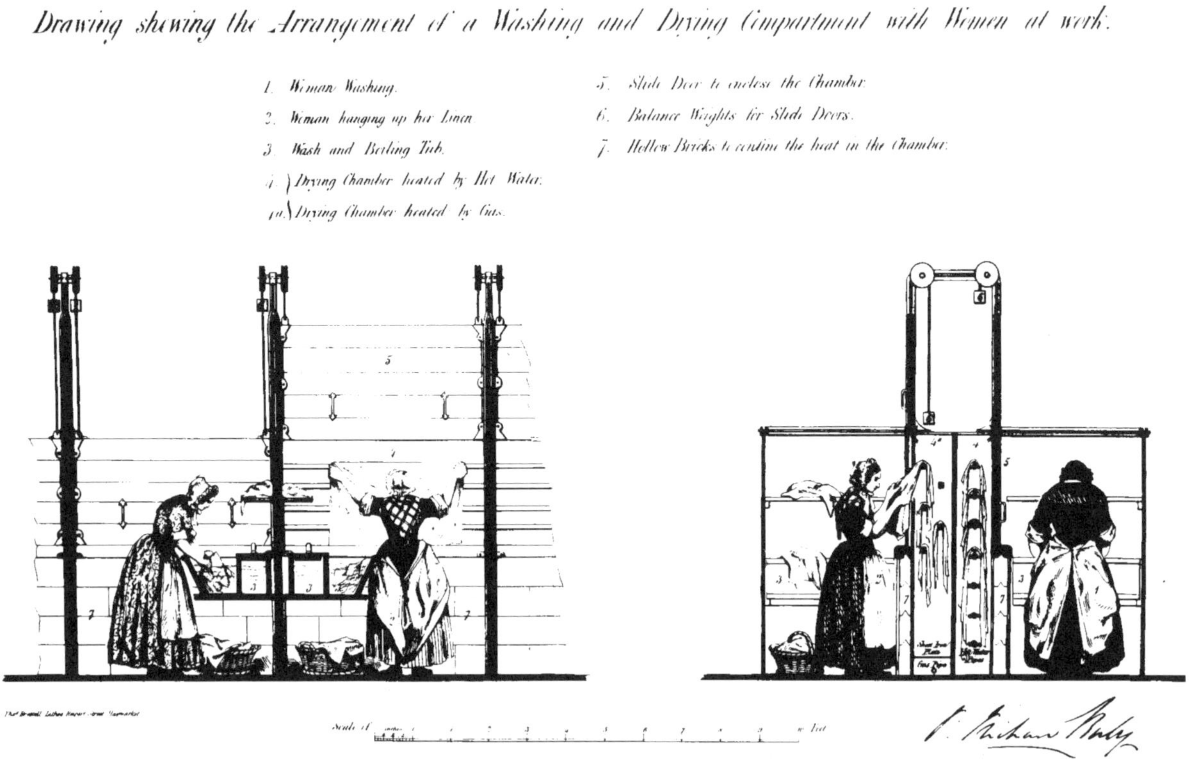

그림 5.9 세탁실과 건조실에서 작업 중인 여인들
출처 : Baly(1852), 영국건축도서관

전혀 그들의 이웃들과 분리되었으며, 마치 그들 자신의 가정집 세탁실에서처럼 혼자서 자신들의 일을 하였다.' (Goodman 1982: 13에 의해 인용됨). 빨래건조대들이 길게 줄지어 있는 값싼 장소는 수다의 장소로 전락할 수 있었으므로 비싼 개인 칸막이실로 대체되었다. 다림질은 공동작업을 위한 넓은 열린 공간이 필요했지만, 다림질하러 온 여자들이 연대감을 형성하는 곳이 될 수 있었기에, 이를 막고자 '품위 있는 사생활' 이란 수사법이 동원되었다.

그림 5.10 베일리의 청결에 대한 은유
출처 : Baly(1852), 표지그림, 영국건축도서관

재창조/레크리에이션

청결은 교정reform과 재창조/레크리에이션recreation[1]의 공통적인 요소이다. 교정과 재창조/레크리에이션 모두 각각 특징적인 건물유형을 발생시켰다. 이번 장의 주제는 재창조/레크리에이션을 위해 만들어진 건물이다. 이런 건물들은 스스로 선택하여 참여하는 자기선별적인 집단이 여가와 즐거움을 공유하기 위해 모이는 장소였다. 이런 장소에서의 활동은 눈에 띄어야 하며 심지어 과시적이어야 하였다. 이런 과시성은 거리를 지나가는 멋쟁이나 시골 대저택에 사는 지주 가족과 같은 개인적인 과시가 아니라 집단적인 과시이어야 하였다. 그런 활동에는 먹고 마시는 것 · 게임을 즐기는 것 · 큰돈을 걸고 도박을 하는 것 · 운동이나 협동적인 여가활동 · 씻거나 목욕하는 것 · 춤추는 것 · 음악이나 연극 공연에 참여하는 것 · 휴가를 즐기는 것 등이 포함될 수 있었다. 때때로 이러한 활동을 위해서 일시적으로 머무를 수 있는 사치스런 거주시설이 필요하였다.

이러한 장소들은 여러 사회 계층이 공유하고 특히 권력 없는 사람들을 위한 시설인 운동 경기장 · 경주코스 · 여관 — 우리의 논의에서는 배제할 것이다 — 과는 다른 곳이다. 일반인들이 즐기는 대중적인 레크리에이션에도 자발적 선택이라는 요소가 있을 수 있으나, 대중의 레크리에이션이 존재하지도 않는 권력을 과시하는 행위가 될 수는 없다. 오히려 그것은 권력이 없는 현실로부터의 탈출이나 군중의 대안적인 권력에 대한 확인인 것이다. 그것은 곰골리기[2]나 축제 겸 장날, 특히 일시적으로 권력의 역전이 허용되는 카니발 축제에서 더욱 많이 공유된다. 이런 대중의 레크리에이션과 시위 · 행진 · 궁극적으로 폭동 간에는 매우 희미한 경계선만이 있을 뿐이다. 때때로 그런 행위들은 일시적으로 정당성을 얻은 도시 내의 틈새 공간에서 이루어지기도 한다. 대중의 레크리에이션 활동을 위해서 주요 건물이나 공원을 대중에게 제공하는 것은 그 자체로 정치적인 행위이다. 고급 스파와 시가 운영하는 수영장은 외관은 비슷하지만 본질은 전혀 다른 것이다. 왜냐하면 시영 수영장은 엄격한 공간적 · 관리적 통제를 수용한다는 조건 하에 운영되기 때문이다. 그리고 이런 조건들은 많은 경우에 법으로 규정된다.

이 책에서는 다루지 않는 또 다른 레크리에이션 시설이 있는데, 바로 극장이다. 극장은 사회 계층에 따라 입구와 객석을 뚜렷이 구별하였는데, 우리가 7장에서 고찰하게 될 강의극장lecture theatre에 영향을 미쳤다.

이런 새로운 유형들은 통제받는 사람들이 사용하는 것이 아니라 통제하는 사람들의 시설이었다. 이런 유형들에 대해서 우리는 무엇을 예측할 수 있는가? 지위나 계급이 가시적으로 드러나야 한다면, 참여하는 청중은 그 규모가 커야만 한다. 또한 그 과정은 상호적이어야 한다. 즉, 참가자는 연기자인 동시에 청중이 되어야 한다. 이것은 경로의 선택이 가능한

1. 원문의 recreation은 '재창조'와 기분전환용 오락의 의미인 '레크리에이션'으로 번역이 가능하다. 4장에서는 하류계급의 피동적인 성격교정reformation과 맞서는 개념으로 상류계급의 능동적이며 자발적인 성격재창출이라는 개념적 정의를 다루었으므로 '재창조'라는 용어를 선택하였다. 그러나 이번 장에서는 상류계급의 재창조 활동의 주를 이루는 사교와 여가활동이라는 구체적인 행위에 초점을 맞추고 있으므로 '레크리에이션'이라는 용어를 함께 사용하기로 한다.
2. 쇠사슬에 묶인 곰에게 개를 덤비게 하는 옛 놀이

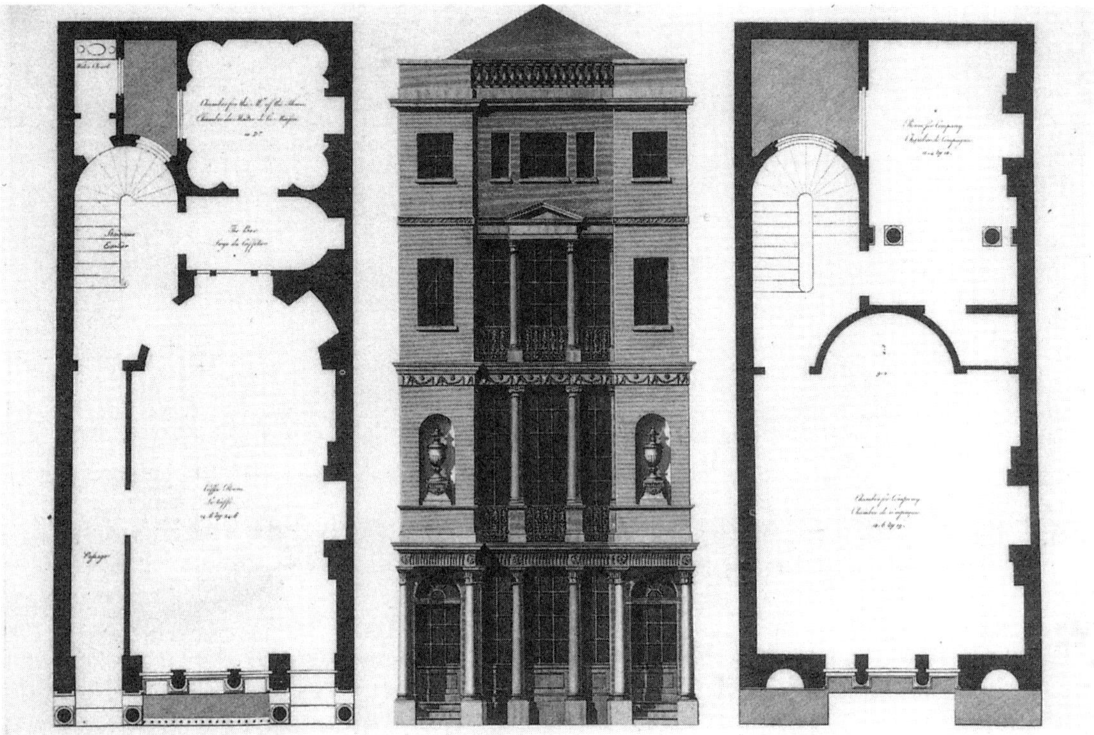

그림 6.1 로버트 아담이 설계한 뉴브리티쉬 커피하우스, 콕스퍼 스트리트, 런던(1770)
출처 : *The Works in Architecture of Robert and James Adam* vol. 2(1779 and 1786), facsimile V, plate iv, 대영도서관

동선체계[고리형 순환동선[3]]를 통해서 우연한 만남이 이루어지는 넓고 방해받지 않는 공간을 필요로 한다. 그 집단은 외부로부터는 배타적이지만, 한번 받아들여지면 통제나 제한을 받지 않는다. 이것은, 만남의 공간 자체는 얕으나 이곳에 도달하기 위해서는 견고한 외곽 경계에서 하나 혹은 소수의 엄격하게 통제되는 '관문들'에 의해 접근이 제한되어야 함을 의미한다. 외관은 내부의 풍요로움을 선언하고 있으며, 내부는 엘리트 주거의 친숙한 모습을 재생산해낸다.

이런 유형들 가운데 한 가지 원형인 커피하우스coffee house[4] — 남녀와 계급에 구분 없이 누구나 음료를 마시고 음식을 즐길 수 있는 오늘날의 프랑스식 카페와는 다르다 — 는 이런 특징들을 일부 보여 주었다. 커피하우스는 옥스퍼드에서 17세기에 탄생되었고(Ellis, 1956), 곧 런던에 수많은 커피하우스들이 생겨났다. 그 중 대다수가 런던 대화재[5] 때 파괴되었으나 화재 이후에 많이 재건축되었다. 17세기가 끝날 때까지 2,000개 이상의 커피하우스가 있었고, 주로 상업과 사회 권력이 행사되는 곳인 은행가 · 환전소 · 거래소 · 주요 무역회사 건물 · 대학가 · 법정가 · 극장 · 엘리트 계급의 각종 과학 및 의학협회들에 집중되었다. 각각의 커피하우스는 단골 고객을 갖고 있었다. 18세기 중엽에 이르면 런던은 커피하우스들로

3. 나뭇가지 모양의 수형樹形 구조로 연결된 공간들은 단 하나의 연결만을 갖지만, 고리형 구조에 있는 공간들은 적어도 두 방향으로 연결되어 있다. 1부 1장 분석도구 부분을 참조할 것.
4. 커피와 다른 음료 및 간단한 식사를 파는 업소로, 흔히 단골 고객들의 형식적이지 않은 클럽 역할을 한다.
5. 1666년 9월에 런던에서 일어난 대화재

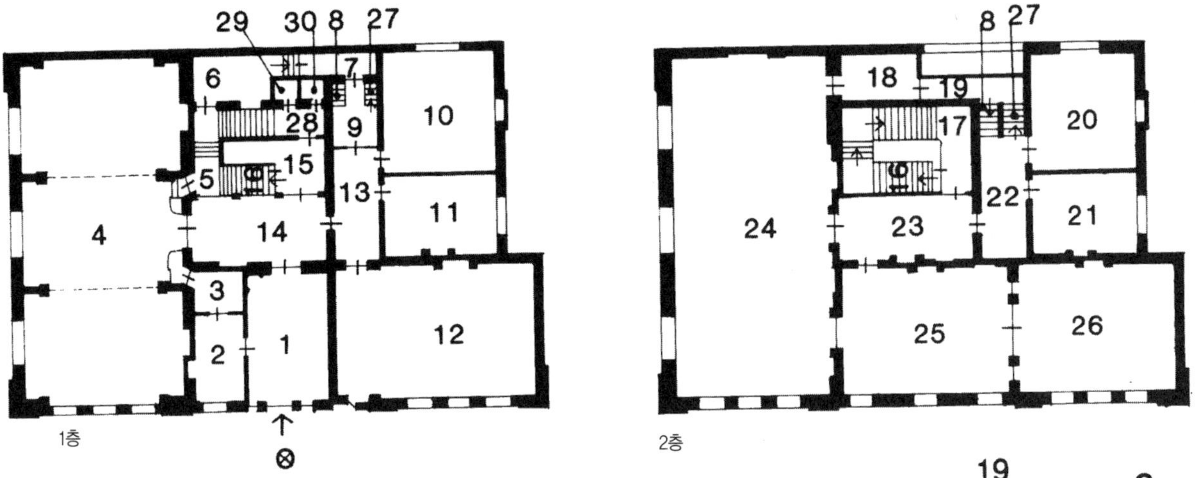

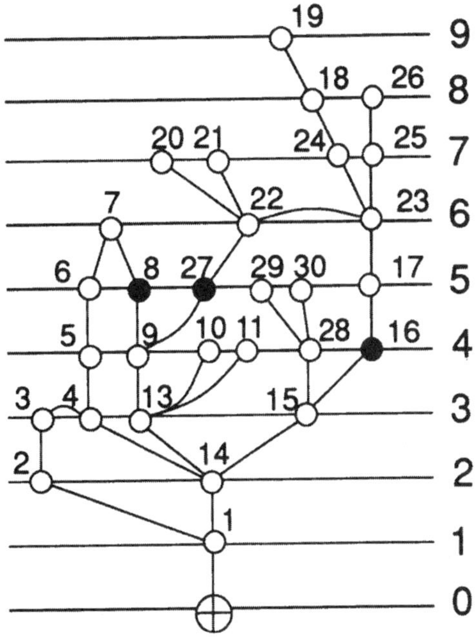

범례

1	입구홀	16	계단
2	집사실	17	계단참
3	로비	18	대기실
4	커피룸	19	계단참
5	계단참	20	응접실
6	서비스 공간	21	응접실
7	서비스 공간	22	통로
8	계단	23	대기실
9	로비	24	살롱
10	응접실	25	도서관
11	응접실	26	도서관
12	식당	27	계단
13	(용도 미상)	28	계단참
14	계단홀	29	서비스 벽장
15	계단참	30	서비스 벽장

그림 6.2 유나이티드 서비스 클럽(1817–19), 평면과 공간구조도
출처 : 저자 작성

붐볐으며 어떤 것은 시내의 중요한 곳에 위치해 있었다. 커피하우스에는 하나로 통합된 큰 공간에 벽난로 · 테이블 · 벤치 · 의자가 놓여 있었다. 그리고 종종 상점이나 사무실 위의 2층에 부속 서비스 공간이 있었다. 평범한 커피하우스의 평면은 많이 남아있지 않다. 오히려 더 잘 알려진 것은 로버트 아담Robert Adam이 설계한 뉴브리티쉬 커피하우스New British Coffee House(1770)와 같은 고급 커피하우스들이다. 이 커피하우스는 런던 시내에서 스코틀랜드인들의 근거지였으며 콕스퍼Cockspur 스트리트에 있었다(그림 6.1). 1층에 있는 넓은 커피룸[6]은 두 개의 대칭축을 갖고 있다. 둘 중의 짧은 축 위, 벽난로 반대편에 커피룸 입구가 자리 잡고 있다. 커피하우스 주인은 바 뒤에 위치하고 있다. 계단을 통해 2층에 있는 두 개의 '사교' 실과 3층의 주인집으로 이어진다.

6. coffee room. 커피와 음료, 간단한 음식이 제공되는 방

단골 고객들은 고급 정보들을 대화를 통해서, 혹은 전단지 · 신문 · 소책자 등을 통해 전파하면서 더 긴밀한 집단을 형성해 갔으며, 자신들의 정체성을 표시하기 위해서 칸막이로 공간을 구획하였다. 입장료가 인상되어감에 따라 점점 더 선별된 사람들만이 출입하게 되었고, 마침내 어떤 집단은 클럽을 조직하고 자신들만 사용하기 위해 커피하우스 전체를 구입하였다. 이것이 클럽club의 탄생이며, 로이드 조합이나 증권거래소와 같은 유명한 경제단체의 탄생이었다. 전문가 집단 · 군인 · 정치인 · 사업가들 간의 긴밀한 연관성으로 인하여 커피하우스는 남성들만의 장소가 되었고, 이 전통은 클럽으로 이어졌다.

부들스 클럽Boodle' s Club과 같은 런던의 초창기 클럽들은 우아한 주택으로 위장된 커피하우스였다. 그런 커피하우스들은 법인이 아니라 개인이 소유하고 운영하였다. 몇몇 클럽들, 예를 들어 헨리 홀랜드Henry Holland가 설계한 브룩스 클럽Brook' s Club(1774)에서 가장 중요한 공간은 '기부' (도박)실이었다. 로버트 아담에 의해 개조된(1787-8) 후 화이트 클럽White' s Club에서 가장 주된 공간은 커피룸이었는데, 이 공간은 세 부분으로 나뉘고 두 개의 축을 갖고 있었다.

그러나 19세기 초의 새로운 클럽들은, 여전히 엘리트적이고 남성들의 것이었으나, 법인이 운영하였다. 새롭게 도입된 경영방식과 규칙으로 인하여 새로운 유형의 건물이 필요하였다. 이것을 이해하기 위해서는 기능과 공간 배치에 대해 이야기해 주는 평면에 대한 분석이 필요하다. 그러나 커피하우스의 양식에 대한 난해한 추측들은 풍부한 데 비하여, 평면분석을 다룬 문헌은 찾아보기 힘들다.

유나이티드 서비스 클럽United Service Club은 워털루 승전을 기념하기 위해서 1815년에 설립되었다. 처음에는 알버멀Albermarle 스트리트에 있다가 찰스Charles 스트리트에 위치한 로버트 스머크가 설계한(1817-19) 클럽하우스(그림 6.2)로 이전하였다. 새 클럽하우스에서 가장 큰 공간은 1층에 있는 커피룸이었는데 뉴브리티쉬와 화이트 클럽에서처럼 세 부분으로 구분되어 있었다. 커피룸 위에는 살롱이 있었고, 식당 · 도서관 · 네 개의 응접실 · 지하 부엌 · 직원 숙소가 있었다. 이 평

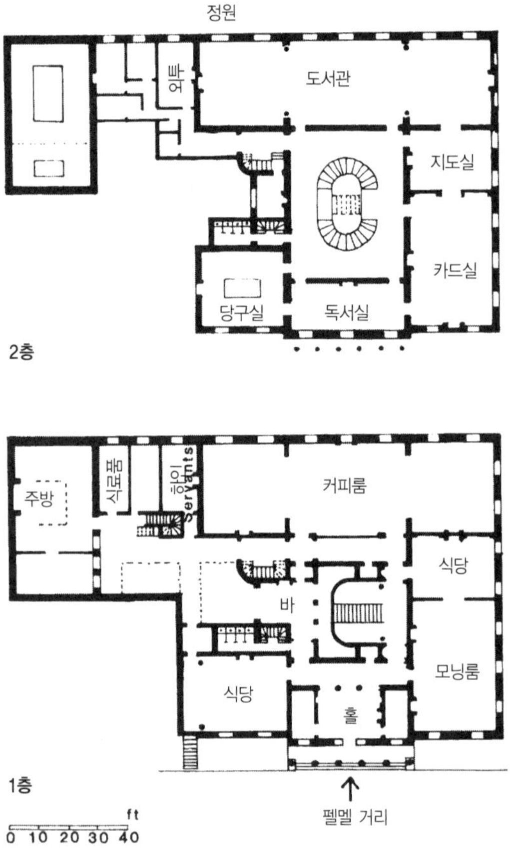

그림 6.3 유나이티드 서비스 클럽(1827), 평면
출처 : 저자 작성

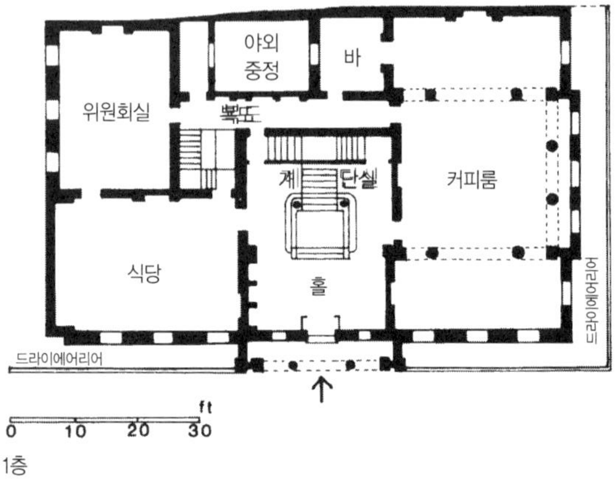

그림 6.4 유니버시티 클럽(1822-26), 평면
출처 : 저자 작성

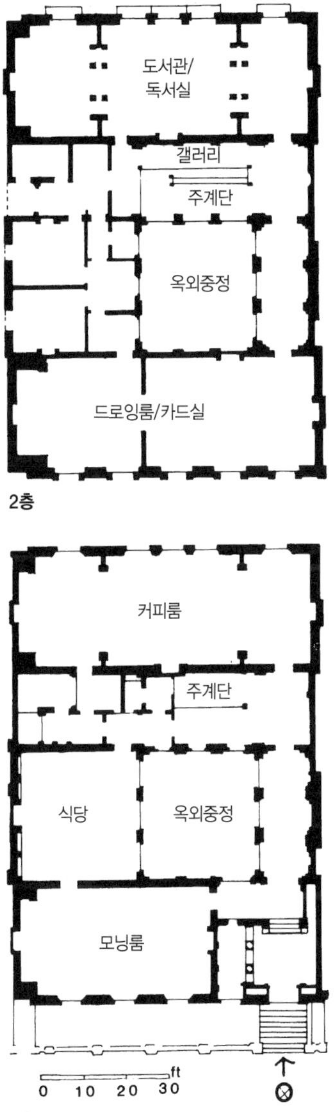

그림 6.5 여행자 클럽(1829), 평면
출처 : 저자 작성

면은 클럽하우스의 표준적인 모델이 되었으나 큰 의미를 지닌 고리형 동선체계는 아직 나타나지 않았다.

1827년에 이르러 그 건물이 너무 협소하여지자, 존 내쉬John Nash가 펠멜Pall Mall[7]거리에 새로운 건물을 설계하였다. 그의 원래의 설계(그림 6.3)에는 1층에 긴 커피룸이 있었는데, 역시 세 부분으로 구획되어 있었다. 그 위에 도서관이 똑같은 규모로 자리 잡고 있었다.

역시 펠멜 거리에 있던 윌리엄 윌킨스William Wilkins의 유니버시티 클럽University Club(1822-26)(그림 6.4)과 더불어, 이런 형식의 평면은 완전히 자리를 잡았다. 중앙입구는 대계단홀로 이어지고, 전형적인 커피룸은 전체 건물 깊이에 걸쳐 자리하며, 식당과 위원회실이 1층에 위치하였다. 2층에는 커피룸 위로 천장이 높은 살롱과 두 개의 도서관 겸 독서실 그리고 회원 다섯 명의 의상실이 자리 잡고 있었다. 입면 상으로는 구분이 불분명한 3층과 4층에는 17개의 하인 침실이 있었고, 주방과 이에 관련된 서비스실들은 지하층에 있었다.

스머크는 트라팔가 광장에 면한 한 대지에 내과대학College of Physicians과 유니언 클럽Union Club(1824)을 결합한 건물을 설계하면서 별도의 출입구를 설치함으로써 클럽과 전문분야가 결합되어 있음을 외관상으로 잘 드러내 보였다. 이처럼 클럽과 전문분야가 결합하는 것은 당시 유행이 되었다. 크록포드 클럽Crockford' s Club과 오리엔탈 협회가 결합된 건물은 버튼Decimus Burton[8]이 설계한 애시니움Athenaum(1827-30)과 연결되었다. 1층의 커피룸은 전체 건물 깊이에 걸쳐 있고 모닝룸[9]과 집필실은 작은 고리형 동선을 만든다. 2층에는 100피트(30미터) 길이의 세 부분으로 구획된 드로잉룸[10]과 도서관 그리고 위원회실이 있다.

찰스 배리Charles Barry의 여행자 클럽Travellers' Club(1892) 역시 펠멜 거리에 있었는데, 피렌체에 있는 라파엘Raphael의 팔라초[11] 판돌피노Palazzo Pandolfino 양식에 기반을 두었다고 알

7. 런던의 웨스트민스터에 있는 거리. 트라팔가 광장에서 세인트제임스 팰리스까지의 거리를 말함.
8. 영국의 건축가 겸 조경가(1800~1881). 런던 키 가든Key Gardens의 팜 하우스Palm House와 런던동물원 등을 설계하였다.
9. morning room. 아침에 일어나서 잠시 쉬는 방
10. drawing room. 원래는 식사 후 물러 나와 휴식을 취하는 방이었으며, 휴게실과 접견실 등으로 쓰인다.
11. 르네상스 시기 이탈리아 상류계급의 도시 대저택. 3층으로 이루어지며 저층부에는 거친 석재 마감인 러스티케이션 기법이 사용되었고 코니스가 돌출되어 강조되었다.

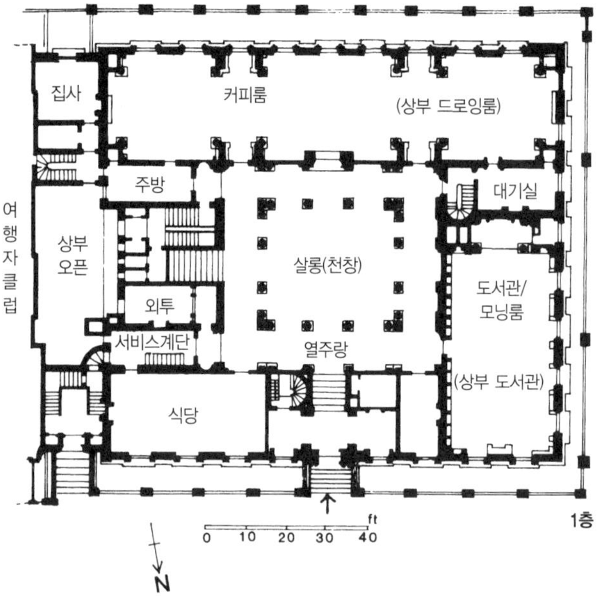

그림 6.6 리폼 클럽(1837–41), 평면
출처 : 저자 작성

려져 있다. 폭이 좁은 대지로 인하여 입구는 한쪽 구석으로 치우쳐 있으며, 입구 뒤에는 옥외 중정과 주계단이 건물 안쪽 깊은 곳에 위치해 있다(그림 6.5). 관습적인 형태, 즉 삼분된 커피룸은 건물 뒤편에 전체 건물 폭에 걸쳐 자리 잡고 있는데 (위층의 도서관도 같은 방식으로 위치한다), 그럼에도 불구하고 계단실을 통과하는 좁은 통로로 입구와 연결되기 때문에 공간깊이는 얕다. 건물 전면에 위치한 모닝룸을 지나면 식당으로 연결되며, 식당은 또한 계단실로부터도 연결이 되므로 얕은 고리형 동선을 형성한다. 2층은 전면에 카드실과 드로잉룸이 위치한다. 집사와 카드 회계사 침실은 서비스 계단으로부터 출입되는 블록에 위치하고 있으나 카드 회계사 침실 이 하인들과 회원들 간의 교류가 일어나는 카드실과 연결되므로 이 구역은 모두 1층으로부터 시작되는 고리형 순환동선 상에 놓이게 된다.

팔라초 양식에 있어 배리의 가장 중요한 공헌은 아마도 팔라초 파르네제Palazzo Farnese[12]로부터 영감을 받았을 리폼 클럽Reform Club(1837-41)이다. 이곳의 '개혁적인reforming' 회원들은 1832년의 선거법 개정법Reform Act을 지지한 인사들이었다. 동시대에 인근에 있던 칼튼 클럽Carlton Club[13]의 회원들은 이들의 반대파였다. 하지만 리폼 클럽의 진정한 의미는 외관의 양식에 있는 것이 아니라 복잡한 프로그램을 조직해낸 평면의 구성방식에 있다(그림 6.6). 건물의 중앙에는 아트리움이 있었다. 원래는 지붕이 없고 측면이 유리로 막힌 공간이었으나 최종적으로는 지붕이 덮이고 천창을 내었으며 측면은 개방되었고 4면이 회랑으로 둘러싸여 있었다. 이 회랑으로부터 각 방들이 연결되었다. 커피룸은 건물의 뒤쪽인 남측 공간을 전부 차지하고 있었는데, 두 개의 입구와 돌출한 벽기둥에 의해 세 부분으로 구획되었다. 건물 주출입구 좌우에는 1층 도서관 겸 모닝룸과 식당 겸 방문객실이 위치하였다. 2층에는 1층의 커피룸 위치에 드로잉룸이, 1층 도서관 위치에 2층 도서관이 위치했고, 소규모의 개인 드로잉룸과 위원회실이 있었다. 그밖에 당구실과 카드실이 있었다. 지하층에는 크고 복잡한 주방과 다른 서비스 시설이 자리 잡고 있었다.

하인들은 밀폐된 내부 계단으로 연결되는 다락층에서 기거하였다. 그 아래층과 메자닌층[중2층]에 위치한 회원들의 침실은 거리로 연결되는 독립적인 출입구와 계단을 통해서 접근이 가능하였다. 그 외에도 몇 개의 계단들을 통해서 매우 격리된 공간들이 연결되었다. 그 중 하나는 지하층의 여자 하인들이 회원침실로 올라가는 것이었고, 다른 하나는 회원들이 1층에서 메자닌층의 목욕실로 접근하는데 이용하였으며, 당구실로 연결되는 별도의 계단도 있었다.

이 건물에서 가장 혁신적인 것은 설비 시스템이었다. 일렬로 배열된 화장실 · 두 대의 승강기 · 환기시설과 결합된 강제온풍난방 그리고 펠멜 거리 지하에 위치한 증기기관 등이 그

12. 안토니오 다 상갈로와 미켈란젤로가 1530년에서 1546년에 걸쳐 완공하였으며 로마에 있다. 이탈리아 성기 르네상스 건축의 걸작 중의 하나로 꼽힌다.
13. 영국의 보수당 본부

것이다. 증기기관은 송풍기를 작동시켜 이로부터 발생하는 압력으로 증기 - 공기 열교환기 안의 가열된 공기를 분배하였다. 또한 증기기관은 석탄운반용 승강기를 작동시켰고 펌프를 작동시켜 가정용수를 저장탱크로 끌어 올렸으며 온수를 가열하였다. 건물은 가스등을 사용하였고, 일부 가스연소기는 연소 후 생기는 찌꺼기를 배출하고 방 전체를 환기하기 위하여 환기 장치가 부착되었다. 설비공간 · 덕트 · 샤트프 · 승강기들의 위치는 평면을 조직하는 중요한 원리로 작동하였다. 지각 있는 비평가들은 이런 점을 진정한 근대 건축의 요소로 인식하였다.

그 가운데 가장 앞선 인물이 시저 데일리Cesar Daly(1857)였다. 그는 말하기를, 그 클럽은

> 스스로 움직일 수 없는 고정된 석재와 벽돌과 주철 덩어리가 아니라 자체의 혈액순환계와 신경계를 갖고 있는 생명체와 같다. 겉으로는 전혀 움직임이 없을 것처럼 보이는 벽 속에는 실제로는 가스와 증기와 물이 순환하고 있다. 벽 내부를 자세히 살펴보면, 이 새로운 조직체의 동맥이요 정맥이며 신경인 파이프와 도관과 와이어들을 발견할 수 있다. 이것들을 통하여 겨울에는 따뜻한 공기, 여름에는 찬 공기가, 그리고 일년내내 조명과 온수와 냉수, 즉 신체를 위한 영양분이 이동한다. 이 모든 부속물들은 고도의 문명화를 웅변하는 것이다.
>
> (Daly 1857:346–7)

서비스 명령은 '비밀스런 통로들'을 통해 소리 없이 전달된다. 복잡하게 얽혀있는 와이어는 눈에 보이지 않으며 하인을 부르는 종소리도 들리지 않는다. '이 건물에서는 현대 과학이 우리의 하인이다. 이 하인들은 즉각적이고 충실하며 깨끗하다'. 근대 비평가들은 데일리의 인식으로부터 '건물의 근대성은 입면에 적용된 양식, 결국 이탈리아 학파의 양식을 따르느냐에 있는 것이 아니고, 평면의 조직 — 이것이 아무리 지적이라고 하여도 — 에 달린 것도 아니며, 우리 눈에 보이지 않으며 즉각적으로 명백하게 드러나지 않는 좀 더 내밀한 어떤 것, 그럼에도 불구하고 어디에서나 느낄 수 있는 그 어떤 것', 바로 안락함에 달려있다는 것을 배울 수 있었을 것이다.

공공공간과 거주공간이 결합되어 있는 클럽 건물은 도시 호텔의 선구자가 되었다. 호텔의 거주공간은 원칙적으로 모든 사람에게 개방되어 있다. 하지만 특정한 호텔에 들어가는 것과 호텔의 특정한 부분으로 접근하는 것은 요금으로 제어되었다. 이런 요금의 징수는 클럽의 회원권을 대체한 것으로써, 배제를 위한 수단이었다. 호텔의 공공 공간은 다양한 사회적 · 오락적 · 사업적 기능을 위해서 비거주자들에게 개방되어 있었으나 여전히 커피하우스나 클럽에서 적용되었던 요소들이 채용되었다. 그 외에도 호텔에는 대규모 공간인 집회장assembly room이 도입되었는데, 이것은 커피하우스나 클럽과는 다른 전통으로부터 유래하였다.

나는 앞 장에서 집회장을 스파의 한 요소로 언급한 적이 있다. 그러나 집회장들은 스파 이외의 장소에서도 흔히 볼 수 있게 되었다. 집회장은 귀족의 대저택에 모여서 춤추고 여흥을 즐기는 것에서 출발하였다. 사냥시합의 개시와 폐회, 결혼식 혹은 사교 모임을 기념하여 카드놀이나 다과회와 함께 무도회가 열렸다. 기념식이 거행되는 주택의 공간이 무도회를 열만큼 넓지 않거나 (많은 주택에 무도회장이 추가되었음에도 불구하고) 무도회에 걸맞는 품위 있는 장소가 없을 경우, 주청州廳이나 문법학교 같은 기존의 도시 공간이 임시로 사용되었다(Girouard 1986:542).

1720년대부터 전문화된 집회장이 간혹 시청이나 주청의 일부로 등장하였다(Girouard 1986:542-4). 워위크셔 주에서 법원은 대규모 경주 기간 동안의 집회장소로는 너무 협소하였다. 샌더슨 밀러Sanderson Miller가 디자인한 새로운 주청사(1754-8)에서는 거대한 입구 공간이 무도회장으로 사용되었고, 법원은 카드실로 사용되었다. 벨파스트Belfast에서는 화려하지 않은 단층의 시장 건물(1766)의 상부에 '매우 넓고 우아한' 집회장이 추가되었다(1769). 버밍엄과 트루로Truro에서는 집회장이 극장에 덧붙여졌다. 진정으로 독립적인 집회장 건물은 집회장 유형에서 매우 특징적인 경우이고, 대부분의 집회장들은 이전에는 다른 사회계급(예를 들어 교역에 종사하는 사람과 그렇지 않은 사람)을 위해 별도로 존재하던 집회장들을 통합하려는 의도로 지어졌다.

초기에 건설되어 지금까지 남아있는 링컨셔의 스탬포드에 있던 수수한 집회장(c. 1726)은 벌링턴 경Lord Burlington의 요크 집회장York Assembly Rooms(1730-2)에 의해 빛을 잃게 되었다. 뉴캐슬에 있는 윌리엄 뉴튼William Newton의 구집회장Old Assemly Rooms(1774-6)은 요크 집회장과 같은 평면을 갖고 있다. 즉, 형식적인 입구홀로부터 직접 커다란 만찬장(그 상부가 무도회장)으로 들어가며, 소집회장은 회원제도서관과 커피룸 위에 위치해 있다. 서로 연속되어 있는 카드실 · 휴게실 · 바는 모두 공간깊이가 얕은 고리형 순환동선 위에 위치해 있다.

지로우드Girouard는 잉글랜드와 웨일즈 지방에 1720년부터 적어도 70개의 집회장 — 이 수치는 두 배 또는 세 배까지 늘어날 수 있다 — 이 세워졌다고 계산하였다. 바스Bath에 있던 가장 고급스런 집회장에 관한 닐Neale(1981)의 독창적인 논의는 건축적 보석이라거나 정교한 사회적 의식儀式의 해독제라는 식의 서술적 묘사들과 대조된다. 그는 공간이 사회적 생산물이라는 카스텔Castells의 정의를 채택함으로써 건축을 순수한 예술로 보는 견해에 반대한다.

> 바스의 사회적 중요성과 의미를 무시한 채 18세기 바스의 건물과 건축을 다룬 역사서술방식에 (반대한다). 이런 역사서술은 대개 18세기의 바스 건축을 포함하여 건축은 예술이라는 믿음으로부터 나왔다. 따라서 다른 예술 형태에 던지는 질문과 유사한 질문이 건축에 던져지는 것이다. 그리고 예술로서 바스는, 개별적인 혹은 때때로 집단적인 창조적 행위의 만화경적 집합체로 생각되어진다. 마치 『켈스의 서』[14]나 로마의 성 베드로 성당[15]처럼. 바스는 또한 예술적 전통 위에서 구체화된 것으로 생각되어진다. 다시 말해, 만약 브루넬레스키가 피렌체에 파치 예배당[16]을 세우지 않고 팔라디오가 『건축4서』[17]를 저술하지 않았다면, 바스도 건설되지 못했을 것이라는 것이다. 그러므로 바스의 의미에 대해서 여러 가지 질문을 던지게 된다.
>
> (Neale 1981:172-3)

닐은 이런 질문들이 대체적으로 다음의 세 가지 방법 중에 하나로 답변되고 있다고 말한다. 첫째는 '객관적으로' 답하는 것으로 외관에 관심을 갖는다. 이 방식은 건물의 형태와 가시적인 기능을 묘사한다. 둘째는 '표현적으로' 답하는 것으로, 내적인 의도를 이해하려는 시도이다. 예를 들어, 고전적인 도시와 인간과 자연의 통일에 관한 존 우드John Wood[18]의 생각과 같은 것이다. 셋째는 '다큐멘타리' 방식이다. 즉, '바스 시 밖이나 바스 시를 너머서는 아이디어나 개념들의 집합체로서의 바스인 것이다. 이것은. . . (서머슨Summerson, 아이슨Ison, 페브스너Pevsner 등을 언급하면서) 바스 시가 시대정신과 휘그주의Whiggism, 다시 말해, 이성의 시대를 반영하고 있다는 말이다' (Neale 1981:173).

닐은 집단간의 갈등 · 연대 · 경제력 등으로 거미줄처럼 얽혀 있는 사회적 과정을 풀어내기 위해서 물질적인 증거를 사용하여 분석하여 다음과 같이 결론을 내렸다.

> 집회장은, 비슷한 기능을 수행하던 다른 형태의 시설들과의 경쟁에서 살아남은 후, 동일한 사회적 책무를 수행하였다. 요금의 대가로 집회장은 적어도 상류층에게는 사회의 질서와 규칙, 예의범절을 보존하고 증진하는 사회적인 광장을 제공하였다. 그러므로 집회장은 경쟁의 상징이면서 동시에 시장 사회를 효율적으로 기능하게 하는데 필요하다고 생각되는 도덕적 질서의 세속적인 상징이었다. 그러한 도덕규범 없이는 시민사회의 시장경제는 퇴보할 위험이 있었고, 심지어 부유한 계급까지도 붕괴될 위험에 놓일 수 있었다. 절대적인 물욕은 절대적인 이기심을 낳기 때문이다.
>
> (Neale 1981:225)

14. 9세기 초에 켈스 수도원에서 필사된 복음서로 여러 명의 아일랜드 수도승들이 필사작업에 참여하였다.
15. 카톨릭의 총본산으로 교황청의 관리 하에 있다. 르네상스의 대표적 건축물로 특히 여러 명의 건축가가 참여한 것으로도 유명하다. 1506년 브라만테에 의해 착수된 이후 라파엘로, 베르데, 상갈로 등의 손을 거쳐 미켈란젤로에 의해 기본골격이 완성되었고 마데르나에 의해 정면이 수정되었다. 1622년 헌당식이 거행된 이후 베르니니가 전면 광장을 완성시켰다.
16. 르네상스 초기를 대표하는 건축물
17. 르네상스 이탈리아 건축가 안드레아 팔라디오(1508~1580)의 건축서로 1508년에 발간되었다. 고대 로마의 건축술에 기초하였으며 18세기 영국의 신고전주의 건축에 많은 영향을 끼쳤으며 '팔라디오 양식' 을 유행시켰다.
18. 영국의 건축가(1704-1754). 바스의 전체 가로 체계와 퀸즈 광장, 노스 퍼레이드와 사우스 퍼레이드, 서커스 등을 설계하여 '바스의 우드' 라고 불린다. 그의 건축과 도시설계는 이후 바스 건축의 표준이 되었고, 근대 도시 계획의 중요한 사례로 꼽힌다.

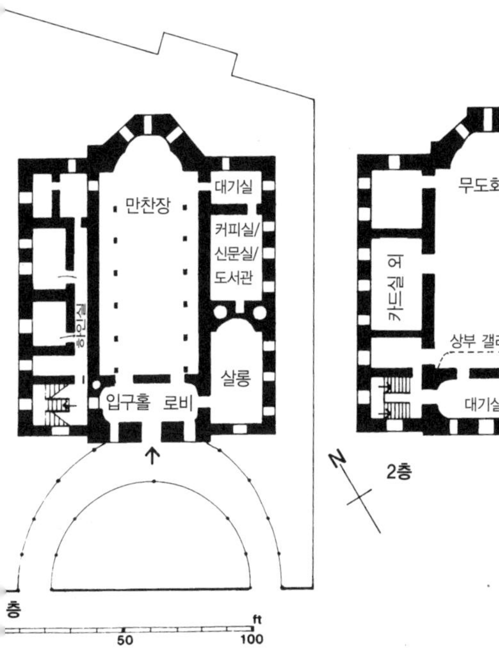

그림 6.7 뉴캐슬 집회장(1774–6), 평면
출처 : 저자 작성

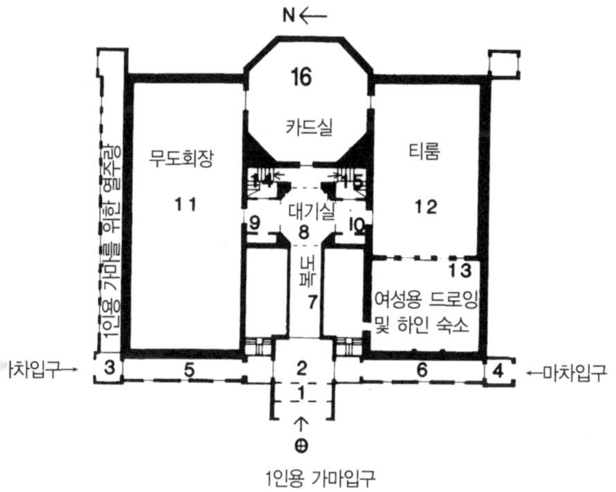

그림 6.8 바스 신집회장(1769–71), 평면
출처 : 저자 작성

존 우드 2세John Wood the younger[19]가 설계한 바스 신집회장(1769-71)은 요크 집회장과 함께 집회장의 공간구성에 있어 본보기가 되었다(그림6.8). 1인용 가마를 위한 서측 입구는 포티코 현관으로 직접 연결되었고, 마차로 도착한 사람들은 양옆의 모서리 입구로부터 유리가 끼워 진 아케이드를 따라 걸어 와야 현관에 도달할 수 있었다. 현관으로부터 건물 중앙의 복도를 따라가면 천창이 설치된 팔각형의 대기실에 이르는데, 여기서 세 개의 주요 공간인 북쪽의 무도회장 · 남쪽의 티룸tea room · 동쪽의 팔각형 카드실로 연결된다. 카드실은 앞의 두 공간과 연결되어 있다. 티룸의 카운터 뒤로는 여성을 위한 드로잉룸과 화장실이 위치하였다. 두 개의 대칭적인 계단을 통해 세 개의 연주 회랑으로 연결되었고, 카드실에 오르간이 있었다. 공간구조도를 그려보면 입구 쪽 얕은 곳에 출입구와 현관으로 구성되는 두 개의 고리형 동선이 위치하며, 중앙은 수형 구조의 나무줄기가 이어진다. 입구에서 먼 안쪽에는 세 개의 주요공간이 두 개의 고리형 동선을 형성하고 제일 깊은 곳은 수형 구조의 나뭇가지로 끝난다. 이 나뭇가지 끝에 여성용 드로잉룸이 위치한다(그림 6.9). 이 공간구조도를 통해 알 수 있는 의미는 명백하다. 첫째, 얕은 표면에서는 세 개의 가로와 자유롭고 개방적으로 교류한다. 둘째, 모든 공공 공간으로의 접근은 통제된다. 셋째, 그 내부에서는 다양한 조우를 위한 자유가 부여된다. 그리고 '상냥한' 본성 때문에 약하다고 생각되어지는 사람들(여성)을 위한 공간은 매우 격리되어 깊은 곳에 위치한다.

거의 같은 시기에 엔서Ensor의 원형 집회장(1764-7)이 더블린의 분만병원Lying-in Hospital(1751-4)에 덧붙여졌다. 그 건물은 향후에 더 로툰다The Rotunda[20]라고 알려졌다. 설립자인 모스Mosse 박사는 설립 당시부터 인근 땅에 부자들의 집과 정원을 개발하여 자금을 모았다(Browne 1947). 1784년 두 개의 집회

19. 영국의 건축가(1728~1782). 아버지인 존 우드(바스의 우드)의 뒤를 이어 바스에서 큰 활동을 하였다. 바스에 있는 그의 대표작으로는 로얄 크레센트와 바스 집회장이 있다.
20. 로툰다rotunda는 (둥근 천장을 갖는) 원형 건물이나 원형 홀을 의미하나, 때로는 원형 건물 자체의 이름(또는 별칭)으로 쓰이기도 한다.

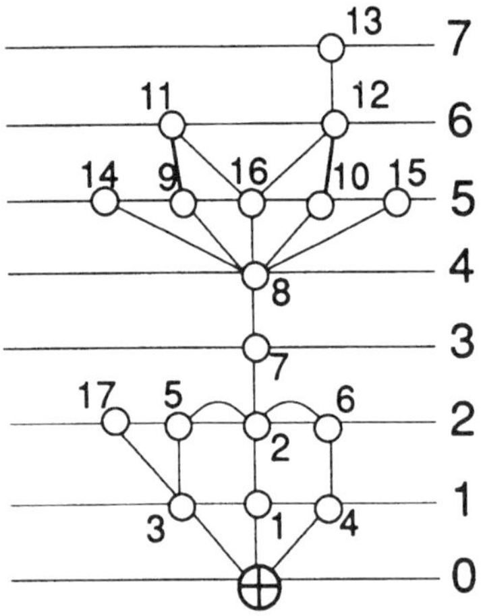

그림 6.9 바스 신집회장, 공간구조도
출처 : 저자 작성

장이 증축되면서, 전체시설은 런던의 기아병원과 바스의 종합병원처럼 자선사업 — 엘리트 부자들이 가장 곤궁한 사람들을 부양한다 — 의 건축적인 은유가 되었다. 그러나 부의 가장 강력한 상징인 집회장을 여성을 위한 자선병원에 부가함으로써, 자본과 빈곤간의 상호의존성이 건물의 질과 형태를 통해서, 또한 연속적으로 중첩되는 두 집단을 통해서 매우 잘 드러났다. 아담 스미스가 주장한 '보이지 않는 손' — 심지어 적나라한 탐욕의 의도하지 않은 결과로 사회적 이득을 창출한다 — 이 구체적으로 실현된 것이다.

복스홀Vauxhall[21]이나 랜래프Ranelagh[22]같은 유명한 공원이나 회관에서처럼, 음악은 항상 집회장의 한 요소였다. 그러나 또한 이 시기는 음악 협회들이 후원하는 전문화된 음악연주실들concert rooms의 시기이기도 하였다. 따라서 대중의 레크리에이션 공간이나 스파 공간이 부족할 때는 이런 음악연주실들과 우리가 보아 온 집회장들이 오래된 여관에 증축되기도 하였다. 페브스너Pevsner(1979:170-2)는 음악연주실이나 집회장이 여관에 그저 부가되는 차원을 넘어 하나의 시설로 통합되는 시점을 여관이 호텔로 전환된 것으로 파악하였다. 그러나 새로운 건물유형인 호텔의 원형은 또한 초기 산업혁명 시기의 기업가나 상인들과 같은 상업적인 목적으로 여행을 하는 사람들에 의해 창출된 도시 내의 일시적인 숙박시설에 대한 요구에 대응한 것이기도 하였다. 철도망이 갖추어지자 여행하는 대중이 급속히 증가하여 이에 따라 도시 내 숙박시설의 요구도 급증하였다.

당연히 새로운 호텔은 오래된 공간적 요소와 기능적 요소들을 끌어왔고 변형시켰다. 여관의 안마당 · 객실 · 식당 · 마구간, 커피하우스, 클럽의 커피룸 · 모닝룸 · '사교' 실 · 도서관, 집회장 · 음악연주실 · 무도회장, 세정과 목욕 시설인 개인 욕탕 · 수영장 · 펌프실[광천수를 마시는 방] 등의 요소가 도입되었다. 그리고 때때로 놀랍게도 강의실, 강의극장, 작업실과 같은 학술 협회의 요소까지 갖춘 호텔이 생겨났다.

페브스너(1979 ; 172)가 전형적인 호텔의 예로 지목한 바덴바덴Baden-Baden[23]에 위치한 바디셔호프 호텔Badischer hof Hotel(1807-9)은 다양한 기능들이 결합되어 있었는데, 이에 필적하는 영국의 호텔로는 플리머스에 있는 파울스턴Foulston의 로얄 호텔Royal Hotel(1811-19)을 들 수 있다(그림 6.10). 이 건물 정면을 대칭적으로 만들면서 자리 잡고 있는 것은 극장이었다. 또한 별도의 입구를 갖고 있는 애시니움(플리머스 문예철학협회)이 있었다. 호텔의 입구는 두 개의 극장 입구에 인접해 있었고 측면에 두 개의 입구를 더 갖고 있었다. 당구실과 카드실 그리고 집회장의 티룸으로도 쓰이는 커다란 식당이 있었다. 또한 아담한 커피룸과 2층 무도회장이 있었다. 1층에는 개인 식당들이 일렬로 배열되어 있었는데, 서로 완전하게 연결되어 있는 첫 번째와 두 번째 열의 방들은 사용자의 선택에 따라 침실이나 식당 또는 휴게실로 사용이 가능했으며 사용자의 요구에 맞춰 몇 개의 방을 붙여서 사용할 수 있었다. 또한

21. 1661년에 설립되어 1859년까지 운영된 런던 최고의 유원지.
22. Vauxhall과 더불어 런던의 유명한 유원지.
23. 독일 남서부의 도시. 로마제국 시대에 온천이 발견되었으며 18세기 후반 유럽을 대표하는 온천 휴양지가 되었다. 'baden' 은 독일어로 입욕을 뜻한다.

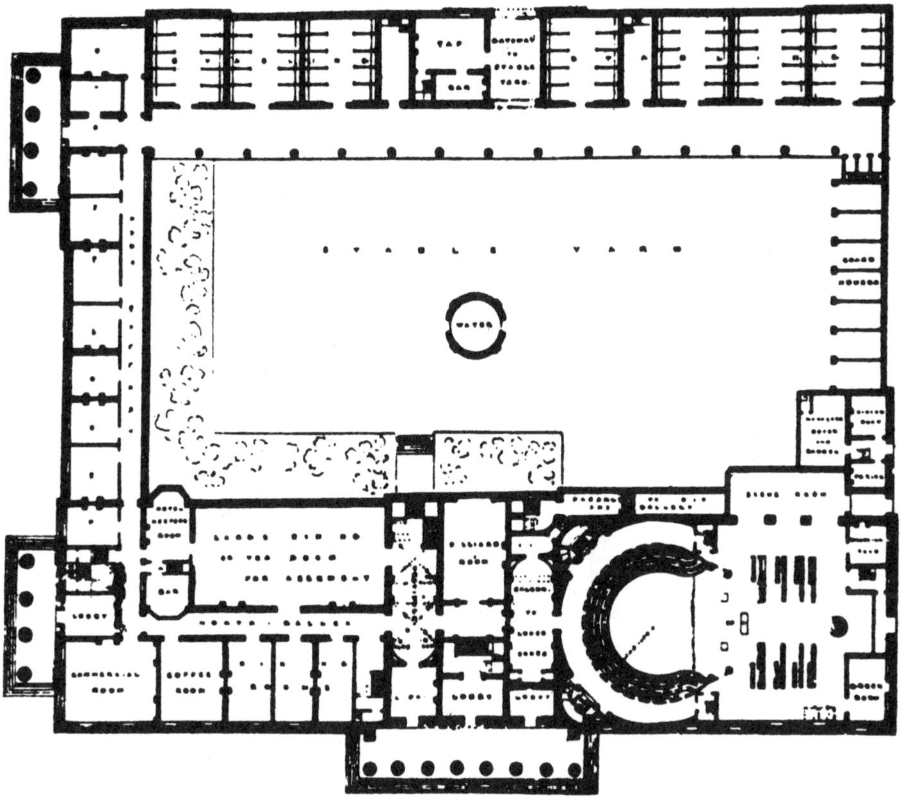

그림 6.10 파울스턴의 로얄 호텔, 플리머스(1811–19), 1층 평면도와 외관 전경
출처; Foulston(1838), 영국도서관

상담과 견본의 순회전시를 위한 '상업' 실도 갖추어져 있었다. 전체시설은 대중정을 중심으로 펼쳐지며, 마구간·건초창고·기타 서비스 공간들이 배치되었고, 지하층에는 하인실들이 위치하였다.

미국에서 호텔의 발전은 그 규모의 증가에 있었다. 뉴욕의 씨티 호텔City Hotel(1794-6)은 73개의 객실이 있었고, 애셔 벤자민Asher Benjamin의 보스턴 거래소 커피하우스Boston Exchange Coffee House(1806-9)에는 200개의 객실·회원제도서관·300명을 수용하는 식당·프리메이슨 회관 그리고 거래소가 있는 층에 5층 규모의 돔 천장을 가진 중앙 아트리움이 있었다. 1820년대

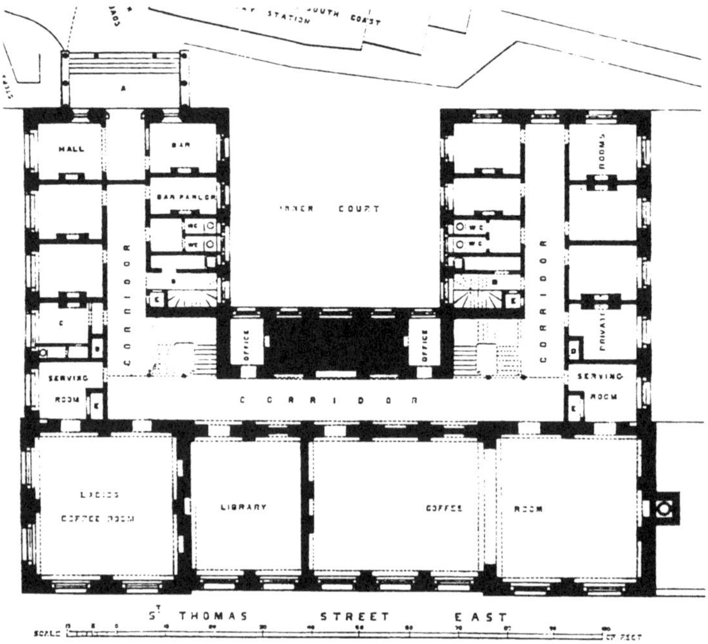

그림 6.11 런던 브리지 스테이션 호텔(1861), 2층 평면과 외관 전경
출처 : 미상(아마도 1860년대 발간된 *The Builder* 잡지 가운데 하나로 추정)

와 1830년대에 이르면 호텔들은 그 규모가 더욱 커졌다. 예를 들어, 볼티모어의 씨티 호텔(1825-6)에는 200개가 넘는 객실이 있었고, 보스턴의 트리몬트 호텔Tremont Hotel(1827-30)에는 170개의 객실이, 뉴욕의 애스터 하우스Astor House(1832-6)에는 309개의 객실이, 그리고 뉴올리언즈의 세인트 찰스 호텔St. Charles Hotel(1837)에는 600개의 객실이 있었다. 호텔이 고층화되면서 위생시설이 보다 정교해지기 시작하였다. 트리몬트 호텔에는 1층에 여덟 개의 옥외화장실이 중정의 후미진 구석에 있었고 지하층에 여덟 개의 욕실이 있었던 반면에, 애스터 하우스에는 17개의 욕실이 있었고 2층 이상에도 화장실들이 설치되어 있었다.

철도는 다양한 계급이 사용하는 호텔을 만들었다. 그 첫 번째 예는 최초의 패딩턴Paddington 역(1838)을 위해 주택 두 채를 개조한 프린스 오브 웨일스 호텔Prince of Wales Hotel이다. 런던브리지 역(1838)에 있던 브리지 하우스 호텔Bridge House Hotel은 처음부터 호텔로 지어진 첫 번째 사례이다. 유스턴 역을 위해 필립 하드윅Philip Hardwick이 '호텔'(애덜레이드 호텔)과 '기숙사'(1839)를 설계하였다. 기숙사에는 침실과 함께 조그만 휴게실 겸 드로잉룸 몇 개와 아침식사를 할 수 있는 커피룸이 있었다. 반면에 호텔은 좀 더 관습적이고 고급스런 전통에 따라 몇 개의 방을 붙여 쓰는 스위트룸과 완벽한 시설을 갖춘 식당이 있었다. 기차의 객차가 등급에 따라 구분되어 있었기 때문에 1등실 승객들은 철도 바로 옆까지 자신들의 마차를 타고 와서 마차를 무개화차 위에 실을 수 있었고, 그 마차에 그냥 탄 채 여행하거나 아니면 호화로운 철도 '마차', 즉 객차를 타고 여행할 수 있었다. 이런 계급구분에 의해 철도 역사 안의 공간의 모습이 결정되었으며, 이제 호텔에서도 동일한 계급구분이 나타나게 되었다.[24]

마지막 단계는 기차 정류장의 전면이나 측면에서 호텔과 역사가 결합되는 것이다. 이것은 건물 계획상 복잡한 문제를 일으켰다. 1층의 대합실과 매표소는 경제적인 계급에 의해 구분되었는데 대합실은 성별에 의해서도 구분이 이루어졌다. 승객들은 거리에서 기차가 있는 정류장까지 이동하는데 허락을 받아야 하였다. 여행객 · 비여행객 · 비투숙객으로 이루어지는 호텔 이용객들은 역과 거리로부터 모두 들어 올 것으로 예상되었고, 기차 승객들은 이들과 분리되어야 하였다. 앤드류G. T. Andrews의 요크 철도역 호텔York Station and Hotel(1840-1)은 이런 역사 겸 호텔의 초창기 사례 가운데 하나이다. 평면은 복잡하게 구성되었으나, 그럼에도 불구하고 전형적인 호텔의 특징들, 특히 커피룸과 무도회장 및 집회장과 같은 요소가 그대로 — 이런 요소들은 놀랍도록 오래 유지되었다 — 남아있다. 헨리 커리Henry Curry의 런던 브리지 스테이션 호텔London Bridge Station Hotel(1861)에는 커피룸 · 여성전용 커피룸 · 도서관이 있었는데, 이것들은 100년 이상 지속되어 온 공간적 전통에 따른 요소들인 것이다. 또한 이 호텔에는 위층에 150개의 객실이 있었다(그림 6.11).

고층화된 철도역 호텔과 독립적인 도시 호텔들은 매우 진보된 구조 · 건설 · 설비 · 승강기 기술이 없이는 실현될 수 없었다. 이런 기술의 진보에 대해서는 10장에서 다루어진다. 수압으로 작동하는 승강기는 1850년대부터 표준이 되었으며, 전 층을 관통하는 수직의 튜브와 같은 공간은 완전히 새로운 디자인 개념이었다. W. 모슬리Moseley와 A. 모슬리가 설계한 웨스트민스터 팰리스 호텔Westminster Palace Hotel(1858)은 5층 밖에 되지 않았지만 이와 같은 수직 터널을 갖고 있었다(그림 6.12). 1860년대에 300실을 갖춘 그로스버너 호텔Grosvenor Hotel은 호화로운 내부 시설보다도 수직 승강기로 더 많은 유명세를 탔다. 이 승강기들은 처음에는 화물운반용이었으나, 오래지 않아 승객들도 승강기의 안전성을 신뢰하기 시작하였다. 거리의 소음과 악취에서 멀리 떨어져 있는 지붕 아래 다락방이나 최고층(혹은 지하층)에 위치해 있던 하인침실과 숙박비가 가장 싼 객실이 승강기의 도입으로 접근이 용이해지자, 갑자기 가장 비싸고 인기 있는 방이 되었다.

24. 이전에는 호텔은 상류계급만이 사용하였다.

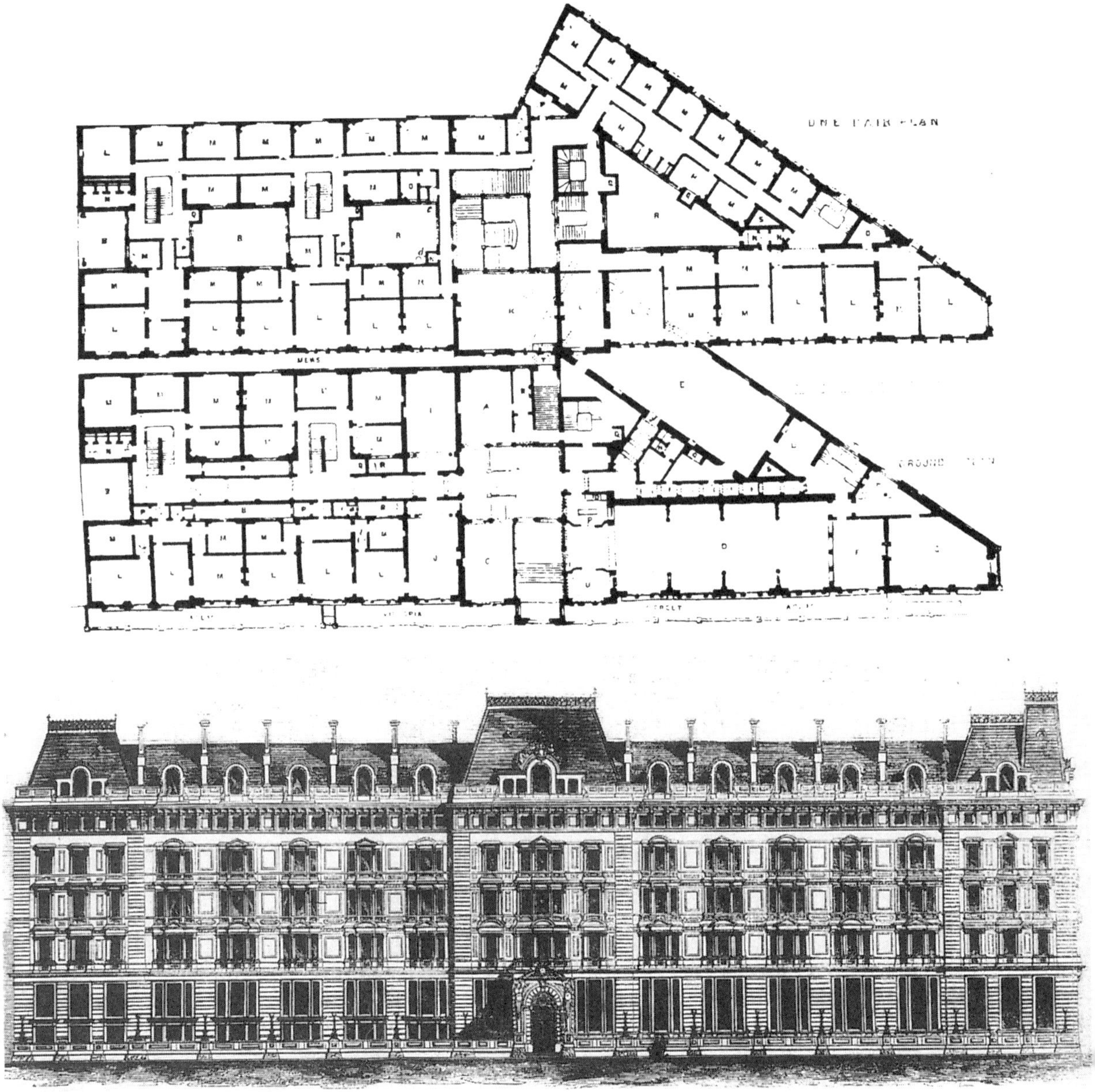

그림 6.12 웨스트민스터 팰리스 호텔(1858), 평면과 정면도
출처 : *The Builder*(1858) April 10

수세식 변소와 급배수 시설의 발전은 승강기만큼이나 혁명적인 디자인 변화를 불러왔다. 이러한 것들이 모든 층에 걸쳐 항상 일정하게 적절한 압력으로 유독한 냄새를 만들지 않으면서 작동될 때까지, 시저 데일리가 말했던 진정으로 '유기적인' 건물에 대한 비전은 하나의 꿈으로 남아 있었다. 하지만 일단 설비기술이 발전하자, 투숙객들('방문객')은 부드럽고도 빠르게 공간적으로 깊고(여기서는 높은 층) 사적이고 청결한 객실로 이동할 수 있었다. 반면에 호텔의 공적인 공간은

여전히 대저택이나 궁전 혹은 클럽에서처럼 눈에 잘 띄는 공간적으로 얕은 곳에 남아 있었다. 두 개의 구역 — 하나는 과시적인 사회적 교류를 위한 구역이고 다른 하나는 사적이고 위생적인 피난처 — 은 함께 재창조/레크리에이션을 위한 환경을 만들어 내었다.

호텔에서 모순되는 공간구조가 발달되었다. 소유주들 — 철도 회사나 상업적 개발업자 — 은 '거주자' 로서 공간구조상 깊은 곳에 위치해야 한다. '방문자' 는 바깥쪽 얕은 곳의 고리형 순환동선 상에 위치해야 한다. 그러나 실제로는 방문자들은 얕은 곳과 깊은 곳 모두에 위치한다. 시장의 작동원리에 의해서 방문자는 소유주를 자신을 위해 일하는 대리인이나 하인처럼 부릴 수 있으며 깊은 거주자의 공간을 살 수 있는 권력을 얻는다. 여기서 공공시설에서의 권력 없는 '방문자' 공간이라는 함의는 존재하지 않는다. 하지만 이와 같은 호텔의 공간구성은 일반적인 공공시설의 거주자와 방문자간의 공간적 관계가 전도된 것이 아니다. 왜냐하면 '거주자' 또한 두 개의 영역을 차지하도록 강요받기 때문이다. 그들은 얕은 곳에서 짐꾼이나 웨이터로 일하고, 깊은 공간에서 경영 · 금전관리 · 인사관리를 담당하면서 두 지역 모두에서 봉사자로 일하는 것이다.

근대 시장체계 하의 감옥과 궁전을 비교한 즈네Genet의 글은 새로운 의미를 얻는다. 경제력이 있는 사람은, 마치 식민지 체계에서처럼, 모든 공간 — 가깝거나(얕거나) 먼(깊은) — 에서 거주할 수 있다. 당대의 궁전이었던 도시의 호텔은 공간구조에 있어서 감옥과 닮았으며, 때때로 개혁적인 감옥 디자이너가 감옥의 겉모습을 궁전처럼 위장하려는 충동의 결과로, 심지어 형태도 비슷해지곤 한다. 단지 추상적인 운영법과 규칙으로부터 추출된 기능상의 명칭만이 그 둘을 구별해 줄뿐이다.

3부 건물과 지식

PART III

BUILDINGS AND KNOWLEDGE

서론

2부에서 살펴보았던 건물유형은 사회적 관계를 생산하는 것이었다. 3부에서는 지식knowledge을 생산하는 건물들에 대해 논의한다. 건물은 몇 가지 방식으로 지식을 생산한다. 그 하나는 박물관이나 미술관 그리고 도서관에서처럼 사물을 수집하고 저장하며 전시하는 것이다. 이런 건물들은 근대 시대에 이르러 제한된 엘리트의 영역으로부터 공공의 영역으로 편입되었다. 또한 동물원과 식물원도 살아있는 표본들을 수집함으로써 과학과 의학으로부터 대중교육으로 향하는 통로가 되었다. 한편 파노라마와 디오라마에서는 교육과 오락을 절묘하게 혼합시킴으로서 지식을 생산할 수 있었다. 그밖에 생산과 교역을 찬미하는 박람회를 통해서도 지식이 생산되었다. 대부분의 박람회 건물들은 한시적인 건물이었다.

지식을 생산하는 일반적인 방식은 가르치는 것이다. 교육공간 가운데 특징적인 것으로 강의극장lecture theatre이 있는데, 이 명칭은 많은 경우에 사회적 관계와 지식이 공통의 기원을 갖고 있음을 반영한다. 예를 들어 런던의 왕립연구소Royal Institution[1]에 설치된 강의극장은 기능인을 위한 좌석과 '교양 있는' 관객을 위한 좌석이 구분되어 있었으며 별도의 문으로 출입하였다.

지식은 권력이므로, 심지어 왕정복고[2] 직후와 같은 문화적으로 척박한 시기에도, 지식을 생산하는 건물과 그 내용물에 국가 · 도시 · 왕족과 귀족 · 식자층 그리고 교회가 막대한 자금을 투자한 것에 놀랄 필요는 없다. 그리고 노동자 계급이 권력을 획득한 이후에는 노동자 계급 역시 지식창달에 거금을 투자하였다.

박물관과 미술관 그리고 도서관은 프랑스 혁명 이전부터 설계경기에 붙여졌으며 프랑스의 아카데미에서 교육되기 시작하였다. 오랜 기간 동안 신성하고 고귀한 주제만을 다루던 그랑프리[3]는 1744년부터 1846년에 이르는 백 년 동안에 도서관 · 박물관 · 전시실 · 동물원 · 식물원 등 10개의 주제를 갖게 되었다. 르두Ledoux · 블레Boullée · 듀랑Durand과 같은 건축가들이 설계한, 돔으로 된 판테온 · 그리스 십자가 평면의 미술관 · 축을 중심으로 배치된 거대한 정원 등과 같은 초기 시설들은 기능적으로 탐구되기보다는 형태에 중점이 두어졌다.

여기서 다시 한번 익숙한 패턴이 반복된다. 먼저 다목적의 집합체가 전문화된 유형들로 분화된다. 하지만 어느 순간이 되면 이것들은 개별적인 전문성을 유지한 채 새로운 거대유

1. 1800년 영국 런던에 과학의 보급과 연구를 위하여 설립한 기관
2. 1660년 영국 찰스 2세의 복위를 의미함.
3. 로마대상Grand Prix de Rome을 말한다. 프랑스 정부에 의해 예술을 전공하는 학생들을 대상으로 매년 실시된 장학생 선발제도로 1663년 시작되었다. 회화 · 조각 · 건축 · 판화(에칭) 부분이 있었으며 1803년 작곡 부분이 추가되었다. 수상자는 정부의 장학금으로 로마에 있는 프랑스 아카데미에서 3년에서 5년간 수학하는 특혜가 주어졌다. 건축 부분은 파리와 관련된 관청건물이나 복합기능을 갖는 건물이 주요 소재였다. 1968년에 폐지되었다.

형supertype으로 통합된다. 초기의 도서관들은 회화와 조각 그리고 자연사와 관계된 진기한 물건과 보물을 수집했으며, 해부학 극장에는 해부학 박물관이 함께 있었다. 이렇게 함께 모여 있던 다양한 구성요소들은 독자적인 전문유형으로 발전한 후에 다시 거대유형으로 통합되었는데, 대영박물관the British Museum처럼 단일 건물로 수렴되거나 아니면 사우스켄싱턴South Kensington[4] 지구에서 보듯이 여러 건물들이 한 장소에 집단적으로 무리를 이루게 되었다. 심지어 애시니움Athenaeums[5]이나 기능공 학교mechanics' institutes[6]와 같은 규모가 크지 않은 기관들조차 도서관과 박물관뿐만 아니라 강의실까지 갖춘 거대유형이 되었다.

나는 이미 집단으로 분류하는 것grouping과 순서를 정해 나열하는 것sequencing이 어떻게 지식의 특정 부분에 관한 이론에 의존하는지를 살펴보았다(도서관의 경우는 모든 지식에 관한 이론에 의존한다). 이론을 바탕으로 분류가 이루어지며, 분류의 결과가 공간 안에 표현된다. 전문가와 이론은 감추어지지만, 이론의 결과물[분류]은 전체 모습이 드러나 보인다.

교육을 위한 건물에서, 가령 해부학을 예로 들면, 이론은 강연 · 표본 · 실험을 통해서 발표된다. 전체 이론은 하나의 강좌, 즉 교육과정 · 프로그램 · 강의계획으로 뒷받침되는 일련의 강의를 통하거나 또는 텍스트text를 통해서만 파악될 수 있다. 박물관의 경우와 마찬가지로 이론은 드러나지 않으나 한 번에 조금씩 내용을 공개하는 전문가[강사]는 보인다.

박물관은 하나의 분류하는 장치classifying device이므로 방문객은 계속적으로 공간 사이를 움직여 다니면서 전체 체계를 발견한다. 한편 강당에서 방문객은 한 곳에 정지해 있으면서 전체 체계의 파편[전체 강좌의 일부분]을 발견한다.

여기서 실제적인 문제가 대두되었다. 미술관의 예술품 · 박물관의 수집품 · 도서관의 장서는 이용자들이 볼 수 있어야 하고, 교육하는 강사는 모습이 보여야 할 뿐 아니라 목소리도 들려야만 한다는 점이다. 이와 같이 보는 것과 듣는 것은 매우 중요하였으므로 지식의 생산을 위한 건물에 있어서 핵심과제가 되었고, 디오라마나 파노라마에서는 환상적인 효과를 내는 발명들이 장려되었다. 전통적으로 음향과 조명에 관한 디자이너의 독창적인 발명은 극장에서 요구되었으나, 이제 새로운 과학의 도움에 힘입어 이런 발명들은 지식을 생산하는데 이용되어졌다.

4. 영국 그레이터 런던 중부 켄싱턴 앤드 첼시 구의 한 지역. 자연과학 관계의 박물관이 많고, 임페리얼 칼리지(공과대학)와 함께 교육 지구를 형성한다.
5. 플라톤이 아테네에 세운 교육기관으로부터 유래. 문예(과학)진흥기관 · 문예(과학)연구회 · 도서관 · 독서실을 의미하기도 한다. 주로 부르주아 계급이 이용하였다.
6. 기능공 학교의 출발은 18세기 말에 스코틀랜드에서 시작되었다. 글래스고 대학교의 교수였던 존 앤더슨과 조지 버크벡은 글래스고의 노동자들을 위하여 무료 강의를 시작하였다. 1796년 앤더슨이 사망하면서 그의 유산으로 존 앤더슨 학교가 설립되었고 여기서 최초의 기능공 학교가 파생되었다.

공간 속의 사물

컬렉션collection을 위한 건물은 그 수집물의 분류에 적합한 사용 및 동선 프로그램에 기초한다. 나는 이미 예술론이 어떻게 글래스고의 버렐 갤러리Burrel Gallery에 숨겨져 있는지, 그리고 런던의 자연사박물관Natural History Museum에 진화론이 적용되어 있음을 보여주는 페포니스Peponis와 헤딘Hedin의 증거를 설명한 바 있다.[7]

형태form는 또한 적어도 세 가지 방식으로 컬렉션을 위한 건물에 공헌한다. 첫 번째는 도상학적[8]이다. 던컨Duncan과 왈락Wallach(1980)은 프랑스 혁명 이후에 공화정 권력을 국가의 수호신으로 표현하는데 이미지 · 장식 · 스케일 그리고 형태가 어떻게 조작되고 활용되었는지를 보여준다. 메이슨Masson(1981)은 어떻게 벽화와 조각들이 우화적으로 그리고 상징적으로 도서관의 내용물을 표현하고 있는지를 검증하였다. 옥스퍼드 보들리안 도서관Bodleian Library[9]의 설립자인 토머스 보들리Thomas Bodley경의 무덤을 장식하고 있는 중세의 자유 7과목, 즉 문법 · 논리학 · 수사학 · 산수 · 기하 · 천문 · 음악을 나타내는 우화적인 인물들은 '그림으로 된 카탈로그' 이며, 기둥과 필라스터[10]는 고전적인 오더Order[11] 대신에 책을 쌓아올린 모양으로 대체되었다.

두 번째로, 형태는 2차원 평면과 3차원 볼륨을 통하여 작동한다. 포간Forgan(1986, 1989)은 어떻게 과학 패러다임과 교육 패러다임이 강의극장의 관객석 형태에 영향을 미치는지에 대해 보여준다.

그러나 세 번째 방식으로, 형태는 패러다임이나 강의의 도구와는 상관없이 그 자체로 작동한다. 때때로 형태는 수용하는 것[건물]과 수용되는 것[사물]을 일체화시킨다. 고정된 장소, 예를 들어 벽감[12]이나 방 또는 사원과 같은 축의 끝점에 위치한 전시물은 실제적으로 혹은 형이상학적으로 건물구조의 일부가 된다. 예술품들이 궁전이나 정원에 설치되어 있으면, 형태언어는 풍부해지고 궁전이나 정원 소유자의 신분은 격상된다.

계몽주의의 합리적인 격자 그리드와 산업혁명의 기술은 수집물을 위한 새로운 형식의 건물을 발생시켰다. 안전하고 채광이 잘 되는 창고식 건물이 그것이다. 과거에 수집물이 주로 보관 · 전시되던 궁전에 대한 추억이 희미하게 남아있었음에도 불구하고, 대부분의 19세기 미술관들은 내용물과 관련이 없는 중립적 공간이었으며 전시물의 종류와 전시순서에 관계없이 사용될 수 있었다. 오늘날에는 또 다른 전략이 가능하다. 즉, 건물 자체를 전시물로부터 독립적인 하나의 조각작품으로 만드는 것이다.

7. 1장을 참고하라.
8. 종교 · 신화 및 그 밖의 관념체계상 어떤 특정한 의의를 지니고 제작된 미술품에 나타난 인물 또는 형상의 상징성 · 우의성 · 속성 등을 비교하고 분류하는 미술사 연구방법.
9. 토머스 보들리가 옥스퍼드 대학교에 기증한 장서로 설립된 도서관으로 1602년에 개관하였다. 영국에서 대영도서관 다음가는 규모의 도서관으로 옥스퍼드 대학의 주 연구도서관이다.
10. 벽면에서 약간 돌출되어 있는 사각기둥. 대개의 경우 구조적인 역할은 없고 장식적으로 사용된다.
11. 기둥 몸체와 그것에 직접 연결되는 부분의 형태와 상호 비례, 각 부분을 짜 맞추는 양식을 총괄하는 건축용어. 그리스의 도리아식, 이오니아식, 코린트식 오더 등이 있다.
12. 조각상彫刻像 등을 두기 위한 벽의 움푹 들어간 곳

어떤 형태를 선택하는가하는 문제는 건물 자체가 역사적 기념물일 경우 특히 곤혹스럽다. 스카르파Scarpa는 베로나의 카스텔베치오Castelvecchio 박물관[13] 리노베이션에서 꼼꼼한 고고학적 접근을 시도하였다. 스카르파는 발굴 결과에 맞추어 건물의 증축과 전시물의 배치를 결정하였다. 같은 맥락에서 개슨Gasson은 글래스고의 버렐 갤러리의 공간조직에 맞춰 전시를 계획하였다. 한편 포스터Foster가 설계한 세인즈버리 시각예술센터Sainsbury Centre는 '창고식' 전통에 속한다. 비록 건물에 하이테크 기술이 적용됨으로서 새로운 형태적 은유가 창조되지만, 그것이 전시물을 화석화하지는 않는다. 슈투트가르트의 슈타츠갈레리에Staatsgalerie[14]에서 스털링Stirling은 회화가 전시되는 중립적인 창고식 전시실과 조각으로 인지되는 기념비적인 동선공간을 조합하고 있다. 벤츄리Venturi와 스코트Scott는 런던 내셔널 갤러리National Gallery를 증축[15]하면서, 핵심적인 수집물인 르네상스 회화를 시각적으로 중요한 축 위에 배치함으로써 전통적인 궁전의 공간구조를 채용하였다.

프로그램과 교본 이외의 다른 텍스트들, 즉 컬렉션의 일부를 이루는 물품명세 · 목록 · 안내물 · 색인 · 카탈로그 등도 공간조직의 형태를 결정한다. 이런 텍스트들은 수집품을 요약하므로 수집품과는 별도로 존재한다. 그것들은 특별히 준비된 공간에 위치하며, 어떤 경우에는 방문자의 접근이 금지되기도 한다.

한 가지 종류의 컬렉션에서는 이런 텍스트들이 그들이 지칭하는 물품들과 형태가 동일하여 모호한 경우가 있는데, 이 경우 텍스트들은 반드시 방문자의 접근이 가능해야 한다. 도서관이 바로 그 경우이다. 문헌안내서 · 색인 · 편람 · 서지(서지의 서지도 포함) 그리고 무엇보다도 도서목록은 수집품과는 별도로 위치한다. 그러나 이러한 것들도 텍스트이므로 어떤 특정 도서 컬렉션의 도서목록은 그 자체가 전체 도서목록에 한 항목으로 포함될 수 있다. 이런 논리적 관계는 안과 밖이 동시에 연결되는 클라인의 항아리[16]나 도넛의 시각적 관계만큼이나 복잡하다. 이러한 모호성을 피하기 위해서 도서목록은 특별한 위치에 놓여져야 하며, 수집물의 일부로서 '안쪽의' 적당한 주류class[17] 밑에 위치해서는 안 된다(그러나 다른 도서관의 도서목록은 안쪽의 적당한 주류 밑에 위치한다). 그것이 지칭하는 장서들은 지식 전체를 포함한다. 그러므로 도서목록은 지식 전체를 축약해 놓은 것이다. 도서목록은 그 형태에 관계없이, 장정한 책이나 색인카드 또는 컴퓨터 데이터베이스의 형태로 수집물 '밖에' 존재한다. 이의 창조와 통제는 전문사서의 권력을 규정한다. 그것은 지적으로, 형태적으로, 그리고 공간적으로 도서관의 중심에 있다.

지식의 보고

도서관은 오랜 역사와 존재론적 전체성으로 인하여 하나의 원형原型, archetype이 되었다. 도서관은 생겨나면서부터 책과 함께 지식과 관련된 다른 형태의 사물들을 소장하였으므로, 후대의 박물관과 미술관의 전형典型, prototype이 되었다. 따라서 지식을 생산하는 건물을 논의할 때 도서관은 좋은 출발점이 된다.

글을 읽고 쓸 줄 아는 것은 지식의 확장을 위한 도구이자 지배를 위한 도구이다. 문자해독 능력이 법정과 관료제를 통해서 글을 쓸 줄 모르는 사람들로부터 땅을 양도받는 수단이 되어 왔음을 인류학자들은 지적하였다. 유언장 · 법정증언 · 성문법 · 재산증서는 권력의 불균형을 가져왔으며 이런 문서들이 작성되고 저장되며 사용되는 공간은 특권을 누리게 되었다. 따라서 일반 대중의 문맹률을 낮추기 위해서 값싼 도서의 보급과 누구에게든 개방된 도서관 공간이 요구되었을 때,

13. 베로나 시에 위치한 고고학 박물관으로 1958년부터 이탈리아의 건축가 카를로 스카르파(Carlo Scarpa, 1908~1978)와 박물관장 마가냐토Magagnato의 긴밀한 협력을 통해 대대적인 발굴과 리노베이션이 이루어졌다.
14. 영국의 건축가 제임스 스털링James Stirling의 설계로 건설된 신현대미술관(1977~1983).
15. 세인즈버리관(1991년 완공)을 의미한다.
16. 뫼비우스의 띠와 같이 바깥쪽과 안쪽을 구별할 수 없는 단측곡면單側曲面의 한 예. 클라인병 · 클라인면 · 클라인관이라고도 한다.
17. 도서관의 서지분류상 최상위에 해당하는 분류단위

그림 7.1 1610년의 레이덴 대학교 도서관, 코넬리스 분다누스 그림
출처 : 코넬리스 분다누스의 판화(1610), 대영박물관의 허가에 의해 복사함

기득권 세력과 대중 사이에 충돌이 발생하였다. 엘리트 계층은 더 이상 책과 건물의 물질적인 측면을 통제하기보다는 책의 내용과 조직을 통제하려 하였다. 문맹탈출의 역사에 있어서 지식의 통제와 확산이라는 이중성이 항상 존재하였으며, 이 이중성은 도서관의 공간적 배치를 결정하였다.

독서행위는 사람들을 두 개의 물질적 실체, 즉 책과 그것을 이용하는 공간으로 불러 모았다. 로쉬Roche는 다음과 같이 기술하였다.

> 책과 그것이 다양하게 이용되는 공간과의 관계를 통하여, 사회 · 정치 · 교육 조직이 눈에 보이지 않는 추상적인 실체로 존재하는 방식, 그리고 교육받은 자와 일반대중의 습속習俗을 규정짓는 방식을 이해할 수 있다.
>
> (Roche 1979: 141)

그는 책과 관련된 공간을 생산과 판매를 위한 공간, 개인적인 독서를 하기 위한 사적인 공간 그리고 '책을 보존하고 회람하기 위한 특권적인 공간, 즉 도서관'으로 구별하였다.

사적이며 '특권적인' 공간은 접근이 제한되었다. 그런 도서관들은 기능적으로 단순한 프로그램을 갖고 있었다. 튼튼한 외벽, 필사본과 서적을 위한 안전한 수장고, 도서목록에 의거하여 소장도서의 확인이 가능할 것, 장서의 공간조직과 관련되어 있는 도서목록의 도움으로 신속하게 소장도서를 찾을 수 있을 것 그리고 안락한 열람공간 등이다.

중세의 수도원과 대학 부설 도서관들은 벽에 대해 직각으로 놓여 있는 평행한 책장들과 사람들이 앉거나 서서 책을 읽을 수 있는 좁고 긴 공간이 교대로 배열되어 있었다. 이런 서가 배열은 창문 위치와 일치하였다. 오고먼O' Gorman(1972)은 이렇게 폭이 좁은 북유럽의 스투디움[18]식 공간과 폭이 넓고 볼트천장을 갖는 중세 후기 이탈리아의 '바질리카식[19]' 도서관을 비교하여 설명하였다. 바질리카식 도서관은 기둥 열에 의해 중앙의 신랑nave과 그 양쪽에 위치한 측랑aisles으로 삼분된다. 클라크Clark(1901)의 도서관 가구에 대한 분류는, 연도에 대해서는 논쟁의 여지가 있으나, 대체로 널리 받아들여지고 있다(Morrish 1973-5: 87-107). 그는 먼저 '낭독대lectern' 형식을 찾아냈다. 책들은 한쪽 경사면을 가진 책장이나 양쪽 경사면을 가진 책장에 놓여 있고, 책 읽는 사람은 이 경사면을 마주보고 서거나 앉을 수 있었다. 책들은 대개 사슬로 묶여 있었고 낭독대 아래의 선반에 보관되기도 하였다. 이 형식은 예배의식으로부터 차용되었다. 좌석은 한 개나 두 개였으며, 이동식과 고정식이 있다. 레이덴Leyden 대학교 도서관을 묘사한 1610년 도판(그림 7.1)은 책을 읽는 사람들이 발판을 사용하여 서있는 모습이 표현되어 있는데, 이는 낭독대가 위로 발전한 것을 보여준다. 클라크는 이것을 두 번째 시스템, 즉 '진열대stall' 형식으로의 전이로 보고 있다. 진열대 형식은 한 방향 또는 등을 맞댄 좌석을 책장이 딸린 칸막이로 구획하는 방식으로, 17세기 옥스퍼드나 케임브리지 대학 도서관에 나타났다. 이런 형식의 가장 초기의 것(1598-1602)은 옥스퍼드 보들리안 도서관의 사서였던 토머스 제임스Thomas James에 의해 세워졌다.

출판기술의 발전 그리고 이에 따른 서적의 출판과 이용의 폭발적인 성장은 더 많은 열람공간과 서가공간을 요구하였다. 이런 요구를 해결하기 위하여 중앙은 독서 공간으로 남겨두고 측벽과 끝벽에 책장을 설치하게 되었다. 이것이 세 번째인 '벽

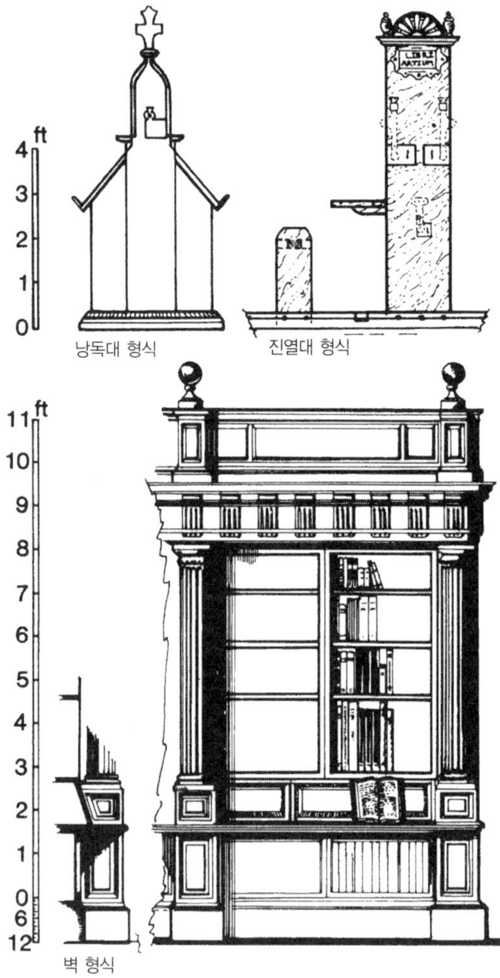

그림 7.2 '낭독대', '진열대' 및 '벽' 형식 서가
출처: Clark(1901)의 도면을 기초로 저자 작성

18. 라틴어로 '열의 또는 연구'를 의미하는 단어인 스투디움studium에서 비롯된 것으로서 중세의 대학 또는 연구소를 의미한다.
19. 원래 고대 로마의 공회당 건물이었으나 기독교가 이를 교회당으로 채용하였다. 전체 평면은 직사각형이고 단변 쪽으로 출입하므로 장축형 공간을 이룬다. 내부공간은 열주에 의하여 중앙의 신랑과 좌우측의 측랑으로 구분된다.

wall' 형식이다(그림 7.2). 밀라노에 있는 보로미오Borromeo 추기경의 암브로지아 도서관Ambrosian Library에서는 계속된 확장의 결과로 회랑이 생겨나게 되었다(1603-9). 렌Wren[20]은 트리니티 대학에 진열대 형식과 벽 형식의 혼합 시스템을 도입했는데(1676) 진열대 사이의 구획은 소규모 열람실이 되었다. 벽 형식은 19세기를 주도하였고 여전히 널리 사용되고 있다.

제임스는 보들리안 도서관에서 선반별로 소장도서의 내용을 목록화하여 각 진열대 끝에 기록하였다. 이것이 진열대 당 한 쪽으로 된 그의 인쇄된 첫 번째 도서목록(1605)의 기초가 되었다. 그는 공간과 가구배치에 도서목록과 동일한 구조를 부여하였다. 레이덴 도서관을 묘사한 도판에서 볼 수 있는, 예술가에 의해 진열대 위에 대담하게 각인된 글씨는 도서목록의 분류체계와 순서를 보여준다. 어떤 주제에 속한 진열대 구획의 수는 장서의 수와 크기에 의해 결정된다. 반면에 도서목록의 쪽수는 단지 장서의 수로 결정된다.

주제분류가 점차 세분화되면서 알파벳순으로 된 저자색인이 필요하게 되었다. 다양한 주류[21] 아래 나타나는 같은 주제의 여러 측면들은 알파벳순으로 된 주제색인으로 통합되었다. 두 가지 모두 지식의 다차원적인 속성을 극복하기 위한 노력을 보여준다. 철학자가 사서인 경우에는 진리탐구방법과 서적의 분류 그리고 공간조직 간의 일치성이 가장 잘 드러난다. 베이컨Bacon으로부터 칸트Kant에 이르는 과학적 지식을 일관성 있는 개념도식schemata[22]으로 통합하려는 시도 가운데, 가장 두드러지는 인물은 라이프니츠Leibniz[23]였다. 그는 지식의 폭발로 인해 위협받는 학문적 혼돈의 재앙을 피하기 위하여 '일목요연한 백과사전'을 꿈꾸었다. 라이프니츠에게 '무섭게 증가하는 엄청난 양의 책 더미'(McRae 1961: 70에 의해 인용됨)에 대한 공포는 구체적이고 실제적인 문제였다. 서로 반대되는 목적으로 책들이 출간되면서 지식은 파편화되고 학문은 분열되었다.

라이프니츠는 1676년 뤼네부르크 공작인 프리드리히John Frederick의 궁전고문 겸 사서로 초청되어 하노버로 갔다. 1690년에는 볼펜뷔텔Wolfenbüttel의 아우구스투스 2세Augustus the younger[24]가 설립한 규모가 크고 널리 알려진 도서관을 운영하도록 임명되었다. 그는 여기서 비록 제대로 실행에 옮겨지지는 못했으나, 이런 철학적 탐구에 기반을 둔 분류체계를 만들어 낼 수 있었다. 더욱이 그는 유럽 최초로 수도원에 부설되지 않은 처음부터 도서관으로 계획된 세속적인 도서관의 건립을 감독하였다.

그는 유럽의 분류시스템들, 특히 주제별 도서목록과 저자별 도서목록을 모두 고집한 노데Naudé[25]의 1627년도 체제에 익숙하였다(Newman 1966). 라이프니츠가 모든 지식이 총망라되어 있는 종합적인 백과사전에 대한 생각을 발전시키기 시작할 때, 그는 불과 22세였다. 이 백과사전에서 모든 지식은 알파벳순으로 분류된 주제 아래 정리될 것이다. 표제어에 있는 기본적인 개념은 기호로 표현되고 서로 결합되어져서 복잡한 개념을 형성하게 될 것이다[26](Couturat 1901). 궁극적으로 백과사전은 책의 필요성도 함께 제거시켜버릴 것이다!

그의 고용계약에는 도서관 행정이나 장서의 조직에 대한 변경을 금지하는 조항이 명시되어 있었으므로, 주제별 도서목록을 편집하는 것이 불가능하였다. 대신에 그의 생각을 두 가지 별형別形(긴 것과 짧은 것)으로 출판하였고 초기의 저자

20. Wren, Christopher(1675~1723). 영국의 건축가. 대표작으로 런던의 세인트 폴 성당이 있다.
21. 서지분류에서는 통상 주류 · 강 · 목 · 세목의 계층적 분류법을 사용한다.
22. 과학이론 또는 그 정식화의 기초가 되는 비이론적인 정식화의 총칭. 경험적으로 테스트를 받지 않고, 이론의 내부에서 연역적 정밀화와 포괄적 이론의 확인을 돕는 데 쓰인다.
23. Leibniz, Gottfried Wilhelm von(1646~1716). 독일의 철학자 · 수학자 · 법학자 · 신학자 · 언어학자. 1676년 이후 하노버가의 궁전고문이나 도서관리 등의 일을 맡아 죽을 때까지 이 자리에서 여러 방면의 활동을 하였다.
24. Duke August II of Brunswich-Wolfenbüttel(1579-1666)을 의미한다.
25. 프랑스의 서지학자(1600~1657). 역사상 최초의 도서관 개론서인 『도서관 건립을 위한 조언』(1627)을 발간하여 도서관학의 기초를 마련하였다. 또한 학문을 12개의 분야로 구분한 독창적인 분류법을 창안하기도 하였다.
26. 라이프니츠는 인간의 사고과정을 기호화해서, 기호들 사이의 연산에 의하여 완전한 결론을 유도하는 것을 생각하였다. 이것이 오늘날의 명제계산命題計算 사상으로, 라이프니츠는 이런 사고방식에 많은 관심을 가졌다.

별 도서목록을 완성하는 엄청난 일을 수행하였다. 두 권으로 출간된 책의 실제적인 배열은 게스너Conrad Gesner[27]의 1548-9년 체계를 기초로 하고 아우구스투스가 만든 23개 주류를 유지하였으나, 네 개의 주류를 삭제하고 세 개의 주류를 대체하였다. 각 주류에 속한 장서는 체재體裁에 의해 세분되었고, 고정된 서가의 위치에 의거하여 번호가 붙여졌다. 서가일람 도서목록은 출발부터 유지되었다(Newman 1966: 30과 Schulte-Albert 1971: 140).

라이프니츠는 도서관을 지식의 창고('magasin de science')로 간주했으며 그의 백과사전은 이의 인쇄된 등가물이라고 생각하였다. 하지만 아무리 도서목록과 색인 체제가 복잡하고 정교하더라도, 실제 서적이 서가에 일렬로 정리되어 차지하는 공간은 논리와는 상반되는 제한을 받기 마련이었다.

> 많은 경우에 동일한 진리가, 그것이 포함하고 있는 조건들에 의해서, 또는 그것이 의존하고 있는 중개 조건이나 원인에 의해서, 그리고 그것이 가져올 수도 있는 추론과 결과에 의해서 다른 장소에 놓이기도 한다. 단순한 정언 명제는 단지 두 개의 조건만을 갖지만 가언 명제는 복잡한 진술이 아니더라도 네 개의 조건을 갖는다.
>
> (Leibniz 1896: 623)

서적 사이의 다차원적인 관계를 무시하고 사서에게 많은 관계들 가운데 하나만을 선택하도록 강요하는 선형성linearity을 극복하기 위해서는, 알파벳순으로 분류된 주제별 색인이 매우 중요하다. 주제별 분류를 통해서 이용자는 '찾는 용어가 충분하고도 분명하게 포함되어 있는 모든 명제들을 한꺼번에 발견할 수 있다. . . 색인은 하나이며 동일한 주제와 관련된 중요한 명제들이 발견되는 장소를 지시해야 한다'(1896: 625). 철학자가 아니라 사서의 입장에서 본다면, 그리고 '명제'를 '책'으로 대체한다면, 라이프니츠 이전과 이후의 모든 분류체계들이 곤란을 겪어온 영구적으로 발생하는 문제, 즉 단일 주제를 다룬 모든 책들과 단일 저자가 저술한 모든 책들을 공간 안에 배치하는 문제에 직면한다. 계층적 분류(듀이분류법[28]이나 UDC도서분류법[29]과 같은)와 다차원적 컴퓨터 데이터베이스와 같은 복잡한 시스템이 발달했음에도 불구하고, 책들이 서가에 꽂히는 한 이 문제는 계속될 것이다.

개개의 책은 진화의 줄기로부터 뻗어 나온 가지 끝에 달려 있는 것이다. 리처드슨Richardson(1935: 3-5)은 가지 끝에서 출발하여 점차 더 상위의 범주로 이동하는 것은 나무를 따라 뿌리 쪽을 향하여 여행하는 것과 같다고 말한다. 분류는 진화과정과는 반대로, 복잡한 것에서 출발하여 단순한 것으로 끝난다.

지식(또는 개개의 서적)을 분야에 따라 공간에 정렬하는 것은 기억술과 밀접하게 연관되어 있다. 프랜시스 예이츠Frances Yates(1984)는 일어난 사건이나 생각들을 건물의 특정한 장소와 연관시켜 암기하는 '기억술[30]'에 대해 잘 설명하고 있다. 이런 기억술은 카밀리오Camillio의 유명한 16세기 기억극장memory theatre에서 극명하게 나타난다. 여기서 자연계와 초자연계를 포함하는 전체 우주는 일곱 개의 단으로 된 반원형 건물 안에 표현되어 있는데 무대에서 모든 것이 다 보이도록 되어있다. 각 단에 위치한 이미지들은 각각 지식의 일부분을 나타낸다.[31]

27. 스위스의 박물학자(1516~1565)로 언어학에도 깊이 통달하여 여러 나라의 도서 및 목록을 번역하여 『도서총람Bibliotheca universalis』(20권, 1545~1555)을 출판하였다.
28. 미국의 근대 도서관계의 지도자 듀이(1851~1931)가 1876년에 개발한 10진 분류법으로 현재 세계에서 가장 널리 보급되고 있는 도서 분류방법이다.
29. 국제십진분류법. 근대적인 도서관의 도서분류법으로서 최초로 고안된 것이 듀이십진분류법Dewey Decimal Classification:DDC인데, 이 DDC에 각종의 부호를 배합하면 '국제십진분류법(UDC)'이 된다.
30. 이미지를 활용한 기억술의 한 방법으로 고대부터 르네상스 시대까지 널리 행해졌다. 기억의 대리물인 이미지들은 상징적인 공간에 배치되며 종종 건물로 표현되었다. 일단 이런 '마음속 지도'가 마련되면, 마음속으로 그 건물의 내부를 걸어 다니며 기억하면 되었다.
31. 이궐리오 카밀리오의 기억극장은 7개의 단과 7개의 열로 된 객석과 이를 바라보는 무대로 이루어진 반원형 극장의 구조로 되어있다. 객석 자리에는 문서들과 사물들을 보관하는 장들이 위치하며 각 장들 위에는 내용물에 적절한 그림이 걸려있다. 수평적인 단들은 첫 번째 원인으로부터 마지막 결과로의 이동, 즉 천사장으로부터 속세의 현실적인 행위들로의 이동을 나타내며, 수직적인 축들, 즉 7개의 열에 속한 출입문들 위로는 7개의 행성들 중 하나가 위치하는데 이는 각 행성들이 각각의 학문들을 상징하기 때문이다.

각 단의 아래에는 필사본 뭉치가 보관되어 있는 서랍이 있다. '마치 정교하게 장식된 서류 캐비닛처럼 보인다' 고 인정하면서도, 예이츠는 이 건물의 미덕은 '기억이라는 개념을 우주와 유기적으로 맞물리도록 한 아이디어' 에 있다고 주장한다. 이 모든 것은 중세와 르네상스 시대의 신비주의에 그 뿌리를 두고 있다. 즉 카발리즘[32] · 신플라톤주의 · 헤르메스주의[33] · 점성술 · 오컬트[34] 등으로, 예이츠는 이러한 전통을 아리스토텔레스로부터 13세기의 라몬 룰Ramon Llull[35]까지, 그리고 조르다노 브루노Giordano Bruno[36] · 존 디John Dee[37] · 로버트 플러드Robert Fludd[38]와 장미십자단[39]을 거쳐 라이프니츠까지 추적하였다. 그녀는 룰이 기호symbols를 활용한 방법을 기호논리학, 특히 미적분학의 발명과 연결시켰다.[40] 라이프니츠의 보편적 백과사전과 기호 언어는 기억술의 유기적인 결과물이다. 예이츠의 연구를 통해서 우리는 도서관 서가에 장서를 체계적으로 배열하는 것을 기억과 백과사전과 연관시켜 이해할 수 있다. 모든 신비주의자들은 굉장한 양의 텍스트를 수집했으며, 디Dee에 관한 프렌치French(1972: 40-61)의 연구에 따르면 문서들을 정리하고 도서목록을 만드는 것이 최고의 우선순위였음을 알 수 있다. 라이프니츠는 이런 전통 위에서 작업하였던 것이다.

허먼 코브Herman Korb의 새로운 볼펜뷔텔 도서관Wolfenbüttel library(1706-19)은 조명과 난방이 안 되는 4층의 직사각형 목구조물로 중앙에 위치한 12개의 사각기둥 위에 타원형 돔이 설치되어 있다(그림 7.3). 원래 건물 꼭대기에 지구의가 설치될 계획이었으나 무게 때문에 취소되었다. 책들은 2층에 걸쳐 타원형의 보회랑ambulatory과 사각기둥 주위, 그리고 외벽에 놓여졌다. 네 개의 모서리 방에는 도서목록과 성서 그리고 인큐내불러incunbula[41]가 보관되었다. 필사본과 사본들은 돔 바로 아래에 있는 맨 위층 회랑에 보관되었다.

후대에 그려진 장서배치도(그림 7.4)는 2층에서 1705년 이후에 수집된 몇 가지 새로운 컬렉션이 추가되었지만 1층은 주회랑에 신학과 법률학으로 이루어진 원래의 주류가 유지되고

32. 신이 모세에게 주었다고 믿어지는 구전 전승에 바탕을 둔 유대교 비밀교의인 카발라를 기반으로 한다. 강한 수비주의적數秘主義的 경향을 띠고 있으며, 신플라톤주의 · 신피타고라스주의 · 헤르메스주의 등과 어울려 근대 초기 코페르니쿠스의 태양중심 사상이 퍼지는 데 커다란 영향을 미쳤다.
33. 헤르메스 트리스메기투스에 기원을 둔다고 알려진 반半종교적이고 준마법적인 개념체계로서 모세 시대의 이집트에서 기원한 저작들에 기반을 두고 있으며 르네상스와 그 직후에 정통 종교와 함께 자연세계에 대한 탐구에 깊은 영향을 미친 사상 및 신앙운동이다.
34. 연금술이나 마법, 점성술, 혹은 점과 같이, 숨겨진 지혜나 힘을 늘리기 위해 주문이나, 마법을 사용하는 기술을 가리킨다.
35. 스페인 카탈로니아의 철학자(1235~1310). 모든 형태의 지식을 통합하기 위하여 기호표시법과 조합 다이어그램을 사용하였다.
36. 르네상스 사상을 대표하는 이탈리아의 철학자(1548~1600). 신비주의자이기도 했던 그는 1576년 이단과 살인 혐의로 사제복을 벗게 되자 이탈리아를 비롯하여 유럽 각국을 돌아다녔으며, 1592년 베네치아에서 이단 신문에 회부되었으나, "우주는 무한하며 지구가 다른 행성과 다르지 않다"는 소신을 굽히지 않았기 때문에 로마에서 화형에 처해졌다.
37. 영국의 연금사 · 헤르메스주의자 · 엘리자베스 여왕의 점성술사(1527-1608). 과학적 엄격성으로 신비주의적인 연구를 하였던 전형적인 르네상스 학자로서 코페르니쿠스의 지동설을 채용하였다.
38. 영국의 의사 · 신비주의 철학자(1574-1634). 팔라셀서스의 신비주의적 원리에 영향을 받아 17세기의 새로운 과학과 접목하려 시도하였다. 연금술과 점성술 등에 심취하였으며, 의료 활동에도 이를 응용하였다. 영국의 대표적인 장미십자단의 인물로 알려져 있으며, 저술 활동을 통해 이를 영국에 전파하였다.
39. 17세기에서 18세기에 걸쳐 유럽에서 활동한 비밀단체. 그리스도의 부활과 구원을 뜻하는 십자가와 장미 문장이 그려진 깃발을 사용했기 때문에 이 이름이 붙여졌으며, 헤르메스주의를 신봉하였다. 데카르트 · 라이프니츠 등도 이 단체와 접촉을 시도했으나 성사되지 못하였다. 영국에는 플러드에 의해 소개되었으며 이후 독일 · 러시아 · 폴란드 등에는 18세기에 소개되어 확산되었지만, 18세기 말에는 세력을 잃어 거의 소멸되었다.
40. 라이프니츠는 에스파냐의 라몬 룰이 '진리를 발견하는 자동적 방법' 을 만들고자 하는 생각을 몇 개의 계산원리로 치환해서 합리적으로 발전시키고자 하였다. 학위논문 『조합론Dissertatiode Arte Cornbinatoria(1666)』은 그 추론법칙과 양식의 정리를 시도한 것으로 수학의 조합에 대해서도 논술함으로서 수리 논리학을 전개하였다. 또한 이른바 역접선 문제를 연구하여 미분적분학의 기초를 닦았다. 오늘날 미분적분학의 기호는 전부 그의 기호가 사용되고 있다.
41. 초기간본 또는 초기인쇄본. 구텐베르크가 인쇄술을 발명한 것으로 알려진 1450년부터 1500년까지 유럽에서 활자로 인쇄된 서적(활판 인쇄물)을 가리키는 말.

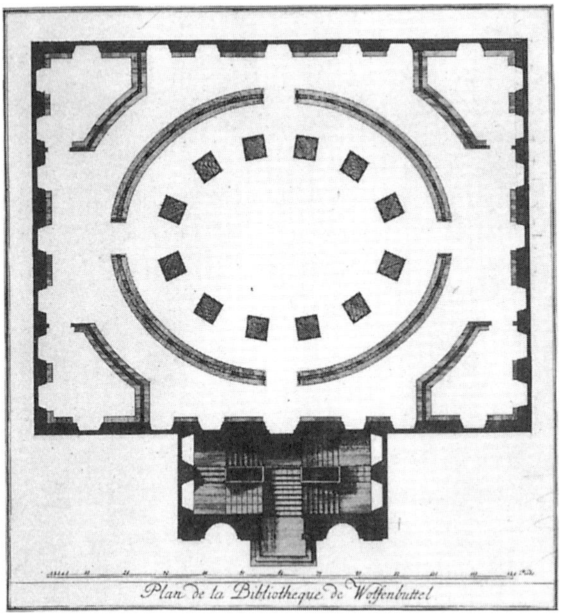

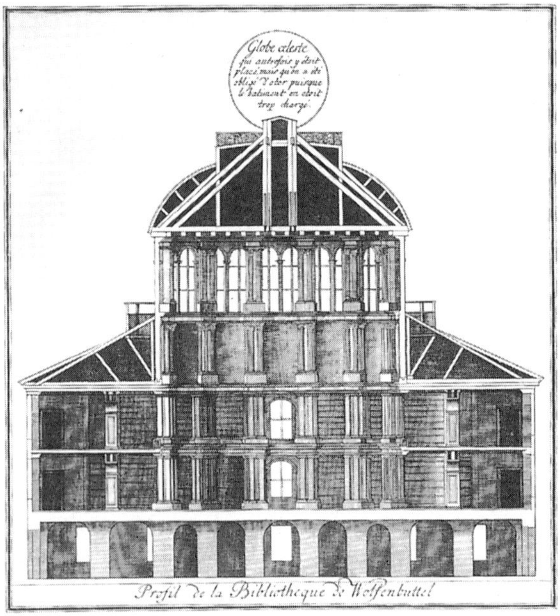

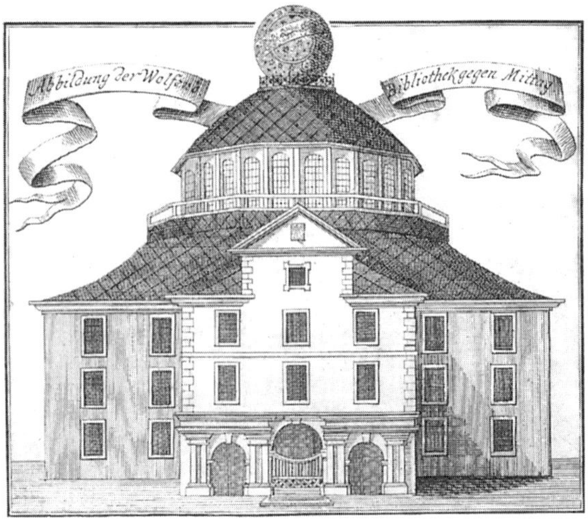

그림 7.3 허먼 코브가 설계한 볼펜뷔텔 도서관(1766–9), 평면, 단면, 입면
출처 : A .A. 벡Beck이 제작한 3장의 판화, 볼펜뷔텔 도서관 필사본 및 특별수집과

있음을 보여 준다. 로마의 판테온[42] 이후로 돔은 우주의 질서를 표상하고 있으므로 이곳에는 신의 질서와 인간의 정의를 상징하는 서적이 보관되어야 하였다. 또한 지도 · 지구의 · 도시계획도 · 가계도 · 초상화 · 수학 기구 그리고 루터Luther의 유물이 수집되어 있었다.

이 건물의 서가와 곡선으로 된 벽이 통합된 모습으로부터, 도서관이라는 새로운 건물유형에 바로크 양식이 적용되었다고 단순하게 해석할 수 있다. 그러나 장서가 형태를 결정하는 데 보다 생산적인 역할을 한 것처럼 보이며 이것은 지식이 형태의 원천이라는 것을 의미한다. 만약 라이프니츠가 그의 백과사전적 비전을 은유적으로 표현할 수 있는 이미지 체계를 자유롭게 선택할 수 있었다면, 아마도 바로크 양식을 택했을 것이다. 분명한 것은 볼펜뷔텔 도서관이 중앙집중형 도서관의 모델이 되었다는 점이다. 이런 중앙집중형 도서관의 잘 알려진 사례로는 빈 · 만하임Manheim · 슈투트가르트의 도서관이 있다. 이 형식은 수도원의 부설도서관에서도 자연스럽게 받아들여졌으며, 책 · 벽 · 천장 · 가구 · 회화 · 조각들이 하나의

42. 118~128년경 하드리아누스 황제가 세운 로마 최대의 돔 건축. 원형의 본당(돔)과 북측 입구에 코린트식의 포티코(돌출된 전면입구)가 있다. 그 수적 비례의 미와 광대한 내부 공간(돔의 지름이 약 44m)은 당대의 경이적인 건축기술로서 서양건축사상 불후의 명작 가운데 하나로 꼽힌다. 원형 평면과 돔 지붕은 우주의 중심을 상징하며 후대의 수많은 건축에 영향을 미쳤다.

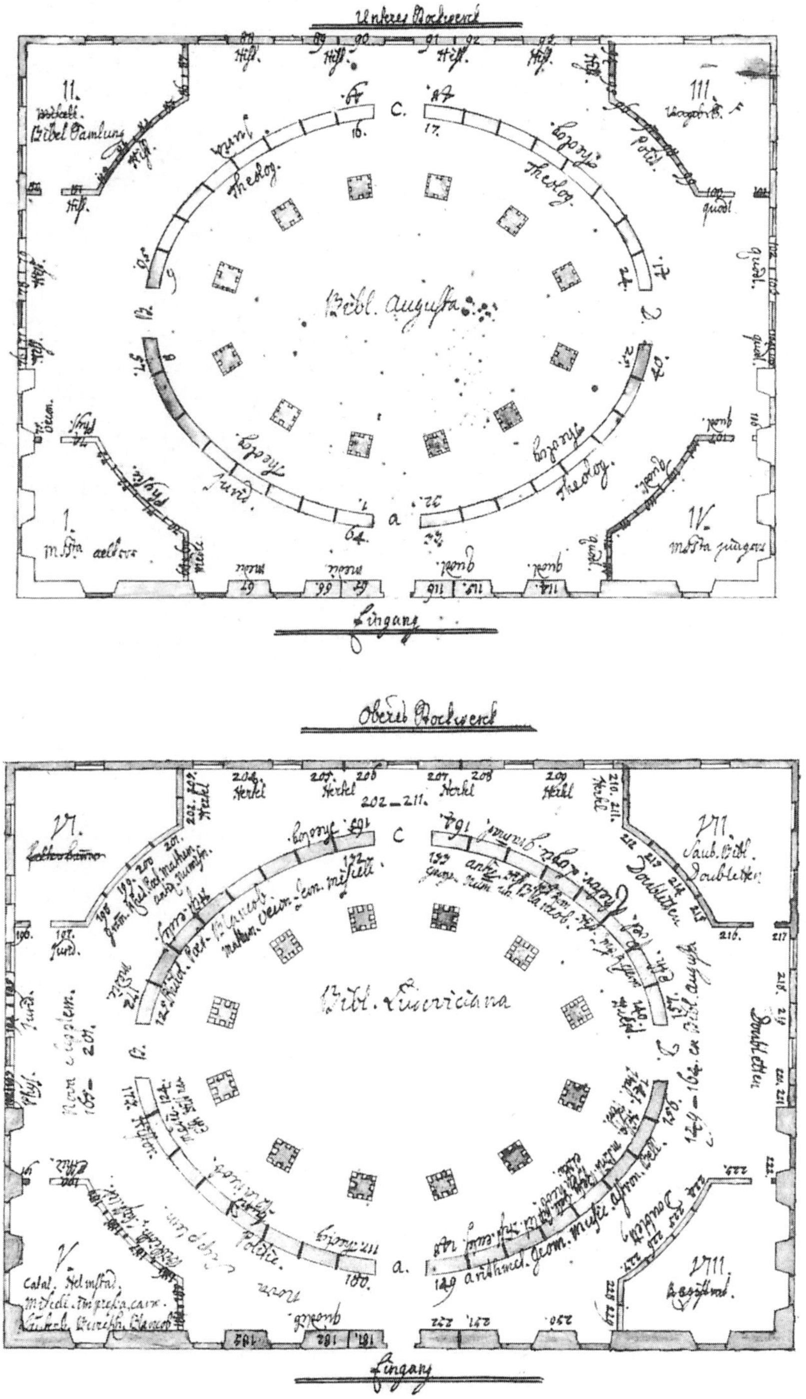

그림 7.4 볼펜뷔텔 도서관, 18세기경의 1층 및 2층 평면도, 서적의 배치를 보여준다
출처 : 작가미상의 드로잉(c. 1767-70), 볼펜뷔텔 도서관 남부작센지방 문서보관소

그림 7.5 블레가 설계한 왕립도서관의 실내전경(1784)
출처 : Boullée, *Mémoire*, 파리 국립도서관

화려하고 동적인 표면으로 녹아 있다(Achilles 1976). 어떤 것은 기둥이나 캔틸레버로 지지되는 회랑으로 되어 있으며, 다른 것은 '바질리카식'으로 되어 있기도 했는데 멜크Melk · 산갈St. Gall · 알텐부르크Altenburg · 아트몬트Admont 수도원 등이 뛰어난 사례들이다.

43. 파리 태생의 프랑스 건축가(1728~1799). 고전건축에서 영감을 얻어 단순하고 대칭적인 기하학적 형태를 추구하였다. 고대 건축의 장엄성을 회복하고자 노력했으며 혁신적 고전주의 건축을 이끌었다.
44. 석재를 거칠게 다듬어 마감하는 기법. 르네상스 시기에 팔라초 건물의 저층부에 주로 사용되었다.
45. 1643년 루이 14세대의 추기경이면서 재상이었던 마자랭의 저택 내에 있던 개인문고로 시작되었다. 유명한 서지학자인 노데를 고용하여 당대 최고의 도서관으로 발전하였으며 일반지식인에게 개방함으로써 프랑스의 첫 번째 공공도서관이 되었다.

바로크 건축가만이 책을 형태언어의 한 요소로 사용한 것은 아니다. 블레Boullée[43]가 1784년에 설계한 왕립도서관은 거대한 4층의 벽 형식 서가로 되어있다. 계단식으로 뒤로 후퇴하는 각 층은 캔틸레버 없이도 회랑을 만들어 내며 — 책으로 이루어진 거대한 야외극장과도 같다 —벽 형식 서가는 러스티케이션[44]을 대체하였다(그림 7.5). 이런 기단 위에 놓인 '고전주의 건축은 서가에 수집된 수많은 책이 만드는 장관을 손상시키지 않을 뿐더러 도리어 이처럼 아름다운 장소에 광휘와 고귀함을 더하는데 필요한 장식을 제공할 뿐이다' (Boullée c.1781-97: 105).

이것은 1724년의 마자랭 관저Palais Mazarin로부터 개조된 마자랭 도서관[45]의 중정을 채우기 위해 계획된 두 계획안 중에 좀 더 온건한 것이었다. 다른 하나는, 블롱델Blondel[46]이 『건축

강좌』에서 권장하였으며 듀랑Durand[47]도 추천하였던 거대한 십자가형 평면으로, 중앙에는 돔이 있는 로툰다[48]가 위치하며 네 개의 날개동에는 열람실이, 주변부에는 장서가 위치한다. 이 두 번째 계획안에서 중앙 돔 아래의 공간은 벽 형식 서가로 채워진 네 개의 날개동을 '감시' 하는 역할을 한다. 그러나 현실적으로는 서가배열 · 도서목록 · 보존창고 · 확장공간 · 열람공간 · 감시 등을 체계적으로 조직할 필요가 있었으므로 이런 숭고한 비전은 실현이 불가능한 것으로 판명되었다. 볼펜뷔텔 도서관에서 보았던 수세기 동안 이어져온 서가 · 책 · 직원 · 이용자 간의 직접적인 연결은 여기서 깨져버렸다. 그 결과 책들은 서고에 보관되어야 하며, 이용자는 열람실을 사용하고, 직원은 별도의 공간이 필요하다는 생각이 광범위하게 받아들여지게 되었다.

이제 도서관은 위계적인 관료체제를 수용하는 공간구조를 갖게 되었다. 서고는 장서의 증가와 함께 성장할 수 있어야 했으며 대중으로부터 격리되어 건물 안쪽 깊은 곳으로 들어갔다. 감시체계는 보관중인 도서보다는 이용자와 이용자가 읽는 책에 집중되었다. 장서를 정리하는 작업은 폐쇄된 공간에서 전문적인 사서에 의해 이루어지게 되었으며 이런 작업을 통해서 만들어지는 도서목록이 중심적인 요소가 되었다.

새로운 유형의 선구자로 자주 인용되는 사례로는 이미 언급한 프랑크Franck가 할레Halle에 설립한 고아원Pietist Institute[49]과 18세기 중반의 칼스루에Karlsruhe 공국公國도서관을 들 수 있는데 전체 건물은 네 개의 복도에 의해 4등분되며 복도가 교차하는 부분에 팔각형의 소규모 중앙 열람실이 있다. 다른 중요한 사례인 파리에 있는 17세기의 구 생쥬네비에브St. Geneviève 도서관은 진열대 형식의 서가가 십자가 모양으로 배치된 네 개의 날개동에 위치하며 그 교차점에 열람실이 자리한다(그림 7.6).

이러한 전이적 평면은 이용자를 건물의 기하학적 중심 깊숙이 끌어들인다. 이런 평면과의 진정한 단절은 델라 산타Leopodo della Santa의 '공공도서관'(1816)에서 제시되었다. 아마도 건축가가 아닌 사서가 그렸기 때문이라고 생각되지만, 평

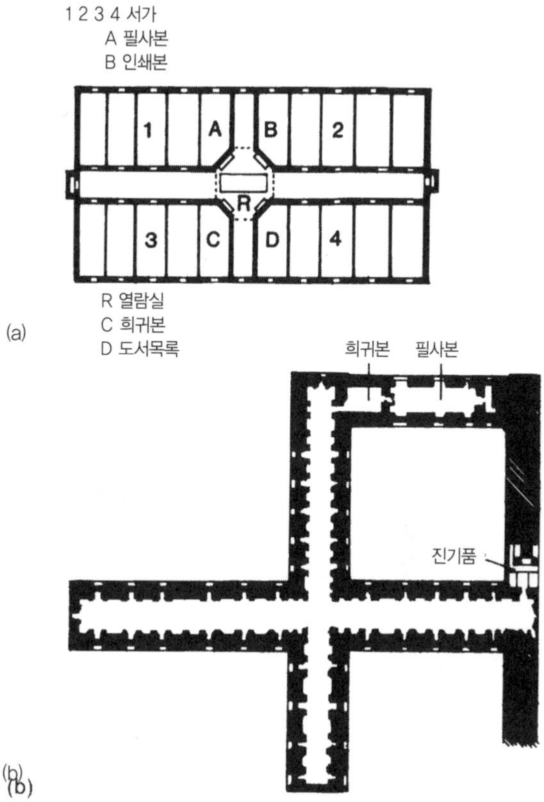

그림 7.6 18세기 중반의 칼스루에 공국 도서관(칼스루에) 평면(a)과 17세기의 구 생쥬네비에브 도서관(파리) 평면(b)
출처 : 여러 자료를 참고하여 저자 작성

면은 두 개 층이 뒤섞여 있는데(그림7.7), 입구는 중앙의 계단을 따라 위층의 로비로 연결되고, 이어서 열람실로 이어진다. 그러나 동시에 입구는 직사각형의 복도로 연결되며 복도로부터 층의 변화 없이 같은 열람실로 연결된다. 열람실에는 책이

46. 로엥 출신의 프랑스 건축가 · 교육자 · 이론가(1705~1774). 1743년 자신의 건축학교를 설립하여 블레 · 르두 등의 제자를 길렀으며, 그 후 왕립건축아카데미의 교수가 되었다. 주요 저작으로는 『건축강좌Cours d' architecture』(1771~7) 등이 있다.
47. 파리 출신의 프랑스 건축가(1760~1834). 신고전주의 작가로 그의 디자인 체계는 단순화되고 반복적인 모듈화된 요소가 특징이며, 건축부재의 공업화에 영향을 미쳤다.
48. (지붕이 둥근) 원형 건물이나 원형 홀을 의미한다.
49. 3장 그림 3.3을 참고할 것

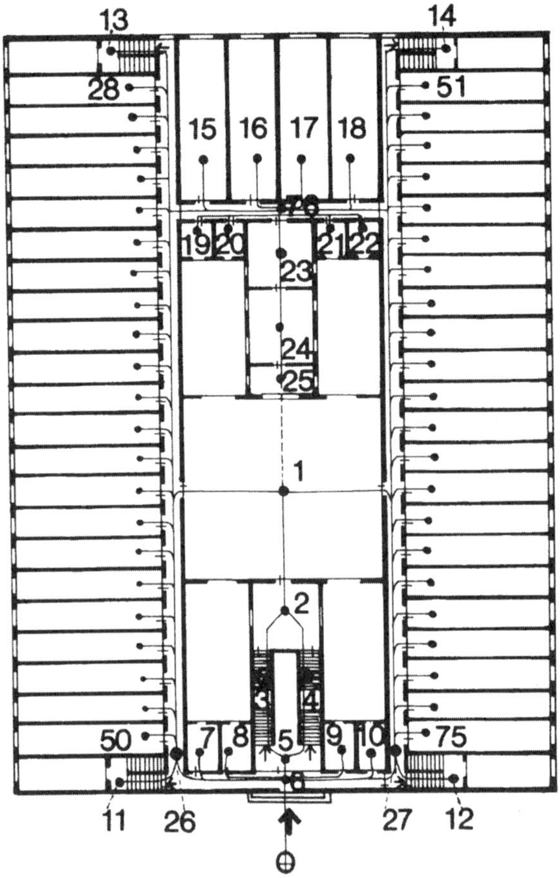

범례

1	공공열람실
2	대기실
3–4	열람실로 향하는 2중 계단
5	현관홀
6	복도
7–10	창고, 작업실, 화장실
11–14	계단
15–18	특별컬렉션
19–22	사서 및 보조원 사무실
23	개인독서실
24	도서목록실
25	도서목록담당자실
26–27	복도
28–75	서고
76	복도

그림 7.7 델라 산타의 이상적인 공공도서관 평면과 연결도(1816)

출처 : 델라 산타의 도면을 기초로 저자 작성

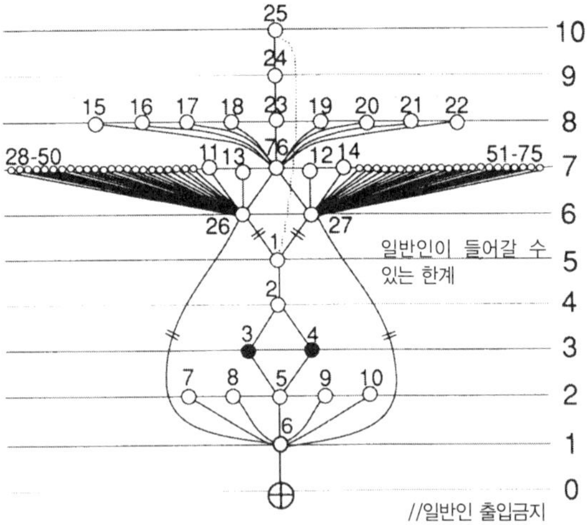

//일반인 출입금지

모든 공간이 같은 층에 있다는 가정 하에 작성–본문 참조

그림 7.8 델라 산타 도서관의 공간구조도

출처 : 저자 작성

없으며 단지 책상과 조각상彫刻像 그리고 네 구석에 조수석이 있을 뿐이다. 조수는 두 가지 업무, 즉 감시 업무와 이용자가 요청한 책들을 도서목록 담당자 사무실 창을 통해서 이용자에게 전달해주는 업무를 담당한다. 도서목록은 도서목록 담당자 사무실 뒤에 위치하고 있는데 여러 개의 복도를 거친 후 마지막으로 개인 사무실을 지나야 도달된다. 델라 산타의 위상학적 오류를 감안하여, 복도 · 열람실 · 사무실 · 서가 · 작업실 · 화장실 · 서고 등이 모두 한 층에 있었던 것으로 추정하여 공간구조도(그림7.8)가 작성되었다(이 구조도에서 '위층으로 올라가는' 네 개의 모퉁이 계단은 수수께끼로 남겨둔다). 도서목록 담당자의 사무실은 가장 깊은 공간이지만 창을 통해서 다른 공간과 시각적으로 연결되어 있으므로(점선으로 표시되어 있다) 중앙에 위치한 열람실과 연결된다. 이용자는 열람실 너머로는 들어 갈 수 없다. 열람실로부터 서고와 사무실로 연결되는 복도로 나가는 두 개의 출입구는 직원만을 위한 것이다. 건물 안쪽에 위치하는 두 개의 고리형 순환동선을 통하여 모든 서가와 사무실뿐 아니라 열람실도 통제된다. 군주 · 사서 · 학자 이용객들이 친숙한 연대감 속에서 공유하던

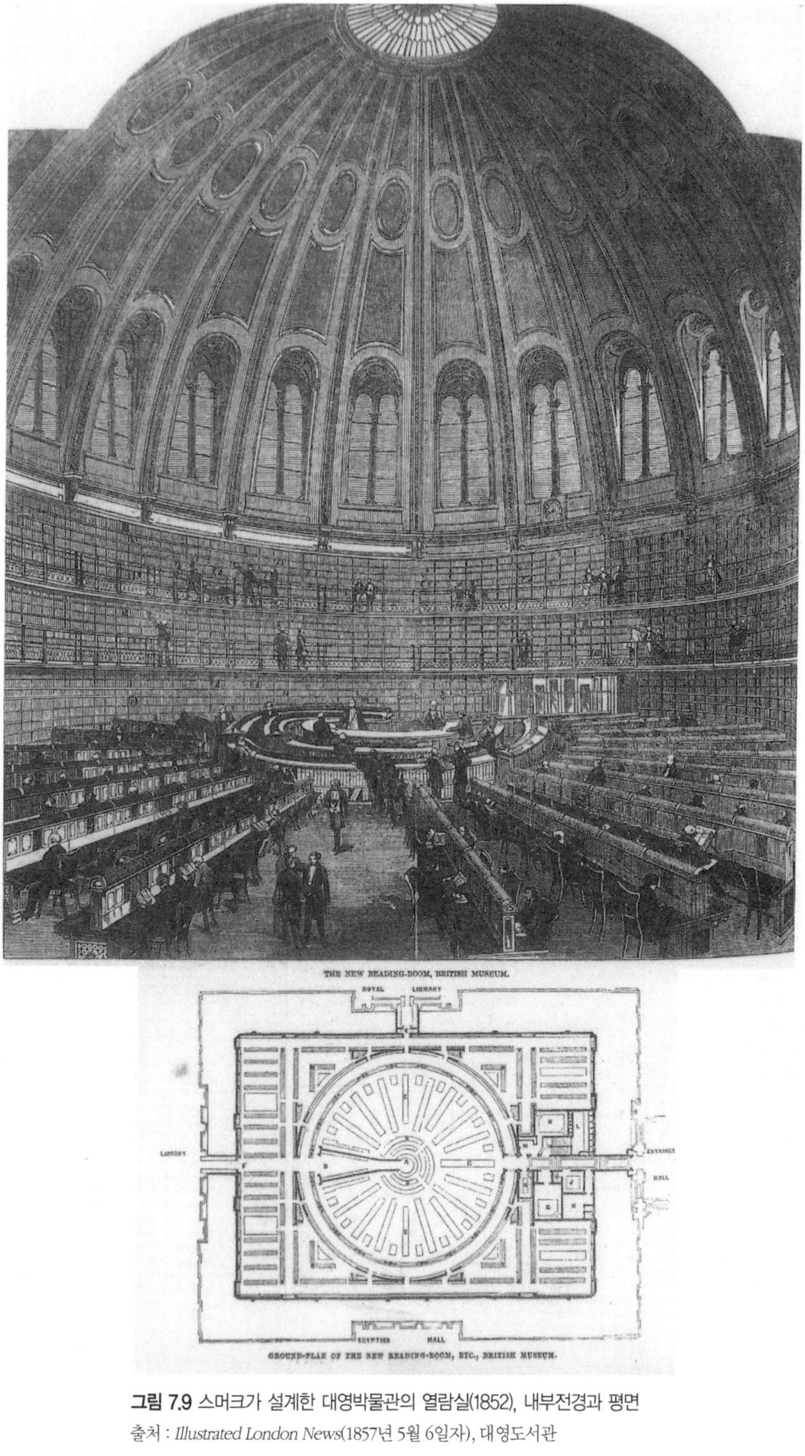

그림 7.9 스머크가 설계한 대영박물관의 열람실(1852), 내부전경과 평면
출처 : *Illustrated London News*(1857년 5월 6일자), 대영도서관

전통적인 얕은 공간구조는 사라지고, 이제 안쪽 깊이 숨겨진 격리된 공간에서 전문사서가 감시의 눈을 번득인다.

돔이 있는 중앙집중적 공간은 유럽 대륙뿐만 아니라 영국에서도 우주적 지식을 상징하는 중요한 은유로 사용되었다. 옥스퍼드에 있는 제임스 깁스James Gibbs의 래드클리프 카메라Radcliffe Camera[50]와 혹스무어Hawksmoor의 설계대안들[51](보들리안 도서관 1982), 렌이 설계한 켐브리지 대학교 트리니티 칼리지의 원형 도서관, 조지 3세 버킹엄 하우스Buckingham House의 체임버스 도서관Chamber' s library 등은 이런 전통을 이어 받고 있다.

이런 전통은 1830년대 방자맹 들레세르Benjamin Delessert가 설계한 파리의 원형 왕립도서관 계획에까지 이어져왔으며, 같은 시기에 대영박물관British Museum의 비어있는 사각형 중정을 열람실로 채우려는 첫 번째 움직임이 시작되었다. 대영박물관에서 원형평면 계획은 1848년에 처음 나타났다. 델라 산타의 아이디어는 이후의 계획안들에 영향을 미쳤다. 사서인 파니찌Panizzi는 결국 원형 평면을 이사들로부터 승인받았으며 로버트 스머크Robert Smirk의 동생인 시드니Sydney 스머크가 1852년 건물설계를 완성하여(그림 7.9) 1854년에 착공되었다.

비록 대부분의 이용자들이 폐가식 서고에 있는 장서를 이용했으나, 열람실에도 20,000권의 참고서적들이 두 개의 회랑으로 된 3층의 벽 형식 서가에 비치되었다. 이는 지식의 원통형 지도를 상징하는 벽 시스템의 탁월한 적용이다. 중앙에는 감독관이 원형으로 배열된 도서목록에 둘러싸여 앉아 있었고, 열람석은 여기서부터 방사형으로 펼쳐져 있었다. 감독관과 부하직원들이 차지하는 폐쇄된 공간은 중앙으로부터 바깥쪽으로 길게 뻗어 있으나 이용자의 움직임을 방해하지 않기 위해서 원형 열람실 가장자리에 위치한 출입문에 도달하기 전에 멈춘다. 이 출입문과 연결된 통로는 대중이 이용하는 도서관 북관과 출입이 통제되는 서고 및 직원공간으로 이어진다. 이 건물에 이르러 비로소 위상학적으로 모호했던 도서관 공간이 '거주자' 공간과 '방문자' 공간으로 구분되기 시작한 것이다.

정상부에 원형창이 있는 돔은 로마의 판테온을 모델로 삼았는데 판테온의 돔보다 불과 2피트(60센티미터) 작을 뿐이다. 이것 역시 판테온과 마찬가지로 가장 근본적인 것, 즉 우주적 의미를 갖는다. 원통형 벽면에 가득 꽂혀 있는 서적들은 도서목록과 직원의 도움으로만 접근이 가능한 폐가식 서고에 숨겨져 있는 지식의 일부만을 보여주는 견본인 셈이다. 돔의 원형창 아래 부분인 정중앙은 전체 열람실을 감시할 수 있다는 점에서, 또한 모든 지식이 압축되어 있는 도서목록의 고리로 둘러싸여 있다는 점에서 권력을 상징한다.

대영박물관(또한 미술관이기도 하였다)과 부속 도서관은 이미 별개의 유형으로 발전되어 버린 여러 요소들을 한 곳에 모아놓은 것이었다. 대영박물관은 한 국가의 문화 전체를 상징하는 통합된 은유를 창조하기 위한 마지막 시도 가운데 하나였으며, 대규모 장서의 수집으로부터 재단도서관 · 회원제 도서관[52] · 공공도서관으로, 또한 각종 지식인 협회들과 기능공 학교들의 부설도서관으로 이행하는 좋은 출발점이었다. 이런 특화된 도서관들은 저마다 엘리트의 사교활동 · 일반인들의 학술활동 · 기관을 통한 학습 · 노동자 교육 · 대중적인 오락 및 교육 등의 소박한 목적을 지향하였다.

인쇄술의 발명 이후 300년 동안 이루어진 공공도서관의 성장은 독서습관의 변화를 초래하였다. 종교개혁 이후에 교회

50. 래드클리프의 기부금으로 설립된 옥스퍼드 보들리안 도서관의 부속 도서관 중 하나. 돔을 갖는 원형 평면의 건물로 1749년에 완공되었다. 카메라라는 명칭은 단순히 방을 의미한다.
51. 혹스무어는 깁스에 앞서 래드클리프 카메라를 계획했는데, 그의 대안들은 모두 원형 평면을 기본으로 하고 있었다. 혹스무어의 사망에 따라 래드클리프 카메라를 설계하게 된 깁스는 원래 사각형 평면으로 현상 공모에 당선되었으나, 결국 혹스무어의 아이디어를 받아들여 원형 평면으로 건물을 완성하였다.
52. 회원제로 운영되는 대출위주의 도서관
53. Grammar School. 17세기 말엽 교회의 성가대 학교choir school가 음악 · 신학 · 라틴어문법 등을 가르치던 것을 각각 독립시켜 라틴어문법을 주로 가르치는 학교를 시작한 것이 문법학교의 전신이다. 라틴어와 그리스어 등 인문과목을 가르쳐 주로 상류층 자제들의 대학입학시험 준비기관 역할을 하였다.

도서관은 비록 교구教區나 문법학교[53]의 통제를 받기는 했으나 기증형식을 통해서 일반인들에게 개방되었다. 브레이Bray가 1697년에 잉글랜드의 교구들을 대상으로 제안한 계획은 1699년부터 SPCK[54]의 지원을 받아 1730년까지 53개의 도서관을 설립하였다. 스코틀랜드에서는 스코틀랜드 교회의 지원을 받은 커크우드Kirkwood가 수립한 유사한 계획(1699년)에 의해 1704년부터 5년 동안에 교장을 사서로 하는 70개의 도서관이 하이랜드Highlands[55]와 아일랜드Islands 지방에 세워졌다. 세속적인 새로운 소도시 도서관들도 세워졌는데 완전히 시정부가 운영하는 도서관이 17세기 초에 최초로 입스위치Ipswich와 노리치Norwich에 설립되었다. 스코틀랜드에서는 자치도시에 의한 통제가 이보다 더 빨랐다(Kelly 1966). 로쉬Roche(1979: 141)는 프랑스에서 교육제도의 변화와 도시민의 독서습관간의 관계에 대해 기록하였다.

그러나 처음부터 도서관을 목적으로 건립된 공간은 거의 없었다. 로버트 레드우드Robert Redwood가 1615년에 기증한 브리스톨Bristol 공공도서관은 전형적인 소유권의 이전과 건물의 변천과정을 보여준다. 도서관은 처음에 킹 스트리트King Street에 있는 사용하지 않는 중세 건물에 입주하였다(Ison 1952: 92-4, Tovey 1859). 1740년에 팔라디오 양식[56]으로 재건축되어 새로운 사서관사 너머로 너비 38피트(11.4미터) 폭 25피트(7.5미터)의 공간이 추가되었고, 1786년에는 직각방향으로 별관이 증축되었다. 한편, 1772년에는 지분이 있는 '회원제' 도서관 회원을 제외한 일반인들의 이용이 제한되었다. 1850년에 제정된 법률[57]에 입각해서 리모델링이 이루어진 1853년이 되어서야 대중의 자유로운 접근이 허용되었다.

18세기에는 커피하우스 · 클럽 · 스파[58] · 해변 휴양지에까지 도서관과 신문열람실news rooms이 들어섰다. 런던에서 가장 큰 업무시설이었던 동인도회사의 레든홀 스트리트Leadenhall Street 건물(1726년에 완공된 후 100년이 넘는 기간 동안 증축되었다)에는 1층에 길이가 60피트(18미터)에 달하는 도서관이 있었다. 이곳에는 상업관련 서적뿐 아니라 약 1,600권에 달하는 동양의 필사본도 소장되어 있었다.

'교양 있는' 레크리에이션으로서의 도서관은 '순환' 원리에 입각하여 영리를 추구하는 서적판매상들에 의해 운영되었는데, 그 첫 번째 것은 에든버러Edinburgh(1725)에 있었다. 이런 도서관들[59]은 종종 서점이나 문구점에 부속되어 있었고(로쉬가 주장한 문자해독을 위한 세 가지 공간들 중 두 개가 결합된 것이다), 어떤 경우에는 상점이나 집회장 안에 있기도 하였다. 첼턴햄Cheltenham에서 쇼트Short는 '오두막이나 궁전, 어디에도 잘 어울리는' 10,000권의 종교서적을 광고하기도 하였다(Rowe 1845: xlviii). 서적 · 인쇄물 · 악보 등을 판매하였던 왕립 리 도서관Royal Lee Library은 대출도서관circulating library[60]과 대규모 열람실을 갖추고 있었다. 바스Bath[61]에는 18세기 말경에 이르면 대출도서관을 운영하는 10개의 서점이 있었는데, 그 중 하나는 500명 이상의 월 대출회원을 확보하고 있었다. 닐Neale(1981)에 따르면 리카도Ricardo[62]는 이런 대출도서관을 통하여 아담 스미스Adam Smith

54. 기독교지식증진협회The Society for the Propagation of Christian Knowledge. 17세기 이후 영국에서는 뜻있는 종교가나 지식인이 국가와 종교의 앞날을 걱정하여 국민도덕을 향상시키고 나쁜 사상의 악영향으로부터 대중을 보호하기 위하여 각종 단체를 조직하게 되었는데 이들 단체 중 하나로 런던 및 그 근처의 각 교구에 자선학교를 설비하였다. 3장을 참고하라.
55. 스코틀랜드 북부 및 북서부의 고지 지방
56. 16세기 이탈리아 르네상스 건축가인 안드레아 팔라디오의 건축을 기본으로 한 고전주의 건축 양식. 특히 17~18세기 영국에서 유행하였다.
57. 1850년 영국 의회가 제정한 도서관법Library Act을 의미한다. 이로써 10,000명 이상의 인구를 가진 공동체 · 자치도시 · 지방 도시들이 자신의 주도로 공공도서관을 세울 수 있게 되었다.
58. 사우나 시설을 갖춘 고급 휴양지의 호텔
59. 유료 대출도서관으로 대출자들은 도서를 빌리는 대가로 특정요금을 지불하였다. 구비 도서들은 주로 그 시대의 소설과 베스트셀러 등 대중적 요구가 있는 장서로 이루어져 있었다.
60. 유료로 책을 대여해 주는 도서대여소. 주로 회원제로 운영되었다.
61. 영국 잉글랜드 서머셋 주의 온천 휴양도시.
62. 영국의 경제학자(1772~1823). 1799년 A. 스미스의 『국부론』을 읽게 되면서부터 경제학을 배우게 되었다. 고전학파의 창시자인 스미스 이론을 계승 · 발전시켜 고전학파의 완성자로 알려져 있다. 그의 학설은 마르크스 및 J. S. 밀에 의해 각각 대조적으로 계승되었다.

의 국부론을 접한 후 처음으로 정치경제학에 관심을 갖게 되었다고 한다.

> 한편으로는 근대 실증주의적 경제학을, 다른 한편으로는 마르크스의 사회주의 일파를 탄생시킨 리카도는 바스 온천의 마술적인 효능과 남편의 잦은 서점 출입에 대한 리카도 부인의 믿음 덕분으로 정치경제학을 연구하게 되는 계기를 마련하였던 것이다.
>
> (Neale 1981: 35)

부유하고 여유 있는 계급의 독서습관은 사회생활의 일부가 되었으며, 국가의 경제발전과 밀접하게 연관되어 있었다. 왜냐하면 그들이 읽는 책들의 중심주제는 신학과는 별개로 역사적이고 정치적이었기 때문이다. 대출도서관이 급격하게 성장하게 된 한 가지 이유는 여성을 겨냥한 로맨틱 소설이 등장했기 때문이다. 당시의 여성들은 (정치와 같은) 핵심적인 분야의 토론에서 배제되었으며 따라서 도서관으로부터 사실상 소외되어 왔었다.

부르주아의 대출도서관이 신학적인 편견을 지니고 있었던 것과는 대조적으로, 라나크셔Lanarkshire 주에 있는 레드힐스Leadhills 납 광산의 스코틀랜드 노동자들은 1741년 대규모의 세속적인 장서를 갖춘 완비된 대출도서관을 설립하였다. 1756년에는 이웃마을인 완로크헤드Wanlockhead에 같은 성격의 도서관이 생겨났다. 처음에 광부들은 장서를 학교에 보관하였으나 1788년에 주택을 개조하여 옮겼고, 1850년에는 별도의 도서관을 건립하였다. 이 도서관은 다른 스코틀랜드 노동자 도서관에 비하면 작은 규모였다. 가장 큰 것은 1791년에 덤프리셔Dumfries-shire 웨스터커크Westerkirk 지역의 안티몬 광산노동자를 위해 설립된 것이었다. 최초의 잉글랜드 노동자 회원제 도서관('이코노미컬 라이브러리Economical Library')은 1797년 켄들Kendal에 설립됐는데 최종적으로 기능공 학교에 편입되었다. 1799년에는 버밍엄Birmingham에 원래 2년 전에 일요학교를 위해 준비된 장서를 기초로 하여 유사한 조합이 결성되었다.

부르주아와 노동자의 회원제도서관은 각각 다른 방향으로 발전되었다. 유산계급의 도서관은 랭커셔Lancashire와 요크셔Yorkshire 지방의 부르주아적 중상주의를 바탕으로 라이시움Lyceum[63] · 애시니움 · 「문예철학협회Literary and Philosophical Society」[64]의 형태로 완성되었다. 원래 젠틀맨 계급의 회원제도서관이었던 리버풀 도서관Liverpool Library은 개인 주택과 클럽Club에서 모임을 갖던 세 개의 독서 동아리가 합병되어 1757년에 설립되었다. 1800년에서 1802년 사이에 토머스 해리슨Thomas Harrison은 주층과 지하 그리고 중2층(메자닌)을 갖는 호사스러운 라이시움을 볼드 스트리트Bold Street에 건립하였다(그림7.10). 도서관은 얕은 돔으로 된 원형이었으며 주층의 회랑을 통해서 사서실로 통하였다. 도서관의 입구는 클럽 건물의 출입구와는 별도로 설치되었다. 클럽의 주요 공간은 신문열람실이었으며, 여기서 선주들과 선장들은 신문을 읽거나 지붕 위의 바람개비로 작동되는 계기를 통해서 바람의 방향을 관찰할 수도 있었다. 1798년에는 비슷한 기관인 애시나움이 처치 스트리트Church Street에 세워졌는데 (대출기능이 없는) 도서관과 신문열람실이 있었다. 그리고 1817년에는 1799년에 지어진 주택을 개조하여 완벽한 성인교육기관으로서 왕립연구소Royal Institute가 개관되었다. 왕립연구소는 「문예철학협회」와 미술 · 디자인 · 음악 · 고전 · 문학 · 기계학 · 과학을 가르치는 교육실과 전시실을 갖춘 예술 아카데미, 그리고 실험실과 천문대로 구성되었다. 이 건물에는 또한 정기간행물실 · 도서관 · 미술관 · 박물관이 설치되었고, 여기에 수집된 장서는 모두 나중에 자치도시 도서관의 핵을 이루게 되었다(Ormerod 1953).

맨체스터Manchester에서도 다양한 형태로 도서관이 설립됐다. 1781년에 설립된 「맨체스터 문예철학협회」는 1804년에 조지 스트리트George St.에 도서관을 갖춘 자체 건물을 갖게 되었다. 가장 훙미로운 건물은 모즐리 스트리트Mosely St.에 세워진(1802-6) 토머스 해리슨Thomas Harrison이 설계한 포티코 도서관

63. 소크라테스가 설립한 교육기관인 리케이움으로부터 유래. 문화회, 토론회, 강연회 따위를 통해 일반 시민의 문화향상을 도모하는 기관 또는 이를 수용하기 위한 건물.
64. 새로운 지식의 보급을 위해 영국 각지에 설립된 지식인 협회의 일종.

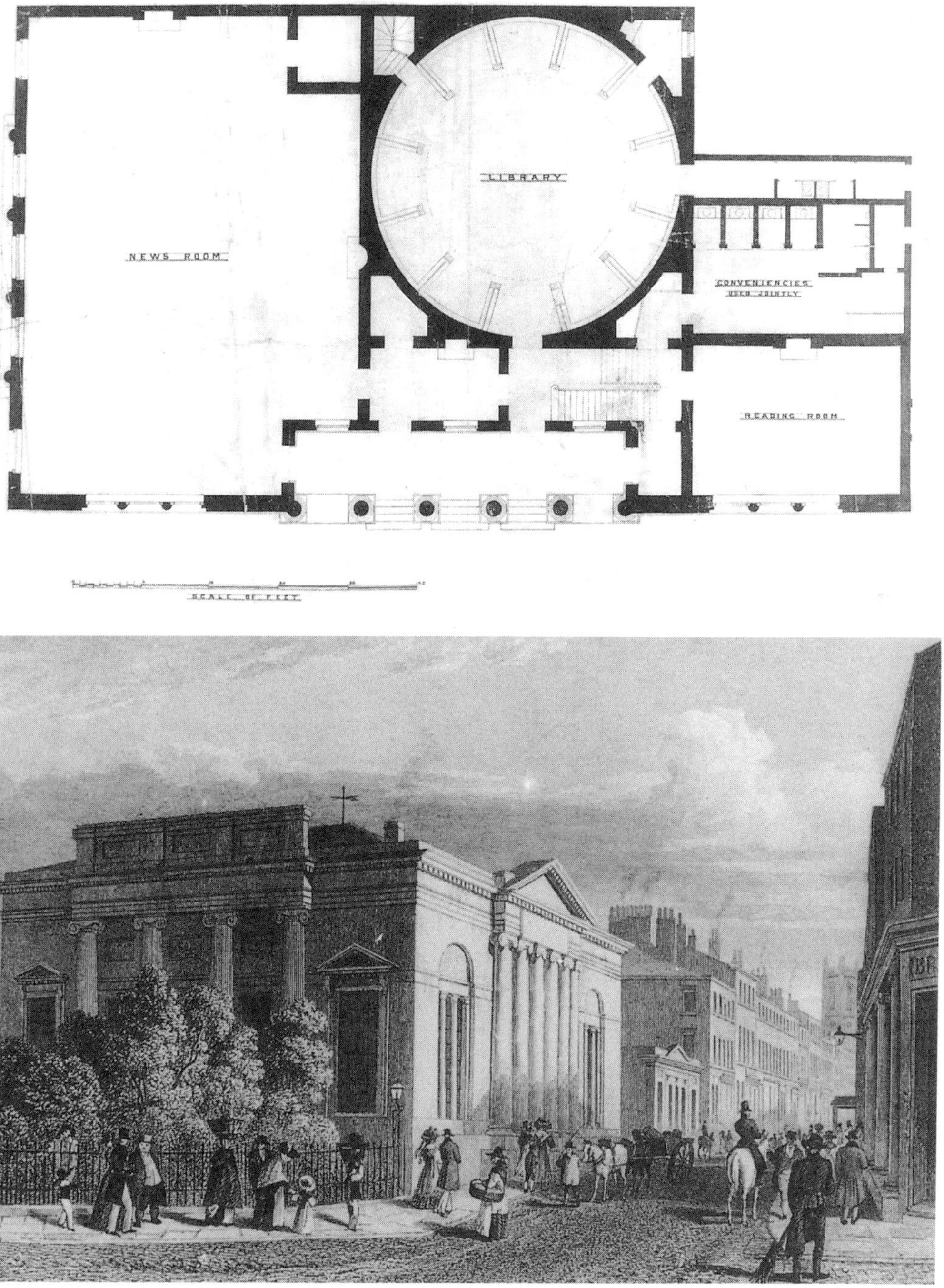

그림 7.10 해리슨이 설계한 라이시움, 리버풀(1800–1802), 평면과 외관
출처 : 리버풀 기록보관소(평면); Austin et al. (1839) Lancashire Illustrated (외관)

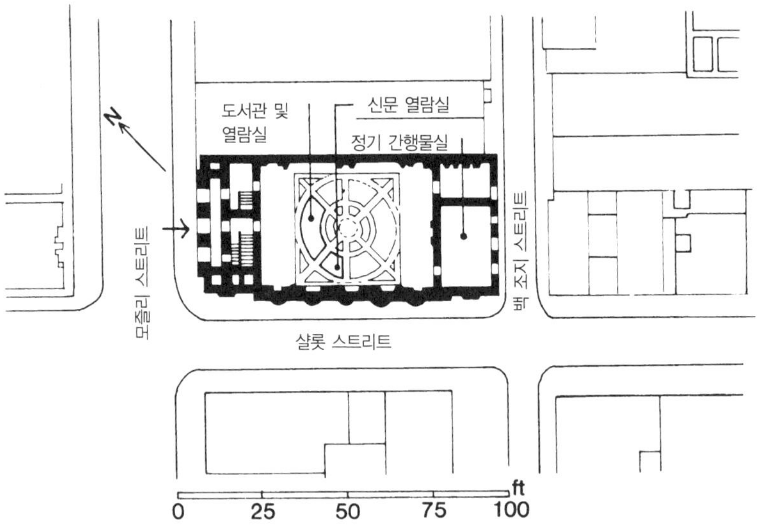

그림 7.11 해리슨의 포티코 도서관, 맨체스터(1802–6)
출처 : 저자 작성(지적도를 기초로 함)

Portico Library(그림7.11)이었다. 또한 1836년에는 배리Barry[65]에 의해서 왕립연구소에 애시니움이 추가되었는데 그 주요공간은 도서관과 신문열람실로 구성되었다.

값싼 서적의 공급 · 과학의 대중화 · 독서시간을 얻기 위해 잉여 자원을 투자하려는 열망 등의 영향으로 도서관의 수요가 폭증하였다. 도서관들은 도시 중심부에 품위 있고 처음부터 도서관을 목적으로 세워진 건물을 필요로 하였다.

이와 같은 도서관의 형태는 당연히 고전주의가 가장 적합하였다. 자유토론회Free Conversation에 의해서 로드아일랜드Rhode Island에 1730년에 설립된 「지덕증진협회The Society for Promotion of Knowledge and Virtue」는 1747년 에이브라함 레드우드Abraham Redwood의 도움으로 도서관을 설립했으며 1년 후에는 피터 해리슨Peter Harrison이 설계한 로마시대 도리아식 신전 형태의 건물을 건립하였다(그림7.12).

기능공의 식자율이 실제적으로 증가하기 시작한 1800년경부터(West 1981), 노동자 계급의 주도로 다양한 형태의 도서관 · 강좌모임 · 협회 · 클럽들이 만들어졌다. 이런 노동자 계급의 노력은 1820년대의 수많은 기능공 학교들로 결실을 맺었다. 이들 학교에는 도서관이 있었으나 그 규모는 커다란 방 정도에 불과하였다. 이러한 노동자 계급의 시설 가운데 가장 혁신적인 공간은 강의실과 실험실이었다. 글래스고 기능공 학교는 기능공 도서관과 교육 기구에 대한 의견충돌로 인해 존 앤더슨 학교John Anderson Institution[66]로부터 1823년 분리되었다. 브로엄Brougham(1825)이 기능공 학교를 위해 추천한 네 개의 프로젝트(도서관 · 도서클럽을 기반으로 한 토론그룹 · 값싸고 실용적인 교과서의 생산 · 강좌를 통한 교육)중 세 개가 책을 기초로 한 것이었다.

65. Sir. Charles Barry(1795~1860). 영국의 건축가로 영국국회의사당을 설계하였다. 다른 작품으로는 맨체스터 애시니움(1836), 여행자 클럽(1829~1831), 리폼 클럽(1837) 등이 있다.

66. 존 앤더슨(1726-1796)의 유지에 의해 1796년 인류의 선과 과학의 발전을 목적으로 글래스고에 설립된 대중 교육기관. 1823년 기능공 학급이 독립하여 글래스고 기능공 학교가 되었는데 이것이 영국전역에 설치된 기능공 학교의 효시가 되었다. 1828년 앤더슨 유니버시티가 되었다가 1877년 앤더슨 칼리지로 개명되었다.

67. 17세기 중반에 탄생된 영국 최초의 근대적 정당. 귀족을 지도자로 하면서도 상인이나 비국교도의 지지를 받아 반왕권적 성격이 강하였다. 19세기에 들어서자 신흥 시민층과 제휴하여 자유주의적 개혁을 목표로 선거법개정 등을 실현하였으며, 자유당으로 변신해 갔다.

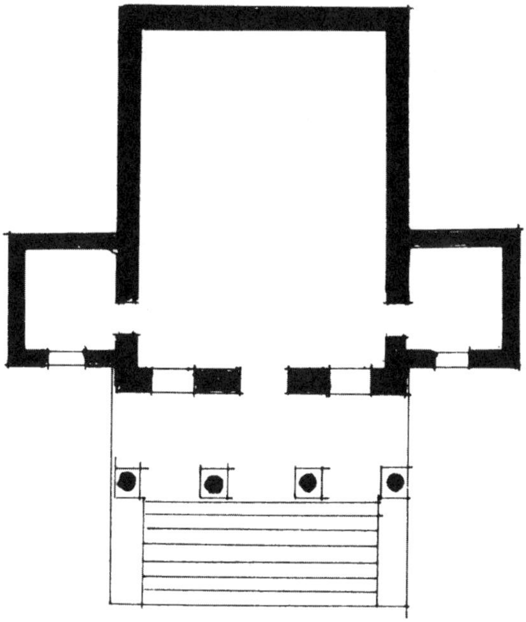

1850년에 이르자 700여 개의 기관에서 거의 70만권의 장서를 보유하게 되었다(Hammond and Hammond 1947: 162). 이런 기관들을 설립하는데 있어 얼마간 부르주아 휘그당67의 입김이 작용했으나, 러셀Russell(1983)이 지적하듯이, 이들의 영향이 억압의 도구로 사용됐다는 증거는 거의 없다. 그러나 급진적이고 과학적으로 자유로운 사상가였던 설립자들의 기질에 반해서 도서 선정에 있어 통제가 있었던 것은 명백하였다. 논쟁의 소지가 있는 종교서적과 정치적으로 급진적이라고 해석될 수 있는 서적들은 제외되었다. 그럼에도 불구하고 도서관의 중요성은 아무런 위협 없이 강조될 수 있었다. 또한 도서관으로의 용이한 접근성이 매우 중요하게 고려되었으며, 맨체스터와 리버풀에 설립된 도서관들에서 볼 수 있듯

그림 7.12 레드우드 도서관, 뉴포트, 로드아일랜드(1748), 평면 및 전경
출처 : 레드우드 도서관

이, 출입구에서 아주 가까운 거리에 열람실을 배치하였다. 당시에 대부분의 노동자들은 펍[68]에서만 신문을 읽을 수 있었는데, 여기서는 '독서뿐만 아니라 술도 마셔야 하였다' (Chambers 1850). 그러나 도서관을 운영하거나 후원하는 대부분의 재단들이 절대금주를 강조하는 확고한 도덕률을 갖고 있었고, 독서는 시간표가 짜여진 강의와는 다르게 자발적인 행동이었으므로, 길거리에서 열람실로 들어오는 것이 마치 펍으로 들어가는 것처럼 느껴지도록 모든 것이 준비되어야 하였다.

프랑스의 기능공 교육 —독서를 포함하여 —은 11세기에서 17세기에 이르는 동안에 성장해 온 성 니콜라스 수도원에 데크레Decree가 1794년에 설립한 공예학교Conservatoire des Arts et Metier를 통해 좀 더 중앙집권적으로 진행되었다. 이곳에는 산업기계 모형을 전시하는 박물관 · 실험실 · 강의실과 수도원에 부속된 도서관이 있었다. 공예학교에는 수공예를 체계적으로 가르치는 강좌가 개설되었고, 이를 모범으로 한 강좌들이 지방으로 급속하게 퍼져나가(Artz 1946), 저마다의 특수화된 도서관을 갖게 되었다.

국가가 대규모 장서를 보유하는 것은 대중의 접근을 허용하는 법률을 제정하는 것보다 정치적으로 덜 민감한 문제였다. 공공기관 소유의 도서관과 같은 새로 등장한 건물유형은 많은 분야를 융합시키고 경계를 무너뜨렸다. 그들의 장서는 교육받은 자와 겨우 문맹을 벗어난 자 모두의 관심을 끌 정도로 보편적이었다. 여기에는 단행본 · 정기간행물 · 학술잡지들이 포함되었다. 서적을 구입하는 정책은 크게 통제를 받지 않았다. 1845년의 박물관법Museum Act은 이미 도서관 설립을 허용하고 있었다. 실제로 시영화된 개인 벤처회사에 의해서 세 개의 도서관(캔터베리Canterbury · 워링턴Warrington · 샐포드Salford)이 1850년 이전에 설립되었다. 1849년의 특별위원회 보고서에 이어서 1850년에는 도서관법Library Act이 통과되었다(스코틀랜드는 1853년). 이 법률은 박물관법을 폐기하고 국민투표에서 승인되는 것을 조건으로 지방정부가 지방세로 반 페니를 징수할 수 있도록 하였다. 이 법률은 또한 박물관과 미술관에도 적용되었다.

이 법이 제정된 이후 도서관의 발전은 신속하고 눈부셨다. 윈체스터Winchester(1851년)에 최초로 도서관이 설립되었으며, 뒤를 이어서 기능공 학교와 성인교육이 발달되었던 공업지역인 미드랜드Midland와 노스North 지방으로 확산되었다. 맨체스터에서는(1852년) 캠프필드Campfield에 있던 전前 오웨나이트 과학관Owenite Hall of Science 안에 도서관이 개관하였으며, 리버풀에서는(1852년) 새 건물에 100,000권의 장서와 450석의 열람실 · 학생실 · 다수의 강의실을 갖춘 도서관이 개관하였고 1860년에는 400석의 강의극장까지 갖추었다. 또한 셰필드Sheffield에서는(1856년) 기능공 학교 건물에서 시작하여 라이시움 클럽Lyceum Club의 신문열람실과 도서관을 흡수하였다. 모든 곳에서 노동자와 부르주아 계급이 서로 맞물려 문맹률을 낮추어 갔다.

이런 도서관 설립은 통상적인 순서가 있었다. 즉 입법, 자원 획득, 건축가 선임, 디자인가이드 작성의 순이었다. 팹워스 부자John and Wyatt Papworth(1853년)가 제안한 도서관은 [illegible]한 이념에 기초하여 설계가이드가 마련되었다. 그들은 [illegible]네Brunet의 신 분류법(1842)을 [illegible]가이 [illegible]한다. '하층계급으로부터 지[illegible]를 얻기 위해서 도서관에는 속 좁은 사서라면 단지 오락물[illegible]라고 치부해 버릴 책들도 반드시 구비되어 있어야 한다'. [illegible]고 사서는 특정한 도서에 대하여 '어린이와 여성들'의 열람[illegible]부할 수 있는 권한을 반드시 가[illegible]한다. 열주랑[69]으로 둘러싸인 시장 뒤에 위치한 우드소프Woodthorpe의 도버 도서관Dover library(1850)은 양식적인 건물의 좋은 사례로 볼 수 있는데, 왜냐하면 '순수한 이탈리아' 양식의 외관이 지성의

68. Public house를 줄여 부르는 명칭. 중세시대 직접 술을 담그는 술집과 여관을 겸한 시설로부터 유래한 일종의 선술집. 오늘날에는 간단한 식사와 술, 음료 등을 제공하는 영국에서 가장 흔한 주민들의 사교공간이다. 18세기 말에는 좀 더 고급시설인 salon과 서민적인 Public bar(Public house)로 구분되어 영업하였으나 1960년 이후 이런 구분은 사라졌다.

69. 흔히 바깥쪽은 벽이나 연자창을 만들고 안쪽은 기둥만 세워 개방하하는 반외부 공간. 르네상스 이후에는 저택 · 성관城館 · 궁전 · 공공건물 등의 장대한 건축을 한층 돋보이게 하기 위하여 중정을 둘러싼 회랑의 형식이 활용되었다.

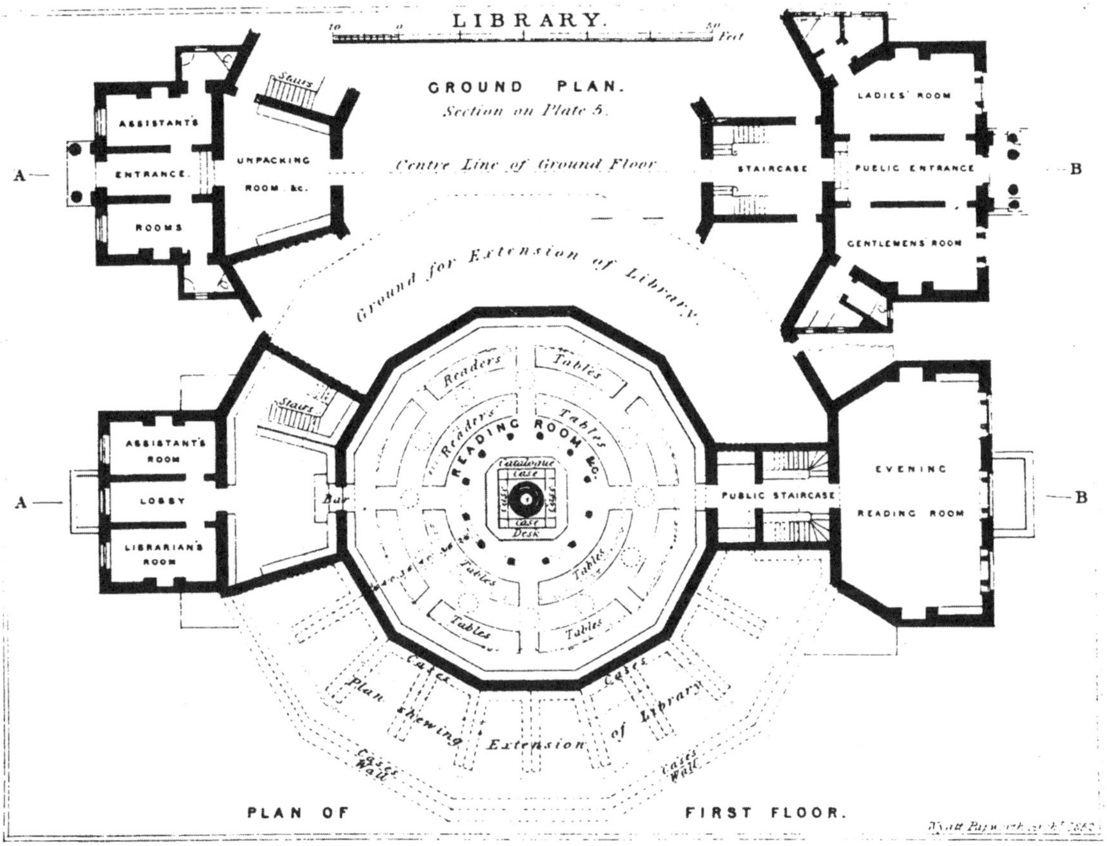

그림 7.13 팹워스 부자의 모델도서관(1853), 평면
출처 : Papworth and Papworth(1853)

성장을 너무나도 완벽하게 표현해 주기 때문이다. 다른 모델은 대영박물관의 원형 열람실을 축소한 것으로, 도서목록과 동심원 상에 배치된 열람석의 고리들로 둘러싸인 중심에서 중앙감시가 가능한 12각형 평면이었다(그림7.13). 위층에 위치한 야간 열람실은 낮에는 올 수 없는 노동자를 위한 것이다.

진기품 진열장

라이프니츠의 도서관 운동은 텍스트를 보존함으로써 지식을 생산하는 한 가지 방식이다. 지식을 생산하는 다른 방법은 우주의 구체적인 표본들을 수집하는 것이다. 나는 앞에서 기억극장과 도서관을 관련시켜 언급한 바 있다. 다미쉬 Damisch(1982: 9)는 박물관을 기억에 대비시켜 다음과 같이 언급하였다. '박물관 내부를 산책하는 것은 마치 마음속에 저장된 기억들 사이를 거니는 것, 다시 말해 기억극장 안에 배열되어 있는 텍스트들과 이미지들 사이를 산책하는 것과 같다.' 그러나 르네상스 과학자들은 곧 이러한 기억술과 결별하였다.

제우스와 기억의 여신인 므네모시네의 자녀들인 뮤즈여신들은 세상의 기원에 대해서 노래 부르고 역사의 위대한 순간들을 찬미한다. 뮤즈여신들은 저마다 서사시 · 서정시 · 비극과 희극 · 성가 · 합창과 춤 · 역사 · 천문학과 후대의 목가

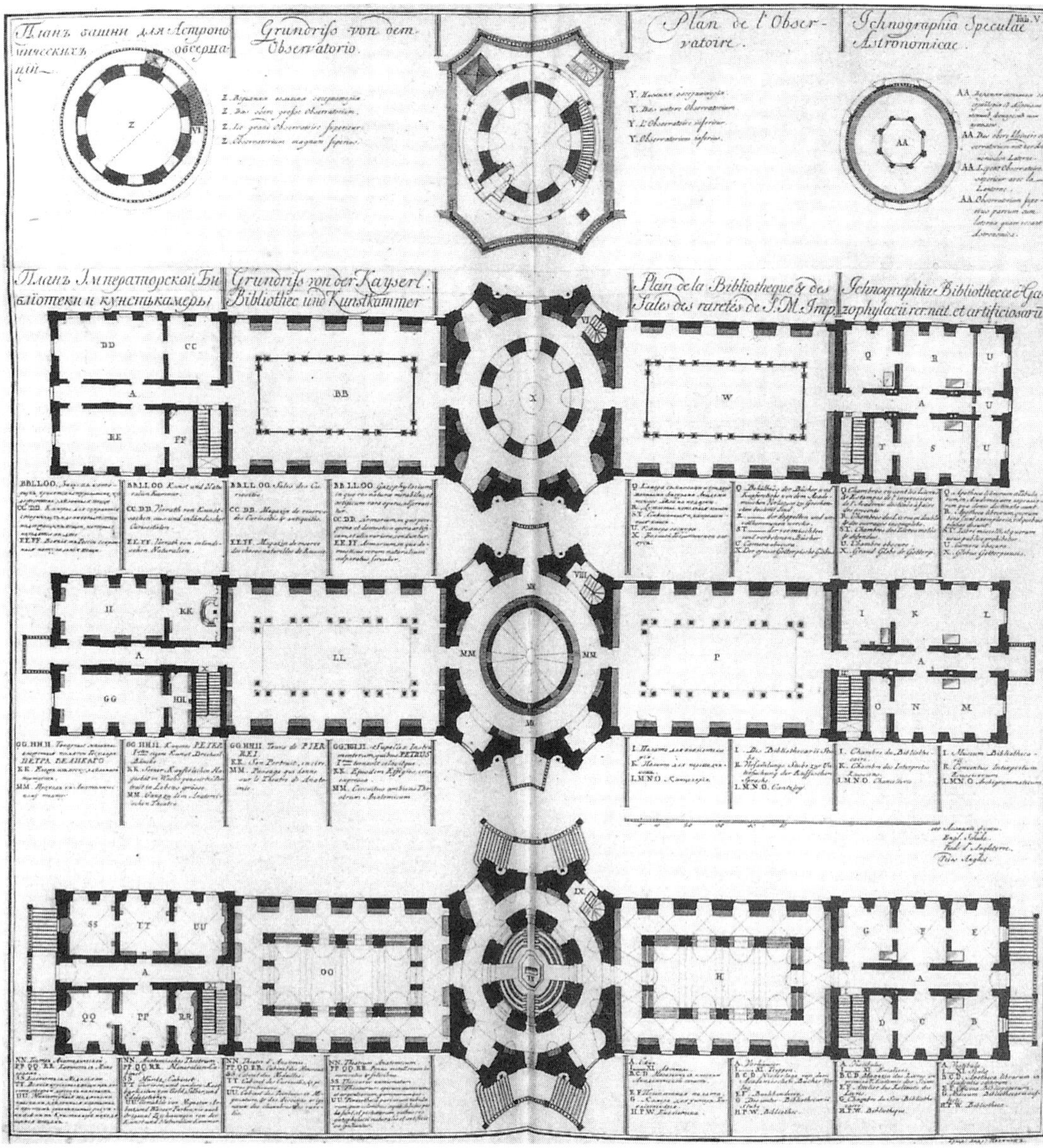

그림 7.14 다음 page로 계속

그림 7.14 다음 page로 계속

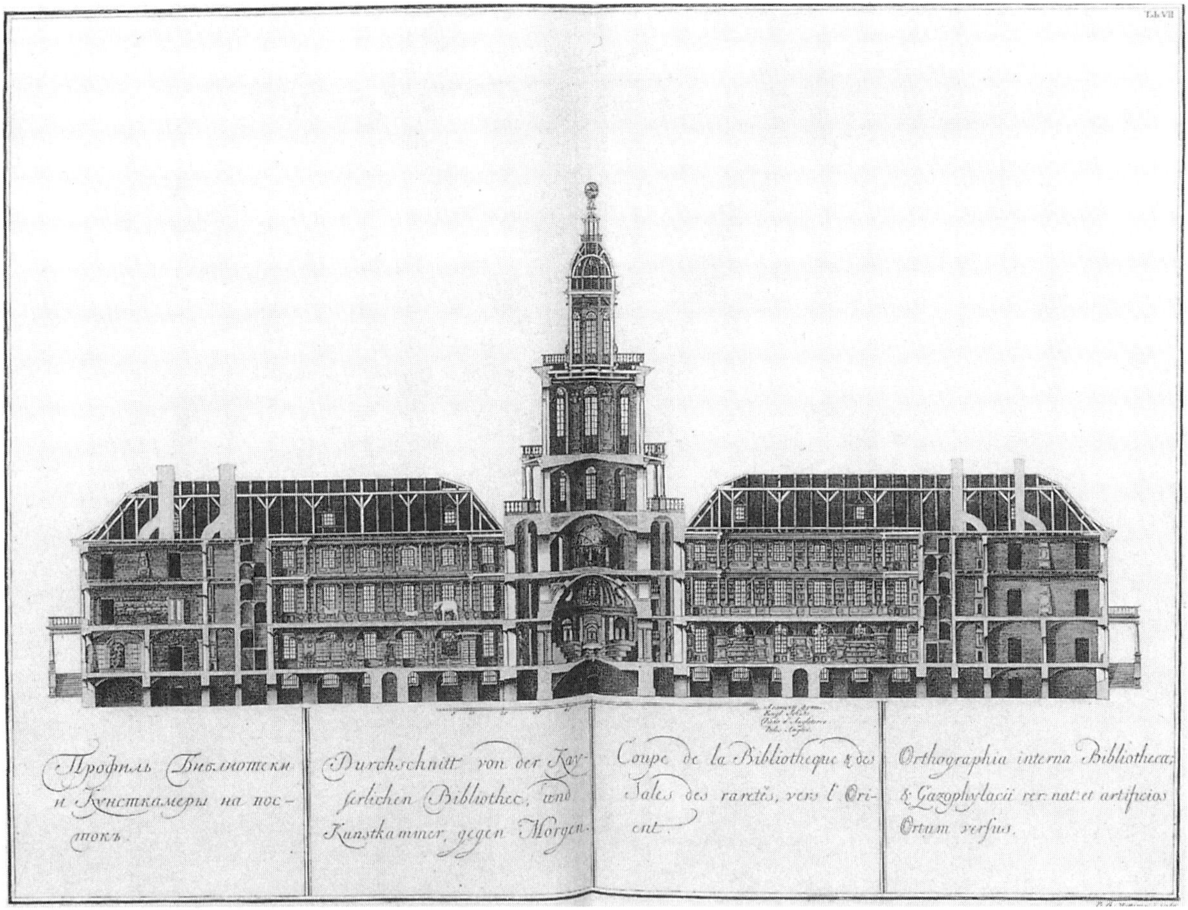

그림 7.14 표트르 대제의 쿤스트캄머, 상트페테르부르크(1718–34)
출처 : 원주1에서 자세히 밝힘, 케임브리지셔의 로저 개스컬의 협조로 복사함

시와 같은 문학과 지식의 형태를 상징하게 되었다. 뮤제이온museion은 뮤즈여신들에게 헌사된 장소로, 학문을 연구하였으며 때로는 알렉산드리아 궁전[70]에서처럼 도서관 역할도 하였다. 로마인들이 이곳에 진귀한 예술품들을 추가한 이후로, 뮤제이온이라는 단어는 점차 부귀 · 승리 · 조상祖上 · 신분 · 숭배 등의 근대적 함의를 갖게 되었다. 보물들은 그 자체로 가치가 높은 귀금속이나 혹은 가치가 부여된 물건, 예를 들어 골동품 또는 비싼 비용을 치르고 먼 지역으로부터 구해온 희귀한 표본들을 의미한다. 손에 넣은 방식에 관계없이 그런 물건들은 부富를 의미하였다. 성골함 · 대관석 · 조상사당 등은 각각 순교 · 성스런 의식 · 존귀한 선조와 연관되므로 귀중한 물건인 것이다. 곰브리치Gombrich[71](1977)에게 있어 명화를 보러 여행하는 것은 마치 성인의 성소를 참배하기 위해 순례하는 것과 같은 의미를 지닌다. 보물창고와 사당이라는 개념은 오늘

70. BC300년 경 이집트의 알렉산드리아 궁전을 의미한다. 기원전 3세기에 프톨레마이오스 왕조에 의해 박물관과 도서관이 살비되어 수세기 동안 운영되었으나 로마시대에 파괴되었다.
71. Gombrich, Ernst H.J.(1909~2001). 영국의 미술사가 · 서양고전학자. 주요저서로 『서양미술사』(1950)가 있다.

날까지 이어지고 있으나, 르네상스 시대에 이르러 시간적인 거리성[고대성]과 공간적인 거리성[원격지]에 따른 두 개의 개념으로 분화되었다. 그 개념들은 각각 고대유물보관소 antiquarium와 진기품珍奇品 진열장cabinet of curiosities이라는 두 가지 유형으로 구체화되었다.

왕족과 귀족 수집가들은 새로운 컬렉션을 만들거나 기존의 컬렉션을 확장하였다. 엘리자베스 1세의 궁전들은 그림 · 태피스트리 · 지구의 · 흉상들로 가득했다. 그러나 이런 수집물들이 조직적으로 진열되지는 못하였다. 런던 타워에는 이국적인 동물들이 수집되어 있었고, 조폐국에는 동전이, 조병창에는 무기가 전시되었다. 제임스 1세 시절에도 수집물들의 질서가 잡히지 않기는 마찬가지였으나 럼리 가the Lumleys와 하워드 가the Hawards와 같은 가문들은 초보적인 박물관을 시작하였다. 이니고 존스Inigo Jones[72]는 애런덜 하우스Arundel House에 뛰어난 회화 및 조각 갤러리들을 덧붙였다. 이 작품들은 목록화되었고 유럽의 최고 동판화가들에 의해서 도판으로 제작되었다. 또한 윌리엄 하비William Harvey[73]가 애런덜의 과학관련 컬렉션을 조언하기도 하였다.

로버트 코튼Robert Cotten은 코닝턴 성Conington Castle에 고대 유물로 장식된 정원을 꾸미고 그의 런던 저택에는 비견하기 어려울 만큼 훌륭한 동전 · 필사본 · 서적으로 이루어진 컬렉션을 만들었는데 이는 나중에 대영박물관의 밑거름이 되었다. 프랑스의 베르사유 궁과 독일 공국들의 궁전 그리고 로마 교황청을 비롯한 여러 궁전들에 고대조각이 수집되기 시작하였다.

왕족의 컬렉션 가운데 백미는 표트르 대제Peter the Great[74]가 상트페테르부르크에 설립한 쿤스트캄머kunstkammer[75]와 도서관 그리고 인근에 위치한 과학아카데미(1718-34)였다. 첫 번째 건축가였던 마타르노비Matarnovy가 1719년에 사망하자 게르벨Gerbel, 쿠아렌기Quarengi, 젬스토프Zemstov 등이 계속해서 건축을 수행하였다[원주1]. 1747년의 화재 이후 이루어진 변경작업과 19세기에 수행된 더 급진적인 개조작업에도 불구하고, 1741년에 제작된 훌륭한 도판들(그림 7.14)을 통하여 다행스럽게도 원래의 모습을 확인할 수 있다.

외부로부터 직접 출입이 가능한 상부의 관람용 회랑이 있는 타원형의 해부학 강의장이 중앙에 자리하며, 좌우로는 3층으로 된 도서관과 박물관이 위치한다. 중앙 탑에는 거대한 지구의가 설치되어 있으며 적어도 세 개의 관측대를 갖고 있다. 탑 내부에 설치된 계단을 제외하고 건물의 수직 동선은 측면에 있는 두 개의 계단으로 이루어졌으므로 건물 중앙으로 가기 위해서는 반드시 도서관이나 박물관 공간을 거쳐야 하였다. 이로써 두 개의 고리형 동선이 만들어지며 각각의 동선에는 회랑형 전시실이 딸려 있었다. 박물관은 '자연물'과 '인공물'로 구분되었다. 전자는 해부학 · 동물학 · 식물학 · 지질학으로, 후자는 과학기구 · 조각 · 밀랍인물상과 의복 · 회화 · 장신구 · 훈장 · 동전으로 된 민족지民族誌적인 컬렉션으로 구성되었다.

과학아카데미는 자체의 도서관을 통해 출입하도록 되어 있었다. 비록 과학아카데미라는 명칭이 붙어있었으나, 표트

72. 영국의 건축가(1573~1652). 팔라디오 양식을 영국에 전파하는데 큰 역할을 하였다.
73. 영국의 의학자 · 생리학자(1578~1657). 인체의 구조 · 기능, 특히 심장 · 혈관의 생리에 대해 연구하였으며, 1615년 내과의사로서 해부학과 외과학 강의를 하였다. 갈레노스 학설을 부정하고 심장의 박동을 원동력으로 하여 혈액이 순환된다고 하는 학설을 발표하고 모든 생물은 알에서 생겨난다고 주장, 중세 이래의 고전의학에 코페르니쿠스적 전환을 이루었다.
74. 러시아 로마노프왕조 제4대 황제(재위 1682~1725). 러시아의 절대주의왕정을 확립하여 대제라고 불리게 되었다. 1703년부터 네바 강 하구의 삼각주에 새로운 수도 상트페테르부르크를 건설하여, 이곳을 '유럽에 대한 창구'로 사용함과 동시에 발트 해 지배를 위한 기지로 삼았다.
75. 분더캄머Wunderkammer로 불리기도 하는데 진기한 물품을 보관하는 방이라는 뜻이다. 르네상스의 지적 호기심과 원거리의 타국으로부터 들어오는 낯설고 신기한 물건들에 자극받아 16세기 중반부터 유럽 각국의 왕자들을 중심으로 신이 창조한 세계의 모든 사물(자연물과 인공물)을 수집하여 특별한 방에 진열하고 보관하였다. 영어로는 cabinet of curiosities(진기품 진열장)라고 하며 본 절의 제목이다.

원주 1. 도판들은 Palaty Sanktpeterburgskoi Imperatorskoi Akademii nauk Biblioteki i Kunsykemerg(1741)에 수록되어 있다. 주베르티N. V. Guberti(1891: 147-51)에 좋은 설명이 되어 있으며 좀 더 최근 자료로는 임페이Impey와 맥그리거McGregor(1985)에 수록된 올렉 네베로프Oleg Neverov의 연구가 있다.

르 대제는 물리실험실 · 실험기기실 · 출판실 · 강의극장 외에도 회화학교와 조각학교 그리고 건축학교가 덧붙여지는 것을 늘 구상하였다. 하지만 이런 소망은 1725년 그가 사망한 이후에야 실현되었다.

예술품과 골동품 진열장(예술품 및 진기한 물건을 전시 · 보관하는 진열장 또는 진열실)의 전통에 의지한 표트르 대제의 수집활동은 폰 쉴로써von Schlosser(1978), 임페이Impey와 맥그리거MacGregor(1985) 등에 의해 추적되었다. 표트르 대제의 뛰어난 컬렉션의 모델이 되어 온 진기품 컬렉션들은 비록 규모는 크지 않았으나 지적으로 발전되어 있었다. 이런 컬렉션들은 여행자 · 과학자 · 각종 지식인 협회에 의해 창조되었으며, 베이컨이 주장한 지식의 저장소를 위한 네 가지 처방의 한 가지였던 것이다. 그 네 가지 처방전이란 도서관, 동식물원, 실험실 그리고

> 내용 · 형태 · 움직임에 있어서 흔치 않은 절묘한 기술과 도구로 인간이 만들어온 것은 무엇이든지, 비범 · 우연 · 사물의 혼합에 의해 만들어진 것은 무엇이든지, 그리고 자연이 창조해 냈지만 생명이 없고 보관될 수 있는 것은 무엇이든지 분류되고 보관되어 있는 멋지고 거대한 진열장이다.
>
> (Bacon 1594)

프란체스코 메디치Francesco I de' Medici[76]를 위하여 보르기니Borghini가 수집한 신비주의적인 컬렉션으로부터 16세기 볼로냐Bologna[77]의 자연철학 교수였던 알드로반디Aldrovandi[78]에 의해 설립된 박물관에 이르기까지 분명한 발전이 있었다. 알드로반디는 표본들을 두 개의 벽장에 4,554개의 작은 서랍으로 분류하였다. 이는 카드목록의 선구자로 볼 수 있는데 왜냐하면 각각의 서랍을 짧은 텍스트의 형태로 바꾸면 카드목록화되기 때문이다. 새로운 인문주의 과학의 중심지였던 볼로냐에서는 기억극장과 같은 인위적인 구조물이 거부되었다. 로렌씨치미넬리Laurencich-Minelli(1985: 17-23)에 따르면 독일어의 '분더캄머wunderkammer[진기품의 방]' 는 이탈리아어로 '스투디오studio' · '스투디올로studiolo' · '구아르드로바guardroba' · '뮤제오museo' 등으로 대체되어 볼로냐의 여러 컬렉션 명칭으로 사용되었는데, 이는 오컬트로부터 과학으로의 이동을 정확하게 표현한 것이다.

이제 분류는 과학적 관찰과 실험에 근거하여 논리적으로 이루어지게 되었다. 이런 시스템을 통하여 두 개의 핵심적인 언어 구문론적 성격, 즉 일치concordance와 질서order가 획득되었다. 첫 번째 구문론적 성격[일치]은 비슷한 것끼리 함께 묶어주며, 두 번째 것[질서]은 이런 묶음들을 올바른 순서로 자리매김시켜준다. 어떤 사물이라도 다음의 두 가지 질문에 답함으로써 애매모호하지 않게 분명히 제자리를 잡을 수 있다. "다른 어떤 사물과 한 그룹에 속해야 하는가?" 그리고 "그 그룹은 다른 그룹들과의 관계에서 어디에 위치해야 하는가?" 하는 질문인 것이다.

알드로반디가 분류에 사용한 여러 방법 가운데 한 가지는 전체 시스템 속에서 그 내용에 따라 각 벽장의 색을 코드화한 것이다. 이 방법은 원재료에 따라 예술품을 분류한 플리니Pliny[79]에까지 거슬러 올라간다. 문서화된 기록이 남아있지 않더라도, 로렌씨치미넬리(1985)가 지간티Giganti의 16세기 박물관(그림 7.15)의 평면 · 입면 · 물품목록으로부터 해냈듯이, 당시의 분류방식은 공간적인 질서로부터 분류의 범주들을 재발견할 수 있을 정도로 충분한 구문론적 정확성이 있었다.

76. 메디치 가는 르네상스시대의 이탈리아를 대표하는 명가문으로, 프란체스코(1541~1587)는 과중한 세금을 거둬들여 경제를 거의 파탄지경에 몰고 갔으나 예술과 과학의 후원자로서는 존경을 받을 만하다.
77. 이탈리아 이펜티노 산맥 북쪽 기슭, 로마시대의 에밀리아 가도에 있는 도시. 중세 이래 유럽의 학문과 예술의 중심지로 11세기에 볼로냐 대학교가 창설되었다.
78. 이탈리아의 박물학자(1522~1605). 볼로냐 출생. 볼로냐 대학교와 파도바 대학교에서 법률을 배웠으나, 뒤에 의학을 전공하였다. 1560년 볼로냐 대학교에서 약물학 · 식물학을 가르치며, 1568년에 세계 최초의 식물원을 창설하였고, 볼로냐에 박물관을 세웠다.
79. Gaius Plinius Securidus(23~79). 로마시대의 작가 · 과학자. Pliny the Elder로 잘 알려져 있다. 로마의 관리로서 『자연사Naturalis Historia』라는 백과사전을 저술하였다. 이 책에서 그는 자연에 존재하는 사물뿐만 아니라 인간의 문화에 대해서도 분류하여 설명하였다. 목차와 출처를 밝힌 1서를 포함하여 각각 18서로 된 2부 총 37서로 구성되어 있다. 1부는 자연의 사물을, 2부는 인류와 관계된 자연을 다루었다.

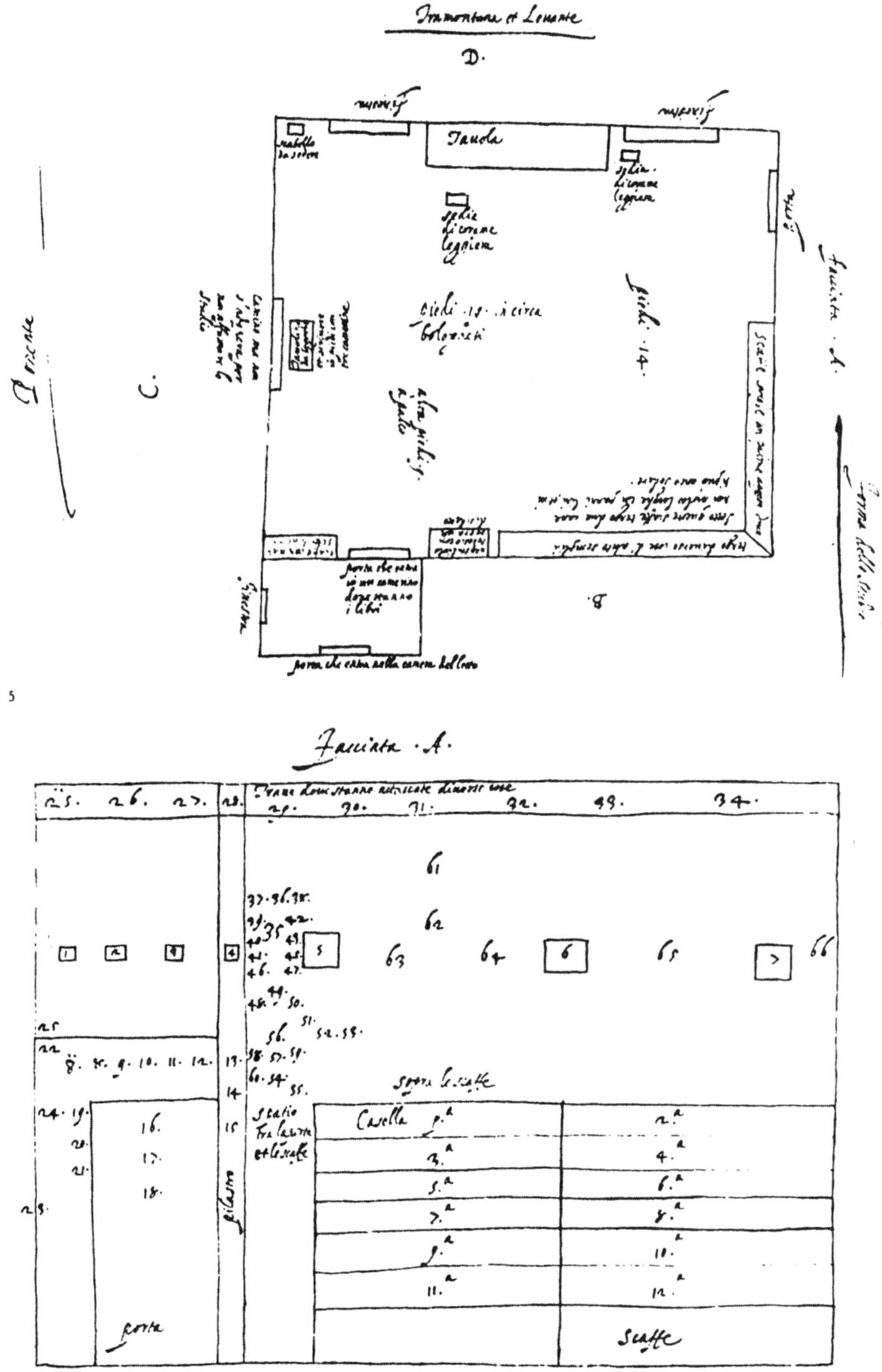

그림 7.15 지잔티의 16세기 볼로냐 박물관의 평면과 실내입면

출처 : 원전은 암브로시안 도서관(밀라노)의 MS 85 sup.234r 및 235r 임. Laurencich-Minelli 교수의 허락 하에 제작한 사본임(1984)

판화 · 보석류 · 동전 · 훈장 · 조개껍질 · 암석 · 소금물에 절인 머리 둘 달린 태아 · 타조알 · 자이언트 거미 · 민속학적인 골동품들이 통합된 하나의 공간으로 모아졌다. 아름답게 장식된 진열장들은 선반과 그 아래에 있는 작은 장으로 이루어졌으며, 이곳에 수장과 전시가 통합되었다. 진열장들은 특별히 준비된 방에 모아졌고 이 방은 자연스럽게 더 큰 진열장 역할을 하게 되었다. 큰 조각물들은 좌대 위에 올려지거나 벽감 속에 진열되었으며 그림들은 벽에 걸려 있었다. 이런 전시 방법은 마치 오늘날 소도시 박물관들에서처럼 겉으로는 질서 없이 매우 혼란스럽게 보인다. 이런 혼돈은 모든 것을 하나의 통합된 지적인 시스템으로 결합시키고자

한 당시의 대단한 노력과는 일치하지 않는다.

중요한 시도 가운데 하나로 사무엘 크비체베르크Samuel Quiccheberg[80](1565)의 지식 극장theatre of knowledge이 있다.

> 가장 광범위한 주제를 다루는 이 극장에서 표제들(주류의 명판들)은 우주의 모든 물질과 뛰어난 조각상들을 아우른다. 따라서 이 극장은 예술적이고 신기한 물건들의 보고寶庫이며, 모든 진기한 보물들과 값진 보관함 · 조각상 · 그림들의 우아한 창고로 불려 질 수 있다. 이런 귀중품들은 이 극장에 모아져서 찬찬히 연구된다. 이런 물건들을 정기적으로 관찰하고 만져봄으로써 각 사물의 독특한 지식과 뛰어난 지혜를 빠르고 쉽고 안전하게 얻을 수 있는 것이다.
>
> (Quiccheberg 1565)

여기서 '보관함'은 진열장을 의미한다. 중요한 것은 소장품들을 단지 볼 수만 있는 것이 아니라 손으로 만져봄으로써 느낄 수도 있었다는 점이다. 이 극장은 30여 년 전에 세워졌던 카밀로의 기억극장과 여전히 유사하다. 크비체베르크가 설정

80. 뮌헨의 공작인 알브레히트 5세의 예술자문(1529~1567). 수집물을 '주류'로 구분하였으며 수집물의 관리 및 보존에도 관심을 보였다. 쿤스트캄머에 실험실 · 작품제작실 · 출판실 · 도서관 · 의무실 등을 갖출 것을 권고하기도 하였다. 개인이나 왕가의 취미활동 수준이었던 컬렉션을 학술적 차원의 박물관 개념으로 이끈 박물관학의 선구자로 평가받는다.

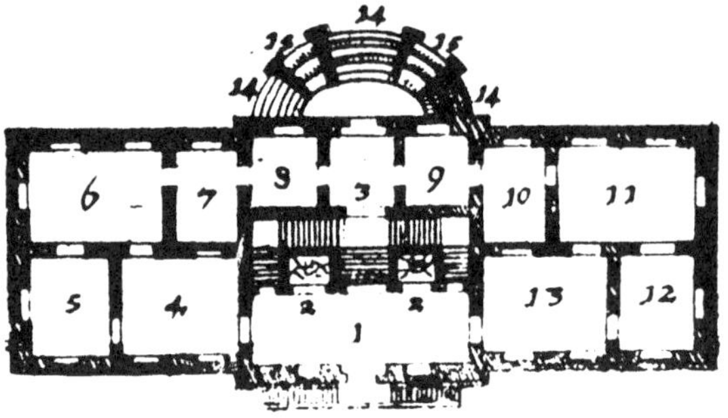

그림 7.16 슈투름의 '진기품의 집'(1707), 평면
출처 : 작가미상(1707), Des Geöffneten Ritter-Plazes Dritter Theil etc., Schillern, Hamburg, 시카고 뉴베리Newberry 도서관 제공

한 다섯 가지 주류는 다음과 같은데, 이들은 위계적으로 더욱 세분된다.

1. 종교화, 역사화
2. 조각, 고고학, 화폐학
3. 자연사
4. 도구 · 기구로 표현된 과학 · 기계류, 놀이 · 운동 · 여가활동과 관련된 물품, 무기 · 갑옷류, 의류
5. 회화 · 판화, 계보학, 초상화, 문장학, 직물학, 가구류

진열장들은 처음에는 특별히 마련된 방에 수용되었고 곧이어 헌정된 건물로 이동되었으며, 같은 시기에 이런 건물들에 대한 문헌들이 나타나기 시작하였다. 슈투름Sturm의 1707년 '진기품의 집house of curiosities'은 3층으로 되어 있었으며(그림 7.16), 외부에는 온실이 딸린 식물원과 소규모 동물사육장 및 조류사육장이 있었다. 높은 곳에 매달려 있는 그림들은 각각 바로 아래 전시되어 있는 물건들을 상징하였다. 소장품의 규모가 매우 커서 동시에 모든 것을 볼 수 없었으므로 올바른 순서에 따라 감상해야만 하였다. 그러나 내부 평면이 여러 개의 고리형 동선(선택적인 동선을 제공한다)을 갖고 있었으므로, 지적인 혼돈을 피하는 유일한 방법은 박물관 직원이 직접 방문객을 방에서 방으로, 층에서 층으로 안내하는 것이었다.

그림 7.17 니켈리오의 박물관 겸 도서관(1727)
출처 : Nickelio(1727), 대영도서관

니켈리오Nickelio는 자신의 박물관(1727)에 귀중품 · 예술품 · 자연사 · 진기품으로 짜여진 네 개의 기본 범주 외에 해부학과 도서관을 추가하였다. 계단과 제단난간 그리고 성단소 아치 아래로 들어 올려진 커튼이 있는 사원과 같은 공간 안에서 잘 분류된 장서와 표본에 둘러싸여 홀로 독서하고 있는 이용객(그림 7.17)은 보이지 않는 지식과 보이는 지식을 통합하고 있다.

영국과 스코틀랜드에도 비슷한 컬렉션들이 많이 있었다. 제임스와 안드레 밸포어James and Andre Balfour의 수집품과 로버트 시볼드Robert Sibbald의 수집품이 합쳐져서 에든버러 의과대학에 기증되었다. 기증을 받은 에든버러 대학교는 늦어도 1765년 이전에 대학도서관을 '자연진기품박물관museum for natural curiosities' 으로 개조하였다.

초창기의 대규모 박물관으로는 석공의 대가였던 토머스 우드Thomas Wood가 설계한 옥스퍼드의 애쉬몰린 박물관Ashmolean Museum(1679-83)이 있다. 이 박물관의 소장품은 오브넬Ovenell(1986)의 연구에 의해서 그 기원이 존 트레센트 1세John Tradescant the elder로까지 거슬러 올라감이 밝혀졌다. 램버스Lambeth에 있었던 트레센트의 박물관과 정원은 1638년 그의 아들에게로 상속되었다. 일반인들에게 개방되었던 이 '희귀품의 방' 을 소개하는 1656년도 카탈로그에는 예의 혼란스럽고 괴이한 수집물들이 기록되어 있다. 이 컬렉션을 구입한 엘리어스 애쉬모울Elias Ashmole은 자신이 직접 수집한 필사본들과 함께 모든 수집품을 1678년 옥스퍼드 대학교에 기증하였다.

새 박물관은 3층으로 되어 있었다(그림 7.18). 1층에 있는 자연사 학부는 훌륭한 강의극장이었는데 평소에는 북쪽의 브로드 스트리트Broad St.로 출입하였으나 특별한 행사가 있을 때에는 동쪽 출입구를 사용하였다. 이 강의극장은 주계단실을 통하여 강의에 사용되는 표본이 보관되어 있는 2층의 박물관으로 연결되었다. 내부계단이 있었던 두 개 층으로 된 별관에는 사감숙소가 마련되어 있었으며 1층과 2층으로의 접근이 모두 가능하였다. 초대 사감이자 화학교수였던 로버트 플롯Robert Plot은 「왕립협회Royal Society」[81]의 저명한 회원이었는데 최근의 연구로 확인된 바에 의하면 신비주의와 연금술에도 관여하고 있었다. 애쉬모울 또한 왕립협회의 창립회원이었음에도 불구하고 신비주의와 연금술에 관여하고 있었다. 점성술 · 연금술 · 마술과 같은 신비주의 학문이 애쉬모울과 플롯 그리고 그들의 박물관을 기억극장과 연결시킨다. 그러나 애쉬모울의 활동은 '곧 점성술 · 연금술 · 마술이 모

81. 1640년 런던에는 상인 · 지주 · 지식인 등이 중심이 된 자연연구 애호가 모임이 많이 생겨났다. 그 중 하나인 옥스퍼드 철학협회가 1660년 찰스 2세를 회원으로 맞이하고 1662년 왕의 특허장을 얻어 왕립협회로 출발하였다. 이 협회는 자연과 기술에 대한 유용한 지식을 수집 · 개선하고 합리적인 철학체계를 건설하는 것을 목적으로 하였다. 왕립학회라고도 한다.

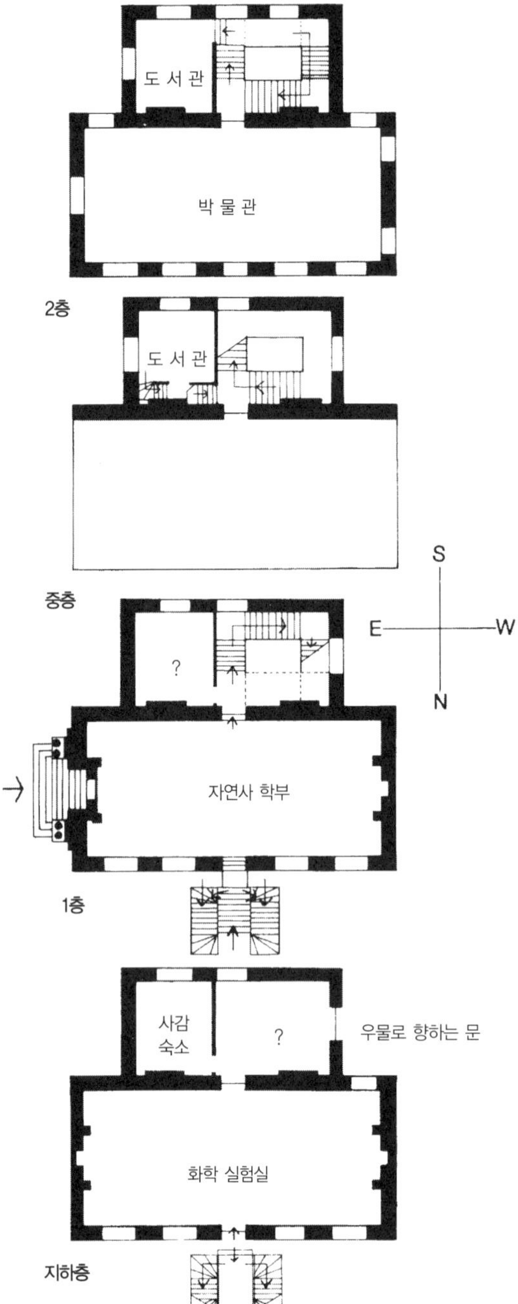

그림 7.18 애쉬몰린 박물관, 옥스퍼드(1679–83), 재구축된 평면과 동측 전경
출처 : 옥스퍼드 보들리안 도서관의 평면도, 입면도와 옥스퍼드 과학사박물관의 A.V. Simcock 및 R.F. Ovenell의 조언으로부터 저자가 재구성함(평면); Coney가 작성한 1816년 인쇄물, 옥스퍼드 과학사박물관(동측전경)

두 정당한 학문이라는 신플라톤주의적 우주관에 최후의 일격을 가하게 되었다' (Josten 1985: 5). 지하층의 화학실험실은 북쪽으로부터 2중 계단을 통하여 출입하였는데 처음에는 안전과 건강상의 이유로 건물내부에서는 위층과 연결되어있지 않았다. 화재와 폭발의 위험에 대비하여 견고한 볼트 천장으로 시공되었으며 악취가 위층으로 스며들지 않도록 되어 있었다. 또한 여기에는 사회적인 이유도 개재되어 있었다. 즉, 화학교육은 하층계급의 학생들에게 실시하도록 되어 있었으며, 따라서 플롯의 조수인 크리스토퍼 화이트Christopher White에 의해 행해졌다.

애쉬모울은 교육에 필요한 것만 남겨두고 옥스퍼드 대학의 기존 소장품을 해부학 학교로부터 이전할 것을 주장하였다. 그럼에도 불구하고 플롯이 작은 방 가운데 하나에서 해부학 강의

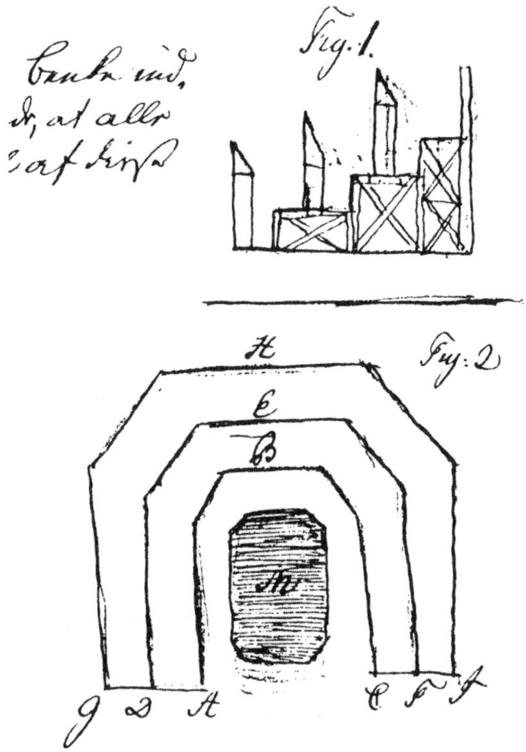

그림 7.19 애쉬몰린 박물관의 실험철학 강의실 좌석배치에 대한 토머스 뷔헤의 스케치(1777)
출처 : 코펜하겐 왕립도서관 필사본과

를 시작할 때부터 교육은 이루어졌다. 플롯의 해부학 강의는 덴마크인 여행자인 토머스 뷔헤Thomas Bugge가 1777년에 그린 스케치에서 보듯이 3단의 좌석으로 둘러싸인 타원형 시범탁자를 중심으로 행해졌던 것 같다(그림 7.19). 이 시기에 이르면 학교는 여러 개의 진열장에 각종 기구들을 소장하고 있었다.

그리샴 대학Gresham College에 있던 왕립협회에도 실험실과 강의극장이 만들어졌다. 니히미아 그류Nehemiah Grew의 카탈로그(1694)에서 보듯이 학회가 소장하고 있던 수집품은 과학 · 오컬트 · 진기품 등이 뒤섞인 채 분류되어 있었는데 이는 오늘날의 기준으로는 이해하기 힘들다. 예를 들어 인간해부학 코너에는 이집트 미라와 더불어 '무어인의 완전한 인피人皮' 도 전시되어 있었다. 또한 남자의 두개골이 여자의 것보다 더 크다는 것을 보여주기 위하여 두개골들이 전시되어 있었는데, 이는 '비록 가구가 잘 갖추어진 작은 집이 텅 비어있는 큰 집보다 근사하게 보일지라도' 남자의 큰 두개골이 더 실질적이고 중요한 두뇌를 수용할 수 있다는 점을 보여주기 위한 것이었다. 한편 쓸개 · 방광 · 신장 등에서 만들어지는 결석과 화석에 대해 관심이 높았으나 어떻게 만들어지는가는 신비에 싸여 있었다. 심지어 스코틀랜드의 유명한 외과의사이자 '남자조산부' 였던 윌리엄 헌터William Hunter[82]조차 그 기원을 알 수 없었다.

나는 헌터가 해부학 학교를 설립하기 위하여 어떻게 정부 예산을 얻으려고 노력했는가에 대해서 설명한 바 있다(Markus 1985: 158-77). 해부학 학교가 갖고 있었던 부수적인 이득 가운데 하나는 예술가를 훈련시키는 장소로도 활용될 수 있다는 점이었다. 헌터의 이상적인 평면(그림 7.20)은 지름 47피트(14미터)짜리 원형극장과 긴 직사각형 모양의 도서관과 박물관 그리고 정사각형 주택으로 이루어졌다. 이 다이어그램에는 공간 사이의 연결이 표시되어 있지 않으나 도서관과 박물관을 통해서 학생을 위한 별도의 측면 출입구가 있는 원형극장과 주택이 연결되어 있었던 것 같다. 1765년에 그의 청원이 받아들여지지 않자, 헌터는 윈드밀 스트리트Windmill St.에 있는 주택 한 채를 구입하여 로버트 마일른Robert Mylne으로 하여금 증개축을 하도록 하였다. 1768년에 개관된 이 건물에는 박물관이 딸린 도서관과 미술관, 좀 더 뒤쪽으로는 준비실과 그 위층에 해부학 강의실 그리고 강사를 위한 숙소가 마련되어 있었다(그림 7.21).

82. 스코틀랜드의 해부학자 · 의학교사(1718-1783). 에든버러 대학교에서 의학을 공부하고 1741년 런던으로 이주하여 최초의 남성조산원이 되었다. 해부학 강의에 필요한 해부학과 병리학 자료를 수집하기 시작하여 서적 · 필사본 · 회화 · 인종학 · 식물학 · 동물학 · 지질학 자료와 동전을 수집하였다. 1766년 런던의 그레이트 윈드밀 스트리트에 저택을 구입하여 해부학 강의실 · 미술관 · 주택 등으로 사용하였다. 그가 글래스고 대학교에 유증한 방대한 컬렉션과 8,000파운드를 기반으로 글래스고에 헌테리언 박물관이 설립되어 1807년 일반에 개방되었다.

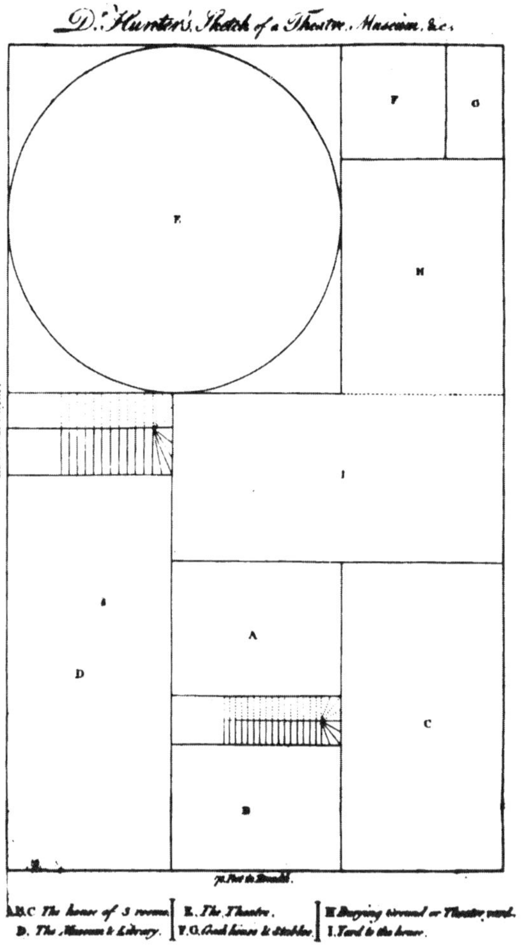

그림 7.20 윌리엄 헌터의 이상적인 해부학 학교 · 도서관 · 박물관 · 주택
출처 : 헌터(1784), 대영도서관

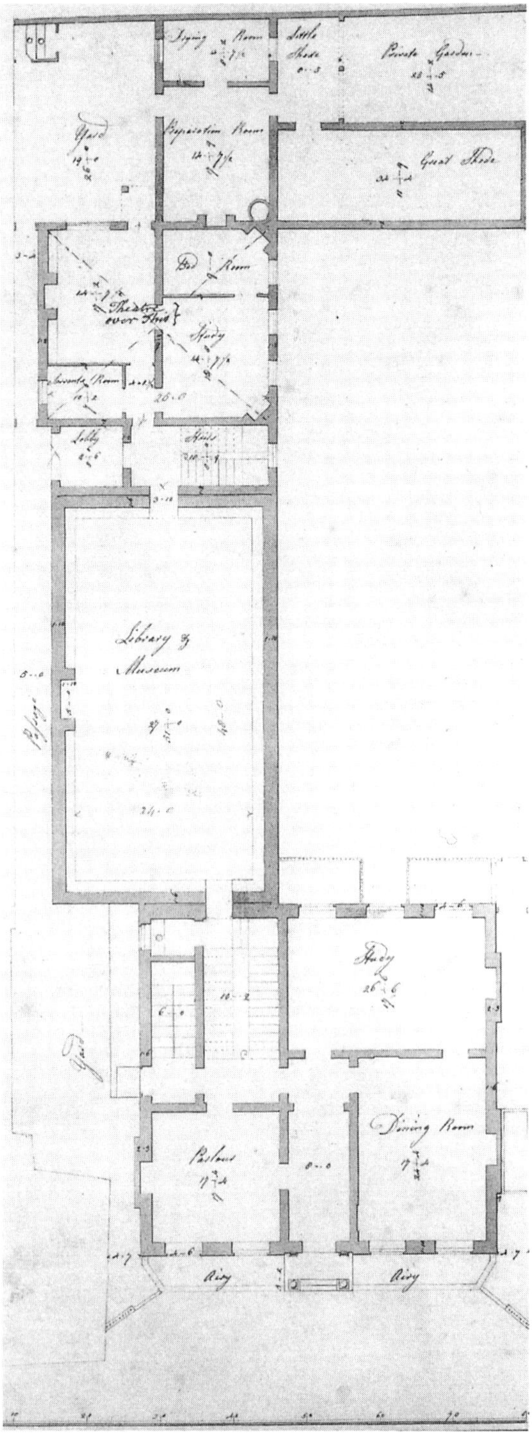

그림 7.21 윌리엄 헌터의 그레이트 윈드밀 스트리트 해부학 학교 · 도서관 · 박물관 · 주택
출처 : 로버트 마일른의 원본 도면, 글래스고 대학도서관의 허가를 얻음

이 건물의 공간구조도(2층 평면은 마일른의 평면에 기초하여 추측한 것임)를 통하여 살펴보면, 세 개의 주요 기능, 즉 해부학 강의실 · 미술관 · 도서관 겸 박물관은 각각 외부로부터 3단계 깊이에 위치함을 알 수 있다. 도서관 겸 박물관은 헌터의 주택과 교육공간을 연결하는 고리형 동선 상에 위치한다(그림 7.22). 이런 공간구성은 헌터가 집에서 외부로 나가지 않고 실내를 통하여 다른 시설로 갈 수 있게 해줄 뿐만 아니라, 외과의사 겸 박물학자인 헌터가 그의 소장품(해부학 · 진기품 · 훈장 · 동전 · 장서 · 회화 등)과 임상경험(부분적으로는 그가 환

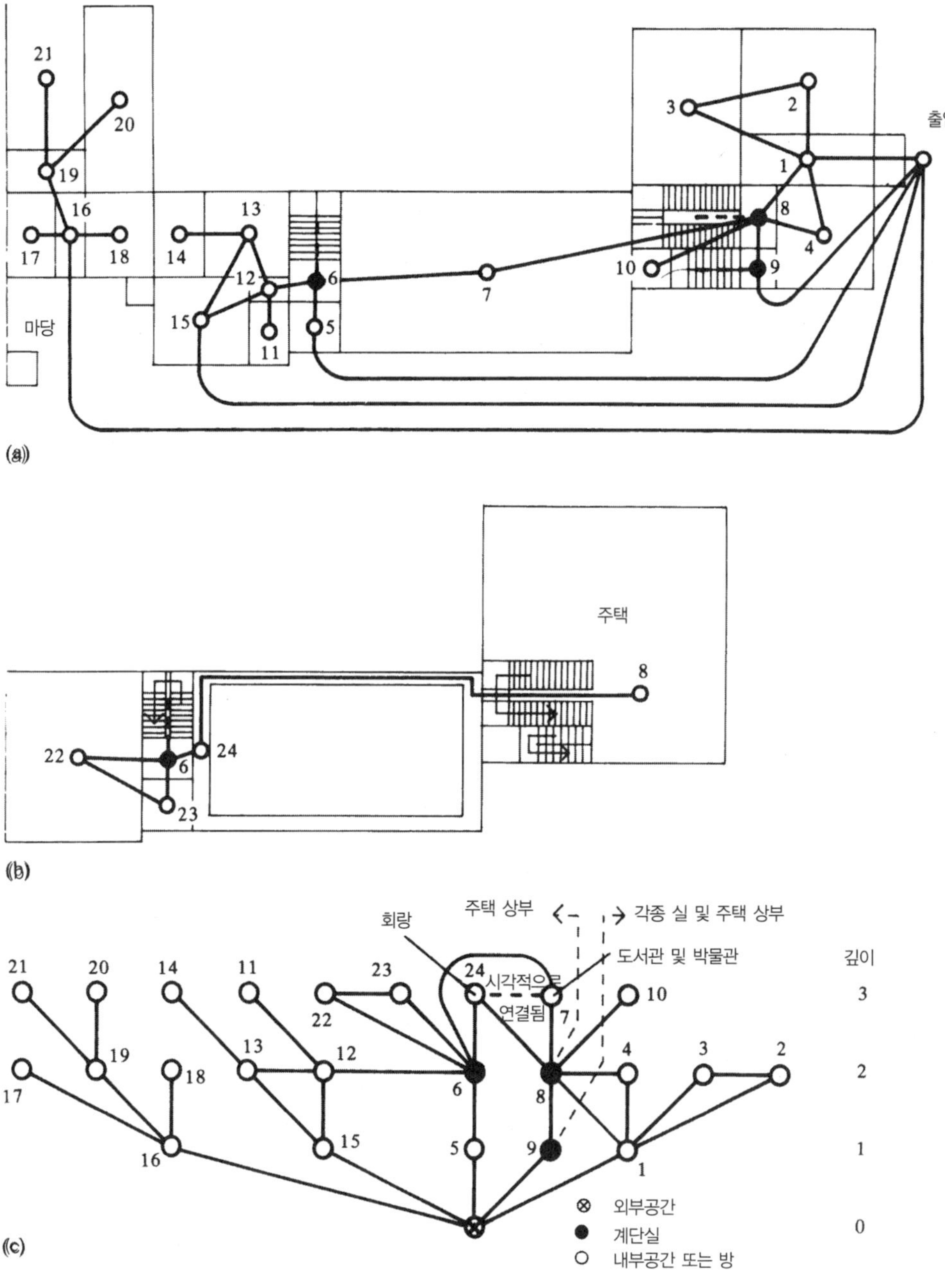

1 홀
2 식당
3 서재
4 응접실
5 로비
6 해부학 극장으로 향하는 계단
7 도서관 및 박물관
8 주계단
9 후면 출입구
10 서비스 계단
11 하인실
12 서재
13 침실
14 침실
15 거실
16 통로
17 건조실
18 준비실
19 소형창고
20 대형창고
21 개인정원
22 해부학 극장
23 강사실
24 회랑

그림 7.22 윌리엄 헌터의 그레이트 윈드밀 스트리트 건물, 개략적인 1층 평면(a), 개략적인 2층 평면(b), 공간구조도(c)

출처 : 저작 작성, Environment and Planning B : Planning and Design(1987) vol. 14, Pion, London에 수록하기 위해 재작성됨.

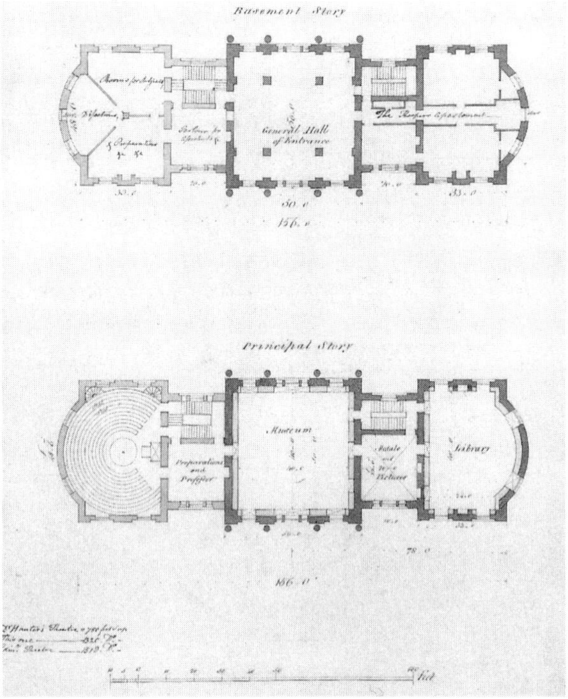

그림 7.23 글래스고의 헌테리언 박물관을 위한 로버트 마일른의 설계(n.d., 1799?)

출처 : 로버트 마일른의 도면 원본, 글래스고 대학도서관의 허락을 얻음

자를 진료하는 그의 주택에서 얻어진다)에 의존하고 있음을 공간적으로 구체화해 준다.

소장품들 간에는 또 다른 통일성이 존재하였다. 헌터 시대의 한 문헌은, 헌터의 존재로 인하여 개개의 전시물은 '교육과 계시의 중심이었다. 이제[헌터 사후] 이 모든 진리의 사슬은 깨어졌다. 모든 것은 이 넓은 건물에 아무런 의미도 갖지 못한 채 널려있다' (Vicq d' Azyr 1805: 387)라고 말한다. 롤프Rolfe(1985)가 지적했듯이 여기서 사슬이란 헌터가 찬동한 포프Pope의 '생명의 사슬Great Chain of Being[83]'을 의미하는 것이다. 이것은 기본적으로 과학보다는 신학과 시詩에 기반을 둔 구문론적 질서의 한 형태였다. 그것은 연속적이며 점진적인 체계로서 암석으로부터 시작되어 식물과 식충류를 거쳐 포유류, 인간, 천사로 이어지며, 최종적으로 하느님에까지 확장되는 시스템이었다. 이 시스템은 세 가지 원리, 즉 아리스토텔레스의 연속성continuity 개념과 점진성graduation 개념 그리고 플라톤의 완전성plenitude 개념에 근거하였는데, 이는 가능한 모든 종류의 사물이 존재한다는 것이다. 아이리쉬 엘크와 같은 멸종한 종을 발견하는 것은 열띤 논쟁의 대상이 되었다. 왜냐하면 이런 발견이 사슬이론을 심각하게 위협했기 때문이었다. 결석(신체내부에서 자라는 돌과 같은 물질)과 같은 물질은 성장하기 때문에 광물질과는 달랐으나 동물이나 식물 그 어느 것도 아니었으므로 특별히 중요한 경계사례로 간주되었다.

헌터는 임상강의에서 마음mind은 '[마음의] 즉각적인 거주처인 두뇌에 위치하며, 두뇌는 정신spirit과 육체body의 결합에 필요한 모든 요건을 갖추어야 한다' 고 주장하였다. 두뇌는 신경시스템을 통하여 사지 골격과 근육에 명령을 내림으로써 마음을 이곳저곳으로 이동시킬 수 있다. 후손을 생산하는 능력은 인공적인 기계와 다르게 '동물기계' 에 '창조주의 특성' 을 부여한다(Hunter 1784: 92). 인간 신체조직의 구조와 그 기능 간의 일치성은 존재의 사슬의 흠없는 통합성에 대한 또 다른 증거였다. 슈투름의 박물관과 마찬가지로 헌터의 박물관도 방문객을 소장품들 사이로 안내하는 안내자가 필요했으며 이는 공간 자체만으로는 모호함 없이 방문객을 올바른 순서로 유도할 수 없었기 때문이다. 따라서 헌터가 죽은 후에 소장품들이 '벙어리가 되어' 버린 것은 놀라운 일이 아니다.

1783년 헌터가 사망했을 때, 그는 대부분의 소장품과 이를 보관하는데 사용될 상당한 액수의 돈을 글래스고 대학교에 남겼다. 마일른이 헌테리언 박물관의 초기 설계를 담당하였다(그림 7.23). 비록 이 건물이 헌터가 구상한 이상적인 박물

83. 1732~1734년 발표된 영국 시인 알렉산더 포프(1688~1744)의 장편 철학시 '인간론' 가운데 제1서간에서 인간과 신 및 우주의 관계를 다루며 논한 사상. 이 철학적 관념에 따르면, 자연세계의 모든 생명체는 가장 하등의 것으로부터 가장 고등인 인간에 이르기까지 하나의 사슬을 이루고 있다. 그런데 이 사슬은 완전히 연속적이어서 원칙적으로 종과 종 사이의 빈 공간을 허용하지 않는다. 그러나 역설적으로 종과 종 사이에 드는 종이 있을 수도 있다는 생각도 가능해지므로 진화론의 발생에도 영향을 미쳤다.

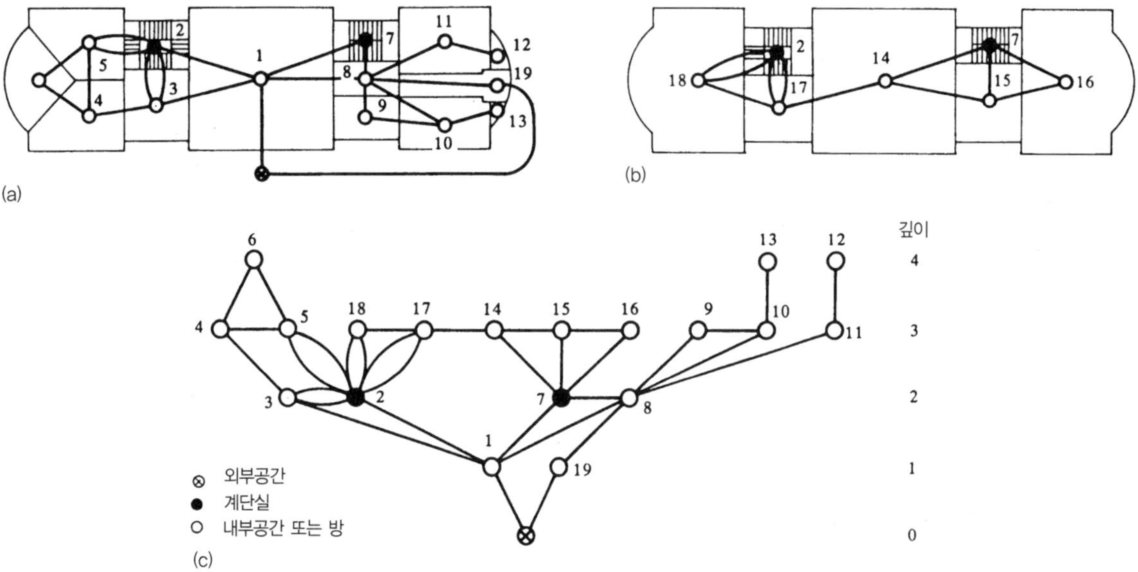

1 주현관
2 계단실
3 조수용 응접실
4 준비실
5 해부용 자료실
6 해부실
7 계단실
8 관리자 숙소
14 박물관
15 훈장 및 회화
16 도서관
17 준비실 및 교수실
18 해부학 극장
19 로비

그림 7.24 마일른의 헌테리언 박물관, 개략적인 1층 평면(a), 개략적인 2층 평면(b), 공간구조도(c)

출처 : 저작 작성, Environment and Planning B : Planning and Design(1987) vol. 14, Pion, London에 수록하기 위해 재작성됨.

관과는 형태적으로 매우 상이했음에도 불구하고 세 개의 주요시설의 깊이와 그들 간의 연결에 있어 공간구조는 그대로 살아남았다(그림 7. 24).

그 후 여러 명의 건축가가 설계안을 제출했으나 가장 논쟁이 된 것은 데이비드 해밀턴David Hamilton의 것으로 그는 박물관을 예배당과 같은 예상하기 어려운 시설과 결합하는 안을 제안하였다. 한편 글래스고 대학은 박물관에 해부학 극장을 설치하지 않기로 결정했는데, 이는 부분적으로는 당시에 해부학자들이 사체를 빼돌렸다는 의심받으면서 해부를 반대하는 폭동이 반복해서 일어났기 때문이었다. 위원회는 1803년 윌리엄 스타크William Stark가 디자인한 3층의 돔으로 된 설계안을 채택하였다. 지하층에는 하인숙소와 별도로 고대유물이 전시되었고, 1층에는 자연사와 해부학 전시가, 그리고 2층에는 도서관과 회화 및 동전 전시가 배치되었다(그림 7.25).

이 건물에서 층별 전시내용의 구분은 다음과 같이 해석될 수 있다. 기초는 고대 역사에 있고, 자연세계는 현재 존재하며, 지식 · 예술 · 인공물과 같은 추상세계는 역사적이고 경험적인 실재 위에 세워진다는 것이다. 공간구조도(그림 7. 26)를 통하여 이런 은유가 연장되고 있음을 볼 수 있다. 1층과 2층 평면은 돔 아래 위치한 중앙부를 뿌리로 하여 세 개의 가지로 나뉜다. 돔 아래 방[뿌리]과 두 개의 측면 공간[두 개의 가지]은 보이는 것을 위한 공간이다. 1층에는 자연사가, 2층에는 회화가 전시되어 있다. 뿌리로부터 한 단계 떨어져 있으며 바깥쪽 가지들로 둘러싸인 세 번째 가지는 보이지 않는 것을 위한 공간이다. 1층에는 해부학 구조가, 2층에는 도서로 된 지식[도서관]이 배치되어 있다. 이렇게 표면으로부터 깊은 곳으로 전개되어 가는 방식은 이후 대부분의 박물관 배치에 나타나게 되었다.

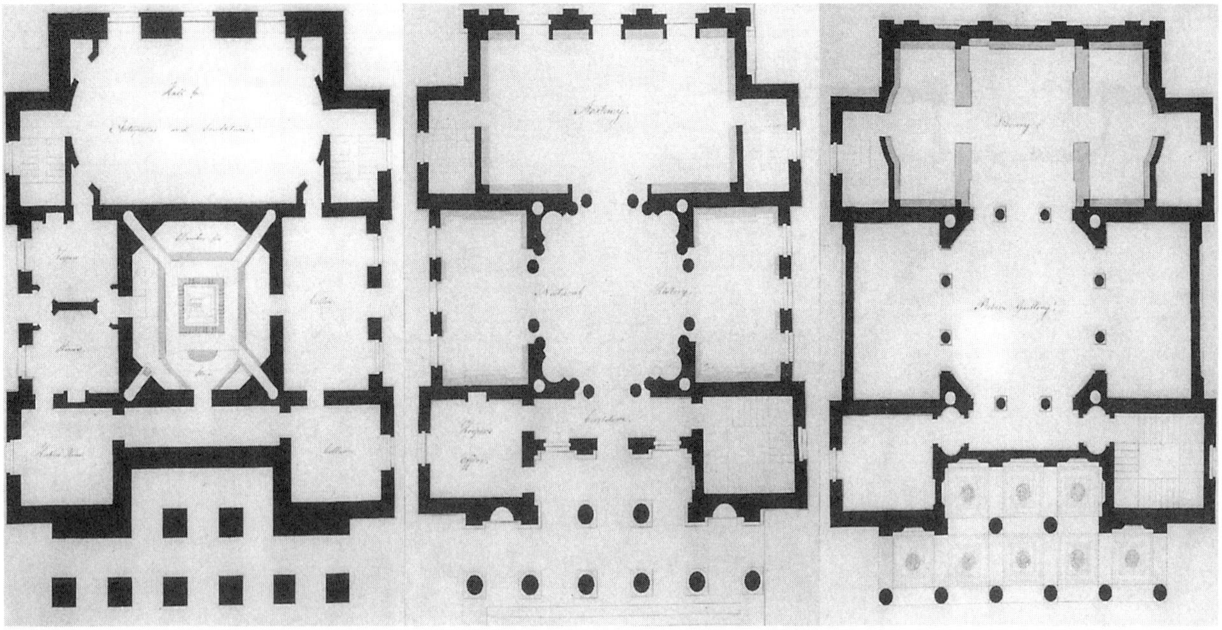

그림 7.25 글래스고의 헌테리언 박물관을 위한 윌리엄 스타크의 설계(1803): 지하층 평면, 1층 평면, 2층 평면, 정면도

출처 : 스코틀랜드 기록 보관소에 소장되어 있는 원본(RHP 1997)으로부터 스코틀랜드 기록보관소의 허가 하에 복사함.

왕립해부학 아카데미가 설립되고(1769년) 1주일도 안되어 초대 해부학 교수가 된 헌터는 예술가들은 인간의 외모를 사실적으로 표현하기 위해서 인간신체를 깊이 이해할 필요가 있다는 확신을 공개적으로 밝혔다. 그는 강연을 통해서 인간의 장기는 외부형태와 기능(생리학) 그리고 위치에 따른 구조(해부학)가 유기적으로 연결되어 있다는 것을 보여 주었다. 그가 관객에게 던진 "어떻게 생겼는가? 어떤 역할을 하는가? 그리고 어디에 있는가?"라는 질문은 형태 · 기능 · 공간을 통해서 건물에 담겨있는 의미를 탐구하는 우리의 노력과 유사한 점이 있다.

모든 박물관은 정치적 의미를 지니고 있는데 이런 점이 가장 분명히 드러나는 곳은 국립박물관들이다. 대영박물관은 한스 슬로운 경Sir Hans Sloane의 수탁인과 코튼 도서관Cotten Library이 국가에 헌증한 자연사 · 동전 · 장서를 소장하기 위해서 1753년의 의회법으로 설립되었다. 1757년에는 조지 2세에 의해서 왕립도서관이 추가되었다. 대영박물관은 이때 이르러 블룸스버리의 몬터규 하우스Montagu House를 얻음으로써 자체 건물을 갖게 되었다. 이 건물은 1675년 몬터규 공작을 위해서 수학자인 로버트 후크Robert Hooke의 설계로 건립되었으나 1686

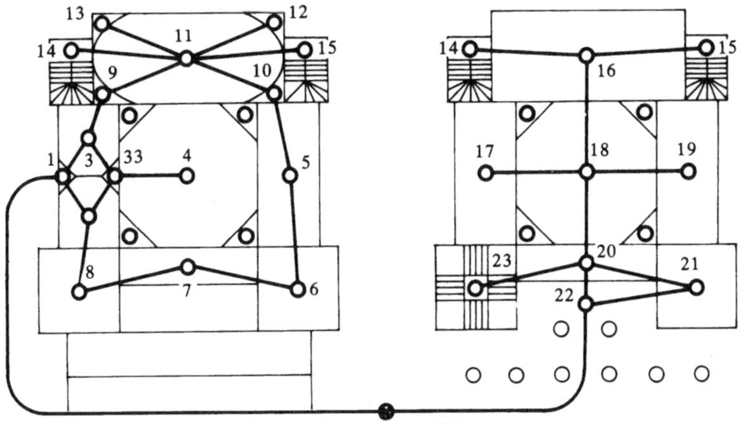

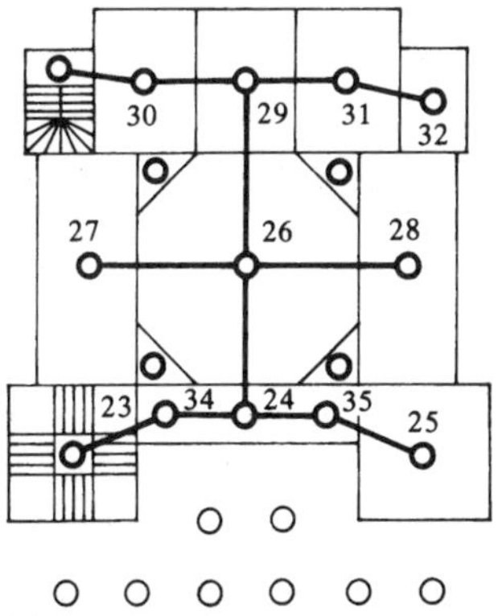

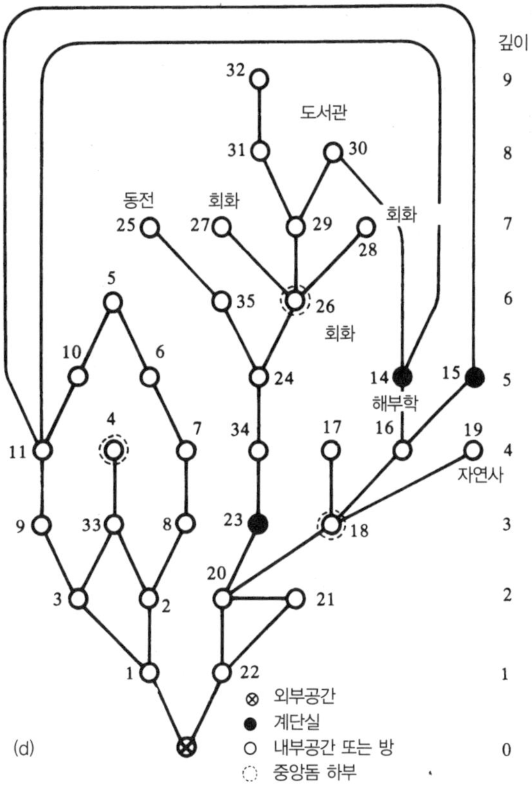

2 응접실
3 조리실
4 화로
5–8 개실
9–13 코끼리전시실
14 계단실
15 계단실
16 해부학전시실
17 광물전시실:자연사
18 대형 홀:자연사
19 산호전시실:자연사
20 로비
21 상담실
23 주계단
24, 26–28 회화전시실
25 훈장전시실
29–32 도서관

그림 7.26 헌테리언 박물관을 위한 스타크의 설계, 개략적인 지하층 평면(a), 1층 평면(b), 2층 평면(c) 및 공간구조도(d) (이 평면들은 그림 7. 25와 약간 다르다. 피터 니콜슨의 스케치에 기초함. 가장 상이한 부분은 지하층 평면으로, 그림 7.25의 '골동품 및 조각전시실' 이 여기서는 '코끼리전시실' 로 대체되었다.)

출처 : 저작 작성, Environment and Planning B : Planning and Design(1987) vol. 14, Pion, London에 수록하기 위해 재작성됨.

그림 7.27 수장품 간의 구문관계가 붕괴된 몬터규 하우스 시절의 대영박물관
출처 : 대영박물관, 판화 및 드로잉 분과

년 화재로 소실되었던 것을 아마도 피에르 퓌제Pierre Puget의 설계로 추정되는 프랑스식 오텔hôtel[84] 형태로 재건축되었다. 박물관은 1759년에 개관하였다. 이 박물관은 진기품 진열장의 전통을 이어받았으나 거대한 규모로 건립되었다. 1층에는 인쇄된 도서가 배치되었고 2층에는 필사본 · 동전 · 훈장 · 민속지적 컬렉션 · 회화 · 판화 · 드로잉 · 고대 조각 및 유물 · 자연사 표본 · 해부학 컬렉션 · 보석 · 광물 그리고 화석이 전시되었다. 정원은 원예식물과 약초를 모두 재배하도록 다시 설계되었다. 방들은 복도가 없는 병렬배치 방식en filade[85]을 이루고 있었다. 실제 건물에서는 전시물의 크기와 공간의 크기가 맞지 않음으로써 공간의 구문적 연결이 자주 끊어지곤 하였다(그림 7.27).

84. 대규모 개인저택, 공직자의 관저 또는 호화스러운 고급 숙박시설
85. 복도를 통해서 다른 방으로 이동하는 것이 아니라 방과 방 사이의 개구부를 통해서 직접 연결되는 방식.

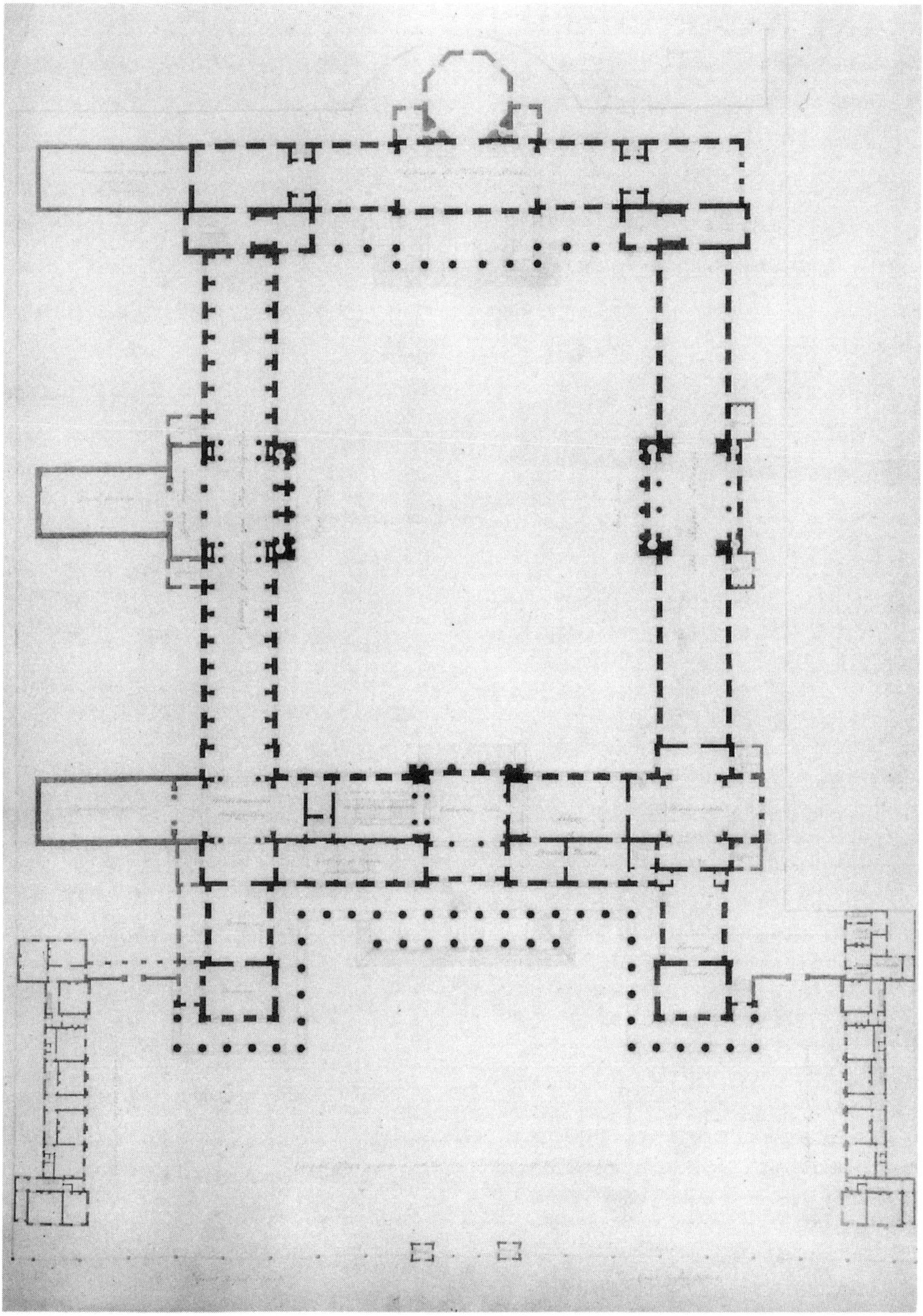

그림 7.28 대영박물관을 위한 로버트 스머크의 평면(1827)
출처 : 대영박물관, 판화 및 드로잉 분과

대영박물관 소장품의 성장과정이나 수차례에 걸친 건물의 확충과정, 혹은 1820년대에 시작된 로버트 스머크Robert Smirk의 새로운 디자인에 대해 여기서 자세히 추적하는 것은 불가능하다. 모돈트 크룩Modaunt Crook(1972)은 대영박물관의 변천사를 '건축의 정치성'의 관점에서 이야기한 바 있다. 스머크의 최종 평면(그림 7. 28)은 병렬배치 방식을 계승하였는데, 동측 날개동에 킹스 라이브러리King's library를, 그리고 그 상부에 자연사 컬렉션을 배치했으며 서측 날개동에는 중동지방의 고대 유물과 엘진 마블Elgin Marbles[86]을, 그리고 그 상부에는 대규모 항아리 컬렉션을 배치하였다. 몇 개의 국부적인 고리형 동선이 있으나 전체적인 동선의 흐름은 어느 방향으로든 전시실들을 관통해서 매우 큰 고리형 동선을 따라 한 바퀴 돌아오는 것이다.

오래지 않아 대영박물관의 소장품은 나누어져서 부분별로 다른 박물관으로 이전되거나 새로 설립되는 박물관들의 핵을 이루게 되었다. 1809년에는 의학 및 해부학 컬렉션이 런던 링컨스인필즈Loncoln's Inn Fields에 위치한 헌테리언 박물관Hunterian Museum[87]으로 이전되었는데 나중에 왕립외과대학이 되었다. 레스터 광장Leicester Square에 있던 존 헌터John Hunter[88]의 주택에서 시작된 이 컬렉션은 그가 죽은 지 6년 후인 1799년 국가에 매각되었고, 최종적으로 1806년 헌테리언 박물관으로 이전되었다. 동물협회Zoological Society는 1855년 학회의 수집품을 대영박물관으로 이전하였는데 이것은 자연사 분과의 상황만 악화시키는 결과를 낳았다. 의회에서의 지루한 논쟁과 과학계와의 마찰을 겪은 후 자연사 분과는 마침내 1880년 알프레드 워터하우스Alfred Waterhouse의 설계로 사우스켄싱턴에 건립된 훌륭한 새로운 자연사박물관으로 이전되었다.

블룸스버리에 있었던 구 자연사박물관의 감독관이었으며 성격이 고약했던 리처드 오웬Richard Owen이 새로운 자연사박물관의 초대 관장이 되어 소장품의 분류와 공간배열에 있어 핵심적인 역할을 담당하였다.[89] 그는 이미 1859년에 자연사박물관의 기본적인 아이디어를 구상하였다(그림 7.29). 건물의 중앙 로툰다에는 '색인회랑'이 위치하는데 이는 '동물세계를 분포지역과 문·목·속의 특징에 따라 보여주는 자연사의 축도縮圖'인 것이다. 색인회랑 뒤에는 강의극장을 배치함으로써 지식을 생산하는 두 가지 기본적인 방식[교육과 전시]이 병치되었다. 전면에 있는 두 줄의 가로방향 회랑은 진화계통상의 두 개 가지인 포유류와 조류가 각각 한 개씩을 차지하고 있는데 분류학적으로 뿌리가 되는 로툰다와 연결되어 있다. 이 회랑들은 이번에는 회랑 전체에 걸쳐 빗 모양으로 뻗어 나온 개별 컬렉션들에 분류학적 근거를 부여한다. 오웬은 다윈Darwin의 『종의 기원On the Origin of Species』이 출간된 시기와 정확히 동시대에 살고 있었으나, 다윈의 주장에는 회의적이었고 린네Linneaus에서 출발하여 퀴비에Cubier[90]에 이르러 완결된 정적인 시스템[91]을 선택하였다. 건물 뒤편의 가장 깊은 공간에는 자연사에서 가장 고대에 속하는 광물학·지질학·고생물학으로 이루어

86. 영국의 엘진 경이 1801~1903년에 걸쳐서 그리스에서 매입하여 영국에 운반한 그리스 조각품. 그 대부분은 파르테논 신전의 조각으로, 동서박공 조각의 대부분과 프리즈의 대부분 및 에레크테이온의 카리아티드 1체, 원주 1기, 아테네·니케 신전의 프리즈, 페리클레스의 흉상 등이 포함되어 있다. 1816년 영국정부가 그에게서 일괄적으로 구입하여, 그 후 대영박물관의 소유가 되었다.
87. 윌리엄 헌터의 수집품을 기반으로 글래스고에 설립된 헌테리언 박물관과는 다른 그의 동생인 존 헌터에 의해 설립된 박물관
88. 영국의 외과의사(1728~1793). 스코틀랜드 롱캘더우드 출생. 20세 때 의학자인 형 윌리엄 헌터의 런던 연구소에 들어가서 해부학을 연구하였다. 1만 가지가 넘는 해부표본을 포함한 그의 수집품은 후에 왕립외과대학 진열관에 보관되었는데 제2차 세계대전 중에 소실되었다.
89. 리처드 오웬은 1856년 블룸스버리에 있던 대영박물관의 자연사 분과 책임자로 임명되었다. 이 분과는 오웬의 책임 하에 1871년 사우스켄싱턴에 위치한 새로운 자연사박물관으로 독립되었다. 뛰어난 해부학자이며 공룡dinosauria이란 용어를 처음 마들어 낸 것으로 유명한 리처드 오웬은 냉정하고 오만하며 부정직하였으므로 주변 사람들과 잦은 마찰을 빚었다. 하지만 연구자 중심으로 운영되었던 자연사박물관을 일반인들이 쉽게 관람할 수 있도록 하여 박물관 대중화에 크게 공헌하였다.
90. 프랑스의 동물학자(1769~1832). 동물의 구조와 기능 사이의 상호관계를 관찰하는 새로운 방법을 도입하고 화석에 대한 연구를 통해 비교해부학과 고생물학의 창시자로 불린다. 그는 실증적 생물학의 확립자이며, 그 입장에서 진화론에 반대하여 라마르크설을 비판하고 주기적으로 어떤 격렬한 천재지변에 의하여 생물의 많은 종이 멸종하여 왔다는 대변혁론을 주장하였다.
91. 생물의 종이란 그것이 창조된 이후 영원불변한 고정된 것이라는 사상

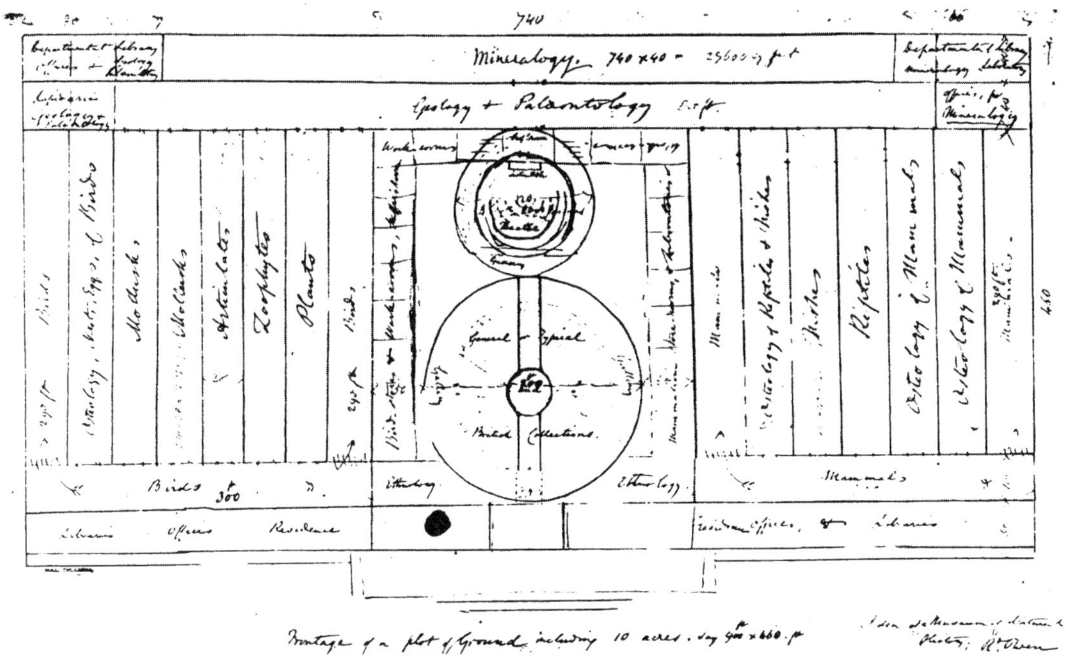

그림 7.29 자연사박물관을 위한 리처드 오웬의 전시계획 스케치(1856)
출처 : 런던 자연사박물관 컬렉션

지는 회랑이 가로방향으로 위치하였다. 오웬의 스케치에 나타난 이런 아이디어는 수많은 변화에도 불구하고 1860년대에서 70년대에 작성된 워터하우스의 평면에까지 살아남았다.

나는 자연사박물관에 관한 페포니스와 헤딘(1982)의 연구에 대하여 언급한 바 있다.[92] 그들은 중앙의 보행통로 주변으로 작고 똑같은 전시실들이 가로방향으로 전개되는 오웬 시대에 만들어진 조류전시실의 단순한 축형 배열방식을 그 뒤에 위치하고 있는 새롭게 꾸며진 인간생물학 전시홀의 파편화되고 뒤틀린 전시패턴과 대조하고 있다(그림 7.30). 먼저 조류전시실은 오웬이 마지막 옹호자였던 정적인 분류관을 보여준다. 여기서 방문객과 과학자는 같은 것을 보며 학습한다. '방문객은 전문가가 알고 있는 것과 동일한 분류 시스템을 보았던 것이다.' 중앙의 통로는 각 전시실을 통합하고 통제하는 동시에 관객의 밀도를 통하여 공유되는 학습[사회적 학습]을 강조한다. 한편 인간생물학 전시홀은 자연사로부터 생물학으로의 전이를 보여준다. 현대유전학 · 통계학 · 생화학 등은 이제 내면의 보이지 않는 법칙을 설명하기 위해서 필요해 졌다. 전문가는 이런 지식을 차트 · 비디오 영상 · 도표 · 모형 등으로 전달할 수 있으나, 표본은 더 이상 어떤 것도 설명할 수 없게 되었다. 이제 전문가와 관람객이 알고 있는 지식 간에는 큰 간격이 벌어지게 된 것이다. 그와 더불어 사회적 학습보다는 개별적 학습이 중요해져 갈수록, 공간은 점점 더 깊어지고 소형화되며 수많은 고리형 동선을 갖는다. 더 이상 정해진 순서는 없으며 왜 유전학적 설명이 생화학적 설명에 선행되어야 하는가와 같은 것에 특별한 이유는 존재하지 않는다.

92. 1장을 참고하라.

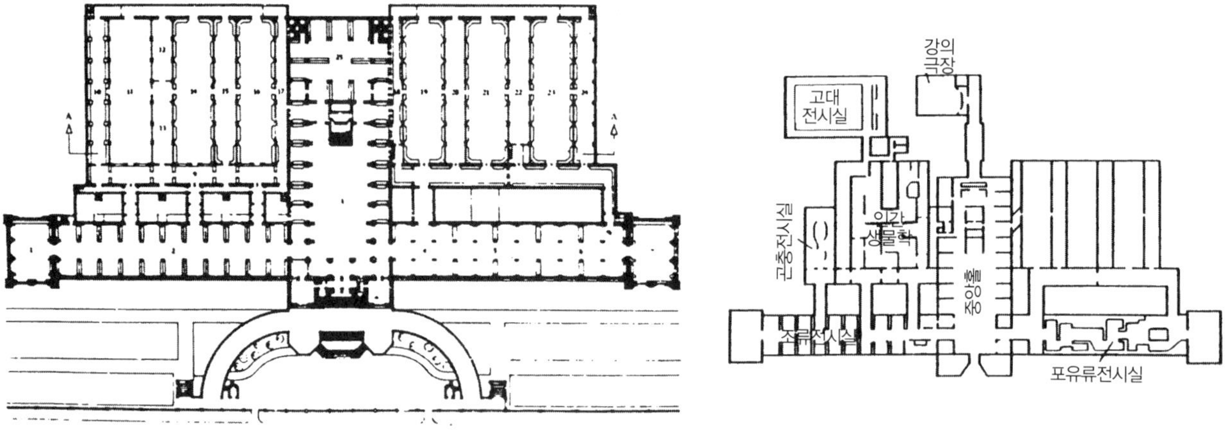

(a) (b)

그림 7.30 자연사박물관, 완공된 평면(a)과 페포니스와 헤딘에 의한 공간분석(b)
출처 : Peponis and Hedin(1982)(b)

대영박물관으로부터 자연과학이 분리되어 나온 것은 예술과 과학간의 마지막 균열을 상징한다. 피지크Physick(1982)의 설명에 따르면, 또 다른 분열, 즉 '순수' 예술과 '응용' 예술간의 분열은 궁극적으로 사우스켄싱턴에 있는 빅토리아 앤드 앨버트 박물관Victoria and Albert Museum과 과학박물관Science Museum에 전시된 전시물의 차이로 귀결되었다. 두 기관의 전시물은 1836년에 설립된 디자인학교로부터 시작되었는데 처음에는 서머셋 하우스Somerset House에 수장되었다가 1841년 말보로 하우스Marlborough House로 옮겨졌다. 이때에 이르면, 정부에 의해서 성장하는 공업도시를 중심으로 17개의 디자인학교가 세워졌으며, 교사양성을 주목적으로 하며 동시에 산업디자인 박물관을 수용하는 런던 디자인학교가 설립되었다.

수정궁Crystal Palace에서 열린 만국박람회[93]의 결과로써 무역청이 관장하던 실용예술국이 1856년 과학예술국으로 개편되었다. 이 박람회를 통해서 산업디자인 분야에 적절한 훈련기관이 부족하다는 것을 뼈저리게 느꼈기 때문이었다. 1852년 중앙학교의 총감독관으로 임명된 박람회 기획자의 한 명이었던 헨리 콜Henry Cole은 여러 개의 전시물을 학교부설 박물관[94]으로 이전하였다. 공간이 협소해짐에 따라 결국 1856년 사우스켄싱턴에 위치한 새로운 부지에 만든 임시건물로 옮겨갈 수밖에 없었다.

사우스켄싱턴의 문화시설 복합체는 계속 성장해 나갔다. 처음에는 내셔널 갤러리가 이곳에 새로운 건물을 짓고 트라팔가 광장Trafalgar Square[95]으로부터 넘쳐나는 회화들을 수용하도록 구상되었다. 이와 같이 회화가 첨가됨으로써 과학 및 기술이 결합된 산업을 위한 응용예술 및 디자인을 박물관의 지위로 격상시키려는 수정궁으로부터 촉발된 의도가 일시적으

93. 1851년 런던에서 개최된 제1회 만국박람회를 의미함. 이 박람회를 위하여 건립한 임시건물이 수정궁이다. 이 건물은 새로운 재료인 철과 유리를 사용하고 건축부재를 공장에서 생산하여 현장조립하는 방식으로 단기간 내에 완성되었다. 근대적 공업건축의 선구적 건물이며 그 규모와 새로운 건축 형태로 인하여 또 다른 볼거리가 되었다.
94. 이때를 후에 장식미술박물관이 된 빅토리아 앤드 앨버트 박물관의 설립으로 보기도 한다. 처음에는 말보로 하우스에 있다가 1857년 현 부지로 이사하여 사우스켄싱턴 박물관이란 이름이 붙었다. 이때 철골과 유리로 지은 임시건물이 영구시설로 남게 되었으며 1899년 건물정면이 완성되면서 빅토리아 앤드 앨버트 박물관으로 명명되었다.
95. 트라팔가 광장에 있는 기존의 내셔널 갤러리를 의미한다.

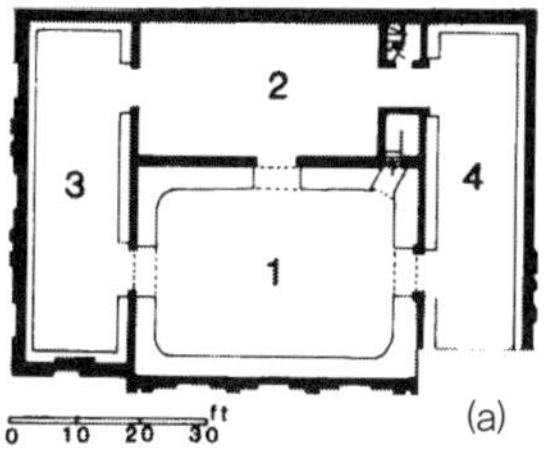

(a)

(b)

범례

1 회랑이 있는 박물관
2 도서관
3 박물관
4 박물관

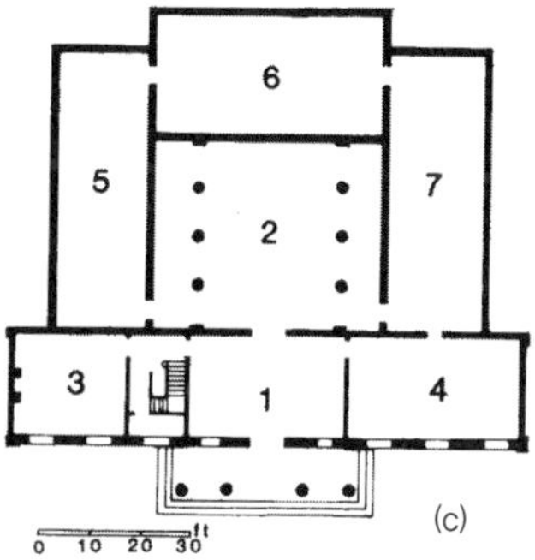

(c)

(d)

범례

1 현관홀
2 강의실
3 평의회실
4 도서관
5 박물관
6 도서관
7 박물관

(e)

(f)

그림 7.31 리즈 필로소피컬 홀(1819–21), 2층 평면(a)과 외관전경(1821)(b); 요크셔 철학협회 박물관(1827–9), 1층 평면(c)과 외관전경(d); 더 로툰다, 스카보로(1828), 1층 평면(e)과 외관전경(f))

출처 : Brears(1984)를 기초로 저자작성(a, c, e); William Boyne, History of Leeds 5(75), 리즈 시립도서관(b); Allen(c.1830) History of the county of York vol.i(d), C.J. Smith와 John Cole의 판화(f), 요크참고도서관, 북요크셔 카운티 도서관 서비스 제공

로 희석되었다. 그리고 이와 같은 의도는 [이번에는 소장품을 빼내감으로써] 과학박물관이 엑지비션 로드Exhibition Road에 자체 부지를 마련한 반면, 후에 빅토리아 앤드 앨버트 박물관이 된 시설이 도로 맞은편에 위치하여 예술과 디자인에 관계된 수집품을 수장하게 됨으로써 마지막으로 희석되었던 것이다.[96]

내가 지금까지 보아 온 애시니움과 문예철학협회 그리고 부르주아 계급이 설립한 이공계 학교에 속하는 도서관에는 항상 박물관이 있었고 어떤 경우에는 박물관만 있는 사례도 있었다. 브리어스Brears(1984)는 1850년까지 영국의 상황을 설명한다. 그가 추적한 20개 기관 가운데 적어도 아홉 개가 요크셔Yorkshire 지방에 있었는데, 이 지역에서는 진보적이고 급진적인 정책과 섬유공업으로 창출된 막대한 부가 결합되어 흑자의 일부가 학문적 여가활동을 위한 시간을 얻는데 투여되었다.

소언Soane[97]의 제자인 리처드 챈트렐Richard Chantrell이 설계한 리즈 필로소피컬 홀Leeds philosophical Hall(1819-21)은 2층에 강의실과 실험실이 있었고(그림 7.31 (a)와 (b)), 그 아래 1층에는 도서관과 박물관이 위치하였다. 이 건물은 샤프R. H. Sharp가 계획하고 윌킨스Wilkins에 의해 고전적인 입면으로 설계된(그림 7.31 (c)와 (d)) 요크셔 철학협회 박물관(1827-9)의 모델이 되었다. 리즈 필로소피컬 홀에서처럼 강의장은 고리를 형성하는 박물관 공간들로 에워싸여 있었다. 그러나 폭이 좁은 전면부

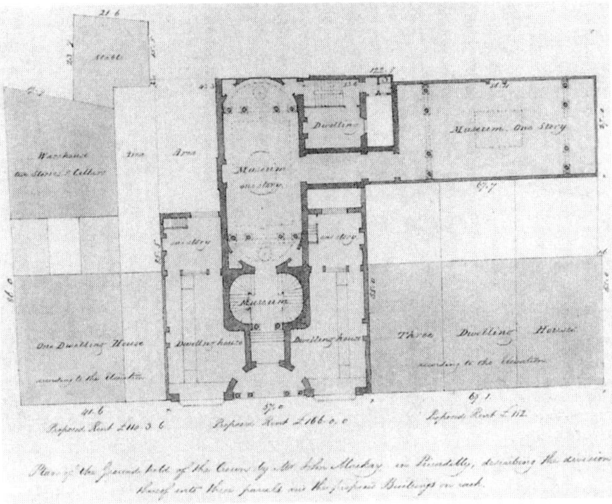

그림 7.32 이집트 홀, 피카딜리(1810-11), 평면
출처 : 공공기록보관국(드로잉CREST 6/115)

는 협의회실과 현관홀 그리고 기능공 학교 풍의 도서관을 갖고 있었다. 「요크셔 철학협회」는 또한 인근에 천문관측소와 식물원을 갖고 있었다. 규모는 작으나 가장 상징적인 박물관 가운데 하나는 역시 샤프가 설계한 스카보로Scarborough의 더 로툰다The Rotunda[98]였다(그림 7.31 (e)와 (f)). 돔으로 된 판테온의 축소판인 이 건물은 정창과 로마식 코퍼링 천장[99]을 갖고 있었다. 건물의 원형 평면은 화석 표본들이 올바른 층위에 따라 전시되는 것을 가능케 하였는데 이런 아이디어는 블랙프라이어 브리지Blackfriar Bridge[100]에 로툰다 형태로 건립된 레버리언 박물관Leverian Museum[101]으로부터 차용하였음이 분명하다.

소규모이며 절충적인 진기품 컬렉션은, 박물관 이야기의 서두에서 논의한 황태자의 쿤스트캄머와는 다르게, 이제 상업적이고 대중적인 오락의 장소로 이용되었다. 이런 소규모 박물관들을 설명하면서 박물관 이야기를 마무리하기로 하자. 1795년부터 1809년 사이에 윌리엄 불록William Bullock은 쿡Cook 선장의 사우스 씨South Sea 탐험으로부터 무기 및 갑옷류 · 각종 모형 · 예술품 그리고 대규모 식물학 및 동물학 표본에까지 이르는 그의 놀라운 수집품을 리버풀의 로드 스트리트Loard St. 저택에 수장하고 있었다.

96. 결국 사우스켄싱턴 지역에 과학과 기술 분야를 전시하는 과학박물관과 예술과 디자인 분야를 전시하는 빅토리아 앤드 앨버트 박물관이 별도로 존재하게 되었다.
97. Sir. John Soane(1753~1837). 영국의 건축가. 신고전주의 양식으로 유명하며 잉글랜드 은행, 덜위치 미술관, 소언 미술관 등을 설계하였다.
98. 로툰다는 원형 건물이나 원형 홀을 의미하나, 때로는 원형 건물 자체의 이름(또는 별칭)으로 쓰이기도 한다. 예를 들어, 6장에서 소개되었던 더블린 분만병원에 덧붙여진 원형 집회장도 더 로툰다라고 불렸다.
99. 돔이나 볼트의 내부표면을 격자 또는 8각형 등의 기하학적 문양으로 구성한 것.
100. 런던 테임즈 강을 가로지르는 다리 가운데 하나
101. 그림 7. 33 참조

이 수집품을 런던으로 옮기기 위해서 불록은 피터 로빈슨Peter Robinson을 고용하여 피카딜리Piccadilly에 이집트 홀Egyptian Hall을 설계토록 하였다(1810-11). 입구부분이 약국과 서점 사이에 끼여 있는 '그레이트 룸'은 건물 깊은 곳에 위치한 또 다른 홀인 '판테리온'과 연결되어 있다. 이 홀은 알려져 있는 사지동물[102]의 서식지와 생활방식을 더 완벽한 모습으로 전시하고자 계획되었다(그림 7. 32). 홀의 입구는 스태파 섬[103]의 거인 방죽이나 핑갈 동굴을 모방한 현무암 동굴을 통과한다. 동물표본들은 각각에 어울리는 식물표본과 함께 '열대우림 지역에 위치한 인디언 오두막' 안에 설치되었다. 이 전시실은 디즈니랜드의 전조일 뿐만 아니라 실물크기로 꾸며진 2층 모의 중세 홀의 갑옷전시는 글래스고의 버렐 갤러리를 예고하고 있다.

다시 정리된 자연

윌리엄 헌터의 동생인 존 헌터는 먼저 얼스 코트Earl's Court에 박물관을 만들었고 나중에는 레스터 광장Leicester Square에 박물관을 열었다. 얼스 코트에는 동물원과 실험용 정원 그리고 과수원도 있었다. 그는 자신의 박물관들에서 죽어 있는 표본과 살아 있는 표본들을 자기만의 방식으로 연결하였다. 이런 연결은 과학과 신비주의에 두고 있는 공통적인 뿌리로부터 유래하였다. 그렇지만 동물원과 정원은 또한 전시와 오락에도 그 뿌리를 두고 있었다.

구스타브 로이젤Gustave Loisel은 동물원의 역사를 다룬 세 권으로 된 비견할 수 없는 탁월한 저서(1912)에서 로마 시대의 동물우리들을 모아놓은 작은 시설로부터 르네상스 시대의 왕족을 위한 훌륭하고 기념비적인 시설에 이르는 동물과 조류 사육 시설의 변천을 기록하였다. 요셉 푸르텐바흐Joseph Furttenbach(1628: 30쪽과 도판 13)는 야생상태의 축소판으로 '야생동물들이 자유롭게 뛰어 다닐 수 있는' 수목 · 다리 · 사원 · 개울이 있는 신비한 세계와 이를 둘러싸고 있는 성채를 상상하였다. 그러나 현실세계에서 동물들은 담장이나 우리 안에 갇혀 있었고, 때로는 바인브레너Weinbrenner가 신고전주의 기법으로 재건하고자 했던 바로Varro의 조류장(Valdenaire1926: 39)이나 사보와의 유진 공公, Prince Eugene of Savoie의 벨베데르Belvedere 궁에 설치된 지라르Girard와 앙통 지네Anton Zinner의 방사형 동물사육장(1716)(Loisel 1912 vol. 2: 도판 IV)에서처럼, 동물우리들은 중앙 관찰대 주위에 빙 둘러서 놓이기도 하였다. 베르사유 궁에 있었던 여덟 개의 사다리꼴 우리와 중앙의 관찰용 누각에 대해서는 이미 언급한 바 있다. 이런 종류의 공간은 언제나 그렇듯이 관찰자의 권력을 상징한다. 여기서는 극장에서와는 반대로, 관찰자는 중앙무대에 그리고 관찰되는 대상은 주변객석에 위치한다.

1789년 10월에 베르사유에 불어 닥친 민중봉기 기간 동안 많은 수의 동물들이 폐사되었다. 용케 살아남은 동물들은 파리 시 전역에서 수집된 다른 동물들과 함께 국민공회[104] 산하 대중교육위원회의 포고령에 의해서 1793년 파리식물원[105]에 수용되었다. 1739년 식물원의 관장이었던 뷔퐁Buffon[106]은 이미 그곳을 자연사의 총체적인 전시장소로 사용

102. 보통 포유류를 의미함.

103. 영국 스코틀랜드 서안 헤브리디스 제도에 있는 동굴로 유명한 무인도.

104. 1792년 8월 10일 파리 시민의 봉기로 왕권이 정지된 후 개설된 것으로, 입법의회에 이어 설립된 헌법제정의회다. 1792년 9월 21일부터 1795년 10월 26일까지 존속하였다.

105. 프랑스 파리에 있는 프랑스자연사박물관의 일부인 식물원. 동물원과 함께 파리식물원으로 불린다. 루이 16세 때 식민지 원정 탐험과 식물학 연구로 급속히 성장했고, 온실과 600개의 좌석을 가진 식물학학교 건물이 세워졌다. 이 식물원을 바탕으로 1793년 6월 10일에 프랑스자연사박물관이 개관했고, 이듬해인 1794에는 동물원이 들어섰다.

106. 프랑스의 철학자 · 박물학자(1707~1788). 1739년 파리식물원 원장이 되어, 동식물에 관한 많은 자료를 모았으며, 그것을 기초로 1749년부터 『박물지Histoire naturelle generale et particulire』를 출판하였다. 지구의 기원에 관하여 성서와 상이한 견해를 가지고, 나아가 생물의 진화와 통하는 사상을 품었으나, 신학자들의 항의를 받아 애매한 내용으로 자기 학설을 발표하였다. 그러나 진화론사에서는 그를 선구자의 한 사람으로 평가하고 있다.

한 바 있다. 그러나 1790년 일련의 과학자들은 박물관과 도서관 그리고 일련의 강좌를 추가하고 정원과 남아있는 동물원을 결합하여 이곳을 프랑스 최고의 자연사 연구소로 만들 것을 제안하였다.

그들 과학자 집단의 젊은 간사였던 조프루아 생틸레르 Geoffroy-Saint-Hilaire107는 다음과 같이 생각하였다.

> 살아있는 동물을 수집하는 것은 대중의 교육과 자연사 연구의 진보에 유익할 될 것이다. 동물원은 현재 외국에서만 존재하는 많은 쓸모 있는 [동물]종들을 공화국[프랑스] 영토 안에서 획득하고 번식시키는 수단이 될 것이다.
>
> (Geoffroy-Saint-Hilaire 1818-22)

교육 · 학문적 연구 · 보존 그리고 번식, 이것이 근대 동물학의 기초가 된다. 조프루아 생틸레르는 『해부철학Philosophical Anatomy』(1818-22)에 그 결과들을 수록하였다. 동물학 연구는 19세기의 가장 위대한 자연사 학자였던 뷔퐁으로부터, 뷔퐁과 함께 동물의 외관과 해부학적인 특징에 대해 연구했던 도방통 Daubenton을 거쳐 조프루아 생틸레르에 이르기까지, 그리고 끝으로 그의 젊은 조교였으며 방대한 수의 생존하는 동물과 화석 동물을 분류한(1817-30) 퀴비에에 이르기까지 끊이지 않고 이어졌다. 다윈의 연구는 뷔퐁과 퀴비에의 연구를 바탕으로 이미 그들이 분류해 놓은 종들이 자연선택을 통해서 어떻게 진화했는가에 대한 자신의 설명을 덧붙인 것이다. 프랑스 대혁명에 이은 프랑스에서만 일어날 수 있었던 과정을 통해서, 공원과 동물원을 결합하기 위한 세부적인 사항을 정리한 「동물원 건립을 위한 청원서」가 1793년 국민공회에 제출되었는데, 이로부터 과학에 대한 최초의 근대적 정치논쟁이 시작되었다.

영국의 식물원들 또한 과학적 전통과 이국적 전통 그리고 약용식물의 전통으로부터 시작되었다. 식물원들은 옥스퍼드와 케임브리지의 대학들로부터, 의학 관련 협회들로부터, 그리고 식물학 및 의학 컬렉션으로부터 유래한 것이다. 그러나 19세기 전반에 이르면 농업혁명이 상당히 진척되었고, 농업청은 초대 청장인 위대한 스코틀랜드의 '개발자' 존 싱클레어 경 Sir John Sinclair108의 지휘 아래 운영되고 있었다. '순수' 예술과 '쓸모 있는' 예술(혹은 디자인)간의 관계와 유사하게 정원에 있어서 과학과 실용성간에 구분이 이루어졌다. 1780년대 램버스lambeth에서 설립되어 브롬튼Bromton으로 이전한 커티스Curtis의 런던식물원(Salsbury 1810: 113-14쪽)에서는 약용식물과 농사용 작물이 분리된 구획에서 재배되었으며, 그 가운데 한 규칙은 과학적 분류법이 적용되어(오웬의 '색인회랑' 에서와 마찬가지로) 린네의 방식에 따라 **전체** 식물의 분류를 보여주고자 하였다. 또한 도서관과 강좌가 개설되었다. 이 절도 있는 정원은 의학 · 약학 · 식물학 · 농업을 증진시킬 뿐만 아니라, 윌리엄 헌터의 박물관이 인간신체에 대하여 많은 지식을 제공했던 것만큼이나 예술가들이 식물세계에 관한 통합적인 지식을 발견하는데 도움을 주고자 했던 것이다. 그러나 의도한 대로 되지는 않았다. 농업과학과 농업경제학은 식물학으로부터 분리되었고 더 나아가 오늘날에는 식물학자들이 농업으로 야기되는 생태학적 파괴에 대하여 저항하는데 앞장서고 있다.

유사한 구별이 동물학에서도 나타났다. 1788년 설립된 린네협회Linnean Society로부터 분가한 런던의 동물협회(1825, 1829년에 왕립칭호를 받음)는 실용성과 과학을 함께 붙잡기 위해 노력하였다. 협회는 동물학 실험에 봉사하고 '이 나라(영국)에 도입되어 가축화됨으로써 이득이 될 만한 동물세계의 살

107. 프랑스의 동물학자(1772~1844). 그는 모든 동물은 오직 하나의 기본형에서 형성되고 있으며 각 기관의 위치가 구조적으로 불변임을 주장하였다. 또 개개 생물의 형태적 차이는 일부의 결손이 다른 부분의 확대에 의해 보완되어 전체적으로 균형을 유지하고 있기 때문이라 하였다. 이 주장을 둘러싸고 1830년 파리의 아카데미에서 퀴비에와 큰 논쟁이 벌어졌다. 그는 생물의 진화에 관해서는 환경의 직접작용을 주장하였다. 그는 진화론사상 라마르크와 다윈을 중계하는 위치에 있으며, 퀴비에와 함께 비교 해부학의 확립에 공헌하였다.

108. 스코틀랜드 출신의 농업경제학자 · 통계학자(1754~1835). 농업을 포함한 기타 산업정보 · 자연사 자료 · 인구통계 등을 집대성한 『스코틀랜드 통계보고서A Statistical Account of Scotland』(21권, 1791-99)를 발간하여 현대 통계조사의 선구자가 되었다.

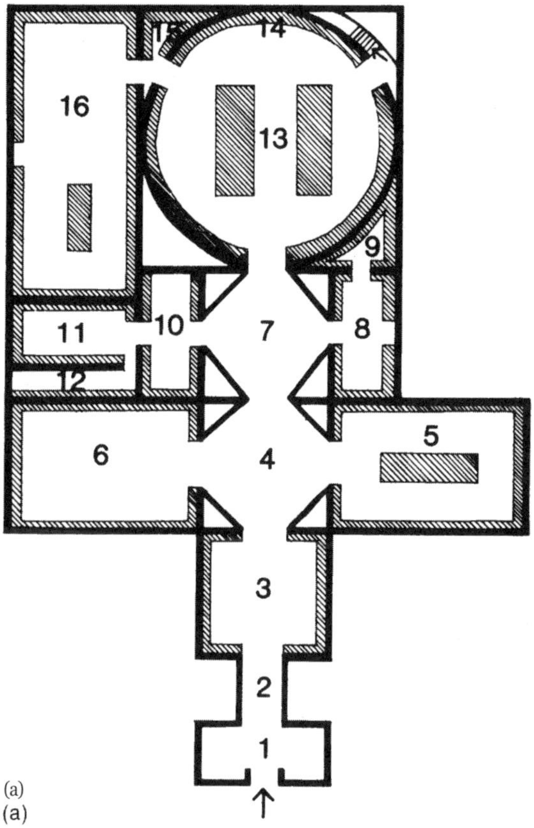

(a)
(a)

(b)

범례

1 병기
2 전투용 곤봉
3 해양 진기품
4 말벌집, 광택낸 나무, 광물
5 광물
6 조개류, 대리석, 곤충계의 유기물잔해
7 중국귀족남자의 의복
8 의복, 고신발, 몬터규
9 잡화
10 원숭이
11 양서동물
12 해부학적
13 나비, 나방, 곤충
14 조류
15 물고기, 잡화
16 엘크, 사지동물, 오래된 도자기-로마시대 단지, 뼈와 두개골, 골동품

그림 7.33 블랙프라이어의 더 로툰다에 설치된 레버리언 박물관(1788), 평면(a)과 로툰다 실내전경(b)

출처 : A Companion to the Museum etc. (1790), 런던, 사우스와크 의회 지역연구도서관에 수록된 스케치를 기초로 저자 작성, Thomas deWit에게 감사드림(a), 상기책의 권두그림(b)

아있는 주제들' 을 연구하고자 하였다. 동물학은 창조주의 '지혜와 권능' 을 보여준다는 관점에서 '자연신학[109]의 가장 중요한 부분' 이었으며, 동시에 경제적인 목적도 갖고 있었다. 왜냐하면 동물은 '노동력 · 의복 · 식품 등과 같은 사회생활에 투입' 되며 '공업과 상업의 여러 분야' 에서 중요하였기 때문이었다(Chalmers Mitchell 1929: 8-10). 헌장에서 밝힌 동물협회의 목적은, 회원과 대중을 위하여 동물원과 도서관을 설립함으로써 박물관과 해부학자를 위한 자료를 제공하고, 동물학 연구에 관한 서적을 발간하며, 해부학과 분류학 연구를

109. 신의 직접적인 게시에 의존하지 않고 자연의 사물이나 현상 자체로부터 신의 지식을 발견할 수 있다는 신학적 입장. 18세기와 19세기에 널리 받아들여졌다.

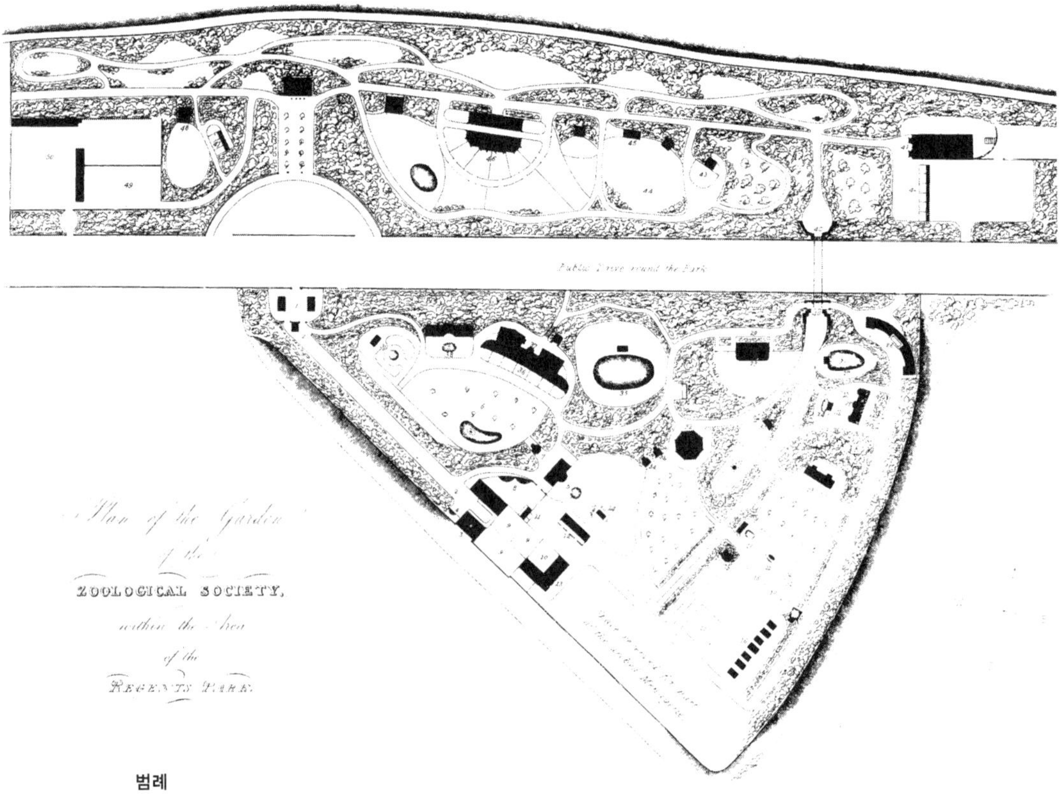

범례

1 정문관리실
2 테라스
3 곰 우리
4 시골풍 의자
5 라마 우리
6 잔디, 연못
7 맥카우 장
8 안마당
9 사슴 방목장
10 사슴 방목장 및 우리
11 나무늘보 우리
12 대형 사지동물 우리
13 동절기용 우리
14 염소 우리
15 안틸로프 사각형 우리
16 이동식 조류장
17 북극곰 우리 및 연못
18 원숭이 장대
19 남미산 독수리 우리
20 물개 우리
21 수달 우리 및 연못
22 거북 우리
23 원숭이 우리
24 비버 연못
25 수리매 우리
26 소형 조류 우리
27 소형 오리 연못
28 젖소 사육장 및 방목장
29 부엉이 우리
30 터틀 비둘기 우리
31 토끼 우리
32 독수리 우리
33 기니피그 우리
34 극대 우리
35 거위 연못
36 대형 조류장
37 관리자 아파트
38 펠리컨 우리
39 에뮤 사육장
40 터널
41 창고
42 개 사육장
43 타조 우리
44 타조 목장
45 캥거루 우리
46 와피티 사슴 방목장
47 페커리 우리
48 맥 우리
49 정원사 가든, 기타
50 목공수 작업장, 기타

그림 7.34 런던동물원의 배치를 위한 버튼의 초기 설계

출처 : Richard Taylor(1830), List of all the Animals in the Gardens of the Zoological Society etc. 9th edn, London

유지시키고 지원하는 것이었다. 이런 시도는 파리식물원의 모델로부터 크게 다를 수 없었다. 그러나 박물관 부분은 가까운 영국 안에 선례들이 있었다.

이와 같은 박물관의 선례 가운데 하나는 애쉬턴 레버Ashton Lever가 1773년부터 그의 레스터 광장의 자택인 레스터 하우스Leicester House에 수집한 엄청난 양의 동물·조류·화석·조개 컬렉션이다. 1786년 이 컬렉션은 추첨을 통하여 조셉 파킨슨Joseph Parkinson에게 팔렸다. 파킨슨은 이 수집품을 제임스 버튼James Burton이 1788년에 설계한 블랙프라이어 브리지 남단에 위치한 원형건물인 더 로툰다로 옮겨 놓았다. 일련의 진열장이 줄지어 늘어선 화랑을 지나 건물의 가장 깊은 곳에 엄청난 양의 조류 컬렉션이 전시되어 있는 원통형 공간이 위치한다(그림 7.33). 1809년 파킨슨이 소장품과 건물을 매각한 후, 원통형 공간(돔으로 된 천장을 갖고 있었다)은, 일찍이 글래스고의 존 앤더슨 학교에서 이루어졌듯이, 서리 학교Surrey Institute의 강의극장으로 개조되었다.

리전트 공원 안에 위치한 동물협회의 부지는 문제를 야기하였다. 반갑지 않은 경관·소음·악취에 대한 두려움 때문이었다. 학회는 산림청장에게 '시설의 대부분을 저층으로 하고 절대로 주변 경관을 해치지 않으며' 더 나아가 주변에 높은 담장을 세우겠다고 약속해야만 하였다. 처음에는 동물원과 식물원 그리고 '부속' 박물관이 구상되었다. 동물원은 1826년 데시무스 버튼Decimus Burton이 건축가로 임명되면서부터 빠르게 진척되었으나 협회사무실·도서관·박물관 건립은 더뎠으며, 이 모든 것을 함께 진행시켜야 했으므로 더 큰 짐이 되었다. 버튼의 계획에는 모든 시설을 리전트 공원에 두기로 되어 있었으나, 자금난으로 인하여 협회사무실은 브룬튼 스트리트Brunton St.의 사무실을 임대하여 사용하다가 1836년 레스터 광장에 있던 존 헌터의 옛 자택으로 이전하였다. 1841년 동물원 안에 새로운 건물을 위한 현상공모가 실시되어 엘름슬리E.W.Elmslie가 제출한 르네상스 시대의 '진열장'을 연상시키는 복고풍 계획안이 당선되었다.[원주 2] 그러나 이 역시 자금 부족으로 실현되지 못하고 전시실들은 2년 후에 하노버 광장Hanover Square에 있던 한 주택으로 이전하였으며, 동물원 안의 개조된 건물로 옮겨졌던 수집품은 마침내 1855년 대영박물관으로 귀착되었다.

버튼의 최초 스케치(1827)에는 공원을 가로지르는 마차길 양쪽으로 자유롭게 물 흐르듯이 배치된 화단 사이로 동물우리들이 점점이 흩어져 있다(그림 7.34). 공원 입구는 마차길 반대쪽에 있는 관리자 숙소와 축을 이루며, 가장 큰 두 개의 구조물은 북쪽에 위치한 큰 새장이다. 버튼은 마차길 밑을 관통하는 터널을 도입함으로써 위상학적 통일성을 창조하고자 하였다. 비록 1830년의 계획에는 남·북측의 모습이 모두 보이지만, 1834년까지는 남측만이 개발되었다. 입구로부터 일직선의 경사로가 동물우리 쪽으로 뻗어 나간다. 첫 번째로 조우하게 되는 동물은 큰고양이과 맹수가 없는 이 공원에서 가장 사나운 동물인 곰이었다. 곰 사육장은 1851년 새로 도입된 육식동물이 차지하게 되었다. 린네협회의 마지막 회장이자 동물협회의 초대 간사였던 비고스Vigors는 이미 1830년에 '지금까지 제안된 어떤 것보다도 보다 엄격하게 자연적 인척관계에 부합되는' 분류학을 개발하고자 하였으나(Bennett 1830과 1831), 아직 출판할 준비가 안 되었다고 생각하였고 대신에 퀴비에의 분류학에 의존하였다. 그러나 현장[런던동물원]에서는 어떠한 '인척관계'의 흔적도 눈에 띄지 않는다. 포유동물과 조류, 수중동물과 육상동물, 야생동물과 가축들이 뒤죽박죽 혼란스럽게 섞여 있다. 토끼와 아마딜로가 같은 우리를 사용하였다. 외곽 산책로와 여기서 발진하여 공원 깊숙이 파고드는 고리형 산책로들이 전체 공원의 공간을 결정한다.

리전트 공원이 성장하는 모습은 쉐런Scherren에 의해서 단계별로 그림과 글로 묘사되었다(1905). 여러 번 확장되고 동물들의 위치가 바뀌었음에도 불구하고 일련의 산책로 아이디어는 유지되었다.

원주 2. 3층 박물관에 대한 엠슬리Elmslie의 드로잉은 Public Records Office, Chancery Lane, London (M.P.E.915, no.237 in printed catalogue)에 있다.

리전트 공원에는 끝까지 식물원이 건립되지 않았으나, 버튼은 결국 1838년 개별적인 과학 · 농업 · 상업 컬렉션으로 이루어진 왕립식물학회의 식물원을 설계하였다.

정치와 회화

파리식물원만큼이나 정치에 영향을 받은 곳은 프랑스뿐 아니라 전 유럽에서 가장 큰 미술관인 루브르 미술관이었다. 던컨과 왈락(1980)은 루브르 미술관을 '종합적인 답사 미술관' 이라 불렀다. 모든 시대와 지역과 유형을 망라하는 예술사의 총체적인 전시장이라는 것이다. 이런 계몽주의 사상이 왕족의 궁전 미술관들을 변화시키는데 있어 안내자 역할을 하였다. 궁전 미술관들은 '도상학적인 프로그램에 의해서 통치자와 그의 영토를 영광스럽게 하는' 벽면을 빼곡히 채운 그림들로 방문객을 감탄시켰는데 사람들은 이를 '태피스트리[110] 효과' 라고 불렀다.

이제 미술관의 조직은 회화 유파들과 양식상의 발전에 의해 결정되었다. 계몽사상가들은 루브르 궁에 설치된 새로운 왕립미술관을, 비록 현실적으로는 매우 제한적이기는 했으나, 일반에게 공개하라고 요구하였다. 루이 16세가 비슷한 사업을 1770년대에 계획했었으나 프랑스 대혁명에 의해 무산되었고, 혁명은 '공화국 프랑스의 탁월성을 선포하는 가장 강력한 방법의 하나로 국가적 기념비' 를 창조하도록 요구하였다. 국민공회는 1793년 루브르 궁을 프랑스공화국미술관으로 지정하고 새롭게 다시 조직하였다.

전시물의 분류와 설치, 공간적 경험 그리고 벽면 장식 등 새로 조직된 루브르 미술관의 모든 것은 추상적인 국민국가(그리스 · 로마 · 르네상스 시대의 고전문화를 재생시키는 공화국)의 개념을 구체화하는데 목적이 있었다. 축은 고전적 방법으로 사용되어졌다. 그 첫 번째는 수형樹形 경로로서, 반드시 거쳐야 하는 줄기와 여러 목적지로 뻗은 가지들로 구성되는데, 일단 목적지가 정해지면 가는 경로는 단 하나뿐인 구조이다. 이런 수형 경로를 따라 새로운 사건들이 배열되었다. 사모트라케의 승리의 여신상[111] —'문화의 승리를 나타내며 국민과 국가의 영원한 승리를 표현한다' —으로 이어지는 다뤼 갤러리Daru Gallery 끝에 있는 대형 계단을 오르는 것은 '의식儀式적인 보행의 첫 번째 중요한 순간이다.' 두 번째로, 웅장한 공간을 얻기 위하여 또 다른 축들이 고리형 동선들 상에 위치한다.

국가의 영광을 위해서 또한 시민의 야망을 만족시키기 위해서 막대한 자금이 방출되었다. 한편 여전히 황태자의 자리에 있었던 바바리아의 루드비히 1세Ludwig I of Bavaria는 뮌헨을 독일 제일의 도시로 만들고자 하였다. 레오 폰 클렌체Leo von Klenze가 설계한 글립토테크Glyptothek[112](1815-30)는 완고한 고전주의 형태를 취하였다. 모든 방들은 중정의 4면을 싸고도는 연속적인 순환동선 상에 위치하고 있었다. 듀랑 풍의 장중함으로 설계된 쉰켈Schinkel[113]의 베를린 알테스 뮤지엄Altes Museum은 쉰켈 자신이 '성소' 라고 묘사한 거대한 중앙 로툰다를 갖고 있다. 로툰다 양쪽에는 두 개의 중정이 포진하며 주위의 3면은 긴 회랑형 전시실로 둘러싸여 있다. 클렌체는 뮌헨의 알테피나코테크Alte Pinakothek[114](1826-36)에서 중요한 공간구성을 새로 선보였다. 서로 연결되는 큰 회랑들은 관습적인 것과 다를 바 없었다. 위층은 '유파들' (플랑드르파[115] · 독일

110. 벽걸이 융단
111. 루브르 미술관 드농관 레드쇼쎄에서 1층으로 올라가는 계단 맨 위에 위치하고 있다. BC 190년경에 제작된 그리스 조각 작품으로 하늘에서 뱃머리에 내려와 서 있는 날개가 달린 승리의 여신(니케)을 표현하고 있다. 머리 부분과 양 팔뚝은 없어졌다.
112. 뮌헨의 쾨니히스프라츠에 있는 바이에른 주가 관할하는 뮌헨국립고대미술관의 조각전시관. 이오니아 오더로 된 신전 형태로 된 신고전주의의 대표작으로 꼽힌다.
113. Karl Friedrich Schinkel(1781~1841). 독일의 신고전주의를 대표하는 건축가
114. 루드비히 1세에 의해 레오 폰 클렌체의 설계로 독일 뮌헨에 베네치아 르네상스 궁전양식으로 건설된 미술관(1826~1836.. 14세기 유럽 회화를 중심으로 세계 각국의 예술작품 약 7,000점이 소장되어 있다.
115. 16세기에 플랑드르를 중심으로 발전한 미술. 일반적으로 16세기까지 네덜란드와 벨기에에서 발전한 미술을 가리키며, 17세기 초의 네덜란드 독립 이후는 벨기에 지방 미술의 대명사로도 쓰이고 있다.

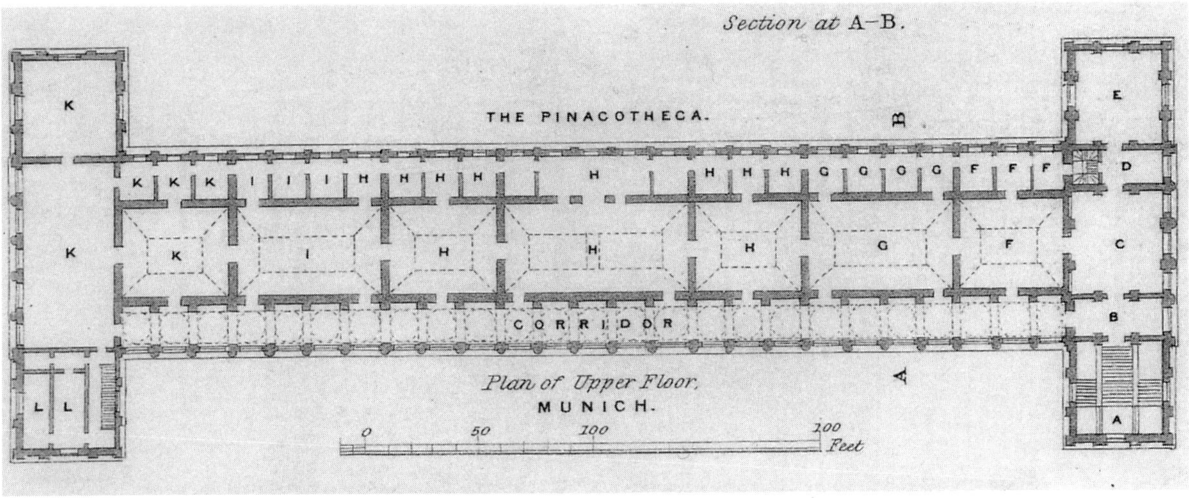

그림 7.35 클렌체의 알테피나코테크의 위층 평면, 뮌헨(1826–36)
출처 : Papworth and Papworth(1853), 영국건축도서관

파 · 프랑스파 · 스페인파 · 이탈리아파)을 연대순으로 정렬해 놓았으며, 아래층은 유형별(드로잉 · 유화 · 모자이크 · 테라코타 꽃병 · 도자기 · 유기 및 법랑제품)로 정렬되어 있었다. 클렌체의 혁신은 동선체계에 있었다. 중앙의 큰 전시실들은 한쪽으로는 일련의 소규모 전시실들로 열려있고, 다른 쪽으로는 420피트(약 126미터) 길이의 복도('로지아')로 열려 있다. 이로써 많은 고리형 동선들이 창조되며 방문객들이 스스로 관람순서를 결정할 수 있도록 해준다(그림 7.35).

영국은 프랑스에 비해 덜 야심적이었다. 런던의 내셔널 갤러리는 1824년에 작품을 수집하기 시작하였으나, 윌킨슨의 설계로 건물이 착공된 것은 1833년이었다. 내셔널 갤러리에는 1869년까지 왕립아카데미가 수용되어 있었으며, 최근에 벤츄리와 스코트가 설계한 세인즈버리 신관Sainsbury Wing(1991)에 이르기까지 여러 번의 대폭적인 증축이 이루어져 왔다. 각각의 증축은 공간구조를 더 깊게 만들었으며 원래의 두 개의 가지로 이루어진 수형 구조(중앙에서 분기한다)에 여러 개의 고리형 동선을 추가시켰다. 대지의 조건에 의하여 최초의 평면은 길이가 제한되었고(그림 7.36), 좌우대칭의 병렬배치 구조는 이사회로 하여금 '유파'로 규정되는 고정모델을 채택하도록 강요하였다.

이런 평면을 갖는 유일한 선례는 존 소언의 비범한 덜위치 미술관Dulwich Gallery(1814)이었다. 끝에서 끝으로 이어지는 다섯 개의 전시실들은 건물 중앙에서 후원자이자 친구인 노엘 데장팡Noel Desenfans과 그의 부인 그리고 데장팡 부부의 유화 컬렉션을 덜위치 대학에 남긴 프랑시스 부르주아Francis Bourgeois를 위한 능묘의 축과 교차한다(그림 7.37).

분류와 권력

19세기 중반에 이르기까지, 지식의 생산은 진기품의 방으로부터 출발하여 큰 발전을 이루어 왔다. 시간이 흐를수록 지식과 공간은 세분화되어 갔으며 이는 분업을 낳았고 새로운 학문과 직업을 탄생시켰다. 교사 · 사서 · 학예사 · 보존처리사 · 연구원과 같은 새로운 직종과 새로운 전문직 단체 · 전문학술지 · 교육제도 · 학문 활동들이 생겨나게 되었다. 컬렉션은 여전히 특수한 고급고객들을 매혹시켰으나, 정치적인 압력에 의해서 대중에게 개방하는 것이 시대의 흐름이 되었다. 이를 위해서는 세 가지 문제가 해결되어야 하였다. 첫째, 수

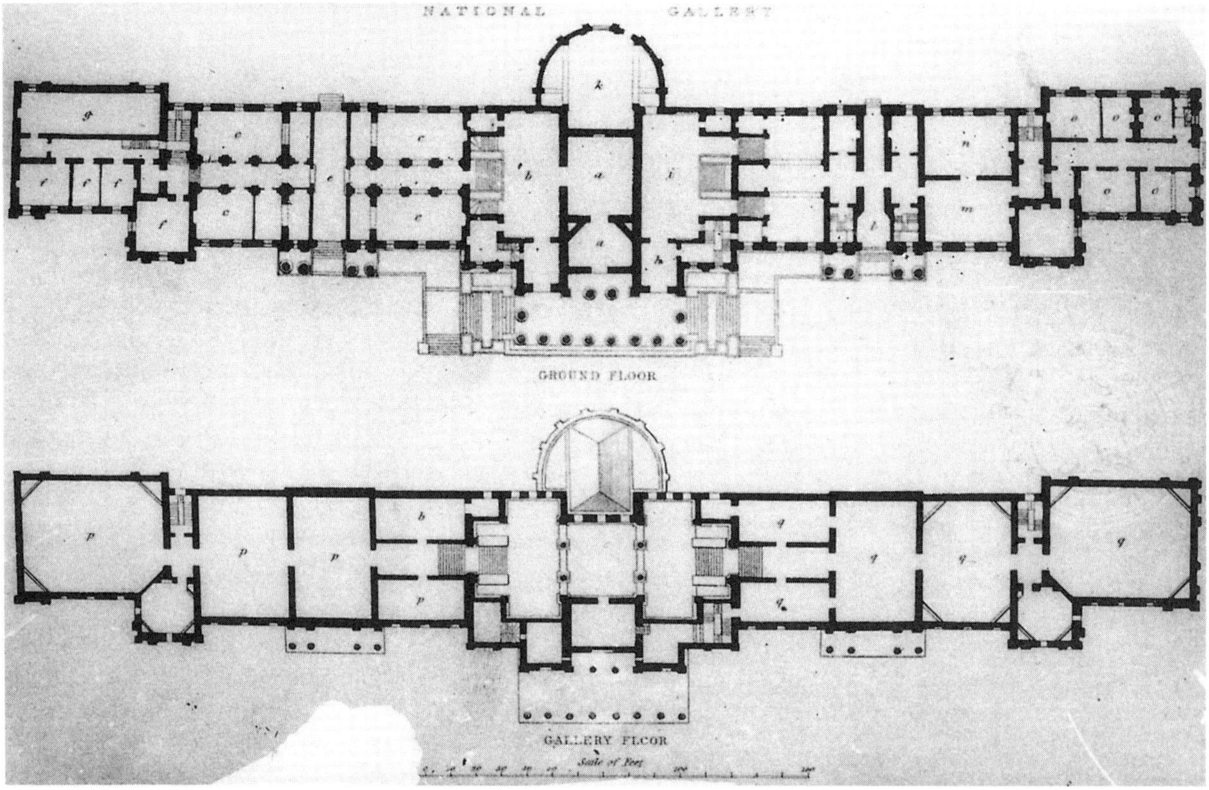

그림 7.36 윌킨스의 내셔널 갤러리(1831–8), 1층 및 2층 평면

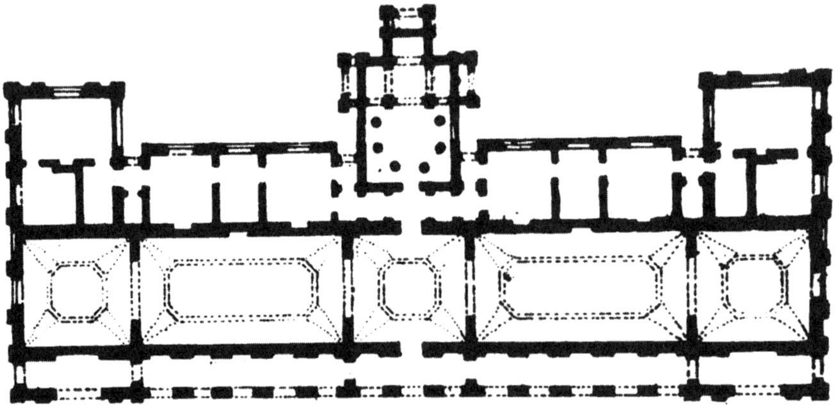

그림 7.37 소언의 덜위치 미술관(1814), 1층 평면

출처 : Dorothy Stroud(1961) The Architecture of John Soane, Studio, London의 드로잉을 기초로 함

장품은 보이고 질서를 가져야할 뿐 아니라 안전하게 보관되어야 했으므로, 감시와 보안이 중요하게 되었다. 두 번째로, 컬렉션은 대중에게 즐거움을 선사해야만 하였다. 누구에게나 절실해야 한다는 강박관념은 가정할 수 없었다. 이미 국립자연사박물관에서 리처드 오웬은 연구자용 전시실과 대중적인 전시실을 번갈아 배치함으로써 학문과 오락을 결합하려고 시도한 바 있다. 세 번째로, 오래된 컬렉션을 떠받치고 있었던 공공연한 이념적 틀 ―국왕·교회·국가의 영광 ―은 종교·예술·과학·이성·자연과 같은 논란의 여지가 없는 보편적인 가치를 부각시킴으로써 숨겨져야 하였다.

애쉬몰린 박물관의 1836년도 카탈로그는 '자연의 사물들'이 페일리Paley[116]의 『자연신학Natural Theology』[117]으로부터 추출된 원리에 따라 배열되었다고 설명하고 있다. 다시 말해, '자연현상은 하나님의 뜻이 현현顯現된 것이라는 확신을 유도하며, 자연과학의 모든 분야에 적절한 존엄성을 부여하기 위하여' 배열되었던 것이다. 비록 과학과 보수적인 신학간의 관계가 아직 다윈에 의해서 촉발된 위기에까지 이르지는 않았음에도 불구하고, 이미 둘 간의 관계는 가시처럼 껄끄러웠다. 과학이 추구하는 비판적이고 분석적인 잠재력은 자연의 풍부함을 강조하기 위하여 서술적인 학문[인문학]을 사용하여 희석되어야 하였다.

이념적인 입장에 따라서 수집품의 내용·분류·설명과 건물의 디자인이 결정된다. 이에 대응하기 위해서 건축가, 학예사, 전시디자이너들은 동맹을 형성하였다. 클렌체가 알테피나코테크를 설계하면서 고전건축의 파편들로 회화 같은 구성을 만든 것은 알테피나코테크의 학예사들과 고전예술의 장엄성에 대한 비전을 공유하였기 때문이다.

오래된 주제들에 덧붙여, 1848년 이후에 또 다른 주제가 추가되었는데, 바로 정치였다. 박물관들은 독립과 해방운동을 기념하기 시작하였다. 곧이어 식민지에서의 모험적인 사업을 통해 노획한 전리품들로 가득 찬 온갖 종류의 전쟁 및 해군박물관들이 설립되었다. 1917년 10월[118]의 레닌그라드 전투는 찬란한 궁전들에서 찬미되었다. 제2차 세계대전 이후에는 집단수용소를 주제로 박물관들이 세워졌다. 최근에는 수많은 주제들이 새로 등장하였다. 그 중 몇 가지만 열거하면, 노동사·사회사·일상생활사·우편·디자인·여행·담배·와인·기계·산업고고학·영화 등이다. 그리고 전시방법에도 혁명이 있었다. 박물관은 구체적인 현실[실물]갖는 힘에 의해서 언제나 문자로 된 텍스트보다 우위에 있었다. 그러나 주로 텔레비전의 영향에 의해서, 다른 종류의 현실이 더 강력한 힘을 갖게 되었다. 바로 시뮬레이션으로 창조되는 현실이다. 밀랍인물상·모형·복제와 같은 전통적인 모사품은 전에 없던 방식으로 현실을 모사해 내는 컴퓨터·레이저·음향효과·합성향기(비록 아직 알더스 헉슬리Aldous Huxley[119]의 '필리스feelies[120]'에 이르지는 못했지만)·비디오·홀로그래피에게 자리를 빼앗겼다. 에코Eco(1987)는 현실보다 더 진짜같이 만들어진 모조 성·성당·발굴현장들을 '하이퍼 리얼리티hyper-reality', 즉 궁극적인 위조품이라고 묘사한다. 그러나 에코가 들추어낸 [가짜가 진짜를 대체하는] 모순은 실제 사물이 사용되었던 초기의 박물관에서부터 박물관의 핵심에 있었다. 박물관에서 사물은 역사적 공간과 시간으로부터 단절되어 새로운 틀에 맞추어지므로, 이미 사물은 현실적이지 않게 되기 때문이다. 하지만 새로운 기술에 초점을 맞추었던 에코는 가장 오래된 기술, 즉 공간을 구성하는 것도 이 같은 모순에서 자유롭지 못하다는 것을 감지하지 못하였다.

현실과 유리된 전시물의 속성으로부터 오는 이런 모순들은 때때로 흔적을 지움으로써 비대칭적인 사회관계를 창출하

116. William Paley(1743-1805), 영국 국교회 목사·철학자. 특히 기독교 철학에 관한 저술이 많다. 특히 『Evidence of Christianity』와 『Natural Theology』가 유명하다.
117. 원제목은『자연신학 : 자연의 외양으로부터 수집된 신의 존재와 특성에 관한 증거』. 이 책에서 페일리는 신의 본성은 그의 피조물인 자연세계를 참조함으로써 이해될 수 있다고 주장하였다.
118. 1917년 10월 러시아에서 발생한 프롤레타리아혁명을 의미함
119. 영국의 소설가·비평가(1894~ 1963).
120. 감각 미술품, 시각촉각후각청각에 호소하는 예술 작품 혹은 매체

는데 봉사한다. 산업박물관에서 작업환경에서의 노동자의 고고학과 작업환경과 연관된 질병 · 재난 · 가난 · 주거문제는 감추어진다. 상업박물관에서는 노예제도가 보이지 않으며, 일상생활 박물관에서 여성은 보이지 않거나, 아니면 '여성스러운' 일, 즉 집안 살림 · 아이들 챙기기 · 생계를 책임지는 가장家長 위안하기 따위의 행위에 초점이 맞추어진다.

곰브리치가 말하는 예술의 전당[121]은 오늘날 전체 건물이 신성한 장소로 확장되었다. 19세기에 교회건축에 관해 벌어졌던 건축적인 논쟁은 오늘날에는 박물관과 미술관 건축을 대상으로 활발하게 이루어진다. 미술관이나 박물관 설계는 국제적으로 큰 명성을 가져다준다. 이제 박물관은 그 자체로 신성한 오브제이므로 박물관을 위한 박물관과 건축을 위한 박물관이 생겨났다.

만약 모든 컬렉션에는 선택이 필수적이며 모든 역사 해석에는 해석자의 입장이 반영되는 것이라면, 만약 오브제가 상품으로서 가치가 높을 뿐 아니라 아름답고 매력적이라면, 그리고 만약 박물관 건물이 그 자체로 흥미롭다면, 이런 모순들로부터 빠져나가는 길은 무엇인가? 이에 대한 진솔한 답변들은 역사는 각 개인에 의해서, 그리고 개인을 위해서 오늘 만들어지고 있으며, 이런 과정을 의미 있게 하는 것은 기억이라는 견해를 공유할 것이다. 과거와 현재, 그 어떤 것도 스스로 의미를 갖지는 않는다. 방문객이 현재 시점에서 의미를 발견할 수 없는 박물관은 실패한 것이다.

비록 현재의 경험은 사람에 따라 다를지라도 예술과 기술과 자연에 대해서 일반적으로 공유되는 개념의 그물망이 언제나 존재해 왔다. 이런 개념들은 인간관계로부터 생겨난다. 과거의 오브제가 이런 그물망을 파괴하지 않고(오브제를 '틀에 짜 맞추지' 않고) 표현될 수 있다면, 그런 오브제는 문맥적으로 풍부해질 뿐만 아니라 현재 진행되고 있는 관계를 반영하는 모델로 복무할 것이다. 과거의 관계와 연결된 오브제는 방문객을 현재의 관계로 연결한다.

역사시대에 있어서 도전받지 않은 채 그대로 남아있는 견해란 없다. 검열이 사라진 이후 수많은 서로 다른 역사들이 나란히 공존한다. 그러나 이런 다중주의는 박물관의 학예사들에게는 열려있지 않다. 사료는 매우 드물며 많은 사료들은 유일하다. 따라서 대안적인 박물관들을 '쓰는 것'은 불가능하다. 그러므로 개방성은 각 기관 내에 한정되어야 한다.

수집물과 건물에 있어서 몇 가지 실제적인 결과가 따른다.

먼저 수집물에 있어서, 첫째, 물건은 필연적으로, 종류별로 순서에 맞는 위치를 차지한다. 글래스고의 켈빈그로브 박물관Kelvingrove Museum에서는 단순한 규칙이 적용되었는데, 온전한 도자기는 장식예술 분야로, 깨진 도자기는 고고학 분야로 분류되었다고 한다! 그렇지만 학예사들은 사회사나 산업분류체계와 같은 좀더 복잡한 시스템의 안내를 받는다. 포터Porter에 따르면 이런 시스템들은 '행위를 종단적으로' 절단하므로 하나의 바늘은 생산품이자 동시에 소비품으로 파악된다는 것이다. 더 나아가 바늘은 다양한 쓰임새를 갖는다. 바늘은 장식적인 자수나 의복, 세간을 만드는데 쓰이며, 혹은 삯바느질을 하는데도 사용된다. 사회적인 효용과 경제적 효용을 모두 갖는 것이다. 포터는 바늘과 쌍둥이 관계인 핀pin(아담 스미스가 분업에 대해 설명할 때 사용됨으로서, 핀은 그 쓰임새를 떠나서 역사에 고귀한 위치를 얻었다)을 또 다른 예로서 추가할 수도 있었을 것이다. 따라서 그는 다음과 같이 권고하였다.

> 분류체계에 수반되는 편향성의 문제는 그 분류체계를 다른 방식으로 사용하여 동적인 모델을 개발함으로서 상쇄될 수 있다. 이때 다양한 참고자료의 도움을 바탕으로 방문객들에게 근로생활 · 공동체생활 · 개인생활의 영역들을 연결하도록 촉구하며, 다른 영역의 행위와 이해관계를 비교하고, 상호간의 의존성을 생각해보도록 제안한다. 사물의 기원 -상세한 역사와 문맥관계 -에 관심을 집중하여 모든 사물을 더 철저히 기록하고 수집하게 되면 분류의 경계를 확장하거나 새로 규정할 수 있게 된다.
>
> (Porter 1988: 114)

121. 박물관 · 미술관을 의미함.

포터는 바늘이라는 작은 물건을 예로 들어 설명하였으나 그 논의는 보편적이다. 오늘날 놀라운 커뮤니케이션 기술에 힘입어 역사상 처음으로 이런 목적들을 손쉽게 만족시킬 수 있다.

둘째, 클렌체가 뮌헨의 알테피나코테크에서 도입한 로지아는 고정된 순차적인 공간구조 방식을 탈피한 혁신적인 새로운 공간구조의 출발점이었다. 만약 건축 프로그램이 사용자가 다양한 동선을 선택할 수 있어야 한다고 요구할 경우, 하나의 복도에 면해서 일렬로 늘어선 방들로 구성된 평면 이외에 여러 가지 평면을 구성할 수 있을 것이다. 근대 디자인은 다양한 공간경험을 위해서 수직적 차원에서의 가시성visibility · 동선 · 사용성을 탐구한다. 디즈니랜드는 이런 방식을 취하는 것처럼 보이나, 실제로는 전통적인 형태적 구속을 신기한 것으로 대체해 놓았을 뿐이다. 그러나 반대로 너무나 많은 선택으로 인한 실패도 있을 수 있다. 건물은, 내셔널 갤러리의 새로운 세인즈버리 신관에 적용된 데이터베이스와 같은 보조 정보시스템을 적절히 활용하면, 공간적 제약으로부터 자유로울 수 있다. 만약 이런 자유가 혼돈으로 타락하지 않는다면, 방문객도 대안적인 이론적 입장을 선택할 수 있는 자유를 필요로 할 것이다. 명쾌하게 연출된 전시는 분명한 이론적 입장에 기초하여 전시물을 선택하고 전시물이 보여 지는 공간적인 순서를 결정한 결과인 것이다.

셋째, 건물 전체에서 통합도가 높은[122] 공간(예를 들어 오웬의 색인회랑이나 중앙복도와 같은)은 쉽게 포기되어져서는 안 된다.

넷째, 고정된 형태언어는 문제를 야기한다. 루브르 미술관의 무미건조한 형태는 페이Pei가 도입한 유리 피라미드[123]에 의해 깨어졌다. '하이테크[124]' 와 같은 형태언어는, 포스터의 세인즈버리 시각예술센터나 보부르Beaubourg[125]에서 중립적으로 보인다 할지라도, 실제로는 슈퍼마켓이나 기계를 상징하는 은유적 의미의 짐을 안고 있으며, 이는 전시물을 감상하는데 장애가 될 수 있다. 전시공간의 외부에 강한 형태를 부여한 슈투트가르트의 슈타츠갈레리에는 하나의 해결방안이다. 다른 해결책으로는 극장과 같은 박물관이 있다. 이런 박물관에서 기술적인 지원과 서비스를 제공하는 완벽하게 중립적인 하부구조물은 필요할 때마다 일시적으로 여러 가지 '무대배경' 으로 덮이게 된다.

권위적인 정부에 있어서 박물관은 필수적인 버팀목이다. 자유로운 시장 체제의 자본주의에서도 박물관은 똑같이 필수적이며, 시장은 문화적으로 자신을 정당화하기 위하여 박물관을 건립한다. 여러 번 언급했던 글래스고의 버렐 갤러리는 이런 관점을 잘 보여준다.

버렐 갤러리의 안내책자에는 매끄러운 현대사암으로 축조된 혼비 가The Hornby Family의 문장이 새겨진 16세기의 현관이 보인다. 이 출입구를 통해서 두 개의 조각 작품이 보이는데 하나는 좌대 위에, 다른 하나는 유리진열장 안에 놓여있다. 조각 작품들 뒤로는 유리벽 너머로 건물 바로 뒤까지 밀고 올라온 숲이 보인다. 이 이미지를 통해 모든 중요한 것이 이야기된다.

글래스고의 부유한 선주였던 윌리엄 버렐William Burrel은 1958년 사망하면서 훌륭한 미술 컬렉션과 미술관 건립에 필요한 자금을 글래스고 시에 남겼다. 양도증서에는 공해를 피하기 위하여 미술관이 도심으로부터 이격되어야 할 최소한의 거리가 명시되어 있었다. 결국 7세기 동안이나 스털링 맥스웰Stirling Maxwell 가문 소유였던 부동산의 일부인 폴록 공원Pollok Park(윌리엄 아담William Adam이 설계한 폴록하우스Pollok House가

122. 전체공간 가운데 다른 공간과 밀접하게 연결되어 있고 사용빈도가 높음을 의미한다. 1장을 참고하라.

123. 미국 건축가 I. M. 페이에 의해 루브르 미술관 안마당에 건설된 유리로 된 피라미드 모양의 구조체. 1989년 완공되었으며, 지하 전시실과 연결된다.

124. 기계미를 강조하는 현대 건축사조의 하나. 산업화된 자재 · 노출된 구조체 · 밝은 색채 등이 특징이다.

125. 퐁피두센터가 위치한 파리 시내의 지명으로 퐁피두센터를 의미한다.

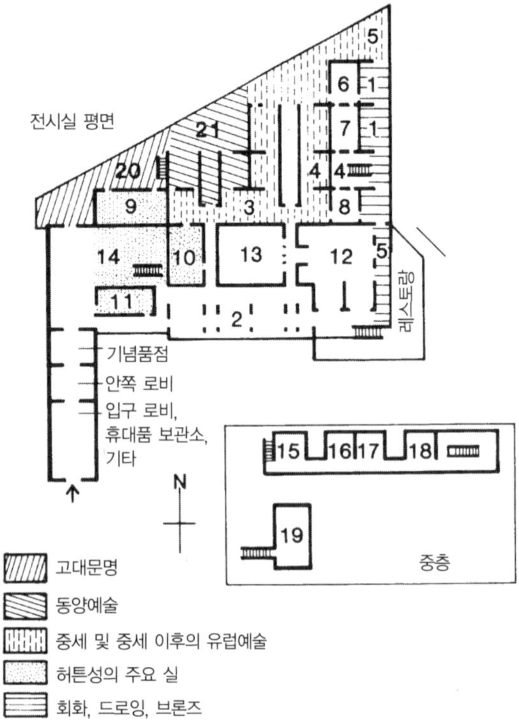

범례

1 카펫 및 근동 도자기
2 스테인드글라스 및 가구
3 태피스트리
4 자수 및 레이스
5 조각
6 엘리자베스 시대 전시실
7 17세기 및 18세기 전시실
8 영국고딕 전시실
9 응접실
10 홀
11 식당
12 현대 전시실
13 강의실
14 중정
15 거장실
16 19세기 프랑스 회화
17 파스텔화:드가, 마네
18 특별전시

그림 7.38 버렐 갤러리, 글래스고, 1층 평면
출처 : 저자 작성

위치하고 있다) 안에 대지가 결정되어 1970년 건축공모에 붙여졌다. 252개 참가작 가운데 개슨Barry Gasson · 뮈니어John Meunier · 앤더슨Brit Andersen의 안이 당선되었다.

우리는 설계프로그램이 공모전 참가자들에게 버렐의 저택이었던 허튼 성Hutton Castle의 주요실 세 개를 복원하도록 요구한 사실을 알고 있다.[126]

출입구는 돌출된 날개동에 위치한 또 다른 혼비 가문을 상징하는 현관을 통하여 현관로비 · 휴대품보관소 · 안내데스크와 기념품점을 지나 허튼 성의 주요실들로 둘러싸인 대중정에 이른다. 이어서 건물의 북측 외벽전체에 걸쳐있는 유리벽에서 끝나는 고대조각 및 도자기 전시실로 이어진다. 태피스트리와 중세 전시실은 건물 북쪽 지역의 중심부를 차지하며, 고딕 · 엘리자베스 시대 · 17세기 및 18세기 전시실들과 현대회화는 동쪽 측면에 위치한다. 그리고 스테인드글라스가 남쪽 전면에 배치되어 있다(그림 7.38).

현관로비에 비치된 안내책자는 버렐과 그의 수집품을 소개하고 있다. 현관로비로부터 가장 자연스러운 동선의 흐름을 따라가면 허튼 성의 주요실, 고대미술, 중세미술과 태피스트리, 중세 이후와 현대미술, 스테인드글라스 순이다. 건물의 많은 부분을 '설계한' 건축프로그램[눈에 보이지 않는 텍스트] · 현관 로비에 비치되어 있는 안내책자[눈에 보이는 텍스트] · 대지 · 공간 그리고 전시물의 분류체계는 다음의 내용을 이야기한다.

1. 미술품 수집은 부자들의 관심사이다. 과거에도 그러했던 것처럼, 부자들의 관대함으로 값비싼 투자가 국가나 도시로 이전된다.

126. 1장을 참고하라.

2. 인근에 위치한 역사적인 컨트리하우스(폴록하우스)에 수장되어있는 컬렉션은 이미 대지에 신성한 곳이라는 성격을 부여한다.
3. 도심으로부터 떨어져서 초원의 한쪽 모퉁이에 위치함으로써 별안간 숲과 마주치게 되며, 예술작품들은 북측의 유리벽을 통하여 끊임없이 자연과 관계를 맺는다. 예술과 자연의 순수성이 서로 맞닿아 있는 것이다.
4. 커다란 장식적인 석조물인 교회와 성으로부터 잘려져서 현대적 조직[새로운 문화적 · 건축적 문맥]과 통합되는 것은 건축적으로 새 틀에 짜 맞추어지는 것이다. 다시 말해, 예술작품들은 물성적 · 사회적 문맥으로부터 떼어내어져서 고립된 것이다. 숭배되는 물건을 소장하는 것은 건물을 숭배되도록 만든다.
5. 반드시 비치되어야 하는 현관로비에 비치된 텍스트[안내책자]를 통해서 세 개의 허튼 성 주요실의 중요성이 강조되며, 수집가 버렐을 실제적인 주제로 부각시킨다. 미술관은 버렐 '주택' 의 현대적 재생품이 된다.
6. 연대기적 순서를 따르는 동선은 쉽사리 우회될 수 있으며, 따라서 컬렉션은 예술적 가치가 역사를 초월한다고 주장한다(그러므로 버렐이 수집한 고대 중국 도자기 한 점은 몇 미터 옆에 전시된 한 폭의 인상파 회화만큼이나 '위대하다'). 전통적인 학예사는 시대[역사시간]의 중요성을 어떻게 주장해야 할지 난처한 입장에 빠진다.

버렐 갤러리는 수집물의 질에 의해서 뿐 아니라 어떻게 부富가 고급스런 취향을 만들어 내는가에 대한 흥미로운 증언을 통해서 평범한 관람객에게 이집트 홀만큼이나 오락을 제공한다.

오락을 제공하는 두 가지 다른 유형이 있다. 그 하나는 장대한 규모로 지형이나 역사적 장면을 연출하며, 다른 하나는 예술을 상업과 공업에 연계시킴으로써 그들을 직접 찬미한다. 첫 번째 것은 파노라마와 디오라마이며, 두 번째 것은 박람회장이다. 두 가지 모두 한시적인 건물에 한시적인 자료를 수집하였다.

새로운 감각에 대한 시도

합리적이며, 백과사전과 같은 박물관은 밝혀지지 않은 신비주의나 연금술을 폐기해버렸다. 계몽주의 – 어둠을 비춰 숨겨진 것을 밝혀내고, 초자연적인 힘의 불규칙한 변덕만이 존재하던 자연에서 법칙을 발견하였다 – 는 놀랄만한 변화를 가져왔지만, 새로운 박물관들에서 대중이 볼 수 있었던 것은 거대한 크기의 건물과 차분하고 정적인 전시뿐이었다. 박물관을 다시 방문한다 해도 전과 다른 것은 없었다. 호기심을 충족시키기 위해서는 좀 더 자극적이고, 역동적인 무엇인가가 필요하였다.

극장에서 사용되던 보고 듣기 위한 오래된 디자인 기법들이 상상하기 어려운 방식으로 확장되었다. 그리고 단기간 동안의 전시일 경우, 이런 새로운 기법들이 거리낌 없이 도입될 수 있었으며, 전시기법은 그 자체로 목적이 될 수 있었다. 그처럼 한시적으로 존재하는 놀라운 전시의 세계(눈으로 보이는 시각적 광경과 청각적인 소리)는 디즈니랜드와 에코Eco의 '하이퍼 리얼리티hyper-reality'를 선도하였다. 그것들은 오락과 교역이라는 전혀 다른 두 가지 배경에서 비롯되었다.

파노라마와 디오라마

새로운 시각적 기법들은 조셉 라이트Joseph Wright[1]의 그림들에서 예시되었다(Paulson 1975). 라이트는 조시아 웨지우드Josiah Wedgewood의 후원을 받아, 버밍엄의 루너협회[2]와 연결되었으며, 그 협회를 통해서 급진주의자 · 과학자 · 공업가들과 폭넓게 교류하였다. 라이트의 이런 활동은 과학과 예술이 종합되는 새로운 전기가 되었으며, 이는 실험실과 예술공방이 하나로 결합됨을 의미하였다. 광원에 관심을 가졌던 라이트는 조명된 곳과 어두운 곳 사이의 드라마틱한 대비를 만들었다. 실험을 통해 얻은 계몽의 빛은 전래과학의 신비감을 깨뜨렸다. 가정에서 과학을 보여줌으로써 호기심을 충족하고 감정을 고양시키는 효과를 거두었다. 그것은 흥미로우면서도 손쉽게 접할 수 있었다.

파노라마panorama[3]와 디오라마diorama[4]도 라이트의 그림처럼 과학에 예술을, 오락에 교육을 혼합한 것이다. 둘 다 발전

1. 산업혁명에 관한 내용을 낭만적으로 그려낸 1700년대 영국 화가. 1734년 9월 3일 영국 더비주 더비에서 태어났고 속칭 라이트 오브 더비Joseph Wright of Derby라고 한다.
2. Birmingham Lunar Society, 영국에서는 각 지방에서 당시 과학지식의 흡수와 그 응용에 관심을 가지는 다양한 아마추어 과학자 집단이 있었으며, 맨체스터의 문예철학협회(1781), 리버풀의 문학협회(1812), 버밍엄의 루너협회 등이 있다. 이들은 그들이 위치하고 있는 지방의 산업발전과 문화향상에 이바지하였으며, 그 중 루너협회가 대표적이다. 루너협회의 창립당시의 회원은 스몰과 볼턴, 다윈 등이다. 루너협회는 어떤 규칙 하에 결속된 집단이라기보다 자유로이 참여하는 모임이었으며, 그 회원들은 과학과 기술 이외에도 시, 종교, 미술, 정치, 음악 등의 분야에도 열성적으로 활동하였다. 회원들이 명명한 '루너협회'는 그들이 보름달이 뜨는 날에 가장 가까운 월요일 저녁에 회의를 개최했던 관습에 유래하고 있다. 오진곤, 과학사총설, 전파과학사, 1996, p.250
3. 그리스어로 '모든 것을 본다'는 뜻. 도시 · 자연 · 전쟁 등의 360° 경관을 그린 그림, 또는 원통형 건물(로툰다)의 안쪽 벽에 그와 같은 그림을 그려놓고 관람자는 중앙공간에서 보도록 한 건물.
4. 배경을 그린 막 앞에 소도구나 축소모형 등을 배치하고 조명으로 입체적 실물감이 나도록 한 장치

된 광학기술과 조명기술을 이용하여 드라마틱한 장면들을 만들어내었다. 물론, 점진적으로 규모가 커져서 결국 하늘에서 바라보는 조감도적인 화면으로 발전한 엄청난 크기의 지도에 대한 아이디어는 새로운 것은 아니다. 하이드Hyde(1988)는 이러한 기법을 베르베리Berberi의 베니스식 조감도와 뒤러Dürer의 전쟁화 그리고 바로크의 천장화에까지 추적해갔다.

정성스레 고안해낸 트롱프뢰이유기법[5]을 통해, 이러한 방식은 17세기 후반 예수회 수도사인 안드레 포조Andrea Pozzo가 그린 성 이그나시오 로마교회의 천장화에서 놀랄만한 정도까지 발전하였다. 피레네Pirenne(1970)의 설명에 따르면, 포조는 볼트천장의 곡면이 시작되는 지점 바로 밑에 수평으로 짜여진 사각형 격자의 가느다란 '그물망'을 설치함으로써 볼트의 둥근 천장 표면에 투시도적인 원근감을 재현할 수 있었다. 이 투시도의 기준시점에서 보면, 천장화 속의 건축이 실제 건물과 이음새 없이 연결된 것처럼 보일 정도로 그 효과는 놀랍다. 투시도에 관한 지식이 있으면 홀바인Holbein의 '대사들Ambassadors'라는 그림에서처럼 의도적으로 그림을 일그러지게 할 수 있다. 이런 기법은 결국 아나모피즘[6]의 과학에 이른다. 즉, 곡면에 투영시켜 일그러트린 그림으로, 정해진 관점에서 바라보거나, 때로는 원통이나 원뿔형 거울을 이용하여 바라보면, 원래의 그림이 나타난다.

스태포드Stafford(1984)는 계몽주의 시대의 여행기 속에서 '투명성을 탐색하는 과학적인 관찰'을 찾을 수 있었다. 그런 기록들의 텍스트와 삽화는 전례 없이 정교한 것으로서 아주 세밀하게 현실감을 느끼게 한다. '밀랍으로 인간의 신체를 복제하거나 흠 없이 동일한 사물을 제작하는 것은 '파노라마 · 디오라마 · 다게레오타입[7] 등에 대한 동시대의 열광처럼 완전하고 정확한 재현에 대한 욕구를 보여주었던 것이다.' 그 유일한 목적은 관객이 실물 앞에 있다고 믿도록 속이는 것이다.

핀홀박스[8]나 카메라 옵스큐라[9]와 같은 광학 장치는 레오나르도 다빈치도 알고 있었을 만큼 아주 오래된 것이다. 그러나 자연을 더욱 깊숙이 보고자하는 욕구로 빛과 현미경 및 망원경에 대한 관심이 다시 고조되면서, 이런 오래된 기술들이 다시 부각되었다. 특히 모든 것을 보고 듣고, 이를 통해 그 대상물의 비밀을 밝혀내기를 바라는, 우주의 중심에서 관찰하는 주체인 인간의 위치는 과학과 예술 사이의 경계가 없어진 새로운 전시기술을 요구하였다. 그리고 자연 뿐만 아니라 인간의 본성 또한 우리가 이미 벤담의 파놉티콘[10]에서 본 것처럼 주시의 대상이었다.

가정에서 사용하던 장치들 중에는 입체적인 이미지를 보기 위한 광학장치인 조그라스코프zograscope가 있다. 이 장치는 나무로 만들어진 받침대와 스탠드가 있었고 그 스탠드 끝에 경첩으로 각도가 조절되는 거울과 볼록렌즈가 달려 있었다. 관찰자는 보고자하는 그림을 바닥에 놓은 후 거울로 반사시켜 렌즈를 통하도록 하였다. 거울에 반사되어 렌즈를 통과한 그림은 뒤집힌 이미지로 보이는데 상당한 깊이감을 갖게 된다. 그림에 투시도적인 기법이 사용될 경우 특히 더 효과적이었다. 이 장치는 18세기 중엽부터 19세기 초엽까지 런던 · 파리 · 아우구스부르크Augusburg · 바사노Basano 등지에서 산업화되어 생산되었다.

5. trompe l' oeil 눈속임이라는 뜻으로 실물로 착각할 정교한 사실적 그림을 의미한다.
6. 왜곡된 상을 의미한다. 특정한 각도에서 또는 특수한 장치를 사용하야만, 비로소 정상적으로 보이는 상像
7. daguerrotypes, 은판사진법銀板寫眞法이라고도 한다. 연마한 은판의 표면에 요오드화은의 감광막을 만들어 30여 분 동안 노출한 후 수은증기로 현상해서 양화를 만드는 방법으로, 최초의 성공적인 사진술이다.
8. pihhole box, 바늘구멍사진기의 기본, 내면을 검게 칠한 통의 한쪽 면에 작은 구멍을 내고 반대쪽 면에 필름을 장치하게 되어 있다. 렌즈를 사용하는 카메라와 달라서 근거리에서 원거리까지 모두 초점이 맞는다는 특징이 있다. 그러나 구멍을 통하여 들어오는 빛의 양이 적기 때문에 장시간의 노출을 필요로 하며, 움직이는 물체의 촬영에는 적합하지 않다.
9. 본디 사진은 회화의 복제수단으로 발명의 실마리를 잡게 되었다. 즉 일찍이 레오나르도 다 빈치는 오늘날 사용하는 카메라의 원형인 카메라 옵스큐라camera obscura:(어둠상자)를 그림을 정확하게 그리기 위한 복제도구로 썼다.
10. 벤담의 '최대 다수의 최대 행복'이라는 공리주의적 원칙은 영국의 자유주의적 개혁의 사상적 기초가 되었다. 그의 '원형감옥인 파놉티콘'은 유명하다. 4장을 참고하라.

공적인 장소에 사용되었던 초창기의 장치로는 에이도푸시콘[11]이라 불리운 '다양한 자연현상을 재현하는 움직이는 그림' 이 있었다. 이 장치는 프랑스 화가 필립 드 루테르부르Philipe de Loutherbourg가 고안하였는데, 1771년 영국에 도착하자마자 곧바로 드루어리 레인Drury Lane 극장의 무대화가로 고용되었다. 1773년에 제작한 연극 「크리스마스 이야기Christmas Tale」의 무대배경에서, 그는 빛과 모형 그리고 실물 같은 세부장식을 기가 막히게 사용함으로써 전시방식의 신기원을 열었다. 그는 1781년 리즐 스트리트Lisle St. 자택에 에이도푸시콘을 설치하였다. 기계적인 작동을 이용하여 10피트(3미터) 넓이의 상자를 통해 바다에서 폭풍이 치는 장면이나 런던의 여명, 지중해에 드리우는 달빛 등을 보여주었다. 그는 불투명하게 그려진 실루엣이나 슬라이드 또는 반사막 뒤에 망사나 반투명한 재료를 사용하였고 '인공' (가스?) 조명을 비추었다. 또한 음악이 있었으며, 인공적으로 만들어진 번개를 동반한 천둥소리와 같은 음향효과가 있었다.

1780년대 중반 에든버러의 초상화 겸 미니어처 화가였던 로버트 바커Robert Barker에 의해 파노라마의 도약이 이루어졌다. 그는 이미 예술전공 학생들에게 '투시도 작도법' 에 대해 가르치고 있었으며, 칼튼 힐Calton Hill 정상에서 볼 수 있는 에든버러의 360° 전경(처음에는 직경 25피트(7.5미터)인 원호 여섯 조각을 합해 만들었다)을 제작한 바 있다. 초기에는 눈높이에 있는 직선만이 수평으로 보이고 다른 것들은 곡선으로 보이는 단점이 있었다. 원통에 나타난 왜곡은 직선을 곡선으로, 곡선을 직선으로 보이게 하였다. 그림의 제일 위와 아래는 그림자에 의해 가려졌고, 관객이 지나치게 접근하는 것을 막기 위해서 벽이 필요하였다. 실내는 어두웠으며, 조명은 중앙의 머리 위에서 그림 쪽으로 비추게 되어 있었다. 관람대는 바닥의 입구를 통해 갈 수 있었다. 바커는 특허를 얻은 후, 이 파노라마를 글래스고 홀리루드 집회장Hollyrood Assembly Hall과 1789년 런던의 헤이마켓Heymarket 시장에서 전시하였다.

대중과 전문가로부터 바커의 파노라마에 대한 찬사가 잇따랐다. 레이놀즈Reynolds는 바커의 파노라마가 '일반적인 그림의 한정된 스케일을 훨씬 뛰어넘는 방식으로 자연을 재현할 수 있었다' 고 인정함으로써 명성을 얻었고, 다비드David도 파리에서 비슷한 찬사를 보냈다(Art Journal 1857: 46). 파노라마를 전문적으로 전시하기 위해 지어진 바커의 첫 번째 건물인 더 로툰다The Rotunda(1793)는 로버트 미첼Robert Mitchell이 설계하여 레스터 광장에서 개관하였다. 이 건물은 파노라마 그림이 그려진 두 개의 원통으로 이루어져 있었는데, 바깥쪽의 큰 원통은 직경이 90피트(27미터)이고 높이가 40피트(12미터)로서 전체 표면적이 10,000평방피트(약 900제곱미터)에 달하며, 상부에 매달린 작은 원통은 2,700평방피트(약 240제곱미터)이다(그림 8.1). 거꾸로 된 원뿔형의 천창을 통하여 위쪽 파노라마를 비추었으며, 유리로 된 원형 고리를 통하여 아래쪽 파노라마를 비추었다.

그의 조수 존 버포드John Burford와 아들 헨리 아스톤Henry Aston과 함께, 그는 대규모 파노라마 제작프로그램을 출범시켰다. 그 프로그램들에는 트라팔가 전투 · 나폴레옹 전쟁 장면 · 콘스탄티노플 · 파리 · 리스본 · 코펜하겐 · 카이로 · 상트페테르부르크의 지형경관 등이 있다(Art Journal 1857: 47). 1792년 런던의 경관을 표현한 그의 첫 번째 파노라마는 알비욘 제분공장Albion Mills의 지붕에서 그린 스케치에 바탕을 두고 있었다. 2,700평방피트(약 240제곱미터)의 표면적을 가진 360° 파노라마는 먼저 캐슬Castle 스트리트에 있던 버포드의 집 뒤뜰에 세운 가설건물에 전시되었다가 3년 뒤 레스터 광장으로 옮겨졌다. 하지만 곧 경쟁자가 나타났다.

스프링 가든에 있던 런던 '에이도메트로폴리스' 파노라마(1802-3)는 영국에서 가장 저명한 화가 중의 한 명인 토머스

11. Eidophusikon, 3차원의 무대 세트와 조명 음향효과가 사용되는 움직이는 파노라마를 말함. 이를 이용 난파선이나, 나이아가라 폭포와 같은 것들을 표현하였다. Philipe de Loutherbourg(1740-1812)의 'Moving Pictures' 는 에이도푸시콘과 거의 같은 의미임. http://www.joslyn.org/permcol/euro/pages/louther.html

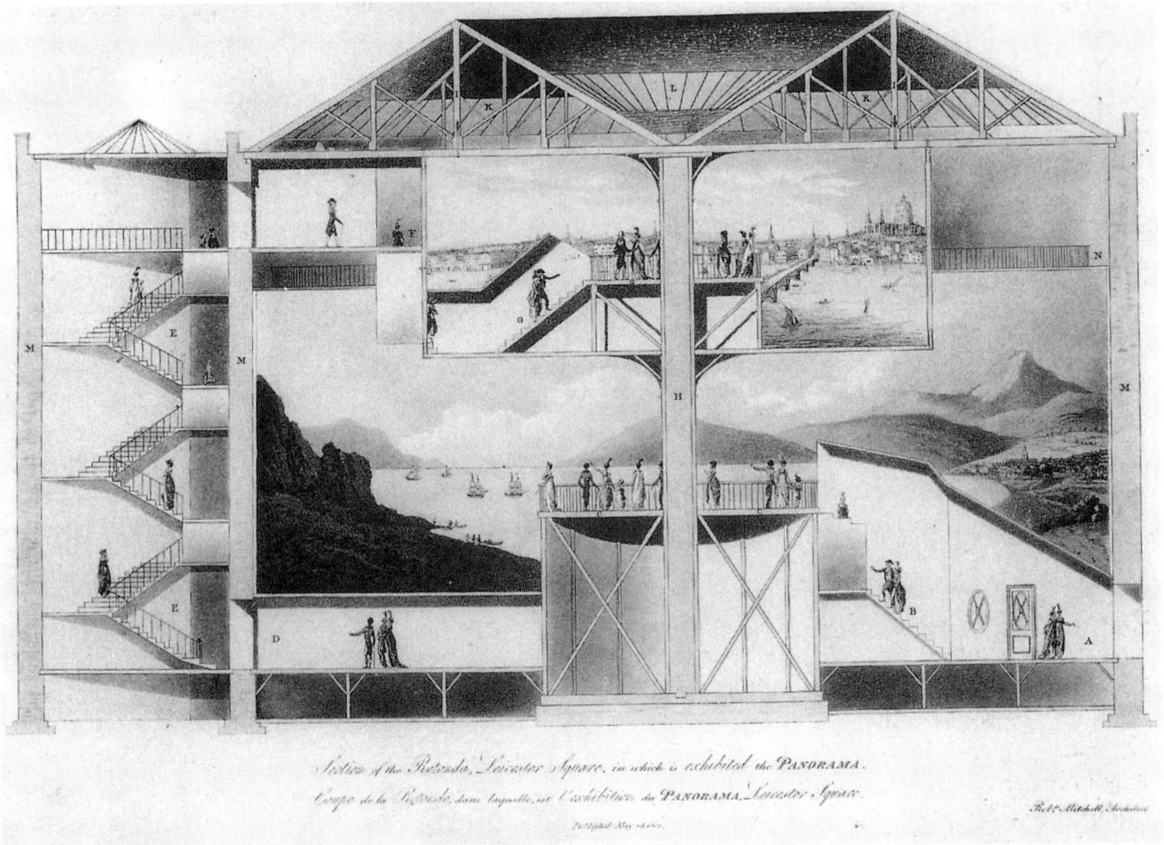

그림 8.1 미첼의 파노라마, 레스터 광장(1793), 단면

출처 : Robert Mitchell(1801) Plans etc. of Buildings Erected in England and Scotland etc., London, plate 14, 런던, 영국건축도서관

거틴Thomas Girtin이 그렸다. 다른 화가들의 그림뿐만 아니라 바커의 그림들도 영국과 유럽, 미국 등 여러 곳으로 순회전시를 하였다. 알비욘 공장으로부터 본 경관 파노라마는 1795년 뉴욕에서 전시되었으며, 그 변형판들이 파리 · 라이프치히 · 함부르크 · 빈 · 암스테르담 등을 순회하였다. 다수의 영인본들을 통해 바커는 큰 재산을 모을 수 있었다.

제임스 발로우James Barlow와 미국인 로버트 풀턴Robert Fulton은 1799년 독점 수입권을 통해 이 제작법을 프랑스에 수입하여 세이어 부처M. and Mme Thayer에게 양도하였는데, 세이어 부처는 각각 직경 17미터, 높이 7미터에 이르는 두 개의 파리 파노라마를 몽마르트 대로에 최초로 건설하였다(d' Helft and Verliefden 1978). 이 파노라마들은 새로운 도심 가로의 보초처럼 보였으며, 또한 가게 · 극장 · 카페 · 목욕탕 · 상점가 · 호텔들로 구성되는 '패션과 고급 취향, 이윤을 향해 나아가는 산업의 소비자 사회' 라는 선언의 핵심시설이 되었다(1788: 55). 1800년 건축가이자 화가인 듀포니Dufourney는 파노라마를 '교육적이며 유용한 시설' 로서 의회에 추천하였다. 1807년에 세이어는 까푸셍Capucins 대로에 32미터짜리 파노라마를 세웠다. 이 곳을 방문한 나폴레옹은 건축가 셀레리에Cellerier에게 샹젤리제 대로를 위하여 여덟 개의 로툰다를 설계할 것을 지시하였으나, 1812년의 사건[12]으로 실현되지 못하였다.

12. 나폴레옹의 러시아 원정을 의미함.

그림 8.2 콜로세움, 런던 리전트 공원(1823–8), 콜로세움을 파노라마의 형식으로 그린 그림, 탑승 리프트가 있는 로툰다 내부의 중앙 타워

출처 : Robert Mitchell(1801) Plans etc. of Buildings Erected in England and Scotland etc., London, plate 14, 런던, 영국건축도서관

베를린의 로툰다(1800)는 파노라마 화가인 브레이지히 Breysig가 설계하였다. 두 번째의 건물(1808)에서 그는 쉰켈 Shinkel[13]의 스케치에 바탕을 둔 팔레르모Palermo[14]의 경관을 보여주었다. 파노라마의 유행은 전 유럽과 대서양을 건어 널리 퍼졌다.

영국에서도 파노라마는 매우 빠르게 발전하였다. 바커의 아들 중의 한 명인 토머스 에드워드Thomas Edward는 리처드 라이네글Richard Reinagle과 함께 런던의 스트랜드Strand 지역에 지사를 내었다(1803). 그들의 가장 중요한 프로젝트는 리전트 공원에 세워진 콜로세움Colloseum[15]이었다.

콜로세움의 개발업자인 측량사 토머스 아너Thomas Hornor는 상세한 지도를 기초로, 그가 '파노라믹 크로메트리 panoramic chorometry'라 명명한 기법을 사용하여 조감도의 형태로 멋진 대지 측량도를 제작하였다. 콜로세움을 위해서 그는 세인트 폴 대성당St. Paul Cathedral 꼭대기에서 3년이 넘는 시간동안 어렵게 만들어진 스케치를 바탕으로 런던의 360° 경관을 그렸다. 1823년 데시무스 버튼Decimus Burton이 설계한 콜로세움 안에 24,000평방피트(약 2160제곱미터)의 파노라마가 설치되었다. 그 건물은 직경 130피트(39미터)의 16면체로서 돔과 정창을 가진 로마 판테온에 그리스 건축양식을 가미한 모양이었다(그림 8.2). 중앙의 샤프트에는 두 개의 나선형 계단들이 런던 최초의 유압승강기(일명 '상승하는 방')를 감아 돌고 있다. 꼭대기에는 세인트 폴 대성당의 돔에서 가져온 렌Wren[16] 시대의 구球와 십자가가 있었다. 승강기는 세 개의 관람레벨에서 열린다. 세 번째 레벨에서 분리된 계단은 정창 주위의 공중 갤러리로 이어져 관람객은 '진짜' 파노라마의 경관을 즐길 수 있다. '이런 식으로 초상화와 실물을 비교하라고 하는 것은 솔직할 뿐만 아니라 무모할 만큼 대담한 행위로 보인다'. 하지만 실물을 본 관람자가 '파노라마를 다시 보고자 하는 강렬한 자극을 갖게 되었다'는 점에서 아너는 이 시험을 무사히 통과한 셈이 되었다(Britton and Pugin 1828: 273-4).

꼭대기의 중앙 샤프트에서 돌출된 것은 음악과 댄스홀이며, 한 레벨 아래에 원형의 휴게실이 있다. 그리고 바닥에는 일종의 텐트로 덮여 있는 '예술품 살롱' 안에 의자와 조각들이 놓여 있었다. 콜로세움 건물 이외에 다른 볼거리들도 가미되어 있었다. 실외에서 지붕이 덮인 회랑을 따라 걷노라면 멋진 경치를 만나게 된다.

> 그것은 다른 세계에 속한 것처럼 보인다. 예술이 자연과 조화를 이룰 때, 상상력이 풍부한 낭만주의와 픽쳐레스크 이론가들이 형상화했던 이상적인 구성이 실현된다. 예술가는 장면을 창조하고, 이것은 놀라움과 경이로움을 불러일으킨다. 계곡과 언덕 · 바위와 폭포 · 소나무숲 · 빙하 · 눈 덮인 알프스 등은 사회적 혹은 문명화된 삶의 어떠한 표식도 없는 고독감을 만들어 낸다. 이런 광경은 그 깊이와 높이 그리고 광활함으로 눈을 현혹시키고, 감각을 기만하는 듯하다. 이와 같은 황야의 어둠으로부터 벗어나 지하의 통로를 조심스럽게 조금씩 가다보면 세련된 문화의 장소인 전시용 온실에 이른다.
>
> (Britton and Pugin 1828: 273)

그림과 조각에 의해 강조된 이국적인 식물과 새들 · '껍질로 덮인 동굴 · 녹석[17] · 산호 · 여러 색깔의 온천 · 종유석' 등은 '우아한 휴식과 철학적인 연구'를 위해 계획되었다. 관람자는 '시간과 공간이 뒤섞인 듯한 착각에 빠지게' 된다. 다시 말해, 무한성과 조우한 듯한 느낌을 받는데 이런 느낌은 하이퍼 리얼리티를 예견하는 것이다.

13. 독일의 건축가 · 화가 · 무대장식가(1781~1841. F.길리의 작품을 보고 감격하여 그에게 건축기법을 사사한 후 이탈리아에 유학하여 고전 건축을 연구하였고, 1811년에는 베를린 건축 아카데미 회원이 되었다. 초기에는 걸출한 그리스 양식 재흥의 디자이너로 알려졌고, 베를린의 왕립극장(1821), 알테스 뮤지엄(1828) 등의 대표작이 있다.
14. 이탈리아 시칠리아섬 최대의 도시이며 콩카드로라고 부르는 비옥한 평야를 배후지로 두고 있는 상공업 중심지이다.
15. 런던 리전트 공원 안에 건립되었던 파노라마 전용전시장. 로마의 원형경기장인 콜로세움으로부터 이름을 붙였으나 실제 건물의 외관은 로마의 판테온과 유사하였다.
16. 세인트 폴 성당을 설계한 영국의 건축가(1632~1723).
17. 산호의 일종

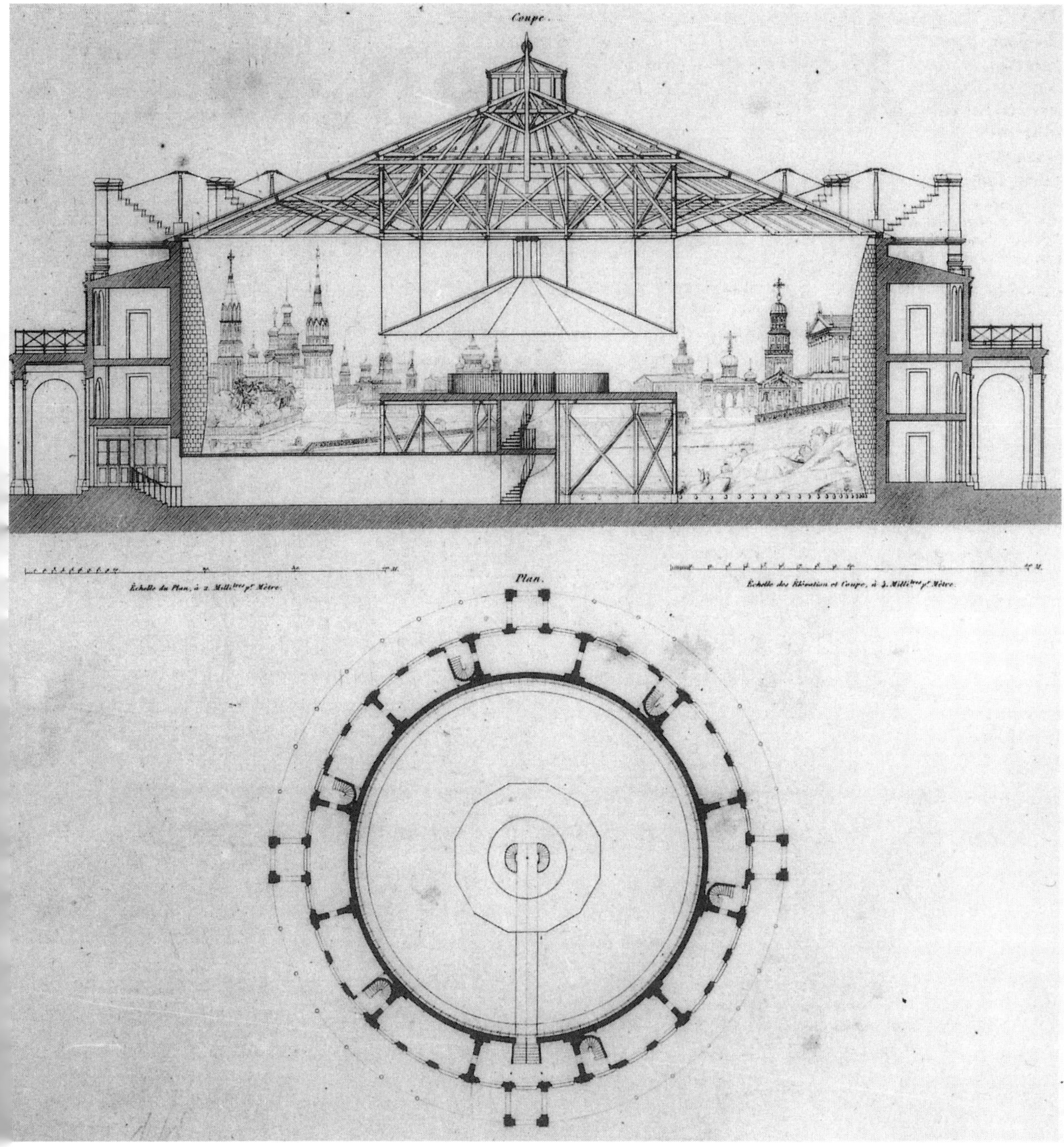

그림 8.3 히토프의 파리 파노라마(1838), 단면과 평면
출처 : Quatrem?re de Qunicy(1832), 대영도서관

하지만 관객이 줄어들면서 콜로세움은 어려운 국면에 빠지게 되었고, 곧 초라하게 변해갔다. 윌리엄 브래드웰William Bradwell이 이곳을 대대적으로 보수하고 개선하여 1855년에 다시 개장하였다. '런던의 전경'은 원래 그림에 있었던 뿌연 안개를 없애기 위해 다시 그려졌다. 또한 야경이 추가되었으며 건물 꼭대기에는 카메라 옵스큐라 안에 움직이는 파노라마가 설치되었다.

마레 거리rue des Marais에 있는 샤를르 랑글루와Charles Langlois[18]의 35미터짜리 파리 파노라마(1830-1)에는 3차원적인 장면들을 캔버스 앞에 둘 수 있었는데, 이는 천창의 바탕유리가 문제가 되는 그림자를 없앴기 때문이다. 샹젤리제 대로에 랑글루와의 요청으로 히토프J.-J. Hittorff가 설계한 40미터짜리 파노라마(1838)는 어떤 면에서는 그가 방문한 적이 있었던 런던의 콜로세움에 대한 비판이다. 전망플랫폼은 중앙 기둥이 아닌 외부 버트레스에 고정된 12개의 인장케이블로 지지된다(그림 8.3). 이 시설은 첫 번째(1855)와 두 번째(1889) 파리 만국박람회를 위해 더 큰 파노라마로 교체되었다.

포오셋Fawcett(1974: 153-8)은 지방에 예술 유행을 전파하는데 있어 파노라마의 역할에 대해 설명하였다. 지방의 형편상 파노라마를 전시하기 위해 독립된 로툰다를 건설할 수 없는 경우, 버밍엄(1802)과 리버풀에서처럼 무도회장이나 집회장, 극장 등을 사용하였다.

콜로세움 근처에 새롭게 사람들의 흥미를 끌게 된 것이 생겼는데, 프랑스에서 건너온 디오라마가 그것이다. 다오라마는 에이도푸시콘이 거대하게 확대된 것으로, 세이어의 몽마르트 로툰다에서 일한 화가 가운데 한 명이었던 프레보스트 Prevost의 제자들인 다게르Daguerre와 부통Bouton에 의해 개발되었다. 1822년 상송 거리rue Samson에 개장한 파리 디오라마가 굉장한 성공을 거두자, 그들은 곧바로 런던으로 진출하여 1823년 리전트 공원에 퓨진Pugin[19]의 설계로 200석 짜리 디오라마를 개장하였다.

디오라마는 파노라마보다 훨씬 더 정교하였다. 서로 마주하고 있는 반투명의 재료 위에 그려진 두 개의 다른 그림들은 앞뒤로 나란히 배치되었으며, 전면은 머리 위에 있는 천창으로부터, 후면은 확산유리창을 통해 조명되었다. 반투명하거나 불투명한 일련의 스크린과 블라인드는 밧줄과 도르래로 움직였는데 어떤 그림을 보여주거나 다른 그림과 서서히 겹쳐지도록 조작되었다. 이런 조작을 통하여 낮에서 밤으로, 햇빛에서 달빛으로, 또는 여름에서 겨울로의 변화과정을 표현할 수 있었다. 불투명한 스크린의 어두운 터널을 통해서 보이는 다른 두 개의 장면은 관객으로부터 15미터 정도 떨어진 곳에 전시되었다. 한 장면에서 다른 장면으로 바뀌는 것은 중앙축을 중심으로 원형의 객석을 회전시킴으로써 가능하였다(그림 8.4).

디오라마는 파노라마와 마찬가지로 영국 · 유럽 · 미국 등지로 빠르게 확산되어갔다. 쉰켈은 C. W. 그로피우스Gropius를 위해 베를린에 디오라마를 하나 제작하였으며(1827), 미국에는 1830년대 중반에 등장하였다.

또 다른 볼거리들로 롤러에 거대한 그림을 그려서 실패에 감듯이 움직임이면서 구멍을 통해 볼 수 있는 '움직이는' 파노라마 · 인형 파노라마 · 말이 끄는 이동식 파노라마 · 볼록렌즈를 통해서 보는 요지경을 개량한 코스모라마Cosmoramas 등이 있었다. 이들 중 가장 두드러진 것 중의 하나는 지도 제작자이며 판매자인 제임스 와일드James Wyld가 제작한 것으로, 그는 1851년 레스터 광장 한 가운데에 거대한 구球를 제작하였다(원래는 수정궁 안에 설치하려 했었다). 직경 60피트(18미터) 구의 내부 표면에 지구의 전체 표면을 수평 축적은 10마일을 1인치(약 64,000분의 1), 수직 축적은 1마일을 1인치(약 6,400분의 1)의 축척으로 재현하였다(그림 8.5). 구의 내부는 네 개의 레벨에서 감상하도록 되어 있었다. 바다 · 사막 · 초목 · 눈 덮인 산 등이

18. Jean-Charles Langlois(1789~1870). 나폴레옹 전투화로 유명한 프랑스 화가. 전쟁이나 고고학적 장면을 묘사한 파노라마 화가로도 명성을 얻었다.
19. Pugin, Augustus Welby(1812~1852). 영국의 19세기를 대표하는 건축가 · 건축이론가. 로마카톨릭 부흥운동과 고딕부흥운동에 참여하였다.

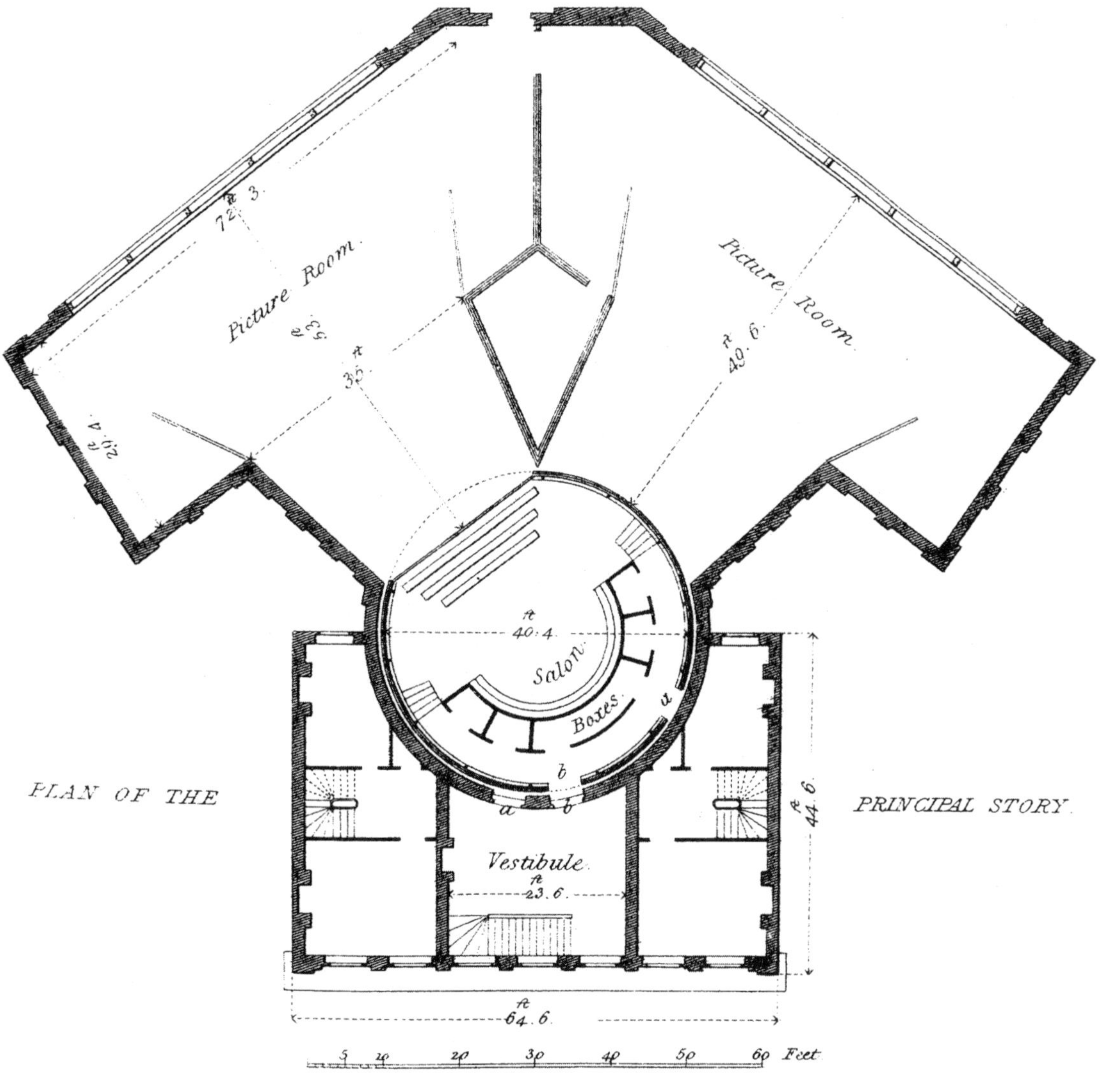

그림 8.4 퓨진의 디오라마, 런던 리전트 공원(1823), 평면
출처 : Britton and Pugin(1828)

모두 채색되어 있었다. 화산들은 모두 폭발 중인데, 그 꼭대기마다 탈지면으로 된 깃털이 붙여져 있다. 구의 바깥쪽 공간에는 지도와 진기품, 천문학과 관련된 물건들이 전시되었다.

1842년에는 다게르의 작품에 기초하여 사진 파노라마가 제작되었다. 이것은 한편으로는 고대의 극장 그리고 지금까지 우리가 추적해 온 파노라마 기술로 그 정점을 이룬 거대한 무대배경 그림과, 다른 한편으로는 영화 · 텔레비전 · 홀로그래피 사이를 연결하였다. 이와 같이 진짜처럼 믿게 만드는 가상세계는 그 목적만을 위해 지어진 공간을 필요로 하였다. 기발한 대중적인 볼거리는 학문적인 딱딱한 박물관이나 미술관만큼이나 지식을 생산하는 수단이었다. 그런 볼거리들은 동시성과 장엄함을 경험할 수 있도록 해 주었다. 조감도적인 시

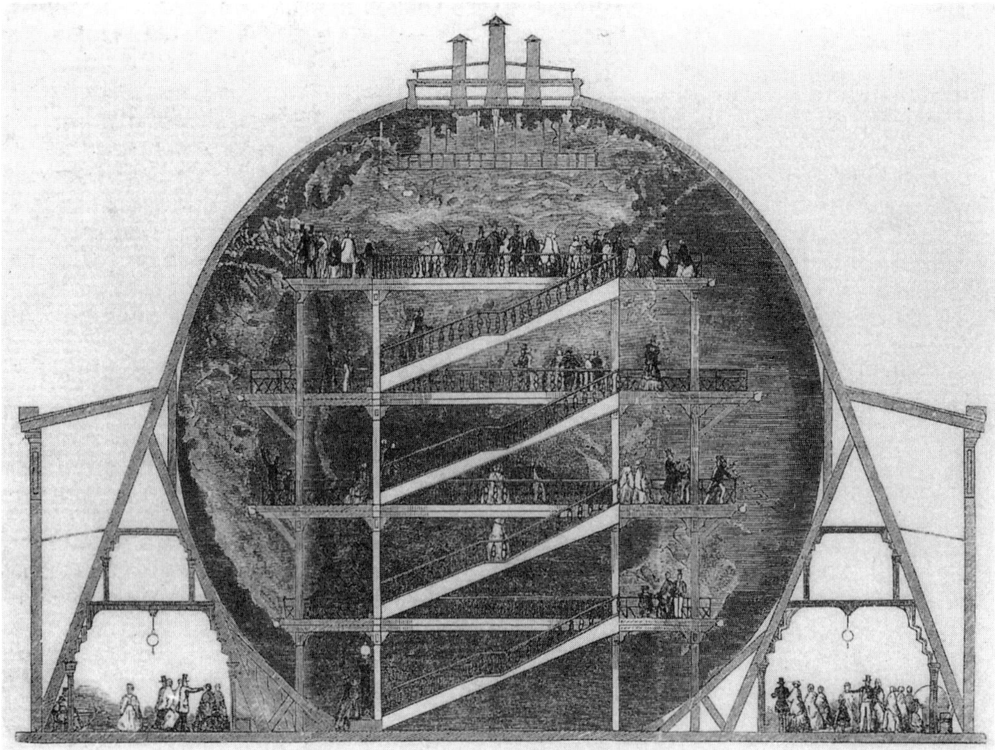

그림 8.5 와일드의 거대한 구, 런던 레스터 광장(1851), 단면과 외부 전경

출처 : Illustrated London News(1857) 6월호(단면), The Builder(1851) 4월호(외부 전경)

각은 관람자들을 잠시나마 도시의 혼란스러움을 벗어나 특별한 힘을 가진 위치로 이동시켰다. 관객들은 여전히 탐험가나 부자 여행가들의 전유물이었던 전투의 승리 장면이나 왕가의 화려함, 이국적이며 아주 먼 곳의 자연 그리고 도시의 지형경관을 함께 즐길 수 있게 되었다.

박람회

완성된 생산품뿐만 아니라 생산과정을 보여주려는 아이디어는 선거후 아우구스투스의 16세기 드레스덴 박물관에서 전례를 찾아볼 수 있다. 이 박물관은 소장품의 4분의 3이 도구였으며, 나머지는 그 도구들로 제작된 물건들로 되어 있었다. 그리고 산업혁명이 시작되기 오래 전에 이미 산업박람회industrial exhibitions가 있었다. 카펜터Carpenter(1972: 465-86)는 17세기 후반 파리 발명품박람회에 이어 18세기 후반의 산발적인 박람회에 이르기까지 이러한 산업박람회들을 추적 · 연구하였다. 1797년 파리에서 정기적인 박람회가 수립되고(The Illustrated Exhibitor 1851: 23-24), 그간 사용하지 않던 샤토 생 클루Chateau St Cloud에서 처음으로 개최되었다. 고블랭(태피스트리) · 세브르(도자기) · 사보느리(카펫), 세 곳의 왕립 매뉴팩처공장[20] 커미셔너였던 마르뀌 다베즈Marquis d' Avèze가 이미 자포자기하여 거의 버려진 상태를 부활시키려는 시도로 '국영 매뉴팩처[21]에서 생산된 모든 물건들'을 광범위하게 보여주는 전시회를 계획하였던 것이다. 이 전시회는 내무성의 예술 및 제조국의 승인을 받았고 성공적이었지만, 대혁명의 소용돌이 속에서 갑작스러운 종말을 맞이하게 되었다. 그러나 바로 이듬해 샹드마르 광장Champs-de-Mars[22]에서 「산업의 사원Temple of Industry」이라는 박람회가 조직되어, 3일간의 전시기간에 심사 · 시상 · 카탈로그 출판 등의 행사가 있었다. 세 번째 행사는 1801년에, 그 다음에는 1802년과 1806년에 개최되었고, 1821년 이후에는 5년마다 개최되었다.

1844년의 박람회는 가로 206미터, 세로 100미터 크기의 거대한 목조 구조물에서 개최되었으며, 1849년에는 거대한 소 축사에서 개최될 정도로 확대되었다. 하늘이 트인 중정에는 정원으로 둘러싸인 연못이 있었다. 입구 쪽에는 섬유전시관이 있었는데, 그 전시실의 한쪽은 파리의 산업생산품들이 차지하고, 뒤쪽 깊숙한 곳에 화학제품과 기계들이 전시되어 있었다. 모든 전시물을 통합하는 모티프는 자연이었다. 몸에 직접 닿고 매일 이용한다는 점에서 사람들에게 친근한 직물들이 도입부에 배치되었고, 소규모 일상생활용품들이 기본틀을 형성하였으며, 형체가 없는 화학물질과 기계가 전시의 정점을 이루었다.

다른 초기의 박람회들이 겐트(1803) · 베른(1804) · 트리스테(1808) · 카셀(1817) · 뮌헨(1818) · 베를린(1822) · 드레스덴(1824) · 더블린(1824) · 밀라노(1826) · 프라하(1828) · 상트페테르부르크(1829) · 스톡홀름(1834) 등지에서 개최되었다. 하지만 그 건물들에 대해서는 알려진 것이 거의 없다. 박람회들은 때로는 이름난 건물에서 개최되기도 하였다. 모스크바에서는 크렘린 궁에서, 초기에 파리에서 개최된 몇몇 박람회는 루브르 궁의 마당과 건물에서 개최됨으로써 이미 형성되기 시작한 산업 · 국가(왕정이든 공화정이든 간에)의 명성 · 예술의 연결고리가 더욱 확고하게 되었다. 광활한 숲을 가진 샤토 생끌루에는 자연이라는 네 번째 요소가 추가되었다.

런던의 「왕립예술협회Royal Society of Arts」가 박람회를 조직하기 시작하였던 1840년대에 이르면, 국가의 제조업을 장려하고 수출을 증대시키기 위해 박람회를 이용하는 것은 이미 유럽의 전통이 되었다. 이런 박람회는 국가나 지방정부로부터

20. 공장제 수공업이라 불리는 매뉴팩처manufacture 시스템의 생산시설을 의미한다. 기계식 생산을 도입한 일반적인 공장factory과 구별하기 위해 매뉴팩처공장이라고 번역한다. 10장을 참고하라.
21. 기계화된 공장 이전의 공장제 수공업을 의미한다. 10장을 참고하라.
22. 파리의 에펠탑과 군사학교 사이에 위치한 직사각형의 거대한 공원. 원래 군사학교의 연병장이었으나 현재는 기학학적 정원이 배치된 휴식공원이다.

실질적인 지원을 받았다. 이러한 행사들은 회사들에게 도움이 되는 것은 물론이고 대중적으로도 큰 성공을 거두었다. 기술은 국가적인 자존심의 문제가 되었으며, 기계 · 원자재 · 대량생산품 등은 진보의 상징이 되었다. 그러나 세계 최고의 산업국가인 영국은 이 교훈을 재빨리 깨닫지 못하였다.

영국의 박람회 조직에 있어 앨버트 공Prince Albert[23]과 헨리 콜Henry Cole[24]의 역할은 이미 잘 알려져 있다. 앨버트 공은 1847년 지난 4년간 의장을 맡아온 예술협회를 위하여 왕립 특허장을 받아내었다. 콜은 1846년 예술협회 자문회의 가장 활동적인 회원이 되었다. 예술협회는 1754년에 설립된 후, 농업과 직물 분야에서 유용한 발명품에 대해 상을 수여하였다. 1756년에서 1757년에 걸쳐 예술협회는 공산품을 공식적으로 전시하게 되었고, 태피스트리나 도자기와 같은 생산품에 대해 시상하였다. 그리고 1759년경에 윌리엄 체임버William Chamber가 디자인한, 모델과 견본을 진열하기 위한 건물을 소유하게 되었다. 협회는 1760년에 최초로 당대의 영국 예술가들의 작품을 대상으로 한 전시회를 개최하였는데, 이 전시회를 계시로 왕립예술원Royal Academy of Arts가 1768년에 설립되었고, 이에 발맞추어 예술협회의 업무는 '순수' 예술로부터 '실용적인' 예술로 이동되었다. 18세기 말엽에 협회는 식민지의 생산품에 관심을 돌렸다. 1829년에 국가 산업에 대한 몇 가지 보고서가 발간된 이후, 원자재와 생산품 그리고 발명품들의 컬렉션이 확장되었다. 그러나 아직 대중적인 관심은 미미하였다. 1846년의 여름 박람회에서는 대량생산된 도기가 전시되었다. 콜은 순수예술과 예술적 공예기술이 생산과 결합된 공장을 예술 매뉴팩처Art Manufactures라고 불렀다.

1847년 앨버트 공과 콜은 예술협회 건물에서 첫 번째 산업박람회를 창설하였으며, 20,000명이 방문하는 즉각적인 성공을 거두었다. 1848년의 두 번째 박람회에는 70,000명이, 1849년의 세 번째 박람회에는 100,000명이 방문하였다. 또 이 당시에는 각 지역에서도 박람회가 열렸는데, 버밍엄에서는 바질리카식 목조 구조물에서 박람회가 개최되었다(그림 8.6).

당시 콜은 예술협회를 대표하여 파리에서 5년마다 개최되던 「산업의 사원Temple of Industry」박람회를 방문하면서 와이엇Matthew Digby Wyatt을 동반하였다. 돌아오자마자 그는 건설업자 토머스 큐빗Thomas Cubitt과 함께 앨버트 공의 열성적인 지지를 받아, 1851년에 있을 '모든 나라의 산업' 이 참여하는 국제적인 산업박람회 계획에 박차를 가하였다. 박람회의 주제는 '기계 · 과학 · 취향' 으로, 국경을 넘어 '문명세계' 의 한 일원이 된다는 의미를 담고 있었다.

1850년 앨버트 공의 통솔 아래 임명된 왕립위원회의 회원들과 임원 그리고 건립위원회 회원 중에는 콥덴Cobden · 콜 · 오웬 존스Owen Jones · 윌리엄 큐빗William Cubbitt · 찰스 배리Charles Barry · 코커렐C.R. Cockerell · 찰스 이스트레이크Charles Eastlake · 존 고트John Gott · 와이엇Wyatt · 브루넬Brunel · 로버트 스티븐슨Robert Stephenson 등이 있었다. 이들은 당시 정치 · 공학 · 건축 · 회화 · 장식디자인의 핵심적인 인물들이었다. 많은 건축위원들이 고전주의적인 건물을 선호하였음에도 불구하고, 퓨진에게 박람회 건물의 설계권이 주어지면서 중세 궁중에 어울리는 고딕양식으로 결정되었다.

하이드 파크가 박람회 대지로 선택되었으며, 지침서가 작성되었다. 그러나 위원회의 주된 임무는 제대로 된 분류체계를 만드는 것이었다. 앨버트 공은 그 체계를 직접 작성하였다.

1 산업원자재
2 그 원자재로 만든 제품
3 제품을 장식하는데 사용되는 예술

23. 빅토리아여왕의 남편
24. 1851년에 런던 만국박람회를 기획하여 실현시켰다. 미술과 상공업의 연계를 꾀하여 예술협회를 활용한 설계공모전을 개최하였다. 자기 자신도 펠릭스 서멀리Felix Sumerly라는 가명으로 응모하여 입선하는 등, 산업디자인의 선구자로 활동하였다. 또 디자인 학교를 설립하였는데, 그것이 나중에 과학미술성이 되었고, 그 주최로 사우스켄싱턴 박물관이 설립되었으며 후일 관장이 되었다. 오늘의 빅토리아 앤드 앨버트 박물관이 그것이다. 기타 왕립앨버트홀의 설립을 비롯하여 후일 왕립음악학교 등의 설립에도 참여하였다.

그림 8.6 1849년 버밍엄 박람회
출처 : Illustrated London Exhibiter(1851) 2:25, 6월 14일, 저자 소유

그러나 위원들은 그 분류의 불합리성을 간파하였다. 예를 들어 철광석(1)과 주철(1이나 2) 사이의 명료한 구분이 쉽지 않았다. 예를 들어 주철을 만드는데 쓰는 기계는 어느 항목으로 분류되어야 하는지 구분이 어려웠다. 그래서 그들은 스코틀랜드의 유명한 화학자이자 교육자인 라이언 플레이페어Lyon Playfair의 도움을 구하였다. 그는 화학적 지식에 근거한 플리니식Pliny-esque 분류법을 고안하였다.

A 야금술
B 화학제품
C 유리-세라믹 제품
D 직물
E 유기 제품
F 공학 · 기계
G 건축 · 순수예술 · 음악
H 농업 · 원예

실제 박람회에는 플레이페어의 것과 크게 다르지 않은 여섯 개의 주요 분과와 30개의 범주로 분류된 체계가 적용되었다. 30개 범주 가운데 하나는 예술이고 29개는 산업과 관련된 것이었다.

그 체계는 얼핏 보면 엉성해 보이지만, 앨버트 공과 플레이페어의 체계를 정교하게 다듬어 놓은 것으로 분명한 구조가 있다. 앨버트 공의 체계는 원자재와 그것을 원료로 하는

분과		분류
A 원자재	Ⅰ	채굴 · 채석 · 야금술의 조작과 생산품
	Ⅱ	화학 · 제약 과정과 그 생산품 일반
	Ⅲ	식량으로 사용되는 물질
	Ⅳ	주로 생산품에 사용되는 식물성 · 동물성 물질 —도구로서, 혹은 장식으로
B 기계	Ⅴ	직접 사용되는 기계 : 마차 · 철도 · 해상운송수단 포함
	Ⅵ	제작기계와 기구, 즉 기계 · 기구 · 도구의 체계
	Ⅶ	토목공학 · 건축 · 건물에 관한 고안품
	Ⅷ	해상건축 · 군사공학 · 화기(병기) · 갑주 및 군장
	Ⅸ	농업 · 원예업의 기계와 도구
	Ⅹ	철학적(예를 들어 과학) 기구와 그 과정 · 악기 · 시간 측정 기구 · 외과수술 기구
C 생산품 : 직물	ⅩⅠ	면 제품
	ⅩⅡ	모직 제품(紡毛絲와 梳毛絲)
	ⅩⅢ	비단과 벨벳 제품
	ⅩⅣ	아마와 대마 제품
	ⅩⅤ	합성 직물 — 숄 포함, 모직 물품 제외
	ⅩⅥ	가죽 제품 — 안장 · 마구 · 가죽 · 모피 · 깃털 · 모발 포함
	ⅩⅦ	종이 및 문방구 · 인쇄 · 제본
	ⅩⅧ	날염 또는 염색의 견본으로 전시되는 수직(手織) 직물 · 견방사 직물 · 모전 직물
	ⅩⅨ	태피스트리(카펫 · 마룻바닥 깔개 포함) · 레이스 및 자수 · 수제품 및 공산품 포함
	ⅩⅩ	개인이나 가정에서 즉시 사용될 수 있는 의류 제품
D 생산품 : 금속 · 유리 · 도자기	ⅩⅩⅠ	칼붙이(나이프나 포크 등)와 날붙이
	ⅩⅩⅡ	철과 일반적인 철물
	ⅩⅩⅢ	귀금속 및 이미테이션 제품 · 보석류 · 골동품 · 그 외 다른 분류에 포함되지 않은 모든 사치품
	ⅩⅩⅣ	유리 제품 — 스테인드글라스 · 채색유리 · 광학유리 포함
	ⅩⅩⅤ	도자기 제품 — 도기 · 자기 · 도기 등
E 잡화	ⅩⅩⅥ	장식품 · 가구 · 실내장식품 — 벽지 · 종이상자 · 옻칠제품 포함
	ⅩⅩⅦ	건물이나 장식에 사용되는 광물제품 — 대리석 · 슬레이트 · 반암 · 시멘트 · 인조석 등
	ⅩⅩⅧ	동물성 · 식물성 제품 — 직물 · 모전 직물 · 다른 분류에 포함되어 있는 것 제외
	ⅩⅩⅨ	잡화와 소품
F 순수예술	ⅩⅩⅩ	조각 · 모형(건축 · 지형 · 해부학) · 조형미술(다른 모든 순수 예술 제외)

생산품 그리고 생산품에 실용성 이상의 의미를 부여하는 예술성 등의 세 가지로 구분하였다. 플레이페어는 거기에 생산수단을 포함시켰으며, 건축과 음악을 포함하는 모든 순수예술을 별도의 범주로 추가하였다.

기구나 기계를 이용하여 무기물(Ⅰ·Ⅱ)과 유기물(Ⅲ·Ⅳ)을 포함하는 원자재(A)를 변화시킨다. 무기물의 경우 어떤 것은 자연 상태 그대로 사용되고(Ⅰ), 어떤 것은 정교한 과정을 거쳐 사용된다(Ⅱ). 유기물 재료는 동물계와 식물계에서 얻어진다. 이들의 일부는 식량으로 소모되고(Ⅲ), 나머지는 생산품이 된다(Ⅳ).

원자재가 변화하여 만들어지는 생산품은 크게 다섯 개 그룹으로 분류된다. 그 가운데 한 그룹(F)은 단 하나의 범주(XXX)만으로 되어 있으며 미(아름다움)라는 순수한 목적만을 가지고 있다. 주목할 만한 것은 음악과 건축이 이 범주에 포함되지 않았다는 사실이다. 예술시장의 현실은 그렇지 않음에도 불구하고, 음악과 건축은 지배적인 이데올로기에 따르면 글자 그대로 가격을 매길 수 없는, 경제적인 가치를 갖지 않는 물건이기 때문이다. 다른 한 그룹은 단순히 경제적·실용적 가치만을 갖고 있다. 바로 제품을 만드는데 사용하는 기구와 기계류(B)이다. 이것들은 자본재이다. 순수한 미와 순수한 실용성 사이에는 유용함과 아름다움을 모두 갖고 있는 세 그룹의 생산품이 있다.

소비재인 이 세 그룹들 가운데, 첫 번째 그룹(C)은 유기물로 구성되어 있다. 즉 직물, 동물의 표피(모피·가죽·털·모발), 종이를 원료로 하는 생산품 등이다. 이 그룹은 원료(XI－XVII), 생산과정(XVIII), 최종용도(XIX·XX)의해 분류된다. 두 번째 그룹(D)은 무기물로 구성되어 있고, 원료(XXIV·XXV)과 최종용도(XXI·XXII·XXIII) 두 가지로 구분되어 있다. 마찬가지로 세 번째 그룹인 잡화(E)도 원료(XXVII·XXVIII)와 최종 용도(XXVI·XXIX)로 구분되어 있다.

여기에는 몇 가지 석연찮은 부분이 있다. 비생산적인 기계들(X)은 악기와 함께 과학적·의학적 기구로 분류된다. 이들 모두는 무언가 추상적이며, 일종의 지식을 생산하는 '기계'이다. 제품을 생산해내는 기계들은 민간용(V·VI·VII·IX)과 군사용(VIII)으로 나뉘었으며, 이는 군사 기술과 그 외의 모든 것('민간용')을 뚜렷이 구분하는 프랑스식 분류법 선상에 있다. 항상 그렇듯이, 가장 흥미로운 것은 배제되어진 범주들이다. 이처럼 어느 범주에도 적합하지 않은 것들은 '잡화'(E)라는 그룹에 포함되었는데, 다른 범주에 포함되어 있는 것들 이상으로 분류체계에 대해 더 많은 것을 시사한다. 이 그룹은 명확하게 장식적인 특질을 갖고 있는 사물을 포함한다. 그러나 (실용적이지 않은) 순수 예술로 분류하기에 충분하지 않은 비누·향수·보관된 과일(과일 통조림)·양초·담배파이프용 호박·조화造花·초콜릿·박제술·코담배·낚시도구 등과 같은 것들이 '잡화와 소품'(XXIX)에 포함되어 있다. 이것들은 사치품·레저용품·미식가의 품목들로서, 엄격한 제조업의 윤리 때문에 억지로 쥐어짜내듯 생산된 것들이다.

어떤 차원들이 이러한 사고를 관통하고 있을까? 첫째는 기술과 공예technology-craft이다. 기계는 전통적인 수공예에 대한 향수와 함께 환영을 받았다. 그래서 최신식 직기로 대량생산된 면과 손으로 정교하게 만든 레이스와 무늬 있는 비단이 나란히 전시되었다. 둘째는 미와 사용beauty-use의 차원으로서 현실적인 재료와 생산성의 문제로부터 예술작품을 제거하였다. 여기에서 생겨난 것이 세 번째인 유용성의 단계stages in utility이다. 유용성의 단계는 먼저 직접 사용되는 것(식료품), 둘째 나중에 변형된 후 사용이 가능한 것(철광석이나 금속 기구), 마지막으로 소비될 수도 없으며 어떠한 생산적인 목적으로도 사용할 수 없는 물건(의학과 음악)으로 구분된다. 네 번째 단계는 유기물과 무기물organic-inorganic의 차원으로, 자연과 기술을 대변하는 듯하다.

1850년 3월에 박람회 건립위원회는 245개 작품이 참가한 현상설계 보고서를 발표하였다. 위원들을 만족시키는 작품이 없자 위원회는 자신들이 스스로 안을 계획하였다(그림 8.7). 하지만 그것은 일반의 조롱거리가 되었다. 전통적인 기술과 새로운 기술이 함께 사용된 건물의 중앙에는, '조각과

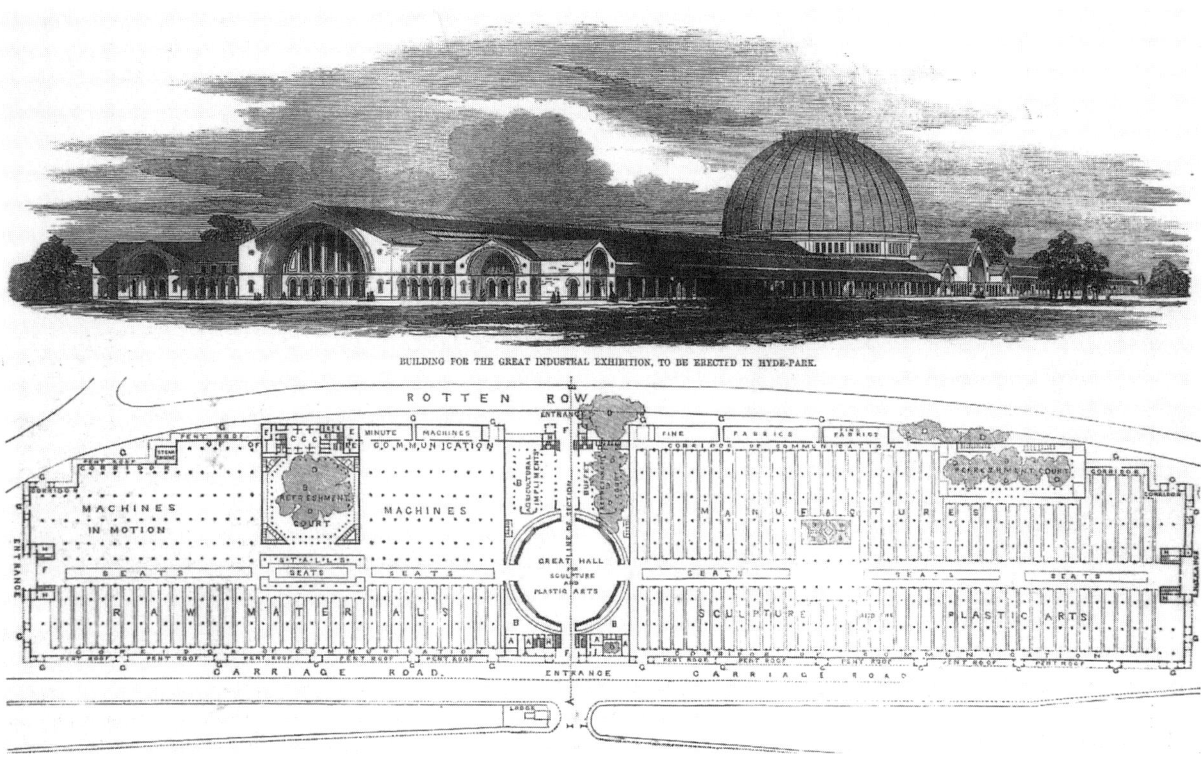

그림 8.7 1851년 박람회 건물을 위한 위원회의 디자인(1850)
출처 : Illustrated London News(1850) 6월 22일, 대영도서관

조형예술을 위한 대형 홀' 을 덮는 거대한 돔이 있었다. 전면 출입구와 후면 출입구를 잇는 축에 의하여 긴 전면부는 둘로 나뉘어 한쪽에는 원자재가, 다른 한쪽에는 조각과 조형예술이 전시되었는데, 아직 형체가 갖추어지지 못한 물질(원자재)에서부터 전혀 '유용하지 못한' 생산품(조형예술)에 이르는 생산의 전 범위를 포괄한다. 건물의 중앙부분과 후면부도 같은 축에 의해 둘로 나뉘는데, 한쪽에는 기계(정지상태이거나 동작 중인)가, 다른 한쪽에는 완제품들이 놓였다. 위원회의 안은 자신들의 분류체계를 공간 안에 충실하게 재생하였고, 국경이 무시되기를 바랐던 앨버트 공의 뜻에 따라, 공간적으로 지명이나 국적에 대한 어떠한 표시도 없게 하였다.

공장에서의 대량생산과 현장조립 방식을 이용하여 철·목재·유리의 세 가지 재료로 건설된 유리벽으로 둘러싸인 거대한 창고형 건물인 팩스턴Paxton의 혁명적인 수정궁(그림 8.8)과 그 건립과정은 자주 설명되어왔다. 압지에 그려진 그 유명한 스케치로부터 시작하여 두 개의 안을 거쳐, 그 중 우뚝 솟아있는 수랑 아래에 큰 느릅나무를 실내에 그대로 남겨둔 두 번째 안이 채택되었고, 완공까지 9개월도 채 걸리지 않았다.

팩스턴의 수정궁에서 분류체계는 더 이상 공간에서 보이지 않는다. 가장 먼저 눈에 들어오는 것은 국가별 구분이었다. 중앙의 수랑을 중심으로 건물의 서쪽 절반은 영국과 영국의 식민지들이, 동쪽의 절반은 외국이 차지하게 되었다. 각 그룹 내에서 분류의 경계는 겨우 대충 알아볼 수 있을 정도였다.

그 건물은 거대한 단일 공간으로 볼 수도 있으며, 또한 구조부재의 격자패턴·계단실·칸막이벽·전시물에 의해 분절된 공간으로도 볼 수 있다. 후자의 경우로 보면, 수없이 많

그림 8.8 수정궁(1851)
출처 : Victoria and Albert Museum, Board of Trustees of the V & A 제공

은 고리형 동선을 가진 얕은 공간구조가 나타난다. 말하자면 선택할 수 있는 길이 굉장히 많아 방문자와 전시물이 우연히 만날 가능성을 최대화하는 것 — 매우 약한 프로그램weak program — 이다. 한편 투명한 건물의 표피 덕분에 거의 모든 것을 한꺼번에 볼 수 있다. 이런 넓은 시야와 이동의 자유로움은 규모가 큰 다른 어떤 건물에서 보다, 공간적 제약의 한계 내에서 가장 동시성에 근접한 경험을 만들어 낸다. 이런 경험은 박물관의 연속적인 공간구조보다 파노라마의 조감도적인 체험에 더 가깝다.

도서관의 도서목록이 도서관이 소장하고 있는 모든 책들을 담고 있는 책인 것과 마찬가지로, 수정궁도 기이한 내부와 외부의 관계를 갖고 있다. 즉 수정궁의 내부와 외부는 담고 있는 것(용기)인 동시에 그 안에 담긴 것의 견본이기도 하다. 이런 독창성은 토목공학과 건축 그리고 건설 기술 분야의 상들을 수상함으로써 인정받았다. 긴 수상목록의 맨 앞에 건물을 창조해낸 사람들에게 수여된 건립위원회 메달시상내역이 위치한다. 앨버트 공은 '구상과 실행' 으로, 팩스톤은 설계로, 시행사인 폭스 앤 헨더슨Fox & Henderson은 시공으로 메달을 수여받았다. 그리고 나서야 비로소, 상을 받을 것으로 많은 사람들이 기대하고 있던 품목, 예를 들어 버넷 앤 컴퍼니Bunnett & Company의 '특허 받은 셔터와 수세식 화장실' 과 같은 것들이 수상하게 되었다.

팩스톤은 돈 많은 왕가와 기업가, 은행가들 사이에서 제 실력을 발휘하지 못한다는 비난을 받았으나, 채츠워스Chatsworth에 있는 데본셔Devonshire 공작을 위해 설계한 온실이 수많은 사람들에게 좋은 본보기가 되고 있다는 점과 식물에 대한 그의 전문적인 지식 덕분에 — 그가 명망 있는 린네협회와 원예협회의 회원이라는 사실이 이를 입증하였다 — 그런 비난은 사라져 버렸다. 조경계획가로서의 그의 전문가적인 지식과 선정된 대지가 공원이라는 점이 결합하여 가장 기본적인 주제인 자연이 강조되었다. 수정궁은 자연 속의 기계가 되어야 하였다. 두 번째 주제는 예술로서, 기술은 예술을 통

그림 8.9 수정궁에 전시된 움직이는 기계류

출처 : Dickinson Brothers(1854) Comprehensive Picture of the Great Exhibition of 1851, 런던 길드홀 도서관

해 문명화된다. 당시의 안내책자가 권하는 관람 내용에는 증기기관 · 조상彫像과 모형 · 가구 등이 포함되어 있었다. 첫 번째 것은 '동력의 유형'을, 두 번째 것은 '상상 속의 아름다움'을, 세 번째 것은 '사용에 대한 관념'을 의미하였는데, '이는 동력 · 아름다움 · 유용성의 상징들이 문명의 요소이기 때문이다' (Illustrated Exhibitor 1851: 108). 수정궁의 투명성은 불투명하고 위협적인 어떤 것이 아닌, 볼 수 있고 쉽게 접근할 수 있는 산업생산품에 대한 필연적이며 예술적인 은유였다.

세 번째 주제는 교역을 통한 세계정복과 평화정착이었다. 건물을 양분하는 중앙의 수랑은, 말하자면 '하이드파크에 있는 세계의 적도'였다(1851: 9). 그 세계는 영국이 반을 차지하고, 그 외 모든 나라들이 나머지 반을 차지하고 있다. 개막식에서 캔터베리의 대주교는 '장벽 안에서의 평화와 문 안에서의 풍요로움'에 대해 감사를 표시하였다. 그리고 수정궁은 '인류의 다양한 인종들에 의해 제작된 진실한 평화의 의회'로 세워진 것이었다.

종교가 네 번째 주제였다. '(수정궁은) 어떤 면에서 흔히 성당에 적용되는 형태와 닮아있다[25]' (1851: 9). 앞선 파리에서 개최되었던 박람회들과 마찬가지로 그것은 산업의 '사원'이었다.

다섯 번째는 왕가의 위엄이다. 앨버트 공은 이 사업에 깊숙이 관계하고 있었고, 개막식과 폐막식은 성대한 궁정 행사로 치러졌다. 왕비와 앨버트 공의 기마상을 입구에 있는 수정 연못의 양 옆에 하나씩 세워서 왕권을 확실히 강조하였다.

25. 수정궁은 거대한 바질리카식 교회의 평면으로 해석될 수 있다.

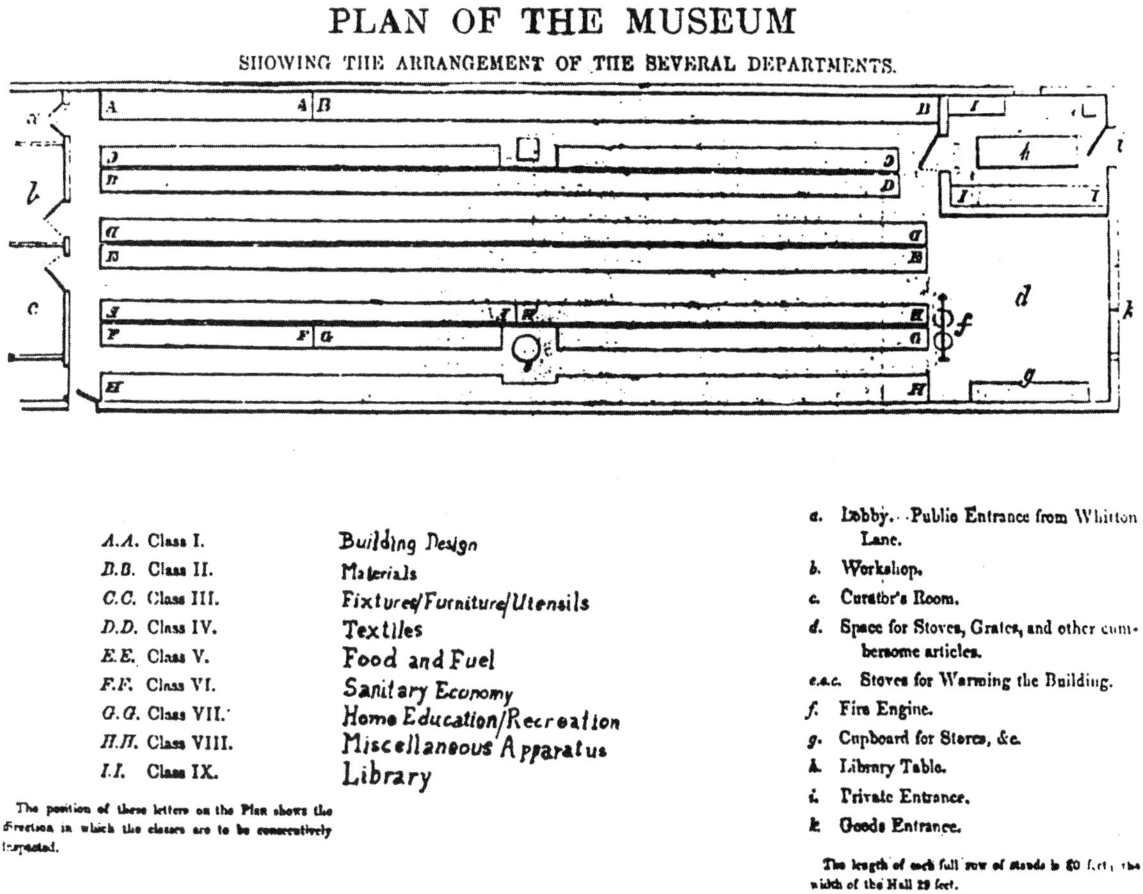

그림 8.10 토머스 트위닝의 가정 · 위생경제 박물관 평면

출처 : T. Twining(c. 1866-71) The Economic Museum.... Twickenham, Twickenham Local History Society and London Borough of Richmond Libraries and Arts Services, Mr B.L. Pearce의 허가에 의함.

엥겔스Engels[26]는 산업화된 도시의 빈민가를 사실적으로 묘사하였다. 당시 상황은 콜레라가 두 번째로 크게 창궐한 지 2년밖에 경과되지 않았고, 공중보건에 대한 채드윅Chadwick과 보건위원회의 전례가 없는 훌륭한 보고서가 나온 것은 단지 9년 전(1842년)이었다. 또한 디킨스Dickens가 인간의 본성과 산업화된 도시 사이에 큰 갈등이 있다는 사실을 지적하기 시작한 때였다. 하지만 기계는 이미 시대를 지탱할 만큼 중요한 위치에 있었으므로 기계를 옹호할 긴급한 방책이 요구되었다. 따라서 기계는 번쩍이는 조각품처럼 깨끗이 청소되고, 광택을 내어 전시되었고, 그 결과 크리놀린 페티코트 · 벨벳 외투 · 프록코트에 실크 모자를 쓴 젠틀맨 계급과 말끔한 흰색 바지를 입은 노동자들이 편하게 기대어 있을 수 있었다(그림 8.9). 기계를 예술 · 자연 · 밝은 빛 · 왕가의 위엄 · 종교적인 감동으로 에워쌈으로써 그 순수함과 고귀함을 강조할 뿐 아

26. Engels, Friedrich(1820~1895). 독일의 사회주의자. 1842년부터 1845년까지 영국에 체재하는 동안 자본주의 분석연구에 관심을 갖게 되었고 마르크스와 함께 공산주의 이론정립에 큰 역할을 하였다.

니라, 오물 · 위험 · 소음 · 질병 · 가난 · 불결함 등으로부터 분리시킬 수 있었다.

파리에서 시작된 박람회 운동은 런던에 와서 그 절정에 도달하였으며, 전 세계에 영향을 미치며 20세기에 이르렀다. 1862년 런던박람회를 홍보하는 한 선전 포스터의 한가운데에 '선인善人 앨버트 공'의 원형 초상화가 보인다. 그 아래쪽에서 펄럭이는 리본에는 '이 땅은 하나님의 것이며, 그 곳에 충만함'이라고 쓰여 있고, 위쪽에는 만국기가 사방으로 번어나가고 있다. 젊은 영국이 전 세계의 방문을 환영하는 한편, 아래의 '예술 · 과학 · 제조 · 교역'을 상징하는 기장에서는 '평화와 풍요'가 넘쳐 흘러나고 있다.

1851년의 만국박람회가 디자인 교육과 박물관의 발전에 미친 지대한 영향에 대해서는 이미 언급한 바 있다.[27] 사우스켄싱턴의 박물관 지구는 그러한 영향이 없었더라면 생기지 않았을 것이다. 또 그 영향이 대도시에만 미친 것은 아니었다. 토머스 트위닝Thomas Twining이 1869년에 설계한 트위켄햄Twickenham에 있는 '가정 · 위생경제 박물관museum of Domestic and Sanitary Economy'은 아홉 개의 구획을 갖고 있었다. 각 구획의 내용은 건물디자인 · 재료 · 설비/가구/가정용품 · 직물 · 식량과 원료 · 위생경제 · 가정교육과 여가 · 잡다한 기구 · 도서관 등이다. 그 중에서 가장 흥미로운 범주는 '가정'이다. 왜냐하면 나머지 모든 것들은 관람자들이 머리로 알고 있는 물건이지만, 이 범주는 관람자들이 생활 속에서 항상 사용하면서 그 용도를 알고 있는 물건들이기 때문이다. 그리고 헌테리언 박물관의 공간순서에서처럼, 입구의 로비를 따라가면 관람자들은 맨 먼저 일곱 개 범주로 분류된, 형태가 있는 구체적인 사물들을 만나게 된다. 다음으로 깊이 들어가면 가정이 있다. 그곳은 더 높은 단계의 추상적인 것('교육과 여가')을 다룬다. 가장 깊은 곳에는 도서관이 있는데 이곳은 보이지 않는 지식이 텍스트의 형태로 저장되어 있다(그림 8.10).

그러나 지식을 생산하는 다른 유형에서 대도시와 시골의 관계는 다르다. 초클린Chalklin(1980)은 1760년부터 1830년까지 잉글랜드가 지방의 문화를 위해 지출한 자금에 대해 조사하였다. 자금의 규모만 엄청났던 것이 아니라 혁신적인 시설에 사용되었다. 이런 자금이 투입된 혁신적인 시설 가운데, 특히 교육기관에 등장한 강의극장은 지식의 생산에 있어 큰 영향을 미쳤다.

27. 7장을 참조하라.

원주. 여기에 나온 파노라마와 그 선구자들에 대한 요약은 하이드Hyde(1988)로부터 인용한 것이다.

드라마틱한 단편들

가르치는 공간의 본질은 청중들이 전체 지식의 작은 단편들을 한 번에 하나씩 이해하게 하는 것이다. 그 지식의 총체에는 강의하는 사람만이 접근할 수 있다. 그리고 그 단편은 연극적인 장면으로 표현된다.

정치 집회[지방의회 회의장]나 법을 만드는[국회의사당] 또는 법을 실현하는[법정] 장소들이 가르치는 공간과 몇 가지 특성을 공유하고 있지만, 그런 곳에서 만들어 내는 것은 지식이 아니라 법적 · 정치적 구조이기 때문에 그 유사함은 겉모습에 그친다. 또한 예배장소와의 유사성도 피상적이기는 마찬가지다. 법과 관련된 공간이나 예배를 위한 공간 모두, 배우와 관객을 포함하는 전체 참여자들은 보이지 않는 지식과 신앙 체계 혹은 관습을 공유한다.

하지만 가르치는 공간은 이런 공간들보다는 극장과 더 가깝다. 왜냐하면 극장에서는 극이 끝날 때까지 전체 이야기가 관객들에게 드러나지 않기 때문이다. 최초의 교육공간은 고대로부터 내려온 배우-관객 관계와의 유사성으로 인해 해부학 극장이라는 이름이 붙게 되었다.

강의극장

샤를르 스테파누스Charles Stephanus(1545)는 왁스 먹인 천막으로 덮여진 목재로 만든 반원형의 임시 해부학 극장anatomy theatre에 대한 지침서에서 바로 이런 관계를 만들었다 — '고대의 사람들이 무대를 두었던 정면에 해부학 테이블을 설치해야 한다.' 외부계단을 따라가면 각각 2층과 3층으로 들어가는 계단과 반원형 통로가 나오는데, 그 전에 공용공간에서 청중들은 세 부류로 나뉘어 입장하게 된다. 해부학 테이블에서 가장 가까운 곳에 의학교수가 있다. 두 번째 줄에는 교수후보자(교수희망자와 조교)가 있으며, 그들 뒤에는 '의학부 학생과 외과의사 그리고 자연의 경이로움을 보고자 하는 일반 대중들이 구분 없이 섞여 있었는데'(Stollenwerk 1971: 354에 의해 인용됨), 이들은 서있거나 앉아 있을 수 있었고 마음대로 들어왔다 나갈 수도 있었을 정도로 편안하게 강의를 볼 수 있었다. 지침서 표지에는, 죽음의 신 입 밖으로 흘러나오는 소용돌이 장식에 '도덕만이 이 칼날을 무디게 한다'라고 적혀있었다. 즉 해부에는 윤리와 죽음에 대한 성찰이 따른다는 것이다.

아마도 스테파누스는 1년 전 베살리우스Vesalius[1]가 바젤에 지은 반원형 형태의 건물에서 아이디어를 얻은 것 같다. 그 즈음 레이덴 대학에는 해부학 극장(1593)이 정사각형 평면에 거의 원형에 가까운 말발굽 모양의 계단식 좌석을 가진 형태로 지어졌다(그림 9.1). 이 동판화를 제작한 예술가는 극장 전체에 걸쳐 별로 어울리지 않는 장소에 동물과 새의 뼈를 배치하였다. 그리고 마찬가지로 있었을 것 같지 않는 사람들(투구를 쓰고 말을 타고 있는 사람을 포함해서)의 뼈가 관객에게 도덕

1. Vesalius, Andreas(1514~1564). 브뤼셀 출생의 벨기에의 해부학자로 근대 해부학의 창시자.

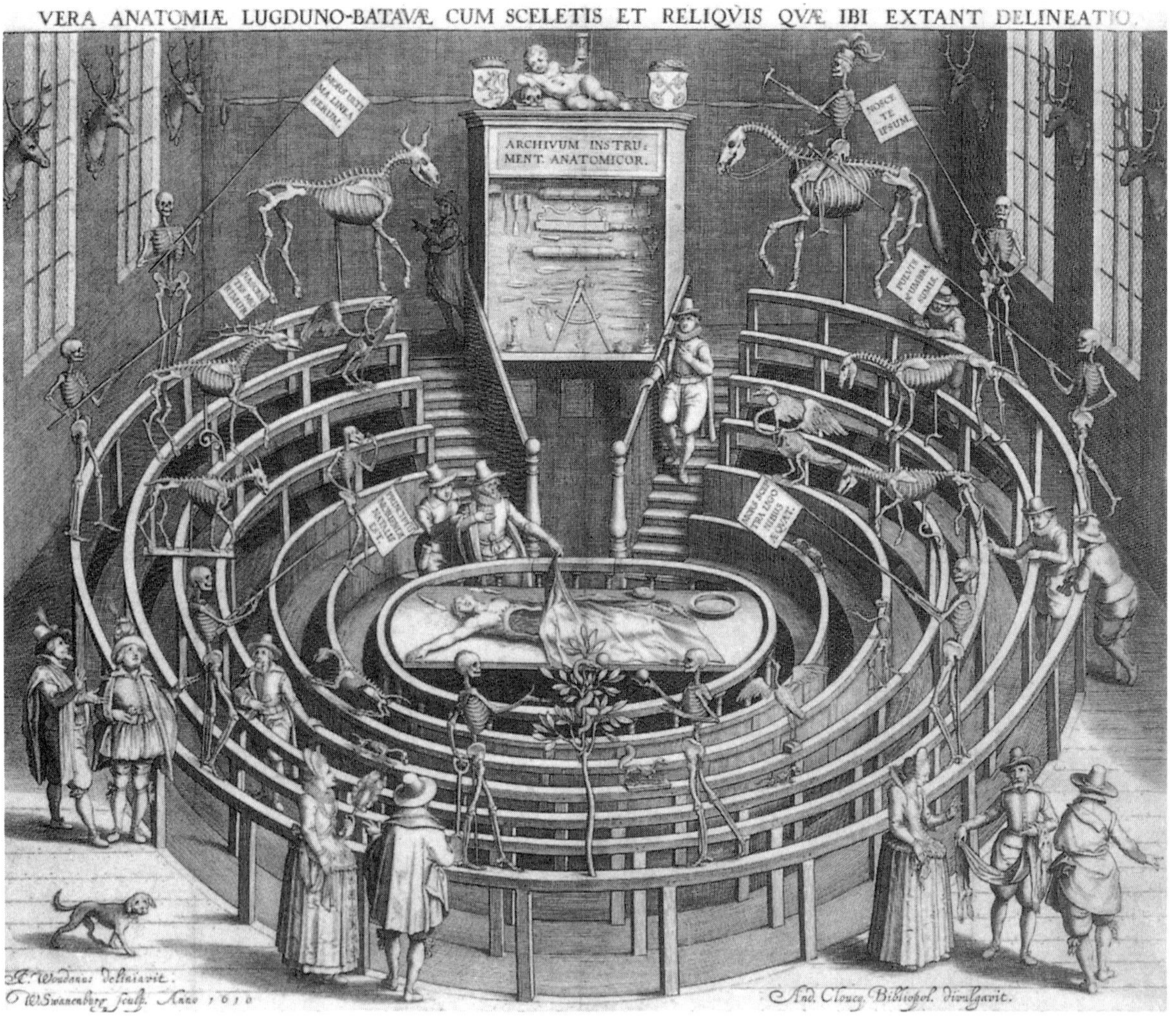

그림 9.1 레이든 대학의 해부학 극장

출처 : From a print(1610) by Jan Corneliz Wondt('Woudanus'), W. Swanenburg, Rijksmuseum의 동판화, 암스텔담

성을 상기시키는 문구가 적힌 깃발을 들고 있다. 중심에 있는 벽장에는 해부용 기구가 진열되어 있다. 레이덴 대학 보다 1년 뒤에 파두아Padua 대학에 해부학 극장이 들어섰다. 코펜하겐 대학에 있는 도무스 아나토미카Domus Anatomica(1645)와 같은 다른 해부학 극장들은 타원형이나 정사각형이었다. 렌[2]과 후크Hooke가 설계한 워익 레인Warwick Lane에 있던 왕립내과대학Royal College of Physicians의 세 번째 건물에는 직경 40피트(12미터)의 돔 천장을 가진 원형의 해부학 극장이 비슷한 모양의 입구로비 위에 위치하고 있었다. 다섯줄의 동심원 모양으로 배치된 좌석은 당시의 기준으로 봐도 매우 가파른 45°의 경사를 갖고 있었다.

2. Wren, Christopher(1632~1723), 영국의 건축가 · 정치가. 처음에는 자연과학의 연구에 뛰어난 재능을 보여 동시대의 아이작 뉴턴이 그를 과학자로 높이 평가한 일은 유명하다.

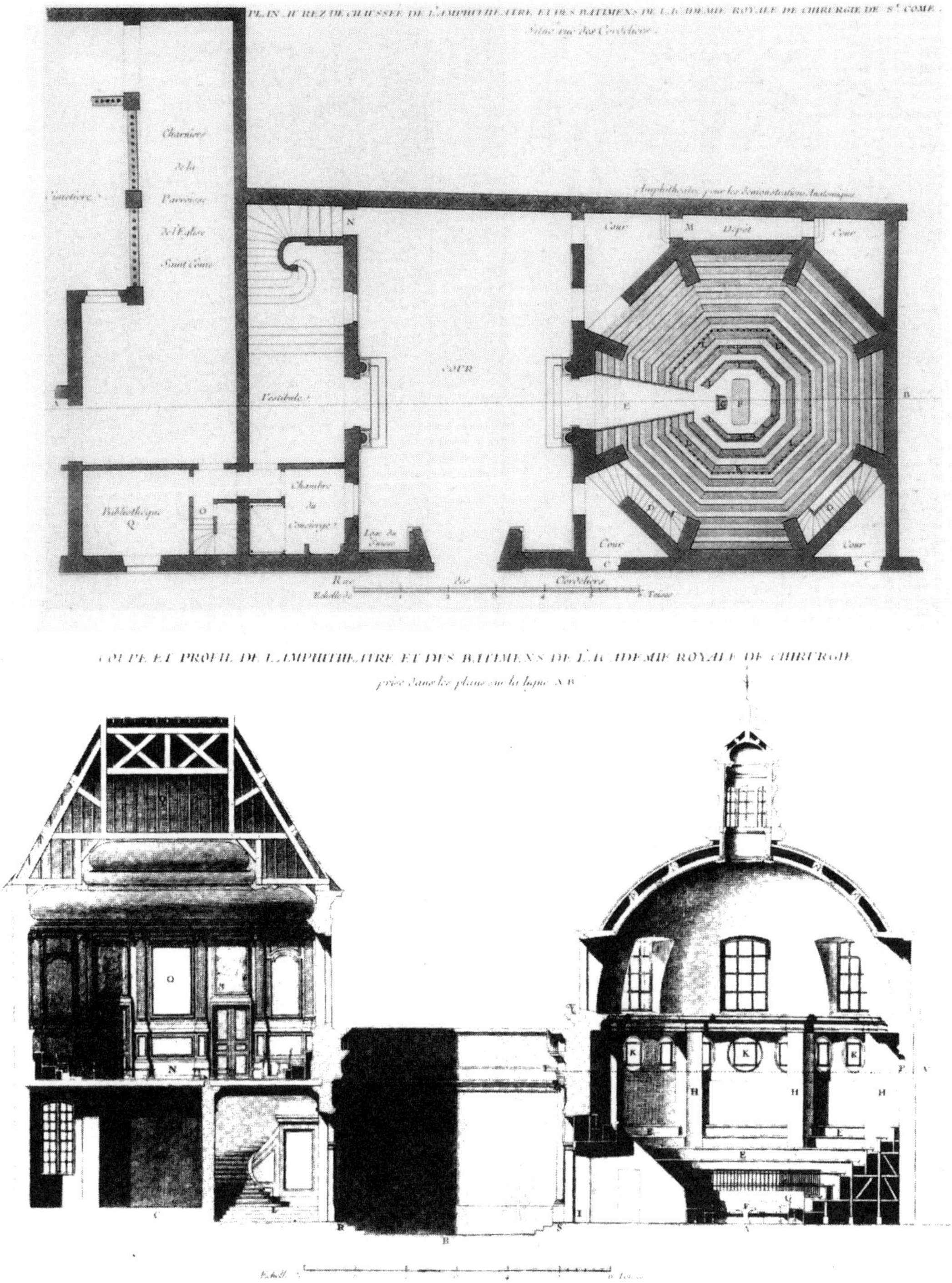

그림 9.2 왕립외과대학의 해부학극장, 파리 꼬르들리에 거리(17세기 후반), 평면과 단면
출처 : J.-F. Blondel(1752-6) L' Architecture Françoise etc., 영국건축도서관

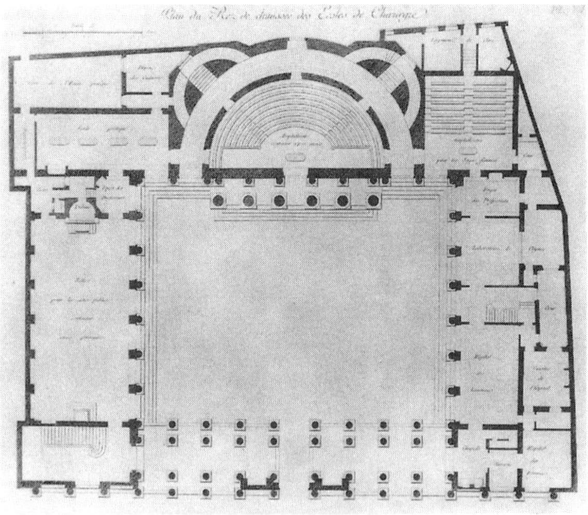

그림 9.3 공드앵의 에콜 데 쉬리르지, 파리(1769-74), 평면과 극장의 내부
출처 : J. Gondoin(1780) Description des ?cole des Chirurgie etc., Paris, 영국건축도서관

17세기에 지어진 파리의 꼬르들리에 거리rue des Cordelier에 있는 돔 형식으로 된 왕립외과아카데미Royal Academy of Surgery의 8각형 해부학 극장은 같은 전통을 따르고 있다(그림 9.2). 그러나 이 건물에는 뒤이어 지어진 해부학 극장들의 형태에 매우 큰 영향을 미친 특징이 하나 있었다. 즉 극장의 주출입구에서 계단식 좌석 사이로 난 쐐기모양의 좁은 복도를 통해 해부 테이블로 바로 갈 수 있었던 것이다. 청중은 두 개의 작은 문과 계단을 통해 좌석으로 들어갔다. 따라서 교수는 청중과 다른 통로를 통하여 격식을 차린 입장을 할 수 있었다.

이 건물을 계승한 것은 멀지 않은 곳에 있었던 공두엥Gondoin이 설계한 에콜 데 쉬리르지École des Chirurgie[외과전문대학](1769)로서, 당시에 가장 혁신적인 건물로 간주되었다(그림 9.3). 공두엥은 전통적인 반원형의 극장 형태로 되돌아갔는데, 반원형의 돔 천장은 판테온처럼 코퍼링[3]으로 덮여 있었고 반원형의 정창이 있었다. 해부학 극장은 입구에서 봤을 때 열주랑이 있는 중정의 맞은편에 위치하고 있었지만, 공간적으로는 외부공간인 정사각형의 중정으로부터 불과 몇 계단 밖에 떨어져 있지 않았다. 이 극장에 들어오기 위해서 방문객은, 열주랑 위에 설치된 개선아치를 지나, 중정을 가로질러 여섯 개의 육중한 기둥으로 이루어진 포티코[4]를 통과하게 된다. 포티코 뒤에는 중정을 한바퀴 도는 키가 작은 열주랑이 있고 여기에 극장 안으로 통하는 또 다른 아치가 설치되었다. 이 두 개의

3. 지붕의 내부표면이 일정한 패턴(격자무늬나 8각형 등)을 이루며 뒤로 후퇴한 지붕구조. 원래는 구조적 역할로 도입되었으나 후대에는 장식적 효과가 우선시되었다.
4. 주로 신전 입구에 설치된 박공지붕(페디먼트)과 기둥으로 이루어진 반외부 공간

아치를 연결하는 중심축 위에 입구에서 가까운 곳에 해부용 테이블이 마치 제단처럼 놓여있었다. 그 뒤로는 극장 안에서 가장 깊은 곳에 위치한 계단식 좌석이 보인다. 청중들은 양옆에 있는 두 개의 입구와 환상의 통로, 그리고 후면 계단을 통과해야 극장 안으로 들어 갈 수 있었다. 이런 공간구성은 시각적으로는 매우 얕아서 마당에서도 해부시범을 볼 수 있었지만, 물리적인 접근성은 격식을 차린 입장을 하는 강사에게만 얕을 뿐이다.[5]

거리에 면한 건물의 정면에는, '미네르바[6]가 따르고 환자들에게 둘러싸여 공사를 지시하는 왕(루이 15세)과 그 옆에서 건축의 신은 평면도를 펼쳐 보이고, 외과의사의 신이 다른 신들과 함께 왕의 행동을 안내하고 있는' 그림이 그려져 있었다(Braham 1980: 140). 포티코의 페디먼트는 '영원한 연합의 제단 앞에서 맹세하고 있는 이론의 신과 시술의 신' 의 모습을 보여준다. 건물 내부에서 관객들은 '(외과의사들의) 발전과 열의를 치하하는 왕의 모습과 해부학의 원리를 전파하고, 나라를 지키기 위해 흘린 피를 지혈하고 있는 신들의 모습' 과 마주하였다(1980: 141).

이 건물에는 해부학 극장 이외에 조산사를 위한 직사각형 강의극장 · 화학실험실 · 작은 병실 · 커다란 공용 홀과 군인이 되기 위해 교육받는 모범학생들이 사용하는 네 개의 테이블이 있는 작은 해부실이 있었다. 위층에는 도서관 · 기구 박물관 · 천창이 있는 강의실 · 사무실 등이 있다. 이 모든 것은 극장의 영향력이 실제로 의학이나 다른 학문영역을 훨씬 넘어 (프랑스혁명정부의 집정내각하의) 하원실과 룩셈부르크 궁[7]의 상원실 그리고 왕궁(루브르 궁)의 법제심의원실과 같은 정치적인 공간에까지 확산되었음을 보여주고 있다.

계단식 좌석의 가파른 경사 덕분에 청중들은 아무런 방해도 받지 않고 실내 전체를 내려다 볼 수 있었다. 4장에서 논의한 학교에서 학생 좌석의 경사는 상대적으로 낮았는데, 이는 교사와 학생 사이에 최대한의 시각적 접촉을 위한 것이다. 그러나 여기에서는 해부용 시체가 최대한 잘 보이도록 좌석의 경사가 가파르게 설계되었던 것이다. 교수의 눈은, 특히 그가 해부하느라 구부리고 있을 때에는 거의 볼 수가 없다. 객석의 형태가 원형에서 말발굽형으로, 그리고 반원형으로 바뀐 것은 권력의 비대칭이 심화되었다는 것을 보여준다.

원형 평면은 선생 또한 학생들에 의해 경험되어진다는 점을 분명히 보여준다. 학생들은 교단을 중심으로 빙 둘러앉게 됨으로 교단 너머로 서로 마주보고 있기 때문이다. 하지만 일단 원형 평면을 포기하고, 강사의 입구는 안쪽 깊숙한 곳에 있는 개인용도의 실험실이나 준비실과 연결되어 있으며 이 방들은 청중들로부터는 차단되어 있고 강사만 외부로부터 개인적인 통로를 통해 직접 출입이 가능하다면, 완전한 원형이 아닌 그 어떤 원의 일부(예를 들어 반원 · 2/3원 · 3/4원 등)가 극장평면에 적용되더라도 강사와 청중 사이의 비대칭은 발생할 것이다. 예배 장소에서 이와 비슷한 역할을 하는 장치는 신랑의 회중석과 성가대 사이의 성단소 장막 또는 성소를 완전히 차단하는 동방 정교회식 성화벽이다.

해부학의 전통은 오랫동안 지속되었다. 우리는 윌리엄 헌터William Hunter의 1763년 이상적인 해부학 학교의 모델에서 완벽한 원형 극장을 본 바 있다.[8] 이 아이디어는 글래스고의 그레이트 윈드밀 스트리트에 실현될 때는 정사각형으로 변형되어 건립되었으나[9], 그 좌석배열은 알려져 있지 않다. 런던의 레스터 광장에 있었던 그의 동생인 존 헌터John Hunter의 집과 학교에는 반원형의 극장이 있었다. 존 헌터의 뒤를 이은 많은 디자인들은 대개 말발굽형이나 반원형을 갖고 있었다. 1789년 에든버러 대학교를 위한 로버트 아담Robert Adam의 계획에서는 해부학 극장만이 집중형(8각형) 평면이며, 다른 주제들('주류들')은 계단식 좌석이 평행하여 놓인 직사각형 극장이었다(Fraser 1989).

5. 중정에서 정면의 중앙입구를 통해 극장으로 들어가면 곧바로 해부용 테이블로 다다를 수 있으나 이 통로는 강사만 사용할 수 있었다.
6. 로마신화에 나오는 지혜와 전쟁의 여신
7. 프랑스상원
8. 7장의 그림 7. 20을 참조하라.
9. 7장 그림 7. 21을 참조하라.

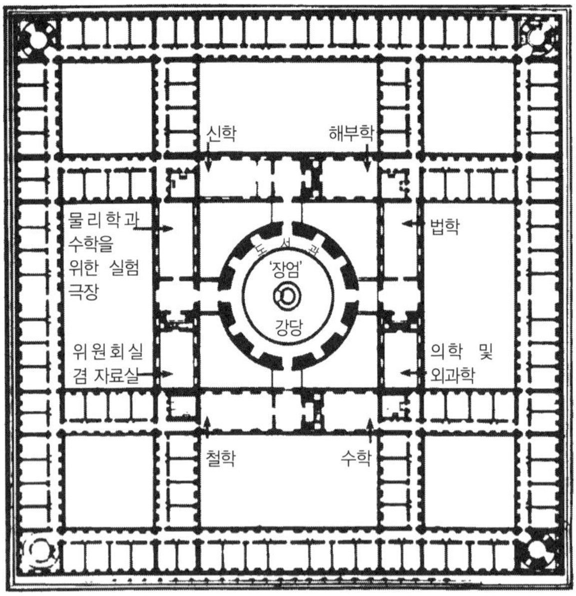

그림 9.4 골드만이 설계한 유니버시티 칼리지의 평면, 1720
출처: Goldman(1720)

그러나 18세기 초부터는 의학과 관계가 없는 경우에도 집중형 평면이 사용되기도 하였다. 슈투름Sturm의 초기 계획안을 수정한 골드만Goldman(1720)은 원호 모양이 세 개의 날개동에 어색하게 끼여 있는 '삼학(문법 · 논리 · 수사학)' 학교를 발표하였다. 그는 유니버시티 칼리지university college(그림 9.4)에서 고리 모양의 도서관 공간에 둘러싸인 중앙에 커다란 원형의 '장중' 강당을 두었다. 반면에 해부학 · 신학 · 법학 · 의학 · 외과학 · 수학 · 철학 · 실험 물리학을 위한 극장은 직사각형이다. 1750년대에는 많은 건축가들이 다양한 아카데미를 위하여 웅장한 계획안들을 제안하였는데, 매튜 브래팅엄Matthew Brettingham도 그 중의 하나였다. 그의 '예술아카데미'는 '해부학' 뿐만 아니라 '자연을 모방한 디자인'을 위한 원형 극장을 갖고 있었다(BAL Drawings Collection).

라트로브 군사아카데미Latrobe military academy(1800)에서 강의실은 반원형이지만, 공두엥의 에콜 데 쉬리르지 해부학 극장과는 다르게, 강사가 격식을 차진 입장을 할 수 있는 통로는 없었다(Turner 984: 62, Figure 59). 런던의 윌킨스 유니버시티 칼리지Wilkin' s University College(1827-9)에도 강사용 통로가 따로 없었다. 뉴캐슬의 한 대학을 위한 실현되지 않은 제안(c. 1831)에서는 여러 개의 원의 조각들이 직사각형 공간 안에 끼워져 있다(Forgan 1989).

이렇듯 주요 교육기관들이 원형 평면을 적극적으로 받아들였으므로, 일반인과 전문가를 위한 소규모 사설교육기관이나 협회들이 강의공간을 필요로 할 때, 포간(1986)이 보여주었듯이, 원형을 모델로 삼은 것은 당연하였다. 이러한 기관들은 구성원의 규모나 특성에 따라 매우 다양한 성격을 지니고 있었다. 어떤 기관들의 청중은 전문적인 지식을 갖춘 엘리트인 경우도 있었는데, 이들은 그 기관의 회원이거나 적어도 강사와 동등한 학력을 지녔으므로, 종종 강사와 동등한 지위를 부여받았다. 이런 관계는 강당의 평면과 좌석배치에 구체적으로 표현되었다. 그러나 청중이 비회원인 기관의 경우에는 강사와 청중간의 사회적 신분 차이를 표현하기 위해서 공간의 분할이 요구되었다.

존 앤더슨 학교John Anderson' s Institution는 글래스고 대학의 위대한 자연철학과 교수(전에는 동양언어학과의 교수였음)인 존 앤더슨의 유지에 따라 1796년에 설립되었다. '예술과 제조에 관한 새로운 학교'라는 원래의 이름은 대중을 위한 예술 · 제조 · 자연철학 · 화학 강좌를 개설하기 원했던 앤더슨의 의도를 따른 것이다. 설립 당시부터 노동계급의 남녀가 목표였다. 처음에는 조지 스트리트George St.에 있는 사용되지 않던 문법학교 건물에 있었으나 2년 후인 1798년 존 스트리트John St.와 인그램 스트리트Ingram St.의 모퉁이에 있던 새로 지어진 육류 시장으로 옮겼다(Markus 1985). 원래의 용도로 사용된 적이 없었던 이 건물에는 직경 45피트(13.5미터)의 돔과 천창이 있는 원형 공간이 중앙에 배치되어 있었다. 원래 이 부지에 대한 지분을 갖고 있었던 건축가 로버트 스미스Robert Smith가 이 곳을 500석의 강의극장으로 개조하였다. 2층에는 원형의 통로를 가진 회랑(원래는 가금류 판매장으로 계획되었음)이 있었다. 당시의 가이드북에는 이미 이 곳이 '공공시장' 이라기보다는 '원형경기장' 과 비슷하다고 적혀있다(Denholm 1798: 131-2). 스미스는 여기에 박물관 · 도서관 · 실험기구실 · 사무실 등을 설치하였다. 앤더슨 학교가 1828년 조지 스트리트에 있는 문법학교로 돌아왔을 때, 돔을 옮겨와 기존 건물 뒤쪽에 다시 세워, 그곳을 박물관으로 사용하였다. 2층의 회랑은 도서관이 되었다.

앤더슨의 동료들과 강의극장은 새로 설립된 런던의 왕립연구소Royal Institution[10]의 형태에 큰 영향을 미쳤다. 이 연구소는 럼퍼드Rumford[11]의 생각에 따른 것으로 그는 독일 바이에른 주에서 부랑인을 통제하여 공훈을 세우고 1798년 영국으로 돌아온 터였다. 특히 그는 구빈법을 개혁하여 강제노역소, 무료급식소, 식생활 개선, 스토브 · 난로 · 굴뚝의 개량, 오븐과 쿠커의 규격화와 같은 실용주의적인 결과를 얻고자 하였다. 그는 개인적인 기부를 제안하였다.

> 가난한 사람들에게 먹을 것을 주고, 그들에게 적절한 일자리를 주기 위해 설립함. 또한 그와 같은 도움을 필요로 하는 다른 사람들에게 싼값으로 음식을 공급할 것임. 새로운 발명품, 개량품, 특히 열 관리나 연료절약과 관련된 새로운 발명, 개량에 관한 생각을 일반에게 소개하거나 제시하려면 협회로 연락주기 바람. 또한 주거의 안락함과 가정경제를 증진시킬 다른 기계적인 고안에 대해서도 연락하기 바람.
>
> (Rumford 1796–1812 Vol. I :113–88)

1797년에 럼퍼드는 「빈민생활개선협회The Society for Bettering the Condition of the Poor, SBCP」의 종신회원이 되었으며, 그 협회의 보고서는 토머스 버나드 경Sir Thomas Bernard이 편집하였다. 이 협회와 농업위원회의 관계는 1793년에 초대 의장이었던 서소Thurso의 존 싱클레어 경Sir John Sinclair에 의하여 형성되었으며, 이에 대한 많은 연구가 이루어졌는데, 특기할 만한 사실은 지주인 젠트리 계급의 회원이 양 기관에 크게 중복되어 있었다는 점이다(Berman 1978). 「빈민생활개선협회」는 시골 농가의 가내 공업 · 부의 분배 · 가정경제 · 극빈자 구제의 감소 등을 강조하였다. 럼퍼드는 '산업(근로)의 집House of Industry' 을 첨가할 것을 제안하였다. 그가 의도한 것은 강제노역소가 아니라 발명품들을 대중에게 전시하는 시설이었으므로 멋진 이중의 의미[12]를 지녔다. 1798년 그는 자신의 1796년의 아이디어를 개선한 안을 홍보하고자 뮌헨에서 버나드에게 편지를 보냈다. 이 제안은 1799년 「빈민생활개선협회」에서 받아들여졌다. 그 목적은 다음과 같다. 유용한 기계 발명품에 대한 지식을 확산시키고, '철학' 강좌와 같은 교육과정을 개설하며, 난로 · 가정용품 · 증기기관의 모형 · 환기기계 · 농장설비 · 물레와 같은 물품의 진열소를 설치하는 것 등이다. 협회는 런던에 강의실과 실험실을 갖게 되었으며, 농업과 산업이 조합된 적합한 강좌 목록이 제시되었다. 같은 해에 왕의 후원을 받은 왕립연구소가 알버멀 스트리트Albemarle Street 21번지의 주택에 설치되었다. 버나드와 싱클레어, 그리고 농업부와 「빈민생활개선협회」의 다른 회원들이 왕립연구소의 초대 회원이 되었다.

'대중을 위한 볼거리(전시회 · 박람회 · 파노라마 · 디오라마 등)' 나 '상류계급의 극장(해부학 극장 등)' 처럼 과학의 성과를 보여주는 분야의 발전도 끝나가고 있었다(Schaffer, 1983). 전기 · 광학 · 대기현상 등에 대한 화려하고 멋진 전시는, 합리적이고 이신론理神論[13]적 우주 내에서, 동등하게 '자연스러운 현상인' 경제적 세계나 사회적 세계를 확립하는데 있어 일정한 정치적 역할을 수행하였다. 잉스터Inkster(1980)는

10. 1800년 영국 런던에 과학의 보급과 연구를 위하여 설립한 기관
11. Benjamin Thompson Rumford(1753~1814). 미국 출신 영국의 정치가 · 군인 · 물리학자. 독일 바바리아에서 럼퍼드 백작 작위를 얻음(3장 참고). 독립전쟁 전후 토리당으로 지목되어 체포 · 보석 중 1776년 영국으로 망명하였다. 화약에 관한 실험, 해상신호법, 무기의 개량 등에 힘써, 1779년 왕립협회 회원으로 추천되었다. 1795~1796년 영국에 체재했는데, 이때 각출된 돈으로 왕립협회와 미국 기술과학아카데미에 럼퍼드 상을 제정하였으며, 1800년 왕립연구소를 설립하였다.
12. 'industry' 는 '근로' 와 '산업' 의 뜻을 모두 갖고 있다. 따라서 'House of Industry' 는 '노역소' 와 '산업전시실' 의 의미를 모두 전달한다.
13. 17세기 후반 이후 계몽주의 시대의 대표적인 그리스도교 사상. 신을 인정한다는 점에서 무신론은 아니지만 만물의 주관자로서의 신을 인정하지 않고 이 세계는 일단 창조된 후에는 자동적으로 운동을 계속한다고 생각하였다.

산업혁명 초기 사회계급의 범람 속에서 대중을 상대로 한 강좌의 기능에 대해 규명하였다. 포터Porter(1980)는 지방학provincial science이 산업화에 대한 대응으로 생겨났다는 견해에 도전하였다. 대신에 그는 지방학을 미술 · 음악 · 문학적 소양의 개발을 위한 대안으로 보았다. 다시 말해, '지방의 엘리트들이 계몽사상을 그들의 문전으로 끌어들이려는 시도' 였다는 것이다. 왕립연구소는 그 안에서 이러한 수많은 생각들이 수렴되었다는 점과 미래에 올 수많은 발전을 예기하였다는 점에서 중요하다.

왕립연구소 최초의 회원 겸 운영자들은 복음주의적인 태도를 강하게 지닌 젠트리 계급 지주 · 과학자 · 휘그당 정치인 · 주교 · 공작 · 백작 등이었다. 58명중 18명 이상이 파머스톤Palmerston · 피트Pitt · 윌버포스Wilberforce를 포함한 하원의원이었다. 과학 프로그램은 전문가와 시민계급인 부르주아 그리고 기계공 학교가 설립된 시기보다 25년 앞서서, 기능공에게 맞추어졌다. 여자들도 처음부터 회원이 될 수 있었다.

그 전제들은 즉시 실행에 옮겨졌으며, 럼퍼드와 동료들의 아이디어는 공간배열에 구체적으로 반영되었다. 젊은 스코틀랜드 사람인 토머스 웹스터Thomas Webster는 현장감독으로 그 프로젝트 책임자였고, 설계의 상당 부분을 맡았다. 그는 1793년 왕립아카데미에 건축전공학생으로 입학하였다. 나중에 그는 자신을 '건축과 투시도 등을 가르치는 선생' 이라고 소개하였다.

다른 건축가들 — 가장 눈에 띄는 사람은 그 당시 강당의 음향과 광학을 가장 과학적으로 다룬 『극장에 관한 논문A Treatice on Theatres』(1790)' 을 쓴 조지 손더스George Saunders이다 — 과 제임스 와이엇James Wyatt[14]의 제자인 제임스 스필러James Spiller로부터 도움을 받았지만, 1800년에 작성된 설계안은 기본적으로 럼퍼드와 웹스터에 기반을 두고 있었다.

전체 건물이 완공될 때까지, 건물의 남쪽 끝에 있는 2층에 위치한 직사각형 공간이 강의에 사용되었다. 웹스터와 그의 동료들은 시범 테이블을 둘러싸는 계단식 좌석에 대한 몇 가지 사례연구를 발표하였다(그림 9.5). 그 중 몇 개는 강사가 서는, 강단을 약간 높이고 좌석을 가파르게 설계하여 최대의 가시성을 얻을 수 있도록 하였다. 길이가 47피트(약 14미터)에 너비가 24피트(약 7.2미터)가 채 못 되는 한 방에 380명을 수용한다는 것은 정상적인 '거리' 를 무시하고 강사와 청중 사이를 너무 밀착시킨 결과를 가져왔다.

실제로 건립된 영구적인 2층으로 된 반원형 강의극장은 건물의 북쪽 끝에 위치한 입구를 통해 건물로 들어가 좌석 아래에 나있는 환상형의 통로를 통해 2층으로부터 입장하였다. 강사는 뒤쪽 출입구를 통해 건물로 들어와 준비실에서 중앙 테이블로 갈 수 있었다. 이 강의극장의 독특한 특징은 길에서 바로 들어가 현관과 모형보관실을 거쳐 두 번 꺾여진 계단을 이용해 극장 뒤편에 있는 4열로 된 방청석에 갈 수 있다는 점이다. 공간구성을 정확하게 재구성하기 위해서는 몇 가지 설계 대안들이 분석되어야만 할 것이다.[원주1]

웹스터(c. 1837)는 자서전에서 아래와 같이 말하고 있다.

> 왕립연구소의 강당을 그렇게 독특하게 디자인한 나의 목적은 사회 안의 서로 다른 계급에 맞도록 강의실을 적용하는 것이었으며, 그 이유는 무슨 차별이든 없애려는 시도는 한심하다고 생각했기 때문이었다. 나는 주목받길 원치 않는 사람들이나, 충분히 이해가 되듯이, 자신의 고용주 옆에 앉기를 원하지 않는 사람들을 위하여 3층의 방청석을 구성하였다. 이 방청석은 또한 입장할 수 있는 자격을 얻은, 배우고자 하는 기능공들을 위한 자리이기도 하였다. 별도의 돌계단을 통해 길거리에서 이 방청석으로 바로 들어갈 수 있었다. . .
>
> (Webster c. 1837:13–14)

그는 도면에 입구를 따로 만들면 회원만의 공간이 '깨끗하고 조용할 것' 이라고 적어놓았다(BAL/RIBA Drawings Collection). 실제로 건립된 것과 거의 같은 또 다른 평면(그림

14. 영국의 건축가(1746~1813). 고딕부흥운동의 창시자 중 한 명.
원주 1. 설계 대안들은 캐로Caroe(1963)의 책에 수록되어 있다. 몇 장의 도면이 왕립연구소에 액자에 넣어져 소장중이다. 런던 BAL/RIBA 도면 보관소에 'Webster' 라고 분류된 곳에 상당수의 도면이 있다. 본서에 소개된 도면은 반드시 하나의 일관된 설계과정의 대안들은 아니며, 디자인 발전과정에서 특징적인 모습을 강조하기 위해 선택된 것이다.

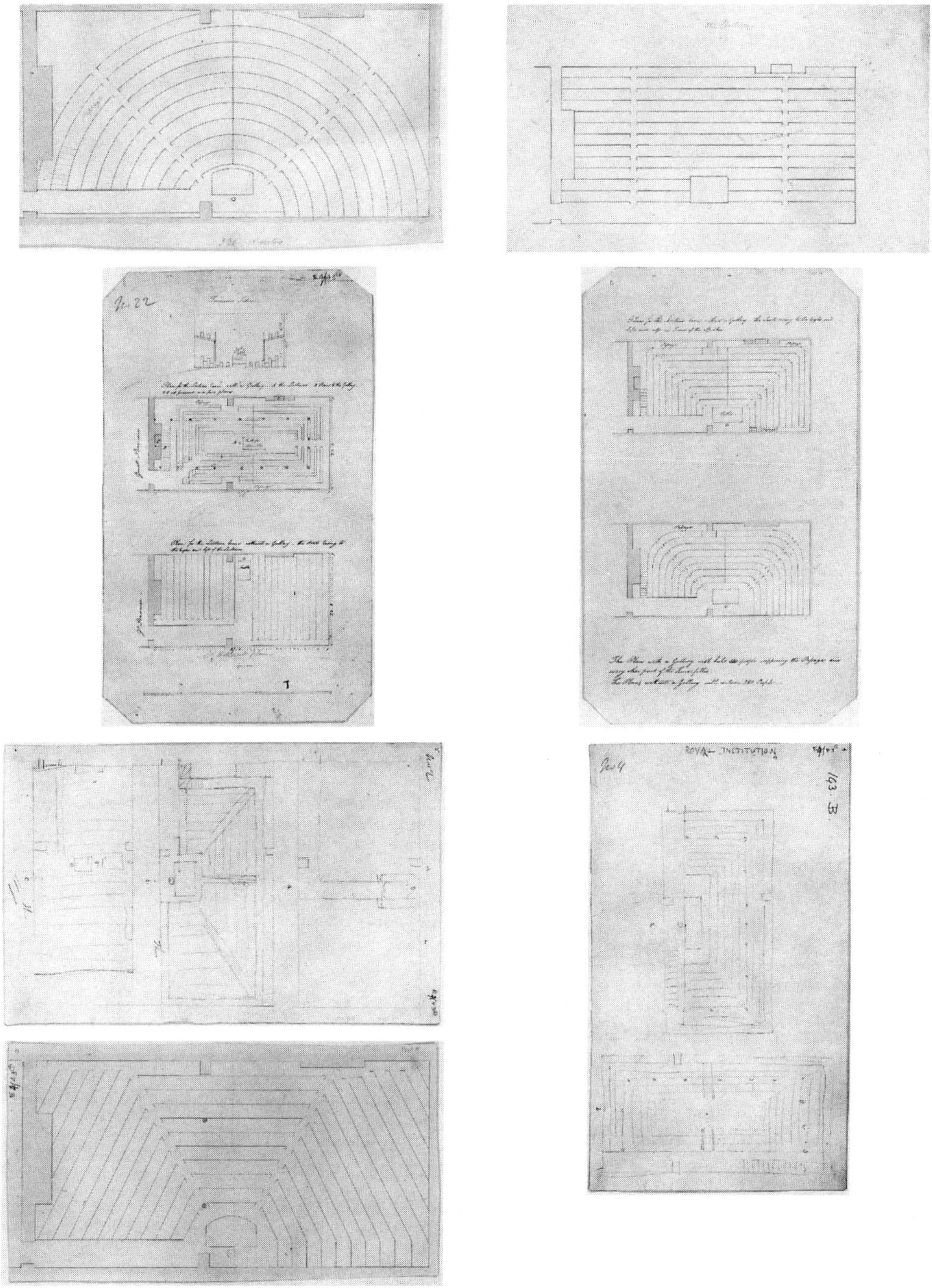

그림 9.5 왕립연구소의 첫 번째 강의극장 좌석 배열에 대한 웹스터와 동료들의 스터디

출처: BAL/RIBA Drawing Collection

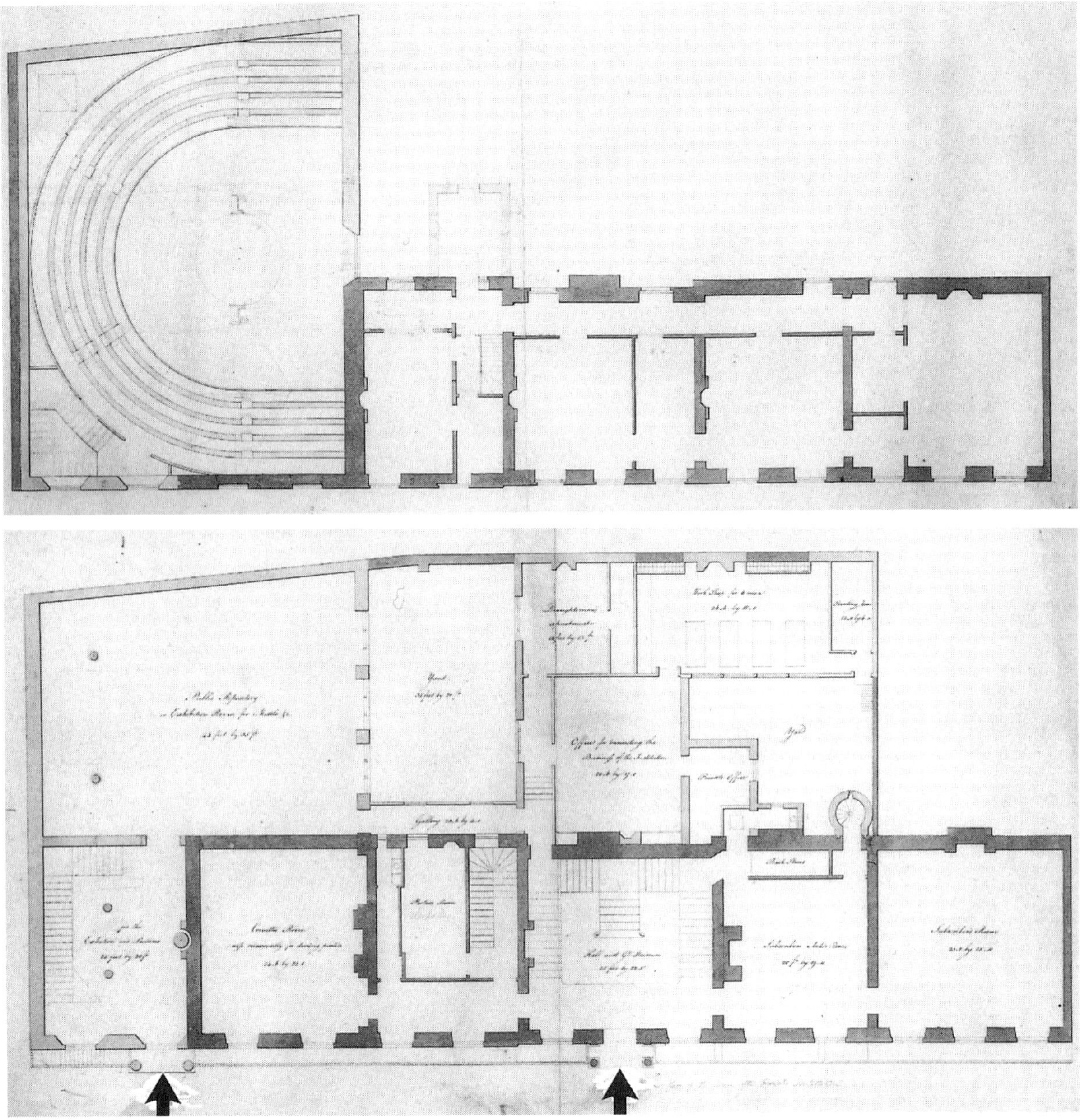

그림 9.6 런던의 왕립연구소, 3층 평면(기능공의 좌석을 보여줌), 1층 평면(주출입구와 기능공의 출입구를 보여줌)

출처: BAL/RIBA Drawing Collection

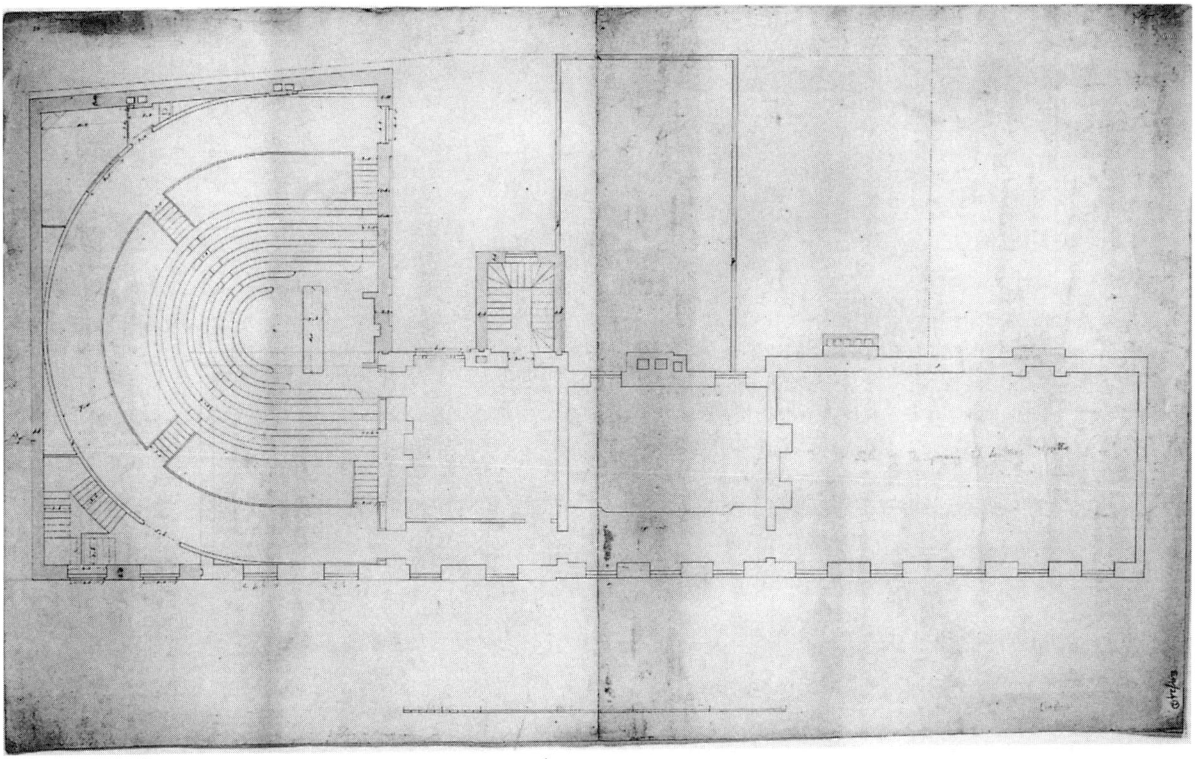

그림 9.7 런던의 왕립연구소, 2층 평면(주계단으로부터 연결되는 원형의 통로를 통해 강의극장으로 '예의바르게' 입장할 수 있다)
출처: BAL/RIBA Drawing Collection

9.6)에는 두 개의 기둥이 있는 포티코로 이루어진 별도의 기능공 출입구가 보인다. 이 곳을 지나 창고와 계단을 따라 올라가면 바로 기능공들이 쓰는 3층의 방청석이 나온다. 그림 9.7은 원형의 통로를 통해 극장으로 진입할 수 있는 2층을 보여주고 있다.

1799년 말에 토머스 가넷Thomas Garnett은 왕립연구소의 철학 · 역학 · 화학 교수 · 학술지의 과학담당 겸 편집자로 임명되었다. 그는 글래스고 앤더슨 학교의 교수로서 3년 동안 있었으며 럼퍼드와는 계속 교류하고 있었다. 왕립연구소에서 그가 맡은 첫 번째 강좌는 임시 강의극장에서 이루어졌다. 영구적인 극장은 당시에 공사 중이었다. 그는 강의극장에 기능공이 사용하는 별도의 입구와 계단이 있어야 한다고 생각하였다(앤더슨 학교에 있던 원형 극장은 기능공들이 따로 방청석으로 갈 수 있는 외부 출입구를 갖고 있었던 것이 거의 확실하다). 가넷은 공사 중인 단계에서 웹스터를 설득했거나, 아니면 그전에 럼퍼드를 통해 영향력을 발휘하여 기능공을 위한 별도의 입구와 계단을 마련토록 하였다. 따라서 1800년에 이르면 기능공과 상류계급간의 '격리된 혼합' 에 대한 생각은 그리 새로운 것이 아니었다(일반 극장에서는 이런 구조가 이미 오래전에 도입되었다).

왕립연구소에서 채용한 강의극장의 근원을 추적해 올라가 보면 흥미롭다. 웹스터와 럼퍼드를 통해 앤더슨과 가넷의 에든버러 시절의 스승들인 알렉산더 먼로 2세Alexander Munro II와 조셉 블랙Joseph Black에 이르며, 윌리엄 쿨렌William Cullen을 거쳐 마침내 레이덴 대학의 보어하브Boerhaave의 제자들로서 저 유명한 해부학 극장에 분명 앉아보았을 알렉산더 먼로 1세Alexander Munro Ⅰ와 윌리엄 플러머William Plummer에까지 도달하게 된다.

또한 럼퍼드와 웹스터는 다른 방법으로 기능공들에게 도움을 줄 제안을 하였다. 웹스터의 의도는 다음과 같았다.

> 벽돌공 · 소목쟁이 · 장식하는 사람 · 철판공을 교육시킨 것은 당시 이들이 우리의 사회를 개선시키는데 가장 관련이 깊은 직업이었기 때문이다. 1층의 어느 큰방에서 사람들을 훈련시킬 목적으로 여러 형태의 굴뚝과 난로 등을 간단하게 만들어보고, 다시 부수고, 또 다시 만들곤 하였다. 우리는 구식 난로를 개량한 모형과 다양한 형태의 보일러를 비치하였고, 연기가 많은 굴뚝을 어떻게 수리할 수 있는지 보여주었다. 다양한 주방용 그릇의 모형들이 제작되어 모형실에 소장되었다.
>
> (Webster c. 1837:10–13)

이런 작업실과 창고는 어떤 도면에는 지하실에, 다른 도면(그림 9.6)에는 실제로 위치하게 된 1층에 배치되어 있었다. 웹스터는 기능공을 위한 작은 학교를 열었는데, 지하층 평면도를 보면 '스쿨룸school room[15]' 은 기능공 전용 계단실 · 건조실 · 다림질실 · 세탁실 · '대형 부엌' 에서 바로 출입할 수 있도록 하였다(BAL Drawing Collection). 이와 비슷하게 구성된 1층에 제도공들의 숙소가 있었다.

1801년 가넷은 왕립연구소 운영자들과 사적으로 다툰 후에 사임하였는데, 그 까닭은 왕립연구소 내부에 노동계급 교육에 대한 반발이 있었으며, 결국 그 프로그램을 모두 없애버렸기 때문이다. 또한 '하층계급에게 과학을 가르치는 것이 무슨 의미가 있는가라는 무례한 질문을 받았고(Webster c. 1837:14)' , 웹스터와 럼퍼드가 보기에 '매우 부당한 이유' 로 기능공을 위한 계단이 파괴되자, 그들도 1802년 왕립연구소를 떠나고 말았다. 러셀Russel(1983: 151-4)은 뒤이어 발생한 노동자 계급을 위한 과학 교육에 대한 투쟁을 보여주는 상징으로서 이 '파괴된 계단실' 을 사용하였다.

임시 강의극장이 도서관으로 개조된 것을 포함하여 초창기에 이미 많은 것들이 바뀌었다. 그리고 잠재적으로 위험할 수 있으며 적어도 냄새가 난다는 이유로, 화학실험실(이 화학실험실 조차도 원래 럼퍼드가 대장간으로 만들려고 했던 자리에 들어섰다)에 직접 연결되었던 지하실의 실험용 주방을 없앴는데, 이는 애쉬몰린 박물관에서 보았던 선례[16]를 따르는 것이다. 바로 이런 환경에서 험프리 데이비Humphry Davy[17]가 1801년 강의조수가 되어 유명한 업적을 이루었고, 뒤를 이어 토머스 영Thomas Young[18]과 마이클 패러데이Michael Faraday[19]와 같이 뛰어난 과학자들이 탄생되었다.

왕립연구소가 계급 간의 경계를 없앴던 짧은 기간 동안에 기능공을 위한 공간은 격리되어 있었으나 공간깊이는 얕았다. 기부자와 회원, 전업 과학자를 위한 공간은 깊은 곳에 위치하였다. 기능공의 존재는 감추어지지 않았다. 실제로 기능공을 위한 출입구는 명백히 구분되어 있었다.

헤이스Heys(1983)는 왕립연구소에 뒤이어 런던에 설립된 러셀 학교Russell Institution의 성장에 대하여 설명하였다. 이 학교

15. 여러 학급의 수업이 동시에 이루어지는 칸막이가 없는 큰 방. 3장을 참고하라.
16. 애쉬몰린박물관(1679-83)에서 화학실험실은 악취와 화재 · 폭발의 위험성이 있다는 이유로 지하층에 고립되어 위치하였다. 7장을 참고하라.
17. 영국의 화학자(1778~1829). 1898년에 이산화질소의 생리작용을 발견하고 1801년 왕립연구소의 실험조수가 되었다. 1803년 왕립협회 회원이 되었고 전기분해에 의해 처음으로 알카리 금속의 분리에 성공하였다. 1812년 작위를 수여받았고 1813년에는 패러데이가 그의 실험실 조수가 되었다.
18. 영국의 의사 · 물리학자(1773~1829). 런던대학과 에든버러대학에서 고전어 · 고대 동방어 · 수학 · 자연과학을 공부한 후 의학으로 전환하였다. 1793년 런던의 세인트 바솔로뮤 병원에 있던 학생시절에 안구의 수정체조절 연구 중 시력조절을 위한 근육섬유가 존재한다는 사실을 해부학적으로 확인한 업적으로 1794년 왕립협회 회원으로 추천되었다.
19. 19세 때 험프리 데이비의 강연을 듣고, 그의 도움으로 1813년 왕립연구소의 실험조수가 되었다. 여기서 데이비의 실험을 보조하면서 화학연구를 시작, 염화질소 연구로부터 여러 가지 특수강 연구(1819~1824) · 염소의 액화 연구(1823) · 벤젠 발견(1825) 등 실험화학상 뛰어난 연구를 하였고, 1824년 왕립협회 회원, 다음 해 왕립연구소 소원, 연구소 주임이 되었다.

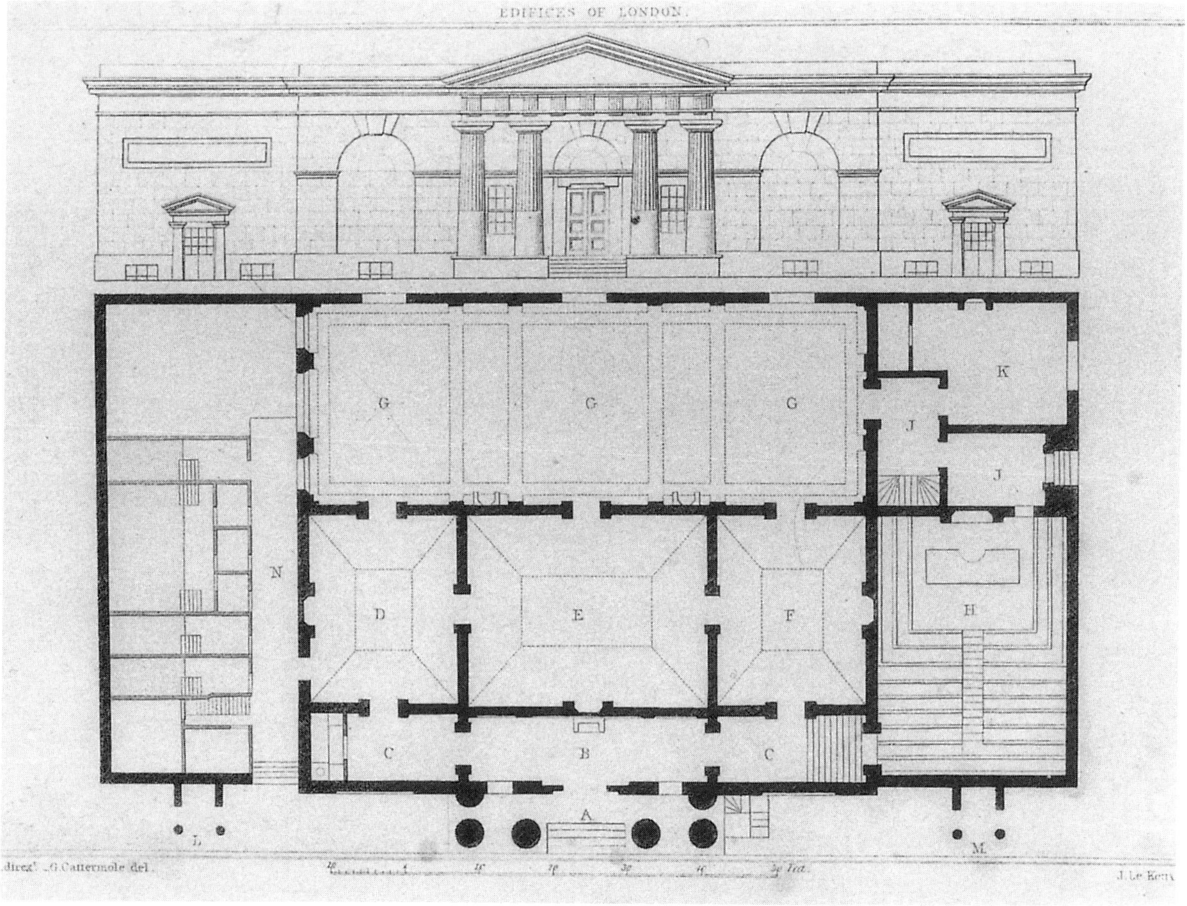

그림 9.7 런던의 러셀 학교, 입면도와 평면도
출처: Britton and Pugin(1828)

에서 강의는 과학을 중심으로 이루어졌으며, 강의극장의 평면은 왕립연구소의 것과 매우 비슷하였다. 원래 이 건물은 카드놀이방 겸 집회장으로 사용하고자 제임스 버튼James Burton의 설계로 1800년에 건립되었다. 1808년에 그 건물은 새로운 용도인 학교로 개조되었다. 왕립연구소에서처럼 러셀 학교의 강의극장은 건물의 한쪽 끝에 있었다(그림 9.8). 그러나 윌리엄 브룩스William Brooks가 설계한 런던 학교London Institution(1815-19)의 강의극장은, 형태 면에서는 왕립연구소를 따라 반원형의 계단식 좌석과 '둘러싸인' 강사의 책상을 도입하였으나, 독립된 건물로 구분되어 있었으며, 또한 8각형의 대기실을 거쳐 연결통로를 통해 앞 건물로 연결되어 있었다. 이 건물은 두 개의 화보 및 신문열람실 그리고 웅장한 계단실을 갖춘 클럽 형식으로 발전하고 있었다.

이러한 강의극장들이 수도인 런던에만 한정된 것은 아니었다. 샤핀Shapin(1974)은 18세기 스코틀랜드에서의 과학 강연과 그 청중을 분석하였다. 또한 다른 연구(1983)에서 얼마나 빨리 소시민계급과 과학 강사 그리고 골상학자가 결합하여 매우 복합한 사회구조를 이루게 되었는가를 보여주었다. 아

그림 9.9 런던 왕립예술협회의 '대형 집회실'
출처: RSA Library, 런던, Issac Taylor's의 프린트에서

일랜드에서 1731년 설립된 「왕립더블린협회Royal Dublin Society」는 농업과 제조업의 혁신을 장려하였고, 그 결과 풀벡 스트리트Poolbeg street에 강의실들을 지었는데, 왕립연구소와 잉글랜드 지방학교들의 영향을 받았다(Byrne 1986).

지방에서 설립된 초기 극장 중의 하나는 「리즈Leeds철학문예협회」였다. 그 협회의 강의극장은 왕립연구소에서와 같이 평행으로 줄지어진 좌석과 둘러싸인 강사 테이블이 있었다. 그 극장은 1862년 400석의 반원형 좌석의 극장으로 대체되었다(Brears 1984와 Thoresby Society 1969: 72-3). 1823년의 브리스톨의 강의실은 왕립연구소 형식의 계단식 좌석을 어설프게 정사각형 평면에 끼워 넣은 것이었다(Fawcett 1974:115, Figures 10, 11). 「뉴캐슬 어폰 타인Newcastle-upon-Tyne철학문예협회」의 새 건물은 존 그린John Green(1822-5)이 설계한 것으로 기구실과 300석의 극장을 갖고 있었다(Watson 1897). 앞에서 요크셔Yorkshire철학협회(1827-9)에 대해 언급한 바 있는데, 이 협회의 강의극장은 정사각형 형태로 두 줄의 이오니아식 기둥 사이로 경사진 좌석이 평행으로 놓여있었는데, 박물관과 전시실 사이에 배치되어 있었다.

해부학 극장과 대학의 강의실에서는 강사 - 청중의 관계는 계급이 아닌 일시적인 지위에 기초해 구분이 되었다. 일정한 과정을 마치면 교육받는 사람도 곧 선생과 동등하게 되기 때문이다. 하지만 대중을 대상으로 하는 오락이나 교육을 위한 학교에서 강사와 청중의 지위 차이는 고정되어 있었고 계급에 의해 강조되었다. 이런 시설에는 강사와 청중 외에 다른 참여자도 있었다. 우리는 해부학 극장과 공공 강의실에서 대중적인 오락을 준비하는 것을 본 적이 있다. 이때 강사의 책상 근처나 뒤에, 때로는 분명히 구별된 좌석에 동료들이 종종 자리하곤 했던 것이다.

강사 - 청중의 관계는 위의 두 가지 유형 외에도 또 다른 유형이 있다. 이 세 번째 유형에서는 사상 · 이론 · 경험이 동등한 참여자들 사이에서 논의되었기 때문에 과학적 연구와 강의를 위한 공간 겸 사회적인 교류를 위한 공간은 공유되었다. 가장 권위 있는 학회와 아카데미 그리고 학교에서는 회원들이 그들의 생각을 동등하게 저명한 동료들에게 집회실이며 동시에 강의실이기도 한 공간에서 발표하였다. 하지만 옥스퍼드(1648)와 서머셋 하우스(1780) 등지를 전전했던 「왕립협회Royal Society」는 결코 그런 공간을 마련하지 못하였다. 「왕립예술협회Royal Society of Arts」는 엘리트 회원제를 유지하고 있었음에도 불구하고, 시작부터 더 폭넓은 계층의 대중을 끌어들일 수 있도록 설계되었으므로 이 협회 집회실의 공간배치는 복합적이었다. 중앙을 가로지르는 축 위에 두 개의 긴 테이블이 평행하게 놓여있어 회원들은 서로 대면하고 앉았으며, 벽 쪽으로는 왕좌와 같은 의장석이 위치하고 말발굽 모양의 낮은 난간으로 다른 부분과 차단되었다. 나머지 청중은 모두 같은 높이의 말발굽모양으로 배열된 좌석에 앉아 있었다(그림 9.9).

왕립예술협회를 위한 체임버스Chambers[20]의 웅장한 평면(c.1758)은 아델피 씨어터Adelphi Theatre[21]보다 앞선 것이다. 이 곳의 집회실은 타원형 모양이었고 바닥의 높이가 같았다. 모서리에 있던 네 개의 원형 파빌리온 가운데 두 개에는 조각과 모형이 전시되어 있었다(BAL Drawing Collection). 건축가들은 급격히 증가하는 각종 교육시설을 통합할 수 있는 근사한 시설을 만들어 내는데 성공하였다. 존 골디컷John Goldicutt의 몇 가지 꿈 가운데 하나인 '런던 앰피씨어터The London Amphitheatre[22]'는 왕립아카데미와 왕립문학협회 그리고 아시아협회 · 지리협회 · 천문협회 · 의학협회 및 외과학협회 · 원예협회 · 동물협회 · 건축협회 · 상업협회 · 린네협회가 입주할 수 있도록 다양한 강의공간을 갖춘 네 개의 거대한 날개동을 가진 평면으로 되어있었다. 이 건물의 가운데에는 거대한 원형의 강의극장과 '비상설 극장'이 있었다(BAL Drawing Collection).

이러한 기관들은 유럽 전체와 미국으로 급속히 확산되었다. 그 가운데 일부는 기존 건물에 꼭 들어 맞았다. 보두와이에Vaudoyer가 설계한 프랑스 학사원Palais de l' Institut[23]의 거대한 원형 집회실(1806)은 예전에 카트르 나시옹 교회église des Quatre Nations였던 건물의 돔 지붕 아래 적절히 자리 잡았다. 프랑스 학사원에 있는 프랑스 과학아카데미를 위한 이폴리트 르바Hyppolite Lebas의 집회실(1831-2)에서 일반인과 회원은 서로 반대쪽 끝에서 직사각형의 공간으로 들어간다(그림 9.10). 강사는 짧은 축의 가운데에 위치한다. 강사 뒤에는 단 위에 베이즈 천으로 덮인 테이블과 세 명의 관리의 좌석이 있다. 회원들은 같은 바닥높이에 있는 네 개의 테이블과 강사 둘레에 길게 늘어선 이중의 말발굽 모양의 테이블 주위에 앉는다. 따라서 관리와 회원의 상당수는 강사의 뒤통수를 보게 된다. 4면의 벽을 따라 '조수들'(회원 후보자 · 하급 회원 · 실험보조원)의 좌석이 있다. 한 쪽 끝에는 별도의 계단과 출입구를 통해 들어가는 방문객을 위한 2층으로 된 방청석이 있는데 낮은 경사에 가로로 평행한 좌석을 갖추고 있다.

20. Chambers, William(1723~1796). 스코틀랜드 건축가로 로버트 아담Robert adam과 함께 18세기 영국의 신고전주의를 대표한다. 서머셋 하우스Sumerset house가 대표작이다.
21. 아담 형제의 설계로 1806년 런던 스트랜드 지역에 개관한 극장. 1500석의 객석이 있다.
22. 고대 로마의 원형 극장에서 유래한 것으로 중앙의 무대 둘레에 계단식 관람석이 있었음. 여기서는 계단식 강당을 포함하는 거대한 교육기관을 의미한다.
23. 다섯 개의 아카데미로 형성되어 있다.

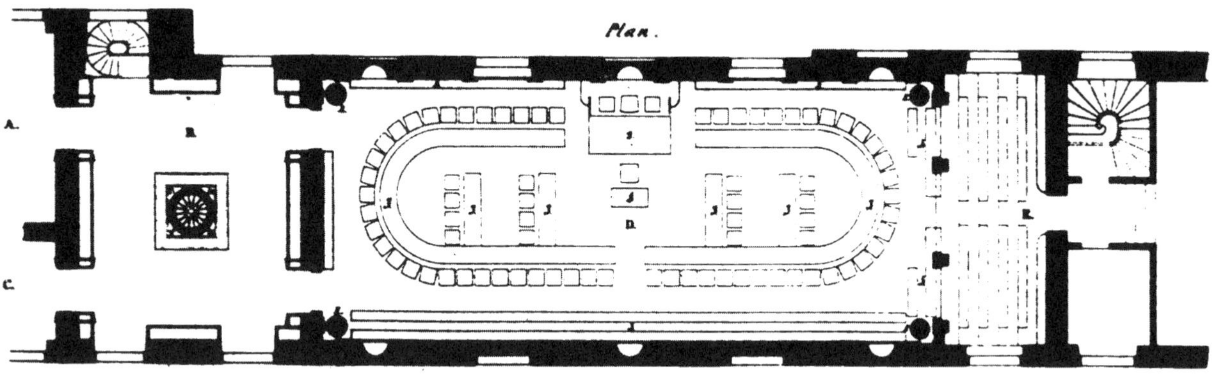

그림 9.10 프랑스 학사원에 있는 프랑스 과학아카데미를 위한 이폴리트 르바의 집회실(1831–2)
출처: Quatremère de Quincy(1832), 대영도서관

강사와 회원은 동등한 지위에 있으므로 같은 바닥높이에 가까이 마주 앉아있다. 관리들의 좌석을 약간 높은 단 위에 놓은 것과 그 좌석을 뒤로 조금 밀음으로써 생긴 고리의 불연속성은 권위를 상징하기 보다는 감독자로서의 역할을 암시한다. 왜냐하면 이런 좌석배치로 인하여 지식을 공유하기 위해서 안쪽으로 향하는 시선이 방해받지 않기 때문이다. 조수들은 연극의 무대담당자들처럼 벽을 등지고 좁은 의자에 비집고 앉아있어 마치 가구의 일부인 것처럼 보였다. 대중들은 조금 떨어진 곳에 자리했는데, 대중들의 지식이 부족한 점을 고려하면 좋은 시야를 확보할 수 있어야 했으므로 경사진 좌석이 필요하였다.

강의실 공간은 다음의 세 가지 특징에 따라 그 의미가 결정되고 전달된다.

1. 다른 공간들과 외부와의 관계에 의한 강의실의 위치
2. 계급이 다른 '정규적인' 청중들 사이의 접근방식의 구분뿐만 아니라 일반대중과 강사 사이의 접근방식의 구분. 후자는 청중이 이런 관계성을 읽을 수 있게 해준다는 점에서 특히 중요하다. 강사는 (a) 공두엥의 에콜 데 쉬리르지 해부학 극장에서와 같이 왕이나 국가의 권위를 부여받은 듯한 느낌을 주면서 공공의 의례적儀禮的 장소로부터, (b) 과학의 비밀이 보관되어 있는 내부 밀실의 실험실로부터, 또는 (c) 청중과 공유하는 입구와 공간을 통해서 청중들과 연대감을 연출하면서 강단으로 등장한다.
3. 좌석평면도와 난간 · 좌석경사 · 계단 · 바닥 고저차 등을 상세하게 표현한 단면도를 통해서 강사와 높은 지위의 사람들(예를 들어 회원이나 추밀원 의원), 청중 그리고 일반인들 사이에 작동하는 관계가 잘 드러난다.

기능공 교육

노동자 계급의 기능공 학교를 위한 강의극장은 앞에서 살펴 본 기관들의 강의극장과는 전혀 다른 사회적 맥락에 속하지만, 위의 세 가지 특징은 여전히 중요한 의미를 갖는다. 럼퍼드와 웹스터가 급하게 내놓은 기능공 교육을 위한 계획안이 이러한 기관을 위한 최초의 안은 아니었다. 1717년 스피털필즈에서 실크직공들이 강의실 · 실험실 · 도서관을 갖춘「스피털필즈 기능공협회Spitalfields Mathematics Society」를 설립하였다. 1년 후 맨체스터에서도 이와 비슷한 협회가 생겼다. 앤더슨은 1780년 글래스고 대학에서 자신의 실험적인 철학 강연에 자유이용권을 발행하여 일반인들이 자유롭게 들어올 수 있게 하

였다. 1789년에는 버밍엄에 일요학교를 졸업한 젊은 남자들에게 실용적인 기술을 가르치기 위하여「일요협회Sunday Society」가 설립되었다. 이 단체는 이와 같이 실용적인 주제 이외에도, 기독교 역사나 도덕을 가르칠 일요학교의 선생을 교육하는「형제애협회Brotherly Society」를 1796년에 만들었다. 1814년경에는 기능공에겐 금지되어있던 문예철학협회와 비슷한 기관이, 스코틀랜드에서 '중간 및 하층계급'을 위해 제안되었다(kelly 1957:68). 3년 후에는 기술학교Mechanical Institution가 런던에서 조직되었다. 1821년에 설립된 에든버러 기능학교Edinburgh School of Arts에는 화학 · 기계 · 드로잉 과정이 개설되었는데, 아마도 이것이 제대로 된 첫 번째 기능공 학교mechanics' institute였을 것이다.

앤더슨 학교에서 가넷은 처음부터 평민들에게 관심을 가졌다. 1799년 그가 런던의 왕립연구소로 옮기게 되었을 때, 그의 후임자인 조지 버크벡George Birkbeck은 구성원이 반드시 기능공이어야 하는 무료학급을 설치하였다. 그 학급은 점차적으로 자체의 부속실과 도서관을 갖게 되었다. 1804년 앤드류 우어Andrew Ure가 버크벡 후임으로 부임하면서 그 학급은 활발하게 성장하였다. 그러나 1823년 기구와 도서에 대해서 합의에 도달하지 못하자 기능공들은 버크벡과 브로엄Brougham의 지원을 받아 독립적인 학교를 설립하였다. 처음에는 사용하지 않는 교회를 사용하다가, 1826년 노스하노버 스트리트North Hanover St.에 이 학교의 목적에 맞도록 지어진 건물을 갖게 되었다.

1823년은 중요한 해였다. 글래스고에서 영향을 받은 스코틀랜드의 킬마녹Kilmarnock과 그린녹Greennock에 비슷한 학교가 설립되었다. 리버풀과 쉐필드에는 기능공과 견습공용 도서관이 만들어졌다. 그리고 런던의 기능공 학교를 설립하는데 버크벡과 브로엄이 참여하였으며, 플레이스Place · 벤담Bentham · 코벳Cobbett 등이 지원하였다. 이 학교의 급진적인 선언은 베이컨의 '지식은 힘이다'를 인용하였다(이 모토는 같은 해 런던의 기능공 잡지인 미케닉스 매거진Mechanics' Magazine에도 적용되었다). 이 학교의 '목적'에는 도서관과 모

그림 9.11 런던 기능공 학교의 강의극장(1824–5)
출처: London Mechanics' Register(1825), 런던대학 버크벡대학 도서관

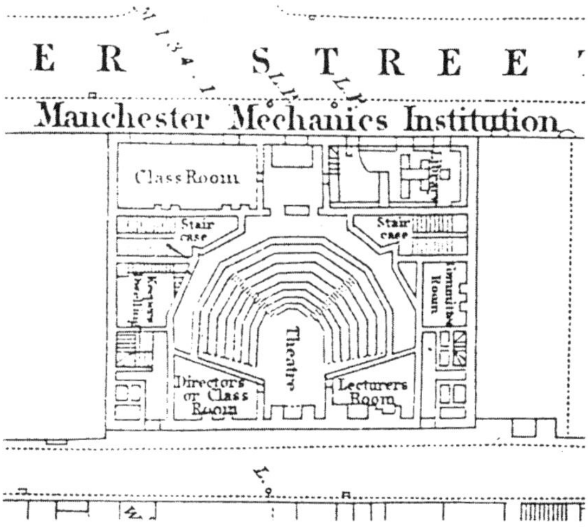

그림 9.12 맨체스터 기능공 학교, 쿠퍼 스트리트(1827), 평면도
출처: 1850 O.S. map, 맨체스터 공공도서관

형 · 광물 · 자연사박물관, 실험실도 들어있었다. 그리고 자연철학 · 경험철학 · 실용적인 기계학 · 천체물리학 · 화학 · 문학 · 예술 등의 강좌가 개설되었다. 또 성인 대상 수업에는 산수 · 대수학 · 기하학 · 삼각법 등의 강좌와 이를 응용한 투시도 · 건축 · 측량 · 항해와 같은 강좌가 운영되었다. 버크벡은 런던 기능공 학교를 설립하면서 글래스고의 앤더슨 학교와 그가 관리로 있었던 왕립연구소에서의 경험을 이용하였으며, 특히 형태 면에서는 스코틀랜드[앤더슨 학교]의 영향이 두드러졌다.

런던 기능공 학교는 멍크웰 스트리트Monkwell Street에 있는 장로교회에서 시작하였으나, 1824년에 챈서리 레인Chancery Lane에 있는 건물을 임대하였고, 바로 옆 대지에 새로운 강의극장을 지었다(그림 9.11). 그 건물을 설계한 사람은 부학장이었던 로버트 맥윌리엄Robert McWilliam이었다. 이 강의극장에는 가파르게 경사진 좌석과 빙 둘러싸인 강사의 책상이 있었으며, 강사에게 아주 가까이 있는 칸막이 좌석은 아마도 관리를 위한 것 같다.

맨체스터의 기능공 학교는 랭커셔Lancashire 주와 요크셔Yorkshire 주에 20개 이상의 기능공 학교가 생겨난 1824년에 설립되었는데, 처음에는 크로스 스트리트Cross Street의 방 몇 개를 임대하여 개교하였다. 1827년 쿠퍼 스트리트Cooper Street에 개장한 새로운 건물은 말발굽 모양의 7면에 경사가 져 있는 1,000명을 수용할 수 있는 2층으로 된 강의극장을 갖고 있었다. 그 외에도 교실 몇 개와 도서관, 신문열람실이 있었다. 계속해서 화학실험실과 여분의 교실들이 추가되었고 강의극장에는 돔이 새로 첨가되었다. 「맨체스터 문예철학협회」의 존 달튼John Dalton과 같은 시기에 설립된 왕립맨체스터연구소Royal Manchester Institute는 기능공 학교를 강력하게 지원하였다.

맨체스터 기능공 학교는 기업가와 대부분이 중하층 계급이었던 회원 사이의 연결을 깨려는 급진적인 실험을 시도했지만, 오래가지 못하고 끝나버렸는데, 노동자 계층의 회원들이 그 운동을 강요한 것으로 받아 들여졌다. 그 실험은 노동자에게 진정한 통제력을 주고자 한 것이었으며, 자기가 처한 상황에 만족하는 노동자를 만들려는 운동이라기보다 교육을 통한 해방운동으로 규정하였다(Tylecote 1974). 맨체스터의 신기능공 학교New Mechanic's Institute(1829)는 강의극장 · 성인교육을 위한 교실 · 도서관 · 독서실 · 유아학교 · 전시실 · 무역조합과 금주자선협회를 위한 회합실 등을 포함하는 새로운 건물을 신축하려는 계획을 세웠다. 이 계획을 둘러싼 정치적 또는 종교적인 논쟁은 금지되지는 않았다(기능공 학교에 역사수업을 개설하려는 요청은 거부되었는데, 그 이유는 역사수업이 '정치적 논쟁의 소지'가 될 수 있기 때문이었다). 건물 신축계획은 1833년에 폐기되었으나, 1839년 오웬주의자들에 의해서 과학관Hall of Science으로 부활되어 건립되었다. 신기능공 학교는 1835년 마침내 문을 닫게 되었다.

리버풀 기능공 학교는 1825년에 설립되었다. 아더 힐 홈Arthur Hill Holme이 설계한 건물은 2층으로 이루어지고 2층에도 객석이 있는 강의극장이 두드러지는 완전한 2세대 평면이다(그림 9.13). 책상 뒤에 있는 강사실에는 밖으로 바로 나갈 수 있는 입구가 있었다. 입구 바로 옆에는 실험실과 부속실이 있었다. 도서관은 주출입구 옆에 있었으며, 14개의 교실이 있었다. 간행된 시간표와 평면의 범례를 통하여 '하급' · '상급' · '야간' 학교에서 다루는 폭넓은 범위의 주제가 있었음을 알 수 있다. 따라서 교실은 세 가지 기능을 갖는다. 작문 · 독서 · 수학의 여러 분야(단독으로 하는 원뿔곡선 수업을 포함하여)와 같은 기본적인 커리큘럼 외에도 그리스와 로마 역사 · 고전 · 정치경제학 · 도덕철학 · 정물드로잉 · 모형제작 · 장식회화와 같은 것들이 있었다.

브로엄의 찬조로 1825년에 설립된 「실용지식보급협회Society for the Diffusion of Useful Knowledge」는 놀랍게도 1839년까지 카일리Keighley 기능공 학교(그림 9.14)를 모델로 홍보하였다. 카일리 기능공 학교는 맨체스터의 신기능공 학교처럼 순수하게 노동자들이 만들어낸 몇 안 되는 사례 중의 하나로서 널리 알려졌다(Duppa 1838). 공식적인 설계안내서가 건축가에게 제공될 즈음에 기능공 학교의 전성기는 끝나가고 있었다. 1851년까지 약 700개의 학교가 큰 마을과 산업단지의 배

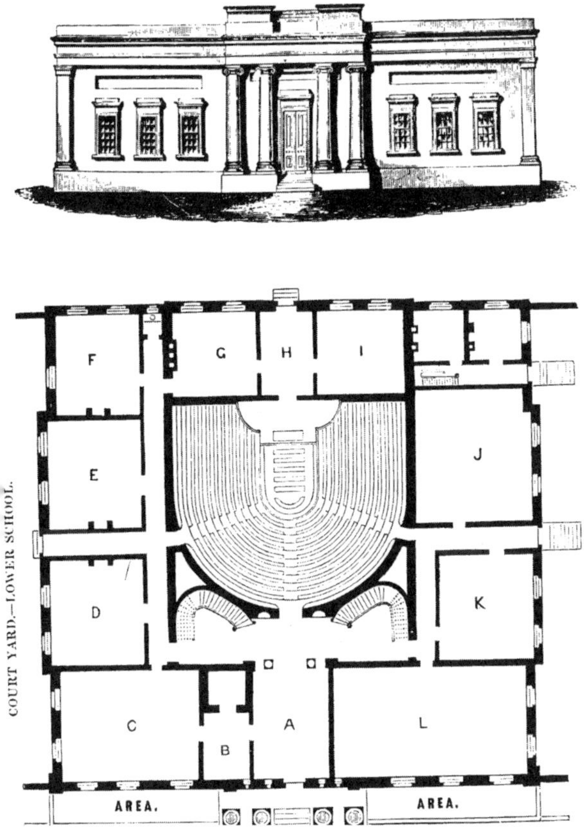

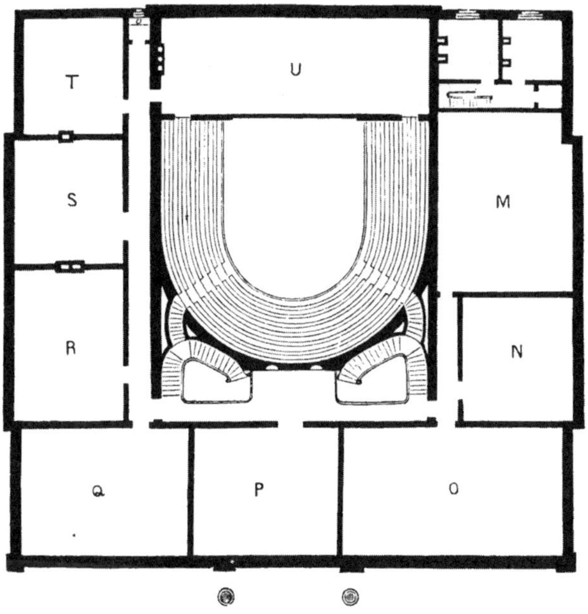

REFERENCE TO PLAN.

A. Vestibule.
B. Secretary's Office.
C. Library.
D. Board Room.
G. Laboratory.
H. Lecturer's Room.
I. Apparatus Room.
Lecture Room.
U. Museum.

HIGH SCHOOL.

E. Mathematical Department.
F. Philosophical Department.
M. Landscape Drawing, Perspective, and Writing Department.
N & O. English Department.
P. Ornamental and Figure Drawing Department.
Q. Classical Department.
R. French Department.
S. Italian, German, & Spanish Department.

LOWER SCHOOL.

L. English Department.
J. Writing and Arithmetic Department.
K. Mathematical and Philosophical Department.

EVENING SCHOOL.

L. Mathematical Department.
K. Writing Department.
J. Landscape Drawing and Perspective Department.
M. Architectural Drawing Department.
N. Mechanical Drawing Department.
P. Figure Drawing, Modelling, and Ornamental Painting Department.

그림 9.13 리버풀 기능공 학교(1835–7), 입면도, 1층과 2층 평면도
출처: Liverpool Mechanics' Institution Leaflets(1837) vol. I (prospectus), 대영도서관

후지에 집중적으로 설립되었다. 그러나 1860년이 되어서야 요크셔 기능공 학교 연맹은 최근에 제정된 관련법규들에 의거하여 더 많은 건물들이 신축될 것을 기대하여 설계선례집을 발간하였던 것이다. 그런 법규의 첫 번째가 과학과 문학 또는 순수예술 목적으로 설립된 단체에게는 사용료를 면제해주는 1843년의 조례이다. 두 번째는 1854년의 문예 및 과학 학교법으로서, 그런 단체에게 지급될 수 있는 대지로 1에이커까지 허용하였다. 기능공 학교들은 이 두 가지 법으로부터 혜택이 돌아올 것으로 예상하였다. 그러나 공공 초등교육의 성장과 셀 수 없이 많은 기술 및 기능대학들이 설립되고, 1870년에 교육법이 제정됨으로써 교육기관들은 이미 과잉상태가 되어 있었다.

일요학교의 경우에서처럼, 기능공 학교에 대한 최근의 분석에 따르면 기능공 학교들을 몇 가지 방식으로 해석할 수 있다. 샤핀Shapin과 반스Barnes(1977)의 주장에 따르면 과학 수업 내용은 '피교육자들을 억압하고 그들의 상상력을 말살시키도록 치밀하게 계획된 것'이며, 이는 다시 말해 노동자

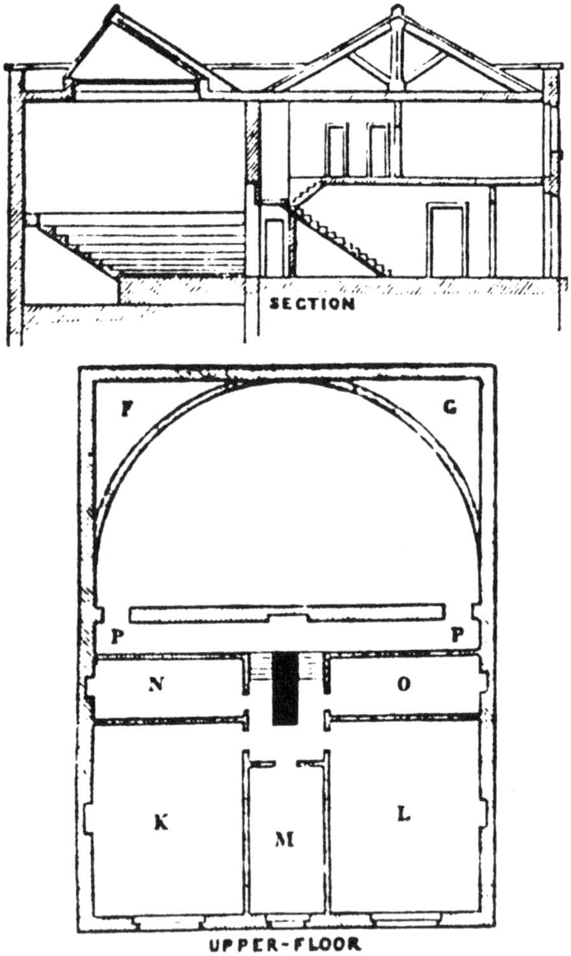

그림 9.14 카일리 기능공 학교(c. 1837) 2층 평면과 단면
출처: 미상

들에 대한 통제력을 장악하려는 의도였다. 과학과 종교의 관련성, 특히 페일리Paley[24]의 자연신학[25]의 연관성은 이 주장에 힘을 실어주는데, 그 이유는 자연 질서는 신성한 자연의 계시일 뿐만 아니라 사회의 질서이기 때문이었다. 한편 러셀(1983)은 이와 같은 주장에 대해 증거가 명백하지 않다고 주장하였다.

> 기능공 학교에서 과학의 역할은 주로 지역의 애국심을 고취하고 유용한 실제적인 지식을 공급하는 것이었다. 그러나 19세기 초엽 잉글랜드의 혼란스러운 사회를 제어하기 위한 수단으로 사용된 것은 매우 드물었다.
>
> (Russell 1983: 173)

급진적인 감리교 신자와 많은 기능공 학교들이 갖고 있던 영국국교 반대 경향이 러셀의 반론을 지지한다.

기능공 학교의 건물에 대한 분석은 이와 같이 상반된 평가를 해결하는데 큰 도움이 되지 못한다. 기능공 학교 건물은 의심할 여지없이 우아한 '문예철학협회'와 엘리트 아카데미의 모델을 따른 것이다. 기능공 학교는 엘리트 학교와 같은 기능과 공간을 담고 있었으며, 비록 비용의 제한 때문에 완벽한 고전주의 건물은 세우지 못하였지만 같은 형태어휘를 사용하였다. 기능공 학교의 강의극장들 또한 엘리트 기관의 모델을 따랐는데, 주된 차이점은 왕립연구소에서 분명하게 드러난 객석을 구분하려는 압력으로부터 자유롭다는 점과 프랑스 과학아카데미에서 보이는 복잡한 내부의 형태적인 위계질서로부터 자유롭다는 것이다. 그러므로 기능공 학교는 기존의 사회구조를 재생산하고 상류로의 이동을 누그러뜨리려는 저의가 담긴 형태를 스스로 만들었거나 혹은 받아들인 유순한 노동계층의 물질적인 의사표시라고 생각할 수 있다. 이와는 반대로, 기능공 학교는 친숙한 형태[26]를 적절히 사용하여 그런 형태들을 창안해낸 바로 그 권력의 원천에 맞선 급진적인 도전으로도 볼 수 있다. 레이덴 대학에서 카일리 기능공 학교에 이르는 긴 여정은 기능공 학교의 의미를 단순히 건물의 고고학[27]에서만 찾을 수 없다는 것을 보여준다. 그 외에도 프로그램 · 재정 · 관리 · 설립과 이용에 대한 수사 · 회원자격의 규칙 등도 관련되기 때문이다.

24. William Paley(1743~1805) 자연신학자, 그의 저서 『기독교의 증거 Evidence of Christianity』는 다윈에게 영향을 미침.
25. 신에 관한 인식을 예수 그리스도에 직접 의존하지 않고, 인간 이성理性의 능력만으로 탐구하려고 하는 기독교 신학의 한 부문.
26. 상류계급이 설립한 교육기관의 형태, 주로 고전주의 양식을 말한다.
27. 건물의 형태를 과거로부터 현대에 이르기까지 추적하는 연구

4부 건물과 물건

PART IV

BUILDINGS AND THINGS

서론

16세기 후반에 제작된 한 장의 목판화에 그려진 우화를 통해서 교역에 대한 당대인의 묘사를 살펴볼 수 있다(그림 IV.1). 전체 그림의 반 이하가 주로 복제되는데, 그 속에는 단순한 교역 장면만이 아니라 그 이상의 내용을 담고 있다. 이 우화는 물건의 생산과 교역 그리고 법적인 통제에 이르는 생산과 교환 전 과정에 대한 서사를 묘사하고 있다.

주요 상업도시들을 상징하는 문장들 아래에는 선박으로 가득 찬 요새화된 항구인 앤트워프Antwerp[1]의 모습이 보인다. 중앙의 거대한 분수대 위로 서있는 기둥에는 정의의 천칭이 놓여 있고 양쪽의 접시에는 채무자와 채권자가 균형을 이루고 있다. 분수대 몸체에 파인 홈에는 온갖 종류의 제조된 물건과 자연의 사물이 새겨져 있으며, 양옆으로는 제재소 · 제련소 · 대장간 · 농경지 등의 생산 모습이 배치되어 있다. 또한 물건을 싸서, 나무상자에 담고, 카라반 행렬을 갖추는 모습이 모인다. 그 밑에는 전쟁 · 죽음 · 가격 폭등과 같은 파괴적인 이미지들이 그려져 있다. 분수대 아래에는 왕관을 쓴 상인이 '비밀의 장부' 인 물품명세서가 들어있는 성궤 위에 올라 있다. 앞으로 돌출된 듯이 입체적으로 표현된 네 개의 고전주의 양식의 베란다(페브스너Pevsner(1979: 197-98)는 이를 보고 르네상스 극장들을 떠올렸다) 안에는 각각 무게를 재는 장면 · 광산 문제를 훙정하는 장면 · 커다란 부기 사무실 모습 · 돈과 보석을 세는 사람들의 모습이 묘사되어 있다. 여기저기 흩어져 있는 수많은 배가 불룩한 통들 · 귀중품 함들 · 상자들 · 선박용 화물들 · 물건 꾸러미들 속에는 성실 · 과묵 · 언어를 상징하는 인물상이 숨어 있으며, 출납원 · 서기 · 동전을 세고 가방에 담는 남자의 모습이 보이고, 가운데에는 지구의 위에 행운의 여신이 보인다. 돈 · 서류 · 장부 · 계약서들이 두드러지게 표현되어 있다. 이 목판의 조각가는 아우그스부르크 Augsburg[2]의 푸거 일가the Fuggers[3]와 같은 가문의 상술을 알고 있었을 것이며, 목판화에 쓰여 있는 글은 '훌륭하고 아름다우며 매우 오래된 회계법' 을 찬양하고 있다. 베란다에 사용된 화려한 건축기법은 극장을 상기시키기보다는 법정이 있는 신전, 아마도 중앙에 율법과 성직자 혹은 판사의 높은 좌석이 있는 유대교 회당을 상기시키도록 의도된 것 같다.

이 우화적인 목판화에서 화려하게 묘사된 상업건물들은 단지 탁월한 건축술만을 상징하는 것은 아니다. 건물들은 제조와 교역을 구체화하며 동시에 상징한다. 건물이 지어지기

1. 벨기에 브뤼셀 북쪽에 위치한 항구도시. 12세기경부터 상업이 발달하여 16세기에 무역항과 경제활동의 중심지로서 전성기를 맞았다.
2. 로마인에 의해 세워진 도시로 이탈리아로 가는 로마 가도상에 위치하여 공업과 상업의 중심지로 발전했으며 르네상스 건물이 많이 남아있다.
3. 500년에 걸쳐 유럽 최고의 부를 누린 거상 일가. 1367년 직물공인 한스 푸거가 아우그스부르크에 정착한 후에 그의 손자인 야곱 푸거가 광산사업으로 큰 부를 축적하기 시작하여 황제로부터 면죄부 판매권을 얻으며 유럽 최고의 부자가 되었다. 그의 부는 조카 안톤 푸거에까지 이어졌다. 세계최초의 사회복지시설인 '푸거레이Fuggerei' 등이 가문의 부를 증명하는 상징으로 아우그스부르크에 남아있다.

그림 Ⅳ.1 교역 우화, 16세기 후반 목판화(요스트 암만?)

출처 : Germanisches National Museum, Nürnberg, 대영박물관의 허락으로 복사함

위해서는 광산 · 채석장 · 농장 등과 같은 토지로부터 재료들을 구해서, 건축부재로 가공되고 조립되어야 한다. 건물이 지어지는 과정에는 수많은 부류의 사람들이 토지 · 원자재 · 건축부재 · 생산도구들을 교환하며, 노동을 통하여 부가가치를 창출한다. 최종 구매자는 전체 건물이 완성되어 있는 토지를 소유하거나 아니면 토지에 대한 권리를 갖는다. 투자된 모든 자본은 토지에 귀결된다. 즉 생산품[건물]은 다시 출발한 곳[토지]으로 돌아오는 것이다. 그러므로 건물이 강력한 상징성을 갖게 되는 것은 놀라운 일이 아니다.

건물은 사용권과 교환상품으로서 가치를 지닌다. 이처럼 매우 단순화된 설명은 어떠한 자본재에도 적용될 수 있다. 하지만 건물은 다른 특징을 지닌다. 건물 안에서 다른 재화들이 생산되는 것이다. 예를 들어 창문과 같이 또 다른 건물을 생산하는 데 필요한 물건들 뿐 아니라 생산을 위한 도구들 — 야외에서 이루어지는 어업 · 농업 · 산림업을 포함하여 — 도 생산된다. 주철의 생산과 같은 기술의 혁신은 증기기관뿐만 아니라 증기기관을 생산하는 새로운 종류의 건물도 만들어 내었다. 그리고 목판화가 함의하듯이, 재화의 교환이 이루어지는 건물들은 또한 그 자체가 교환의 대상이 된다. 그러므로 건물은 담고 있는 것the container인 동시에 담겨 있는 것the contained이다. 건물이 담고 있는 것은 물건과 사람이다.

이처럼 다른 범주를 모두 포함하는 특성, 다시 말해 공간에 사람들을 담고 있는 건물만의 고유한 특성이야말로 이 책에서 건물을 주목하는 이유이다. 목판화에 묘사된 함이나 상자와 같은 물건들은 다른 물건을 담는 용기에 불과하지만, 유일하게 건물만이 물건과 사람을 접촉시키는 용기인 것이다.

4부에서 다루어지는 건물유형의 목적은 생산과 교환이다. 직물공장에서 기계적인 동력은 최종적으로 공간 안에 분포되어 있는 기계로 전달되어 원자재 · 노동자 · 감독관들이 서로 교류하며 옷감을 생산한다. 시장에서는 옷감과 옷감의 소유자(혹은 그 대리인)가 잠재적인 고객과 접촉하여 교환가능성을 극대화한다.

물건을 만들고 교환하는 것은 시민의 생활과 세속적인 질서에 너무도 기본적이므로, 법적인 권력을 통하여 누가 어디서 무엇을 만들고 팔 수 있는지를 통제하도록 한다. 법적인 통제력은 또한 계약의 의무사항들도 규정한다. 이런 통제들은 특별히 마련된 법률적인 장소에서 집행된다.

산업혁명은 공급만큼이나 급속하게 수요를 변화시켰다. 소비에 대한 분석은 전통적인 생산에 대한 분석과 함께 필수적인 것이 되었고, 캠벨Campbell(1987)이 보여주듯이, 공급에 대한 분석에서는 다루지 않는 쟁점들, 즉 청교도적인 도덕률 · 유행 · 상류계급의 모방 · 낭만주의 · 상상력에 기초한 근대 소비자 향락주의 등을 수반한다. 교환의 장소는 산업혁명기의 건물유형학에 있어서 생산의 장소만큼이나 중요하다.

항상 그러하듯이, 이러한 생산 · 교환 · 사법적 공간은 전문화되지 않은 여러 부분들의 조합으로부터 시작되었다. 즉, 사무실과 견습공 기숙사가 포함되어 있는 공장, 작업장 · 창고 · 회계실 · 상점 등이 통합되어 있는 상인의 주택, 길드홀 · 법정 · 의회실이 있는 시장이 그 기원이 되었다. 나중에 전문화된 유형들이 나타났으나 새로운 유토피아의 비전 안에 다시 통합되었다. 이런 생산 유토피아는 중심부에 정의 대신에 생산시설을 배치한 완전한 도시를 추구하였다.

작업공간으로서의 주거공간

수정궁Crystal Palace[4]은 물건을 원래 있던 장소로부터 거대한 유리 진열장 안으로 옮겨와 물건의 생산과 교역 과정을 보여주었다. 하지만 세상에서 생산과 교역이 차지하고 있던 공간들은 보이지 않았다.

더욱 놀라운 것은, 생산에 관여한 사람들도 보이지 않았던 것이다. 실제 세상에서 생산에 관여하는 사람들은 세 가지의 역할을 가지고 있었다. 그들의 몸, 주로 손과 어깨를 사용하는 동력원으로서의 역할, 통제자로서의 역할, 그리고 자원 제공자로서의 역할이 그것이다. 이는 대략적으로 보면, 노동 · 관리 · 자본이라고 할 수 있다.

산업사회 이전의 봉건경제는 이러한 노동과 자본의 관계를 미리 보여주었다. 비봉건경제의 경우, 이러한 모든 역할들이 하나의 혈연집단으로 연합되는데, 이 집단의 구성원들은 자본을 소유하고, 도구를 만들고 소유하며, 그들이 소유하고 있는 대지에서 원료를 기르거나 획득하였으며, 그들 자신의 힘이나, 바람이나 물, 혹은 가축 등의 힘을 이용하였고, 그들의 생산물들을 소비하거나 교환하였다. 주거공간과 작업공간은 서로 구분되지 않거나 혹은 인접하여 위치하였다. 농가의 착유장, 거실이나 다락방에 놓여 있던 베틀, 보석 세공인의 거실 창문 옆에 있던 작업대 등은 아직까지도 우리에게 친근하다. 이 가운데 어떤 것은 수정궁에 전시되기도 하였다.

초기의 생산 집합체

수도사, 황제, 시간과 공간

매뉴팩처공장manufactory(산업혁명 이후에 등장한 공장factory과 구별하기 위해서 이렇게 부르도록 하자)[5]은 대규모 자본의 투자와 임금 노동자들을 필요로 하였다. 이전의 가내공장과 비교하여 가장 눈에 띄는 것은 규모가 확대된 것이지만, 그것이 가장 의미 있는 변화는 아니다. 여기에는 새로운 경제적인 기반이 있었으며 이를 바탕으로 생산을 위한 새로운 사회구조가 존재하고 있었으나, 이는 내 분석 범위를 훨씬 벗어나는 것이다. 그러나 매뉴팩처공장은 [기계적]공장의 형태를 미리 보여주었으며, 이는 어디에서부터 이러한 대규모 자본이 생겨났는가에 대한 질문과 연관이 있다.

한 가지 재원은 우리가 4장에서 이미 다루었던 강제노역소workhouse에 투입된 공적 자금이었다.

또 다른 재원으로는 왕실 · 귀족 · 대상 가문과 그들의 교역제휴자 · 중개상 · 부동산 소유자 · 교황이나 추기경 등이

4. 1851년 제1회 런던 만국박람회의 주전시장 건물로, 당시로는 전혀 새로운 주철과 유리로 지어졌으므로 수정궁이라 불리었다. 8장을 참고하라.
5. 'manufactory'는 공장제 수공업이라 불리는 매뉴팩처manufacture 시스템의 생산시설을 의미한다. 본서에서는 산업혁명기에 태동한 기계식 공장인 'factory'와 구분해서 사용하였으므로 'factory'는 '공장'으로, 'manufactory'는 '매뉴팩처공장'이라고 번역하였다. 매뉴팩처는 대체로 16시기 중엽부터 산업혁명이 일어나는 18세기 말엽까지 성행했던 생산조직의 한 형태로, 노동자들이 분업을 바탕으로 하나의 생산시설에서 제품을 생산하였는데 아직 수공업적 형태를 유지함으로써 기계생산을 바탕으로 하는 공장factory 시스템과 구별된다.

있었다. 대부분이 매뉴팩처공장에 투자된 이들의 여유 자본은 그들의 권력을 설명할 수 있는 수단 중의 하나였다. 생산에 초점이 맞춰진 육군과 해군의 병기 제조창이나 식민지 산업 등은 모두 같은 자본에 의존하였으며, 동일한 '하향식' 설계 모델을 따르고 있다.

이 모든 매뉴팩처공장에서는 이윤을 내기 위해, 후대에 등장하는 공장 시스템처럼, 공간과 시간이 조직화되었다. 매지Madge(1982)는 근대적 생산의 근원을 중세 수도원의 규율 · 공동사회의 질서 · 노동윤리 · 시간사용의 규정 등으로 보았다. 기계식 시계[6]는 베네딕트회의 규칙인 조직적인 시간관리를 가능하게 하였다. 매지는 이 시기를 13세기라고 보는 멈포드Mumford(1934: 12-18)의 관점을 따르고 있다. 치폴라Cippola(1967: 39)는 더 구체적이다. 그는 13세기 중엽에 발명된 시계의 탈진기[7]야말로 중대한 돌파구였다고 하였다. 17세기의 상황에 대하여 톰슨Thompson(1974: 39-77)은 산업사회 이전 시기에 있어서 시간에 대한 인식의 변화를 결정론적으로 설명하는 것을 거부한다. 기계의 발명들은 '새로운 청교도적 규율과 부르주아의 정확성'을 불러온 원인이 아니라 증세였던 것이다. 또한 브로델Braudel(1982: 431)은 호이겐스Huygens[8]가 17세기에 발명한 혁명적인 진자와 조정용 용수철에 대해 설명하면서 기술의 인과론적 역할을 거부하였다. '계속적으로 발명을 촉발시키는 사회적인 압력이 없다면 어떠한 기술혁신도 가치를 갖지 못한다.' 하지만 그는 '기술은 그 자체만으로는 존재할 수 없다'고 하여, 비록 기술혁신에 인과론적인 설명이 불필요함에도 불구하고, 사회와의 연관성에 대한 여지를 남겨두었다.

시계는 처음에는 수도원의 종으로, 후대에는 시청이나 교회 종에 의하여 일정한 간격마다 소리를 냄으로써 시간을 알렸으나, 얼마 지나지 않아 시계판 위로 쉬지 않고 움직이는 시계바늘이 시간을 시각적으로 표시하게 되었다. 청각과 시각을 통하여, 시계는 수도원 공간에서 오랫동안 고대해온 조직적인 시간사용을 가능케 하였다. 9세기의 산 갈St. Gall 수도원[9]의 평면(Horn and Born 1979)은 표준 모듈을 사용하였다. 이 평면은 과거 로마의 농경지 토지구획에 사용되었던 격자 패턴에 맞닿아 있고, 미래의 1800년 듀랑Durand의 모눈종이를 사용하는 계획기법[10]과 연결된다. 이 격자 패턴은 빠르고 쉽게 전체평면을 관통하는 복도 · 통로 · 계단 등을 설계할 수 있게 해 주었다. 시간의 경제성은 공간의 규칙성을 통하여 획득되었다.

또한 공장 시스템에서의 시간관리는 공간과 상호연결되어 있었다. 신속한 교대를 위해서는 집으로부터 공장까지의 거리가 가까워야만 하였다. 작업 과정에서 시간의 낭비가 없도록 하기 위해서는 긴[멀리 볼 수 있는] 시선에 의한 지속적인 시각적 감시가 이루어져야 했으며, 생산공간은 공간적으로 얕은[11] 곳에 위치해야만 하였다.

이와 동일한 공간적 장치들과 대칭적이고 축을 갖는 형태들은 공장factory의 선구자 역할을 한 매뉴팩처공장manufactory들의 특징이었다. 매뉴팩처공장에서는 크게 세 가지 종류의 물건이 만들어졌다. 첫 번째 생산품은 비싸고 귀한 사치품들로 매뉴팩처공장을 소유하고 있는 계층에게 소비되었다. 여기서

6. 해시계, 물시계 등의 고대古代의 시계와는 달리 동력을 사용하는 시계. 일명 중량시계라고도 한다. 무거운 추를 동력으로 삼고 있으며, 교회 건물 위에 걸어 놓아 건물 전체를 장식하는 동시에 모든 사람에게 시간을 알렸다. 14세기 이후 본격적인 기계식 시계의 발전이 이루어졌다.
7. 시계의 기어의 회전속도를 고르게 하는 장치
8. Christiaan Huygens(1629~1695). 네덜란드의 물리학자 · 천문학자. 저서『진자시계』(1673)에서 진자시계의 제작과 진자운동의 이론을 설명하고, 사이클로이드에 따른 운동으로 등시성이 보장된다는 사실을 증명하였다. 이 밖에도 원뿔진자 · 주기 공식 · 원심력 연구가 포함되어 있다.
9. 스위스 북동부의 장크트갈렌에 있던 수도원. 현재는 가톨릭 성당이 되어 있다. 6세기 말부터 7세기 초까지 아일랜드의 수도사 갈Gall이 은거하던 연고지에 세운 것으로, 베네딕트회 수도원에 속하였다.
10. 듀랑은 건축을 기둥과 벽과 같은 가장 기본적인 요소들로 나누고, 이들을 현관 · 거실 · 보다 복잡한 부분들로 구성한 다음, 이것을 그리드 상에서 표준화 된 요소들로 조합하여 다양한 건축 프로그램에 대응하려 하였다. 그리드로 표현되는 보편적이고 중성적인 공간 속에, 각 요소들을 상호 관련시켜서, 위치와 크기를 결정하였다. 1장을 참고하라.
11. 여기서 공간깊이란 물리적인 거리가 아니라 공간상호간의 연결관계를 의미한다. 자세한 내용은 1장을 참고하라.

나온 이득은 곧바로 왕실이나 상류층의 금고로 들어갔으며, 간접적으로는 면허나 특허권 사용료를 통해 얻어졌다. 전통적으로 여기에 속하는 제품들로는 소금 · 비단 · 유리 · 도자기 · 태피스트리 · 카펫 · 섬세한 주물 금속제품 등이다. 두 번째 종류의 생산품은 직접적으로 왕실과 정부 정책에 필요한 물품들이었다. 동전과 지폐를 생산하기 위한 조폐국과 종이 제조소, 해군 및 육군의 군수품과 군대의 선박 및 무기 등을 생산하기 위한 병기창 등이 그 예이다. 세 번째로는 강제노동에 의한 생산품이 있다. 이는 식민지에서 노예나 유형 온 기결수들의 노동력으로 만들어진 설탕 · 담배 · 면 · 목재 등과 본토의 죄수들이 생산한 잡화들이었다.

왕실 소속의 매뉴팩처공장에서 일하는 노동자들은 장인의 비법을 가지고 있었으며 좋은 대우를 받았다. 그들은 가족과 함께, 담장으로 둘러싸인 부지 안에서 엄격하게 통제되는 통로를 통하여 일용품을 공급 받으면서, 상대적으로 안락한 주택에 기거하였다. 1660년대에 루이 14세를 위해 콜베르Colbert[12]가 고블랭Gobelins에 설립한 왕립 태피스트리 · 카펫 · 직물 매뉴팩처공장들은 이와 같은 형태였다. 이곳에 속한 디자인 학교에서 60명의 견습공이 6년간의 엄격한 훈련과정을 거쳤다. 대칭적인 커다란 입구를 통해서 들어서면, 거대한 부지에 작업장 · 학교 · 예배당 · 주택 · 마당 · 정원 · 사무실 등이 꽉 들어차 있었다. 이처럼 내부지향적이고, 보호되고, 비밀스러우며, 위계적인 건물의 모델이 된 것은 '담장으로 둘러싸인 샤토' 였다.

이러한 매뉴팩처공장들은 전 산업에 걸쳐 있었다. 그 예로는, 에스네Aisne에 있는 생고뱅St Gobain의 판유리와 거울, 뷔르귄디Burgundy 지방의 아르망콩Armancon에 있는 뷔퐁Buffon의 단조 공장(왕실의 독점권은 1560년에 양도되었다)에서 생산된 단철wrought iron 그리고 1781년 역시 뷔르귄디 지방의 르크레조Le Creusot에 있는 왕립주조소에서 생산되었던 주철cast iron 등이 있다. 왕립주조소는 왕립 로쉬포르Rochefort 부두에 속한 1급 기술자였던 피에르 투페르Pierre Toufaire에 의해 설계되었다.

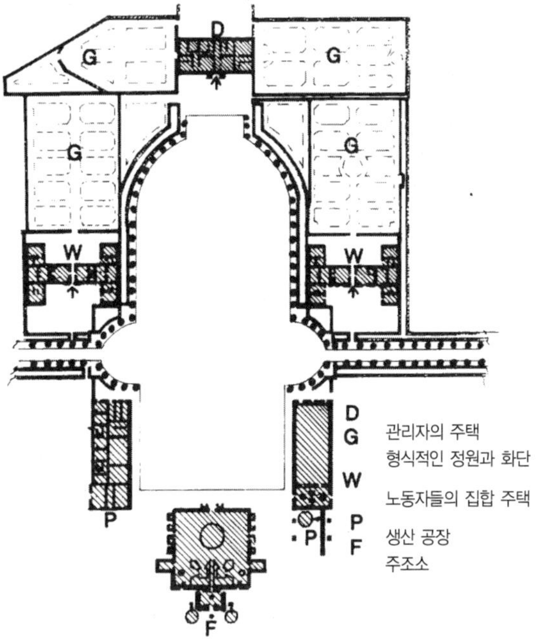

그림 10. 1 투페르가 디자인 한 르크레조에 있는 왕립주조소 평면(1781)
출처 : 디종의 코르도르 기록보관소에 있는 원본에 기초하여 저자 작성

그는 긴 중심축의 한쪽 끝에 관리자의 주택을 위치시키고, 그 반대편에는 두 개의 용광로가 있는 생산구역을 위치시켰다(그림 10.1). 관리자 숙소의 양쪽에는 H자 모양의 노동자 주택을 배치하고, 주조소 양쪽으로는 작업장을 두었다. 가로수를 심은 대로가 짧은 축을 따라서 안마당을 가로지르도록 구성되었고, 이곳으로는 반원형 모양으로 뒤로 물러나 있는 두 개의 출입구를 통하여 접근이 가능하였다. 안마당은 감시하는데 방해되지 않도록 완전히 개방되어 있었다. 그러나 노동자들의 주택 입구는 출입구 밖에서 대로와 연결되어 있어서 관리자의 주택이나 주조소보다 공간적으로 얕은 곳에 위치하였다. 공간깊이는 전통적인 공공시설에서 그렇듯이 통

12. Colbert, Jean-Baptiste(1619~1683). 루이 14세 때 활약한 프랑스의 정치가. 중상주의정책을 추진하여 수없이 많은 대규모 매뉴팩처를 프랑스 전역에 설립 · 운영하였다.

제를 통한 권력을 의미한다. 그러나 여기서는 또 다른 특별한 의미, 즉 자본의 권력이 드러난다. 공간적인 전략은 형태적인 장치를 통해 강조된다. 긴 중앙축은 통제와 투자를 통합하며, 그리고 최소한의 권력을 가진 자들(노동자)의 주택은 측면의 파수꾼 역할을 하는 것이다.

왕실은 종종 매우 큰 규모의 생산시설을 운영하였다. 스페인에서는 모직 · 실크 · 면 등을 생산하는 왕립직물공장들이 1700년대에 세워졌다(Clayburn La Force 1964: 337-63). 한 모직과 피륙 생산 회사는 1,000명이 넘는 노동자를 고용하였으며, 18세기 말엽에는 건축가가 설계한 공장에서 24,000명이 넘는 노동자들이 고용되기도 하였다. '궁전건축'은 하나의 건축양식으로 굳어져서 심지어 중공업 분야에서도 적용되었는데, 화로나 제련기, 용광로에 의해 더욱 강렬한 형태를 띠었다. 1799년의 폴란드 초르조프Chorzow에 설립된 왕립제철소 건물의 건축가는 웨딩 백작Count Wedding이었고 스코틀랜드의 앞선 공학기술이 적용되었다(Bukowski 1973). 대칭적인 전체계획의 중심축 위에 분출기가 놓였으며, 양편에 두 개의 작업장과 두 개의 원뿔형 용광로가 위치하였다. 거주공간의 흔적은 없다.

궁전건축은 주거지에서도 적절하게 적용되었다. 폴란드의 왕립 산업은 30년 전쟁[13]으로 거슬러 올라간다. 이 시기에 피난을 간 장인들은 대개 중세시대의 중심지에 인접하여 지어진 새로운 마을(nowe miasto)에 살게 되었다(Gutkind 1972: 86-7). 18세기 후반에 스타니슬라우스 2세Stanislaus II[14]는 유리제품 · 파양스 도자기[15] · 놀이카드 · 실크 거들과 같은 사치품을 생산하기 위한 부지를 개발하였다. 그는 또한 주로 리투아니아의 왕실 재무장관을 통하여 직물 · 단조공장 · 용광로 · 총포공장 등과 같은 중공업에도 투자하였다. 1780년의 로소스나Lososna 강가의 쿤스토프Kunsztow 공업마을(그림 10.2)이 그 전형적인 예이다. 수력을 이용하여, 모직 · 린넨 · 실크 · 금속제품 · 종이와 각종 기호품을 생산하는 공장들이 마을을 굽이쳐 흐르는 강을 따라 산재되어 분포하였다. 건물로 둘러싸인 8각형 광장은 노동자 주택들에 둘러싸여 있었고, 이 광장을 중심으로 대부분의 거리가 방사형으로 뻗어 나갔다. 그 거리 중 하나는 의식儀式적인 공적 공간으로 이어졌고, 다른 하나는 타원형의 원형광장으로, 그리고 이를 통해서 시장으로 이어졌다.

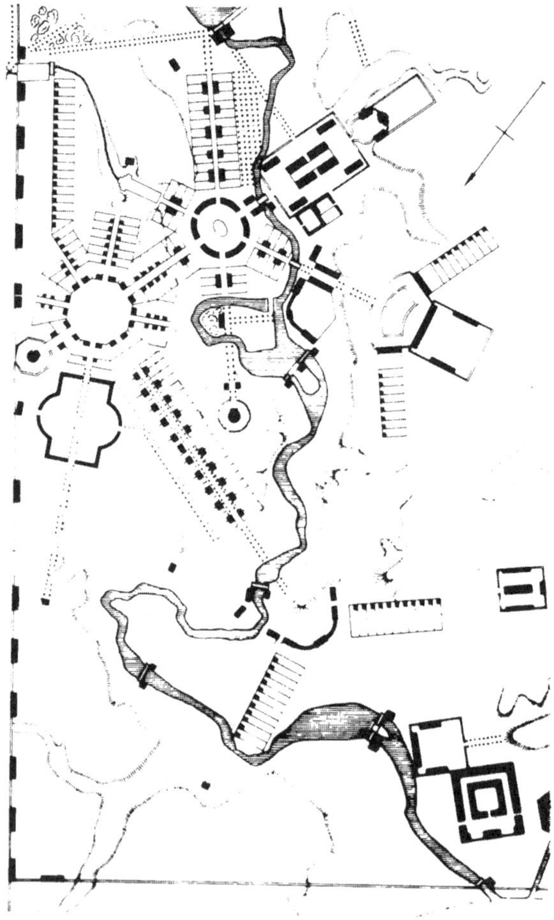

그림 10. 2 쿤스토프 산업단지의 평면(1780)
출처 : Gutkind(1972)

13. 1618~1648년 독일을 무대로 개신교와 가톨릭교 간에 벌어진 종교전쟁.
14. Poniatowski, Stanislaus Augustus(1732~1798). 폴란드의 마지막 왕(1764~95)
15. 프랑스 채색 도자기

번잡한 공장마을과 상류층이나 데카당파 예술인들이 사교적으로 사용하는 광장이라는 차이점에도 불구하고, 바스Bath[16]에 익숙한 사람이라면 누구라도 이런 바로크 형식의 도시설계를 편하게 느꼈을 것이다.

논점들을 좀 더 세부적으로 다루기 위하여 18세기 후반 부다페스트에서 진행되었던 요셉 2세Joseph II의 실크 프로젝트를 살펴보도록 하자. 이 프로젝트를 이해하기 위해서, 그리고 우리가 이후에 다룰 영국의 실크공장을 이해하기 위해서, 실크제작공정에 대하여 조금 알아둘 필요가 있다. 먼저 누에고치는, 가느다란 실을 분리하고 검을 부드럽게 하기 위해 뜨거운 물에 담가둔다.[17] 누에고치로부터 나온 가는 실들은 대개 냄비 옆에 앉은 여성에 의해 모아진다. 그리고 옆에 서있는 아이가 실패를 감아서 타래를 짓는다. 타래는 이제 얼레에 감겨진다. 어떤 제품의 경우에는 실을 한번 꼬아서 강도를 보강하며, 제직용 날실經絲로 쓰이는 견사絹紗를 만들 경우에는 두 개 혹은 그 이상의 실을 함께 꼬는데 서로 반대방향으로 엮는다. 날실은 다시 날실용 얼레에 감겨지고 들대에 걸려 베틀로 옮겨진다. 이와는 다른 용도로 사용하기 위해 한 번 꼰 실을 얼레에 감아 일정한 길이로 감아서 공 모양의 타래를 만든 후 베틀로 옮긴다. 얼레로부터 나온 씨실緯絲은 느슨하게 꼬인 후, 씨실 실패에 감겨서 베틀의 북에 놓이게 된다. 고치실 부스러기나 풀솜 등에서 쓰레기로 나오는 짧은 섬유들은 모두 모아서 방적견사로 만들어진다.

수작업 시대에는 시칠리아Sicily[18]와 칼라브리아Calabria[19]가 가장 발전된 실크 중심지가 되었다. 실크가 특별한 관심을 끄는 이유는 다른 직물들에 앞서 실크 산업이 일찌감치 수력을 도입하여 공장 생산을 가능케 하였기 때문이다. 하사식 물레방아undershot waterwheels가 13세기에 이탈리아에서 견사를 만드는데 이용되었다(Derry and Williams 1960: 100). 15세기에 그려진 스케치에는 롬Lombe 형제가 1719년에 건설한 더비Derby 방직공장에서 발견되는 것과 기본적으로 유사한 기계장치가 묘사되어있다. 아직까지는 기술이 조심스럽게 비밀로 다루어지던 16세기에, 볼로냐Bologna[20]는 이러한 공장들의 중심이 되었다(Poni 1972). 1607년에 존카Zonca가 파두아Padua에서 발표한 책자를 통해서, 물레방아를 이용하여 키가 큰 원통모양의 날실을 엮는 기계와, 이와 유사한 수직축으로 이루어진 명주실 꼬는 기계를 작동시켰음을 알 수 있다. 포니Poni(1972)는 베네치아 공화국에 있는 볼로냐식 실크공장의 분포를 찾아보았고, 헨더슨Henderson(1958-9)은 독일의 분포상황를 추적하였다. 요셉 2세가 통치하던 시절에 이런 기술은 유럽 전역에서 넓게 이용되었다.

그는 의학과 과학의 진보 · 교육제도와 교도소의 개혁 · 군대의 재편 · 시민서비스의 재조직 등과 같은 '계몽주의적' 프로젝트들에 몰두하였다. 그의 핵심적인 전략은 새로운 기술에 대한 투자였다. 그는 이미 1780년에 란더Lander Lörinc가 디자인한 6층 규모의 실크공장을 오부다Ó-Buda(Old Buda란 의미)에 건설하였다. 5층에 걸쳐 각 층에 하나씩 설치된 물레방아는 세 개의 거대한 수직축으로 된 원통형 견사기계를 작동시켜서 실크를 생산하였다. 호르바스Horváth(1840: 216)에 의하면, 이 기계는 총 4,240개의 방추를 돌릴 수 있었다고 한다.

하지만 누에고치로부터 원사를 뽑는 기술은 여전히 원시적인 단계에 머물러 있었고, 대부분의 실크원사는 수입되었다. 요셉 2세는 실크원사가 자국내에서 생산되기를 희망하였

16. 잉글랜드 서머셋 주의 온천휴양도시로 18세기 초 앤 여왕이 체류하면서 상류계층을 위한 도시개발이 활발하게 진행되었다. 축을 강조하는 바로크식 도시계획을 바탕으로 킹스 서커스와 같은 원형광장과 좌우 대칭적인 타운하우스가 건축되었다. 저자는 바스의 이런 바로크식 도시계획과 쿤스토프의 배치특성이, 비록 그 건설 의도는 다를지라도 형식상으로 유사하다는 점을 강조한 것이다.
17. 고치에 있는 점성물질인 세라신을 제거하는 과정으로 정련이라고 한다.
18. 이탈리아 남쪽의 섬.
19. 이탈리아 남부를 차지하는 주.
20. 이탈리아 북부 에밀리아로마냐주의 주도.

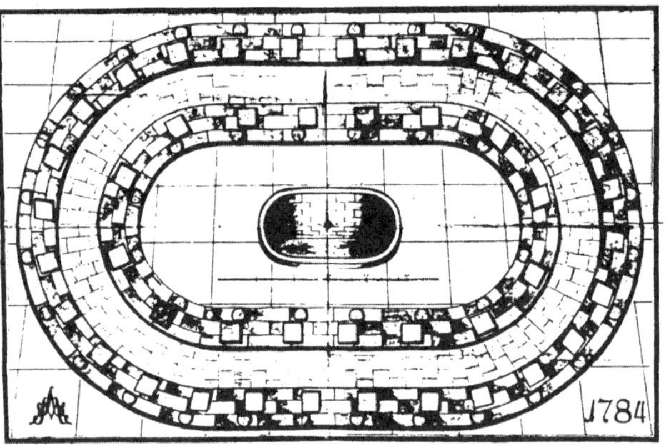

그림 10. 3 부다페스트 오부다에 위치한 마소카토의 실크원사공장의 평면(1784)

출처 : 헝가리 국립기록보관소, 부다페스트

다. 그래서 그는 1781년에 트레비소Treviso[21]의 실크원사 전문가인 마소카토Mazzocato를 빈Wien으로 초대하였다.[원주 1] 1785년에 마소카토와 그의 가족은 오부다에 도착하여 기존의 실크원사 작업장을 총괄하게 되었다. 마소카토는 이미 일 년 전에 부분적인 투시도로는 2층 구조로 보이지만 실제로는 단층인 타원형 공장(그림 10.3)을 계획했었다. 여기에는 굴뚝으로도 사용되는 기둥들이 두 개의 동심원 상에 배치되어 있는데, 28명이 바깥쪽 열에서, 16명은 안쪽 열에서 작업하도록 구성되었다. 그리고 개방된 중앙 공간에는 우물이 있었다. 여자한 명과 어린 아이 한 명이 한 쌍이 되어 기둥마다 놓여있는 냄비에 물을 끓였다. 두 겹의 동심원 상에 있는 기둥들의 위치는 '어긋나' 있었는데, 이는 안쪽의 작업자가 바깥쪽의 작업자를 가리지 않도록 하여, 중정에 위치한 감독이 모든 작업자들을 볼 수 있게 하기 위해서였다.

란더의 작업을 이어받은 건축가 조셉 탈러Joseph Tallher는 1785년에서 1786년까지(그림 10.4) 오래된 실크원사 작업장의 서쪽 부지에 마소카토식 공장을 실현시켰다. 그가 계획한 2층 규모의 타원형 건물에는, 곡선을 그리며 위층으로 연결되는 바로크 양식의 계단이 설치되었고, 그 아래에는 아래층으로 들어가는 중앙현관이 위치하였다. 하지만 탈러는 아카데믹한 건축[22]의 원칙에 따라 기둥들을 정렬하여 규격화시켰으므로 연속적인 감시가 불가능해졌다. 마소카토는 이에 대해서 강력하게 항의하였는데, 이러한 불만의 표시는 6년 후에 아담 형제가 파놉티콘 형식의 에든버러 감옥을 계획하면서 죄수들의 주간실을 감방과 감시탑의 사이에 위치시킴으로써 자신의 중앙감시의 원리를 훼손하였던 사실을 발견했을 때 벤담이 분노했던 것과 같은 이유에서였다. 하지만 마소카토는 벤담과 마찬가지로 자신의 의견을 관철시키지 못하였다.[23] 특별위원회는 두 평면 간에 뚜렷한 차이가 없으며, 이 평면들과 완공된 건물 간에도 눈에 띄는 차이가 없다고 판결했던 것이다. 니메스Nemes(1984)는 하나의 건물이 두 가지 매우 다른 디자인 모두를 닮았다는 특별위원회의 '논리'에 대해 언급하였다.

이 매뉴팩처공장의 입구는 안마당의 입구와 일직선상에 정렬되지 않고 어긋나 있었다. 이러한 장애물은 이슬람 세계에서 주택 내부를 가리기 위해 사용되었던 것과 비슷한 장치로서, 거리로부터 내부를 감추는 역할을 하였다. 거리에 면한 건물은 고용주와 아이들의 취침장소로, 남쪽에 위치한 긴 건물은 여성기숙사로, 북쪽의 건물은 상점으로 사용되었다. 이러한 공간구조는 고용주와 노동자들을 공간깊이가 얕은 곳에 위치시킴으로써 외부인이 내부의 생산공간까지 접근하는 것을 함께 통제할 수 있도록 하였다.

21. 이탈리아 베네토주 트레비소현의 현청 소재지. 베네치아 북쪽, 실레강과 보테니가 강이 합류하는 비옥한 베네치아 평야에 자리 잡고 있다.

원주 1. Nemes Márta 'Magyarország elsö panoptikonja: a budapesti-óbudai selyemgombolyitó manufaktura' (Hungary' s first panopticon: the silk cocoon unwinding factory at Obuda, Budapest' Müvészettörtenéti Értesitö (1984;no.4,261-70).
Nemes Márta와 Szirmai Janos의 도움으로 그림과 견사공장의 정보를 얻었음을 밝혀둔다.

22. 프랑스 건축아카데미 등에서 교육하는 건축형식을 의미한다. 고전주의 원칙에 충실하고 축과 대칭성을 강조한다.

23. 제레미 벤담은 파놉티콘이라는 원형의 중앙감시체계를 고안하고 이를 각종 건물들, 특히 감옥에 적용하려 하였으나, 거의 현실화되지 못하였다. 4장을 참고하라.

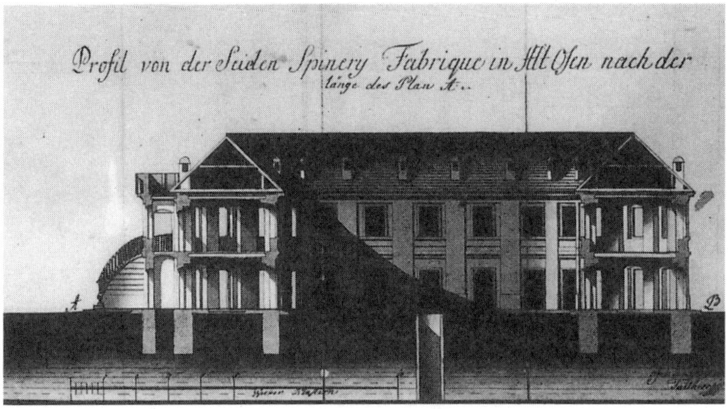

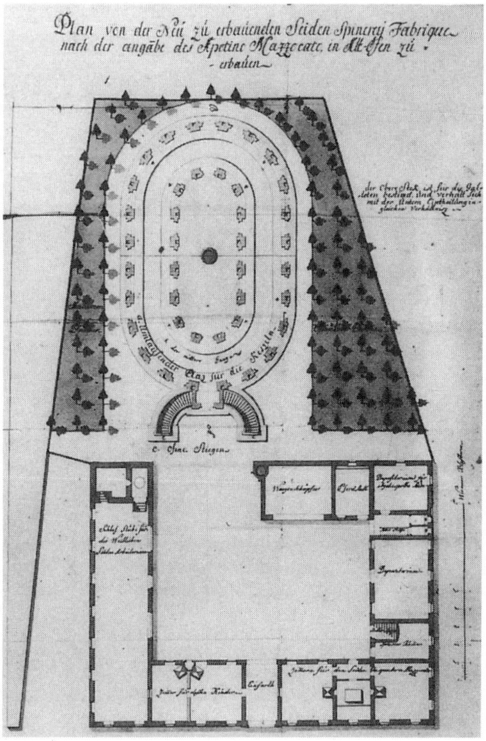

그림 10. 4 탈러가 계획한 부다페스트 오부다에 있는 실크원사공장의 단면도와 평면(1785–6)

출처 : 헝가리 국립기록보관소, 부다페스트

이와 유사한 시설들이 다른 곳에도 지어졌으며, 니메스(1984)는 이런 시설들을, 같은 이유로 발명된 벤담의 파놉티콘의 선조로 보았다. 즉 생산을 감시하기 위한 평면이라는 것이다. 니메스는 또한 요셉 2세의 다른 프로젝트들과의 유사성에 대해서도 살펴보았다. 특히 요셉 2세가 빈에 초대했던 카네발레Canevale에 의해 1783년에 디자인된 빈의 나렌투름 광인수용소Narrenturm asylum를 그 예로 들었다. 그녀는 이 두 디자이너들이 서로 만났을 가능성이 있다고 추정하였다.

요셉 2세가 기술적인 세부사항에 관심을 기울인 것과는 다르게, 루이 15세는 르두Ledoux[24]에 의뢰하여 1770년대 가장 큰 규모의 왕립제염소를 프랑슈 콩떼Franche Comte[25] 지방의 쇼Chaux에 건설하였다. 당연히 많은 이론적인 저작들이 쇼 프로젝트에 대해 쓰여 졌다. 비들러Vidler(1990)는 명쾌한 해석을 통하여 쇼의 의미를 밝혔으며, 파울로프스키Pawlowski(1961: 255-92)와 갈레Gallet(1980)는 쇼의 역사를 훌륭하게 분석하였다. 물론 여기에는 르두 자신의 저서『건축' Architecture』(1804)도 포함된다. 그는 이 책에서 쇼에 관한 글과 그림들을 통하여 백과사전적 이성 · '말하는 건축architecture parlante[26]' · 자연에 대한 루소주의적 개념 · 도시계획에 있어 새로운 사회원리 · 풍토적 표현양식 등에 대하여 설명하였다.

동부 프랑스 제염소 감독관의 조력자로서, 르두는 수세기 동안 무질서하게 방치되어온 제염소들의 실정을 알고 있었다. 그의 첫 번째 디자인(1773)은 지정되지 않은 부지에 대한 유형학적인 탐색이었다. 이 계획은 17세기의 거대한 중정식

24. Ledoux, Claude-Nicolas(1736~1806). 프랑스의 궁전 건축가. 1773년 프랑스아카데미의 회원이자 왕실 건축가가 되었다. 블레, 듀랑과 함께 신고전주의 계열의 단순한 기하학적 형태를 추구하였으나, 또한 건물을 상징적으로 보았다. 즉, 건축물의 평면은 기능에서 비롯된 것이 아니고 어떤 사상과 연관되어 그 기능을 표현하기 위해 설계한 것(바퀴공장의 평면은 원형, 교회의 평면은 십자가), 이런 건축은 '말하는 건축' 으로 알려졌다.
25. 프랑스 중동부에 위치한 지역으로 수목지구로 유명하다.
26. 건물의 목적(기능)을 외형으로 표현하고 있는 건축. 18세기 프랑스 신고전주의 건축, 특히 르두의 건축을 설명하면서 Vandoyer가 처음 사용하였다.

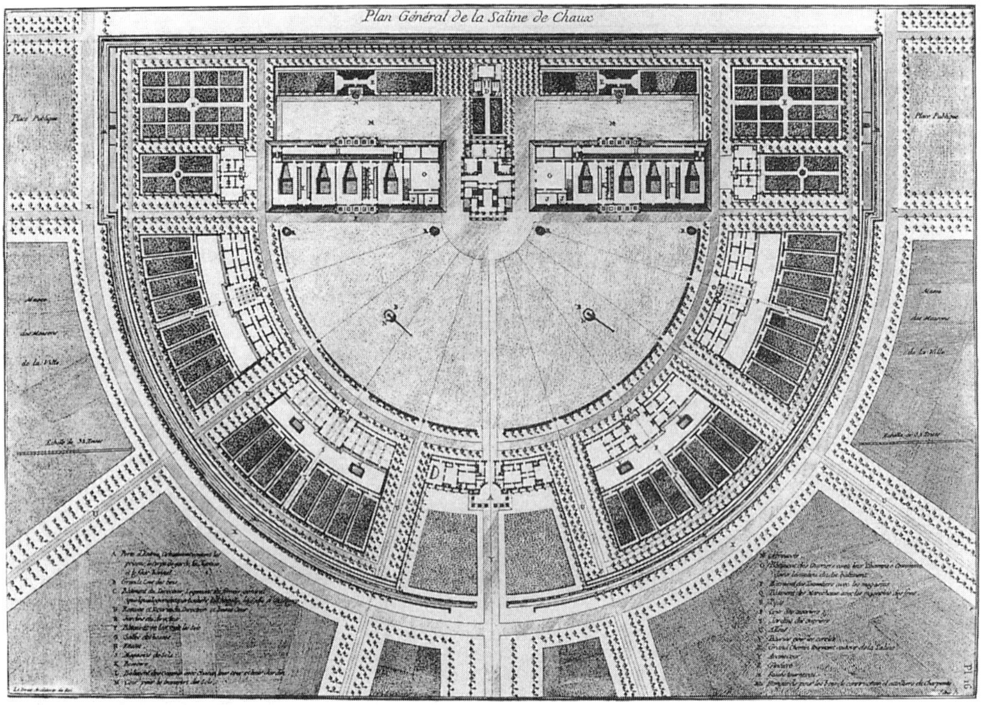

그림 10. 5 르두가 설계한 쇼의 최종 계획안(실제 건설된 모습과 거의 동일함), 평면도와 관리자의 주택, 예배당

출처 : Ledoux(1804)

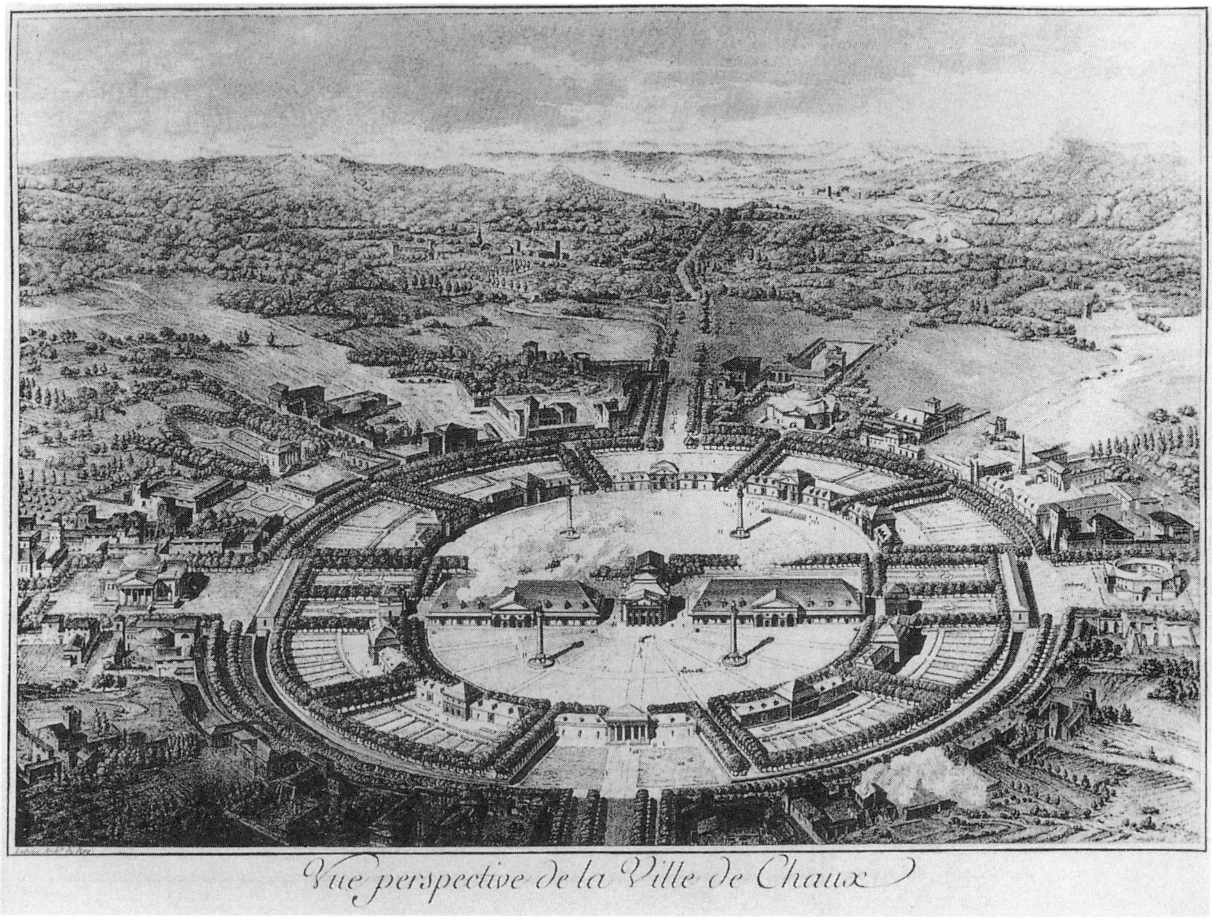

그림 10. 6 르두가 설계한 원형에 가까운 쇼의 계획안, 전체조감도
출처 : Ledoux(1804)

병원과 궁극적으로는 샤토[27]의 전통을 따르는, 콜베르 시대의 '담장으로 둘러싸인 샤토' 의 영향을 받아, 정사각형의 담으로 둘러싸인 대지를 기본으로 하였다. 여러 가지 복합적인 이유로 첫 번째 계획은 받아들여지지 않았으나, 르두의 두 번째 디자인(그림 10.5)은 실제로 지어졌다. 이 디자인은 거의 반원형으로 계획되었으며, 첫 번째 디자인의 반 정도가 새로이 대체되었다. 그러나 정사각형 디자인에 이미 반영되었던 많은 요소들이 살아남았다.

러스티케이션 기법이 사용된 독특한 모양의 여섯 개의 기둥으로 이루어진 입구 좌우에는 근위병의 주택과 교도소 그리고 빵집과 법정이 위치하였다. 양 측면에는 노동자들의 공동주거 건물을 두 동 설치하여 반원을 완성하였고, 그 배후에 정원이 배치되었다. 반원의 직경을 따라서 두 채의 제염소가 위치하였고, 그 중앙에 관리자의 주택과 예배당을 배치하였다. 르두의 의도는 언젠가 다른 반쪽을 완성시키는 것이었다.

27. 군주나 귀족이 살던 프랑스의 거성별장. 원래 군사적 방어시설로 만들어졌으나 15세기 이후에는 성채로서의 군사적 의의는 약해지고 주거용으로서 중요시되었다. 이탈리아의 팔라초의 영향을 받아 대개 중정을 중심으로 건물이 사방을 둘러싸는 형식을 취한다.

그는 여생 동안 가상의 실험을 통하여 마을과 각각의 건물들에 대한 디자인을 발전시켰다.

쇼를 보여주는 유명한 조감도(그림 10.6)는 핵심적인 개념들을 모두 보여준다. 중심축은 현관 입구로부터 중앙의 예배당과 관리자의 주택, 후문을 지나 뒤편의 숲으로 이어진다. 이런 배치는 끊임없이 연속적으로 이어지는 공정에 따라, 일하고 배달하는 벌목꾼과 숯 굽는 사람들을 상징적으로나 실제적으로 통제할 수 있게 한다. 이와 같은 중심축과 숲의 교차점에 위치한 공동주거와 다른 건물들은 다루기 힘들기로 악명 높은 노동력을 감독하기 위한 것이었으며, 동시에 마을 중앙에 위치한 권력을 끊임없이 확인시켜주는 역할을 하였다.

내부의 안마당에는 밤에 네 개의 거대한 횃불을 지펴놓아 주거지와 공장의 모든 움직임을 볼 수 있게 만들었다. 제염시설의 경계에는 낮은 벽과 해자를 두르고, 원을 따라 외곽도로와 나무로 둘러싸여 있었고, 밖으로는 개별적인 전원 부지 위에 학교 · 호텔 · 공동 목욕탕 · 시장 등의 공공건물들과 관리들의 주택 그리고 예술가와 장인들의 주택이 세워졌다.

비들러(1981-2:54-63)는 쇼에서 보이는, 생산에 대한 통제와 종교적인 권위가 결합된 중앙감시체계와 숲 속에 위치한 원형의 감시소들은 벤담의 파놉티콘을 예고하고 있다고 지적하였다. 그러나 공간적으로는 파놉티콘보다 덜 명확하여서 정문으로부터 노동자들의 공동주거지와 관리자의 주택 그리고 생산공간은 동일한 공간깊이를 갖고 있었다. 감시소가 있는 정문은 더 얕은 곳에 위치하였다. 이는 두 개의 전통적인 기능을 수행하기 위한 것이었다. 즉 도덕적인 불순물과 육체적인 불순물을 마을의 외곽 벽에서 걸러내는 동시에 계급에 상관없이 모든 거주자들에게 완전히 투명하게 열려있는 내부의 비밀스러운 세계를 보호하는 것이다.

여기에는 또 다른 양면적인 특징이 있었다. 이 마을의 공공건물들은 전통적인 마을과는 정반대로 '벽'과 정문의 바깥에 존재하였다. 공공건물들은 통제하고/통제받는 계층들('거주자/방문객'), 다시 말해 감독관의 대리인 · 중간관리자 · 장인 · 노동자 · 이방인을 융합하는 기능을 하였다. 공공건물들은 부지에서 가장 얕은 곳에 위치하여서, 이 건물들을 중심으로 보면 노동자들은 깊은 곳(전통적인 공공기관에서 통제받는 계층이 있어야하는)에 위치한다. 그러나 동시에 관리자와 종교시설 그리고 생산공간이 노동자들과 같은 깊이에 위치하였다. 벤담의 파놉티콘에서 교도소장은 공간적으로 얕은 곳에 위치하였으나, 이곳의 관리자는 깊은 공간에 위치함으로써 전형적인 공공기관과는 반대의 위치에 있는 것이다. 이는 비공공기관에서의 권력을 상징한다. 다시 말하자면, 관리자 자신이나 노동자들 그리고 종교시설은 최우선적인 생산목표를 달성하기 위해 공간적으로 연대를 이루어야만 했던 것이다. 요약하면, 공공건물로 이루어진 고리들 · 벽 · 노동자들의 주택과 축 그리고 중심시설 등과 같은 형태적인 장치들이 계층을 명확히 구분해 주는 것을 사실이지만, 한편으로는 공간구조에 의해 드러나는 중요한 관계들을 애매하게 만들었던 것이다.

왕실과 국가보다는 적은 권력을 소유하였던 투자자들도 이와 같은 모델을 따랐지만, 대체로 좀 더 완화된 수단을 사용하였다. 파리의 국가기록보관소에는 지주인 귀족계급이 자신들의 부동산에 벌인 각종 이권사업들의 기록이 보관되어 있다. 그 첫 번째 사업은 자신의 토지 안에 위치한 강가의 물레바퀴를 이용한 제재소 · 도기공방 · 주물공방 · 제지공방 등이었다. 사업이 점차 완전한 생산복합시설로 확대되어 감에 따라, 왕립 매뉴팩처공장들과 자신들[귀족계급]의 샤토에 사용되는 궁전건축양식을 받아들였다.

그러나 이들도 때로는 지나친 허영을 보이기도 하였다. 1785년 토머스 샌드비Thomas Sandby가 피츠모리스Fitzmaurice 일가를 위해 표백공장을 웨일즈에 설계했을 때, 중앙의 높은 건물과 양쪽의 열주랑으로 이루어진 거대한 곡선의 궁전 형태로 초안을 작성하였으며(그림 10.7), 초안을 약간만 손질하여 최종 디자인을 완성하였다.

왕실과 귀족층의 투자가들이 궁전 형태를 사용한 것보다 더 놀라운 사실은 자수성가한 기업가들의 상향식 프로젝트들에서도 이런 형태들이 고수되었다는 것이다. 볼튼Boulton과 와

그림 10. 7 웨일즈에 있는 피츠모리스 표백공장을 위한 토머스 샌드비의 디자인(c. 1785)
출처 : BAL/RIBA Drawings Collection

트Watt가 버밍엄의 소호Soho에 있는 당시 유럽에서 같은 종류의 것으로는 가장 큰 그들의 매뉴팩처공장을 디자인하도록 고용한 벤자민 와이엇 2세Benjamin Wyatt II(1765-6)는, 팔라디오 양식의 컨트리하우스[28] 외관을 제시하였다. 약간 돌출되어 있는 중앙부는 현관 위에 아치형 채광창과 얕은 돔을 갖고 있으며, 건물의 양 끝단도 중앙부와 비슷하게 약간 튀어나와 있다(그림 10.8). 그러나 양쪽 측면 건물들은 정면을 향하여 팔을 벌려 방문객들을 받아들이는 형상을 취하는 대신에 뒤쪽으로 길게 돌출하여 거대한 뒷마당을 형성하였다. 숨겨진 마당은 사업상의 비방직공장과 산업스파이의 시대를 예감하게 한다. 견습공 기숙사 · 사무실 · 작업장 · 상점들이 건물의 전면부에 위치하면서 대칭적인 외관을 형성하였다. 이 생산시설은 계속된 증설을 통하여 성장하였고, 그 결과 1788년에 이르러서는 중정들 · 주택들 · 회계실과 기관실 · 기계공장 · 압연공장 · 용광로 · 조폐공장 등이 뒤섞여 있게 되었다. 상류계급의 건물로 위장되어 시작되었던 것이 결국에는 우아한 겉모습이 깨진 채, 새로 출현한 혁명적인 제조시설로 마무리 되었던 것이다.

군사 생산

육군과 해군 프로젝트에 대한 왕실의 투자가 도시계획적 차원에서 거대한 규모로 계속되었다. 콜베르는 로쉬포르의 해군병기창과 같은 초대형 프로젝트를 후원하였다. 이 프로젝트의 주요 지침들은 '빠르고 아름답고 장대하게' 건설해야 한다는 것이었다. 건축은 1666년에 시작되었고, 1670년에 이르러 대포주조소 · 단조공장 · 해군막사 · 조선소 · 장교숙소 · 거대한 로프공장(왕립건축아카데미의 학장이었던 블롱델Blondel이 디자인하였다) · 건조실 · 돛대제작소 · 사무실 · 창고 등이 완성되었다. 평면(그림 10.9)은 전형적인 공공시설의 형태를 띠고 있었다. 깊은 영역에는 원래 있던 성의 기초 위에, 감독관과 직원들('거주자')이 거주하는 '킹스 하우스King's house'가 있다. '방문객들'을 위한 격자형태의 민간인 구역(노동자와 하사관들의 숙소도 민간인 숙소 내에 있다)은 바깥쪽의 얕은 구역에 위치한다. 그러나 평면을 살펴보면 다른 의미도 발견된다. 즉 조선소와 생

28. 시골의 귀족 또는 대지주의 저택

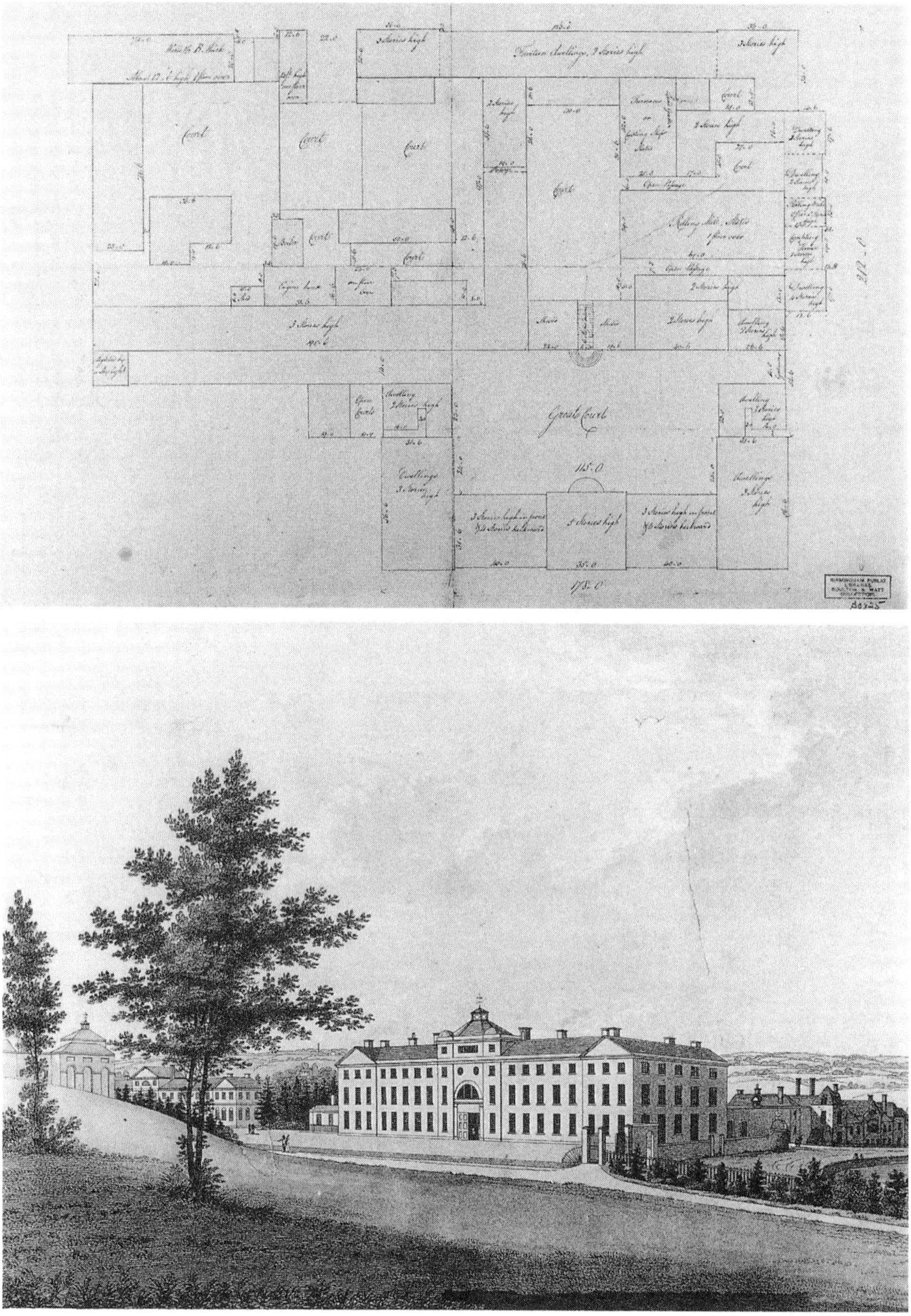

그림 10. 8 와이엇이 설계한 버밍엄의 소호에 있는 매뉴팩처공장의 1778년 평면과 외부 전경(1765-6)

출처 : 버밍험 공공도서관에 소장되어 있는 Boulton과 Watt의 컬렉션, 버밍험 중앙도서관 기록보관실의 허가에 의해 복제됨

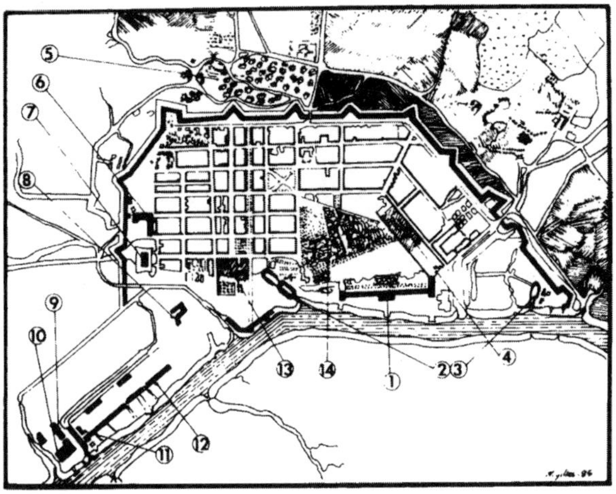

그림 10. 9 로쉬포르의 해군병기창

출처 : Admiral Dupont and Marc Fardet(1986) L' Arsenal de Colbert, Rochefort, 국제해양센터, 로쉬포르

산공간은 깊은 영역에 위치하여서, 다시 한번 자본과 그로부터 발생되는 권력이 공간의 깊이에 의해서 표현된다.

또 다른 군수공장 시스템이 발전하고 있었다. 그것은 사슬에 묶인 노예들, 특히 전쟁 중에 생포된 이슬람교도들이나 북아프리카와 근동지역에서 온 이교도들로 채워진 갤리선galley[29] 시스템이었다(Bamford 1973). 갤리선은 국내의 부랑자 · 걸인 · 범죄자들도 받아들였다. 노를 다루기에 너무 약한 사람들은 폐선을 이용한 감옥선에 영구적으로 감금당하였다. 마르세유에 있는 병참부는 루이14세를 위해서 1665년부터 재상 콜베르와 그의 아들에 의해 크게 확장되었다. 여기에는 전쟁에 참여하지 않는 노예 · 노인 · 불구자들이 일했던 훌륭한 새 병기창이 포함되어 있었다. 이 병기창의 생산품은 해군과 육군뿐 아니라 민간 경제에도 매우 중요하였다.

갤리선 병기창galley arsenal에서는 전통적인 세 가지 규율, 즉 형벌과 군기 그리고 생산성이 하나로 수렴되었다. 뛰어난 갤리 군단은 이 세 가지를 모두 달성하기 위하여 공간의 조직을 포함하여 모든 수단을 동원해 훈련되었다.

툴롱Toulon · 브레스Brest · 로쉬포르에 기반을 두고 있던 갤리선들도 마르세유의 갤리선과 같은 종류의 사람들로 이루어졌지만, 그들의 지위와 신분은 대략 1700년 이후 끊임없이 악화되었다. 갤리선 노예들의 생활은 약간의 자유와 자급자족을 위한 노동 그리고 불결함으로 뒤죽박죽되어 있었다. 갤리선 시스템과 그 군단들은 30년 간 악전고투하며 명맥을 유지하였으나, 1748년 도형장徒刑場, bagne이라는 시설로 대체되었다. 도형장은 항구에 위치한 종합적인 시설로써, 수용자들에게 숙식을 제공하며, 엄격한 감독 하에서 강제노역을 시키는 강제노역소식 공장이었다. 이곳의 규율과 직원들은 대체로 갤리선과 감옥선으로부터 받아들였다. 일찍이 1669년에 콜베르가, 몰타Malta[30] · 탕헤르Tangier[31] · 레그호른Leghorn 지역에 있던 것과 같은 도형장을 마르세유에 설립할 것을 제안하였지만, 프랑스가 이 단계를 밟기까지는 한 세기가 더 걸렸다.

브레스는 콜베르와 그의 각료들이 해군병기창의 부지로 로쉬포르를 선택하고 그 대신 탈락시킨 부지 가운데 하나였다. 브레스는 그 후 100년 동안에도 크게 개발되지 않았다. 1장에서 나는 쇼케 드 랭디Choquet de Lindu가 1757년에 디자인하고, 디드로Diderot가 발표한 20,000명의 죄수들을 수용하기 위해 설계된 브레스에서 가장 큰 건물인 도형장에 대해 언급한 바 있다. 로즈너Rosenau(1970: 78-9)는 이 내용을 감옥에 대한 연구에 포함시켰다. 그러나 이 건물은 공장으로서의 의미가 더 중요하다.

한 동의 도형장은 2층으로 이루어지며 사슬로 묶인 2,000명을 수용할 수 있었다(그림 10.10). 그들은 두 개의 커다란 홀에서 잠을 잤는데, 이곳에는 한가운데를 관통하는 중간중간 구멍이 뚫린 벽을 따라서 양쪽에 20명의 죄수

29. 고대 · 중세부터 근세 초기까지 지중해에서 사용된 군선. 양쪽 뱃전에 각 30개 이상의 노 젓는 자리가 마련되어 있었으며, 한 자리마다 3명 이상의 노 젓는 사람을 두어 속도와 기동력이 뛰어났다. 여기서는 갤리선의 인력과 공간조직, 그리고 규율을 활용한 군수공장을 의미한다.
30. 이탈리아 시칠리아 섬 남쪽 지중해에 위치한 섬나라.
31. 아프리카 북서단 지브롤터 해협에 면한 모로코의 항구도시

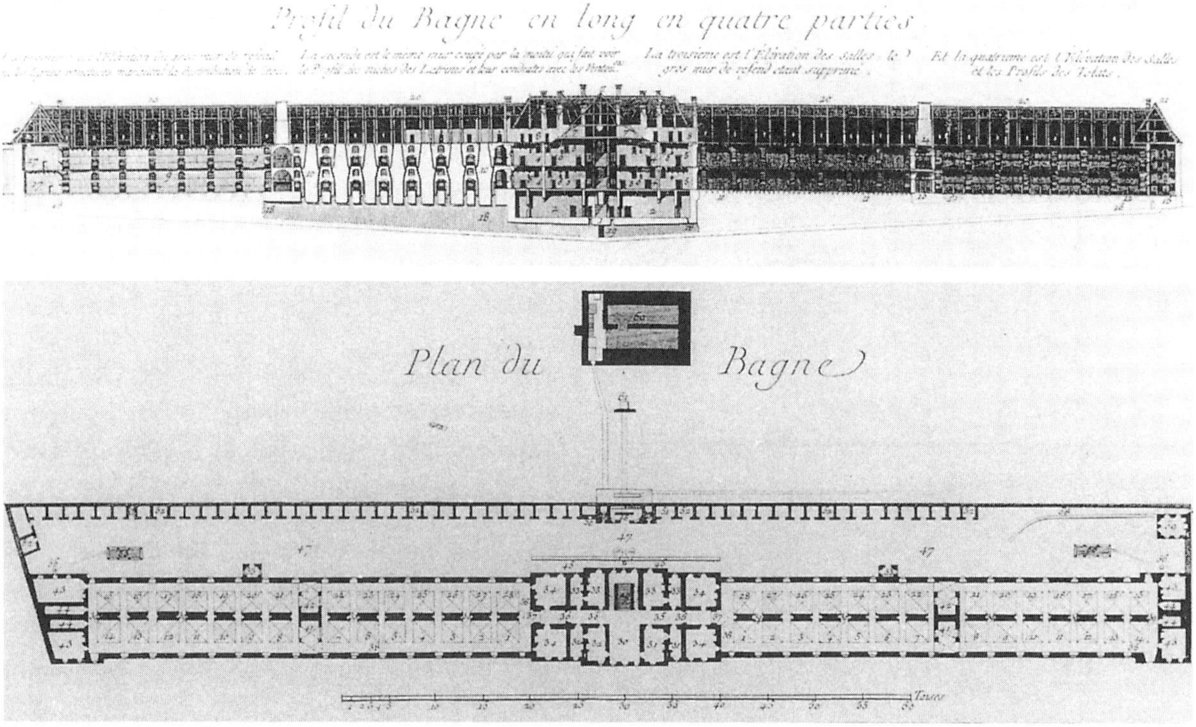

그림 10. 10 쇼케 드 랭디가 설계한 브레스 도형장, 종단면도와 평면도(c. 1757)
출처 : Diderot

들이 공동으로 사용하는 캔버스천으로 만든 매트리스가 배열되었다. 이 홀들은 낮에는 철창살으로, 밤에는 무거운 나무문으로 중앙의 관리부로부터 격리되었다. 입구 · 계단실 · 경비원 · 관리책임자 · 외과의사 · 목사 등을 위한 공간과 체인갱chain gang[32] 사무실이 중앙에 위치하였다. 미사 의식을 위해 식기장에 바퀴를 달아서 계단실 바로 앞에까지 움직일 수 있게 만든 제단도 이곳에 있었다. 각각의 홀은 두 부분으로 나누어진 술집을 가지고 있었다. 한 쪽은 국왕이 제공하는 공짜 와인이 있었고, 반대편에는 죄수들에게 술을 판매하였다.

32. 한 사슬에 묶인 옥외 노동 죄수들을 의미함.

모든 사람들은 일해야 했고 그중 일부는 거대한 안마당의 작업장에서 일하였다. 생산품은 구석에 있는 입구를 통해 안마당으로 들어 온 일반인들이 직접 접근할 수 있는 조그만 상점들을 통해 팔렸다.

지하층 평면과 단면은 고도로 정교한 위생 시스템을 보여준다. 수로 · 배관 · 환기통로 · 저수조 · 옥외변소 · 세탁실 · 부엌 등은 전체 시스템이 불결하고 무질서한 상황으로 악화되는 일 없이, 깨끗한 물 · 배수와 하수처리 · 깨끗한 공기 · 의복의 세탁 그리고 몸을 씻고 요리하는 일을 보장해 주었다.

브레스 도형장의 공간구조는 기존의 공공시설과는 거의 완전히 반대되는 구조를 보인다. 일반인들과의 교역을 위해 마련된 입구로 인하여 공간구조의 엄격함이 감소되긴 했으나, 거주자들(관리 및 직원)은 얕은 바깥 구역에, 방문객들(죄수)

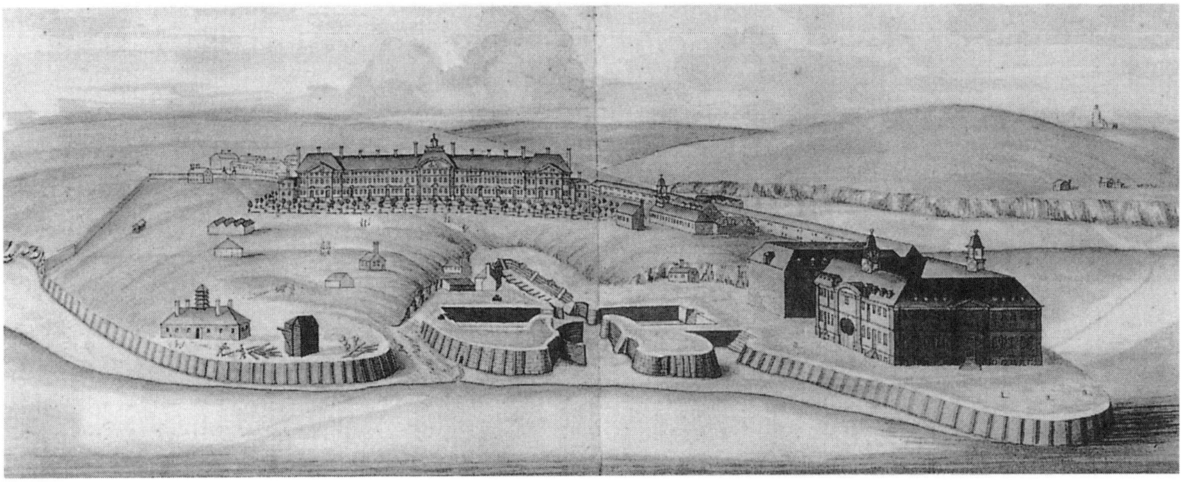

그림 10. 11 1698년의 데븐포트 해군 공창
출처 : Dummer가 그린 전경, 대영도서관 Lansdowne Collection

과 그들의 노동장소는 깊은 곳에 위치하였던 것이다.

도형장은 1790년 가이아나Guyana를 시작으로 프랑스의 해외식민지로 퍼져 나갔다. 전통적인 형벌 · 군기 · 생산성에 덧붙여 식민지적인 질서가 추가되었는데, 이것은 공장 시스템factory system에서 보이는 몇 가지 특징들이 함축적으로 수렴된 것이다.

드망종Demangeon과 포르티에Fortier(1978)는 해군병기창을 근대적인 도시계획의 전조로 보았다. 생산성을 위해 해군병기창의 모든 시스템들은 과거의 어떤 시설보다도 큰 규모로 계획되었고, 도시 스케일로 확장되었다. 공간은 기능에 의해 정밀하게 정의되었고 분화되었다. 기술은 계속 발전되었다. 그리고 건물들은 '비물질화되어' (여기서의 비물질화란 양식이나 형태적인 모델 또는 형태 어휘들의 포기를 의미하는 것이다), 규칙적인 격자모양의 평면계획에서 '차폐막' 역할로 축소되었다. 이렇게 하여 '고전적인 마을 형태에 대한 완벽한 부정' 이 효과적으로 이루어졌다(1978: 30). 그러나 이러한 관점들도 가치가 있지만, 쉐르부르Cherbourg의 해석에서 명확하게 드러나듯이, 사회구조나 공간구조에 대한 분석을 지양하고 외형의 변형만을 지나치게 강조하였다.

영국의 왕립조선소들과 병기창들의 디자인은, 전제군주 · 혁명의회 · 황제 · 백과사전적 계몽주의 · 중농주의에 따른 곤궁함이 없었음에도, 프랑스와 놀라우리만큼 유사하였다. 1692년에 시작된 플리머스Plymouth(데븐포트Devonfort[33])는 훌륭한 사례연구가 될 수 있다(그림 10.11).

이곳에 세워진 최초의 건물들 중에는 로버트 후크Robert Hook가 디자인한 것으로 추측되는 호화로운 장교용 테라스하우스[34]가 있었다. 건물의 중앙 부분은 행정관의 숙소였으며, 건물 양단은 사무실이었다. 이 건물과 직각으로 긴 로프공장이 있었고, 그 끝에는 거대한 창고가 위치하였다. 그 후 150년간에 걸친 확장 끝에 노동자들의 주택은 모두 담장으로 둘러싸인 구역 바깥쪽으로 옮겨졌다(Coad 1983). 정문 안쪽의 얕은 구역에는 모든 기능적이고 이념적인 통제 공간들이 위치하였다. 이러한 공간으로는 예배당 · 경리사무소 · 감시책임자의 주택 · 장교들의 테라스하우스 · 위병소 등이 있었다. 안쪽 깊은 곳에는 원래의 배치에서 동쪽 경계선을 따라 직각

33. 영국 남서부의 군항
34. 도시에 있는 연립주택

으로 배치된 로프공장을 포함하여, 창고와 작업장 등이 위치하였다. 수변에는 생산시설 및 부두가 있었다.

이러한 구조는 처음에는 공공기관institution이나 평범한 공공공간public space 모두와 대립하는 것으로 보이지만, 이제 생산을 위한 전형적인 공간으로 확고히 자리 잡게 되었다. 시작은 르크레조에서였는데, 이곳에서 중요한 생산시설은 통제하는 자와 같은 깊이에 위치하며, 통제받는 자는 바깥쪽 얕은 곳에 위치한다. 브레스에 있는 도형장은 르크레조 왕립주조소와 정반대로서 거의 순수한 공공기관적인 성격을 갖고 있다. 쇼에서는 통제하는 자와 통제받는 자 그리고 생산시설이 서로 공간을 공유하며, 깊은 영역에 위치한다. 한편 부다페스트와 플리머스에서는 통제하는 자와 통제받는 자는 얕은 공간을 공유하지만 생산시설은 깊은 곳에 계속 남아있다. 이와 같이 생산시설이 깊은 곳에 위치하는 공간구조는 당시의 모든 매뉴팩처 공장에서 공통된 특징이다. 이것은 권력이 사회적 신분차이로 결정되는 것이 아니라, 자본의 투자에 의해 권력이 새롭게 정의되는 것은 보여주는 자연스런 결과인 것이다.

해군병기창들은 혁신적인 위생시설 덕분에 마치 '실험실' 처럼 보이게 되었다. 영국의 해군공창들은 로쉬포르 해군병기창과 도형장에 있던 병원보다도 위생시설 면에서 앞서 있었다. 최초의 영국 해군 병원의 건축가인 해슬러Haslar(1746-61)는 몇 가지 외국의 선례들을 사용하였지만, 임상 관련 부분의 초대 내과의사였던 제임스 린드James Lind가 임상 활동에서 벌인 혁신적인 시도는 해군뿐만 아니라 사회전반에 큰 의미를 가지고 있었다. 우리는 앞 장에서 어떻게 프랑스 과학아카데미가 스톤하우스Stonehouse 해군병원을 모델로 삼아 오래된 오텔 디유Hôtel Dieu의 위생시설을 교체하였는지에 대해서 살펴보았다.[35]

나는 여러 차례 생산과 군사 규율과의 관계를 연결지어 설명하였다. 이러한 연결은 군대의 공간조직 내에 존재하는 것인가?

전장과 해군의 편대에서는 기동성이 요구되고 그에 따라 배치가 시시각각 변하므로 기본적인 공간조직을 이해하기 힘들다. 따라서 군대의 공간은 병영배치에서 더 명확히 알 수 있다. 병영배치는 로마의 토지측량법과 도시계획에서 기원한다.

아그리멘소레agrimensore로 불리는 로마시대 토지측량기사의 정확성은 18세기 후반까지는 비길 데가 없었다고 딜케Dilke(1971)는 주장한다. 이 시스템은 인게룸ingerum이라 불리는 단위경작지를 기초로 한다. 인게룸은 한 명의 노동자가 두 마리의 황소를 이용해서 하루에 경작할 수 있는 약 1/4 에이커의 땅을 말한다. 인게룸이 둘 모이면 헤레디움heredium이라 하는데 이는 작은 소작농에 충분한 크기였다. 그리고 헤레디움이 100개 모이면 한 부족이나 후대 로마 식민지에서의 경작단위인 센투리아centuria가 된다. '센투리에이션centuriation' 이란 토지를 선에 의해 직각의 격자형태로 분할하는 것을 의미하는데, 한 방향은 데쿠마누스decumanus, 다른 방향은 카르도cardo라 불렸다. 도로가 넓어지면서 두 개의 주요 간선도로가 나타났는데, 이 거리들이 대데쿠마누스decumanus maximus와 대카르도cardo maximus가 된다. 군대와 식민지 활동이 토지분할과 연관된다는 것은 명백하다. 리커트Rykwert(1976)는 토지 분할이 도시계획으로 확장된 과정을 적절히 설명하였다.

격자체계는 어디서나 사용되었다. 전 로마시대에 걸쳐서, 그리고 16세기 라틴 아메리카의 식민지들, 북아메리카의 개척지, 19세기의 유럽 도시들, 그리고 밀튼케인즈Milton Keynes 신도시[36] 등에서 두루 사용되었다. 격자는 경계와 중심 또는 위계가 없이 완전히 열려 있는 시스템이다. 이것은 가장 기초적이고, 또한 가장 '민주적인' 공간구조이다. 군대가 아닌 민간 도시공간을 형성하는 과정에서, 격자체계는 사회구조를 수용하기 위해 변형된다. 이것은 사회구조 안에서 권력이 비대칭적으로 분포한다는 것을 의미한다. 주요 교차로에는 공공광장인 포럼forum과 같은 커다란 구멍이 만들어졌다. 다양한 넓이의 거리와 크기가 서로 다른 대지체계가 도입되었고,

35. 4장을 참고하라.
36. 1967년에 런던의 인구를 줄이기 위하여 런던과 버밍엄 사이에 새로 건설한 도시.

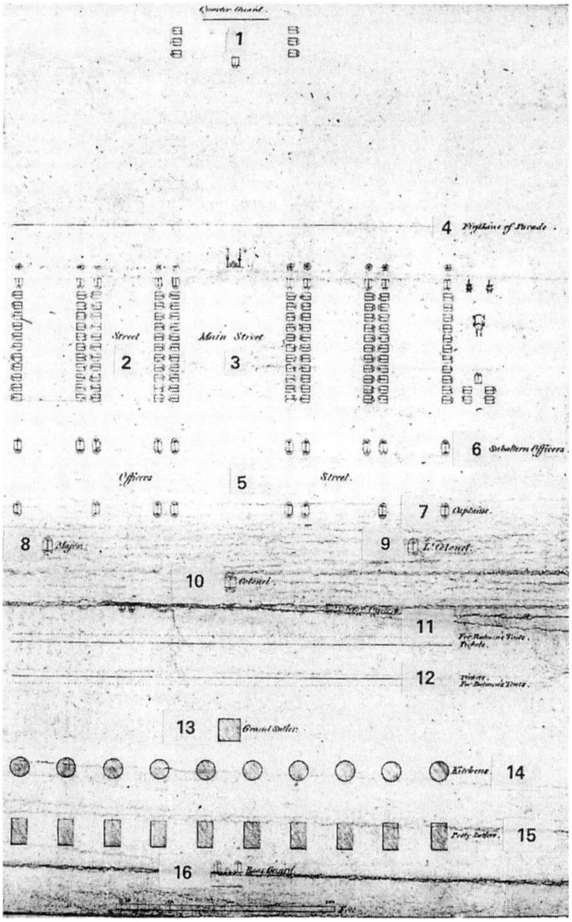

범례

1 전위 초병	9 중령
2 도로	10 대령
3 주요 도로	11 하사관의 막사 경계
4 분열식의 첫 번째 줄	12 당번병의 막사 경계
5 장교의 도로	13 대종군상인
6 중위와 소위	14 취사장
7 대위	15 하급 종군상인
8 소령	16 후위 초병

그림 10. 12 18세기 병영 배치도

출처 : Lochée(1778)

축이 형성되었다. 주요 격자선에 맞추어 위치가 정해지는 관문들에 의해 대지를 둘러싸는 경계벽이 관통되었다. 이 모든 것은 군대의 병영계획에서 잘 드러난다. 로마식 '병영배치법' 의 원형은 여전히 18세기의 군대에서도 확연하게 나타난다(Lochée 1778). 이 시기의 모범적인 배치(그림 10.12)를 보면 중앙축을 중심으로 후면에 대령의 텐트가 위치하고, 한 단계 얕은 위치에 좌우대칭적으로 중앙축과 직각으로 중령과 소령의 텐트가 위치한다. 다음으로는 위관급 장교의 텐트들이 넓은 장교용 도로로 분리된 채 넓은 지역에 세 줄로 정렬되어 있으며, 마지막으로 얕은 곳에 사병들의 텐트가 좁은 도로에 밀집되어 가구街區를 이루며 배치되어 있다. 외곽에는 초병들이 위치한다. 대령의 텐트 뒤로 가장 깊은 곳 중앙축 위에 대종군상인이 있으며 이를 기점으로 하여 취사장과 하급 종군상인들이 피라미드 꼴을 이루어 배치되었다. 이런 배치는 벽 · 정문과 탑 · 얕은 곳에 있는 노동자 숙소 등으로 이루어진 마을이나 공장의 모습과 유사하다. 깊이가 증가하는 것은 권력과 통제력이 커진다는 것을 의미한다. 이런 공간구조에서는 최대의 생산가치를 지닌 공간이 가장 안쪽에 놓이게 된다.

이를 가장 명확하게 계승하는 건물은 막사barracks이다. 하지만 이는 생산공간과는 거리가 있다. 생산과 좀 더 관련이 있는 것은 아일랜드의 대농장plantation 마을과 네덜란드와 영국의 인도회사가 개발한 식민지 산업부락이다. 이러한 마을은 상인 · 군인 · 민간인 하인들을 대상으로 가장 진보된 도시설계 개념들을 실험하는 곳이었다. 킹King(1971)은 이 마을들을 서로 격리된 세 부분으로 이루어진 구조로 묘사하였다. 즉 식민지 지배관료 · 군대병영 · 전통적인 원주민 부락은 명확하게 민간인 공간 · 군대 공간 · 주거공간으로 구분되었다. 이러한 명확성은 산업화가 진행됨에 따라 사라졌다. 본토와 식민지 사이에 일방적인 흐름만이 있었던 것은 아니었다. 제임스 피콕James Peacock은 『장대하고 흥미로운 설립A Magnificent and Interesting Establishment』(1790)에서 꿈꾸었던 개념을 『대영제국 매뉴팩처 연합회사 설립계획A Plan for Establishing a United Company of British Manufactures』(1798)' 에서 상세히 논술하였다. 이는 공장 · 창고 · '판매 상점' · 공동주거로 이루어진 식민지 마을을 런던으로 이주시키려는 계획이었다. 생산적 관점에서 분석할 때, 식민지는 이익이 남는 장사였다. 그러나 이 계획은 보류되어야 하였다.

이러한 '하향식' 산업발전은 점차 퇴조하게 되어 산업혁명 과정에서 나타난 '상향식' 공장 시스템 뒤로 사라지게 되었고, '생산공간과 주거공간을 포함하는 대규모 복합시설' 은 생산 유토피아에서만 다시 나타나게 되었다. 한편 이런 거대 계획의 반대편에 있는, 작고 넘어질 듯 덜컥거리는 기계들 또한 사회적 함의에 있어서 결코 덜 중요하지 않았다.

대탐험의 시기에 스코틀랜드 하이랜드 지방의 소작농들은 집과 토지로부터 추방당하는 고통을 감수하며 그들이 수확한 곡물을 빻고 팔기 위해 지주가 소유한 물레방아 제분소로 곡물을 운반해야 하였다. 당연히 지주들은 최대의 이윤을 얻기 위해 가혹하게 낮은 가격을 불렀으며 소작농들은 이를 받아들일 수밖에 없었다. 따라서 소작농들은 스코틀랜드 일부 지방에서 전통적으로 사용되어 온 소형 물레방아를 지어서 저항하였는데(Shaw 1984), 이는 수직축에 끼어 수평으로 도는 바퀴로 이루어져 있었기 때문에 산의 좁은 개울에서도 물속에 잠길 수 있었고, 적당한 크기의 맷돌 두 개를 움직일 수 있었다. 비록 지주의 토지관리인에게 발견되면 파괴되었지만, 이런 구조의 물레방아는 쉽게 감추어 질 수 있었다. 이러한 저항은 동력자원이 갖는 몇 가지 측면들을 부각시킨다.

첫째, 동력의 소유자는 사회적 질서를 강제할 수 있는 경제적인 권력을 갖는다는 점이다. 이는 정치적인 권력으로, 위의 사례에서는 물리적인 힘을 포함하는 가장 원초적인 형태로 나타난다. 둘째, 경쟁자(여기서는 사회전복세력인 소작농)는 대안이 될 수 있는 동력원이 없이는 살아남을 수 없다는 점이다. 그리고 셋째, 규모는 큰 차이가 있지만, 양측 모두 같은 기술(여기서는 물레방아)을 사용하는 경향이 있다는 점이다.

37. 상인이 영세수공업자에게 미리 자본을 빌려주어 제품을 생산하게 한 다음, 원금에 이자를 더한 값어치의 생산품을 가져가는 일종의 금융 시스템.
38. 스코틀랜드의 일반적인 주택 형태로 거주공간에는 부엌과 거실이 있고 축사는 별동에 배치되었다.

이러한 초창기 사례로부터 우리가 이미 언급하여 온 사회의 다양한 측면간의 관련성에 대해 더 잘 이해할 수 있다. 토지와 자본 그리고 법률로부터 나오는 권력은 모두 지방의 대토지를 경영하거나 식민지 거주지 · 갤리선 노예가 일하는 군수공장 · '대규모' 매뉴팩처공장을 운영하는데 관련된다. 그리고 이 모든 시설에는, 강압적인 기관[교도소 등]에서처럼, 군대의 규율이 존재하였다. 놀라운 것은 '상향식' 공장 시스템이 시작되었을 때에도, 군대의 병영이나 막사 그리고 교도소들이 계속 영향을 미쳤다는 점이다.

공장 시스템

공장factory과 제분 · 방직공장mill은 조직과 공간이 가장 잘 드러나는 산업형태이다. 과거의 경제사 연구는 일반적으로 기계나 동력원의 기술적인 변화에 따라 경제발전을 추적해 왔다. 생산의 사회적인 차원은 빠져 있었다. 하이랜드 지방의 물레방아 제분소 이야기는 기술이 없이는 아무것도 할 수 없다는 브로델Braudel(1982)의 주장을 증명해 준다. 버그Berg(1985)는 종종 한 부락에서도 생산양식 · 사회적 관계 · 동력자원과 기술이 얼마나 다양한 형태로 혼합될 수 있는가에 대해 보여주었다. 독립적인 가내 수공업적 직조장이나 상인에 의해 운영되는 '선대제先貸制[37]'를 통하여 조직화된 가내 수공업적 직조장(협동작업장 또는 공동작업장), 그리고 규모가 큰 수력 방직공장들은 모두 서로 유사하고 친밀한 것이었다. 계절적인 농업 고용과 밀접하게 연결되어 있는 '선대제'를 버그는 원原산업proto-industry이라고 불렀다. 채프먼Chapman(1974)은 이에 대해 꽤 상세하게 설명한다. 원래 산업과 농업의 생산공간은 통합되어 있었다. 많은 초기의 직물 작업장들은 전통적인 '롱' 하우스long house[38] 농장에 있었는데, 여기에는 주택 · 착유장 · 외양간 등이 하나의 긴 지붕 밑에 함께 위치하였다. (직물)작업장이 별도의 부가공간으로 부설되거나, 심지어 농장공간을 대체하기도 하였다.

프로덴버거Freudenberger와 레틀리히Redlich(1964: 394쪽 이하)는 공장은 고정자본과 감시되고 조직화된 노동(가내 작업장에서는 발생하지 않는다)의 집중화로 정의되는 것이지, 동력자원에 의해 정의되지 않는다고 주장하였다. 채프먼은 공장의 진화를 3단계로 분류하였다. 여기에 가내 수공업 시스템이 네 번째로 추가되고, 동력자원으로 공장의 발전단계를 규정지을 수 없다는 버그의 경고를 상기한다면, 사회와 경제와의 관계를 네 가지 유형으로 구별할 수 있다.

유형 1. 하나 혹은 그 이상의 가내 수공업 공정 : 가족구성원에 의해 수행된다. 여기에 견습공이나 숙련공이 참여하게 되면, 생산자는 '장인' 이나 '1급 숙련공' 이 된다. 이들은 독립적으로 운영(직접 원료를 사고 자신의 완성품을 판매하는)하거나, 아니면 중간 상인에게 '선대를 받고' 성과급을 받는다.

유형 2. 하나의 공정으로의 집중화 : 얼마간의 자본이 요구된다. 예를 들어, 축융공장[39]이나 양말 직기 · 직기 · 실크원사를 뽑고 감는 기계 · 염색 통 등으로 이루어진 소형 작업장 등이다. 어떤 경우에는 부분적으로 수력이 사용되기도 하였다. 아마도 가내 수공업의 장인으로 출발했을 소유주는 시간제 혹은 성과급으로 노동력을 고용하기도 하였다.

유형 3. '원공장proto-factory' : 몇 가지 공정들을 소규모 공정 단위로 묶고 이들을 하나의 대규모 생산단위로 집중시킨다. 기계류는 체계적으로 그룹화되며, 수력을 사용할 수도, 사용하지 않을 수도 있다. 반자동 공정과는 연계되지 않는다. 노동자들은 시간이나 성과급으로 노임을 받고, 역시 임금을 받는 감독관 밑에서 일한다. 채프먼(1974: 471)은 1780년 이전에는 직물산업에서 이러한 생산단위들이 가장 거대한 자본집중을 만들어 냈을 것이라고 추정하였다.

유형 4. 진정한 공장 : 동력을 만들어내는 기술과 자동 기계들이 24시간 작동하는 생산공정에 맞도록 조직화된 공장을 말한다. 수력과 증기력은 필요하지만 공장의 모든 특징을 정의하기에는 불충분하다. 최초의 사례들은 1717년의 더비 실크공장Derby silk mill과 아크라이트의 면방직공장Arkwright cotton mill들과 같이 모두 직물에 관련된 것이었다.

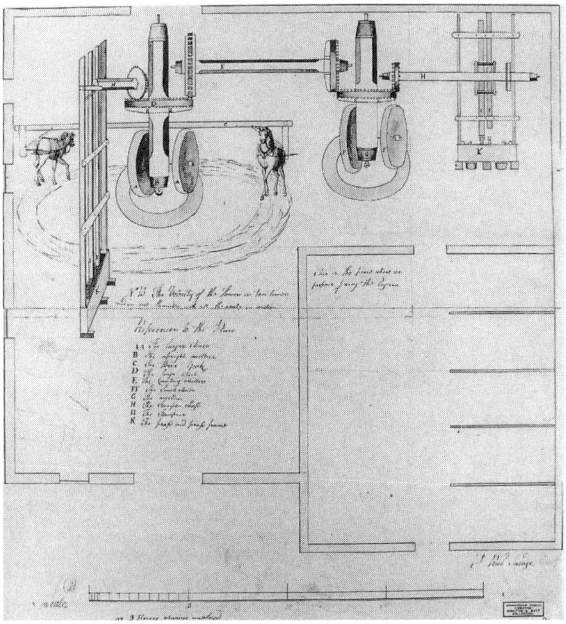

그림 10. 13 헐에 있는 말을 이용한 올리브종자 압착공장(c. 1784)
출처 : 버밍험 공공 도서관에 소장되어 있는 Boulton과 Watt의 컬렉션, 버밍엄 중앙 도서관 기록보관실의 허가에 의해 복사함

노동자들의 주택은 뒤에서 다룰 것이며, 그때 유형 1과 2의 작업장도 함께 다루어질 것이다. 여기서는 진정한 공장에 집중하도록 하자. 이에 대한 방대한 양의 문서는 프로덴버거와 레틀리히(1964)가 주장했던 것처럼, 조직과 자본의 밀접한 관계를 증명하는 사례연구들로 가득 차 있다. 자본이 없다면

39. 천의 올을 배는 공장

그림 10. 14 더비에 있는 롬 형제의 실크방직공장(1717–19)
출처 : Nixon(1774)

기술적인 발명은 꽃을 피우지 못한다. 반면에 자본이 있다면 전통적인 방법일지라도 번창하게 된다. 그러나 한 가지 기술, 즉 동력을 만들어 내는 기술은 공장의 위치와 공장의 공간조직을 이해하는데 있어 매우 중요하다.

말이나 황소를 쳇바퀴나 순환로를 걷게 하여 동력을 얻는 축력animal power은 인간의 힘에 의한 동력만큼이나 오래 전부터 사용되었다. 하드웨어는 고정자본의 일부분이었다. 말의 힘으로 작동하는 수평 또는 수직구동축이 16세기까지 사용되었는데, 이는 말을 순환로를 따라 걷도록 한 것이었다(Clark, 1927-8). 스미튼Smeaton은 이러한 바퀴들을 사용하여 펌프를 작동시키는데 성공하였다. 1780년대에 헐Hull에 세워진 말을 이용한 올리브종자 압착공장(그림 10.13)은 구동축과 기어에 의해 몇 가지 기능이 가능하도록 동력을 전달한다. 건물은 기계에 적합하게 만들어진 형태를 취하게 된다.

자본은 기계적 권력과 사회적 권력을 구매할 수 있다. 사회적 권력에는 두 가지 형태가 있는데, 노동력에 대한 권력과 경쟁자에 대한 권력이 그것이다. 그리고 사회적 권력은 기계적 권력보다 공간을 훨씬 잘 설명해 준다. 유형 1의 경우에, 장인은 그의 가족이나 견습공 · 숙련공들에게 제한된 권력을 행사하였다. 유형 2와 3의 경우에, 기계는 더 이상 가족 안에 머물러 있지 않으며, 임금노동자들을 고용하기 위해서는 규율과 감시에 적합하도록 디자인된 공간이 필요하였다. 이러한 형태가 사회적으로나 공간적으로 성숙해지면 유형 4가 된다.

방직 공장

실크는 특별한 관심이 가는 산업이다. 왜냐하면, 우리가 지금까지 보아왔듯이, 진정한 공장에 수력이 최초로 적용된 곳이 바로 실크산업이기 때문이다. 영국에 기계화된 실크방직산업이 도입된 것은 공장의 역사에 있어 하나의 이정표가 된다.

그 첫 번째 것은 더비의 더웬트Derwent 강에 있는 한 섬에 토머스 코체트Thomas Cotchett가 1702년에 세운 3층짜리 방직공장이었다. 허튼Hutton(1791: 195)에 따르면, 그 공장은 세 개의 물레바퀴가 필요했으나 하나의 물레바퀴('엔진')만을 도입했기 때문에 동력이 부족하여 실패하였다고 한다. 하지만 그 공장의 엔지니어였던 조지 소로콜드George Sorocold는 1717년 롬 형제에게 다시 고용되어 코체트의 공장 옆에 훨씬 더 큰 5층 규모의 실크방직공장을 건립하였다. 그러나 이 공장 역시 단 하나의 물레바퀴(지름 23피트(6.9미터))만으로 가동되었다. 롬 형제는 이탈리아의 레그호른 지방으로부터 방적기의 비밀을 훔쳐냈을 것이다.[40]

이 공장의 평면은 현재 남아 있지 않다. 닉슨Nixon이 1794년에 출간한 유명한 외관모습(그림 10.14)과 몇몇 글들이 유일한 참고자료이다. 닉슨의 동판화는 아마도 벽돌로 만들어졌을 볼트로 된 지하층 위로 길이 110피트(33미터), 폭 39피트(11.7미터)의 직사각형 모양의 5층 건물을 보여준다. 볼트는 수면 위로 솟아 있는 커다란 아치로 잘 드러나 보인다.

전체 풍경은 전원적이고 목가적이다. 공장은 올 세인츠 교회의 수직탑으로 대변되는 기존 건물들이 이루는 도시구성의 한 부분을 형성한다. 앞쪽으로는 사공이 삿대로 작은 배를 저어 가고 있으며 다른 배의 사공은 휴식을 취하고 있다. 두 소년 가운데 하나는 발가벗은 채 더웬트 강에서 수영을 즐기며, 세 번째 친구는 둑을 건너고 있는 두 사람에게 반갑게 손을 흔들고 있다. 구름이 엷게 드리운 하늘에는 당까마귀 몇 마리가 선회하고, 나무는 온통 한여름의 녹음으로 무성하다. 인적이 끊긴 실크공장은 자연과 마을과 교회에 평화롭게 통합되어 있다.

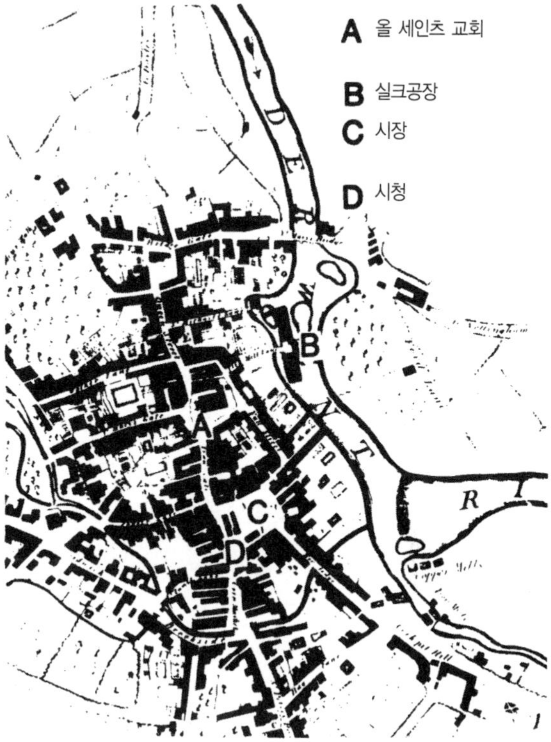

그림 10. 15 더비 마을 배치도
출처 : 대영도서관

그러나 마을의 배치도(그림 10.15)는 다른 이야기를 들려준다. 실크공장은 섬의 끝에 위치하고 있음에도 불구하고 그 크기로 인하여 마을을 압도한다. 공장은 밀 레인Mill Lane으로 곧장 교회와 연결되며, 시장 · 시청 · 집회장과 공간깊이에서 불과 몇 단계 떨어져 있을 뿐이다. 닉슨의 동판화에서 산업이

40. 허튼에 따르면, 롬 형제가 자신들의 발명을 훔쳐갔다고 생각한 이탈리아는 복수하기 위하여 한 여성을 영국에 보내 롬 형제 중 한 명인 존을 독살하였다고 한다.

자연과 조화롭게 어울리고 있듯이, 공장의 위치는 사회(상업 · 행정부 · 여가생활)와 공장을 조화롭게 통합시킨다.

더비 실크공장의 구조체는 목재로 이루어졌으며, 기둥이 두 줄로 늘어서서 가로방향으로 세 개의 베이bay[41]를 형성하였음이 거의 확실하다. 위쪽 3개 층은 천 감는 기계가 위치하였고 아래 두 개 층에는 거대한 수직 원통형 방적기가 각 층마다 네 대씩 자리하였다. 디포Defoe(1742: 67)는 하나의 '엔진(물레바퀴)'에 22,586개의 바퀴와 97,746개의 기계장치가 연결되어 있으며, 물레바퀴가 한 바퀴 회전할 때마다 73,726야드(66,353미터)의 실크가 생산된다고 밝혔다. 발로우Barlow(1836: 709)는 '매우 정교하게 만들어진 이 기계는 수없이 많은 작은 방으로 분산되어 있지만, 단 하나의 물레바퀴에 의해서 전체 기계가 작동한다'고 기록하였다. 이곳에서는 300명의 노동자가 일하였다. 여러 역사가들이 오랜 시간에 걸쳐 더비 공장의 예언자적인 본질에 대해 인정해 왔다. 그러나 면방직공장들보다 반세기나 앞서 충분히 발전된 공장의 모습을 갖추었던 더비의 실크공장이 아직 신비스럽게 남아있는 이유는 무엇일까. 아마도 충분히 발전한 방직공장 건물에 필수적인 거의 모든 요소들이 이미 더비 공장에 나타났다는 사실이 잘 알려지지 않았기 때문일 것이다.

더비 실크공장에 사용된 반자동화된 기계들은 하나의 동력원으로부터 작동되었다. 동력은 먼저 지하층에 있는 수평구동축에 의해 전달되었는데, 이 수평구동축의 길이는 비틀림 저항의 한계 내에서 그 길이가 제한되었다. 수평구동축은 모든 층과 각 기계를 관통하는 수직구동축들을 작동시킨다. 각 기계들은 수직적으로 서로 포개지게 놓여 있어 하나의 거대한 기계로 간주되었다. 기계의 높이는 구조적인 고려와 세장한 수직구동축의 저항에 의해서 결정되었다. 전체적인 직조능력은 물레바퀴와 구동축들에 지나친 과부하가 걸리지 않을 정도까지 결합되어질 수 있는 기계의 최대 수에 따라 결정되었다.

모든 공장들은 세 가지 구조를 갖는다. 사회구조 · 공간구조 · 동력전달구조가 그것이다. 더비 실크공장에서는 아직 이 세 가지 구조들이 일치하지 않는다. 이 공장은 투자자가 소유하고 통제하였다. 각 층은 투자자의 대리인 한 명이, 각 기계는 노동자 한 명이 통제하였다. 이런 사회구조는 공간에 정확하게 그려질 수 있다. 모든 공정을 포함하고 한 지점으로만 출입이 가능한 전체 공장을 하나의 구분된 공간으로 표현하자. 층별 공간은 단일 공정에 헌신되며, 각 층의 공간은 다시 기계와 그 기계를 담당하는 노동자 공간으로 분절된다. 그러나 동력의 분포는 다른 구조를 갖는다. 물레바퀴와 지하층의 수평

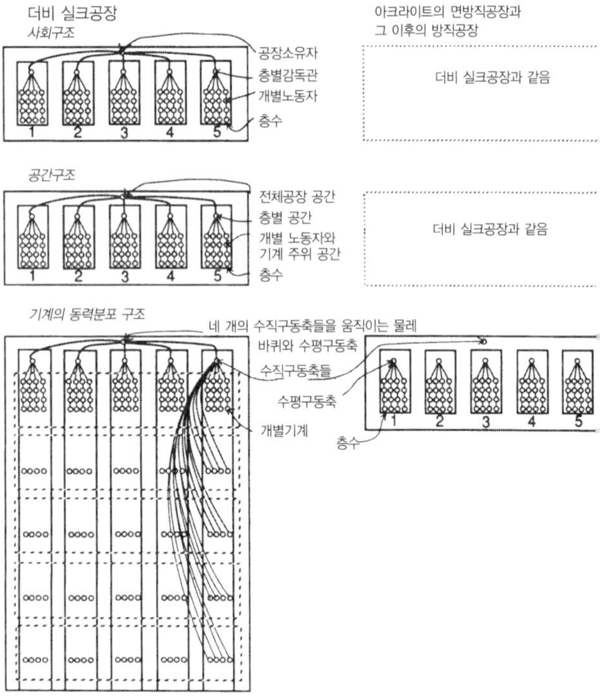

그림 10. 16 방직공장의 기계적 동력전달구조, 사회구조 및 공간구조 간의 일치관계

출처 : 저자 작성

41. 반복적이고 규칙적으로 분절되는 수평방향의 구획으로, ①보 · 아치 · 리브 등 구조체에 의한 것이거나 ②입면상의 구획을 의미한다. 여기서는 기둥열 사이의 공간을 의미한다.

구동축은 몇 개의(아마도 네 개) 수직구동축들을 작동시킨다. 각각의 수직구동축들은 모든 층에 걸쳐 몇 대의 기계를 작동시킨다. 그러므로 한 층을 담당하는 감독관은 여러 개의 수직구동축으로 작동되는 기계들을 책임진다. 각각의 노동자는 다른 수직구동축에 의해 작동되는 기계들을 담당하는 노동자들과 같은 공간(같은 층)에서 작업하지만, 같은 수직구동축으로 작동되는 기계들을 담당하는 노동자들(다른 층에서 작업한다)은 보이지 않는다. 동력전달 구조는 사회적 통제구조와 공간구조와 교차된다(그림 10.16).

잠시 뒤에 우리는 충분히 발전한 면방직공장의 모습을 보게 될 것이다. 면방직공장에서 물레바퀴(후대에는 증기기관)는 한쪽 끝이나 중앙에서 하나의 수직구동축을 작동시킨다. 이 수직구동축은 각 층에 있는 하나의 수평구동축을 움직이며 각각의 기계는 이 수평구동축과 벨트로 연결되어 있다. 그림 10.16은 필연적인 기술적 논리에 의하여 세 가지 구조가 완벽하게 일치하게 됨을 보여준다. 새로운 면화방직기계는 더 소형이고 수평축을 중심으로 회전하며, 한 층에 더 많은 기계를 설치할 수 있었다. 또한 거기에는 상업적인 논리도 있었다. 소유주가 한 층을 팔거나 임대하기 위해서는 사회적 통제와 동력전달 그리고 공간은 하나의 위계질서로 통일되어야 했던 것이다.

롬 형제의 특허는 1723년에 만료되었지만, 다음에 나타난 실크공장은 아마도 1743년에야 매클스필드Macclesfireld에 세워진 로Roe의 공장이었던 것 같고 곧이어 잉글랜드 북부 전역에 걸쳐 퍼져 나갔다.

왜 이처럼 '중요한 사건(롬 형제의 실크방직공장)이 철저히 무시되어야만 하는가' 라고 일찍이 만턱스Mantoux(1928: 196)가 질문을 던진 이후에도 바뀐 것은 거의 없다. 이 방직공장이 아직 공장 시스템으로 충분히 발전하지 못했으며 실크산업이 공장제나 도시 체계 전반에 절대적인 영향력을 행사하지 못하였다는 이유로 롬 형제의 실크공장은 계속 주목을 받지 못하고 있다. 그러나 이 방직공장이 건물 디자인 측면에서 갖는 심상치 않은 의미는 의심할 바 없다. 비록 이후에 건립된 방직공장들에서 동력을 전달하는 구동축의 배열에 있어서는 변화가 있었지만, 이 공장의 건물 형태는 산업혁명의 핵심적인 유형이 되었으며 2세기 동안이나 유지되었다.

19세기 초엽에 동력직조기power loom[42]에게 자리를 내주기 전까지 실크수직기silk hand loom는, 비록 위그노 교도[43]들이 스피털필즈 지방에서 제법 큰 다락방 직기작업장을 건설했음에도 불구하고, 대개 주택 안에 위치하였다. 방직공업을 결정적으로 바꾼 것은 면화와 모직 가공을 위해 발명된 새로운 기계들이었다.

방적기(실을 만드는 기계)를 중심으로 중요한 발명들이 이루어 졌으나, 그보다 앞서 천을 짜는 공정에서 첫 번째 발명이 이루어 졌다. 원래는 모직을 위해 디자인됐으나 1760년대에 이르면 면화산업에서 광범위하게 사용되었던 케이Kay의 플라잉 셔틀[44](1733)이 그것이다. 이제 셔틀(북)은 기계적으로 빠르게 투사되었다. 이 발명으로 말미암아 천의 폭과 직기 디자인이 직조공의 팔길이라는 한계로부터 해방되게 되었고 천의 생산량도 증가하였다. 이제 직조공 한 명이 실 뽑는 직공 네 명의 생산량이 아니라 열 명의 실 생산량을 감당하게 되었다. 자연히 생산성이 증대되었고, 발명가들은 더 높은 생산성에 도전하였다. 이런 발명 이야기는 심지어 학교 교과서에도 수록될 정도로 우리에게 익숙하다. 와이엇Wyatt과 폴Paul의 롤러 방적기roller spinning machine(1738), 아크라이트Arkwright의

42. 인간의 힘이 아닌 수력이나 증기를 이용하여 작동되는 천 짜는 기계. 반대로 수직기手織機는 인간의 힘으로 작동되는 직기를 의미함.
43. 프랑스의 프로테스탄트 교도로 프랑스의 개신교도에 대한 탄압을 피하기 위해서 17세기 후반에 유럽 각지로 망명하였는데, 이들은 고도의 기술과 재력 및 근면으로 각지에서 근대시민문화 진흥에 크게 기여하였다.
44. 셔틀(북)은 씨실을 담아 날실과 직교되게 한 줄씩 끼워져서 천을 짜는 기구이다. 플라잉 셔틀은 셔틀 박스를 직기의 양쪽에 두어 직공이 한 팔로 말뚝과 끈을 사용하여 셔틀을 좌우로 쉽고 빠르게 움직일 수 있게 만든 것이다.

그림 10. 17 19세기 초의 뮬 방적기 작업장. 뮬 방적기들은 등을 서로 맞댄 채 연속적인 형태로 배치되고, 운전공은 구동륜을 작동시킨다. 그리고 두 명의 품삯 노동자(여자)들이 기계 앞에서 작업을 하며 어린아이는 기계 밑에서 쓰레기를 치운다.
출처 : E. Baines(1835), History of the Cotton Manufacture in Great Britain, London

96개의 방추를 갖고 있는 '수력 방적기water frame' (1769)와 소면기梳綿機와 조방기粗紡機에 대한 특허, 하그리브스Hargreaves의 8개 · 16개 · 100개까지 방추가 달린 '다축방적기Spinning Jenny' (1770년에 가서야 특허를 신청하였다), 그리고 마침내 수력 방적기와 다축 방적기를 결합시킨 크롬프턴Crompton의 '뮬 방적기Spinning Mule[45]' (1779)가 발명되었다. 이런 발명들을 통해서 생산량이 증가한 것은 물론이고, 가늘고 질긴 섬유가 생산되었으므로 최종 제품인 직물의 가격이 떨어지고 질도 높아지게 되었다.

방추의 수가 증가할수록 직기의 크기도 커졌다. 하지만 방직공장 디자인에 가장 큰 영향을 미친 것은 크롬프턴의 뮬 방적기였다. 처음에 이 기계는 나무로 만들어졌으며, 48개의 방추를 가지고 있고, 핸들을 돌려서 동력을 얻는 불연속적으로 작동하는 가내 기계였다. 오래지 않아 수력이 도입되어 방추를 작동시켰으나, 기계의 운반대는 여전히 손의 회전력으로

45. 뮬mule은 수나귀와 암말광의 잡종인 노새를 의미하므로, 뮬 방적기란 두 종류의 방적기의 특성을 결합하여 만들어진 것임을 나타낸다.

작동되었다. 따라서 전체공정이 연속적이고 완전자동화되기 위해서는 자동식 뮬 방적기가 발명될 때까지 기다려야 하였다. 수력이 도입되기 전까지 운전공은 바퀴를 작동시키는 핸들을 돌려서 운반대를 움직였고, 품삯을 받는 여자들과 아이들은 짧게 끊어진 실들을 모아서 꼬거나 쓰레기를 청소하였다. 뉴라나크New Lanark의 윌리엄 켈리William Kelly가 1790년경에 수력으로 작동하는 자동기계의 형태를 발전시켰지만, 아직까지 상업적으로 성공하지는 못하였다. 그럼에도 불구하고 방추의 수(1790년까지 240개로 증가)와 속도는 발전을 거듭해 나갔다. 기계를 작동시키는 운전공은 구동륜[46]을 돌리는 한 가지 동작만 하면 되었으므로 두 대의 뮬 방적기를 교대로 작동시킬 수 있었다. 따라서 기계들은 등을 서로 맞대어 배치되게 되었으며 더 넓고 깨끗한 바닥공간이 필요하게 되었다(그림 10.17).

자동식 뮬 방적기에 대한 실험은, 한 명의 운전공에 의해 조정되는 방추의 수가 400개 내지 600개에서 1,660개로 증가된 1820년대에 들어와 성공적인 것으로 결론지어졌다. 운반대의 움직임은 이제 2미터 이상의 천을 이동시킬 수 있었는데, 기계가 등을 맞대고 배치되었을 때에는 그 두 배가 되었다. 페어번Fairbairn(1863: 172)는 무엇보다도 먼저, 이러한 이유로 방직공장의 폭이 두 배 혹은 세 배로 넓어지게 되었다고 주장한다.

하그리브스의 다축 방적기는 가정에서 손으로 돌려서 사용되거나 작업장에 여러 대를 함께 모아 사용되었다. 다른 방적기들은 볼튼Boulton과 와트Watt의 새로운 회전식 증기기관을 동력원으로 이용하기 전까지는 수력으로 작동되었다. 회전식 증기기관은 1785년 아크라이트의 직기에 처음으로 도입되었으며, 뮬 방적기에는 1790년대 초에 도입되었다. 이때에 이르러 이 새로운 회전식 증기기관이 널리 퍼지게 되었다. 이러한 증기기관들은 와트의 초창기 특허들을 채택하였다. 분리 응축기(1769년과 1773년), 증기를 피스톤의 양쪽 면에 교대로 주입시키는 복동식 기관(1782), 증기를 확장하여 사용할 수 있는 밸브(1782), 그리고 '유성기어장치'를 이용하여 빔beam의 왕복운동을 회전 움직임으로 전환시키는 장치 등이다. 회전식 움직임은, 일종의 팬터그래프[47]인 평행운동을 하는 트리플 로드 드라이브triple-rod drive(1784)와 변동하는 부하상태에서 안정성을 확보하는 증기조절기(1787)를 활용하여 더욱 개선되었다.

증기기관은 그 성능이 크게 향상되었으나, 동력원의 위치를 제외하고 동력의 전달방식은 바뀌지 않았다. 이전에 방직공장의 바로 아래 중앙이나 한쪽 끝에 위치하였던 동력원(물레바퀴)은 이제 별도로 부설된 기관실에 위치하게 되었다. 1860년대에 이르러서야 비로소 수직구동축이 디렉트 로프 구동방식direct rope drives에 밀려 사라지게 되었다. 디렉트 로프는 플라이휠[48]로부터 로프 레이스를 따라 지나가는 여러 개의 로프에 의해 각각의 수평구동축으로 동력을 전달하는 시스템이다.

회전식 증기기관은 방직공장 자체의 디자인뿐만 아니라 방직공장의 위치에도 영향을 미쳤다. 산업은 이제 수력을 얻기 위하여 멀리 떨어진 오지에 위치할 필요가 없게 되었다. 간단하게 이야기하자면, 이 두 가지 기술[수력과 증기기관]은 왕복운동을 하는 증기기관에 의해서 어색하게 병치되었다. 다시 말해 증기기관은 물레바퀴를 작동시키기 위해 물을 저수지로 끌어올리는 일(이는 전통적으로 풍차의 역할이었다)에만 사용되었던 것이다. 아크라이트가 워크워스Wirksworth 방직공장에서 최초로 증기를 사용한 것은 바로 이 같은 목적, 즉 물레바퀴까지 물을 끌어올리기 위한 것이었다.

이제 방직공장들은 맨체스터Manchester · 스톡포트Stockport · 글래스고Glasgow 등과 같은 노동력이 풍부한 도시로 이주할 수 있었으며, 더 이상 노동자들의 주거공간을 건설할 필요도 사라졌다. 산업 유토피아의 선구자로서 이런 노동자 주거시설의 역할에 대해서는 잠시 후에 자세히 다루어 질 것이다.

46. 동력을 전달하는 바퀴
47. 도형을 임의 크기로 확대하거나 축소하여 만들 수 있도록 만든 기계
48. 회전속도를 고르게 하기 위하여 장치된 바퀴.

방직공장의 형태는 기계와 동력원의 종류 그리고 건축구조기술의 변화에 따라 변화하였다. 크롬포드Cromford에 있는 아크라이트의 첫 번째 방직공장은 반세기 앞선 롬 형제의 실크공장과 같은 5층이었다. 하지만 더 많은 기계를 작동시킬 수 있도록 더 강력한 물레바퀴를 도입함으로써 아크라이트의 두 번째 공장(1775-6)는 7층이 되었다. 목재로 된 구동축의 비틀림 저항 때문에 건물의 높이와 길이가 여전히 제한되기는 하였지만, 물레바퀴를 건물의 한쪽 끝에 설치하는 대신에 중앙에 위치시킴으로써, 전체 건물의 길이가 증가할 수 있었다. 앞에서 설명하였던 것처럼 동력의 분배는 이제 물레바퀴에 의해 작동되는 수직구동축과 각 층마다 하나씩 있는 수평구동축으로 완전하게 발전되었다. 하지만 창의 면적에 의존하는 자연광을 필요로 하였으므로 건물의 폭은 제한되었다. 벽이 지탱해야 되는 하중과 진동을 고려하였을 때, 최대 창문면적은 초기에는 전체 벽면적의 15%였다. 이러한 계산에 의하면 가장 실용적인 건물의 폭은 약 10미터가 된다. 1820년대까지 창문면적은 약 30%로 증가하였다. 이처럼 전형적인 방직공장의 외형은 마치 비누거품처럼 내부의 힘에 의해 논리적으로 확대되었다.

건물의 양식적인 측면에서, 방직공장들은 단순하였다. 장식적으로 처리된 입구와 벨 큐폴라bell cupola 그리고 중앙의 박공지붕을 제외하곤 비교적 길이가 짧은 상자형태로, 소박한 지방의 양식을 따랐다. 메이슨Masson 방직공장(그림 10.18)에서 아크라이트는 간소화된 팔라디오 양식의 모티브를 벽돌과 석재 치장재로 적용하였다. 그는 대개 꾸밈없이 간소한 경향을 따랐지만, 고전주의 전통은 유지되었다. 더비셔Derbyshire의 워크워스에 있는 1779년에 건설된 붉은 벽돌 건물인 아크라이트의 할렘Haarlem 방직공장은 1층을 약한 러스티케이션 기법[49]

그림 10. 18 메이슨 방직공장에서 아크라이트가 사용한 팔라디오 양식의 모티브, 더비셔 크롬포드(1783)

출처 : 저자의 슬라이드

그림 10. 19 워크워스 방직공장에서 아크라이트가 보여준 기초적인 고전주의적 요소들(1779), 더비셔

출처 : 저자의 슬라이드

49. 줄눈을 깊게 파고 석재표면을 거칠게 다듬는 기법. 르네상스 시대에 많이 사용되었다.

이 적용된 석재와 힘찬 돌림띠로 마감하였으며 다락층의 창문은 축소되었다(그림 10.19).

방직공장 건물에 있어 최초의 의미 있는 변화는 알비욘 제분공장Albion mills[50]에서 목재대신 주철cast iron이 구동축과 기어에 사용되기 시작하였던 1700년대 후반에 나타났다. 구동축과 공장의 길이는 폭의 변화 없이 100미터로 증가하였다. 에어셔Ayrshire 주의 카트린Catrine에 데이비드 데일David Dale이 세운 방직공장에서 흥미로운 변화가 일어났다. 처음에는 네 개의 물레바퀴가 각각 한 층에 하나씩 있는 50미터 길이의 철제 구동축을 작동시켰다. 이런 시스템은 1824년에 새로운 증기기관에 영감을 받아, 한 개의 수직구동축을 이용하여 네 개의 수평구동축을 작동시키는 하나의 거대한 물레바퀴로 대체되었다. 증기기관은 보조동력원으로 별도로 마련된 기관실에 위치하였다. 1820년대에 이르러 주철제 구동축을 연철이 대체하게 되면서 건물의 길이와 높이가 더욱 커질 수 있게 되었다.

두 번째 변화는 1820년대의 자동화된 뮬 방적기를 수용하기 위하여 방직공장의 폭이 넓어진 것이다. 새로운 단면형상으로 설계된 주철제 보가 도입되어 더 긴 스팬[51]이 가능해졌고, 베이의 수가 증가함으로서, 방직공장의 형태는 긴 직사각형 형태의 상자모양으로부터 좀 더 정사각형에 가까운 입면체로 변화하였다. 기름등과 가스등은 건물의 폭이 증가함으로 발생되는 자연광의 감소를 상쇄하였다. 이제 건물의 입면에 있어서 훨씬 더 자의식이 강한 시도들이 가능해 졌으며 이로 인하여, 방직공장들은 '건축적 질', 특히 고전주의적인 외관을 갖게 되었다. 윌리엄 페어번William Fairbairn은 방직공장 건물에 '투박한 건물들과 비교하자면 상당한 건축적 자부심'을 부여하였다(1863: 172). 그리고 그는 이를 1827년에 6층 규모의 방직공장(그림 10.20)에서 실행에 옮겼다. 공장의 겉모습을 개선하기 위하여 건물 전체높이에 걸쳐 돌출된 모서리 필라스터들[52]과 상인방이 둥글게 처리된 창문들, 그리고 강하게 마무리된 코니스[53]가 도입되었다.

스톡포트에 있는 오렐Orrell의 7층짜리 H자 형태의 방직공장(c. 1832)도 품위를 갖추려 시도하였고, 독립되어 따로 서 있는 굴뚝조차도 좌대 위에 고전적인 기둥형태로 세워졌다(그림 10.21).

스트럿Strutt은 더웬트 강을 따라 더비 · 밀포드Milford · 벨퍼Belper 등지에 있는 자신소유의 강변 부지에 거대한 기업체를 형성하였다. 밀포드에서는 그 첫 번째 방직공장이 1778년에 운영되기 시작하였으며, 더비에서는 1771년에 실크방직공장이, 이어서 편물과 면방직공장이 세워졌고, 벨퍼에서는 1776년부터 방직공장들이 가동되었다. 파놉티콘 형태의 '원형' 건물이 검토되기도 하였다. 1784년부터 1786년 사이에 건립된 벨퍼 방직공장이 1803년에 화재로 소실되자 즉시 T자형의 노스North 방직공장(그림 10.22)이 세워졌다. 노스 방직공장은 그 상세한 건립내용이 『리스 백과사전Rees' s Cyclopedia』(1802-20)에 수록된 이후 후대의 방직공장에 큰 영향을 미치게 되었다. 이 건물에서는 동력이 독특한 방식으로 전달되었다. 거대한 물레방아는 수직구동축을 작동시켰고, 이 수직구동축은 이제는 관습적이 된 방식으로 T자 평면의 세로로 긴 건물에서는 전 층에 걸쳐 층마다 하나씩 있는 수평구동축을 작동시켰다. 그러나 T자의 가로로 짧은 건물에서는 단지 상부의 세 개 층에서만 이런 방식이 사용되었다. 1층과 2층에서는 물레바퀴에 의해 직접적으로 연결되어 돌아가는 최하층의 수평구동축에 의해 작동되는 14개의 작은 수직구동축이 1층과 2층을 관통하여 직접 기계를 작동시켰다. 이러한 배열은 수력 방적기에 맞추어졌다. 이런 동력의 분배방식은 위에서 분석한 두 가지 형태를 혼용한 것이었다.

50. 로버트 마일른의 설계로 1769년에 완공된 대규모 제분공장. 최초의 주철제 구조로 된 공장건물로 유명하다. 바커가 1792년 런던 파노라마를 스케치한 곳이 바로 이 공장 지붕이었다(8장을 참고하라). 런던의 블랙프라이어 브리지 인근에 위치하였으나 1791년 3월의 대화재로 소실되었다.
51. 구조물을 지지하는 지점간의 거리. 일반적으로 아치나 볼트의 양단 또는 보가 걸쳐지는 수평거리를 의미한다.
52. 벽에 부착되어 있는 기둥
53. 벽면 상단 추녀 부근에 수평의 띠모양으로 돌출한 부분

그림 10. 20 페어번의 '투박한 형태의' 방직공장(a)과 '개선된' 방직공장(b)
출처 : Fairbrairn(1863), 저자의 사본

그림 10. 21 스톡포트에 있는 오럴의 방직공장(1832)

출처 : Ure(1835)

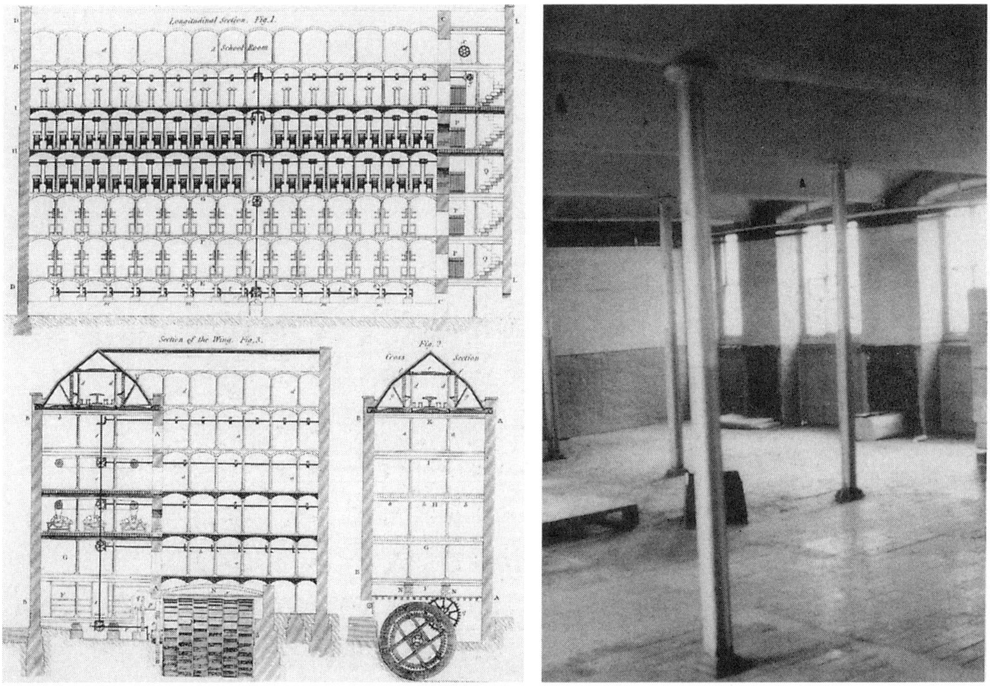

그림 10. 22 벨퍼에 있는 스트럿의 노스 방직공장(1803–4), 건립 당시의 도면과 현재의 내부 모습

출처 : Rees' s Cynclopaedia etc.(1802-19), vol.10, sec.I, part 19, plate XIV, 1808 중 Farey의 도판. 저자의 슬라이드(내부 모습)

철제골조

런던의 테임즈 강변에 있었던 건립된 지 5년이 된 알비욘 제분공장을 파괴해 버린 1791년 3월의 화재는 예술가들에게는 영감을, 일반 대중에는 놀라움을 준 사건이었다. 알비욘 제분공장은 그 뛰어난 기술로 인하여 유럽에서 가장 널리 알려진 산업 건축물이었다. 볼튼과 와트가 설계한 세 개의 복동식 증기기관 가운데 두 개가 설치되었다. 이 증기기관들은 20쌍의 멧돌을 움직여 한 시간에 150부셸[54]이라는 막대한 양의 밀가루를 생산해냈다. 이것들은 또한 화물용 리프트와 기중기 그리고 체질 · 마무리질 · 송풍 장치들을 작동시켰다. 에든버러 대학교를 갓 졸업한 존 레니John Rennie는 와트의 보조기술자였는데, 그는 소음을 줄이기 위한 몇 가지 나무 마개를 제외하고, 구동축과 기어를 포함하여 모든 기계들을 철제로 제작하는데 큰 역할을 하였다. 다른 공장들에도 철이 이용되기 시작했지만 이 정도로 광범위하게 사용되지는 않았다.

사무엘 와이엇Samual Wyatt이 설계한 알비욘 제분공장은 동시대의 다른 방직공장보다 더 정사각형에 가까웠으며, 강변 쪽의 6층 정면에는 유행을 따르는 비례와 신팔라디오 양식의 창문, 초승달 형상의 아치형 창 그리고 저층부에 러스티케이션을 적용하여 다른 건물보다 좀 더 섬세한 입면을 갖고 있었다. 그러나 지면이 2층이나 높았던 후면은 마름돌로 쌓아 처리되었다. 기둥과 보는 목재였고, 기초는 깊은 줄기초strip foundation[55]로 되어 있으며 역전된 베럴 볼트barrel vault[56]로 연결되어 결과적으로 거대한 뗏목 기초[57]가 되었다.

그림 10. 23 런던의 알비욘 제분공장(1783–6)
출처 : New London Magazine(1790) July

알비욘 공장이 화재에 의해 파괴된 사건은 건축물과 공학기술 간의 차이를 극적으로 보여주었다. 이 화재는 그 어떤 사고보다도 건축용 철재와 '내화fire-proof' 구조의 발전에 있어 중대한 전환점이 되었다.

스켐턴Skempton과 존슨Johnson(1962)은 구조혁신에 대한 고전적인 연구를 수행하였다. 해밀턴Hamilton(1952)과 스켐턴(1956)은 그들의 이론적인 토대를 분석한 바 있다. 구조혁신에 따른 새로운 스팬[58]이 공장 내부를 새로운 방법으로 분할할 수 있게 하였고, 이런 새로운 구조기술을 통하여 박람회 건물 · 시장 · 철도역 · 관공서의 형태가 결정되었다.

구조혁신의 첫 번째 단계는 스트럿Strutt이 1792-3년에 건설한 더비에 있던 6층짜리 면방직공장에서 찾아볼 수 있다. 그는 기둥을 목재에서 주철로 대체하였고, 바닥에 얕은 벽돌 아치를 사용했으며, 목제 보를 플라스터[59]로 보호하였다(Johnson and Skempton 1955-6과 1955-7). 십자가형 단면을 가진 기둥들이 9피트(2.7미터) 간격으로 2열로 배치되어 내부는

54. 액량건량 단위, 약 36리터
55. 조적조 벽체에서와 같이 기둥열을 가로 세로로 띠 모양으로 연결한 기초
56. 원통형 볼트로 터널 볼트라고도 한다.
57. 지반 위에 배처럼 떠 있게 만든 기초. 여기서는 알비욘 공장 밑기초 전체가 종횡으로 연결되어 일체로 만들어졌음을 의미한다.
58. 여기서는 기둥 간격을 의미함. 본문에서는 구조기술의 발전으로 스팬이 더 길어졌음을 의미한다.
59. 석고를 주성분으로 하는 도벽 재료의 총칭

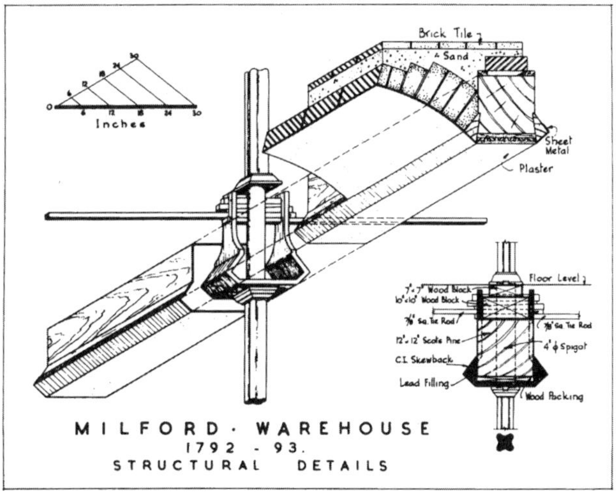

그림 10. 24 스트럿의 밀포드 창고에 적용된 보와 기둥의 상세(1792–3)
출처 : Johnson and Skempton(1955-6), Newcomen Society의 허락 하에 Transactions of the Newcomen Society에서 복사함

세 개의 베이로 나누어지며 기둥 사이에는 횡방향으로 목제 보가 걸쳐져 있었다. 보와 보 사이에는 벽돌 아치가 설치되어 모래와 타일로 이루어진 바닥을 지지하였다. 또한 연철제 타이로드[60]가 기둥과 기둥 사이를 종방향으로 연결하고 있었다. 하나의 기둥이 바로 위층의 기둥과 연결되는 방식과 횡방향의 보를 지지하는 방식의 상세한 모습은 같은 시기에 스트럿이 설계한 밀포드의 창고 건물을 통해서 알 수 있다(그림 10.24). 동일한 건설방법이 벨퍼 웨스트 방직공장Belper West Mill에도 사용되었는데, 이 200피트(60미터) 길이의 6층 공장에는 기둥들이 중앙에 1열만 배열되어 있었다.

벽돌 아치를 받치고 있는 스트럿의 주철제 기둥 마구리쇠는 네 가지 기능을 갖고 있었다. 기둥들을 연결하고 그것들 사이에 기둥 꼭지를 끼워 넣을 수 있게 해주었으며, 연철제 타이로드를 고정시켰고, 바닥을 지지하는 벽돌 아치의 저부를 형성했으며, 끝으로 목제 보를 붙들어주었다. 보의 양쪽 측면 하단부에는 나무로 된 쐐기 모양의 부재가 보 전체 길이에 걸쳐 부착되어 벽돌 아치의 받침대 역할을 했으며 철판으로 덮여있었다. 기둥머리에 위치한 주철제 기둥 마구리쇠와 양쪽에서 마구리쇠에 끼어 있는 보의 끝단 사이의 빈 공간은 나무와 납으로 채워졌다.

곧이어 구조혁신의 두 번째 단계가 시작되었다. 베니욘 베이지 마셜 상회Benyon, Bage and Marshall partnership에 의해 1796-7년에 세워진 슈루스버리 린넨방직공장Shrewsbury flax mill에서 나무로 된 보가 주철로 대체되었던 것이다(그림 10.25). 엔지니어였던 베이지는 스트럿으로부터 많은 조언을 받았고 대부분 이를 따랐다. 그는 주철 보의 단면을 위쪽보다 아래쪽을 두껍게 만들었는데, 이것은 주철이 압축력에는 강하지만 인장력에는 매우 약해서 깨지기 쉬우므로 아래쪽에 더 많은 주철이 필요하다는 것을 인식한 결과였다. 또한 보의 넓은 아래쪽 단면은 벽돌 아치를 받쳐주는 역할도 하였다. 3열의 기둥들은 평면을 네 개의 9피트(2.7미터) 베이로 나누었다. 보들은 측벽에서부터 연속적으로 걸쳐져서 중앙에서 만난다. 보의 측면 형상은 거북이 등 모양이었다. 즉, 스팬의 중앙부에서 보의 춤이 더 큰데 이는 최대 휨 모멘트에 대한 대응이었다. 그러나 보들이 교차하는 바깥쪽 기둥열에서는 부負의 휨모멘트가 발생하므로 보의 단면이 역전되어야하지만 아직 이런 역학관계를 직관적으로 이해하기에는 역부족이었다. 물론 단순보[61]로 처리하였다면 부의 휨모멘트는 피할 수 있었을 것이다. 기둥들은 최대 좌굴[62] 응력이 발생하는 지점에서 최대 두께를 가지는 엔타시스[63]를 갖고 있었다.

기둥열과 방적기의 수평구동축이 건물 중앙에서 겹치게 되자, 그 충돌을 피하기 위한 기막힌 해답도 제시었다. 구동축이 통과할 수 있도록 기둥머리가 갈라져 있었던 것이다(그림 10.26).

60. 두 부재의 벌어짐을 방지하기 위한 막대 모양의 인장재
61. 한끝은 핀(회전단), 한끝은 롤러(이동단)으로 지지된 보
62. 세장한 부재(예를 들어 기둥)가 종축방향으로 휘어지는 현상
63. 기둥 중간을 배가 약간 나오도록 하는 기법

그림 10. 25 베니욘 베이지 마셜 면방직 공장의 주철 기둥과 보(1796-7)
출처 : 저자의 슬라이드

그림 10. 26 기둥의 중심과 구동축의 배열을 일치시키기 위한 베니욘 베이지 마셜 상회의 갈라진 기둥머리
출처 : 저자의 슬라이드

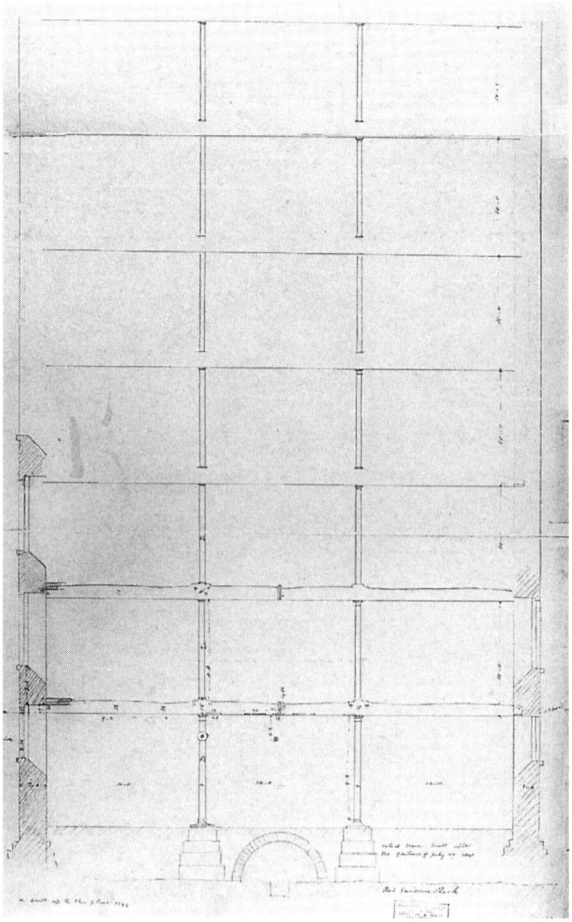

그림 10. 27 샐포드의 필립스 우드 리 방직공장(1799-1801)의 단면도
출처 : Boulton and Watt Collection, Birmingham Public Library, Birmingham Central Library의 허락 하에 복사함

이제 발전에 속도가 붙었다. 샐포드Salford에 있는 필립스 우드 리Philips, Wood and Lee 상회를 위한 볼튼과 와트의 7층 규모의 면방직공장(1799-1801)에서 베이지가 개발한 보의 단면은 아치받침돌의 흔적만을 보여주는 거꾸로 선 T자 모양이 되었다. 스팬은 더 길어졌고 연속된 보들은 측벽으로부터 바깥 기둥열 위를 거쳐서 중앙에서 만났다(그림 10.27). 보의 춤은 스팬의 중간 지점에서는 13인치(33센티미터)였지만 두 개의 보가 만나는 건물 중앙의 연결부와 측벽 그리고 변곡점(휨모멘트

가 정에서 부로 바뀌는 지점) 부근에서는 11인치(28센티미터) 밖에 안 되었다. 스켐턴과 존슨(1962)은 이와 같은 보의 형상이 직사각형 단면에 합리적이라고 주장하였고, 따라서 보의 하부 플랜지[64]는 구조적 이유 때문이 아니라 단지 아치를 지지하도록 설계된 것이라고 확신하였다.

속이 비어있는 원통형 기둥들은 증기난방용 파이프 역할도 동시에 수행하였다. 이 공장은 가스 조명이 설치된 최초의 공장 — 실제로 가스 조명은 1805년 이후에 설치되었다 — 이었고 공장의 한쪽 끝에는 강력한 증기기관이 있었다.

모든 구조체가 철재로 된 세 번째와 네 번째 공장은 둘 다 베니욘Benyons 상회를 위해 베이지가 설계하였다. 하나는 1802-3년에 리즈에, 다른 하나는 1803-4년에 슈루스버리에 건설되었다. 리즈 공장에서 보는 단순히 휨 응력에 저항하기 위하여 최초로 중앙의 웨브web[65] 높이를 증가시킨 것으로 보이며, 베이지 자신도 이제 인장력에 저항하기 위해 진정한 구조적인 방법으로 플랜지를 이용했노라고 진술한 바 있다.

스트럿이 벨퍼 노스 방직공장Belper North Mill을 건설할 때, 베이지는 스트럿이 개발한 혼성(철재 · 목재) 시스템보다 보 전체를 철재로 건설하는 것이 더 장점이 많다는 것을 스트럿에게 설득시켰다. 스트럿은 플랜지 하부를 각이 지도록 쳐내어 벽돌 아치가 플랜지 선과 매끄럽게 연결되도록 하였다. 지붕은 전부 주철이었다. 글래스고의 홀즈워스 방직공장Houldsworth mill(1804)에 적용된 보들은 10년여 만에 완성에 이른 구조혁신의 완결판을 보여준다. 이런 발전의 단계별 모습이 그림 10.28에 정리되어 있다. 거꾸로 선 T자형 보는 1840년대까지 표준으로 사용되었다.

주철은 기초적이고 실용적인 형태를 넘어서 매우 빠르게 유행되었다. 글로스터셔Gloucestershire의 스톤하우스에 있던 스탠리Stanley 모직공장 내의 주 공장(1813)은 철로 된 성당이라 불러도 손색이 없었다(그림 10.29). 대리석처럼 보이도록 칠해진 터스칸 오더[66] 기둥들은 정교한 철제 트레이서리[67]를 지지했고 이 기둥들에는 불과 17년 전에 지어진 슈루버리 방직공장에서처럼 구조 기둥과 같은 선상에 구동축이 위치할 수 있도

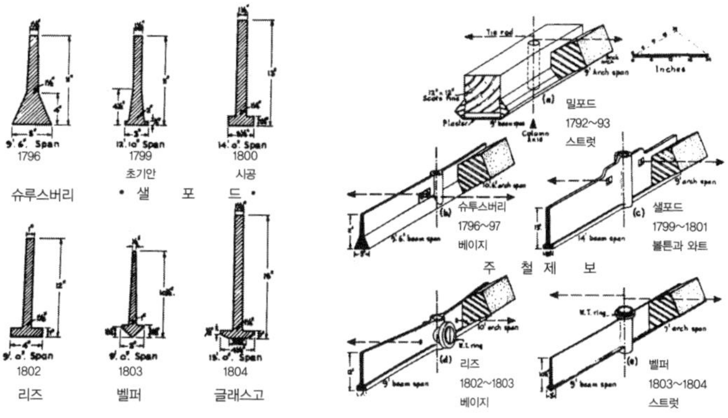

그림 10. 28 주철보의 발전
출처 : Skempton and Johnson(1962)

록 갈라진 기둥머리가 채용되었다. 그러나 베이지가 디자인한 슈루스버리 공장의 조야한 모습에서 훨씬 더 발전해있었다.

전통적인 직사각형 목제 보는, 양 측벽에 고정되어 보 중앙에서 아래로 돌출한 회전철물 위로 지나가는 연철제 인장봉들이 덧붙여져서, 이미 18세기에 트러스화되었다. 어떤 경우에 그 회전철물은 거대한 나비너트[68]와 같은 방식으로 조정이 가능하였다(그림 10.30). 그러나 대부분의 경우에 인장봉들은 홈이 파진 쐐기형 철물 위를 단순히 통과하였다. 페어번은 이후의 일련의 실험에서 같은 원칙을 주철 보에 적용하였다.

목재에서 주철로의 변화는 너무나 빨라서 이론이 뒤처질 정도였다. 단면의 설계는 경험적이고 직관적이었다. 해밀턴(1952)은 갈릴레오의 『신과학Two New Sciences』(1638)에 나오는 물질의 강도를 기술한 이야기에까지 거슬러 올라가 갈릴레오는 직사각형 보의 모든 층들에서 인장 응력이 동일

64. I형강 · ㄷ 형강 · T형보 등의 상하의 날개처럼 내민 부분
65. I형 · H형 등의 중앙복부로 플랜지 사이의 넓은 부분
66. 로마 시대의 다섯 종류의 오더(기둥과 엔타블레처의 구성방식) 가운데 하나.
67. 창의 장식격자
68. 엄지와 검지손가락으로 죌 수 있도록, 납작하고 폭이 넓은 두 개의 돌출부가 있는 너트

그림 10. 29 글로스터셔 스톤하우스에 있는 스탠리 공장의 주철구조(1813)
출처 : 저자의 슬라이드

하다고 생각하였음을 보여주었다. 프랑스 과학자인 마리오트Mariotte(1686)는 보의 꼭대기에서 인장 응력이 0이 되고 바닥에서는 최대가 된다는 것을 증명함으로써 보의 역학적 관계를 발전시켰다. 1678년에 로버트 후크Robert Hooke는 ut tensio sic vis, 즉 인장력은 부하량에 비례한다라는 법칙을 발표했지만 130여 년 후에 영Young(1807)이 탄성력에 대한 완전한 이론을 제시할 때까지 이 법칙의 중요성은 인식되지 못하였다. 이 세 이론들이 제안한 응력의 분포가 그림 10.31에 표시되어 있다.

베이지는 거꾸로 선 T자형 보의 설계에 대해 이론적으로 설명하였지만 여전히 인장력이 균일하게 분포된다고 추정(그러나 단지 플랜지에 있어서만)하였으며, 보에 대한실험을 계속하였다. 아직은 영의 계수가 이용되지 않았기 때문에 처짐[69]에 대한 개념과 휨 모멘트 이론은 발달되지 않았다. 페어번은 리즈 방직공장의 경험을 바탕으로 1824년에 T자형 보 설계를 발전시켰다. 트레드골드Tredgold와 호지킨슨Hodgkinson은 동시에

69. 보가 하중을 받아 변형되었을 때 상하방향의 변형의 정도. 대개의 경우 아래로 변형이 일어난다.

a)

(b)

그림 10. 30 트러스화된 장선들: (a)인장봉이 있는 목재, 글로스터셔 네일스워스의 세인트 매리 방직공장(18세기 후기); (b)외벽에 설치된 인장봉 고정장치, 네일스워스; (c)거대한 나비너트에 의해 목제 장선으로부터 거리를 두고 위치된 인장봉, 더비셔 워크워스의 하렘 방직공장(1799); (d)페어번의 트러스화된 주철 보

출처 : (a, b, c)저자의 슬라이드, (d)Fairbairn(1857-8)

(c)

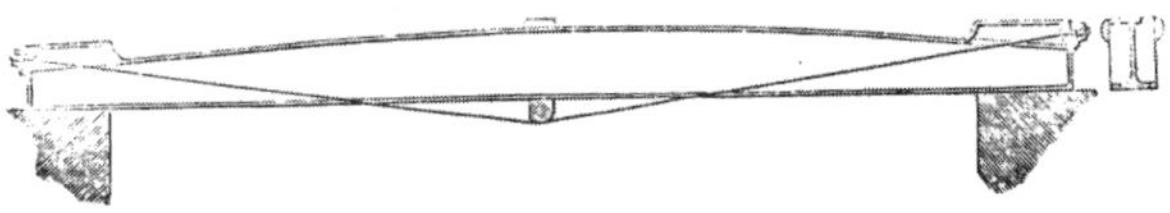

(d)

주철에 대해 실험했고, 그 결과 트레드골드는 플랜지 폭이 일정한 보를 주장하였다. 하지만 호지킨슨과 페어번 모두 이것이 T자형 단면보다 약하다는 것을 보였고, 호지킨슨은 플랜지의 폭이 일정하지 않은 보를 장려하였다(그림 10.28). 페어번은 이것을 이상적인 것으로 받아들였으며, 경험적인 결과들을 파괴 강도에 기초를 둔 공식과 일치시키기 위하여 극단적인 형태로까지 밀어 붙였다. 스팬의 중앙에서 요구되는 더 큰 강도를 얻기 위하여 웨브를 높이는 방법(거북이 등 형상을 한 보에서 보았듯이 바닥 두께를 일정하게 유지하기에 불편하다)을 사용하지 않고, 아래쪽의 플랜지 폭을 증가시키는 방법을 도입하였다. 따라서 평면에서 보는 포물선 형상을 취한다(그림 10.32).

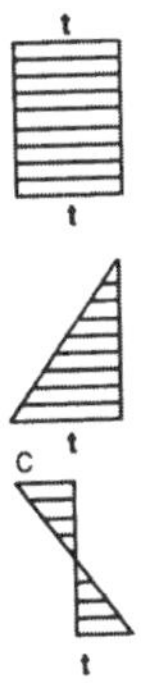

그림 10. 31 여러 이론들에 의거한 보의 응력 분포

출처 : 저자 작성

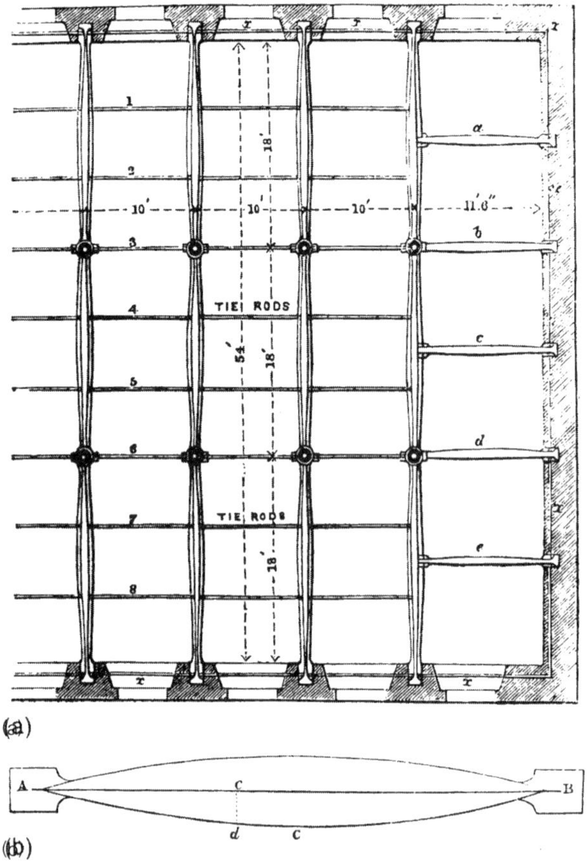

그림 10. 32 페어번과 호지킨슨의 포물선 플랜지 보 (a)마지막 베이에서는 주 스팬과 직각으로 배열되었다 (b)보의 이론적인 형태
출처 : Fairbairn(1857-8)

기둥에 관한 이론은 보에 관한 이론보다 훨씬 뒤처졌다. 1840년에 호지킨슨이 여전히 오일러Euler[70]의 1757년 공식 원안에 기초를 둔 이론 하나를 발전시켰을 뿐이었다. 1857년에 가서야 랜킨Rankine이 실용가치가 있는 최초의 일반적인 기둥 공식을 발표하였다.

70. Euler, Leonhard(1707~1783). 스위스의 수학자 · 물리학자
71. ㅁ자 형태로 속이 빈 보
72. 상자형 보와 유사하게 튜브 형태로 속이 빈 보

1840년대가 되어서 페어번과 다른 학자들은 연철('단련할 수 있는')로 옮겨갔고 바로 이 때에 연철의 대량생산이 가능해졌다. 콘웨이Conway와 메나이Menai가 설계한 교량에 사용된 리벳으로 조립한 연철제 상자형 보[71]와 튜브형 보[72]는 중량에 비해 훌륭한 강도를 보여주었다. 이런 연철제 부재가 건물에 적용된 초기의 예로는 1850년경에 울버햄튼Wolverhampton 공장에서 조립한 I형 단면이 사용된 것을 들 수 있다. 페어번은 이 방법을 이용하면 중앙 기둥 열의 양쪽으로 최대 60피트(18미터)의 스팬이 가능하고 30피트(9미터) 정도는 경제성이 있으므로 기계설치에 있어 공간적 제약이 감소된다고 주장하였다. 페어번은 1857년까지도 여전히 불균일한 플랜지 폭과 씨름하고 있었음(Fairburn 1857-8: 86)에도 불구하고, 그는 보의 플랜지 폭이 일정하다면 압연을 통한 균질한 연철 보가 상업적으로 채산성이 맞을 것이라고 정확하게 예측하였다. 그러나 페어번은 이제 웨브의 상부 두께를 증가시키는 방식을 선호하였는데, 이는 주철과는 반대로 연철은 인장력보다 압축력에 훨씬 약하므로 단지 이 방식을 통해서만 주어진 부하에 대해서 동시에 실패하는 것을 방지할 수 있다는 그의 신념을 반영한다. 페어번이 이런 신념을 포기했을 때, 다음 단계인 완전히 대칭적인 연철제 보로 발전하는 것은 그리 어렵지 않았다. 물론 이것은 현대 압연 강철rolled steel 단면의 기원이 되었다.

새로운 '직조장'

또 다른 발명 하나가 철제 골조만큼이나 건물의 급진적인 혁신을 가져왔다. 바로 동력직조기의 발명이다. 박식하지만 기계에 대한 훈련은 받아 본 적이 없는 성직자인 에드문드 카트라이트Edmund Cartwright가 동력으로 작동되며 날실과 북이 기계적으로 동시에 움직이는 직기를 발명하였다. 1785년에 특허를 받은 지 2년 후에 그는 돈카스터Doncaster 에 동물의 힘으로 움직이는 20대의 직기를 가진 작은 공장을 세웠고, 4년 뒤에는 증기기관을 갖추게 되었다. 그러나 그는 경영상의 문제들로 골치를 앓

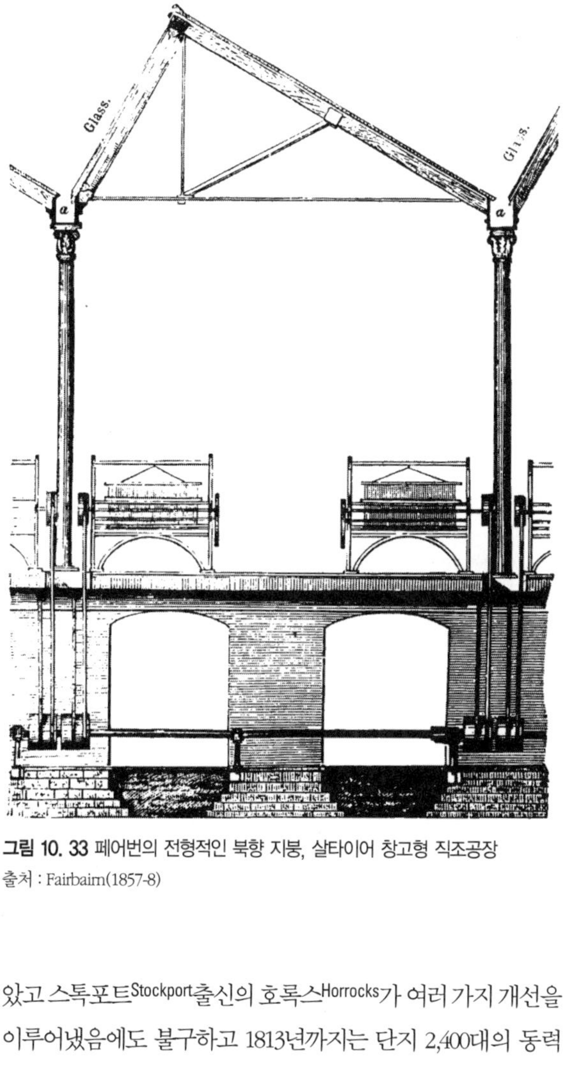

그림 10. 33 페어번의 전형적인 북향 지붕, 살타이어 창고형 직조공장
출처 : Fairbairn(1857-8)

았고 스톡포트Stockport출신의 호록스Horrocks가 여러 가지 개선을 이루어냈음에도 불구하고 1813년까지는 단지 2,400대의 동력 직기만이 영국 내에서 사용되고 있었을 뿐이고, 영국 밖에 극소수가 있었다. 그리고 나서 폭발적으로 증가하기 시작하였다. 1820년에는 12,159대, 1829년에는 45,000대, 1835년에는 85,000대로 증가하였으며, 모두 증기기관으로 작동되었다.

이러한 무거운 동력직조기들은 진동이 매우 심해서 1층에서만 안전하게 작동할 수 있었다. 이와 더불어 더 넓은 공간이 필요했으므로 단층으로 된 창고형 직조장weaving shed이 그 해결책으로 제시되었다. 경제적 요건 때문에 높고 스팬이 큰 지붕은 배제되었고, 한 쪽 또는 양쪽에 유리가 끼워진 일련의 경사진 작은 지붕들을 연결하여 이 문제를 해결하였다. 다음 단계는 논리적인 것이었다. 즉 직사광선을 피하고 장인의 공방과 같이 일정한 일조를 제공할 수 있도록 지붕의 양쪽 경사를 다르게 하고, 경사가 더 급한 북향 지붕면에만 유리를 설치하는 것이다. 이것은 1830년경에 페어번이 생각해낸 독창적인 아이디어였다(1863: 172).

창고형 직조장들은 내부의 기계류에 맞추어 정교하게 조정되었다. 구조체의 간격은 직기의 너비에 의해 결정되었으며 최대광도가 옷감 위에 오도록 직기들의 방향과 위치를 잡았다(그림 10.33). 넓은 부지가 필요로 하였으므로 이제 공장들은 역으로 대도시들로부터 교외로 이동하기 시작하였다. 새로 건설되는 모든 방직공장들은 창고형 직조장으로 지어졌으며, 오래된 방직공장들에도 창고형 직조장들이 추가되었다.

페어번의 회사는 건물 · 물레바퀴 또는 증기기관 · 기계류 그리고 전문기술을 포함하는 '턴키방식[73]'의 수출무역을 번창시켰다. 터키 이즈메트Izmet 근처의 술탄을 위한 모직공장(1843)이 그 예가 될 것이다. 그가 계획한 가장 대규모 공장은 봄베이Bombay의 오리엔탈 방직회사Oriental Spinning and Weaving Company였다(c. 1858). 북향으로부터 일조를 받는 가로 350피트(105미터), 세로 300피트(90미터)인 커다란 창고형 건물 안에 원재료에서 옷감으로 가는 모든 공정이 이루어졌으며 입구 근처에 2층 규모의 사무실과 창고가 있었다(그림 10.34).

이와 같은 거대하고 개방된 직조공간에서 새로운 관계들이 생성되었다. 다양한 공정들은 물리적인 장벽보다는 정교한 관리기술에 의해 수용되고 구분되며 조절되어야 했기 때문이다. 감독이 더 용이해졌고 통제와 규율이 모두 강화되었지만, 직공들간의 연대solidarity를 위한 새로운 기회들도 증가되었다. 창고형 직조장은 새로운 유형이었고 아직은 불완전하였으나, 포드 자동차 공장의 개방된 생산공간의 모태가 되었다.

73. 설계에서 건설 · 가동까지 모든 과정을 일괄해서 제공하는 방식

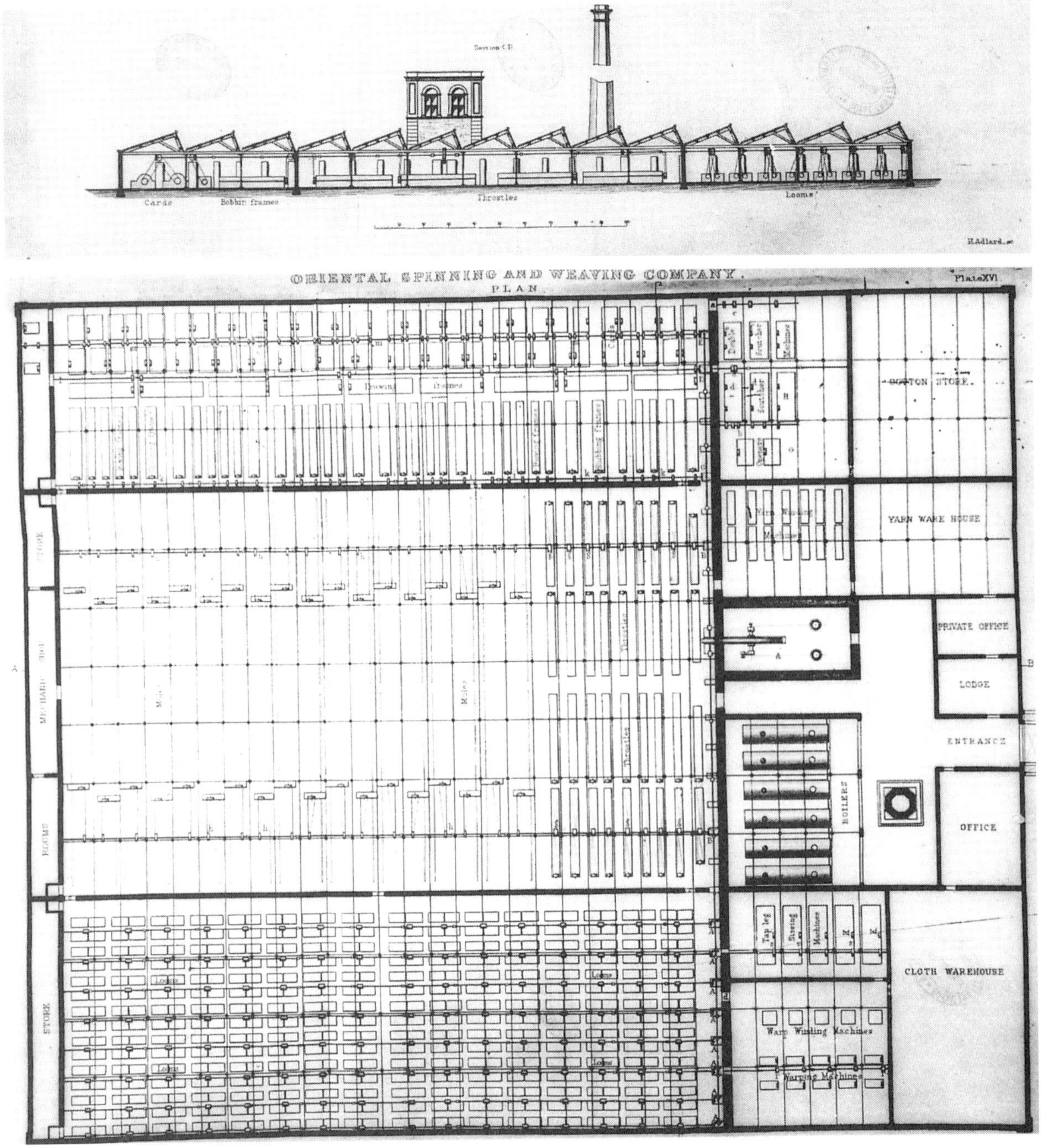

그림 10. 34 페어번의 봄베이 오리엔탈 방직회사(c. 1858), 단면도와 평면도

출처 : Fairbairn(1871) Mills and Millwork 3rd edition

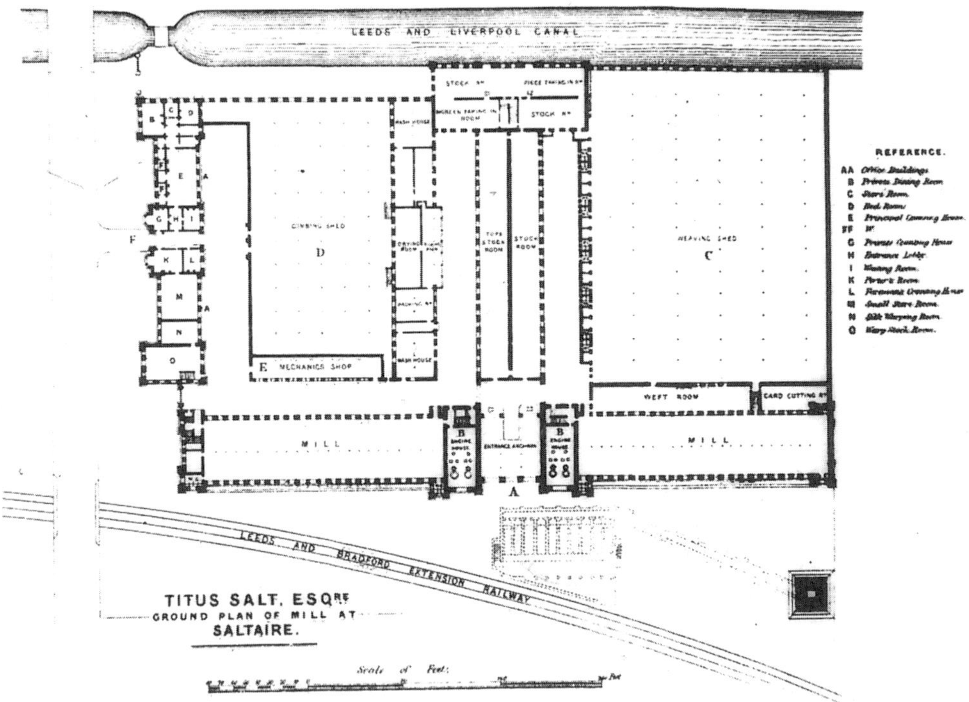

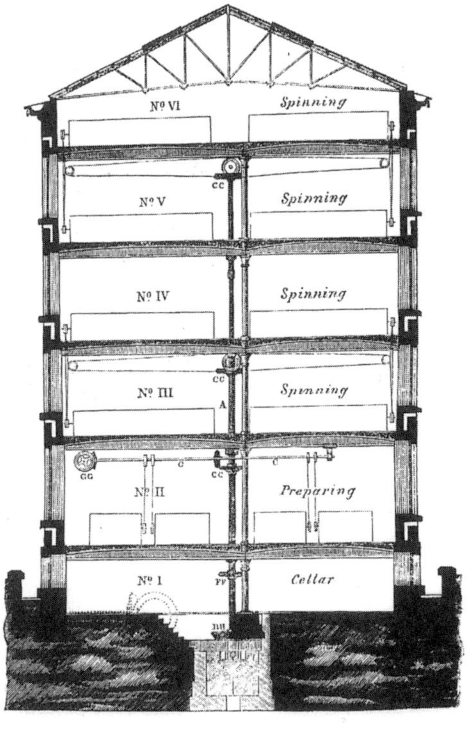

그림 10. 35 살타이어 방직공장의 평면도, 외관 및 6층 블록의 단면도
출처 : Fairbairn(1857-8)

페어번이 식민지 경험을 활용하여 설계한 살타이어Saltaire[74] 같은 공상적인 공장촌들이 생겨날 때까지 페어번의 봄베이 방직회사와 같은 포괄적인 접근법들과 견줄 만한 계획은 유럽에 존재하지 않았다. 살타이어에 있던 6층 규모의 방직공장은 그 길이가 550피트(165미터)였는데, 페어번은 이 공장의 기준층이 루브르 미술관의 롱 갤러리Long Gallery보다 더 길다고 주장하였다. 기계류를 중앙 통로 양쪽에 대칭적으로 놓을 수 있고 구동축이 지나가는 길을 확보하기 위하여 정중앙에서 약간 비껴있는 1열의 기둥열에, 플랜지 폭이 일정하지 않으며 거북이 등 모양의 주철 보가 걸쳐 있었다(그림 10.35). 북향의 거대한 소면梳綿공장은 18피트(5.4미터) 정사각형 모듈을 갖고 있었던 반면에, 창고형 직조장의 모듈은 18피트 × 36피트(10. 8미터)였고 바닥판 밑에는 수평 동력구동장치가, 그리고 기둥의 주초 부근에는 구동벨트를 위한 장치들이 밀집되어 있었다. 지붕에는 연철과 주철, 목재와 유리가 쓰였고, 주철제 홈통들은 기둥 위에 직접 놓여 있었는데 코린트식 주두에 걸맞게 고전적인 엔타블레처[75] 형상을 본떠 만들어졌다.

내화구조와 기계화된 건물

벽돌 아치 바닥들은 콘크리트로 채워졌고 돌로 포장되었다. '내화fire-proof' 건축은 빠르게 발전하였다. 왜냐하면 주철이 화재에 안전할 것이라는 최초의 희망이 곧 산산이 부서졌기 때문이다. 화재로 인한 피해는 철골건물이 붕괴될 때 더욱 막심하였다. 위층에서 화재가 시작되면 철골구조의 무게로 인해 사실상 공장 내부를 관통하는 구멍이 만들어졌다. 게다가 무거운 목재들과 달리 주철은 물에 의해 갑자기 식어서 금이 가는 바람에 순식간에 무너지곤 하였다. 아치로 지지되는 바닥들은 인장봉과 가장 바깥쪽 베이에서 강화된 아치나 보로 보강되어 있었음에도 불구하고, 한 구획이 무너지면 계속해서 전체구조를 붕괴시키는 횡방향 추력을 발생시켰다. 1844년 올드햄 공장Oldham mill에서는 화재 없이도 이러한 일이 일어나 하나의 보가 무너진 결과 20명 이상의 사람이 사망하는 사고가 발생하기도 하였다(Fairbairn 1857-58: App. II 274-9).

바닥을 가볍게 만들려는 초기의 시도로서, 벽돌 아치 대신에 벽돌을 계단식으로 쌓거나 속이 빈 항아리들을 사용하였고 노출된 철재는 보호되었다. 뉴 세인트 제임스 팰리스New St James' s Palace(1827)의 바닥에 사용된 데이비Davy의 속이 빈 항아리들은 조각된 장선받침돌에 기대어 있었고, 이 받침돌들은 보의 아래쪽 플랜지의 표면으로부터 이격되어 있는 주철제 장선들을 완전히 감싸고 있었다. 세인트 조지 시범하숙집St George' s Model Lodging House(1846-7)에서는 1851년 앨버트 공이 건설한 노동자 시범주택에서처럼 허슬렛Herstlet의 특허품인 속이 빈 타일이 바닥을 지지하는 아치에 쓰였다. 1848년에는 포틀랜드 시멘트[76] 안에 속이 빈 파이프를 묻어서 무게가 가벼운 석판을 만드는 방법이 특허를 얻기도 하였다.

그림 10.36은 영국과 프랑스에서 개발된 여러 가지 내화 시스템들을 보여준다. 특히 주목할 만한 것은 글로스터 광인수용소(1833-4)에서 최초로 사용된 폭스Fox의 시스템이다. 두 층의 나무외가 작은 주철제 장선 사이에 걸쳐졌는데 나무외 윗면에는 모르타르를 바르고 아래쪽에는 하드 시멘트 위에 보를 보호하는 플라스터를 바른 것이었다. 바렛Barrett의 특허는 나무외를 삼각형 테라코타 타일로 대치한 시스템이다. 윌킨슨Wilkinson의 1854년 시스템에는 프리캐스트 콘크리트 바닥에 '인장봉으로 작용하는' 철심이 심어져 있었다. 이 시스템은 연철제 장선에 의존하는 시스템들과 함께 철근콘크리트의 효시가 되었다.

74. 영국의 살트T. Salt경이 베드포드 근처에 설립한 약 2,000명의 노동자가 고용된 직물 공장촌
75. 기둥 위에 걸쳐놓은 수평 부분으로서 위로부터 코니스 · 프리즈 · 아키트레이브의 3부분으로 구성된다.
76. 1824년 영국의 J. 애스프딘이 제조법을 발명한 시멘트. 일반적으로 시멘트라고 하면 이것을 발하며, 생산량의 대부분을 차지한다.

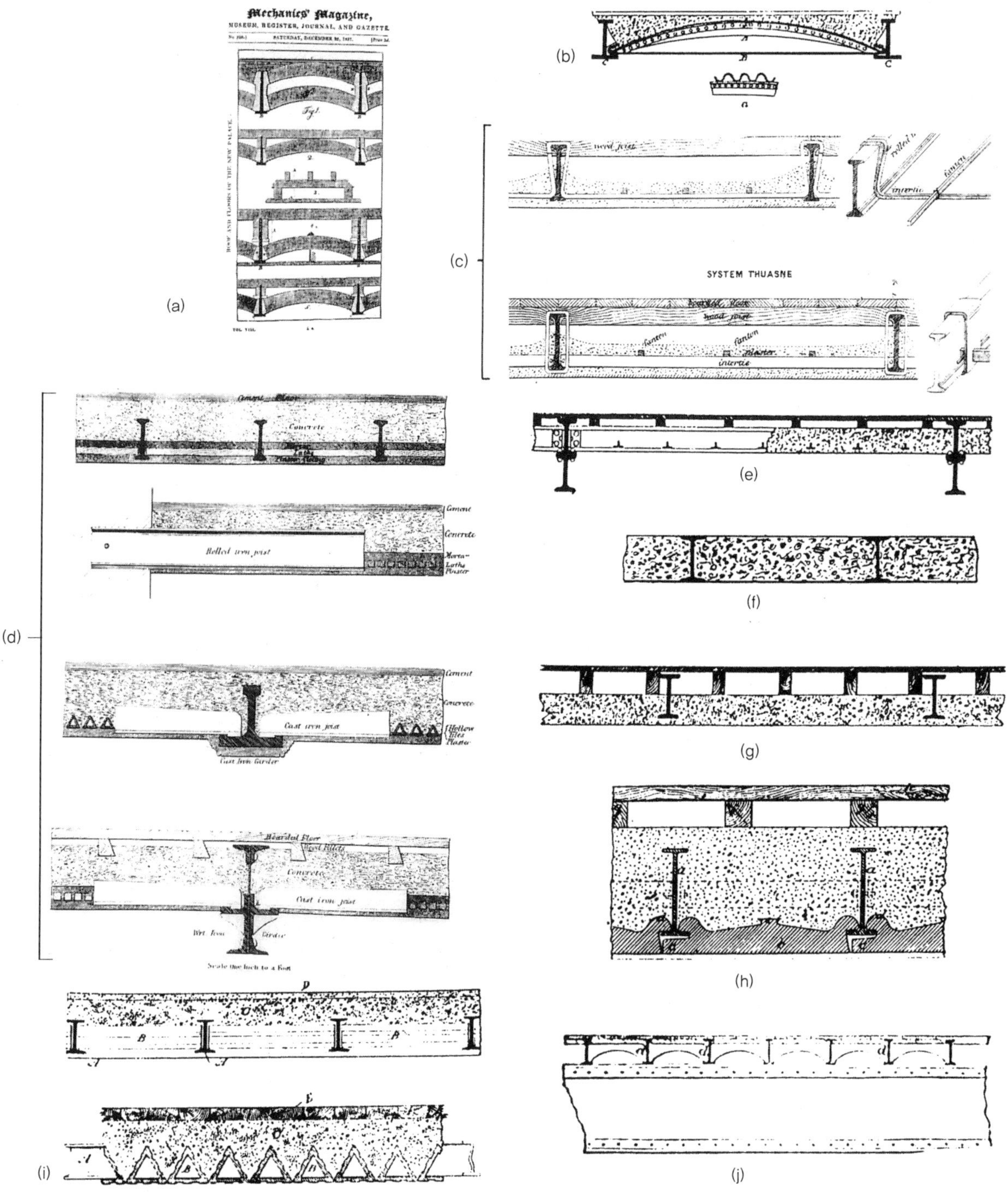

그림 10. 36 아홉 가지의 내화 바닥들: (a)뉴 세인트 제임스 팰리스에 사용된 데이비 시스템(c. 1827), (b)네이스미스 시스템(1848), (c)프랑스 시스템(1850년대), (d)폭스와 바렛 시스템(1850년대), (e)필립 시스템(1870년대), (f)콘크리트, 철제 바닥(1870년대), (g)목재, 콘크리트, 철제 바닥(1870년대), (h)스워브릭 시스템(1875), (i)호먼 시스템(1887), (j)페어번 시스템

출처 : S.B. Hamilton(1958) A Short History of the Structural Fire Protection of Buildings, National Building Studies Special Report No. 27, HMSO, London; H.B. Burnett(1854) 'Description of the French Method of Construction Iron Floors' Notices of Meetings at the RIBA 1st series, vol. 5, 1854-5; Fairbairn(1857-8); and Mechanics' Magazine(1827) 22 December

그림 10. 37 벨퍼 노스 방직공장에 적용된 조정가능한 기둥 주초 (1803–4)
출처 : 저자의 슬라이드

그림 10. 38 더비셔 크롬포드에 있는 메이슨 방직공장의 조정가능한 홈통(1783)
출처 : 저자의 슬라이드

방직공장에 도입된 새로운 기술은 단순한 정적인 시스템을 훨씬 넘어서 있었다. 특히 두 개의 동적인 시스템들로 인하여 건물은 좀 더 기계에 가까워졌다.

그 첫 번째 것은, 건물도 기계와 마찬가지로 경험에 의해서 조정이 필요하다고 느낄 때 움직일 수 있으며 조절이 가능한 물체라는 공학자의 직관에서 비롯되었다. 한 가지 예는 구조적인 저항을 바꾸기 위해 조정가능한 나비너트로 트러스화된 목제 보를 조율하는 것이다. 스트럿의 노스 방직공장에서 다섯 개 층의 바닥을 지지하는, 상하로 열을 맞춰 나란히 쌓아 올려진 주철 기둥들은 지하층의 주철 쐐기에 의해 하중 및 토양의 상태에 맞추어 독립적으로 정밀하게 수평을 이룰 수 있었다(그림 10.37). 아크라이트의 메이슨 방직공장Masson Mill에서는 빗물처리용 홈통에서 흔히 발생하는 두 가지 결함, 즉 물의 흐름을 저해하는 부적절하거나 역방향의 경사와 홈통을 넘어 쏟아져 내리거나 홈통 뒤로 찔끔찔끔 흘러내리는 유거수流去水의 원인이 되는 지붕에서의 잘못된 간격에 대처하기 위해 주철 홈통들에 이중의 조절장치가 주어졌다. 수직 슬립조인트는 홈통의 높이를, 수평 슬립조인트는 지붕으로부터의 거리를 조정할 수 있도록 해 주었다(그림 10.38).

두 번째 동적인 시스템은 인력 · 원료 · 에너지의 이동을 위한 것이다. 승강기와 화물용 리프트, 물과 쓰레기를 위한 파이프, 증기 · 물(온수) · 공기(온풍) 난방을 위한 파이프와 덕트, 환기를 위한 에어 덕트, 가스 파이프와 전선들, 구동축과 벨트, 벨 케이블bell cable, 기압으로 작동하는 메시지 캡슐을 위한 대화용 관과 파이프, 이 모든 시스템들은 시저 데일리Cesar Daly의 표현대로 건물을 '자체적인 순환 및 신경계를 가진 살아있는 몸'으로 만들었던 것이다(Daly 1857: 346-8).

건물에서 전통적인 이동방식은 회랑 · 복도 · 계단 등의 정적인 공간체계로 이루어졌고, 이들을 통해 사람과 물건이 움직여 다녔다. 승강기와 화물용 리프트는 이런 방식을 거꾸로

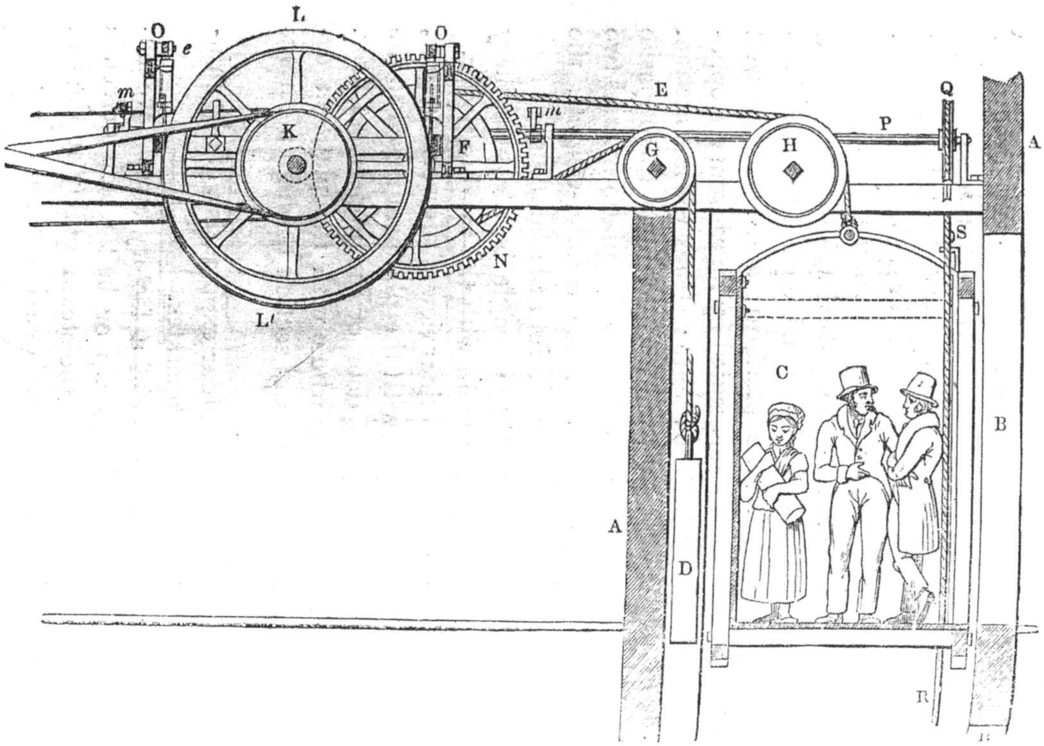

그림 10. 39 우어의 '티글' 승강기(18세기 후반)
출처 : Ure(1835)

만들었다. 이제는 정지해 있는 사람과 물건들을 움직이는 공간의 조각에 실어 이동시키는 동적인 체계가 된 것이다. 물론 건설현장 · 탄광 · 극장 등에서 동물이나 사람이 돌리는 쳇바퀴로 작동되는 화물 리프트나 권양기는 오래 전부터 있었다(Gavois 1983). 동력으로 작동되는 최초의 승객용 승강기인 '티글teagle' 이 나타난 곳은 역시 방직공장이었다(그림 10.39). 1835년에 우어Ure(45)는 이러한 '움직이는 플랫폼' 이 공장의 장인들에 의해 '오래 전부터' 도입되어 왔다고 말하였다. 스트럿의 벨퍼 웨스트 방직공장(1793-5)에는 계단 양옆에 승강기가 한 대씩 있었고 그의 벨퍼 노스 방직공장(1803-5)의 한쪽 끝에도 승강기가 있었다. 두 개 모두 공장의 기계를 돌리는 주 물레바퀴로 작동되었고, 최소한 후자에서는 승강기를 담당하는 소년이 받침대 꼭대기의 의자에 앉아서 유도선을 잡아당기는 일을 하였다. 이 승강기의 움직임은 부드러웠고 각 층마다 안전문과 평형추와 별도의 도르래 그리고 엔진에 부착된 안전장치가 있었다. 다시 말해서 현대의 승강기 시스템과 다를 바 없었다. 하지만 대부분의 비산업 건물에는 증기기관이 없었기 때문에 이러한 형태의 승강기를 가동시킬 방도가 없었다. 더구나 대마로 만든 로프가 금방 닳아져 버리는 중대한 기계적인 결함이 있었다. 1830년대 초반에 스미스Smith와 뉴얼Newall에 의해 강철 로프wire rope가 발명된 지 20년이 지나서 뎁트포드 해군공창Deptford Dockyard의 허다트 대령Captain Huddart이 강철을 '꼬아서' 로프를 만드는 방법을 발견해냈고, 이를 통해서 증기로 작동하는 승강기를 위한 안전한 케이블이 만들어졌다. 그리고 이 승강기는 이제 다음 단계인 수압동력승강기의 시초가 되었다.

그림 10. 38 스트럿의 '코클' 스토브, 더비 보건소(1806–10)
출처 : Sylvester(1819)

조셉 브레이마Joseph Bramah는 1795년에 수압 압축기를 특허 내었고 이 압축기는 산업현장에서 널리 적용되었다. 수압을 얻기 위해서는 수동 또는 증기펌프가 이용되었다. 1846년 윌리엄 암스트롱William Armstrong이 뉴캐슬 부두에서 수압을 이용하여 항만용 기중기로 무거운 화물을 들어 올렸고 광산에서는 이보다 더 일찍 기중기가 사용되었다. 1840년대 후반에 수압 기중기는 건설현장에서 널리 이용되었고 건물에는 1853년 뉴욕 수정궁 박람회장New York Crystal Palace Exhibition에 선보였다. 영국에서는 웨스트민스터 팰리스 호텔Westminster Palace Hotel(1858)에서 승강기를 볼 수 있었고 곧이어 그로스버너Grosvenor 호텔과 다른 곳들도 그 뒤를 이었다.

초기 방직공장들에서 환기를 위한 신선한 공기와 난방을 위한 설비 또한 비슷한 속도로 발전하였다. 스트럿은 그의 더비 방직공장(1792-3)에서 '코클cockle' 이라 불리는 따뜻한 공기를 이용하는 온기溫氣 스토브를 건설하였다. 신선한 공기가 코크스 아궁이 위에 연철이나 압연 철판이 놓여있는 돔 형태로 된 공기 가열실로 유입되었다. 이 가열실은 건물의 모든 부분과 관(덕트)으로 연결되어 있었다. 이런 난방 시스템은 곧바로 공장으로부터 일반 공공건물로 이전되었다. 1819년 엔지니어인 실베스터Sylvester가 기술적인 세부사항을 출간한 더비 진료소Derby Infirmary(1806-10)와 같은 건물에 이 시스템이 도입되었다(그림 10.40). 그 이후로 스트럿은 이 시스템을 노스 스태퍼드셔North Staffordshire 진료소와 웨이크필드Wakefield와 노팅엄Nottingham 광인 수용소 그리고 리크 패리쉬Leek Parish 교회에 이용하였다.

한편 널리 사용된 다른 시스템 가운데 증기를 이용한 것도 있었다. 윌리엄 쿡William Cook은 1745년에 다층 증기난방 시스템을 설계하였고(Philosophical Transactions 1745: 370) 와트가 1780년대에 런던의 소호 거리에서 이것을 실험했지만, 이 시스템을 대규모로 적용한 첫 번째 시도는 1799년 스코틀랜드의 도노크Dornoch에 있는 한 공장에서 이루어졌다. 우리는 이미 샐포드 방직공장에서 증기 파이프로 쓰인 기둥을 본 적이 있다. 스노그래스Snodgrass는 1806년에 비슷한 디자인을 출판하였다(그림 10.41). 1807년에 뷰캐넌Buchanon이 확립한 첫 번째 기술적 해결방안은 1824년에 트레드골드의 새로운 방식으로 대치될 때까지 표준적인 방식으로 이용되었다.

구조 · 재료 · 설비 그리고 승강기에 관련된 모든 기술의 조합은 방직공장에서 한꺼번에 분출되었다. 이런 기술적인 도약이 없었다면 고층 빌딩은 불가능했을 것이다. 이런 기술의 발전이 토지가치 · 도시밀도 · 도시형태 그리고 사회구조에 미친 영향은 엄청났다. 그렇지만 방직공장에 초점을 맞춰야 할 더 큰 이유가 있다. 대규모 기계공장 시스템factory system의 가장 두드러지는 특징을 당시의 방직공장 건축에서 볼 수 있기 때문이다. 새로운 사회 체계 안에서 기계와 동력을 활용하기 위한 공간의 재구성이 바로 그것이다. 물론 다른 산업에

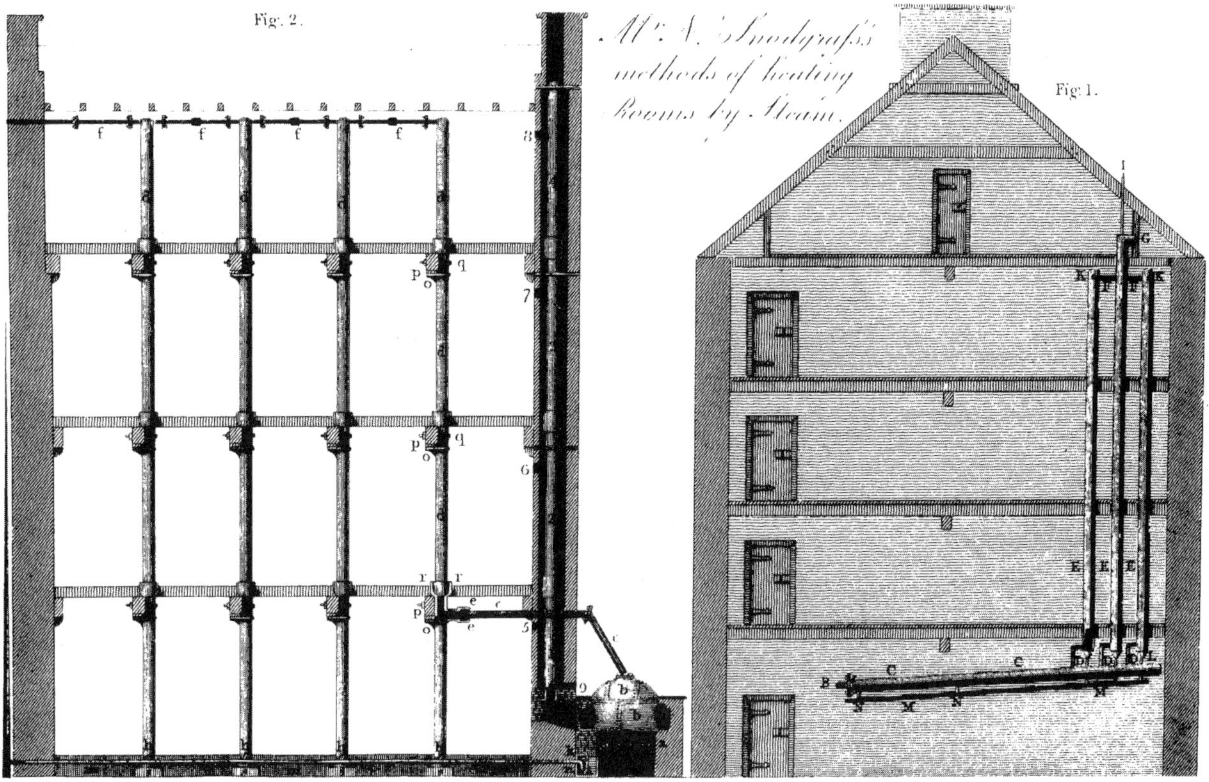

그림 10. 38 기둥을 증기난방 파이프로 이용하는 스노그래스의 제안(1806)
출처 : Transactions of the Royal Society of Arts(1806) XXIV:118-28, 또한 Philosophical Magazine(1807) XXVII:172-81, March에 재출간됨

서도 급속한 변화들이 있었다. 그 예로 포츠머스Portsmouth에 있던 사무엘 벤담Samual Bentham과 아이섬바드 브루넬Isambard Brunel의 1801년 해군 블록공장 — 생산공정이 통합되고 자동화되었으며 증기를 동력으로 사용하였다 — 을 들 수 있다(Gilbert 1965). 그렇지만 궁극적으로 19세기 도시의 사회적·물질적 구조를 모두 바꾼 것은 방직공장이었다.

노동과 주거

생산을 하기 위해서 노동자·기계·동력원·원자재 그리고 공간이 하나로 모아진다. 문화는, 성격교정·재창조를 위한 공간과 지식의 생산을 위한 공간에서 그러했듯이, 작업공간의 모습을 결정한다. 나는 이 책의 서두에서 왜 일상 생활 공간, 즉 주거가 분석에서 배제되었는지를 설명한 바 있다. 그러나 주거housing는 생산과 매우 복잡하게 연결되어 있고 때로는 작업과 주거공간을 구분하기 어렵다. 또한 새로운 '하향식' 유토피아 프로젝트에서 완벽한 질서 안에 놓인 주택은 매우 중요한 요소가 되었기 때문에 생산공간에 대한 분석에서 주거를 완전히 배제할 수는 없다.

생산과 주거가 결합되어있는 가장 보편적인 유형은 바로 농장이다. 농장에서 주거공간은 동물·건초·사료·곡식·농기구·착유장을 위한 공간과 결합되어 있다. 많은 경우에 간단한 변형만으로 물레나 직기를 수용하는 것이 가능하였

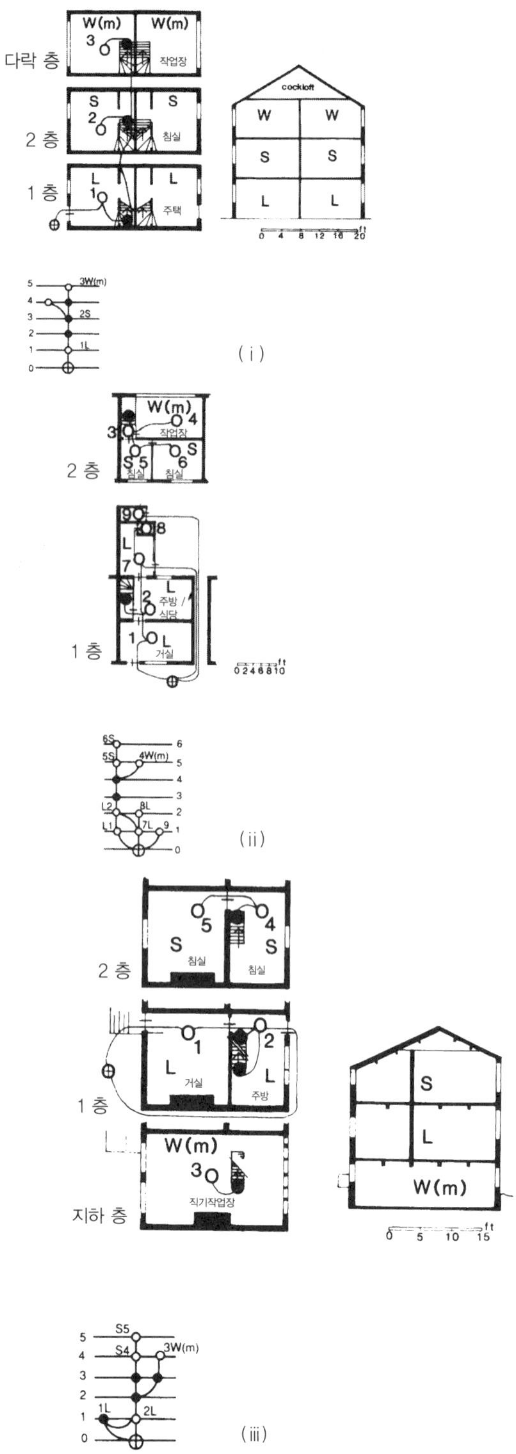

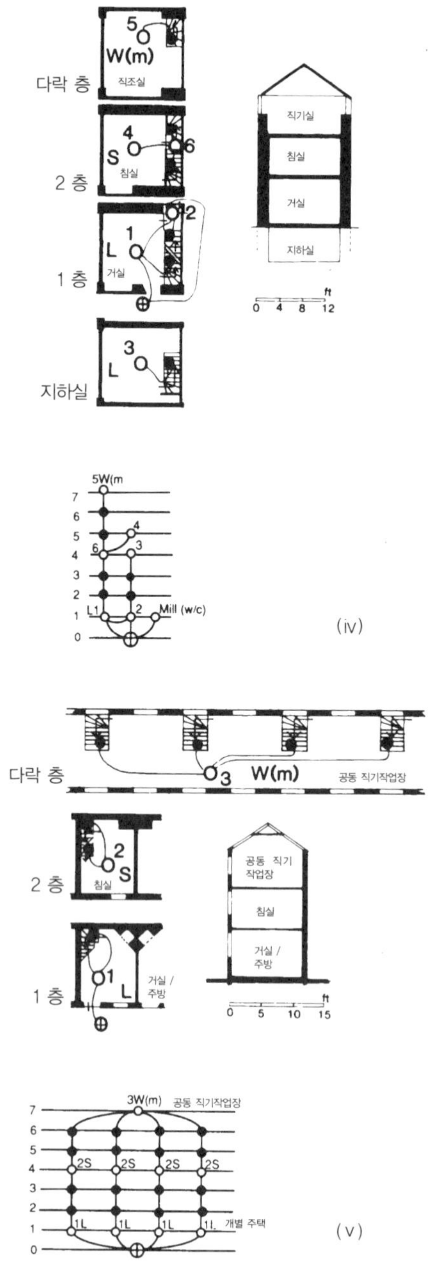

그림 10. 42 '가내' 매뉴팩처의 여덟 가지 유형 : 평면 및 공간구조도
출처 : 저자 작성(원전은 본문에서 밝힘)

(vi)

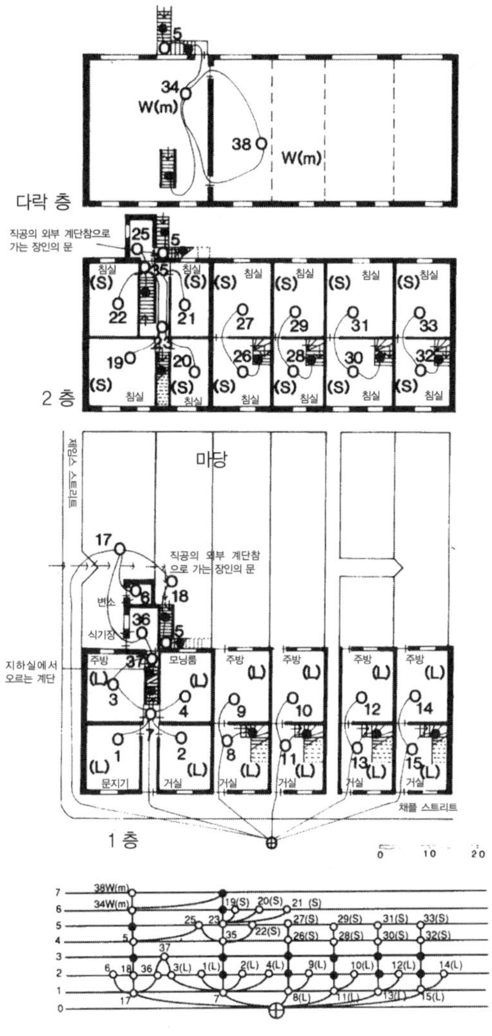

(vii)

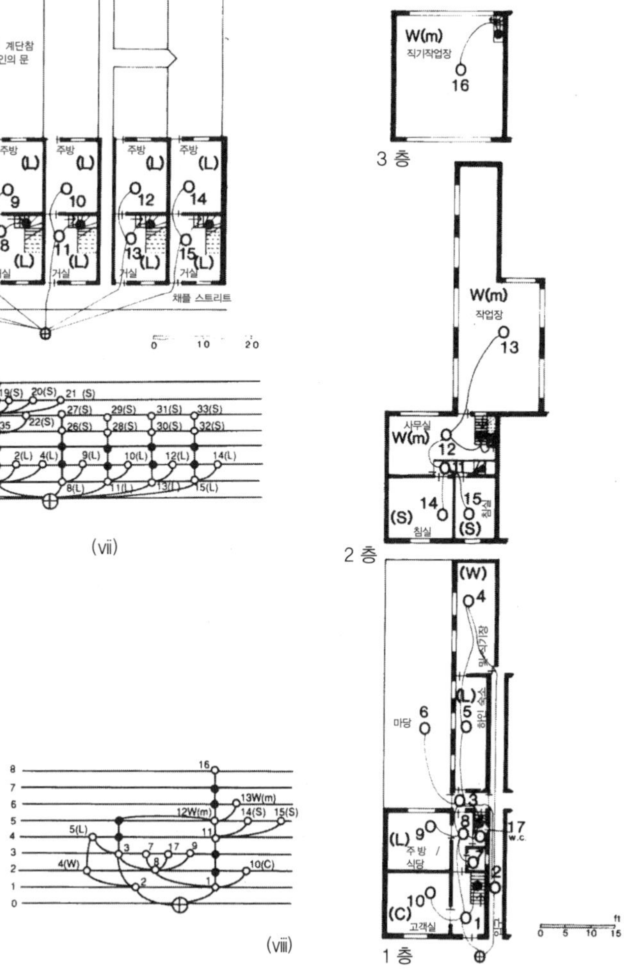

(viii)

범례

L = 주거공간

W = 작업공간

W(m) = 남자 작업공간

S = 수면공간

C = 고객용 사무실

다. 스미스Smith(1971)가 기술한 것처럼, 17세기에 페나인Pennine[77] 지방의 홀형 주택hallhouse의 '홀'을 직기작업장으로 바꾸는 것이나 켄들Kendal 근교 농장에서 주 건물에 직각으로 1층짜리 실 잣는 작업장을 첨가하는 것 같은 것들이다. 다른 경우에서는 주방이 작업장으로 전환되기도 하였다. 계절 농업과 방적·방직 공정이 한 가족에 의해 같은 건물에서 이루어지는 경우에, 공간을 형성하는데 있어서 우세한 것은 바로 오래된 농업 문화였다.

그러나 농사와 그 외의 일이 분리되면서 새로운 유형들이 나타났다. 처음에는 직기나 물레 같은 기계가 주생활 공간에 있었다. 토지가 부족하고 임대료가 비싼 큰 도시에서는 종종 한 공간에서 모든 일이 이루어질 수밖에 없었다. 조지George(1951: 56)는 18세기 런던 견직물 직공의 주거를 묘사하고 있다. 비슷한 처지의 다른 세대들과 공유하는 한 채의 주택에서 방 한 칸에 살며 여기서 수면과 생활 그리고 작업이 모두 이루어졌다.

일단 기계만을 위한 공간이 생겨나자 변화가 꼬리를 물고 일어났다. 그림 10.42에는 내가 앞으로 기술할 몇 가지 작업공간 유형이 도해되어 있다. 이들 공간구조도들은 단순화되었으며, 일부 사소한 공간들이 생략되었고 모든 층들은 결합되어 있다.

맥클스필드 견직공의 경우에는 층별로 구분이 이루어졌다. 1층은 주거생활, 2층은 수면이 이루어졌고, 특징적인 넓은 창문이 있는 3층에 직기작업장이 있었다. 스피털필즈의 위그노 교도 주택들의 넓은 다락방들도 역시 견습공들을 수용하기 위한 것이었다. 이런 유형 중 가장 소규모의 것으로는 노팅엄Nottingham에 있던 양말·메리야스류 편물공들의 연립 테라스하우스terrace house[78]가 있었다. 3층으로 된 건물의 각 층에는 방이 하나뿐이었고 각각 거실—부엌, 침실, 작업장이었다(ⅰ). 좀 더 정교한 유형은 2층에 넓은 창문이 있는 작업실과 두 개의 침실이 있는 코벤트리Conventry 리본 직공의 주택(ⅱ)이나 1층 거실 옆이나 지하실에 작업공간이 있던 미들턴Middleton의 직기작업장(ⅲ) 등이 있었다.

이들 모두에는 정문(전면에서 출입)이 있었고, 일부 예에서는 뒷문(마당에서 출입)도 있었다. 작업·주거·수면공간들은 계단이나 문 또는 사적인 뜰을 통해 내부에서 연결되었다. 사람들은 작업공간이 있는 같은 건물의 주거공간에서 살았다. 모든 경우에서 작업공간과 수면공간은 가장 깊은 곳에 있었다. 이런 자기충족적인 공간구조들은 경제적으로 독립적이라는 것을 시사하는 반면에, 이것은 자본과 노동력 사이의 관계에 있어 다음의 세 가지 유형이 있음을 암시한다.

그 첫 번째 것은 사실상 독립적인 가내 생산단위이다. 예를 들어 요크셔의 소모사梳毛絲 '장인'이 방적공에게서 양모를 사서 이것으로 옷감을 짠 뒤 그 옷감을 자신이 선택한 상인에게 파는 것이다.

두 번째 것은 상인이 '선대' 해 준 작업이 이루어지는 공간이다. 이 경우에 원자재의 공급은 엄격하게 통제되었고, 종종 상인에게서 대여한 기계로 만들어지는 최종 생산품의 가격도 엄격히 통제되었다. 이 시스템은 널리 이용되었고, 특히 견직물 틀작업 편물업자와 레이스 생산업자 사이에서 일반적인 생산방식이었다. 계약을 통해 고용주는 노동시장을 통제하였으며, 공장 노동자가 할 수 없이 받아들일 수밖에 없는 최대한도로 착취적인 사회적·물질적 조건이 가능하도록 '공장'을 효과적으로 분산시킬 수 있었다.

세 번째 것은 1770년대 크롬포드에 있던 아크라이트의 노스스트리트North Street 테라스하우스(ⅳ)처럼 노동자들에게 빌려주기 위해 공장 소유자가 지은 공장 주택이다. 아래층에는 침실과 거실, 지하창고가 있고 꼭대기 층의 직조실에서는 거대한 방적공장에서 여자들과 아이들이 생산한 실로 남자들이 천을

77. 영국 잉글랜드 북부에 있는 산맥 이름
78. 주거유형을 구분할 때, 일반적으로 테라스하우스는 주로 사면에 건축되어서 계단의 형상을 띠고 있는 집합주택을 의미한다. 본문에서는 도시형 연립주택을 의미하므로 엄밀하게는 로우하우스나 타운하우스로 불러야 할 것이다. 그러나 저자의 표현을 존중하여 앞으로도 그대로 테라스하우스로 번역하였음을 밝혀둔다.

짰다. 한 가구家口와 그에 딸린 공간 내부에 한정된 것처럼 보이는 생산주체들 간의 관계들은 실제적으로는 별도의 작업공간을 가진 외부적 관계에 전적으로 의존하고 통제된다.

체셔Cheshire 주의 스타이얼Styal에 있는 벽돌 테라스하우스들이나 스트럿이 그의 노동자들을 위해 벨퍼 방직공장에 지은 주택처럼, 회사가 건설한 작업공간이 딸려있지 않은 노동자 주택들이 있었다. 이런 주택들은 보잘것없었지만 계획된 생산 공동체의 요소로서는 좋은 구상이었다.

한 가지 발전된 형태는 몇 채의 주택이 결합된 것으로, 일부 주택의 작업실이 다른 주택들에까지 연장되어 넓은 작업공간이 제공된다. 스미스(1971: 254-6)는 네 채의 직기 주택loomhouse이 결합된 하나의 블록을 묘사한다. 대지의 높은 쪽에 있는 주택 두 채는 2층으로 된 주거공간과 3층 다락방에 직기작업장을 갖고 있었는데, 이 작업실은 인접한 3층짜리 주택 위로 연장되어 있었다. 이러한 넓은 직기작업장들은 한 가구에 속한 구성원들보다 더 많은 사람들을 수용할 수 있었을 것이고 고용된 장인들은 확장된 가구의 일부를 이루며 지하실에 거주하였을 것이다.

여기서 파생된 유형이 협동작업co-operative labour이다. 각각의 가구들은 여전히 자신의 직기와 기계들을 갖고 있었고 대개 다락방에 있던 작업공간으로 각자 접근하였지만, 서로 연결되어 있었다. 로우Lowe(1977)에 따르면 중부 웨일즈 지방의 플란넬 직조공들은 1열로 지어진 그들의 조그마한 2층 연립주택들 최상층에 위치한 직기작업장(ⅴ)을 공유하였다. 캐핀Caffyn(1986: 13)은 요크셔 주의 린스웨이트Lynthwaite에서 이와 같은 사례를 발견하였다. 1열로 배열된 여섯 채의 연립주택들은 각각 꼭대기 층에 직기작업장을 갖고 있었는데, 인접한 주택의 작업실과 완전히 개방되지는 않은 채 경계벽에 있는 문을 통해 연결되어 있었다. 이런 공간구조는 중부 웨일즈와 동일하다. 캐핀은 질병·노인·실업문제와 구성원들을 위한 주택건축문제에서 상호 협조하는 초기 노동자들의 우애조합Friendly Societies[79]에 대해서도 설명하였다. 1779년 핼리팩스Halifax에 설립된 「로열 조지언 협회Loyal Georgian Society」가 이런 단체의 한 예이다. 오늘날까지 요크셔 지방의 많은 도시와 마을에는 '클럽하우스Club House'를 갖춘 연립주택들이 있다. 그의 연구가 좀 더 진행되었다면 이러한 우애조합들과 공유하는 직기작업장에서의 협동작업 간의 연관성을 찾아낼 수도 있었을 것이다.

가구주가 그의 다락방 직기작업장을 외부인에게 임대하는 경우에는 별도의 외부 출입문이 제공되었다. 만약 그렇지 않다면, 매클스필드의 호프 스트리트Hope Street에 있던 3층 규모의 견직물 직조공의 주택(ⅵ)처럼 외부노동자가 집안을 통과하지 않도록 내부 계단이 뒷문 바로 옆에 놓여졌다.

일단 장인이 더 많은 기계에 투자할 수 있고 숙련공·견습공·단순 노무자들을 고용할 수 있게 되자, 새로운 유형이 생겨났다. 이런 유형에서 작업공간은 고용주인 장인의 주택 뒤나 옆에 덧붙여지거나 또는 여러 채의 다른 주택의 최상층에 걸쳐져 있었는데 내부는 넓고 개방되어 있었다. 두 경우 모두 외부로부터의 직통 출입구나 계단을 갖고 있었다. 18세기 후반에 제임스 아놀드James Arnold는 매클스필드의 채플 스트리트Chapel Street에 작업공간이 딸려있지 않은 2층짜리 노동자 테라스하우스 한쪽 끝에, 주택 중앙에 현관이 있는 3층 규모의 장인주택을 지었다(ⅶ). 장인주택의 다락방(34)은 인근의 작은 연립주택들 위로 확장되어 있는 개방된 직기작업장(38)으로 열려 있었지만 장인주택 내부 계단을 통해서만 접근이 가능했고 외부 계단은 뒤쪽에 있었다. 장인주택의 2층 계단참도 역시 외부 계단의 중간 계단참(5)과 연결되어 있었다. 직공들은 장인주택 옆의 임대 연립주택에서 살거나 혹은 다른 곳에서 살더라도 장인의 감시하에 출입하고 작업하였다.

79. 17세기 후반 이후 영국의 노동자들이 자발적으로 결성한 공제 조합이다. 조합원들이 정기적으로 갹출을 부담하고 질병, 노령, 사망 등의 경우에 상호부조를 하는 조직이다. 중세 길드부터 이런 관행이 있었으나 우애조합의 경우에는 손해 정도와 그에 따른 보상, 각 개인들의 부담 정도를 미리 정하였다는 데에서 진일보한 것이었다. 이로부터 노동조합, 공제조합, 보험회사 등이 발전하였다.

캐핀은 애딩엄Addingham의 웨스트요크셔West Yorkshire 주택에서 '공동 작업실' (우리가 앞에서 살펴 본 협동작업 유형으로 개개의 주택들로부터 공동 작업공간으로 접근하는 유형)과 이러한 주택들 위에 위치한 '주거공간과는 완전히 격리되어 있는' 산업공간을 구별하였다(Caffyn 1986: 18-19).

테라스하우스 상부에 설치된 이러한 개방된 작업실은 노팅엄 지역의 메리야스 및 레이스 산업(Chapman 1971), 린스웨이트의 코핀 연립주택Coffin Row(Bodey 1971) 그리고 웨일즈의 뉴타운Newtown에 있는 플란넬 직기작업장(Lowe 1977: 24-5)에서 발견된다. 이 모든 곳에는 독립적인 외부 접근로가 있었다.

코벤트리 리본 직공들의 주택(viii)은 매우 전통적으로 보이지만 새로운 무언가가 일어나고 있었다. 1층의 앞쪽 방(10)은 손님들을 맞이하기 위해 남겨두었고(C), 2층의 작업장 사무실(12)은 뒤쪽에 꼬리처럼 붙어 있는 작업장(13)으로 열려 있었으며, 좁은 계단을 통해 직기작업장(노동자들은 별도의 계단으로 출입할 수 있었다)으로 연결되었다. 작업장 사무실은 공간구조도에서 여러 개의 고리형 순환동선 위에 위치하여 공간들을 통합하는 공간이 되었다.

위에서 살펴 본 유형들 가운데 일부에서 나타난 공간구조는 그런 유형들이 자본과 노동의 관계에 있어서 전문적인 방직공장으로 향하는 문턱을 넘어섰음을 보여준다. 그 후 오랜 시간이 흐른 1847년과 1859년 사이에 코벤트리에서 잠깐 동안 후퇴가 일어났다.

리본직공 가운데 최고수준의 장인들은 증기력을 이용하는 방직공장과 경쟁하고 있었다 (Prest 1960). 그들은 집을 떠나는 대신에 자신의 주택에 증기력을 도입하기로 결정하고 현존하는 3층 규모의 테라스하우스들의 한 쪽 끝에 증기기관을 붙이거나, 또는 새로운 삼각형 배치의 중앙에 기관실을 집어넣었다. 자본은 장인(퀘이커 캐쉬 브러더스Quaker Cash brothers)이 댔으며, 임차인들은 경계벽을 통해 꼭대기 층 전체를 따라 달리는 구동축을 사용하기 위해 주택과 '증기'에 대한 임차료를 지불하였다. 오웬식 사회주의의 농공혼합체 배후에는 퀘이커 교도[80]의 자선과 자립사상이 있었다. 이들은 소규모 자작농과 그 토지에 세워진 평화로운 가내 산업을 꿈꾸었다. 만약 이것이 온정적인 의존보다는 진정한 협동의 형태였다면, 윌리엄 모리스William Morris가 그의 기계에 대한 뿌리 깊은 반대에도 불구하고 환영했을 법한 해결책으로서 전통적인 사회구조에 근대 기술을 접목시킬 수 있었을 것이다. 그러나 이런 시도는 결국 실패로 끝났다.

이러한 노동과 주거공간을 결합하였던 모든 계획의 대안은 공동 주택comminal housing이었다. 쇼Chaux와 소호 매뉴팩처공장Soho Manufactory은 대규모로 시도된 초기 사례였다. 폴라드Pollard(1964)는 비슷한 사례들을 규모와 성격에 관계없이 총망라하여 설명하였다. 페이슬리Paisley에 있던 오어Orr의 35가구를 위한 단일 건물로부터, 제임스 모리스 경Sir James Morris의 '단체생활에서 유용한 부속물로 여겨지던 재단사와 제화공 한 명씩을 제외하곤 모두 광부인 40가족이 살 수 있는 주거공간을 보유하고, 외관은 대학과 같으며 사각형의 실내 안뜰이 있고 성 모양으로 구축된 천장이 높은 대저택', 그리고 글래스고의 앤더스턴Anderston에 있는 홀즈워스Houldsworth의 공동주거지구 등이다.

생산을 위한 완벽한 도시

오비스턴Orbiston[81]에 있었던 단명한 오웬주의자의 공동체(1825-8)는 로버트 오웬Robert Owen이 라나크 주Lanark County에 계획한 대담한 제안의 결과물이었다. 800명을 위한 중앙의 거주 블

80. 17세기 영국의 급진적 청교도 신비주의에서 출발한 프로테스탄트의 한 파. 국가전복 · 불경 · 세금체납 · 징병거부 등의 반사회적 행동으로 벌금 · 수감 · 외국추방 등의 벌을 받았다. 퀘이커는 사회개혁의 원동력이 되어 노예제 반대운동 등에 영향을 미쳤다.

81. 뉴하모니에서 공동체 실험이 있던 시기에 오웬의 또다른 추종자들은 이와 유사한 공동체를 스코틀랜드의 오비스턴에 만들려고 시도했으나 실패로 끝났다. L. Benevlo, 장성수 · 윤혜정 역, 『근대도시계획의 기원과 유토피아』, 태림문화사, 1996. 90쪽

록에는 두 개의 큰 공동식당과, 전통적으로 예배당이 있었을 것 같은 대지의 중심축 위에 위치한 강당, 그리고 두 개의 스쿨룸school room이 포함되어 있었다. 축의 양쪽에는 남성용 침실 겸 살림방bed-sitting room[82]과 여성용 침실 겸 살림방들이 있었다. 이 공동체는 근처의 뉴라나크의 경험과 오웬이 1824년부터 전심전력으로 추진해왔던 미국의 뉴하모니New Harmony 프로젝트의 경험을 바탕으로 산업 · 공예 · 농업의 협동체가 되는 것을 목적으로 하였다. 따라서 오웬은 이 곳에 없었으나 그의 정신은 오비스턴 상공을 맴돌고 있었다. 그러나 서투른 관리로 인한 혼란 속에서 '구사회Old Society' 의 방식으로 후퇴함으로써 이 계획은 중앙 블록의 북쪽 날개동과 5층짜리 '제리코Jerico' 작업장만이 완공된 채 3년 만에 중단되었다(Donnachie 1971).

아크라이트가 세운 공동체로부터 오비스턴에 이르기까지 계속적으로 공동체 건설이 이어져 왔다. 그렇지만 이후의 유토피아 계획안들에서도 그렇듯이, 이런 모든 계획은 '위로부터 아래로' 부과되는 질서 · 통일 · 통제 · 단결을 기반으로 이루어졌다. 그런 유토피아 프로젝트들은 완전하였다. 외딴 언덕과 계곡에서 이루어졌던 실험들이 이런 계획들에 깊은 영향을 미쳤고, 19세기의 주거와 도시계획, 좀 더 세부적으로는 위생설비, 공중보건, 지역 · 지구의 설정, 법률, 사회 정책에까지 영향을 주었다. 앞으로 매우 다른 세 개의 유토피아 프로젝트들을 통해 이런 사실을 보게 될 것이며, 이를 통해 생산공간에 대한 이야기를 끝맺기로 한다.

뉴라나크는 그 자체로 의미가 있지만, 하나의 긴 사슬의 일부로 바라볼 때 그 의미가 더욱 깊어진다. 사슬의 한 쪽 끝에는 설립자인 데이비드 데일David Dale이 위치하며 그는 아크라이트를 직접 뉴라나크 방적공장으로 끌어들여서 산업혁명의 탄생에 공헌하였다. 사슬의 중간에는 로버트 오웬과 그의 다른 계획안들이 위치하고, 사슬의 다른 쪽 끝에는 대서양 양쪽에서 시도된 그의 공상적인 원칙들이 위치한다. 만약 노동조합과 협동조합 그리고 교육에 끼친 오웬의 영향을 포함한다면 그 범위는 엄청나게 확대될 것이다.

데일은 1750년대에 에어셔Ayrshire로부터 페이즐리Paisley로 이주하여 직조공의 견습공으로 시작하여 숙련공이 되었다. 그 뒤 글래스고에서 소매상인으로 잠시 일하다가, 왕립은행 간부의 딸과 결혼함으로써 1783년에 왕립은행의 글래스고 지점장이 된다. 그 해 아크라이트가 글래스고를 방문했는데, 그 때 아크라이트는 수력방적기에 대한 독점권 획득을 저지하려는 랭커셔 주의 방적공장 주인들과 심각하게 대립하고 있었다. 결국 2년 후에 랭커셔 주의 방적공장 주인들이 승리했고 아크라이트의 공장들은 군중들의 폭동에 파괴되었다. 아크라이트는 클라이드 폭포Clyde Falls를 보고는[83] 즉시 데일과 동업관계를 맺고 뉴라나크에 첫 번째 공장을 짓기 시작하였다. 이 공장은 1785년에 완성되었지만 1786년에 방적작업이 시작되었을 때 아크라이트는 데일과의 계약을 단절하고 퍼스셔Perthshire 주의 스탠리Stanley에 있던 방적공장에 관련하고 있었다. 1791년까지 데일은 공장 세 개를 증설(1788년에 화재로 소실된 첫 번째 방적공장을 대신한 것을 포함해서)하였고, 5년 안에 전체 공장촌의 기본적인 배치가 확정되었다.

공장설립 초기부터 데일은 네 개의 교파를 위한 집회실을 별도로 마련하였다. 하나는 자신이 속한 올드 스코츠 인디펜던츠Old Scots Independents 교파를 위한 것이었다. 그의 종교는 뉴라나크 건설과 관련되어 있었다. 18세기에 스코틀랜드 교회Church of Scotland가 분리된 전말은 문서에 잘 기록되어 있다.[원주2] 분리파 교회Seccession Church는 마음내켜하지 않는 교구들에 대해 비국교파 목사들을 강요하던 수많은 스캔들과

82. 가구 · 식기 등도 비치되어 있는 경우가 많음.

83. 자신의 발명품인 수력방적기에 동력을 공급할 수원을 찾고 있던 아크라이트는 데일과 함께 글래스고 근교 라나크에 풍부한 수량을 가진 폭포가 있는 것을 발견하고 새로운 방적공장을 건설하기로 결정하였다.

원주 2. 예를 들어, Dictionary of National Biography, 'The Old Scotish Indipendents', Transactions of the Conregational Historical Society,(1920-23):181-0; Ross(1900:ch.X); 그리고 글래스고 대학도서관의 David Dale 표제어 밑에 분류되어 있는 작자불명의 소책자(발행년도 미상:162-77) 등이다.

임명법Patronage Acts에 반대해서 1733년에 존 글래스John Glas에 의해 설립되었다. 또한 교회 법정의 힘을 약화시키고 비국교도 목사들에게 더 많은 자유를 주고 국교제 폐지 초기로 되돌아가기 위해 1752년에 분리파 교회로부터 구원 교회Relief Church가 갈라져 나왔다. 그리고 1760년대에 글래스고 지방의회가 와인드 교회Wynd Church에 목사를 임명할 수 있는 합법적인 권리를 얻게 되었을 때, 데일이 속해 있던 한 교구가 탈퇴하여 구원파Relief group를 만들었다. 데일은 분열되어 나온 집단의 지도자가 되어 그레이페어스 와인드Greyfairs Wynd에 자신의 교회를 만들었다. 그리고 나서 파이프Fife에 있던 일부 기성 교구와 결합하여 글래스고에서는 때때로 '데일라이트Dalites' 로 알려졌던 올드 스코츠 인디펜던츠 교파를 형성하였다. 그들은 곧 페이즐리 · 해밀턴 · 던디Dundee에 교구를 갖게 되었으며, 뉴라나크에는 데일이 스스로 교구를 이끌었다.

데일이 모라비아교와 연관되어 있지 않았다면 이 모든 것들은 스코틀랜드 장로교파의 복잡한 그물망 내에서 주목받지 못했을 것이다. 모라비아교와의 커넥션을 통해서, 데일은 불가사의하게 산업공간과 연결된다. 모라비아교는 15세기 후반 보헤미아와 모라비아Morabia, 폴란드 일부에서 존 후스John Huss에 의해 설립되었으며 이는 북유럽 최초의 개신교 집단이었다. 모라비아교도들은 '30년 전쟁' 동안에 대부분 사라졌으나, 진젠도르프Zinzendorf 백작이 헤른후트Herrnhut의 작센 소유지에 은신처를 제공해 준 1722년에 재설립되었다. 모라비아 형제회는 곧 아메리카와 유럽 전역에 포교를 하였다. 1735년에 이르러 모라비아교는 런던 공동체를 페터 레인Fetter Lane에 설립했는데, 그 구성원 중에는 감리교의 설립자들이 될 웨슬리Wesley · 화이트필드Whitefield · 잉검Ingham 등이 포함되어 있었다.

형제회가 갖고 있던 공동체 모델은 독립과 자급자족적 경제 그리고 예배 · 교육 · 노동 · 여가에 대한 민주적인 통제를 기반으로 하였다. 교회 건물은 중앙에 위치하고 있었고, 많은 경우에 (결혼하지 않은) 남녀 신도의 거주지와 가족들('장로들')을 위한 공동 주택 · 작업장 · 농장 건물 · 상점과 여관들이 대칭적으로 양쪽에 배치되었다. 유럽대륙의 선례들에서 확립된 방식대로, 축을 중심으로 한 대칭성 · 중앙에 위치한 교회 · 넓은 형식적인 정원과 같은 형태어휘들이 농경지와 전원의 수립지역에 세워졌다. 이 모델은 요크셔 주의 풀넥Fulneck(1746) · 더비셔 주의 오크브룩Ockbrook(1750) · 맨체스터 근처의 페어필드Fairfield(1784)에 있던 모라비아교의 첫 번째 잉글랜드 공동체들의 형태를 본뜬 것이다. 데일의 출생지인 에어셔에는 1765년에 공동체가 설립되었으며 1780년대에는 에어Ayr에 교회 한 채와 부속 건물들이 건립되었다(Kilmarnock Standard 1903).

웨슬리의 과거 동료였던 벤자민 잉검이 모라비아교 지도자가 되었고 풀넥 공동체를 설립하였다. 그러나 1753년 그는 칼뱅주의인 '잉거마이트Inghamite' 교파를 세우고 랭커셔 주와 요크셔 주에 80개의 공동체를 얻게 되었다. 곧이어 잉검은 스코틀랜드 분리파 교회들과의 연결을 만들고 있었음에도 불구하고 이전의 '데일라이트' 공동체들과 잉거마이트 공동체들은 1814년까지 통합되지 않았다. 데일은 에어로부터 혹은 잉검을 통해 모라비아교를 알고 있었고 풀넥과 다른 공동체들을 방문했을 것이다. 그가 클라우드 알렉산더Claud Alexander와 협력해서 1786년에 에어셔 주의 카트린Catrine에 공장촌을 세웠을 때 그는 모라비아교 모델을 이용하였다. 5층 규모의 공장은 노동자 주택으로 둘러싸인 300피트(90미터) 길이의 광장 한가운데에 있었다(그림 10.43). 모라비아교 마을에서 그 자리(마을의 중심부)는 대개 교회가 차지하곤 하였다. 중심 거리에 면해서 더 많은 주택들과 축융공장 · 제니방적기 공장 · 양조장 · 가게들이 있었고 거리의 한가운데를 용수로用水路가 달리고 있었다. 학교(아마도 공장 안에)가 있었고 중심축을 가로질러서 1,500석이 있는 예배당이 있었다. 일부 면화 따기와 모든 직조작업은 주택 내에서 수행되었고, 공장 노동자들이 남는 시간에 일하도록(부분적으로는 노동자들의 건강을 담보하기 위해) 권장되던 농장도 있었다.

규모면에서는 뉴라나크가 더 컸지만 카트린은 데일의 비전을 더 순수한 형태로 보여준다. 그리고 오웬은 틀림없이 카

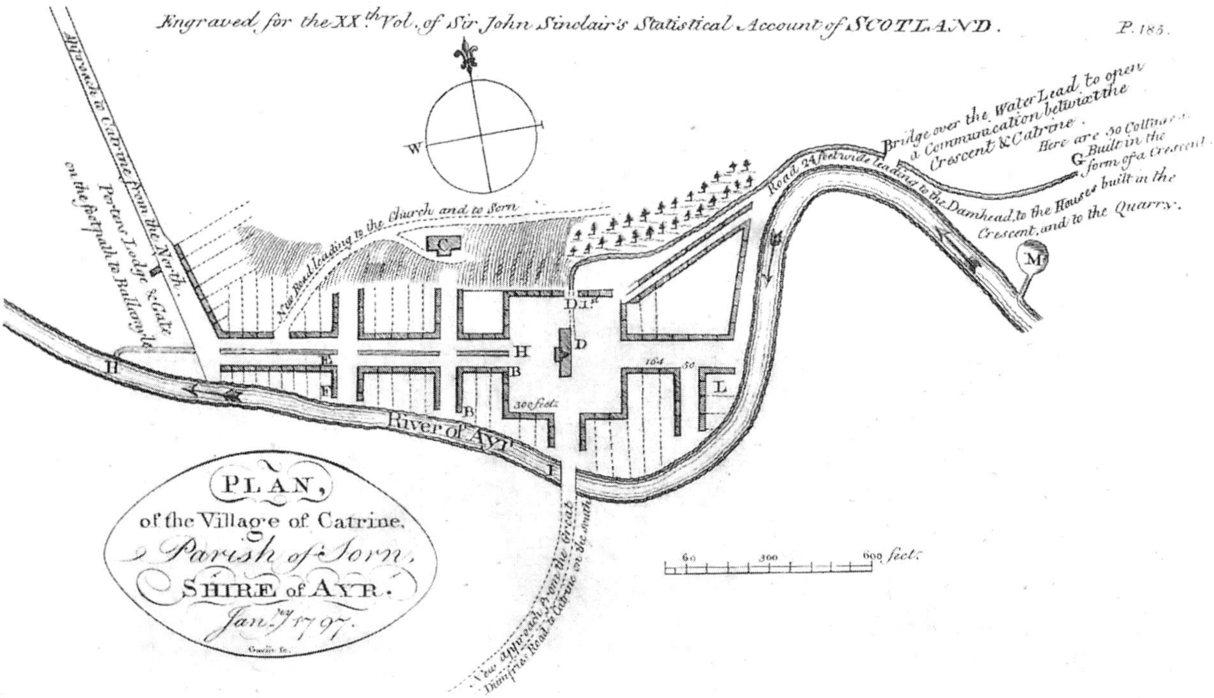

그림 10. 43 에어셔의 카트린에 있던 데일의 공장촌(1796)
출처 : Sir. John Sinclair(1798) Statistical Account of Scotland etc. 20: 185, Creech, Edinburgh

트린을 잘 알고 있었을 것이고, 이후 오웬의 프로젝트들은 뉴라나크의 사회 목표들과 카트린의 물질적인 형태를 혼합하였다.

1799년에 오웬이 데일의 딸과 결혼했을 때 오웬은 이미 맨체스터에서 피터 드링크워터Peter Drinkwater 공장의 공동 경영자와 공장 감독자로서 사업을 경영한 바 있으며, 촐턴 방적회사Chorlton Twist Company[84]의 공동 경영자로서의 경험도 있었다. 데일로부터 뉴라나크를 구입한 오웬은 1800년에 회사를 책임지게 되었다. 자본전입 · 동업 · 규제에 수반되는 복잡한 변화에도 불구하고 오웬은 1825년까지 영향력 있는 존재로 남아 있었고, 1828년까지 지분을 갖고 있었다(Butt 1971). 제레미 벤담과 윌리엄 알렌William Allen이 1813년에 새로운 소유주가 되었고, 오웬은 마침내 회사운영으로부터 벗어나 그의 사회적 · 교육적 경험을 마음껏 펼쳐 나갈 수 있길 원하였다. 하지만 자본보다는 이념이 동업관계의 바탕에 있었기 때문에 이것은 곧 마찰의 원인이 되었다. 알렌은 오웬의 불가지론에 대해 경고하고 오웬의 방법으로 훈련된 교사들을 쫓아내고 전통적인 랭커셔 출신 교사들로 대치할 것을 주장하였다. 그 때부터 존경받는 사업가와 사회 개혁가로서의 오웬의 이미지가 무신론자와 위험한 급진론자로 덧씌워졌다.

84. 1784년 데비드 데일이 아크라이트의 도움으로 뉴라나크에 설립한 방적공장. 1790년대에 2,000명 이상의 노동자가 일하던 당시 영국에서 가장 큰 면방적공장이었다. 1800년 오웬은 맨체스터 기업가들의 경제적 도움에 힘입어 뉴라나크 공장을 60,000파운드에 매입하였다.

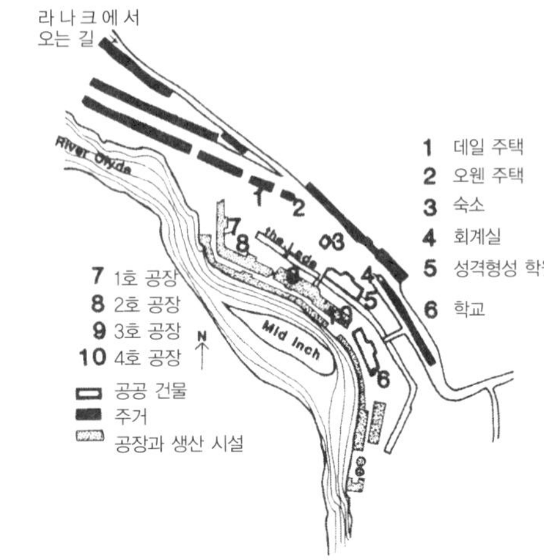

그림 10. 44 뉴라나크, 존 위닝의 드로잉(c. 1818)과 배치도
출처 : New Lanark Conservation Trust(드로잉), O.S. map을 기초로 저자 작성(배치도)

오웬의 물질적인 개입은 그의 정치적·사회적 주장에 비해서 그리 크지 않았다. 오웬의 주장에 의해 설립된 시설은 일부 추가로 지어진 주택들 내부에 자리하였다. 그 시설들로는 육아소(c. 1810)와 1809-13년의 아이들의 성격형성을 위한 새로운 교육기관인 성격형성학원Institution for the Formation of Character(내부는 1816년에 완공) 그리고 1819년에 완공된 학교 등이다.

뉴라나크 마을 입구는 계곡으로 내려가는 가파른 길에서 급하게 꺾여 지는 곳에 있었다. 이 지점은 도로의 한 쪽 편으로 눈에 잘 띄는 곳에 위치한 데일 가족의 주택인 브락스필드 하우스Braxfield House와 함께 마을의 관문 역할을 하였다. 마을에서 공간깊이가 가장 얕은 곳에 위치한 건물들은 주택들로, 길 맞은편에는 개별적인 테라스식 정원이 딸린 브락스필드 연립주택이 있으며 그 뒤로 브로드Broad 연립주택과 롱Long 연립주택이

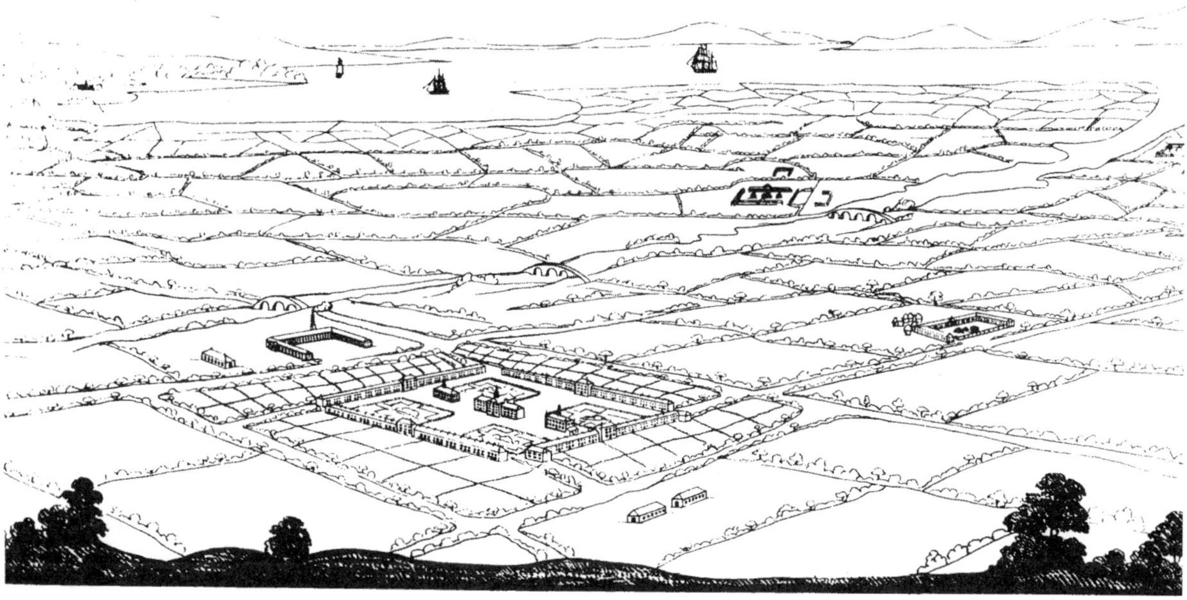

그림 10. 45 오웬의 '화합과 상호협동을 위한 마을' (1817)
출처 : Owen(1817)

있다. 데일과 오웬의 주택은 마을의 중앙에 있었고 성격형성학원도 격식에 맞추어 중심에 위치하고 있었다. 회계실은 케이스네스Caithness 연립주택의 끝에 위치하고 있었는데, 활 모양 창을 통해서 마차와 행인의 교통을 내려다 볼 수 있었다. 학교는 4호 공장과 일렬로 배치되어 있었다(그림 10.44).

강가에 있는 공장들과 두 개의 교육시설(성격형성학원과 일반 학교)은 가장 깊은 위치를 공유하였다. 중간 깊이에는 관리자들의 주택들과 행정시설(집무실) 그리고 일부 주택들이 있었다. 가장 얕은 곳은 노동자 주택들로 이루어지는 바깥쪽 '벽'이었다. 오웬이 그의 급진적인 이상주의에 대한 강박증적 열정으로 만들어 낸 것이 바로 뉴라나크의 공간구조와 데일의 카트린 공장촌의 형태인 것이다. 작업 · 교육 · 사회적인 상호작용과 여가활동이 『사회에 관한 새로운 견해New View of Society』(1813)에 열거된 논리와 정의의 원칙에 의해서 구성되었다. 그러나 오웬의 개념들이 너무나 극적이어서 데일의 좀 더 실용주의적인 독창성을 간과하기 쉽다. 데일은 그가 관리자로 있었고, 나중에 에든버러의 자선 강제노역소와 함께 뉴라나크에 빈민 아이들을 공급해준 글래스고 시립병원의 학교에서 이미 진보된 교육을 실천한 바 있었다. 아이들을 먹고 입히고 재우는 것을 넘어서서 데일은 10명의 학교 선생님들을 초빙하여 4호 공장에서 진행된 야간 및 주간 학급에서 진보된 교육과정을 가르쳤다. 노동자들의 위생 및 영양 상태는 통제되었으며 작업시간은 나이에 따라 조절되었다.

성격형성학원에서 추구되었던 생산과 사회개혁을 혼합하고자 하는 낯선 시도는 오웬의 1812년 소책자에 묘사되어 있으며, 여기에는 런던의 새로운 협력자들을 미혹시키기 위해 일부 순진한 말들도 쓰여 있다. '미개인으로부터 현자 또는 지성 있는 사람에 이르기까지 모든 성격들은 적절한 방법을 적용함으로써 형성될 수 있다'. 그가 뉴라나크에 모은 투박하고 가난하고 나태하고 술에 취해 있고 도둑질하는 군중들은 '눈에 띄게 정직하고 근면하고 착실하고 규율 있는 . . . 완전히 새로운 사람들이 되었고, 그들이 받아들이기에 가장 어렵다고 간주되는 그 어떠한 고정된 성격도 받아들일 준비가 되어 있다'. 오웬이 급진적이고 공정하며 호의적인 전능함을 행사할 수 있었던 주된 요소는 바로 권력이었다. 권력을 통해서 오웬은 방법과 목적 모두를 선택할 수 있었던 것이다. 소책자에는 영아기에서 성인기까지의 교육·공동오락·요리와 식사 그리고 종교적인 예배를 성격형성학원이 어떻게 조정했는지에 대해 나열되어 있다.

그의 1817년도 『빈곤노동자 구제위원회에 제출한 보고서 Report to the Committee for the Relief of the Manufacturing Poor』는 서민원House of Commons의 구빈법위원회에도 제출되었다. 이 보고서는 전원에서 거주하고, 자급할 정도만 제조하며 생활하는 1,200명으로 이루어진 공동체들을 제안하고 있다. 보고서는 또한 실업·가난·무지에 대하여 비판한 후, 곧바로 강력한 상징적인 형태로 이루어진 마을의 물리적인 면에 대해 다음과 같이 설명하고 있다.

주택들이 일렬로 배치된 세 동의 건물들 감싸고 있다(그림 10.45). 가운데 건물은 공동취사장과 식당이며 그 한 쪽에는 아래층에 유아학교가, 위층에 강의실이 배치되었고, 다른 쪽에는 좀 더 나이가 든 어린이들을 위한 학교와 위원회실, 성인용 도서관이 배치되었다. 광장의 3면은 부부와 두 명 이하의 자녀를 위한 방이 네 개 있는 임대주택들로 이루어져 있었다. 광장의 나머지 한 면에는 각 가정에서 두 명을 초과하는 자녀들과 3세 이상 어린이를 위한 기숙사[85]가 배치되어 있었다. 이 건물의 중앙에는 감독관 주택이, 양 끝에는 양호실과 방문객 숙소가 있었다. 광장의 다른 3면을 이루고 있는 기다란 임대주택 건물도 중앙블럭은 주거 이외의 다른 용도로 사용되었다. 그 중 두 면에는 감독관·성직자·외과의사·교사들과 다른 직원들을 위한 중앙블럭들이 있고, 세 번째 면에는 중앙저장실이 위치하였다. 매뉴팩처공장·도살장·마구간·세탁소 및 표백실·농장·양조장과 곡물제분소가 공동체 경계 밖으로 경작지와 과수원이 있는 목가적인 풍경 속에 점점이 박혀 있었다. 이런 '사각형들' 몇 개가 범선이 정박해 있는 큰 강어귀의 항구가 보이는 풍광 안에 흩어져 있었다. 모어More의 『유토피아Utopia』에서 제시된 이상향이, 잘 정돈된 뉴라나크와 융합되어 진 것이다. 이것이 오웬의 유명한 '사변형 공동체Parallelogram' 계획의 가장 초기의 모습이었다. 하지만 곧바로 서민원과 다른 곳에서 '사각형의 낙원'이라고 조롱당하였다.

오웬의 친구인 프랜시스 플레이스Francis Place[86]는 존 벨러스John Bellers가 1696년에 발간한 『모든 유용한 기술을 가르치는 근로학교College of Industry 설립 제안서』라는 퀘이커교의 소책자를 발견하였다. 오웬은 다른 사람의 아이디어를 흡수하는데 인색하지 않았을 뿐만 아니라 자신도 많은 아이디어를 만들어내었다. 벨러스의 제안서는 17세기의 가장 진보적인 이상주의를 담고 있는데, 쉐이커 교도Shakers[87] 뿐만 아니라 오웬에게도 큰 영향을 미쳤다. 교육이 사회 변화에 대한 열쇠라고 믿었으며, 농업·수공업·제조업을 혼합하여 자본과 노동력 사이의 균형을 이루려 한 벨러스의 제안이 오웬을 매혹시킨 것은 놀라운 일이 아니다. 300명으로 이루어지는 벨러스의 공동체에서 200명은 자급자족('빈자를 위한 풍족한 생활')에 필요한 모든 것을 할 의지가 있었던 반면에, 100명은 '부자들을 위한 이윤'을 생산하고자 하였다. '학교colledge'라는 단어조차도 강요되지 않은 협동의 법칙에 근거하였다.

> 강제노역소는 높은 지위의 사람들이 자식들을 교육시키려 보내기에는 너무 많은 노역을, 그리고 평판이 좋은 상인들이 좋아하기에는 너무 많은 감화소(원문의 표현 그대로)를 주문한다. 공동체라는 이름은, 내적인 교감보다는 외적인 친교에 더욱 연관되어 있는 학교보다 정신적으로 더 큰 통일성을 암시한다.
>
> (Bellers 1696)

85. 자녀가 두 명 이상 있는 가족의 경우, 두 명까지는 가족과 함께 임대주택에서 생활하고, 그 이상의 자녀는 기숙사에서 생활하였다.
86. 영국의 급진적 개혁운동가(1771~1866).
87. 퀘이커 교도였던 앤 리Ann Lee가 18세기 중엽 영국에서 설립한 그리스도교의 일파. 미국으로 이주하여 뉴잉글랜드 지방에 정착하였다. 교리는 퀘이커교와 비슷하나 자족적인 공동체 안에 머물고 독신주의를 강조하였다.

사변형 공동체 계획안이 수록되어 있는 오웬의 1821년 보고서는 그 전 제목을 인용할 만한 가치가 있다. 『노동자들의 품성과 조건을 개선하고 생산과 소비에 대한 지출을 감소시키며 생산과 공존하는 시장을 창조해 냄을 목적으로, 빈곤층과 노동 계급에 영구적이고 생산적인 고용을 제공함으로써, 대중의 곤궁을 구제하고 불만을 제거하기 위한 계획에 관해 라나크 주에 제출하는 보고서』이다. 이 제목은 전후 실업과 빈곤을 완전히 해결하기 위한 실현가능성이 없는 계획안의 전 내용을 요약하고 있다. 이 보고서에서 공동체의 크기는 이제 2,000명으로 커져 있었다. 주의회는 몇 시간이 걸렸을 오웬의 보고서를 경청하고 우호적으로 보고해 주었지만, 이 보고서를 주립 감화원에 들어가는 지출을 회피하는 수단으로만 보았다. 오웬은 직무태만자를 감금하는 것은 특정한 설비를 필요로 할 것이고 어느 경우에나 그 계획은 '사회의 중류계급

그림 10. 46 오웬이 라나크 주를 위해 제안한 마을들(1821)

출처 : Owen(1821)

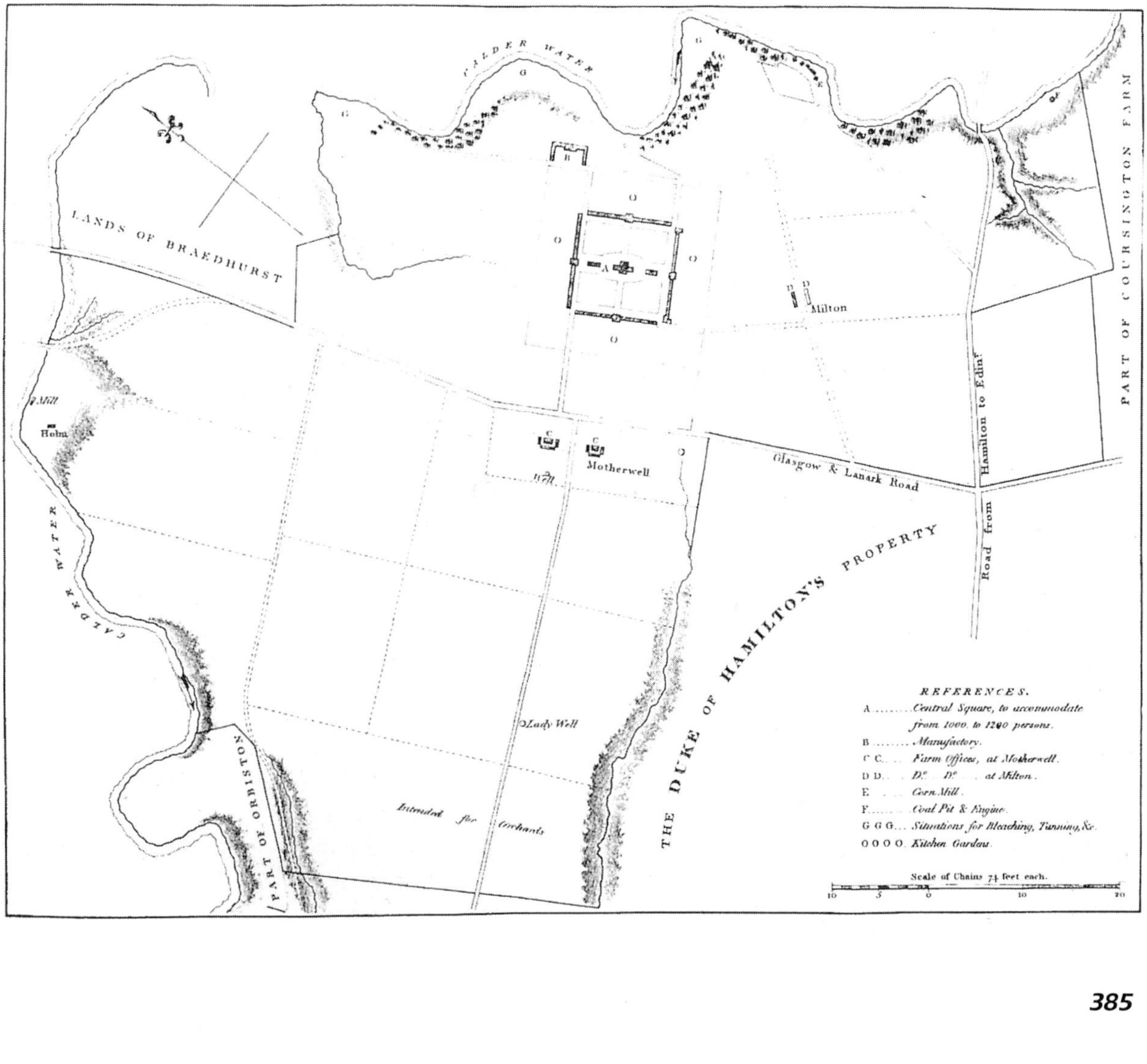

과 상류계급 모두에 적용될 만큼' 충분히 보편적이라고 지적하는 것으로 반격하였다.

오웬은 아담 스미스의 진의를 슬쩍 감춘 채 노동자를 '단지 일하는 기계'로 만드는 분업에 대해 공격하고, '건강하지 않은 핀 제조공'을 그 증거로 들었다. 모든 사람은 다양한 직업에서 일할 것이고 모든 사람은 학교를 통해서 사회구조를 뛰어넘게 해줄 '큰 힘'을 형성하게 된다.[88] 따라서 '가장 낮은 계층의 사람도 신분이 높은 사람보다 고귀한 성격을 갖을 수 있다'.

오웬의 1821년 계획(그림 10.46)은 본질적으로는 1817년 계획안의 일부이다. 하지만 오웬은 현실성 있는 생산 공동체로부터 벗어나고 있었다. U자 모양의 공장과 농장들은 단지 스케치에 그쳤고, 모든 노력이 주거시설과 교육에 집중되었다. 주택에는 공동체의 연대를 강조하는 원칙에 의거하여 주방이 없었다. 침실은 바깥쪽을 향해 있었고 거실은 안쪽을 향하였다. 자연은 내면생활을 위한 영감이었고 공동체는 사회생활을 위한 것이었다. 스트럿의 가장 현대적인 밸브로 조절되는 난방 및 환기 시스템이 제안되었다.

오웬은 1817년 프랑스에 오래 체류하면서 프랑스에 매료되었지만, 혁명의 요람이며 모든 종류의 공상적인 공동체, 특히 오웬주의 사회들이 이미 자라나기 시작한 미국에 관심을 갖게 되었다. 1824년에 래파이트Rappite 공동체[89]가 인디애나Indiana 거주지인 '하모니Harmony'에서 이주하려 한다는 소식을 듣고서 오웬은 인디애나로 달려가서 곧장 구매협상을 시작하였다. 이와 동시에 오웬은 '뉴하모니New Harmony'에 관련한 그의 비전을 대중에게 강연하기 시작하였고, 토지구매가 완료되기도 전인 1825년 2월에 대통령이 참석한 가운데 미국 하원에서 첫 번째 강연을 하였다. 연설 원고의 길이로 미루어, 연설을 끝마치는데 여러 시간이 걸렸을 것이다. 시각적인 보조 장치를 동원하여 한 변의 길이가 1,000피트(300미터)인 사각형 부지 안에 이제는 5,000명의 인구로 늘어난 이상적인 마을을 보여주었다. 하지만 그 계획안은 어디에나 적용되는 보편적인 모습이었다. 왜냐하면 '당신들이 도입하려는 새로운 결합이 실행되어감에 따라 마을과 도시에 현존하는 건물들은 급속히 사라질 것'이기 때문이다.

오웬의 스코틀랜드 출신 동료 중 한 명인 맥클러Maclure에 의하면, 프로젝트가 시작될 때 오웬과 합류하였다가 '낙담한 자존심, 야망과 복수심에 들떠서, 그리고 선거운동과 같은 습관적인 술책, 교활함과 언변에 힘입어'(Maclure 1826), 1826년에 오웬을 떠난 잉글랜드 출신 건축가 위트웰Thomas Stedman Whitwell에 의해 설계가 이루어졌다. 같은 해에 오웬은 스코틀랜드 방문에서 한 변이 6피트(1.8미터)인 정사각형 나무 모형을 갖고 돌아와서 미국 정부가 사용할 수 있도록 대통령에게 선물하였다.

오웬의 비전은 비현실적으로 되어 갔다. 우뚝 솟아있는 광활한 대지는 성지처럼 고립되어졌는데, 대지 주변의 '경사진 둑'으로 더욱 강조되어 보였다. 중앙의 원형 온실은 예상대로 '식물학을 기초로 배열되어' 있었다. 어딘가에 학교와 아카데미 그리고 대학이 있었다. 아케이드로 이루어진 회랑이 3층 규모의 주거건물 안쪽 면을 따라 설치되었다. 중앙과 모서리에 위치한 돌출된 건물에는 실험실·양호실·도서관·박물관·예배당·강의실·무도회장·공연장·대화방·위원회실·회의실로 구성되었다. 안쪽으로 향한 네 개의 큰 건물들은 조리실, 작은 구획으로 나누어진 식사 구역과 상점 그리고 세탁·건조·양조 등과 같은 가사 활동을 위한 편의시설로 이루어졌다. 거대한 도리아식 기둥처럼 처리된 굴뚝들은 시계탑과 전망대의 역할 뿐만 아니라 '단지의 조명탑'(쇼Chaux를 연상시킨다)의 역할도 하였다.

오웬은 1832년에 자신이 창간한 잡지 『위기Crisis』의 창간호 표지에 위트웰의 설계도(그림 10.47)와 함께 자신의 얼굴을 실

88. 오웬은 사람의 성격은 그들의 환경의 영향에 의해 형성된다고 믿었다. 그는 적절한 환경을 만든다면 합리적이고 선한 인간을 만들어 낼 수 있다고 확신했으며, 이는 학교 교육을 통해서 이루어질 수 있다고 믿었다.

89. 조지 랩George Rapp을 지도자로 하는 신앙 공동체로 공동소유·근면·독신주의·복종 등을 강조하였으며, 1815년 인디애나 주 와바쉬 강변에 '하모니'라는 마을을 건설하여 정착하였다.

었는데, 이를 통해 자신을 플라톤 · 베이컨 · 모어와 연관시키고자 하였다.

뉴하모니는 오래지 않아 의견충돌과 단편적인 실험들 그리고 재정적인 위기로 어려움을 겪었으며(Wilson 1964), 1828년에 종말에 이르렀다. 이듬해에 고향으로 돌아 온 오웬은 노동조합과 협동조합이 그가 미국에 있는 사이에 눈에 띄게 급진적으로 되어 버린 것을 발견하였다. 그는 다시 노동운동에 관여하였고 얼마동안은 오웬주의와 사회주의 노동조합 운동을 통합하는데 주력하였다. 지방단위 노동조합과 국가적인 노동조합들이 활발하게 일어났고, 오웬이 설립한 가장 큰 조직인 「전국노동조합대연합」이 1833년에 설립되었다. 그러나 논쟁이 뜨거웠던 선거법 개정에 따른 동요[90]와 1834년의 '톨푸들 순교자Tolpuddle Martyrs' 사건[91] 그리고 일련의 실패한 파업과 성공적인 공장폐쇄[92]로 말미암아 노동조합 운동은 수십 년 뒤로 후퇴하였고, 주도권은 차티스트 운동[93]으로 넘어 갔다. 오웬은 이제 세속적인 사원이자 설교원인 과학관Hall of Science들을 건설하는데 집중하였다.

햄프셔Hampshire 주에 있던 1839년의 하모니 홀Harmony Hall(퀸즈우드Queenswood)은 오래 가지 못하였다. 이 회관은 세속적인 윤리를 전파하였던 오웬의 「본국식민화협회Home Colonization Society」에 의해서 재정을 지원 받고 있었다. 이 단체의 후원 하에 그는 '자급자족하는 홈 콜로니Home Colonies'(1841)에 대한 계획을 출판했고, 이것이 70세의 오웬이 직접 관련한 마지막 공상적인 계획이었다. 이 계획은 뉴하모니의 재판으로 네 개의 모서리에 학교가 있었고, 중앙 온실은 동심원의 보도와 화단으로 둘러져 있었다. 네 개의 거대한 편의시설 양쪽에는 목욕탕이 있었으며, 네 개의 놀이터 겸 체육관이 있었다(그림 10.48).

오웬의 사상은 이제 일단의 신봉자들에게 인계되었다. 일부는 오웬의 이상을 정통주의 기독교정신에 입각해서 수행하였다. 존 민터 모건John Minter Morgan의 '잉글랜드 농업자급자족협회 교회' 는 기독교 복지공동체Christian Commonwealth로

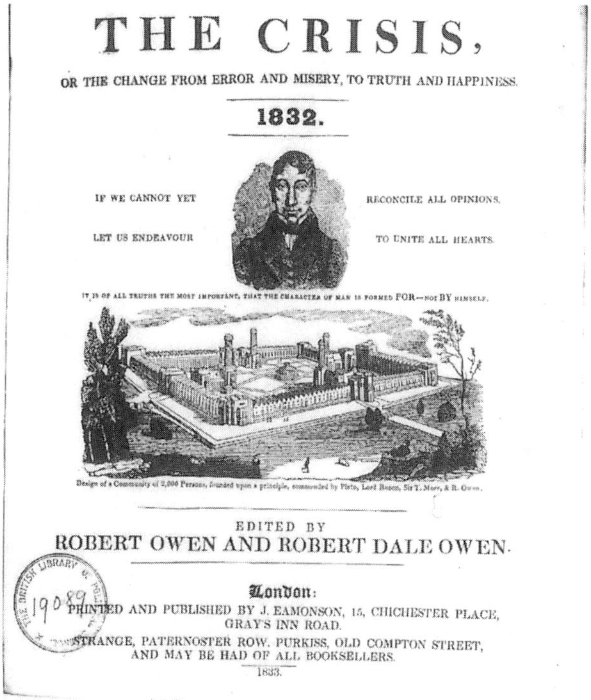
THE CRISIS,

OR THE CHANGE FROM ERROR AND MISERY, TO TRUTH AND HAPPINESS.

1832.

IF WE CANNOT YET RECONCILE ALL OPINIONS,
LET US ENDEAVOUR TO UNITE ALL HEARTS.

IT IS OF ALL TRUTHS THE MOST IMPORTANT, THAT THE CHARACTER OF MAN IS FORMED FOR—NOT BY HIMSELF.

Design of a Community of 2,000 Persons, founded upon a principle, commended by Plato, Lord Bacon, Sir T. More, & R. Owen.

EDITED BY
ROBERT OWEN AND ROBERT DALE OWEN.

London:
PRINTED AND PUBLISHED BY J. EAMONSON, 15, CHICHESTER PLACE, GRAY'S INN ROAD.
STRANGE, PATERNOSTER ROW. PURKISS, OLD COMPTON STREET,
AND MAY BE HAD OF ALL BOOKSELLERS.
1833.

그림 10. 47 오웬의 뉴하모니(1825)를 위한 위트웰의 디자인
출처 : Owen' s journal Crisis(1832), 영국정치경제학도서관

발전되었다(1845). 오웬의 사변형 공동체 계획과 거의 구분이 안 되긴 하지만 이 공동체의 중앙 건물은 물론 교회였다(그림 10.49).

90. 1830년에서 1832년 사이의 18개월에 걸친 선거법 개정법Reform Bill을 둘러싼 휘그당과 토리당 간의 알력으로 시위와 폭동이 야기되었다.
91. 1834년 영국에서 일어난 농민 및 노동자 저항운동. 계속되는 임금하락에 불만을 품은 영국 도체스터 톨푸들 마을의 농민들이 임금인상을 요구하며 저항하자 1834년 '불법적인 서약' 을 하였다는 이유로 여섯 명의 농민을 체포하여 중형을 선고하였다. 이에 그 여섯 명을 '톨푸들의 순교자' 라고 부르며 대규모 항의운동이 일어나서 결국 1836년 형을 취소하였다. 영국의 노동조합 운동의 큰 기폭제가 되었다.
92. 공장폐쇄는 노동자의 파업에 대항하여 공장주들이 취한 방법이다.
93. 1838년에서 1848년까지 이어진 영국의 노동자계급을 중심으로 전개된 보통선거권 요구 운동.

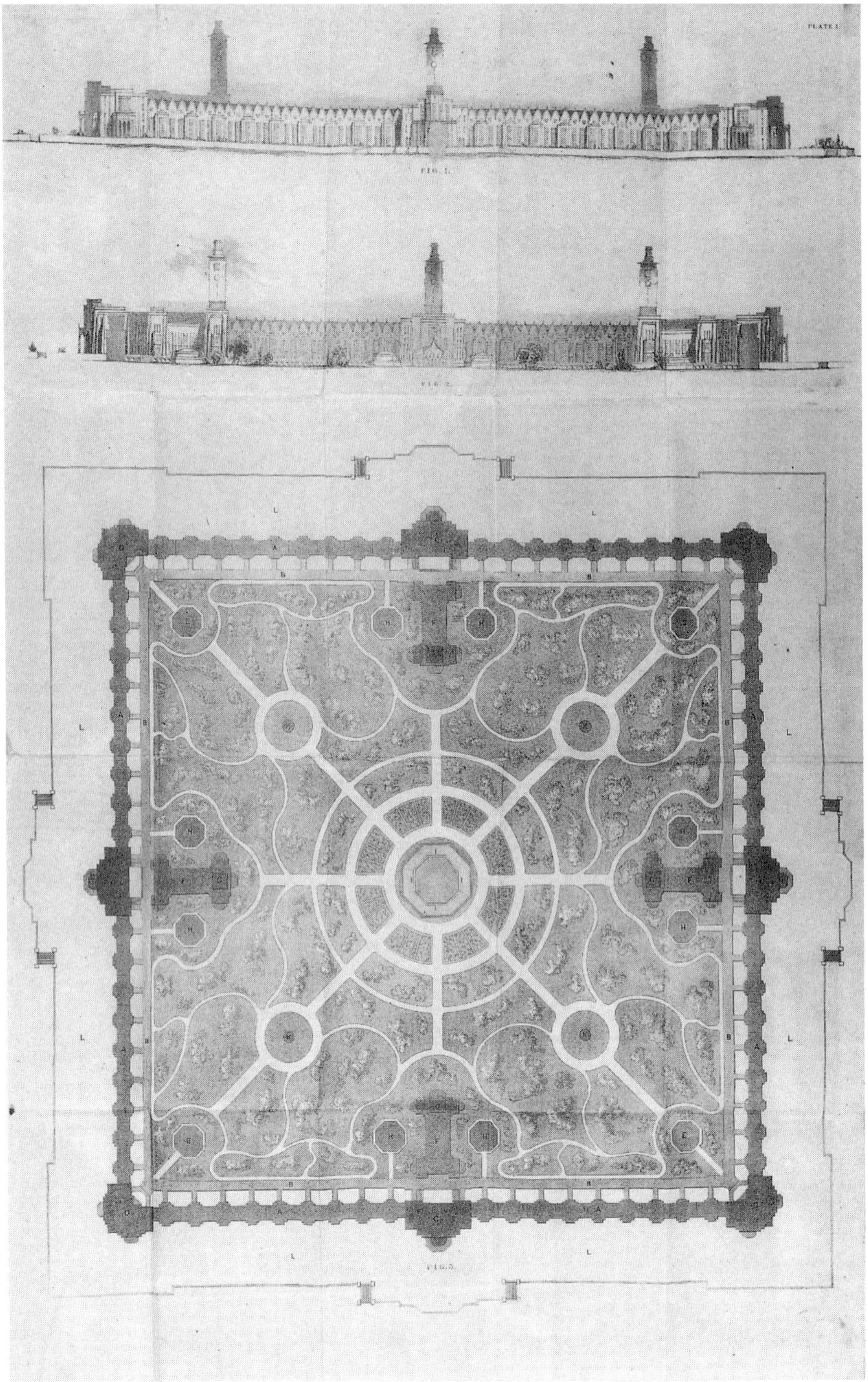

그림 10. 48 오웬의 '자급자족하는 홈 콜로니'(1841)
출처 : Owen(1841), 글래스고 대학도서관 특별컬렉션

그림 10. 49 민터 모건의 기독교 복지공동체(1845)
출처 : Minter Morgan(1845)

또 다른 오웬주의자들인 앳킨스Atkins · 펨버튼Pemberton · 버킹엄Buckingham 등 세 사람은 이제 84세가 된 오웬이 인사말을 해준, 런던의 세인트 마틴스 홀에서 개최된 한 모임에서 자신들의 이상적인 도시를 발표하였다(Owen et al. 1855).

앳킨스의 계획에는 기계적으로 작동되는 구를 포함하고 있는 지름이 60피트(18미터)인 중앙 돔으로 이루어진 원형 학교가 있었다. 이곳으로부터 길이가 150피트(45미터)인 박물관 네 개가 뻗어나가 거주지 · 강당 · 도서관과 '공업작업실'로 연결된다. 그 밖에 농장 · 정원 · 연구실 · 공장 · 작업장들도 있었다.

펨버튼의 직경 1마일(1.6킬로미터)짜리 원형 도시인 해피콜로니Happy Colony(1854)는 뉴질랜드에서 일하는 영국 근로자들을 위한 것이었다. 모든 시설들은 동심원 위에 위치한다. 가장 바깥쪽에는 놀이공원이 있고, 그 다음에는 집과 과수원이 있다. 그리고 나서 식물원 · 약초원 · 수목원 · 분수대와 네 개의 교회들이 있다. 그 뒤를 더 많은 거주지가 있는 동심원 두 개와 조경수와 과수원 사이에 세워진 공장과 창고로 이루어진 동심원 하나가 따랐다. 중앙에는 네 개의 칼리지로 이루어진 대학교가 위치하며, 각각 온실 · 작업실 · 수영장 · 승마학교와 면해 있다(그림 10.50). 고전주의 양식의 건물들 사이에는 세계지도 및 천체도와 '역사 · 뮤즈 여신 · 신화 · 미니어처 농장이 포함된' 원형의 작은 숲이 있었다. 펨버튼은 아이를 '어느 체계에나 완벽한 백지상태'라고 보는 점에서 로크Locke · 연상심리학자[94] · 오웬 · 골상학자(그들

94. 심리활동이 연합 원리에 따라 형성된다고 설명하는 심리학의 입장.

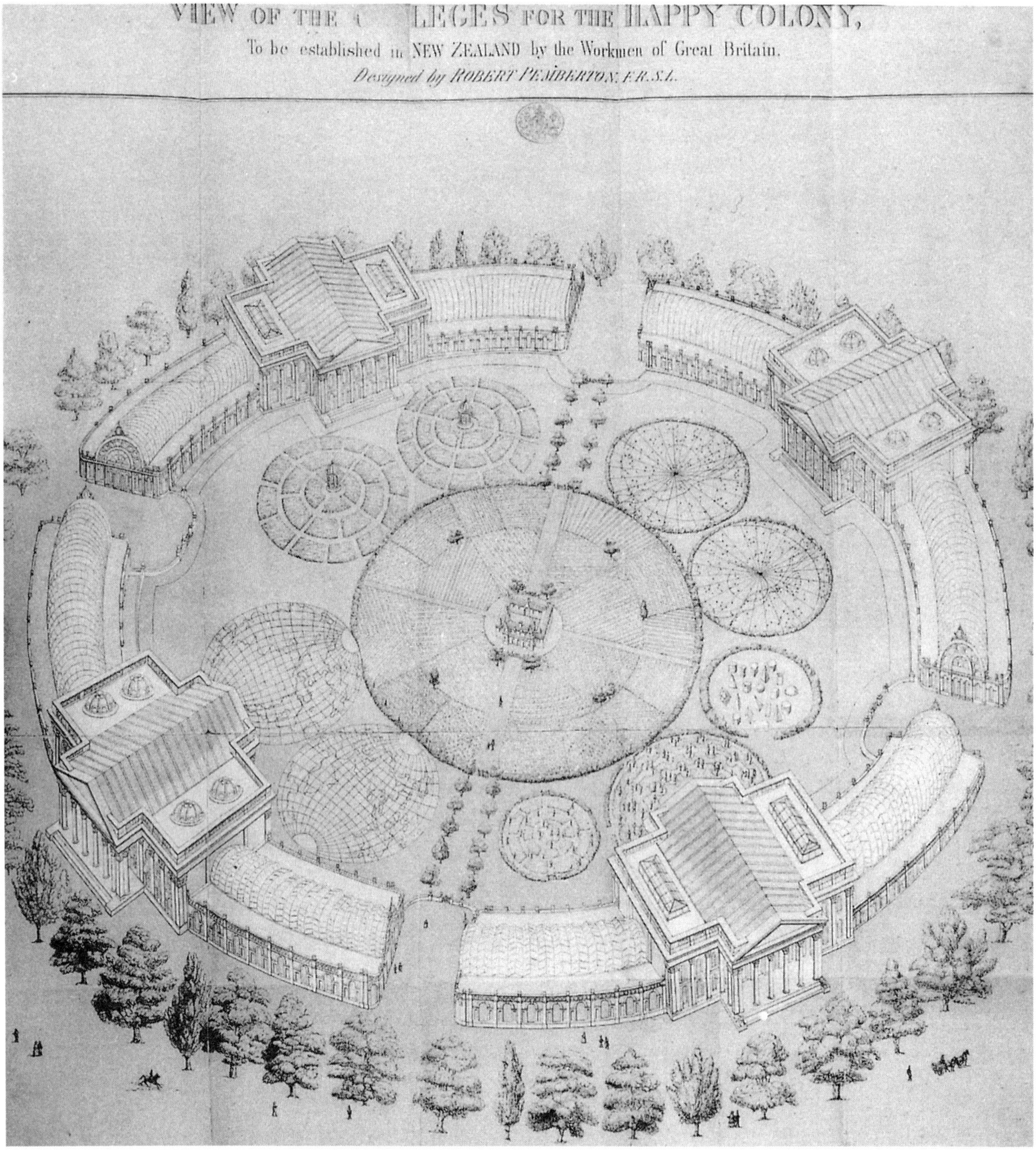

그림 10. 50 펨버튼의 '해피 콜로니'(1854)의 중심부
출처 : Pemberton(1854)

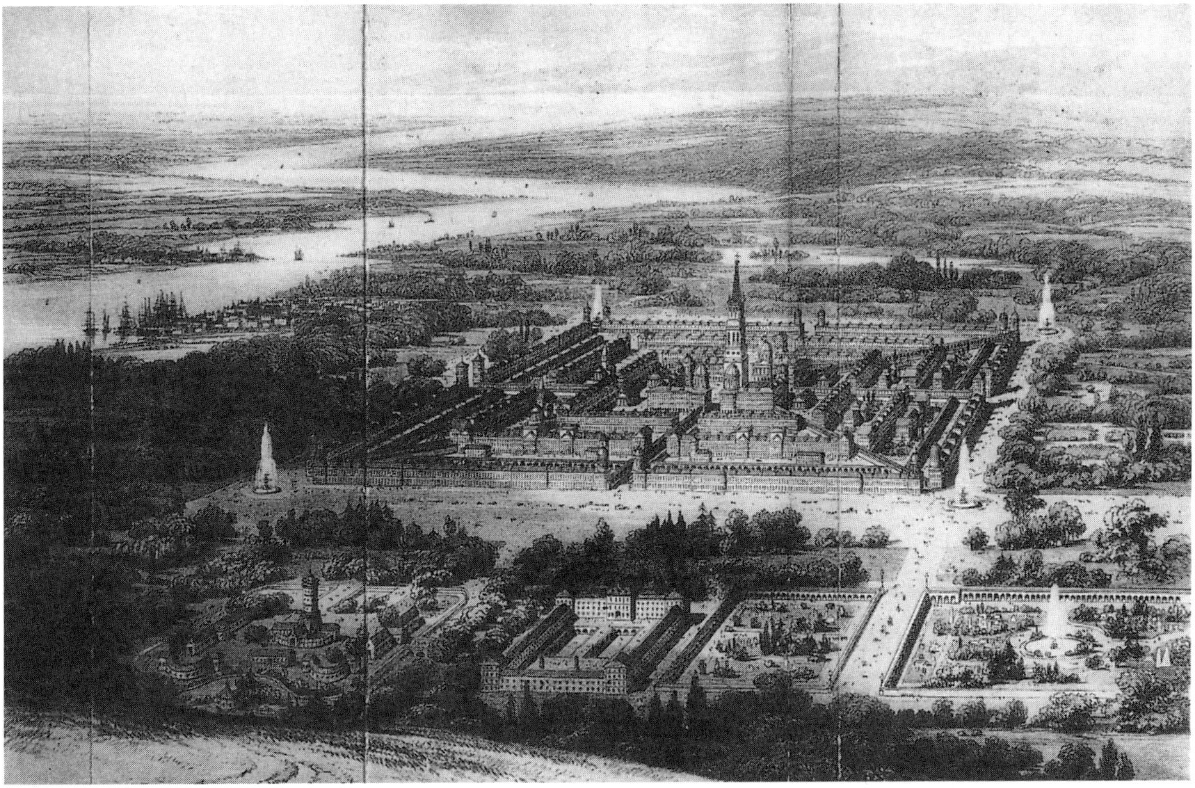

그림 10. 51 버킹엄의 '빅토리아'(1849)
출처 : Buckingham(1849)

의 '마음의 철학'은 반대하지만)와 견해를 같이 하였다. 대화 형식으로 된 설명문에서 펨버튼은 '철학자'와 '대영제국 노동자들의 대표들'을 르네상스 시대의 우둔한 자와 현자로 비유하였다.

버킹엄(1849)의 시범도시인 '빅토리아Victoria'는 '동심원 구조로 이루어진' 정사각형 공동체시설(그림 10.51)과 폭 100피트(30미터)의 잔디가 깔린 거리로 구성되었다. 그 모임은 이 계획이 '우리의 현재 풍속과 관습에는 적합하지 않다'고 판단하였다.

오웬의 아들인 로버트 데일 오웬Robert Dale Owen은 아버지의 뒤를 이어 뛰어난 활동을 보였다. 아버지처럼 조직화된 종교에 반대하였고 1830년의 최초의 미국 가족계획 입문서의 저자였음에도 불구하고, 그는 뉴하모니의 하원의원 그리고 1846년까지 인디애나 제1지구의 하원의원으로서 좀 더 전통적인 영향력을 성취하였다.[95] 그가 1824년에 이룬 업적은 뉴라나크 학교들에게 중요한 원천이 되었다. 1845년에 스미소니언Smithsonian 협회를 설립하기 위해 특별위원회를 이끌면서 그는 건물 주위에 둘러쳐지는 쓸모없는 열주랑 공간과 그 건설비 때문에 신고전주의 양식이 고딕부흥 양식에 비해 더 비싸다는 것을 입증하는 정밀한 비용 분석을 갖고

95. 1825년 뉴하모니 건설을 위해 오웬과 같이 미국에 건너왔던 그의 아들들과 추종자 중 일부가 뉴하모니 사업이 실패한 이후 오웬이 영국으로 돌아간 후에도 자신들의 이상을 실현하기 위해 미국에 정착하였다.

건축 논쟁에 임하였다. 오웬은 이런 아들이 매우 자랑스러웠을 것이다.

오웬과 그의 추종자들에게 있어서 급진적인 사회에 대한 비전은 목적이었고, 수익이 남는 사업은 그 수단이었다. 이것은 서로 어울리지 않는 동업관계였다. 그렇지만 19세기 중반의 새로운 자신감은 이것을 뒤집어버렸다. 노동자들을 완전한 시설 안에 정착시킴으로써 이익이 실제적으로 증대될 수 있었다. 이제부터 살펴 볼 두 개의 사례는 완전히 다른 문맥에서 이러한 대담한 가정을 구체적으로 표현한다.

티투스 살트Titus Salt는 1840년대에 알파카[96] 모직과 소모사 섬유업을 통하여 부를 축적했으며, 저명한 휘그당원 · 조합교회주의자 · 선거법 개정 지지자 그리고 자선가로써 시민의 인정을 받았다(Reynolds 1983). 브래드포드Bradford 시는 자랑스러운 기능공 학교가 있었을 뿐 아니라 새로운 상인계급의 뻔뻔스런 오만함과 문화적인 소심함으로 넘쳐나고 있었다. 1848년의 혁명들[97]과 거세지는 차티스트 운동에 따른 소요 그리고 확장되어 가는 도시의 무질서하고 오염된 상태를 피해 살트는 인접한 에어Aire 강가의 개활지에 새로운 질서가 조화를 이루는 살타이어Saltaire를 건립하였다(1851-71). 그는 민터 모건과 버킹엄이 브래드포드에서 강연한다는 것을 알았을 것이다. 우리는 이미 페어번이 그의 공장 엔지니어였음을 알고 있다. 그가 고용한 건축가는 그 지방에서 가장 유명한 설계사무소인 모슨Mawson과 록우드Lockwood였다.

브래드포드 시에서는 공공 건축물에 대한 논쟁이 한창 진행 중이었다. 러스킨은 교회와 학교는 항상 고딕 양식이지만 공장과 대저택들은 고딕 양식이 아니어서 생활에서 종교가 분리되었다며 비난하였다(Hardman 1986). 공장 소유자들과 토지를 소유한 젠트리 계급은 논쟁에서 이길 수가 없었고 마침내 그들이 고딕 양식을 선택하자, 자본주의 체계 내에서 고딕 양식은 정의와 자유의 열매가 결코 될 수 없었으므로, 비웃음거리가 되었다. 그들은 단지 '성공의 여신'에게 바치는 바빌론[98]을 건설할 뿐이었다. 브래드포드 거래소Bradford Exchange 건축에 관한 논쟁보다 10년 앞서서, 살타이어에서 건축가들은 베네치아풍 고딕 창문 몇 개를 사용하여(그렇지 않았더라면 매우 이탈리아적인 입면이 되었을 것이다) 매우 조심스럽게 바빌론으로 조금씩 다가가고 있었다.

살타이어가 이전의 오웬주의적 선례들과 구별되는 점은 건축양식이 아니라 배치였다. 격자체계는 외곽 경계까지 일정하게 연결되어 있지 않았다. 대신에 고전주의 시대에서처럼 중앙을 표시하기 위해 두 개의 지배적인 축들이 교차될 수 있도록 허용되었다(그림 10.52). 한 축의 양 쪽 끝에는 공장 사무실과 조합교회주의 교회로 가는 입구가 위치하였다. 이 축과 직각인 두 번째 축을 따라서 사회적 기능, 즉 공장식당 · 가게 · 일요학교 및 평일학교 · 협회 · 빈민구호소 · 병원(초기에는 목욕 및 세탁장 · 여관 · 지붕이 있는 시장 · 도살장 · 음악실도 구상되어 있었다)이 펼쳐져 있었다. 첫 번째 것은 천상의 축(하나님과 그가 관대하게 허락해주시는 생산)으로, 두 번째 것은 지상의 축(일상생활과 모든 위험에 대한 은신처)으로 해석되어야 할 것이다.

격자체계 상에서 교차점의 남서쪽에 위치한 주택들은 다음의 세 가지 유형이 있었다. 노동자를 위한 2층짜리 소형주택 · 감독자를 위한 더 큰 주택 · 경영진과 전문가들을 위한 넓은 3층짜리 테라스하우스가 그것이다. 미혼 직공을 위한 일부 넓은 하숙집들은 가족용 주택으로 전환되었다. 주택 유형은 크기 · 방의 개수 · 대지 규모 · 형태와 장식 · 위치로 구분되었다. 먼저 캐롤라인 스트리트Caroline Street와 앨버트 테라스Albert Terrace 사이의 첫 번째 구역에는 노동자 110명의 소형주택들과 관리인 53명을 위한 주택들 그리고 하숙집들이 열을 맞

96. 남미 페루산의 가축
97. 프랑스에서 1848년 2월에 일어난 민중 혁명의 여파로 영국의 차티스트 운동 · 아일랜드 무장봉기 · 독일과 오스트리아의 3월 혁명 등이 발생되었다.
98. 여기서는 타락한 도시와 건축을 의미한다.

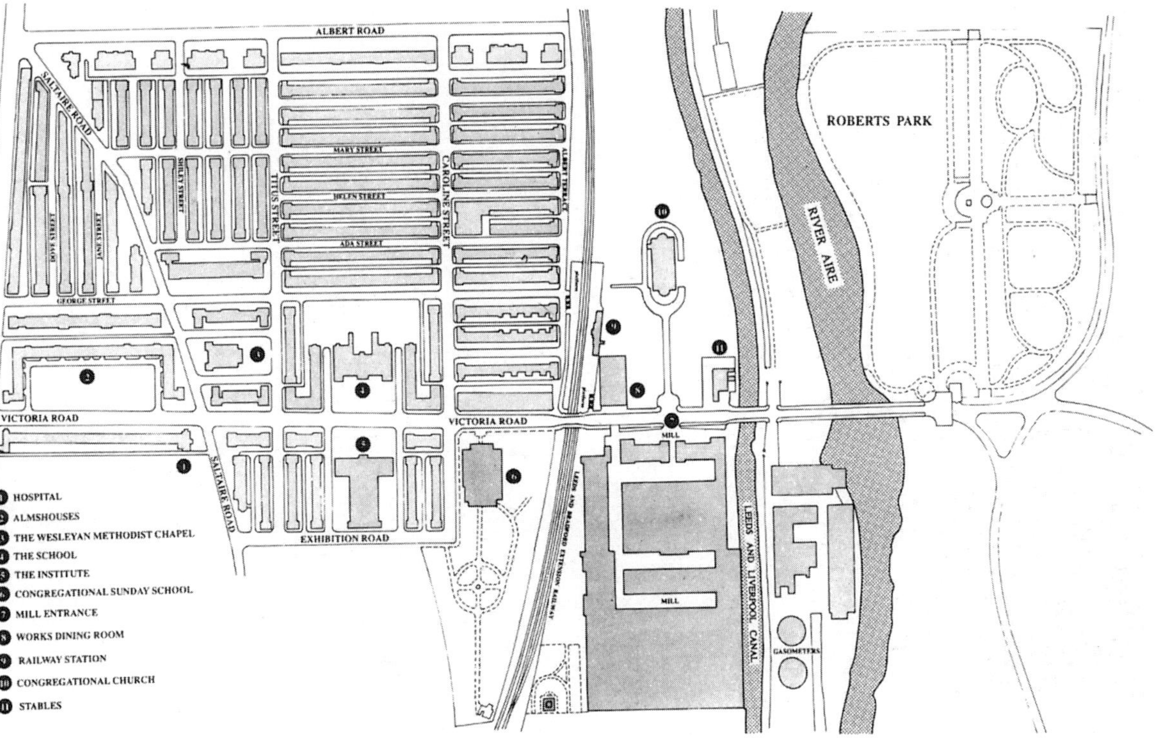

그림 10. 52 살타이어 배치도
출처 : 브래드포드 시티 미술관에 의해 작성됨.

춰 평행하게 배열되어 있었다. 더 높은 지위의 집들은 교차점과 더 가까운 가로의 모퉁이와 테라스하우스 끝 부분에 위치하였다. 노동자 연립주택으로 이루어진 그 다음 구역은 캐롤라인 · 티투스Titus · 조지 스트리트George Street로 경계가 지워졌다. 계속해서 티투스 스트리트Titus Street 남쪽으로 노동자 연립주택들이 이어졌는데, 이 주택들은 티투스 스트리트와 평행하게 지형에 따라 배열되었다. 더 많은 노동자 연립주택들이 남쪽과 동쪽에 지어졌으며, 간선도로가 마을을 관통하는 부근에 좀 더 근엄한 정면을 갖는 규모가 큰 주택 몇 채가 건설되었다. 마을의 서쪽 경계인 앨버트 로드Albert Road에 있는 경영진의 주택에서는 멋진 계곡 전망이 보였고 공장으로 바람이 부는 쪽에 있었다. 교차점에서부터 방사상의 '파문' 을 따라 주택의 수가 감소하였다.

현대 도시에서처럼 사회적 지위는 주택의 형태와 집세 장부에 의해서, 그리고 중요한 공공장소, 즉 교차로 · 광로와 간선도로 · 도시와 변두리 간 경계('교외')에 대한 장악력에 의해서 표시된다. 또한 높은 사회적 지위는 오염으로부터 자유를 가져다주었다. 예를 들어, 서풍이 우세한 곳에서는 항상 발전하는 '서쪽 끝west end' 을 차지할 수 있게 해준다. 기본적인 이념을 위해 지어진 건물과 공공복리 기능을 갖는 건물 그리고 주거 건물들은 확실하게 구분된 세 개의 구역에 위치한다.

오웬의 이론들은 그의 프로젝트가 진행되면서 그와 함께 발전하였다. 살트의 실용적인 개념들은 그가 살타이어를 시작하기 전에 형성되었다. 반면에 앙드레 고댕Adnre Godin이 피카르디Picardy의 귀즈Guise에 금속제품 및 난로공장을 1846년에 설립하기 이전에 이미 추상적이고 고도로 발달된 이론이 있었다. 바로 샤를르 푸리에Charles Fourier[99]의 이론이었다.

고댕은 1843년에 푸리에의 제자가 되었다. 푸리에의 유토피아 철학은 19세기의 다른 비상한 철학들 가운데서도 특이하였다. 그의 철학은 '열정적 매력passionate attraction'의 법칙에 기초하고 있는데, 만약 아무런 속박이 없이 본능을 따른다면, 세상은 조화로워질 것이라는 사상이었다. 그러나 법률 · 착취적이고 경쟁적인 산업생산 · 고정된 결혼관계 · 빈곤 · 불평등 · 단조로운 작업규율 등이 모두 사람들의 만족을 방해하였다. 이 이론은 사회생활에서 정밀한 위계적인 조직화를 요구하였다. 가장 낮은 단계는 집단Group이라 불리는 것으로, 최소 규모가 일곱 개로 세 개는 평형을 유지하기 위해서 중앙에 위치하며 양쪽 날개에 각각 두 개씩이 위치하여 우호적인 대항 · 경쟁 · 협동관계를 형성한다. 최소 다섯 개 이상의 집단이 모이면 계열Series이 된다. 역시, 중심에는 한 개가, 양쪽 날개에는 두 개 집단이 위치한다. 각각의 집단이나 계열은 농업 · 공업 생산 · 업무 관리나 창조적인 예술과 같은 특정 활동에 종사한다. 계열이 몇 개 모여서 1,620에서 1,800명 정도의 사람들로 구성되는 하나의 팔랑스Phalanx로 결합되며, 이것이 자급자족을 하는 조화로운 팔랑스테르Phalanstery[100]를 형성한다.

99. 프랑스의 공상적 사회주의자(1772~1837). 개개인이 경쟁하는 사회를 비판하고 상호협력에 의한 '조화된 사회'를 이상적인 사회모델로 제시하였다.

100. 푸리에가 사회주의적 공동체 생활을 위해 제시한 이상적인 건물. 이것은 베르사유 궁전과 외관이 유사한 대규모의 건물로서 아파트와 교회, 도서관, 우체국, 학교, 집회실 등 다양한 공동시설이 수용된 것이었다. 손세관, 「도시주거 형성의 역사」, 열화당, 1993 p. 278 참조

팔랑스테르는 하나의 중심과 두 개의 날개라는 기본구조 위에서 성장해나갔으며, 농경지 · 과수원 · 정원 안에 세워지도록 되어 있었다. 여기에는 아파트는 물론이고, 호텔 · 공동 조리실 및 식당 · 회의실 · 도서관 · 육아실 · 학교 · 오락실 · 요양실 · 작업실과 같은 상상할 수 있는 모든 편의시설이 구상되어 있었다. 독립된 곡물창고와 마구간들이 이 복합체를 완성하였다. 구성원의 7/8은 농부나 기술자들이었고 1/8은 자본 투자자 · 예술가 · 과학자였다. 이윤은 5/12는 노동의 대가로, 4/12는 자본의 대가로, 3/12는 기술력 또는 재능의 대가로 분배되었다. 역할들은 완전하게 교체가 가능했음으로, 희망에 따라서 모두에게 순서가 돌아갈 수 있었다.

푸리에의 가장 열렬한 제자는 에콜 폴리테크닉École Polytechnique[공학기술 전문학교]에서 교육받은 건축가인 빅토르 콩시데랑Victor Considérant이었다. 그는 1825년에 세워진 에콜 소시에테르École Societaire를 통해 푸리에의 이론을 발전시키는 것 외에도 이론을 물질적인 형태로 옮기는데 있어서 유일한 적임자였다. 실제로 그가 푸리에와 관계를 맺은 이후로 출간한 거의 30개에 달하는 저술 가운데 최초의 것은 팔랑스테르 건축에 대한 논문이었다(1834). 콩시데랑은 단순한 결정론자였다. '건축적 특성들은 사회의 본질과 형태에 따라 다양하다' (1834: 36). '건축은 역사의 문자화된 텍스트이다' (p.39), '(건축과 역사의) 상호관련성은 너무나 친밀해서, 한 시대의 모든 전통이 소멸되고 모든 텍스트들이 파괴되었다 하더라도, 기념물 · 공공건축 · 그림 등과 같은 충분한 유물이 있다면, 누구나 그 시대의 사회 역사를 복원할 수 있다.' (p.50). 원시적인 오두막과 유목민의 천막 · 고딕 양식의 대성당 · 파리의 빈민가 · 방직공장 · 감옥과 병영은 이것을 입증한다.

그의 팔랑스테르는 사회적인 궁전(그림 10.53)이었다. 중앙에 있는 '질서의 탑'에는 회의실 · 금고 · 접대실 · 연회실 · 공연 및 무도회장 · 작업실 · 공장 · 농장 · 학교 · 호텔들이 있었다. 전체 건물의 양 끝에 분리되어 있는 건물들은

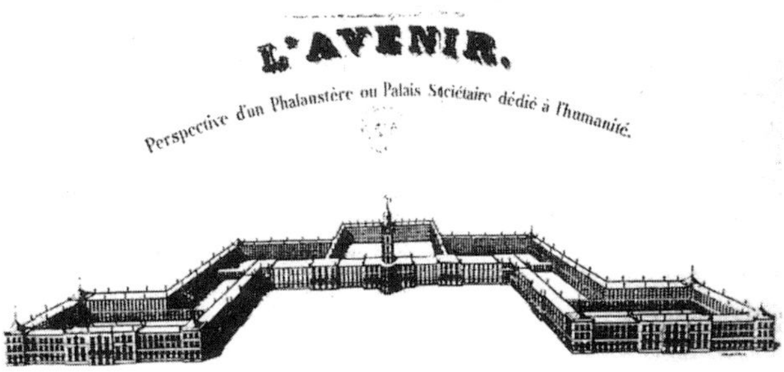

그림 10. 53 콩시데랑의 팔랑스테르(1834년과 1848년)
출처 : Considérant(1848)

교회와 극장이었다. 위층에는 방 두 개짜리 소박한 아파트식 주택에서부터 사치스러운 대저택에 이르는 주거들이 있었다. 선택은 자유스러웠고 취소할 수도 있었다. 전체 건물을 따라 달리면서 모든 날개를 연결하는 유리로 된 2층 회랑과 그 아래 1층 아케이드는 매우 중요한 요소였다. 이것은 사회의 조화 · 연합Association의 최고 법칙 · 열정Passion에 대한 만족을 상징하며, 팔랑스테르에서의 삶이 순환하는 '경로이자 대동맥' 이었다(Conside**é**rant 1834: 66).

귀즈에 있던 고댕의 금속제품 및 난로공장의 고용인 수는 1846년의 30명에서 1857년에는 330명으로 늘어났다. 그다지 정치적인 이유에서가 아니라 외국 시장에 침투하게 위해 1853년에 고댕은 브뤼셀 근처에 자체적인 파밀리스테르Familistéres를 포함하는 작은 공장을 세웠다. 고댕은 파리의 1848년 2월 혁명에 참가했고 나폴레옹 3세에 의해 위험한 사회주의자로 간주되긴 했지만 그의 삶을 지배했던 건 푸리에주의였다. 그는 미국 텍사스에 있던 푸리에주의자 공동체에 상당한 액수를 투자했지만 1857년에 이를 다시 회수하였고, 귀즈에 공동체 계획을 세우기 시작하였다. 건축은 이듬해부터 시작되었다.

네 가지 회원자격 범주와 회원들의 투표권 그리고 법적 권리 및 이윤공유 권리들은 푸리에의 규정에 기초하였지만, 고댕은 여러 가지 중요한 문제에서 푸리에와 다르게 접근하였다. 첫 번째는 열정과 연합의 법칙에 대한 의문이며, 두 번째는 가족을 기본 구성단위로 유지한 것이다. 세 번째는 공동사회의 핵심이 주택공급에 있듯이, 주요 설계노력은 포괄적인 미니어처 도시보다는 주택으로 이루어진 궁전에 초점이 맞춰져서, '팔랑스테르[도시공동체]' 에서 '파밀리스테르[가족공동체]' 로의 변화가 이루어졌다. 하지만 그의 파밀리스테르에는 공장과 주택뿐만 아니라 극장 · 가게 · 목욕탕 · 공동 주방 · 체육관이 있었다. 주목할 만한 것은 그 자신이 오웬으로부터 멀어지려고 노력했음에도 불구하고, 가장 두드러지는 요소들은 파밀리스테르에 연결되어 그 중심축 위에 위치한 탁아소와 같은 축 위에서 탁아소 맞은편에 위치한 독립된 유아학교 및 초등학교 그리고 극장이었다.

유리지붕이 있는 세 개의 중정과, 떨어져 있으며 유리지붕이 없는 한 개의 중정 — 이 모든 중정들은 4층 규모이다 — 이 1859년과 1883년 사이에 건설되었다(그림 10.54). 모든 주택들은 모서리에서 중정을 만나는 대각선 통로에 의해 연결되는 내부 복도를 통해 들어갈 수 있었다. 두 개 또는 네 개의 방을 가진 주택들은 바깥쪽 또는 안쪽을 향해 있었다. 평면계획 · 설비 · 형태의 모든 세부적인 사항에 이르기까지 고댕은 그의 변형된 푸리에주의에서 요구되는 모든 철학적인 장치로 이런 주택들을 가득 채웠다.

복도들은 연속적으로 일어나는 사회적인 상호작용의 시각적인 상징이었다.

> 1,500명의 거주자들은 서로를 볼 수 있으며 방문할 수 있다. 가정의 허드렛일로부터 벗어나, 날씨를 걱정할 필요도 없이 160미터 이상을 이동하지 않고도 공공장소(중정)에서 만난다. . . 이처럼 매우 쉽게 사람들과 관계를 맺을 수 있으며, 이을 통해 거주자의 도덕적 · 지적 표준을 향상시키는데 가장 적합한 사회궁전이 실현된다.
>
> (Godin 1871: Ⅳ ch. 20 para. Ⅵ)

중정들은 아이들의 놀이터와 공적인 모임 그리고 노동의 축제와 어린이의 축제 장소로 쓰였다. 노동자들이 하룻

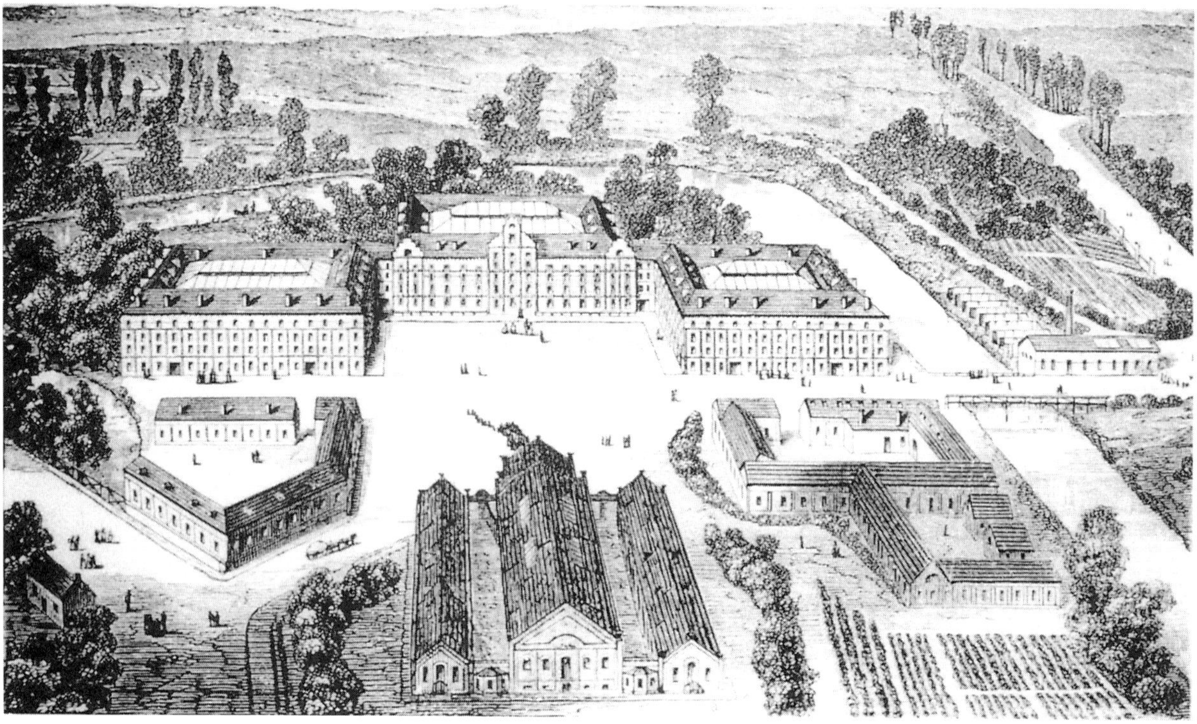

그림 10. 54 귀즈에 있는 파밀리스테르, 조감도와 중정 가운데 한 곳의 내부
출처 : Godin(1871),(조감도), 저자의 슬라이드(내부)

밤 안에 '작은 성자들이 될 수는 없을 것이다. . . 파밀리스테르 내의 질서를 이룩하는 주요 수단은 각 개인의 삶이 노출되는 것이다' (para. XLII).

중정들은 화합과 질서, 조화를 상징하였다. 무엇보다도 빛의 힘, 즉 마음과 정신의 계몽 · 진보의 상징 · 비밀스러움과 어두움의 퇴치를 나타내었다. 그리고 빛의 힘을 통하여 사생활은 제한된 공간과 제한된 시간으로 한정되었다. 흡입구와 배출 덕트로부터 들어오는 신선한 공기와 상수도 그리고 각 층의 모든 모퉁이에 있는 남 · 여 수세식 화장실은 전례 없는 위생시설의 표준을 제공하였다.

고댕의 골상학은 빛 · 공간 · 신선한 공기의 특성을 띠는 두뇌 전면의 세 구역으로부터 출발하였다(그림 10.55). 파밀

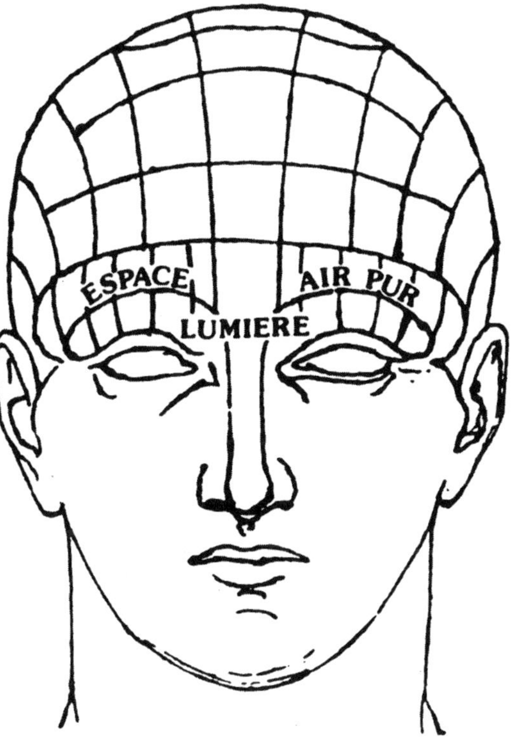

그림 10. 55 공간, 빛, 신선한 공기 구역들을 보여주는 고댕의 골상학적 두상
출처 : Godin(1871)

리스테르에서 그는 두뇌와 환경 사이의 공명을 추구했던 것이다.

생산 유토피아는 앞에서 몇 번에 걸쳐 보았던 익숙한 순서의 종점이다. 즉 종합적인 집합체로부터 산개散開와 전문화를 거쳐 다시 통합되는 것이다.

수레바퀴 기술자는 자신의 수레를 위해서 바퀴를 만들 수 있다. 그러나 그 바퀴가 하나의 상품으로 교환된다면, 구매자와의 관계가 생겨난다. 그 바퀴는 분리되어 따로 존재하는 두 개의 사회적 · 경제적 세계의 경계를 넘어선 것이다. 따라서 이런 행위, 즉 거래가 이루어지는 공간은 높은 상징성을 띠게 된다.

상품의 거래는 하나의 상품이 다른 상품과 직접적으로 교환되는 물물교환(상품 - 상품)으로부터 돈을 매개로 하는 두 가지 상품거래 방식으로 발전되었다. 첫째는 돈을 받고 상품을 팔고 그 돈으로 더 많은 물건을 사는 것이고(상품 - 돈 - 상품), 두 번째는 돈으로 상품을 사서 여기에 이윤을 붙여 그 상품을 되파는 것이다(돈 - 상품 - 돈). 첫 번째는 생산자의 방식이며, 두 번째는 상인의 방식이다. 상품거래에는 여러 종류의 중개인들이 생산자와 소비자 사이를 연결한다. 이러한 거래는 모두 고유한 공간을 필요로 하는데, 도살장 · 창고 · 곡물거래소 및 석탄거래소 · 사무실 · 은행 · 상품판매대 · 장터 · 시장 · 상점 등이다. 모든 거래는 공간 안에서 이루어진다.

상품 - 돈 - 상품 방식의 거래공간은 생산공간에 덧붙여지기도 한다. 예를 들어 작업장과 연결된 가로변 상점이 있다. 그러나 더 일반적으로는 독립된 장소를 갖는다. 시장 안의 판매대 · 상점 · 여러 명의 상인들과 함께 쓰는 옷감시장 안의 점포 등이다. 대부분의 돈—상품—돈 거래방식은 계약서 · 환어음 · 증권 · 주식 등과 같이 상징적인 상품의 형태로 이루어지며, 이런 거래는 증권거래소나 은행과 같은 고유한 공간에서 행해진다. 물건뿐만 아니라 인간의 노동도 상품이 될 수 있다. 노예제도와 같은 고전적인 경우를 제외하더라도, 마르크스나 브로델Braudel, 그 외 여러 학자들의 연구에 따르면, 임금노동자를 고용하는 것은 산업사회 훨씬 이전부터 시작되었다. 브로델(1982)은 오세르Auxerre나 함부르크Hamburg 등지에서 열렸던 중세의 고용박람회나 노동시장은 이런 행사를 위해 따로 마련된 공간에서 열렸다고 설명한다. 16세기 파리에서 전문기술이 있는 노동자들은 특정한 다리나 광장 또는 거리를 차지하고 있었다.

또한 해상이나 육로를 이용한 물자의 이동에도 선적 · 하역 · 저장 · 검수를 위한 모든 장소에 공간이 필요하다. 이런 곳에는 부두 · 창고 · 사무실 · 요금징수소 · 세관 등이 설치된다. 그리고 이 모든 활동은 법으로 통제된다. 이런 법들은 법정 · 길드홀 · 의회에서 제정되고 집행된다.

포즈난Poznan[1]의 상인주택은 주거 · 생산 · 저장 · 교환을 위한 공간이 단일 세대주의 주택 안에 존재하였다. 이런 주택에서 상점은 중간출입구에 의해 거리로부터 분리되었다. 슈말칼든Schmalkalden[2]의 상인주택에서 상점은 입구홀과 나란히 위치하며 물건을 전시하고 팔기 위해 창문이 길거리를 향해 직접 열려 있었다(그림 11.1). 생산과 판매가 결합된 이런 형태는 수세기 동안 한자동맹[3] 도시들의 부유한 지역에서 크게 유행하였다. 도시 안에서 상인들 간의 접촉은 극대화될 수 있

1. 폴란드 북동부에 위치한 도시. 중세시대 동서무역의 주요 교역지로 발전했으며, 현재에도 국제무역박람회로 유명하다.
2. 독일 중부에 위치한 소도시. 중세 이후로 금속공업이 발전하였다.
3. 중세 북유럽 상업권의 패권을 잡았던 북독일 중심의 도시동맹.

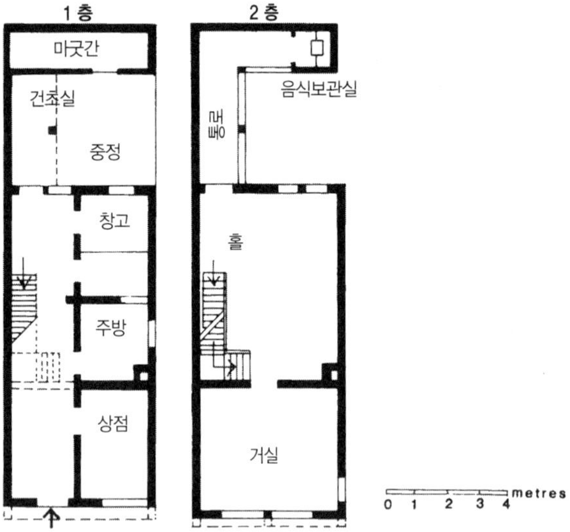

그림 11.1 슈말칼든의 상인주택(c. 1500)

출처 : Buttner and Meissner(1982) Town Houses of Europe, New York, St. Martin's Press, p. 130을 참고하여 저자 작성

었으며 부피가 큰 상품들을 육로나 해로를 통해 쉽게 들여올 수 있었다. 도시의 거리들은 힐리어와 한슨(1984)이 묘사한 대로, 마을이나 항구로부터 직접 접근이 가능하고 시장과 광장으로 쉽게 연결되는 '모든 것이 통합되는' 장소였다. 이런 거리들의 중요성은 화려하게 장식된 박공지붕으로 이루어진 가로변 경관을 통해 잘 드러난다.

주택 겸용 상점은 도시에서 시장의 보조적인 역할을 하였으며 동시에 경쟁관계에 있었다. 시장은 모든 문화에 있어서 도시의 구조를 결정짓는 중요한 장치였다. 애그뉴Agnew(1979)는 도시공간으로서의 시장과 언어학적 형태로서의 시장을 관련지어 설명하였다. 하지만 원시적인 시장은 도시의 경계 밖에서 시작되었다. 브라운Brown(1947)과 반게넵van Gennep(1960)에 따르면, 고대 그리스에서는 마을과 마을 중간의 버려진 곳에서 교역이 이루어졌다. 교역의 상대들이 서로 만나지 않는 '침묵의 거래'가 이루어진 시대에는 물물교환을 위해 생산품들을 특정한 장소에 놓아두었다. 그 장소는 돌무더기로 표시되었는데, 이것이 헤르마, 즉 헤르메스의 기둥[4]인 것이다. 점차적으로 중립적인 지역은 경계가 지워진 한 장소로 좁혀지게 되었고, 헤르메스는 신들의 사자使者일 뿐 아니라 문턱의 신 · 도둑의 신 · 사기꾼의 신 · 상업의 신으로 숭배되어 갔다. 따라서 직업적으로 경계를 넘나드는 상인들에게 꼭 필요한 속성인 이중성과 교활함이 헤르메스의 특성으로 굳어졌다.

시장이 아고라[5]에 입성했을 때, 그 경계적 성격을 수호하는 헤르메스의 사당도 함께 들어왔다. 이것은 시장이 도시 밖에서 시작된 전통에 따른 결과만은 아니었다. 상품을 한 소유자로부터 다른 소유자로 이동시키는 행위는 사회적 · 공간적 경계의 통과를 수반하게 된다. 안과 밖의 경계가 무너지고 따라서 위험한 모호성이 생성되는 신체의 개구부 주위에 행해진 제의적祭儀的인 금기의 보호적 기능에 대한 매리 더글라스Mary Douglas(1966)의 설명을 상기하기 바란다. 생산이 이루어진 토지 · 건물 · 사회 단위의 경계를 넘어서는 상품의 이동은, 심지어 매우 발달한 거래시스템과 자본주의 시스템 내에서도 정교하게 다듬어진 의식儀式을 요구한다.

때로는 신성한 연극을 통해 문턱(경계)에 정당성을 부여하기도 한다. 오스티아Ostia[6]의 아고라에는 단변 쪽에 극장이 덧붙여졌다. 관습 · 국왕의 허가 · 길드법 · 도시의회 · 민사법정 등을 기초로 하여 명문화된 세속적인 권리들로 문턱들이 점차 강도 높게 보호되어 갔음에도, 종교와의 관련성은 강하게 남아있었다. 런던의 15세기 레든홀 마켓Leadenhall Market은 시장 사람들을 보호하기 위한 분명한 프로그램을 갖고 있던 홀리 트리니티 채플Holy Trinity chapel에 적을 둔 성직자들과 교장들을 위한 기부금으로 설립되었다. 레든홀 마켓은 건물들 사이에 지붕을 씌워 십자가 형상을 이루고 있으며, 18세기까지 남아있던 기념비들은 정직하고 공정한 거래가 십자가의 상업적

4. 사각 돌기둥에 얼굴과 남근이 조각된 형태로 숭배되었는데, 이는 경계나 이정표로서 세워진 돌산(헤르마) 또는 그 중심에 세워놓은 돌기둥에서 비롯되었다.
5. 고대 그리스의 도시광장. 시민들의 집회와 법정, 상업활동 등이 이루어졌다.
6. 티베르 강 어귀에 위치한 고대 로마의 항구.

메시지라는 것을 영원히 일깨워준다. 몇몇 거래 공간, 특히 해마다 열리는 페어[7]는 여전히 도시의 바깥쪽 경계지역에 남아 있었다.

중세의 시장들은 도시의 관문으로 연결되는 중심도로 상에 통합도가 높고[8] 공간깊이가 얕은 도시의 중심공간에 있었다. 휴 앨리Hugh Alley가 1598년에 작성한 한 문서에 따르면, 대화재[9] 이전에 있던 런던의 시장들은 알드게이트Aldgate로부터 뉴게이트Newgate에 이르는 씨티City[10]의 동서축을 따라 늘어서 있었다. 그 중에는 예외적인 경우도 있었다. 첫 번째로 가축시장이었던 스미스필드Smithfield는 연례행사인 세인트 바솔로뮤 페어가 서는 공터에 인접해서 도시의 성벽 바깥쪽에 위치해 있었다. 두 번째로 곡식과 생선시장이었던 퀸하이드Queenhithe 시장과 빌링즈게이트Billingsgate 시장은 템즈강 제방에 위치하였다. 세 번째는 1556년에 사우스와크Southwalk[11] 지역이 씨티에 편입되고 런던의 남쪽 관문 역할을 하던 오래된 사우스와크 브리지로 연결됨으로써 피쉬Fish · 그레이스처치Gracechurch · 비숍스게이트 스트리트Bishopsgate Street를 따라 시장의 남북축이 형성되었다.

이런 시장들의 공간유형은 광장이나 넓은 거리로서, 중앙에는 지붕이 없거나 혹은 지붕이 있는 판매대들이 집단적으로 위치하고 일부 판매대들은 광장주변에 있는 주택에 붙어 있었다. 열주랑이 있던 시장 건물 중 어떤 것은, 빠르면 13세기부터, 티틀러Tittler(1991)가 도무스 씨비쿠스domus civicus라고 불렀던 도시의 행정기관이 위층에 입주되기 시작하였다. 다른 시장들은 그냥 '십자가' 형태로 남아있거나 아니면 지붕이 있는 열주랑이 추가되기도 하였다. 이런 시장들은 유럽의 도시전통의 큰 부분이 되었으며, 많은 시장들이 현재까지 사용되고 있다.

법이 정비되면서 상품의 거래는 통제가 가능한 장소로 한정되게 되었다. 법에서 금지한 세 가지 위법행위가 있었다. 독점하는 행위 · 선점하는 행위 · 부당한 가격으로 파는 행위가 그것이었다. 첫 번째 위법행위는 비싼 가격에 되팔기 위해서 어떤 상품을 전부 또는 많은 부분을 매입하는 것으로 오늘날의 독점행위와 같은 것이다. 두 번째는 공급자로부터 상품이 시장에 도착하기 전에 부두가나 성문 밖에서 미리 사들이는 행위이다. 세 번째는 한 시장에서 상품을 구입한 후 이를 다른 시장에서 파는 행위이다. 위의 위법행위들은 판매자와 구매자 사이의 대칭적인 권력을 우회하여 빠져나가려는 시도였으며, 일단의 유급 정보원들이 제공하는 정보에 의거해서 무거운 형벌이 내려졌다. 이런 행위들은 모두 공간적 위반과 관계되어 있었다.

레이번Leyburn은 대화재에서 살아남았거나 혹은 화재 이후에 재건된 런던의 시장들에 대해서 상세한 기록을 남겼다(Masters 1974). 시장들의 대강의 위치는 화재 전과 마찬가지였으나 교통정체를 피하기 위하여 간선도로로부터 인근의 광장으로 옮겨갔다. 시장공간은 크게 넓어졌으며 규격화되었고 전문화되었다. 각 시장은 제한적인 범위의 상품으로 특성화되었다. 시장광장 중앙에는 개방되고 열주랑이 딸린 건물 몇 동이 들어섰다.

파리에서는 시장이 매우 다른 방식으로 성장하였다. 시장의 핵이 센강 북쪽의 한 부지 — 공동묘지이기도 하였다 — 에 설치되었다. 시장은 이 핵을 중심으로 부지를 둘러싼 담장을 넘어 확장되기 시작하였다. 12세기에는 이너쌍 시장Marche des Innocents이 주변의 도로와 광장과 빈 공간을 조금씩 잠식하면서 성장하였다. 18세기에 이르면 인근 구역 전체를 차지하게 되었다.

7. 축제일 겸 장날
8. 공간구문론space syntax에서 나온 개념. 간단히 설명하면, 전체 공간 가운데 다른 공간으로부터 쉽게 접근할 수 있음을 의미한다. '공간깊이' 등을 포함한 공간구문론의 개념과 의미는 1장을 참고하라.
9. 1666년에 일어난 런던대화재를 의미함. 한 빵 공장에서 시작되어 4일 동안 계속된 화재로 주택 13,000채, 교회 89동, 회사(길드홀) 52동 등 런던시내의 약 80%가 파괴되었다.
10. 런던의 가장 오래된 지역으로 현재는 씨티라 불리는 한 지역을 의미한다.
11. 런던의 씨티 구역과 마주 보는 테임스 강 바로 남쪽에 위치한 지역.

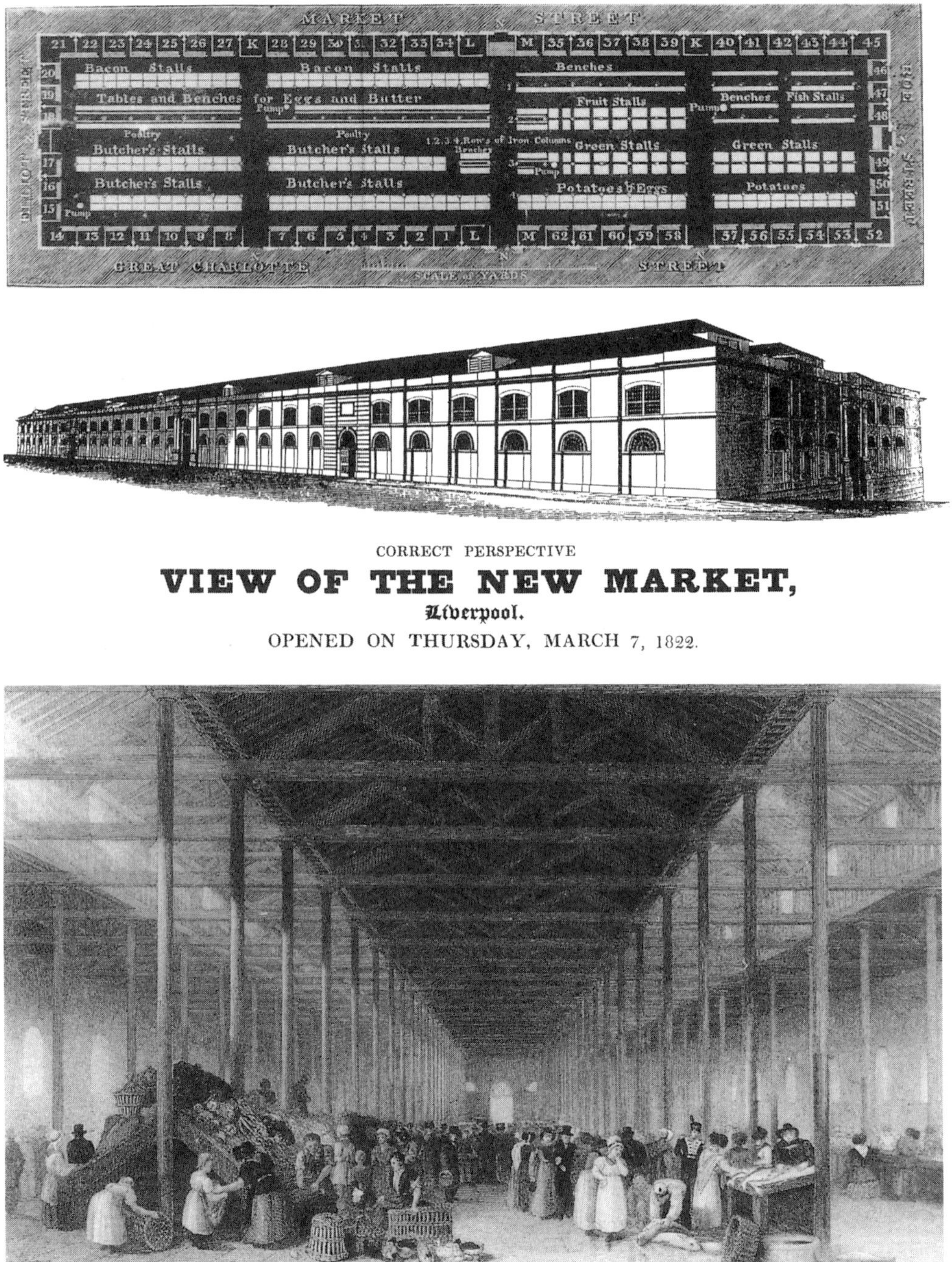

그림 11. 2 리버풀에 있던 세인트존스 시장(1822), 평면도, 외관, 실내 전경

출처 : 리버풀 공공도서관에 소장 중인 도판들

그러나 1800년 이후에 산업도시들은 인구가 급격히 팽창하여 엄청난 양의 식품 공급이 요구되었다. 이런 요구는 원심적인 분산방식이나 구심적인 집중방식 가운데 한 가지 방식으로 충족되었다. 다시 말하면, 다수의 전문화된 시장들이 광장이나 건물의 형태로 여러 장소로 분산되거나, 아니면 모든 행위가 거대한 지붕이 있는 하나의 시장 안으로 집중되어야 하였다.

원심적 방식의 사례는 셰필드 지역의 식품공급체계를 연구한 블랙맨Blackman(1962-3)에 의해서 잘 서술되었다. 1784년까지는 과일 · 가축 · 생선 · 곡물 · 그 외 생산물들이 시청 주변에 모여 있었다. 그러나 1784년 각 품목은 도시중심에서 먼 곳으로 이전되어 더 큰 규모로 다시 세워졌다.

리즈Leeds의 사례는 시장의 분산과정을 더 분명히 보여준다. 도시의 오래된 시장들은 1820년대까지 브리게이트Briggate 거리를 따라 연이어 있었고, 몇몇 시장들은 이 거리의 북쪽과 남쪽을 가로지르는 비커Vicar와 헤드로 레인Headrow Lane에 위치하였다(Gray 1980). 북쪽에서 남쪽 방향으로 옷감 · 잡화 · 생선 · 고기 · 곡물 · 돼지 · 말의 순서로 특화된 상품만을 거래하는 시장들이 위치하였다. 고기를 파는 판매대들은 브리게이트 거리의 폭이 넓어지는 북쪽 끝 지점에 도로 중앙에 섬처럼 세워진 연속적인 몇 개의 건물 가운데 하나였던 올드 쉠블스Old Shambles[12] 안에 있었다. 여기에 덧붙여서 1710년부터 1793년 사이에 흰색과 다양한 색상의 천, 그 외 여러 종류의 천을 파는 다섯 개의 직물시장들이 세워졌다. 직물시장들에 대해서는 다시 논의하게 될 것이다. 1823년부터 1830년까지 7년 동안에 리즈의 모든 시장들은 대대적인 분산과 전문화 과정을 통해 대체되거나 추가되어졌다.

존 포스터John Foster 부자가 설계한 리버풀Liverpool의 세인트 존스 시장St. John's market(1820-2)은 구심적 방식의 초기 사례이다. 이 건물은 가로 183야드(165미터), 세로 45야드(40.5미터)인 직사각형 그리드 위에 네 줄의 23피트(6.9미터) 높이의 주철 기둥들이 목재 지붕을 받치고 있었고, 건물 주위의 간선도로들을 따라 여섯 개의 출입문이 있었다(그림 11.2). 장변에 네 개, 단변에 두 개의 출입문들이 실내를 16개의 독립적인 진열구역으로 분할하고 있다. 한 쪽 면에 있던 여덟 개의 큰 구역들은 고기(4개 구역), 베이컨 · 버터 · 달걀(2개 구역), 가금류(2개 구역)에 할당되었고, 반대쪽에는 야채류 · 과일 · 달걀 · 감자 · 생선이 위치하였다. 벽에 붙여 있던 판매대들에는 위의 농산물들과 추가로 치즈와 빵이 진열되었다.

여기서 식품의 분류체계를 알 수 있다. 먼저 고전주의적인 공간구성원리들보다 소매전략이 우선하였다. 장변에 있는 출입문들은 등간격이 아니라 불규칙하게 배치되어 있었는데, 이는 두 세트의 농산물이 비대칭적으로 분할되어 진열되었기 때문이다. 둘째 달걀이 이런 횡적인 분할의 경계를 넘어서는 유일한 농산물이다. 달걀은 시장 밖의 정육점 · 유제품가게 · 생선가게 · 채소가게 등에서도 판매가 되기 때문에 그 위치가 분명치 않다. 동시에 달걀은 요리에서도 정체가 모호하다. 달걀은 전채前菜 요리 · 메인 디쉬 · 사이드 디쉬에서 모두 맛볼 수 있으며, 패스트리 · 디저트 · 드레싱의 재료로 쓰이고, 또한 보존되기도 한다. 달걀은 날것으로 사용하기도 하고, 삶기도 하며, 프라이하기도 하고, 굽거나 절이기도 한다. 셋째 한쪽에는 비교적 단가가 높은 생산품들이 진열되었고, 다른 쪽은 가격이 싼 제품들(항구인 관계로 생선도 여기에 속하였다)이 진열되었다. 시장 전체로 보면, 고기가 차지하는 공간 대 채소류(감자도 포함)가 차지하는 공간의 구성비는 현재의 식사 습관에 따른 이들 제품의 소비 비율과 일치하였다. 버넷Burnett(1989: 53)은 1824년에 자녀가 셋인 전형적인 가족은 일주일에 7파운드의 고기와 35파운드의 야채를 소비했으며, 그에 반해서 고기와 야채를 제외한 다른 모든 종류의 식품은, 20파운드의 빵과 밀가루를 포함하여, 30파운드를 소비하였다고 보고하였다.

12. 고기 판매대 겸 정육점이 모여서 고기 시장을 이룸.

찰스 에지Charles Edge가 1832년에 설계한 버밍엄 시장Birmingham market은 리버풀의 세인트존스 시장과 거의 똑같았다. 1825년의 샐포드 시장에서는 고기와 채소류만을 취급하고 다른 모든 농산물은 제외되었다. 이런 종류의 지방 시장으로 가장 큰 것은 뉴캐슬의 그레인저 타운Grainger Town[13] 안에 있던 뉴마켓New Market 시장이었다. 고기와 야채를 취급하던 이 시장은 1834년에 돕슨Dobson이 설계하였다. 규모는 리버풀보다 훨씬 컸지만, 내부 그리드와 출입구의 공간적 질서는 동일하였다.

이런 시장들은 전통적인 거래장소인 거리시장이나 광장시장과는 사뭇 다르다. 새로운 시장들은 판매시간에만 열려 있고 그 외의 시간에는 출입이 불가능하였고, 시장 안에 있는 개별 상점들은 도로와 같은 공적 공간으로부터 공간적으로 깊은 곳에 위치한다. 비록 시장 안의 모든 판매대 주인들은 서로 경쟁자들이지만, 표준화된 판매대와 임대료, 판매시간의 통제와 위생시설의 보급을 통해서 상인들은 시시콜콜 간섭하는 동일한 지주의 임차인 신분으로 새로운 연대를 갖게 된다. 소비자들은 과거에는 상인들과 개별적으로 대면하였고, 양자간에는 권력이 엇비슷하게 균형을 이루고 있었다. 그러나 이런 새로운 상황에서 그 관계는 비대칭적이 된다. 더 강력한 상인들의 동맹에 마주 치면서, 소비자들이 관습적으로 누려왔던 선택과 흥정하는 권력의 상당부분이 제거되며, 소비자들의 공간적 · 시간적 선택권이 제한된다. 어떤 면에서 이처럼 통제되는 시장은 현대의 통합된 쇼핑단지의 선례인 셈이다.

원심적 방식과 구심적 방식은 대도시에서 거대한 규모로 발전하였다. 런던은 원심적 방식이 발전하였다. 따라서 분석의 범위를 도시 스케일로 확장하지 않고서는, 시장과 시장간의 공간관계와 도매 또는 소매 소비간의 관계를 발견하는 것은 불가능하다. 하지만 이런 관계는 이 책의 연구범위를 벗어난다. 물론 원심적 방식으로 설립된 개개의 시장들, 예를 들어 영국 최고의 시장 건축가인 찰스 파울러Charles Fowler가 설계한 헝거포드Hungerford나 코벤트 가든Covent Garden과 같은 시장들도 형태적 · 공간적 · 기술적인 흥미로움으로 가득 하다(Stamp 1989와 Taylor 1968).

파리는 고대로부터 내려온 구심적 전통을 끝까지 이어왔다. 발타르Baltard와 칼레Callet가 설계한 파리의 중앙시장Halles Centrales(1853)이 그 대단원의 마지막 프로젝트였다. 르무안Lemoine(1980)은 파리의 구심적 시장 전통에 대해 자세히 기술하였다. 먼저 보프랑Boffrand은 1748년 웅장한 생선 · 야채 · 곡물 시장들을 중앙왕립광장의 양편에 건립하였다. 그 뒤를 이어, 바르비Barbie(1765), 마이 뒤사수아이Maille Dussassoy(1767) · 자일로Jaillot(1778) · 로레Loret(1780)의 프로젝트들이 들어섰으며, 이들 프로젝트에는 넓은 광장들과 상점이 늘어서 있는 대로들과 격자가로망 등이 설치되었다. 그런 장소들의 중앙에는 풍요 · 건강 · 순결을 상징하는 우화적인 인물상으로 장식된 분수대들이 있곤 하였다. 그리고 1786년에는 루이16세의 직물시장이 들어섰고, 이에 대해 발타르와 칼레(1863: 8-9)는 '마치 장례 기념물(같이). . . 차갑고 무겁다.' 고 비난하였다. 이때가 되어서 '전염병의 온상' 이었던 인근의 공동묘지가 마침내 폐쇄되었다. 심지어 그 토양까지도 제거되었다. 1811년의 황제칙령에 따라 전체 부지가 새롭게 건설될 예정이었으나 수십 년 동안 거의 이루어진 것이 없었다.

시장은 건축전공 학생들이 선호하는 주제가 되었고 마침내 1792년 그랑프리[14]의 주제로 선정되었다. 이와 함께 공공시설을 거대하고 웅장하게 설계하는 경향이 일어났고 프랑스 대혁명의 이상이 되어 새 시대의 막을 열었다. 공모전 참가자들은 법정 · 경찰서 · 근위병 숙소 · 분수대를 포함하도록 요구되었다. 그 결과 거대한 아고라와 같은 배치, 열주랑이 있는 법정과 건물들, 앱스가 딸린 바질리카 등이 출품되었다. 이것

13. 뉴케슬의 도심 일부지역을 의미하며, 1830-40년대 이 지역을 리모델링한 Richard Grainger의 이름을 붙였다. Tyneside Classical이라 불리는 고전주의적 건축물이 많아 역사보존지구로 지정되었다.
14. 건축전공학생을 대상으로 하는 설계공모전. 자세한 내용은 7장 서론을 참조하라.

이 르두Ledoux가 쇼Chaux 프로젝트에서 거대한 그리스 십자가 형태의 시장을 계획하게 된 배경이었다.

듀랑의 『건축물총람』(1801) 가운데 한 페이지에는 시장 · 공공 광장 · 쇼핑 아케이드들이 묘사되어 있다. 이 건물들은 듀랑의 습관대로 모두 같은 축척으로 그려졌으므로, 거대한 이스파한Isfahan의 광장시장이 전체 페이지를 압도하게 되었고, 이와는 매우 대조적으로 마르세유Marseille의 생선 시장은 조그맣게 묘사되어 있다. 같은 페이지의 가운데 위쪽에는 파리의 랜드마크이며 기념비적인 구조물인 드 메지에르le Camus de Mezières의 1763-72년작 곡물도매시장halle au blé이 수록되어 있었다. 지름 40미터인 원형의 안뜰은 화재에 대비하여 볼트 지붕으로 덮인 개방된 아케이드로 둘러싸여 있었고 여기서 거래가 이루어졌다. 무거운 곡물부대를 위층의 곡물창고로 운반하는 것은 특별한 문제를 야기하였고 드메지에르는 하나는 위로 올라가고 다른 하나는 아래로 내려가는 두 개의 서로 꼬이는 나선형 계단을 추가하여 이 문제를 극복하였다. 1782-3년에 르그랑Legrand과 몰리노Molinos가 중정을 목조 돔으로 덮었으나 1802년 화재로 파괴되자, 1811년 벨랑제Belanger와 브뤼네Brunet에 의해 주철로 대체되었다. 16세기의 생퇴스타슈St. Eustache 성당[15]과 함께 중앙의 대형 로툰다[16]가 갖는 강력한 형태적 힘은 후대의 모든 재계획안들에 영향을 미쳤다.

듀랑의 모눈종이를 활용한 계획방법은 자연스럽게 시장 계획에 적용되었다. 모눈종이를 이용한 격자 패턴은 영업시간 · 임대공간 · 위생에 관한 엄격한 규칙으로 통제되는 거래 질서를 완벽하게 보여주었던 것이다. 격자 그리드는 구매자와 판매자 사이의 교류를 최대화시키는 내부의 개방성을 확보해준 동시에 무질서한 주변의 공간으로부터 시장을 분명하게 분리시켰다. 퐁텐느Fontaine가 1811-14년에 출간한 파리 시장도록으로 촉발된 이런 유형의 시장계획은 제1제정 시대[17]의 팽창주의적 분위기를 타고 크게 번져나갔다.

공공 근로의 감독관인 브뤼에르Bruyere는 1813년에 곡물도매시장의 축을 중심으로 하여 격자로 계획된 건물 여섯 동을 계획하였다. 각 건물들은 같은 종류의 상품, 즉 가금류 · 생선 · 과일 · 야채 · 낙농품(버터 · 치즈 · 달걀)만을 취급하였고, 고기 시장인 여섯 번째 건물은 뽀트리Poterie 거리에 있는 기존의 직물시장과 균형을 이루도록 계획되었다. 하지만 1840년대까지는 아무런 일도 일어나지 않았다. 발타르와 칼레는 다른 사람들과의 경쟁하면서 여러 가지 계획을 준비하였다. 그 중 한 가지 작업을 시작했지만 1853년 나폴레옹에 의해서 중지되었다. 그 때는 오스만Haussmann[18]이 신임 센주 장관으로 등장했을 때인데 마침내 그 해 발타르와 칼레의 설계가 채택되었다.

반세기에 걸친 질서 · 현대 기술 · 위생 · 분류에 기울인 줄기찬 노력과 무질서한 도시를 정복하고자 하는 노력이 마침내 성과를 거두게 되었다. 발타르와 칼레는 이전의 서로 흩어져 있던 식품시장들을 유리 · 철 · 모듈화된 격자패턴으로 계획된 12개의 파빌리온 안으로 옮겨 놓았던 것이다(그림 11.3). 이 건물들은 장축이 곡물도매시장의 축과 일직선상에 위치하였다. 곡물도매시장의 로툰다는 두 개의 건물로 둘러싸여졌으며, 다른 두 개는 관리와 공공 서비스를 위한 것이었다. 장축 방향으로 유리지붕이 있는 넓은 통행로가 있었고, 그것과 교차되는 다섯 개의 통행로가 있었는데, 그 중 중앙의 통행로에는 지붕이 없었고, 나머지 네 개의 통행로에는 지붕이 있었다.

15. 파리에 위치한 성당(1532-1640). 고딕 양식을 기본으로 내부는 르네상스 양식으로 마무리되었다. 노틀담 성당과 더불어 파리에서 가장 아름다운 교회로 꼽히며 대형 파이프 오르간으로도 유명하다.
16. 건물 중앙에 위치한 원형 공간 또는 독립적인 원형 건물을 의미함. 대개 기둥이나 열주랑으로 둘러싸여 있다.
17. 나폴레옹 치하의 프랑스 제1 제정기(1804-11)를 의미함.
18. George-Eugéne Haussmann(1809~1891). 프랑스 정치가. 루이 나폴레옹(나폴레옹 3세)을 위해 활동, 53년부터 17년 동안 센주 주지사를 지냈다. 재임기간 동안 인구급증으로 인한 비위생, 끊이지 않는 폭동과 바리케이드의 도시인 파리를 개조하고, 시내 도로망과 상 · 하수도 정비 및 많은 공원 설치 등에 힘썼다.

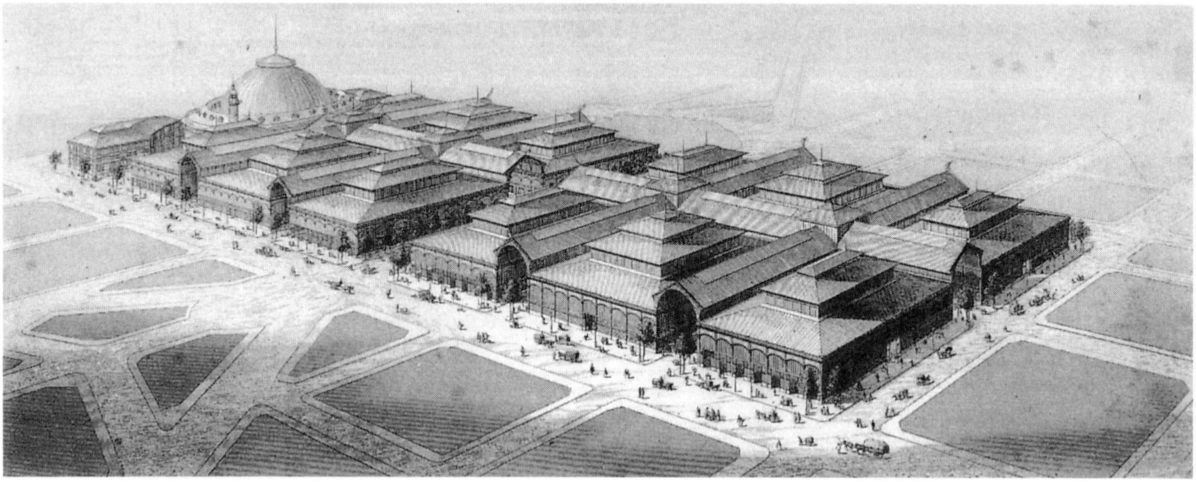

그림 11. 3 발타르와 칼레의 파리중앙시장의 조감도, 파리(1853)
출처 : Baltard and Callet' s(1862), 대영도서관

각각의 건물은 다음과 같이 분류되어 있었다.

1. 돼지고기와 양고기 : 도매
2. 가금류와 엽조獵鳥[19] : 도매
3. 육류(돼지고기 제외) : 도매
4. 가금류와 엽조 : 도매
5, 6. 과일 채소류와 약초 : 아침에는 도매, 오후에는 소매.
7. 과일과 화초 : 반도매와 소매.
8. 채소류 : 330개의 분리된 점포에서 소매
9. 해산물 : 민물고기와 바다생선, 도매와 소매
10. 버터 · 달걀 · 치즈 : 도매
11. 가금류 · 엽조 · 야채 : 도매이거나 반도매. 후에는 굴을 파는 상가로 전환됨.
12. 버터 · 달걀 · 치즈 · 요리된 고기 · 감자 · 양파 · 버섯 · 빵 · 주방기구 : 소매

육류는 한쪽 끝에, 생선과 낙농품은 다른 쪽 끝에 위치해 있었고, 그 사이에 채소와 화초가 끼어있었다. 이러한 배치형태는 옛날 시장의 순서를 재현한 것이다.

지하에는 수많은 상점들과 가금류 도살장 · 버터 혼합실 · 빵 창고 · 민물고기와 바다생선을 위한 물탱크가 있었고 매일 60만개의 달걀들이 촛불로 검사되는 방이 있었다. 또한 지하에는 복잡한 배수 시스템이 있었는데, 그 시스템은 도시의 배수 시스템을 재현한 것이다. 대부분의 파리 사람들은 그들의 발 아래에 인공수로 · 배수시설 · 가스관 · 수도관 · 전선이 '놀라우리만큼 복잡하게' 존재한다는 것을 알고 있다고 말한다. '그것들은 위대한 도시의 실질적인 동맥으로' 암흑과 고요 속에서 인간들을 위해서 궂은일과 위생적인 역할을 수행한다(Baltard and Callet 1862 : 24).

시장의 공중보건 문제는 이제 설계에서 우선되어지고 중요한 문제가 되었다. 살아 있는 동물 · 동물의 배설물 · 방금 도축된 가축과 가금류 · 잡힌 지 얼마 되지 않은 생선 · 채소 · 흙투성이 감자는 그들의 시골농부 주인과 더불어 불쾌한 존재였을 뿐만 아니라 질서와 위생 · 도회성에 반대되는 오염 · 혼란 · 부패를 의미하게 되었다. 그 어떤 곳보다도 살아 있는 동물을 취급하는 시장에서 이러한 문제들이 가장 극명하게 느껴졌다.

19. 사냥으로 잡은 새

런던에서는 수정궁이 개관된 해(1851)에, 메트로폴리탄 자선병원의 수석 내과의사인 부시먼Bushman 박사가 스미스필드 가축시장을 대체하는 살아 있는 동물과 도살당한 동물들을 위한 새로운 시장의 필요성과 새 시장의 '도덕성과 위생적' 근거를 주장하는 책을 출간하였다(1851). 박사는 그 지역을 청결하게 하기 위하여 목욕탕과 세탁장이 필요할 것이라고 예견했으며, 다음과 같이 주장하였다.

> 악취와 말라리아, 비행과 범죄의 진원지가 되는 메스껍고 불결한 거래 관습으로부터 발생한 헤아릴 수 없을 정도로 많은 사악한 것들을 박멸해야 한다. 즉 피와 부패물로 넘쳐흐르는 안마당들, 더러운 검정이 여러 해 동안 쌓인 폐허가 된 창고, 그리고 250만 명의 인류에게 역병을 전염시키는 실험실, 저주받은 공장지대, 좀도둑과 매춘부 무리, 범죄자가 법을 피해 이리저리 달아나고 정의를 조롱하는 비밀스런 소굴과 같은 것들이다. 폐쇄되고 국한된 지역으로부터 발생된, 대도시에 엄청나게 많은 수의 도둑을 공급하는 종족은 발육이 정지된 자들이다. 낮은 수준의 지적인 능력과 허약한 신체, 이러한 사람들이 쉽게 범죄를 저지르며, 오직 정신의 불완전한 발달에 의해서만 설명이 되는 끈질긴 집착력을 보인다.
>
> (Bushman 1851:44)

이곳은 또한 '크레틴 병[20]과 정신이상 그리고 그에 수반되는 사악함' 의 둥지이다. '그들(시 당국)은 이러한 모든 신체적이고 도덕적인 불결이 영원히 없어지기를 갈망하고 있다' (1851:29).

시장은 이제 도시와 황무지 사이 혹은 다른 소유자들의 세계 사이에 존재하는 위험한 문턱 그 이상의 의미를 갖게 되었다. 문턱의 모호함은 생명 · 건강 · 영양과 순결 그리고 신체적 질병과 도덕적 질병 사이에, 또한 질서와 무질서 사이에, 그리고 도시의 세련됨과 시골의 투박함 사이에 걸쳐 있었다. 그러나 경계가 함의하는 바로 그런 혼돈은 사회적 진보를 위한 도구로 전환될 수 있었다. 글래스고의 고벌스Gorbals[21] 지역을 위한 대규모 랭커스터식 조교제 학교의 설립을 주장하였던 한 후원자는 이 학교가 공공시장으로부터 얻어진 이익으로 지원되어야 한다고 제안하였다(Fox 1814). 시장은 '전능하신 하나님에 의해서 우리들 손에 맡겨진 '경이로운 기계[22]'를 지원해야 하며, 학교에서 교육받은 아이들은 사회 환경을 개선하는 도구로 쓰일 수 있다' .

이에 반해서, 상점은 이러한 상징적인 부담에서 자유로웠다. 상점은 주인의 주택과 결합되기도 하고, 때로는 작업장과 결합되어짐으로써, 사회적 관계를 왕실 · 자치도시 · 길드의 권력으로 확장시키기보다는 일반대중 쪽으로 확장시켰다. 상점에서 공적인 공간인 판매공간은, 시장에서처럼 출입이 통제되는 공용 통로로부터 접근하는 것이 아니라, 아무런 통제도 받지 않는 공공장소인 거리나 광장으로부터 직접 출입할 수 있었다.

물론 상점에는 모든 종류의 혼성 방식들이 있었다. 심지어 상점들이 시장보다 우세해지기 전인 17세기에도, 상점들은 이미 시장의 가장자리에 덧문을 단 노점 형태로 나타났다. 이들은 시장 외곽에 위치한 주택을 연장한 것이거나 혹은 주택과 떨어져 독립적으로 서있는 임대한 판매대들이었다.

상점과 시장은 어느 정도 특성을 공유하였다. 그러나 상점가와 시장건물 간에는 상품 · 상인 · 구매자에 있어서 뚜렷한 차이점이 있었다. 그들의 교환관계는 사뭇 다르다.

비록 어떤 상점에서는 시장에서 발견할 수 있는 썩기 쉬운 음식이 거래되기도 했지만, 상점들은 전문적인 제품들, 특히 섬세하거나 고가의 상품들을 취급함으로써 발전하였다. 예를 들어 거리 전체 또는 지역 전체가 보석 · 가죽 · 향신료 등과 같은 전문제품으로 특화되었다.

상인들도 차이가 있었다. 상점주인들은 자산을 소유한 부르주아인 경우가 많았으며, 상점근처나 상점의 위층에 거주했고, 도시적이었으며, 수공업기술에 숙련되어 있었고, 상업지식에 대한 전문가였다. 하지만 시장의 판매대 주인들은 시골오지 출신의 일시적인 방문자로서, 시골뜨기였으며 농사나

20. 신체이상을 동반하는 백치증
21. 글래스고 근교의 중산층 거주지역
22. 어린 아이들을 의미함.

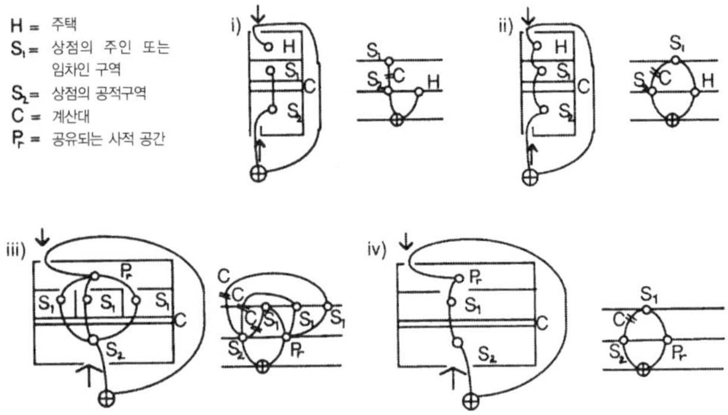

그림 11. 4 거래공간의 공간구조
출처 : 저자 작성

원예기술을 제외하고는 특별한 기술이 없었다. 사회계급의 차이는 의복 · 매너 · 말투 · 은행이나 커피하우스 같은 도시시설에 대한 익숙함의 정도에 있어서도 분명하게 드러났다.

상점의 고객들은 보다 부유했고 잘 차려 입었다. 부유한 신사와 숙녀들은 깨끗하고 사적인 공간에 익숙해진 반면, 그들의 하인들은 붐비는 시장에서 난폭한 언어나 소매치기와 도둑들의 활동에 노출되었다.

공간구조(그림 11.4)를 통해서 시장과 상점 간의 차이점을 분명하게 볼 수 있다. 그러나 여기서 그치지 않고 각 상점 간에도 수많은 변형이 생겨났으며, 동시에 서로 다른 종류의 상점들이 결합되어 다양한 공간구조를 만들어 내었다.

유형(i)은 공간적으로 독립되어 있는 형태이며 어느 인접한 주거시설(주택의 소유자가 상점을 직접 소유하고 다른 사람에서 임대할 수도 있다)과도 내부적으로 연결되어 있지 않다. 상인과 구매자는 하나의 입구를 공유한다. 상인은 계산대 뒤의 더 깊은 구역까지 통과할 수 있지만 구매자는 계산대 앞의 얕은 공간만을 이용할 수 있다. 거리로 개방된 상점의 '창문' 을 통하여 상품이 거래되는 경우에는, 상점 바로 앞의 인도는 상점의 바깥쪽 얕은 공간의 일부가 되며, 이 경우 상점 입구는 오직 상인만이 사용하게 된다. 시장의 판매대나 노점도 이와 유사하지만 보다 격리된 공간(측면이나 후면)으로부터 출입하는 뒤쪽의 서비스 입구가 없다.

유형(ii)의 상점은 상인의 주택과 붙어 있으면서 내부적으로 연결되어 있다. 주택으로 출입하는 분리된 입구는 상점주인의 견습공 · 하인 · 조수들도 사용하며, 전면 도로로부터, 혹은 측면이나 후면 도로로부터 진입할 수 있다. 상점은 깊지 않은 수형樹形 구조의 얕은 부분을 차지하고 주택은 깊은 구역에 위치한다. 만약 고객이 상점 안으로 들어와 계산대에서 주인과 고객간의 교류, 즉 거래가 이루어지면, 고리형 순환동선을 만들게 된다.

유형(iii)은 독립적인 임대 상점으로 다른 상점들과 한 공간을 공유한다. 런던의 스트랜드 스트리트Strand Street에 있는 엑스터 체인지Exeter Change와 같은 17세기의 '상점가' 가 바로 이러한 유형이었다. 19세기 초반 도시에서 이런 유형이 많이 등장하였다. 구매자는 하나의 출입구를 공유했고 공동으로 사용하는 입구홀로부터 종종 서로 경쟁관계에 있는 개별적인 상인들의 계산대로 접근하였다. 상인들은 서로 공유하는 그들만의 출입구를 후면에 갖고 있으며 상인들의 개별적인 공간으로 연결된다.

전체 상점가의 주인 겸 경영자는 영업시간 · 예절 · 상품의 종류 · 가격흥정과 할인판매에 대한 예방책 · 임차인의 의상과 언어에 있어 엄격한 규칙을 부과하였다. 맨체스터에서는 남자와 여자 상인들은 층으로 분리되어졌다. 이 유형에서는 판매기능 이외에 다른 기능들이 통합되기도 하였다. 엑스터에는 동물원이, 맨체스터에는 미술 전시회 · 디오라마 · 피지오라마physiorama가, 그리고 리버풀에는 거대한 산책 살롱 등이 함께 있었다(Adburgham 1964:18-24). 이 유형에서는 두 개의 수형 구조가 발생한다. 하지만 유형(ii)의 경우와 마찬가지로, 계산대를 사이에 두고 벌어지는 거래를 고객의 접근성이 허용된 것으로 이해한다면, 수형 구조는 몇 개의 고리형 구조로 전환된다.

유형(iv)는 유형(iii)에서 변형된 형태이다. 유형(iv)에서는 분할된 판매구역들이 사라지고 전체상점이 상인 한 사람의 거래공간이 된다. 18세기 후반에 주로 최신유행의 의류 · 실내장식 및 가구용 직물 · 책 · 도자기를 취급하는 상점에서는

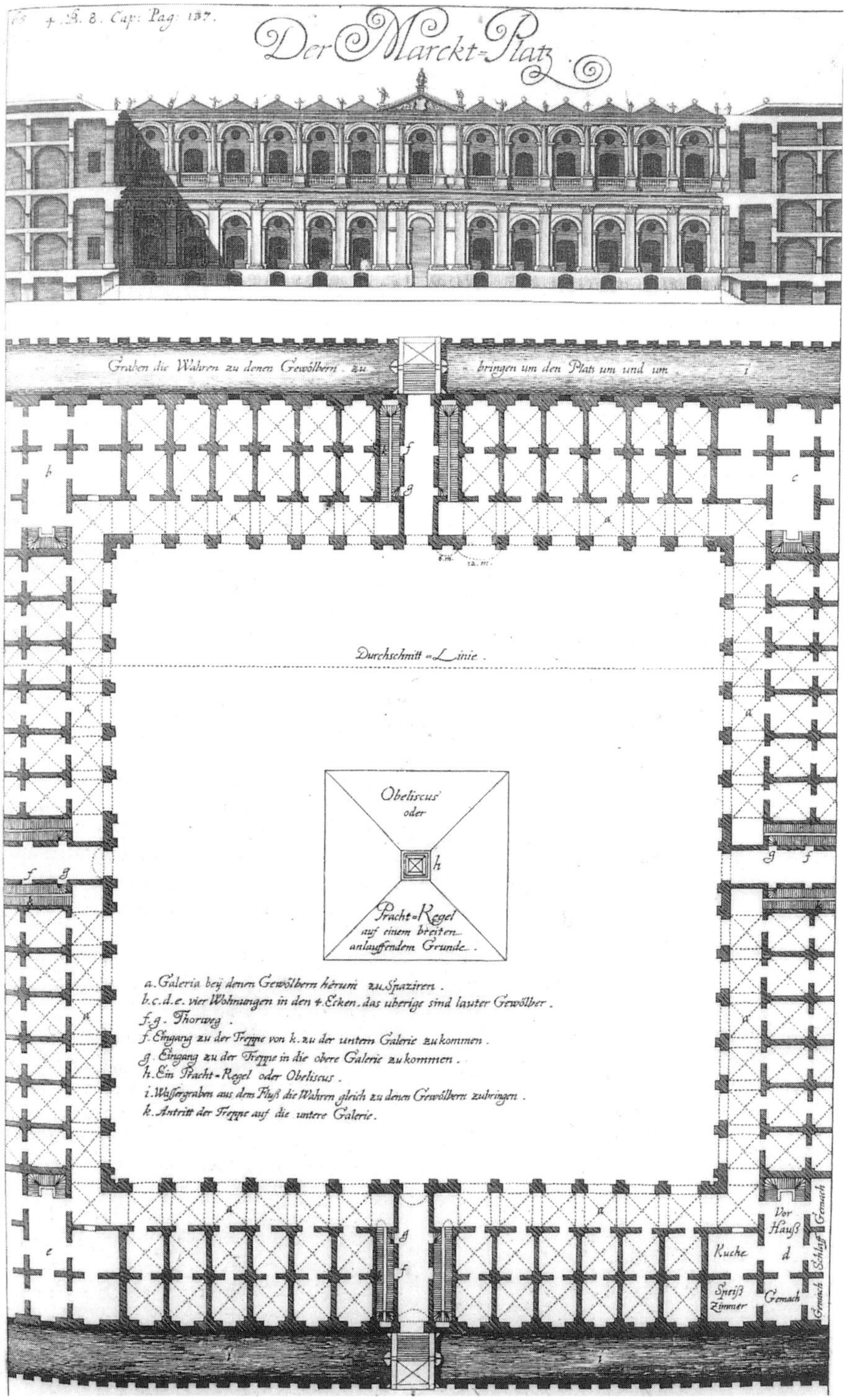

그림 11. 5 슈투름의 시범 시장(1696)

출처 : Nicolai Goldman(1708) Vollstandige Answeisung zu der Civil-Baukunst etc. Leipzig, 대영도서관

연속적인 일자형 계산대나 또는 아일랜드형의 계산대들이 발견된다. 상하층으로 배치되거나, 또는 옆으로 나란히 배치되어 있는 두 개 또는 그 이상의 개방된 판매공간들은 원시적인 백화점 형태를 띠었다. 애드버엄Adburgham(1964: 80-4)은 1796년 펠멜 거리Pall Mall[23]에 있는 숌버그 하우스Schomberg House를 개조하여 입주한 하딩 하웰 앤 컴퍼니Harding, Howell and Company의 다섯 개의 '상점들'(전문매장들)에 대해 설명하였다. 이 유형은 유형(i)과 비교하여 더욱 넓어지고, 공간적으로도 복잡하지만, 원칙적으로 단지 한 가지 면에서만 차이가 있다. 그 차이점은 유형(i)에 있던 후면 주택공간이 상인들의 분리된 출입구와 직원과 서비스 공간으로 대체된 점이다. 1840년대 파리에 있던 비단 · 양모 · 옷감 · 숄 · 란제리 · 양말 · 장갑 · 기성복 · 우산 · 모피 · 바느질 용품 등을 취급하던 큰 상점인 마가젱 드 누보테magasin de nouveautes[최신유행품점]는 이 원리로부터 확장된 것이었다. 1869년에 개장한 봉 마르쉐Bon Marché[24]와 같이, 각 층에 배치된 전문화된 매장들이 지붕이 덮인 개방되고 통합적인 중앙 아트리움 주위를 감싸고 있었다. 한 사람의 주인에 의해서 운영되었던 이와 같은 몇몇 큰 상점들은 진정한 백화점이었다고 할 수 있다.

한 층 또는 여러 층에서 수많은 동일한 방들이 안마당을 향해 열려 있는 오래된 건물 형태 하나가 새로운 사용처를 찾게 되었다. 위쪽 층들에는 지붕이 덮인 통로가 방 앞쪽으로 이어져있었다. 이것이 알베르티Alberti와 팔라디오Palladio에 의해서 재구성되고, 필라레테Filalete가 이상적이라고 생각했던 고전주의 시장의 모습이다. 독일의 위대한 건물유형학자인 슈투름Sturm은 17세기 후반 시장의 모델로 이 형태를 사용하였다(그림 11.5). 이런 유형은 13세기부터 이탈리아 · 독일 · 덴마크 · 네덜란드 · 벨기에 · 발트해 연안(한자동맹)의 여러 도시에서 나타난다. 1층 공간은 독립적인 작은 방들인 상점들로 에워싸여져 있었고, 2층 이상에는 회의실 · 귀중품실 · 법정 · 예배당 · 창고가 있었다. 다른 예들도 많이 있다. 토룬Torun에는 잡화상점과 전문상점이 있었고, 민덴Minden에서 상점들은 공공공간인 외부로, 동시에 안마당 쪽인 내부로 모두 열려 있었다. 브루쉬Bruges · 겐트Ghent · 이프르Ypres 등에도 이런 유형의 건물이 있었다. 도시 공간으로부터 건물 내부로의 접근성은 서로 달랐다. 브루쉬에서는 직물거래를 위한 변형된 형태가 나타났는데, 이 유형은 산업혁명 직전에 등장한 직물시장 유형을 미리 보여주었다.

요크셔 지방의 양모 또는 소모사를 취급하던 직물시장의 상인들은 오직 전문화된 한 가지 상품만을 생산하였다. 그리고 구매상인이나 그들의 대리인들도 그 품목만을 거래하였다. 이런 거래는 어떠한 소매 기능도 없었으므로 대중의 관심을 끌 필요도 없었다. 그 결과, 직물시장은 시장의 위치와 제한된 접근성 그리고 입구에서의 통제를 통해서 대중과 분리되었다.

요크셔 지방의 직물시장에서 거래되는 천은 인근 마을의 가내 방적공과 직조공, 그리고 천의 올을 베개 하는 직공에 의해서 생산되었다. 이들은 매주 한두 개 피스[25]를 근처 의 도시로 가져가졌는데 사실상 그곳은 도매시장의 역할을 하였다. 옥외에 놓여있던 가대식 탁자들은 오래지않아 도시마다 세워진 새로운 직물시장 안으로 옮겨졌다(Smithies 1998). 상인들은 지정된 날짜와 지정된 시간에 도착하여 천을 사서 국내 의류소매상이나 수출용으로 즉시 다시 판매하였다. 종을 쳐서 거래의 시작과 끝을 정확하게 알렸다. 그리고 이 규칙을 위반한 사람은 누구나 엄중한 벌금을 내야했다. 이러한 시스템은 평등한 기회와 공정한 경쟁 모두를 확실하게 보장해주었나. 하지만 19세기 초반의 몇 십 년 동안에 이러한 도매 거래가 사라졌다. 왜냐하면 상인들이 가내 생산으로부터 직물생산의 주도권을 넘겨받은 방직공장의 주인들과 직접 거래하는 더 간단한 방법을 발견했기 때문이다. 장기적인 계약이 계획되어지지 않은 경쟁을 대체하였던 것이다.

23. 영국 런던의 거리이름. 클럽의 중심지
24. 귀스타프 에펠이 설계한 파리 최초의 백화점.
25. 천의 단위

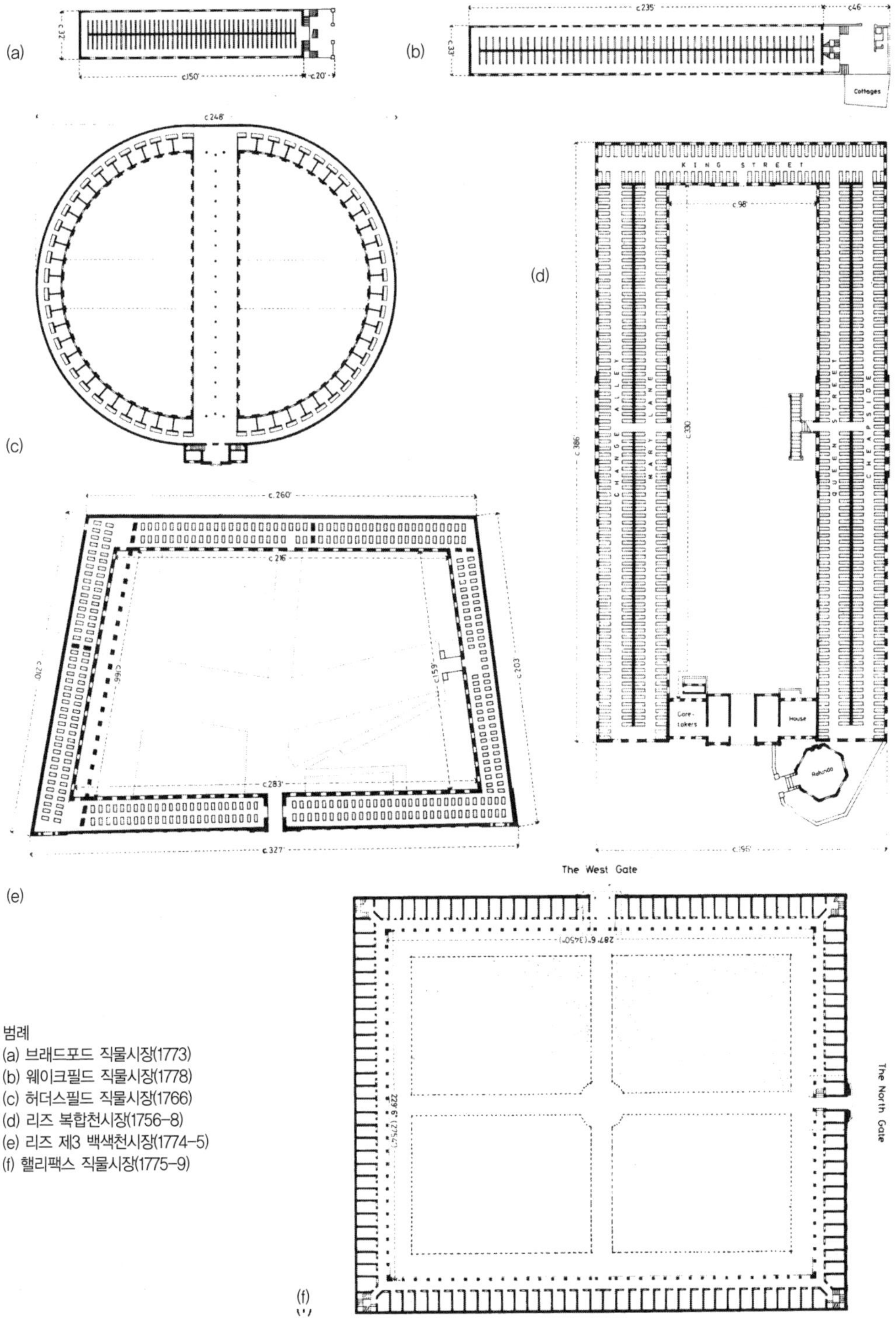

범례
(a) 브래드포드 직물시장(1773)
(b) 웨이크필드 직물시장(1778)
(c) 허더스필드 직물시장(1766)
(d) 리즈 복합천시장(1756-8)
(e) 리즈 제3 백색천시장(1774-5)
(f) 핼리팩스 직물시장(1775-9)

그림 11. 6 여섯 개의 18세기 요크셔 지방의 직물시장

출처 : Smithies(1988), 자신이 소장한 도면을 제공해 준 Philip Smithies의 허락을 받음.

요크셔 지방의 직물시장과 같은 폐쇄된 공간은 종종 창문이 없었고, 출입구는 통제되었다. 외부로부터 보호된 내부의 통로는 상인들의 자유로운 이동을 가능케 하였다. 생산자들은 각자 정해진 위치가 있었다. 생산자들은 가대식 탁자 뒤쪽이나, 아니면 폐쇄되고 잠금장치가 있는 감방 같은 판매공간 앞쪽의 계산대에 위치하였다(그림 11.6).

가장 먼저 세워진 직물시장들에서 '판매대들' 은 건물 중앙에 척추처럼 뻗어있는 벽의 양쪽에 등을 맞대고 배치되었다. 1712년의 웨이크필드Wakefield 직물시장이 이런 형태였고, 1773년의 브래드포드 직물시장과 1778년의 웨이크필드 직물시장도 같은 형태를 갖고 있었다. 두 건물 모두 창고 위로 두 개 층이 더 있었다. 1766년의 허더스필드Huddersfield 직물시장은, 원래는 한 층이었는데, 타원의 두 절반은 등뼈와 같은 중앙홀로 연결되었고, '상점들' 의 창문은 중정을 향해 있었다. 상점 바깥쪽으로는 타원을 따라 통로가 이어져 있었고 상점 당 한 개의 테이블이 통로에 놓여 있었다. 리즈에는 직물시장들이 연이어 세워졌다. 1711년 리즈에 세워진 직물시장은 2층으로 된 작은 건물이었는데, 중정을 둘러싼 아케이드가 있는 두 개 층에 가대식 탁자들이 놓여 있었다. 이어서 리즈에는 1756-8년에 색깔이 있는 천과 복합천을 판매하는 직물시장이 건립되었다. 하나의 출입문을 통해 중정으로 들어가며, 여기서 두 개의 좁고 긴 건물로 들어가는데, 그 안에는 두 줄의 개방된 판매대들이 좁은 중앙통로 양쪽에 배열되어 있었다. 이 건물들은 웨이크필드와 브래드포드 직물시장에서 보이는 척추과 같은 중앙벽에 의해 정확하게 두 부분으로 나뉘어졌다. 기념비적인 계단으로 연결되는 2층이 증축되었고, 또한 출입구 밖에 현금을 거래하고 환전하기 위한 팔각형의 로툰다도 함께 증축되었다. 1775년의 두 번째 백색천 시장의 평면은 알려져 있지 않나. 1774-5년의 세 번째 복합천 시장은 단층으로, 개방된 건물들 안에 2열의 판매대가 있었다.

가장 규모가 큰 것은 1775-9년의 핼리팩스Halifax 직물시장이었다. 경사진 부지 때문에 일부는 2층, 일부는 3층이었다. 위층은 터스칸 기둥의 열주랑이, 아래층은 러스티케이션 기법으로 된 사각형 필라스터 열주랑이 있었다. 원래는 출입문이 하나였다. 이 시장의 평면은 리즈의 중정식 형태와 허더스필드의 '상점들' 이 결합한 것이다.

이와 같은 직물시장들은 고전주의 양식의 시장들과 일부 형태적인 특징을 공유하고 있음에도 불구하고, 그 의미는 상당히 다르다. 직물시장은 도시에서 깊고 격리된 장소를 시장의 위치로 택함으로써 대중의 접근을 최소화하고, 단 하나뿐인 출입문은 철저하게 통제된다. 시장의 기본단위가 방이든 판매대이든 간에 각 기본단위는 하나의 품목만을 취급하였다. 시장은 일주일에 단 몇 시간만 열렸으며, 생산자나 상인의 거주지로부터 멀리 떨어진 곳에 있었다. 그러나 거래되는 물량은 안정적이었고 규모도 매우 컸다. 직물시장 안의 개별 상점들 또는 판매대들은 시장이 위치한 도시의 외진 지역으로부터도 공간적으로 깊게 위치하였다. 이 모든 것이 결합되어서 구매자와 상인들 간에 엘리트적이고 종교단체와 같은 연대를 구축하였다. 한 쪽의 뛰어난 판매기술과, 다른 쪽의 뛰어난 수공예적 생산기술이 서로 만났던 것이다.

이와 유사한 공간이 견본을 기본으로 이루어진 설탕 · 곡물 · 광물 · 양모 · 면 등의 도매 거래와 현금 · 계약서 · 선물옵션(예를 들어 아직 수확하지 않은 곡물이나 잡히지 않은 생선) · 환어음 · 증권 · 주식과 같은 상징적인 재화의 거래를 위해서 상업 엘리트들에 의해 오랫동안 사용되어왔다. 브로델(1982 : 82 이하 참조)은 이러한 상징적인 시장의 기원을 추적하여, '계속적으로 재정비되는 오래된 도구' 인 대규모 페어fair로 거슬러 올라갔다. 라이프치히Leipzig와 같은 도시들은 페어로 유명해졌고 이런 행사를 위한 개방된 공간을 계속해서 재건축하여 왔다. 이런 거대한 소매시장들은 도시와 시골 인구 전체를 끌어들였고 사육제 · 음악 · 유랑극단과 서커스의 중심지가 되었다. 하지만 국제적인 상인 가문들이 참여하는 도매시장들도 존재하였다. 상품들이 산처럼 쌓여 있었지만, 대규모 거래는 상품을 직접 움직이지 않았고 현금도 거의 이동하지 않았다. 왜냐하면 대상인들은 '유럽의 총체적인 부' 를 표시하는 환어음으로 거래했기 때문이다. 거래될 상품들은 부두나 항구·거대한 창고·화물집산지와 지하 저장고에 있었다. 상인들의 거래가 이루어지는 페어가 열리는 장소나 여관 주위는 교환을 위한 장소의 기원이 되었다.

이러한 곳들이 하나의 상업공간 유형이 되기 위해서는 다음의 네 가지 요구사항을 충족시켜야 하였다.

1. 일반 대중들로부터 단절된 안전하고 배타적인 공간
2. 상인들이 자유롭고 쉽게 이동할 수 있도록 하여 서로 조우할 확률을 최대화하는 내부 개방성의 극대화
3. 기회·거래·뉴스에 관한 풍부한 시각적·청각적 정보
4. 상인들이 상품의 구체적인 범주와 시장의 지리적인 정보를 손쉽게 확인할 수 있는 충분한 질서와 공간적 분류

곡물은 곡물부대의 예상무게를 보여주는 특별히 고안된 저울로 무게를 측정한 견본을 기반으로 하여 거래되었다. 암스테르담의 17세기 곡물거래소와 1749-50년에 조지 댄스 1세 Geroge Dance the Elder에 의해 설계된 런던 마크 레인Mark Lane에 위치한 곡물거래소 그리고 훨씬 더 큰 규모인 파리의 곡물도매시장은 동일한 형태로 세워졌다. 이런 거래소에서 중정으로 들어가는 입구는 엄격하게 통제된다. 중정은 하늘을 향해 열려 있었고, 상인과 상품견본을 위한 열주랑과 아케이드[26]로 둘러싸여 있었다. 이런 형태는 거대한 타원형의 2층 건물인 1860년에 건립된 리즈 곡물거래소까지 이어졌다. 이 건물은 브리게이트 거리의 섬과 같은 부지에 있었던 1826년의 곡물거래소를 대신하기 위하여 브로드릭Brodrick이 설계한 것이다. 건물 중앙의 중정은 지붕으로 덮여져 있었는데 그 일부가 유리로 되어있어 그 아래에서 거래가 이루어질 수 있었다. 또한 거래시스템이 복잡해졌고 이에 따라 관료적인 제도가 필요하였기 때문에 건물의 주변부에는 사무공간이 마련되었다. 1755년의 런던 석탄거래소도 같은 형태였다.

상징적인 재화의 교환에도 동일한 요구사항이 있었다. 외부와의 차단·통제되는 입구·거래를 위한 보호된 공간이면서 개방된 내부, 그리고 개인의 사적인 사무실이 필요하게 되었다. 브로델(1982)은 상징적 재화의 교환공간의 기원으로 페어의 전통뿐만 아니라, 14세기 이탈리아의 거래소들과 좀 더 멀리는 상인과 환전상들이 정기적으로 모여서 거래를 하던 12세기의 교회 앞 포치를 지적하였다. 심지어 서기 200년, 오스티아의 로마시대 광장에서도, 상인들과 외국 선박의 주인들을 위해서 바닥에 모자이크로 표시가 된 장소들이 마련되었다. 그러나 괄목할만한 발전은 15세기와 16세기에 일어났으며, 브로델은 이런 과정을 상세하게 기록하였다.

1608-11년에 건립된 암스테르담 거래소Amsterdam Exchange는 새로운 건축학적 모델(앤트워프와 세빌Seville에서 이미 이런 유형이 나타난 바 있다)과 상업적인 모델을 촉발시켰다. 지붕이 없는 내부중정이 있었고 아케이드화된 개방된 통로가 중정과 사무실들을 연결하고 있었다. 출입은 단변에 위치한 두 개의 아치로 이루어진 출입문을 통해 이루어졌다(그림 11.7). 정오부터 오후 2시까지 많게는 4500명이 이곳에서 북적거렸다. 암스테르담은 18세기까지 중반까지 유럽의 금융을 주도하였다.

1566-7년에 콘힐Cornhill 부지에 세워진 런던왕립거래소Royal Exchange of London는 앤트워프의 권위에 도전하는 것이었고, 여왕과 영국 상인들을 위해서 한자동맹 도시의 대저울 상인들의 특권을 손상시키는 것이었다. 앤트워프의 왕실 대리인이며 사실상 유럽대사였던 토머스 그레샴 경Sir Thomas Gresham이 이 거래소의 창립자였고 자금을 충당했으며, 1570년에 왕립 칭호를 획득하였다.

수수한 4층의 벽돌 구조물을 위한 많은 건축자재들과 설계 아이디어들은 홀란드Holland[27]로부터 가져온 것이다(그림 11.8). 시계탑 밑에 위치한 입구는 아케이드화된 내부의 중정으로 이어지며, 비록 건물의 바깥쪽으로는 덧문이 있는 상점

26. 열주랑과 아케이드 모두 벽이 없는 복도 형식의 회랑을 의미하나, 열주랑colonnade은 기둥과 엔타블러처로 구성된 것을, 아케이드arcade는 기중과 그 위의 아치로 구성된 것을 말한다.
27. 암스테르담 거래소를 의미함.

그림 11. 7 암스테르담 거래소(1608–11), 조감도와 중정

출처 : Visscher의 1612년도 동판화, Rijkdienst voor de Monumentenzorg, Zeist(조감도); Berckheyde의 회화, 암스테르담 Historisch 박물관(중정)

그림 11. 8 첫 번째 런던왕립거래소, 외관과 할러가 그린 중정의 모습

출처 : Guardian Royal Exchange(UK) Limited(외관); Guildhall Library, Corporation of London(중정)

그림 11. 9 저먼이 설계한 런던의 두 번째 왕립거래소(1667–71)
출처 : Guardian Royal Exchange(UK) Limited

이나 판매대들이 있었지만, 중정에서 친숙한 홍정을 통해 거래가 이루어졌다. 하지만 위층에 있던 여성모자 상인 · 갑주상 · 약종상 · 서적상 그리고 금세공인을 위한 상점들로 인하여 기래소의 성격이 모호해졌다. 그레샴의 사후에는 그가 설립한 동업조합인 머서스the Mercers와 시정부가 거래소를 상속받았다. 이 거래소는 1666년의 대화재로 완전히 파괴되었다.

대화재 이후 런던의 재건축을 위한 계획안들 가운데 두 개는 새로운 왕립거래소에 대해 특별한 관심을 보였다. 존 에벌린John Evelyn은 새 거래소를 강변에 위치한 다섯 개의 피아자(광장) 가운데 한 곳에 위치시켰다. 다섯 개 광장은 모두 거래를 위한 시설로 사용되도록 계획되었다. 렌Wren은 새 거래소를 화려한 금융지구의 중심으로 설계하였다. 에벌린의 계획은 옛날 형식의 실용적인 상업주의를 상징하는 것이었고, 렌의 계획은 근대 자본주의를 찬미하는 것이었다.

결국, 저먼Jerman이 1667-71년에 설계한 두 번째 왕립거래소는 소실된 첫 번째 거래소 평면을 충실하게 따르고 있으나 좀

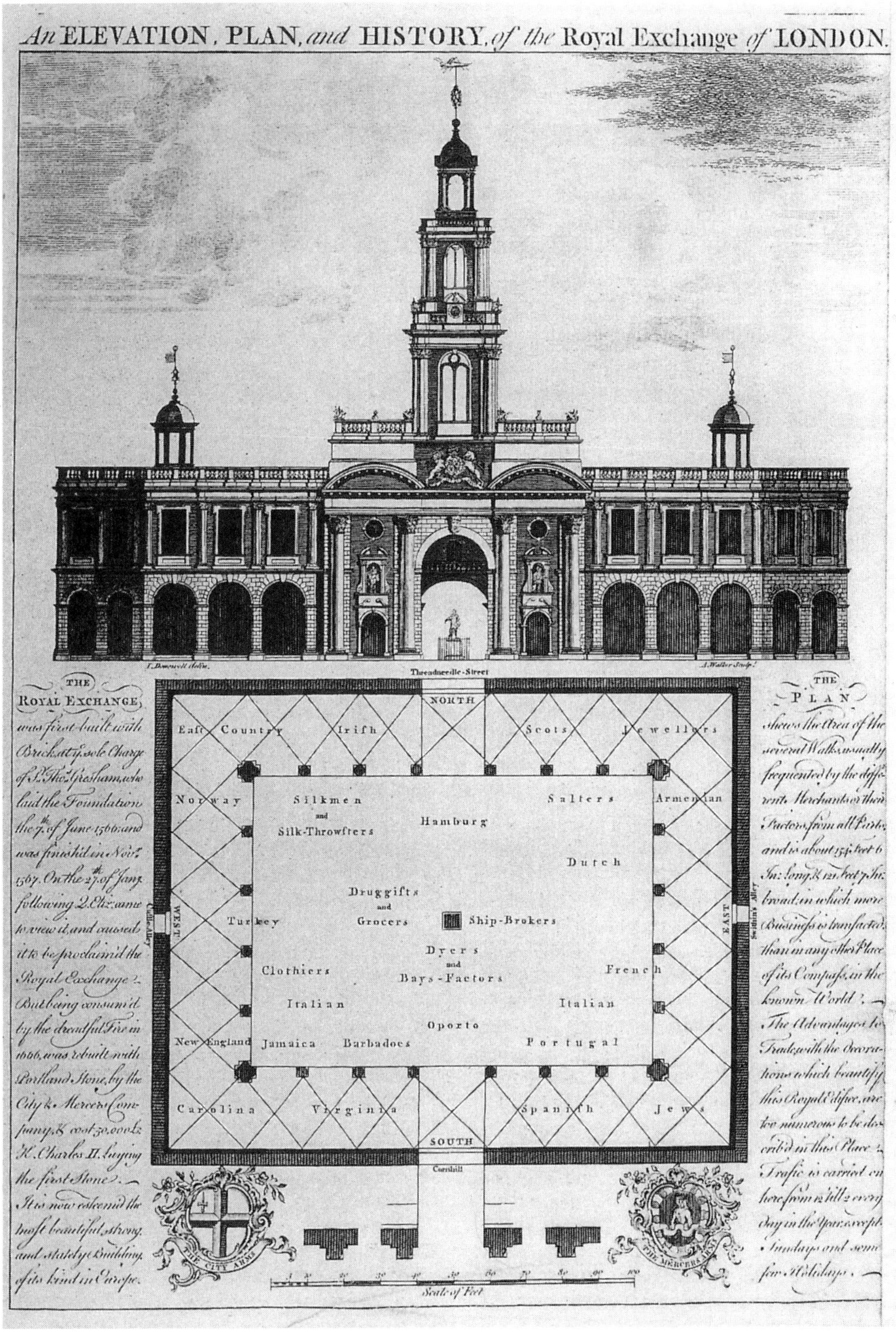

그림 11. 10 런던의 두 번째 왕립거래소에 마련된 상인들의 '거래구역'

출처 : 18세기 동판화

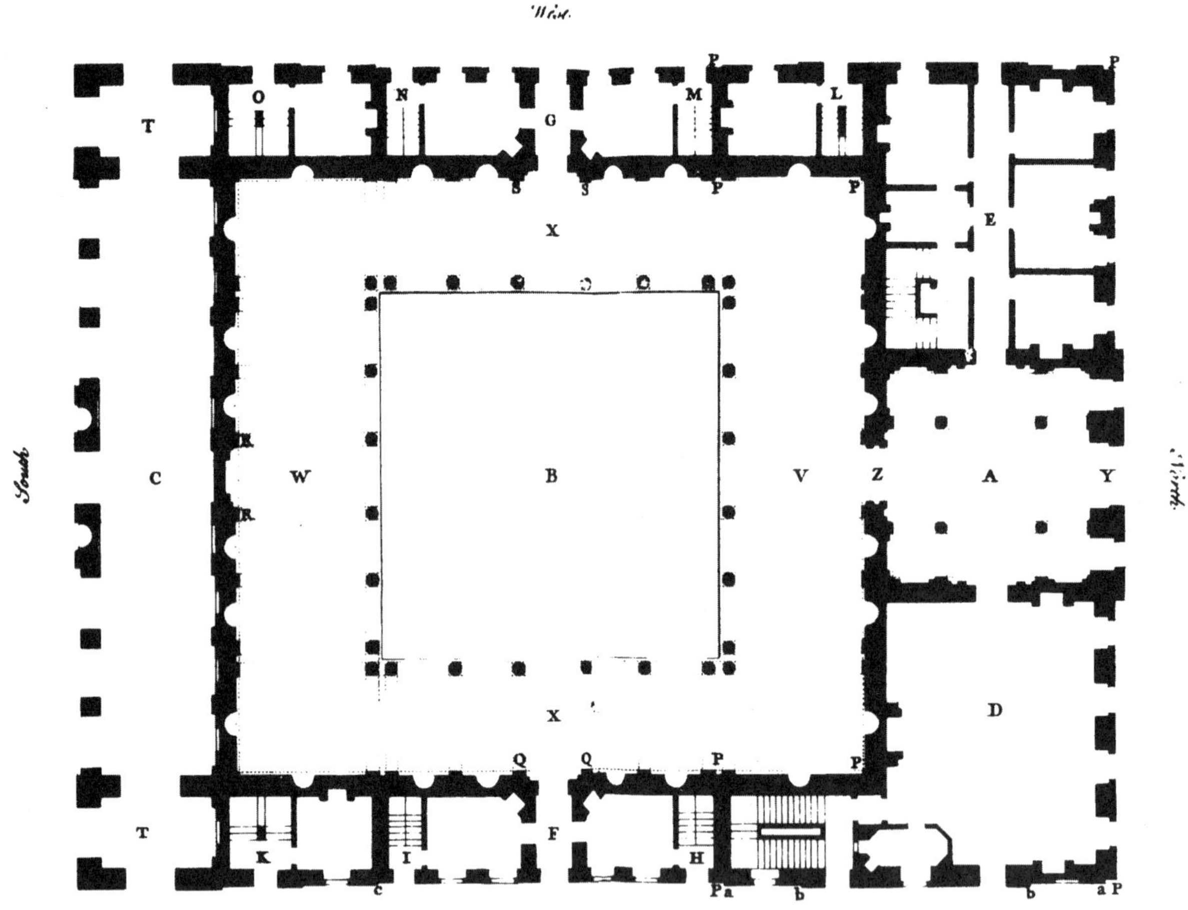

The Principal Plan of the Exchange of Bristol as it is now Executed A.D. 1745.

그림 11. 11 우드의 브리스톨 거래소, 평면(1745)
출처 : J. Wood(1745) A Description of the Exchange, Bristol, 대영도서관

더 화려한 외관을 갖고 있었다(그림 11.9). 중정과 중정 주위의 아케이드 내부는 눈에 보이지 않는 구분에 의해 '상인들의 거래구역'으로 분할되었다. 각 거래구역은 업종별, 지리학적 위치별, 혹은 비단 · 옷감 · 식료품 · 의약품 · 소금 · 보석류와 같은 상품의 종류별로 전문화되었다. 그 외에도 보험(또는 '선박') 중개인 · 염색업자들이 자신들의 구역을 갖고 있었다(그림11.10). 2층의 가게들은 점차적으로 사용하지 않게 되어 왕립거래소 보험회사와 다른 회사들의 사무실로 쓰였다. 거래소 주변에 밀집해 있던 수십 개의 커피하우스와 클럽들은 상인들에게 먹을 것과 오락을 제공하였다.

지방에 위치한 거래소들은 자금을 마련하기 위해 다른 시설들과 결합하여야 했다. 브리스톨 거래소Bristol Exchange를 위해서 존 우드 1세John Wood the Elder는 두 개의 설계안을 준비하였다. 그 중에 1740-5년에 실제로 건립된 계획은 깊은 러스티케이션이 있는 저층부 위에 2층으로 구성된 팔라디오풍의 건물이었다. 상인들은 중심축 상에 위치한 입구홀이나 측면에

있는 두 개의 작은 입구를 통해서 건물 안으로 입장하였다(그림 11.11). 거래소와는 연결되지 않는 바깥쪽을 향해 열린 지붕이 덮인 시장이 한 면을 차지하고 있었고, 커피하우스 · 술집 · 임대 사무소들도 거래소 건물 안에 있었다.

존 아담John Adam이 1753년에 설계한 에든버러 거래소Edinburgh Exchange는 여러 개의 상점과 주택 · 두 개의 인쇄소 · 세 개의 커피하우스 · 세관을 포함하고 있었다. 하지만 에든버러에서 거래소는 결코 인기를 얻지 못했으며, 에든버러의 궂은 날씨 속에서도 상인들은 계속해서 대부분의 거래를 거리에서 하였다. 1729년에 건립된 맨체스터 거래소Manchester Exchange는 시장 옆에 있었고, 1층에 열주랑이 있는 중정이, 2층에는 무도회와 연회뿐만 아니라 방적 · 방직 기계류 전시와 강의에도 사용되는 화려한 회의실이 있었다. 1809년에 완공된 훨씬 규모가 큰 거래소에도 커피하우스와 신문 · 잡지 열람실이 있었다. 그때까지만 하여도 목화가 주된 상품이었다. 1749-54년의 리버풀 거래소Liverpool Exchange는 브리스톨의 전례를 따르면서 존 우드 1세가 설계하고 그 아들이 감독하였다. 이 거래소의 위층은 시청이었다.

증권과 주식거래는 런던왕립거래소 안의 중개인 '거래구역' 에서 시작되었다. 그러나 그 이후 1690년대까지 이런 거래는 근처 커피하우스나 술집에서 이루어졌고, 1801-2년 피콕Peacock이 케이플 코트Caple Court에 증권거래소를 건축할 때까지 이런 관행은 계속되었다. 이 런던증권거래소의 중앙에는 고측창이 있는 아케이드화된 신랑nave[28]과 같은 구역이 있었다.

실제적인 상품이든 또는 상징적인 재화이든 간에, 우리는 이미 거래가 이루어지는 공간들 — 시장과 거래소 — 과 거래를 통제하는 법이 집행되는 공간들 간의 관련성을 보여주는 사례들을 살펴보았다. 주변의 공공공간으로 접근이 가능하고 상부 층은 길드홀이나 의회실 또는 법정으로 구성되는, 열주랑이나 아케이드를 갖는 시장은 유럽과 유럽 식민지에서는 어디든지 발견할 수 있는 것이 되었다. 이러한 연결, 즉 상업공간과 법집행공간의 공존은 어디서 비롯되었을까?

가장 믿을 만한 대답은 티틀러Tittler(1991)에 의해 제공되었다. 그는 영국의 사례를 검토한 후 리골드Rigold(1968)의 연구를 비판하였다. 리골드는 두 가지 유형을 주장하였다. 그 첫 번째 유형은 단층 건물에 있거나 아니면 저장고, 금고실이 있는 지하실 위에 있는 '홀' 이었다. 이 홀은 자유민 집회 · 길드 · 영주 재판소 · 도시의회실 등과 같은 교회를 위한 기능, 시민을 위한 기능, 그리고 법적 기능을 갖고 있었다. 그곳에는 관련 기록 · 공문서 · 보물 · 권표權標[29] · 문장紋章[30] · 의식용 망토 등이 보관되었다. 이 유형은 원래는 1층에 위치하였다가 나중에 위층에 위치하게 된 영주의 집무실로부터 발전하였다. 리골드는 첫 번째 유형으로부터 다음 단계로 발전되었으며, 이 두 번째 유형은 내부와 외부의 계단으로 연결되는 개방된 공공시장 위에 있는 홀이라고 주장하였다. 티틀러는 이런 주장이 사실과 다르다는 증거를 제시하였다.

티틀러에 따르면, 대략 1500년과 1640년 사이에 리골드가 주장한 두 가지 유형이 함께 존재했고, 나란히 발달하였다. 전자는 사방이 막힌 채, 대개 가구街區에 꼭 끼어져 있었고 거리를 향한 면만이 노출되어 있었다. 후자는 대부분 거의 모든 면이 개방되어 있거나 적어도 3면이 개방되어 있었다. 티틀러는 도셋Dorset을 포함한 다른 카운티들에서 이러한 증거를 발견하였다. 종교개혁 후 영주와 길드의 권력이 약해지면서 도시정부가 점점 자율화되고, 점차적으로 상업경제와 결합되어 감에 따라 — 종종 시장이나 도시의 고위관료들이 그 지방의 가장 탁월한 상인이었다 — 두 번째 유형이 첫 번째 유형보다 우세해지기 시작하였다. 이것은 진화라기보다는 두 번째 유형의 생존비율이 더 높았다고 설명할 수 있다.

두 가지 유형 모두 다른 기능들을 수반한다. 유치장 · 교도소 · 스쿨룸 · 연회와 빈민구호를 위한 조리실 · 곡물창고 ·

28. 바질리카식 교회에서 회중석이 위치하는 천장이 높은 중앙부분
29. 영국의 시장 · 대학총장 등의 직권의 표상.
30. 가문家門을 표시하는 도형.

빈민구호소 · 병원 · 맹인수용소 그리고 공용오븐 등도 함께 있었다. 두 가지 유형 모두에서, '홀'은 단순하고 일원화된 공간으로부터 여러 가지 기능을 위해 세분화된 공간으로 진화하였다. 도시정부와 법정은 영주재판소 혹은 자유민 집회실과 결합되었다. 하나의 공간과 가구배치에서 두 가지 기능이 동시에 수행되었다. 첫 번째 변화는 기능의 분리였다. 전자는 12개와 24개 또는 24개와 48개 좌석이 놓여진 2단으로 된 회의장 시스템(또한 사무관과 기록인 그리고 수위가 배치되었다)으로 바뀌었고, 후자는 배심원실이 있는 법정으로 바뀌었다. 시장市長은 종종 의회실과 인접한 곳에 접견실과 회계사무실과 같은 특별한 공간을 필요로 하였다. 법정 기능 또한 순회법정으로부터 시장의 법정과, 후에 치안판사의 법정이 분리되면서 정교해졌다.

증가된 권력은 이런 건물들에서 분명하게 나타난다. 이러한 건물들은 그들의 기능적이고 공간적인 분절뿐만 아니라 시계 · 종루 · 발코니(공적인 행사와 시장 광장을 내려다보기 위한) 등의 형태적 특징과, 의전적인 계단 · 문장 · 깃발 · 도시의 역사와 관련된 그림과 조각을 통해서 권력을 표현했던 것이다. 양식적으로는 소박한 지역적 양식으로부터 점차 자의식이 강한 초기 르네상스 양식으로, 그리고 팔라디오 양식을 거쳐 결국에는 신고전주의 형태에까지 도달하게 되었다.

교환의 장소가 고딕 양식에 이르는데 걸린 300년 동안, 강력한 시민상이 발달되었다. 2장에서 우리는 수많은 19세기 시청의 저층부에 조각되어 있는 블라인드 아케이드와 열주랑[31]이 과거 시장에 있던 개방된 중정의 '기억'임을 살펴본 바 있다. 시청 건물에서 중정이 사라진 이유는 많은 경우에 시민이 사용할 수 있도록 옥외 중정을 실내공간으로 채워 넣은 결과였다.

31. 벽에 장식적으로 붙어있는 아케이드와 열주랑. 실제 공간을 갖고 있지 않다.

5부 종결

PART V

CONCLUDING REMARKAS

전 세계적으로 사용되는 두 종류의 도서분류법에서 '건축'은 주류 700, 즉 '순수미술'로 분류되고 있다. 듀이 분류법에서 건축은 720으로서 '조경'과 '조각' 사이에 위치한다. 지금까지 이 책에서 논의되어온 내용의 대부분이 분류번호 720, 즉 예술로서의 건축에 해당된다. 반면에 그 대안인 기술로서의 건축은 크게 주목받지 못하여, '건축architecture'은 한번도 주류 600, 즉 '실용예술'로 분류된 적이 없었다(반면에 건물building은 주류 600인 690으로 분류된다). 그럼에도 불구하고 건축에 관한 이러한 두 가지의 정의는 18세기 말 프랑스 건축교육기관들에서 확고하게 자리 잡고 있었다. 예술로서의 건축은 에콜 데 보자르École des Beauz Arts[1]가, 기술로서의 건축은 에콜 폴리테크닉École Polytechnique[2]이 대표하였다. 이 두 개의 교육시스템은 다양한 비율로 혼합되어 전 세계에 걸쳐 아직까지 건축가 교육의 근간이 되고 있다. 우리는 지금까지 건축의 이론과 실무에서 어떻게 건물의 사회적인 면이 무시되어 왔는지를 살펴보았다. 그렇다면 이런 상황은 과연 누구의 이익에 부합하겠는가?

근대에 이르러 예전에는 볼 수 없었던, 규모가 크고 복잡한 기능을 수용하는 새로운 건물유형들이 요구되었다. 이와 동시에 건물을 짓기 위한 새로운 재원조달 방식이 생겨났으며, 건축실무에 대한 사회적인 배경 또한 변하였다. 이러한 모든 사항들은 건물을 의뢰하고 수행하는 전래적인 방식들에 많은 변화를 가져왔다. 공공기관이든 개인이든, 건물의 후원자들은 겉으로 드러나는 기능적인 목적과 함께 모든 건물에 숨겨져 있는 은밀한 프로그램, 즉 투자하기 위한 재원을 획득할 수 있도록 후원자들의 권력을 재생산하는 프로그램이 실현되는 것을 더 이상 당연하게 여길 수 없게 되었다. 이제 건축 설계에 대한 통제는, 특정한 문제들이 요구되지 않더라도 미리 입력된 데이터에 의해 특정한 결과가 보장되도록 설계 업무를 정의하는 방식으로 이루어져야 했다.

그것은 다음과 같이 이루어졌다. 후원자들과 건축가들 사이의 문서화되지 않은 협정에 의해 건축가들이 예술가로 또는 공학자로 규정되었다. 건축가를 예술가로 규정하는 것이 대세였으며, 이것은 오늘날도 마찬가지이다. 이처럼 건축가를 두 부류로 규정짓는 것은 도서관의 지식 분류 방식에서도, 또한 교육기관 · 책과 잡지들 · 대중매체 · 역사 연구 그리고 심지어 작업장('설계실')에서도 당연한 것으로 여겨져 왔다. 후원자와 건축가 사이에 맺어진 협정은, 비록 실제로는 왕립예술위원회 · 관련법과 조례 · 지침서의 제약규정들에 의해서 많은 부분이 침해를 받고 있으나, 형태에 관한 문제에 있어서만은 건축가들에게 제한되지 않은 자유를 부여하는 것처럼

1. 1795년에 설립된 프랑스의 국립 예술학교로서 젊은 건축가들의 전통적인 건축교육에 지대한 영향을 미쳤다. 19세기 중반부터 시작된 보자르 스타일은 고전주의 건축양식을 근간으로 하였다.
2. 공학기술 전문학교

보였다. 건축가들은 서로를 (은유적으로) 죽일 수 있을 정도로 그들의 모든 에너지를 형태에 집중하였고, 자연히 형태를 놓고 뜨거운 논쟁이 벌어지곤 했다. 이와는 대조적으로 기술적인 업적은 다른 분야의 전문가들과 구별되는 부가적인 기술정도로 규정되었다.

형태를 건축가에게 일임한 후원자들은 그 대가로 설계지침서를 좌지우지하였으며, 지침서를 통해서 자신들의 기능적인 요구사항들을 명확하게 표현하였다. 그러나 논쟁의 여지를 없애기 위해, 지침서는 기술과 프로그램의 요구사항들을 '객관적' 으로 규정하는 중립적인 텍스트(만약 언어가 순수하다면)로 보여야 하였다. 이를 위해 적절히 중립적인 언어가 개발되었다.

하지만 건축가이든 후원자이든 양쪽 모두 공간적인 관계에 대해서는 아무런 관심도 두지 않았다. 따라서 공간관계들은 은밀한 프로그램을 잘 만족시켰던 과거의 공간구조를 맹목적으로 재생산하였다. 또한 근대에 이루어진 형태적인 혁신과 기술 혁신이 너무나 획기적이어서 이러한 공간관계에 내재된 뿌리 깊은 보수주의를 가리고도 남음이 있었다.

이처럼 후원자와 건축가 사이에 맺어진 협정 — 건축가는 형태만을 다루며 후원자는 프로그램을 결정하고 과거의 공간구조를 그대로 답습하는 것 — 을 통해서 과거의 공간관계를 뒤집을 만큼 강력한 새로운 유대가 형성되는 것을 막고 사회에 내재하는 권력의 불균형을 건물에 그대로 남겨두는 것이 확실하게 보장되었다. 이것이 오늘날의 상황이다. 그리고 이렇게 받아들여진 담론은 신화적인 권력을 획득하여 사회 통념으로 굳어버렸기 때문에 이에 도전하는 것은 현실적으로 매우 어렵다. 이런 신화는 왕족으로부터 공동주거 입주자들에 이르기까지 계급을 떠나 모든 사람들에게 받아들여지고 있다.

지금까지 나는 이러한 신화를 꿰뚫을 수 있는 분석도구들을 보여주기 위해 노력해 왔다. 나는 그러한 분석도구들을 사회와 건물이 근본부터 흔들리던 시기[근대]의 역사적 맥락 속에서 발전시켜왔다. 만약 이러한 도구들이 근대 시대의 건물들에 관한 무엇인가를 밝혀내는데 도움이 되었다면, 그 도구들은 오늘 우리의 건축에 사용해도 괜찮을 것이다. 그렇다면 그것들은 어떤 곳에 유용하게 사용될 수 있을까?

당연히 그러한 도구들은 비평이나 연구에 사용될 수 있으며, 따라서 교육에도 사용될 수 있을 것이다. 하지만 그 도구들이 디자인을 하는데 어떤 영향을 미칠 수 있는지는 아직 명확하지 않다. 이러한 생각들을 여러 해 동안 가르쳐오면서 나는 몇몇 학생들, 종종 가장 뛰어난 학생들이 내 과목이 끝나갈 즈음에는 건축가로서의 직업에 회의를 품는 것을 반복해서 보아왔다. 부분적으로 그들은 일종의 자각을 경험하였으며, 그러한 자각은 그들과 같은 젊은 열정이 받아들이기 어려운 모순들을 야기하였다. 한편으로는 분석적인 기술이 창조적인 디자인과 상충될 수도 있으며 혹은 창조적인 디자인을 파괴할지도 모른다는 느낌이었다. 그래서 나는 그 학생들에게 건축실무에서 부딪히게 될 현실적인 상황들과 그 대처방안들을 제시하였다.

첫째, 그들은 가치를 함께 나눌 수 있는 건축주를 만날 수 있을 정도로 운이 좋을 수도 있다는 것이다. 그러한 건축주에게는 자신이 고용한 건축가의 분석적 능력이 건축주가 공유하는 가치의 근원을 설명하는데 도움이 된다.

둘째, 만약 건축가가 건축주보다 한 걸음 앞서거나 한 단계 깊은 기술을 갖고 있다면, 건축가는 디자인을 하는 동안 건축주와 서로 도움을 받으며 새로운 가치를 창조하는 작업을 주도할 수 있으며, 이를 통해 건축주와 건축가 모두가 만족하는 해결책을 만들어 내게 될 것이다.

셋째, 앞의 두 가지 가운데 그 어느 경우도 아니라면, 건축가는 '기존의 가치를 뒤집어엎는 새로운 발상' 으로 디자인을 해야만 할 것이다. 다시 말해 건축가만이 충분히 이해할 수 있는 깊은 수준에서 고유의 전문적인 기술들을 사용하는 것이다. 여기에는 설계지침서를 해석하는 것도 포함된다. 즉 현재에서든 또는 미래에서든, 권력이 공유되며 자유로운 유대가 확대되도록 가능한 많은 출구를 열어줄 수 있는 형태와 공간구조를 탐구하고 생성해 낼 수 있도록 지침서를 해석하는 것이다. 이러한 깊이있는 해석은 지침서의 1차적 요구사항들을 넘어서는 것이다. 실제로 많은 건축가들은 건축주가 쫓는 가치보다 더 큰 가치를 사회에 부여하는 공공을 위한 봉사자로서의 자화상을 갖고 있다. 그러나 진정으로 이러한 자화상을 얻기 위해 건축가는 건축의 의미를 이해하는 데 있어 일반인들보다 한발 앞서고 이를 계속 유지시키는 분석기법을 습득할 필요가 있다.

그것은 아마도 지침서를 더 폭넓게 해석하는 것, 심지어 명확하지 않고 애매하게 해석하는 것까지 포함할 것이다. 즉 변경이 용이한 공간구조를 가능케 하는 기술을 찾는 것, 사용자들이 효율적으로 일상적인 제어를 할 수 있도록 해주는 정보시스템을 제공하는 것, 사람들에게 과도한 의미를 부과하는 것이 아니라 사람들로부터 나오는 의미를 전달하는 형태언어를 사용하는 것 등이다. 건축주를 설득하여 이러한 결과들을 만들어내기 위해서는 한 단계 높은 수준의 기술이 요구된다.

마지막으로 모든 건축가들은 때때로 네 번째 상황에 직면하게 된다. 후원자가 건축가들이 참여할 수 없는 일을 요구하는 경우이다. 우리들 대부분은 어떠한 상황 하에서도 아우슈비츠 수용소 설계에 참여하지 않았을 것이며, 오늘날 남아프리카 공화국의 인종차별적인 주거계획에 참여하지 않을 것이다. 모든 사람들은, 비록 복잡한 개인적인 사정에 따라 그 지점이 결정되지만, 어디에선가는 선을 긋는다. 특히 일을 수주하기가 어렵고 경제적으로 생존이 위협받고 있는 상황에서는 더욱 그렇다. 그러나 심지어 선을 긋는 것조차 '본능적인 감정' 을 넘어서는 기술을 요구한다.

건축가들은 사람들의 가장 깊은 내면에 있는 욕구를 충족시키는 놀라우리만큼 아름다운 사물을 창조할 수 있는 힘을 갖고 있기 때문에 그것을 어떻게 실현할 것인가에 대해 고민하게 된다. 18세기 중반에 피라네시Piranesi[3]는 '천상의 저택' — 질서가 있으며 동시에 공명정대한 관계들과 강한 유대를 자유롭게 추구하는 건물 — 을 암시하는 동판화를 제작하였다. 앞서 저술된 나의 책(1982, 1989)에서 나는 실제 교도소들과는 전혀 관련이 없는 피라네시의 감옥을 주제로 한 동판화[4]가 어떻게 두 개의 세계를 표현하고 있는가에 대해 언급한 적이 있다. 두 세계 중 하나는 어둡고, 육중하며, 고문기구 또는 건설기기로 보이는 형체를 알 수 없는 기계들과 역설적인 공간들로 가득한 지하세계로, '목적지 없이 계속 이어지는 계단 · 불가능한 투시도법 · 완성되지 않은 볼트천장' 으로 묘사되어 있다. 이 지하세계의 개구부를 통해 보이는 상부의 세계에는 전형적인 고전주의 형태의 건물들이 한낮의 햇빛을 받으며 서있다. 이 그림을 통해 피라네시가 말하고자 하는 바는 감추어진 위험한 자유의 세계 위에 군림하는, 실제로 이런 무절제한 자유를 가두고 있는 고전주의 건물의 질서와 이성인 것처럼 보인다. 하지만 피라네시는 이보다 더 많은 것을 말하고자 했을지도 모른다. 모든 건축의 핵심이라고 할 수 있는 질서의 창조는 그 중심에 역설이 있다는 것이다. 질서를 창조하기 위해 필요한 규칙과 분류 그리고 시스템들은 스스로를 격리하며 구속한다. 절망하지 않고 이러한 역설을 극복하기 위해 건축가들은 시인의 창의적인 체념을 수용할 필요가 있을지도 모른다. 이 책의 서두에서 나는 엘리엇(1944)의 시를 인용하였다. 같은 시의 한 구절은 내가 상상할 수 있는 가장 좋은 맺음말이 될 듯하다.

'우리 모두에게는 단지 노력하는 것만이 있을 뿐이며, 그 외는 우리가 관여할 바가 아니리' .

3. Giovanni Battista Piranesi(1720-1778). 이탈리아의 동판화가. 실제 건물뿐만 아니라 고대 로마 유적과 상상속의 건물들을 동판화로 제작하여 출간하였다.
4. 파라네시의 『Carceri d' Invenzione』(1745, 1760)에 수록된 동판화를 의미한다. 가상의 감옥을 주제로 거대하고 어두운 지하감옥을 묘사한 것으로 19세기 낭만주의와 20세기 초현실주의에 영향을 미쳤다.

참고문헌

Achilles, R. (1976) 'Baroque Monastic Library Archtecture', *The Journal of Library History*, XI: 249–55.

Adburgham, A. (1964) *Shops and Shopping, 1800–1914*, London: Allen & Unwin.

——— (1979) *Shopping in Style: London from the Restoration to Edwardian Elegance*, London: Thames and Hudson.

Agnew, J.-C. (1979) 'The Thresholds of Exchange: Speculation on the Market', *Radical History Review* 21: 99–118.

Alberti, L. B. (1485, 1980) *The Art of Building in Ten Books*, trans. J. Rykwert and R. Taverner, Cambridge, Mass.: MIT. Press.

Alcott, W. A. (1832) *Essay on the Construction of School-houses etc.*, Boston: Hilliard, Gray, Little and Wilkins.

Alley, H. (1598) 'Caveat' in I. Archer, C. Barron and V. Harding (eds) 1988, *Hugh Alley's Caveat: the Markets of London in 1598*, London: London Topographical Society Publication no. 137.

Anderson, P. (1980) 'The Leeds Workhouse under the Old Poor Law: 1726–1834', *Transactions of the Thoresby Society* 17 (2): 75–113.

Anonymous, (1741) *Palaty Sanktpeterburgskoi Imperatorskoi Akademii nauk Biblioteki i Kunstkemery*, St Petersburg: Imperial Academy of Sciences.

——— (1786) *An Account of the Work-Houses in Great Britain in the Year MDCCXXXII etc.*, 3rd edn, London.

——— (1802) 'An Account of the Establishment and Support of Sunday Schools etc.', *The Wesleyan Magazine*: 389–90.

——— (1806) *A Plan for the Formation and Establishment of Sunday Schools: to which is prefixed An Address on the Importance and Utility of those Institutions*, London.

——— (undated) *David Dale*, pamphlet in Glasgow University Library, no publication details.

Architects' Journal (1989) 8 February: 6.

Architectural Magazine (1835) II: 511–2.

Art Journal (1857): 46.

Artz, F. B. (1946) 'L'enseignement technique en France pendant l'époque révolutionaire 1789–1815', *Revue Historique* 196: 256–86 and 385–407.

Ashmore, O. (1969) *The Industrial Archeology of Lancashire*, Newton Abbot: David & Charles.

Ashpitel, A. and Whichcord, J. (1851) *Observation on Baths and Washhouses*, London.

——— (1853) *Baths and Wash-houses: an Account etc.*, London.

Audin-Rouvière, J. M. (1793) *Essai sur la Topographie Physique et Médicale de Paris etc.*, Paris.

Bacon, F. (1594) *Gesta Grayorum*, London.

Bahmueller, C. F. (1981) *The National Charity Company: Jeremy Bentham's Silent Revolution*, Berkeley: University of California Press.

Baker, D. (undated) *Workhouses in the Potteries, City of Stoke on Trent historic buildings survey*, Stoke on Trent. (1984 is the date suggested by the Guildhall Library, London).

Ball, M. (1983) *Housing Policy and Economic Power*, London: Methuen.

Baltard, V. and Callet, F. (1862) *Monographie des Halles Centrales de Paris etc.*, Paris.

Baly, P. P. (1852) *A Statement of the Proceedings . . . Baths and Washhouses for the Labouring Classes etc.*, London.

Bamford, P. W. (1973) *Fighting Ships and Prisons: the Mediterranean Galleys of France in the Age of Louis XIV*, Minneapolis: University of Minnesota Press.

Barlow, P. (1836) *Treatise on the Manufactures and Machinery of Great Britain*, London.

Barnard, H. (1848) *School Architecture etc.*, New York: Barnes.

——— (1850) *School Architecture etc.*, 4th edn., New York: Barnes.

Battie, W. (1758) *A Treatise on Madness*, London.

Beccaria, C. B. (1764) *Dei Delitti e delle Pene*, Livorno.

Bell, A. (1797) *An Experiment in Education*, London.

——— (1808a) *The Madras School, or Elements of Tuition etc.*, London.

——— (1808b) *Sketch of a National Institution for Training up the Children of the Poor etc.*, London.

——— (1827) *A Manual of Public and Private Education etc*, London.

Bellers, J. (1696) *Proposals for Raising a Colledge of Industry*, rpt in G. Clarke (ed.) (1987) *John Bellers his Life, Times and Writings*, London: Routledge & Kegan Paul.

Bender, J. (1987) *Imagining the Penitentiary: Fiction and the Architecture of Mind in Eighteenth Century England*, Chicago: University of Chicago Press.

Bennett, E. T. (1830 and 1831) *The Gardens and Menagerie of the Zoological Society Delineated*, London.

Bentham, J. (1791a) *Panopticon; or the Inspection House*, London.

——— (1791b) *Panopticon; Postscript*, London.

——— (1816) *Proposals for Establishing in the Metropolis a Day School etc.*, London.

Bentmann, R. and Mueller, M. (1975) *La Villa, Architecture de Domination*, Bruxelles: Architecture et Recherches/P. Mardaga.

Berg, M. (1985) *The Age of Manufactures, 1700–1820*, London: Fontana.

Bergdoll, B. (1987) 'The Architecture of Isolation: M-R. Penchaud's Quarantine Hospital in the Mediterranean', *Architectural Association Files* 14: 3–13.

Berman, M. (1978) *Social Change and Scientific Organisation: the Royal Institution, 1799–1844*, Ithaca, NY: Cornell University Press.

Bernard, T. (1809) *Of the Education of the Poor etc.*, London: Society for Bettering the Condition of the Poor.

Bilby, T. and Ridgeway, R. B. (1834) *The Infant Teacher's Assistant*, 3rd edn, London.

Blackman, J. (1962–3) 'The food supply of an industrial town: a study of Sheffield's public markets 1780–1900', *Business History* V, 1 and 2: 83–97.

Blomfield, J. (1933) *St George's, 1733–1933*, London: The Medici Society.

Blondel, J.-F. (1771–7) *Cours d'architecture . . . donnée en 1750 et les années suivantes*, Paris.

Bodey, H. A. (1971) 'Coffin Row, Linthwaite', *Industrial Archeology* 8 (4): 381–91.

Bodleian Library (1982) *James Gibbs, 1682–1754 and the Radcliffe Camera*, Oxford: The Bodleian Library.

Bolzoni, L. (1980) 'L' "invenzione" dello Stanzino di Francesco I', *Le Arti del Principato Mediceo*, Florence: SPES.

Boog Watson, W. N. (1979) 'Early baths in Edinburgh', *The Book of the Old Edinburgh Club* XXXIV (2).

Boullée, E.-L. (c. 1781–97) *Architecture, Essay on Art*, trans. by H. Rosenau (ed.) (1974), London: Academy Editions.

Bourdieu, P. (1971) 'The Berber House' in M. Douglas (ed.) (1973) *Rules and Meanings: an Anthropology of Everyday Knowledge*, Harmondsworth: Penguin.

Braham, A. (1980) *The Architecture of the French Enlightenment*, London: Thames and Hudson.

Braham, A. and Hager, H. (1977) *Carlo Fontana: the Drawings at Windsor Castle*, London: Zwemmer.

Braudel, F. (1982) *Civilization and Capitalism, 15th–18th Century* vol. 1 *The Structures of Everyday Life: the Limits of the Possible*, trans. M. Kochan, revised S. Reynolds, London: Fontana.

Brears, P. C. D. (1984) 'Temples of the Muses: the Yorkshire Philosophical Museums, 1820–50', *Museums Journal* 84 (1): 3–19.

British and Foreign Schools Society (1831) *Manual of the System of Primary Instruction etc.*, London: The Society.

British Parliamentary Papers (BPP) (1835) *First Annual Report of the Poor Law Commissioners*, 35.

——— (1857–8) *Return of Cost of Building Workhouses in England and Wales 1840–1858*, (337), 49, I.

——— (1870) *Report of the Commissioners of the Inquiry into Primary Education in Ireland*, XXVIII.i, vol. I, part I.

Britton, J. and Pugin, A. (1828) *Illustrations of the Public Buildings of London etc.*, vol. 2, London.

Brougham, H. (1825) *Practical Observations upon the Education of the People etc.*, 15th edn, London.

Brown, N. O. (1947) *Hermes the Thief*, Madison: University of Wisconsin Press.

Browne, O'D. T. D., (1947) *The Rotunda Hospital, 1745–1945*, Edinburgh: E. and S. Livingstone.

Browne, W. A. F. (1837) *What Asylums Were, Are and Ought To Be*, Edinburgh.

Brunel, I. (1870) *The Life of Isambard Kingdom Brunel: Civil Engineer*, London: Longmans Green.

Buckingham, J. S. (1849) *National Evils and Practical Remedies*, London.

Builder (1851) IX, 418: 834.

Builder (1852) X, 502: 597.

Building Design (1989) 17 March: 60.

Bukowski, M. (1973) 'Industrial Buildings in Upper Silesia', *Industrial Archeology* 10, 4: 357–66 and 449–55.

Burgoyne, M. (1829) *An Address to the Governors and Directors of the Public Charity Schools etc.*, London.

Burnett, J. (1989) *Plenty and Want: a Social History of Food in England 1815–Today*, 3rd edn, London: Routledge.

Burton, J. (1830) *List of the Animals in the Gardens of the Zoological Society*, London.

Bushman, J. S. (1851) *The Moral and Sanitary Aspects of the New Cattle Market etc.*, London.

Butt, J. (ed.) (1971) *Robert Owen, Prince of Cotton Spinners: A Symposium*, Newton Abbot: David & Charles.

Byrne, K. R. (1986) 'The Royal Dublin Society and the Advancement of popular Science in Ireland, 1731–1860', *History of Education* 15 (2): 81–8.

Caffyn, L. (1986) *Workers' Housing in Yorkshire, 1750–1920*, London: HMSO.

Campbell, C. (1987) *The Romantic Ethic and the Spirit of Modern Consumerism*, Oxford: Blackwell.
Caroe, A. D. R. (1963) *The House of the Royal Institution*, London: The Royal Institution.
Carpenter, K. E. (1972) 'European Industrial Exhibitions before 1851 and their Publications', *Technology and Culture* 13 (3): 465–86.
Catarsi E. and Genovesi, G. (1985) *L'infanzia a scuola etc.*, Bergamo: Juvenalia.
Chadwick, E. (1842) *Report . . . on an Inquiry into the Sanitary Condition of the Labouring Population of Great Britain*, London: HMSO.
Chalklin, C. W. (1980) 'Capital Expenditure on Building for Cultural Purposes in Provincial England, 1730–1830', *Business History* XXII, 1: 51–70.
——— (ed.) (1984) *New Maidstone Gaol Order Book, 1805–23*, Maidstone: Kent Archaeological Society.
Chalmers Mitchell, P. (1929) *Centenary History of the Zoological Society of London*, London: The Society.
Chambers, R. (1850) *Chambers' Papers for the People*, vol. III, Edinburgh.
Chapman, S. D. (1971) 'The History of Working-Class Housing in Nottingham during the Industrial Revolution' in S. D. Chapman (ed.) *The History of Working-class Housing: a Symposium*, Newton Abbot: David & Charles.
——— (1974) 'The Textile Factory before Arkwright: a Typology of Factory Development', *Business History Review*, XLVIII(4): 451–78.
Church of Ireland Training College (undated) *The Centenary Book*, Dublin: Falconer (possibly 1911).
Cipolla, C. M. (1967) *Clocks and Culture, 1300–1700*, London: Collins.
Clark, H. O. (1927–8) 'Notes on horse-mills', *Transactions of the Newcomen Society* VIII: 31–9.
Clark, J. W. (1901) *The Care of Books etc.*, Cambridge: Cambridge University Press.
Clarke, J. (1852) *Schools and School Houses*, London.
Clark-Kennedy, A. E. (1962) *The London: a Study in the Voluntary Hospital System*, 2 vols, London: Pitman Medical.
Clayburn La Force, J. (1964) 'Royal Textile Factories in Spain, 1700–1800', *The Journal of Economic History* XXIV, 3: 337–63.
Clayton, H. (undated) *To School Without Shoes: A Brief History of the Sunday School Society for Ireland 1809 to 1979* (no publication details).
Cleland, J. (1816) *Annals of Glasgow etc.*, 2 vols, Glasgow.
Cliff, P. B. (1986) *The Rise and Development of the Sunday School Movement in England 1780–1980*, Redhill: National Christian Education Council.
Coad, J. G. (1983) *Historic Architecture of the Royal Navy: an Introduction*, London: Gollancz.
Cochin, J.-D.-M. (1845) *Manuel des Salles d'Asile*, 3rd edn, Paris: Hachette.
Coleridge, S. T. (1817) 'Lay Sermons' in R. J. White (ed.) *Collected Works of S. T. Coleridge*, London: Routledge & Kegan Paul.
Colquhoun, P. (1800) *A Treatise on the Police of the Metropolis*, London.
——— (1806) *A New and Appropriate System of Education for the Labouring People*, rpt 1971, Shannon: Irish University Press.
Colvin, H. M. (1954) *A Biographical Dictionary of English Architects*, Cambridge, Mass.: Harvard University Press.
——— (1978) *A Biographical Dictionary of British Architects 1600–1840*, 2nd edn, London: Murray.
Colvin, H. M., Ransome, D. R. and Summerson, J. (1975) *The History of the King's Works*, vol. III, London: HMSO.
Connolly, J. (1847) *The Construction and Government of Lunatic Asylums etc.*, rpt with introduction by R. Hunter and I. Macalpine 1968, London: Dawson.
Considérant, V. (1834) *Considération Sociales sur l'Architectonique*, Paris.
Cooter, R. (1984) *The Cultural Meaning of Popular Science: Phrenology and the Organisation of Consent in Nineteenth Century Britain*, Cambridge: Cambridge University Press.
Corbin, A. (1982) 'Purifier l'Air des Prisons', paper given at the International Colloquium on Penal History (18th and 19th Centuries), Fontevraud, France, September.
Corry, J. (1817) *The History of Macclesfield*, London.
Council on Education (1845) *Minutes of the Committee of Council on Education, 1844*, I, London: HMSO.
Cousin, V. (1833) *Rapport sur l'État de l'Instruction Publique dans quelque pays d'Allemagne et particulièrement en Prusse*, Paris.
Couturat, L. (1901) *La Logique de Leibniz*, Paris.
Crabbe, G. (1810) Letter XVIII of 'The Borough', 'The Poor and their Dwellings' *The Life and Poems of the Rev. George Crabbe*, vol. 3, (1834), London.
Cruttwell, R. (1789) *Plans of the Sunday Schools and Schools of Industry established in the City of Bath*, Bath.
Curnock, N. (ed.) (1909) The Journal of the Rev. John Wesley, A.M., Vol. II, London: Charles H. Kelly.
Curtis, S. J. (1967) *History of Education in Great Britain*, 7th edn, London: University Tutorial Press.
Daly, C. (ed.) (1857) Revue de l'Architecture et des Travaux Publics: 15.
Damisch, H. (1982) 'The Museum Device: Note on Institutional Change', *Lotus International* 35 (II): 9.
Davis, J. C. (1981) *Utopia and the Ideal Society: A Study of English Utopian Writing 1516–1700*, Cambridge: Cambridge University Press.
Defoe, D. (1742) *A Tour thro' the Whole Island of Great Britain etc.*, rev. edn, S. Richardson (1842), London.
Demangeon, A. and Fortier, B. (1978) *Les Vaisseaux et les Villes*, Bruxelles: Mardaga.
Denholm, J. (1798) *The History of Glasgow*, Glasgow.
Derrida, J. (1986) 'Pointe de Folie – Maintenant l'Architecture; Bernard Tschumi:La Case Vide –

La Villette, 1985', *Architectural Association Files* 12: 65–75.
Derry, T. K. and Williams, T. I. (1960) *Short History of Technology*, Oxford: Oxford University Press.
Deux Siècles ... Paris (1984) *Deux Siècles d'Architecture Sportive à Paris: Piscines, Gymnase etc.*, Exhibition Catalogue, Paris: Délégation à l'action artistique de la ville de Paris et Direction de la Jeunesse et des Sports.
Devillers, C. and Huet, B. (1981) *Le Creusot: Naissance et Développement d'une Ville Industrielle 1782–1914*, Champ Vallon: Seyssel.
Dickson, M. (1986) *Teacher Extraordinary: Joseph Lancaster 1778–1838*, Lewes: The Book Guild Ltd.
Digby, A. (1978) *Pauper Palaces*, London: Routledge & Kegan Paul.
——— (1985) *Madness, Morality and Medicine: a Study of the York Retreat 1794–1914*, Cambridge: Cambridge University Press.
Dilke, O. A. W. (1971) *The Roman Land Surveyors; an Introduction to the Agrimensores*, Newton Abbot: David & Charles.
Dolbey, G. W. (1964) *The Architectural Expression of Methodism – the First Hundred Years*, London: The Epworth Press.
Donnachie, I. (1971) 'Orbiston: a Scottish Owenite community 1825–28' in J. Butt (ed.) *Robert Owen, Prince of Cotton Spinners: a Symposium*, Newton Abbot: David & Charles.
Donnelly, M. (1983) *Managing the Mind*, London: Tavistock Publications.
Douglas, M. (1966) *Purity and Danger: an Analysis of the Concepts of Pollution and Taboo*, London: Routledge & Kegan Paul.
Duncan, C. and Wallach, A. (1980) 'The Universal Survey Museum', *Art History* 3(4): 442–69.
Duppa, B. F. (1838) *A Manual for Mechanics' Institutions*, London: Society for the Diffusion of Useful Knowledge.
Durand, J.-N.-L. (1801) *Recueil et Parallèle des Édifices de tous Genres, Anciens et Modernes*, Paris.
——— (1802–9) *Précis de Leçons d'Architecture Données à l'École Polytechnique*, Paris.
Dwellings for the Working Classes (1918) *Report on Dwellings for the Working Classes*, Cd 9191, London: HMSO.
Eagleton, T. (1976) *Marxist Literary Criticism*, London: Methuen.
Eco, U. (1986) 'Function and Sign: Semiotics of Architecure' in M. Gottdiener and A. Ph. Lagopoulos (eds) *The City and the Sign: an Introduction to Urban Semiotics*, New York: Columbia University Press. First published 1969.
——— (1987) *Travels in Hyper-reality*, London: Picador.
Edinburgh Review (1807–8) 'Lancaster's Improvements in Education', XI: 61–73.
Eliot, T. S. (1944) *Four Quartets*, London: Faber & Faber.
Ellis, A. (1956) *The Penny Universities: a History of the Coffee-houses*, London: Secker & Warburg.
Evans, R. (1971) 'Bentham's Panopticon: an Incident in the Social History of Architecture', *Architectural Association Quarterly* 3(2): 21–37.
——— (1982) *The Fabrication of Virtue; English Prison Architecture 1750–1840*, Cambridge: Cambridge University Press.
Fairbairn, W. (1857–8) *On the Application of Cast and Wrought Iron to Building Purposes*, 2nd edn, London.
——— (1863) *Treatise on Mills and Mill Work*, vol. II, London.
Fawcett, T. (1974) *The Rise of English Provincial Art etc.*, Oxford: Oxford University Press.
Fitton, R. S. and Wadsworth A. P. (1958) *The Strutts and the Arkwrights 1758–1830*, Manchester: Manchester University Press.
Fleming, J. (1962), *Robert Adam and his Circle*, rpt 1978, London: Murray.
Floyer, J. (1697) *An Enquiry into the Right Use and Abuse of the Hot, Cold and Temperate Baths in England*, London.
Floyer, J. and Baynard, E. (1722) *The History of Cold Bathing, Both Ancient and Modern*, London.
Flynn, B. (1989) 'Cooking up a Brave New World – Edinburgh', *The Independent*, 30 January: 22.
Forgan, S. (1986) 'Context, Image and Function: a Preliminary Enquiry into the Architecture of Scientific Societies', *British Journal for the History of Science* 19: 89–113.
——— (1989) 'The Architecture of Science and the Idea of a University', *Studies in the History and Philosophy of Science* 20(4): 405–34.
Forrest, A. (1981) *The French Revolution and the Poor*, Oxford: Blackwell.
Forsyth, J. A. S. (1969) 'The County Lunatic Asylums 1808–1845 etc.', unpublished B.Arch. dissertation, University of Newcastle upon Tyne.
Foucault, M. (1967) *Madness and Civilisation: a History of Insanity in the Age of Reason*, trans. R. Howard, London: Tavistock Publications.
——— (1977) *Jeremy Bentham: Le Panoptique, Précédé de l'Oeil du Pouvoir*, Paris: Belford.
——— (1982) *Discipline and Punish: the Birth of the Prison*, trans. A. Sheridan, Harmondsworth: Penguin.
Foulston, J. (1838) *The Public Buildings Erected in the West of England*, London.
Fox, J. (1814) *Proceedings of the Glasgow Lancastrian (sic) Society etc.*, Edinburgh.
Frampton, K. (1980) *Modern Architecture: A Critical History*, London: Thames and Hudson.
Franck, A. H. (1705) *Pietas Hallensis etc.*, London.
Frankl, P. (1914) *Die Entwicklungsphasen der Neueren Baukunst*, trans. J. F. O'Gorman, 1969, *Principles of Architectural History: the Four Phases of Architectural Style, 1420–1900*, Cambridge, Mass.: MIT Press.
Francoeur, L. B. (1824) *Lineal Drawing ... as taught in the*

Lancastrian (sic) Schools in France etc., London.
——— (1827) *L'Enseignement de Dessin Linéaire etc.*, Paris.
Fraser, A. G. (1989) *The Building of Old College: Adam, Playfair and the University of Edinburgh*, Edinburgh: Edinburgh University Press.
Free-School Society (1820) *Manual of the Lancasterian System etc.*, New York: The Society.
French, P. J. (1972) *John Dee: the World of an Elizabethan Magus*, London: Routledge & Kegan Paul.
Freundenberger, H. and Redlich, F. (1964) 'The Industrial Development of Europe: Reality, Symbols, Images', *Kyklos* XVII: 372–403.
Furttenbach, J. (1628) *Architectura Civilis etc.*, Ulm.
Galileo Galilei (1638) *Discorsi e Dimostrazioni Matematiche Intorno a Due Nuove Scienze*, Leyden: Elzevir.
Gallet, M. (1980) *Claud-Nicolas Ledoux, 1736–1806*, Paris: Picard.
Gastellier, M. (1791) *Instructions sur les Moyens d'Entretenir la Salubrité, et de Purifier l'Air des Salles dans les Hôpitaux Militaires etc.*, Paris.
Gavois, J. (1983) *Going Up: an Informal History of the Elevator from the Pyramids to the Present*, London: Otis Elevator Company, Birdsall.
Genet, J. (1967) *The Thief's Journal*, trans. B. Frechtman, Harmondsworth: Penguin.
van Gennep, A. (1960) *The Rites of Passage*, trans. M. B. Vizedom and G.L. Caffee, London: Routledge & Kegan Paul.
Gentleman's Magazine (1818), LXXXVIII, January–June: 113–6.
Géoffroy-Saint-Hilaire, E. (1818–22) *Philosophie Anatomique*, Paris.
George, M. D. (1951) *London Life in the Eighteenth Century*, 3rd edn, London: London School of Economics.
Giedion, S. (1944) *Space, Time and Architecture: The Growth of a New Tradition*, Cambridge, Mass.: Harvard University Press.
——— (1952) 'Sixtus V and the Planning of Baroque Rome', *Architectural Review* 111(664): 217–26.
Gilbert, K. R. (1965) *The Portsmouth Blockmaking Machinery*, London: HMSO.
Girouard, M. (1978) *Life in the English Country House*, Yale, Conn.: Yale University Press.
——— (1981) *Alfred Waterhouse and the Natural History Museum*, London: British Museum (Natural History).
——— (1986) 'Moonlit Matchmaking: Assembly Rooms of the Eighteenth Century', *Country Life* CLXXX(4644): 540–4 and 4645: 764–6.
Glasgow (1814) *First Report of General Committee . . . (of) a Lunatic Asylum*, Glasgow.
Godfrey, W.H. (1955) *The English Almshouse*, London: Faber & Faber.
Godin, J-B. A. (1871) *Solutions Sociales*, Paris: Le Chevalier.
Goffman, E. (1970) *Asylums*, Harmondsworth: Penguin.
Goldman, J. (ed.) (1720) *L. C. Sturm Anweisung allerhand Öffentliche Zucht und Liebes Gebäude etc.*, Augsburg.
Gombrich, E. H. (1977) 'The Museum: Past, Present and Future', *Critical Enquiry* 3: 449–70.
Goodman, J. (1982) 'Towards a Social History of Baths and Wash-houses', *Issues* 3: 12–14.
Gorz, A. (1989) *Critique of Economic Reason*, trans. G. Handiside and C. Turner, London: Verso.
Goyder, D. G. (1824) *A Manual of the System of Instruction Pursued at the Infant School, Meadow Street, Bristol etc.*, 3rd edn, London.
——— (1825) *A Manual of the System of Instruction Pursued at the Infant School, Meadow Street, Bristol etc.*, 4th edn, London.
Grahame, K. (1950) *The Wind in the Willows*, London: Methuen.
Grady, K. (1980) 'Commercial, Marketing and Retailing Amenities, 1700–1914' in D. Fraser (ed.) *A History of Modern Leeds*, Manchester: Manchester University Press.
Granville, A. B. (1841) *The Spas of England and Principal Sea-Bathing Places*, vol. 2, London.
Greenbaum, L. S. (1974) 'Tempest in the Academy: Jean Baptiste Le Roy, the Paris Academy of Sciences and the project of the new Hôtel-Dieu', *Archives Internationales d'Histoire des Sciences* 24: 122–140.
——— (1975) '"Measure of Civilization"; the Hospital Thought of Jacques Tenon on the Eve of the French Revolution', *Bulletin of the History of Medicine* 49(1): 43–56.
Grew, N. (1694) *Musaeum Regalis Societatis etc.*, London: Newman.
Grosvenor, S. (1856) *History of the City Road Chapel, Sunday, Day and Infant Schools*, London.
Guberti, N. V. (1891) *Material dlja Russkoi Bibliografii . . . 1725–1800*, Moscow.
Guide de l'Enseignement (1819) *Guide de l'Enseignement Mutuel*, Paris.
Gutkind, E. A. (1972) *Urban Development in East-Central Europe: Poland, Czechoslovakia and Hungary*, vol. III of *International History of City Development*, New York: The Free Press.
Hadfield, B. and Gosling, J. G. (1984) *Stockport Sunday School Bi-Centenary*, Stockport.
Hales, S. (1743) *A Description of Ventilators etc.*, London.
Hamel, J. (1818) *L'Enseignement Mutuel etc.*, Paris.
Hamilton, D. (1980) 'Adam Smith and the Moral Economy of the Classroom System', *Journal of Curriculum Studies* 12(4): 281–98.
——— (1983) 'Robert Owen and Education: A Re-assessment', in W. M. Humes and H. M. Paterson (eds) *Scottish Culture and Scottish Education, 1800–1980*, Edinburgh: John Donald.
Hamilton, S. B. (1952) 'The historical development of structural theory', *Proceedings of the Institute of Civil Engineers* III: 374–419.
Hammond, J. L. and B. (1947) *The Bleak Age*, rev. edn, Harmondsworth: Penguin.
Hardman, M. (1986) *Ruskin and Bradford an Experiment*

in Victorian Cultural History, Manchester: Manchester University Press.
Harris, J. J. H. and Tearle, F. (1848) *The School-Room: Part I Its Arrangement and Organisation etc.*, London.
Hays, J. N. (1983) 'The London Lecturing Empire, 1800–50' in I. Inkster and J. Morrell (eds) *Metropolis and Province: Science in British Culture, 1780–1850*, London: Hutchinson.
Heath, S. H.(1910) *Old English Houses of Alms: a Pictorial Record with Architectural and Historical Notes*, London: Francis Griffiths.
d'Helft, B. and Verliefden, M. (1978) 'Les Rotondes de l'Illusion', *Monuments Historiques* 4, 'Architecture et Spectacle': 54–60.
Henderson, W. O. (1958–59) 'The Rise of the Berlin Silk and Porcelain Industries', *Business History* I(1 and 2): 84–98.
Higgins, P. L. H. (1826) *An Exposition of . . . the Infant System of Education in Ireland*, London: Goyder.
Hildesheimer, F. (1981) 'Les Lazarets sous l'Ancien Régime', *Monuments Historiques* 114: 20–4.
Hillier, B. and Hanson J. (1984) *The Social Logic of Space*, Cambridge: Cambridge University Press.
Himmelfarb, G. (1968) 'The Haunted House of Jeremy Bentham' in *Victorian Minds*, London: Weidenfeld & Nicolson.
Hobsbawm, E. J. (1971) *The Age of Revolution*, London: Weidenfeld & Nicolson.
Home Office (1989) *The Prison Design Briefing System*, revised 1990 and 1991, London: HMSO.
Hooke, R. (1678) *De Potentia Restitutiva; or of Springs, Explaining the Power of Springing Bodies*, London.
Horn, W. and Born, E. (1979) *Plan of St Gall*, Berkeley, Ca.: University of California Press.
Horváth, M. (1840) *Az ipar és Kereskedés Története Magyarországban etc.*, (*The History of Industry and Commerce in Hungary etc.*), Buda: Royal Hungarian University Press.
Howard, J. (1777) *The State of the Prisons in England and Wales*, Warrington.
——— (1784) *The State of the Prisons in England and Wales*, 3rd edn, Warrington.
——— (1789) *An Account of the Principal Lazarettos etc.*, Warrington.
——— (1791) *An Account of the Principal Lazarettos etc.*, 2nd edn, London.
Hunter, W. (1784) *Two Introductory Lectures*, London.
Husserl, E. (1970) *The Crisis of European Sciences and Transcendental Phenomenology: an Introduction to Phenomenological Philosophy*, trans. D. Carr, Evanston, Illinois: Northwestern University Press.
Hutton, W. (1791) *The History of Derby etc.*, London.
Hyde, R. (1988) *'Panoramania' The Art and Entertainment of the 'all-embracing' View*, London: Trefoil in association with the Barbican Art Gallery.
Hyland, A. (1987) 'National Education' reprints *Annual Report of the Commissioners of National Education, 1835* in A. Hyland and K. Milne (eds) *Irish Educational Documents*, vol. I, Dublin: Church of Ireland College of Education.
Hyland, A. and Milne, K. (eds) (1987) *Irish Educational Documents*, Dublin: Church of Ireland College of Education.
Ignatieff, M. (1978) *A Just Measure of Pain: the Penitentiary in the Industrial Revolution 1750–1850*, London: Macmillan.
Illich, I. (1986) *H_2O and the Waters of Forgetfulness*, London and New York: Marion Boyars.
Illustrated Exhibitor, The (1851) *The Illustrated Exhibitor* 2, 14 June.
Impey, O. and MacGregor, A. (1985) *The Origin of Museums*, Oxford: Oxford University Press.
Inkster, I. (1980) 'The Public Lecture an Instrument of Science Education for Adults – the Case of Great Britain c. 1750–1850', *Paedagogica Historica* XX, 1: 80–107.
Inkster, I. and Morrell, J. (eds) (1983) *Metropolis and Province: Science in British Culture, 1780–1850*, London: Hutchison.
Ison, W. (1952) *The Georgian Buildings of Bristol*, London: Faber & Faber.
Ives, A. G. (1970) *Kingswood School in Wesley's Day and Since*, London: Epworth Press.
Jameson, F. (1990) *Post-Modernism the Cultural Logic of Late Capitalism*, London: Verso.
Jetter, D. (1966) *Geschichte des Hospitals* vol. I *Westdeutschland von den Anfängen bis 1850*, Wiesbaden: Franz Steiner.
——— (1971) vol. II *Zur Typologie des Irrenhauses in Frankreich und Deutschland, 1780–1840*, Wiesbaden: Franz Steiner.
——— (1972) vol. III *Nordamerika 1600–1776 (Kolonialzeit)*, Wiesbaden: Franz Steiner.
Jobson, F. J. (1850) *Chapel and School Architecture*, London.
Johnson, H. R. and Skempton, A. W. (1955–6 and 1956–7) 'William Strutt's Cotton Mills, 1793–1812', *Transactions of the Newcomen Society* XXX: 179–205.
Josten, C. H. (1985) *Elias Ashmole, F.R.S. (1617–1692)*, Oxford: Ashmolean Museum and Museum of the History of Science.
Just, D. J. (1983) *Times Higher Education Supplement*, 18 November: 21.
Kaufmann, E. (1955) *Architecture in the Age of Reason: Baroque and Post-Baroque in England, Italy and France*, rpt 1968, New York: Dover Publications.
Kay J. P. (1832) *The Moral and Physical Condition of the Working Classes etc.*, London.
——— (1839) *The Training of Pauper Children etc.*, rpt 1970, Manchester: E. J. Morten.
Kelly, G. A. (1955) *The Psychology of Personal Constructs* New York: Norton.
Kelly, T. (1957) *George Birkbeck: Pioneer of Adult Education*, Liverpool: Liverpool University Press.

—— (1966) *Early Public Libraries etc.*, London: the Library Association.
Kendall, H. E. (1847) *Designs for Schools and School Houses etc.*, London.
Kilmarnock Standard (1903) 'The Moravian Church in Ayrshire', *The Kilmarnock Standard* 27 June.
King, A. D. (ed.) (1971) *Colonial Urban Development: Culture, Social Power and Environment*, London: Routledge & Kegan Paul.
—— (1980) *Buildings and Society: Essays on the Social Development of the Built Environment*, London: Routledge & Kegan Paul.
Kirkman Gray, B. (1905) *A History of English Philanthropy*, rpt 1967, London: Frank Cass.
Kloosterhuis, Ir. C. A. (1981) *De Bevolking van de Vrije Koloniën der Maatschappij van Weldadigheid*, Zutphen: De Walburg Pers.
Kouwenhoven, J. A. K. (1982) 'American Studies: Words and Things' in T. J. Schlereth (ed.) *Material Culture in America*, Nashville, Tenn.: American Association for State and Local History.
Lancaster, J. (1803) *Improvements in Education etc.*, London.
—— (1805) *Improvements in Education as it respects the Industrious Classes of the Community*, 3rd edn with additions; rpt. F. Cordasco (ed.) 1973, Clifton, NJ.: Augustus M. Kelley.
—— (1806) *Outline of a Plan for Educating Ten Thousand Poor Children etc.*, London.
—— (1809a) *An Account of a Remarkable Establishment of Education at Paris*, London.
—— (1809b) *An Address to Friends and Superintendents of Sunday Schools etc.*, London.
—— (1809c) *Hints and Directions for . . . School Rooms etc.*, London.
—— (1810) *The British System of Education etc.*, London.
—— (1812) *The British System of Education etc.*, Washington.
—— (1816) *Manual of the System etc.*, London: British and Foreign School Society.
—— (1821) *Lancasterian System of Education etc.*, Baltimore.
Laqueur, T. W. (1979) *Religion and Respectability: Sunday Schools and Working Class Culture 1780–1850*, New Haven and London: Yale University Press.
Laurencich-Minelli, L. (1984), 'L'Indice del Museo Giganti Interressi Etnografici e Ordinamento di un Museo Cinquecentesco', *Museol. Scient.*, I (3–4): 191–242.
—— (1985) 'Museography and Ethnographical Collections in Bologna during the Sixteenth and Seventeenth Centuries' in O. Impey and A. MacGregor (eds) *The Origin of Museums etc.*, Oxford: Oxford University Press.
Lecointe, J. (1790) *La Santé de Mars etc.*, Paris.
Le Corbusier (1925) *City of Tomorrow*, rpt 1947, London: Architectural Press.
Ledoux, C. N. (1804) *L'Architecture Considerée sous le Rapport de l'Art, des Moeurs et de la Législation*, Paris; facsimile edn 1981, Nordlingen: Dr Alfons Uhl.
Lefebvre, H. (1974) *The Production of Space*, trans. D. Nicholson-Smith, 1991, Oxford: Blackwell.
Leibniz, G W. (1896) *New Essays Concerning Human Understanding*, trans. A. G. Langley, New York: Macmillan.
Lemoine, B. (1980) *Les Halles de Paris*, Paris: L'Eguerre.
Léonard, J. (1982) 'Les Médecins des Prisons en France au XIXe Siècle', paper given at the International Colloquium on Penal History (18th and 19th Century), Fontevraud, France, September.
Levi, P. (1962) *If This is a Man*, trans. S. Woolf, London: New English Library.
Lincoln, G. (ed.) (1896) 'The Witch-Persecution at Bamberg', translations and reprints from *Original Sources of European History*, vol. 3, Philadelphia: University of Pennsylvania.
Lochée, L. (1778) *An Essay on Castrametation*, London.
Locke, J. (1689–90) *Essay Concerning Human Understanding*, A. D. Woozley (ed.) 1964, London: Collins.
Loisel, G. (1912) *Histoire des Ménageries de l'Antiquité à Nos Jours*, 3 vols, Paris: Doin.
Longmate, N. (1974) *The Workhouse*, London: Temple Smith.
Lowe, J. B. (1977) *Welsh Industrial Workers' Housing*, Cardiff: Museum of Wales.
McCann, P. (ed.) (1977) *Popular Education and Socialization in the Nineteenth Century*, London: Methuen.
McCann, P. and Young, F. A. (1982) *Samuel Wilderspin and the Infant School Movement*, London: Croom Helm.
McClure, R. K. (1981) *Coram's Children, The London Foundling Hospital in the Eighteenth Century*, New Haven and London: Yale University Press.
McIntosh, P. C., Dixon, J. G., Munrow, A. D. and Willetts, R. F. (1957) *Landmarks in the History of Physical Education*, London: Routledge & Kegan Paul.
Maclure, W. (1826) Letter to Madame Fretageot, Ohio, 2nd August reprinted in A. E. Bestor (ed.) 1973, *Educational Reform at New Harmony*, Clifton, NJ.: Kelley.
McRae, R. (1961) *The Problem of the Unity of the Sciences: Bacon to Kant*, Toronto: University of Toronto Press.
Madge, J. (1982) 'Monasticism and the Culture of Production', *Issues* 3: 1–4.
Mantoux, P. (1928) *The Industrial Revolution in the Eighteenth Century*, revised T. S. Ashton (ed.) 1970, London: Methuen.
Mariotte, E. (1686) *Traité des Mouvements des Eaux*, Paris.
Markus, T. A. (1954) 'Pattern of the Law', Architectural Review CXVI: 251–6.
—— (1982) *Order in Space and Society, Architectural*

Form and its Context in the Scotland Enlightenment, Edinburgh: Mainstream.

——— (1985) 'Two Domes of Enlightenment: Two Scottish University Museums', *Art History* 8(2): 158–77.

——— (1989) 'Class and Classification in the Buildings of the late Scottish Enlightenment' in T. M. Devine (ed.) *Improvement and Enlightenment*, Edinburgh: John Donald.

Masson, A. (1981) *The Pictorial Catalogue; Mural Decoration in Libraries*, trans. D. Gerard, Oxford: Oxford University Press.

Masters, B. R. (1974) *The Public Markets of the City of London Surveyed by William Leybourn*, Publication No. 117, London: The London Topographical Society.

Melossi, D. and Pavarini, M. (1981) *The Prison and the Factory: Origins of the Penitentiary System*, trans. G. Cousin, London: Macmillan.

Milner, G. (ed.) (1880) *Bennett Street Memorials etc.*, Manchester.

Minter Morgan, J. (1845) *The Christian Commonwealth*, London.

Mordaunt Crook, J. (1972) *The British Museum: a Case-study in Architectural Politics*, Harmondsworth: Penguin.

Morris, W. (1891) *News from Nowhere*, London: Reeves and Turner.

Morrish, P. S. (1973–5) 'John Clark Revisited: Aspects of Early Modern Library Design', *Library History* 3: 87–107.

Mumford, L. (1934) *Technics and Civilization*, London: Routledge.

Muthesius, S. (1982) *The English Terraced House*, New Haven and London: Yale University Press.

National Society (1814) *Second Annual Report of the National Society*, London: The National Society for Promoting the Education of the Poor in the Principles of the Established Church.

Neale, R. S. (1981) *Bath: a Social History 1680–1800, or a Valley of Pleasures yet a Sink of Iniquity*, London: Routledge & Kegan Paul.

Neickelio, C. F. (1727) *Museorum . . . Raritaeten-Kammern etc.*, Leipzig and Breslau.

Nemes, M. (1984) 'Magyarország első panoptikonja: a budapesti-óbudai selyemgombolyitó manufaktura' (Hungary's first panopticon: the silk cocoon unwinding factory at Óbuda, Budapest', *Művészettörténeti Értesitő* 4: 261–70.

Neverov, O. (1985) '"His Majesty's Cabinet" and Peter I's *Kunstkammer*' in O. Impey and A. MacGregor (eds) *Origin of Museums*, Oxford: Oxford University Press.

Newman, L. M. (1966) *Leibniz 1646–1716 and the German Library Scene*, Library Association Pamphlet no. 28, London: the Library Association.

Nightingale, F. (1859) *Notes on Hospitals*, London.

Ochsner, A. J. and Sturm, M. J. (1907) *The Organisation, Construction and Management of Hospitals*, Chicago: Cleveland Press.

O'Gorman J. F. (1972) *The Architecture of the Monastic Library of Italy 1300–1600*, New York: New York University Press.

Ohlander, J. (1923) *Göteborgs Folkskolevasen I Gamla Dagar Och I Vara*, Göteborg: Wettergren and Kerbens.

Ormerod, H. A. (1953) *The Liverpool Institution etc.*, Liverpool: Liverpool University Press.

Ovenell, R. F. (1986) *The Ashmolean Museum, 1683–1894*, Oxford: Oxford University Press.

Owen, R. (1812) *A Statement Regarding the New Lanark Establishment*, Edinburgh.

——— (1813) *A New View of Society etc.*, rpt 1970, Harmondsworth: Penguin.

——— (1817) *Report to the Committee of the Manufacturing and Labouring Poor*, reprinted in 1858, *The Life of Robert Owen etc.* Supplementary Appendix, vol. 1A, London.

——— (1821) *Report to the County of Lanark of a Plan for Relieving Public Distress etc.*, Glasgow.

——— (1841) *A Development of . . . Self Supporting Home Colonies; etc.*, London: Home Colonization Society.

Owen, R., Atkins, J., Pemberton, R. and Buckingham, J. S. (1855) *Robert Owen's Address delivered at the Meeting in St Martin's Hall etc.*, London.

Owen, R. Dale (1824) *An Outline of the System of Education at New Lanark*, Glasgow.

——— (1874) *Threading My Way*, rpt 1967, Clifton, NJ.: Augustus Kelley.

Oxley, G. W. (1974) *Poor Relief in England and Wales, 1601–1834*, Newton Abbot: David & Charles.

Pallister, R. (1973) 'Educational Capital in the Elementary School of the Mid-nineteenth Century' in M. Seaborne (ed.) 1973, *History of Education*, 2(2), Newton Abbot: David & Charles.

Panofsky, E. (1957) *Gothic Architecture and Scholasticism*, London: Thames and Hudson.

Papworth, J. W. and Papworth, W. (1853) *Museums, Libraries and Picture Galleries etc.*, London.

Parkes, S. M. (1984) *Kildare Place: The History of the Church of Ireland Training College 1811–1969*, Dublin: Church of Ireland College of Education.

Parry-Jones, W. Ll. (1972) *The Trade in Lunacy: A Study of Private Madhouses in England in the Eighteenth and Nineteenth Centuries*, London: Routledge & Kegan Paul.

Paulson, R. (1975) *Wright of Derby: Nature Demythologised; Emblem and Expression*, London: Thames and Hudson.

Pawłowski, K. K. (1961) 'Town planning problems in the works of Claude-Nicolas Ledoux', *Kwartalnik Architectury I Urbanistyki* VI(4): 255–92.

Peacock, J. (1790) *Proposals for a Magnificent Establishment etc.*, London.

——— (1798) *The Outline of a Plan for establishing a United Company of British Manufactures*, London.

Pearce, P. L. (1987) 'Thomas Twining (1806–95); the determined improver', part 1 *Journal of the Royal Society of Arts* CXXXV(5375): 845–7.

——— part 2 *Journal of the Royal Society of Arts* CXXXV(5376): 942–4.

——— part 3 *Journal of the Royal Society of Arts* CXXXV(5377): 62–4.

Pemberton, R. (1854) *The Happy Colony*, London.

Peponis, J. and Hedin, J. (1982) 'The Layout of Theories in the Natural History Museum', *9H* 3: 21–5.

Pevsner, N. (1979) *A History of Building Types*, London: Thames and Hudson.

Petit, A. (1774) *Mémoire sur la Meilleure Manière de Construire un Hôpital de Malades*, Paris.

Philosophical Transactions (1745): 370.

Physick, J. (1982) *The Victoria and Albert Museum: the History of its Building*, Oxford: Phaidon, Christie's.

Pinel, P. (1800) *Traité Médico-Philosophique sur l'Aliénation Mentale ou la Manie*, Paris.

Pirenne, M. H. (1970) *Optics, Painting and Photography*, Cambridge: Cambridge University Press.

Pollard, S. (1964) 'The Factory Village in the Industrial Revolution', *English Historical Review* 79(312): 513–31.

Poni, C. (1972) 'Archéologie de la Fabrique: la Diffusion des Moulins à Soie "alla Bolognese" dans les États Vénitiens du XVIe au XVIIIe siècle', *Annales* 27: 1475–96.

Ponteil, F. (1966) *Histoire de l'Enseignement 1789–1964*, Paris: Sirey.

Porter, G. (1988) 'Putting your House in Order: Representation of Women and Domestic Life', in R. Lumley (ed.) *The Museum Time Machine*, London: Routledge.

Porter, R. S. (1980) 'Science, Provincial Culture and Public Opinion in Enlightenment England', *The British Journal for Eighteenth-Century Studies* 3: 20–46.

Prest, J. (1960) *The Industrial Revolution in Coventry*, Oxford: Oxford University Press.

Privy Council (1844) *Minutes of the Committee of Council on Education . . . 1842–3*, London: HMSO.

Proceedings of the Wesley Historical Society (1912) 8: 55–6 and 77–8.

Pugin, A. W. (1843) *An Apology for Christian Architecture in England*, rpt 1969, Oxford: St Barnabas Press.

Quatremère de Quincy, A-C. (1832) *Dictionaire Historique d'Architecture*, Paris.

Quiccheberg, S. (1565) *Inscriptiones vel Tituli Theatri Amplissimi, Complectentis etc.*, Münich.

Rayman, R. (1981) 'Joseph Lancaster's Monitorial System of Instruction and American Indian Education, 1815–38', *History of Education Quarterly* 21(4): 395–409.

Reed, P. A. (1982) 'Form and Context: a Study of Georgian Edinburgh' in T. A. Markus (ed.) *Order in Space and Society*, Edinburgh: Mainstream.

Report . . . Wash-house (1925) *Report on the 'Kitty Wilkinson' Public Baths and Wash-House*, Liverpool: City of Liverpool.

Reynolds, J. (1983) *The Great Paternalist: Titus Salt and the Growth of Nineteenth-century Bradford*, London: Temple Smith.

Richardson, E. C. (1935) *Classification – Theoretical and Practical*, New York: Wilson.

Rigold, S. E. (1968) 'Two Types of Court Hall', *Archeologia Cantina* 83(1)–22.

Robinson, J. M. (1979) *The Wyatts: an Architectural Dynasty*, Oxford: Oxford University Press.

Robson, E. R. (1874) *School Architecture etc.*, London.

Robson, M. E. (1983) 'Notes on the Revolving Chamber, Belper', unpublished manuscript.

Roche, D. (1979) 'Urban Reading Habits during the French Enlightenment', *The British Journal for Eighteenth Century Studies* 2: 138–49 and 220–30.

Rolfe, W. D. I. (1985) 'William and John Hunter: Breaking the Great Chain of Being', in W. F. Bynum and R. S. Porter (eds) *William Hunter and His World*, Cambridge: Cambridge University Press.

Rosenau, H. (1970) *Social Purpose in Architecture, Paris and London Compared 1760–1800*, London: November Books, Studio Vista.

——— (1976) *Boullée and Visionary Architecture*, London: Academy Editions.

Ross, J. (1900) *A History of Congregational Independency in Scotland*, Glasgow: Maclehose & Sons.

Rothman, D. (1971) *The Discovery of the Asylum*, Boston: Little Brown.

Rowe, G. (1845) *Illustrated Cheltenham Guide*, Cheltenham.

Royal Sea Bathing Infirmary (1791–3) *Minutes of the Founding Committee, Court of Directors and Governors and their Sub-committees, Royal Sea Bathing Infirmary. Margate*, vol. 1791–1856, Kent Archives, North East Area, Ramsgate.

Rumford, Count B. (1797) *Essays, Political, Economical and Philosophical*, 3rd edn, vol.I, London.

Russell, C. (1983) *Science and Social Change 1700–1900*, London: Macmillan.

Russell, J. B. (1980) *A History of Witchcraft: Sorcerers, Heretics and Pagans*, London: Thames and Hudson.

Rykwert, J. (1976) *The Idea of a Town*, London: Faber & Faber.

Salisbury, W. (1810) 'Plan of Mr Salisbury's Botanic Gardens Explained', *Gentleman's Magazine* LXXX: 113–14.

de la Sagra, R. (1839) *Voyage en Hollande et en Belgique etc.* Paris.

della Santa, L. (1816) *Della Costruzione e del Regolamento di una Pubblica Universale Biblioteca etc*, Florence.

Saunders, G. (1790) *A Treatise on Theatres*, London.

Savignat, J-M. (1980) *Dessin et Architecture du Moyen-Age au XVIIIe Siècle*, Paris: École Nationale Supérieure des Beaux-Arts.

Schaffer, S. (1983) 'Natural Philosophy and Public

Spectacle in the Eighteenth Century', *History of Science* 21(1): 1–43.

Scherren, H. (1905) *The Zoological Society of London etc.*, London: Cassell.

von Schlosser, J. (1978) *Die Kunst-und Wunderkammern der Spätrenaissance*, Braunschweig: Klinkhardt & Biermann.

Schneekloth, L. H. and Bruce, E M. (undated) 'Building Typologies: an Enquiry', unpublished paper, Department of Architecture, State University of New York and the Caucus Partnership, Buffalo, New York.

Schofield, R. E. (1963) *The Lunar Society of Birmingham*, Oxford: Oxford University Press.

Schulte-Albert, H. G. (1971) 'Gottfried Wilhelm Leibniz and Library Classification', *The Journal of Library History, Philosophy and Comparative Librarianship* VI: 133–52.

Scotland, J. (1969) *The History of Scottish Education*, vol. I, London: University of London Press.

Scottish Home and Health Department (1973) *Design Guide: Health Centres in Scotland*, Edinburgh: HMSO.

Scruton, R. (1979) *The Aesthetics of Architecture*, London: Methuen.

Scull, A. T. (ed.) (1981) *Madhouses, Mad-doctors and Madmem: the Social History of Psychiatry in the Victorian Era*, London: The Athlone Press.

——— (1982) *Museums of Madness*, Harmondsworth: Penguin.

Seaborne, M. (1971) *The English School Its Architecture and Organisation 1370–1870*, London: Routledge & Kegan Paul.

Semper, G. (1860–3) *Der Stil in den technischen und tektonischen Künsten oder praktische Äesthetik*, Frankfurt-am-Maine.

Sennett, R. (1971) *The Uses of Disorder: Personal Identity and City Life*, Harmondsworth: Allen Lane, the Penguin Press.

Shapin, S. (1974) 'The Audience for Science in Eighteenth Century Edinburgh', *History of Science* 12: 95–121.

——— (1983) '"Nibbling at the Teats of Science": Edinburgh and the Diffusion of Science in the 1830s' in Inkster and Morrell (eds) *Metropolis and Province: Science in British Culture, 1780–1850*, London: Hutchinson.

Shapin, S. and Barnes, B. (1977) 'Science, Nature and Control: Interpretating Mechanics' Institutes', *Social Studies of Science* 7(1): 31–74.

Shaw, J. (1984) *Water Power in Scotland, 1550–1870*, Edinburgh: John Donald.

Short, J. R. (1991) *Imagined Country: Society Culture and Environment*, London: Routledge.

Silver, P. and Silver, H. (1974) 'The Kennington National Schools', *The Education of the Poor: the History of a National School 1824–1974*, London: Routledge & Kegan Paul.

Simon, J. (1988) 'From Charity School to Workhouse in the 1720s: the SPCK and Mr Marriott's Solution', *History of Education* 17(2): 113–129.

Skempton, A. W. (1956) 'The Origin of Iron Beams', *Actes du VIIIe Congrès International d'Histoire des Sciences*, 1029–39, Florence.

Skempton, A. W. and Johnson, H. R. (1962) 'The first iron frames', *Architectural Review* 131(781): 175–86.

Smith, A. (1776) *The Wealth of Nations* from extracts in S. Eliot and B. Stern (eds) 1979 *The Age of Enlightenment*, London: Ward Lock Educational with the Open University Press.

Smith, W. D. (1974) *Stretching Their Bodies: the History of Physical Education*, Newton Abbot: David & Charles.

Smith, W. J. (1971) 'The Architecture of the Domestic System in South-east Lancashire and the Adjoining Pennines' in S. D. Chapman (ed.) *The History of Working-class Housing: A Symposium*, Newton Abbot: David & Charles.

Smithies, P. (1988) *The Architecture of the Halifax Piece Hall, 1775–1779*, Halifax: privately published.

Society for Promoting the Education of the Poor of Ireland (1813) *Hints and Directions for the Building, and Fitting-up, and Arranging School-rooms*, Dublin: The Society.

——— (1825) *The Schoolmaster's Manual etc.*, Dublin: The Society.

Spark, A. (1792) *Rules, Orders and Regulations to be duly Observed and Kept in the Parish School of Industry in King Street, Golden Square*, London.

Stafford, B. M. (1984) *Voyage into Substance*, Cambridge, Mass.: MIT Press.

Stamp, G. (1986) 'The Hungerford Market', *Architectural Association Files* 11: 59–70.

Stark, W. (1807) *Remarks on Public Hospitals for the Cure of Mental Derangement, etc.*, Edinburgh.

State of the Schools of Industry (1801) *State of the Schools of Industry Kendal July 1, 1800 to July 1, 1801*, Kendal.

Stephanus, C. (1545) *De Dissectione Partium Corporis etc.*, Paris.

Steuart, D. and Cockburn, A. (1782) *General Heads of a Plan for Erecting a New Prison and Bridewell in the City of Edinburgh etc.*, Edinburgh.

Stoat, J. (1826) *A Description of the System of Enquiry; . . . Circulating Classes etc.*, London.

Stockport (1796) 'Stockport Sunday School Committee Book from 18th May 1794 to 2 October 1796', Manuscript in Stockport Public Library.

——— (undated) 'Scheme for Building a Large Commodious Chapel, Sunday School, Preachers' Houses and 5 Large Schools in Stockport and its Vicinity', unpublished manuscript in Stockport Public Library (watermark is 1797).

Stollenwerk, M. (1971) 'Krankenhausentwürfe die Nicht Verwirklicht Würden', doctoral thesis, Technical University of Aachen.

Stow, D. (1834) *Moral Training etc.*, 2nd ed., Glasgow.

(No first edition has been found although Stow insisted that the edition referred to here was the second edition.)

——— (1836) *The Training System etc.*, 1st edn, Glasgow.

——— (1839) *National Education . . . Moral Training and the Training System etc.*, Glasgow.

——— (1850) *The Training System etc.*, 8th edn enl., London.

Sturm, L. C. (1720) *Vollständige Anweisung . . . Spitäler vor Alte und Kranke etc.*, Augsburg.

Summerson, J. (1980) *The Classical Language of Architecture*, rev. and enl. edn, London: Thames and Hudson.

Sunday School Union (1816) *Directions for Carrying into Effect the Plan of Monitors*, London.

Sutton, S. (1749) *An Historical Account of a New Method for Extracting Foul Air etc.*, 2nd edn, London.

Sylvester, C. (1819) *The Philosophy of Domestic Economy*, London.

Szasz, T. (1971) *The Manufacture of Madness*, London: Routledge & Kegan Paul.

Taylor, J. (1968) 'Charles Fowler, 1792–1867: a centenary memoir', *Architectural History* 11: 57–94.

Taylor, J. S. (1979) 'Philanthropy and the Empire: Jonas Hanway and the Infant Poor of London', *Eighteenth Century Studies* 12(3): 285–305.

Teyssot, G. (1977) 'Citta-Servizi: La Produzione dei *bâtiments civils* in Francia 1775–1848', *Casabella* 424: 56–65.

Thompson, E. P. (1968) *The Making of the English Working Class*, Harmondsworth: Penguin.

——— (1974) 'Time, Work-discipline and Industrial Capitalism' in M.W. Flinn and T. C. Smout (eds) *Essays in Social History*, Oxford: Oxford University Press.

Thompson, J. D. and Goldin, G. (1975) *The Hospital: A Social and Architectural History*, London: Yale University Press.

Thoresby Society (1969) *The Publications of the Thoresby Society* LII.

Timms, E. and Collier, P., (1988) *Visions and Blueprints, Avant-garde Culture and Radical Politics in Early Twentieth Century Europe*, Manchester: Manchester University Press.

Tittler, R. (1991) *Architecture and Power, the Town Hall and the English Urban Community, c. 1500–1640*, Oxford: Clarendon/Oxford University Press.

Tod, T. (1783) *Observations on Dr McFarlan's Inquiries Concerning the State of the Poor*, Edinburgh.

Tomlinson, H. (1980) 'Design and Reform: the "Separate" System in the Nineteenth-century English Prison' in A. D. King (ed.) *Buildings and Society: Essays on the Social Development of the Built Environment*, London: Routledge & Kegan Paul.

Tovey, C. (1859) *The British Library*, London: Longman.

Town Council of Dundee (1827) *Report on Sessional Schools*, Dundee: a Committee of the Town Council.

Transactions of the Congregational Historical Society (1920–3) 'The old Scottish Independents', 18: 181–9.

Tronchet, R. R. (1972?) *L'Enseignement Mutuel en France de 1815 à 1833*, 2 volumes in 3, unpublished manuscript, possibly dissertation for the University of Lille, in Bibliothèque de l'Institut de Recherche Pédagogique, Paris.

Tuke, S. (1813) *Description of the Retreat etc.*, York.

——— (1819) 'Practical Hints on the Construction and Economy of Pauper Lunatic Asylums' in W. Watson and J. P. Pritchett *Plans, Elevations and Description of the Pauper Lunatic Asylum lately Erected at Wakefield for the West Riding of Yorkshire etc.*, York.

Turner, J. M. (1988) 'Victorian Values – or Whatever Happened to John Wesley's Scriptural Holiness?', *Proceedings of the Wesley Historical Society* XLVI, 6.

Turner, P. V. (1984) *Campus: an American Planning Tradition*, Cambridge, Mass.: MIT Press.

Turner, W. (1562) *A Booke of the Natures and Properties of the Bathes in England . . . Germany and Italy*, Collen.

Tylecote, M. (1974) 'The Manchester Mechanics' Institution, 1824–35' in D. S. L. Cardwell (ed.) *Artisan to Graduate*, Manchester: Manchester University Press.

Tzonis, A. and Lefaivre, L. (1986) *Classical Architecture: the Poetics of Order*, Cambridge, Mass.: MIT Press.

Ure, A. (1835) *The Philosophy of Manufacture*, 2nd edn, London.

Valdenaire, A. (1926) *Friedrich Weinbrenner; sein Leben und Seine Bauten*, Karlesruhe.

Varey, S. (1990) *Space and the Eighteenth Century English Novel*, Cambridge: Cambridge University Press.

Venturi, R. (1966) *Complexity and Contradiction in Architecture*, New York: Museum of Modern Art.

Vicq d'Azyr, F. (1805) 'Éloge Historique: Hunter' vol. II, *Oeuvres*, Paris.

Vidler, A. (1981–2) 'The Theatre of Production', *Architectural Association Files*, I(1): 54–63.

——— (1990) *Claude-Nicolas Ledoux: Architecture and Social Reform at the End of the Ancien Régime*, Cambridge, Mass.: MIT Press.

Voldman, D. (1981) 'Laboratoires Précurseurs: les Hôpitaux Militaires au Siècle de Lumières' in 'Architecture des Hôpitaux', *Monuments Historiques* 14: 25–33.

Wadsworth, A. P. (1951) 'The First Manchester Sunday Schools' rpt in M. W. Flinn and T. C. Smout (eds) 1979 *Essays in Social History*, Oxford: Oxford University Press.

Watkin, D. (1980) *The Rise of Architectural History*, London: The Architectural Press.

Watson, R. S. (1869) *Industrial Schools*, Newcastle-upon-Tyne.

——— (1897) *The History of the Literary and Philosophical Society of Newcastle-upon-Tyne (1793–1896)*, London.

Webb, I. (1976) 'The Bradford Wool Exchange: Industrial Capitalism and the Popularity of Gothic', *Victorian Studies* XX(1): 45–68.

Webb, S. and Webb, B. (1963) *English Local Government* vol. 7 *English Poor Law History*, London: Frank Cass.

Webster, T. (c. 1837) *Autobiography of Thomas Webster F. G. S. etc.*, manuscript in the Library of the Royal Institution, London.

Weinreb, B. and Hibbert, C. (eds) (1983) *The London Encyclopaedia*, London: Book Club Associates.

Weisser, M. R. (1982) *Crime and Punishment in Early Modern Europe*, Brighton: Harvester Press.

Wentworth, E. (1813) *Instructions for the Monitors of Friars' Mount Sunday School*, London.

West, E. G. (1981) *Where did we go Wrong? Industrial Performance, Education and the Economy in Victorian Britain*, Lewes: The Falmer Press.

West, W. (1830) *The History, Topography and Directory of Warwickshire etc.*, Birmingham.

Wilderspin, S. (1823) *On the Importance of educating Infant Children etc.*, London: Goyder.

——— (1824) *Infant Education etc.*, 2nd edn, London.

——— (1825) *Infant Education etc.*, 3rd edn, London.

——— (1829) *Infant Education etc.*, 4th edn, London.

——— (1832) *Early Discipline Illustrated etc.*, London.

——— (1840) *A System for the Education of the Young etc.*, London.

Wilkinson, R. (1819) *Londina Illustrata*, vol. 1.1, London.

Williams, A. (1979) *The Police of Paris, 1718–1789*, Baton Rouge and London: Louisiana State University.

Wilson, W. (1825) *The System of Infants' Schools etc.*, 2nd edn, London.

——— (1829) *A Manual of Instruction for Infants' Schools etc.*, London.

Wilson, W. E. (1964) *The Angel and the Serpent: the Story of New Harmony*, Bloomington, Indiana: Indiana University Press.

Wood, S. (1839) *An Account of the Common Schools in the States of Massachussetts, New York and Pennsylvania*, rpt 1968, London: The Woburn Press.

Wolff, J. (1981) *The Social Production of Art*, London: Macmillan.

Wright, T. G. (1850) *Cholera in the Asylum etc.*, London.

Yarnitzky, H. (1932) *St Patrick's, Manchester: Centenary Souvenir, 1832–1932*, Manchester.

Yarranton, A. (1677) *England's Improvement etc.*, London.

Yates, F. (1984) *The Art of Memory*, rpt, London: ARK Paperbacks.

Yorkshire Union of Mechanics' Institutes (1860) *Buildings for Mechanics' Institutes etc.*, London.

Young, T. (1807) *A Course of Lectures on Natural Philosophy and the Mechanical Arts*, London.

Zink, R. (1982) 'Hexenverfolgungen in Bamberg: Willkür oder Wahn?' ('Witch Persecution in Bamberg: aberration or delusion?'), *Bamberg Heute* 1: 9–12.

Zonca, V. (1607) *Nuovo Teatro di Machine et Edificii*, Padua.

Zuckerman, A. (1976/7) 'Scurvy and the Ventilation of Ships in the Royal Navy: Samuel Sutton's Contribution', *Eighteenth Century Studies* 10(2): 222–34.

찾아보기

토머스 마커스Thomas A. Marcus
영국 스코틀랜드에 있는 스트라스클라이드 대학교 건축과학대학의 명예교수로 재직하고 있으며, 건축가로서 뿐만 아니라 디자이너 · 교육자 · 컨설턴트로서 유럽, 미국, 아시아에서 활동하고 있다.

소쇄건사 소쇄건축을 사랑하는 모임 이하 '가나다' 순

김정규, 목포대학교 건축조경토목학부 교수
문정민, 조선대학교 디자인학부 교수
신태양, 호남대학교 자연과학부 교수
심재춘, 광주대학교 건축학부 교수
오세규, 전남대학교 건축학부 교수
유우상, 전남대학교 건축학부 교수
윤대한, 광주대학교 건축학부 교수
이화숙, 광주여자대학교 인테리어미디어학과 교수
이효원, 전남대학교 건축학부 교수
장동국, 조선대학교 건축학부 교수

권력과 **건축공간**
BUILDINGS & **POWER**

근대사회 성립 과정에
나타난 건축의 자유와 통제

2006년 11월 11일 1쇄 발행 | **Thomas A. Markus** 지음 | 유우상 · 김정규 · 문정민 · 신태양 · 심재춘 · 오세규 · 윤대한 · 이화숙 · 이효원 · 장동국 옮김 | 발행인 김기현 | 발행처 ***Spacetime*** · 시공문화사 | 등록 1993.3.12 제000018 | 편집디자인 space | 인쇄 예림인쇄사 | 제본 세진문화사 | 용지 대림지업(주)

120-796 서울시 서대문구 현저동 200 극동상가 5층 | 전화 02-3147-1212 | 팩스 02-3147-2626
e-mail spacetime@korea.com www.spacetime.co.kr
ISBN 89-5592-071-7

정가 28,000원